사물인터넷

Internet of Things

스마트센서로 정복하다!

정용택 지음

공감북스

사물인터넷,
스마트센서로 정복하다

사물인터넷의 기술은 나무에 비유할 수 있다. 나무는 뿌리, 기둥, 그리고 열매로 이루어져 있다. 나무의 열매는 사물인터넷으로 구현된 서비스로 비유되고, 나무 기둥은 서비스를 구현하는 소프트웨어 기술이며, 뿌리는 원천기술인 센서와 통신 기술로 비유할 수 있다. 센서와 통신을 결합한 형태를 스마트센서라고 정의하는데, 스마트센서는 나무의 뿌리에 해당한다고 볼 수 있다. 따라서 뿌리가 튼튼하지 않으면 풍성한 열매를 맺을 수가 없다. 그만큼 센서 기술은 사물인터넷에서 기본적이고 핵심적인 기술이다. 이 책은 크게 2개 파트로 구성되어 있다. Part Ⅰ에서는 사물인터넷에 대한 전반적인 기술을 다루었다. 인터넷 기술의 역사부터 시작하여 센서가 사물인터넷 서비스에 어떻게 활용되고 있는지 이야기를 풀어보았다. 스마트홈, 자동차, 공장자동화, 그리고 헬스케어 등의 사례 중심으로 센서가 어떻게 활용되고 있는지 정리를 하였다. Part Ⅱ에서는 사물인터넷에 사용되고 있는 다양한 센서의 종류와 동작원리에 대해 정리를 하였다. 스마트폰과 웨어러블 디바이스에 필수적으로 장착되는 센서뿐만 아니라, 최근 공기질과 먹는 물에 대한 관심이 점점 증대하고 있어 이에 대한 센서의 동작원리에 대해서도 체계적으로 정리를 하였다. 이 책을 통해 많은 사람들이 센서에 대한 이해의 폭을 넓히고, 다양한 센서를 활용한 IoT에 대한 독창적인 아이디어도 발굴할 수 있기를 바라는 마음이다. 국내에도 미국의 스타트업과 같은 훌륭한 스타트업 기업들이 속속 출현하기를 기원하며, 이런 기업들에 의해 국가의 경제에 큰 버팀목이 되기를 간절히 희망한다.

이 책을 저술한 정용택 박사는 국방과학연구소와 삼성 에스원 등에서 약 30여년간 센서관련 분야만 연구한 센서 전문가이다. 이러한 연구개발의 경험을 바탕으로 물리보안센서, 적외선센서, 온도센서, 압력 및 유량센서 등 센서관련 기술전문서적을 총 6권 출간하였으며, 이 중에서 2013년에 출간된 "센서 물리학 개론" 은 2014년 문화체육관광부 주관의 우수도서로 선정된 바 있다. 현재 '우리센서기술' 의 대표로 있으며 센서에 관심이 있는 기업 및 기관을 대상으로 기술 컨설팅에 주력하고 있다. 또한 단국대학교에서 후학 양성을 위해 물리학을 가르치고 있으며, 경기도 산학연 과제 평가위원과 오메가코리아 기술이사로 활동하고 있다.

센서관련 저서는 다음과 같다.

1. 물리보안용 센서의 원리와 응용, 인포더북스, 2012년 5월
2. 적외선센서의 원리와 응용, 인포더북스, 2012년 6월
3. 센서물리학 개론, 홍릉과학출판사, 2013년 9월
4. 적외선센서의 최신 기술 동향, 홍릉과학출판사. 2014년 6월
5. 최신 온도센서 기술동향, 홍릉과학출판사. 2015년 2월
6. 압력센서, 유량센서, 레벨센서의 기본원리, 공감북스, 2015년 8월

e-mail : jyt0108@naver.com

최근 글로벌 IT기업이 차세대 먹거리로 IoT라는 사물인터넷과 관련된 사업을 자주 홍보하는 바람에 IoT는 누구나 한 번쯤은 들어본 단어가 되었다. 기업뿐만 아니라 정부에서도 국가 R&D 예산을 집행함에 있어 IoT와 얼마나 관련성이 있는지가 예산 지원의 근거가 되고 있다. 사실 IoT는 기술 발전의 흐름에서 보면 너무나 당연한 방향이며, IoT라는 용어가 새롭게 등장한 것뿐이다. 2000년대 초반에 유비쿼터스 기술이 한창 유행했었다. 유비쿼터스는 '언제 어디에나 존재한다'라는 뜻의 라틴어로, 사용자가 컴퓨터나 네트워크를 의식하지 않고 장소에 상관없이 자유롭게 네트워크에 접속할 수 있는 환경을 의미한다. 기술적인 측면에서 보면 유비쿼터스와 IoT는 큰 차이가 없다고 할 수 있다. 따라서 IoT는 유비쿼터스의 확장판이라고 볼 수 있다. 그럼 왜 갑자기 IoT가 뜨고 있는 것일까? 저자가 생각하기에는 스마트폰이 가져다 준 패러다임의 변환이라고 보고 있다.

애플에 의해 등장한 스마트폰은 기존 노키아라는 공룡이 점령하고 있던 피처폰 시장을 완전히 대체해 버렸다. 그 이유는 피처폰은 통화가 주 목적인 반면, 스마트폰은 통화뿐만 아니라 무선통신망을 이용해서 인터넷이라는 네트워크에 언제 어디서든 접속을 가능하게 해 주었다. 스마트폰 등장 이전에 인터넷에 접속하기 위해서는 통신용 모뎀이 설치되어 있는 PC라고 하는 고정식 장치를 이용해서 인터넷을 사용해야 했었는데, 이제는 그럴 필요없이 스마트폰으로 쉽게 인터넷 접속이 가능해지게 된 것이다. 또한 데이터 통신이 원활히 이루어지기 위해서는 무선통신 속도도 빨라져야 하는데, 이에 발맞춰서 CDMA와 LTE 통신 기술이 잇달아 나오면서 데이터 통신에 필요한 토대가 마련된 것도 스마트폰이 대세로 자리잡게 된 원인 중의 하나이다. 또한 무선 와이파이(WiFi)의 빠른 통신 속도와 다수의 사용자가 와이파이라고 하는 AP(Access Point)에 스마트폰으로 접속하여 공짜로 인터넷을 할 수 있는 서비스가 제공됨으로써 2000년대 초에 꿈꾸던 유비쿼터스 시대가 진정으로 열리게 된 것이다. 따라서 사물인터넷은 처음 나온 개념이라기 보다는 스마트폰과 무선통신 기술의 발전에 의해 자연스럽게 자리 잡은 기술이라 볼 수 있다.

여기에 더불어 스마트워치와 같은 웨어러블 디바이스가 출현하면서 IoT는 더욱 우리 곁으로 다가오게 되었다. 웨어러블 디바이스라는 조그만 기기는 사람의 머리부터 발끝까지 어디에든 부착 또는 착용을 하여 피트니스 같은 다양한 부가 서비스를 제공하게 되었다. 웨어러블 디바이스의 중심에는 당연히 스마트폰이 있었다. 웨어러블 디바이스는 크기가 작고 작은 용량의 배터리 문제와 데이터 저장 문제 등으로 웨어러블 기기에서 수집한 정보를 처리 및 관리하기에는 부족한 점이 많은데, 이런 데이터를 스마트폰에서 모두 수집하고 관리하도록 하여 웨어러블 디바이스의 장점을 극대화 하고 있다. 또한 신체에 부착하는 웨어러블 디바이스는 아니지만 스마트폰과 연동되는 독립적인 스마트 디바이스들도 속속 출시되고 있다. 예를 들면 당뇨환자들이 매일 체크해야 하는 혈당계를 스마트폰과 연동하여 과거 기록을 저장하고 관리하도록 하고 있다. 그리고 스마트폰 자체도 하드웨어의 꾸준한 발전으로 카메라뿐만 아니라 모션감지 모듈 등을 꾸준히 탑재하면서 부가적인 기능에서 차별화를 꾀하고 있다. 향후에는 웨어러블 디바이스와 스마트 디바이스, 스마트폰의 상생관계는 더욱 밀접해질 것으로 전망된다. 스마트폰과 통신 기술의 발전으로 IT 분야는 하루가 다르게 급성장하게 되었고, 대형 통신회사와 가전업체들은 IoT 시장을 선점하기 위해 노력을 아끼지 않고 있다. 통신회사는 IoT가 결국은 통신이 중심이기 때문에 통신 분야에서 표준만 가지고 있으면 IoT의 주도권을 가지고 사업을 전개할 계획을 가지고 있다. 또한 삼성전자와 같은 가전업체들은 가전의 중심인 스마트 TV를 통해 가정 내에 있는 모든 기기를 하나로 묶어 원격 방범뿐만 아니라 절전 및 냉난방 자동조절 등의 기능을 내세우고 있다. 또한 구글과 애플 같은 글로벌 IT 업체는 각종 디바이스로부터 나오는 엄청난 데이터를 클라우드 서버에 저장 및 관리 하도록 하여 클라우드 서버에 저장된 빅데이터를 활용한 기술에 대해 연구 중에 있다. 이와 같이 기술의 융복합화된 아이디어를 활용하여 각종 다양한 서비스를 가장 잘 발굴하고 있는 곳이 바로 미국의 샌프란시스코에 있는 실리콘 밸리이다. 이곳에는 글로벌 IT 기업뿐만 아니라 수많은 벤처기업들이 독특한 아이디어를 가지고 사업화를 위해 노력하고 있다.

이렇게 영향력이 큰 IoT 기술을 보면 그 뿌리에는 데이터를 수집하는 센서와 통신기술에 있다. 센서는 외부의 물리적, 화학적 변화에 대해 전기적인 신호를 출력하는 소자를 의미한다. 물리적인 센서와 화학적인 센서를 통해 다양한 사물의 정보를 측정하고, 측정된 데이터를 무선통신을 통해 가깝게는 스마트폰과 통신을 하여 데이터를 전송하거나, 또는 게이트웨이를 통해 클라우드와 통신을 하여 클라우드 서버에 데이터를 전송할 수도 있다. 최근 반도체 기술의 발전으로 미세전자제어기술인 MEMS 기술의 발전으로 센서뿐만 아니라 전자 회로를 소형화할 수 있게 됨으로써 센서와 무선 통신 모듈을 함께 탑재한 스마트센서가 등장하고 있다. 가속도센서와 자이로스코프 센서를 합친 MEMS형 9축 모션센서가 개발되고 있으며, 피부에 접착할 수 있는 피부 센서도 속속 개발되고 있다. 또한 암 또는 특별한 병을 조기에 진단할 수 있는 바이오마커 센서도 속속 개발되고 있다. 이와 같이 스마트센서는 미래 IoT의 가장 핵심적인 기술이라 볼 수 있다. 현재 IoT에 채용되어 있는 대부분의 센서는 외산이며, 세계 센서시장에서 국산의 점유율은 그림에서 보듯이 불과 1.7%에 불과하다. 그나마 국산은 이미지센서를 제외하고는 거의 찾아 볼 수가 없다. 또한 국내의 센서 전문 기업 수는 대략 120~130개 정도로 파악되고 있으며, 매출 50억원 미만인 업체가 60% 정도로 대부분 영세성을 면치 못하고 있다. 대부분 업체들은 신규 센서를 개발하기 보다는 핵심이 되는 센서칩은 수입하고 이를 모듈화 하는 수준에 그치고 있다. 산업통산자원부에 따르면 세계 센서시장 규모는 2015년 1050억달러(약 115조 7000억원)에세 2020년 1417억달러(약 156조 1500억원)까지 성장할 것으로 전망하고 있으며, 국내 내수 시장 역시 2020년에 11조원대로 커질 것으로 추산하고 있다. 이렇게 센서 시장이 급신장할 것으로 예측하는 이유는 바로 IoT의 확산에 있다.

세계 센서 시장 규모 (단위:달러)

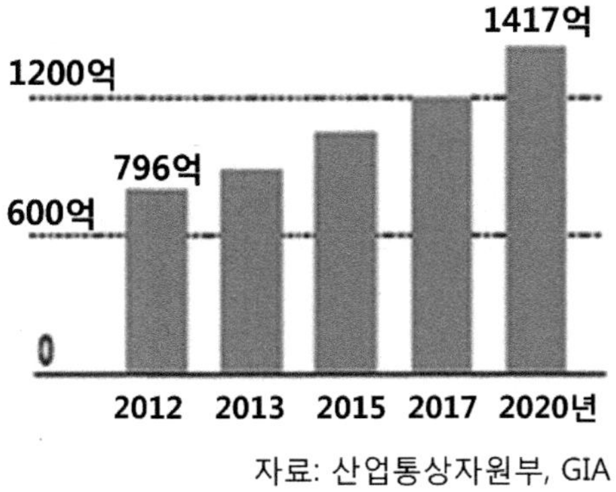

자료: 산업통상자원부, GIA

세계 센서시장국가별 점유율 (단위:%)

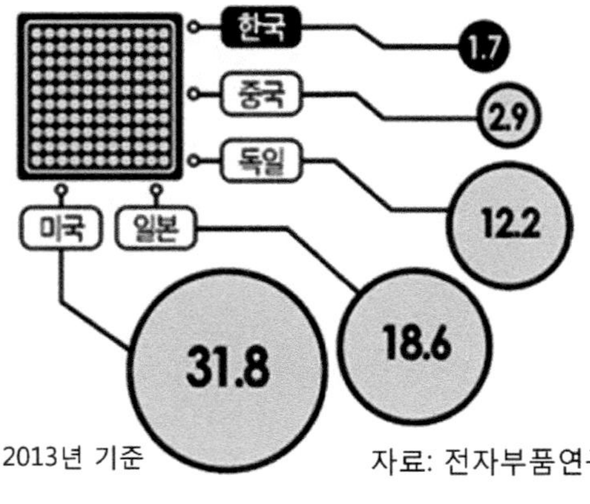

* 2013년 기준

자료: 전자부품연구원

저자는 국내 센서 시장의 척박한 환경을 벗어나고 센서에 대한 관심을 확산시키고자 그간 총 6권의 센서관련 전문 기술서적을 출간한 바 있는데, 이 책들은 전문가 수준의 내용으로 구성되어 있다. 그러다 보니 일반인들이 관심을 가지고 접근하기에는 거리가 많이 있음을 느꼈다. 사물인터넷의 기술은 나무에 비유할 수 있다. 나무는 뿌리, 기둥, 그리고 열매로 이루어져 있다. 나무의 열매는 사물인터넷으로 구현된 서비스로 비유되고, 나무 기둥은 서비스를 구현하는 소프트웨어 기술이며, 뿌리는 원천기술인 센서와 통신 기술로 비유할 수 있다. 센서와 통신을 결합한 형태를 스마트센서라고 정의하는데, 스마트센서는 나무의 뿌리에 해당한다고 볼 수 있다. 따라서 뿌리가 튼튼하지 않으면 풍성한 열매를 맺을 수가 없다. 그만큼 센서 기술은 사물인터넷에서 기본적이고 핵심적인 기술이다. 이 책은 크게 2개 파트로 구성되어 있다. Part Ⅰ에서는 사물인터넷에 대한 전반적인 기술을 다루었다. 인터넷 기술의 역사부터 시작하여 센서가 사물인터넷 서비스에 어떻게 활용되고 있는지 이야기를 풀어보았다. 스마트홈, 자동차, 공장자동화, 그리고 헬스케어 등의 사례 중심으로 센서가 어떻게 활용되고 있는지 정리를 하였다. Part Ⅱ에서는 사물인터넷에 사용되고 있는 다양한 센서의 종류와 동작원리에 대해 정리를 하였다. 스마트폰과 웨어러블 디바이스에 필수적으로 장착되는 센서뿐만 아니라, 최근 공기질과 먹는 물에 대한 관심이 점점 증대하고 있어 이에 대한 센서의 동작원리에 대해서도 체계적으로 정리를 하였다. 이 책을 통해 많은 사람들이 센서에 대한 이해의 폭을 넓히고, 다양한 센서를 활용한 IoT에 대한 독창적인 아이디어도 발굴할 수 있기를 바라는 마음이다. 국내에도 미국의 스타트업과 같은 훌륭한 스타트업 기업들이 속속 출현하기를 기원하며, 이런 기업들에 의해 국가의 경제에 큰 버팀목이 되기를 간절히 희망한다.

2016년 3월 저자 씀

차 례

Contents

IoT

사 물 인 터 넷

스 마 트 센 서 로 정 복 하 다

Part

I

사물인터넷이 가져다 준 세상

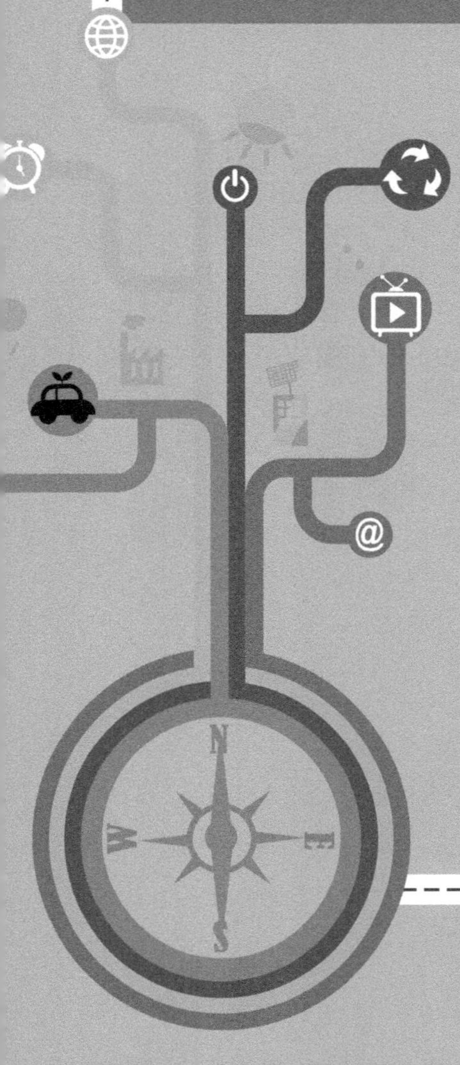

사물인터넷은 새롭게 등장한 기술이 아니다. 스마트폰의 등장으로 무선통신망을 언제 어디서나 인터넷을 자유롭게 사용할 수 있게 되면서 자연히 사물인터넷에 관심이 높아지게 되었다. 기기간 통신인 M2M 기술과 무선 인터넷 통신 기술의 융합으로 우리에게 다가온 것이 바로 사물인터넷이다. 통신이 가능한 모든 사물을 스마트폰으로 제어하고자 하며, 따라서 사물인터넷의 중심에는 스마트폰이 있다. 100세 시대를 맞이한 요즘은 그 어느 때보다 건강에 대한 관심이 높아지고 있으며, 건강을 원격으로 모니터링 할 수 있는 웨어러블 디바이스들도 속속 등장하고 있다. 사물인터넷 기술을 이용한 서비스는 가정내 가전기기 제어부터 공장자동화 및 비닐하우스 관리 등으로 확산되고 있는 추세이다. 2020년경에는 인터넷에 접속할 수 있는 기기가 50억개 이상으로 확대되고, 1인당 인터넷에 연결이 가능한 기기는 약 6.6개 정도로 확대될 전망이다. 이와 같이 사물인터넷이 확산되면 단말기에 장착되는 센서 기술도 같이 발전을 할 것으로 전망하고 있다. 현재의 기술로 개발된 센서들이 사물인터넷에 어떤 영향을 주고 있는지 Part Ⅰ에서 살펴보고자 한다.

01

인터넷이 가져다 준 혁명

가 전화기에 얽힌 이야기

사물인터넷(Internet of Things, 줄여서 IoT라고 함)을 하나로 정의하기에는 다소 무리가 있지만, 개념상으로는 다양한 단말기(또는 기계)의 신호(또는 데이터)를 인터넷이라는 통신수단을 활용하여 사람에게 다양한 서비스를 제공해 주는 기술로 볼 수 있다. 따라서 사물인터넷의 핵심기술은 신호 또는 데이터를 생산해 내는 센서기술, 센서가 만든 신호를 표준 프로토콜로 전송하는 통신기술, 수집된 데이터를 활용하는 서비스 기술로 나눌 수 있다. 이런 개념은 2000년대 초에 유행했던 유비쿼터스(Ubiquitous) 또는 M2M(Machine to Machine) 기술로 거슬러 갈 수 있다. 단지 기기간 무선통신 기술이 인터넷이라는 기술로 대체된 것이다. 따라서 오늘날 스마트폰을 이용한 인터넷의 활용으로 사물인터넷이라고 하는 새로운 혁명이 시작되었다고 볼 수 있다.

사물인터넷의 핵심기술 중의 하나인 인터넷은 전화기 기술에서 발전했다. 전화기는 알렉산더 벨(Alexander Bell, 1847~1922)과 엘리샤 그레이(Elisha Gray, 1835~1901)에 의해서 거의 동시에 발명되었다. 1876년 2월 14일 그레이는 벨보다 조금 늦게 특허를 신청했는데 이 일화는 아직도 많은 사람들에 의해서 간발의 차로 엄청난 기회를 놓쳐버린 극적인 사건으로 자주 묘사되고 있다. 그레이는 1835년 오하이오주의 한 농촌에서 태어났다. 그는 1865년부터 전문적인 발명가로서 활동을 시작했는데, 전화를 발명하게 되는 1870년대에는 이미 전신(전기 신호를 이용하여 약정된 부호 신호의 정보를 주고받는 통신) 분야에서 두각을 나타내는 전문적인 발명가로 성장해 있었다. 1874년에 그는 욕조를 이용한 실험을 통해서 처음으로 소리를 전류로 바꾸는 가능성이 있다는 것을 확인했고 이런 착상을 더욱 발전시켜서 바이올린의 음을 전기적으로 바꿀 수 있는 '바이올린 수신기'를 창안해 내었다. 그 해 5월에는 금속 진동판으로 이루어진 전자기 수신기를 제작했고 이것을 특허로 출원했다. 당시 그레이는 바이올린 수신기를 착안하는 과정에서 만든 이 금속 진동판 전자기 수신기를 이용하면 음악과 음성을 전달할 수 있다고 주장하였으나, 이 당시 전문가들은 아주 흥미로운 과학적 창작품일 뿐이지 실용 가능성은 없다고 평가를 하였다. 당시 전문가들의 관심은 하나의 선을 이용해서 여러 모스 신호를 보낼 수 있는 다중전신의 개발을 원하고 있었기에, 그레이는 음성을 전달하는 전화 쪽보다는 다중전신 쪽으로 노력을 하고 있었다. 이 동안 그레이와는 아주 독립적으로 이와 비슷한 장치를 개발해 나가고 있었던 사람이 있었는데 그가 바로 알렉산더 그레이험 벨이었다.

벨은 소리를 내는 음성 기관의 위치와 작용을 나타내는 음성학적 기호를 체계화해서 세계적인 명성을 얻은 에든버러 출신의 발성법 교사의 아들로 1847년에 태어났다. 부친의 영향으로 1872년에 농아에게 발성법을 가르치는 학교를 보스턴에 개설했고 자신도 그곳에서 강사로 있다가 1873년에는 보스턴 대학의 음성 생리학 교수가 되었다. 벨은 기계 제작에는 문외한이었지만, 기계 수리공이며 모형 제작자였던 토마스 왓슨의 도움으로 음성을 전기적으로 전달할 때 필요한 기구를 제작할 수 있었다. 농아에게 말을 가르치는 데 관심이 많았으며 전신 분야에서는 상대적으로 비전문가였던 벨은 다중전신 보다는 음성을 전달하는 전화 쪽에 더 많은 관심을 갖게 되었다. 1875년 6월 음성을 전기적으로 전달하는 것이 기술적으로 가능하다고 판단한 벨은 그 해 9월부터 전화에 대한 기본적인 착상을 하기 시작했고, 마침내 1876년 1월 20일 전화에 대한 공증을 마치고 2월 14일에 특허를 신청해서 1876년 3월 7일 미국 특허청으로부터 전화 특허를 받게 되었다.

벨이 전화로 특허를 신청한 날인 1876년 2월 14일, 그레이 역시 아주 독립적으로 전화에 대한 '특허권 보호 신청'을 특허국에 제출했다. 그레이는 벨이 사용한 가죽 막보다 더욱 효율적이었던 금속 진동 막을 이용해서 음성을 전달했기 때문에 기능면에서는 그레이의 특허품이 벨의 특허품에 비해서 우수했다. 더 나아가 그는 전화에 대한 특허를 내기 이전에 이미 가변저항을 이용해서 음성을 전달하는 방법을 고안했었는데, 벨이 자신의 특허를 낼 때 이 가변저항을 이용한 방법을 끼워 넣은 것으로 생각하였다. 3월 10일 그레이는 가변저항을 이용해서 음성을 실제로 전달하는 데 성공했고, 그 해 6월 필라델피아에서 열린 독립 100주년 기념 박람회에서 벨과 함께 전화를 선보였다. 그러나 이때까지도 전화는 많은 사람들에게 단지 장난감 수준 정도의 물건으로 취급하였으며, 그레이 역시 그 이상의 의미를 두지 않았다. 그러나 벨은 계속 자신의 전화를 개량, 발전시켜 나갔다. 그러나 웨스턴 유니언 회사는 벨의 발명품 보다는 그레이와 에디슨 등의 특허를 구입하였으며, 전화보다는 다중전신에 더 많은 실용화 가능성이 있다고 믿고 있었던 것이다.

1877년 벨은 동료 발명가들과 함께 벨 전화회사(오늘날 AT&T의 전신)를 설립하였으며, 이후 10년 만에 미국에서 15만 명이 전화기를 갖게 되었다.

한편 1878년부터 토머스 에디슨이 탄소 저항을 이용한 송화기로 특허를 얻는 등 전화를 실용화하는 데 필수적인 몇몇 발명들이 이어졌다. 결국 사람들은 전화가 단지 장남감이 아니라 전신을 대체할 잠재적 가능성이 있다는 점을 서서히 느끼기 시작했고, 이에 따라 벨 회사와 웨스턴 유니언 회사 사이에는 그 뒤로 오랫동안 역사적인 특허 소송이 벌어지게 되었으며, 오랜 소송 끝에 웨스턴 유니언 회사는 전화 대여로 벨 회사가 얻는 이익의 20%를 챙기는 것으로 합의하면서 전화에 대한 권한을 포기했고 결국 전화 사업은 벨 회사에 의해 주도하게 되었다. 모스가 전신을 발명하고 벨과 그레이가 전화를 발명한 이래로 하나의 선을 이용해서 여러 사람들이 동시에 신호와 음성을 주고받을 수 있는 다중전신 혹은 다중전화는 많은 발명가들에 의해서 끊임없이 추구되었다. 모스의 전신이 다중전신으로 발전하면서 텔레타이프라이터(Teletypewriter)가 개발되었고, 이 과정에서 시분할 다중화(time-division multiplex), 주파수 분할 다중화(frequency-division multiplex) 등과 같은 다양한 다중전신 및 다중전화 기술이 출현했다.[1)]

전화의 원리는 음성을 전기 신호로 바꾸어서 회선을 통해 전달해 다시 음성 신호로 바꾸는 것이다. 그런데 한 집에 한 회선씩 사용한다고 하면 100집이면 총 4,950개의 회선이 필요하다. 이것은 $n(n-1)/2$의 수식에서 $n=100$을 대입하면 얻을 수 있다. 이 계산은 모두가 직접 전화를 했을 경우이다. 그런데 만약 중간에서 모든 회선을 끌어다가 서로 연결해준다면 4,950개의 회선은 필요없고 100개의 회선만 있으면 된다. 이것이 교환기의 역할이다. 벨에 의한 전화기의 발명으로 시작된 음성 통신은 수동 교환기에서 전자 교환기로 진화되었다. 수동 교환기에는 자석식과 공전식이 있었다. 자석식 교환기는 전력이 공급되지 않은 장소에서 사용할 수 있고 설치 공사와 유지 보수가 쉬운 반면에 단말 전화기에 건전지를 내장해야 하므로 가입자 수가 증가함에 따라 유지 보수비용이 많이 들고 교환원의 호출과 통화 종료 시에 일일이 전자석식 발전기의 핸들을 돌려서 보내야 하는 등 불편한 점이 많았다. 그래서 각 전화기마다 설치되는 건전지와 신호용 발전기를 없애고 전화기의 구조를 단순화시킴과 동시에 필요한 전원 장치를 교환국 내에 설치해서 가입자들이 공동으로 사용하게 함으로써 유지보수와 서비스를 개선하게 된 공전식 교환대가 발전하기 시작했다.[2)]

1) 임경순, 포항공대 인문사회학부, http://mulli2.kps.or.kr/~pht/10-6/010602.htm

2) 한국산업기술진흥원 기술문화원, "전화기가 사치품인 시절이 있었다고?", 기술과미래내지_10호, 2012년

나 오늘의 스마트폰이 있기까지

2015년 10월 21일은 1985년에 개봉한 영화 '백투더퓨처2'의 30년 후 미래로 날아온 날이었다. 이런 이유로 각종 매스컴에서 과거의 사람들이 미래 기술에 대해 예측한 내용이 어느 정도 맞는지 비교하는 기사로 떠들썩했다. 요란한 기사들 덕분에 그 당시 사람들의 상상력이 대단함을 느낄 수 있었다. 그 중에서 좀 특이한 부분이 눈에 띄는데, 〈그림 1-1〉과 같이 주인공인 마이클 제이폭스가 지나는 길에 공중전화 박스가 나오는 장면이 있고, 영화 내용에 휴대폰으로 통화하는 장면은 전혀 나오지 않는다. 모든 것을 다 맞출 수는 없지만 오늘날의 스마트폰, 아니 정확하게는 휴대폰에 대해서는 미처 생각하지 못했던 것 같다. 불과 몇 년 전만 해도 휴대폰은 피처폰 일색이었고, 스마트폰에 대한 생각은 하지도 못했으니, 30년 전의 예측이 틀린 것은 어찌보면 당연해 보인다. 스마트폰이 우리의 일상을 지배하게 된 데에는 다분히 스티브 잡스의 노력 덕분이다. 스마트폰은 기존 피처폰이 가지고 있던 통화 기능 보다는 오히려 데이터 통신용으로 더 많이 사용되고 있다.

▼ 그림 1-1 1985년에 개봉한 '백투더퓨처2'의 영화 포스터와 공중전화 장면

기원전부터 인류가 멀리 떨어져 있는 곳에 정보를 빨리 전달하기 위해 노력을 많이 했는데, 대표적인 것이 기원전부터 19세기 말까지 사용되었던 봉수제도이다. 이는 군사정보의 전달 및 주민에 대한 경계경보 등의 중요수단으로 여러 나라에서 오랫동안 사용되었다. 그러나 봉수제도로는 정보 전달에 한계가 있었기 때문에 보다 자세한 정보를 전달하기 위해 파발을 통한 통신 수단을 병행하여 사용하였다. 이는 중앙의 명령을 하달하고 지방의 보고를 전달하는 중요한 통신수단이었으며, 기록된 내용을 사람이나 동물-비둘기 또는 매-을 사용하였다. 사람을 이용한 파발은 전달자가 운송 도중에 문제가 생기면 정보를 전달할 수 없으며, 먼 거리인 경

우 시간이 많이 걸린다는 단점이 있었으며, 동물을 이용한 방식은 극히 일부 사람들만 사용할 수 있다는 단점이 있었다. 그러나 파발을 통한 통신 방식은 오늘날 우편 제도로 발전했고, 아직도 사용되고 있는 중요한 통신 수단으로 남아있다.

전자기학이라는 학문과 전기 및 전파 기술의 발전으로 현대적인 통신 기술이 탄생하게 되었다. 사무엘 모스는 1832년 유럽에서 미국으로 가는 배 안에서 단선 회로의 전자기 전신기의 개념을 생각하였으며 그 이후 5년 동안 그의 아이디어를 실제 동작하는 제품인 유선 전신기를 만드는 데에 전력하였다. 그는 짧은 발신전류(•)와 긴 발신 전류(–)를 적절히 조합하여 알파벳과 숫자를 표시할 수 있는 부호를 고안하였으며, 자신이 만든 독자적인 알파벳 기호를 전선을 통해 16km 떨어진 곳까지 보내게 되었다. 이어 1844년 미국 의회의 지원을 받아 볼티모어와 워싱턴 사이에 전선을 설치하여 '신이 만드신 것'이라는 유명한 말을 모스부호로 보내는 데 성공하면서 모스는 미국뿐만 아니라 전 세계적으로 유명해졌다. 모스가 개발한 전신기와 로마자와 한글의 모스부호는 〈그림 1-2〉와 〈그림 1-3〉과 같다.[3)]

1876년 그레이엄 벨이 실용 가능한 전화기 발명에 성공한 이후에 본격적인 현대적 정보통신의 역사가 시작되었다. 그레이엄 벨은 1877년 벨 전화회사를 설립하였으며 이후 장거리전화설비를 위한 자회사를 설립했는데 이 회사가 바로 AT&T이다. 1887년 독일의 물리학자 헤르츠가 전자기파의 존재를 최초로 실험적으로 확인하는데 성공하였으며, 1895년 이탈리아 물리학자인 마르코니가 2.5km 거리 사이에 무선 송수신 실험을 성공적으로 구현하였다. 마르코니는 무선통신 개발에 성공한 이후 1897년에 런던 마르코니 무선전신사를 설립하여 무선통신 기술에 대해 본격적으로 연구하기 시작하였다. 1900년 12월 2,800km의 대서양을 횡단하여 신호를 전달하는데 성공하면서 무선통신이 상용적으로 시작되었다. 그러나 1916년 이전까지는

▼ 그림 1-2 최초의 유선 모스전신기

3) 위키백과, https://ko.wikipedia.org/wiki/모스_부호

▼ 그림 1-3 모스부호 체계

문자	부호	문자	부호
A	·-	N	-·
B	-···	O	---
C	-·-·	P	·--·
D	-··	Q	--·-
E	·	R	·-·
F	··-·	S	···
G	--·	T	-
H	····	U	··-
I	··	V	···-
J	·---	W	·--
K	-·-	X	-··-
L	·-··	Y	-·--
M	--	Z	--··

문자	부호	문자	부호
ㄱ	·-··	ㅎ	·---
ㄴ	··-·	ㅏ	·
ㄷ	-···	ㅑ	··
ㄹ	···-	ㅓ	-
ㅁ	--	ㅕ	···
ㅂ	·--	ㅗ	·-
ㅅ	--·	ㅛ	-·
ㅇ	-·-	ㅜ	····
ㅈ	·--·	ㅠ	·-·
ㅊ	-·-·	ㅡ	-··
ㅋ	-··-	ㅣ	··-
ㅌ	--··	ㅐ	--·-
ㅍ	---	ㅔ	-·--

실제적인 의미의 무선통신이 아니고 모스부호를 유선이 아닌 무선을 이용하여 보내는 방식이었다. 1916년에 미국 버지니아 주에 위치한 해군연구소 무선국에서 현대의 라디오 전파 방식인 진폭변조방식(AM, Amplitude Modulated Signal)의 신호를 보냈는데, 이 방식으로 대서양 해안에서 모스부호가 아닌 음성을 수신할 수 있었으며, 이로써 무선통신을 본격적으로 이용할 수 있게 되었다.

1947년 벨 연구소에서 한정된 주파수 자원을 이용해 이동 전화 시스템을 구현하는 방안을 고안하였고 이를 이용해 AT&T 회사가 시카고 지역에서 실험적으로 무선 통신망을 구축하였는데 이것이 1세대 이동통신의 시작이라 볼 수 있다. 1세대 이동통신은 아날로그 방식을 채택한 통신기술이었는데, 이것은 사용자의 목소리를 마이크가 받아 전기신호로 변환시키고 이를 특정 주파수의 파동 형식으로 전달하는 방식이었다. 그러나 1세대 이동통신은 아날로그 방식이라는 점에서 여러 한계점을 가지고 있었다. 우선 신호를 변환하지 않고 그대로 전달하기 때문에 보안에 취약하고 비슷한 주파수의 신호가 섞이면 쉽게 혼선이 발생하였다. 이와 같은 혼선을 막으려다 보니 주파수를 효율적으로 사용하지 못했으며 이동 통신이 대중화됨에 따라 점점 늘어나는 사용자 수를 감당할 수 없었다. 이러한 문제점 때문에 1999년에 1세대 이동통신의 상업적인 서비스는 종료가 되었고 2세대 이동통신으로 교체가 되었다.

2세대 이동통신은 디지털 통신기술을 의미하는 것으로 아날로그 음성신호를 쪼개어 디지털로 변환한 후 이를 전달하는 방식이다. 0과 1로만 이루어진 신호를 전달하기 때문에 혼선이 적고 깨끗한 신호를 전달할 수 있으며, 음성신호 이외에도 문자 및 이메일까지도 전송이 가능하게 되었다. 한국이 세계 최초로 CDMA 기술의 상용화에 성공하게 되었으며 이때부터 한국이 이동통신기술 분야에서 선도자의 역할을 하게 되었다. CDMA 기술은 하나의 주파수를 여러 사용자들이 분할하여 사용하는 방식으로 1세대에 비해 20배 이상의 통신 용량을 가능하게 한 기술이었다. 그러나 이 역시 한정된 주파수를 사용하는데 한계가 있었으며 이를 극복하기 위해 3세대 이동통신 기술이 탄생하게 되었다.

3세대 이동통신과 2세대 이동통신의 가장 큰 차이점은 전송 속도에 있다. 유엔의 산하기구인 국제전기통신연합(International Telecommunication Union, ITU)에서 144Kbps ~2Mbps 정도의 통신 속도를 구현하는 이동통신을 3세대 이동통신이라 규정하였는데, 이는 2세대 통신(CDMA는 64kbps)에 비해 2~20배 정도 빨라진 것이다. 여기서 bps(bit per second)는 초당 비트수를 의미한다. 문자 하나는 0과 1의 디지털 비트 신호 8개로 표시할 수 있는데 이것을 2^8 또는 8bit 또는 1byte라고 한다. 즉 문자 하나에 해당하는 디지털 신호는 1byte에 해당한다. 그러므로 144Kbps의 의미는 초당 18,000자의 문자를 보낼 수 있다는 의미이다. 이런 의미에서 144Kbps를 byte로 바꾸어 18KBps로 줄여서 표기하기도 한다. 3세대 이동통신 기술의 발전으로 영상통화나 음악 파일 등을 전송할 수 있게 되었으며, 단순한 통화 기능에서 다양한 멀티미디어 기기를 사용할 수 있게 되었다.

현대에는 4세대 이동통신 기술이 적용되고 있는데, 3세대와 4세대의 차이점은 역시 전송 속도에 있다. ITU에서 100Mbps~1Gbps의 전송속도를 내는 통신규격을 4세대로 정의하고 있다. 4세대 통신기술인 LTE(Long Term Evolution)는 3세대에 비해 5배 이상의 속도를 갖추고 있지만 최고속도가 75Mbps로 ITU가 정한 4세대 이동통신에 미달되기 때문에 일부에서는 LTE를 3.9세대라 부르기도 한다. ITU가 정한 4세대 이동통신에 해당하는 기술을 LTE-A(LTE Advance)라고 하며, 이는 2개의 주파수를 묶어 최대 150Mbps의 정보전달 속도를 낼 수 있으며, 향후 최대 10개의 주파수를 묶어 750Mbps의 속도를 가진 통신망으로 확장하는 계획에 있다.

bit와 byte의 차이점

컴퓨터는 전자 스위치로 구성된 전기 장치이며, 이러한 스위치를 이용하여 데이터를 전달한다. 즉, 컴퓨터는 두 가지 상태(2진수의 0과 1) 형태만 이해하고 사용할 수 있다. 아래 그림과 같이 1은 전원 on 상태를 0은 전원 off 상태로 표현하며 이를 2진수(binary) 또는 비트(bit)라고 한다.

컴퓨터는 일반적으로 8개 단위의 비트(8bit)를 하나의 그룹으로 사용하는데 이를 바이트(byte)라고 한다. 즉 1byte는 8개의 on/off 상태를 조합하여 나타낼 수 있으므로 총 256개(2^8)가 되므로 1byte는 0부터 255까지의 값을 가진다. 문자 하나를 표현하는데 8bit가 필요하며, 바이트는 주소 지정이 가능한 단일 저장소라 부르며 ASCII 코드와 같은 데이터 문자를 표현하기도 한다.

단 위	바이트(B)	비트(b)
비트(bit)	1/8 바이트	1 비트
바이트(byte)	1 바이트	8 비트
킬로바이트(KB)	1000 바이트	8000 비트
메가바이트(MB)	10^6 바이트	8×10^6 비트
기가바이트(GB)	10^9 바이트	8×10^9 비트

다 모든 사물이 연결된 세상

2012년 6월 27일 센프란시스코의 구글개발자 행사(구글 I/O 2012)에서 구글 글래스의 데모버전을 발표했고 〈그림 1-4〉와 같이 구글 글래스를 착용한 스카이다이버들이 스카이다이빙하는 동영상을 실시간으로 공개하였다. 이 당시 구글에서는 일반 소비자용 제품이 아니고 최첨단의 기술을 원하는 사람들을 위해 만들어졌다고 하였으며, 가격이 약 1,500달러(약 160만원)에 판매할 예정이라고 했다. 기본 구성은 모니터 역할을 하는 프리즘, 프로세스와 배터리가 장착된 안경테 구조로 되어 있다. 프리즘은 시야 우측 상단에 모니터 화면을 제공하며 해상도는 640×380

▼ 그림 1-4 구글 글래스 외관과 스카이다이빙 시연 모습

수준이므로 시야 전체를 덮는 증강현실 모니터 수준은 아니다. 프리즘이 붙어있는 우측테 전방에 소형 카메라가 장착되어 있어서, 착용자의 시선 시점에서 촬영할 수 있으며, 우측테 내부에는 적외선 기반의 안구 추적 카메라가 있는데 이것이 시선 마우스 역할을 한다. 또한 모션센서가 있어서 고개를 살짝 드는 등의 동작을 인식할 수 있고, 우측 안경테 부분에 터치패드로 스크롤을 인식하고 조작하는 것이 가능하다. 귀 근처에 골전도 스피커가 붙어 있어 음성인식 명령어로도 동작한다. 2012년 10월 31일 TIME지에서는 2012년 최고의 발명품 중 하나로 선정하였다.

구글 글래스가 발표된 당시에는 매우 큰 반향을 일으켜 전 세계인들을 흥분으로 몰아갔다. 그러나 몇 년이 지나면서 성능이 조금씩 개선이 되었으나, 더 이상 소비자들의 관심을 불러일으키지는 못했으며 대부분의 전문가들은 구글 글래스는 실패했다고 판단하고 있다. 그 이유는 구글 글래스의 배터리 문제, 500만 카메라 화소에 따른 충분한 저장공간의 부족, 무작위로 영상촬영이 가능한 프라이버시 문제, 안경답지 않은 디자인, 그리고 일반인이 구입하기에는 너무나 비싼 가격 문제 등의 해결이 급선무라고 진단하였다. 구글에서 시도한 구글 글래스는 비록 실패로 끝났지만, 이로 인해 웨어러블 디바이스(Wearable Device)에 대한 관심이 폭발적으로 늘어나게 된 계기가 되었다.

오늘날 웨어러블 디바이스로 가장 많은 관심을 받고 있는 분야가 스마트워치(Smart Watch)이다. 스페인 모바일 월드 콩그레스 2013에서 미국 페블(Pebble)사에서 〈그림 1-5〉와 같은 스마트워치를 선보였다.[4] 스마트워치는 일반 시계보다 다양한 기능을 제공하였는데, 계산기능, 번역기능, 게임기능, FM라디오 기능, 오디오나 비디오 파일 재생 기능 등 다양한 기능이 가능하므로 웨어러블 기기의 대명사로 불려지고 있다. 스마트워치는 일반적으로 연동형과 단독형으로 구분하지만, 공통적으로 카메라, 가속도계, 온도계, 고도계, 기압계, 나침반, 터치스크린, GPS 등의 센서가 장착되어 있다. 연동형 스마트워치는 스마트폰과 연동을 편리하게

4) Pebble Inc., https://www.pebble.com

▼ 그림 1-5 2013년에 발표된 페블사의 스마트워치

해서 동기화가 편리하다는 장점이 있지만 스마트폰과 블루투스로 연결을 해야 제대로 사용할 수 있다는 단점이 있다. 단독형 스마트워치는 무선 헤드셋, 마이크로폰, 통화/데이터용 모뎀 등의 자체통신 기능을 가지고 있는 장점은 있으나 기능 구현에 제한적이라는 단점이 있다.

웨어러블 디바이스는 현재 포화상태에 있는 스마트폰 단말 시장의 한계를 넘어 새로운 수요를 창출할 것으로 예상하고 있다. 전문가들이 이렇게 예상하는 이유는 다음과 같은 4가지 정도의 요인으로 보고 있다. ① 웨어러블 디바이스와 상호보완적인 관계에 있는 스마트폰의 지속적인 보급 증가, ② 웨어러블 디바이스 제작에 필요한 부품 가격의 지속적인 하락과 성능 향상, ③ 점진적으로 형성되어 가고 있는 소프트웨어 생태계, ④ 새로운 앱 개발과 비즈니스 모델의 제시 등으로 보고 있다. 2015년 12월 기준으로 개발된 웨어러블 디바이스 수는 약 347종 정도이며, 디바이스 평균 단가는 296달러(약 350,000원), 신체 부위 중 손목에 차는 디바이스가 가장 많다. 그리고 가속도 센서가 가장 많이 사용되고 있으며, 라이프스타일과 피트니스 목적으로 개발되고 있다. 이런 내용은 캐나다 밴쿠버에 위치한 Vandrico라는 회사에서 웨어러블 디바이스에 대한 자세한 내용을 〈그림 1-6〉과 같은 형태로 실시간으로 제공하고 있다.[5]

웨어러블 디바이스는 신체에 부착하여 다양한 기능을 할 수 있는 모든 것을 지칭하며 일부 컴퓨팅 기능을 수행할 수 있는 어플리케이션을 포함하고 있는 것을 지칭한다. 현재 시점의 웨어러블 디바이스는 휴대형(Portable)인데, 이것은 스마트폰과 같이 휴대하는 형태의 제품으로 구글 글래스, 스마트워치, 팔찌 형태의 디바이스를 의미한다. 향후 3~5년 이내에 피부에 직접 부착할 수 있는 부착형의 디바이스가 상용화가 될 것으로 예상하며, 2020년 이후에는 삽입형으로 인간의 신체에 직접 이식하거나 복용할 수 있는 디바이스로 발전으로 할 것으로 예상한다.[6] (그림 1-7 참고)

5) Vandrico Inc., http://vandrico.com/
6) KT경제경영연구소, 심수민, "2014 웨어러블 디바이스 산업백서"

▼ 그림 1-6 신체 부위별, 응용 분야별 웨어러블 디바이스 수

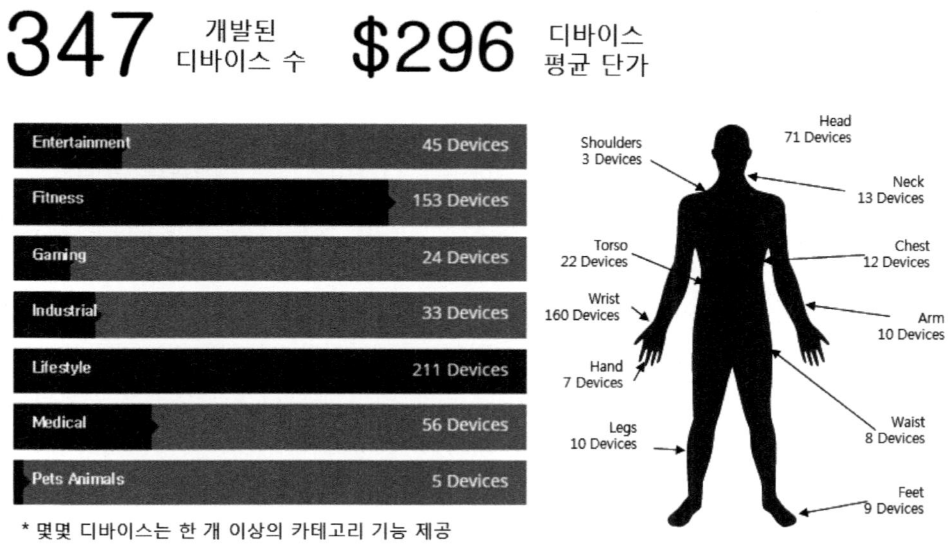

* 몇몇 디바이스는 한 개 이상의 카테고리 기능 제공

▼ 그림 1-7 웨어러블 디바이스의 기술적 발전 방향

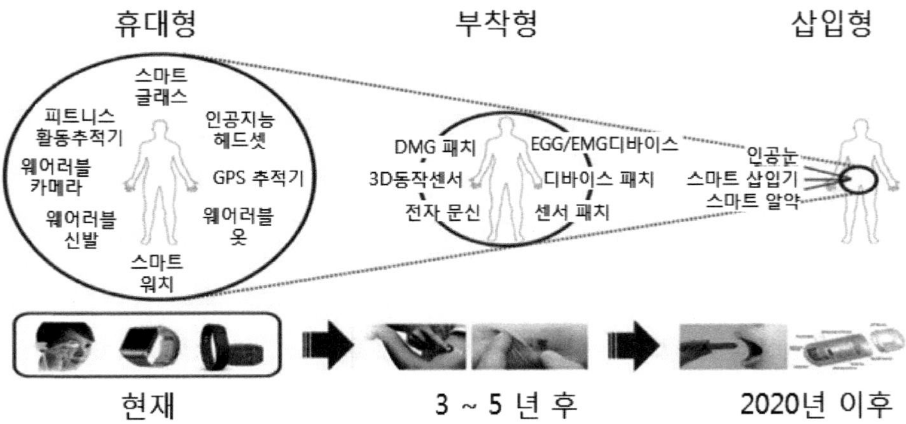

향후 웨어러블 디바이스가 정착을 하기 위해서는 여러 가지 요소를 고려해야 하지만, 우수한 디바이스 제조 기술력 보다는 콘텐츠와 우수한 디자인에 있다고 보고 있다. 이렇게 판단하는 이유로 아이폰과 아이패드의 성공을 벤치마킹해서 얻은 결론이다. 아이폰은 높은 성능 보다는 앱스토어를 통해 제공되는 방대한 어플리케이션 앱, 아이튠즈에서 이용할 수 있는 음악과 영상 등의 콘텐츠가 있었기 때문이다. 여기에 기술력을 추가한다면 배터리 문제로 보인다. 현재 웨어러블 디바이스들은 크기가 작기 때문에 상대적으로 배터리 크기도 작아져 충분한 전원을 공급할

수 없다. 대부분의 스마트워치의 용량은 320mAh 정도이며, 이는 스마트폰의 1/10 정도의 용량에 불과하다. 이로 인해 저전력의 근거리 무선통신만이 가능하다는 기술적인 문제에 봉착해 있다. 저전력 무선통신인 블루투스의 경우 평균 전력소비량이 1.4~2mW, 무선 와이파이는 120mW, 3G 통신은 800mW, LET와 같은 4세대 통신은 1,000mW 정도이다. 이런 한계 때문에 자체적인 광대역 네트워크로 독립된 데이터를 송수신하지 못하므로 웨어러블 디바이스는 스마트폰을 허브로 사용해야 하는 실정이다. 이를 근본적으로 해결해 줄 수 있는 방안이 나온다면 웨어러블 디바이스의 획기적인 전환점이 될 것으로 보인다.

스마트폰과 웨어러블 디바이스와 같은 스마트 기기가 잇달아 나옴으로써 인터넷의 세계는 살아있는 거대 시스템처럼 자기진화와 자기증식을 가속화하고 있다. ETRI 미래사회연구실에서는 이러한 미래 인터넷 환경을 관통하는 공통된 두 가지 트랜드를 제시했는데, 바로 초연결성(Hyper Connectivity)과 초지능성(Hyper Intelligence)이다.7) 초연결성은 통신의 대상이 사람과 사물 사이뿐만 아니라 사물과 공간으로 확대되는 네트워킹의 수평적 확장을 주목하는 개념이고, 초지능성은 이러한 초연결성을 지닌 인터넷과 경제사회 시스템 간의 상호작용 관계가 한층 심화되는 네트워킹의 수직적 확장에 비중을 둔 개념이다. 단적으로 말하자면, 초연결성은 미래 인터넷의 기본축이고 초지능성은 미래의 경제사회 시스템을 구성하는 기본축인 셈이다. 1990년대까지의 인터넷은 PC를 기반으로 사람과 사람 간에 필요한 정보를 연결하는 사람간 인터넷(Internet of People, IoP) 시대였고, 2000년대 중반 이후에는 모바일 SNS와 스마트 디바이스 등의 보급으로 사람과 사람 간의 정보뿐만 아니라 사람과 사물, 그리고 사물과 사물 간의 데이터가 인터넷을 통해서 연결된 사물통신(Machine to Machine, M2M)과 인터넷의 만남으로 사물인터넷(Internet of Things, IoT) 환경이 성숙된 단계에 접어들었고, 이는 다시 클라우드와 빅데이트의 결합으로 프로세스와 시스템의 혁신이 일어나고 있다. 동시에 GIS, LBS, GPS 등과 같은 지리공간과 인터넷 간의 연결성이 한층 심화되면, 우리의 생활공간은 지능이 공기처럼 둘러 쌓이는 환경적 지능공간(Ambient Intelligence Space)으로 발전할 것으로 예상한다. 그리고 2020년대 이후에는 사람-사물-공간이라는 이질적 요소들 간의 초연결성과 경제사회 시스템이 시너지 효과를 창출하는 환경적 지능시스템(Ambient Intelligence System)으로 본격화될 것으로 예측하고 있다(그림 1-8 참고).

7) 송영화, 이승민, 정지형, 김정태, "창조경제실현을 위한 미래사회 트렌드 및 ICT 미래기술분석", ETRI 창의미래연구소 Insight Report 13-1, 2013년 6월

▼ 그림 1-8 네트워크의 진화단계 개념

인터넷 시대 (IoP : Internet of People)	사물 인터넷 시대 (IoT : Internet of Thing)	만물 인터넷 시대 (IoT : Internet of Everything)	만물지능 인터넷 시대 (AIoT : Ambient IoE)

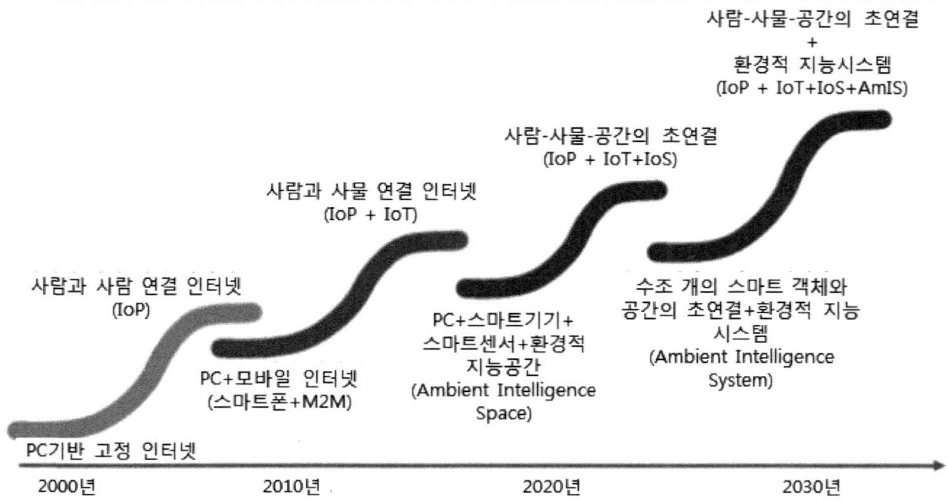

라 센서를 통한 ICBMS의 진화

2011년 Nest라는 회사가 자동 보일러 온도조절장치인 'Nest Learning Thermostat(네스트 러닝 써모스탯)'을 출시하였다. 그리고 불과 3년 만인 2014년에 구글에 32억 달러(약 3조 4천억원)라는 엄청난 거액에 인수되었다. 매출액의 거의 10배에 달하는 대박을 친 셈이다. 그렇다면 왜 구글은 이 온도조절기 회사에 엄청난 금액을 지불하고 인수를 하였을까? 여기에 대한 해답은 이 제품의 기능을 제대로 파악해 보면 그 잠재력을 알 수 있다. 이 자동온도조절기는 사람이 조절하는 실내온도 패턴을 학습해서 스스로 프로그래밍을 하며, 스마트폰 앱을 통해 원격 조작이 가능하다. 쉽게 말해서 집 안의 온도를 수동 조작 없이 자동으로 적당한 온도로 조절되게 해주는 인공지능 냉난방 조절장치이다. 이 기기의 모양은 〈그림 1-9〉와 같다.

아침에 일어날 때쯤 되면 집을 더 따뜻하게 만들어주고, 비어 있던 집으로 퇴근할 때면 적당한 온도로 맞춰주는 등 다양한 역할을 한다. 또한 움직임 감지 센서와 연동하여 집안에 사람의 움직임이 없으면 자동으로 절전 모드로 바꿔준다. 기기 바탕 화면색이 파란색이면 냉방, 오렌지색이면 난방모드를 나타내며, 화면에 있는 'IN 20 MIN'는 20분 내에 목표 온도 72°F(24℃)에 도달한다는 것을 표시한다. 원모양으로 된 눈금에 있는 표시는 현재의 온도 상태를 나타내며, 에너지를 효율적으로

▼ 그림 1-9 Nest의 자동온도조절기

사용하는 중이면 화면 아래 부분에 녹색잎 모양을 표시해 준다. 본체의 아래 부분에 센서창이 있는데 여기에는 온도, 습도, 움직임 감지, 조도센서 등이 내장되어 있다. 그리고 테두리 금속 베젤은 좌우로 돌릴 수 있어 온도를 조절할 수 있게 디자인되어 있다. 또한 내부에 와이파이 모듈이 장착되어 있어 스마트폰을 통해 외부에서 온도를 조절할 수 있으며, 날씨 정보를 받아와 이를 온도 조절에 적용하는 용도로 사용된다.

이 온도조절기의 대단한 점은 온도조절 패턴을 스스로 학습을 통해 결정한다는 점이다. 일주일간 사용자의 사용 패턴을 학습한 후, 이후부터는 그 패턴에 맞게 알아서 작동한다는 것이다. 보일러나 에어컨 마다 목표 온도까지 도달하는 시간이 각각 다르고, 집안에 복사열이 얼마나 들어오는지, 습도는 얼마인지, 외부 날씨는 어떤지도 모두 다르다. 그러나 네스트 온도조절기는 이러한 정보를 감안해 최대한 효율적인 온도관리 지시를 내리며, 처음보다 학습이 진행될수록 더욱 효과적으로 작동한다는 것이다. 이러한 잠재력 때문에 구글에서 엄청난 금액을 주고 이 기업을 사들인 것이다. 이 사건 이후로 신규 사업을 찾고자 하는 기업에서 사물인터넷에 대한 관심이 폭발적으로 늘어나기 시작하였다.

사물인터넷(Internet of Things, IoT)이라는 용어는 1999년 P&G에서 근무하던 케빈 에쉬턴(Kevin Ashton)이 처음으로 사용한 용어이다. 그는 이후 MIT Auto-ID Center를 창업하였으며, P&G 근무 당시 RFID 및 센서가 사물에 탑재된 IoT가 구축될 것이라고 예언을 하였으며, 2005년 UN 산하기구인 국제전기통신연합인 ITU(International Telecommunication Union)에서 IoT의 표준에 대해 공식적으로 다루기 시작하면서 하나의 기술로 인정을 받기 시작하였다. 이러한 기술적인 개념은 2000년대 초의 기기간 통신인 M2M(Machine to Machine)으로 거슬러 올라갈 수 있다. M2M은 단말기와 단말기 사이의 정보교환으로 약간 좁은 범위인 반면, IoT는 M2M을 포함하여 보다 확장된 개념으로 볼 수 있지만, 기술적인 근간은 M2M과 거의 동일하다고 볼 수 있다. 결국 데이터를 생산해 내는 디바이스의 역할이 매우 중요한데, 이런 디바이스의 핵심 기술이 바로 센서이다.

센서는 트랜스듀서와 구별되는 개념인데, 외부의 자극(물리적, 화학적, 생물학적 변화)에 대해 전기적 신호로 변환시켜주는 소자를 센서라고 한다. 반면 트랜스듀서는 외부의 자극에 대해 전기적 신호 이외의 신호를 내는 소자로 정의된다. 가령 알코올 온도계는 온도에 따른 알코올의 부피 팽창으로 눈금이 올라가므로 센서라 하지 않고 트랜스듀서로 분류한다. 트랜스듀서를 이용해서 최종적으로 전기적 출력이 나오도록 디바이스를 만들게 되면 이를 센서라고 한다.[8] 그리고 이미지, 동작, 소리, 빛, 열, 가스, 온도, 습도 등 주변의 물리적 · 화학적 · 생물학적 정보를 감지하여 이에 비례하는 전기적 신호로 출력하여 사용자에게 정보를 통신하는 모듈을 포함한 시스템을 '스마트센서 시스템'이라고 한다. 스마트센서 내부에는 외부의 물리적/화학적 자극에 대해 전기적 신호로 바꾸어 주는 센서와 센서에서 나온 아날로그 신호를 디지털 신호로 바꾸어주는 신호 프로세스부, 그리고 이들 부품에 전원을 공급해 주는 전원부, 신호 프로세스의 출력 신호를 외부 사용자에게 전달하고 통신을 할 수 있는 통신모듈로 구성되어 있다. 특히 통신모듈은 유선뿐만 아니라 무선(Radio Frequency, RF)으로 통신하는 IoT용의 스마트센서에 필수적이다. IoT에 사용될 스마트센서는 크기가 크면 부착하기 어려우므로 초소형이어야 하고 센싱모듈에 장착이 쉬워야 한다. 또한 센싱모듈은 궁극적으로 유선이 아닌 무선으로 연결될 것이기 때문에 배터리 교체시 발생하는 비용 문제로 인해 저전력화가 중요하다. 특히 스마트센서는 모듈화를 통해 어플리케이션에 장착이 쉬워야 한다. 예를 들어 센싱모듈 외에도 RF 송수신 기능과 여기에 필요한 안테나, 에너지 저장 등을 쉽게 적용할 수 있는 모듈화 기술이 필요하다. 따라서 스마트센서는 더욱 특화된 성능과 서비스 등으로 발전할 전망이다. 〈그림 1-10〉은 스마트센서에 대한 개념을 도식화 한 것이다.

▼ 그림 1-10 스마트센서의 정의(출처: Yole 보고서)

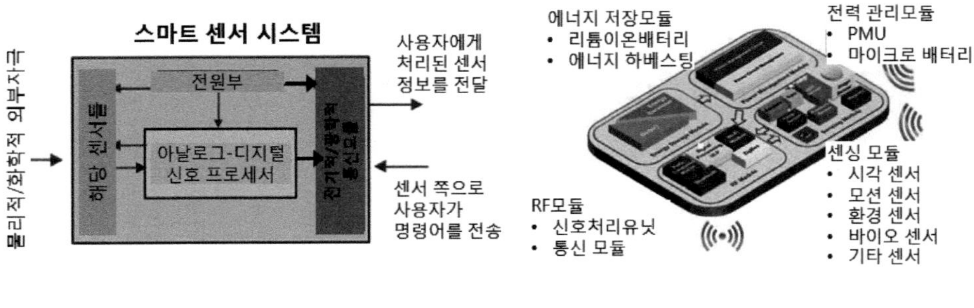

8) 정용택, "센서물리학 개론", 홍릉과학출판사, 2013년

스마트센서의 가장 큰 기회는 분명 IoT 분야가 될 것이다. IoT는 우리 생활에 사용되는 다양한 디바이스에 스마트센서를 탑재해 네트워크를 통하여 관련 정보를 활용한다. 이미 IoT 뿐만 아니라 다양한 분야에 〈그림 1-11〉과 같이 스마트센서가 사용되고 있다. 자이로스코프센서는 가속도센서와 함께 모션 센서에 활용되는 대표적인 센서로 x, y, z 좌표로 움직이는 방향을 측정할 때 사용한다. 자이로스코프센서를 이용하면 스마트폰을 바닥에 놓고 있다 집어 올렸을 때 특정한 앱을 실행하거나 기능을 동작할 수 있다. 지자기센서는 지구의 자기장을 탐지해 방위각을 알 수 있는 센서로 위치 추적과 3차원 입체 게임 등의 용도로 사용되며 내비게이션 항법장치 등에 활용된다. 가속도센서는 이동하는 물체의 가속도나 충격의 세기를 측정하는 센서로 출력신호를 처리하여 물체의 가속도, 진동, 충격 등의 동적 힘을 측정하는데 사용된다. 가속도센서는 보통 자이로스코프센서와 함께 사용된다. 광/조도센서는 빛을 감지하여 이를 다시 처리하기 쉬운 양으로 변환하는 용도로 사용되며, 근접센서는 어떤 물체가 센서에 근접했는지 알 수 있으며 보통 스마트폰의 앞면에 위치하여 얼굴에 폰을 갖다 대는 것을 감지한다. 대표적인 응용분야별 사용되는 센서의 레벨을 도식화 한 것이 〈그림 1-11〉이다. 사각형에 짙은 색이 많으면 그만큼 필수적이라는 뜻이다.

▼ 그림 1-11 각 응용분야 활용되는 센서의 활용정도 (출처: Yole 보고서)

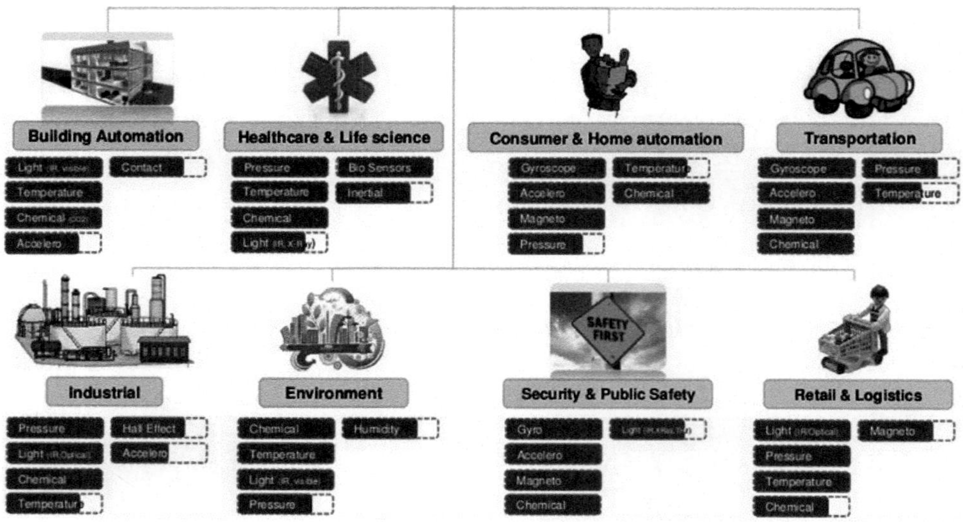

사물에 센서가 탑재되고, 사물간 연결성이 구축되고, 기기가 점점 지능화 되는 등 사물인터넷 시대가 요구하는 기술요건이 더욱 다양화 될 것으로 예상되는 만큼 센서업계에 새로운 비즈니스 기회가 창출될 것으로 예상되고 있다. 1,500여 업체의 경영진을 대상으로 한 모 설문조사에 따르면 응답 업체의 20%가 센서에 투자,

응답 업체의 14%는 센서기술이 다른 IoT 유망기술에 비해 조직에서 가장 중요한 전략적 위치를 가질 것으로 인식하고 있었다. 향후 센서와 모듈 관련 기술 분야가 전체 IoT 매출의 30%이상을 차지할 것으로 전망하였다.[9] 1970년대 센서의 개념은 단지 '검출기'가 어떤 특정한 물질을 '감지'하는 수준에 머물렀으나, 현재의 센서는 감지 신호를 전달하여 중앙처리장치가 어떤 판단을 내리도록 하는 형태로 진화하였다. 그리고 2000년대 이후 반도체 산업과 나노기술, MEMS(미세전자제어기술) 발전에 힘입어 크고 무거운 조립식 센서를 반도체 IC와 같은 실리콘 기판 위에 작게 구현할 수 있게 된 것이 센서의 진화 및 시장 성장의 계기가 되었다. 산업통상자원부에 따르면 세계 센서 시장 규모가 2012년 796억 달러, 2015년 1050억 달러에서 2020년이면 1417억 달러 규모로 성장할 것으로 전망하고 있으며, 한국 내수시장 역시 2020년 11조원대로 커질 것으로 추산하고 있다.[10] 향후 전망되는 스마트센서의 주요 응용분야는 〈그림 1-12〉와 같이 매우 다양한 분야에서 핵심적인 역할을 할 것으로 예상하고 있으며, 특히 자동차와 헬스케어 분야에 대한 수요가 폭발적으로 성장할 것으로 보고 있다.

▼ 그림 1-12 스마트센서의 주요 응용 분야

시스코(Cisco)에서는 IoT라는 용어 대신에 보다 더 확장된 개념인 만물인터넷(Internet of Everything)이라는 마케팅 용어를 제안하였다. 따라서 미래에는 〈그림 1-13〉에서 보듯이 기기들이 인터넷에 연결되어 기기의 모든 정보가 인터넷을 통해

9) 정보통신기술진흥센터, 주간기술동향, "스마트센서 시장 전망 및 시사점", 2015년 8월 5일

10) 조선비즈, http://biz.chosun.com/site/data/html_dir/2015/03/25/2015032500330.html

클라우드 서버에 저장되며, 이렇게 저장된 엄청난 데이터를 빅데이터 분석 기법으로 잘 활용하면 인공지능뿐만 아니라 새로운 분야의 가치사슬을 창조해 낼 것으로 기대하고 있다. 따라서 현재 시점에서 ICT의 빅4는 단연 IoT, 클라우드, 빅데이터, 모바일이라 할 수 있으며, 이것의 영문 첫글자를 따서 ICBM(IoT, Cloud, Big Data, Mobile)이라 부른다. IoT의 입장에서 보면 빅데이터, 클라우드, 모바일의 기술이 반드시 필요하며, 또한 빅데이터, 클라우드, 모바일의 발전은 IoT를 확산시키는데 필수적이다. 이러한 관점에서 보면 2020년까지 IoT가 발전하리라고 하는 데에는 이의가 없기 때문에 빅데이터, 클라우드, 모발일도 함께 발전할 것으로 예측된다.

▼ 그림 1-13 제조업의 기술 트랜드(출처: 동아비즈니스 리뷰, 2014년 12월호)

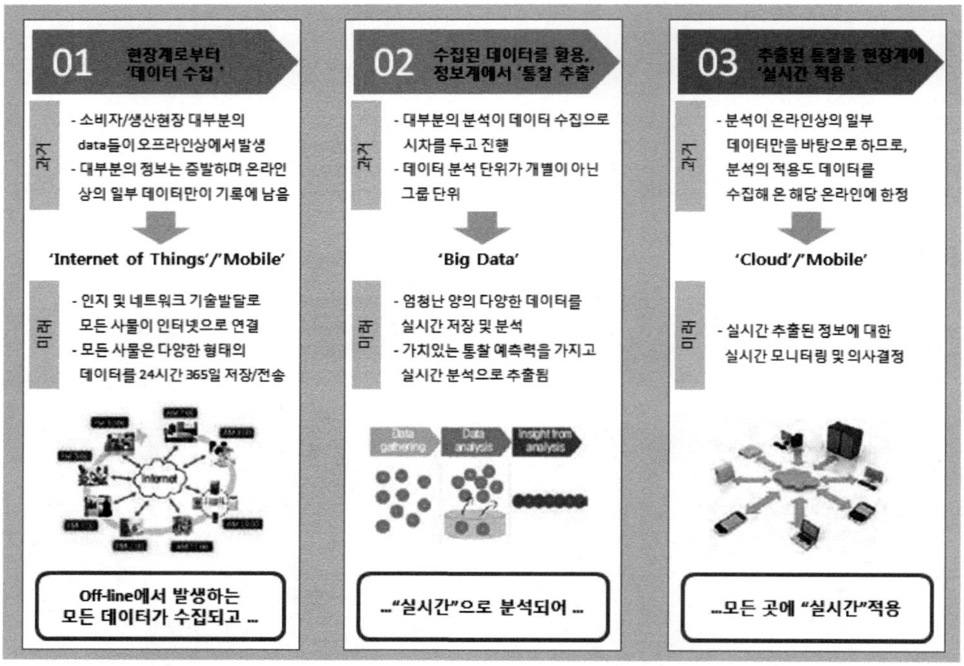

IoT 관련된 기술을 한 마디로 정의하기는 어렵지만, 이 용어를 잘 표현한 것이 바로 〈그림 1-14〉이다.[11] 이 그림은 나무를 비유로 뿌리는 기초기술이며, 나무 기둥은 소프트웨어 기술이며, 열매는 다양한 응용분야인 서비스로 비유할 수 있다. 나무의 뿌리에 해당하는 기초기술은 센서, 프로세서, 무선통신 등 3가지 기술로 구분된다. 이 3가지 기술은 서로 따로 떨어져 있는 것이 아니고 항상 같이 붙어 다니면서 하나의 제품으로 만들게 되는데, 이것이 바로 스마트센서인 셈이다. 스마트

11) iTers News, "Freescale, Oracle join forces to set a standard for IoT infrastructure", 2013.11.14

센서는 나무 기둥에 있는 소프트웨어와 호환이 되기 위해서는 일종의 표준이 필요하다. 이러한 표준 플랫폼은 매우 다양하게 전개되고 있으며, 구글이나 시스코, 삼성 등과 같은 IT 대기업들에서 IoT의 표준 플랫폼 주도권을 잡기 위해 치열히 경쟁 중에 있다. 이러한 스마트센서가 장착된 대표적인 응용 분야가 〈그림 1-15〉와 같은 웨어러블 디바이스이다. 머리부터 발끝까지 신체 모든 부위에 착용할 수 있는 웨어러블 디바이스는 많은 응용 분야로 확대되고 있다.

▼ 그림 1-14 사물인터넷 기술의 상호 연결성

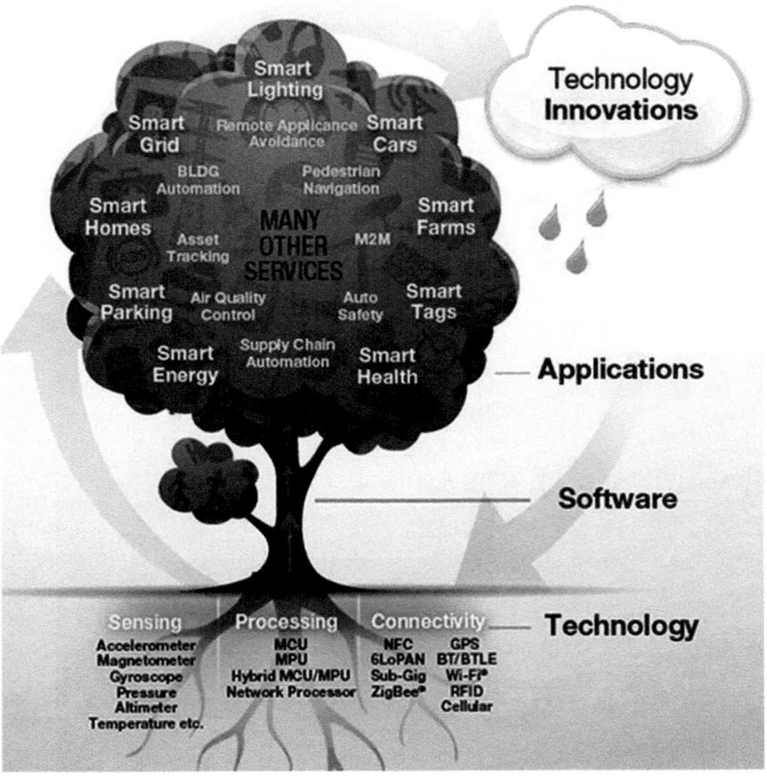

일반적으로 IoT를 구성하는 디바이스는 크게 3개의 계층으로 분류를 할 수 있는데, 센서나 액츄에이터 등의 IoT의 신경계인 사물 디바이스, 사물 디바이스들의 데이터를 수집하여 인터넷으로 전송하는 게이트웨이급 디바이스와 그리고 수집된 대규모 데이터를 분석 및 처리를 담당하는 서버급 디바이스로 구성된다. 대규모의 사물 디바이스가 하나의 게이트웨이급 디바이스와 연결되고 인터넷을 통해 서버로 연결되는 구조로 IoT 서비스가 수행된다. 사물 디바이스들은 자율적으로 네트워크를 구성하고 상호 연동하여 데이터 수집이 가능하게 하는 저사양/저전력 기반 기술을, 게이트웨이급 디바이스는 사물 디바이스에서 오는 데이터를 수집하고 사물

▼ 그림 1-15 스마트센서가 장착된 웨어러블 디바이스

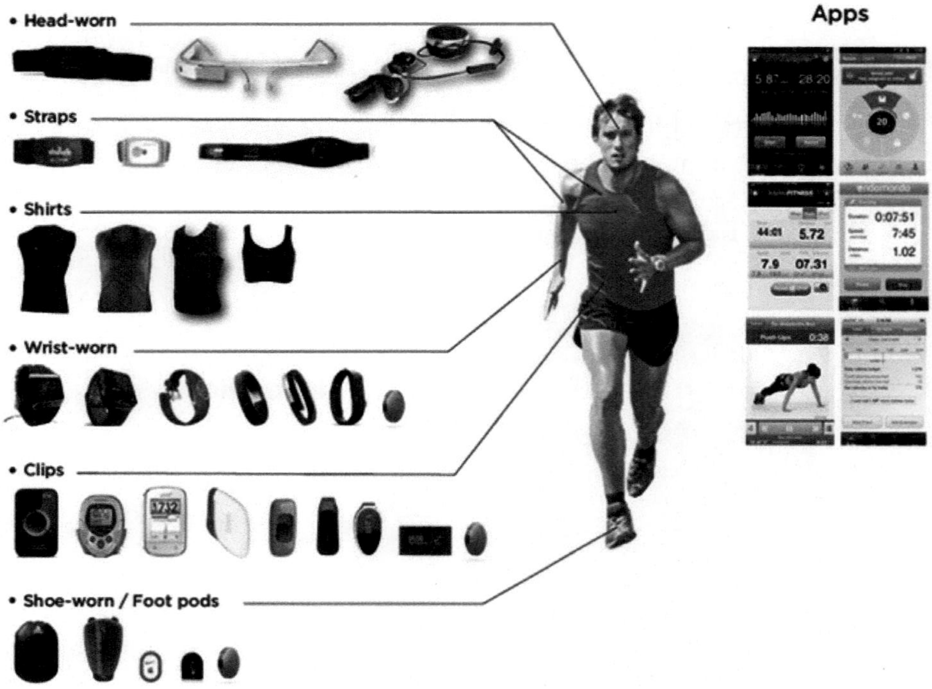

디바이스 간 네트워크를 관리 및 이종 네트워크를 연동하는 기술을, 고성능의 서버급 디바이스는 데이터가 인터넷을 통해 전달되면 이를 분석하고 예측하고 대응할 수 있는 클라우드 기반 빅데이터 기술을 포함한다. 시장 조사기관인 가트너(Gartner)에 따르면 2020년에 260억개의 사물이 인터넷에 연결되며, IoT 시장의 대부분을 사물 디바이스가 차지할 것으로 예측하고 있다.

글로벌 시장 예측기관인 가트너(Gartner)는 2012년 이후 IoT 서비스 시장이 도입되고 확산될 것을 예측하였으며, 이를 위한 필요 핵심기술을 아래와 같이 5개 요소기술로 설명하고 있다. 첫째는 저전력 네트워킹기술이다. IoT에 참여하는 사물의 통신방식에 따라 디바이스에서 지원되는 통신반경, 데이터 전송율, 단말 가격, 소모전력이 많이 달라진다. WiFi나 Cellular의 경우에는 전력소모가 많아 배터리 기반 디바이스에는 적용이 어렵다. 이런 문제점을 해결하기 위해서 전송 데이터율은 낮지만 저전력을 사용하는 지그비(ZigBee), 저전력 블루투스(Bluetooth LE), WiFi 및 ZWave 방식이 필요하다. 둘째는 센서 데이터 최적화 및 관리기술이다. IoT 서비스는 단순하게 하나 또는 둘의 디바이스로 구성되는 게 아니라, 수많은 디바이스로 구성되며 단말간 데이터 전송이 빈번하게 발생하게 되며, 데이터 전송이 디바이스의 대부분 전력을 소모하게 된다. 이런 환경에서 네트워크의 저전력화를 위해

서는 데이터의 경로 설정 및 흐름제어 등의 데이터 전송 효율화 기술이 중요하다. 셋째는 저전력 임베디드 OS기술이다. 저가격/저전력을 위한 사물 디바이스에 사용되는 HW모듈은 제한적인 메모리와 성능을 요구하게 되며, 이런 환경 하에서 효율적인 데이터 수집을 위해서는 데이터 전송을 효과적으로 관리해 주는 경량운영체제가 필요하다. 국제적으로 많이 사용되는 경량운영체제는 TinyOS, Contiki와 NanoQplus가 있다. 넷째는 새로운 전력공급 및 저장기술이다. IoT에 포함될 디바이스들은 다양한 모양을 하게 될 것이며, 현재와 같이 직선뿐만 아닌 곡선 기반 기기도 존재하게 되는데, 이에 대처하기 위한 플렉시블 전력공급 장치 및 보다 장기간 사용될 수 있는 고밀도의 배터리기술이 필요하다. 또한 반영구적인 사용을 위해서 전력을 자가 생산하거나 무선충전할 수 있는 기술이 요구된다. 다섯째는 저가격/저전력 프로세서기술이다. 시장에서 디바이스가 확산되기 위해서는 제품의 가격이 낮아야 큰 저항없이 소비자의 삶에 스며들 수 있으며, 디바이스 재확산에 선순환을 가져올 수 있다. 위에서 언급한 IoT의 핵심기술은 한마디로 한정된 전원으로 디바이스에서 최대한 오래 견딜 수 있는 저전력 혹은 전원 공급기술과 시장에 빠르게 확산될 수 있는 저가격의 디바이스 개발기술이다. 이를 위해서 칩 벤더나 디바이스 모듈 업체에서는 자사의 하드웨어 디바이스 플랫폼과 소프트웨어 개발환경을 모두 제공함으로써 확산정책을 펴고 있다.[12)]

12) Gartner, "Key Technologies for the internet of Things," Nov. 2012.

02 네트워크의 세상

가 인터넷의 태동

1997년 아직 우리나라에 인터넷이 활성화가 안 된 시점에 새로운 영화가 등장하였다. 바로 한석규와 전도연 주연의 '접속'이다(그림 2-1 참고). 이 영화의 흥행 원동력 중 하나인 PC통신은 90년대 트랜드를 가장 잘 반영한 것이라 볼 수 있다. 영화에서 얼굴을 마주하지 않지만 상대에게 상처를 주고 싶지 않아 거짓말을 하고 또 어찌할 수 없는 안타까움을 느끼면서 다만 '여자2'와 '해피엔딩'이라는 닉네임을 통해 두 사람은 마음을 나누게 되는 영화로 그 당시 PC 통신인 유니텔이 크게 홍보가 되었다. 유니텔이 이전의 하이텔, 천리안, 나우누리 등의 PC통신과 차별되는 점으로 유니윈이라는 전용 클라이언트로 접속을 하게 했다는 점이다. 이름에서 알 수 있듯이 윈도우즈용 클라이언트이었기 때문에 GUI 인터페이스를 통해 좀 더 편리한

▼ 그림 2-1 영화 '접속'의 포스터와 유니텔 초기화면

▼ 그림 2-2 천리안 PC통신 초기 화면

환경에서 사용이 가능했다. 특히 타 PC통신 서비스는 〈그림 2-2〉와 같이 DOS처럼 단일 세션 내지 3개 세션 정도만 제공하던 때에 유니원은 이론적으로는 현재의 인터넷 브라우저와 같이 여러 개의 창을 열어놓고 동시작업이 가능했었다. 지금은 당연한 것이지만 그 당시에는 획기적인 기능이었다. 이 당시의 인터넷 통신은 전용 모뎀을 사용하여 기존 전화선에 연결한 것으로 기본적으로 구리 전화선을 이용하였다.

인터넷에 대한 역사는 다음과 같이 알려져 있다. 소련이 첫 인공위성인 스푸트니크(Sputnik)를 쏘아 올린 다음 해인 1957년에 미국은 군사에 응용할 수 있는 과학기술 부문에서 주도권을 잡기 위해서 국방부(DoD) 내에 선진연구 사업국인 ARPA (Advanced Research Projects Agency)를 설치하였다. 1960년대에 ARPA는 핵전쟁 같은 대재난이 발생했을 때 연락망이 부분적으로 손상을 입거나 파괴되더라도 나머지 시스템이 작동할 수 있는 컴퓨터 네트워크를 구축하였으며, 그 네트워크 이름을 ARPANET(ARPA Network, 선진연구사업국 네트워크)이라 불렀다. 처음에는 미국의 4개 지역을 중심으로 네트워크가 결성되었는데, 그 지역은 스탠포드 연구소(Stanford Institute), 캘리포니아 대학(University of California at Santa Barbara), UCLA, 유타대학이다. 1969년 미국 캘리포니아 대학과 스탠포드 대학 사이에 〈그림 2-3〉과 같이 "LOGIN"이라는 단어의 통신에 성공하게 되는데, 이것이 오늘날의 인터넷의 시초라고 볼 수 있다.[13] 1969년 12월에 처음으로 4개 지역의 컴퓨터 네트워크이 정상적으로 작동하게 되었다. 이 당시 네트워크를 만드는데 가장 중요한 문제점은 어떻게 하면 지속적인 연결을 위해서 네트워크 자원을 묶어두지 않고도 각각의 독립된 물리적 네트워크를 연결하느냐 하는 것이었다. 이 문제는 패킷 스위칭이라고 알려진 기술에 의해서 해결되었다.

13) [산업다큐 4.0 – 미래성장보고서] 비로소 세상의 모든 것이 연결되다, 사물인터넷 편, https://www.youtube.com/watch?v=s-hN_KOBaEQ

▼ 그림 2-3 1969년 10월 29일, 최초의 컴퓨터 통신 기록

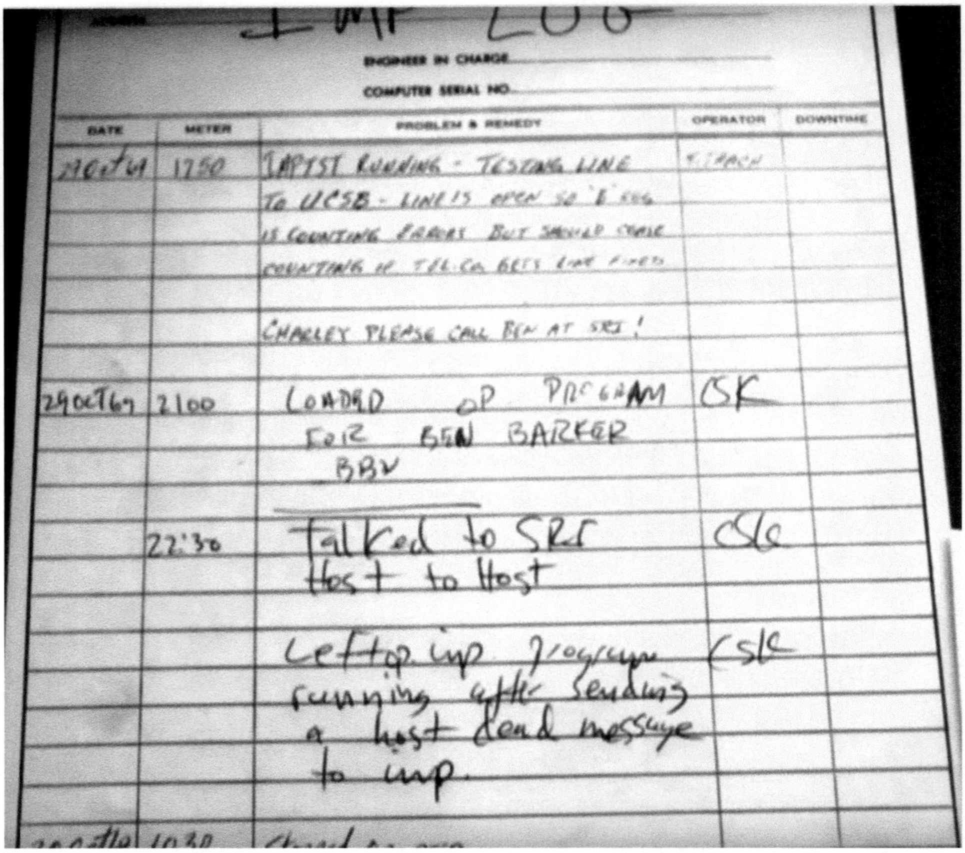

패킷 스위칭은 전달할 데이터를 작은 블록의 패킷으로 데이터를 전송하며, 데이터를 전송하는 동안만 네트워크 자원을 사용하도록 하는 방법이다. 정보 전달의 단위인 패킷은 여러 통신 지점(node라고 함)을 연결하는 데이터 연결 상의 모든 노드들 사이에 개별적으로 경로가 제어된다. 이 방식은 통신 기간 동안 독점적인 사용을 위해 두 통신 노드 사이를 연결하는 회선교환 방식과는 달리 짤막한 데이터 통신에 적합한 기술이다. 네트워크 자원을 패킷 단위로 나누어 시간을 공유하므로 회선 효율성이 높은 것이 특징이다. 트래픽이 많으면 회선 교환망은 네트워크 부하가 감소할 때까지 요청을 차단하나, 패킷 교환망은 저장과 전송(Store-and Forward) 방식을 사용하기 때문에 데이터가 들어오는 속도와 나가는 속도를 맞출 필요없이 각 스테이션에 맞도록 속도를 조절할 수 있다. 이로써 전송 지연이 줄어들고 통신 안정성이 늘어난다. 이 개념은 아주 넓게 받아들여졌고, 이 기술을 사용하는 다른 네트워크들이 많이 생겨났다. 각기 다른 네트워킹 프로토콜의 급증은 모든 분리된 네트워크끼리 통신을 하려 했을 때 문제가 제기되었다. 이를 해결하기 위해 1974년

12월 ARPANET에서 사용하였던 프로토콜을 기반으로 새로운 시스템을 만들었는데, 이 명세의 초안을 '인터넷 전송 제어 프로그램(Internet Transmission Control Program)'이라 명명하였다.

이 명세는 네트워크의 역할과 호스트 컴퓨터의 지속적인 전송 무결성의 책임을 감소시켰으며, 이로써 거의 모든 네트워크가 쉽게 결합되는 가능성을 갖게 했다. 그리하여 ARPA 주관으로 1977년에 3개의 서로 다른 네트워크가 통신을 수행하는 것을 성공적으로 시연하였다. 1981년에 이 명세가 완성되어 공개되었는데, ARPANET의 미국 바깥으로의 연결은 새로운 "TCP/IP" 프로토콜로 바뀌었는데, 이로써 일반인들도 인터넷을 사용할 수 있게 되었다. 1990년대 초에 미네소타 대학에서 당시 사용되던 파일, 컴퓨터 리소스, 그 밖의 메뉴들로의 링크를 전달하는 방법을 제공하는 정보복구시스템인 고퍼(Gopher)를 제작하였으며, 1993년 2월부터 고퍼를 사용하는 경우 라이센스 비용을 부과한다고 밝혔다. 이에 대한 대안으로 스위스의 유럽입자물리연구소(CERN)에서 하이퍼텍스트라고 불리는 스타일의 문서를 배포할 서버를 만들고 그것들을 읽을 수 있는 프로그램을 개발하였다. 이 프로그램의 개발 책임자인 팀 버너스 리(Tim Berners-Lee)는 이 프로그램을 "월드와이드웹(World-WideWeb)"이라고 불렀으며, 1993년 4월 30일에 CERN은 월드와이드웹의 소스 코드를 일반에 배포하였다. 그리하여 모든 이들은 비용없이 사용하거나 소프트웨어 제작에 활용할 수 있게 되면서 표준으로 자리잡게 되었다. 같은 해 미국국립슈퍼컴퓨터 활용센터(National Center for Supercomputer Applications, NCSA)에서 모자이크(Mosaic)라고 하는 웹 브라우저와 고퍼 클라이언트를 결합시킨 프로그램을 발표하였다. 이것은 유닉스 기기에서만 소스 코드 실행을 통해 사용할 수 있었는데, 1993년 12월 모자이크는 애플 매킨토시와 마이크로소프트 윈도우용으로 제공되었으며, 이후 모자이크는 빠른 속도로 대중화되었다. 이후 사용 가능한 웹브라우저의 수가 극적으로 증가하였고, 웹의 대중화는 상업적인 흥미를 불러일으켰으며 오늘날 마이크로소프트에서 개발을 주도한 인터넷 익스플로러가 대중화에 되기에 이르렀다.[14]

나 네트워크의 역사

개인용 컴퓨터가 보급되기 시작한 1980년대 초반까지만 해도 두 대 이상의 컴퓨터를 연결하여 사용하는 것에 큰 관심이 없었다. 그러나 개인용 컴퓨터가 다양한 분야에 걸쳐 폭 넓게 사용되고 ARPANET의 성공적인 데이터 통신의 성공으로 컴

14) www.clearboth.org/2_the_history_of_the_internet_and_the_web_and_the_evolution_of_web_standards/

퓨터들 간의 상호 데이터 전송을 의미하는 네트워크 통신이 관심받기 시작했다. 1983년 ARPANET에서 군사부분은 MILNET으로 분리되고 나머지 망은 DARPA Internet으로 분리되어 오늘날의 인터넷이 되었다. 오늘날 네트워크는 WWW의 발달로 전 세계의 컴퓨터가 하나로 묶여 있다. 수많은 컴퓨터를 네트워크로 연결함으로써 얻게 되는 가치가 점점 증가함에 따라 광역 네트워크로 발전하였다.

최초의 통신망은 음성통화인 전화기에서 사용된 방식인 공중망(Public Switched Telephone Network, PSTN)을 그대로 사용하였다. 전화망에서는 1:1 통신만이 가능하며 아날로그 통신인 것에 반해, 데이터 통신은 이 보다 발전한 디지털 방식인 PSDN(Pubic Switched Data Network)으로 개념은 거의 동일한 방식이다. 〈그림 2-4〉의 좌측과 같이 A와 C가 어떤 정보를 주고받으려 하는 경우, 스위치의 한쪽 끝은 A에게, 다른 한쪽 끝은 C에게 연결되어야 한다. 이렇게 되면 나머지 B, D, E, F는 전혀 통신을 할 수 없다. 가끔 전화 통신을 하게 되면 '지금은 통화량이 많아 …'하는 안내 방송을 들을 경우가 있는데, 이 경우가 바로 B, D, E, F에 해당되며, 가운데 스위치는 교환기에 해당된다. 한번 연결이 이루어지면 다른 가입자들에 대해 연결이 폐쇄되기 때문에 이런 공중망을 'Closed Circuit' 네트워크라고 한다. 실제로 전화국에서는 전화선을 깔고 교환기를 설치할 때 가입자 수와 평균 통화시간 등을 계산하여 가능한 적은 비용으로 모든 가입자가 언제든지 통화할 수 있도록 적절한 수의 교환기를 설치하여 운영하고 있다. 이 시스템의 장점은 연결이 가능한 A와 C 사이에는 항상 막힘없이 선로가 허용하는 최고의 속도로 데이터 통신이 가능하다는 점이다. 그러나 단점은 나머지 B, D, E, F는 접속을 할 수가 없다는 점이다. 국제전기전자기술자협회인 IEEE에서는 이런 단점을 보완하기 위해 네트

▼ 그림 2-4 통신방식 개념의 비교(좌측: 전화망 방식, 우측: IEEE 네트워크 개념)

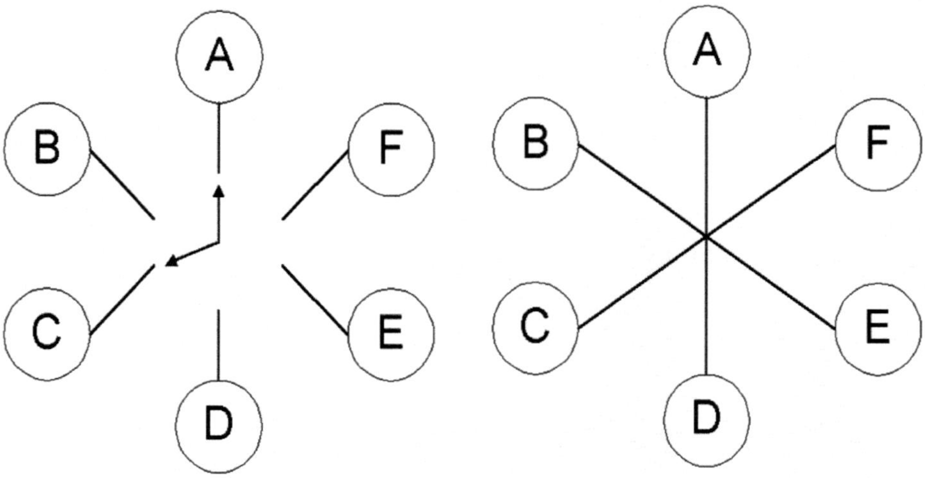

▼ 그림 2-5 데이터를 잘게 쪼갠 패킷의 정의

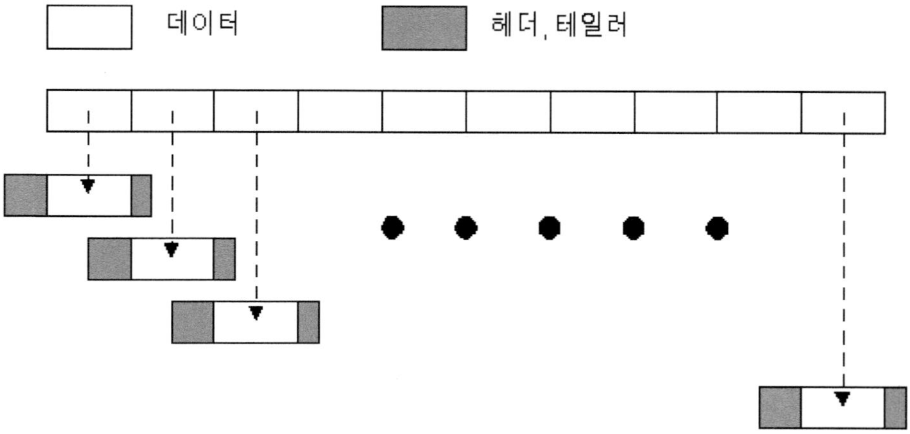

워크를 〈그림 2-4〉 우측과 같이 '몇 개의 장치가 서로 직접 통신하는 것'으로 정의하였다. 이렇게 하기 위해 A와 C가 통신을 하고 있을 때 B와 D도 통신을 하고 싶다면 어떻게 해야 할까? 정답은 〈그림 2-5〉와 같이 보내고자 하는 데이터를 잘게 쪼개서 사용하는데 이 잘게 쪼갠 데이터를 패킷(Packet)이라 부른다. 보통 패킷은 헤더, 데이터, 테일러로 구성되며, 헤더(header)에는 데이터가 전달될 곳의 주소 및 패킷의 순서 등이 기록되어 있는 곳이며, 테일러(tailer)에는 에러 정보가 기록되어 있다.

IEEE 네트워크 방식을 구현하기 위해서는 〈그림 2-6〉과 같이 A에서 F까지 모두 시계를 맞춘 다음 0초에는 A가, 1초에는 B가, 2초에는 C가 데이터를 전송하는 식으로 하게 되면 A는 0, 6, 12, 18, 24, 30, 36, 42, 48, 54초에 데이터를 전송할 수 있다. 이와 같이 시간을 쪼개서 사용하기 때문에 이런 방식을 TDMA(Time Division Multiple Access)라고 부른다. 만약 A가 C에게 보낼 데이터의 길이가 100byte이고 패킷 중 데이터의 길이가 10byte이며 한 패킷을 전송하는데 1초가 걸린다면 총 10초가 소요된다. 그러나 네트워크에서 A가 데이터를 보내려면 6번을 기다려야 하므로 전체 걸리는 시간은 55초가 필요하다.

▼ 그림 2-6 TDMA 데이터 전송 방식의 개념

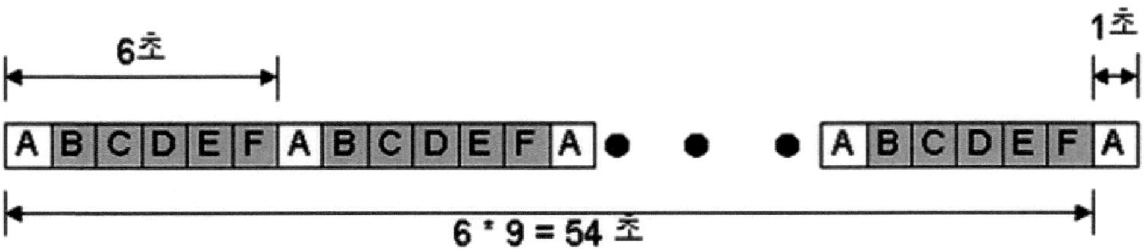

데이터 전송시간이 5.5배로 늘어났지만 이에 비례해서 사용자수도 비례하여 늘어나게 된다. 전송시간이 길어졌으므로 더 나쁜 것 같지만 장점은 A가 통신하는 동안 나머지들도 통신을 할 수 있다는 장점이 있다는 것이다. 여기에 A에서 F까지 하나를 대장으로 정의하고 대장이 교통정리를 하는 방법 또는 따로 선을 하나씩만 더 연결해서 제어권을 주는 방법 등 여러 가지 방법이 나와 있다. 이렇게 한 라인에서 여러 개의 컴퓨터(DTE: Data Terminal Equipment의 일종)들이 서로 충돌없이 통신을 할 수 있는 교통정리 방법을 통틀어 Access Control 이라고 하며, 여기에는 크게 랜덤방식과 토큰방식으로 나뉘진다. 랜덤방식에는 ALOHA와 CSMA/CD 등이 있으며, 토큰방식에는 토큰링, 토큰버스 방식 등이 있다. DTE는 통신망에서 망의 종단(Terminal)에 붙은 장비를 총칭해서 부르는 단어이며, 주로 컴퓨터를 의미하지만 프린터, 중계기, 단말기 등을 DTE라고 한다.

ALOHA 방식은 1970년 하와이 대학에서 구현된 최초의 랜덤방식의 네트워크로 무선망으로 이루어져 있었다. 여기서는 센터를 두고 네트워크의 교통정리를 담당하게 하였는데, 아무 DTE가 데이터를 보내고 싶을 때 일단 보내고 응답을 기다린다. 이때 만약 두 개 이상의 DTE가 데이터를 보내 충돌이 생기면 센터에서 감지하고 충돌이 생긴 두 DTE에게 통보를 하면 두 DTE는 난수를 발생시켜 난수 시간동안 기다리고 다시 데이터를 전송하는 방법을 취한다. ALOHA 방식에서는 100byte를 보낼 때 아무도 방해를 하지 않으면 10초만에 보낼 수 있는 장점이 있다. 이 방식은 데이터양이 적고 빈도수가 적을 경우 성능에 별 문제가 없으나, 데이터양이 많아지게 되면 빈도수가 높아지고 항상 충돌이 발생하여 네트워크 전체가 죽어버리는 문제점이 있었다. ALOHA 네트워크의 연구를 담당했던 연구원들 중 일부가 제록스사의 팔로알토 연구소로 자리를 옮겨 ALOHA 네트워크의 문제점을 보완하기 위해 연구를 지속하였다. 1973년에 밥 메칼프(Bob Metcalfe)와 데이빗 벅스(David Boggs)는 CSMA/CD(Carrier Sense Multiple Access/ Collision Detect)라고 하는 랜덤방식을 발표하였는데, 이것을 이더넷(Ethernet)이라 불렀다. 이 방법은 〈그림 2-7〉과 같이 데이터를 전송하려는 DTE는 먼저 라인상에 특정한 캐리어 신호가 있나 검사하고(이를 carrier sensing이라 함) 없으면 데이터를 전송한다. 이 때는 데이터와 캐리어 신호를 같이 전송한다. 데이터를 보내려는 때에 라인상에 캐리어 신호가 있으면 누군가가 데이터를 보내려는 것이므로 랜덤 수를 발생시켜 그 수만큼 대기하고 다시 시도한다. 만약 어떤 문제가 생겨 한 DTE가 데이터를 전송하는 중에 다른 DTE가 데이터를 전송하여 충돌이 발생하면 즉시 감지하여(이를 collision detection이라 함) 현재 전송중인 패킷을 무효화하고 랜덤 수만큼 기다리고 다시 전송하는 방식이다. 이 방법에서는 따로 중앙의 제어가 필요 없으며 트래픽이 적을 경우 전 대역폭을 점유할 수 있기 때문에 효율이 높은 방법이라 볼 수 있다.

▼ 그림 2-7 CSMA/CD 랜덤 네트워크 원리 및 알고리즘

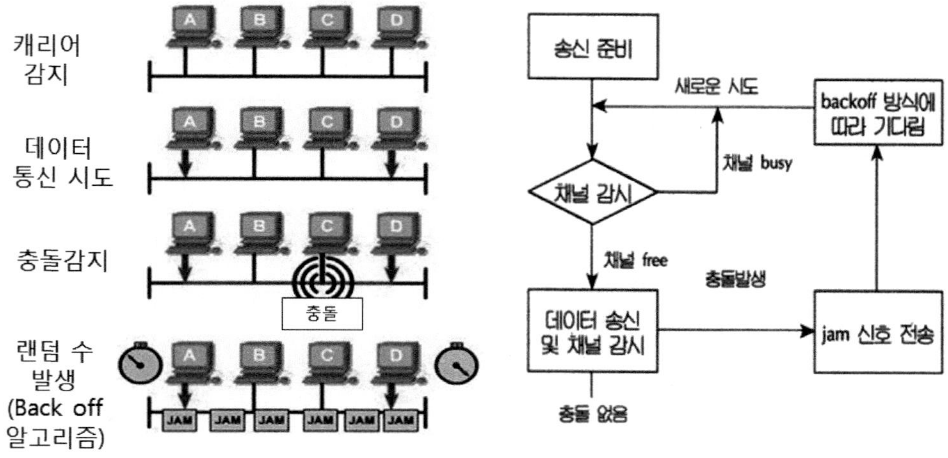

이더넷이 실제 널리 사용되기 시작한 것은 DEC, 인텔 등과 함께 IEEE에 의해 '블루 북'이라고 알려진 표준으로 제정되면서부터이다. 그 후 이더넷은 IEEE802.3이라는 표준기구에 의해 인준되었고, 미국표준협회인 ANSI에 의해서도 8802/3으로 인정되어 미국과 세계 표준의 네트워크 도구로 사용되게 되었다. 전 세계 모든 네트워크 업체는 이더넷 주소 등록비인 약간의 로열티만 지불하고 서로 호환 가능한 하드웨어로 네트워크를 구성할 수 있게 되었다. 처음 제록스가 이더넷을 만들 당시에 1km 라인에 100명의 사용자가 2.94Mbps로 통신이 가능하였으며, 그 당시 속도가 빛과 같이 빠르다고 하여 예전 과학자들이 빛의 매개체라고 생각했던 에테르(ether)의 이름을 따서 이더넷(Ethernet)이라고 이름 지었다. 이전에는 각 회사마다 각각의 네트워크 방식 때문에 서로 호환이 안되는 점이 있었으나, 이런 문제점이 이더넷을 통해 해결이 됨으로써 네트워크 시장은 폭발적으로 증가하기 시작하였다.[15]

다 네트워크의 정의

네트워크는 영어로 Net와 Work의 결합인데, Net는 그물이라는 뜻이고, Work는 작업이므로 그대로 직역하면 '그물 작업'이 된다. 네크워크는 컴퓨터를 이용한 작업이므로 좀 더 부드럽게 번역을 하자면 '컴퓨터를 이용한 협동 작업' 정도로 번역이 될 수 있다. 국제전기전자기술자협회(IEEE)에서는 네트워크를 '몇 개의 독립적

15) http://www.tibs.co.kr/network/1/network3.htm

인 장치가 적절한 영역 내에서 적당히 빠른 속도의 물리적 통신 채널을 통하여 서로가 직접 통신할 수 있도록 지원해 주는 데이터 통신체계'로 정의하고 있다. 네트워크의 사전적인 의미를 살펴보면, 모뎀이나 LAN, 케이블 또는 무선매체 등의 통신설비를 갖춘 컴퓨터를 이용하여 서로 연결시켜 주는 조직이나 체계, 통신망을 의미한다. 이러한 개념을 좀 더 확대하면 '네트워크라 하면, 하나의 컴퓨터가 프린터, 스캐너와 같은 장치와 연결되거나 공유하는 형태를 생각하지만, 네트워크는 사무실 내, 건물 내 또는 광범위한 범위의 여러 건물들에 분산되어 있는 컴퓨터나 장치까지도 포함되며, 최근에는 하나의 네트워크에 다수의 네트워크를 연결함으로써 음성, 오디오, 화상회의, 데이터 공유'로 정의할 수 있다. 단 두 대의 컴퓨터를 연결하는 것이든, 그 이상의 컴퓨터를 연결하는 것이든지 상관없이 필요에 의한 컴퓨터들의 연결이 네트워크이다. 이처럼 네트워크를 통해 컴퓨터들이 연결된다면 언제 어디서든지 원하는 정보를 공유하고 활용할 수 있게 된다. 오늘날 네트워크가 가져다 준 4가지 가장 큰 장점을 보면 다음과 같다.

먼저, 데이터 동시 접근이 가능해졌다는 것이다. 다수의 사용자가 같은 데이터에 동시에 접근하는 경우, 만약 공유가 불가능하다고 하면 사용자들은 여러 개의 같은 내용을 만들어서 서로 다른 디스크에 중복 저장을 해야 할 것이다. 만일 한 컴퓨터에 저장되어 있는 데이터를 수정하면 데이터들이 일치하지 않게 되어 결국 어떤 데이터가 최근의 것인지 판별하기 어렵게 된다. 이런 문제점은 데이터를 서버라 불리는 중앙 컴퓨터에 저장하여 공동으로 사용하면 해결된다. 서버에는 모든 사용자가 공유할 수 있는 자원을 제공하며, 이 서버가 사용자들이 접근할 수 있도록 파일을 저장해 둔 것이라면 이런 서버를 파일 서버라 부른다. 하나의 데이터 파일에 해당하는 마스터 사본 하나를 그 서버에 저장하고, 사용자가 필요로 할 때마다 마스터 사본에 접근할 수 있도록 한다. 네트워크상에서 파일들이 공유되고 여러 사람이 그 파일들을 사용할 때, 〈그림 2-8〉과 같이 특정 권한이 있는 사람들만 데이터를 읽고 수정할 수 있다. 여기서 읽기전용이라 함은 공유장치에 저장된 데이터를 읽기만 할 수 있는 권한을 가진 사용자를 의미하며, 이 사용자들은 데이터를 읽을 뿐 어떠한 수정도 할 수 없는 방식으로 데이터의 변경을 할 수 없다. 읽기/기록 권한은 네트워크 서버로부터 공유된 파일을 읽고 수정할 수 있으며, 공유된 파일의 읽기/기록 권한을 가진 사용자들이다. 사용자들이 파일을 수정하면 네트워크에 연결된 모든 사용자는 수정된 데이터를 공유하게 된다.

▼ 그림 2-8 네트워크상에서 데이터 접근 방식

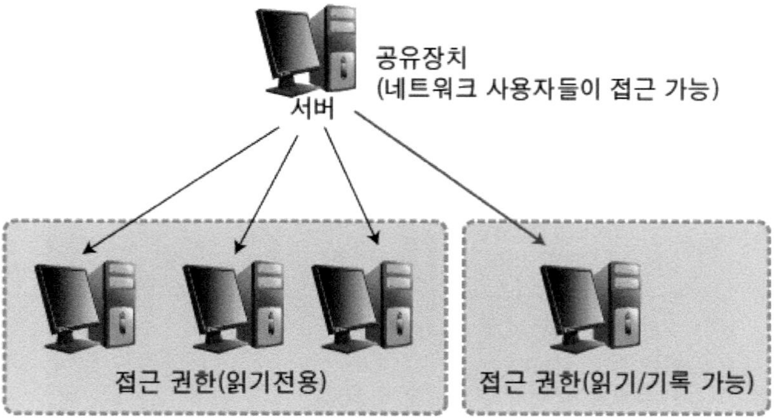

두 번째 장점은 주변장치의 공유 기능이다. 사무실이나 연구실에서 단일 네트워크로 컴퓨터들을 연결하는 이유는 레이저 프린터와 같이 값비싼 주변장치들을 공유함으로써 얻는 비용을 줄일 수 있는 장점이 있기 때문이다. 동일 공간의 모든 사용자가 프린터를 하나씩 소유한다는 것은 비용 면에서 그다지 효율적이지 못한 방법이다. 하나의 프린터를 네트워크로 연결하여 공유함으로써 비용을 절약할 수 있고, 프린터를 중앙 집중화하여 관리할 수 있다. 스풀링(spooling)이라는 프로세스를 이용하여 다수의 사용자들은 하나의 프린터에 여러 가지 작업들을 동시에 보낼 수 있으며, 여러 개의 프린터 작업을 동시에 관리하기 위해 특정 작업에 우선순위를 부여하여 다른 작업들보다 먼저 출력되도록 할 수 있기 때문이다.

세 번째 장점은 능률적인 통신 기능이다. 가장 널리 사용되는 데이터 통신의 예로 네트워크를 통해 문자, 음성 등의 메시지를 교환할 수 있게 하는 시스템인 이메일을 들 수 있다. 〈그림 2-9〉에서 보듯이 다른 사람에게 이메일을 보내려면 네트워크를 통하여 메시지를 주고받을 수 있는 이메일 프로그램을 사용해야 한다. 수신자는 이메일 주소를 입력하고 메시지를 입력한 다음, 메시지 전송을 프로그램에 명령한다. 메시지는 네트워크를 통해 새로운 메시지가 도착했음을 수신자에게 알려주고, 메시지를 저장하는 서버로 이동하여 수신자는 이메일 프로그램을 통해 서버로부터 메시지를 받을 수 있다.

네 번째 장점은 손쉬운 백업 기능이다. 데이터는 귀중한 자산이므로, 자신의 데이터를 백업해 두는 것은 매우 중요하다. 우선 사용자들이 네트워크를 통해 접근 가능한 공유 저장장치 하나에 중요한 데이터를 모두 넣어 둘 수 있다. 또한 사용자마다 하드디스크의 파일들을 백업받을 수 있는 네트워크 백업 소프트웨어도 있는데, 이 소프트웨어를 이용하면 파일을 중앙 서버에 복사할 필요가 없다.

▼ 그림 2-9 이메일 송수신 절차

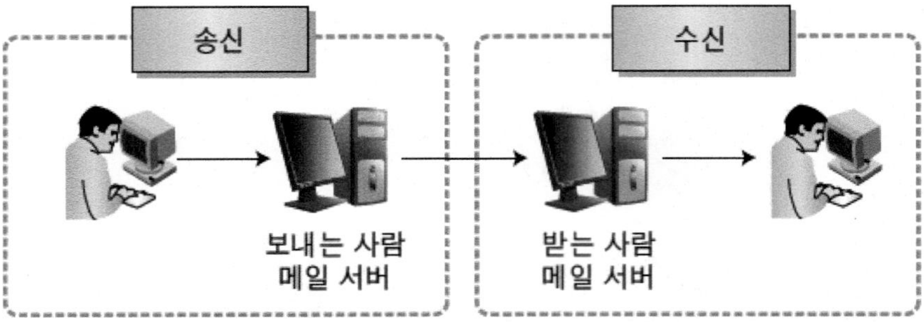

① 송신자가 이메일을 구성해서 보낸다.
② 메시지는 서버에 저장된다.
③ 서버가 수신자에게 메시지가 있음을 알린다.
④ 수신자의 컴퓨터에서 메시지를 서버로부터 검색해 이메일을 읽을 수 있게 된다.

여러 가지 형태의 네트워크 동작 방식을 이해하려면, 네트워크가 어떻게 구조화되는지를 알아야 한다. 네트워크는 규모 및 목적에 따라 매우 다양하게 구성할 수 있는데, 일반적인 네트워크 구성은 BAN, PAN, LAN, MAN, WAN으로 구분한다. BAN(Body Area Network)은 인체를 중심으로 하는 네트워크를 말하며 BSN(Body Sensor Network)이라고도 한다. 사람이 착용하는 옷이나 인체에 부착된 여러 장치로부터 구성된 네트워크를 통해 데이터를 주고받도록 구성되어 있다. PAN(Personal Area Network)은 10m 이내의 단거리 네트워크로 블루투스, 지그비 등의 무선통신으로 구성된 네트워크를 위미한다. LAN(Local Area Network)은 근거리 통신 네트워크로 대학 캠퍼스나 건물과 같은 일정지역 내의 네트워크를 구성하는 형태를 의미한다. LAN은 일반적으로 10Mbps~수십 Gbps에 이르기까지 다양한 전송속도로 동작하며, 구조는 별모양형(star network), 버스형(bus network), 링형(ring network) 등이 있다. MAN(Metropolitan Area Network)은 대도시 정도의 넓은 지역을 연결하기 위한 네트워크 구성 형태이며, 이것은 LAN의 확장 개념으로 보면 된다. 이는 대략 10km에서 수백km까지의 범위를 수용하는 네트워크 시스템으로, 케이블 TV 네트워크가 대표적인 예이다. WAN(Wide Area Network)은 광범위한 지역을 수용하며, 하나의 국가 내에서 도시와 도시, 또는 국가와 국가 간을 연결하려는 목적으로 수백~수천 km까지의 범위를 포함할 수 있도록 구성된 광역 네트워크 시스템을 말한다.

컴퓨터가 네트워크상에서 서로를 구분하기 위해서는 일종의 주소가 필요하다. 일반적으로 편지를 주고 받기 위해서는 각각의 건물이나 집에서 서로 다른 주소가 필요한 것처럼 컴퓨터 네트워크상에서 이런 역할을 담당하는 것이 바로 맥(Media Access Control, MAC)주소이다. 물론 인터넷은 TCP/IP(Transmission Control Protocol/

Internet Protocol)로 통신을 하며 이때 IP주소를 사용하지만, 이 IP주소를 다시 맥주소로 바꾸는 과정을 거치게 된다. 이러한 과정을 전문용어로 ARP(Address Resolution Protocol)라고 한다. 맥주소는 48비트로 정의되는데, 48자리의 이진수로 표현하기에는 너무 길기 때문에 짧게 표현하기 위해 12자리의 16진수로 표시한다. 모든 LAN상의 디바이스들은 반드시 유일한 맥주소를 가져야 한다. 따라서 랜카드 하나하나마다 서로 다른 맥주소가 있고, 또 네트워크 장비인 라우터나 스위치 등에도 고유의 맥주소가 들어가 있다.

맥주소는 그림 2-10과 같이 3가지 형태로 표현을 하는데, 앞의 6자리는(00:60:97) 제조사를 나타내는 코드로 이 코드를 OUI(Organization Unique Identifier)라고 한다. 이 코드는 제조사마다 다르기 때문에 앞의 6자리 숫자를 보면 어느 회사에서 만들어진 것인지 알 수 있다. 그리고 뒤에 오는 나머지 6자리 수는 제조사에서 각 장비에 분배하는 일련번호인 Host Identifier이다. 다시 정리하면 맥주소 중에 앞쪽 반은 미리 약속된 규정에 따라 각 네트워크 장비를 만드는 회사에 분배해주고, 그 회사에서는 나머지 반을 일련번호로 만들어 각 장비에 부여하게 된다. 예를 들면 〈그림 2-10〉에 있는 00:60:97의 6자리 주소는 회사가 부여받은 회사 고유의 주소가 되고, 그 회사에서 제조하는 네트워크 장비에는 00:60:97:00:00:00부터 00:60:97:FF:FF:FF까지를 부여할 수 있다. 따라서 각 제조회사가 부여할 수 있는 일련번호 수는 총 16^6으로 16,777,216개가 된다.

▼ 그림 2-10. 맥주소 표현 사례

00-60-97-8F-4F-86
00:60:97:8F:4F:86
00.60.97.8F.4F.86

네트워크를 통해 통신하는 방식에는 유니캐스트(Unicast), 브로드캐스트(Broadcast), 멀티캐스트(Multicast)로 3종류로 구분한다. 유니캐스트는 LAN 카드에서 통신을 한다고 할 때 데이터를 보내고자 하는 PC의 맥주소 (00-60-80-AA-BB-CC)와 받는 PC의 맥주소 (00-60-80-DD-EE-FF)가 정해져 있는 방식이다. 이런 방식으로 어떤 PC가 유니캐스트 프레임을 뿌리게 되면, 그 로컬 네트워크상에 있는 모든 PC들은 일단 이 프레임을 받아들여서 LAN 카드에서 자신의 맥주소와 비교하게 된다. 그 다음 자신의 LAN 카드 맥주소와 목적지 맥주소가 서로 다른 경우는 바로 그 프레임을 버리게 되고, 서로 같은 경우만 통신을 하게 되는 1:1 방식의 통신을 한다. 이렇게 되면 해당되지 않는 PC의 CPU까지는 영향을 주지 않기 때문에 통신을 위해 PC의 성능이 저하되는 일은 발생하지 않는다. 이 방식이 현재 네트워크상에서 가장 많이 사용되는 통신 방식이다. 이에 반해 브로드캐스트는 한마디로 로컬 LAN상에 붙어있는 모든 네트워크 장비들에게 보내는 통신이다. 브로드캐스트는 통신의 대상이 특정한 어떤 한 네트워크 장비가 아니고 네트워크 안의 모든 장비들에게 통신할 때 사용하는 방식이다. 이런 방식은 방송국에서 방송을 송출하는 방식과 유사한 방식이다. 브로드캐스트는 네트워크상의 전체 노드로 전송이 되기 때문에 전체적인 트래픽도 증가하지만 이 패킷을 받은 모든 LAN 카드가 이 패킷을 CPU로 전송하기 때문에 CPU는 하던 일을 멈추고 또 다른 일을 해야 하고, 이에 따라 전체 PC의 성능도 떨어지게 된다. 따라서 과도한 브로드캐스트는 전체 네트워크의 성능뿐 아니라 PC자체의 성능도 떨어뜨리게 된다. 마지막으로 멀티캐스트는 보내고자 하는 그룹 멤버들에게만 한 번에 보내는 통신방식이다. 예를 들어 200명의 사용자가 있는 네트워크상에서 150명에게만 정보를 동시에 보내야 하는 상황이라고 가정할 때, 유니캐스트 방식으로 하고자 하면 150명의 주소로 하나씩 전부 보내야 한다. 일일이 각각의 주소를 적어넣은 편지를 150번 보내주는 것과 같다. 이렇게 되면 서버 쪽에서 볼 때는 같은 데이터를 150번이나 반복해서 보내야 하기 때문에 일이 많아질 뿐만 아니라 네트워크상에서도 같은 데이터를 150번이나 반복해서 보내기 때문에 트래픽을 가중시키게 된다. 그리고 브로드캐스트 방식으로 보내게 되면 필요없는 50명도 이 데이터를 받아 처리해야 하므로 효율적이지 못하다.[16)]

라 사물인터넷은 IPv6 시대

편지는 받는 사람의 주소를 토대로 정확하게 배송된다. 마찬가지로 이메일 주소가 있어야 원하는 내용을 원하는 사용자에게 보낼 수 있다. 이러한 주소 역할을 하는 것이 바로 IP(Internet Protocol)주소이다. 많은 사람들이 IP주소를 컴퓨터의 주소로 알고 있는데, 엄밀히 말하면 IP는 컴퓨터의 주소가 아니라 LAN 카드에 연결되어 있는 회선(보통 랜선이라고 함)의 주소를 의미한다. 편지를 배달하는 과정에 비유해 보면 다음과 같다. 홍길동이라는 사람의 주소가 AAA라고 하자. 홍길동에게 택배를 전달하려면 AAA라는 주소를 찾아가서 '홍길동씨가 누구신가요?'하고 직접 홍길동씨에게 택배를 전달하게 된다. 그런데 만약 홍길동씨의 주소가 BBB로 바뀌었다면, 같은 방법으로 BBB를 찾아가서 홍길동씨를 찾아서 택배를 전달하면 된다. 여기서 AAA나 BBB와 같은 홍길동씨의 위치를 나타내는 주소가 바로 IP주소에 해당하며, 택배를 받는 홍길동이라는 사람이 맥주소라고 생각하면 된다. 다른 말로

16) 진강훈 외, "시스코 네트워킹", 성안당

어떤 A라는 PC를 서울에서 사용하다가 부산으로 이사를 가게 되면, IP주소는 서울에서 부산으로 바뀌지만 PC의 맥주소는 변하지 않고 불변이다. 그러므로 A컴퓨터가 IP주소가 192.168.10.1인 곳으로 '바다'라는 데이터를 보내고자 하면, 192.168.10.1이라는 위치를 알고 있지만 정작 그 IP주소를 누가 사용하고 있는지 모른다. 그래서 '192.168.10.1을 누가 사용하고 있지?' 하고 신호를 보내게 되면, 이때 B컴퓨터에서 자기를 찾는다는 것을 알게 되고, 자신이 그 IP주소를 사용하고 있다고 응답을 하게 된다. 그러면 A컴퓨터는 B컴퓨터에게 '너에게 보낼 데이터가 있으니 맥주소를 알려줘'하고 신호를 보내게 되면, B컴퓨터는 A컴퓨터에게 자신이 사용하는 맥주소를 알려주게 되고, 그 맥주소가 맞으면 비로소 데이터를 주고받게 된다. 이러한 과정에서 사용되는 프로토콜이 바로 ARP이다. 결론적으로 실제로 데이터를 주고받기 위해서는 서로간의 맥주소를 이용한다는 것이며, IP주소는 단지 상대방의 위치만 알려줄 뿐이다. 그래서 IP주소를 논리적 주소라고 하고, 맥주소를 물리적 주소라고 한다. IP주소는 거대한 네트워크인 인터넷상에서 어떤 한 컴퓨터를 찾아낼 수 있는 주소이다. 처음 인터넷이 등장했을 때는 오늘날처럼 이렇게 커질 것을 예상하지 못했다. 인터넷 체계를 만들 당시에는 32비트의 주소로 인터넷상의 모든 단말기의 주소를 다 표현할 수 있을 것으로 예상을 했다. 32비트는 2^{32}이니 표현이 가능한 주소는 약 42억 9천개 정도가 된다. 이 중에서 사용하지 못하는 주소도 일부 있기 때문에 사용 가능한 주소는 이 보다는 약간 작다. 32비트의 이진수로 주소를 표현하게 되면 맥주소와 마찬가지로 너무 길어지게 때문에 〈그림 2-11〉과 같이 IP주소를 이진수 8자리를 하나씩 묶어서 4개의 옥데트(octet)로 표현하며, 하나의 옥데트는 2^8이므로 0부터 255까지 표현이 가능하다. 이러한 주소 체계를 IPv4라고 한다.

▼ 그림 2-11 IPv4 주소 표기법

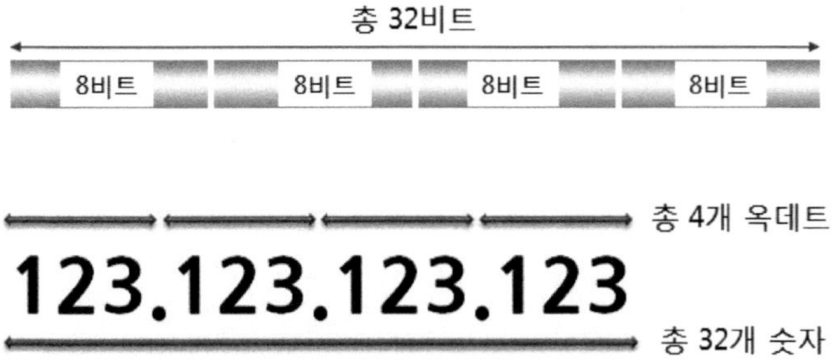

IPv4 주소는 전화번호와 같이 국내에서 표준을 정하고 정책을 수립하여 이용자에게 무한히 할당을 할 수 있는 자원이 아니라 전 세계적으로 관리되는 유한한 주소체계이다. IPv4 주소는 인터넷주소자원의 총괄관리기관인 IANA(Internet

Assigned Names Authority)에서 관리하며, IANA에서는 각각의 대륙별 인터넷주소자원 관리기관인 RIR(Regional Internet Authority)에 주소를 분배하고 있다. 국내에서는 1996년부터 한국인터넷정보센터(한국인터넷진흥원의 전신)가 인터넷 주소자원 관리기관으로 아-태지역 인터넷주소자원 관리기관인 APNIC로부터 IP주소를 확보하여 국내 IP주소 관리대행자 또는 독자적인 네트워크를 운영하는 일반기관 등에게 할당하고 있다. 이렇게 공인기관으로부터 할당을 받아서 사용하는 주소를 공인IP주소라고 한다. 반면, 인터넷에서는 사용할 수 없고 대신 인터넷 공유기 내부의 네트워크에서만 사용할 수 있는 주소가 있는데 이를 사설IP주소라고 한다. 고정IP주소는 컴퓨터에 고정적으로 부여된 IP주소를 말하며, 한번 부여되면 IP주소를 반납하기 전까지는 다른 장비에 부여할 수 없는 IP주소를 말한다. 유동IP주소는 장비에 고정적으로 IP주소를 부여하지 않고 컴퓨터를 사용할 때마다 남아 있는 IP주소 중에서 돌아가며 부여하는 IP주소를 뜻한다. 부여받은 IP주소가 10개이고 접속해야 할 컴퓨터가 20대라면, 고정IP주소로 모든 컴퓨터에게 주소를 부여하지 못하므로, 유동IP주소 10개를 컴퓨터 20대가 돌아가면서 사용하게 하면 적은 주소로 모두 사용할 수 있다. 결론적으로 인터넷 상에서 서버를 운영하고자 할 때에는 공인IP주소를 고정IP주소로 부여해야 하며, 반면에 가정에서 사용하는 컴퓨터는 인터넷 서비스업체에서 각 가정마다 공인IP주소를 유동IP주소로 부여하고, 공유기 내부에 있는 가정 내의 컴퓨터들은 사설IP주소를 유동IP주소로 부여하는 것이 일반적이다. 이와 같이 컴퓨터가 처음 인터넷에 접속할 때 유동IP주소를 할당받게 되는데, 이와 같이 동적으로 컴퓨터의 IP주소를 자동으로 할당해 주는 프로토콜을 DHCP(Dynamic Host Configuration Protocol)라고 한다. DHCP를 통한 IP주소 할당은 유동IP주소인 셈이다.

현재의 IP주소는 IPv4 체계를 사용하고 있으며, IPv4 주소를 할당하는 규칙은 다음과 같다. IPv4 주소를 크게 두 부분으로 구분하는데, 네트워크 부분과 호스트 부분이다. 네 개의 숫자 중 어디까지가 네트워크 부분이고 어디까지가 호스터 부분이냐에 따라 IP주소는 〈그림 2-12〉와 같이 5등급으로 구분된다. 네 개의 숫자 중 첫 번째 숫자만 네트워크 부분이고 나머지 세 개의 숫자가 호스트 부분인 주소를 A클래스(Class A)라고 하며, 첫 숫자는 반드시 0~127 사이에 있어야 한다. 이렇게 네트워크를 구성하게 되면 255×255×255개로 계산을 하며 16,777,214(모두 0인 경우는 네트워크 자체를 나타내기 때문에 제외되고, 모두 1인 경우는 브로드캐스트 주소이기 때문에 제외)개의 호스트를 구분해서 사용할 수 있다. 따라서 A클래스는 할당할 수 있는 주소가 굉장히 많으므로 큰 네트워크를 가진 기관에만 주어진다. B클래스(Class B)는 앞의 두 숫자가 네트워크 부분이고, 뒤의 두 숫자는 호스트 부분이다. 따라서 B클래스는 256×256-2=65,534개의 호스트를 가질 수 있다. C클래스

(Class C)는 앞의 세 자리가 네트워크 부분이고, 나머지 한 자리가 호스트 부분이므로 254개의 호스트를 가질 수 있다. A클래스, B클래스, C클래스는 일반 사용자에게 부여하는 네크워크 구성용이며, D클래스는 멀티캐스트용, E클래스는 향후 사용을 위해 예약된 주소이다. 그 외에도 전용주소(private address)라는 유동 IP 주소가 있는데, 각 클래스의 외부로는 데이터가 전송되지 않고 데이터가 그 네트워크 내부에만 머무는 주소이다. A클래스의 10.0.0.0, B클래스의 172.16.0.0~172.31.0.0, C클래스의 192.168.0.0~192.168.255.0까지의 주소가 이에 해당된다. 가정에서 사용하는 대부분의 사설IP는 바로 이 주소를 의미한다. 회사 내부나 가정에서는 공인IP를 부여받지 않은 상태에서 이러한 주소 대역 중에서 아무 주소나 할당을 해도 문제가 되지 않는다. 따라서 공인IP주소가 모자랄 경우 사설IP로 회사나 가정 내의 IP주소를 부여하고 공유기 등에 고정IP를 부여한 다음, 인터넷에 접속하는 방식이 널리 사용되고 있으며, 오늘날 대부분의 인터넷 장비는 사설IP를 부여받고 공유기나 라우터(공유기가 라우터 역할을 함)를 통해 인터넷에 접속하게 된다. 인터넷 외부에서는 사설IP를 부여받은 컴퓨터는 공인IP에서 알아볼 수가 없다는 점이 특징이다.

▼ 그림 2-12. IPv4 주소의 구성 체계

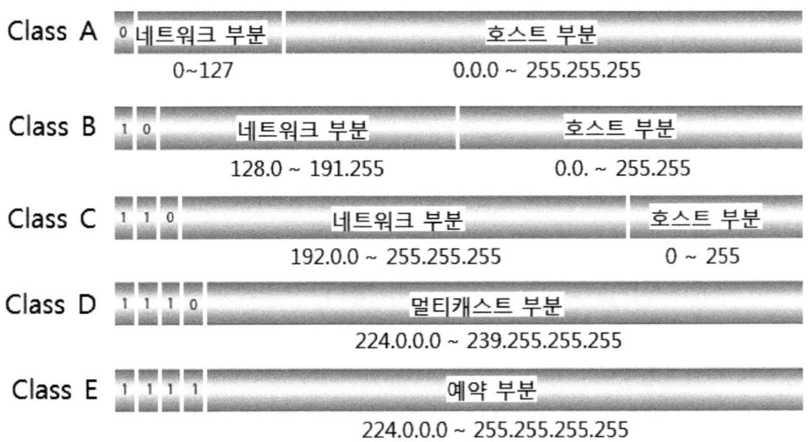

숫자로 보면 IP주소가 엄청나게 많은 듯하지만, 지금까지 인터넷이 발전되면서 점차 IP주소는 고갈현상이 나타나고 있다. 그 이유는 전 세계 컴퓨터를 비롯하여 다양한 기기가 고유한 IP주소를 가져야 하기 때문이다. 이와 같은 IP주소 부족 문제를 해결하기 위해 제안된 새로운 IP 주소체계가 IPv6이다. IPv6 주소체계는 팔로알토 연구소에서 개발되었고, 1994년 국제인터넷 표준화 기구인 IETF에서 차세대 주소체계의 표준으로 채택이 되었으며, IPv6의 주요 장점은 다음과 같다. 먼저

IPv4에 비해 큰 주소 영역을 가지고 있다는 점이다. IPv6가 사용하는 128비트의 주소 공간은 현재 및 미래의 모든 인터넷 디바이스의 주소를 제공할 수 있을 정도로 충분한 IP주소 체계를 제공한다. 이는 기존 IPv4의 32비트 주소 숫자에 비해 128비트로 늘어난 주소를 사용하게 되어 이론적으로 2^{128}개의 주소가 가능하며, 이는 3.4×10^{38}개의 주소를 의미하는데 한마디로 거의 무한대의 주소 표현이 가능하다. 이렇게 되면 컴퓨터뿐만 아니라 냉장고, TV, 세탁기, 전자레인지 등 일반 가전기기에도 IP주소를 부여할 수 있어 각 기기 간의 통신이 가능해진다.

두 번째는 〈그림 2-13〉과 같이 IPv6가 IPv4에 비해 헤더(header)가 단순해짐으로 인해 효율적인 라우팅이 가능해진다는 점이다. 유연한 IPv6 헤더 및 계층적인 라우팅 인프라를 지원하는 주소 체계를 사용하면, 인터넷 상의 IPv6 라우터는 IPv4 라우터에 비해 더 빠르게 IPv6 트래픽을 전달할 수 있다. 제거된 필드들은 주로 패킷체크와 관련한 것들인데, 이들은 이더넷 계층에서도 이미 체크되는 것들로써 불필요한 오버헤드를 낳게 된다. 기존 IPv4에는 라우터가 패킷전송을 위해서는 많은 정보를 유지해야 했다. 그러나 최대한 빠르고 정확한 장소로 패킷을 전송시키기 위해서 라우터가 유지해야 할 정보들은 적을수록 좋다. 그래야 그만큼 연산처리가 빨라지기 때문이다. 따라서 IPv6는 헤더구조가 간소화되어 성능의 향상을 기대할 수 있다. 또한 IPv6에는 헤더의 체크섬(Checksum)이 사라졌다. 이는 목적지에 도착한 패킷의 헤더정보가 올바르게 도착했는지를 검사하는 기능인데, 데이터 링크 계층에서 헤더 에러를 검사하므로 굳이 IP계층에서까지 검사를 할 필요가 없는 것이었다. 따라서 이러한 오버헤드를 줄임으로써 라우팅 성능의 향상을 기대할 수 있게 되었다.

▼ 그림 2-13 IPv4와 IPv6의 헤더 비교

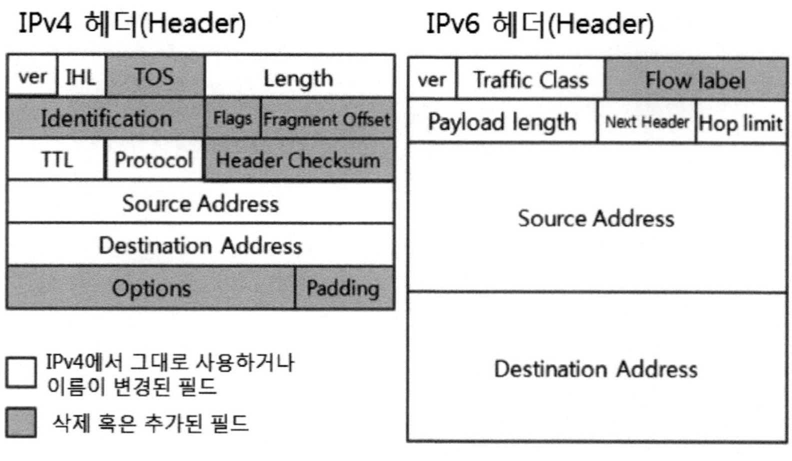

세 번째의 장점은 IPv6 호스트는 DHCP 서버로부터 손쉽게 IPv6 주소를 구성할 수 있다는 점이다. DHCP란 IPv4에서 언급되었듯이 호스트의 IP주소와 각종 TCP/IP 프로토콜의 기본 설정을 클라이언트에게 자동적으로 제공해주는 프로토콜이다. IPv6에서는 DHCP 서버가 있을 때의 주소 구성인 Stateful 방식과 DHCP 서버가 없을 때의 주소 구성인 Stateless 방식이 있다. Stateful 방식은 IPv4의 DHCP처럼 서버에서 IP주소를 분배해주는 방식이다. Stateless 방식은 특정 서버가 없어도 라우터 등에서 자동으로 호스트의 IP구성을 가능하게 해 주는 기능으로 IPv6에서만 지원하는 기능이다. 네트워크에 붙이기만 하면 알아서 자동으로 주소를 할당해주는 것으로 한마디로 플러그앤플레이(Plug & Play) 기능이다. 그러나 IPv4에서의 플러그앤플레이는 DHCP 등의 도움없이 IP를 할당받기 위해서는 서브넷마스크나 게이트웨이, IP주소 등에 대한 정보를 알아야만 네트워크 설정이 가능했다.

마지막으로 향상된 보안기능이다. 초기 연구목적으로 사용되었던 인터넷이 추후 이렇게 대중화될지 몰랐기 때문에 IPv4는 보안을 염두에 두지 않고 만들어졌다. 이런 문제로 폭발적인 인터넷 성장은 고질적인 보안의 취약성을 그대로 가지고 있었다. 이에 반해 IPv6는 기본적으로 IPSec(Internet Protocol Security) 기능이 기본적으로 장착되어 있기 때문에 더욱 보안적으로 강화되었다. IPSec 보안에는 크게 3가지 기능이 탑재되어 있다.

먼저 데이터 패킷의 무결성 서비스이다. 송신자가 발송한 패킷이 중간에 제3자에 의해 임의로 수정 또는 변경되지 않고 무사히 수신자에까지 도착되었음을 보장하는 서비스이다. 다음은 패킷의 인증 서비스이다. 이것은 보다 정확한 송신자 인증을 나타내는데, 수신한 패킷에 기록된 송신자가 정말 그 패킷을 발송한 송신자임에 틀림이 없는지를 보장하는 서비스이다. 그리고 마지막으로 패킷의 기밀성이다. 이것은 패킷이 전달되는 도중 제3자가 그 내용을 들여다 볼 수 없도록 암호화하는 서비스를 의미한다. 이러한 IPSec은 Windows XP 및 Windows Server 2008의 IPv6 트래픽에서는 제한적으로 지원이 되었다. 그러나 Windows Vista 및 Windows Server 2008 이후의 운영체제에서, IPv6 트래픽을 위한 IPSec은 IKE (Internet Key Exchange) 및 데이터 암호화(Data Encryption)를 포함하여 IPv4의 IPSec과 동일한 기능을 모두 제공하고 있다. 기타 IPv6의 장점으로 향상된 QoS (Quality of Service)를 지원하고 있다. IPv6 헤더는 트래픽의 종류 및 특성을 구분할 수 있기 때문에 IPSec을 통해 암호화된 패킷도 동일하게 QoS 기능을 지원받을 수 있다. 또한 IPv6에서는 브로드캐스트가 없어지고 애니캐스트가 생겨났으며, 멀티캐스트가 성능을 확장하여 브로드캐스트의 역할을 대신하게 되었다.

IPv6의 주소표기법은 각 16비트씩 8자리로 되어 있고, 각 자리는 콜론(:)으로 구분한다. 예를 들면 FCDC:AC91:1234:4DAC:ECEC:ABCD:432D:8542와 같다. 이때 각 자리가 연속되는 0일 때는 축약해서 표현할 수 있다. 예를 들어 1080:0000:0000:0000:0008:0800:200C:417A에서 앞의 비트에 0이 있는 5번째 자리의 0008과 6번째 자리의 0800을 축약해서 1080:0:0:0:8:800:200C:417A로 나타낸다. 이때 각 자리가 모두 0일 때 이를 더블 콜론(::)으로 다시 축약이 가능하여 1080::8:800:200C:417A로 표현한다(그림 2-14 참고).

▼ 그림 2-14 IPv6 주소 포맷

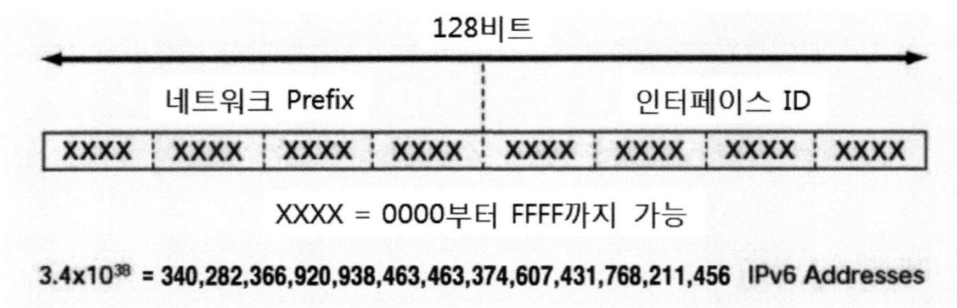

많은 객체 간의 통신이 필요한 IoT 환경에서 식별(Identification)은 중요한 문제 중 하나이다. 무선으로 인터넷에 연결되는 장비들이 2013년 1인당 1개 수준에서 2018년이 되면 1.5개로 증가할 것으로 전망하고 있으며,[17)] 단일 네트워크 수준을 포함하면 실제로 인터넷에 연결되는 객체의 수는 기하급수적으로 증가할 것으로 전망된다. 이런 상황에서 객체의 식별정보로서 IPv6는 기존의 검증된 네트워크 통신 구조를 그대로 활용하면서 동시에 거의 무제한에 가까운 식별정보를 생성해낼 수 있기 때문에 IoT의 주소체계로 필수조건으로 보고 있다. IPv6가 본격적으로 사용되면 현재 문제가 되고 있는 IP주소 부족은 완벽하게 해결될 수 있고, IoT가 추구하는 것처럼 지구상 모든 기기에 IP주소 부여가 가능해질 수 있다. 그러나 지난 1994년 표준으로 제정된 IPv6는 벌써 20여년이 지났지만 여전히 대중화되지 못하고 기존의 IPv4 주소 체계를 대체하지 못하고 있는 상황이다. 2015년 1월 기준으로 전 세계에 실제로 배정된 IPv6 할당내용을 보면 고작 16만개 정도에 불과하다. 이처럼 IPv6가 확산되지 못하는 이유로는 기존 네트워크 장비를 IPv4/IPv6가 혼용되도록 듀얼스택 장비로 구축해야하거나, 보안 및 인증장비를 업그레이드해야 하는 경제적인 부분이 가장 크고, 웹서버의 경우에는 IPv6를 운영하도록 많은 부

17) Cisco, "Cisco Visual Networking Index: Global Mobile Data Trfic Forecast Update 2013–2018", 2014. 2

분에서 업그레이드를 진행해야 하는 시간문제와 인력 등의 기회비용이 천문학적인 수준이라 IPv6의 보급이 더딘 이유이다. 그러나 통신사들이 새로운 기회로 사물인터넷에 집중적으로 투자를 하기 시작하면 급속하게 IPv6의 주소체계는 확산되리라 보고 있다. 또한 글로벌 기업들은 사물인터넷이 미래의 새로운 먹거리로 보고 집중적인 투자를 하고 있으므로 IPv6 주소체계는 더 이상 남의 이야기가 아닌 현실로 다가올 것으로 예상한다.

마 무선통신 기술로 성큼 다가온 사물인터넷

해외를 가게 되면 가장 불편한 것이 와이파이(WiFi) 접속이 불편하다는 것이다. 국내에서는 어디를 가든 마음껏 사용할 수 있던 것인데, 외국에서는 무료로 사용할 수 있는 곳을 찾기가 쉽지 않다. 와이파이가 되는 곳을 찾아도 속도가 느려서 불편하여 한국에서의 인터넷 속도를 그리워하게 된다. 2010년 이전에는 와이파이가 있는 곳을 찾아다니지 않았는데, 아마 스마트폰이 대중화되면서 데이터를 자유롭게 사용하고 싶기 때문일 것이다. 불과 몇 년전만 해도 와이파이라는 용어 자체를 아는 사람이 별로 없었는데, 이제는 삼척동자도 아는 용어가 되어 버렸다. 이것은 분명 스마트폰이 가져다 준 문화의 대변혁이라 볼 수 있다. 스마트폰 이전의 피처폰 시절에 휴대폰은 통화가 주목적이었다면, 스마트폰은 통화보다는 인터넷 검색이라든지 SNS를 한다든지 하는 데이터 통신이 주목적이 된 셈이다. 그래서 그런지 통신사들도 과거에는 통화량에 비례하여 요금을 책정했지만, 지금은 음성통화는 대부분 무료이고 데이터 사용량에 따라 요금을 과금하는 정책으로 변경이 되었다. 따라서 스마트폰 사용자는 요금을 덜 내기 위해 무료 와이파이를 찾을 수밖에 없게 되었다. 기술적으로 보면 와이파이는 근거리 무선통신 기술의 일종이라 볼 수 있다. 근거리 무선통신이란 전파를 정보의 전송 매체로 이용해서 가까운 거리에 있는 각종 정보처치 기기들 사이에 정보를 교환하게 하는 통신을 말한다. 와이파이가 대중화되기 이전에는 기기들 사이에 선으로 연결된 유선통신이었다. 그러나 이동성, 설치 및 확장의 용이성 등 무선의 장점으로 인해, 오늘날 근거리마저도 무선통신이 유선통신의 자리를 대체하고 있다. 근거리에서의 유선통신과 무선통신의 기술을 비교해 보면 〈표 2-1〉과 같으며, RFID에 대한 상세한 내용은 19장에 설명되어 있으므로 여기서는 WLAN과 WPAN 기술에 대해서만 언급한다. 현재 가장 많이 사용하고 있는 와이파이, 블루투스(Bluetooth), 지그비(ZigBee) 3개 기술은 〈표 2-2〉와 같다.

▼ 표 2-1 근거리 무선통신 기술의 비교

구 분				네트워크 범위	주요 접속방법
유선	광, 동축 및 이더넷 케이블, PLC 등			케이블로 연결된 통신기술	유선 접속 케이블을 통해 통신
무선	WLAN	2.4GHz / 5GHz WLAN		사무실, 학교 등에서 밀집된 정보통신 기기들간의 통신기술(약 50~100m 이내)	중계장치(AP)를 경유하여 통신
	WPAN	고속	UWB	개인정보 통신 기기간의 통신을 유선에서 무선으로 대체하는 기술(약 10m 이내)	중계장치(AP) 없이 기기간 직접 통신(Ad-hoc)
		저속	Bluetooth, ZigBee, UWB		
	RFID	전자기장	UHF, 2.4GHz	태그와 안테나 사이의 거리가 약 1~100m 범위	태그와 안테나 사이의 전자기장 통신
		인덕티브	125kHz, 13.56MHz	태그와 안테나 사이의 거리가 약 1m 이내	태그와 안테나 사이의 전자기 유도로 통신
		NFC	13.56MHz	태그와 안테나 사이의 거리가 약 10cm 이내	

▼ 표 2-2 대표적인 근거리 무선통신 기술 비교

항 목	WiFi	Bluetooth	ZigBee
기반 기술	IEEE 802.11	IEEE 802.15.1	IEEE 802.15.4
네트워크 구성방식	인프라스트럭처/ 애드-혹	애드-혹 (소규모 네트워크에 적합)	메쉬
통신 거리	50~100m	10m 이내	10~100m
주파수 대역	2.5/5GHz	2.4GHz	868MHz(유럽)/915MHz(미국) 2.4GHz(그외)
전송 속도	54~600Mbps	1~3Mbps	250kbps
복잡도	매우 높음	중간	낮음
전력 소모	높음	중간	낮음
송신 전류	400mA 이상	40mA	25~35mA
대기 전류	20mA	200μA	3μA

와이파이는 하이파이(Hi-Fi, High Fidelity)에 무선기술을 접목한 것으로, 고성능 무선통신을 가능하게 하는 무선랜(Wireless LAN, 줄여서 WLAN이라고 함) 기술이다. 무선랜은 LAN 기반 망과 단말기(예 스마트폰 또는 태블릿 등) 사이를 전파를 이용하여 전송하는 시스템을 말한다. 유선LAN이 설치되기 어려운 장소에 도입되기 시작한

무선랜은 처음에는 많은 초기투자비용과 느린 속도로 인해 널리 이용되지 못하였다. 그러나 IEEE 802.11b 표준의 무선랜 제품이 11Mbps의 유선랜과 유사한 속도를 제공하기 시작하고 칩 가격이 저렴해짐에 따라 2000년을 기점으로 사용량이 급증하기 시작했다. 초창기 2.4GHz 대역에서 서비스를 제공하던 무선랜은 더욱 빠른 전송속도를 위해 5GHz 대역에서 최대 54Mbps의 속도를 내는 제품이 속속 등장하면서 폭발적으로 확산되었다. 무선랜은 여러 분류 방법에 따라 구분할 수 있으나, 전송방식과 국제표준에 따라 〈표 2-3〉과 같이 구분할 수 있다. 이것은 시대 흐름에 따라 전송속도를 개선하기 위해 정해진 표준으로 구분된다.

▼ 표 2-3 IEEE802.11 무선랜 표준기술 비교

구분	802.11a/b	802.11g	802.11n	802.11ac
표준화 시기	1999년	2003년	2009년	2014년
주파수(GHz)	3.7/2.4	2.4	2.4/5	2.4/5/60
대역폭(MHz)	20	20	20/40	20/40/80/160
데이터 속도(Mbit/s)	1~54	6~54	7.2~150	~7000
통신 범위(m)	35	38	70	-

무선랜의 가장 큰 장점 중의 하나는 유선랜에 비해 일정거리 내에서 이동성에 대한 자유로움이 보장된다는 것이다. 가정이나 사무실뿐만 아니라 대학 캠퍼스, 병원, 물류센터, 호텔, 공항에서 무선랜을 이용한 인터넷 서비스를 사용할 수 있게 됨에 따라, 효율적인 학업 및 업무환경 마련에 무선랜을 이용할 수 있다. 무선랜은 〈그림 2-15〉에서 보듯이 크게 2가지 접속형태가 있다. 하나는 인프라스트럭처(Infrastructure) 모드로 AP(Access Point)나 무선랜 공유기와 같은 네트워크 기기를 통해 통신하는 방법이다. 다른 하나는 애드-혹(Ad-hoc) 모드 또는 피어-피어(Peer-to-peer) 모드라고 하며, PCMCIA 무선랜카드나 USB타입의 무선랜 어댑터끼리 연결하는 방법이다.

▼ 그림 2-15 무선랜 접속방법(좌측: 인프라스트럭처 모드, 우측: 에드-혹 모드)

인프라스트럭처 모드는 AP와 무선랜으로 통신을 하여 외부 네트워크와 통신이 가능한 구조로 만든 것이다. 그래서 모든 통신은 반드시 AP를 거쳐서 이루어지며, 무선망을 사용하지만 결국은 유선망 하에서 연동되는 방식이다. 따라서 기존의 유선공유기 사용 환경처럼 중앙에 허브(Hub) 기능을 가진 네트워크 장치를 설치함으로써 하나의 유선초고속 통신망을 여러 대의 PC 또는 단말기를 공유하도록 하여 1개의 IP, 즉 하나의 인터넷 통신망으로 다른 추가 비용 없이 여럿이 AP라는 장치를 통하여 인터넷을 사용할 수 있는 환경을 말한다. 이런 방식은 일반 가정이나 사무실 등에서 하나의 AP를 공용으로 사용해서 여러 사람이 인터넷에 접속을 하기 위한 방식으로 사용하는 모드이다. 인프라스트럭처 모드의 장점은 기존의 유선공유기의 케이블 사용에 따른 번거러움과 이동성의 제약을 없애 버림으로서, 가정이나 사무실 어디에서나 무선랜 기능이 있는 디바이스로 케이블 없는 쾌적한 인터넷 환경을 구축할 수 있다는 것이다. 에드-혹 모드는 AP없이 내부 단말기들끼리만 서로 구성된 내부망으로 외부 네트워크와 통신을 할 수 없는 모드이다. 이것은 인터넷에 연결이 불가능하고 각각의 디바이스들끼리만 연결 가능하다는 특징이 있다. 그러나 이러한 단점은 인터넷이 안 되는 상황을 가정할 때, 자료를 공유하기 위한 좋은 방법이 된다. 즉, USB나 메모리스틱 없이도 에드-혹 모드를 활용하면, 여러 대의 디바이스를 가상으로 묶어 자료를 공유할 수 있게 된다는 장점이 있다. 이런 방식은 회사 내부에 있는 하나의 고성능 레이저 프린터를 여러 사람이 공유하는 방식에 적용될 수 있다.

무선랜의 취약점 중의 하나는 전파라고 하는 무선 매체를 이용하기 때문에 집안이나 사무실의 가구배치, 책상과 파티션의 위치에 따라 방사되는 전파의 세기가 달라진다는 것이다. 이로 인해 같은 AP를 이용하고 있다 하더라도 주변 환경에 따라 무선랜의 전송속도가 저하될 수 있다는 점이다. 따라서 무선랜을 설치할 경우에 가장 중요한 것 중의 하나는 주어진 환경에서 적절한 AP의 설치 장소를 설정하는 것이다. 보통 두 개의 벽을 통과하면 신호가 많이 약해져서 인터넷 환경이 불안해질 수 있다. 그리고 무선랜을 이용시 적절한 보안대책을 수립하지 않으면 통신내용의 도청 또는 무선랜의 부정이용 등의 위협이 발생할 수 있다. 통신내용의 도청이란 무선랜에서 주고받는 데이터가 전파를 이용하여 송수신되기 때문에, 무선랜의 보안기술을 적절히 이용하지 않으면 누군가 쉽게 나의 정보를 도청하는 것이 가능하게 되어버리는 경우이다. 또한 보안설정이 되어 있지 않은 AP는 이용가능범위의 어떤 디바이스로부터의 접속이 가능하게 된다. 이는 무선랜을 이용하여 인증받지 않은 타인이 내 무선랜 AP를 통해 통신을 행하는 부정이용이 가능하다는 것을 의미한다. 얼마전 무선랜 이용으로 문제가 되어 뉴스에 나왔던 사례는 허가받지 않은 임의의 누군가가 무선랜을 부정이용 함으로서, 다른 회사 네트워크에 침입하여 관련 정보를 유출하거나 열람한 경우였고, 실제 실험을 통하여 쉽게 다른 회사네트워크에 접근하는 것을 확인하기도 했다. 이와 같이 「통신내용의 도청」, 「무선랜의 부정이용」은 무선랜을 사용하는 많은 이용자는 큰 피해를 입힐 수 있으므로, 공중 무선랜 서비스 제공자 및 자가 이용자 역시 본인이 처한 환경에서 적당한 보안대책을 수립과 체계적으로 관리하는 것이 중요하다. 시판되고 있는 IEEE 802.11b와 11g 무선랜 표준은 호환성이 제공되기 때문에, 특별한 보안기능을 설정하지 않았다면, 주변 AP에 접속하는 것이 가능하게 되도록 만들어져 있다. 이것은 이용자가 무선랜 제품의 보안설정을 시행하지 않으면, 타인이 마음대로 자신의 통신을 훔쳐보거나 자신의 액세스 포인트에 접속하거나 할 수 있다는 것을 말한다. 이러한 문제를 막기 위해 현재의 시판되는 무선랜 제품에는 보안기능으로서 〈표 2-4〉와 같은 기능을 설정할 수 있다.

▼ 표 2-4 무선랜 제품의 보안기능

보안 기능	설 명	
WEP	무선랜 통신을 암호화하기 위한 규격으로서, 사용자가 임의의 문자/숫자를 결합하여 WEP 키를 생성한다.	현재의 WEP에는 약간의 취약성이 지적되고 있지만, 가장 간단하게 수행할 수 있는 보안 기능 중의 하나이다.
MAC주소 필터링	AP에 단말의 MAC주소를 등록하고, 등록한 이용자는 통신이 가능하게, 등록되지 않은 이용자는 통신이 불가능하게 만드는 방법이다.	통신기기 고유의 식별자인 MAC주소를 이용하여 AP에 접속 가능한 무선랜 단말을 제한하는 방식으로 MAC주소는 쉽게 확인이 가능하다.
SSID	AP의 SSID를 알고 있는 이용자만이 통신이 가능하고, 모르는 이용자는 통신이 불가능하게 설정하는 방법이다.	SSID는 무선랜의 네트워크 식별자로서 이용되고 있고, AP와 동일한 SSID를 설정한 무선랜 단말만이 해당 AP를 통하여 통신이 가능하다.
IEEE802.1x 인증	암호화 신뢰도가 비교적 높은 방식으로, 자가 이용자보다는 규모가 큰 경우에 활용하는 것이 좋다.	다른 기능보다 더 높은 신뢰성을 보장받는 암호화 방식이며, 인증서버 등을 활용한 보안방법이다. 무선랜단말, AP에 인증서버를 이용하여 이용자 인증과 개별 암호키의 배포 등의 과정을 행하는 방식이다.
WPA	암호화 신뢰도가 비교적 높은 방식으로, 자가 이용자보다는 규모가 큰 경우에 활용하는 것이 좋다.	WEP의 취약성을 보강하기 위해 개발된 보안규격이며, WPA는 하나의 기술에 의한 보안 기능만이 아닌, 이용자 인증을 행하는 IEEE802.1x, 새로운 암호화 방식인 TKIP 등을 조합시킨 신뢰성 높은 보안기술이다.

블루투스(Bluetooth)는 작고, 저렴한 가격, 적은 전력소모로 휴대폰, 노트북, 태블릿 등과 같은 휴대용 장치, 가정용 전자제품, PC 주변 장치들을 근거리(10~100m)에서 무선으로 연결하기 위한 하나의 무선 인터페이스 규격 사양이다. 1994년 에릭슨이 최초 개발을 시작한 이 기술의 명칭은 원래 10세기 스칸디나비아 반도의 덴마크 및 노르웨이를 통일한 바이킹 Herald Bluetooth의 이름에서 유래되었다. Herald Bluetooth가 스칸디나비아 반도를 통일한 것처럼 다른 통신장치 기기들 간의 연결을 통일하자는 의미로 프로젝트명으로 사용하던 것이 지금의 브랜드 이름으로까지 확장된 것이다. 곧이어 블루투스 SIG(Bluetooth Special Interest Group)라는 단체가 결성되어 본격적인 개발에 들어갔으며 1999년에 공식 발표되었다. 블루투스는 2400-2483.5MHz의 주파수 범위에서 동작하며 때문에 같은 2.4 GHz 대역폭을 사용하는 와이파이와 동일한 주파수를 사용하여 사방에 널린 무선 인터넷 신호와 블루투스의 혼선으로 블루투스 기기들, 특히 키보드와 마우스의 연결이 자주 끊기는 경우가 있다. 이후 개선을 통해 전송거리가 증가하고 음질이 향상되었으며, 전력소모가 감소되었다. 오픈 라이센스라서 기술 사용에 라이센스비가 들지 않는 점이 블루투스가 다른 무선방식에 비해 좋은 점 중 하나다. 비허가 대역인 2.4GHz ISM(Industrial Scientific Medical) 주파수 대역에서 동작하여 출력이 1mW인 경우는 약 10m, 출력이 100mW인 경우는 100m까지 가능하다.

블루투스는 근거리에서 기기 간에 저전력으로 무선통신을 하기 위한 표준으로 1999년 12월 블루투스 버전 1.0B가 발표된 이후 AFH(Adaptive Frequency Hopping)를 적용한 버전 1.2가 2003년 11월에 채택되었다. 2004년 10월에는 데이터 전송속도를 최고 3배로 향상시킨 2.0+EDR(Enhanced Data Rate), 2007년 7월에는 연결방식을 간단하게 하고 보안기능을 강화한 SSP(Secure Simple Paring)가 포함된 2.1+EDR이 발표되었다. EDR 기능이 제품에 탑재됨에 따라 기존의 전송속도를 2~3배 향상시켰지만 여전히 스트리밍 서비스 등과 같이 고속데이터의 전송에는 한계를 가졌다. 이러한 한계를 극복하고 기존(EDR)보다 8배 이상 향상된 버전 3.0+HS(High Speed)가 2009년 4월에 발표되었다. 버전 3.0+HS는 기존 블루투스 전송방식을 그대로 사용할 뿐만 아니라 802.11 및 PAL(Protocol Adaptation Layer) 기술을 적용하여 블루투스 기기 간 데이터 스트리밍, 동영상 전송과 같은 대용량의 데이터 전송 서비스가 가능하게 되었다. 또한, 전력 관리 기능을 내장해 이전 버전에 비해 전력소모도 줄일 수 있게 되었다. 2007년 6월 블루투스 SIG(Special Interest Group)는 Wibree 포럼에서 표준화를 진행하고 있던 초저전력 응용기술인 Wibree 기술을 블루투스 규격으로 흡수하면서 블루투스 Low Energy라는 새로운 응용 분야를 개척하면서 2010년 6월에 Low Energy 기술이 탑재된 블루투스 버전 4.0을 발표하였다. 버전 4.0을 사용할 경우 전력 소비를 급격하게 줄일 수 있어 스포츠, 헬스케어, 센서, 기기제어 등에 사용 가능한 싱글모드 제품뿐만 아니라 기존 블루투스와 저에너지 기술이 동시에 존재하는 듀얼모드 제품을 만들 수 있게 되었다. 블루투스 저에너지 기술은 기존 블루투스 규격과 비교하여 상대적으로 작은 duty cycle을 가지며 저가격 생산이 가능하고, 저속의 데이터 전송률을 통한 전력 소모를 크게 줄일 수 있어 코인 셀 배터리를 이용할 경우 1년 이상 동작이 가능하다. 또한 디바이스 연결 절차를 간소화하였으며, 패킷 사이즈도 기존 블루투스에 비해 작게 설계되었다. 〈표 2-5〉는 기존 블루투스와 저에너지 기술의 비교이다.

▼ 표 2-5 기존 블루투스와 저에너지 기술 비교

기술사양	기존 EDR	v4.0 저에너지 기술
RF 채널 수	79	40
데이터 전송속도	1~3Mbps	1Mbps
토폴로지	스캐터넷	스타버스
음성지원	지원	지원하지 않음
데이터 전송시간	100ms	<6ms
전력 소모	<30mA	<15mA
주 응용분야	휴대폰, 헤드셋, PC, 핸드헬드 디바이스 등	휴대폰, 시계, 스포츠, 헬스케어, 센서, 기기제어 등

블루투스 4.0은 2010년 6월 30일에 채택되었으며, Bluetooth Low Energy(BLE)라는 새로운 프로토콜이 추가되어 기존 버전들보다 전력을 적게 소모하는 것이 장점이다. 기술에 따라 세 가지로 나눠지는데, 클래식 블루투스(Classic Bluetooth)는 1.0부터 2.1로 이어져온 기존 블루투스 기술이고, 고속 블루투스(Bluetooth High Speed)는 3.0에서 더해진 와이파이를 활용한 HS 고속전송 기술의 연장이고, 저전력 블루투스(Bluetooth Low Energy)는 전력소모를 최소화하고 배터리 수명을 연장하는데 중점을 둔 새로운 표준이다. 그중 BLE는 전지로 몇 년을 지속할 수 있는 주변기기가 주요 타겟이기 때문에, 속도는 다른 무선 전송 규격보다 상대적으로 느린 편이다. BLE만 지원되는 칩을 Single Mode라고 부르고, 단방향 전송만 지원되고 칩이 탑재된 제품을 Bluetooth SMART라고 부르며, 앞서 설명한 클래식 블루투스(Classic Bluetooth)와 함께 들어있는 칩은 Dual Mode라 하며, 양방향 전송 기능이 탑재된 제품을 Bluetooth SMART READY라고 부른다. 심장 박동 검사기 같은 주변 기기는 Single Mode 솔루션이 탑재되고, 스마트폰 등에는 Dual Mode 솔루션이 탑재되어 있다. 각각 1Mbps와 3Mbps를 지원한다. HS를 지원한다면 24Mbps도 지원한다. 가장 최근에 나왔기 때문에 갤럭시S3와 비슷한 시기에 출시한 스마트폰과 태블릿 컴퓨터, 노트북, 스마트 TV 등에 주로 탑재되어 있다.

2014년 12월 4일에 블루투스 4.2가 발표되었다. 블루투스 4.2의 핵심 업데이트 내용은 크게 3가지로 요약된다. 블루투스 SIG의 보도자료에 따르면, 블루투스 4.2 버전은 기존 4.0 규격 대비 전송 속도가 2.5배 증가했다. 특히 한 번에 보낼 수 있는 패킷 용량이 10배로 늘어나 전송 오류와 배터리 소비를 동시에 잡았다. 데이터를 주고받는 빈도를 조금 줄이는 대신 한 번에 더 많은 정보를 전송해 전반적으로 2.5배의 전송 속도 향상과 효율적인 데이터 전송을 하도록 되어 있다. 블루투스 기기가 IPv6나 LoWPAN(저전력 무선 사설 네트워크)을 통해 인터넷에 직접 접속할 수 있다는 것도 큰 변화이다. 이것은 블루투스 4.2와 함께 조만간 승인 예정인 'IPSP(Internet Protocol Support Profile)' 기술이 채택되었기 때문인데, 기존 IP 인프라를 갈아 엎을 필요 없이 사물인터넷 기기나 스마트 디바이스가 인터넷에 직접 접속할 수 있어 이전보다 좀 더 유연하게 스마트홈을 구현할 수 있게 될 것으로 예상된다. 또한 사용자의 허락 없이 블루투스 기기 위치를 추적할 수 없게 했는데, 예를 들어, 애플의 아이비콘(iBeacon) 기술을 도입한 매장을 방문하더라도 사용자가 허용하지 않는 한 매장이 사용자의 위치를 마음대로 추적할 수 없다. 미국의 IT 매체 아스테크니카가 취재한 바에 따르면 2.5배의 데이터 전송속도 향상은 새로운 하드웨어가 필요하지만, 개인정보보호는 기존 블루투스 기기에 대한 펌웨어 업데이트만으로도 대응할 수 있게 될 예정이라고 한다.

블루투스가 타 무선방식과 비교했을 때 가장 큰 장점이라면 역시 호환성이다. 요즘 나오는 휴대용 전자제품에서는 필수가 되어 블루투스가 지원 안 되는 제품을 찾는 것이 더 어려울 정도다. 그리고 지원기기간의 호환성이 매우 좋은 편에 속해서 간단한 절차를 거치면 연결이 가능하다. 스마트폰이나 노트북에는 기본사양이 된 지 오래되었고, MP3 플레이어뿐만 아니라 냉장고나 TV, 리모콘에도 쓰인다. 문제점이라면 비싼 가격에 비해 성능은 별로라는 점과 배터리 소모가 심하다는 점이다. 하지만 사실 타 무선규격들에 비하면 매우 적은 전력 소모량이다. 블루투스 스테레오 헤드셋의 경우 블루투스의 기술적 한계 때문에 음질이 제한되는데 보통 200kbps 정도가 최대 음질이다. 이렇게 음질이 압축되는 이유는 위에서도 설명했다시피 소비전력 문제 때문이다. 일반 CD음원이 1.4Mbps 수준이므로 소비전력문제만 아니라면 2.X버전에서도 충분히 전송이 가능하다. 하지만 블루투스에 오디오만 연결한다는 보장이 없으며, 전력 소비 문제와 대역폭 문제 등으로 인해 압축 전송을 사용하고 있다.[18)]

지그비(ZigBee)는 소형, 저전력 디지털 라디오를 이용해 개인 통신망을 구성하여 통신하기 위한 표준 기술이다. Zigbee의 어원은 zig-zag와 Bee의 합성어로 벌(bee)이 이리저리 날아다니면서(zig-zag) 다른 벌들과 의사소통을 하는 것에서 착안

18) 나무위키, https://namu.wiki/w/%EB%B8%94%EB%A3%A8%ED%88%AC%EC%8A%A4

하여 벌처럼 단순하지만 효율적인 통신을 가능하게 한다는 의미에서 붙여진 이름이다. IEEE 802.15 표준을 기반으로 만들어졌다. 지그비 장치는 메시 네트워크 방식을 이용하여, 여러 중간 노드를 거쳐 최종 목적지까지 데이터를 전송함으로써 저전력임에도 불구하고 넓은 범위의 통신이 가능한 것이 특징이다. 애드-혹 네트워크적인 특성으로 인해 중심 노드가 따로 존재하지 않는 응용 분야에 적합하다. 따라서 지그비는 낮은 수준의 전송 속도만 필요로 하면서 긴 배터리 수명과 보안성을 요구하는 분야에 적합하다. 초당 250kbit의 전송 속도를 가지며, 주기적 또는 간헐적인 데이터 전송이나 센서 및 입력 장치 등의 단순 신호 전달을 위한 데이터 전송에 가장 적합하다. 응용 분야에는 무선 조명 스위치, 가내 전력량계, 교통관리 시스템, 그 밖에 근거리 저속 통신을 필요로 하는 개인 및 산업용 장치 등이 있다. 지그비 표준은 블루투스나 와이파이 같은 다른 WPAN 기술에 비해 상대적으로 더 단순하고 저렴한 기술을 목표로 만들어졌다. 유럽에서는 868MHz, 미국 및 오스트레일리아에서는 915MHz, 그리고 세계 대부분 지역에서 2.4GHz 무선 주파수를 사용한다. 데이터 전송 속도는 868MHz 주파수 대역에서 초당 20킬로비트, 2.4GHz 주파수 대역에서 초당 250 킬로비트 정도이다. 지그비는 IEEE 802.15.4 표준을 기반으로 한 무선통신 기술로 데이터를 250kbps 속도로 10~100m까지 전송할 수 있으며, 단일 네트워크에 최대 6만 5,000개의 무선기기를 연결할 수 있다. 주된 응용분야는 〈그림 2-16〉과 같이 빌딩자동화, 개인 헬스케어, 공장자동화, 주거지역 관리, PC와 주변기기 및 가전제품 등에 사용될 수 있다.

▼ 그림 2-16 지그비의 응용분야

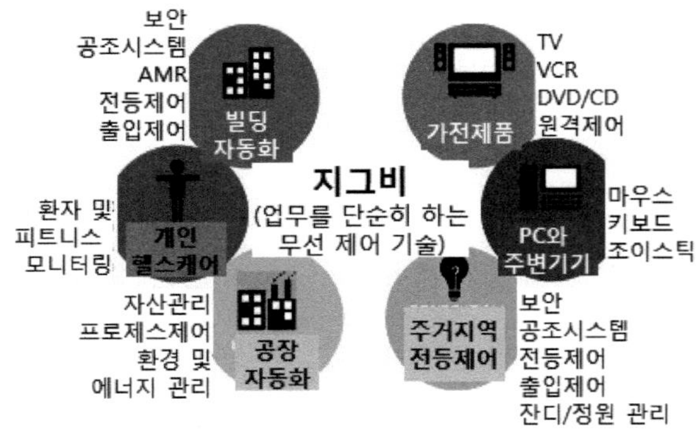

03

사물인터넷의 선두주자, 스마트폰

가 스마트폰의 경쟁력은 센서

1) 스마트 디바이스의 등장

스마트 디바이스가 나오기 이전인 PC 시대에 OS는 마이크로소프트, CPU는 인텔이라는 공식이 있었다. 애플의 매킨토시를 제외한 PC용 OS에는 거의 대부분이 마이크로소프트사의 윈도우 시리즈가 장착될 정도로 위세가 대단하였으며, 인텔에서 만든 80***로 시작되는 시리즈를 필두로 하여 펜티엄까지 일반 소비자용 PC에는 대부분 인텔의 CPU 칩이 장착되어 있었다. 2010년대 이전의 IT 업계는 인텔과 마이크로소프트의 전성시대라고 해도 과언이 아니었다. 두 업체에 수많은 기업들이 도전장을 내었으나 두 철옹성을 깨지 못했다. 그 당시만 해도 두 기업은 절대 무너지지 않을 것처럼 보였다. 그러나 스마트 디바이스가 출현함으로써 이러한 구도는 급격하게 변하게 되었다. 이러한 스마트 디바이스를 등에 업고 혜성같이 등장한 기업이 바로 스티브 잡스가 이끈 애플이었다.

현재 전 세계에서 최고의 기업은 단연 애플이다. 1976년 스티브 잡스가 동료 스티브 워즈니악과 론 웨인과 같이 동업하여 차고에서 탄생한지 불과 30여년만에 세계 최고의 기업이 되었다. 스티브 잡스가 본인이 설립한 애플에서 쫓겨난 후 절치부심하여 1997년 복귀 후 대박 상품이 된 것이 바로 2001년 가을에 출시한 MP3 플레이어인 아이팟(iPod)이다. 그 당시 MP3 플레이어는 단연 한국산인 아이리버와 코원과 같은 중소기업 제품이 세계 최고의 점유율을 자랑하고 있었지만, 애플은 〈그림 3-1〉과 같은 디자인의 아이팟으로 단숨에 MP3 플레이어 시장을 점령했다. 그 당시 MP3 플레이어로 음악을 들으려면 MP3 음원을 다운받아야 하는데, 사용자들은 파일을 다운받기 위해 음원 사이트를 사용해야 했으며 많은 사용자들이 불법적인 음원 공유 사이트를 사용하기도 했다. 이러한 고객의 불편함을 깨뜨리기 위해 애플은 아이튠즈 스토어(iTunes store)라는 음원 및 동영상 공유사이트를 동시에 출시함으로써 사용자의 마음을 사로잡아 전세를 단숨에 역전을 시켰다. 한국산 제품은 하드웨어는 뛰어났지만, 고객이 원하는 소프웨어적인 서비스를 제공하지 못해 아이팟 이후로 한국산은 자취를 감추게 되었다. 이때부터 하드웨어 보다는 소프트웨어의 중요성을 실감하게 되었다. 애플은 아이팟의 기세를 이용해서 모바일용 OS인 iOS를 독자적으로 개발하여 맥북(Macbook)이라는 혁신적인 디자인의 노트북과 아이패드(iPad) 제품을 연달아 출시하였으며, 또한 아이폰(iPhone)이라는 스마트폰, 애플 TV, 애플워치(Apple Warch) 등을 연속해서 히트를 침으로써 명실공히 세계 최고의 기업으로 올라서게 되었다. 스마트 디바이스의 선구자는 단연 스티브 잡스이며, 그가 이끈 애플사를 통해 스마트 디바이스가 가져다주는 혁신을 고객들은 누릴 수 있게 되었다. 애플은 우수한 하드웨어 기술뿐만 아니라 혁신적인 소프트웨어를 통해 다양한 서비스를 제공해 줌으로써 스마트 디바이스의 무궁한 가능성을 보여주었다.

▼ 그림 3-1 아이팟과 아이튠즈 초기 화면

스마트 디바이스는 "네트워크 기능이 탑재되어 인터넷 접속이 가능하며 OS 플랫폼을 통해 제공되는 다양한 기능 및 서비스를 이용할 수 있는 기기" 또는 "컴퓨팅 기능과 통신 기능을 갖춘 디바이스"로 정의되고 있다. 이런 정의에 의하면 데스크 탑과 노트북으로 대변되는 전통적인 PC와 스마트폰, 태블릿 PC, 스마트TV 등이 대표적인 스마트 디바이스라고 볼 수 있다.[19] 애플이 그 동안 출시한 제품들이 바로 스마트 디바이스인 셈이다. 하나의 목적에 특화되고 획일적인 기능을 제공하던 디바이스들이 다양한 용도로 확장 가능하고 이용자 개개인에게 차별화된 서비

19) 이경선 외 3명, 정보통신정책연구원, "스마트 디바이스 제조산업의 발전방향 연구", 2013년 11월

스를 제공하는 지능적 디바이스로 진화하고 있다. 이러한 스마트 시대로의 급속한 진화를 가능하게 한 핵심 요인들로는 모바일 디바이스의 OS 탑재, 어플리케이션(앱) 단위의 서비스 제공, 개방화된 앱 시장의 등장, 상황인식 컴퓨팅 등의 ICT 기술의 발전 등으로 볼 수 있다. 이러한 디바이스의 스마트화에는 하드웨어 기술도 크게 일조를 했다. 스마트폰 이전에도 스마트폰과 유사한 기능을 한 디바이스가 있었는데, 바로 PDA(Personal Digital Assitant)이다. PDA는 터치 스크린을 주 입력장치로 사용하였고, 한 손에 잡히는 작고 가벼운 소형 컴퓨터였다. 이러한 PDA는 내부에 소형 CPU가 장착되어 있어서 프로그래밍이 가능하여 다양한 용도로 사용이 가능하였다. 이와 같이 특정 목적을 수행하는 소형 디바이스를 임베디드 시스템(Embedded System)이라 한다. PDA 뿐만 아니라 내비게이션, 산업용 컨트롤러, 디지털 카메라, DMB, 게임기, 피쳐폰, 스마트폰, 스마트 TV 등이 임베디드 시스템이다. 어찌보면 스마트 디바이스도 임베디드 시스템의 일종이라 볼 수 있으며, 엄밀하게는 이 둘의 용어를 구분할 수는 없다. 그래도 굳이 구분하자면 스마트 디바이스는 통신 기능이 강화되어 있는 반면, 임베디드 시스템은 독립적인 기능을 수행하는 것에 강화된 디바이스로 구분할 수 있다. 최근 사물인터넷이 유행하면서 임베디드 시스템 보다는 스마트 디바이스라는 용어가 더 많이 사용되고 있다.

스마트 디바이스에는 핵심적인 기능이 두 가지가 있는데, 바로 두뇌 역할을 하는 하드웨어 칩과 이를 구동할 수 있는 전용 OS이다. 스마트 디바이스에 사용되는 하드웨어 칩을 마이크로컨트롤러(Microcontroller) 또는 줄여서 MCU(Micro Process Unit)라고 하며, 다른 표현으로 애플리케이션 프로세스(Application Processor, AP)라고 한다. AP는 PC로 따지면 명령어 및 연산기능을 수행하는 CPU를 포함하며, 그래픽 처리를 하는 GPU, 캐쉬 메모리와 GPS 등을 하나의 칩으로 만든 것으로, 이와 같이 많은 기능을 하나의 칩으로 모아 놓은 SOC(System-On-Chip)이다. 현재 스마트 디바이스에 가장 많이 사용된 AP는 ARM(Advanced RISC Machine)이다. ARM은 1985년 PC용 RISC(Reduced Instruction Set Computer) CPU를 개발한 영국의 캠브리지 대학의 연구진이 새로 개발된 RISC CPU를 PC시장에서 상용화하기 위해 에이콘 컴퓨터(Acorn Computer Group)를 세우고 ARM이라는 이름으로 벤처업체를 세운 게 시발점이다. 전통적인 CPU에는 프로그래밍을 돕기 위한 많은 수의 명령어와 주소모드가 존재했다. 그러나 그 중에서 실제로 쓰이는 명령어는 몇 개 되지 않는다는 사실을 바탕으로, 적은 수의 명령어만으로 명령어 집합을 구성한 것이 RISC이다. 그래서 RISC는 기존보다 CPU 구조가 단순하고 복잡한 연산도 적은 수의 명령어들을 조합하는 방식으로 수행이 가능한 장점이 있었다. ARM은 저전력으로 설계된 AP이며, 배터리로 구동하는 모바일 기기의 AP에 매우 적합하게 설계되어 있다. 임베디드 시스템과 스마트 디바이스의 폭발적인 증가세에 힘입어 에이콘 컴퓨터는 ARM 덕분에 불과 몇 년 만에 세계적인 기업의 반열로 올라서게 되었다. 전 세계적으로 200개가 넘는 AP 업체가 ARM에 라이센스 비용을 내고 있으니 ARM의 수입률은 상상을 초월한다. 삼성전자, 엔비디아, 퀄컴, TI 등 많은 반도체 제조회사들은 ARM의 아키텍쳐를 선택하고 있는데, 그 이유는 모바일 기기에 적합한 저전력 프로세스이며, 코어 제작비용이 저렴하기 때문이다.

삼성전자는 뛰어난 반도체 기술로 AP를 직접 만들고 있는데, 삼성전자 AP는 엑시노스(Exynos)라고 불리며 그리스어로 스마트와 그린이라는 뜻이다. 동작속도는 경쟁사와 거의 유사하고 배터리 성능이나 발열면에서 훨씬 안정적이다. 삼성전자 스마트폰에 모두 엑시노스가 장착되는 것은 아니고 퀄컴 AP도 쓰고 있다. 그 주된 이유는 삼성전자가 아직 LTE를 지원하는 엑시노스를 만들지 못하기 때문이다. 현재 스마트폰용 AP의 강자는 바로 퀄컴(Qualcomm)이다. 그 이유는 세계에서 AP에 통신칩을 함께 넣을 수 있는 유일한 기술력을 가진 업체이기 때문이다. AP와 통신칩을 합쳐 하나의 칩으로 만들면 모바일 기기 내부 공간을 줄일 수 있고 무엇보다도 배터리 소모량을 줄일 수 있다. 퀄컴은 원래 무선 통신 전문 기업으로 3G와 CDMA, LTE 관련 원천 특허를 보유하고 있으며, 세계 CDMA 통신칩의 대부분이 퀄컴칩일 정도이다. 이런 퀄컴이 만든 AP가 바로 스냅드래곤(Snapdragon)이다. 또 다른 AP 제조업체로 엔비디아(Nvidia)가 있다. 엔비디아는 원래 그래픽 프로세스 제조사로 유명한 회사이며, 그래픽 명가답게 엔비디아에서 선보인 테그라(Tegra)는 게임에 강한 특성을 가진 AP이다. 특히 모바일 멀티코어 경쟁에서 경쟁사보다 우위에 있지만, 모바일의 멀티미디어 성능에서 문제를 보이면서 아직 시장에 널리 사용되고 있지는 않지만 그 잠재력은 매우 높은 제품이다.[20]

2) 안드로이드의 진화

PC 시대의 OS에 대한 절대 강자는 단연 마이크로소프트사였다. 그러나 스마트 디바이스 시대로 접어들면서 마이크로소프트는 별로 힘을 쓰지 못하고 있다. 반면, 애플의 iOS와 안드로이드가 대세로 자리 잡았다. iOS는 2007년 아이팟, 아이폰, 아이패드 등을 위한 운영체제로 공개되었다. 처음 공개되었을 당시에는 사용자가 개발한 애플리케이션의 추가를 허용하지 않았으나, 2008년 6월 이후 iOS에서 소프트웨어를 개발할 수 있는 도구인 SDK가 공개되면서 애플의 앱스토어를 통해 자유롭게 사용자 애플리케이션을 공개하고 판매할 수 있게 되었다. 2008년 3월 6일 아이폰 SDK의 첫 베타버전이 배포되기 전까지 이 운영 체제는 공식적인 이름이 없었으며, 그 전까지는 애플 마케팅 측에서는 단순히 "아이폰은 OS X(애플의 데스크

20) Betanews, http://m.betanews.net/bbs/read.html?num=567405

탑 운영 체제)를 사용합니다"라고만 하였다. 그러나 2010년 6월 8일, WWDC 2010 기조 연설에서 스티브 잡스는 아이폰 OS가 아이폰은 물론 아이팟, 아이패드에서도 사용되는 범용 운영체제이므로 공식명칭을 iOS로 변경한다고 밝혔다. 그 후부터 iOS가 공식적인 이름으로 사용되었으며, 애플의 모든 스마트 디바이스의 OS로 장착되면서 모든 기기는 서로 완벽히 호환이 되었다(그림 3-2 참고). 2015년 6월 9일 애플은 미국 샌프란시스코에서 개최된 WWDC 2015에서 지도, 시리, 메모앱의 개선 및 뉴스 서비스, 음악 스트리밍 서비스 등이 담긴 iOS9을 공개하였다.[21)]

▼ 그림 3-2 iOS에 의해 하나가 된 애플의 스마트 디바이스

애플 iOS를 중심으로 한 비즈니스 모델은 아이폰, 아이패드 등 단말 판매와 앱 스토어를 통한 수익 창출에 있다. 애플은 iOS를 중심으로 콘텐츠 및 서비스 공급자들과 사용자들이 서로 참여하는 앱스토어 생태계를 구축하였으며, 애플 디바이스를 구매한 사용자는 애플 디바이스의 이용을 넘어 애플이 제공하는 앱스토어를 통해 다양한 콘텐츠 및 서비스를 이용할 수 있는 구조를 만들었다(뒤에서 다시 설명되겠지만 이것을 플랫폼이라 한다). 다만, 애플의 경우 OS 사용권한을 외부에 공개하지 않았기 때문에 애플 이외의 제조업체들이 아이폰과 호환되는 스마트 기기를 만드는 것은 불가능하다. 이것은 맥킨토시 PC에서 사용했던 전략과 동일한 전략으로 애플 이외의 컴퓨터 제조업체들은 맥킨토시와 호환되는 PC를 만들 수 없었던 것과 같다. 애플의 이러한 폐쇄적인 정책에도 불구하고 스마트 디바이스에서 독보적인 기업으로 우뚝 설 수 있었던 가장 큰 배경에는 디바이스를 서로 공유할 수 있는 앱스토어 서비스를 제공했기 때문으로 보고 있다.

21) 위키백과, https://ko.wikipedia.org/wiki/IOS_(%EC%95%A0%ED%94%8C)

애플의 패쇄적인 정책에 대항하여 나타난 OS가 바로 안드로이드이다. 안드로이드는 안드로이드사(Android Inc.)를 창업한 앤디 루빈에 의해 2003년 10월 새로운 모바일 플랫폼을 만들기 위해 시작되었다. 안드로이드와 삼성전자 사이에 있었던 매우 잘 알려진 이야기가 하나 있다. 2005년 안드로이드가 구글에 인수되기 이전인 2004년에 루빈은 삼성전자를 먼저 방문을 했었다. 안드로이드 운영체제를 삼성전자에 공급하기 위해서였다. 그는 '누구나 사용할 수 있는 스마트폰 운영체제를 개발해 제조사에 무료로 공급한다'라고 하는 아이디어를 바탕으로 회사를 세운 뒤 전 세계의 휴대전화 제조사를 상대로 프리젠테이션을 다니고 있었다. 청바지 차림의 루빈은 삼성전자 중역 20여명 앞에서 계획을 설명했다. 발표를 마친 후 삼성전자의 담당 본부장은 '지금 당신 회사에 8명이 있다고 했는데, 우리는 그 분야에 2,000명을 투입하고 있다'고 했다. 10명도 채 안 되는 사람들이 개발하는 운영체제에는 관심이 없다는 말이었다. 루빈은 몇 달 후 구글 경영진 앞에서 같은 내용으로 발표했다. 구글은 그 자리에서 안드로이드를 5,000만 달러에 인수하기로 결정했으며, 정확히 6년 후 안드로이드는 세계 스마트폰 시장 점유율 1위인 OS가 되었다.

2005년에 안드로이드사를 구글에서 인수한 후 2007년 11월에 안드로이드 플랫폼을 휴대용 장치 운영체제로서 무료 공개한다고 발표한 이후 48개의 하드웨어, 소프트웨어, 통신회사가 모여 만든 오픈 핸드셋 얼라이언스(Open Handset Alliance, OHA)에서 공개 표준을 위해 개발하였다. 구글은 안드로이드의 모든 소스 코드를 오픈 소스 라이선스인 아파치 v2 라이선스로 배포하고 있어 기업이나 사용자는 각자 안드로이드 프로그램을 독자적으로 개발을 해서 탑재할 수 있다. 오픈소스로 풀어버린 만큼 많은 제조사들에 의해 탑재가 되었으며 그 덕분에 시장 점유율은 〈그림 3-3〉과 같이 81% 이상으로 매우 높다. 이미 명실상부한 시장 지배적인 모바일 OS의 위치에 올라섰으며, 구글 코리아가 공개한 자료에 의하면, 2014년말 기준으로 안드로이드 사용자의 수는 10억명 정도이며, 이는 전 세계 인구의 1/7이 안드로이드를 사용하고 있다고 볼 수 있다. 안드로이드는 기본적으로 ARM 프로세스에서 구동되며, 커널 쪽(하드웨어 제어 부분)은 C와 C++, 그리고 사용자 인터페이스와 응용소프트웨어는 자바(JAVA)로 되어 있다. 리눅스 커널을 기반으로 한 OS이고, 자바 가상 머신을 사용하여 성능은 좀 떨어지나 호환성은 매우 막강하여 ARM 프로세스뿐만 아니라 다른 플랫폼에도 포팅이 가능하다. 스마트폰, PMP, 태블릿 컴퓨터, 스마트 TV, 심지어 PC에도 포팅이 가능하다. 그러나 구글 안드로이드 인증 조건에 GPS와 카메라 등의 조건이 반드시 필요하기 때문에 사실상 스마트폰이나 일부 태블릿 컴퓨터, 그리고 디지털 카메라 이외에는 인증을 받기가 어렵다.

▼ 그림 3-3 스마트폰의 OS 점유율 추이(2014년 기준, 출처: IDC)

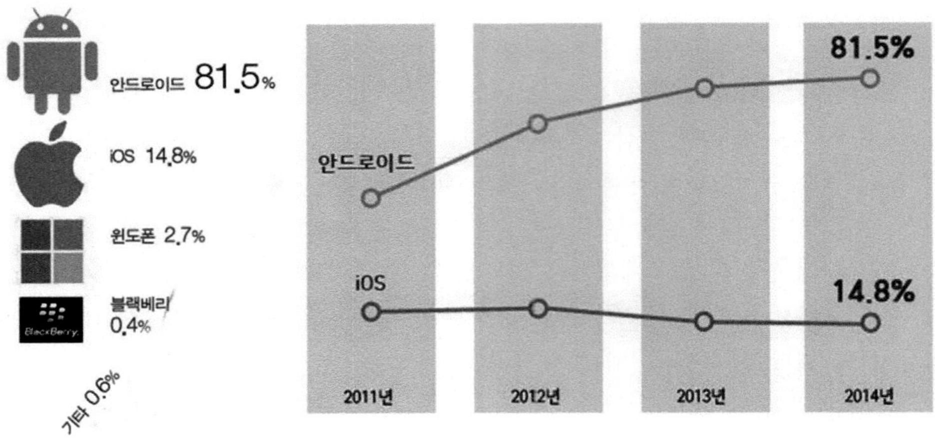

2008년 구글이 안드로이드를 스마트폰의 OS로 공개한 이후, 안드로이드는 누구에게나 공개되어 있기 때문에 누구나 뜯어고칠 수 있으며, 많은 기업이 안드로이드 운영체제를 가져다 분석하고 자사의 하드위어 부품에 맞게 재설계하여 스마트폰을 만들기 시작하였다. 그런데 구글이 안드로이드를 업그레이드를 할 때마다 스마트폰 제조사는 그걸 좇아갈 수 없다. 휴대폰 제조사는 자신들이 만든 하드웨어에 안드로이드를 꼼꼼하게 잘 맞춰서 내놓는데, 새로운 버전의 안드로이드가 발표되면 다시 그 새로운 요소에 맞게 하드웨어 드라이버를 비롯한 여러 가지를 업그레이드를 해야 하는데 이런 공정은 솔직히 처음부터 다시 만드는 것과 대체로 같은 과정이다. 반면 애플은 아이폰을 출시하면서 이런 상식을 뒤집었다. 구형의 아이폰을 여러 해 전에 구매한 소비자는 신형 아이폰이 새로운 iOS와 함께 모습을 보일 때마다 간편하게 자신의 아이폰을 업그레이드해서 사용할 수 있었다. 안드로이드 역시 그런 소비자들의 새로운 이용 방식어 맞춰 새로운 안드로이드 운영체제가 발표되면 기존의 이용자가 간편한 업그레이드만으로 새로운 운영체제를 이용할 수 있도록 구조화했다. 그러나 애플처럼 단일 기업이 모든 스마트폰 하드웨어를 통제하는 상황과는 달리 안드로이드 진영은 각 스마트폰 제조사가 저마다의 제조기술로 안드로이드를 천차만별로 수정을 하였기 때문에 이로 인해 해당 기업이 새로운 안드로이드 업그레이드를 빨리 할 수 없는 단점을 가지고 있다.

안드로이드를 OS로 사용하는 하드웨어 제조사는 '새로운 운영체제에 맞춰서 다시 ROM을 개발'해야 하는 어려움 때문에 안드로이드 스마트폰 제조사들은 대체로 업그레이드를 길게 지원하지 않는다. 안드로이드 OS의 업그레이드 버전은 〈그림 3-4〉와 같은데, 이클레오 2.0을 프로요 2.2로, 그리고 진저브레드 2.3, 진저브레드에서 아이스크림 샌드위치까지 업그레이드를 지원한 기업은 매우 드물다. 스마트폰 제조사들은 세 번의 큰 업그레이드를 하기 위해 많은 시간과 비용을 투입해야만 한다. 삼성의 갤럭시 시리즈를 보면 진저브레드 때 내놓은 스마트폰은 진저브레드 → 아이스크림 샌드위치 → 젤리빈까지만 지원했고, 안드로이드를 만든 구글마저도 레퍼런스 폰인 넥서스에 아이스크림 샌드위치 때 출시한 폰에 젤리빈을 마지막으로 지원하고는 킷캣은 지원하지 않았다. 애플도 아이폰 3Gs의 마지막은 iOS6이었으며, 가장 최신인 iOS7으로의 업그레이드는 결국 지원하지 않았다. 스마트폰용 앱을 개발하는 개발자의 입장에서도 안드로이드 버전의 차이로 인한 앱 개발 시간과 비용이 크며, 단말기 제조사별 스크린 해상도 등 하드웨어 플랫폼도 상이하다는 것이 안드로이드 진영의 문제점이었다. 구글에서는 이런 문제점을 해소하기 위해 4.0 버전인 아이스크림 샌드위치부터는 스마트폰과 태블릿 PC의 운영체제를 통합했으며, 기본 UI인 'Holo'를 단말 제조사들이 의무적으로 탑재하도록 규정함으로써 문제점을 개선하려고 노력하고 있다.

▼ 그림 3-4 안드로이드 OS의 업그레이드 버전

3) 스마트폰의 시대

스마트 디바이스인 스마트폰은 2010년대까지 휴대폰의 절대강자였던 노키아라는 공룡을 순식간에 넘어뜨렸다. 노키아는 핀란드를 대표하는 기업이며 휴대폰의 새바람을 일으킨 엄청난 기업이었다. 스마트폰이라는 새로운 바람에 제대로 대처하지 못해 철옹성 같았던 기업이 넘어진 것이다. 그 당시 노키아 휴대폰은 30% 이상의 점유율로 세계를 지배하고 있었으나, 〈그림 3-5〉에서 보듯이 애플과 삼성을 대표하는 스마트폰에 밀려 불과 몇 년 후인 2013년에 마이크로소프트사에 매각되면서 노키아 휴대폰은 역사 속으로 사라졌다. 스마트폰에 어떤 기능이 있길래 노키아라고 하는 휴대폰 공룡이 무너졌을까? 휴대폰은 통화기능 위주로 된 이동 무선 통신기기이지만, 스마트폰은 통화 기능뿐만 아니라 움직이는 개인용 PC 기능도 동시에 가지고 있었다. 스마트폰으로 이메일뿐만 아니라 구글 검색 및 뉴스 검색도 가능하였으며, PC가 가지고 있던 많은 기능을 스마트폰에서 해결할 수 있었다. 〈그림 3-6〉에서 보듯이 2011년을 기점으로 노키아의 휴대폰과 마찬가지로 PC도 스마트폰 사용자 수에서 밀리면서 더 이상 성장을 못하고 정체상태를 유지하는 운명을 맞이하게 되었다.

▼ 그림 3-5 년도별 휴대폰 시장 점유율 및 노키아의 쇠락

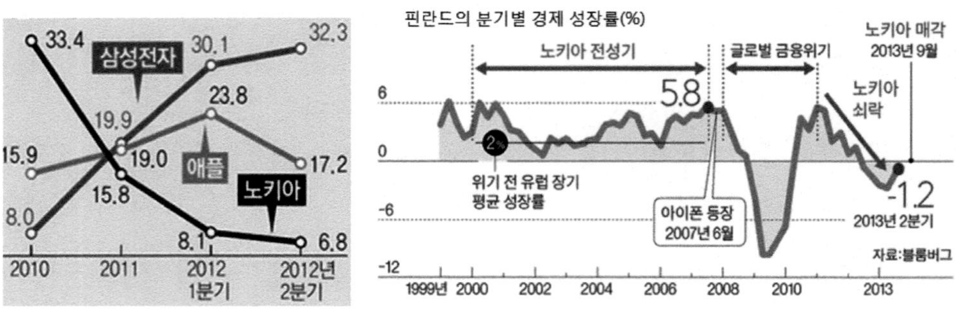

▼ 그림 3-6 전 세계 PC와 스마트폰 이용자수 추이(출처 : Gartner, IDC)

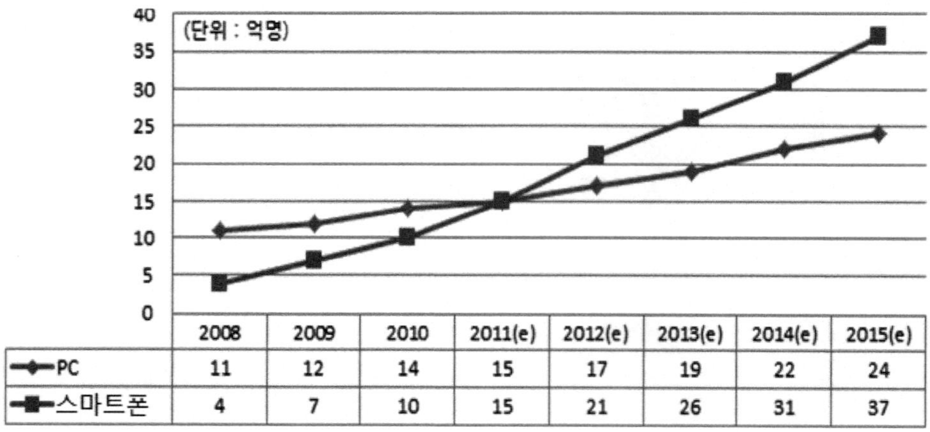

	2008	2009	2010	2011(e)	2012(e)	2013(e)	2014(e)	2015(e)
PC	11	12	14	15	17	19	22	24
스마트폰	4	7	10	15	21	26	31	37

그런데 이런 스마트폰에 매우 중요한 비밀이 숨겨져 있다. 그것은 바로 휴대폰 속에 탑재된 다양한 센서들과 무선통신 기술의 결합으로 다양한 서비스 구현이 가능해졌기 때문이다. 예를 들면 이미지센서를 이용해서 다양한 사진과 동영상 촬영이 가능하며, 가속도센서로 만보계와 같은 운동 기능이 가능하다. 또한 센서를 통해 수집된 데이터는 무선통신을 통해 다른 디바이스 또는 클라우드 서버로 데이터 송수신이 가능해져 사물인터넷에 대한 활용성은 높아지게 되었다. 삼성전자에서 출시한 갤럭시 모델별로 탑재된 센서는 〈그림 3-7〉과 같다. 2010년에 출시된 초

기버전에는 단순히 조도센서, 가속도센서, 지자기센서만이 있었지만, 매년 신모델을 출시하면서 센서의 종류도 늘어났으며, 2015년에 출시된 갤럭시 S5에 탑재된 대표적인 센서는 〈그림 3-8〉과 같으며, 이러한 주요 센서들의 용도는 〈표 3-1〉과 같다.

▼ 그림 3-7 갤럭시 모델별 센서 종류

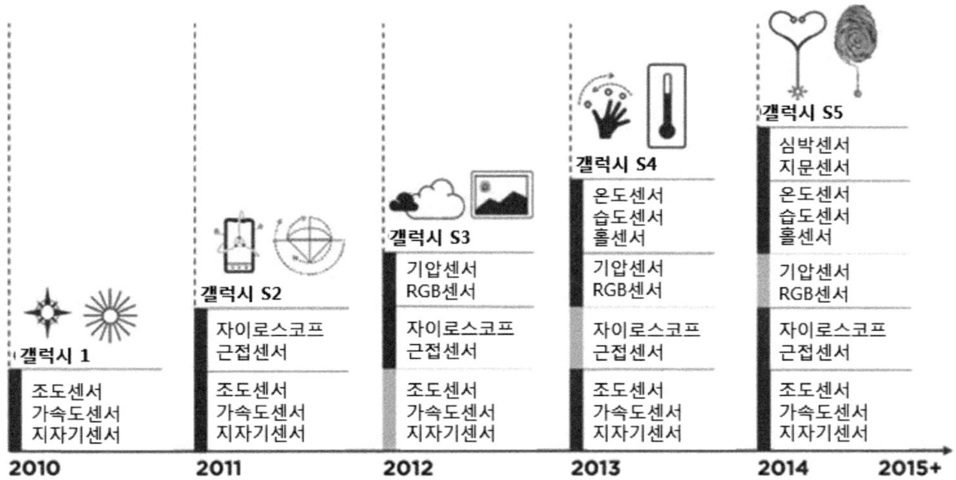

▼ 그림 3-8 갤럭시 S5에 장착된 주요 센서

▼ 표 3-1 스마트폰에 탑재된 주요 센서의 종류 및 기능

센서 종류	주요 기능
이미지센서	빛을 감지해서 그 세기의 정도를 디지털 영상 데이터로 변환해 주는 센서이며, CCD와 CMOS 방식이 있음
GPS센서	위성위치 확인 시스템을 통해 물체의 시간 및 위치정보획득이 가능한 센서이며, 최근 GPS 수신기의 소형화 및 경량화로 모바일 제품에 탑재가 보편화 추세
조도센서 (RGB센서)	주변 밝기에 따라 화면의 디스플레이 조도를 자동으로 조절해 주는 센서이며, 통상 모바일 단말의 전력소모량을 줄이고 눈의 피로감을 덜 수 있도록 하는 용도
근접센서	기계적인 접촉에 의한 검출방식이 아니라 검출체가 가까이 근접했을 때 검출 대상물체의 유무를 판별하는 무접촉 방식의 센서이며, 보통 통화를 위해 스마트폰을 얼굴 가까이 가져가거나 주머니 등에 넣는 경우 화면이 자동으로 꺼지도록 하는 용도
지자기센서	지구 자기장의 흐름을 파악해 나침반처럼 방위각을 탐지하는 센서이며, 기존에는 2축 지자기 센서가 주류였으나, 최근에는 3축 지자기 센서가 보편화 추세
기압센서 (Barometer)	기압을 감지하여 고도가 높고 낮음을 인식하는 기능
중력센서	중력이 어느 방향으로 작용하는지를 탐지해 물체 움직임을 감지하는 센서이며, 스마트폰의 디스플레이 방향(가로, 세로)을 자동으로 보정해 주는 역할에 사용
홀센서	플립커버의 자석이 근접해 있는 것을 감지하여 커버가 열렸는지 닫혔는지 인식하는 기능
가속도센서	단위 시간당 물체 속도의 변화, 충격 등 동적 힘의 변화를 감지하는 센서이며, 초기에는 2축 가속도센서가 주류였으나, 최근에는 MEMS 기술을 적용한 보다 정교해진 3축 가속도센서가 보편화 되고 있으며, 기울기 변화, 흔들림 등 물체 움직임을 감지
자이로스코프센서	물체의 관성력을 전기신호로 검출하며, 주로 회전각을 감지하는 센서이며, 높이와 회전, 기울기 등을 직접 감지할 수 있어 3축 가속도센서와 연계하여 보다 정교한 모션센싱이 가능함
지문센서	등록된 사용자의 지문을 판별하여 미등록자가 불법적으로 폰을 사용하는 것을 방지
심박센서	손가락에 흐르는 동맥의 혈류 흐름을 시간에 따라 파악하여 심장 박동수를 측정하는 센서이며, 헬스케어 용도로 사용

스마트폰에는 다양한 센서가 장착되어 있다. 다양한 센서가 스마트폰에 적용될 수 있었던 것은 MEMS(Micro Electro Mechanical System)라는 반도체 기술의 도움이

절대적이다. MEMS는 우리말로 미세전자기계시스템 정도로 번역할 수 있는데, 나노기술을 이용하여 제작되는 매우 작은 기계를 의미한다. 이러한 MEMS 기술을 이용하여 매우 작은 크기의 센서와 복합적인 센서를 하나의 칩 내에 구현이 가능하여 가격과 크기를 대폭 줄일 수 있었으며, 저전력으로 설계가 가능한 장점이 있어 스마트 디바이스용 소자 제작에 적극 활용되고 있다. 이러한 반도체 기술의 발전으로 스마트폰에는 소형이면서 저전력의 센서가 채용되어 그 종류는 해마다 늘어날 것이다. 이러한 센서는 인간의 오감을 대신하여 언제 어디서든지 정보를 수집하여 유익한 서비스 형태로 제공될 전망이다.

나 스마트폰에 장착된 기본센서

1) 이미지센서

초기 스마트폰 모델부터 장착되었던 센서가 있는데, 그것은 카메라 센서와 움직임 감지센서이다. 카메라는 이전 피처폰 시절부터 탑재되어 사용된 가장 오래 사용된 센서 중의 하나이다. 최근 스마트폰에 탑재되는 카메라는 1000만 화소 이상이 기본으로 장착되고 있으며, 스마트폰의 두뇌에 해당하는 CPU도 고성능이 되면서 카메라는 단순히 사진을 찍는 용도로만 국한되지 않고 있다. 스마트폰에 있는 카메라를 통해 사진을 찍고 동영상을 촬영하는 것 이외에 미래기술로 손꼽히는 것이 바로 〈그림 3-9〉와 같은 증강현실(Augmented Reality, AR)이다. 증강현실은 현실세계에 3차원의 가상정보를 겹쳐서 보여주는 기술이다. 현실 세계에 실시간으로 부가정보를 갖는 가상세계를 합쳐 하나의 영상으로 보여주므로 혼합현실(Mixed Rreality)이라고도 한다. 축구 중계 때 그라운드에 나타나는 정보 그래프, 기상 캐스터 뒤로 보이는 가상 기상도 등이 대표적인 예이다. 스마트폰의 증강현실은 카메라로 주변을 비추면 GPS 위치센서와 연동하여 근처에 있는 상점의 위치 및 전화번호, 지도 등의 정보가 입체 영상으로 표시된다. 현실세계를 가상세계로 보완해주는 개념인 증강현실은 컴퓨터 그래픽으로 만들어진 가상환경을 사용하지만 주역은 현실환경이다. 컴퓨터 그래픽은 현실환경에 필요한 정보를 추가 제공하는 역할을 한다. 증강현실 기술은 모든 것을 가상의 이미지로 사용하는 가상현실(Virtual Reality, VR)과 구분된다. 가상현실은 자신(객체)과 배경이 모두 현실이 아닌 가상의 이미지를 사용하는 것에 비해, 증강현실은 현실의 배경에 3차원 가상의 이미지를 겹쳐서 하나의 형상으로 보여주는 기술이다. 증강현실과 가상현실은 서로 비슷한 듯 하지만 그 주체가 허상이냐 실상이냐 따라 명확히 구분된다. 컴퓨터 게임에서 가상현실 격투 게임은 나를 대신하는 캐릭터가 가상의 적과 대결하지만, 증강현실 격투 게임은 현실의 내가 현실의 공간에서 가상의 적과 대결을 벌이는 형태가 된다. 때문에 증강현실이 가상현실에 비해 현실감이 뛰어나다는 특징이 있다.[22)]

▼ 그림 3-9 증강현실과 가상현실의 차이

스마트폰으로 구현하는 증강현실 사례는 무궁무진하다. 예를 들어, 친구가 보고 있는 책의 자세한 정보가 궁금하다면 스마트폰 내에 있는 증강현실 앱을 실행한 다음, 카메라로 책 표지를 비추거나 사진을 찍으면 해당 앱이 화면 정보를 읽어 이 책과 관련된 정보(책 제목, 저자, 출판사, 서평 평점, 가격 등)가 스마트폰의 화면에 나타난다. 만약 이 책을 사고 싶으면 GPS 위치센서와 연동하여 가까운 거리에 있는 서점의 위치도 증강현실 앱을 통해 자세한 안내를 받을 수 있다. 자동차 이동경로나 대중교통, 또는 도보 이동 시 내비게이션 기능까지 제공된다. 스마트폰으로 길거리를 비추면 증강현실 앱이 가는 방향을 가상의 화살표 등으로 표시해 준다. 이런 사례가 가장 일반적인 스마트폰의 증강현실 응용이다. 또 다른 사례로 미국에서 개발된 포스퀘어(Foursquare)라는 앱이 있다. 포스퀘어는 위치기반 서비스와 증강현실을 기반으로 한 소셜 네트워킹 서비스이다. 이용자들은 자신이 현재 있는 장소에 체크인하고, 그 장소에 대한 정보를 이용 팁의 형식으로 친구들과 공유할 수 있는데, 이 정보들은 증강현실을 통해 지도상에 나타난다. 2015년 4월 기준으로 서비스 가입자 5500만명, 7000만개의 팁(특정장소에 대한 정보), 70억회의 체크인을 돌파했다. 증강현실은 아이폰을 시작으로 알려지기 시작했으며 아이폰을 통해 큰 인기를 끌었다. 하지만 이에 대항하는 안드로이드폰이 급격히 증가하면서 안드로이드 기반의 첫 번째 증강현실 앱이 바로 오브제(OVJET)이다. 이 앱의 주요 기능은 카메라로 인식한 실제 환경을 바탕으로 하여 다른 이용자들이 등록한 정보가 결합되어 나오는 증강현실을 기반으로 한 것이다. 예를 들어 이용자가 카메라로 한 음식점을 비추면 다른 이용자들이 등록했던 그 음식점에 대한 평가, 전화번호 및 기본정보들이 음식점을 비추는 화면에 표시되는 것이다. 이 외에도 QR코드 리더, 별자리 위치를 확인할 수 있는 증강현실 등 흥미를 유도하는 콘텐츠도 있다. 증강현실 기술은 엔터테인먼트 업계 및 홍보 업계에서도 큰 관심을 가지고 있다. 빈폴 진

22) 이문규, "현실과 가상의 절묘한 조화", IT동아, http://it.donga.com/21422/

은 빈폴 홈페이지에서 증강현실 카드를 스마트폰으로 인식하면 그림이 있던 자리에 전속 모델 투애니원이 나와 춤추는 모습을 볼 수 있는 증강현실로 홍보를 진행하기도 했다. 오스트리아 TV 네트워크인 스카이 오스트리아가 TV 프로그램인 '워킹데드'를 홍보하기 위해 광고회사인 JD디카우의 자회사 지위스타와 제휴를 맺은 후 소비자들의 일상생활에 공포를 재현하는 마케팅을 전개했다. 오스트리아에서 이 TV 프로그램이 방영되기 전 방송사와 광고회사는 증강현실 기술을 이용하여 버스정류장에서 사람이 기다리고 있을 때 대형 스크린을 통해 TV 프로그램에서 방영될 좀비가 등장하는 장면을 이용해 광고를 하여 큰 관심을 불러 일으켰다.

▼ 그림 3-10 증강현실의 사례

2016년 2월에 개최된 스페인 바로셀로나에서 개최된 MWC에서 마크 저커버그 페이스북 최고 경영자는 갤럭시S7시리즈와 기어VR의 결합이 엔터테인먼트 및 소셜네트워킹에 중요하게 활용될 것이라며 다음과 같은 VR 시대의 도래를 강조했다. "VR은 차세대 플랫폼이다. 사람들이 일하고 커뮤니케이션하는 방식을 바꿀 것이다. 삼성 기어VR은 지금까지 나온 것 가운데 최고로 뛰어난 모바일 VR 경험을 제공한다. 과거에는 글과 사진을 통해 경험을 공유했지만 이제는 비디오시대이며 VR은 게임과 엔터테인먼트를 넘어, 진화하면서 사람들의 경험을 공유하는 사회적인 수단이 될 것이며, VR은 차세대 플랫폼이다. 삼성과 오큘러스 페이스북 간 제휴를 통해 고객들은 기어VR에서 200개가 넘는 게임과 앱을 제공받게 된다." 그는 엔터테인먼트는 물론 페이스북의 활용성도 강조했다. 삼성전자는 MWC 개막에서 갤럭시S7시리즈와 함께 기어 VR에 대해 상당한 공을 들였다. 이에 앞서 LG전자도 G5를 공개하면서 VR 기기인 'LG 360 VR'과 360도 동영상 카메라 LG 360 캠을 동시에 선보였다. 향후 모바일의 발전에는 VR이 기술을 선도할 것으로 예측하고 있다. 글로벌 시장조사업체인 마켓스탠드마케츠는 최근 가성체험 콘텐츠 시장이 2015년 6억 7200만 달러(약 7400억원)에서 2020년 15억 8800만 달러(약 1조 7500억원) 규모로 크게 성장할 것이라고 분석했다. 현행의 가상현실 기술은 HMD 등 기존의 인터

페이스 장치들을 활용하여 몰입형 가상현실을 제한적으로 구현하는 방향으로 개발이 진행되고 있으며, 디스플레이(모니터 · HMD 등) · 스피커 · 키보드 · 마우스 등의 일반적인 인터페이스 장치들을 활용하는 방향성을 추구하고 있어서 대중매체나 서브컬처에서 흔히 나오는 것과 같은 완전한 몰입형 가상현실을 구현하는 데에는 아직 기술적인 한계가 있다. 완전한 몰입형 가상현실을 구현하기 위해서는 컴퓨터와 사용자의 뇌 간의 직접적 데이터 통신이 이루어져야 하는데, 현실에서는 뇌-컴퓨터 인터페이스(Brain-Computer Interface, BCI)의 발전이 아직 그러한 개념을 실현할 수 있을 정도로 진행되어 있지 않기 때문이다. 여러 이유로 인해서 현행의 가상현실 기술은 이미 상용화되어 보급되어 있는 기존의 인터페이스 장치들을 활용하는 것을 주축으로 개발이 행해지고 있으며, 대중매체나 서브컬처에서 묘사되는 것과 같은 완전한 몰입형 가상현실의 구현까지는 아직 많은 과제가 남아 있는 상황이다. 또한 대중매체나 서브컬처에서의 일반적인 묘사와는 달리 완전한 몰입형 가상현실의 구현을 위해서는 헤드기어나 캡슐과 같은 형태의 비침습식 BCI 기기로는 한계가 있고, 그 실현을 위해서는 사용자의 몸에 이식되는 형태의 침습식 BCI 기기가 필요해질 것이라 예상해볼 수도 있을 것이다. 가상현실에 필요한 세 가지 요소는 3차원 공간성, 실시간 상호작용, 그리고 몰입성이다. 각 요소 구현을 위해서는 컴퓨터 그래픽 기술, 네트워크 통신기술, 그리고 HMD(Head Mount Display) 등 오감을 자극하는 다수의 입출력 장치 개발기술에 의해 확립되고 발전될 수 있다. 네트워크 통신기술이 사실상 현재의 기술력만으로도 가상현실 구현에 어려움이 없음을 고려할 때, 실질적으로 가상현실 구현을 위해 발전이 필요한 기술은 컴퓨터 그래픽 기술과 입출력 장치기술이라고 볼 수 있다.

▼ 그림 3-11 갤럭시노트4가 장착된 기어VR

스마트폰의 카메라로 촬영한 얼굴 사진으로 재미있는 서비스를 제공해 주는 앱들이 속속 출시되고 있다. 얼굴인식을 보안분야로 응용한 사례는 뒷장에서 다시 언급할 예정이고, 여기서는 촬영한 얼굴 이미지를 이용한 다양한 사례를 보고자

한다. 얼굴관련 앱은 현재 1000개 이상의 앱이 출시된 것으로 파악되고 있다. 앱 마켓에 나와 있는 얼굴인식앱은 촬영된 얼굴 사진으로부터 나이를 측정해 주고, 닮은꼴 연예인를 찾아주는 앱이다. 〈그림 3-12〉의 SS Software에서도 이와 유사한 앱을 출시했는데, 얼굴나이 테스트, 얼굴로 보는 첫인상 테스트, 얼굴로 보는 연애운 테스트, 얼굴성형 견적 테스트 등의 앱을 출시하였다.[23] 이 외에도 얼굴관상을 봐 주는 앱, 얼굴을 서로 교환해서 보는 앱, 가상의 성형 후의 모습, 미용 관련해서 화장과 머리의 형태에 따른 얼굴 모습, 여러 가지 액세서리와 얼굴의 조화 등 생각할 수 있는 다양한 앱이 출시되어 있다. 그러나 얼굴과 관련해서는 개인정보보호법 때문에 얼굴 사진을 서로 공유하는 데에는 법적으로 해결해야 하는 문제가 남아 있어 아직 SNS에서의 다양한 활용은 미지의 개척 분야로 남아 있다.

▼ 그림 3-12 SS Software사에서 출시한 다양한 얼굴인식 관련 앱

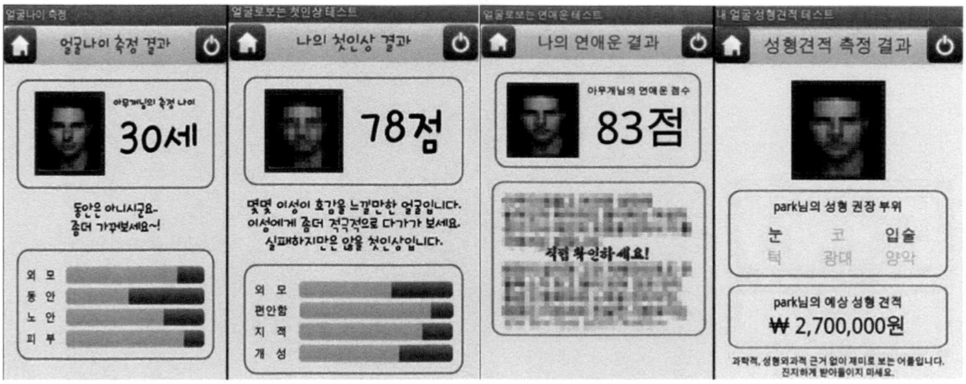

얼굴인식과 관련해서 아주 흥미로운 연구가 2014년 6월 오하이주에서 열린 미국전기전자학회(IEEE)에서 발표되었다. 미국 워싱턴대학의 컴퓨터 공학자들이 미래의 얼굴을 예측하는 소프트웨어를 발표하였다. 이들은 나이, 성별로 각각 수천명의 얼굴을 인터넷을 통해 수집한 뒤 공통 요소들을 뽑아내 80살까지의 얼굴변화 특징들을 만들었다. 연구진은 자신들이 완성한 컴퓨터 프로그램을 82명의 사람들에게 적용해 얼굴 이미지를 만든 뒤 실제 사진과 함께 보여주는 실험을 하였다. 그 결과 사람들은 실제 사진과 같은 빈도로 컴퓨터 프로그램이 작성한 이미지를 선택했다. 〈그림 3-13〉과 같이 연구팀이 공개한 사진 중 각 사진 짝에서 왼쪽이 컴퓨터가 예측한 얼굴이고, 오른쪽이 실제 사진이다. 어느 쪽이 예측한 얼굴이고 어느 쪽이 진짜인지 구분하기 어렵다. 연구진은 이렇게 개발된 컴퓨터 프로그램이 실종된 아이나 가족들을 찾는데 큰 도움이 될 것으로 기대하였다. 지금까지는 기존의 사진과 가족 사진을 대조해 가며 바뀐 얼굴 모습을 추정하였지만, 이 소프트웨어를

23) http://SSsoftware.co.kr

사용하면 불과 30초 만에 상당한 정확도를 갖춘 현재의 이미지를 얻을 수 있기 때문이다.[24] 현재는 계산 용량 때문에 컴퓨터 상에서만 이 프로그램이 동작하지만, 사물인터넷이 본격적으로 진행이 되면 누구든지 스마트폰으로 접속하여 자신 또는 상대방의 미래 얼굴을 쉽게 예측할 수 있는 앱도 조만간 나오리라 예측해 본다.

▼ 그림 3-13 미래 예측 얼굴 소프트웨어(왼쪽: PC, 오른쪽: 실제사진)

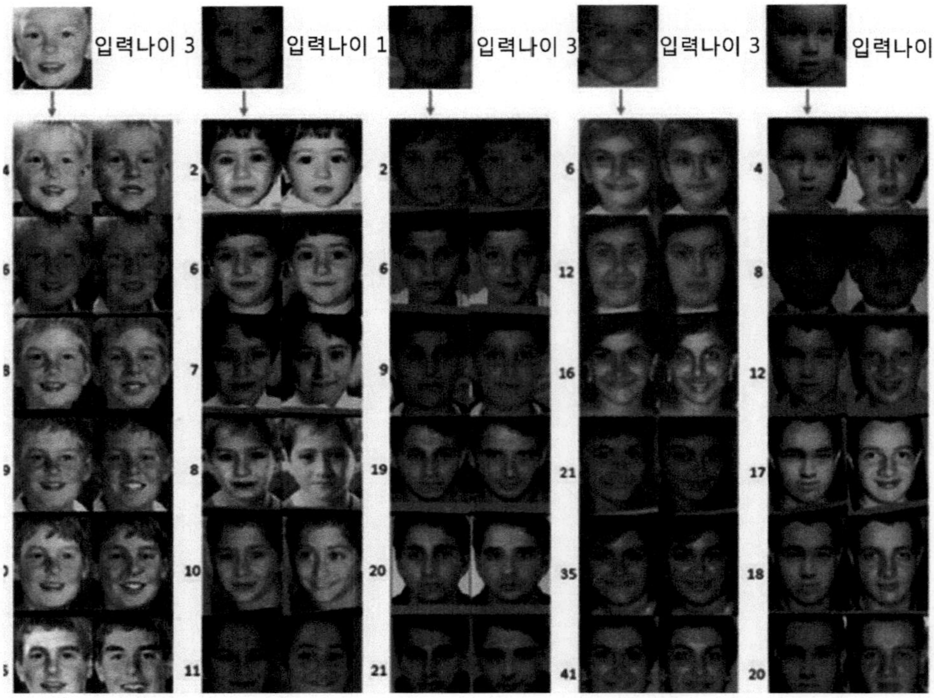

또 다른 응용범위는 스마트폰의 카메라를 사용해서 QR코드를 조회할 수 있는 기능이다. 여기서 QR의 의미는 Quick Response의 약자이다. 1994년 일본 덴소 웨이브라는 회사에서 개발했으며, 이 회사에서 특허권을 가지고 있으나 특허권을 행사하지 않고 개방함으로 인해 사용이 확산되고 있다. QR코드는 도요타의 자동차 부품을 관리하기 위해 개발되었다고 한다. QR코드는 흑백격자무늬 패턴으로 정보를 나타내는 매트릭스 형식의 이차원 바코드이다. 종래에 많이 사용되었던 바코드의 용량 제한을 극복하고, 그 형식과 내용을 확장한 2차원의 바코드로 종횡의 정보를 가져서 숫자 외에 문자의 데이터를 저장할 수 있다. QR코드는 숫자 최대 7089자, 영숫자 최대 4296자, 바이트(8비트)로 최대 2953비트, 한자 1817자를 담을 수 있다. 지금까지 선 형태의 바코드는 읽기 쉽고 정확하며 조작이 편하다는

24) 곽노필, "놀랍도다! 미래 얼굴예측 소프트웨어", http://plug.hani.co.kr/futures/1714413

장점을 내세워 다양한 분야에서 쓰여 왔지만, 코드 안에 담긴 정보량이 한정적이라는 게 단점이었다. 이런 한계를 극복할 수 있는 것이 바로 QR코드이다. 가장 매력적인 역할을 맡을 만한 대상은 단연 스마트폰이다. 리더기 역할을 하는 앱만 내려 받으면 스마트폰에 장착된 카메라를 이용해서 즉시 QR코드를 인식할 수 있기 때문이다. 이런 장점 때문에 스마트폰의 대중화와 함께 2차원 바코드인 QR코드가 마케팅과 홍보, 판매까지 영역을 확대될 것으로 예상하고 있다.[25] 〈그림 3-14〉는 다양한 형태의 QR코드 이미지 디자인을 나타내고 있다.

▼ 그림 3-14 각종 QR코드 이미지(출처: 구글 이미지)

국내에는 도입 초기에는 상당한 관심을 받았으나, 스마트폰에 앱을 내려받아야 하는 불편함 때문에 기대보다는 활성화되지 못했다. 그러나 QR코드가 개발된 일본에서는 많이 활성화 되어 있다. 일본에 가면 잡지나 신문의 지면광고는 물론 길을 걷다 볼 수 있는 전봇대에 붙어있는 광고, 심지어는 각종 상품의 포장지에서도 QR코드를 쉽게 볼 수 있다. 기업들이 일방향적이고 전달할 수 있는 정보의 양이 제한적인 오프라인 광고의 한계를 극복하기 위해 QR코드를 적극적으로 도입하여 활용하고 있다. 전통적인 광고는 상품이나 기업에 대한 이미지를 노출하는데서 끝나지만, QR코드는 소비자들에게 참여할 수 있는 기회와 깊이 있는 정보, 할인 쿠폰

25) 위키백과, https://ko.wikipedia.org/wiki/QR_%EC%BD%94%EB%93%9C

등도 제공할 수 있다는 점에서 차별화 되고 있다. 또한 판매수단으로 QR코드가 활용되고 있다. 지금까지 오프라인 상의 광고나 마케팅에서 판매라는 동작으로 바로 연결되는 것은 물리적으로 불가능하였다. 그러나 QR코드를 활용하면, 잡지나 신문에서 광고를 보다가 QR코드를 통해 바로 구매사이트로 연결이 가능하다. 미국의 컨티넨탈 항공은 QR코드를 활용한 모바일 티켓 서비스를 개시하였다. 최근 미국 유명항공사들이 잇따라 QR코드를 이용한 전자항공권 서비스 도입에 착수하고 있다. 승객들은 따로 발권절차를 위해 줄을 설 필요없이 스마트폰 화면에 뜬 QR코드를 탑승구에 설치된 스캐너에 대기만 하면 쉽게 통과할 수 있다. 현재 항공권은 물론, 공연 티켓, 박물관 입장권 등 다양한 분야에 도입 중에 있다.

일상생활에서 일반적으로 주고받는 명함은 물론 개인 홈페이지나 블로그 등 다양한 용도에 QR코드가 활용되고 있다. 명함에 QR코드를 넣으면 스마트폰으로 코드를 찍기만 하면 관련 데이터를 손쉽게 스마트폰에 저장할 수 있어 매우 편리하다. QR코드에는 단순한 이름과 전화번호 뿐만 아니라 자신의 블로그나 홈페이지 주소, 목소리, 사진까지도 담을 수 있어 활용도가 매우 높다. 일본 비석 판매 회사에서는 비석에 QR코드를 부착해, 고인의 사진이나 생전의 기록들을 볼 수 있는 모델을 출시하였다. 비석에 붙은 QR코드를 스마트폰으로 읽어 들이면 고인의 기록들을 볼 수 있는 제품으로 특허까지 받은 상품이다. 또한 포털사이트 '다음'은 국내에서 가장 먼저 '다음코드' 관련 어플을 〈그림 3-15〉와 같이 선보였다. '다음코드'는 다음 사이트 내 '다음코드' 서비스에 접속해서 쉽게 만들 수 있다. 기업정보, 상점정보, 상품정보를 비롯하여 블로그 주소, 안내문구, 이미지, 동영상, 지도정보 등 원하는 정보를 입력하면 바로 생성되며, 만들어진 코드는 jpg의 그림 파일이나 html 등으로 제공된다. '다음코드'는 스마트폰 다음 앱 속에 있는 코드 검색 기능

▼ 그림 3-15 '다음코드' 어플 초기화면

으로 가장 최적화된 결과를 얻을 수 있으며, 또한 '다음코드'에 담긴 연락처 정보는 스마트폰으로 인식하면 휴대폰 전화번호부로 바로 저장도 된다. 더욱이 스마트폰이 없이도 이용할 수 있도록 단축 URL이 코드 상단에 생성되어, 웹 사용이 가능한 PC나 일반 휴대폰을 통해서도 해당 코드의 정보를 볼 수 있도록 접근성을 높였다. 현재 국내에서 QR코드를 무료로 제작할 수 있는 곳은 아래와 같다.

- 네이버 QR코드 제작 http://qr.naver.com/
- 다음 QR코드 제작 http://code.daum.net/web/mainMenu

스마트폰에서 가장 스마트하게 활용할 수 있는 것이 <그림 3-16>과 같은 모바일팩스 기능이다. 업무를 하다 보면 출장지나 이동 중에 팩스를 보내야 하는 경우가 많이 있다. 가장 난감할 때는 주변에 팩스를 보낼 곳도 없고 또 노트북이 있다고 해도 인터넷 팩스를 활용하려고 해도 요금을 먼저 내야 하는 등 복잡하여 어려움을 겪는 경우가 종종 있다. 스마트폰만 있으면 이러한 상황을 해결할 수 있다. 모바일팩스는 본인 인증 즉시 발신용과 수신용의 팩스번호를 부여 받고, 모든 서비스를 무료로 이용이 가능하다. 견적서나 양식을 상대방에게 팩스를 보낼 필요가 있는 경우, 스마트폰 카메라로 찍어서 모바일팩스 앱으로 보내면 전송이 완료된다. 앱 설치 후 본인 인증시 개인 팩스번호를 부여하며, 수발신이 가능한 번호까지 부여해 준다. 이용 요금은 스마트폰 요금제에 따라 무료 문자 내에서 MMS로 2개씩 차감된다.

▼ 그림 3-16 모바일팩스 앱

마이크로소프트가 일반 스마트폰 카메라를 3D 스캐너로 활용할 수 있게 해주는 기술을 개발 중에 있다. 모바일 퓨전이라 불리는 해당 프로젝트는 스마트폰 카메라를 통해 대상을 여러 각도에서 촬영하면 자동으로 3D 모델을 제작해준다. 모바일 퓨전은 별도의 하드웨어 기기를 사용하는 3D 스캐너에 비해 아무래도 정밀도는 떨어지겠지만, 일반 스마트폰을 활용할 수 있다는 점에서 활용도는 훨씬 클 것으로 예상된다. 직접 촬영한 3D 모델을 3D 프린팅하는 것뿐만 아니라, 지인에게 전송하거나 가상현실 속에 구현하는 것도 머지않은 시일 내 가능해질 것이다. 또한 이와 같은 3D 스캐너의 진화는 3D 프린팅과 함께 소비자가 곧 생산자가 되는 패러다임의 전환에 기여할 것으로 예상된다.

▼ 그림 3-17. 마이크로소프트의 모바일 퓨전

2) 근접센서

스마트폰은 이미 대중화되었고 자연스럽게 스마트폰을 이용한 다양한 시도가 이루어지고 있으며 실제로 상당한 성과를 이루었다. 요즘 스마트폰의 앱을 보면 상상하지도 못했던 기발하면서도 유용한 것들이 매우 많은데, 이는 스마트폰에 포함된 각종 센서들을 다양하게 활용하기 때문이다. 이러한 센서들로 획득한 데이터가 컴퓨터에 연결되고 인터넷으로 연결되면 상상하지 못했던 놀라운 가능성이 열리게 된다. 이미지센서와 더불어 가장 많이 응용되는 센서가 바로 움직임과 관련된 센서이다. 근접센서(Proximity Sensor)는 물리적인 접촉 없이도 〈그림 3-18〉과 같이 물체의 존재 여부를 감지하는 센서로 사물이 가까이 있는지 없는지를 감지해 여러 가지 활용을 가능하게 해 주는 센서이다. 스마트폰에 탑재된 근접센서는 전화를 걸때마다 작동하고 있는데, 바로 전화를 걸고 나서 귀에 스마트폰을 가져다 대면 화면이 저절로 꺼지게 한다. 이는 스마트폰이 근접센서를 이용해 폰과 사용자의 얼굴이 가까워졌다는 것을 인식하여 자동적으로 화면을 종료시켜 통화 중 불필요한 터치를 방지해 줄뿐만 아니라 절전효과까지 가질 수 있다. 이 뿐만 아니고 스마트폰의 소리를 제거하기 위해 스마트폰을 열어서 음원 조절을 하는 것 대신에 스마트폰을 뒤집기만 하면 소리를 제거할 수 있으며, 전화가 걸려왔을 때 스마트폰 화면 위로 손바닥을 스치기만 하면 바로 통화모드를 유지할 수 있는 것도 근접센서를 이용한 대표적인 움직임 감지 기능이다. 또한 운동앱인 푸쉬업(Push Ups)은 근접센서를 활용해 팔굽혀펴기를 한 횟수를 자동으로 측정해 준다. 이 앱은 팔을 굽혀 신체가 근접센서 근처로 가까이가면 몸이 아래로 내려왔다고 인식하고, 팔을 쭉 펴서 근접센서에서 멀어지면 신체가 위로 올라갔다고 인식을 하여 팔굽힌 횟수를 자동으로 측정하고 관리하도록 해 준다.

▼ 그림 3-18 스마트폰 근접센서를 활용한 다양한 응용

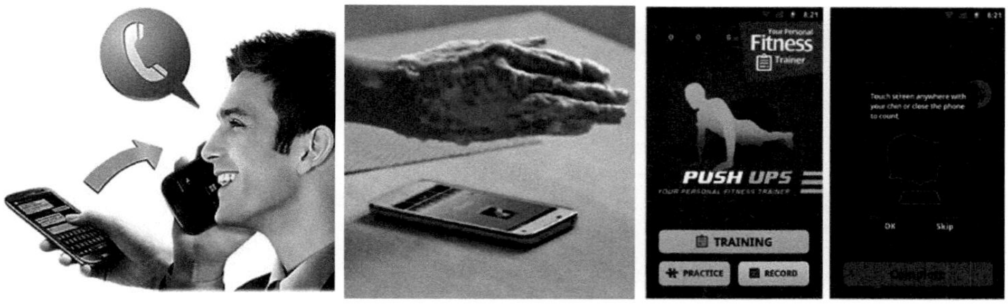

근접센서는 기술적으로 적외선을 이용한 광전방식, 전자기 유도 원리를 이용한 전자기 유도방식, 자기장의 변화를 감지하는 자기방식, 전기용량의 변화를 이용한 정전용량방식 등이 있다. 현재 근접센서로 가장 많이 사용되는 방식은 광전방식이며, 정전용량방식은 미래의 스마트폰에 적용될 것으로 예상하고 있다. 전자기 유도방식은 오작동이 없다는 장점은 있으나 금속성 물체만 인식하는 것이 단점으로 지적되고 있어 다양한 용도로 사용하기에는 부족한 점이 있다. 자기방식도 오작동이 없다는 장점은 있으나 매우 짧은 거리에 있는 자석만을 감지하는 단점이 있다. 그래서 자기방식은 스마트폰 내부에 홀센서를 이용하여 플립커버 내부의 자석이 가까이 온 것을 감지하여 닫힘 여부를 판단하는 용도로 사용되고 있다. 광전방식은 스마트폰의 전면부 상단에 위치해 있으며, 단순한 원리와 안정된 동작, 그리고 포토다이오드가 조도센서 역할까지 겸해서 할 수 있다. 화면 밝기를 자동 조절하기 위해 사용하는 것이 RGB센서인 조도센서인데, 광전방식은 근접센서 하나로 두 가지 기능을 동시에 수행이 가능한 장점이 있다. 〈그림 3-19〉와 같이 적외선 LED에서 적외선(엄밀하게 말하면 근적외선의 빛으로 빛의 파장은 일반적으로 850nm, 880nm, 940nm 중에서 상황에 맞게 사용함)이 투과창을 통해 빛이 나오게 되고, 근접한 물체가 있으면 적외선이 물체 표면에서 반사되어 수광부의 투과창을 통해 포토다이오드 쪽으로 적외선이 입사하게 되며, 이때 포토다이오드의 전기적 출력(전류 또는 전압)은 반사되어 온 빛의 세기에 비례하게 된다. 일정한 값 이상의 전기적 출력이 나오

게 되면 물체가 근접했다고 판단하게 되는 단순한 동작 원리이다. 여기서 적외선을 사용하는 이유는 항상 태양과 같은 가시광선의 외부 광원이 포토다이오드 쪽으로 입사하고 있기 때문에 이와 같은 신호로 인한 오작동을 줄이기 위해 적외선을 사용한다. 그러나 적외선 LED와 포토다이오드를 구동해야 하는 높은 전력 소모량과 이물질이 투과창 표면에 쌓이게 되면 오동작의 가능성이 있으며, 근접한 물체의 표면 상태에 따라 적외선의 반사량이 달라 오동작 할 가능성이 있는 것이 단점이다. 이러한 단점을 보완할 수 있는 방법이 정전용량방식이며, 이 방식의 채용에 대해서도 스마트폰 제조사에서 적극 검토 중에 있다. 이 방식은 전기장의 변화를 측정하는 것인데, 스마트폰의 다른 부품에 전자기적인 간섭 문제가 있어 아직 채용이 보류되고 있다.

▼ 그림 3-19 광전방식 근접센서의 동작 원리

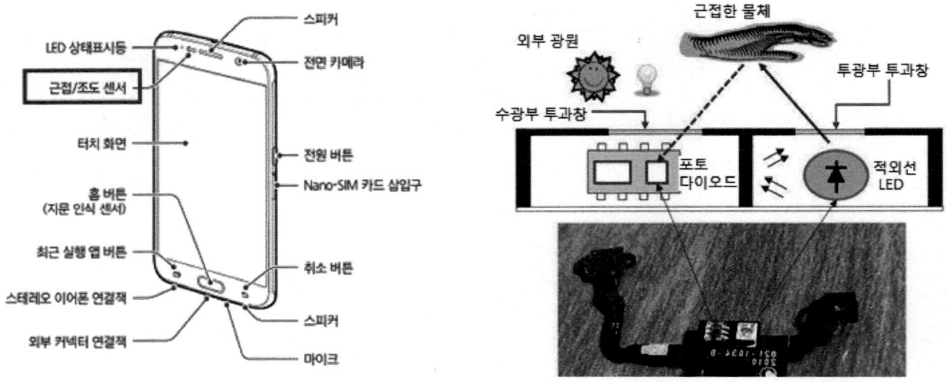

근접센서의 또 다른 방식 중의 하나가 바로 자기장의 변화를 감지하는 자기방식이다. 갤럭시S4부터 새롭게 도입된 기술이 있는데 바로 〈그림 3-20〉의 'S뷰 커버' 기능이다. 이전의 모델에서의 커버는 스마트폰의 액정화면을 보호하기 위한 용도로만 사용되었지만, 갤럭시S4부터는 기존의 플립커버와 동일한 형태지만 전면부에 투명창이 있는 것이 특징이다. S뷰 커버로 스마트폰을 덮으면 투명창을 통해 배터리 잔량, 통신상태 등 상단 표시 바의 정보는 물론 문자수신여부 및 날짜와 시간을 확인할 수 있다. 이런 기능은 삼성 갤럭시S4에 제일 먼저 도입이 되었고, 이후 LG G2 스마트폰에도 이와 유사 기능인 '퀵윈도우 케이스'라는 이름으로 출시되었다. S뷰 커버의 내부에는 미세한 자기장을 가진 자석이 내장되어 있으며, 커버가 열려 있을 때는 자석이 홀센서로부터 멀리 떨어져 있어 홀센서에 아무런 영향을 미치지 못한다. 커버를 닫게 되면 자석과 홀센서 사이의 거리가 가까워져 홀센서가 자석을 감지하게 되어 커버가 닫힌 것을 인식하여 디스플레이 화면을 투명창의 화면 모드로 전환하게 한다. 이것은 간단한 실험으로 확인이 가능하다. 〈그림

3-19〉와 같이 커버를 연 상태에서 자석을 그림의 위치에 갖다 대면 커버를 닫지 않아도 디스플레이의 전체 화면이 투과창 화면 모드로 변경되는 것을 확인할 수 있다. 그러므로 커버의 오른쪽 하단 내부에 자석이 숨겨져 있다는 것을 알 수 있다. 자석을 가지고 커버 표면 위를 움직이면 다른 위치에서는 당기는 것을 느끼지 못하지만, 자석이 있는 위치인 오른쪽 하단에서는 자석이 붙는 것을 느낄 수 있다. 그림에 있는 홀센서의 위치는 삼성의 갤럭시 노트4이며, 그 위치는 모델과 제조사마다 다를 수 있다.

▼ 그림 3-20 근접센서인 홀센서를 응용한 S뷰 커버 원리

3) 모션인식 센서

2010년 6월 24일에 출시한 아이폰4는 출시 후 3일 만에 170만대가 판매되는 엄청난 인기를 끌었다. 이전의 아이폰은 경쟁사들에 비해 낮은 수준의 하드웨어를 탑재했다는 지적을 받았지만, 아이폰4로 이러한 우려를 불식시켰다. 그 이유는 아이폰4에 혁신적인 기능 3가지 탑재되었는데, 바로 레티나 디스플레이, 페이스타임, 그리고 자이로스코프센서이다. 특히 기존 휴대폰에서는 볼 수 없었던 자이로스코프센서는 당시 많은 이들에게 큰 기대감을 던져주었다. 닌텐도의 위(Wii)와 같은 콘솔 게임기의 사실감 넘치는 동작인식을 아이폰에서도 즐길 수 있게 되었기 때문이다. 이후 경쟁사 제품에도 이 센서가 탑재되었고, 안드로이드는 진저브레드(2.3)부터 공식 지원을 하게 되었다. x, y, z 3축 방향에 대한 직선 이동거리만 측정하는 가속도센서와는 달리 자이로스코프센서로 회전하는 각속도를 측정할 수 있게 되었다. 높이와 회전, 기울기 등 스마트폰의 작은 움직임도 감지할 수 있게 되어 가속도센서와 함께 사용하여 거의 완벽한 동작 인식이 가능하게 되었다. 자이로스코프센서는 각속도를 측정하므로 단위는 degree per second(dps, 초당 회전각

도)이며, 어떤 물체가 초당 1회전을 한다고 하면 각가속도는 360dps가 된다. 숫자가 커지면 초당 회전하는 속도가 빠르다는 것을 의미한다. 자이로스코프센서의 일반적인 감지범위는 모바일 제품의 경우 300~2000dps, 카메라 손떨림 보정의 경우에는 150dps, 차량용 내비게이션의 경우는 100~500dps 수준이다. 건강을 유지하기 위해 걷는 것은 매우 좋은 운동이다. 예전에는 하루에 얼마를 걸었는지 알기 위해 조그만 크기의 만보계라는 것을 허리에 차고 다니면서 걸음수를 측정하였다. 하지만 이젠 스마트폰에 있는 움직임 감지센서인 가속도센서와 자이로스코프센서를 이용하면, 걸음걸이에 해당하는 움직임을 정밀하게 감지하여 뛰어난 만보계 기능을 수행할 수 있다. 가속도센서와 자이로스코프센서의 장착으로 〈그림 3-21〉과 같이 스마트폰에 만보계 기능이 구현되었으며, 스마트폰을 주머니에 넣어둔 채로 움직이기만 하면 자동으로 걸음수를 측정해 준다. 기존 만보계는 조그만 움직임에도 걸음걸이로 인식을 하여 오차가 많았던 반면, 스마트폰의 걸음걸이 인식은 스마트폰에 탑재된 고성능의 CPU를 이용하여 걸음걸이에 적절한 알고리즘을 통해 훨씬 정교한 걸음걸이 인식이 가능해졌다. 또한 스마트폰을 가로로 보다가 보다 넓은 화면으로 보기 위해 세로로 움직이게 되면 화면이 이런 동작에 따라 즉시 바뀐다. 스마트폰을 좌우로 흔들어 화면 속 주사위를 굴리거나, 투수의 구속을 측정하듯 스마트폰을 손에 꽉 쥐고 팔을 뻗으면 가상으로 공의 속도를 알려주는 것도 가능하다. GPS가 수신되지 않는 터널에 차량이 진입했을 경우 가속도센서로 차의 속도를 측정하고, 자이로스코프센서로 회전 방향을 측정하여 내비게이션에 반영하게 하면 터널 내에서도 내비게이션이 정상적으로 동작할 수 있다.

▼ 그림 3-21 움직임을 감지하는 스마트폰의 기능

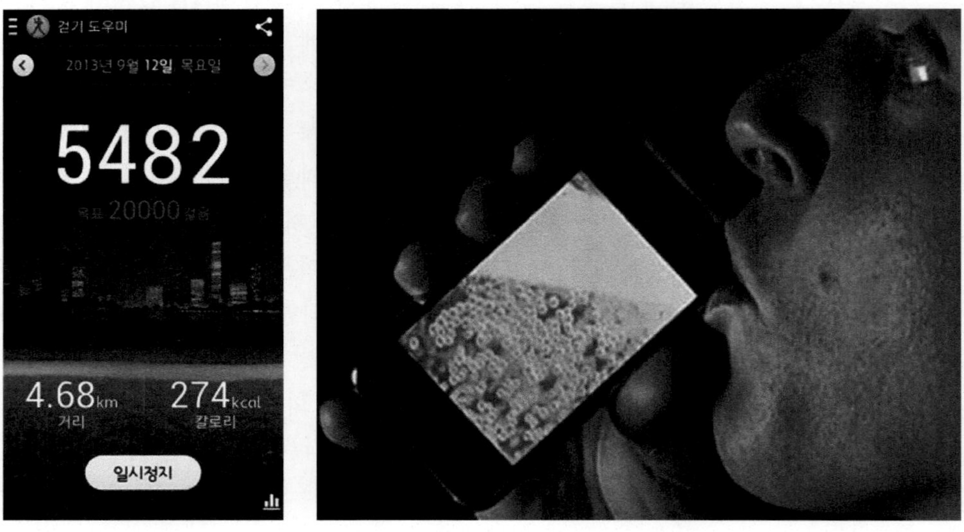

아이폰용 소셜 게임인 '위룰'로 국내 사용자들에게 친숙한 Ngmoco가 아이폰4가 출시되자마자 발빠르게 자이로스코프센서를 활용한 게임을 선보였다. Ngmoco의 'Eliminate: GunRange'는 3차원 공간에 위치한 과녁을 사격하는 게임인데, 과거에는 화면을 드래깅하면서 플레이를 했지만 아이폰4에서는 휴대폰의 움직임만으로도 정확하게 과녁을 겨냥할 수 있게 되어 훨씬 실감나는 게임을 즐길 수 있게 되었다. 앞으로 자이로스코프센서가 단지 게임에서 그치지 않고 다양한 분야로 확대될 것으로 예측하고 있다. 그 중에서 가장 주목받는 분야가 바로 모바일 증강현실이다. 스마트폰에서 보다 실감나는 증강현실을 구현하기 위해 가장 필요한 것이 바로 휴대폰의 정확한 움직임을 감지해 내는 기술이다. 기존에도 가속도센서와 지자기센서, GPS와 위치정보를 활용한 여러 증강현실 기능이 스마트폰에서 구현되어 있었다. 그러나 기존 기술로는 사용자가 바라보는 방향에 정확한 위치정보를 표시해주는 데에 한계가 있었다. 예를 들어 사용자가 증강현실 앱을 실행하고 카메라 화면으로 식당을 비추면, 그 위에 그 식당의 메뉴와 사용자들의 평가를 보여줘야 하는데 실제로는 정확도가 떨어져 그 옆에 위치한 옷가게 메뉴가 뜨는 경우가 있었다. 게다가 화면을 이리저리 움직여보면 화면에 표시된 정보가 움직임에 맞춰 따라가지 못하고 화면 위에 둥둥 떠 다니기 일수다. GPS의 정확도를 보정하는 A-GPS 기능이 최신 스마트폰에 속속 탑재되고 있으며, 여기에 자이로스코프센서까지 추가가 되면 훨씬 정확하게 증강현실 화면 구현이 가능해진다. 이와 같이 스마트폰 내에 있는 중력센서, 가속도센서, 자이로스코프센서 등은 스마트폰의 움직임을 정확히 파악하는 용도로 사용되고 있다.

다 스마트폰은 최고의 길안내 도우미

1) 실외 내비게이션

2000년 이전 내비게이션이 없던 시절, 자동차로 초행길로 운전을 하기 전에 반드시 해야 할 일이 있었다. 그것은 다름 아닌 지도를 보고 어떻게 갈 것인지 미리 머릿속에서 경로를 파악하는 것이었다. 그래서 그 당시의 운전자들은 여러 종류의 지도를 사서 차안에 비치를 해 두고 다녀야만 했으며, 서점에 가면 제일 먼저 눈에 띄는 곳에 항상 지도가 있었다. 그러나 GPS(Global Positioning System)를 이용한 내비게이션이 도입되면서 지도는 어느 사이엔가 운전자 자리에서 사라지게 되었다. GPS는 세계 어느 곳에서든지 인공위성을 이용하여 자신의 위치를 정확히 알 수 있게 해 주는 시스템으로 위성항법장치라고도 한다. 위치 정보는 3각 측량법에 기초를 두고 있으며, GPS 안테나로 3개 이상의 위성으로부터 정확한 시간과 거리를 측정하여 현 위치를 계산할 수 있다. 나침반과 달리 위성항법시스템은 위도 · 경도 ·

고도의 위치뿐만 아니라 3차원의 속도정보와 함께 정확한 시간까지 얻을 수 있다. 위치 정확도는 군사용과 민간용에 따라 차이가 있는데, 민간용은 수평 13m, 높이 22m 정도이다. 인공위성을 이용한 GPS는 미국 국방성의 주도로 개발이 시작되었으며, 1984년 KAL기 격추사건을 계기로 GPS 신호의 민간 수신을 허용하게 되었다. 지구 주위의 궤도로 총 24개의 위성이 돌고 있는데, 이 중에서 21개 위성이 항법 측정에 사용되고 있으며, 나머지 3개는 예비용 위성이다. 약 20,000km 상공에서 12시간 주기로 지구 주위를 회전하고 있으며, 궤도면은 지구 적도면과 55도의 각도를 이루고 있다. 궤도수는 6개로 한 궤도면에 4개의 위성이 위치해 있는데, 이렇게 배치한 이유는 지구상 어느 지점에서도 동시에 5개에서 최대 8개까지 위성을 볼 수 있도록 하기 위함이다(그림 3-22 참고).

▼ 그림 3-22 GPS 인공위성 궤도의 개념도

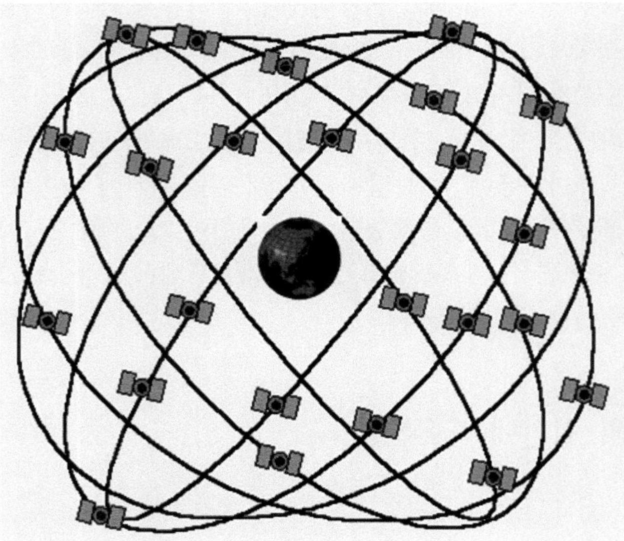

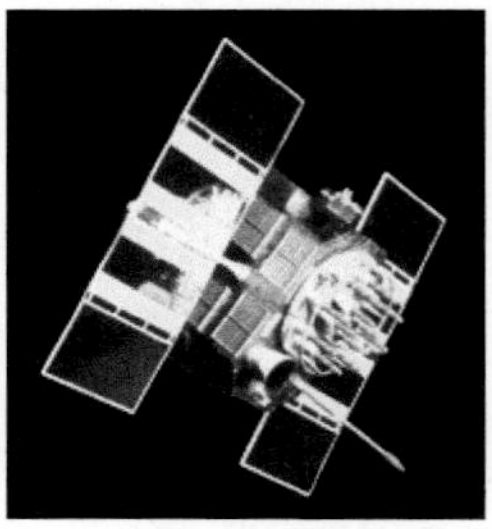

고도	20,183km
개수	24개
궤도수	6개
주기	12시간
속도	약 3.8km/s

미국 주도의 GPS에 대항하기 위해 유럽연합과 우리나라를 포함한 일부 국가의 연합으로 추진하고 있는 것이 갈릴레오 프로젝트이다. 2005년부터 고도 약 24,000km의 상공에 30기의 인공위성을 쏘아 올리는 대규모 계획이다. 당초 2010년경에 상용화를 목표로 진행이 되었으나 지금은 2020년경으로 예상을 하고 있다. 정확도는 기존 미국의 GPS보다 훨씬 정밀한 수평 4m, 높이 8m 수준을 예상하고 있다. 미국과 유럽연합은 GPS와 갈릴레오 신호를 하나의 단말기로 수신할 수 있도록 하는데 합의를 하였으며, 이렇게 되면 총 54기의 위성을 이용할 수 있어 위치 정확도가 크게 향상될 것으로 기대하고 있다. 이 외에도 러시아에서 글로나스(Glonass)라고

하는 독자적인 위성 시스템을 운영 중에 있으며, 중국도 북두(Beidou)라는 위성체계를 독자 구성 중에 있다. 향후 이런 위성들이 모두 호환이 된다면 기존의 GPS보다 훨씬 더 정밀한 결과를 얻을 수 있을 것으로 예상된다.

초창기 수신기는 단순히 GPS가 제공하는 신호를 받아 위치정보를 표시하는 독립적인 장치로 사용되다가, 안테나 기술의 발전으로 소형화 되면서 내비게이션이나 휴대폰 등에 장착이 되었다. 현재 스마트폰에는 퀄컴사에서 개발한 A-GPS(Assisted GPS)가 주로 사용되고 있다. 표준 GPS(Standard GPS, S-GPS)는 GPS 위성의 무선 신호를 이용하여 독립적으로 동작을 한다. 이 방식을 도심에서 사용하게 되면 위성신호는 건물들에 의해 반사되어 발생하는 다중경로전파 현상과 대기, 벽, 나무 등을 통과하면서 발생하는 전파의 감쇄와 같은 현상들에 의해 약화된다. S-GPS 기기가 이런 환경에서 처음 작동하게 되면, 일부 GPS는 신호를 제대로 수신하지 못하거나 부정확한 위치를 획득하게 된다. 위성 신호의 데이터 전송 속도가 50bps로 매우 느리기 때문에 S-GPS의 모든 데이터를 수신하는 데에 최대 12분 30초가 소요되며, S-GPS의 경우 대략 30~40초 뒤에 첫 번째 위성의 위치를 잡을 수 있다. 그리고 12분 30초 동안 지속적으로 양호한 품질의 위성 신호가 수신되지 않을 경우 GPS 불능으로 표시되기 때문에 다시 재접속을 시도해야 된다. S-GPS가 제대로 된 신호를 포착하는 데에 많은 시간이 소요되는 불편함이 있으며, 이러한 S-GPS의 문제점을 보완하기 위해 나온 기술이 A-GPS 기술이다. A-GPS는 위치를 획득하기 위해 3G 또는 4G 등의 추가적인 무선네트워크(무선 통신사의 서브에 있는 정보를 활용) 자원을 활용하여 GPS 위성의 위치와 현재시간 정보를 다운로드하여, 위성 정보를 빠른 시간 내에 받아와 수 개의 위성 신호만 수신된다면 바로 위치를 추정할 수 있도록 한 기술이다. 따라서 A-GPS를 사용하기 위해서는 단말기가 3G 또는 4G로 인터넷 접속이 가능해야 한다. A-GPS는 3G/4G/WiFi의 신호로 위치를 추정하는 시스템이 아니고, 〈그림 3-23〉에서와 같이 통신망을 이용하여 통신사 서버에 있는 위성의 위치 정보와 시각 정보를 미리 받아오는 방식이다. 따라서 A-GPS는 S-GPS에 비해 위성의 정보를 받아오는 시간이 훨씬 빠르며 보통 1~2초면 위치를 추정할 수 있다는 장점을 가지고 있으며, 최근 출시되고 있는 대부분의 스마트폰에는 A-GPS가 탑재되어 있다. 이러한 GPS를 이용한 위치 인식은 위성의 신호를 수신할 수 있는 실외에서만 가능하고, 건물 내의 실내에서는 수신할 수 없다. 그러나 실내의 창문 근처에서는 GPS 신호의 수신이 가능할 수도 있다.

▼ 그림 3-23 A-GPS 동작원리 및 스마트폰 설정 메뉴

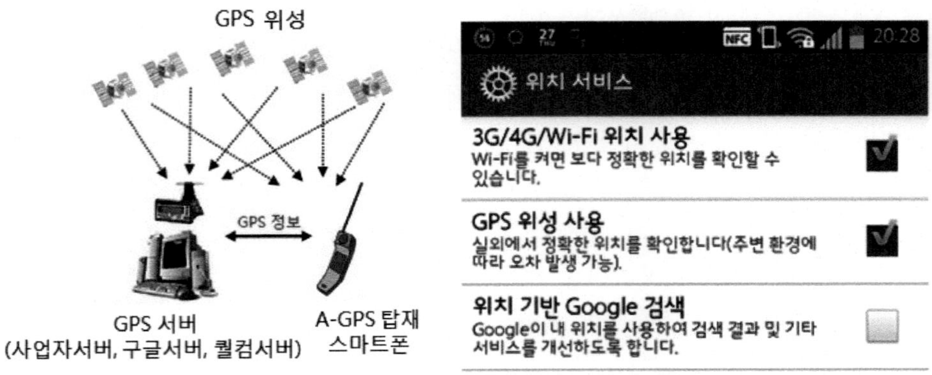

2) 실내 내비게이션

GPS로 불가능한 실내에서의 위치를 추적하기 위해 다양한 방법이 시도되고 있다. 대표적인 것이 이동통신사의 기지국을 이용하는 방법으로 방법은 삼각 측량법에 기초를 두고 있다. 기기국마다 고유의 ID가 있기 때문에 기지국을 이용한 위치 추적을 Cell ID 기술이라고도 한다. 도심지에는 기지국이 많이 설치되어 있기 때문에 측위오차는 100~500m정도이고, 교외에는 기지국이 띄엄띄엄 설치되어 있기 때문에 측위오차는 수 km에 달한다. 기지국의 큰 오차 때문에 실내의 위치 추적에는 한계가 있으며, 이의 대용으로 와이파이의 접속 포인트(Access Point, AP)를 통해 위치를 추적하는 기술이 가장 많이 활용되고 있다. 와이파이를 이용한 측위 기법에는 크게 두 가지가 있는데, 삼각측량 기법과 핑거프린팅(Fingerprinting) 기법이다. 삼각측량법은 GPS와 기지국 방식에서 많이 사용된 방법이지만, 실내에서는 이 기술을 적용하기에 다소 무리가 있다. 그 이유는 AP에서 나온 신호들이 실내에 있는 벽, 바닥 및 천정에 여러 번 반사되어 스마트폰에 도달하기 때문에 스마트폰에서 측정된 신호가 어디서 온 것인지 정확히 분석하기가 어렵기 때문이다. 이러한 이유로 실내 위치추적을 위해서는 핑거프린팅 기법이 주로 사용되고 있다. 이 기술은 실내 공간을 여러 개의 작은 셀(cell)로 나누고, 각 셀에서 직접 측정한 신호 강도(Received Signal Strength, RSS)값을 수집하고 데이터베이스화하여 라디오 맵(Radio Map)을 구축한다. 그런 다음 사용자 위치에서 수신된 RSS값을 데이터베이스와 비교하여 가장 유사한 신호 패턴을 보이는 셀을 사용자의 위치로 추정하는 방식이다. 이 방법은 공간 특성이 반영된 데이터를 직접 수작업으로 수집하기 때문에 삼각측량법에 비해 정확도가 훨씬 높다. 무선 네트워크 환경이 좋고 데이터베이스를 촘촘하게 수집할수록 정확도가 높아지는 것이 장점이다. 와이파이를 이용한 실내 내비게이션이 세계 최초로 상용화 되었던 곳은 다름 아닌 서울의 코엑

스이다. 2010년 G20 서울 정상회의 기간에 코엑스를 방문하는 외국 대표단에게 실내 주요 시설을 안내하기 위해 〈그림 3-24〉와 같은 앱이 개발되었는데, 코엑스 내부에 설치된 약 3,400여개의 와이파이 AP를 이용한 위치의 오차범위는 3~8m 정도였다고 보고되고 있다.[26)]

▼ 그림 3-24 코엑스의 실내 위치 서비스 앱 화면

와이파이를 이용한 방식의 장점은 기존의 와이파이 인프라를 그대로 활용하기 때문에 추가적인 하드웨어 인프라 설치가 필요 없다는 점이다. 단점으로는 라디오 맵을 구축하기 위한 비용이 많이 든다는 점이다. 촘촘하게 수집할수록 정확도는 향상되지만 비용은 지수함수적으로 증가한다. 그리고 AP가 교체되거나 이동하는 변화가 생기는 경우에 데이터를 다시 수집해야 하는 유지보수 비용이 발생한다는 점이다. 와이파이는 알고리즘의 단순성 때문인지 매우 많은 곳에서 시도되고 있다. 실제 서비스에 적용되기 위해서는 많은 장애물을 넘어야 한다. 예를 들면 RSS값의 데이터베이스 구축 비용 절감, 측위 성능, 배터리 소모, 장치간 RSS 이질성, 오차 추정 등이 있다. 최근 RSS값의 데이터베이스 구축 비용을 크게 절감할 수 있는 기술이 개발되었는데, 와이파이 SLAM(WiFi Simultaneous Localization and Mapping)이라는 기술이다. '와이파이 슬램' 기술은 실내 공간을 단순히 걸어 다니는 것만으로

26) 조영연, "주목받는 실내 내비게이션 기술, 어떤 것들이 있을까?", http://platum.kr/archives/21956

라디오 맵을 자동으로 구성해주는 기술이다. 이 기술은 셀 단위의 데이터 수집 방식에 비해 매우 빠르고 쉽게 라디오 맵을 구축할 수 있고 비용은 80~90% 정도 절감할 수 있다. 2013년에 애플은 설립 2년차인 이 기업을 무려 2,000만 달러에 전격 인수하였다. IT 전문지 테크크런치에 따르면 '와이파이 슬램'의 기술을 활용해 실내위치를 측정할 경우 2.5m의 오차 범위 내에서 실시간 위치추적이 가능하다고 발표하였다. 애플은 그 이외에도 실내 위치 추적을 위해 많은 비용을 들였는데, C3 Technology, Poly9 등과 같은 LBS(위치기반서비스) 전문 사업자들을 연이어 인수하였다. 구글은 2011년 말부터 자체 지도 서비스인 구글맵(Google Maps)을 통해 미국, 유럽과 일본 등에 한해 건물의 실내 구조와 위치를 찾을 수 있는 실내 지도 서비스 기능을 제공하기 시작했다. 구글은 실내 지도의 정확성을 보완하기 위해, 'Google Maps Floor Plan Maker'라는 앱을 출시했으며, 이 앱은 건물주나 상점 주인 등이 직접 수정한 평면도를 Google Maps에 업로드함으로써 구글측에 피드백을 보내는 일종의 크라우드 소싱(Crowd Sourcing) 방식을 활용하여 RSS 데이터베이스 구축비용을 줄이는 시도를 하고 있다.

이 이외에도 비콘(Beacon)을 이용한 방식도 있다. 비콘에서 2.4GHz의 주파수를 가진 매우 약한 신호를 발생시키고 사용자가 비콘 가까이에 근접하여 신호를 수신하면 비콘이 있는 위치에 있다고 추정하는 방식이다. 애플은 배터리 수명과 크기를 고려하여 매우 단순한 iBeacon을 선보였다. iBeacon에 사용된 핵심 기술은 블루투스 4.0 표준에 포함된 사양 중 하나인 블루투스 로우 에너지(Bluetooth Low Energy, BLE)이다. 블루투스 4.0은 클래식 블루투스, 블루투스 하이 스피드, BLE로 구분되는데, 클래식 블루투스는 3.0버전까지의 기존 프로토콜 조합이고, 하이 스피드는 와이파이를 기반으로 한다. BLE는 기존에 '와이브리'(Wibree)로 불리던 기술로, 전력소모를 획기적으로 줄여 동전형태 전지의 매우 낮은 전력으로도 오랫동안 사용할 수 있도록 지원하는 것이 특징이다. BLE는 듀얼모드와 싱글모드 등 두 가지로 제품에 적용할 수 있다. 싱글모드는 저전력 프로토콜 스택을 단독으로 실행하는 반면, 듀얼모드는 기존의 클래식 블루투스와 호환이 된다. 기존의 주파수와 기능 등 클래식 블루투스와 아키텍처를 공유하기 때문에 기존 클래식 블루투스 대비 제조비용이 거의 올라가지 않는다. 상점의 경우 코너마다 하나씩 부착하게 되면 사용자는 어떤 코너에 왔는지 확인이 가능하고 관련된 쿠폰이나 상품 소개를 받을 수 있는 서비스가 가능해진다. 상점 주인들이 어려움 없이 직접 비콘을 구매하고 설치할 수 있기 때문에 확산이 빠르게 이루어질 수 있다. 하지만 비콘의 신호 도달 범위가 짧아 공항이나 대형 쇼핑몰의 전체 공간에서 실내 측위를 원하는 경우에는 엄청난 양의 비콘을 설치해야 하는 단점이 있다.[27]

27) Niklaus's Blog, "스마트폰을 위한 실내 측위 기술"

그리고 센서를 이용한 실내 측위 기술도 개발되고 있는데, 이러한 기술을 '보행자 추측 항법'(Pedestrian Dead Reckoning, PDR)이라 한다. 이를 위해 필요한 센서가 3축-가속도센서, 3축-자이로스코프센서, 3축-지자기센서, 기압센서(barometer)이며, 이와 같은 센서의 모음을 10축-모션센서라고 한다. MEMS 센서 전문회사인 ST마이크로일렉트로닉스는 2012년에 와이파이의 AP 뿐만 아니라 자이로스코프센서와 가속도센서를 이용한 실내 측위 기술을 선보였다. 당시 이 기술을 이용하면 실내 위치 오차의 범위가 5~10m 이내로 줄어들 것이라 밝혔다. 이 기술은 와이파이의 AP 신호를 감지해 사용자의 위치를 체크하고, 이후에는 센서로 위치를 추적하는 방식이다. 가속도센서로 사람이 움직인 거리를 계산하고, 자이로스코프센서로 어느 방향으로 움직이는지 계산할 수 있다. 또한 기압을 측정하는 기압센서를 활용하면 높이에 대한 정보도 추가할 수 있다. 이러한 센서 데이터와 와이파이의 AP 데이터를 실시간 비교함으로써 지속적인 오차를 보정하면서 실내에서의 위치 추적이 가능하도록 한 기술이다. 가까운 미래에는 이와 같은 10축-모션센서만으로도 완벽한 실내측위가 가능할 것으로 예측하고 있다. 이 외에도 기존과는 매우 차별화된 실내 내비게이션을 연구하고 있는 곳이 있는데, 바로 이스라엘의 스타트업 기업인 ShopCloud라는 곳이다. 이 회사에서는 매우 독특한 방식의 실내 내비게이션 기술인 Inside라는 기술을 사용하고 있는데, 스마트폰의 카메라와 마이크, 자이로스코프센서 등 일반적인 스마트폰에 탑재된 부품과 센서를 활용해 실내 내비게이션을 구현하고 있다. 이 기술은 와이파이 AP와 같은 장비를 추가로 설치할 필요도 없고 사용자도 와이파이에 연결하기 위해 신경을 쓸 필요도 없다. 스마트폰 카메라로 주위를 확인한 뒤 데이터를 계산해서 정확한 위치를 파악할 수 있다고 하며, 각종 센서를 통해 사용자의 움직임을 추적하는 방식을 사용한다고 한다. 이 방식을 사용하면 실내 내비게이션은 1m 이하의 정확도를 보인다고는 하는데, 아직 상용화는 되지 않고 있다.

지자기센서는 내비게이션 시스템에 필수적으로 장착되어 있는데, 아날로그형 나침반을 대신하여 디지털 나침반 기능을 제공해 준다. 디지털 나침반으로 지자기 방향을 측정하여 차량의 주행방향이 동서남북 중 어느 방향으로 진행하고 있는지 알 수 있다. 또한 스마트폰 내에 있는 지자기센서를 응용한 금속탐지기 앱도 출시되고 있다. 스마트폰 주위에 금속 물질이 있으면 자기장의 변화가 생기는데, 큰 자기장의 변화량은 〈그림 3-25〉와 같은 앱을 이용해서 스마트폰의 지자기센서로 측정할 수 있다. 물론 미약한 자기장의 변화를 측정하려면 고정밀의 자기장센서를 내장한 금속탐지기를 사용해야 한다. 또한 수맥 탐지용으로도 활용이 가능하고, 벽속의 전기선을 찾는 용도로 사용을 할 수 있다고 한다. 실외의 내비게이션은 GPS 센서만으로도 충분히 위치 파악이 가능하지만, 실내에서는 GPS 센서가 동작하지 않기 때문에 다양한 방법이 시도되고 있다. 그 중에서 지구 자기장의 핑거프린팅 기법을 이용한 실내 위치추정에 관한 연구도 수행되고 있다. 철근 구조물인 경우 지자기가 많은 영향을 받는데, H빔의 구조물이 일반 철골 구조에 비해 많은 영향을 받는 것으로 나타났으며, 20cm 간격으로 데이터베이스를 구축한 결과 약 20cm의 위치오차가 발생한 것으로 보고되었으며, 이러한 실험 결과로부터 지자기 센서만으로도 PDR의 구현이 가능하다.[28] 지자기센서를 만드는 회사에서는 잡음을 줄이고 감도를 높이는 방향으로 연구 개발을 지속하고 있으며, PRD 관련 회사에서는 복합 기술을 이용하여 실내에서도 완벽하게 위치를 추정할 수 있는 방법에 대해 연구 중에 있다. 조만간 스마트폰만으로도 실내외에서 완벽한 위치추적이 가능한 기술이 나올 것으로 기대된다.

▼ 그림 3-25 지자기센서의 활용 사례

라 핀테크의 중심은 스마트폰

1) 핀테크 시장현황

2015년 금융계를 뜨겁게 달구었던 키워드 중에 하나가 바로 핀테크(FinTech)이다. 이 말은 금융을 의미하는 Finance와 기술을 의미하는 Technology의 합성어로, 금융과 ICT의 결합을 통해 새롭게 등장한 산업 및 서비스 분야를 뜻한다. 대표적인 핀테크의 사례로 애플페이, 삼성페이, 알리페이, 인터넷 은행 등을 들 수 있다. 이러한 핀테크 기술로 사람들의 경제활동 생태계가 급격히 바뀌고 있다. 신용카드가

28) 허수정 외1인, "지구 자기장 기반의 Fingerprint 실내 위치추정 방법 연구", 한국통신학회논문, vol.38 C, No.01, 2013

나오면서부터 시장에서는 현금 사용 비중이 급격히 줄어들었다. 한국은행의 발표에 따르면, 2011년 전체 거래 금액 중 현금 비중은 15%로, 2000년 대비 45% 감소했다. 반면, 카드에 의한 거래 비중은 2006년 이후부터 지속적으로 증가하여 2012년에는 60.5%를 차지했다. 즉 현금에서 신용카드로 결재수단에 변화가 생긴 것이다. 그 이유는 현금보다는 카드를 사용하는 것이 훨씬 편리하고 안전하기 때문이다. 이와 마찬가지로 가까운 미래에 금융관련 결재 수단으로 신용카드를 밀어내고 스마트폰으로 대신 하겠다는 것이 핀테크의 핵심이다. 페이팔, 알리페이 및 애플페이 등이 대표적인 사례이다. 지금까지의 금융 서비스는 은행이나 증권사 등 금융기관의 인증이 필요했지만, 모바일 시대로 변화하면서 점차 비금융권 기업도 금융 서비스를 제공할 수 있게 된 것이다. 과거 2000년대 이전의 사람들은 은행에 직접 방문하여 송금을 했지만, PC와 인터넷이 대중화된 2000년대에는 은행에 가지 않더라도 집 또는 사무실에 있는 PC를 이용한 인터넷 뱅킹을 통해 송금이 가능해졌다. 2010년대 이후 모바일 시대에는 움직이는 차 안에서도 이런 송금이 가능해진 것이다. 실제로 모바일 뱅킹이 활성화되면서 전통적인 은행창구는 조금씩 사라지고 있다. 은행 업무뿐만 아니라 증권거래도 마찬가지이다. 따라서 핀테크의 핵심은 편리함과 간편함에 있다고 볼 수 있다. 사용자들이 보다 쉽게, 보다 빠르게, 보다 편리하게 금융서비스를 이용할 수 있게 하는 것이 핀테크의 핵심이며, 핀테크 활용을 위한 최적의 수단이 바로 스마트폰이라 보고 있다.

핀테크가 활성화되기 위해 반드시 풀어야 할 문제는 간편한 인증절차와 보안문제이다. 시장에서 현금을 주고 물건을 살 때에는 서로 대면거래를 하기 때문에 인증이라는 절차가 필요 없으며 위조지폐가 아닌 이상에는 큰 문제가 되지 않았다. 그러나 온라인과 모바일 상에서의 결재나 송금은 당사자가 맞는지 확인이 필요한데 이것이 바로 인증절차이다. 모바일로 결재를 하기 위해 매번 공인인증서를 통한 본인확인 절차를 거쳐야 한다면, 핀테크의 가장 큰 전제조건인 쉽고 빠르고 편리한 서비스 원칙에 어긋나게 된다. 따라서 이러한 인증문제를 해결하기 위해 등장한 것이 알리페이와 애플페이이다. 이러한 페이들은 은행 계좌나 신용카드 등을 한번만 연결해 놓으면, 그 다음부터는 결재나 송금 등을 바로 이용할 수 있게 하여 쉽고 빠르게 결재를 할 수 있다. 결재할 때 필요한 중간과정을 알아서 대행을 해주기 때문에 가능한 것이다. 금융 서비스인 본인인증을 대신해 주며, 카드정보입력, 계좌번호 입력, 보안코드 입력 등과 같은 다소 번거러운 과정을 생략해 줄 수 있다. 향후 국내외 모바일 결재규모 추이는 <그림 3-26>과 같이 급격히 성장할 것으로 예상하고 있다.[29] 성장세가 매년 배 가까이 예상되는 만큼, 금융정책도 이에 맞게 변경되어야 한다.

29) 가트너, 메리츠증권 리서치센서

▼ 그림 3-26 국내외 모바일결재 시장 규모

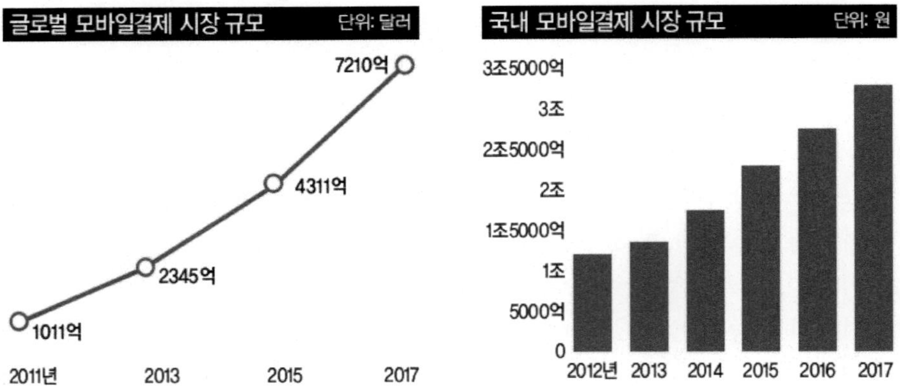

미국 핀테크 시장은 전자상거래 업체인 이베이가 1998년 페이팔을 선보이면서 막이 올랐다. 해외 결제가 가능한 신용카드를 페이팔 계정에 등록하여 본인인증 후 이메일과 비밀번호만 이용하여 결재가 가능하게 한 서비스를 시작하였으며, 2002년에 이베이에 인수되었고, 최근에는 빅데이터 분석 기반으로 리서치 업무의 자동화 지원 서비스를 지원하고 있다. 통계에 의하면 2013년 세계 온라인 쇼핑 금액의 18%인 66억 달러가 페이팔을 통해 결재되었다고 한다. 중국 전자상거래 회사인 알리바바도 지난 2003년부터 PC와 모바일에서 결재가 가능한 서비스인 알리페이를 출시하였는데, 2014년 12월 기준으로 가입자 수가 8억명을 넘었다. 애플도 2014년 9월에 신용카드 번호나 비밀번호 입력 등의 단계를 생략하고 지문 인식만으로 결재가 가능한 애플페이를 출시하였으며, 2014년 12월말 기준으로 미국 백화점과 슈퍼마켓 등 가맹점 22만여 곳에서 사용할 수 있다고 한다. 2013년 기준 미국 특허상표청에 등록된 핀테크 관련 특허는 약 30만건에 달한다. 미국 핀테크 특허를 가장 많이 보유한 기업은 총 2만 3800여건을 보유한 IBM이다. 금융업체인 뱅크오브아메리카가 531건, JP모건체이스뱅크가 324건, 골드만삭스가 158건, 비자가 118건, 모건스탠리가 103건 등의 특허를 보유하고 있다. 반면, 분야와 상관없이 우리나라 금융사의 국내 특허출원 현황을 보면, 은행권이 2220건, 카드사가 234건, 보험사가 68건 등이며, 이 가운데 핀테크 특허 비중은 정확히 파악이 되지 않고 있다. 이와 같이 급격한 성장세를 보이고 있는 해외 핀테크 산업과 달리 국내의 핀테크 산업은 답보수준에 머물러 있는 상태이다. 이렇게 된 이유로 여신전문금융법 등 금융관련 법률은 금융업 진입 조건을 엄격하게 규정하고, 금융위원회와 금융감독원 등 여신 감독기관의 심사를 통과해야 하는 등 과도한 진입장벽과 규제로 국내의 핀테크 산업은 뒤쳐진 상태이다. 핀테크 산업은 서비스에 따라 결제, 송금 등의 지급결재 영역과 예금, 대출 영역 그리고 투자자문 등 기타 금융 영역으로 구분할 수 있다. 지급결재 서비스는 실시간 온라인 연결을 가능하게 하는 스마트

폰의 보급 확산과 함께 모바일 지급결제 서비스로 확대되며 급속히 성장 중이다. 모바일 지급결제 구현 방식으로는 〈표 3-2〉와 같이 모바일 신용카드, 휴대폰 소액결재, 전자지갑, 모바일 간편결재 서비스 등이 있다.

▼ 표 3-2 모바일 결제 구현 방식 및 기능

방 식	구현 및 기능
모바일 신용카드	• 비접촉식 IC칩 내장한 USIM에 카드 정보를 수록, NFC 리더기를 통해 즉시 결제 가능 • 온라인에서는 PG(Payment Gateway) 업체를 통해 다른 금융정보와 공인인증서 연동하여 결제 • 본인 인증을 위한 지문 등 수단 보완 필요
휴대전화 소액결재	• 휴대전화 번호와 가입 주민등록번호만으로 결제, 요금은 휴대전화 요금에 합산 • 소액 결제만 가능하며, 이체 등은 불가능
전자 지갑	• 스마트폰 앱에 카드 정보를 입력해 온라인 결제 시 사용, 결제기능 이외에도 할인쿠폰, 마일리지 적립 등 부가기능 함께 시용 가능 • 이동통신사, 금융회사, 스마트폰 제조회사 등 대부분 결제 관련기업에서 제공
모바일 간편결재	• 스마트폰 OS, 결제 앱을 활용한 결제 • 사이트 아이디를 기준으로 아이디에 등록된 결제 정보를 바탕으로 비밀번호만 입력하면 결제 가능 • 공인인증이나 액티브X가 필요 없으므로 보안이 가장 중요한 이슈임

2) NFC 무선통신

모바일 신용카드는 NFC(Near Field Communication) 통신에 기본을 두고 있으며, 카드 정보를 스마트폰의 가입자식별칩(USIM)에 저장해 온라인과 오프라인 양쪽에서 모두 결제가 가능하다. NFC로 무선통신을 하기 위해서는 안테나의 역할이 매우 중요하다. 초창기 NFC 스마트폰의 안테나는 〈그림 3-27〉과 같이 주로 뒷면 커버 또는 배터리 내부에 내장시켰다. 배터리 표면에 NFC 안테나를 내장시킨 배터리는 표면에 'Near Field Communication'라고 적혀있다. 배터리를 둘러싼 은색 외피를 벗기면 루프형 안테나가 있는 것을 볼 수 있다. 가장 최근에 나온 삼성전자의 갤럭시 S6의 경우는 NFC용 안테나뿐만 아니라 마그네틱 보안 전송(Magnetic Secure Transmission, MST) 기능 구현을 위한 안테나, 그리고 무선충전용 안테나를 복합화한 형태의 안테나를 선보였다. 이 3가지의 동작 원리가 모두 자기장을 이용한 전자기유도 원리를 이용하기 때문에 가능하다. 자기유도방식 무선충전 기술은 무선충전기에 들어있는 송신모듈에서 발생한 자기장이 스마트폰 뒷면에 있는 수신안테나로 유도되면서 전력 전송이 이루어진다. 그리고 마그네틱 보안 전송 기술인

MST는 삼성전자가 루프페이를 인수해서 만든 삼성페이로 잘 알려져 있는 기술이다. 이 기술은 신용카드 뒷면에 있는 마그네틱 카드의 정보를 스마트폰에 내장하고 있다가, 결제하고자 할 때 그 정보를 자기장으로 내보내 POS 단말기 쪽으로 보내는 방식이다. 이를 활용하면 마그네틱 카드를 직접 POS 단말기가 읽는 것과 동일한 효과를 얻을 수 있다. 즉, 스마트폰에 내장된 신용카드를 진짜 플라스틱 신용카드를 사용하는 것처럼 활용할 수 있다는 의미이다. 별도의 결제 단말기가 필요한 NFC 방식인 애플페이나 기타 솔루션과 달리, 기존에 사용하고 있던 구형 POS로도 전자결제가 가능하다는 것이 가장 큰 특징이다. 사용자는 구입 초기 신용카드 정보를 담는 단 한 번의 작업만으로도 전 세계 모든 곳에서 스마트폰을 신용카드와 똑 같이 활용할 수 있다. 그러나 이 시스템이 국내에 적용되기는 어려울 전망이다. 우리나라 금융당국은 기존 마그네틱 신용카드의 보안 취약점을 이유로 IC카드를 적극 도입하고 있기 때문이다. 이러한 이유로 최근 새로 발급한 신용카드들은 마그네틱 선은 물론 IC칩을 동시에 내장하고 있다. 현재 시중 은행의 ATM기 80%가 이미 IC카드 전용인 것으로 알려져 있으며, 이는 마그네틱 카드로 이용하는 ATM기는 이미 퇴출되었음을 의미한다.[30] 또 빠르면 수년 내에 모든 가맹점에서도 IC카드로만 결제하도록 법제화가 이루어질 전망이다. 그러나 우리나라를 제외한 대부분의 나라들은 여전히 구형 마그네틱 카드와 POS 시스템을 사용하고 있으므로 MST 기능을 탑재한 삼성페이는 오히려 국내보다는 해외에서 더 많이 사용될 것으로 전망된다.

루프페이 기술을 탑재한 삼성페이는 미국의 4대 이통사에서 사용이 가능해지면서 인기를 더하고 있다. 삼성전자의 삼성페이에서만 가능하다는 루프페이 기술을

▼ 그림 3-27 NFC 안테나의 위치

30) 헤럴드 경제, 2015년 2월 13일 기사, "삼성갤럭시S6에 들어갈 '루프페이'...스마트폰에서 자기장 쏴 결제"

국내의 핀테크 스타트업인 엑스엔지니어링에서 스마트폰 케이스에 적용한 오프라인 간편 결제 솔루션을 출시하면서 상황이 달라졌다. 이는 스마트폰 내부가 아닌 외부 케이스에 MST 기술을 적용한 제품이다. 스마트폰에 케이스만 끼우면 스마트폰 교체가 필요없는 것은 물론이고, 구형 스마트폰에서도 자유롭게 사용이 가능하다는 장점이 있다. 즉 어느 스마트폰이라도 삼성페이와 동일한 결제 기능을 제공한다는 것이다. 결국 삼성페이가 주력으로 밀고 있는 MST 방식의 결제를 이 작은 제품이 제공하면서 삼성만의 장점이 사라지게 되었다. 하지만 이런 간편결제 솔루션은 기기 단독으로 처리가 되는 만큼 완벽한 보안에는 문제가 있다. 삼성페이는 단순히 결제의 편리함만을 제공한 것이 아니고 '지문인식'과 삼성녹스(Knox)라는 자체적인 가상화 기반의 모바일 보안 시스템에 각종 정보를 저장하고 있어 높은 보안성을 갖추고 있다. 물론 6자리 비밀번호로 지문인식을 대신 할 수 있지만 숫자를 입력하는 것보다 지문인식이 훨씬 더 편리하다. 지문인식을 통해 사용하려는 그 순간 실제로 사용자가 그곳에 있어야만 결제가 이루어지는 점 때문에 높은 보안성을 갖추고 있다. 이와 마찬가지로 NFC를 이용하는 애플페이도 보안성을 높이기 위해 지문인식을 사용하고 있으며, 구글에서 추진 중인 안드로이드페이도 지문인식으로 보안을 높이려고 하고 있다. 이와 같이 지문인식 기능을 스마트폰에 탑재하려는 움직임은 2011년 모토로라가 처음 선보인 이후 핀테크 시장의 활기로 점점 지문인식은 스마트폰의 필수 기능으로 자리잡아 가고 있다. 애플은 2013년 출시한 아이폰5S부터 지문인식 기능을 기본으로 탑재하고 있으며, 삼성전자는 2015년 출시한 갤럭시S6부터 지문인식 기능을 탑재하였다. 2011년 모토로라에서 처음 탑재된 이후 약 4년 만에 20개가 넘는 제품에 지문인식 기능이 탑재되었는데, 이렇게 지문인식이 각광을 받는 가장 큰 이유는 뛰어난 보안성과 편리함 때문이다. 홍채인식이나 얼굴인식과 같은 다른 생체정보는 얼굴이나 눈을 카메라에 가져다 가야 하는 불편함이 있지만, 지문인식은 손가락만 활용하면 되기 때문에 훨씬 편리하다.

미국 플로리다주 멜버른에 본사를 두고 있는 어센텍(AuthenTec)사가 정전용량식 지문센서 분야의 선두주자이며, 애플 스마트폰에 지문인증 센서를 공급하고 있다. 애플 아이폰5S의 경우 〈그림 3-28〉과 같이 홈버튼에 지문인증 센서를 내장하고 있다. 지문센서는 1인치당 500개 이상의 픽셀로 되어 있으며, 손가락을 어느 방향으로든 홈버튼 위에 올려 놓기만 하면 바로 지문인식이 가능하다. 이 방식은 손가락을 홈버튼에 올려놓기만 하면 인식을 하기 때문에 터치 ID(Touch ID) 방식이라고 한다. 반면 갤럭시 시리즈는 미국의 시냅틱스(Synaptics)사 제품을 탑재하고 있으며, 애플과 마찬가지로 홈버튼에 지문센서가 내장되어 있다. 애플과 달리 갤럭시는 지문인식을 위해 손가락을 위에서 아래로 스캔하는 방식으로 인증이 된다. 이런 방식을 애플의 터치 ID 방식과 구분해서 스와이프 ID(Swipe ID) 방식이라 한다.

스마트폰용 지문인식 센서를 제공하고 있는 업체로 스웨덴의 핑거프린트 카드(Fingerprint Card)사가 있는데, 이 회사는 중국의 화웨이 스마트폰에 주로 탑재되고 있는 것으로 알려져 있다.

▼ 그림 3-28 아이폰S5 홈버튼 구조와 갤럭시5의 지문인식

마 헬스케어로 확장하는 스마트폰

갤럭시S5에 이전에 없던 새로운 기능이 추가되었는데, 바로 심장 박동수 측정센서이다. 폰 뒷면의 카메라 바로 아래에 위치한 심장 박동수 측정 센서를 통해 사용자의 현재 수치를 측정하고 데이터를 자동 저장시켜 건강을 체크해 볼 수 있게 되면서 스마트폰으로 헬스케어 기능이 구현된 것이다. 이 기능은 스마트폰 뿐만 아니라 손목에 차는 밴드형 디바이스 제품도 나오고 있다. 심장 박동수는 체중, 체온, 혈압, 호흡량 등과 함께 인체의 상태를 알려주는 가장 기본적인 바이오 정보이다. 과거에는 심장 박동수를 측정하려면 병원에서 습기를 머금은 전극 패드 2장을 몸에 나눠 붙인 다음 측정하는 복잡한 과정을 거쳐야 했다. 갤럭시S5를 이용하면 뒷면의 센서에 손가락을 대기만 하면 심장 박동수가 측정된다. 심장 박동수 측정 원리는 〈그림 3-29〉에서 보듯이, 광원으로 붉은색 LED를 사용하고, 광센서로 CdS 조도센서를 사용한다. LED가 붉은빛으로 손가락 안쪽의 가느다란 혈관을 비추면, 조도센서가 혈관 속 적혈구 움직임을 파악해 심장 박동수를 측정하는 원리이다. 피가 잘 보이는 피부 표면에서 심장이 박동될 때 혈류가 달라짐으로 인해 이 빛의 반사 양이 바뀌는데, 작은 변화이지만 이 크고 작음을 측정하면 심장 박동수를 알아낼 수 있다. 측정에 걸리는 시간은 대략 8초정도 소요된다. 심장 박동수는 운동강도를 조절하고 적절한 휴식을 취하는데 활용할 수 있다. 1분당 심장 박동수가 220에서 자신의 나이를 뺀 수치(최대 심장 박동수)를 초과하면 몸에 이상이 있다는 신호이며, 표준 심장 박동수는 최대 박동수의 70%에 해당한다. 예컨대 50세 남

성은 220에서 50을 뺀 170이 최대 심장 박동수이며, 이의 70%인 119가 표준 심장 박동수이다. 따라서 심장 박동수가 120을 넘으면 표준에서 약간 벗어난 것이고, 특히 170을 넘기게 되면 심장에 무리가 가게 되어 좋지 않다.[31)]

▼ 그림 3-29. 심장 박동수 측정 센서의 동작원리 및 갤럭시S5 센서 위치

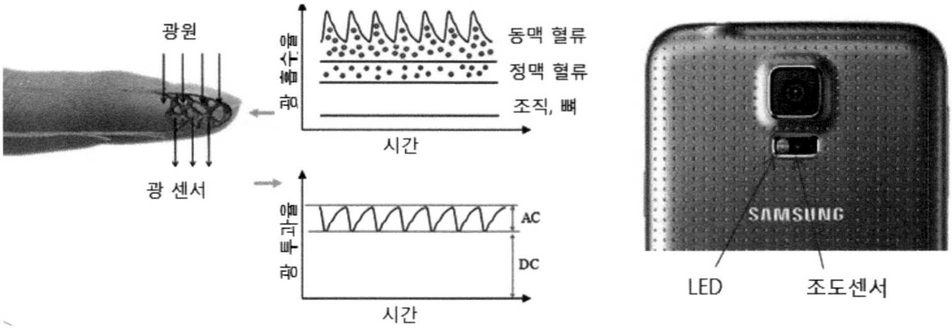

2013년에 후지쯔에서 스마트폰의 카메라의 얼굴영상으로부터 맥박을 추출해 내는 기술을 발표한 바 있다. 〈그림 3-30〉과 같이 얼굴 피부로 흐르는 혈류에 의해 얼굴색의 밝기에 변화가 생기는데, 이 변화로부터 맥박을 검출하는 기술이다. 혈액속 헤모글로빈이 녹색빛을 흡수하는 것에 착안하여 카메라가 얼굴을 비추고 녹색파형을 집계한 후 데이터에 기반해 맥박을 산출하는 방식이다. 회사 측은 5초 이내에 맥박을 알아낼 수 있으며, 특별한 하드웨어 없이도 가능하며, 카메라와 같은 수단만 있으면 언제 어디서나 자가진단이 가능하다고 설명하고 있다. 후지쯔에서 제공하는 앱만 스마트폰에 설치하는 것으로 맥박을 쉽게 잴 수 있다. 이 기술은 또한 보안용으로도 응용될 수 있다. 콘서트나 공항 같은 공공장소에서 의심스러운 사람을 가려내는 역할을 할 수 있기 때문이다. 불안한 감정을 가진 사람의 경우 맥박이 빨라진다는 점을 이용한 것이다.[32)]

▼ 그림 3-30 후지쯔에서 제안한 카메라 얼굴영상에 맥박 검출 기술

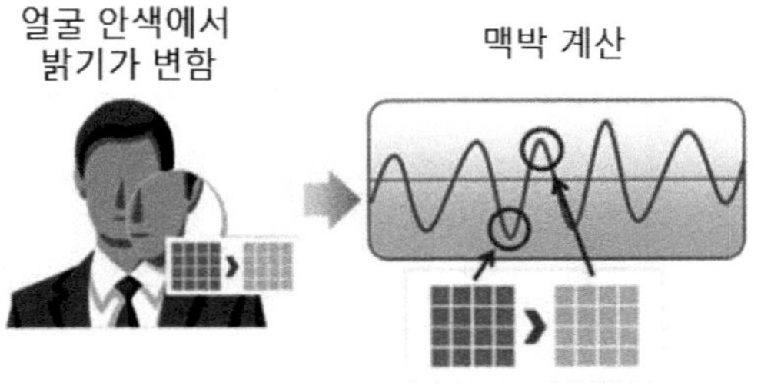

31) 한국경제, http://www.hankyung.com/news/app/newsview.php?aid=201403269857g

32) ZDNet Korea, http://www.zdnet.co.kr/news/news_view.asp?artice_id=20130319083327

스마트폰의 카메라를 이용해서 영국 런던의 피크비전(Peek Vision)이라는 단체에서 〈그림 3-31〉과 같은 눈의 건상상태를 확인할 수 있는 키트인 피크(Peek)를 개발하였다. 병원에 쉽게 갈 수 없는 저개발 국가의 저임금 주민들과 노인들을 위해 개발된 스마트폰용 앱으로 의사가 눈의 건강상태를 제대로 판단할 수 있을 정도의 상세한 정보를 담고 있으며, 이 정보를 기초로 환자의 눈을 치료할 수 있는 처방을 내릴 수 있다. 특히 이 앱은 스마트폰의 카메라를 이용해서 검진을 하는데, 카메라에서 나오는 플래시 불빛의 자극에 눈이 어떻게 반응하는지를 분석하고 또 다양한 눈의 상태를 촬영하는데 이용된다. 근시나 원시 여부를 확인하는 기본적인 검사를 비롯해 시야와 색각 검사, 색조 민감도 테스트 등을 할 수 있으며, 진료 기록을 쉽게 저장할 수 있어 비교적 저렴한 가격에 검사를 받을 수 있다는 장점이 있다.[33] 피크비전 단체에서는 좀 더 큰 규모의 안과 검안기 개발에 소요되는 US$110,000까지 펀드 모금 중에 있으며, 향후 이 키트를 US$95에 판매를 할 계획을 가지고 있다. 그리고 미국 샌프란시스코의 셀스코프(CellScope)라는 회사에서 귓속의 상태를 검사할 수 있는 디바이스인 오토홈(Oto Home)을 소개하였다. 오토홈은 스마트폰 카메라에 부가 기기를 장착하여 귓속을 촬영할 수 있는 장비이며, 실제 의사가 사용하는 것과 구조 자체는 큰 차이가 없다고 한다. 촬영한 동영상은 의사가 원격 진찰하는 것까지 패키지로 묶어서 판매하기도 한다. 물론 이 서비스는 미국 내에서만 가능하다. 이 제품을 이용하면 병원에 굳이 가지 않아도 중이염 같은 걸로 고생할 필요 없이 귀 질환을 어디서나 원격으로 진단할 수 있다.[34]

스마트폰에 비접촉식 온도센서를 장착한 사례는 2012년 미국의 Fraden사가 처음으로 시도하였다. 이 회사는 자신들이 특허로 제출한 "Wireless Communication Device with Integrated Electromagnetic Radiation Sensors"에 기반을 둔 〈그림 3-32〉와 같은 온도센서를 발표했다. 온도를 측정하고자 하는 신체 부위 또는 물체의

▼ 그림 3-31 안과 검진용 피크(Peek)와 귓속 검사용 오토홈(Oto Home)

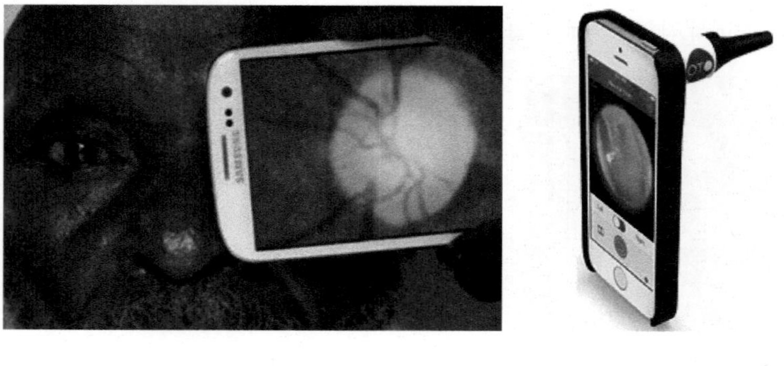

33) http://blog.skbroadband.com/1536

34) http://techholic.co.kr/archives/27083

위치를 온도를 비접촉식으로 1~2초 내에 측정이 가능하며, 물체의 표면에서 나오는 적외선을 측정하여 온도로 환산하는 비접촉식 온도센서이다. 온도센서의 크기는 〈그림 3-33〉과 같이 5mm×5mm 크기로 세라믹 SMD 모듈로 제작되어 있으며, 이 모듈 내에는 5~15㎛ 영역의 적외선을 투과시키는 적외선렌즈, ADC(아날로그 신호를 디지털 신호로 변환) 기능까지 탑재되어 있으며, 이것은 스마트폰의 구조를 크게 변경하지 않아도 그대로 탑재가 가능한 크기이다. 이 온도센서는 의료용 온도(Medical Temperature)와 무생물 온도(Inanimate Temperature) 측정 모드를 지원하고 있다. 의료용 모드는 한번만 측정하는 모드이고, 무생물 모드는 연속적으로 측정하는 모드이다. 사람의 체온과 같은 의료용 온도를 측정하고자 할 때에는 피부로부터 0.5~6인치 정도 떨어진 위치에서 측정을 해야 하며, 측정 가능한 온도범위는 33℃~42℃, 정밀도는 ±0.3℃이다. 그리고 무생물 모드의 경우에는 0.5인치 이상 떨어져 있어야 하며, 렌즈의 시야각이 약 15도 정도이므로 측정 부위가 모두 같은 대상이 되는 위치까지 떨어져 있어도 된다. 이 경우 온도 측정 범위는 -30℃부터 200℃까지 측정이 가능하다. 이 제품은 적외선으로 온도를 측정할 수 있는 비접촉식 온도센서가 스마트폰에 내장된 최초의 제품이다.[35]

▼ 그림 3-32 Fraden사가 발표한 스마트폰 내장형 적외선 온도센서

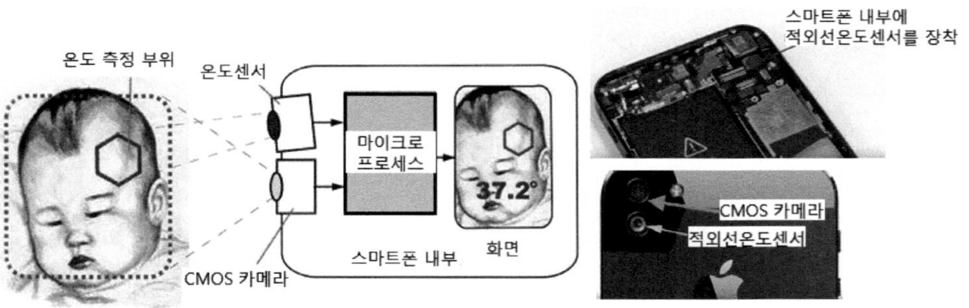

▼ 그림 3-33 Fraden사의 적외선 온도센서 크기

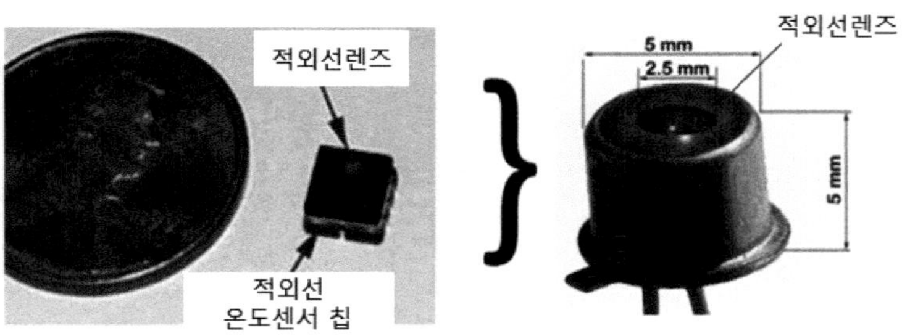

35) http://www.electronicproducts.com/News/Mobile_app_takes_temperature_without_physical_contact.aspx

04

생체정보 모니터링 디바이스

가 당뇨환자의 희소식, 무채혈 혈당센서

현대인들의 건강을 위협하는 요인 중의 하나가 당뇨병이다. 움직임보다 음식 섭취량이 많다보니 자연적으로 체중이 비대해지고, 이로 인해 고혈압과 당뇨라는 합병증으로 많은 사람들이 고통을 받고 있다. 당뇨병 환자들은 적절한 혈당 관리를 위해 혈당을 주기적으로 측정을 해야 한다. 혈당 측정을 위해 수없이 손가락을 찌르다 보면 공포감은 물론 찔린 부위가 약해져 정전기에 민감하게 되거나 쉽게 통증을 느끼는 부작용도 생기게 된다. 최근 스마트 디바이스를 활용한 대표적인 응용분야 중의 하나가 바로 혈당 측정분야이다. 일반적인 혈당계는 크게 혈당측정기기, 혈당스트립(또는 혈당검사지), 그리고 채혈기로 구성된다. 혈당측정기기는 혈액 내 혈당의 농도를 검출하는 기기로서 수천~수만번 사용이 가능하나, 혈당스트립은 혈액을 묻힐 수 있게 화학적으로 제조된 검사지로, 혈액 내 혈당과 반응하여 전기화학적 반응을 일으키는 효소를 포함하고 있으며 1회용 소모품이다. 채혈기는 피부에 구멍을 뚫어 모세혈관의 혈액이 나오게 하는 장치로, 일반적으로 손가락 끝에 1회용 바늘을 사용한다. 혈당측정기는 크게 광도측정법과 전기화학측정법으로 구분된다. 광도측정법은 포도당이 효소와 반응하는 과정에서 발생한 중간물질이 염료와 반응하여 이에 따른 색 변화를 빛을 이용하여 측정하는 방법이며, 전기화학측정법은 포도당이 효소와 반응하는 과정에서 발생한 전자를 전자 전달 매개체를 이용하여 전극으로 전달하고, 이에 따라 흐르는 전류를 측정하는 방법이다. 이렇게 측정된 혈당의 기준치는 〈표 4-1〉과 같다.

▼ 표 4-1 혈당과 당화혈 색소에 대한 당뇨병 기준

구 분	공복 혈당 (mg/dl)	식사 후 2시간 후 혈당 (mg/dl)	당화혈 색소 (%)
정상	100 미만	140 미만	5.7 미만
당뇨병 전 단계	100~125	140~199	5.7~6.4
당뇨병	126 이상	200 이상	6.5 이상

기존의 혈당측정기는 혈당을 측정한 결과만 보여줄 뿐 이전 측정결과에 대해 관리를 하지 못하였다. 이런 문제점을 보완한 것이 스마트 혈당측정기이다. 혈당을 측정할 수 있는 센서를 스마트폰에 연결하고, 혈액을 체혈하여 시험지를 꽂게 되면 측정결과를 보여주고, 전용앱을 통해 혈당계의 데이터가 스마트폰으로 전송되어 이전 결과까지 관리를 할 수 있다. 〈그림 4-1〉과 같이 이어폰을 통한 통신방식, 블루투스와 NFC를 이용한 무선통신방식 등 다양한 통신 방식을 이용한 혈당계가 출시되고 있다. 스마트폰이 대중화가 된 현재는 혈당측정기기 자체만으로는 경쟁력이 없으며, 데이터를 지속적으로 관리할 수 있는 스마트 혈당측정기기로 개발 방향이 급격히 바뀌고 있다. 차세대 혈당측정기기는 스마트폰 접속형으로 통신을 하는 방식에서 스마트폰 비접속형인 무선통신 방식으로 이동하고 있다. 스마트폰 비접속형은 기본적으로 NFC 무선통신기술을 이용하는 것이며, 추가적으로 침을 찔러 채혈하는 방식에서 피부에 일정한 전기 자극을 가해 체액을 추출하여 추출된 체액에서 포도당만을 측정하고 이 결과를 스마트폰에 무선으로 전달하는 방식이다. 웨어러블 기기가 발전하면서 이와 같은 기기들이 속속 등장하고 있다.

▼ 그림 4-1 다양한 통신방식의 스마트 혈당측정기기(좌측부터 이어폰, 블루투스, NFC)

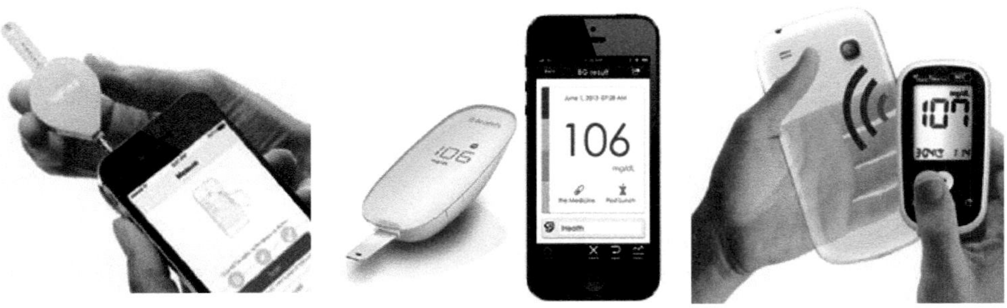

기존 대부분의 혈당측정기기는 손가락 끝에서 작은 양의 피 샘플을 채취하는 채혈 방법을 사용하고 있는데, 환자들은 이 방법을 피하기를 원하고 의학적으로도 감염의 위험이 있기 때문에 이런 혈액 채취를 통한 혈당 측정 방법이 아닌 눈물이나 땀 등에서 글루코스 성분을 분석하는 무채혈 방법에 대해 오래전부터 연구를

진행 중에 있다. 무채혈 혈당 측정의 개념적 정의는 혈액을 채취하지 않고 혈당 측정을 가능하게 하는 것이다. 현재 기술적으로 채혈 없이 혈당을 측정하는 방법은 크게 4가지로 구분된다. 첫째, 광학적인 방법, 둘째, 전기 생리학적인 방법, 셋째, 호기(호흡시 나오는 기체)에서 측정하거나 여러 방법을 혼합하는 등의 기타 방법, 넷째, 조직에 센서를 삽입하여 혈액이 아니라 조직액에서 혈당을 측정하는 방식이다. 이 중에서 가장 연구가 많이 된 분야가 광학적인 방법이다. 광학적 방법에는 적외선 분광법, 라만 분광법, 빛 간섭 촬영법, 편광법, 광음향 분광법 등이 있다. 빛을 이용하여 혈당 농도를 측정하는 것은 완전히 무채혈 방식이고 자극이 없으므로 어떻게 보면 진정한 의미의 무채혈 혈당측정기라고 할 수 있다. 하지만 광학적인 방법에는 정확성을 높이는데 여러 가지 한계가 있을 수 있고 이것을 극복하기 위해 여러 가지 기술이 개발 중에 있다.[36)]

Onsens사는 근적외선을 이용한 광학식 글로코스 센서(Photonic Glucose Sensor, PGS)를 개발하였다. Onsens사는 2001년에 무채혈 혈당측정기 개발을 목적으로 설립된 회사이다. 이 시스템은 메인 센서, 2개의 팔목밴드, 배터리로 구성되어 있으며, 약 30시간 정도 지속적으로 사용이 가능하기 때문에 수면 중에도 측정이 가능하다. 또한 측정 결과가 블루투스를 통해 실시간으로 스마트폰으로 데이터가 전송된다. 이 센서의 원리는 5분 간격으로 근적외선을 피부 속으로 입사시키고, 반사되어 온 빛의 정보를 이용해서 혈당을 분석한다. 적외선이 매우 좁은 각으로 반사되어 오면, 피부 안에 글루코스의 양이 적다고 판단하며, 넓은 각으로 퍼져서 반사되어 오면, 피부 안에 글루코스의 양이 많다고 판단한다. 이 센서는 글루코스의 정량적인 양을 측정하는 것이 주 목적이 아니고, 글루코스 레벨의 경향을 모니터링을 하고, 경향에 이상이 있다고 판단되면 진동이나 소리로 사용자에게 즉시 알려주는 것이 주 목적이라고 한다.[37)] (그림 4-2 참고)

▼ 그림 4-2 Onsens사의 PGS

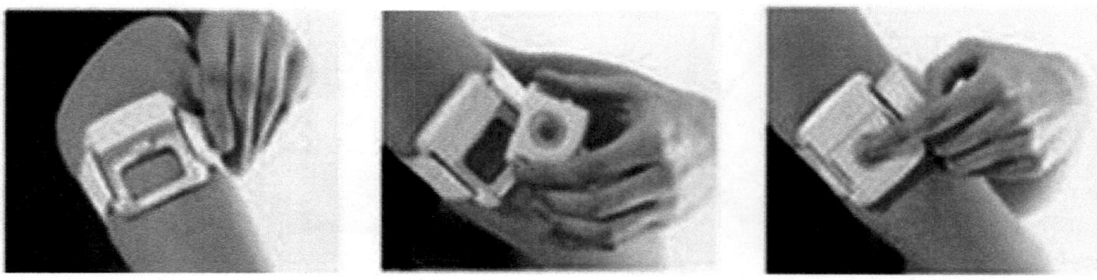

36) 안원식, 김진태, "무채혈 혈당 측정기의 혈당 측정 원리: 혈당 검출방법 중심으로", J. Biomedical Engineering Research 33: 114-127 (2012)

37) http://www.diabetesnet.com/diabetes-technology/meters-monitors/future-meters-monitors/onsens

광을 이용한 방법 중에 폐쇄분광법(Occlusion Spectroscopy)을 이용한 제품도 상품화가 되었다. 이것은 빛의 산란을 이용한 방법인데, 혈류가 폐쇄되면 혈구가 응집되고 혈액 내에서 산란을 유발하는 입자의 크기가 커지게 되어 빛의 산란을 줄이고 투과를 증가시키게 된다. 글루코스는 산란을 유발하는 물질과 그 주위를 둘러싸는 매질 사이의 굴절율을 감소시켜 산란계수를 줄이고 빛이 매질 속으로 통과하는 거리를 짧게 한다. 결과적으로 글루코스의 농도가 증가하면 더 적은 광자가 매질에 흡수되어 투과되는 빛은 많아진다. 글로코스는 산란을 유발시키는 물질과 그 물질을 둘러싸고 있는 매질 사이의 굴절 지수가 불일치하는 정도를 줄여서 산란 계수를 감소시켜 광학경로를 짧게 하고, 결과적으로 당농도가 증가할수록 적외선이 조직에 덜 흡수되고 투과하는 빛의 강도는 증가한다. 반사를 이용한 PGS에 비해 더 많은 글루코스 분자와 충돌하게 하기 때문에 PGS에 비해 감도가 높다. 또한 PGS는 빛이 입사하는 부분의 결과만 나오는데 반해 이것은 전체 조직의 평균값과 관련된 결과가 나오므로 신뢰도가 높다고 볼 수 있다. PGS와 유사하게 근적외선 영역의 빛을 이용하고, 손가락에 수축기압 이상의 압력을 2~3초간 적용한 후 풀어서 빛의 산란되는 신호를 증폭시켜 측정한다는 점이 다르다. 〈그림 4-3〉은 OrSense사에서 제작한 NBM-200G 모델이다. 이것은 환자의 손가락 근위부에 원형의 센서를 끼워서 사용하며, 센서에서 빛이 나오는 부분과 적외선 센서, 그리고 압력 커프가 부착되어 있다. 센서는 환자의 편의를 위해서 끼우기 편하고 다양한 손가락 크기에 맞도록 고안되어 있으며, 손을 쥐는 것에도 큰 불편함이 없다. 데스크탑 디스플레이도 같이 있어 LCD를 통해 혈액 내 헤모글로빈(Hb)과 산소 포화레벨, 그리고 맥박까지 보여준다.

▼ 그림 4-3 Orsense사의 NBM 200 모델

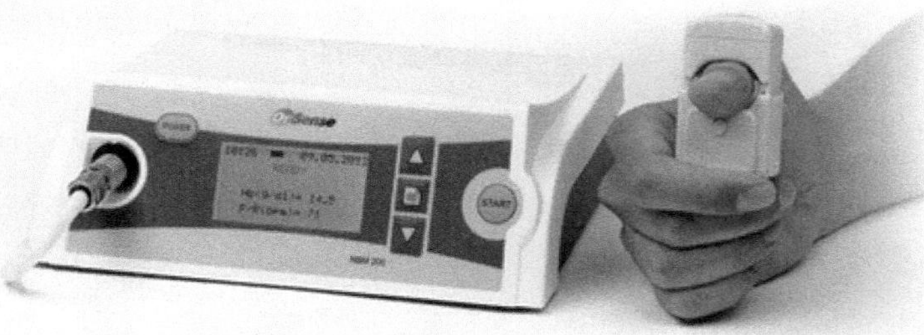

비침습법인 전기적인 방법에는 역이온 삼투압 방식(Reverse Iontophoresis), 임피던스 분광학(Impedance Spectroscopy), 전자기적 탐지(Electromagnetic Sensing) 방식이 있다. 역이온 삼투압 방식은 피부에 양극과 음극 사이에 미세한 전류를 흘려주게 되면 피부 아래에 있는 나트륨과 염화물이 각각 음극과 양극으로 이동하게 된

다. 당과 같이 전하가 없는 물질도 이온과 같이 피부를 통과하여 이동한다. 피부는 중성 pH에서 음전하를 띄기 때문에 양극 쪽으로 체액 이동이 많아지고 양극에서 당을 더 잘 추출할 수 있다. 당 분자 하나당 2개의 전자가 발생하여 전류를 흐르게 함으로 발생되는 전류량과 포도당의 양은 서로 상관관계를 갖게 된다. 샌디에이고 캘리포니아 대학교의 나노공학자들이 〈그림 4-4〉와 같은 피부 세포 사이에서 유동액에 존재하는 글루코스의 레벨을 측정하고 추출할 수 있는 일종의 타투(Tattoo)를 개발하는데 성공했다. 약 10분 동안 피부에 매우 약한 전류를 공급해 피부 세포 사이의 유동액에 존재하는 나트륨 이온을 타투의 전극으로 이동시키는데, 이 이온들은 글루코스 분자들을 전달하는 역할을 한다. 이로 인한 전기적 변화량으로부터 글루코스 레벨을 유추하는 원리이다. 이 센서는 유연하고 착용하기 쉬우며, 당뇨 환자들이 비침습적으로 글루코스의 레벨을 측정할 수 있다. 비침습적 타투에 의해 추출된 글루코스의 농도는 인간의 혈액에 존재하는 양에 비해 수백 배 낮다. 따라서 매우 작은 양의 글루코스를 측정할 수 있는 뛰어난 전기적 감도의 센서가 필요하다. 이전에 시스너스사(Cygnus Inc.)에서 GlucoWatch라고 불리는 작은 장치가 개발되었지만, 이 장치는 결국 실패했다. 그 이유는 이 장치가 피부에 트러블을 유발했기 때문이다. 그러나 이번에 개발된 타투는 이러한 문제를 해결하기 위해 매우 약한 전류를 사용하였다. 이 센서의 문제점으로는 처음 사용 시 표준 혈당 측정기를 통해 보정을 해 주어야 하고, 정확한 측정을 위해서 피부에 접촉된 패드를 약 12시간 마다 교환해야 하며, 교환 후 워밍업 시간과 보정의 과정이 필요하다는 점이다. 그래서 이런 단점을 보완하기 위해 현재 연구팀은 이 타투 센서가 오랫동안 지속할 수 있도록 하는 방법에 대해 연구 중에 있다.[38)]

▼ 그림 4-4 글루코스 측정용 타투

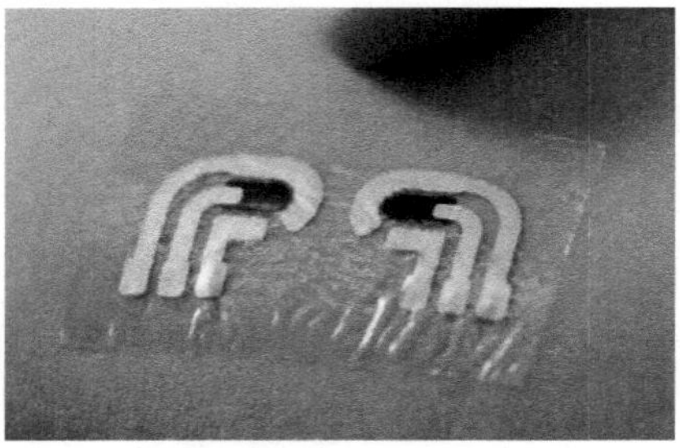

구글은 제약업계 노바티스와 함께 당뇨 환자를 위한 의료용 스마트 컨텍트 렌즈의 개발계획을 2014년에 발표했다. 구글이 개발한 스마트 컨텍트 렌즈 기술을 응용해서 노바티스의 안과사업조직에서 작은 무선칩과 안테나 및 소형화한 글루코스 센서를 내장한 렌즈를 상용화할 계획이다. 이 렌즈는 컨텍트 렌즈 속에 장착한 극소형 장치를 통해서 눈물로부터 당뇨병 환자들의 혈당 수치를 정확하게 측정할 수 있게 하겠다는 것이 프로젝트의 목표이다. 오랫동안 과학자들은 눈물과 같은 체액을 통해서 어떻게 하면 혈당을 더욱 쉽고 정확하게 측정할 수 있는지에 대해 연구를 해왔다. 구글이 개발을 공표한 스마트 컨텍트 렌즈는 비침습적이고 연속적인

38) http://phys.org/news/2015-01-tattoo-like-sensor-glucose-painful-finger.html

혈당 측정을 목표로 하고 있다. 이 스마트 컨텍트 렌즈는 두 겹의 부드러운 렌즈 사이에 극소형화된 혈당 측정 센서와 무선칩을 장착해서 소량의 눈물만 가지고도 혈당을 측정할 수 있게 만들 계획이다. 이 센서는 1초에 한 번씩 혈당을 측정하도록 설계되었으며, 혈당이 기준치보다 올라가거나 내려가기 시작할 때에는 LED 불빛을 이용해서 사용자의 시야에 조기에 경고 신호를 디스플레이 하도록 설계되어 있다. 구글에서 이러한 개발계획을 발표하기 이전에 이미 오래전부터 연구를 진행해 왔다고 한다. 컨텍트 렌즈를 통해서 혈당뿐만이 아니라, 체온이나 콜레스테롤 수치, 나트륨, 칼륨과 같은 전해질 수치 등의 다양한 활력징후(Vital Sign)들을 측정할 수 있다고 한다. 눈물에는 병원에서 혈액검사를 받을 때 측정되는 것과 동일한 생체 표지자(Biomarker)들이 발견되는데, 그 표지자들의 농도는 혈액 속의 농도와 비례한다는 것이다. 또한 렌즈는 한번 착용하면 신체 표면에서 눈물과 오랜 시간 동안 접촉하기 때문에 이를 측정하기에 적합하다고 한다.[39] (그림 4-5 참고)

▼ 그림 4-5 구글의 스마트 컨텍트 렌즈 개념도

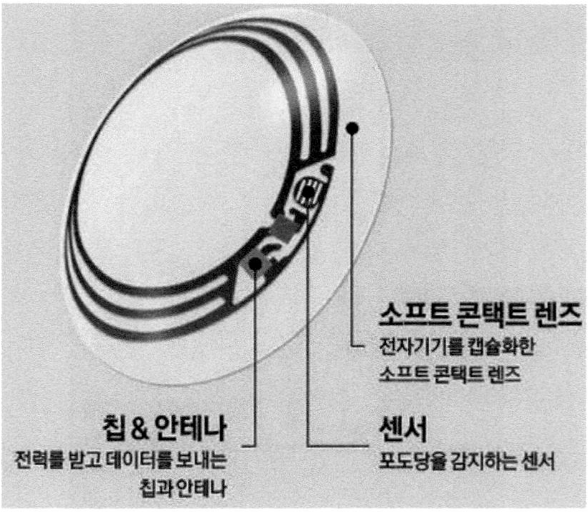

이 외에도 미국 의료기기 전문회사인 덱스콤(Dexcom)은 손가락 크기의 미세한 센서를 피부에 부착하면 5분마다 혈당을 측정하는 혈당측정기를 개발했다. 측정된 혈당은 블루투스를 이용해서 별도의 수신장치와 스마트폰 앱에 자동으로 전송된다. 환자의 혈당 수치가 너무 높거나 낮을 경우 수신장치와 스마트폰에 경고 메시지를 보낸다. 덱스콤은 "세계 최초로 24시간 365일 당뇨병 환자의 혈당수치 변동(최고, 최저, 보통)을 지속적으로 모니터링하고, 공유할 수 있게 됨으로써 당뇨병 치료의 새로운 패러다임을 구축했다. 이 기술은 기존의 손가락 간이혈당검사와 비교해 당뇨병 환자의 컨디션을 적시에 관리하고, 보다 정확하면서도 훨씬 뛰어난 관

39) 최윤섭 홈페이지, http://www.yoonsupchoi.com/2014/01/26/google-smart-contact-lens-fo/

찰이 가능할 뿐만 아니라, 당뇨병 환자의 가족이나 의료진들이 언제든지 환자의 안전을 확인할 수 있도록 해준다."고 자사 제품에 대해 홍보를 하고 있다. 〈그림 4-6〉은 덱스콤의 G4 플래티넘 CGM(Continuous Glucose Monitoring) 시스템으로 블루투스 스마트 무선 접속 기술을 이용한 공유 기능으로 혈당 수치를 지속적으로 측정하고, 당뇨병 환자의 스마트폰 앱으로 안전하게 데이터를 전송할 수 있다. 현재 가격은 센서 없이 본체의 가격은 US$1,198, 센서 4개 팩을 선택하면 US$349가 추가된다.40)

▼ 그림 4-6 덱스콤의 G4 CGM 시스템

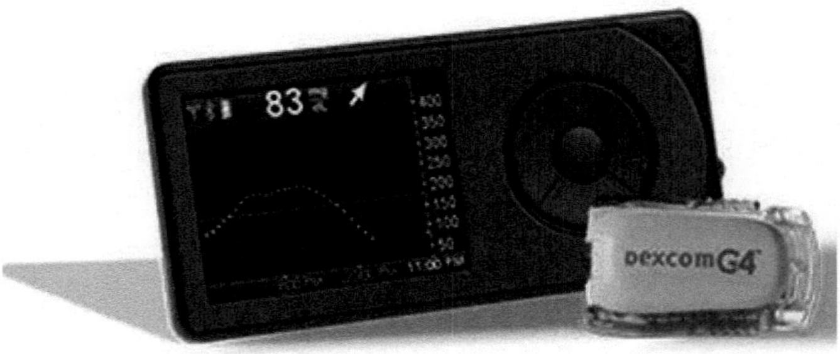

영국 리즈대학의 진 호세 박사가 개발한 이 첨단 혈당계는 혈액 속의 글루코스 밀도에 따라 다르게 나타나는 적외선 형광신호로 혈당을 측정하는 기술이다. 이 기술의 핵심은 나노기술을 적용, 석영 유리에 이온을 심은 것으로 이 이온들은 저출력 레이저 빛에 노출되면 적외선 형광신호를 나타낸다. 이 석영 유리는 손가락 끝에 갖다 대는 렌즈로 사용자의 피부와 접촉하면 혈액 속의 글루코스 밀도에 따라 형광신호의 길이가 다른데, 형광신호의 지속시간을 혈당수치로 환산해 나타낸 것이다. 이 혈당 수치가 나타나는 데 걸리는 시간은 30초 미만이라고 한다. 이 혈당계는 현재 임상시험을 위한 탁상용 모델로 만들고 있으나, 판매모델은 손가락을 갖다 대는 컴퓨터 마우스형과 휴대하면서 언제나 사용할 수 있는 착용형 등 두 가지로 개발되고 있다.41)

나 스마트한 심혈관 모니터링 디바이스

외부 자극에 따라 사람은 다양한 생체적 반응을 한다. 모바일 기술이 점점 발전하면서 스마트폰을 활용하여 손쉽고 간편하게 생체적 반응을 인식하고 처리할 수

40) https://www.nordicsemi.com/chi/node_206/node_305/Product-Related-News/24
41) http://www.yonhapnews.co.kr/bulletin/2015/07/16/0200000000AKR20150716057100009.HTML

있는 기술들이 속속 등장하고 있다. 이중에서 심장과 관련된 신체정보 중에서 가장 중요한 것이 심전도(Electro Cardiogram, 줄여서 ECG라고 함)인데, 이것은 심장의 주기적 운동시 심근에 의해 발생하는 활동전위의 시간적 변화를 그래프로 기록한 것으로 부정맥, 허혈성심장질환, 심실의 비대, 전해질 이상 등의 판정 및 진단에 활용되는 아주 중요한 정보이다. 심장근육의 수축은 생명체의 전기를 공급하는 발전기와 같다. 수축을 일으키는 원동력은 심방의 동방결절에서 발생되는 미세한 전류인데, 이 미세한 전류가 심장근육을 통하여 신체 내에 전류가 흐르게 되고, 이 전류를 신체의 표면에서 기록할 수 있게 되었다. 이를 기록하는 장치를 심전도계(Electrocardiography, 줄여서 EKG라고 함)라 하고, 이 기록을 심전도라 한다. 심장의 신호를 신체표면에서 최초로 기록한 것은 1903년이며, 그 때 사용한 장치는 〈그림 4-7〉과 같다. 네덜란드의 과학자인 아인트호벤(Einthoven)에 의해 처음으로 만들어진 EKG 기계는 지금도 라이덴시 국립박물관에 보관되어 있는데, 갈바노미터(Galvanometer)에 전선을 이용하여 기록하였다. 저항을 줄여줄 물질을 발견하지 못했기 때문에 그 당시에는 양손과 한쪽 다리를 물통에 넣고 물통에 전선을 연결하여 갈바노미터로 측정하였다.[42]

▼ 그림 4-7 아인트호벤에 의한 최초의 갈바노미터 심전도 측정 장치

42) 위키디피아, https://en.wikipedia.org/wiki/String_galvanometer

이 때의 기록은 두 개의 전극으로 전압차를 기록하였는데, 한 쪽을 (-)극으로 기준점으로 하였으며, 다른 쪽을 (+)극으로 기록전극으로 사용하였다. 그 당시 아인트호벤은 세 개의 조합으로 측정하였는데, 오른쪽 팔과 왼쪽 팔, 왼쪽 팔과 왼쪽 다리, 오른쪽 팔과 왼쪽 다리 간의 전압차를 기록하였다. 이것이 시초가 되었기 때문에 이와 같은 방식이 표준전극법이 되었다. 다리 중에 왼쪽 다리를 사용한 것은 심장이 왼쪽에 있기 때문이다. 사람의 심장은 두 개의 심실과 두 개의 심방으로 구성되어 일정한 주기를 가지고 각 신체에 혈액을 공급해주는 순환시스템의 펌프와 같은 기능을 수행한다. 잘 조절된 심방과 심실의 수축은 심장의 근육구조 내에서 발생하는 특정한 전기적인 활성화 패턴에 의해 이루어진다. ECG란 심근의 수축에 의해 발생하는 활동전위가 신체의 표면에 전달된 것을 측정하여 파형으로 기록한 것이다. ECG의 파형의 형성은 심장의 박동에 의해 규칙적으로 발생하며, 1분에 약 60회에서 80회 정도의 심박동률(Heart Rate, HR)로 나타난다. 심장의 구조적 특성은 한곳에서 발생한 활동 전압이 심장 전체에 퍼질 수 있게 되고, 심방이나 심실이 마치 세포 하나가 수축하듯이 동시적으로 수축할 수 있다. 이와 같은 심장의 근육운동에 의해 발생하는 탈분극 현상을 체표면상에 전극을 부착하여 검출한 것이 ECG 파형이다. 심장의 탈분극에 의해 발생하는 활동전위는 약 20~30mV로 큰 편이지만, 체표면에서는 약 1mV 정도로 매우 낮은 활동전위를 가지게 된다. 이렇게 낮은 ECG를 측정하기 위해서는 전극이 필요하다.

병원에서 사용하는 심전도 측정 장비는 최소 2,000만원을 호가하는 매우 고가의 의료장비인데, 심전도를 병원에서만 측정할 수 있다는 통념을 깬 혁신적인 제품이 최근 출시되었다. 미국 샌프란시스코 소재의 얼라이브코어(AliveCor)라는 회사에서 개발된 것으로 〈그림 4-8〉과 같이 일종의 스마트폰 뒤에 부착하는 케이스와 같은 작은 기기로서, 사용자가 스마트폰을 통해 자신의 심전도를 측정 및 기록할 수 있게 해 준다. 이 기기는 이미 2012년 12월 이미 아이폰에 대해서 FDA의 의료기기 승인을 받아서 의사들이 의료 현장에서 사용할 수 있게 되었을 뿐만 아니라, 이 기기를 처방 받은 환자들은 자신의 심장 상태를 스스로 측정할 수 있다. 현재는 아이폰과 안드로이 스마트폰에서 모두 승인된 유일한 ECG 측정 장비이며, 측정된 데이터는 클라우드에 저장이 된다. 이 ECG 장비는 크게 두 가지 방법으로 사용된다. 첫 번째는 부정맥을 가진 환자들이 평상시에 자신의 심장상태를 측정할 수 있다. 기존에는 환자가 평소에 가끔 심장에 이상을 느낀다고 할지라도 병원을 방문해서 검사를 했을 때 이상이 발견되지 않는다면 증세를 정확히 진단하기 힘들다는 단점이 있었다. 하지만 이 기기를 환자가 평소에 항상 소지하고 다니다가, 자신의 심장에 이상을 느낄 때 ECG를 측정하여, 주치의에게 데이터를 보여줄 수 있으므로 심장의 상태를 훨씬 정확하게 진단할 수 있다는 장점이 있다. 두 번째로 이미 심방세동을 진단받아 치료받고 있는 환자에게 의사는 이 기기를 처방하여, 가정에서 환자 스스로 상태를 모니터링 할 수 있다. 특히 환자가 처방받은 약이 얼마나 효과가 있는지 예후를 관찰하는 용도로도 사용이 가능하다. 얼라이브코어 제품은 휴대폰 케이스에 부착되어 있는 두 개의 전극에 30초 정도 손가락을 갖다 대거나 가슴에 대고 심전도를 실시간으로 모니터링 할 수 있도록 개발된 제품이다.43)

▼ 그림 4-8 심전도 측정용 얼라이브코어(AliveCor)

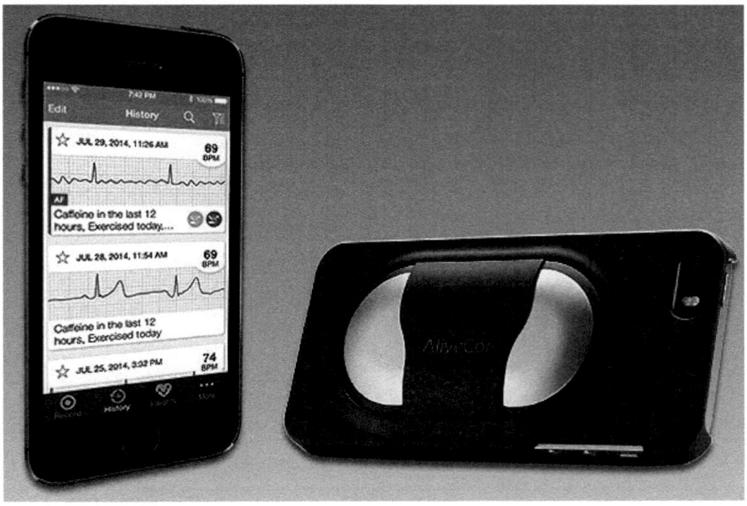

모바일 헬스케어 분야에서 최근 많은 전문가들로부터 각광받고 있는 한 기업이 있다. 피부에 붙이는 센서 '바이오 스탬프(Bio Stamps)'를 개발한 미국의 스타트업 'MC10'이다. 〈그림 4-9〉의 바이오 스탬프에는 심전도를 측정하는 ECG센서, 외파와 근전도를 측정하는 EEG/EMG센서, 온도센서, 스트레인게이지가 탑재되어 있어 신체의 변화를 정확하게 모니터링 할 수 있다. 실제로 바이오 스탬프를 피부에 붙이면 맥박수, 체온, 자외선 흡수량, 뇌 활동량 등의 데이터를 스마트폰으로 수집하고 클라우드에 전송해 체계적인 관리가 가능하다. ECG센서는 부정맥 등 심장의 만성질환을 실시간 모니터링 할 수 있고, 온도센서는 체온을, EEG/EMG센서는 뇌파를 측정해 뇌신경의 활동과 스트레스 상황을 파악하는 동시에 근육의 활동도 감지할 수 있다. 바이오 스탬프는 씰 형태의 센서를 피부에 붙이는 방식으로 사용되며, 피부의 움직임에 따라 센서 자체도 그림과 같이 휘어지며, 전자회로를 피부에 붙이고 그 위에 코팅 스프레이를 뿌리면 방수가 잘 돼 2주간 사용이 가능하다. 현재 바이오 스탬프는 구글과 함께 공동연구를 추진 중에 있다.44)

43) http://www.yoonsupchoi.com/2014/03/09/alivecor_three_innovations/

44) http://bizion.mk.co.kr/bbs/board.php?bo_table=tech&wr_id=172

▼ 그림 4-9 바이오 스탬프 개념 사진

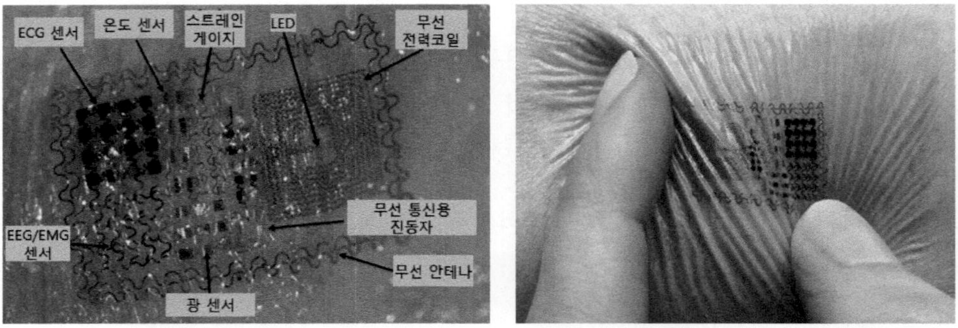

일본 후지쯔는 맥박 등으로 졸음을 감지해 진동으로 알려주는 센서를 개발해 2015년 초에 언론에 공개했다. 센서를 귓불에 장착하고 본체를 목에 거는 구조다. 운수업자용으로 판매해 졸음운전 방지에 기여하겠다는 의도에서 개발이 되었다. 귓불에서 얻은 정보를 전용 무선장치 및 스마트폰이 수신한 뒤 졸음 정도를 추정한다. 운전기사에게 음성으로 알려주는 기능 외에, 버스와 트럭의 운행관리자에게도 통지할 수 있다. 무선장치는 속도와 시간 등을 기록하는 차량탑재기에 접속해서 사용한다. 본체 중량은 약 90그램, 연속 사용은 약 45시간 가능해 장거리 운전에도 이용할 수 있다. 본체 가격은 4만 1천엔 정도이다.[45]

후지쯔사 제품은 〈그림 4-10〉의 왼쪽 사진이다. 이와 유사한 형태로 임페카(Impecca)라는 회사가 만든 '얼럿밴드(Alert Band)'도 졸음과 관련된 제품이다. 얼럿밴드는 〈그림 4-10〉의 오른쪽 사진인데, 머리띠처럼 생긴 밴드 안에는 뇌파를 감지하는 센서가 내장돼 있다. 센서는 운전자의 뇌파를 항상 모니터링하고 있으며, 운전자가 졸 것으로 예상되면, 본격적으로 졸기 3~5분 전에 경고해 준다고 한다. 경고는 블루투스로 연결된 스마트폰을 통해 경고음을 내보내고, 가족이나 친구들에게 SNS로 졸음 사실을 통보해 준다. 개발업체에서는 정확도가 90% 이상이라고 보고하고 있다.[46]

헬스케어와 관련되어 가장 기본이 되는 정보는 혈압이다. 혈압 측정에는 크게 침습법과 비침습법으로 구분된다. 침습법은 카테터(Catheter)를 혈관에 삽입하여 측정하는 방식인데, 급격한 혈압 변화 측정이 가능하고 불확도가 낮은 혈압을 측정할 수 있는 장점은 있으나, 카테터 삽입시 출혈 및 감염의 우려가 있기 때문에 실생활에서는 잘 사용하지 않는다. 따라서 실생활에서는 비침습법을 주로 사용하고 있는데, 여기에도 청진기로 측정하는 청음법, 오실로메트릭법, 초음파 도플러법,

45) http://www.47news.jp/smp/korean/economy/2015/01/106219.html

46) http://www.earlyadopter.co.kr/13601

▼ 그림 4-10 졸음운전 감지용 스마트 디바이스

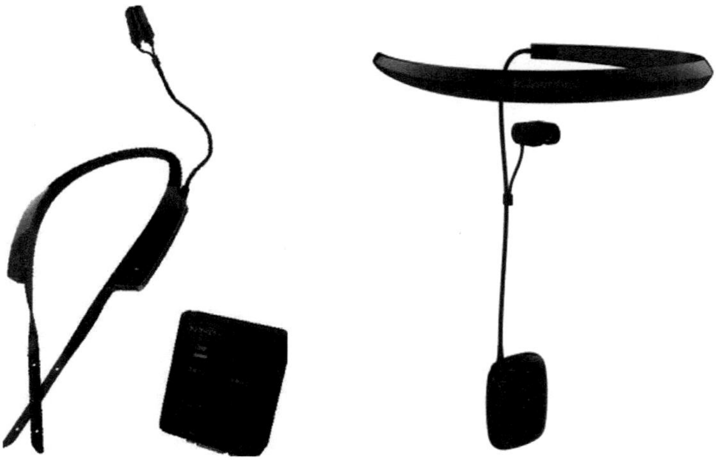

맥전파 속도법 등이 있다. 이 중에서 현재 가장 많이 사용하는 방법은 오실로매트릭법(Oscillometric Method)이다. 이것은 커프(Cuff, 공기를 주입하면 부풀어 오르는 천)에 공기압을 가하였다가 천천히 공기를 뺄 때 동맥혈관 위의 커프에 생기는 압진동(Pressure Oscillation)의 크기를 압력센서에 의해 감지, 기록하여 혈압을 측정하는 방법이다. 이 방법은 커프에 공기압을 꽉 채우면 해당 동맥혈관에는 혈액의 흐름이 멈춰진다. 그러다가 커프의 공기압을 조금씩 줄여나가면 어느 선에서 최초로 생긴 공간 속으로 혈액이 지나갈 때 맥박이 뛰면 진동이 발생한다. 점점 더 커프의 압력을 풀어주면 혈관은 더 넓어지며 통과하는 혈액의 양은 더욱 많아지고 진동도 더 커진다. 그러다가 최대의 진동 폭을 기록하며 커프의 압력이 더욱 빠짐으로 진동은 점점 줄어들다가 결국은 소멸된다. 진동 폭이 빠르게 높아지는 지점을 최고혈압으로 간주하고, 진동 폭이 빠르게 낮아지는 부분을 최저혈압으로 간주한다. 이와 같이 커프압의 진동을 직접 측정하여 혈압을 측정하는 방법이 오실로매트릭 방식이다. 이와 같은 오실로매트릭 혈압계는 팔에 커프를 감고 압력을 가한 후, 서서히 풀면서 혈압을 측정하는 방식이기 때문에 실시간 측정이 불가능한데다 팔뚝에 공기 튜브를 둘러싼 일시적으로 혈액의 흐름을 막는 방식을 쓰기 때문에 하루 6회 이상 측정이 곤란하다. 최근에 손목이나 손가락에 커프를 감는 혈압계도 개발되었지만 불편한 건 마찬가지이다.

삼성전자가 스마트폰의 다음 사업으로 디지털 헬스케어 시장의 선두주자가 되기 위해 노력 중에 있는데, 그 중에서 가장 눈여겨 볼만한 제품이 바로 심밴드(Simband)라고 하는 건강관리용 웨어러블 기기이다(그림 4-11의 좌측 사진). 심밴드는 현재 상품은 아니고 레퍼런스 모델, 즉 소비자가 아닌 개발자에게 제공하는 참조 모델로 공개했다. 심밴드는 손목밴드형 웨어러블로 상단에 디스플레이를 탑재하고 있으며, 손목 안쪽의 밴드 부분에 내장된 센서 유닛으로부터 측정한 정보를 디스플레이에 숫자와 그래프로 표시해준다. 센서 유닛에는 여러 센서가 탑재되어 있는데, 심박수, 혈압, 심전도, 용적맥파(혈관의 용적 변화) 등을 측정할 수 있으며, 모듈 형식으로 되어 있어 다른 센서의 탑재도 가능하다.[47] 미국의 신생 벤처업체인 MOCACARE라는 회사에서 손가락을 본체 위에 올리기만 하면 자신의 건강 상태를 곧바로 알려주는 모카하트(MOCA Heart)라는 제품을 출시하였다(그림 4-11의 우측 사진). 본체 위에 있는 광센서에 손가락을 올려놓으면 혈중 산소 농도와 심박수, 혈압까지 간편하게 측정할 수 있다. 이 제품은 혈압에 대한 정확한 수치를 표시하지는 않지만 혈류 속도를 계산해서 5단계로 혈압 상태를 표시해 준다. 본체로 측정한 값은 모바일앱을 통해 스마트폰이나 태블릿 등에 저장하고 공유나 메시지를 붙여서 보내는 것도 가능하다.[48]

▼ 그림 4-11 삼성전자 심밴드(Simband)와 모카하트(MOCA Heart) 이미지

국내에서도 비침습법으로 혈압을 측정하고자 하는 다양한 연구가 시도되고 있는데, 특히 손목의 맥진법으로부터 혈압을 측정하고자 하는 연구가 진행되고 있다. 사람이 직접 측정하는 전통적인 맥진파에는 맥동의 힘, 맥동의 주기, 맥의 팽창과 수축의 빠르기, 맥의 촉지 깊이, 맥의 폭, 맥의 유효한 촉지 길이 등이 있다. 기존의 맥진파 측정센서로는 광센서, 심전센서, 압력센서 등이 있으나, 이들 센서들은 측정방법이 어렵고 부피가 크다는 단점이 있어 상용화되지 못했다. 한 연구기관에서 손목의 요골 돌출부에 센서를 고정시켜 홀센서를 이용하여 요골동맥의 맥진파로부터 혈압 및 맥박을 분석하는 방법을 개발하였다. 기본적인 개념은 자기장을 측정하는 홀센서를 이용하여 요골 동맥에 놓여 있는 영구자석의 위치 변화에 따른 전압의 변화를 측정하는 것이다. 홀센서는 12개를 한 줄로 하여 3줄로 만들어 총

47) 정보통신기술진흥센터, 최신 ICT동향, file:///C:/Users/user/Downloads/166603.pdf

48) https://mocacare.com/

36개의 홀센서가 2차원적인 신호를 출력하도록 되어 있다. 이런 홀센서의 이차원적인 전압 변화는 맥의 파형 신호를 나타내며, 이 값으로부터 혈압으로 환산한 결과, 최고혈압은 표준규격의 오차범위인 ±10보다 조금 높은 ±12로 나왔으며, 최저혈압은 ±6 정도로 표준규격의 범위 내에 들어왔다고 보고되어 있다.[49]

서울대학교병원 의공학과 연구팀은 일상생활에서도 혈압의 변화를 연속으로 체크하는 혈압측정센서를 최초로 개발했다. 혈압측정센서는 가로 9cm, 세로 5cm 크기의 압전필름 양면에 심전도 및 심탄도용 전극과 전자회로 등 총 4개 층으로 구성되어 있다(그림 4-12 참고). 혈압측정센서는 패치 형태로, 가슴에 붙이기만 하면 심장이 수축할 때 발생되는 물리적 진동(심탄도)과 활동전위(심전도)를 동시에 측정하여, 두 신호로부터 혈압을 추정할 수 있는 변수를 추출하여 계산하고, 그 결과를 무선통신망을 이용해서 스마트폰으로 실시간 전송해 주는 디바이스이다. 의사는 언제, 어디서나 인터넷을 통해 환자의 혈압변화 상태를 체크할 수 있다. 개발된 센서로 피험자를 대상으로 비교 실험한 결과, 95% 이상의 높은 상관관계를 얻었는데, 이는 미국과 영국의 엄격한 혈압계 가이드라인을 충족시켰다고 한다. 고혈압은 현대 사회에서 가장 심각한 만성 질환 중 하나이다. 고혈압을 효과적으로 치료하기 위해서는 지속적인 혈압체크와 관리가 중요하다. 만약 이 센서가 상용화된다면, 환자들은 패치를 가슴에 붙이기만 하면, 하루 24시간 혈압의 변화를 아주 편하게 관리할 수 있게 된다. 현재는 수축기 혈압만을 측정하는데, 이완기혈압 측정에도 연구 중에 있다.[50]

▼ 그림 4-12 서울대학교병원에서 개발한 혈압측정센서

49) 안면천 외 4인, "홀소자를 이용한 손목착용 맥진기의 혈압추정 알고리즘", J. Kor. Magnetics Society, Vol.20, No.3, (2010)

50) http://webzine.snuh.org/PostView.jsp?b_idx=994&wzCateCode=d

울산과학기술대의 전기전자컴퓨터공학부와 벤처기업인 유메딕스의 공동 연구팀에서 손목시계처럼 손에 차고 실시간 혈압을 측정하여 확인할 수 있는 혈압측정기를 개발하였다. 이 측정기는 혈관의 손상 없이 자동으로 혈압을 실시간으로 재고, 그 결과를 스마트폰 앱을 통해 확인할 수 있다. 또 앱을 통해 혈압 데이터를 분석하고 다른 기기에 전송할 수 있어 혈압 변화에 따른 개인 건강관리도 가능하다. 이 연구팀은 동맥의 혈압이 높을수록 외부 압력에 반응하는 동맥 내 혈액의 파동을 피부가 더 강하게 전달하는 점을 이용했는데, 착용하면서 발생하는 외부 압력에 의해 손목 피부가 혈액의 파동을 전달하고 사용자의 동맥혈압에 따른 신호의 변화를 혈압 변화의 유형으로 추출하는 '자기회귀(Recursive) 알고리즘'을 활용했다. 이 연구결과로 혈액의 흐름을 막지 않고도 편리하게 혈압을 잴 수 있는 손목시계형 측정기가 탄생하였다.[51)]

다 똑똑한 비만관리 디바이스

경제 성장과 더불어 식생활이 서구화되고 생활환경이 자동화 되어감으로써 영양섭취는 증가하는 반면, 신체활동은 감소되어 비만 인구는 점차적으로 증가하고 있다. 그리고 이미 세계보건기구에서도 비만을 '질병 아닌 질병'으로 정의하며 적극적인 관리가 필요하다고 강조하고 있는 상태이다. 비만을 판정하는 신체계측 방법으로 신장과 체중을 측정하여 환산하는 방법이 있는데, 이러한 신체계측지수로 대표적인 것인 신장별 표준 체중을 이용한 비만도와 체질량지수(Body Mass Index, BMI)가 있으며, 비만의 근원 물질인 체지방을 직접 측정하는 방법이 있다. 비만도는 일반적으로 성인에서는 (체중−신장별 표준체중×100/(신장별 표준체중)으로 정의되는데, 이것은 실제 체중을 표준 체중과 비교하여 산출하는 방식이며, 신장별 표준 체중과 비교하여 120% 이상인 경우를 비만으로 규정하고 있다. 그러나 이러한 방법의 비만도 평가는 비교적 간단하고 손쉽게 사용할 수 있는 장점은 있지만, 개개인의 체성분을 고려하지 않고 체중만으로 비교하는 방식이라 비만도라는 명칭과는 달리 실제 비만을 판단하는 데는 그다지 도움이 되지 않는다. 단지 초과되는 체중만을 알 수 있을 뿐이며, 체지방의 분포에 따른 성인 질환과의 관련성 및 체구성 비율의 변화에 따른 위험 요인과의 관련성 등을 알지 못한다는 한계점이 있다. BMI는 체중을 신장의 제곱으로 나눈 값(kg/m^2)으로 정의되는데, 이 값은 몸의 체지방량을 비교적 잘 반영하는 지수로 알려져 있다. BMI가 18.5 보다 작으면 저체중, 18.5~22.9이면 정상, 23~24.9이면 과체중, 25.0 이상이면 비만으로 진단한다.

51) http://www.hani.co.kr/arti/science/science_general/660904.html

체지방률이란 말 그대로 체중에서 체지방이 차지하는 비율을 백분율로 나타낸 것을 말한다. 적절한 체지방 비율은 성인 남성의 경우 15~18%, 성인 여성은 20~25%이며, 만약 이 값이 남성의 경우 25% 이상, 여성은 30% 이상일 때 비만으로 판정한다. 체지방 측정법에는 수중 체중법, 초음파나 근적외선 이용법, 생체전기 임피던스법(Bioelectric Impedance Analysis, BIA), 이중 방사선 흡수법 등이 있는데, 이 중에서 사용상의 편리성으로 BIA법이 가장 많이 사용된다. 수중 체중법은 가장 높은 신뢰도와 타당성을 가지고 있는 방법이며, 다른 체지방 측정법의 기준값으로 쓰이는 방법이다. 원시적이고 가장 오래된 방법이지만, 이 이상의 정확도를 가진 검사는 없다. 원리는 유명한 아르키메데스의 법칙을 응용한 것으로, 같은 물질이면 물속에서도 같은 부력을 받을 것이라는 가정 하에 물체를 물에 넣기 전과 후의 질량, 부피, 밀도를 비교하는 방법이다. 이와 같은 원리를 몸에도 적용한 것이다. 몸을 이루고 있는 근육, 체지방, 뼈는 각자 밀도가 다르며, 지방의 부피가 근육보다 30% 정도 더 나간다. 따라서 물속에서 잰 체중과 물 밖에서 잰 체중을 체적과 함께 환산하면 몸에서 지방이 차지하는 비율을 가장 정확하게 측정할 수 있다. 그러나 현실적으로 체지방을 측정하기 위해 이런 방법을 사용하는 경우는 거의 없다. 그러므로 이를 대체할 방법이 필요한데, 이것이 바로 생체전기 임피던스법(BIA)의 체지방 측정기이다.

BIA법은 인체를 하나의 균질한 튜브형 전도체로 가정하고, 용적은 신장의 제곱을 임피던스로 나눈 값에 비례한다는 공식을 이용하여 체수분 및 체지방을 계산한다. 그러나 실제로 임피던스가 신장에 정확하게 비례하는 균질한 튜브형 전도체가 아니기 때문에 임피던스와 신장, 체중 외에 나이, 성별을 적용하면 더욱 정확한 분석을 할 수 있다. 생체전기 임피던스법은 조직의 생물학적 특성에 따른 전기 전도성의 차이를 이용해서 신체 구성을 예측하는 방법이다. 전기 전도성은 수분과 전해질의 양에 비례하며, 세포의 모양이 원형에 가까울수록 감소하는데, 지방조직은 원형의 세포로 이루어져 있으며, 수분이 근육 등 다른 조직에 비해 상대적으로 적으므로 지방의 양이 증가할수록 전기 전도성은 감소하게 된다. 인체에 약 250mA 정도의 미세한 교류 전류 신호를 보낼 때 전기는 전도성이 높은 수분을 따라 흐르며, 수분의 많고 적음에 따라 체수분, 지방, 근육 등에서의 임피던스가 서로 다르게 발생한다. 이때 발생되는 임피던스는 체구성 성분과 일정한 연관성을 갖게 되므로 이를 이용하여 체구성을 평가한다. 이는 인체가 전도성이 높은 조직(근육과 수분)과 낮은 조직(체지방)으로 구성되어 있다는 전기적 특성과 임피던스 측정값에 두 조직의 비율이 반영된다는 점을 이용하는 방법이므로 생체전기 임피던스법이라 부른다. 실제로 인체는 임피던스가 신장에 정확하게 비례하는 균질한 튜브형 전도체가 아니고, 정해진 온도에서 전류의 흐름을 감소시키는 정도도 일정하지 않다. 또한 인체는 불균일한 체구성을 가진 복잡한 형상으로 이루어져 있고, 연령에 따라 체밀도가 다르며, 성별에 따라 체구성이 다를 뿐만 아니라, 외적인 조건에 따라 항상 변화하고 있다. 그러므로 실제 인체의 생체전기 임피던스법의 전제 가정과의 차이점을 극복하기 위하여 임피던스와 신장 이외에도 체중, 성별, 연령 등 기타 예측변수들로 보정한 측정 알고리즘을 개발하여 적용한 경우도 있다.[52)]

대표적인 BIA 방식의 제품은 국내의 인바디(InBody) 제품으로 세계적인 경쟁력을 가지고 있다. BIA 초기 제품은 50kHz의 단일 주파수만을 사용하였는데, 인바디는 1kHz~1MHz 사이의 다주파수를 사용하여 세포내 수분과 세포외 수분을 모두 정확히 측정해내는 기술을 개발하였다. 또한 인체의 구조적 특성을 이용하여 좌우 손과 발에 각각 전류와 전압 전극을 2개씩 배치, 총 8개의 전극을 쥐거나 밟도록 되어 있다. 이러한 설계는 재현도를 높이기 위함으로 측정자세가 바뀌거나 여러 번 측정해도 손목과 발목이라는 항상 동일한 지점에서 측정이 시작되어 정확한 결과를 보여준다. 과거의 BIA 디바이스는 측정값에 연령, 성별, 기타 정보를 조합하여 체질량을 분석하였으나, 인바디는 다주파수와 8개 전극을 이용한 측정결과만을 가지고 체질량을 분석하는 기술을 보유하고 있다. 인바디는 전문가용의 고정식 BIA에서 얻은 노하우를 바탕으로 〈그림 4-13〉과 같이 손목에 찰 수 있는 웨어러블 BIA 디바이스를 상용화했다. '인바디 밴드'로 불리는 이 제품은 몸에 미세한 교류전류를 흘려 보이지 않는 체수분, 체지방, 근육량을 측정할 수 있다. 이 회사는 손목에서도 체질량을 측정할 수 있도록 기술 수준을 끌어 올렸다. 사용법도 간단해 손목에 착용한 상태에서 엄지와 검지를 대면 5초 안에 체지방률을 확인할 수 있다. 스마트폰과 연동하면 전용 앱을 통해 운동량 등의 데이터를 관리할 수 있다. 인바디의 인바디 밴드의 외형은 다른 웨어러블 밴드와 크게 다르지 않다. 인바디 밴드의 크기는 (W)60mm×(L)104mm×(H)18.8mm이며, 메인유닛의 두께는 12mm이다. 시장에 출시된 거의 대부분의 웨어러블 밴드들은 메인유닛을 제외한 밴드를 교체할 수 있는 형태로 설계되어 있다. 그러나 인바디 밴드는 밴드 부분을 탈착할 수가 없다. 체성분 분석 결과의 정확도를 위해 유닛과 밴드와의 각도를 고정할 필요가 있기 때문이다. 인바디 밴드에 내장된 배터리 용량은 55mAh인데, 이 정도 용량으로 밴드의 사용시간은 2~3일 정도이다. 그리고 인바디 밴드에는 가속도센서가 탑재되어 있어 사용자의 보행수를 정확히 측정해 준다. 인바디 측에서는 전문가용 인바디의 정확도를 100으로 놓고 봤을 때, 인바디 밴드의 정확도는 90 이상이라고 한다. 전문가용 인바디와 인바디 밴드의 가장 큰 차이점은 신체 부위별 데이터를 알 수 있느냐 없느냐의 차이 뿐이다.[53)]

---

52) 자원메디컬, http://jawon.com/korean/tec1/principles-of-bia.html

53) http://www.ilovepc.co.kr/news/articleView.html?idxno=9861

▼ 그림 4-13 인바디의 체성분 분석용 인바디 밴드

한국의 (주)도넛시스템LSI에서 스마트폰용 체지방측정기인 아이루씨르(iLucir)라는 제품을 출시하였다. 이 제품은 한국 식약처 인증 및 미국 FDA 등록을 받은 제품으로, 스마트폰과 연계해 사용하는 휴대용 체지방 측정기이다. 이것은 스마트폰의 강력한 고해상도와 연산 기능을 활용하는 앱으로 다양한 편의를 제공하는 '세계 최초 4점 터치식 4전극법 체지방 분석기'이다(그림 4-14 참고). 아이루씨르 체지방계도 인체에 무해한 미세 교류 전류를 흘려 인체의 전기저항을 측정 및 계산하는 BIA법을 이용한 기기이다. 아이루씨르는 사용법도 간단하다. 제품 박스의 QR코드를 스캔하거나 안드로이드와 애플 마켓에서 앱을 다운로드 받은 후에 제품 본체를 스마트폰의 이어폰 단자에 케이블로 연결하면 된다. 그 후 앱을 실행한 후에 키, 몸무게, 나이, 체형 등 기본 정보를 입력한 후, 앉은 자세에서 양팔을 쭉 뻗어 양손의 엄지와 검지 등 총 네 손가락을 이용하여 금속전극 판을 가볍게 잡고 있기만 하면 된다. 휴대성 역시 뛰어나다. 가로 7.5cm, 세로 3.1cm, 무게 20그램으로 성인 남성의 엄지 손가락만하다. 스마트폰의 앱을 이용하여 측정 결과의 저장뿐만 아니라 체형 판정 등 다양한 서비스를 제공해 준다. 또한 체지방량, 체지방률, 근육량, 기초대사 칼로리, BMI 등 다섯 가지 결과를 보여준다.[54)]

▼ 그림 4-14 아이루씨르(iLucir) 체지방 측정기

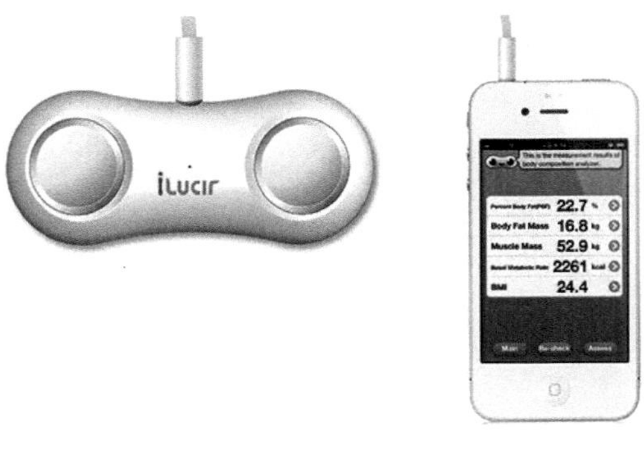

54) (주)도넛시스템LSI 홈페이지, http://ilucir.com/about-ilucir/?lang=ko

2015년 여름에 삼성전자는 스마트폰을 이용해 체지방을 측정할 수 있는 기술에 대한 특허를 신청했다. '모바일 디바이스 체지방 측정 방법 및 장치'라는 이름의 이 기술은 사용자가 〈그림 4-15〉와 같이 스마트폰 커버나 케이스에 탑재된 4개의 센서를 통해 체지방을 측정하며, 이 방식도 마찬가지로 인체에 무해한 미세 전류를 흘려 인체의 전기저항을 측정 및 계산하여 체지방을 분석하는 BIA방식이다. 이 방식은 인바디와 아이루씨르 제품과 동일한 측정원리이다. 다만 아이루씨르와 다른 점은 별도의 기기를 부착하는 것이 아니고, 스마트폰의 케이스를 활용한 것이 특징이다. 삼성전자는 그동안 심박수 측정이나 산소포화도 측정과 같은 헬스케어 기능을 자사 스마트폰에 적용해 왔기 때문에 조만간 이 기술은 삼성전자 스마트폰과 연동될 것으로 예상된다.

▼ 그림 4-15 삼성전자에서 특허를 제출한 체지방에 관한 기술

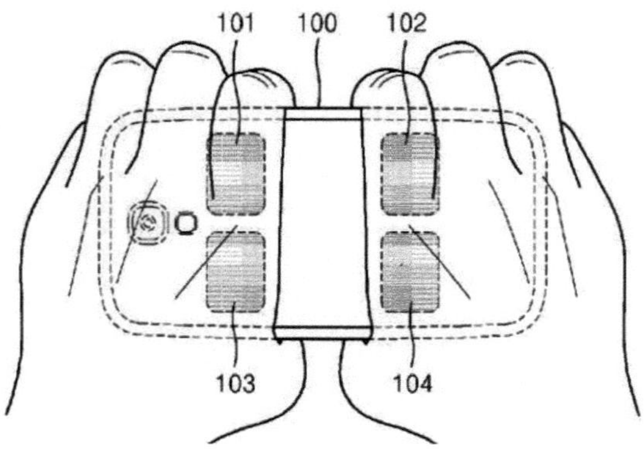

스마트한 비만관리를 위해 착용이 가능한 BIA 방식 이외에도 다양한 디바이스들이 속속 등장하고 있다. 최근 허리둘레와 비만 여부를 자동으로 측정하는 비만관리 스마트벨트인 '삼성웰트(Samsung Welt)'를 CES2016에서 공개했다. 삼성전자에서 지원하는 서울대의 사내 벤처팀에서 아이디어를 냈다고 한다. 스마트벨트는 〈그림 4-16〉의 좌측과 같이 벨트에 센서를 부착하는 방식으로 만들어진 웨어러블 기기이다. 스마트벨트는 착용자의 허리둘레를 자동으로 측정하고 벨트 길이의 변화를 실시간으로 확인해 과식 여부와 비만 위험도를 알려준다. 사용자가 비만 위험이 있는 상태라면 더 이상 허리둘레가 늘어나지 않도록 경고 메시지도 보내며, 건강 정보를 스마트폰 앱에 보내 착용자가 건강 상태를 실시간 확인할 수 있도록 해 주는 것이 특징이며 조만간 시장에 상용화되어 출시될 예정이라고 한다.[55]

사람뿐만 아니라 애완견의 다이어트도 관리하는 '펫피트' 디바이스가 SKT를 통해 출시되었다. 〈그림 4-16〉의 우측과 같이 본체는 15mm×40mm 정도의 크기이

55) http://biz.chosun.com/site/data/html_dir/2015/08/21/2015082102707.html

며, 무게도 6.7그램에 불과하다. 2시간 충전에 10일 정도 사용이 가능하다고 하며, 스마트폰과 블루투스로 통신을 한다. 스마트폰의 앱을 통해 애완견의 생일과 몸무게 등의 정보를 입력하고, 디바이스를 애완견의 목에 걸어주면, 애완견의 움직임에 따라 애완견의 일일 권장 운동량, 권장 몸무게, 권장 소모칼로리, 비만여부 등을 자동으로 체크해서 알려주는 디바이스이다.[56]

▼ 그림 4-16 비만관리용 삼성웰트와 애완견 비만관리용 팻피트

비만에 대한 관심이 높아지면서 체중계에도 큰 변화가 일어나고 있다. 예전에는 단순히 체중계 위에 올라서서 체중을 재는 용도만이 있었는데, 최근 사물인터넷의 물결에 따라 내가 측정한 체중 측정 결과를 블루투스나 NFC와 같은 무선통신을 통해 스마트폰으로 데이터를 공유하고 관리하는 기능뿐만 아니라, 식습관까지 관리해 주는 똑똑한 앱도 출시되고 있다. 또한 체중을 재면서 동시에 BIA까지 측정해 주는 기기도 등장하고 있다. 대표적인 제품이 〈그림 4-17〉 좌측 그림의 중국 샤오미의 스마트 체중계이다. 5kg~150kg까지 측정할 수 있으며 정밀 압력센서 탑재로 50그램의 정확도로 측정하며, 최대 15개의 데이터를 저장하고, 성인과 유아를 구분하여 BMI까지 측정해 준다.[57] 스마트폰과 블루투스로 연동되며 헬스 매니저인 샤오미 스포츠앱까지 제공한다. 국내의 벤처기업인 맥스케어디자인랩스에서 〈그림 4-17〉 우측 그림과 같이 세계 최초로 10그램까지 측정할 수 있는 초정밀의 디지털 체중계를 개발했는데, 이 체중계는 측정결과를 스마트폰과 NFC 무선통신을 통해 데이터가 공유된다. 또한 자체 개발한 비만 관리앱과 연동하여 매일 체중 감량 목표를 설정하고, 이를 달성하기 위한 균형에 맞는 칼로리 섭취량도 제시해 준다.[58]

56) http://www.wepetfit.com/en/

57) http://www.etnews.com/20150401000200

58) http://www.maxcare24.com/skin/page/dswc_intro.html

▼ 그림 4-17 샤오미의 스마트 체중계와 맥스케어의 그램바이그램 체중계

신체의 체질량과 체중을 재는 것만으로는 완벽한 비만관리를 할 수 없다. 거기에는 반드시 운동이 병행되어야 한다. 하루에 얼마나 많이 걸었는지 또는 얼마나 뛰어 다녔는지 등을 구분해서 관리를 해 주는 스마트한 디바이스들도 소개되고 있다. 이 분야에 선구자적인 제품은 핏빗(Fitbit)이다. 핏빗은 걸음수, 하루 소모 칼로리, 수면 패턴, 오르내린 계단수 등 하루의 활동량을 데이터화해 보여주는 대표적인 웨어러블 기기다. 손목시계 형태와 클립형태의 제품으로 나와 있다. 걸음수는 3축 가속도센서 등의 모션기능 센서로 측정을 하고, 기압센서로 오르내린 계단수를 측정해준다. 이러한 결과는 스마트폰과 연동하여 스마트폰에서 데이터를 관리할 수 있다. 배터리 수명이 4~5일 정도로 긴 편이며, 완전 충전하는데 1~2시간이면 충분하다. 미국에서는 나이키 퓨얼밴드, 조본 등을 제치고 활동량 측정 웨어러블 시장 1위를 달리고 있다.[59] 애플에서 핏빗이 가지고 있는 운동기능에 다양한 추가 기능을 더하여 〈그림 4-18〉과 같은 '애플워치(Apple Watch)'를 출시하였다. 이 제품은 출시 초기에 예약 주문은 6시간 만에 품절이 되었고, 미국에서만 하루만에 1백만 대가 팔릴 정도로 큰 인기를 끌 정도로 시장에 큰 반향을 일으켰다. 이렇게 사람들이 열광한 가장 큰 이유는 다른 스마트워치에서는 찾아볼 수 없는 차별화된 여러 가지 기능들이 탑재되어 있었기 때문이다. 애플워치는 운동기능 이외에도 시계뒷면의 4개의 센서로 수시로 심박수를 측정하며, 이 결과는 아이폰과 아이클라우드에 저장되어 관리된다. 애플워치는 녹색광의 LED를 이용한 광혈류 측정기(Photoplethysmography, PPG)라는 방식을 사용한다. 혈관 속의 적혈구는 녹색광을 흡수하는 경향이 있는데, 이를 통해 혈류량을 측정할 수 있으며, 녹색광의 흡수량을 통해 심장 박동수를 측정할 수 있다. 운동을 하면 애플워치는 초당 수백번 사용자의 손목에 LED 녹색광을 비추며, 광다이오드로 녹색광의 흡수량을 측정한다. 적혈구가 녹색광을 흡수한다는 것은, 다른 말로 적색광을 반사한다는 의미와 같다. 그리고 운동하지 않을 때는 배터리 절전을 위해 애플워치는 다른 방식으로 동작하

59) https://www.fitbit.com/kr/charge

는데, 10분마다 애플워치의 적외선 LED 조명으로 심박수를 측정한다. 이 방식은 갤럭시 스마트폰에 장착된 심박수 측정원리와 동일하다. 따라서 정확한 심박수를 측정하기 위해서는 빛이 지나가는 부분에 문신이나 털이 없어야 하며, 측정하는 동안에는 고정되어 있어야만 비교적 정확하게 측정할 수 있다.

▼ 그림 4-18 애플의 애플워치

삼성전자에서도 애플의 애플워치와 유사한 기능의 기어핏과 기어2를 출시하였다 (그림 4-19 참고). 기어핏은 2014 MWC에서 최고의 모바일 제품으로 선정된 제품이다. 그 당시 기어핏이 최고의 모바일 제품으로 선정된 것은 그 자체로도 가치 있지만 무엇보다도 그 당시까지 나온 웨어러블 제품 중 특별한 점이 있었기 때문이다. 방수방진 기능, 애플과 동일한 방식인 PPG 심박수 측정 기능, 만보계로 칼로리 계산을 하는 등의 헬스케어 기능 이외에도 이메일이나 문자 메시지, 부재중 전화 알림, 모바일 메신저 알림, 날씨정보 및 시간확인 등의 기능은 다른 밴드형 기기에서는 쉽게 찾아보기 힘든 기능이었다. 또한 기어핏은 SDK가 공개되어 있어 다양한 써드파티 어플리케이션 개발이 가능하다. SDK 오픈의 장점은 기어핏을 단순 헬스케어 기기에 머물게 하지 않고 다양한 게임이나 커뮤니케이션 기기로 활용할 수 있다는 강점이 있다. 기기 안쪽면에는 심박측정 센서가 탑재되어 있으며, 팔목에 차고 있는 것만으로 심박수를 측정해 준다. 피트니스 코칭 기능을 통해 적절한 운동량을 알려준다. 가령 심박수가 너무 높으면 좀 천천히 운동하라고 알려준다.

▼ 그림 4-19 삼성전자의 기어2와 기어핏

이와 같이 심박수를 측정하기 위해 웨어러블 디바이스에 장착되어 있는 광혈류 측정계는 그리스어로 빛을 뜻하는 photo와 증가함을 뜻하는 plethymos, 그리고 기록한다는 뜻의 graphos가 결합된 것으로서, 빛을 이용하여 어떤 물체의 부피의 변화를 기록하는 기계를 말한다. 광을 이용한 방식에 대한 개념은 1937년경부터 도입이 되었으며, 맥박수, 말단부 동맥압 평가, 산소 포화도 측정, 피부이식후의 미세혈류순환, 약물섭취, 화상, 혈관이식 등의 혈류평가에 사용되어 왔다. 빛이 물체를 투과하면 흡수도와 두께의 지수함수 형태로 감소된다는 비어-람버트(Beer-Lambert) 법칙으로 설명된다. 즉, 투과광의 변화를 측정하면 곧 빛이 통과한 길이의 변화를 알 수 있다는 것이다. PPG는 물질의 흡수도를 알지 못하는 경우에도 투과광의 변화는 곧 부피의 변화에 비례하는 신호가 된다. 이를 이용하면 간단하게는 심박의 상태를 파악할 수 있고, 펄스산소 포화도 측정기와 같이 여러 파장의 빛을 사용하면 변화한 부피 내에 존재하는 헤모글로빈이나 산화헤모글로빈과 같은 여러 가지 성분의 조성을 알 수 있다. 이 방법은 특히 비침습적이며, 일반적인 경우에는 아무런 조정 작업 없이 정확한 측정이 가능하기 때문에 널리 편리하게 사용되고 있다. 심장의 수축과 이완 주기에 따라 조직 내에 분포하는 세동맥과 모세혈관 내 혈액의 용적이 미세하게 변하게 된다. 〈그림 3-29〉의 갤럭시와 같이 PPG를 이용하여 광센서인 포토다이오드를 부착하고 조직을 통해 투과되는 빛의 감쇄 정도를 감지하게 되면, 혈액 내의 빛의 흡광도의 차이에 따른 신호를 얻을 수 있다. PPG를 통해 얻게 되는 신호는 크게 직류신호와 교류신호로 나눌 수 있다. 직류신호는 비박동성의 혈액의 용적 및 혈관을 둘러싸고 있는 조직에서 얻어지는 신호이며 상대적으로 천천히 변하는 신호를 의미한다. 반면 교류신호는 심장의 수축에 의해 유발되는 혈액의 박동에 의해 발생되는 신호이다. 광원에 사용되는 빛은 569nm인 녹색, 805nm의 빨간색, 975nm의 근적외선을 주로 시용한다. 비교적 간단하게 측정 시스템을 구성할 수 있는 장점은 있지만, 웨어러블 디바이스인 경우에는 사람의 움직임에 따른 잡음에 노출되어 있어 신호의 왜곡이 발생하게 되는데, 이런 잡음을 동작음이라 한다. 따라서 신호처리시에 이러한 동잡음을 제거해야만 정확한 결과를 얻을 수 있다. 동잡음을 제거하기 위한 다양한 방법들이 시도되고 있다.

라 헬스케어용 스마트 디바이스

스마트폰에 부가적인 장치를 이용해서 신체의 건강 정보를 측정할 수 있는 기발한 디바이스들이 많이 나오고 있다. 그러나 이런 기기들은 스마트폰에 반드시 부착을 해야 하는 제약사항이 있는 반면, 웨어러블 디바이스는 스마트폰과 통신 기능만 구현하면 되므로 스마트폰에 크게 종속되지 않고 다양한 디자인의 디바이스를 제작할 수 있다. 웨어러블 디바이스가 가장 많이 사용되는 응용분야는 피트니스(Fitness)이다. 여기에는 가장 단순한 가속도센서, 자이로스코프센서 등을 사용해서 웨어러블 디바이스를 몸에 지닌채 얼마나 움직였는지를 숫자로 표현해 준다. 이러한 피트니스용 디바이스는 헬스케어 측면에서 보면 예방적인 기능이 강하다. 여기에 체온, 혈액, 혈압, 심전도 등의 다양한 신체 정보를 획득하게 되면 웰니스(Wellness), 헬스케어(Healthcare) 분야로 확대된다. 웰니스까지는 의료기기 승인을 받지 않아도 되지만, 헬스케어 분야로 확대되면 의료기기 승인을 반드시 받아야 한다. 이러한 구분은 〈그림 4-20〉과 같다.

▼ 그림 4-20 피트니스, 웰니스, 헬스케어 구분 (출처: Mtreecare 세미나 자료)

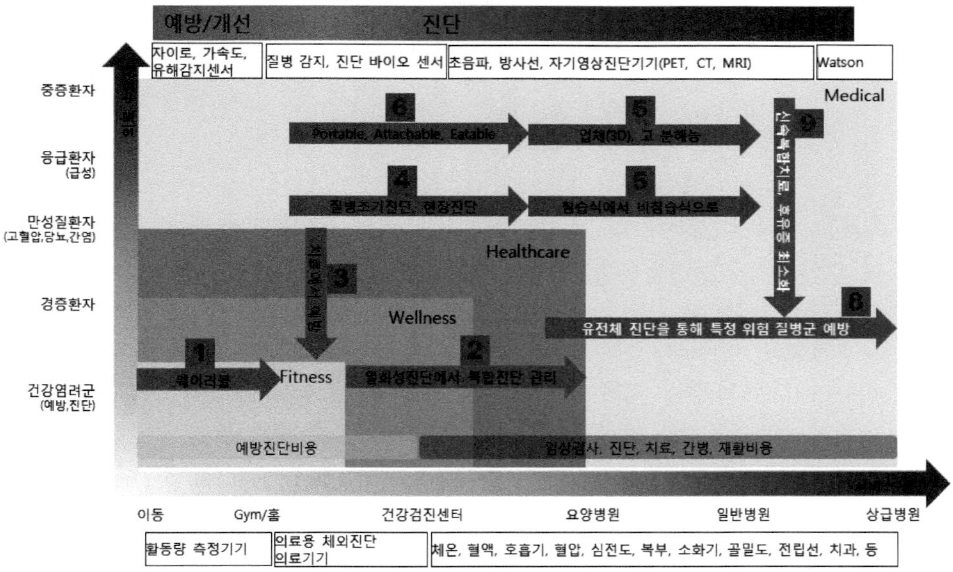

신체 정보 중에서 가장 기본은 체온이다. 스마트폰으로 손쉽게 체온을 측정하고, 전용앱으로 컨디션을 관리할 수 있는 스마트온도계가 출시되었다. 〈그림 4-21〉과 같이 Y자형의 독특한 모양의 '위쉬본(Wishbone)' 온도계인데, 이 온도계는 스마트폰에 장착하여 체온과 기온을 측정할 수 있으며, 전용 앱에 기록을 남김으로써 컨디션 관리에 활용할 수 있다. 위쉬본은 스마트폰의 이어폰 잭에 장착하여 사용한다. Y자에서 한 축은 온도 측정에 사용되는 부분이며, Y자의 다른 축에는 배터리가 내장되어 있다. 온도를 측정하고 싶은 곳으로부터 3~5cm 거리를 두고 위쉬본의 온도센서를 측정하고자 하는 곳으로 향하게 한 뒤 스마트폰의 버튼을 누르면 수 초만에 온도를 비접촉식으로 측정할 수 있다. 독특한 디자인의 위쉬본의

포인트는 온도 센서 부분의 기울기가 45도로 설정돼 있다는 것이다. 이에 따라 아기의 체온을 측정하는 동안 화면을 보기 쉬우며, 자신을 향해 온도를 측정할 때에도 화면을 보면서 작업을 할 수 있다는 장점이 있다. 이와 같은 위쉬본은 물체에서 나오는 적외선을 측정하여 온도를 감지하는 센서이며, 인체에 영향을 줄 수 있는 전자기파가 전혀 방출되지 않으며, 온도는 0도에서 100도 사이를 0.1도 단위로 측정이 가능하다. 정밀도는 ±0.2도이며, 배터리의 수명은 약 1년, 가격은 US$49.99이다.[60]

▼ 그림 4-21 온도 측정용 스마트 디바이스

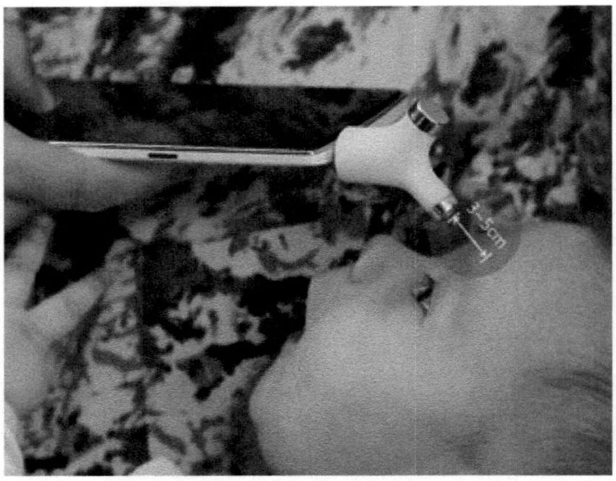

위쉬본과 유사한 형태의 온도센서도 출시되었는데, 덴마크의 로보캣(Robocat)이라는 스타트업에서 〈그림 4-22〉과 같은 써모도(Thermodo)라는 온도센서를 출시하였다. 써모도는 4극 이어폰 단자를 이용하며 전용 앱을 통해 온도를 측정하고 기록하고 관리한다. 무게는 7그램 정도로 매우 가벼우며 외관은 알루미늄 재질로 만들어져 있다. 센서 동작온도는 −40℃부터 125℃이며, 온도 측정 범위는 −20℃부터 50℃, 정밀도는 ±0.2℃이다. 아이폰 뿐만 아니라 여러 안드로이드 기기에도 동작하며 상당히 정밀한 온도센서를 이용하기 때문에 오히려 이어폰 단자로 연결되어 있는 스마트폰의 발열이 온도 측정에 주는 영향을 고민해야 할 정도이다. 이와 같은 스마트폰의 발열 효과를 없애기 위해 별도의 연장 케이블도 제공하고 있다. 두 가지 모델로 출시되었으며, 일반형인 Black은 $29.99, 고급모델인 Premium은 US$44.99이다. 써모도는 소프트웨어 개발자 키트를 제공하여 여러 날씨 앱 등에서 써모도를 이용할 수 있는 여지를 가지고 있으며, 온도 앱에 이를 적용하여 지역의 기온을 실시간 제공할 수 있는 길을 열어두었다.[61]

60) http://wordlesstech.com/wishbone-smallest-non-contact-smart-thermometer/

61) Thermodo 공식 홈페이지, http://thermodo.com/

▼ 그림 4-22 스마트폰용 써모도(Thermodo) 온도센서

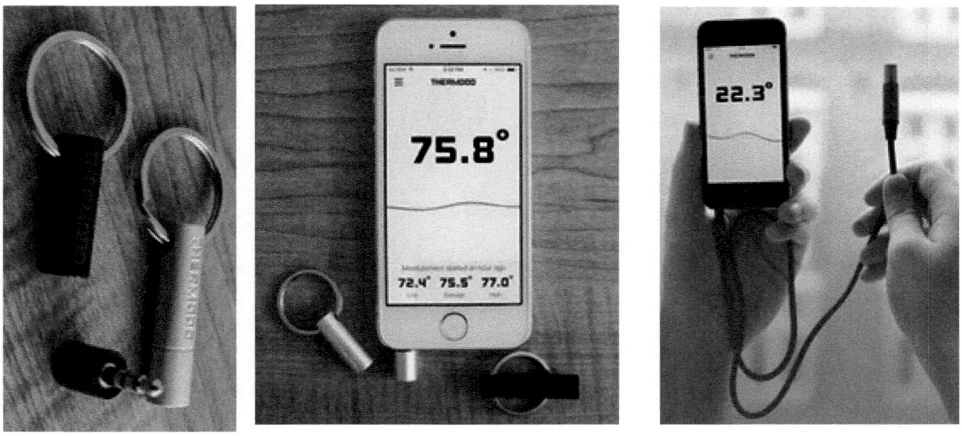

위쉬본과 써모도에 비해 가격은 훨씬 비싸지만, 적외선 영상을 이용해서 온도를 실시간으로 측정할 수 있는 진보된 제품이 출시되었는데, 이것은 2015년 미국의 FLIR사의 적외선 영상 센서 디바이스인 'FLIR One'이다. 가시광의 영상을 획득하는 것과 유사한 적외선 영상을 실시간으로 획득하여 온도 분포를 보여주는 이미지 센서이다. 적외선 이미지 센서는 온도센서 중에서 비접촉식 열형센서인 볼로미터를 2차원 어레이 픽셀로 제작되었다. 〈그림 4-23〉과 같이 가시광 영상을 촬영하는 CMOS카메라와 적외선 영상을 촬영하는 적외선카메라 두 개를 사용하며, 적외선카메라는 160×120의 화소를 지원한다. 이 카메라 모듈은 마이크로USB 포트를 이용해서 스마트폰과 연결하여 사용하도록 되어 있다. 적외선카메라로 획득한 적외선 영상과 CMOS카메라가 획득한 가시광 영상을 합쳐서 보다 뚜렷한 합성영상을 제공해 주며, 측정 가능한 온도 범위는 −20℃에서 120℃, 분해능은 0.1℃이다. 이 카메라 모듈의 크기는 (L)72mm×(W)26mm×(H)18mm이며, 무게는 78그램에 불과하다. 전원은 자체 내장하고 있는 배터리를 사용하며 배터리 용량은 350mAh이다. 안드로이드 폰과 아이폰 모두를 지원하며, 가격은 $249.99로 판매되고 있다.[62] 현재는 스마트폰에 연결되는 부속품으로 제공되고 있지만, 조만간 적외선카메라가 스마트폰 내부에 장착될 수 있는 모듈로 생산이 될 것으로 예상한다. 적외선은 모든 물체가 가지고 있는 고유의 온도에서 나오는 특성이기 때문에 적외선 영상으로부터 물체의 온도를 측정할 수 있으며, 또한 깜깜한 밤에 가시광으로는 볼 수 없는 상황에서도 적외선카메라로는 적외선 영상을 통해 볼 수 있다. 적외선은 가시광으로 볼 수 없는 다양한 응용 분야에 적용이 가능하며 오래전부터 군사용에서 사용된 첨단 기술이다. 최근에는 한방에서 적외선카메라를 이용한 체열 영

62) FLIR사 홈페이지, http://www.flirkorea.com/flirone/content/?id=62914

상으로부터 신체의 약한 부위를 시각적으로 확인하는 용도 등 의료용으로도 사용이 점점 확대되고 있다. 따라서 가까운 미래에는 스마트폰에 적외선카메라 모듈이 기본으로 탑재되리라 예상한다.

▼ 그림 4-23 FLIR사의 스마트폰용 적외선 카메라 모듈인 FLIR One

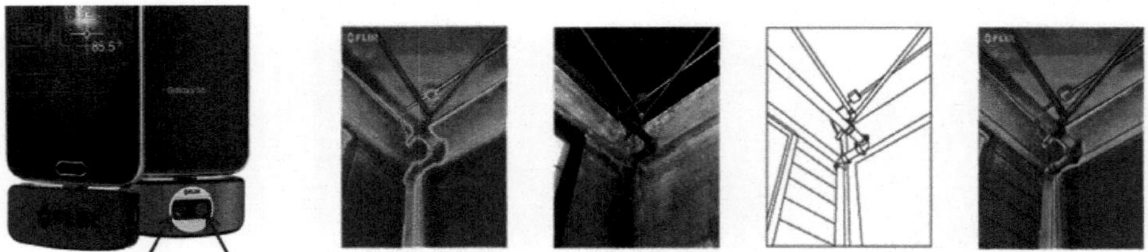

패치타입으로 아기들의 체온을 실시간으로 24시간 모니터링이 가능한 디바이스가 출시되었다. 미국의 템프트락(TempTraq)이라는 곳에서 블루투스로 스마트폰과 연동이 가능한 일회용 패치형태의 디바이스이다(그림 4-24 참고). 30℃에서 43℃ 사이의 온도를 측정하며, 패치형 온도센서는 방수가 되며, 유연하여 신체의 어떠한 구조에도 접착이 가능하다. 비교적 정확한 온도 측정을 위해 겨드랑이 바로 밑 부분의 위치에 피부 표면을 깨끗이 닦은 후 접착을 하면 24시간 자동적으로 모니터링이 된다. 다른 온도센서는 주기적으로 보호자가 어린이 또는 아기의 온도를 측정해야만 하지만, 이 제품은 그럴 필요없이 붙이기만 하면 24시간 자동으로 모니터링 해 주는 것이 특징이다. 또한 만약 갑자기 열이 오르거나 하면 스마트폰을 통해 알람을 울려 경고해 줄 수 있다.[63]

▼ 그림 4-24 템프트락의 체온 모니터링 패치형 디바이스

63) 템프트락 홈페이지, https://www.temptraq.com/

지난 2012년 한 해에만 전세계에서 무려 170만명 이상의 여성들이 유방암 진단을 받았다. 이는 매일 4,600명 이상의 여성들이 유방암 진단을 받았다는 것이며, 이 중에서 연간 무려 40만명이 유방암으로 사망한다. 대부분의 암이 그렇듯이 유방암도 조기에 발견해서 치료하는 것이 가장 중요하다. 조기에 발견하기만 하면 환자가 죽는 일은 거의 발생하지 않기 때문이다. 서양 여성들이 유방암에 걸릴 확률은 무려 12%라고 한다. 8명 중 1명 꼴로 발병되는 셈이다. 그런데 문제는 유방암 초기 9년 동안 의사들의 진단 실패율이 무려 43.1%에 달한다는 점이다. 유방에 생긴 종양은 12년 동안 약 4cm 정도로 성장한다. 그런데 11년 동안에 1cm 정도밖에 성장하지 않고, 특히 10년 동안에는 불과 0.1cm 밖에 성장하지 않아 이를 발견해 내기란 현실적으로 매우 어렵다. 현재 유방암을 조기에 발견해 내는 가장 좋은 장비는 바로 MRI와 맘모그래피(Mammography)다. 그러나 맘모그래피는 10년 정도 자란 종양을 판별할 수 있고, MRI도 7~9년 정도 자란 종양을 판별할 수 있는 수준이다. 그렇다면 이 보다 더 작은 종양을 조기에 발견할 수는 없는 걸까? 지금까지의 기술과 장비로는 불가능했지만, 가까운 미래에는 누구나 손쉽게 유방암을 조기에 발견할 수 있을 것으로 보인다. 최근 미국에 있는 'First Warning Systems'는 유방암을 조기에 발견할 수 있게 해주는 최첨단 브래지어인 'BSE BRA'를 개발했다. 일반 스포츠 브래지어처럼 생긴 이 브라는 내부에 장착된 각종 센서와 알고리즘을 통해 유방암을 조기에 발견할 수 있게 해 준다. 놀라운 점은 바로 모세혈관에 생긴 매우 작은 크기의 종양을 탐지할 수 있다는 점이다. 'BSE BRA'는 유방암이 시작하는 3년차 정도의 매우 작은 크기의 종양 세포까지 찾아준다. 이 브라가 이처럼 놀라운 기능을 수행할 수 있는 이유는 바로 모세혈관이 성장할 때 세포에서 발생하는 미묘한 온도 변화를 감지할 수 있는 센서가 장착되어 있기 때문이다. 종양 세포는 정상 세포보다 세포 주위의 온도 변화가 상대적으로 낮다. 'BSE BRA'는 이러한 비정상적인 온도 변화의 패턴을 감지하여 유방암을 진단한다. 분석된 결과는 PC나 모바일 기기를 통해 확인할 수 있다. 'First Warning Systems'가 20여년의 오랜 기간 동안 심혈을 기울여 개발한 이 브라는 이미 650여명의 예비 환자 대상의 임상 실험에서 92.1%의 유방암 진단율을 기록한 바 있다. 마모그래피의 진단율이 70% 정도인 것을 감안할 때, 이 브라의 진단율은 매우 높은 편이다. 2016년에 소비자들에게 판매될 예정이라고 한다.[64)]

많은 사람들에게 내시경 검사는 공포의 대상이다. 카메라가 내장된 내시경을 입속을 통해 들어갈 때, 그리고 장기를 헤집고 다닐 때 많은 사람들이 고통을 호소한다. 이러한 고통을 피하기 위해 수면 내시경을 선택하기도 하지만, 전신 또는 부분

64) http://bizion.mk.co.kr/bbs/board.php?bo_table=tech&wr_id=142

마취는 잠에서 영원히 깨어나지 못할지 모른다는 공포감을 가진다. 그리고 내시경이 끝난 후 그 후유증으로 최소 반나절 정도 마취 상태에 있어야 하는 등 시간적인 손실도 크다. 이러한 문제점을 해소하기 위해 세계 각국에서 캡슐형 내시경을 개발하고 있다. 2002년 이스라엘의 기븐 이미징(Given Imaging)사에서 M2A라는 캡슐 내시경을 세계 최초로 개발하고 FDA 승인을 받으면서 비약적인 발전을 거듭하고 있다. 캡슐 내시경 검사는 비침습적 검사방법으로 검사 중 환자에게 고통을 가하지 않으며 전체 소장을 관찰할 수 있는 장점이 있다. 그러나 진단적 정확도가 떨어지고, 병변이 발견된 즉시 조직 검사나 치료적 시술을 시행할 수 없는 단점도 있다. 국내에도 한국과학기술연구원(KIST) 지능형마이크로시스템개발사업단(단장 김태송)에서 정부로부터 R&D 비용을 지원받아 2007년에 개발을 성공적으로 마무리하였으며, 이 캡슐형 내시경의 이름을 '미로(MIRO, Micro Robot)'라고 명명했다. 미로는 크기가 지름 11mm, 길이 23mm 크기의 타원형 '초소형 비디오 캡슐'이다. 위와 소장 등 소화기관에 8~11시간 동안 머물면서 10만 화소급의 영상(가로 320픽셀×세로 320픽셀)을 1초당 1.4~2.8장 촬영한 다름 몸 밖에 있는 수신기로 전송한다. 외부 수신 장치는 사람의 허리에 부착할 수 있으며, 담뱃갑만한 크기다. 미로는 음식물이 소화하는 속도로 장기들을 속속들이 탐험한 뒤 임무가 끝나면 대변과 함께 배출된다. 따라서 내시경 검사를 하는 사람은 미로를 먹은 뒤 평소와 다름없이 잠을 자거나 일상 업무를 본 다음 병원에 수신 장치를 제출하면 된다.

개발팀이 가장 중점을 둔 기술은 저전력 소모 배터리 기술이다. 미로에는 가로 3mm, 직경 10mm 크기의 배터리 2개가 탑재돼 있다. 미로가 비록 초소형 캡슐이고, 스스로 움직일 수는 없지만, 몸 안에 있는 8~11시간 동안 엄청나게 많은 일을 한다. 가령 미로가 몸 안에 있는 동안 찍어서 외부로 전송하는 사진은 5만~8만장에 달한다. 10시간 동안 영상정보를 전송할 경우 정보량은 59기가바이트나 된다. 또 사람 몸 안에서 활동해야 하기 때문에 안전하고, 10시간 이상 작동해야 하고, 크기도 작아야 한다. 이 때문에 개발팀은 미로의 배터리에 산화은(AgO)을 주재료로 사용했다. 일반 배터리에 많이 쓰는 리튬이나 니켈은 인체에 해로울 뿐만 아니라 장시간 전력을 공급하기 어렵기 때문이다. 미로가 찍은 사진을 외부로 전송하는 데 쓰인 무선통신기술 개발도 쉽지 않았다. 인간의 몸에 흐르는 미세한 전류를 이용해 사람의 몸에 착용한 수신 장치에 정보를 전달하는 기술을 개발하여 특허로 출원했다. 이 기술은 이후 보완 과정을 거쳐 국내의 바이오기업인 인트로메딕이라는 업체에서 2010년 〈그림 4-25〉와 같은 제품의 상용화에 성공하였다. 미로가 개발될 당시에 양산에 성공한 업체는 이스라엘의 기븐 이미징과 일본의 올리푸스 등 전세계적으로 4개사에 불과할 정도로 기술적 난이도와 진입장벽이 높은 분야라 할 수 있다. 미로는 기븐 이미징사가 개발한 캡슐형 내시경 '필캠'보다 우수한 성능과 가격 경쟁력을 갖추고 있다. 다만 필캠이 시장의 선점 효과에 의해 세계 시장 점유율은 매우 높은 편이다.[65)]

▼ 그림 4-25 캡슐형 내시경 미로

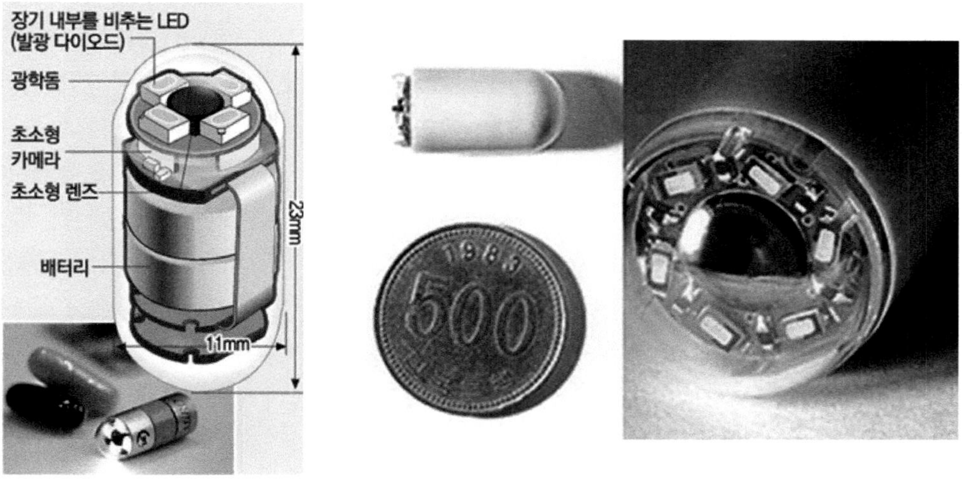

현재 출시되고 있는 대부분의 캡슐 내시경 시스템은 크게 캡슐, 수신장치, 진단장치 등의 3개 부분으로 구분할 수 있다. 일반적으로 캡슐은 삼키기 쉬운 11mm×26mm 이하의 크기로 작은 알약 모양의 형태로 되어 있으며, LED를 포함한 광학계, 초소형 카메라, 배터리, 통신장치 등을 포함하고 있다. 캡슐의 소재는 소화관 내에서 부식되지 않으며 인체에 무해한 재질로 만든다. 캡슐의 렌즈는 가능한 넓은 시야각(Field of View, FOV)을 가지며 최소 140도 이상으로 구현되고 있다. 수신 장치는 소화기관내 촬영한 정지영상을 캡슐로부터 수신하여 저장하는 통신장치이다. 일반적으로 심전도에서 정확한 측정을 위해 다수의 패치를 붙이고 검사를 수행하듯이 수신 장치와 연결된 여러 개(보통 8개)의 패치를 복부에 붙이고 그 중 우수한 감도의 신호를 받아 복조 후 데이터를 저장한다. 저장데이터의 용량은 정지영상의 촬영속도와 화질에 따라 달라지며 최대 수십 기가바이트에 달한다. 환자는 수신 장치를 몸에 휴대하고 일상생활이 가능하며, 캡슐과 마찬가지로 8시간 이상 데이터를 수신해야 하므로 배터리 소모가 적은 저전력, 경량화된 수신 장치가 필요하다. 환자가 진단을 마치게 되면 수신 장치를 병원에 제출하게 되고, 수신 장치에 저장된 영상 데이터는 병원내의 진단장치로 복사된다. 의사는 진단을 위해 특별히 프로그램된 진단 소프트웨어를 통해 병변이 있는지를 판독한다. 판독시간 단축을 위해 병변이 의심되는 지점을 자동으로 알리는 기술이 개발되고 있으며,

65) http://www.chosun.com/economy/news/200611/200611010603.html

아울러 병변이 어느 지점에서 발생했는지 보다 정밀하게 알 수 있는 기술도 개발되고 있다. 최근에는 수신장치가 PC 및 스마트폰과 무선으로 연동되어 실시간 모니터링도 가능한 기술이 개발되고 있다. 현재까지 개발된 캡슐형 내시경의 성능비교는 〈표 4-2〉와 같다. 캡슐 내시경이 최초 개발된 이래 영상 데이터 전송을 위한 무선 통신은 주로 402~405MHz 대역의 RF 무선통신방식을 사용한다. 국내의 인트로메딕에서 사용하는 방식은 HBC(Human Body Communication) 방식 또는 인체통신방식이라고 불리는 기술을 사용하고 있다. 인체도 하나의 도전체임을 이용하여 캡슐에서 획득한 영상 디지털 정보를 미세 전압/전류 신호로 획득한 뒤 인체를 채널로 전송하면 몸에 부착한 패치가 전계 신호를 감지하여 검출한 뒤 복조하는 기술이다. 이와 같은 HBC 기술을 캡슐 내시경에 적용하고 상용화한 것은 인트로메딕이 세계 최초이며, 이 회사는 이 부분에 대한 원천특허를 보유하고 있다.[66] 2012년 12월 기준으로 캡슐형 내시경 시장 분야에서 기븐 이미징사가 76%이상 점유하고 있으며, 일본 올림푸스가 14%, 나머지를 중국의 CIST와 인트로메딕이 각각 5% 정도 점유하고 있다.[67]

▼ 표 4-2 세계 캡슐 내시경 제품 성능 비교

항 목	기븐이미징 (이스라엘)	올림푸스 (일본)	CIST (중국)	인트로메딕 (한국)
모델명	SB/SB2	EndoCapsule	OMOM	MicroCam
크기(D×L)(mm)	11×26	11×26	13×27.9	11×24
무게(그램)	3.45	3.8	6	3.4
해상도	256×256	N/A	320×240, 640×480	320×320
프레임촬영속도	2fps	2fps	2 fps	3 fps
동작 시간	8시간	8시간	8시간	11시간
시약각(FOV)	140°/156°	145°	140°	150°
통신 기술	RF	RF	RF	HBC
실시간 영상조회	No/Yse	Yes	Yes	Yes

산부인과에 가지 않고도 간편하게 스마트폰으로도 뱃속에 있는 태아의 모습을 초음파로 확인할 수 있는 디바이스가 등장했다. 소리를 발생하는 진동체를 음원이라고 하며, 음원에서 발생하는 소리 에너지는 일정한 주파수를 가지는 파동의 형

66) 김기윤, 원경훈, 최형진, “캡슐 내시경의 기술적 특징과 동향”, 한국통신학회논문지, Vol.37C, No.04 (2012)

67) KHIDI, “캡슐내시경 국내외 시장분석”, 의료기기산업지원실, 한국보건산업진흥원, 2014년 8월 30일

태로 전달된다. 사람이 들을 수 있는 소리의 주파수(가청 주파수)는 20~20,000Hz이다. 이러한 가청 주파수 범위 이상의 높은 주파수를 가지는 음파를 초음파라고 한다. 인체에 사용되는 초음파의 주파수 영역은 1~30MHz이며, 초음파 영상이란 음향 저항의 차이가 있는 조직에서 펄스를 인체 내로 투과시켜 반사되는 신호를 컴퓨터로 증폭, 변환하여 영상으로 나타내는 기술이다. 초음파는 음파이기 때문에 빛과는 달리 전파되기 위해서 매개체가 필요하며 매개체의 특성에 따라 전달 속도에 차이가 난다. 또한 같은 매개체 또는 매질 내에서는 항상 같은 전달 속도를 가진다. 인체 조직은 주 구성요소가 수분이기 때문에 초음파의 신체 내에서의 전달 속도는 물에서의 전달 속도인 1,540m/s와 유사한 값을 갖는다. 대부분 공기로 채워진 폐 조직에서 가장 낮은 음속을 나타내는 반면, 골 조직에서 4,080m/s로 가장 높은 음속을 보인다. 초음파를 발생시켜 송신하고 반사된 에코를 수신하는 장비를 탐촉자(probe 또는 transducer)라고 하며, 검사 부위와 목적에 따라서 모양과 크기가 다르다.

초음파는 정확하지만 합리적인 비용의 현장 진단은 치료의 효과를 높이고 의료비를 절감하는데 있어 매우 중요하다. 이때 초음파 영상은 생명을 구하는데 있어 안전하고 효율적인 수단이지만, 고가의 비용과 휴대가 불가하다는 점에서 세계 전체 인구의 약 70%는 초음파 진단을 받지 못하고 있다. 이에 미국 의료기기 벤처회사인 모비샌트(Mobisante)가 2011년에 선보인 모바일 의료기기인 모비US SP1(MobiUS SP1)는 비용을 낮추고 휴대성을 높인 초음파기기라는 점에서 주목을 받고 있다. 이 제품은 세계 최초 스마트폰 기반의 초음파 영상 시스템으로 직관적인 사용자 인터페이스를 채택, 사용법이 쉽고 아담한 규격으로 휴대가 간편하다. 또한 스캔한 영상은 휴대폰의 통신망을 통해 쉽고 안전하게 공유가 가능하고, 원격 진료시 다른 의사의 의견을 위해 사용될 수 있다. 오랜 심사를 거쳐 FDA는 모비샌트의 모비US가 태아 상태, 복부, 심장 등의 검사 분야에 활용할 수 있다고 승인하였다. 초음파 영상은 스마트폰의 USB 2.0 포트를 통해서만 통신을 하는 것이 단점이다. 그 당시 출시 가격이 US$7,495로 다소 비싼 편이지만, 이와 비슷한 제품인 GE의 브이스캔(Vscan)보다는 저렴하다. 브이스캔의 가격은 US$100,000에 달한다(그림 4-26 참고).[68] 최근 국내에도 가천대 길병원과 벤처기업인 힐세리온이 공동으로 무선 초음파 진단기 '소논(SONON)'을 개발해 임상에 적용하기 시작했다. 소논은 컴팩트한 크기와 가벼운 무게로 의료진들의 주머니에 쏙 들어가도록 제작됐다. 이 장비는 약 20cm의 길이와 390그램 정도의 무게에 인체공학적인 디자인으로 손에 쥐기에 편리해 의료진이 들고 다니기에 부담이 없으며, 1회 충전으로 3시간 정도 사용이 가능하다. 자체 인터넷 공유기 기능이 탑재되어 있어 PC모니터는 물론

68) http://www.zdnet.co.kr/news/news_view.asp?artice_id=20111012091754

스마트폰, 태블릿PC, 노트북에서도 직접 초음파 영상을 확인할 수 있다. 기존에도 무선 초음파 진단기가 있었지만 대부분 다국적 기업에서 개발해 국내에 수입된 제품이었다. 순수 국내 기술로 개발된 것은 이 제품이 처음이며, 2015년도에 국내 식품의약품안전처 인증, 미국의 FDA로부터 의료기기 인증과 유럽의 CE인증까지 획득했다. 소논은 동남아시아와 아프리카의 일부 의료환경이 열악한 국가에서 폭넓게 활용될 것으로 전망된다. 간편하고 편리한 사용, 휴대성, 상대적으로 저렴한 가격(800만원대)으로 의료취약 지역의 의료불균형 해소에 도움이 될 것으로 기대된다.

▼ 그림 4-26 모비샌트사의 모비US SP1 초음파 측정기

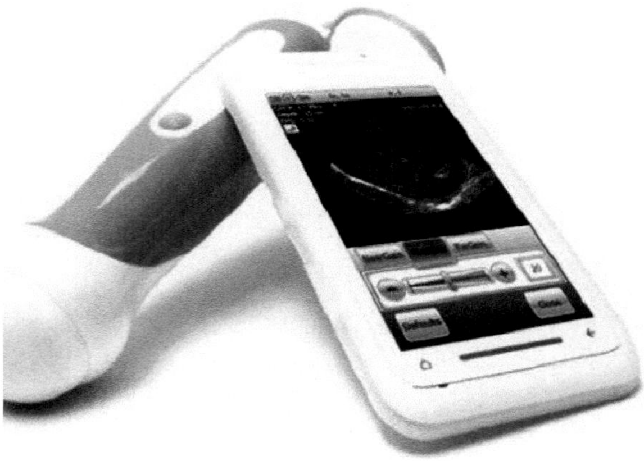

뜨거운 햇살이 내리쬐는 여름, 덥고 습한 날씨에 모공은 넓어지고, 피지 분비는 많아지면, 흐르는 땀으로 인해 피부 트러블이 생기기 쉽다. 또한 여름의 강한 자외선은 미용뿐만 아니라 피부 건강과 직결된다. 이러한 피부의 상태를 실시간으로 확인할 수 있는 스마트 디바이스가 출시되었다. 국내 스타트업인 웨이웨어러블에서 개발한 '웨이(Way)'라는 스킨케어 디바이스이다. 웨이는 피부 상태를 쉽고 빠르게 체크하고, 블루투스로 연결된 스마트폰으로 피부에 맞는 관리 팁까지 제공해 준다. 웨이에는 〈그림 4-27〉과 같이 총 3개의 센서가 탑재되어 있다. 일반적으로 널리 사용되고 있는 자외선 센서와 습도 센서, 그리고 웨이웨어러블에서 자체적으로 개발한 피부진단 센서이다. 이것은 인바디와 같은 제품에 탑재된 것과 유사한 센서인 BIA 센서이며, 생체전기를 이용하여 피부의 유분/수분을 측정한다. 피부에 전류를 흘려서 생체에 있는 임피던스를 측정하여 데이터를 추출한다. 그리고 이 데이터를 기반으로 현재 날씨와 습도 등 다양한 자료들을 참고하여 효율적인 피부 관리팁까지 제공해 준다. 피부진단 센서를 뺨에 3초간 살짝 대었다 떼면 사용자의 현재 피부 현황을 모바일 앱을 통해 보여준다. 분석 데이터는 크게 5가지이며, 이는 다시 일회성 진단요소와 상시 진단요소로 나뉜다. 일회성 진단요소는 색소, 주름

상태, 모공 크기로 센서를 통해 측정되지는 않는다. 다만, 모바일 앱에서 사용자 등급에 맞게 사용자가 설정을 할 수 있으며, 하루 아침에 모공이 커지거나 주름이 늘어날 일이 없으니 수시로 체크할 필요가 없다. 반면 상시 진단요소는 웨이의 센서로 수시로 체크해야 할 요인들의 데이터인데, 생활 패턴과 환경에 민감한 수분과 유분 수치는 장소에 따라, 그날 날씨에 따라, 그리고 신체의 컨디션에 따라 달라진다. 많은 시간과 비용이 드는 피부과를 찾기 전에 집에서 먼저 간편하게 피부 상태를 체크해 볼 수 있다. 게다가 웨이는 여성들이 휴대하기 좋은 작고 동그란 도넛 모양으로 디자인되어 있어 갖고 다니기에 편리하다. 최근 웨이웨어러블은 아모레퍼시픽으로부터 투자를 유치했다.

▼ 그림 4-27 웨이에 장착된 3종류의 센서

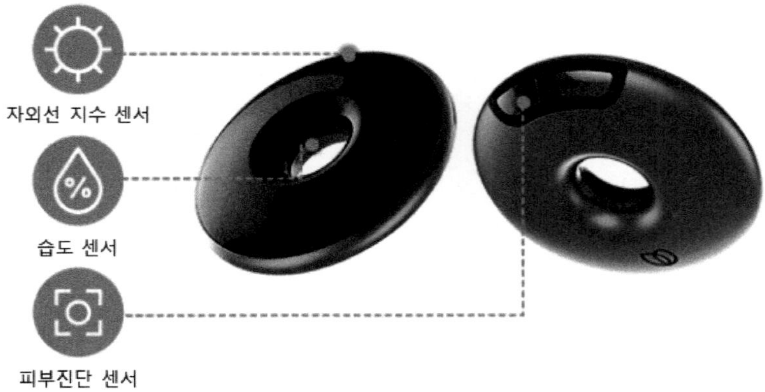

속옷 제조업체인 '좋은 사람들'이 사물인터넷 기업 핸디소프트와 함께 개발한 스마트 스포츠웨어는 입고 있기만 하면 내 건강 상태를 체크하는 속옷(기어비트S)을 CES2016에서 처음으로 선보였다. 사물인터넷 기술이 반영된 이 속옷(남성용은 내의, 여성용은 브래지어)은 내장된 센서가 심박수, 체온, 운동량 등 생체 데이터를 측정하고 개인 생체 데이터를 분석한다. 건강에 이상 징후가 포착되면 스마트폰으로 이를 알려주는 기능도 있다. 가령 심장박동이 정상 범위를 벗어나 110 이상이 되면 스마트폰의 앱을 통해 알려준다. 핸디소프트는 2010년부터 전자통신연구원(ETRI)가 개발한 개방형 IoT 플랫폼 기술을 이전받아 상용화했다. 매사에 노심초사하는 초보 부모들의 실수와 부담을 덜어줄 수 있는 하기스의 '트윗피'가 주목받고 있다(그림 4-28 참고). '트윗피'는 아기 기저귀에 습도센서를 부착해 젖은 정도를 모니터링하고, 기저귀 갈아야 할 때를 트위터 알림으로 부모에게 알려준다. 또 소변 주기와 양이 기저귀 센서와 연동된 앱에 저장돼 아기 건강 상태를 파악할 수 있다. 남은 기저귀 양도 계산해 주문까지 한 번에 해결할 수 있다.

▼ 그림 4-28 하기스의 ‘트윗피’

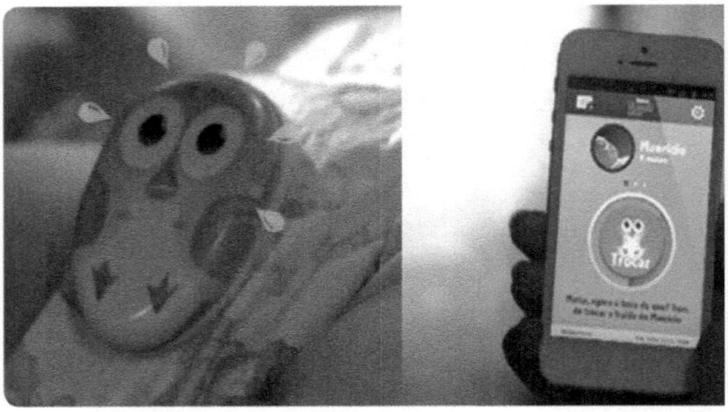

충분히 수면을 취했음에도 불구하고, 잠에서 깨면 피곤함과 어지러움이 몰려온다. 흔히 수면은 양보다 질이 중요하다고 한다. 얼마나 자느냐 보다 어떻게 자느냐가 수면의 질을 결정하기 때문이다. 수면시간이 길다고 해서 충분히 휴식을 했다고 보기는 어렵다. 수면을 직접적으로 관리해 주는 제품이 있다면 어떨까? 우리가 알게 모르게 수면시 받는 불필요한 자극을 제거해 준다면 보다 편안하게 잠자리에 들 수 있을 것이다. 글로벌 크라우드 펀딩 사이트 ‘인디고고’는 수면을 관리해주는 스마트한 침대 매트리스 커버 ‘루나(Luna)’를 소개했다. 사용법은 간단하다. 루나 매트리스 커버를 침대에 깔고 모바일 앱을 실행하면 설치가 완료된다. 루나는 스마트폰을 통해 침대의 온도를 조절해주며 수면의 흐름이 깨지지 않도록 도와주는 역할을 한다. 평균적으로 잠에 드는 시간을 체크해 주기 때문에 잠이 들기 전 따듯한 온도로 맞춰주는 자동 예열도 가능하다. 따듯한 침대 온도는 긴장돼 있는 몸을 이완시켜 주며 쉽게 잠에 들 수 있도록 도와준다. 숙면을 취할 수 있도록 편안하고

▼ 그림 4-29 스마트한 침대 매트리스 커버 루나

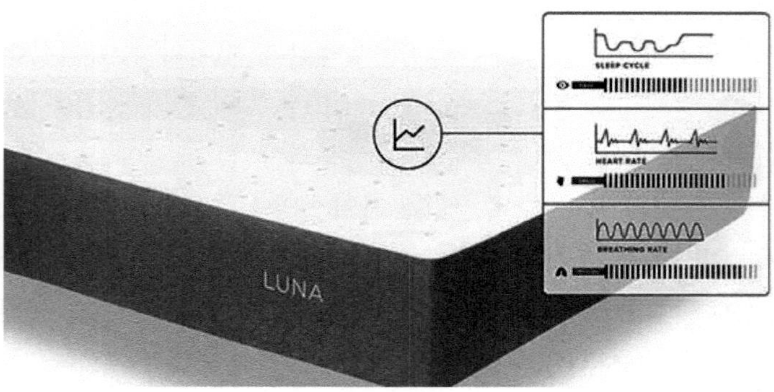

안락한 환경을 조성해준다는 점이 루나의 가장 큰 장점이다. 듀얼 존 기술도 상당히 혁신적이다. 더블 침대 양쪽을 각각 다른 온도로 선택할 수 있어 각자 원하는 온도와 위치에서 수면을 취할 수 있다. 수면시 얼굴의 방향과 수면 단계, 심박수 및 호흡수를 꼼꼼히 측정 해준다. 저장된 수면 정보를 통해 각 개인에게 적합한 운동방법, 음식 등을 제시해 주기도 한다.[69)]

마 스마트센서를 통한 동작인식기술

스마트 인터랙션은 사용자가 PC, 가전, 모바일 기기 등을 비롯해 웨어러블 기기 및 다양한 사물인터넷 기반의 기기와 편리하게 상호작용을 하기 위한 사용자 인터페이스 기술을 뜻한다. 센싱의 대상에 따라 크게 음성인식, 동작인식, 뇌파인식 등으로 구분할 수 있다. 동작인식은 사람의 손, 얼굴과 같은 신체 움직임을 인식해 기기를 조작하는 기술이다. 가속도, 빛, 음파 등 여러 물리적 요소를 활용한다. 동작인식 기반 사용자 인터페이스 기술은 크게 접촉식(장치를 이용해 획득한 데이터를 동작인식에 이용하는 방식)과 비접촉식(주로 카메라를 이용해 사용자의 동작 데이터를 획득하고 이용하는 방식)으로 구분할 수 있다. 두 기술 중에서 웨어러블 디바이스는 주로 접촉식 동작인식 기술을 이용하고 있다. 스마트폰 뿐만 아니라 웨어러블 디바이스에는 가속도센서, 자이로스코프센서, 지자기센서가 탑재되어 있다. 각각 x, y, z의 세 축 방향 정보를 가지며 이를 통합해 미세한 기기 회전을 감지하고 보다 정확한 기기 조작이 가능해진다. 9축 센서 등을 이용한 동작인식기술은 스마트폰에서부터 웨어러블 디바이스로 점차 대중화되고 있다. 웨어러블 디바이스는 스마트폰과 달리 넓은 터치스크린이 없다. 이 때문에 스마트안경과 스마트워치 등에는 사용자의 의도를 자연스럽게 파악하기 위해 동작인식기술이 적용되고 있다. 한 예로 스마트워치에는 대부분 배터리 소모를 줄일 수 있도록 동작인식 기술이 적용되고 있다. 사용자가 동작을 인식해 디스플레이를 켜고 끈다. 이와 같이 동작인식은 들고 움직이거나 몸에 착용하는 기기에 매우 적합하다. 스마트워치는 물론 게임기 등에서 사용자 경험을 확대시키고 있다. 이러한 동작인식 단말기술의 비교는 <표 4-3>과 같다.[70)]

---

69) 전자신문, 2015년 2월 4일, http://www.etnews.com/20150204000012

70) 한국콘텐츠진흥원, CT인사이트 심층리포트: 휴먼-디바이스 인터액션 기술, 2012년 12월호

▼ 표 4-3 휴먼-디바이스 인터액션 기술의 종류와 특징

종 류	설 명	장단점	사 례
접촉식	움직임을 감지할 수 있는 가속도센서, 자이로센서 등을 손으로 들고 조정하는 컨트롤러나 사용자의 신체에 직접 부착하고, 여기에서 얻은 데이터를 분석해 동작인식에 활용	• 접촉센서를 통해 정확한 데이터 획득이 가능 • 센서를 부착하거나 컨트롤러를 손에 든 사용자의 움직임이 부자연스러울 수 있음	• 체감형 게임 컨트롤러 (닌텐도 위) • 모션 캡쳐
비접촉식	접촉형 센서없이 동작하는 물체나 인체의 움직임을 카메라로 촬영하거나 원거리 센서로 탐지해 동작을 분석	• 사용자의 움직임이 자연스럽지만, 카메라의 촬영범위를 벗어날 수 없음 • 정확한 데이터 획득이 어려워 정교한 움직임을 인식하기 어려움	• 카메라 컨트롤러 • 카메라 촬영기반 동작인식

동작인식기술의 중요성이 부각되며 업체들은 각자 연구 개발부터 주요 기술을 보유한 업체 인수에 나서고 있다. 구글은 동작인식 전문기업 플러터(Flutter)를 인수했는데, 이 회사는 데스크탑이나 노트북 웹캠을 이용해 사용자 동작을 인식해 영화 재생 등이 가능한 기술을 보유하고 있다. 구글은 이 기술을 안드로이드 등 운영체계에 효과적으로 통합하기 위한 개발을 진행 중이다. 애플은 이스라엘 동작인식 전문업체인 프라임센스(PrimeSense)를 3억 5천만 달러에 인수했는데, 이 회사는 마이크로소프트 콘솔 게임기 엑스박스(Xbox 360)에 적용된 키넥트(Kinect)를 개발한 업체이다. 마치 영화 마이너리티리포터처럼 허공에서 사용자 동작을 인식한다. 인텔도 동작인식기술 개발에 노력하고 있다. 기술을 개발하는 전문기업에 투자할 뿐 아니라 독자적인 동작인식기술인 리얼센스를 제공하고 있다. 손의 움직임이나 얼굴을 인식하고 증강현실 기술 등도 포함돼 있다. 제품은 레노버 노트북 등에 탑재된 바 있다. 동작인식을 위한 신체의 부위는 머리 움직임, 몸의 움직임, 팔의 움직임, 손가락의 움직임, 발의 움직임 등 신체의 모든 부위를 다각도로 감지하는 디바이스들이 속속 개발되고 있다.

오래 전부터 컴퓨터에서 이용되고 있는 키보드, 마우스, 그리고 스마트폰과 태블릿에서 이용되는 터치스크린도 접촉식 동작인식 기술의 일종이라고 볼 수 있다. 최근 동작인식 분야는 키보드, 마우스, 터치스크린을 벗어나 위와 같은 새로운 형태의 접촉식 기술로 발전하고 있다. 일본의 벤처기업 로그바(Logbar)가 개발한 스마트반지는 손가락 움직임을 통해 각종 명령을 내릴 수 있다. 로그바의 스마트반지에는 〈그림 4-30〉과 같이 동작인식 센서가 내장돼 있으며 전용앱을 통해 원하는 동작과 명령을 설정한 후 사용할 수 있다. 이 반지의 기능은 네 가지다. 첫 번째는 동작을 이용한 조작이다. 반지를 낀 손가락을 움직이면 미리 약속해 둔 동작

에 따라 기기가 작동한다. 수신기가 반지의 움직임을 읽는 게 아니라 반지 자체에 모션센서가 있어 어떻게 움직이는지를 파악하고 그 결과를 다른 기기에 전송한다. 두 번째는 이를 이용한 글자입력이다. 링을 끼고 손가락으로 글씨를 쓰면 이를 문자로 변환해 입력해 준다. 동작으로 텍스트를 인식하는 것이다. 세 번째는 동작을 통해 결재 정보를 전송하는 기능인데, 모바일 결제 시스템에서 사인하는 것처럼 보안 기능을 넣은 것이다. 그리고 마지막으로 진동모터와 LED도 있어 알림 신호를 받을 수도 있다. 이 기기의 문제점은 오작동인데, 링에는 터치센서가 있어 여기에 손가락을 대면 동작인식 센서가 읽어 들이기 시작한다. 동작이 끝나고 터치센서에 다시 손가락을 갖다 대면 이제까지의 움직임을 읽어 미리 정한 명령어를 특정 기기에 블루투스를 통해 전송한다. 동작인식은 미리 정해둔 것만 쓰지 않고 스마트폰을 통해 곧바로 만들 수도 있다. 허브 장치를 이용하면 동작인식 명령어를 와이파이나 적외선 리모컨 신호로 바꿔 TV를 조작하고 에어컨을 조절하는 등 여러 가지 용도로 사용이 가능하다. 가장 눈에 띄는 것은 결제 시스템이다. GPS와 아이비컨을 이용하는데, 모발일 결제 시스템을 이용하는 상점에 들어서서 스마트폰으로 물건 값을 치르기로 했다면 마지막 결제 보완 수단으로 링을 이용할 수 있다. 사용자만 아는 암호같은 동작을 입력하거나 핀번호를 동작으로 그리는 것도 가능하다. 배터리는 한번 충전으로 1천번의 동작을 읽을 수 있다.[71]

▼ 그림 4-30 로그바의 스마트링 구성

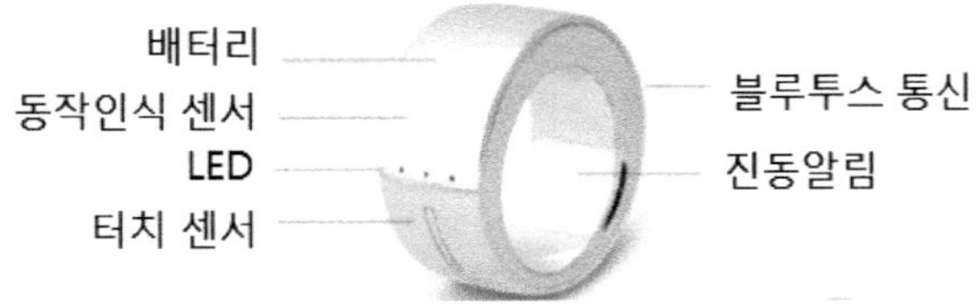

일본 닌텐도에서 '위(Wii)' 개발 당시 세계 비디오 게임 시장은 닌텐도, 마이크로소프트의 플레이스테이션(PS), 그리고 소니의 엑스박스(X-Box) 간의 팽팽한 경쟁구조였다. 닌텐도는 한 때 게임기 패미컴(Famicom)으로 세계 게임시장에 새 바람을 불러 일으켰지만 거대 기업의 게임산업 진출로 인해 게임기 및 게임 콘텐츠 시장에서 판매 부진을 겪고 있었다. 뿐만 아니라 일본 게임 시장규모가 축소됨에 따라 새로운 방향으로의 전환에 대한 필요성을 절감하고 있었다. 이에 대응하기 위해 닌텐도는 신기술을 도입하여 더욱 사실적인 그래픽과 스토리 개발에 매진하고 있던 타 회사들과는 달리 인문학적 접근을 통해 인사이트를 발굴했고, 여기에 MEMS 센서 기술을 접목함으로써 게임이 기존에 가지고 있던 의미를 변화시킨 혁신적인

71) http://www.bloter.net/archives/183513

'위'라는 게임기를 탄생시켰다. 실제와 같은 고화질의 화면 구현에 총력을 쏟은 다른 경쟁사와는 달리 게임 산업에서는 전혀 사용하지 않았던 MEMS 센서 기술을 혁신적으로 도입했다. '위'는 동작인식기술을 게임에 적용한 좋은 사례이다. '위'는 리모컨처럼 생긴 컨트롤러를 손에 들고 게임을 한다. 달리기부터 탁구, 볼링 등 게임에서 손을 휘두르는 동작을 인식해 게임 속 캐릭터를 조작한다. 이러한 기술을 접목함으로써 주로 젊은 사람들의 전유물이었던 비디오 게임을 남녀노소 누구나 즐길 수 있는 새로운 개념으로 바꾸었으며, 손가락 운동만을 요하던 종래의 비디오 게임을 온몸을 사용하는 전신 운동으로 바꾸어 놓았다.[72] (그림 4-31 참고).

▼ 그림 4-31 닌텐도 위(Wii) 기기와 게임 모습

닌텐도 '위'와 달리 적외선 카메라를 이용한 카메라 기반 방식의 기술을 적용한 게임기를 마이크로소프트사에서 출시했는데, 이 기술이 바로 키넥트(Kinect)이다. 키넥트에는 〈그림 4-32〉와 같이 적외선을 송출하는 '적외선 프로젝트'가 있고, 반사되어 오는 적외선을 인식하는 적외선 카메라가 있다. 이 센서들이 20여개 이상의 관절을 인식하여 xyz 3차원의 신체 움직임을 감지한다. 카메라 기반 방식은 기존의 컨트롤러 기반 방식보다는 조금 더 진일보 했다는 평가를 받고 있는데, 그 이유는 닌텐도 위나 PS무브는 손에 컨트롤러를 쥐고 있어야만 했지만, 키넥트는 카메라 앞에 서 있기만 하면 신체의 모션을 인식하기 때문이다. 2013년에 출시된 키넥트는 수평각 57.5도, 수직 48.5도, 약 5m 내에 6명까지 동시에 트래킹이 가능하였다. 최근 키넥트 기술을 이용하여 수화 인식 기능을 추가해 청각 장애우를 위한 '키넥트 번역기'로 사용하는 연구가 진행되고 있다. 이 기술을 이용하면 수화를 단어로 변화해 컴퓨터가 읽어주는 것은 물론 그 반대도 가능하다. 청각 장애가 없는 사람은 그냥 키넥트 번역기에 말하거나 단어를 입력하면 된다. 그러면 화면에서

72) 닌텐도 홈페이지, http://www.nintendo.co.kr/Wii/wii/thebody.php

가상 아바타가 수화로 해당 단어를 표현해 준다. 연구팀은 앞으로 더 많은 전문가와 협업하고 다양한 키넥트 번역기 활용사례도 발굴할 예정이다. 이 기기를 이용하면 청각 장애우들이 장애가 없는 청중들에게 프리젠테이션을 할 때 도움이 될 것으로 보인다. 안내 데스크에서 일하는 청각 장애우들이 방문자들의 질문에 응대하는 것도 더 수월해질 전망이다.[73]

▼ 그림 4-32 마이크로소프트사의 모션감지 센서 키넥트

카메라를 이용하는 비접촉식 기술이 카메라 앞에서 동작을 해야만 명령이 인식되는 것과는 달리, 토비(Tobii)의 아이엑스(EyeX)는 눈의 움직임을 감지해 앱을 제어할 수 있는 안구추적 장치이다(그림 4-33 참고). 눈빛만 봐도 마음을 알 수 있다는 말이 있듯이 인간의 눈은 많은 정보를 담고 있다. 눈과 뇌는 서로 연결되어 끊임없이 상호작용을 한다. 이러한 안구추적 장치는 안구의 크기 변화와 시선 위치를 분석해 이용하는데, 사용자가 인식하지 못하는 사이에 벌어지는 찰나의 안구변화를 활용할 수 있다는 점에서 차별성을 갖고 있다. 안구추적 장치는 사용자의 능동적인 명령에 반응하는 것뿐만 아니라 사용자의 반응 자체를 데이터로 획득할 수 있기 때문에 광고 산업에도 응용될 것으로 보인다. 특히 토비는 게임 분야에서 가능성을 인정받고 있다. 게임 캐릭터를 바라보거나 다른 지점을 바라보는 것만으로도 추가적인 명령을 수행할 수 있기 때문이다. 아이맥스의 정확도는 양안 측정시 0.4도이다. 〈그림 4-33〉의 우측 그림과 같이 시야각 1°의 범위는 모니터에서 약 68.6cm 떨어진 거리에서 바라봤을 때 모니터 상에서 약 1.2cm의 폭에 해당한다. 아이엑스의 정확도는 0.4도이므로 모니터 상에서 0.6cm의 폭에 해당하는 정밀도를 제공해 준다.[74]

73) 마이크로소프트 홈페이지, http://www.xbox.com/ko-KR/Kinect

74) 류한석, "동작인식 기술 트렌드 및 시사점", 디지에코 보고서, 2015년 3월 15일

▼ 그림 4-33 노트북에 아이엑스 장착 사진(왼쪽 사진 박스 부분)과 정확도의 개념

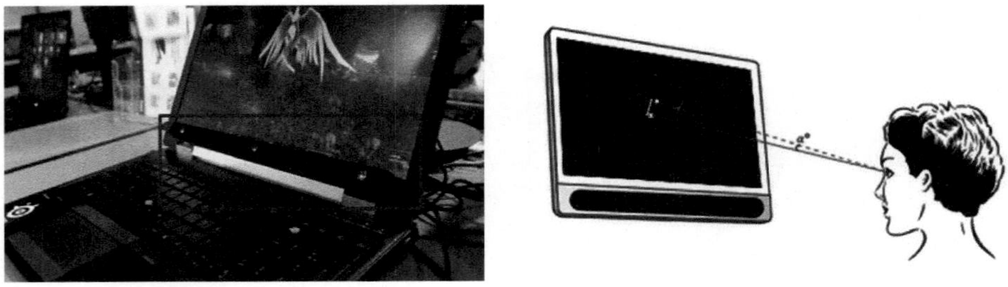

캐나다 워털루 소재의 탈믹랩(Thalmic Labs)은 팔의 근육 움직임으로 기계와 소통을 할 수 있는 마요(Myo) 기술을 선보였다. 이 기술은 동작인식 기반의 근육감지 암밴드 입력장치이다(그림 4-34의 좌측 그림). 팔에 착용하는 밴드 모양의 디바이스로 팔의 움직임만을 통해 컴퓨터와 소통할 수 있게 해 준다. 마요는 센서를 통해 근육의 움직임과 팔 동작을 인식하며, 현재 총 25가지 동작을 인식한다. 이를 통해 손가락 하나하나의 움직임까지도 세세하게 감지해낼 정도로 섬세한 제어가 가능하다는 점이 특징이며, 블루투스 4.0을 지원하며, 리튬 이온 배터리와 ARM 프로세스를 탑재하고 있다. 사용자 군에 따라 정확도에서 차이가 발생하는 문제점이 있어 이에 대한 보완이 필요하다.[75] 마요와 같이 손동작을 인식하는 또 다른 디바이스가 있는데, 샌프란시스코에 소재한 립모션(Leap Motion)의 디바이스이다(그림 4-34의 우측 그림). 작은 아이팟 크기의 장치로 8 입방피트(60cm×60cm×60cm)의 3차원 공간을 매우 정확하게 읽어낸다. 이 기술은 마이크로소프트의 키넥트와 유사한 원리인 카메라로 동작을 인식하는데, 3개의 적외선 LED와 2개의 적외선 카메라로 구성되어 있으며, 자세한 동작원리는 특허관계로 공개되지 않고 있다. 컨트롤러가

▼ 그림 4-34 손동작 인식을 하는 마요와 립모션

75) http://kr.besuccess.com/2014/07/myo_gesture_control_armband/

손과 손가락 움직임을 초당 290 프레임으로 인지하며, 키넥트보다 200배 높은 감도로 약 100분의 1 밀리미터의 움직임까지도 감지한다고 한다. 립모션은 손동작만으로도 PC 뿐만 아니라 TV를 작동할 수 있게 해 준다. 동작원리가 적외선을 사용하기 때문에 태양광이 존재하는 야외에서는 오차가 많이 발생하여 사용하는 데에 문제가 있다.[76)]

인텔에서도 이와 같은 동작인식 기술에 상당히 노력하고 있는 업체 중의 하나이다. 인텔은 앞에 소개된 토비, 탈믹랩 등의 동작인식 전문기업에도 투자를 하고 있을 뿐만 아니라 '리얼센스(RealSense)'라는 브랜드로 오래 전부터 독자적인 동작인식 기술을 제공하고 있다. 리얼센스에는 손의 움직임을 감지하는 제스처인식과 얼굴인식을 비롯해 음성인식, 3D 스캐닝 및 증강현실 등의 기술도 포함되어 있다. 리얼센스는 인텔의 인지컴퓨팅 기술 중 하나이다. 3차원 공간을 인식할 수 있도록 하는 3개의 카메라가 핵심이다(그림 4-35 참고). 사물의 굴곡이나 주변 환경의 깊이감을 분석할 수 있도록 깊이 센서도 적용됐다. 원래 리얼센스는 노트북이나 데스크탑에서 쓰는 웹캠을 대체하는 기술 정도로만 인식돼 왔지만, 현재는 다양한 기기로 확장하고 있는 중이다. 드론에 리얼센스 카메라를 탑재하면 항공촬영 성능을 높일 수 있다. 자판기에 리얼센스를 적용하면, 자판기 앞에 선 사용자가 단추를 누르거나 디스플레이를 터치하지 않아도 물건을 구입할 수 있다. 리얼센스가 자판기 앞에 선 사용자의 의도를 파악할 수 있기 때문이다. 무엇보다 리얼센스는 로봇산업과 만나 제 기능을 발휘할 것으로 보인다. 미국을 중심으로 연구가 한창인 인공지능 로봇은 거친 땅이나 계단 등을 오르기 위해 민감한 센서가 필수적이다. 리얼센스는 마치 사람의 눈이 그러하듯 주변을 인식해 로봇의 행동반경을 넓히는 데 직접적인 도움이 될 것으로 보인다. 인텔이 IDF15(인텔 개발자 포럼 2015) 무대에서 공개한 '버추얼 버틀러' 로봇이 좋은 사례이다. 버추얼 버틀러는 호텔 등 사용자 접견이 주요 업무인 공간에 배치될 로봇이다. 사람이 다가가면 길을 비켜주기도 하고, 투숙객에 배달해야 하는 물건을 직접 가져다 줄 수도 있다. 사용자의 얼굴과 방 번호를 리얼센스 카메라로 탐지할 수 있는 덕분이다. 미래에 리얼센스와 가장 가까이 있는 제품은 단연 모바일 기기다. 인텔은 구글과 함께 '프로젝트 탱고'에 리얼센스 기술을 적용했다. 구글의 탱고는 3D 카메라가 적용된 태블릿 PC다. 초기 탱고는 2개의 카메라로 주변 환경을 3차원으로 인식할 수 있도록 개발됐다. 태블릿 PC 뒷면에 탑재된 카메라 2개를 켜고 복도를 지나면, 화면에 복도가 3D 공간으로 렌더링 되는 식이다. 이런 탱고가 리얼센스 덕분에 더 정교해졌다. 리얼센스가 탑재된 탱고 모바일 기기로 세밀한 실내 내비게이션 지도를 만들 수 있고, 모바일 기기가 공간을 인식하도록 하는 데 쓰일 수도 있다. 가상현실 게임을 제작할 때

76) 립모션 홈페이지, https://www.leap-motion.kr/

우리 주변에서 흔히 볼 수 있는 배경을 집어넣어 친숙한 마을이 게임의 배경이 되는 셈이다. 이 외에도 3D 프린팅에도 활용되는 등 다양한 응용분야를 개척 중에 있다.[77]

▼ 그림 4-35 인텔의 리얼센스에 장착된 센서

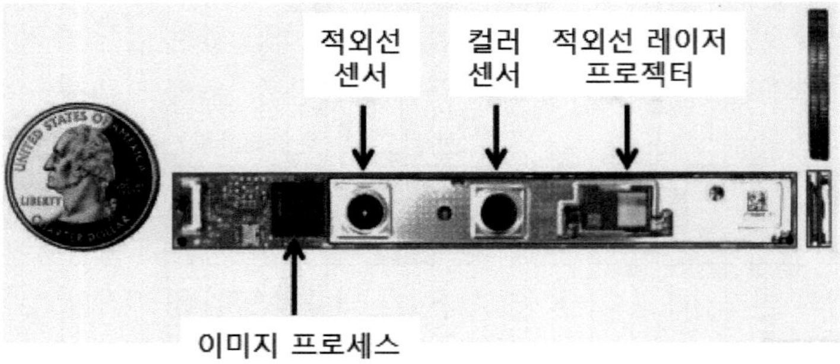

스마트센서를 이용한 동작인식기술은 디바이스 제어뿐만 아니고 운동관리에도 적용되고 있다. 헬스클럽에서 여러 운동기기를 사용하여 운동을 할 때 어느 기기로 얼마만큼의 운동을 했는지 기록하는 게 쉽지 않다. 지금까지는 옆에서 개인 트레이너가 기록을 해주어 관리를 하는 경우가 대부분이다. 하지만 이러한 트레이너 없이도 혼자서 관리를 할 수 있는 서비스가 나왔다. 짐트랙(Gymtrack)이라는 서비스는 스마트폰앱, 손목밴드, 운동기구용 센서로 구성이 되어 있으며, 헬스클럽을 방문한 사용자가 클럽에서 제공하는 밴드를 손목에 착용하고 운동하고자 하는 운동기구에 터치를 하면 어떤 기구를 사용하는지 인식을 하게 된다. 그리고 운동기기에 끼우는 운동감지 센서를 통해 운동에 사용되는 추의 무게를 측정한다. 손목에 착용한 밴드는 손동작을 인식하여 운동을 감지하며 센서와 블루투스로 연동된 스마트폰앱은 이어폰을 통해 운동에 필요한 다양한 코칭을 음성으로 들려준다. 예를 들어 어제는 무게를 20kg을 사용했으니 오늘은 25kg을 사용하도록 코칭한다거나, 적당한 휴식시간과 운동 템포를 코칭해 준다. 짐트랙은 사용하는 장비, 무게, 해당 운동에서의 완료된 세트 및 반복 횟수를 자동으로 기록을 하며, 사용자가 운동을 더욱 효과적으로 할 수 있도록 해당 운동을 수행할 때의 힘, 속도, 움직임 범위, 시간 등에 대한 정보를 실시간으로 제공한다.[78]

요가는 명상과 호흡, 스트레칭 등이 결합된 복합적인 심신 수련 운동이다. 요가는 유연성, 근력, 지방 감소 등에 효과가 있다. 요가가 가정에서 혼자하기에 좋다고는 하지만 자세가 중요해서 강사로부터 강습을 받는 경우가 많다. 즉, 강사가 없

77) http://www.bloter.net/archives/236554
78) http://investottawa.ca/startup-spotlight-gymtrack/

이 혼자서 요가 기법을 향상시키기에는 어려움이 있다. '스마트매트(SmartMat)'는 집에서 요가를 스스로 해결할 수 있는 디바이스이다. 매트를 누르는 압력 데이터를 스마트폰 앱에서 처리를 하여 자세에 대한 피드백을 준다. 손과 발의 압력 위치를 감지하여 62가지의 요가 자세를 인식한다. 이를 기반으로 자세의 정렬과 균형에 대해 교정을 제안함으로써 좋은 자세를 잘 잡도록 도와준다. 손과 발의 위치에 따라 어느 부위에 체중이 몰리는지를 측정하고 손발을 어디에 위치시켜야 하는지 등을 코칭해 준다. 엎드렸을 때 적당한 손의 간격을 결정할 수 있고, 발뒤꿈치를 제대로 들었다 놨다 하는지도 파악할 수 있다. 이렇게 손, 발, 몸통이 제대로 정렬이 되는지를 파악하고, 눈으로 알 수 있는 피드백을 제공한다. 요가매트는 블루투스를 통해 스마트폰과 연동되며 사용자의 스킬과 목표에 맞춰 프로그램을 제공해 준다(그림 4-36 참고).[79)]

▼ 그림 4-36 짐트랙과 스마트매트

웨어러블 센서는 운동선수들의 운동량을 측정하고 기량 향상을 위해 이미 도입되어 많이 사용되고 있다. 코치가 없어도 혼자서도 자세 교정을 할 수 있고, 데이터를 축적함으로써 과학적인 관리가 가능하다. 축구, 테니스, 골프 등의 여러 분야에서 웨어러블 디바이스 제품들이 출시되어 선수들의 운동을 분석하고 기량을 향상시키는데에 활용을 하고 있다. 그 중에서 이트레이스(E-Traces)는 발레 선수의 동작을 분석하고 기량을 향상시키는 제품이다. 바로셀로나의 Pompeu Fabra 대학교 학생인 Lesia Trubat가 디자인한 이 제품은 아두이노 제품을 활용하여 개발되었다(그림 4-37 참고) . 신발의 바닥에 배치된 센서는 댄서의 발동작에 따른 움직임과 압력을 기록하고 스마트폰에 데이터를 송신한다. 스마트폰에 설치된 앱을 통해 댄서는 동작에 대한 그래픽 애니메이션을 볼 수 있다. 발레 선수의 발동작, 바닥에 닿는 시간, 압력 등을 분석하여 그래프로 표현해 준다. 데이터 분석을 통해 동작을 올바르게 했는지 알 수 있고 동작이 바뀌었는지 체크하거나 특정한 댄스동작을 제대로 학습을 했는지 다양한 동작을 겹쳐서 확인해 볼 수 있다. 이 제품은 아직 시

79) http://smartmat.com/

장에 제품으로 출시되지는 않았지만, 이러한 아이디어는 다양한 형태의 운동 종목에 적용될 수 있다.[80)]

▼ 그림 4-37 발레동작을 측정하는 이트레이스 슈즈

골프는 LPGA와 JLPGA에 진출한 한국선수들의 맹활약으로 국내에서 인기가 급상승 중에 있으며, 실내에서 골프를 마치 게임처럼 즐길 수 있는 골프존 덕분에 최근 가장 대중적인 스포츠로 자리를 잡아가고 있다. 이런 가운데 골프존에서 개인형 스윙분석기인 〈그림 4-38〉과 같은 '스윙톡(Swing Talk)'을 2015년 가을에 출시했다. 스윙톡은 자이로스코프센서와 가속도센서를 활용하여 스마트폰의 앱을 통해 템포, 헤드스피드, 임팩트 시 클럽방향 및 각도 정도 등을 분석해 준다. 특히 템포와 헤드 스피드를 음성으로 알려주기 때문에 스윙할 때마다 번거롭게 스마트폰을

▼ 그림 4-38 골프존의 스윙자세 교정 스윙톡

80) http://cargocollective.com/lesiatrubat/E-TRACES-memories-of-dance

눈으로 확인할 필요가 없는 것이 특징이다. 또 어드레스, 백스윙, 톱, 다운스윙, 임팩트의 주요 구간에서의 스윙 궤도와 각도 등의 상세한 분석을 앱을 통해 받을 수 있어, 드라이버부터 퍼터에 이르기까지 모든 클럽에 대한 상세한 분석이 가능하다. 사용 방법은 매우 간단하다. 앱스토어에서 스윙톡 앱을 스마트폰에 설치하고, 스마트폰과 스윙톡을 블루투스로 연결시킨 후, 스윙톡을 클럽 그립의 뒷부분에 끼운 채로 스윙하면 된다. 스윙톡은 10.5그램에 불과해 클럽의 밸런스에 거의 영향을 주지 않으며, 전용 클라우드 서비스를 통해 분석 정보가 저장돼 언제든지 확인이 가능하다.[81]

국내의 그린콤에서 모션 인식기술을 이용한 건강관리 웨어러블 디바이스인 '아이바디24플래너' 제품을 출시했다. 이 디바이스는 걷기, 달리기뿐만 아니라 줄넘기와 축구 등 사용자 행동을 세밀하게 인식해 건강관리를 도와주는 웨어러블 디바이스이다. 시계처럼 손목에 착용해 사용하는 이 기기는 3축 가속도센서, 기압센서, 소프트웨어 등을 통해 사용자의 행동을 구별해 내는 것이 특징이다. 일례로 걷기나 달리기 외에도 사용자가 테니스, 골프, 탁구 등 어떤 운동을 얼마나 칼로리를 소모했는지 파악할 수 있다. 원리는 센서를 통한 운동 패턴 인식에 바탕을 두고 있다. 골프의 경우 스윙에 따른 센서 데이터 값에 변화가 생기는데 운동별 데이터 패턴들을 토대로 사용자가 어떤 운동을 하는지 분별한다. 여기에 속도와 움직인 시간, 운동 강도 등을 조합해 소비한 칼로리를 계산한다. 손목과 발목에 동시 착용하면 보다 많은 종류의 운동 정확도와 반복 횟수를 체크할 수 있다. 재활 환자의 운동 정확도 및 시행 여부를 온라인상으로 파악할 수도 있다(그림 4-39 참고).[82]

▼ 그림 4-39 그린콤에서 출시한 운동관리 아이바디 플래너

81) 골프존 홈페이지, http://www.swingtalkgolf.com/ko/index.html

82) http://www.etnews.com/20141230000184

운동을 효과적으로 도와주는 아주 획기적인 운동기구가 최근 개발되었는데, <그림 4-40>과 같은 무게가 변하는 '파워 덤벨(Power Dumbbell)'이다. 헬스장에서 사용하는 덤벨은 무게에 따라 다양하게 배치되어 있는데, 이 제품은 추를 따로 더하거나 빼지 않고도 덤벨의 운동 효과를 조절할 수 있다. 손잡이를 겸하는 측의 양옆에 추를 더하거나 빼는 기존의 덤벨과 달리 '파워 덤벨'은 에너지를 발생시키는 모터를 부착하여 회전력에 비례해 에너지가 증폭되는 성질을 이용하여 무게를 조절하는 운동기구이다. 내부에 들어있는 무게추가 일정한 진동수로 회전을 하고, 진동수가 높아지면 높아질수록 운동에너지가 증가하고, 그 만큼의 무게를 사람이 더 느끼는 원리를 이용한 것이다. 이를 통해 파워덤벨의 사용자는 추를 조절하지 않고도 부착된 버튼 하나로 무게를 조절해 사용할 수 있고, 회전력에 따라 최고 40kg의 무게를 들고 운동하는 효과를 느낄 수 있다.[83)]

▼ 그림 4-40 파워 덤벨의 구조 및 동작원리

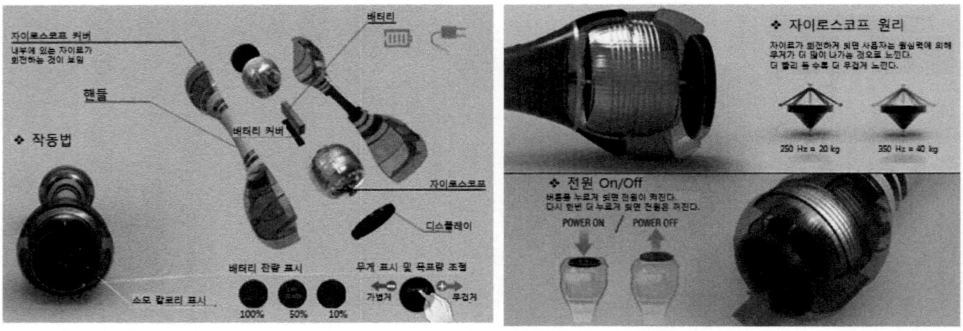

글로벌 스포츠용품 회사인 아디다스는 혼자서 축구 기술을 습득할 수 있고, 공의 움직임을 분석해 주는 '마이코치(miCoach)' 스마트볼을 브라질 월드컵에 맞추어서 2014년에 출시하였다(그림 4-41 참고). 아디다스는 2014 브라질 월드컵에서 사용되는 공인구 '브라주카'의 제조사이기도 하다. 마이코치 스마트볼은 공 안에 센서가 들어가 있는 것이 특징이다. 공을 찰 때 기록을 해주며, 스마트폰과 블루투스로 정보를 주고받을 수 있다. 내장 센서는 공의 스피드, 스핀, 궤적, 타격 포인트 등을 종합적으로 분석해 준다. 프리킥이나 패널티킥 같은 동작은 스마트폰 화면을 통해 확인할 수 있다. 마이코치 스마트볼은 사용자가 공의 어느 부위를 강하게 때렸는지 알려주며, 스마트폰 앱을 통해 공의 회전과 공기 중에서 어떤 곡선을 그리며 날아갔는지도 분석해 준다. 마이코치 스마트볼의 가격은 299달러(약 30만 5천원)라고 한다.[84)]

83) http://blog.skbroadband.com/1536

84) 조선비즈, http://biz.chosun.com/site/data/html_dir/2014/06/04/2014060401566.html

▼ 그림 4-41 아디다스의 마이코치 스마트 축구공

스마트폰과 연동되는 똑똑한 여행가방 '블루스마트(BlueSmart)'가 개발되었다(그림 4-42 참고). 클라우드 펀딩 사이트인 인디고고에 소개되었는데, 블루스마트는 스마트폰을 통해 잠금기능을 이용할 수 있는데, 스마트폰과 가방이 멀리 떨어져 있을 경우엔 자동으로 잠금기능이 작동된다. 특히 무게 측정도 가능한 것이 특징이다. 가방 위 손잡이를 잡아 올릴 경우 스마트폰을 통해 무게를 알려주는데, 공항 출국 심사 시 가방의 무게를 고려해 내용물을 뺄 필요없이 미리 무게를 측정해 볼 수 있어 편리하다. 블루스마트의 또 다른 특징은 스마트폰 충전 기능이다. 약 6회분의 충전이 가능해 여행지에서 사진을 찍거나 SNS를 이용해도 배터리 걱정을 하지 않아도 된다. 추가 기능으로 근접센서가 있기 때문에 자신의 가방이 다른 사람의 가방과 바뀔 염려도 없고, 수화물을 잃어버릴 경우도 마지막 기록된 위치를 찾아갈 수 있다. 또한 공항 검색대에서 노트북 등을 꺼내기 쉽게 만든 특별한 구획도 만들었으며, 여행 누적 마일리지, 공항방문, 국가 당 체류 시간 등을 기록할 수 있다.

▼ 그림 4-42 블루스마트의 무게측정 기능과 자동 잠금기능

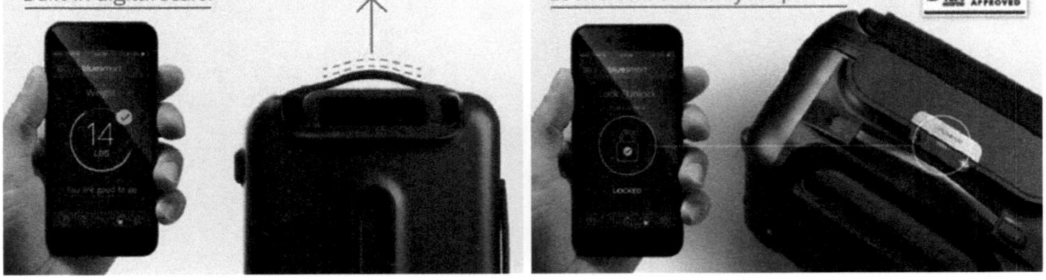

바 질병 진단용 센서 바이오마커

사람이 어떤 질병에 걸리면 혈액 등의 체액에서 항체, 호르몬, 또는 단백질 등이 그 질병에 특징적으로 높거나 낮게 나타나는데 이를 바이오마커(Biomarker)라 한다. 질병을 진단하는 키트는 기판 위에 환자의 체액을 떨어뜨려, 체액에 포함된 바이오마커 키트 상에 고정되어 있는 반응물질과 결합할 때 나타나는 색변화로 질병의 유무를 판별하는 원리이다. 일상생활에서 이미 널리 사용되고 있는 임신진단키트 이외에, 간염, 결핵, 에이즈 같은 전염성 질환과 각종 암, 당뇨병, 심장 질환 등에 이르기까지 다양한 질병을 진단할 수 있는 진단키트가 개발되어 현재 시판되고 있다. 진단키트 개발에 있어서 핵심되는 부분은 보다 신뢰성 높은 바이오마커의 발견 및 그에 대한 고감도 검출방법 관련기술이다. 최근에 IT 및 나노 기술과 접목하여 진단키트도 날로 전자화되고 소형화되는 추세이며, 1개의 키트로 여러 질병을 동시에 감지하고 각자의 유전정보로부터 발병가능성까지 예측할 수 있게 해주는 바이오칩 기술이 크게 각광을 받고 있다. 특히 바이오칩의 일종인 단백질칩의 경우 기판에 고정할 때 단백질의 변형이 일어나는 것이 문제였으나, 최근 국내 바이오 벤처기업에 의해 단백질의 변형을 최소화하여 그 활성을 최대한 유지시킴으로써 기존 단백질칩에 비해 200배 이상의 감도를 나타내는 기술이 개발되어 관련제품의 실용화가 활발해질 것으로 기대되고 있다.[85)]

바이오마커란 DNA, RNA, 대사물질, 단백질 및 단백질 조각 등에서 유래된 단일 분자 또는 분자들의 패턴을 근거로 한 분자적 정보로서 생명체내에서 유전적 또는 후생 유전적 변화의 영향으로 유발된 신체의 변화를 감지할 수 있는 지표를 가리킨다. 바이오마커는 혈중포도당 같은 저분자 물질에서 단백질이나 특정 핵산 같은 고분자물질까지 다양하며, 생화학의 발전과 더불어 진화해 온 개념이다. 당뇨의 진단에 쓰이는 혈중포도당은 의학적 진단과 신약개발에 두루 쓰이는 바이오마커로서 가장 오래되고 널리 알려진 예이며, 그 외에도 혈중콜레스테롤이나 전립선특이항원 단백질 등은 바이오마커로서 개발된 좋은 사례라고 할 수 있다. 바이오마커는 포스트 게놈시대를 맞이하여 맞춤형 의료를 앞당길 수 있는 주요 수단이 되고 있다. 바이오마커는 DNA, RNA를 기반으로 하는 핵산 기반 바이오마커, 단백질 및 그 일부분 등을 기반으로 하는 단백질기반 바이오마커 등으로 구분한다. 이러한 바이오마커는 최근 암, 감염성 질환, 심장혈관 질환, 뇌졸중, 치매 등 각종 난치병에 대한 조기진단용, 약물반응진단 및 치료 진단용 등에 적용되고 있다. 바이오마크 관련 기술은 크게 발굴기술과 검증기술로 구분된다. 발굴기술은 프로테옴(Proteome, 세포내의 단백질의 총합을 의미) 분석기술과 대등하며, 프로테옴 분리, 분

85) 특허청 보도자료, "질병의 조기발견 도우미, 진단키트", 2004년 3월 19일

석, 검증 기술 등이 모두 바이오마커 발굴기술에 해당된다. 바이오마커 발굴기술이란 바이오마커를 발굴하기 위해서 질환시료와 대조군의 프로테옴을 분리 분석하고, 상호 비교하여 질환을 대표할 수 있는 단백질군을 찾아 나가는 기술을 의미한다. 검증기술이란 발굴된 단백질 후보군을 다시 임상시료에서 검증절차를 거쳐서 최종의 단백질 후보군을 선정하는 기술을 의미한다. 발굴단계에서는 적은 수의 임상시료를 사용해 다수의 바이오마커 후보를 발굴하고, 검증단계에서는 가능성이 확인된 소수의 후보에 대해 대규모 임상시료에서 검증한다.86)

▼ 그림 4-43 진단키트의 동작 원리

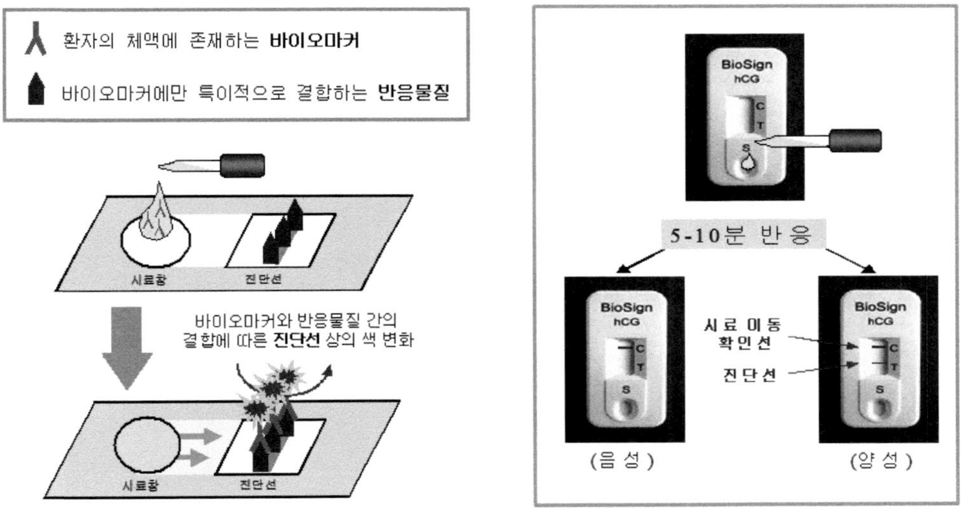

연세대학교 암센터와 지노믹트리 연구진이 혈액 속 바이오마커를 이용해 90% 이상의 정확도로 대장암을 검진할 수 있는 기술을 개발했다. 국내 대장암 검진 대상인원은 연간 1,400만명 이상이며, 전 세계적으로 40~50세 이상인 성인은 정기적인 대장암 검진을 권장하고 있다. 그러나 대장내시경 검진 절차의 불편함과 비용 문제로 인해 대장내시경 참여율은 국제적으로 약 50%, 국내는 약 30%로 저조한 실정이다. 따라서 대장내시경 전 선별검사를 통해 내시경을 꼭 받아야 하는 사람만 시행해야 한다는 지적이 제기되어 왔다. 선별검사로는 분변이나 혈액 속의 대장암 바이오마커를 검출하는 방법을 이용할 수 있는데, 지금까지 개발된 방법은 정확도가 낮아 검사에 한계가 있었다는 점에서 국내 연구진이 개발한 혈액 속 바이오마커를 이용한 검진 기술에 큰 의미를 부여하고 있다. 이 기술은 후생유전학적 대장암 진단 바이오마커인 신덴칸-2(SDC2) 유전자의 메틸화를 실시간으로 정량 분석해 대장암 선별검사 및 모니터링 하는 기술이다. 유전자 메틸화 현상은 정상

86) 손종구 외 3인, "바이오마커의 최근 시장동향 분석", Biomaterials Research (2010) 14(2)

세포가 암세포로 변화할 때 가장 초기에 일어나는 화학적인 변화로 유전자의 특정 염기서열에 메틸화가 일어나는 것을 말한다. 이러한 현상은 암의 종류에 따라 다르게 나타나며, 특정 암에서 특이적으로 메틸화되는 유전자를 메틸화 바이오마커라고 한다. 메틸화 바이오마커 유전자들은 암세포에서 혈액으로 흘러나오기 때문에 혈액을 이용한 메틸화 검사를 통하여 암을 조기에 진단할 수 있다. 연구팀은 신덴칸-2 유전자를 이용해 대장암 환자의 암 조직을 대상으로 한 임상검증 연구에서 95% 이상의 정확도를 보였다고 밝혔다. 또 혈액을 이용한 임상검증에서도 대장암을 진단하는 민감도가 87% 이상, 암이 아닌 경우를 진단하는 특이도는 95% 이상의 정확도를 보여 대장 내시경 시행 전 선별검사로서 충분히 활용할 수 있음을 시사했다.[87)]

▼ 그림 4-44 SDC2 메틸화 검사 프로세스

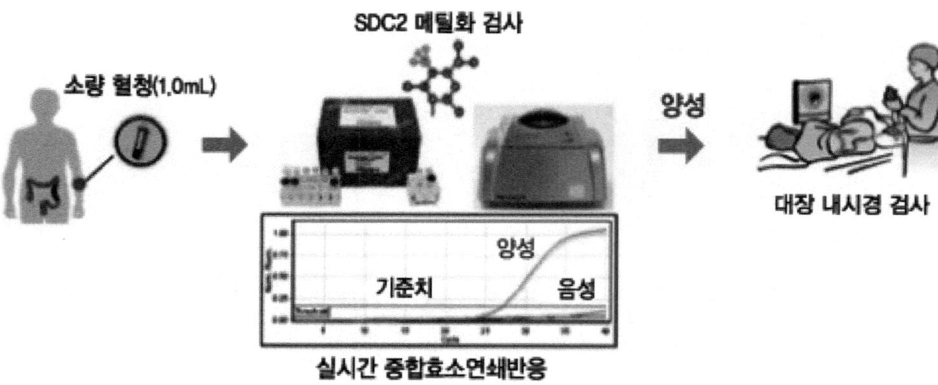

숨만 쉬면 질병이 진단되는 센서가 한국과학기술원 신소재공학과 연구팀에서 개발됐다. 인간의 호흡으로 배출되는 아세톤 가스를 분석해 당뇨병 여부를 파악할 수 있는 날숨진단센서이다. 연구팀이 개발한 날숨진단센서는 사람의 호흡가스 속에 포함된 다양한 휘발성 유기화합물의 농도를 정밀하게 분석할 수 있다. 따라서 당뇨병은 물론 향후 폐암, 신장병 등의 질병을 조기에 진단하는데 활용될 수 있을 것으로 기대된다. 인간이 숨을 쉬면서 내뿜는 아세톤, 톨루엔, 일산화질소, 암모니아와 같은 휘발성 유기화합물 가스는 각각 당뇨병, 폐암, 천식, 신장병의 바이오마커로 알려져 있다. 일반적으로 정상인은 900ppb(parts per billion), 당뇨환자는 1800ppb의 아세톤 가스를 날숨으로 내뿜는다. 따라서 날숨속 아세톤 가스의 농도 차이를 정밀하게 분석하면 당뇨병을 조기에 진단할 수 있고 발병 후 관리를 쉽게 할 수 있다. 연구팀은 얇은 껍질이 겹겹이 둘러싸인 다공성 산화주석(SnO_2) 센서

87) http://www.monews.co.kr/news/articleView.html?idxno=54483

소재에 백금 나노입자 촉매가 균일하게 도포된 1차원 나노섬유를 대량 제조하는 기술을 개발했다. 이 소재의 표면에 아세톤 가스가 흡착되면 전기저항이 변하게 되는데, 1000ppb급 아세톤 농도에서 소재의 저항이 최대 6배 증가한다. 또한 7.6초의 빠른 센서 반응속도로 실시간 모니터링이 가능하며, 전기방사 기술로 제조해 나노섬유형상의 대량생산도 용이해졌다. 연구팀은 "ppb급 농도의 날숨 휘발성 유기화합물 가스를 실시간 정밀하게 진단하는 나노섬유 센서를 당뇨병 또는 폐암 진단용 감지소재로 이용하면 다양한 질병을 조기에 검출하고 관리하는 일이 가능해질 것"이라고 설명했다. 연구팀은 향후 다양한 촉매와 금속산화물 나노섬유의 조합을 통해 많은 종류의 날숨가스를 동시에 정확하게 진단하는 센서 어레이를 개발해 상용화할 계획이다.[88]

▼ 그림 4-45 나노섬유 센서들이 어레이로 구성된 당뇨진단 센서

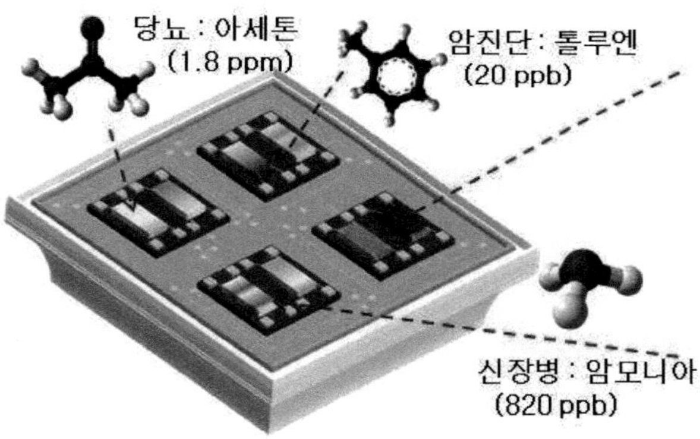

폐암에 대한 바이오마커에 대해서도 많은 연구가 진전되었다. 폐암은 흔한 질환 중 하나이며, 전 세계적으로 생명을 가장 위협하는 종양이다. 폐암은 컴퓨터 전산화 단층촬영, 기관지 내시경, 객담검사 등을 시행하고 있으나, 폐암의 조기진단에는 효과적이지 못하다. 얼마 전 특수 훈련을 받은 견공이 환자의 오줌 냄새만으로 갑상선암을 판별하는 능력을 보여 화제가 된 바 있다. 이 실험을 진행했던 미국 아칸소 의과대학의 연구진은 세퍼드를 특수하게 훈련시킨 결과, 환자의 오줌 냄새만으로도 갑상선암을 88%까지 판별하는 놀라운 능력을 나타냈다고 밝혔다. 당시 테스트를 주도했던 이 대학 내분비 종양학과의 도널드 보드너(Donald Bodenner) 박사는 "개의 후각 능력이 좋다는 것은 알았지만, 이런 미세한 부분까지 감지할 수 있다는 사실이 대단하다고 생각된다"라고 말하며, "조만간 개의 이런 능력을 활용한 진단 기법이 의료기술에도 적용될 것으로 보인다."고 예측했다. 과학자들이 냄새를

88) 한국과학기술원, KISTory, "숨만 쉬면 끝, 호흡분석 질병진단센서 등장", 2013년 6월 5일 http://kiststory.tistory.com/946

통해 암을 진단하려는 이유는 불치병이나 난치병으로 분류되는 위험한 질병들을 조기에 파악할 수 있기 때문이다. 인간의 몸은 미세한 분자들로 이루어져 있는데, 이런 모든 분자들은 질병이 발생하게 되면 구조 등에 문제가 생기면서 세포 형질에 영향을 미치게 된다. 일반적으로 사람의 코에는 500만개의 후각수용체가 존재하고 있는 반면, 코에는 약 2억 2000만개 이상의 후각수용체가 있어 탁월한 냄새 탐지능력을 발휘하고 있는 것으로 알려져 있다. 따라서 암에 의한 냄새를 맡을 수 있는 센서를 개발하려면, 개의 후각수용체처럼 암 냄새를 감지할 수 있는 시스템이 함께 탑재되어야 한다. 영국의 의료기업인 올스톤(Owlstone)사는 이 같은 원리를 바탕으로 폐암 냄새를 맡을 수 있는 진단장치를 개발하였다. '루시드(LuCID)'라는 이름의 이 진단장치는 폐암을 나타내는 바이오마커를 검출하기 위해, 마치 음주측정기처럼 생긴 호흡측정기를 사용한다. 진단장치 내에는 폐암 질병과 관련된 휘발성 유기화합물을 환자의 호흡에서 분석해내는 소형 칩이 장착되어 있다. 이 칩에 내장되어 있는 GC-FAIMS(비대칭 이온 이동도 가스 분석기) 센서는 올스톤사가 확보한 기술로서, 호흡할 때 내뿜는 가스들의 분석을 통해 폐암을 빠르게 진단할 수 있는 분석 시스템이다. 루시드는 현재 올스톤사의 연구진과 영국 레체스터대학교의 호흡기 전문가들이 함께 개발하고 있다. 이들이 개발하기 전에도 호흡을 이용한 암 진단장치가 몇 번 선을 보인적은 있지만, 장비의 가격이 워낙 비싸고, 크기도 커서 실용화되지 못했다. 반면에 루시드는 저렴하고, 크기도 작아 상용화 가능성이 높은 편이다.

▼ 그림 4-46 올스톤사의 호흡측정 장치

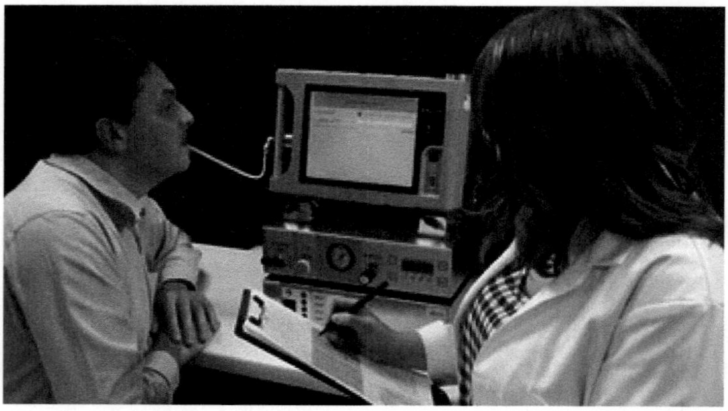

올스톤사 이외에 호흡측정기를 활용하여 폐암을 진단하려는 연구는 세계 곳곳에서 진행되고 있다. 중국 충칭대의 경우는 호흡측정기를 회전식 가스챔버와 결합시켜, 폐암 관련된 휘발성 유기화합물 검출에 성공했다. 이 같은 결과는 10억 개의 시료 중 50개의 폐암 관련 유기화합물을 검출하는 매우 정밀도가 높은 분석기술이다.

전문가들은 “이는 10톤이나 되는 감자칩에 손가락으로 한번 잡은 소금을 뿌려놓은 정도가 될 것”이라고 비유하면서 “만약 충칭대의 발표대로라면 미미한 양의 시료를 분석하는 획기적인 방법이 될 것”이라고 평가했다. 충칭대 연구진이 개발한 이 진단장치는 폐암을 진단하는데 정확하게 20분 정도 걸리는 것으로 알려졌다. 이 과정에서 암 관련 바이오마커의 농도를 감지하는 것으로 나타났는데, 아직 임상실험에 들어가지 않았기 때문에 상용화까지는 상당한 시간이 걸릴 것으로 보인다. 이 밖에도 글로벌 의료기업인 지멘스까지 이 분야를 연구개발하고 있다. 지멘스의 관계자는 “우리도 오랫동안 안정적이고 정확한 암 진단의 조기식별을 위해 노력했다”라고 전하며 “다른 회사들과 마찬가지로 지멘스도 호흡측정기를 사용하여 최대한 숨을 내쉴 때 나오는 폐암 바이오마커를 측정하는 방법을 사용하고 있다”라고 밝혔다.[89]

국내 대형 제약사와 바이오 벤처 기업 상당수가 극소량의 혈액으로 암을 진단할 수 있는 암 진단 키트를 개발하고 있다. 에이티젠은 2015년 10월 식품의약처로부터 허가 받아 ‘엔케이(NK) 뷰 키트’를 출시했다. 에이티젠은 2002년 설립돼 연구용 시약 및 진단장비를 연구하는 연구개발 중심의 중소기업이다. 엔케이 세포는 면역세포 중 유일하게 암세포와 정상세포를 구별해 암세포만 공격한다. 에이티젠의 키트는 엔케이 세포를 인위적으로 활성화시켜 엔케이 세포의 분비물질(사이토카인)을 측정한다. 이 검사는 환자의 항암 면역력을 수치로 알려준다. 검사방법은 간단하다. 혈액 소량만 키트에 떨어뜨리면 48시간 이내 진단 결과가 나온다. 국내 제약사인 안국약품도 질병진단결정시스템(MDSS)에 기초해 다중 바이오마커 진단키트를 개발 중이다. MDSS는 바이오기술(BT)과 정보기술(IT)을 접목한 BT-IT 융합기술로 특정 질병 관련 생체 신호 중 최적의 바이오마커를 가려내는 시스템이다. 안국약품은 MDSS를 활용해 ‘난소암 다중 바이오마커 진단키트’를 개발했다. 안국약품 관계자는 “해당 제품은 기존 난소암 마커인 CA-125의 단점을 보완해 난소암의 조기진단과 진단 정확도를 높일 것”이라고 기대했다. 안국약품은 난소암 진단키트 이외에도 암환자의 빈혈 등 타 질환의 치료에 쓰일 다중 바이오마커도 연구하고 있다. 바이오벤처 나노엔텍은 2009년 10월 전립선암, 간암, 대장암 진단 제품 ‘프렌드(FREND)’를 개발했다. 프렌드는 혈액 극소량(30$\mu\ell$)으로 여러 항목을 한 번에 검사할 수 있다. 나노엔텍은 지난 2000년 설립해 IT, BT, NT 등 최첨단 융합기술을 연구하고 있다. 나노엔텍은 유전자 전달시스템에 대한 특허권을 200억원 받고 미국 생명공학 연구기기 업체 라이프테크놀로지사에 판매했다.[90]

89) http://www.sciencetimes.co.kr/?p=134125&cat=36&post_type=news

90) http://biz.chosun.com/site/data/html_dir/2013/08/16/2013081601309.html

▼ 그림 4-47 엔케이뷰 키트(출처: 에이티젠)와 프렌드(출처: 나노엔텍)

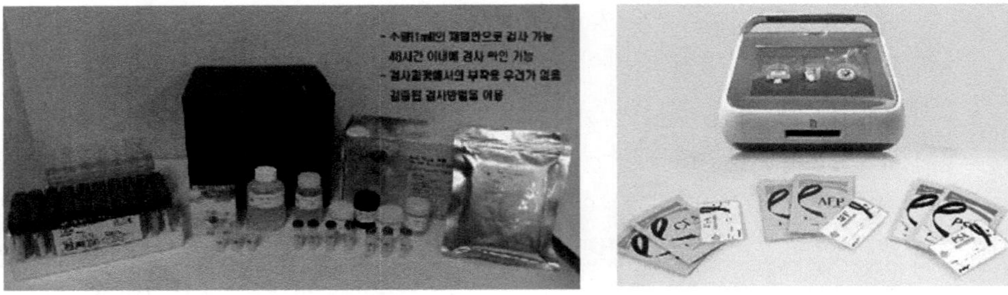

임상시험에서 바이오마커를 이용하는 사례는 2005년 15%에서 2010년에는 65%까지 증가한 것으로 추정되며, 바이오마커를 사용하는 임상시험 사례가 지속적으로 증가할 것으로 예측된다. 최근 수행되는 임상시험의 50%에서는 약물의 효과나 안전성과 관련된 바이오마커를 찾기 위해 환자의 DNA 검체를 동시에 수집하는 사례가 증가하고 있다. 제약회사의 30%는 새로운 약물 탐색에 바이오마커를 활용하고 있고, 전임상단계의 60%가 바이오마커 데이터에 의존하고 있으며, 초기 임상시험의 50%, 후기 임상시험의 30%가 바이오마커를 이용하고 있다. 즉 약물과 연관된 임상시험에서 바이오마커의 역할은 이제는 분리해서 생각할 수 없는 상황이 되었다. 국내에서는 비교적 이른 1999년부터 유체 연구 육성 및 기술개발지원을 시작하였고 맞춤형 치료제 위주로 신약개발사업이 주로 진행되었다. 2012년에는 맞춤의료 연구와 보건의료산업을 위한 핵심인프라를 구축하고자 국립 중앙인체자원은행을 개관하였다. 하지만, 현재 맞춤의료를 위한 기초연구와 기술수준은 선진국에 비해 매우 부진한 상황이며, 바이오마커와 관련해서는 주로 중소 업체들이 국가 과제와 연계하여 〈표 4-4〉와 같이 유용성 및 임상검증을 수행하고 있다.

▼ 표 4-4 국내 분자진단기업의 연구개발 현황(출처: 지식경제부 2011)

제조사	내 용
마크로젠	간염 발생 관련 유전자 질환 마커, 유방암 관련 유전자 발현을 이용한 질환 마커 개발
지노믹트리	장암, 폐암, 위암, 자궁경부암, 간암에 대한 메틸레이션 질환 마커 개발 및 유용성과 임상검증
씨젠	유전자 증폭기술인 ACP와 DPO 기반 동시 다중 진단법 개발
엠지메드	감염성/유전성 질환 관련 분자진단 서비스 사업 및 분자진단키트 개발, 암유전자 검사, 신규 유전자 마커 발굴 및 신규 분자진단법 개발
진매트릭스	RFMP 임상진단시스템, RFMP 유전자 마커 개발, HIV/ADIS-Theranostics 시스템
서린바이오사이언스	질병 예측 DNA 진단키트 개발, 암진단 키트 개발, 유전자 다형성을 이용한 본태성 고혈압의 진단
SNPGenetics	당뇨 합병증 관련 SNP 질환 마커
디엔피바이오텍	폐암 감수성 유전자 마커 개발, 폐암예후예측 개발
프로탄바이오	폐암진단 예후 검증 단백질 마커 개발 및 유용성과 임상검증, 진단키트 개발
차바이오메드	HLA typing 검사, 혈전 및 혈액 특수검사
DNALink	심혈관질환 관련 SNP 바이오마커, 아토피 피부염 관련 치료반응 예측용 질환 마커
바이오메드랩	자궁경부암 진단용 HPV DNA칩 개발, 장바이러스 진단용 약제, 내성분석 결핵균 진단용, 성병 진단용 DNA microarray 개발
디지털오믹스	위염 관련 유전자 발현 질환 마커, 백혈병 진단 질환 마커

05 사물인터넷으로 구현된 세상

가 홈, 스마트 홈

2015년 6월에 통신사인 LG유플러스에서 스마트홈(Smart Home) 선점에 시동을 걸었다. LG유플러스는 ▲유플러스 스위치, ▲유플러스 플러그, ▲유플러스 에너지 미터, ▲유플러스 오픈센서, ▲도어락, ▲온도조절기 등 홈용 6가지 사물인터넷(IoT) 서비스를 공개했다. 잠들기 직전 침대에 누워서 켜진 불을 끄지 못한 채 잠들거나 급하게 집에서 나와 문을 제대로 잠갔는지 불안하다면, 스마트폰만 있으면 모든 걱정과 근심을 해결할 수 있는 것이 LG유플러스의 IoT@home 서비스의 장점이다. 또한 전기세는 많이 나오는데 어디서 빠져나가는지 모르겠다면, 밖에서 간편하게 전등, 가전, 보일러를 끌 수 있고, 또한 알아서 대기전력까지 차단도 해주고, 실시간으로 전기 사용량도 확인할 수 있다. 그리고 집 내부로 침입이 발생하면 스마트폰으로 바로 알림이 도착하고, 집을 장기간 비울 때도 내 마음대로 거실 불을 켜고 음악을 틀 수 있으니 사전에 도둑의 침입을 막을 수 있다. 가장 큰 장점은 통신사에 관계없이 누구나 이 서비스를 이용할 수 있다는 장점과 스마트폰에서 '불 꺼', '가스 잠궈', '문 열어' 등 다양한 음성명령이 가능해 실생활에서 손쉽게 이용할 수 있는 편의성이 장점이다. 이 서비스는 7월 출시 이후 3주만에 1만 가입자를 돌파하며 돌풍을 일으키고 있다.[91)]

2016년 1월초 미국 라스베이거스에서 세계 최대 가전박람회 2016CES (Consumer Electronics Show) 전시회가 개최되었다. 삼성전자와 LG전자는 CES2016에서 사물인터넷 시대를 열기 위한 플랫폼과 다양한 제품 및 서비스들을 공개했다. 특히 가전의 꽃이라 할 수 있는 TV를 중심으로 한 스마트홈 구축에 집중했다. 삼성전자가

91) LGU+ 보도자료, https://uplus.co.kr/, 2015년 9월 3일

▼ 그림 5-1 LG유플러스 IoT@home 제품 이미지

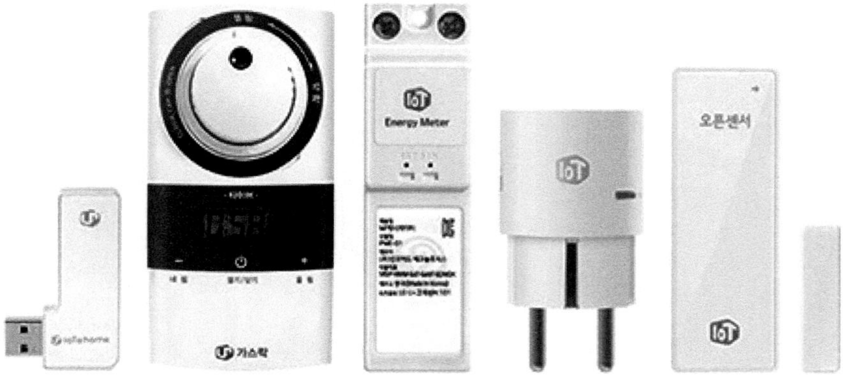

향후 출시하는 스마트TV 전 라인업에는 스마트싱스(스마트홈 플랫폼 기술을 개발하는 회사로 삼성전자가 2014년에 인수)와 함께 개발한 IoT 플랫폼이 탑재된다. IoT 기기들을 모니터링하고 제어할 수 있는 '스마트홈 허브'가 TV에 내장된다. 별도의 외장형 IoT 허브가 없어도 삼성전자의 가전제품은 물론, 보안카메라, 잠금장치, 조명 스위치 등 스마트싱스와 연동되는 200여개의 디지털 디바이스를 연결해 사용할 수 있다. 삼성전자에서는 '2016년 삼성 스마트TV는 IoT에 가장 먼저 준비된 TV이며, 스마트TV를 중심으로 무궁무진한 스마트홈 세상이 펼쳐질 것'이라고 선전했다. 스마트폰과 스마트TV에 각각 탑재된 스마트싱스 앱이 서로 연동이 되고, 스마트폰과 TV를 오가며 집안의 스마트홈 기기들을 자유자재로 제어할 수 있다. 조명, AV기기 등과 연결하면 간편한 조작을 통해 자동으로 조명을 낮추거나 영화 감상에 최적화된 TV화면과 음향을 조정해 최적의 시청 환경을 만들어 주는 '시네마 모드' 기능도 가능하다. IoT를 지원하는 여러 스마트 기기와 연동하여 사용자가 원하는 스타일로 다양한 동작 방식을 직접 구성해서 연결할 수 있다. 삼성전자가 스마트TV 전 제품군에 IoT 플랫폼을 탑재하는 것은 이번이 처음으로 특히 2016년 SUHD TV 전 모델은 IoT 기기들을 모니터링하고 제어할 수 있는 '스마트홈 허브'가 TV 자체에 내장된다. 이를 통해 소비자들은 별도의 외장형 IoT 허브가 없어도 스마트폰과 TV에 각각 탑재된 스마트싱스 앱을 통해 삼성전자의 가전제품은 물론이고, 보안카메라, 잠금장치, 조명스위치 등 스마트싱스와 연동되는 200여개의 디지털 디바이스를 연결해 사용할 수 있다. 또한 타이젠 기반 자체 스마트TV 통합보안 솔루션인 '가이아'도 공개되었는데, 이는 IoT 플랫폼에서 중요한 보안을 담당한다. IoT 서비스와 같은 높은 보안수준을 요구하는 애플리케이션의 경우 일반 애플리케이션과는 별도로 외부의 접근이 불가능한 가상의 공간 '보안존'에서 실행되도록 되어 있다.

▼ 그림 5-2 스마트싱스 허브와 앱

또한 삼성전자는 2015년 5월 중순 샌프란시스코 '사물인터넷 월드'서 개방형 IoT 기기 개발 플랫폼인 '아틱(ARTIK)'이란 이름의 새 반도체 모듈을 미국에서 공개했다. 아틱은 개방형 IoT 하드웨어 플랫폼으로 소프트웨어와 드라이버, 저장장치, 보안 솔루션, 클라우드 등을 종합적으로 지원한다. 아틱은 우표 크기 칩에 애플리케이션 프로세스(AP), 통신칩, 센서를 모두 담은 통합 플랫폼이다. 가로×세로 크기가 12mm에 불과한 초소형 모듈 아틱1부터 드론과 웨어러블 기기용 아틱5, 32GB 용량의 저장 공간과 고성능 프로세스칩까지 달린 아틱10은 동영상 재생이 가능하다. 이처럼 아틱1은 임베디드 시스템 등에 쓰이는 기초적인 컴퓨팅 성능에 적합하고, 아틱5는 웨어러블 기기부터 스마트홈 허브 등 소비자용 기기에 적합하며, 아틱10은 클라우드 서버 성능까지 지원하는 애플리케이션이다.

▼ 그림 5-3 삼성전자의 아틱 라인업

삼성전자와는 달리 LG전자는 웹OS를 중심으로 스마트TV를 지속적으로 성장시키고 있다. LG전자는 최근 세계적인 안전 인증기관인 UL로부터 웹OS 스마트TV의 스마트홈 기능을 검증받았다. 웹OS 3.0을 적용한 LG의 스마트TV로 세탁기, 냉장고, 에어컨, 로봇청소기, 오븐, 조명 등 스마트 가전들의 전기 사용량, 구동 상태 등을 실시간으로 볼 수 있다. 전원을 켜고 끄거나, 운전모드도 바꿀 수 있다. 스마트 가전들을 한꺼번에 제어할 수도 있다. 또한 LG전자는 스마트 기능이 없는 일반 가전제품을 스마트 가전으로 바꿔주는 스마트씽큐 센서에 이어 스마트씽큐 허브도 개발했다. 스마트씽큐 센서는 〈그림 5-3〉과 같이 원형 모양으로 탈부착이 가능한 지름 약 4cm의 디바이스이다. 스마트씽큐 센서를 세탁기, 냉장고, 에어컨 등 기존에 사용하던 가전제품에 부착하면 스마트폰으로 작동 상태를 알 수 있고 원격제어도 가능한 디바이스이다. 이 센서에는 진동을 포함해 4가지 센서가 내장돼 있어 가전제품의 동작을 감지한다. 스마트씽큐 센서를 통해 세탁기의 진동을 감지해서 세탁의 완료여부를 알 수 있고, 냉장고에 부착하면 보관 중인 식품의 유통기한을 알려준다고 한다. 다른 제조사의 가전제품이나 플랫폼과 연동할 수 있고 가전제품의 교체주기가 길기 때문에 이와 같은 센서를 활용하면 IoT의 대중화가 보다 빠르게 진행될 것으로 보고 개발한 제품이다. LG전자의 스마트씽크 허브는 스마트홈 서비스를 지원하는 홈 게이트웨이, 가전제품 상태뿐만 아니라 일정, 날씨 등의 유용한 정보를 3.5인치 화면과 음성으로 제공하는 알림센터, 음악을 들려주는 프리미엄 스피커 등 여러 가지 역할을 할 수 있다. 스마트 기능이 없는 일반 가전 제품의 작동 상태를 스마트씽큐 허브의 화면이나 스마트폰으로 보여줄 수 있다. 스마트씽큐 허브는 미국 주요 유통업체인 '로우스'의 IoT 플랫폼인 '아이리스', 올씬 얼라이언스의 '올조인' 등과도 연동된다.

▼ 그림 5-3. LG전자의 스마트씽크 센서와 허브

구글은 2015년 5월 샌프란시스코에서 개최된 연례 개발자 컨퍼런스(구글I/O 2015)에서 IoT용 플랫폼을 발표하였다. 본 플랫폼은 기본적으로 OS인 브릴로(Brillo)를 포함해 통신 프로토콜인 위브(Weave)로 구성되어 있다. 새로 발표한 '안드로이드 M(프로젝트명)'과 함께 본다면 IoT를 제어하는 스마트폰 인터페이스를 함께 갖춘 형태다. 그러니까 안드로이드폰을 IoT 허브로 활용해 위브로 소통하는 모든 제품을 연결하는 셈이다. 제품들은 모두 브릴로라는 두뇌를 갖게 된다. 코드네임 '브릴로'라 명명된 IoT OS는 안드로이드를 기반으로 개발되었으며, 최소 64MB 또는 32MB 램을 장착한 저전력 기기들을 겨냥한 플랫폼으로 가전기기 등에 안성맞춤이다. 이를 통해 가정 내 전구, 도어록, 센서 등 스마트홈 시장 공략에 본격적으로 나설 계획이다. 구글 안드로이드 OS가 스마트폰에서 사람과 사람을 더 쉽게 연결하는데 쓰였다면, 브릴로는 안드로이드 스마트폰과 가정 안팎에 있는 각종 IoT 기기를 연결하는데 쓰일 것으로 보인다. 구글은 "작은 안드로이드" 브릴로를 발판으로 IoT 격전지인 스마트홈 시장 선점에 나설 예정이다. 애플이나 삼성전자에 비해 늦게 스마트홈 플랫폼을 공개했지만, 구글이 믿는 것은 10억 명이 넘은 각국의 안드로이드 사용자들이다. 이들이 익숙하게 쓰던 스마트폰과 연결하기 쉬운 홈 기기를 선택한다면 구글을 중심으로 하는 스마트홈 생태계가 형성될 것으로 예상하고 있다.[92]

▼ 그림 5-4 구글의 사물인터넷 OS인 브릴로의 확장성

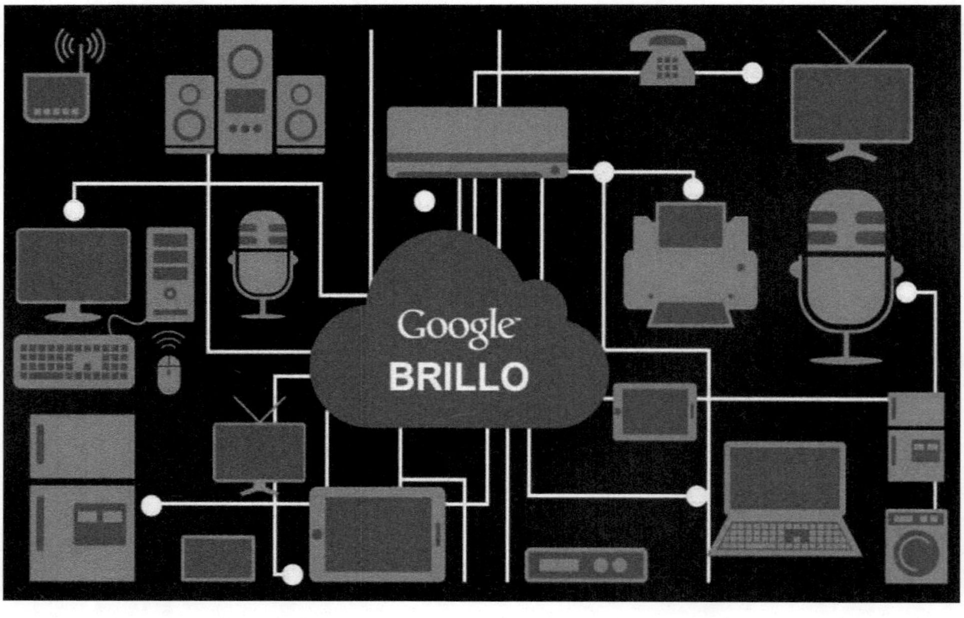

92) http://hifipublic.com/2015/05/25/google-to-announce-brillo-os-at-io-conference/

애플은 2013년 11월 사용자의 위치에 따라 장치의 작동을 제어할 수 있는 홈 자동화 관련 기술 특허를 출원하였고, 이 같은 홈 자동화 기술을 실현하기 위해 무선 통신기술을 활용할 것이라고 밝힌바 있다. 또 '지오펜싱(Geo-Fencing)'이라는 기술도 공개했는데, 이것은 특정지역의 위치정보를 기초로 반경을 설정하는 기술로서 사용자가 특정 위치에 도착하거나 벗어나는 것을 기기가 쉽게 알 수 있는 기술이다. '세계개발자회의 2014'에서 홈킷(Home Kit)을 공개한데 이어, 2015년 6월에 열린 '세계개발자회의 2015'에서 스마트홈 플랫폼인 '홈(Home)'을 전격 공개했다. 이에 따라 가전사들은 홈킷 API를 적용하여 자사의 제품이 아이폰과 연동되는 기능을 개발할 수 있게 되었다. '홈'은 가전기기들을 관리할 수 있는 스마트폰 앱이다. 애플이 만든 스마트홈 플랫폼, iOS로 스마트기기를 제어할 수 있는 허브 역할을 하게 될 홈킷을 통해 조명, 집안의 보안 시스템, 온도, 동작인식 센서, 창문의 블라인드까지 제어할 수 있게 되었다. 애플의 스마트홈 서비스는 GPS, 이동통신기지국, 카드리더기 등을 종합적으로 활용하여 사용자의 외부 동선을 정확히 파악하고 이에 따라 자동으로 가전기기들을 제어하는데 초점을 맞추고 있다. 또한 애플은 스마트홈 기기의 호환성 문제를 해결하기 위해 주로 스타트업을 대상으로 소규모 인수합병을 추진하고 있다. 2014년 9월 클라우드 스타트업체인 유니온베이 네트웍스에 투자하여 주택의 문, 온도조절기, 전등, 카메라, 전기 플러그, 스위치 등을 제어할 수 있는 시스템을 개발하였다. 이와 더불어 잠금장치 제조업체 어거스트와 손잡고 스마트 도어록까지 개발하였다.[93]

이와 같이 스마트홈은 TV, 에어컨, 냉장고 등의 가전제품을 비롯한 집안의 기기들 및 수도, 전기, 냉난방 등 다양한 장치를 통신망으로 연결하여 원격으로 모니터링하고 제어하는 서비스로서 가정 내 생활기기가 네트워크로 연결되어 인간중심의 서비스 환경에서 제공된다. 사물인터넷의 구축으로 무선 네트워크, 통신모듈 및 센서, 스마트 단말 등의 기술발전 및 보급이 확산되어 스마트홈 구축이 가능해졌다. 따라서 스마트홈이란 인터넷 기반의 정보화로 네트워크 연결이 아닌 주택(또는 건물) 내의 정보기술요소를 구현하는 토탈 홈 정보제어시스템 및 서비스/솔루션을 총칭하는 개념이 되었다. 스마트홈을 구현하기 위해 필요한 기술은 크게 인프라와 플랫폼 기술로 구분된다. 인프라 기술에는 유무선 통신기술, 콘텐츠 공유 기술, 그리고 센서 기술이 포함되며, 플랫폼 기술에는 사업자별로 서비스 특성에 맞게 개발된 서비스를 하나의 플랫폼을 통해 서로 다른 단말기에서도 동일한 서비스를 이용하게 하는 기술이다. 이러한 기술을 활용하여 사물인터넷으로 구현될 스마트홈에 대한 개념도는 〈그림 5-5〉와 같다. Strategic Analytics에 따르면 세계 스마트홈

93) http://www.digitaltrends.com/apple/apple-homekit-devices-unlikely-to-land-till-spring-at-earliest/

시장은 2014년 480억 달러에서 2020년 1,369억 달러로 연평균 19% 성장할 것으로 전망하고 있다.94) 미래창조과학부에 따르면 국내 스마트홈 시장은 2014년 8조 7천억원에서 2020년 37조 5천억원으로 연평균 27.6% 성장한 것으로 예측하고 있다. 향후 스마트홈 시장은 모바일 네트워크의 확산, 스마트 단말기의 보편화, 서비스의 수요 증대로 빠르게 확산될 전망이다.95)

▼ 그림 5-5 사물인터넷으로 구현될 스마트홈의 미래 (출처: www.tiresias.org)

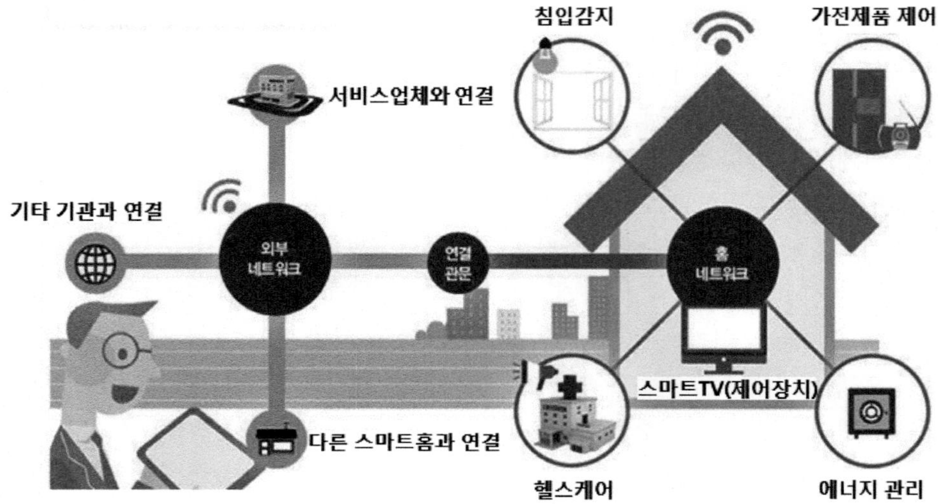

스마트홈에서 구축되는 무선통신은 대용량의 통신이 아니고 아주 기본적인 소용량의 통신이 주를 이룰 것으로 예측하고 있으며, 이런 추세를 가리켜서 사물인터넷이란 용어 대신에 소물인터넷이 스마트홈의 주요한 통신 수단이 될 것으로 예측하고 있다. 이제까지 통신 기술은 모두 성능이 높은 곳으로 지향점을 두었으나, 스마트홈의 무선통신 기술은 이와는 전혀 정반대의 사고 인식이 필요하다. 향후 '저성능'에 주목할 필요가 있다. 만물인터넷이라는 마케팅 용어를 만든 Cisco에서는 향후 추가적으로 연결될 대상으로 냉장고, 세탁기와 같은 가전제품과 조명기기 등 이미 연결되고 있는 기기들뿐만 아니라 숟가락(손떨림 보정, 리프트웨어), 젓가락(유해음식 판별), 유리컵(칼로리 및 음료량 측정)까지도 포함될 것으로 예측하고 있다. 제품 자체가 직접 연결될 수도 있지만 연결 기능에 충실한 작은 기기인 동글(Dongle)과 함께 더 많은 소물들이 연결된다고 볼 수 있다. 저성능 컴퓨팅 파워 기반의 소물들이 연결된 소물 인터넷은 기존의 PC, 스마트폰, 태블릿PC 등으로 연결된 환경과는 다를 것으로 예상된다. 기존의 스마트 기기들은 한 기기에서 더 많은 기능들을

94) Strategt Analytics, 2014 Smart Home Systems and Services Forecast Global Total, 2014.5.2
95) 나도백, "IT 융합시스템 스마트홈", Market Report, 2015년 4월호

융합하여 구현할 수 있어야 하므로 고성능 컴퓨팅 파워가 필요하다. 그리고 사용 주체가 사람이기 때문에 사람이 생산, 소비할 수 있는 멀티 미디어 콘텐츠 중심으로 활용되어 왔다. 그래서 기기의 스크린은 크면 클수록 사용성이 좋고 대용량 데이터를 송수신하기 때문에 데이터 전송속도는 빠르면 빠를수록 좋다. 이에 반해 소물인터넷은 저성능 기반의 소물들이 주변 환경을 능동적으로 감지하는 등 그 주체가 사람이 아니라 사물인 연결 환경이다. 저성능 컴퓨팅 파워 기반의 소물들이 생성한 데이터의 저장과 분석은 소물에 저장되기보다 대용량 저장소인 클라우드에서 진행될 것으로 보인다. 그래서 네트워크는 소량·저속이어도 그리고 스크린은 없어도 무방할 것으로 보인다. 이와 같은 소물통신용 기술을 줄여서 LPWAN(Low Power WAN)이라고 한다.[96]

LPWAN 통신환경을 구축한 선두기업은 프랑스의 시그폭스(Sigfox)다, 시그폭스는 UNB(Ultra Narrow Band)라는 기술을 사용하여 별도의 기지국 또는 중계 장비 없이 다양한 사물에 칩셋 기반의 통신모뎀을 연결, 가까운 거리에서 꼭 필요한 데이터들만 주고받을 수 있도록 하면서 별도의 망 구축비용과 전력 소모를 최소화하는 방법이다. 도시 지역은 3~10km까지 전송이 가능하고, 교외 지역은 30~50km까지 전송이 가능하며, 시야가 확보된 경우에는 1,000km도 가능하다고 한다. 주파수 할당 대가를 내지 않고도 활용할 수 있도록 정부가 남겨놓은 '비면허 주파수 대역'을 활용해 자유롭게 서비스를 제공할 수 있다. 일반적인 셀룰러, 와이파이 등 모바일 망은 일반 사용자들이 전화를 하거나 멀티미디어 콘텐츠 소비를 지원하는 것에 최적화되어 있지만 소물인터넷이 현실화되기 위해서는 소형 배터리의 저성능 컴퓨터로 구동되는 사물들을 위한 전용망이 필요하다. 시그폭스는 저렴하게 많은 기기를 수용할 수 있는 서비스를 지향하고 있다. 시그폭스는 비면허 주파수 대역을 사용하며 하루에 최대 12바이트짜리 메시지를 140회까지 사용할 수 있는 서비스이다. 또 이들은 기기 당 연간 1달러에서 12달러 사이의 요금제로 서비스를 제공하고 있다. 예를 들어 스마트 주차시스템을 구축하려면 차량과 주차 공간 모두에 와이파이 또는 3G 모뎀을 각각 설치할 수도 있으나, 시그폭스 방식을 활용하면 동전 크기의 통신센서(배터리 내장형)를 차와 주차공간에 설치하면 그것들이 기존의 이동 통신 기지국과 직접 연결된다. 이러한 방식은 온도와 습도 제어장치, 가로등, 주차, 교통 센서, 에너지 측정(전기/수도/가스 스마트 미터), 산업/상용/홈 자동화(HVAC 제어, 스마트 가전, 보안 시스템, 조명), 시청률 조사 장비 등에 활용될 수 있을 것으로 전망된다. 이러한 기술력을 인정받아 삼성전자와 2015년 6월 프랑스 파리에서 지분 투자계약을 맺었으며, 삼성전자는 〈그림 5-6〉과 같이 사물인터넷 사업 구조에서 시그폭스의 기술을 충분히 활용할 계획이다. 또한 미국 인텔, 스페인의

96) LG Business Insight, "저성능의 소물인터넷이 IoT의 지평 넓힌다", 2015년 2월 4일

텔레포니카, 한국의 SK텔레콤 등이 이 회사에 총 1억 1500만달러(약 1286억원)를 투자했다. 프랑스 벤처기업으로는 사상 최대 규모의 투자 유치라고 한다.[97]

▼ 그림 5-6 삼성전자가 그리는 사물인터넷 사업 구조

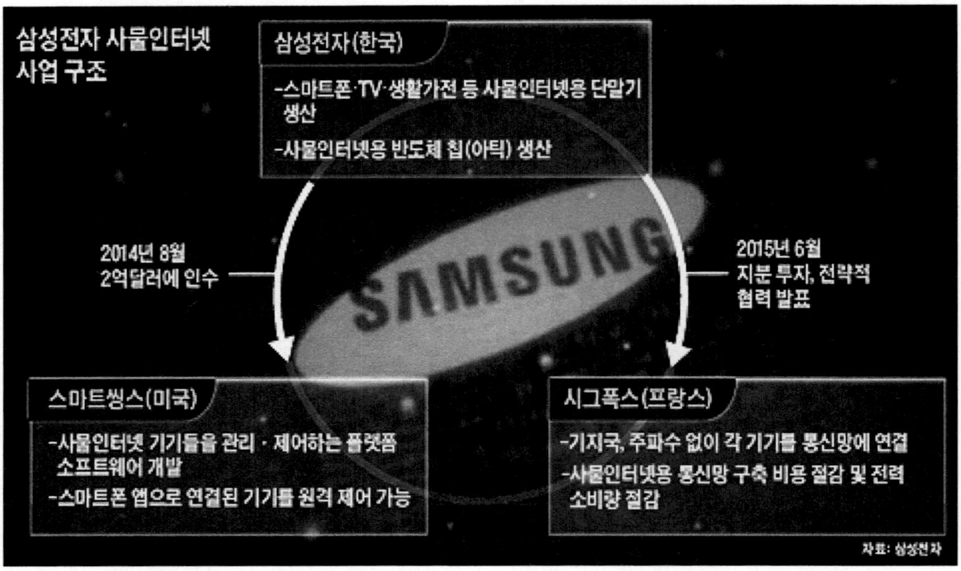

LPWAN 분야에 떠오르는 또 다른 기술로 '로라 얼라이언스(LoRa Alliance)'가 있다. 로라 얼라이언스는 소물들을 연결하는 IoT 전용 통신 기술인 저전력 장거리 통신기술과 해당 기술이 적용된 제품 개발을 위해 조직된 다국적 연합체다. 로라 LPWAN은 16km 이상의 범위에서 10년 이상 지속되는 배터리 수명으로 사물인터넷과 M2M(Machine to Machine) 무선통신을 구현하고 수백만 개의 무선 센서 노드를 게이트웨이에 연결할 수 있다. 네덜란드 1위 이동통신 사업자 KPN, 스위스 1위 이동통신 사업자 스위스콤(Swisscom) 등 유럽 주요 이동통신 사업자와 IBM, Cisco, 셈텍(Semtech) 등 주요 하드웨어·소프트웨어 업체 약 50여개 업체가 로라 얼라이언스 회원으로 활동 중이며, 아시아에서는 SK텔레콤이 2015년 7월에 가입하였다. SK텔레콤은 아시아 이동통신 사업자 최초로 로라 얼라이언스에 가입해 기술 개발 작업에 적극적으로 참여할 계획이다. 또한 향후 해당 기술을 도입한 글로벌 통신 사업자 간의 협력체계를 구축하고, 서비스 및 제품 공동 개발을 추진할 방침이다. '저전력 장거리 통신 기술'은 통신 거리가 수십km로 넓고, 전력 소모가 적어 단말기 배터리 수명이 수년간 유지되는 장점을 지니고 있다. 업계 전문가들은 초고속/광대역 네트워크를 필요로 하는 기존의 스마트 기기 연결 환경과는 다른 별도의 '소물인터넷' 만의 생태계가 생성될 것으로 전망하고 있어, 세계 유수의 기

97) 조선 비즈, http://biz.chosun.com/site/data/html_dir/2015/06/16/2015061603953.html

업들이 관련 기술 개발에 큰 관심을 보이고 있다. 향후 SK텔레콤은 ▲스마트홈 연동 계량기 개발 ▲자전거 관제 및 위치 추적 솔루션 ▲빅데이터를 통한 상권 분석 ▲스마트 가로등 관제 등에 로라 얼라이언스의 '저전력 장거리 통신 기술'을 적용해 연내 소물인터넷 시범사업을 본격적으로 추진할 계획이다. 또한 시범사업 운영을 통해 얻은 노하우 및 개선점에 대한 의견을 로라 얼라이언스에 지속 개진해 전 세계 소물인터넷 기술 진화 및 생태계 구축을 선도해나갈 것이라고 SK텔레콤은 밝히고 있다. 로라 기술은 3G 및 4G 셀룰러 네트워크에 비해 임베디드 애플리케이션이 더 높은 확장 가능성과 비용 효율성을 가질 수 있도록 하고, 이 기술을 활용하면 열악한 실외 환경에서도 안정적으로 작동할 수 있으며 광범위한 저속 무선 모니터링 및 제어 설계에 매우 적합하다.[98)]

LPWAN에 Weightless SIG도 열심히 활동 중에 있다. 이 기구는 유휴주파수를 활용한 M2M 표준 기술을 개발 · 확산하기 위해 구성된 영국 캠버리지에 기반을 둔 비영리 국제표준기구이다. 다른 LPWAN 기술은 수용자가 오직 단일 기지국 공급자 및 단일 네트워크 운영자를 선택하도록 국한시킨 것에 반해, Weightless SIG는 개방 표준형을 지향하고 있다. 모든 회사가 로열티 없는 Weightless 기술을 이용함으로써 저비용으로 기지국과 단말기를 개발할 수 있는 것을 목표로 하고 있으며, 주파수간 간섭 완화와 보안 강화를 위한 주파수 호핑 알고리즘을 이용하여 좁은 주파수 대역 내에서 송수신이 가능하도록 만든 기술이다. 표준은 암호화와 내면의 암시적 인증에서 고안되었으며, 128비트 AES 알고리즘을 통해 송신된 정보를 인코딩하기 위해 공유 비밀암호 체계를 사용한다. 또한 단말기의 메시지를 정확한 목적지로 전달하도록 자동적으로 경로를 설정(라우팅이라고 함)하는 네트워크 이동성을 지원하고 있다.[99)] 이와 같은 무선통신 기술별 통신거리와 데이터 전송량의 비교는 〈그림 5-7〉과 같다. 소물통신에 적용된 LPWAN 기술은 2000년대 초에 유행했던 지그비 통신에 비해 확실한 강점을 가지고 있다.

이와 같은 소물통신이 확산되기 위해서는 무선 주파수 관련 정부의 정책적인 지원도 병행되어야 한다. 다행히 2015년 6월에 미래창조과학부에서 스마트홈과 원격 검침 등 LPWAN용 기술 개발에 필요한 '용도 자유대역' 약 8GHz 폭의 공급 방안을 마련하였다. '용도 자유대역'이란 출력 등 기기간 혼선 방지를 위한 최소한의 기술 수준만 만족하면, 허가나 신고 없이 자유롭게 사용할 수 있는 주파수 대역을 의미한다. 기존 주파수는 대부분 용도를 한정해서 사용했지만, 다양한 기술과 서비스 수요에 유연하게 대응하고 창의적인 융합 신산업이 창출될 수 있도록 용도 자유대역 주파수를 확대한다는 일환이다. 국내 주파수 이용현황을 토대로 해외동향과

98) SK텔레콤 홍보자료, http://www.sktelecom.com/press/detail.do?idx=3600
99) TTA, "해외 ICT 표준화 동향" 2015년 5월, 4주차

▼ 그림 5-7 무선통신 기술별 통신거리와 데이터 전송량 비교

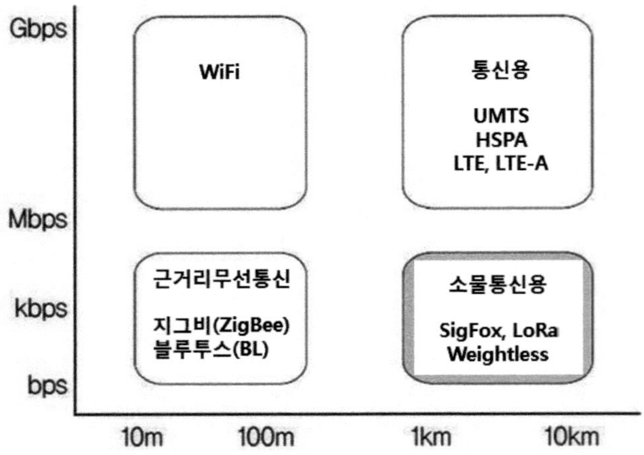

산업계 수료를 고려하여 저대역과 고대역에 걸쳐 '용도 자유대역' 주파수를 추가 공급함으로써 ICT 신산업 활성화를 위한 다양한 서비스 활용이 가능하도록 할 전망이다. 〈표 5-1〉과 같이 저대역인 262~264MHz 대역은 스마트홈과 원격검침 등 LPWAN 서비스로 사용하고, 고대역인 24~27GHz 대역은 소출력 레이더 및 5세대 이동통신용 모바일 백홀 등으로 활용할 예정이다. 또 초고대역인 65~66GHz 대역은 초고속 대용량 영상 전송용(WiGig), 122~123GHz와 244~246GHz 대역에서는 의료영상진단 및 보안검색 등으로 활용할 계획이다. 국내의 900MHz, 2.4GHz, 5.8GHz 대역은 완전 용도자유대역은 아니나, 블루투스, 지그비 등 IoT용으로 이미 용도 자유대역과 유사하게 활용 중이다.[100)]

▼ 표 5-1 용도 자유대역 주파수 공급 대역

구 분	국제동향	활용전망
262~264MHz (2MHz 대역폭)	협대역 디지털 통신 및 군용에 이용	원격검침 및 스마트홈 등 장거리 IoT 서비스 등 활용 가능
24~27GHz (3GHz 대역폭)	• 물체감지센서, 차량충돌방지레이더 등 이용 • 광대역 무선통신, 무선탐지, UWB 기기 등에 이용	소출력 레이더, 5G 이동통신용 모바일 백홀(스몰셀) 등 활용 가능
66~66GHz (2GHz 대역폭)	무압축 대용량 영상전송, 고해상도 레이더 등 이용	무압축 대용량 영상전송, 근거리 고해상도 레이더 등 활용 가능
122~123GHz 244~246GHz	초고속 통신, 의료영상진단, 보안검색 등 관련 연구개발 진행 중	20년 이후 기술발전에 따라 다양한 소출력 기기 상용화 예상

100) 미래창조과학부 보도자료, http://www.msip.go.kr/, 2015년 6월 25일

최근 신축되는 아파트 등의 공동주택에는 최첨단의 홈네트워크이 구축되고, 이것을 기반으로 하는 다양한 스마트홈 서비스가 제공되고 있지만, 기대만큼 스마트홈 시장이 활성화되지 못하고 있다. 그 이유는 주택의 경우 내용 연수가 길기 때문에 새로운 스마트홈 서비스 솔루션이 개발되어도 기존 주택에 보편적으로 적용하기 어렵기 때문이다. 그리고 주택 거주자들이 직접 조작하는 스마트홈 서비스는 초기에는 호기심으로 사용하다가도 시간이 경과하면 번거러움 때문에 많이 사용하지 않게 된다. 전통적인 스마트홈 분야는 홈 오토메이션(가전기기), 홈 에너지 관리, 홈 시큐리티 3개 분야이다. 첫째는 TV, 냉장고, 에어컨 등 가정 내에서 주로 이용되는 생활 가전 분야이며, 둘째는 조명, 수도, 난방과 같은 에너지 관리 분야이며, 셋째는 출입문과 창문, 감시 카메라 등의 보안 분야이다. 그러나 최근의 스마트홈 서비스로는 홈오토메이션, 에너지 관리, 홈 시큐리티 뿐만 아니라 홈 엔터테인먼트, 헬스케어 등의 서비스로 확대되고 있다. 사물인터넷 환경에서는 스마트폰과 같은 생태계가 급격히 형성되기는 어렵다. 무엇보다 한계비용 개념이 다르기 때문이다. 스마트폰 앱 생태계가 소프트웨어 기반으로서 사용자 기반 확대에 필요한 한계 비용이 크지 않은 반면에 사물인터넷 생태계는 하드웨어 제품군의 참여로 이루어진다. 여기에는 연결화에 필요한 전용칩 등 물리적 비용과 시간이 수반되기 때문이다. 그렇지만 글로벌 IT 업계는 다가올 10년의 미래 주역으로 스마트홈을 꼽고 있다. 이르면 3년 이내, 길어도 10년 후에는 스마트홈이 대중화 된다는 것이 업계의 관측이다.[101)]

스마트홈은 궁극적으로 '개인주거에 필요한 전 일상용품 및 기기에 사물인터넷을 융합'하는 것이기 때문에, 개인소비와 관련된 대부분의 영역에 방대하게 걸쳐있는 융합산업의 결정체라고 할 수 있다. 그만큼 시장규모나 성장 잠재력이 커 글로벌 IT, 전자, 통신 업체들이 시장선점을 위해 각축을 벌이고 있는 이유이다. 스마트홈은 이전에 없었던 전혀 새로운 개념은 아니다. 2000년대 초반에는 국내 초고속 인터넷 보급과 함께 유선인터넷 기반의 '홈네트워크' 시장이 성장하였다면, 스마트홈은 무선인터넷 환경과 M2M 기술 발전이 가져온 기존 시장의 확대역영으로 볼 수 있다. 하지만, 기존의 홈네트워크는 유선 중심의 폐쇄성으로 시장 확대에 한계가 있었다면, 현재의 스마트홈은 무선통신기술의 발전에 힘입어 이용자의 시공간의 제약이 사라지고 더욱 다양한 기기들을 연결할 수 있다는 점에서 기존 홈네트워크와는 다른 새로운 생태계가 조성될 전망이다. 스마트홈 시장 생태계는 〈그림 5-8〉에서 보듯이 6가지 구성요소로 이루어져 있다. 첫 단추는 가장 먼저 '통신' 즉 유무선 인터넷 인프라의 확보이며, 그 다음으로 IoT 통신이 가능한 스마트 디바이스 및 수 없이 많은 스마트 디바이스 간의 연결성이다. 이러한 연결성은 '표준화'를

101) TTA, 주간기술동향, "사물인터넷 기반 스마트홈 발전 전망", 2015년 9월 9일

통한 스마트 디바이스간 원활한 통신 기반 확보가 필수적이다. 유무선인터넷/스마트 디바이스/IoT 표준화가 인프라에 해당한다면, '플랫폼'은 이런 인프라 시설을 운용 및 제어할 수 있는 홈 허브 역할을 것이며, 홈 허브를 이용자 편의성에 맞게 '제어할 수 있는 디바이스'가 갖춰져야 한다. 마지막으로 가장 중요한 것은 이용자의 니즈에 맞는 킬러 콘텐츠가 적절히 갖춰져야 비로소 스마트홈 시장의 생태계는 완성이 될 수 있다.102)

▼ 그림 5-8 스마트홈 생태계의 6대 구성요소

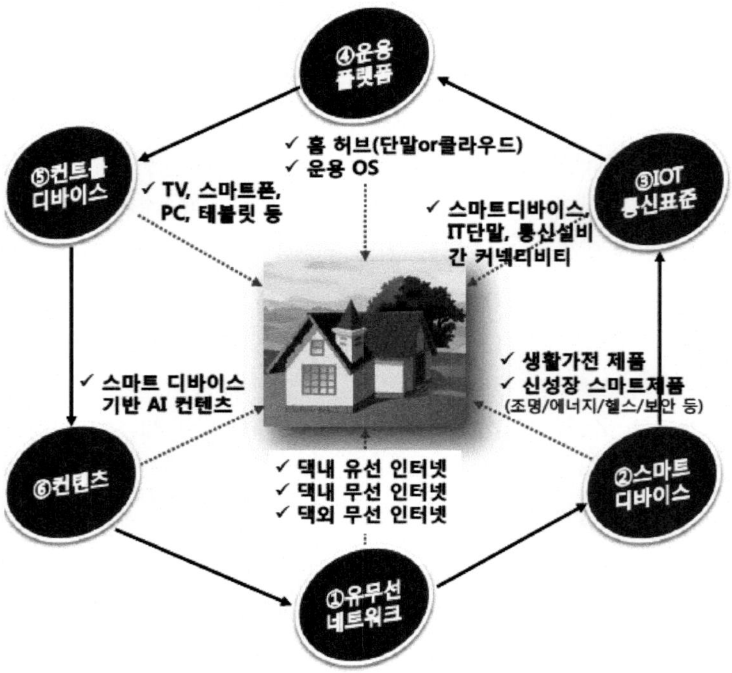

스마트홈의 차별화는 다양한 IoT용 스마트 디바이스가 있어야 가능하다. 스마트 디바이스는 〈그림 5-9〉에서 보듯이 크게 가전사업자 중심의 '생활가전 제품류'와 통신/IT/기타 사업장 중심의 '신성장 스마트 제품류'로 나뉠 수 있다. 생활가전 제품류는 TV, 냉장고, 세탁기, 전자레인지 등 기존의 가전제품에 인터넷 통신 기능을 탑재하는 제품군이며, 신성장 스마트 제품류는 CCTV와 침임감지 디바이스, 에너지/조명/난방, 헬스 등에 스마트 기능을 탑재한 제품군으로 구분할 수 있다. 생활가전 제품류는 삼성전자와 LG전자를 중심으로 한 가전제조사를 중심으로 스마트 디바이스의 개발이 완료 단계에 있다. 그러나 신성장 제품류는 아직 명확한 지배적 사업자나 제품이 없는 상태이며, 이 제품류의 핵심 기술은 바로 센서 기술이다.

102) 김영관, 디지에코 보고서, "스마트홈 생태계 6대 구성요소", 2014년 11월 26일

에너지를 줄이기 위해서는 기존 백열등 대신에 LED등으로 교체하고, 대기전력을 최소화 하고, 실내에 재실자를 감지하여 각종 냉난방 기기를 자동으로 제어하고 조명을 스스로 제어하는 방향으로 진행되고 있다. 이러기 위해서는 재실자를 감지할 수 있는 센서가 필수적이다. 현재는 모션감지 센서가 재실자 감지용으로 사용되고 있으나, 모션감지 센서는 사람 유무만 파악이 될 뿐 몇 명이 어디에 있는지는 구분이 되지 않는다. 따라서 실내에 몇 명이 얼마나 활동적으로 움직이는지 등을 구체적으로 파악할 수 있는 저가의 재실자 감지 센서가 나온다면 에너지 관리에 큰 도움이 될 것으로 보인다. 보안과 관련한 센서는 에스원이나 ADT 등의 물리보안업체에서 오랫동안 침입감지 센서를 개발하였다. 그러나 이들 센서들은 오보가 많고 무력화가 가능한 것이 여전히 문제점으로 남아 있다. 향후에 오보가 없고 보다 정밀한 침입감지 센서의 개발이 필요하다. 그리고 헬스케어 관련한 제품들은 꾸준히 많은 아이디어를 가지고 출시되고 있다. 따라서 향후 각종 센서를 활용한 다양한 제품을 가진 업체가 스마트홈 시장을 지배할 것으로 예측된다.

▼ 그림 5-9 스마트홈의 IoT용 스마트 디바이스 분류

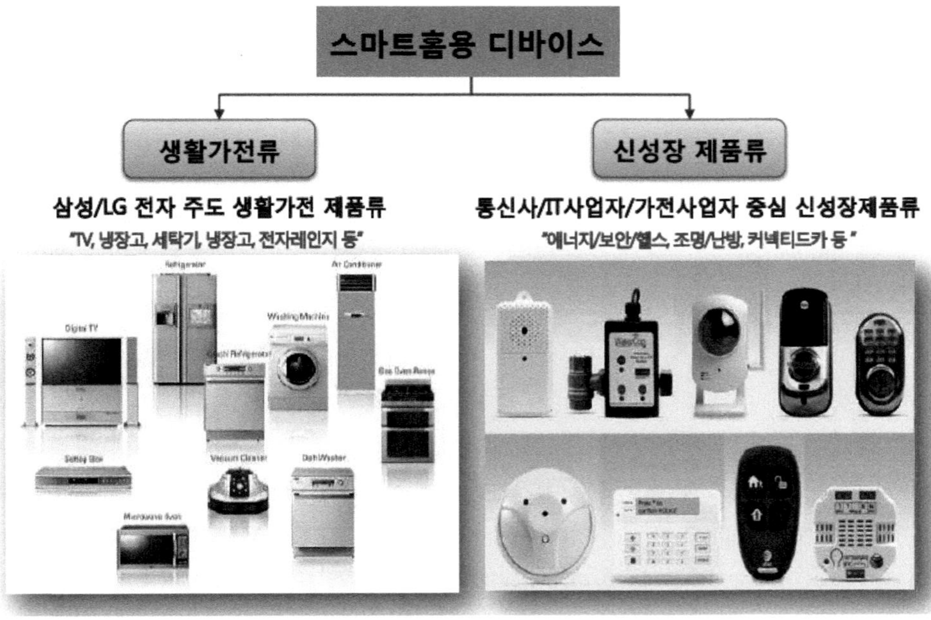

나 자율 주행하는 스마트카

해마다 연초에 세계 최대의 가전 전시회가 미국 라스베이거스에서 개최된다. 그런데 최근 가전 전시회에 커다란 변화가 생겼다. 가전 전시회에는 가전제품을

중심으로 전시회가 이루어져야 하는데, 2016년 CES에서는 가전제품 뿐만 아니라 자동차가 대거 전시되었다는 점이다. 한국의 현대기아차를 비롯해서 아우디, 폭스바겐 등 완성차 업체들과 콘티넨탈, 델피아, 덴소 등 글로벌 자동차 부품사를 합쳐 총 115개사에 달하는 자동차 관련 업체들이 전시회에 참가하였다. CES는 삼성전자와 LG전자 등 글로벌 전자업체들이 신제품을 자랑하는 자리지만 최근 IT 기술의 적용 비중이 높은 스마트카가 미래 자동차 산업의 중심축으로 떠오르면서 자동차 관련 업체들의 참여가 늘고 있다. CES를 주관하는 미국소비자협회(CIA)와 업계에 따르면 2016년 전시회의 자동차 관련 전시면적은 지난해에 비해 25% 이상 늘어 1만 8580m^2에 달했다. 자동차 관련 업체들이 CES에 참여하기 시작한 것은 10여년 전부터다. 이 같은 트렌드는 2020년까지 97%의 신차가 커넥티드카(또는 스마트카)가 될 것이라는 전망과 밀접한 관련이 있다. 최근 한 시장조사기관에 따르면 자동차 부품 중 전기로 작동되는 전장 부품의 비중이 5년내 50%까지 확대될 것이라는 예측도 나오고 있다. 이제 자동차는 기계 부품으로만 동작하는 것이 아니라 전자 제품에 의해 동작하는 가전인 셈이다.

IT 업계의 최대 플랫폼 사업자인 구글과 애플 역시 스마트카에 주목하고 있다. 구글 안드로이드 오토와 애플 카플레이 등을 활용해 스마트폰의 사용자 경험, 예를 들어 구글 지도 같은 정보형 서비스나 구글 나우 등의 일정 관리 및 음성 인식 서비스를 자동차에 그대로 옮겨오겠다는 것이다. 나아가 완전 자율 주행 자동차(무인 자동차)를 위한 기술 개발에도 박차를 가하고 있다. IT와 조금 관련이 없어 보이는 사무공간 컨설팅 기업도 무인 자동차를 이용해 움직이는 사무공간을 구상하기도 한다. 사실 스마트카 관련 기술은 이전부터 있었다. 넓은 관점에서 보면 근접 센서를 통해 운전자 사각지대에 사람이나 물체가 있으면 알려주는 기능이나, 후진 주차 시 후방 카메라를 통해 주차할 위치를 보여주는 기능 등도 스마트카 기술의 일종이다. 이처럼 과거부터 존재하던 스마트카 기술에 최근 급속도로 발전한 디스플레이 기술과 정보통신 기술이 융합하면서 새롭고 다양한 기능이 등장하고 있다. 이것이 바로 자동차 회사가 IT 전시회에 등장하는 이유다. 〈그림 5-10〉은 CES2016에서 선보인 엔비디아(NVIDIA)의 자동차용 슈퍼컴퓨터이다. 엔비디아의 드라이버 PX2는 2개의 프로세서를 탑재한 고성능 컴퓨터로, 무인자동차의 핵심에 탑재하기 위해 만들어졌다. 비디오 카메라와 레이저 이미지 센서의 실시간 피드백을 처리하고 무인 주행 소프트웨어를 실행할 수 있다. 추후 볼보가 이 제품을 사용할 계획이라고 한다.[103)]

103) IT World, 2016년 1월 8일, http://www.itworld.co.kr/slideshow/97357?slide=5#stage_slide

▼ 그림 5-10 엔비디아의 자동차를 위한 슈퍼컴퓨터

국내 소프트웨어 업체 MDS테크놀로지는 2000년대 중반까지만 해도 삼성전자와 LG전자 · 팬택 등 전자업체가 최대 고객이었다. 하지만 요즘은 현대차 그룹이 이들을 제치고 최대 매출을 올려주는 회사가 됐다. 1994년 설립된 MDS테크놀로지는 판교 테크노밸리에 본사를 두고 있으며, 스마트폰 등 모바일 제품과 자동차 · 가전 · 항공기 등에 내장되는 컴퓨터 운영 체제나 소프트웨어 등을 개발하는 회사이다. 이 회사는 2010년만 해도 모바일 분야 비중이 전체 매출의 19%, 자동차 비중은 12%에 불과했다. 하지만 지난 3년 새 상황이 역전됐다. 2012년 모바일 시장 매출은 전체의 7%로 줄어든 반면, 자동차 매출은 26%(190억원)로 늘었다. MDS테크놀로지의 이런 변화에는 국내 자동차 · IT 시장의 큰 흐름이 반영되었기 때문이다. 글로벌 자동차 업계가 앞 다퉈 스마트카 개발에 뛰어들면서 첨단 IT 기술 수요가 크게 늘어난 것이다. IT 업체들도 주력인 스마트폰의 성장 속도가 떨어지면서 자동차 분야로 영역을 넓혀가고 있다.

전장 부품은 파워트레인(엔진 · 변속기) 속의 전기 장치, 차량 간격 조절 시스템, 에어백, 실내 이산화탄소 농도 조절 장치 등 각종 안전 · 편의장치에 들어간다. 차량 곳곳에 거미줄처럼 깔려서 차량 내 · 외부의 상황을 감지하는 센서도 모두 전장 부품에 속한다. 예를 들어 센서가 앞차와의 간격이 좁아지는 것을 감지해 전기 신호로 브레이크를 작동시킨다. 전기 모터는 핸들에 작은 힘만 전달해도 차량을 안정적이고 정교하게 움직이도록 보조해준다. 운전자가 운전을 하지 않아도 스스로 움직이는 무인자동차 등 자동차 시장 분야의 첨단 기술도 전기 신호를 주고받으며 차량을 움직이는 전장 부품과 소프트웨어가 핵심이다. 현재 자동차에 장착되어 있는 대표적인 스마트카의 주요 부품 구성은 〈그림 5-11〉과 같다.[104] 그림에서 보듯이 스마트카에 있어서 센서기술은 기본이다. 주행상태나 충돌을 감지하기 위해 각속도 및 가속도 센서, 사물을 탐지하는 레이더/카메라 센서 등이 요구된다. 반도체 미세공정기술에 기반한 MEMS 기술을 통한 센서의 소형화와 대량생산 속도가 빨라지고 있다. 실제로 자동차 한 대당 내장된 평균 센서는 2000년에는 87개(산소, 압력, 온도센서 등)에 불과했으나, 2010년에는 160개(가속도, 온습도, 빛감지, TPMS, 에어백 등)로 늘어났으며, 2015년에는 200개(자율주행센서, 레이더센서, 지능형 충돌방지센서), 2020년에는 300개 수준으로 늘어날 것으로 예상된다. 시장 조사기관인 가트너(Gartner)에 따르면 차량용 센서 업체 순위(MEMS형 센서 기준)는 로버트보쉬(독일), 덴소(일본), 파나소닉(일본), 프리스케일(미국), 센사타(미국), 무라타(일본) 순이다.

▼ 그림 5-11 스마트카 주요 부품 구성도 (출처: MDS테크놀로지)

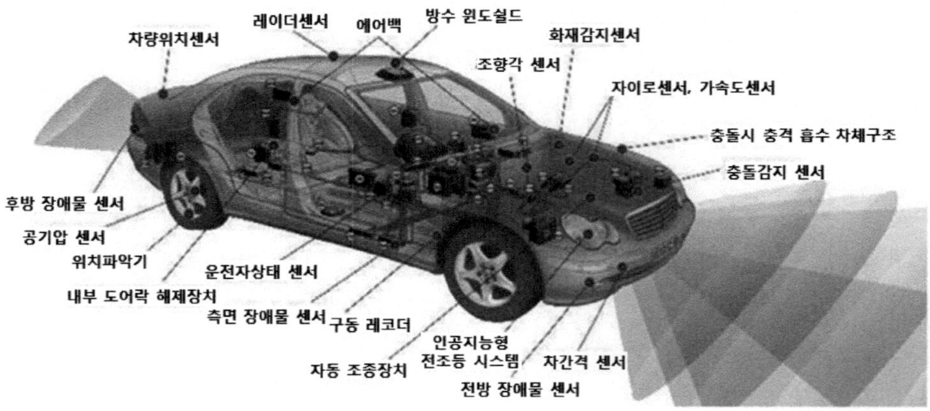

스마트카에 대해 2010년 기획재정부에서 정의한 사전적 의미는 '첨단의 컴퓨터 · 통신 · 측정기술 등을 이용하여 자동으로 운행할 수 있는 차량' 즉, 자동차에 장착된 GPS 수신기로 정확한 위치를 통보받아 정밀한 지도를 제시하고, 현 위치에서 목적지까지 가장 효율적으로 가도록 해 주는 차량을 의미한다. 최근 스마트카는 기계 중심으로 발전해 온 자동차 기술에 차세대 전기전자, 정보통신, 지능제어 등의 기술을 접목, 자동차 주변과 차량 내 장치들의 정보를 실시간으로 수집하여 안전성을 증가시키고, 다양한 편의 기능을 추가한 환경 친화적인 차량으로 진화하고 있으며, 가까운 미래에는 자율주행이 가능한 무인자동차로 발전할 것으로 보인다. 완전한 자율 주행 정도는 아니지만, 자율 주행의 첫걸음이라 할 수 있는

104) 조선비즈, http://biz.chosun.com/site/data/html_dir/2013/12/23/2013122304631.html

자동 주차 기능은 이미 상용화됐다. 기아자동차나 현대자동차 등의 국내 기업은 물론, 렉서스, BMW, 폭스바겐 등 전 세계에 있는 수많은 자동차 브랜드가 이를 도입했다. 전진, 후진 등의 단순한 주차뿐만 아니라 좁은 공간에 평행주차를 하는 것처럼 사람에게도 조금은 어려운 기능을 자동으로 수행한다. 따라서 스마트카 기술은 크게 안전과 편의 측면으로 나눌 수 있으며, 궁극적으로는 자율주행 기술로 발전해 나아갈 것으로 전망된다.

오래전부터 센서를 이용한 차량의 안전 확보를 위해 많은 노력을 기울여 왔다. 그 중에서 대표적인 센서가 바로 TPMS(Tire Pressure Monitoring System)이다. 고속도로를 달리다가 타이어가 펑크가 난다면 어떻게 될까? 대형 사고로 이어질 개연성이 매우 높다. 타어어가 펑크 나는 주요 원인 중 하나가 타이어 공기압 부족문제이다. 타이어 공기압이 너무 낮거나, 이런 상태를 장시간 방치해 놓으면 대형 사고로 이어질 가능성이 높아진다. 도로에 널려 있는 못, 나사, 돌, 유리조각 등에 의해 타이어가 손상될 수 있으며, 다양한 원인에 의해 타이어가 파손되어 공기가 빠져나가게 되면 사고가 발생하게 된다. 이런 문제를 사전에 예방할 수 있게 해 주는 센서가 바로 TPMS이다. 차량용 블랙박스는 사고난 후 원인 파악에 도움을 줄 수는 있지만, 사고를 미연에 방지를 하지 못한다. 반면, TPMS는 타이어에 의한 사고를 미연에 방지를 해 줄 수 있기 때문에 블랙박스 보다 훨씬 중요한 제품이라 할 수 있다. TPMS는 타이어 공기압 경보 센서 시스템이다. 타이어의 공기압을 정해진 시간마다 모니터하다가 문제가 발생되면 운전자에게 무선 신호로 경보를 보내주는 장치이다. TPMS를 설치하면 좋은 점은 〈그림 5-12〉와 같이 다음과 같다. ① 타이어의 펑크를 방지한다. ② 타이어 공기 누출을 방지할 수 있다. ③ 타이어 공기압이 적당하면 연료를 절감할 수 있다. ④ 타이어에 공기가 빠져 나가면 타이어에 편마모 현상이 발생할 수 있는데, 이런 편마모를 예방하여 타이어를 오래 사용할 수 있다. ⑤ 한쪽 타이어만 공기압이 낮다면 차량의 균형이 깨지고 운전 중에 한쪽으로 쏠림현상이 생길 수 있는데, 이런 문제점을 해결하여 승차감이 향상되고 제동력도 향상된다.

▼ 그림 5-12 TPMS 설치시 장점 5가지

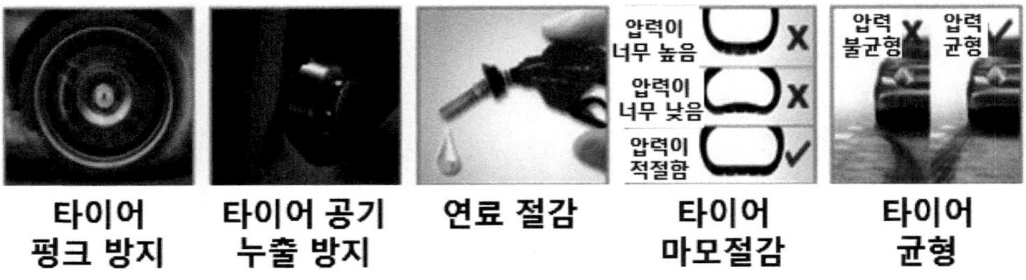

또한 TPMS는 휠에 장착되어 나오는 고정식과 타이어 공기 주입구에 장착하는 이동식이 있다. 대표적인 TPMS 센서 모듈 구성은 〈그림 5-13〉과 같이 MCU, 압력센서, 온도센서, 무선 송수신기(국내는 433MHz), 배터리로 구성된다. 타이어 내부에 설치하는 내장형과 달리 스틸메이트 TPMS TP-70 모델은 타이어 공기 주입구에 센서를 부착하고 수신기는 시거잭에 꼽기만 하면 되어 설치와 사용이 매우 쉬운 장점이 있다.[105] 4개 타이어에 설치된 센서가 무선으로 보내주는 공기압 데이터를 시거잭에 꽂힌 모니터를 통해 보여 주고, 기준치를 초과하는 다양한 문제에 대해서 경보로 알려준다. 자동차 제조회사에서 차량 출고시 옵션으로 내장해 나오는 TPMS는 보통 약 50만원 정도인데 반해, 이 제품은 20만원대 가격이며, 타사대비 길이가 짧은 것이 기술력이다. 길이가 길 경우 타이어 바깥으로 튀어나와 예상치 못한 문제가 생길 수 있기 때문이다. 또한 배터리를 타사 제품 보다 오래 쓸 수 있는 점도 장점이다. 배터리 세이브 기술 적용으로 최대 3년까지 사용이 가능하고, 수명이 다 된 배터리는 손쉽게 배터리를 교체할 수 있어 반영구적으로 사용할 수 있다.[106]

▼ 그림 5-13 TPMS 센서 모듈 구성

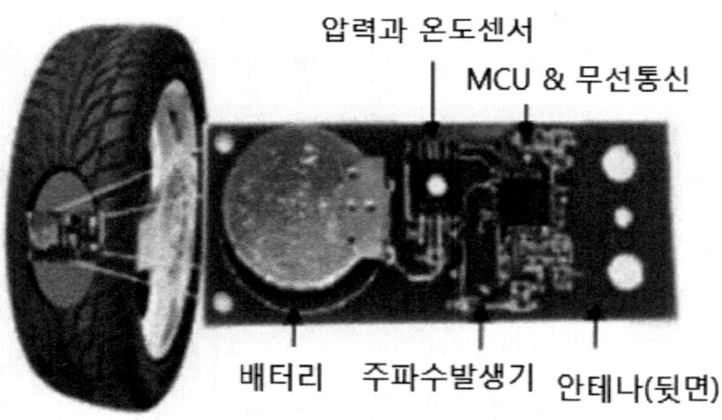

TPMS는 원리에 따라 Direct 방식과 Indirect 방식이 있다. Direct 방식은 각각의 휠에 붙은 압력센서가 실제로 읽어낸 타이어 공기압을 무선으로 전송해 각 타이어의 공기압을 모니터링하는 방식이다. 그리고 Indirect 방식은 휠의 스피드값을 모니터링하는 방식인데, 휠센서로부터 나오는 휠의 스피드값을 토대로 공기압이 부족하면 타이어의 구름직경이 작아지기 때문에 공기압이 높은 바퀴에 비해 회전수가 높아지게 된다. 반대로 너무 높으면 구름직경이 커지기 때문에 회전수가 낮아지게 된다. 이렇게 휠의 스피드값은 타이어의 공기압 차이에서 기인된다. 북미

105) 스틸메이트 홈페이지, http://www.steelmate.kr
106) 베타뉴스, 2013년 11월 20일, http://m.betanews.net/bbs/read.html?num=586339

사양은 Direct 방식으로 규정되어 있으며, 유럽 차량에는 Indirect 방식이 많이 장착되어 있다. Indirect 방식은 타이어의 공기압을 판단하기 위해서는 차가 완전히 직진상태로 진행할 때만 판단이 가능하다. 즉 스티어링 앵글 센서값이 0인 경우를 제외하고는 모든 바퀴가 모두 제각각의 회전수를 가리키게 된다. 때문에 Indirect TPMS는 스티어링 휠 앵글센서에서 올라오는 값이 0이 되는 지점, 매우 드문 순간이지만 이 순간에 올라오는 휠스피드 센서값을 이용해서 타이어의 압력을 판단한다. 따라서 Direct 방식이 Indirect 방식 보다 앞선 기술이라 볼 수 있으며, 현재는 Direct 방식으로 진화하고 있다.

자동차 안전기술인 ADAS(Advanced Driver Assistance System) 기술은 센서를 이용해 사각지대에 있는 장애물을 파악하거나 충돌 위험이 있을 때 알려주거나 위급상황에서 제동장치(브레이크)를 작동하는 기능이다. 또한, 카메라를 이용해 시야를 확보하는 기술, 차선 이탈을 감지해 사용자에게 다양한 방법으로 알려주는 기능 역시 이 범주에 포함된다. 차량 전방에 설치한 적외선 센서를 통해 앞 차와의 거리를 계산하고, 일정 수준 이상 가까워지면 경고음이나 진동 등으로 알려준다. 그럼에도 거리가 멀어지지 않으면 강제로 브레이크를 작동해 사고를 예방할 수 있다. 차량 내부에 있는 카메라로 운전자의 얼굴을 감지해 운전 중 장시간 다른 곳을 바라보거나 눈을 감으면 경고 알람을 울리는 기능도 있다. 〈그림 5-14〉는 도요타에서 공개한 충돌방지시스템(PCS, Pre-Collision System)의 개념도이다. 밀리미터파 레이더가 충돌위험을 감지하면 운전자에게 1차 경고를 보내고, 그럼에도 충돌위험이 높은 거리까지 접근하면 충돌예방브레이크어시스트가 일반모드에서 대기모드로 전환된다. 충돌 불가피 거리까지 다가가면 스스로 브레이크를 잡아 차가 앞 차와 충돌하는 것을 막아준다. 도요타의 PCS에는 자동차뿐만 아니라 보행자와 충돌을 막아주는 시스템도 내장되어 있다. 레이더와 입체촬영카메라, 근거리 적외선 거리 측정센서를 이용해 낮과 밤에 관계없이 전방 보행자를 감지한다.[107)]

▼ 그림 5-14 도요타의 충돌방지시스템

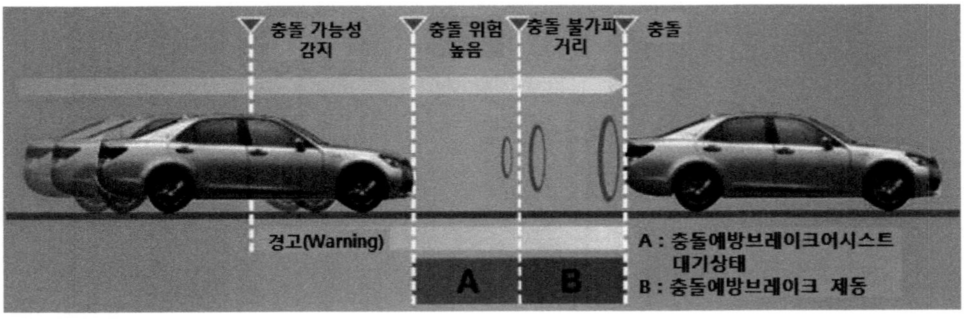

107) 전자신문, 2013년 3월 6일, http://www.etnews.com/201306050301

MIT에서 2015년 혁신기술 10가지를 선정하여 발표를 하였는데, 그 중에서 차량 간 통신(Car-to Car Communication, CCC) 기술이 선정되었다. 도요타의 충돌방지시스템과 같은 기존 기술들은 차량에 탑재된 센서를 이용하여 충돌위험을 감지하는 방식인데, 이와 같은 기술은 악천후로 인해 센서가 측정할 수 있는 거리가 짧아질 수 있고 장애물 뒤편을 탐지하지 못하며, 복잡한 도심 주행에는 취약하다는 한계가 있다. 만약 차량끼리 서로 통신을 할 수 있다고 하면, 이런 문제점을 해결할 수 있다고 보고 있다. 〈그림 5-15〉와 같이 위치, 속도, 핸들 방향, 브레이크 위치 등의 정보를 다른 차량에 제공해 주변에 무슨 일이 벌어지고 있는지 상세한 상황을 파악하여 운전자나 센서가 놓치거나 예상하지 못할 위험을 감지할 수 있다. NHTSA(미국 도로교통안전국)에서 2012~2014년 약 3,000대의 차량을 대상으로 실험한 결과 이 기술이 매년 미국에서 50만 건 이상의 사고와 1,000건 이상의 사망사고를 예방할 수 있다는 결론을 내린바 있다. 따라서 미국 교통부는 차량 간 통신기술을 신차에 사용하는 것을 의무화할 새로운 규정 마련에 착수했다고 발표했으며, 해당 기술은 유럽과 일본에서 시험 중에 있다. 그러나 차량 간 네트워크를 구축하는 것은 여전히 어려운 과제로 남아 있으며, 통신 차량이 보편화되기까지 수십 년이 소요될 수도 있다. GM이 2017년형 캐딜락 모델에 차량간 통신기술을 도입하기로 했으나, 초기에는 정보를 주고받을 차량이 많지 않아 이 기술의 가치가 제한적이 될 가능성이 높다.[108)]

▼ 그림 5-15 차량간 통신기술의 개념도

108) 한국산업기술진흥원, “MIT가 제시하는 2015년 10대 혁신기술”, 2015년 8월 10일

현대 자동차에 장착되어 있는 주차조향보조시스템(SPAS, Smart Parking Assistance System)은 자동차 전 후면에 장착된 초음파 센서를 통해 스스로 주차에 적합한 위치를 탐색하여 스티어링 휠을 제어하고, 사용자는 변속기와 페달만 제어하면 주차가 가능하도록 하는 시스템이다. 이 기술은 주차뿐만 아니라 평행으로 주차된 차와 차 사이에서도 평행 출차가 가능하도록 제어한다. 최근 Advanced SPAS 기술도 소개되었는데, 기존의 SPAS는 '평행 주차' 또는 '평행 출차' 상황에서만 사용할 수 있다는 단점이 있었는데, ASPAS를 이용하면 <그림 5-16>과 같이 평행 주차뿐만 아니라 '직각 주차'에도 완벽히 제어가 가능한 것이 특징이다.

▼ 그림 5-16 현대자동차에 장착되어 있는 자동주차시스템(ASPAS)

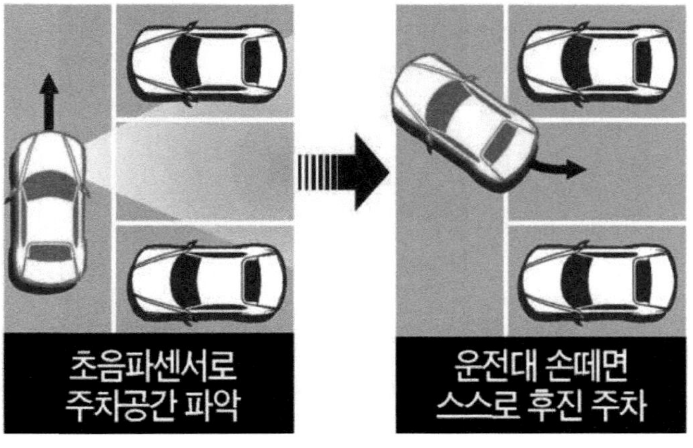

운전자의 부주의로 차선을 이탈하는 경우에 경고를 주는 차선이탈경보시스템도 차량의 안전을 위해 장착된 센서기술이다. 차선이탈경보시스템은 영문 약자로 LDWS로 줄여서 부르는데, 이것은 Lane Departure Warning System의 약자이다. 이것은 단순히 차선 이탈만을 경고하는 장치이다. 이에 반해 LKAS(Lane Keeping Assist System)는 보다 능동적으로 차선을 유지할 수 있도록 해 주는 시스템이다. 이 기술들은 운전자의 부주의와 졸음으로 인한 사고 방지를 위해 개발된 안전시스템이며, 카메라 또는 근거리 레이더 등의 센서를 이용하여 차선을 확인하고 이에 따라 자동차의 방향과 위치를 결정하는 시스템이다. 카메라가 전방 영상을 촬영하면 모듈 내부에 장착된 센서 모듈이 색상에 따라 차선을 인식하고, 이를 바탕으로 주요 요소인 차량 중심, 도로 폭, 도로 곡률반경을 계산한다. 좌측 황색은 중앙선으로 인식하고, 청색과 백색은 주행차선으로 인식한다(그림 5-17 참고). 하지만 시스템의 기본적인 구동 방식이 차선을 인식하는데 있기 때문에 궂은 날씨와 불분명한 차선표시 같은 도로 상황에서는 인식률이 떨어지는 문제점이 있다. LDWA와 LKAS의 가장 큰 차이점은 최종적으로 위치 보정을 하는 방식이 운전자

에게 경고를 주는 수동적인 방법에서 자동차가 스스로 수행하는 능동형으로 바뀌었다는 점이다.[109] LDWS는 차량 내부에 장착되어 있을 수도 있고, 차량용 블랙박스에 달린 카메라를 이용하여 블랙박스내 소프트웨어를 장착하여 운영할 수도 있다.

▼ 그림 5-17 차선이탈경보시스템(LDWS)의 차선인식

일본 경찰청 발표 자료에 의하면 교통사고 발생원인 중 1위는 약 40%인 졸음운전 또는 집중하지 않고 한눈을 팔면서 하는 운전이며, 2위는 18%로 속도위반이라고 한다. 지금까지 졸음운전 방지장치는 다방면에서 연구되었고 일부 제품은 실제 판매가 이루어졌으나, 비용이나 검출 정확성 등의 문제가 있어 본격적으로 보급되지 않았다. 일본의 자동차 관련 업체인 Denso사에서 졸음운전 방지장치를 개발하였다. 〈그림 5-18〉과 같이 스티어링휠 중앙에 설치된 카메라로 운전자를 촬영해 얼굴의 총 17개의 특징을 추출하고, 얼굴의 방향이나 눈의 열린 상태를 감지하여 졸음운전이나 한눈을 팔면서 운전을 하는 등의 위험한 상황을 감지하면 운전자에게 경고를 주는 장치이다. 눈꺼풀의 열린 정도를 감시해 눈 깜빡인 횟수 증가, 눈의 불규칙한 움직임 등 졸음징조를 다각적으로 파악이 가능하여, 졸음수준을 6단계로 인식하는 것이 특징이다.[110]

또 다른 일본업체인 AISIN SEILKI사는 스티어링휠에 카메라 모듈을 설치하고 추가적으로 좌석에 압력센서와 진동장치를 내장해 운전자의 호흡이나 맥박 등을 종합적으로 감지해 운전자의 졸음상태를 감시하는 방식을 개발했다. 카메라만으로 운전자의 상태를 파악하려면 운전자가 졸고 있는지, 실신해 있는지를 구분하기 어렵기 때문이다. 카메라와 압력센서를 통한 종합적인 판단으로 졸음 혹은 실신상태를

109) GEAR Insight, "차선이탈 경보시스템과 주행 조향보조시스템", 2015년 7월 28일

110) http://www.robonable.jp/news/2011/12/denso-1202.html

▼ 그림 5-18 일본 덴소사의 졸음상태 감지구조 데모화면

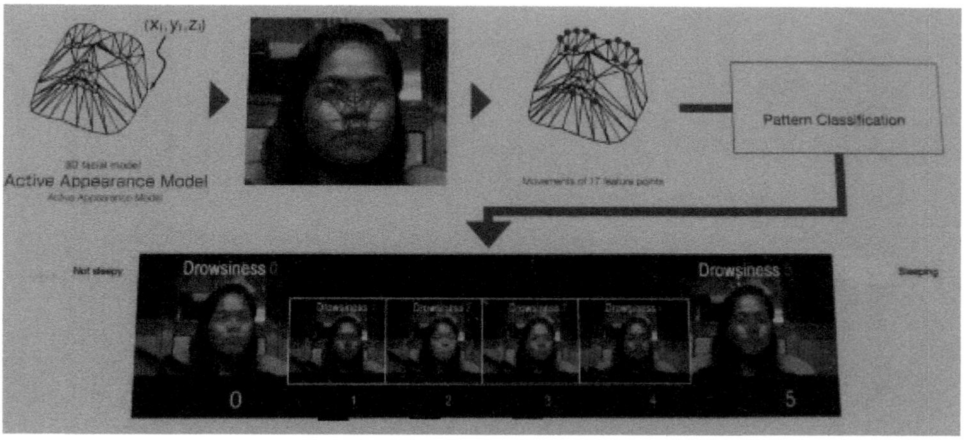

구별하고 만약 실신상태가 검출되면 자동으로 소방서 등에 긴급 통보를 해 준다. 가벼운 졸음의 경우 음성 안내만으로 끝나지만, 깊은 졸음운전 또는 실신 등 비상사태를 검출하면 음성 안내뿐만 아니라 좌석을 진동시켜 사고를 일으키기 전에 운전자를 깨우는 기능도 있다. Trywin사의 졸음방지장치는 카메라가 아닌 조금 특별한 방식으로 졸음을 감지하는 장치를 개발했다. 카메라 방식이나 각종 센서 방식은 설치가 복잡하고 운전자의 행동이 제한되는 등 여러 문제점이 있었는데, 이 제품은 앉아있는 운전자의 등과 척추의 움직임에서 기본 운전 동작을 감지해 졸음운전을 7단계로 구분해 운전자에게 경고로 알리는 장치이다. 운전자는 자동차를 운전할 때 핸들 조작, 엑셀 밟기, 거울 확인 등 기본 운전동작을 항상 하고 있으나, 집중력이 저하되면 기본 운전 동작을 하지 않게 되는 것에 착안을 한 제품이다.[111] (그림 5-19 참고).

▼ 그림 5-19 SEILKI사와 Trywin사의 졸음운전방지 장치

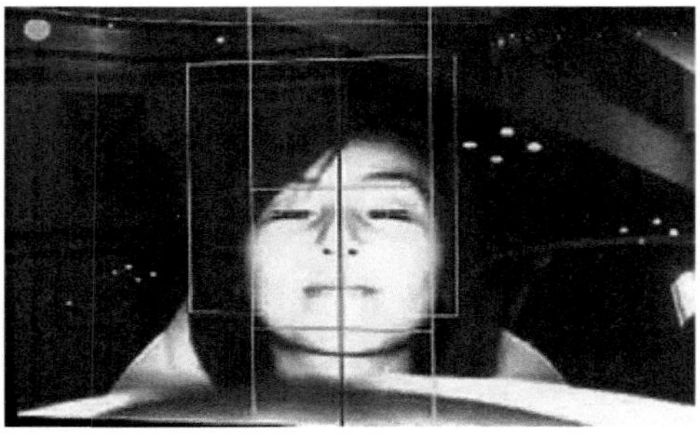

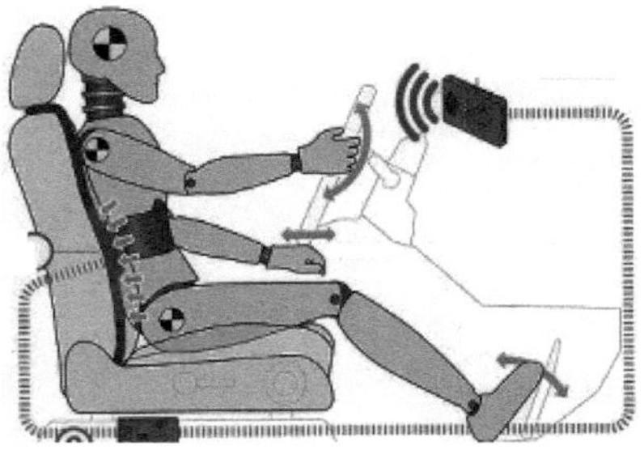

111) KOTRA, 해외정보비즈니스정보포탈, global window, “일, IT활용 졸음운전 방지로 교통사고 줄인다”, 2013년 10월 4일

다음으로 운전자 편의성을 위한 기술이다. 좌석에 앉으면 등받이나 운전대 등을 사용자 체형에 맞게 위치를 자동 조절해주거나 스마트 시계 등과 연동해 시동을 걸거나 원격에서 차량 내부 기능을 조작하는 기능 등이 여기에 해당한다. 또한, 인포테인먼트, 텔레매틱스 등 역시 이 범주에 속한다. 현재 ICT와의 접목이 활발하게 이뤄지고 있는 부분은 네트워크를 통해 스마트폰이나 태블릿PC 혹은 스마트 시계 등의 모바일 기기와 연결하고, 이를 통해 차량을 원격에서 제어하는 부분이다. 이미 LG전자와 아우디는 스마트 시계로 주차된 차량의 방향이나 거리를 탐지하는 콘셉트를 소개한 바 있고, 일부 기업은 아예 스마트폰 버튼만 누르면 주차된 차량이 자신의 위치까지 찾아오는 시스템을 개발할 계획을 공개했다. 〈그림 5-20〉과 같이 자동차 앞 유리에 속도, 경로, 위험 요소 정보 등을 표시해주는 HUD(Head Up Display)도 예로 들 수 있다.[112)]

▼ 그림 5-20 K9에 설치된 내비게이션 HUD

현대기아차는 2015년 6월에 남양연구소 안 도로에서 이 회사가 개발 중인 자율주행차량인 수소연료전지차 투싼ix를 공개하였다. 운전을 하다 버튼 하나를 누르니, 차가 스스로 운전대와 브레이크 등을 제어하기 시작한다. 특정 구간에서 차가 자동으로 달리는 현대차 기술이 언론에 공개된 건 이번이 처음이다. 차량 전면 · 측면 · 후방에는 카메라와 라이다센서가 달려 있다. 이러한 센서들이 도로 상황을 수집하면, 차는 이 정보를 이미 갖고 있던 연구소 지도와 실시간으로 비교한다. 이를 통해 자신이 어디쯤 위치할지 결정하고, 운전대 방향을 얼마나 틀지, 멈출지 말지를 판단한다. 자율주행은 미래 자동차를 이야기할 때 빠짐없이 거론되는 키워드이다. 판단이나 인지적 한계가 많은 사람이 운전하는 걸 최소화하고, 차가 스스로 주변 환경을 인식해

112) iT DongA, 2015년 3월 9일, http://it.donga.com/20570/

운전하는 것을 뜻한다. 지난 2013년 미국 도로교통안전국(NHTSA)은 자율주행 발전 단계를 0부터 4까지 다섯 단계로 구분해 제시했다. 운전자가 브레이크, 운전대 등 모든 제어장치를 책임지는 0단계부터 어떠한 상황에서든 운전자가 목적지만 입력하면 자동차가 알아서 가는 4단계로 나뉜다. 남양연구소 안 도로 등 제한된 조건에서 운전자가 선택한 구간에서만 자율주행을 하는 건 3단계다. 아직 관련 법규가 마련되지 않아 연구소 밖 공공도로에서 시험주행은 불가능하다. 현대차는 "3단계 기술이 적용된 자동차는 2025년 출시할 계획"이라며 "그에 앞서 운전 패턴을 학습해 이상 상황을 경고하는 시스템 등 부분적 자율주행 기술들을 단계적으로 내놓을 것"이라고 한다. 자율주행 기술의 선두주자는 완성차 업체가 아니라 정보통신기술(ICT) 공룡인 구글이다. 구글은 지난해 말 자체적으로 설계한 전기 동력의 무인자동차를 공개했다. 구체적인 지도 정보를 학습한 구간에서 운전대, 브레이크, 가감속 페달 없이 자동차가 스스로 움직일 수 있음을 보여주었다. 구글 자율주행차 프로젝트를 이끌고 있는 크리스 엄슨은 지난 3월 "열한살 아들이 2020년엔 면허를 딸 수 있는 나이가 되지만 그럴 일이 없도록 만드는 게 구글의 목표"라고 공언했다. 기존 완성차 업체도 자율주행 기술 개발에 열을 올리고 있다. 메르세데스벤츠, 혼다, 포드는 2020년 4단계 자율주행차를 시장에 선보이겠다는 계획을 가지고 있다.[113]

▼ 그림 5-21 현대기아차의 자율주행 시험 운전 자료

자율주행 자동차는 크게 센서, 프로세서, 알고리즘, 액추에이터 등으로 구성된다. 자율주행은 센서를 통해 차량 주변의 환경에 대한 데이터를 수집한 후, 이렇게 수집된 데이터를 프로세서가 받아 미리 정의된 알고리즘을 통해 그 결과를 해석하

113) 한겨레 신문, 2015년 6월 28일, http://www.hani.co.kr/arti/economy/economy_general/697860.html

여 주행에 관한 의사결정을 내린 후, 액추에이터를 통해 실행된다. 이러한 일련의 과정 중 가장 중요한 것은 센서를 통해 수집된 대량의 데이터를 바탕으로 조향, 속도, 정지에 관한 의사결정을 내리는 소프트웨어 알고리즘이다. 무인자동차 부분에서 가장 앞서 있다고 평가 받는 구글이 끊임없이 무인자동차의 운행을 통하여 정보를 수집하는 것 역시 더욱 더 완벽한 알고리즘을 만들어 내는 것이 목적이기 때문이다. 레이더, 초음파, 카메라 등을 활용한 센서 기반의 안전 기술에서 V2X(Vehicle to X, 인프라 연계 교통정보 통합)로 발전해 나아가고 있다. 시장조사업체인 내비건트 리서치(Navigant Research, 디지털타임스 '스마트카 산업, 계속 손 놓고 있다면' 한국산업기술평가관리원, 인용)에 따르면 자율주행 자동차의 정식 시판 시기는 2020년으로, 시장 진입 후 세계 3대 시장(북미, 서유럽, 아시아태평양)에서의 성장 속도가 2020년 8,000대에서 2035년 9,540만대로 연평균 85%를 기록할 것으로 전망하였다. 구글 무인차에 자극을 받은 세계 자동차 업체들은 서둘러 무인차 개발에 나서고 있다. 독일의 유명한 브랜드 다임러는 최근 미국 라스베이거스에서 열린 'CES 2015' 행사에서 자동주행 콘셉트카 '메르세데스-벤츠 F 015'를 공개했다. 미국의 테슬라는 올해 안에 자동 주행 기능을 갖춘 전기차 '모델S'를 선보이겠다는 계획을 세우고 있다. 이와 관련 포드 자동차의 마크 필즈 대표이사도 기자들에게 "향후 5년 안에 무인자동차를 출시할 것"이라고 말한 바가 있다.

미국전기전자공학회(IEEE)가 발행하는 연구잡지 'IEEE 스펙트럼(IEEE Spectrum)'이 입수한 구글 무인자동차의 운행 테스트 문서 등 자료를 보면, 구글 무인자동차는 아직 돌발 상황에 완벽하게 대처할 수 있는 수준은 아닌 것으로 드러났다. 운전자의 도움 없이 작동하기까지는 다소 시간이 소요될 것이라는 결론이다. 물론 이것은 2012년 네바다주 운행 테스트에 적용된 기술 수준에서 이루어진 평가다. 구글의 무인자동차는 일반적인 상황에서는 거의 완벽하게 작동했다. 보행자를 감지해 즉시 멈춰 섰고, 고속도로로 진입해서는 제한속도까지 부드럽게 운행했다. 하지만 돌발상황이 발생하자 문제점이 하나씩 드러나기 시작했다. 도로를 달리면서 가로지르는 보행자를 예측해 정지하거나, 차량 앞에서 비틀거리는 자전거를 만나 뒤로 물러서는 것까지는 좋았다. 그러나 도로 내 공사 중인 상황이 펼쳐지자 구글 자동차는 수동 모드로 전환돼 구글 기술자에게 넘어 갔다. 결국 브레이크를 작동해 차량을 멈춰 세웠다. 그러나 문제는 산적해 있다. 운전자들의 반대다. 미 정부의 요구사항을 다 해결했다 해도 자동차 운전자들이 무인차의 도심 속 운행을 용인해줄 것인가 하는 문제다. 운전자가 없는 자동차를 운전자가 있는 자동차와 꼭 같이 생각하기에는 많은 시간이 필요할 것이다. 어쩌면 특수한 경우를 제외한다면 무인차가 도심 속으로 나와 일반 자동차와 같은 행세를 하기에는 상당한 시간이 필요할 것으로 생각된다.[114] 이 뿐만 아니다. 구글의 구상이 현실화할지는 미지수다. 구글 앞에 놓인 과제는 산적하다. 우선적으로 비싼 가격, 차량 제조사 부재, 현행법상 주행 불가능이 꼽힌다. 비용 면에서는 구글차 가격의 상당부분을 차지하는 360도 주변환경 감지 적외선 레이저 스캐너가 문제다. 현재 구글차 지붕에는 미국 벨로다인(Velodyne) 사의 레이저 스캐너가 탑재돼 있다. 가격은 7만5000달러(약 8300만원)로 카메라 한대가 차량 한대 값이다. 구글 자체적으로 이를 대체할 저렴한 센서 개발을 진행 중이라고 한다. 그러나 자동차 엔지니어들은 "일정 규모의 양산을 전제로 설계하면 가격은 1700달러(200만원)선으로 낮아질 수 있다"고 전망했다. 구글 차량에 탑재된 센서는 〈그림 5-22〉와 같다.

▼ 그림 5-22 구글 자율주행차량 주요 기능

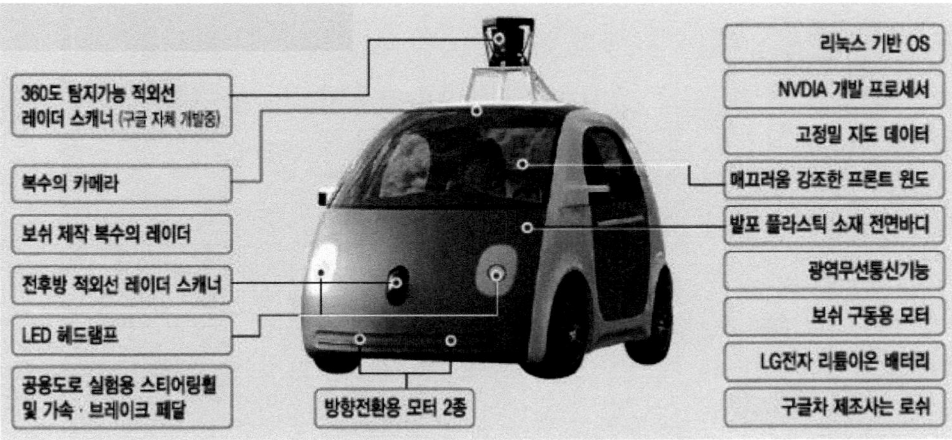

다 제조업은 로봇이 일꾼

기술이 발전하고 기존의 산업 환경이 크게 변화할 때, 우리는 이를 '산업 혁명'이라 부른다. 전 세계적으로 제조업이 가장 발전한 독일에서는 요즘 제4차 산업 혁명인 'Industry 4.0'을 선언하고 제조업의 부흥을 꾀하고 있다. 'Industry 4.0'이란 18세기말 기계식 생산 설비의 도입에 따른 1차 산업혁명, 20세기 초 컨베이어 벨트와 같은 전기 동력에 의한 대량 생산 체계를 도입한 2차 산업혁명, 1970년대 부분 자동화가 도입된 3차 산업혁명, 이제는 사물인터넷의 도입으로 기계와 사람이 인터넷으로 상호 연결되는 생산 패러다임이 바로 4차 산업혁명인 'Industry 4.0'이다. IHS에서 산업자동화 부문 자문위원을 맡고 있는 마크 왓슨(Mark Watson)씨는 "'Industry 4.0'을 이끌고 있는 기술은 사물인터넷이다. 과거 산업혁명을 이끌었던

114) The Science Times, http://www.sciencetimes.co.kr/?news=구글-무인차아직은-갈-길-멀어

기술이 증기기관이었다면, 지금의 4차 산업혁명의 중심에 사물인터넷이 있다"는 설명이다. 그는 대만의 전자업체 팍스콘(Foxcon)을 예로 들었다. 이 기업에서는 애플을 위해 하루 평균 약 100만개의 아이폰을 만들고 있다. 그런데 애플 측에서 수시로 설계와 부품을 바꾸고 있어, 제조공정을 맞춰나가는 일이 쉽지 않은 과제다. 이 문제를 해결하기 위해 팍스콘에서는 모든 생산 공정을 자동화 했다. 컴퓨터 수치제어 시스템인 CNC(Computer Numerical Control)를 통해 모든 기계들을 컴퓨터와 연결하였으며, 이를 통해 어떤 상황에서도 제품을 생산할 수 있는 유연한 제조공정을 실현하고 있다. 그는 'Industry 4.0' 선풍에 힘입어 새로운 산업자동화장비 개발이 더 가속화할 것으로 내다봤다. 특히 최근의 ICT와 센서 등의 개발은 사물인터넷 발전을 더욱 확대할 것이고, 전체 산업공정을 크게 바꾸어 놓을 것으로 전망했다.[115] (그림 5-23 참고).

▼ 그림 5-23 산업혁명의 역사적 흐름 (출처: 한국정보화진흥원, 2014년 5월 30일)

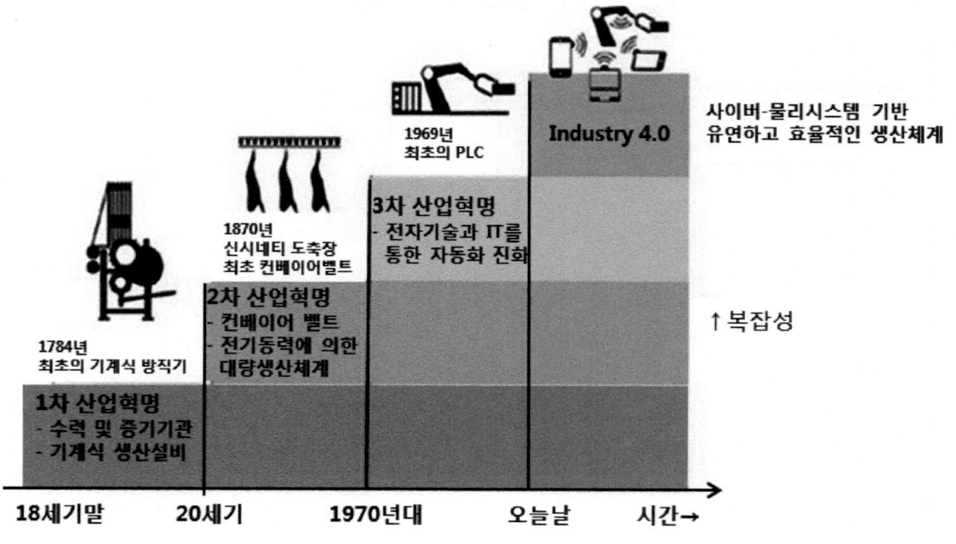

독일은 2011년 '하이테크 비전 2020'에 ICT 융합을 통한 제조업 창조경제 전략인 Industry 4.0 전략을 주요 테마로 포함시키고 강도 높게 추진 중에 있다. 이것은 생산공정, 조달 · 물류, 서비스까지 통합 관리하는 'Smart Factory'가 목표이며, 이를 위해 사물인터넷(IoT), 사이버물리시스템(CPS, Cyber Physical System), 센서 등의 기반 기술이 필수적이다. IoT는 '정보 통신 기술을 기반으로 물리적 세계와 가상 세계의 다양한 사물들을 연결하여 진보된 서비스를 제공하기 위한 서비스 기반 시설'로 정의된다. CPS는 '사이버 세계와 물리적 세계의 통합 시스템으로 사

115) The Science Times, http://www.sciencetimes.co.kr/?news=4차-산업혁명의-주역은-사물인터넷

물들이 서로 소통하며 자동적, 지능적으로 제어되는 시스템'으로 정의된다. 즉 IoT는 '사물들의 연결'이라는 관점에서, 'CPS'는 가상 세계와 물리적 세계의 통합 시스템'이라는 관점에서 해석될 수 있다. 다시 말해 'IoT'와 'CPS'의 관계는 현실 세계에 존재하는 디바이스(센서, 컨트롤러, 설비 등)를 인터넷 기반으로 모두 연결하여 가상 세계를 구성하는 관계이며, 가상 세계에서 연결된 사물들을 제어함으로써 물리적 세계를 관리할 수 있는 시스템(CPS)을 구현한 것이라 볼 수 있다. 이때 물리적 세계의 디바이스와 가상 세계의 디바이스는 1대1의 대응 관계를 가질 수도 있지만, 물리적 세계의 여러 정보들을 가공하여 가상 세계에만 존재하는 가상 디바이스(virtual device)를 구성할 수도 있다. 예를 들어 공정 변경 시 문제점 발견을 위하여 시뮬레이션을 수행하거나, 신입 엔지니어의 교육을 위해 가상 세계에서 설비를 제어 또는 점검할 수 있도록 하는 시스템 등을 구축할 수도 있다.

▼ 그림 5-24 CPS를 통한 가상 세계와 물리 세계의 연결

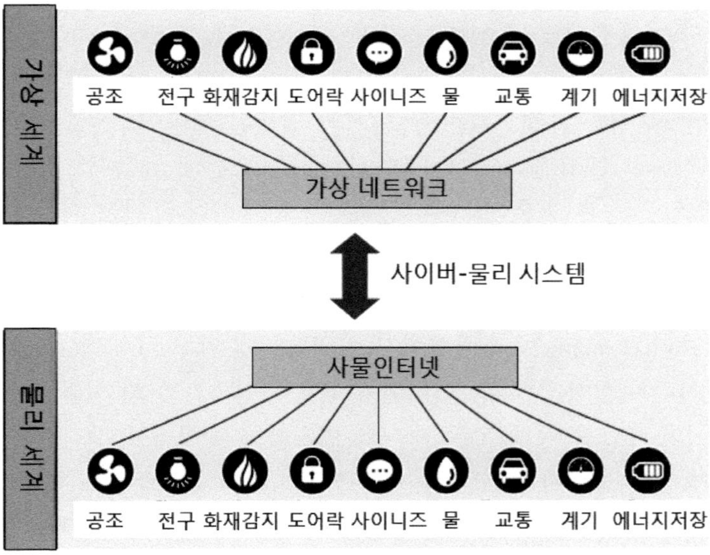

공장 내부의 모든 요소(Things)들을 IoT를 통해 연결하고 CPS를 구축함으로써, 지능적으로 운영될 수 있도록 한 공장이 Smart Factory이다. Smart Factory는 생산 제품의 종류나 설비 고장 상황 등에 따라 자재의 운반 및 생산 라인을 가변적·자동적으로 제어하여 최적의 생산 효율을 달성할 수 있도록 한다. 뿐만 아니라, EMS(Energy Management System)와 연계하여 공장에서의 에너지 사용을 효율적으로 할 수 있고, 빅데이터 서비스와 연계하여 설비의 고장 및 생산될 제품의 품질을 미리 예측하고 자동으로 교정하는 등의 역할도 수행할 수 있다. Industry 4.0에서 Smart Factory를 구현하기 위한 가장 중요한 포인트는 바로 'IoT 서비스를

어떻게 구현하는가'하는 것이다. 공장 내의 모든 디바이스들이 인터넷을 통해 연결되고, 서로의 데이터를 교환하며 지능적으로 상호 작용함으로써 구현되는 것이 바로 Smart Factory이기 때문이다. 그렇다면 디바이스들 간의 연결은 어떠한 방식으로 이루어지는 것이 효과적일까? 공장에서 사용하는 디바이스들의 종류는 매우 다양하다. 같은 종류의 디바이스조차 벤더와 모델에 따라 동작 방식 및 통신 프로토콜이 다른 경우도 존재한다. 게다가 현장에서 사용되는 프로토콜 방식은 Modbus RTU/TCP, BACnet, CAN, LonWorks, OPC 등으로 매우 다양하다. 이러한 상황에서 Smart Factory의 구현을 위해 공장 내부에 설치되는 모든 디바이스에 대한 통신 프로토콜을 직접 구현한다면, 공장 준공에 소요되는 시간 및 인적, 물적 자원 등이 증가하게 된다는 것은 자명한 사실인데, 이러한 문제점을 해결하기 위해서는 다양한 디바이스들에 대한 프로토콜을 사전에 맞추어 제공하는 것이 필요하다. 따라서 Smart Factory를 구현하기 위해서 별도의 소프트웨어를 개발하지 않고, 간단한 설정만으로 디바이스들을 연결할 수 있도록 어댑터(adaptor)를 제공하는 'IoT 서비스 플랫폼'을 도입하는 것이 효과적이다. 그러나 Smart Factory를 구현하기 위한 IoT 서비스 플랫폼은 단순히 여러 디바이스들을 효율적으로 연결해 주는 역할만 수행하는 것으로는 부족하다. 연결된 디바이스들로부터 데이터를 수집하여 저장하고 HMI(Human Machine Interface)를 통해 효율적으로 데이터를 표출하는 기본적인 기능은 물론, 사전에 등록한 스케줄이나 조건에 따라 디바이스를 제어할 수 있어야 한다. 그리고 화재 · 가스 누출 · 외부 침입자 발생 등의 긴급 상황을 감지하여 대응할 수 있도록 하는 기능까지 가능한 플랫폼이어야 한다. 독일의 볼프강 발스터(Wolfgang Wahlster) 박사는 CPS를 통해 Smart Factory의 구현이 이루어질 것이라 예상하고 있다. 이러한 CPS를 구현하기 위해 선결되어야 하는 것이 바로 IoT이다. IoT를 통해 모든 기기를 연결하여 데이터를 수집하고 제어할 수 있으며 지능적인 기능까지 추가할 수 있는 IoT 서비스 플랫폼을 도입할 수 있다면, 이 플랫폼을 기반으로 CPS를 구현하는 것이 훨씬 효율적이다.[116)]

Smart Factory는 제조 단계서부터 기계나 부품이 모듈화돼 능동적으로 상황을 인지 및 판단하는 제조 방식을 말한다. 제조 공장에 IoT 기술이 도입되는 현상은 Industry 4.0, 4차 산업혁명, 산업용 사물인터넷(IIoT) 등으로 불리며 독일, 일본, 미국 등에서 큰 관심을 갖고 있다. Smart Factory 제조 기계나 로봇에는 센서와 통신기술이 사용된다. 가속도, 자이로미터, 적외선, 카메라 등 움직임을 위한 센서부터 블루투스, NFC, RFID 등 통신부품과 그 외 온도, 습도, 기압 등의 각종 센서가 공장을 이루는 부품에 사용된다. 또한 각 기계들 간 통신 기능으로 네트워크를 구성하고 공장 전체, 관리자, 사용자와 연결된다. 마지막으로 기술과 인프라를 포

116) LG CNS, 2015년 7월 21일, http://blog.lgcns.com/850

함할 수 있는 플랫폼이 Smart Factory의 완성으로 이끈다. 기계들부터 관리자를 모두 포함하는 플랫폼이 형성되면 다방면에서 새로운 이점이 생겨난다. 먼저 온라인으로 연결돼 있는 공장 내의 다양한 데이터들을 실시간으로 습득할 수 있다. 습득한 데이터들을 활용해 에너지 절약, 공정상의 효율, 특정 구역의 위험도 등의 관리 시스템을 구현해 적용할 수 있다. 관리자가 물리적으로 체크하고 관리하는 것보다 정확하고 효율적인 공장 운영이 가능하다. 제조업의 축이 되는 가치사슬 구조인 개발-생산-마케팅-유통의 구조가 통합된 네트워크를 구성하는 장점도 생겨난다. 제품의 개발 시점부터 사용자의 품에 안기기까지 모든 과정을 실시간으로 연결할 수 있다. 뿐만 아니라 중간 개입의 가능성이 커져 마케팅 분야나 사용자가 직접 개발과 생산에 피드백을 주는 등 참여가 쉬워진다.

지멘스(SIMENS)의 암벡(Amberg) 공장은 독일의 Industry 4.0을 설명하는 데 대표적인 Smart Factory 구축 사례이다. Smart Factory 구축 사례를 직접 보고 듣기 위해 여러 국가에서 견학 및 취재를 가는 곳이다. 공장으로 들어서면 수십 개 컨베이어 벨트에서 분주하게 제품을 생산하고 있는 로봇 팔이 눈에 들어온다. 자동화된 디지털 팩토리 라인에서 로봇이 제품을 생산하고, 사람은 생산 제품을 테스트하거나 생산량을 조절하는 등 결정을 내리는 역할을 하기 때문에 많은 수가 필요하지 않다. 암벡공장의 자동화율은 75% 수준이고 지멘스의 산업자동화 소프트웨어(시만틱 어플리케이션)가 1000개 이상 적용되어 있다. ICT를 제조라인에 융합해 수만 개 센서를 통해 수집되는 빅데이터를 자동으로 분석하고 데이터를 어떻게 활용할 것인지 스스로 결정을 내리는 공장이다. 암벡공장에서 생산하는 모든 부품과 제품에는 바코드가 찍혀 있어 부품 하나까지 개별 관리하고 있다. 바코드로 모든 제품 구분이 가능하기 때문에 생산되는 제품 모두가 완벽한지, 과정에서 문제가 없는지 실시간으로 확인할 수 있다. 생산현황 모니터링시스템 화면을 터치하면, 전체 공장의 생산현황이 도표로 표시된다. 생산량과 지난 자정부터 지금까지 발생한 불량제품 수를 한 눈에 볼 수 있다. 불량제품이 발생한 부분을 터치하자 어떤 제품 몇 번째 라인에서 언제 생산됐는지 초단위 기록이 나온다. 클릭 한 번에 불량이 발생한 생산라인 상황을, 해당 라인 생산 속도 변경을, 불량 제품에 문제가 된 부품을 교체하는 것까지 볼 수 있다. 스마트폰 등장과 사물인터넷 시대가 도래하면서 수집되는 빅데이터를 활용하는 것이 중요하게 됐고, 이 빅데이터를 바탕으로 공장의 개선 방향을 찾아내 수행하고 있는 곳이 바로 암벡공장이다. 부품, 제품, 생산설비 등에 장착된 수만 개 센서가 보내는 공장의 모든 정보가 통제센터로 모아지고, 이 빅데이터 관리를 통해 품질을 높일 수 있는 방안을 모색 · 적용한다. 이를 통해 생산라인을 최적 운용하는 등 수집한 가치 있는 전략을 수립해 스마트하게 공장을 운영하고 있다. 공장에서 특히 눈에 띄는 것은 한 개의 컨베이어 벨트에서 여러 개의 다른 종류의 제품을 생산하는 모습이다. 〈그림 5-25〉와 같이 암벡공장 생산라인은 한 개 라인에서도 100개의 다른 제품을 생산할 수 있다. 5000만개가 넘는 데이터를 실시간으로 분석하고 적용할 수 있기에 가능하다. 암벡공장은 '유럽 최고 공장'에 선정됐으며 각종 매체에서 '올해의 공장'으로 이름을 올린바 있다. 주당 노동시간이 35시간에 불과하지만 생산성은 세계 최고 수준이다. 공인된 유럽 최고 공장의 높은 생산성은 제조업과 ICT가 융합해 만들어낸 창조물이었다. 이 공장에서 컴퓨터가 하루에 분석하는 데이터만 5,000만건으로 매년 182억건이 넘는다. 이렇게 많은 데이터를 통해 각 설비 및 부품의 불량 관리가 이뤄지기 때문에 불량률도 낮다. 지멘스에 따르면 이 공장의 불량률은 0.0012% 수준으로, 100만개 생산하는 동안 나오는 불량품은 12개에 불과하다.[117)]

▼ 그림 5-25 지멘스의 대표적인 Smart Factory '암벡(Amberg)' 공장

Smart Factory의 또 다른 사례는 아마존의 물류 혁신 사례에서도 찾아 볼 수 있다. 아마존의 경우에는 주문, 결제, 운반, 배송 등의 전 과정에서 로봇을 이용한 자동화 시스템을 활용하고 있다. 아마존 물류센서는 직원 1명이 하루에 24km를 걷는 곳이 있을 만큼 힘든 직장이다. 여름철이면 창고 내부 온도가 37도 이상 올라가기도 한다. 광대한 부지 면적을 보유하고 매일 1,000명 이상이 근무하면서 주문

117) 전자신문, 2014년 4월 11일, http://www.etnews.com/20140411000070

을 처리하고 있지만 일손이 부족하다. 성수기에는 8만명이 넘는 아르바이트 인력을 뽑기도 한다. 아마존은 2012년 3월 로봇주문 자동화 시스템인 'Kiva System'을 7.7억 달러에 인수하였고, 이를 통해 무선통신과 바코드 인식으로 제어되는 〈그림 5-26〉과 같은 물류 로봇을 활용해 물류처리의 생산성과 정확성을 증가시키고 주문 당일 혹은 익일 배송이 가능하게 되었다. 먼저 고객이 주문 및 결재를 하고 데이터 센터로 결재정보가 전송되면 최적 경로로 주문지시가 내려간다. 로봇에 의한 입고 및 운반 후 직원의 물품 하자여부 확인이 끝난 상품은 로봇이 운반하고 싣게 된다. 물품이 물류센터로 이송되면 자동화 시스템에 의해 배송이 시작되는데 200마일 이내는 트럭, 200마일 이상은 비행기를 통해 운반된다. 또한 무인항공기 배달 서비스 'Amazon Prime Air'도 발표를 했다. 이를 통해 아마존은 전 배송품의 86%를 차지하는 5파운드 미만의 물품을 30분 내 배달 가능하게 하는 등 엄청난 서비스 속도 증대와 함께 공정자동화를 통해 연간 약 9억 1,600만 달러의 비용을 절감하는 업무 효율성과를 내고 있다. 아마존은 현재 전 세계에 109곳에 달하는 배송센터를 운영하고 있다. 이 가운데 Kiva 로봇을 도입한 곳은 10군데다. 로봇은 제어센터에서 지령이 떨어지면 원하는 상품을 넣은 선반으로 곧바로 이동, 선박자체를 들어서 담당자가 있는 곳까지 가져다준다. 로봇이 상품을 가득 실은 320kg 따지 선반을 올려서 운반할 수 있다. 포장은 사람이 손으로 해야 하지만, 먼 선반까지 직접 갈 필요는 없다.[118]

▼ 그림 5-26 아마존의 물류 이송 로봇

118) 전자신문, 2014년 12월 3일, http://www.etnews.com/20141203000074

전남 광양제철소 인근에 자리 잡은 포스하이메탈 공장은 고순도의 '페로망간(FeMn)'이란 물질을 만드는 공장이다. 페로망간은 광양제철소에서 강판을 만들 때 일종의 첨가제처럼 넣는 필수 원료다. 전기를 이용해 쇳물을 끓이는 이 공장은 포스코ICT와 함께 2013년 초부터 18개월간 60억원을 들여 전 공정에 1만5000여개의 온도 · 압력 · 전력 · 분진 등 각종 측정 센서를 설치했다. 연간 450억원씩 들어가는 전기료 중 일부를 절감하고 작업 환경을 쾌적하게 만들기 위해서다. 이 공장은 분진이 많이 발생한다. 원료인 망간광석을 컨베이어 벨트에 실어 전기로에서 녹이고, 최종적으로 만든 페로망간을 다시 잘게 부수는 과정에서 온갖 먼지가 발생하기 때문이다. 포스하이메탈은 〈그림 5-27〉과 같이 공장 곳곳에 설치된 분진 측정 센서로 이 문제를 해결했다. 센서는 공장 내의 먼지의 양을 측정, 집진기의 지능형 인버터(inverter)에 무선으로 신호를 보낸다. 실시간으로 보내오는 데이터에 따라 먼지를 빨아들이는 집진기는 가동 속도를 높이거나 늦춘다. 먼지가 많이 발생하는 공정을 진행할 때는 집진기가 자동으로 평소보다 빠른 속도로 가동한다. 공장의 먼지 농도를 조절하는 모든 과정에서 사람이 하는 일은 하나도 없다. 특정 설비에서 전기를 많이 쓰는 이상 징후가 포착될 때는 전력량 측정 센서가 즉각 통합관제실의 모니터와 담당자의 스마트폰에 경고를 보낸다. 전력거래소와 사전에 약속한 '최대 전력사용량'에 가까워져도 경고를 하고 스스로 불필요한 전력 사용을 줄인다. 포스하이메탈 관계자는 "이 시스템을 적용한 이후 연간 16억원의 에너지 절감 효과를 보고 있다"고 말했다.[119]

▼ 그림 5-27 포스하이메탈에 적용된 센서의 역할(자료: 포스코ICT)

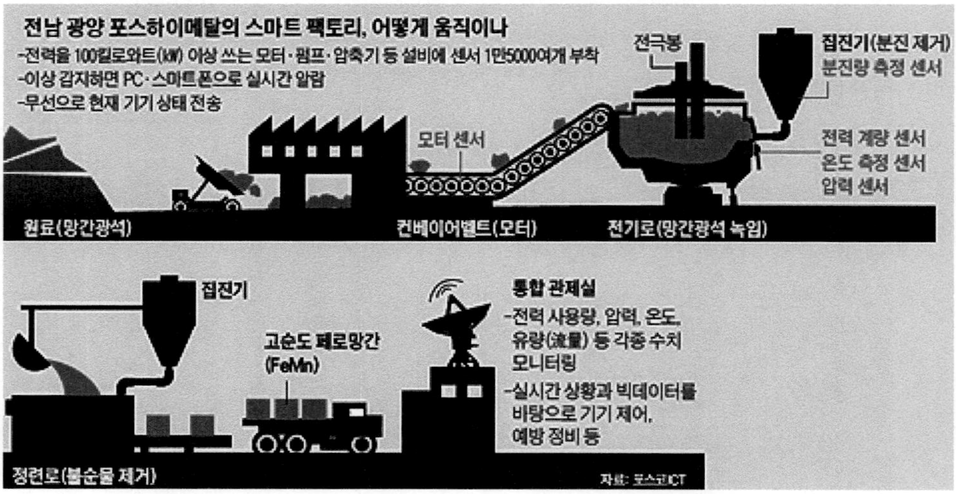

119) 조선비즈, 2015년 3월 25일, http://biz.chosun.com/site/data/html_dir/2015/03/25/2015032500339.html

Smart Factory의 자동화용 센서는 3가지 사용 목적을 가지고 있다. 첫째는 설비제어용으로 실시간 설비 모니터링, 장비의 원격 제어, 제조일정 지연통보 및 대응책 마련, 이상 징후 예측 및 대응이다. 두 번째는 에너지 소비량 파악, 환경오염도 파악, 원격검침 공장 환경 영향평가, 환경 이상 원인분석, 에너지 사용집계 등의 에너지 효율화 대응이다. 세 번째는 물류 효율화로 로봇, RFID기반 재고 수량 정보 자동전송, 공정별 재고품 진행 추적, 적정 재고량 분석, 3D 디지털 맵 기반 최적 이동 경로 안내 등에 해당된다. 센서는 스마트 공장의 눈이자 귀이며 어디에든 들어가게 된다. 에너지 보존력 외에도 내장 센서는 크기도 작고 값도 싸며 산업용에 맞게 진동이나 125℃의 온도에도 견딜 정도로 견고해야 한다. 통합 고장감지 기능이 필요한 아날로그 프론트엔드(Analog front end, AFE)는 온도, 압력, 습도, 위치, 동작, 전력, 가스/화학물질 등에 대한 센서-변환기 외에 신호 상태 및 아날로그-디지털(A/D) 신호 변환시스템으로 구성된다. 플래시 메모리보다 더 빠르고 더 자주 쓸 수 있는 비휘발성 FRAM 등으로 분석과 제어를 수행할 마이크로컨트롤러(MCU)가 있어야 한다. 현재 이 모든 기능을 통합한 저전력 단일 칩 센서 노드를 개발하는 추세이다. 또 하나, 한 종류의 정보만을 전송하는 전용 장치에서 플러그 교체가 가능한 전 기능 구성형 모니터에 기능을 추가하는 방향으로도 개발이 진행되고 있다. 이렇게 더 많은 기능을 적용하려면 센서 제조사가 새로운 특허를 개발해야 할 수도 있다. 최소한 툴과 클라우드 서비스처럼 필요한 서비스를 포함하는 고차원적인 제품을 개발해 공급할 필요는 있다. 유선이나 무선 통신에 따라 사용할 수 있는 정보의 양과 전력 요구량이 정해지므로 통신이 자동화 제조 시스템의 관문 역할을 하는 경우가 많다. 미래의 통신 모듈은 에너지는 덜 사용하면서 통합도는 높고 프로토콜 지원이나 전력 체계와 주변장치 면에서는 훨씬 더 유연성이 커져야 한다. 유선 통신의 경우 특히 산업 표준에 맞는 통합 보호 체계와 더불어 기가비트 산업용 이더넷을 고려한다면 대역을 넓히는 것도 중요하다. 공장 설비를 만들어 스마트 공장 시스템에 통합하는 사람들이 당면한 문제를 요약하자면, 매우 적은 전력 예산, 공장 자동화와 공정 관리 환경에서 무선 연결의 신뢰성과 안정성 증진, 훨씬 복잡해 진 하드웨어와 소프트웨어, 전체 시스템을 외부 침입에서 보호할 수 있는 보안 시스템 유지가 필수적이다.

라 이제 농사도 사물인터넷

전 국토의 면적이 경상북도의 2배 정도이고, 바다보다 낮은 땅이 65% 이상으로 저습지이며 기후조건이 열악하고 높은 인건비 때문에 외국 노동자들이 인력을 대체하고 있는 나라가 있다. 이 나라는 바로 농업강국 네덜란드이다. 네덜란드는 미국과 함께 수출농업육성국가로서 2010년 기준 농업 및 원예 수출이 650억 유로로, 네덜란드 경제 및 고용에서 차지하는 비중이 각각 10%에 달한다. 농업 수출은 전체 수출의 17.5%를 점유하며, 주요 수출품은 밀, 사료, 채소 및 화훼류이다. 특히 세계 화훼시장에서 절화, 분화 등 관상식물의 네덜란드는 수출물량이 2012년 기준 세계 수출물량의 45%를 차지하고 있다. 1880년대 네덜란드는 농업위기로 식량 대란에 빠졌고, 이후 공공농업기술을 지도하고 연구하는 등 농업을 발전시키는데 힘을 쏟았다. 이러한 일련의 노력으로 네덜란드는 명실상부한 농업강국이 되었다.

네덜란드의 대표적인 농산품 중 하나는 토마토이다. 현재 네덜란드는 토마토 수출 세계 2위, 유럽 1위이다. 네덜란드의 기후는 흐리고 쌀쌀하여 많은 일조량과 높은 기온이 필요한 토마토 농사를 하기에 적합하지 않다. 그런데 어떻게 네덜란드가 많은 양의 토마토를 생산할 수 있었을까? 1900년 네덜란드는 토마토 재배에 적합한 인공자연 환경을 연구하기 시작하였다. 온도와 습도를 자동조절 할 수 있으며 햇빛을 많이 투과시키는 유리온실을 개발하여, 일조시간이 짧고 서늘한 기후를 보완하였다. 이와 함께 지하 온수를 개발해 온실을 유지하는데 필요한 전기를 자체적으로 생산하여 유리온실이 갖고 있던 고비용의 단점을 극복하였다. 이런 방법을 고안한 결과 네덜란드는 그리스와는 10배, 우리나라와는 4배 차이가 날 정도로 많은 토마토를 생산하는 토마토 강국이 되었다. 네덜란드의 토마토사례를 보면 알 수 있듯이 네덜란드의 농업은 치밀한 연구와 노력에 의해 발달되었다고 할 수 있다. 네덜란드는 농산품 매출의 25%를 R&D에 투자하여 항상 새로운 농업 방식과 상품을 개발하려 노력하고 있다. 이를 위해 연구 기관과 고등전문교육 기관이 협력할 수 있는 연합기구를 설립하기도 하였다. 경쟁회사끼리 공동으로 식품 연구를 진행하고 있으며, 별도 전문 연구기관에 식품 연구를 아웃소싱하는 등 연구 및 개발을 집중, 특화하고 있다. 가장 유명한 농업 네트워크는 푸드밸리(Food valley)이다. 푸드밸리는 바헤닝언에 위치한 것으로 국제적인 식품회사, 연구소, 바헤닝언 대학교와 연결되어 있다. 푸드밸리의 규모는 상당하여 바헤닝언에 식품산업 관련 종사자만 총 2만 명이 넘는다고 한다. 그 중 1만 5천명이 연구개발에 종사하는 과학자나 기술자라고 하니, 네덜란드 농업에서 연구가 차지하는 비중이 매우 크다는 것을 또 한 번 느낄 수 있다.[120)]

네덜란드 농업인들에게 있어 ICT는 없어서는 안 될 중요한 기술이다. 농업 각 단계마다 ICT 기술이 접목된 스마트 농업으로 양질의 작물을 대량 생산해나가고 있다. 씨앗을 심기 전에 가장 필요한 일은 날씨, 토양 등 사전정보를 획득하는 일이다. 이 일을 ICT가 접목된 센서들이 담당하고 있다. 센서로부터 측정된 데이터를

120) Neso Korea, "혁신적인 농업강국 네덜란드", https://www.nesokorea.org/news

분석한 다음 양질의 토양을 조성하고, 가장 적절한 날씨에 씨앗을 파종하는 식이다. 씨앗이 발아된 후에는 센서가 중요한 역할을 한다. 감자와 사탕수수 잎을 분석하면 그 안에 질소와 산소가 어느 정도 분포돼 있는지, 영양상태가 어떤지 등을 상세히 파악할 수 있다. 이 센서는 농기계, 트랙터 등 농부들이 움직이는 반경 곳곳에 부착돼 있다. 농부들은 이 센서를 활용해 감자 잎 분석 데이터를 보고 적절한 양의 살충제와 물, 비료를 투입하게 된다. 경험에 의존해오던 농법이 과학기술에 의한 스마트 농법으로 전환되고 있는 중이다. 추수 현장에는 로봇이 투입된다. ICT로 연결된 정보망을 로봇에 연결해 농사를 짓는다. 로봇은 사람보다 더 정확하게 알찬 열매, 알곡들을 수확한다. 네덜란드에서는 이같은 첨단 기술을 접목한 농사가 이미 현실화되고 있다. 농업의 각 단계마다 ICT 기술이 접목된 스마트농업이 이뤄지면서 양질의 작물을 대량으로 보다 정밀하게 생산하는 것이 가능해졌다. 빅데이터를 밑거름으로 한 '데이터 기반 농사'로 노동력과 비용도 획기적으로 줄어들었다. 과거 헥타르(ha)당 제초제 비용으로 200유로 가까이 지출됐지만, 스마트 기술을 적용한 이후 정확한 양의 제초제만 사용할 수 있게 되면서 비용이 절반으로 줄어들었다. 이처럼 네덜란드는 스마트농업을 통해 5%의 노동과 95%의 기술로 세계적인 농업 국가로 자리매김하고 있다.

현재 우리나라 농업은 농촌인구의 감소 및 고령화, 곡물자급률 하락, 농가소득 정체, 한반도 기후변화 심화 등의 어려움을 겪고 있다. 농업 인구의 감소 및 고령화 추세가 뚜렷하여 '2014년 농림어업조사 결과'에 따르면 농가 고령화율은 2014년 12월 기준 39.1%로 전년보다 1.8%포인트 높아졌다. 고령화율은 2010년 31.8%에서 매년 2% 포인트 가량씩 빠르게 높아지고 있다. 전체 인구 고령화율(12.7%)의 3배를 넘는 수치다. 또한, 수입 농산물은 매년 증가하고 있고 전체 산업에서 농업의 비중은 계속 낮아지고 있다. 국내 총생산 중 농림어업이 차지하는 비중은 2000년 4.4%에서 2014년 2.1%로 급감하였고, 국내 농경지도 2000년 19.0%에서 2014년 17.3%로 지속적인 하락 추세여서 농업 활성화를 위한 대책 마련이 시급한 상황이다. 우리나라의 곡물자급률은 2014년 24.0%에 불과하여 경제협력개발기구(OECD) 회원국 34개국 중 32번째로 낮다. 따라서 상기 언급한 노동인구 및 농지 감소, 농업 경쟁력 약화, 한반도 기상 이변 등의 문제점을 타개하기 위한 노력의 일환으로 ICT 기반 스마트농업 기술 도입이 필수적이다. 비록 농업+ICT융합 기술은 타 산업보다 아직 초보적인 단계에 머물러 있지만, 최근 가장 활발한 연구개발이 추진되고 있는 분야가 스마트농업이다. 스마트농업은 〈그림 5-28〉과 같은 시스템 구성으로 온실의 환경과 작물의 생육상태에 대한 실시간 센싱 정보를 기반으로 최적의 환경조건 유지 및 양액 제어를 통해 작물의 생산성 및 품질을 향상하고자 하는 농업 ICT융합 기술이다. 더 넓은 의미의 스마트농업은 노지농업, 시설원예, 축산 등 농업 분야에서 농산물 생산 · 유통 · 소비의 전주기적 과정을 농업 ICT융합 기술 적용을 통한 농촌의 삶의 질 향상을 도모하는 농업 형태까지를 포함한다.[121)]

▼ 그림 5-28 스마트팜 시스템의 기본 구성도

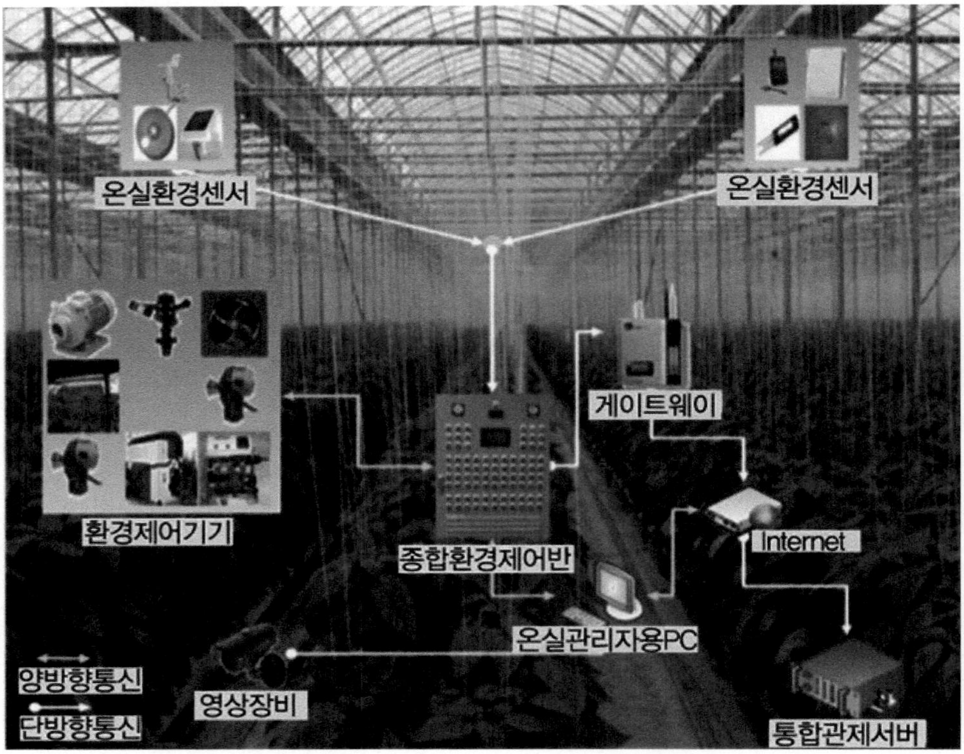

첨단 산업으로 성장할 것으로 주목받는 무인기도 농업의 중요한 도구로 쓰이기 시작했다. 인류사회와 산업 전체에 큰 변화를 가져올 기술을 선정, 매년 발표하는 MIT는 〈표 5-2〉와 같이 2014년 4월 '2014 10대 혁신기술'을 선정 · 발표하면서 '농업용 무인기'를 포함시켰다. 무인항공기로 불리는 '드론(Drone)'이 고령화와 젊은 층 이농 현상으로 어려움을 겪는 국내 농촌의 인력 문제 해결 등에 대안이 될 수 있다는 분석이다. 농협경제연구소 보고서에 따르면 드론은 헬기보다 구입비용이 저렴하고 조종이 쉬워 원격 농장관리를 통한 농업경영 합리화에 적합하고, 앞으로 정밀 농업 즉 '스마트 농업' 확대를 통해 농업 생산력 증대에 크게 기여할 것으로 기대됐다. 카메라와 센서를 장착한 정찰용 드론이 농장을 관찰하다가 문제가 발생하거나 처리해야 할 일이 생기면 스마트 기기를 통해 농장주에게 알리고 농장주는 조치를 하도록 드론에 명령하면 되기 때문이다. 이처럼 드론을 활용하면 최소 인력

121) ETRI, "스마트팜 기술동향 및 전망", Electronics and Telecommunications Trends, Vol.30, No.5, 2015

으로 농가당 영농 면적을 크게 늘릴 수 있어 효율성 제고를 기대할 수 있다. 또 농작물에 최대한 가까이 카메라와 센서를 접근시켜 병충해가 발생한 특정 작물에만 제한적으로 농약을 살포할 수 있는 등 친환경 농업을 할 수 있게 된다. 실제로 세계적인 드론 생산업체인 '3D 로보틱스'에서 적외선 센서를 이용해 필요한 지역에만 농약을 뿌리는 드론을 현재 개발 중에 있다. 농업부문에 드론을 가장 잘 활용하고 있는 나라는 일본이다. 일본의 Yamaha 코퍼레이션은 20년 전부터 〈그림 5-29〉와 같은 농업용 드론을 개발하여 판매하고 있으며, 2013년 기준으로 약 2,400대를 판매하였으며, 일본 내에서 드론을 이용하여 살충제 및 비료의 살포비율은 일본 전체 논의 40%에 달한다.

▼ 표 5-2 MIT 선정 2014 10대 혁신 기술

기술명	이 유
농업용 드론	첨단 센서와 영상장치 탑재 보급형 드론으로 농업 생산량 향상
초보안 스마트폰	스노든 사건 영향으로 보안과 프라이버시 보호기술 강화
브레인 매핑	복잡한 뇌 기능을 구체적으로 규명한 뇌지도
신경 모방칩	뇌를 모방, 지능적 기능을 갖춘 마이크로프로세서
게놈 편집	특정 유전자 녹아웃된 영장류 만들어 뇌기능 장애 연구
마이크로스켈링 3D 프린틴	여러 재료로 만든 잉크를 정밀 제어한 미세 3D 프린팅 영역 개척
모바일 협업	생산성 향상 SW 탑재한 스마트폰으로 협업
오클러스 리프트 (가상현실장치)	가상현실 고글과 몰입형 가상현실 기술 대중화
고기동력 로봇	균형감각을 갖추고 거칠고 울퉁불퉁한 지형에서 빠르게 걷고 뛰는 로봇
스마트 풍력 · 태양광 발전	빅데이터와 인공지능 이용 발전량 정확히 예측, 신재생 에너지 그리고 현실성 향상

▼ 그림 5-29 일본 Yamaha사의 농업용 드론

세계적인 다국적 식량기업인 미국의 몬산토(Monsanto)는 농업에 날씨 정보를 활용하고, 곡물 생산에 유해한 미생물 연구에 나서는 한편, 위성항법장치(GPS)와 빅데이터를 활용한 정밀농업을 가능케 하고 있다. 이 회사는 지난 2010년부터 빅데이터 망을 개발하는 한편, 2013년에는 날씨 관련 빅데이터 벤처기업 '클라이밋 코퍼레이션'을 인수한 후, 빅데이터 분석 툴인 필드스크립트(FieldScripts)를 개발하였다. 필드스크립트는 농업회사인 몬산토가 옥수수, 대두, 면화, 밀, 카놀라, 수수, 사탕수수 종자를 제공하며 좋은 품질의 종자 유전학과 첨단 형질 기술로 데이터를 분석해서 각 농가에게 최적의 해결책을 제공하는 시스템이다. 몬산토는 식물육종 연구로 유전적 수확량을 극대화하여 옥수수의 가치를 높였고 이로 인해 농가는 안정적으로 옥수수를 재배할 수 있었다. 종자의 생산성을 높이기 위한 기법으로 유전체학(Genomics), 작물분석(crop analytics), 표지육종(marker-assisted breeding) 등의 첨단육종기법을 이용하고 있다. 또한 필드스크립트는 종자 유전학과 정밀한 장비를 사용하여 경작지에 적합한 품종과 파종량을 재배하도록 돕고 토질과 질병의 이력, 강수량 등의 데이터를 통해 농지의 재배를 원활하게 할 수 있도록 지원한다. 이 시스템의 도입효과는 지속가능한 농업이라는 점과 맞춤형 수확을 통해 생산량을 증대시킬 수 있다.[122)]

▼ 그림 5-30 몬산토의 필드스크립트

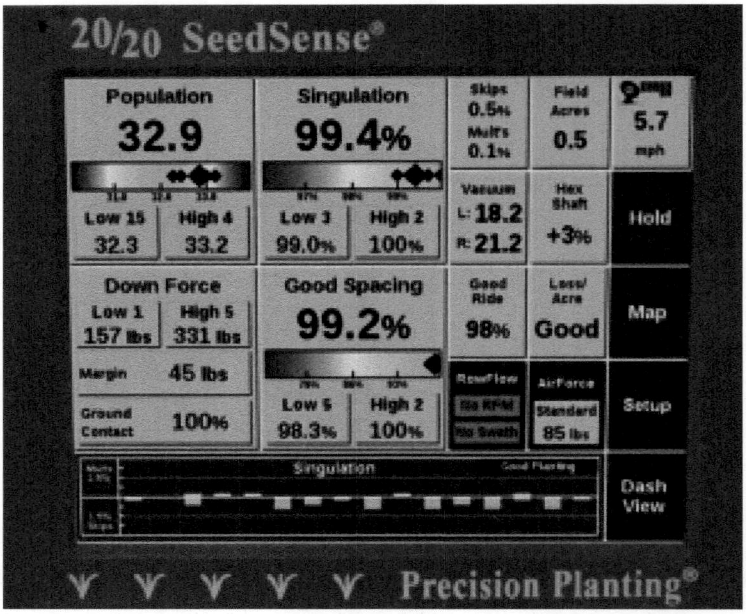

122) Monsanto Company, Information of Monsanto's FieldScripts, [cited 2015 June 8]. http://www.monsanto.com

듀폰은 새로운 사업구조 구축을 위해 세계 유수의 종자회사와 식품회사를 잇달아 인수, 다양한 기술을 축적하며 변신을 하고 있다. 1999년 종자 회사인 파이오니어를 인수한 후 식량산업 개발을 본격적으로 추진하고 있다. 2013년 기후 데이터 분석 플랫폼인 'Field360' 공개 이후 웹 기반 경작기 관리 도구인 'Field36 Select', 모바일 앱인 'Field360 Notes' 등을 잇달아 상용화하였다. 'Field360 Select'는 수십년간 축적된 토양 및 기후, 강우량 정보를 바탕으로 경작지별 데이터와 실시간 농경·기상 정보와 결합하여 관리를 지원하는 소프트웨어이다(그림 5-30 참고). 'Field360 Notes'는 GPS 태그로 메모 및 사진 활용 기능을 제공하여 언제 어디서나 자신의 농장 데이터에 접속해 농경관리가 가능한 앱이다. 직접 밭에 나가지 않아도 실질적인 정보를 제공받을 수 있으며, 어디에서나 자신의 농장 데이터에 접속하여 농경관리 실시가 가능하다. 포럼 개최 이후 16년이 지난 현재 듀폰은 '화학·섬유 분야 세계 1위 제조업체'라는 타이틀을 과감히 벗어 던지고 농업과 생명공학에 집중한 새로운 사업구조를 지닌 글로벌 기업으로 탈바꿈하고 있다.[123]

▼ 그림 5-30 Field360 Select의 메인 메뉴 화면

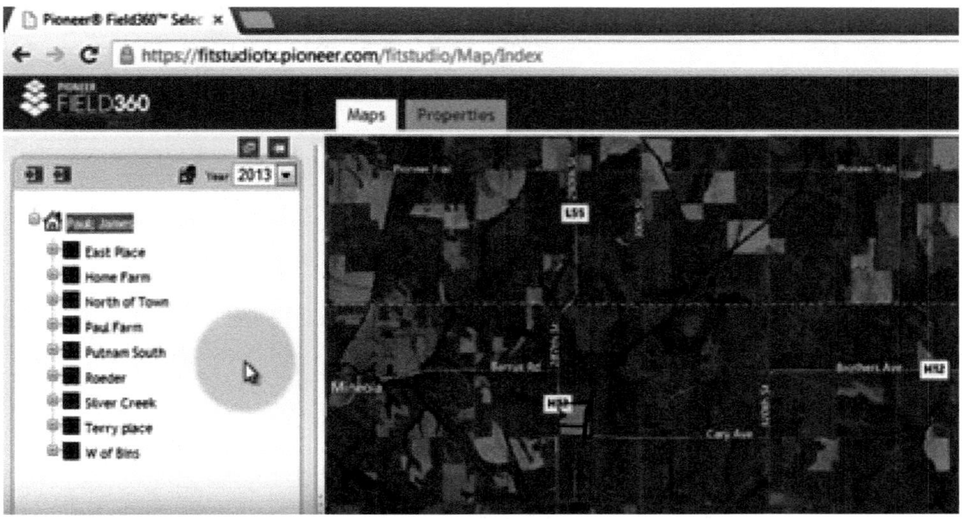

이스라엘 Phytech의 작물·환경을 관리하는 센서와 소프트웨어는 식물의 컨디션을 측정한다. 클라우드 기반의 서버 및 웹 기반의 소프트웨어 응용프로그램에서 지원하는 혁신적인 고유 식물 센서를 기반으로 한 이 시스템은 시시각각으로 작물이 필요한 물, 영양, 빛의 정도를 알고 최적의 조건을 만들 수 있도록 한다(그림 5-31 참고). 또한 세계 어느 곳에서든 실시간으로 데이터를 공유하여 재배를 원활하게 하고 높은 생산량과 최상의 품질이 되도록 생산자의 결정을 돕고 관련정보와

123) 한국정보화진흥원, "농림·식품 분야의 신ICT 융합전략", 2014년 6월

노하우의 지식 공유를 통해 성장 과정의 투명성 및 시장성을 향상시킬 수 있도록 해준다. 세계 최고의 센서에 연결되어 토양 수분 및 마이크로 기후 센서에 의한 지원으로 지속적으로 심장박동을 모니터링하여 작물의 성장률과 상태를 보여주고 작물이 스트레스 받는 상황과 그 근본 원인을 경고해주어 문제점을 미리 예측할 수 있으며 식물에게 받은 정보와 지식으로 자신의 행동을 피드백하고 신속한 대응을 가능하게 한다. 신규 사용자는 기본 사용자 정의로 재배를 위한 최적의 설정을 할 수 있으며 연구 및 지식센터, 컨설턴트, 공급 업체, 고객 등의 많은 관련 참여자가 그들의 작물 재배 경험을 제공하여 시스템을 최대한 활용할 수 있도록 하고 최상의 경험을 벤치마킹할 수 있다는 장점이 있다. 기본적인 이용 구성 장치로는 측수기센서(Dendrometer sensor), 토양습도센서(Soil moisture sensor), 수량센서(Water meter sensor)와 같은 센서와 Phytechas weather station이 있다. 측수기센서는 마이크론 범위의 미세한 변화를 모니터링하기 위한 고정밀 센서이고, 토양습도센서는 토양에 함유된 용적 수분 함량을 모니터링 할 수 있는 센서이고, 수량센서는 측정된 식물의 드립라인을 설정하고 수신된 물의 양을 정확히 모니터링하는 센서이며, Phytechas weather station는 공기의 온도, 습도, 방사선, 바람의 속도 및 방향, 강수량의 데이터를 수집하고 관리하는 기능을 포함하고 있다.[124)]

▼ 그림 5-31 이스라엘 Phytech SW

일본 후지쯔의 클라우드 기반 서비스인 우보(소의 걸음걸이) 시스템은 소의 발목에 장착된 만보계를 이용하여 소의 발정을 예측할 수 있다. 암소들이 만보계를 찬 까닭은 소가 발정 징후를 보이면 평소보다 걸음 수가 증가한다는 원리를 이용한 것이다. 소의 발정주기는 21일, 가임기간은 단 16시간에 불과하다. 이때를 놓치면 다시 21일을 기다려야 한다. 우보시스템을 이용하면 암수 선택 임신도 가능하다. 이 시스템이 설치된 일본 1050개 목장 통계에 따르면 가임기간 전반기 8시간에 수정

124) Phytech software. Information of Phytech software. Available from [cited 2015 July 7]. http://www.phytech.com

시키면 암컷, 후반기 8시간에 수정시키면 수컷 송아지가 나올 확률이 70%라고 한다. 농가 입장에선 비임신기간 동안만큼 사료값이 더 들어가는 것이다. 이 때문에 정확한 발정시기에 수정을 시켜주는 것이 중요하다. 사람이 소의 발정을 발견하는 것이 약 58%인 반면 후지쯔의 '우보시스템'은 100%에 가까운 결과를 보인다. 후지쯔의 우보시스템은 일본에서 약 93% 시장 점유율을 차지하고 있으며 일본 내 1,050개 이상이 사용되고 있다. 또한 일본 다수의 목장에서는 평균 420일이던 분만간격을 365일 이내로 줄이고 수태율을 높여서 사료비용, 종부료, 관리비용을 절감하고 있다. 소가 발정을 하거나 질병에 걸렸을 때 평상시보다 걸음 수가 증가하거나 다른 형태를 띠는 것을 측정하여 조기에 예측할 수 있으며, 24시간 관찰이 가능하기 때문에 발정관찰의 어려움을 해소하고, 체계적으로 번식을 관리함으로써 목장을 효과적으로 운영할 수 있고, PC나 스마트폰 등을 통하여 데이터를 확인할 수 있다. 이용 구성 장치로는 만보계(송신기), 수신기, PC 및 스마트폰, 인터넷이 있는데, 만보계(송신기)를 통해 소의 걸음 수를 측정하고, 수신기로 소의 걸음 수 데이터를 수신하여, PC 및 스마트폰으로 어디서든 발정과 번식의 정보를 확인하는 것이 가능하다. 클라우드 센터에서는 목장의 수신기에서 수집되어진 데이터가 1시간 단위로 데이터센터로 전송되며, 인터넷을 통해 PC나 스마트폰으로 제공된다. 이 시스템의 도입 효과로는 어려운 작업 환경을 개선할 수 있고 수정 성공률이 높아져 정액 비용과 수정사 비용이 절감되고 암소의 평균 번식주기인 14개월을 12개월로 단축할 수 있어 2개월분의 생산비용이 절감된다.[125)]

▼ 그림 5-32 후지쯔의 우보시스템(출처: 중앙일보, 2012.4.18. 기사)

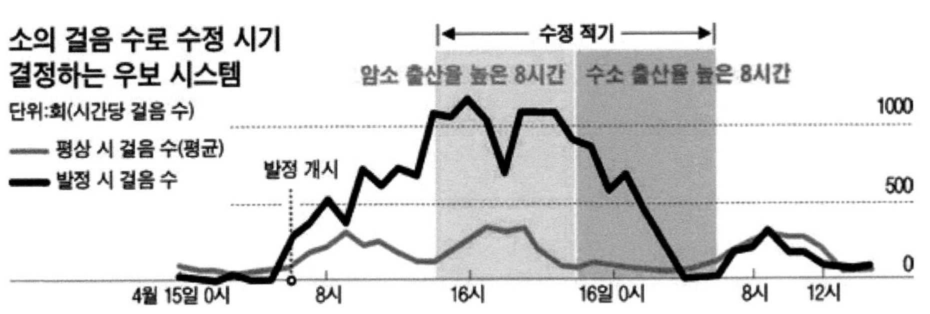

국내에서도 스마트농장을 위해 많은 노력을 하고 있다. 국내의 대표적인 스마트농장 시범단지는 세종시 창조마을이다. 이곳은 세종시와 SK텔레콤, 농식품부 · 미래창조과학부 등 관계부처가 업무협약을 통해 추진된 스마트농장으로, 스마트폰

125) Fujitsu Company. Information of Fujitsu's Cow Step Counts System. [cited 2015 April 28]. http://jp.fujitsu.com

앱으로 언제 어디서든 농장을 관리한다. 농민은 스마트폰으로 CCTV를 통해 촬영된 현장 모습을 실시간 모니터링할 수 있다. 예전에는 수작업으로 비닐하우스 내부 온도를 살피고 비닐하우스를 열었다 닫았다 했지만, 이제는 여행이나 시장에 가더라도 스마트폰으로 간단하게 관리할 수 있게 됐다. 또 전북 익산에서 0.6ha의 비닐하우스에 딸기를 재배하고 있는 '희망담은 농장' 오희준(52) 대표는 2012년 딸기 비닐하우스를 수경재배로 전환, 최근 들어 난방기와 측창, 환기시설 등을 스마트폰으로도 제어할 수 있는 스마트 팜으로 업그레이드해 1억8000만원의 매출을 달성했다. 오 대표는 "스마트 팜을 도입하고 나서 온습도 등 작물이 자라는 최적의 환경을 제공할 수 있어 생산량이 20% 이상 늘어난다"며 "특히 외부에서도 딸기 비닐하우스 내의 온·습도, 환기 등의 환경제어가 가능하고 실시간으로 온실 내부 환경을 모니터링 할 수 있어 온실에 사람이 항상 붙어 있지 않아도 돼 많이 편리해졌다"고 말했다. 충남 천안에서 돼지 2000마리를 사육하고 있는 풍일농장 정창용(50) 대표도 돈사 내 온도·습도, 화재발생 여부, 사료급이량 등을 스마트폰으로 원격 관리하고 있다. 그 결과 돼지 농가의 생산성 지표로 사용되는 MSY(어미돼지 한 마리당 출하 돼지 수)가 18마리에서 21마리로 늘어났다. 양돈농가 평균 16.6마리보다 27% 높은 수준이다. 전남 담양의 '원스베리 전남딸기광역클러스터사업단'(이하 원스베리)의 딸기는 높은 가격에도 불구하고 소비자 반응이 좋다. 크기가 균일하고 당도가 높기 때문이다. 원스베리는 IT를 접목한 시설환경 관리를 통해 딸기를 생산하고 유통 구조를 확립해 해외 수출, 가공품 개발, 체험프로그램 운영 등의 다양한 사업도 꾀하고 있다. 2012년부터 사업단 소속의 21개 농가는 딸기 생산에 IT 기술을 접목해 다른 딸기농가에 새로운 비전을 보여주고 있다. 무엇보다도 딸기를 재배하는 시설하우스도 기존 하우스에 단순한 제어장비만 갖추어도 충분히 생산 품질을 높이고 병해충을 예방할 수 있다는 것도 증명해 보이고 있다. 현재 이곳에서는 센서를 통해 온습도, 토양, 빛에 따라 분 단위로 데이터를 뽑고 이것을 연구실에서 확인할 수 있게 시스템화 되어있다. 따라서 농가마다 생장환경 시스템을 적용하게 되면 그 데이터를 기술센터나 농업기술원에서 분석해서 농가에 알려줄 수 있게 된다. 이와 함께 표준화 작업도 동시에 추진하고 있다. 농가에 설치된 센서에 문제가 발생하더라도 호환이 가능하게 한 것이다. 현재 이곳 농가들의 반응은 매우 긍정적이다. 스마트폰으로 내 농가의 상태를 볼 수 있어 외부에서 다른 일을 하면서도 딸기가 잘 재배되고 있는지 점검할 수 있어 좋다고 한다.[126]

126) 농촌여성신문, 2014년 2월 10일, http://www.rwn.co.kr/news/articleView.html?idxno=21814

▼ 그림 5-33 ICT가 융합된 딸기 농가 모습

마 미래는 로봇과 사물인터넷 시대

로봇(Robot)하면 우주소년 아톰이 제일 먼저 떠오른다. 일본만화작가인 '데즈카 오사무'에 의해 1952년부터 1968년까지 일본 소년지에 연재된 SF 만화의 주인공이다. 만화에서 그려진 아톰의 능력은 실로 엄청나다. 60개국의 언어 소통이 가능하고, 청력은 인간의 1000배를 능가하며, 팔과 발에서 제트 분사가 가능하여 하늘을 마음대로 날아다니고, 손가락에서 레이저가 발사되며, 모든 상황을 스스로 판단하여 선과 악을 구별할 수 있어 도시를 해치는 악당에 맞서 싸우는 의리의 로봇이다. 키는 1m 정도의 보통 초등학생 정도인데 능력은 엄청나다. 아톰을 비롯한 마징가 제트, 로봇 태권V 등 20세기에 그려진 로봇은 인간이 가질 수 없는 엄청난 힘을 가지는 것으로 그려져 있다. 그 당시 만화가들은 대자연이 지니고 있는 엄청난 에너지에 비해 보잘 것 없는 인간을 아톰이라는 로봇을 통해 희망을 가지고자 하는 생각이 강했던 것 같다.

▼ 그림 5-34 만화영화에 등장했던 아톰과 로봇 태권브이

로봇이란 용어는 체코슬로바키아의 극작가인 '카렐 차페크'가 1920년에 발표한 희곡 "로섬의 만능 로봇(Rossum's Universal Robot)"에서 나온 단어이다. 이 단어 자체는 카렐 차페크의 형인 '요세프 차페크'가 만들었다고 하며, 체코어인 노동자를 의미하는 robota에서 유래되었다고 한다. 가장 최초로 등장한 로봇은 이 희곡에서 인간을 상대로 반란을 일으키는 것으로 그려져 있다. 로봇의 정의는 '사전에 정해진 규칙에 따라 스스로 판단하여 행동하는 것'을 말하며, 의미상으로는 기계의 하위 범주에 속한다.[127] 소설이나 만화에서 존재하던 로봇이 사람들에게 강력한 형상으로 다가온 것은 2000년에 소개된 일본 혼다자동차의 2족 로봇인 아시모(Ashimo)의 등장이라고 생각한다. 아시모는 영어 Advanced Step in Innovative Mobility의 약자로 번역하자면 '발전된 단계의 혁신적인 이동성'이라는 뜻이다. 2000년에 처음 소개될 당시에는 시속 1.6km로 걸을 수 있었다. 몇 번의 성능 개선을 통해 2011년에 보인 아시모는 시속 9km로 조깅을 할 수 있고, 유리잔에 음료를 따를 수 있으며, 발로 점프도 한다. 몇 년전 일본 도쿄를 방문한 버락 오바마 대통령과 축구를 하고 앙겔라 메르켈 독일 총리와 인사하는 모습이 나오기도 했다.

▼ 그림 5-35 혼다의 아시모 로봇

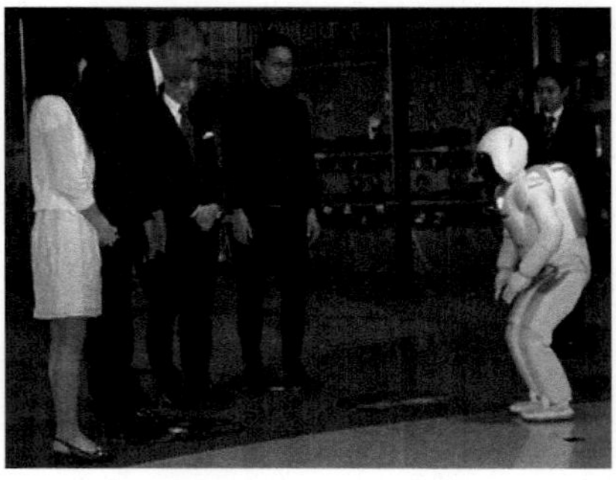

127) 나무위키, https://namu.wiki/w/%EB%A1%9C%EB%B4%87

인간과 닮은 로봇을 휴머노이드 로봇이라고 한다. 휴머노이드 로봇 분야에서 가장 앞선 나라는 단연 일본이다. 2014년 6월 일본 소프트뱅크는 세계 최초로 가정용 로봇인 '페퍼(Pepper)'를 발표했다. 페퍼는 사람의 감정을 인식하고 이에 따라 행동양식을 결정할 수 있다. 페퍼에는 두 가지 기술이 탑재되어 있다. 하나는 감정 인식 기술이다. 페퍼는 사용자의 얼굴이나 음성을 보고 사람의 감정을 인식한다. 다른 하나는 클라우드 AI를 적용하여 상황을 읽고 배울 수 있다. 기존의 단독형 로봇은 한정된 메모리와 개별화된 프로그램으로 만들어졌기 때문에 능력이 제한적이라는 것에 착안한 것이다. 페퍼가 학습한 감정과 행동 양식은 모든 페퍼가 연결된 클라우드를 통해 공유된다. 이를 통해 페퍼는 복잡한 감정을 더 빨리 학습하고 이에 더 정교하게 반응할 수 있다. 페퍼 머리에는 4개의 마이크가 설치되어 있으며, 마이크를 통해 소리의 방향을 인식하고, 눈에 있는 적외선센서로 말을 하는 사람과의 거리를 측정한다. 페퍼는 가족을 사랑하고 위하는 개인용 로봇이며, 감정을 이해할 수 있어 진정한 가족의 동반자 역할을 할 수 있으며, 소매업체 보조직원이나 노인들을 위한 도우미로 사용될 수도 있다. 페퍼의 출시가격은 19만8천엔(약 200만원)이다.[128]

▼ 그림 5-36 소프트뱅크의 페퍼 로봇

도시바도 여성의 모습을 한 로봇 '치하라 아이꼬'를 도쿄의 한 백화점 안내 데스크 사원을 개발했다. 도시바는 인간과 비슷한 외모를 만들고 가능한 한 인간처럼 말하게 하는 것에 집중했다. 그러나 고객과 대화하거나 질문에 답을 할 수 있는 수준은 아니다. 눈을 깜빡이거나 고개를 숙여 인사하고 대화할 때 입술을 부드럽게 움직이는 정도이다. 도시바측은 "사람처럼 다양한 표현을 할 수 있도록 프로그램돼 있다. 고객에게 6분간 백화점 내 정보나 행사에 대한 설명을 할 수 있다"고 한다.[129]

128) Giantt, 2014년 6월 10일, http://giantt.co.kr/5419

129) 머니투데이 뉴스, 2015년 5월 23일, http://m.mt.co.kr/renew/view.html?no=2015052215331025945

▼ 그림 5-37 도시바의 안내 사원 로봇

얼마 전 한국 최초의 휴머노이드 로봇인 휴보(Hubo)가 세계 재난로봇 대회에서 우승을 했다. 휴보는 2015년 6월 5일 이틀간 미국 캘리포니아주 포모나 전시장에서 미 국방부 산하 방위고등연구계획국(DARPA) 주최로 열린 'DARPA 로봇공학 챌린지(DRC)' 결선 대회에서 미국, 일본, 독일 등 로봇 강국들의 로봇들을 제치고 우승을 했다. DRC는 2011년 일본 후쿠시마 원자력발전소 사고와 같은 극한의 재난 상황에서 인간을 대신할 재난수습 로봇이 필요하다는 취지로 2013년부터 시작됐다. 23개 참가팀에게 내놓은 로봇들에게 주어진 과제는 차량 운전, 차량 하차, 문 열고 통과하기, 밸브 잠그기, 벽에 구멍 뚫기, 장애물 치우기, 계단 오르기, 콘센트 꽂기 등 모두 8개 과제였다. 로봇 조정은 멀리 떨어진 무선으로 해야 한다. 이것은 실제 재난발생시의 상황을 가정했기 때문이다. 주어진 시간은 60분이고, 이 시간 안에 가장 빨리, 가장 정확하게 과제를 수행한 로봇이 우승을 차지하는 방식이다. 휴보는 평지에선 무릎을 접어 바퀴로 이동하고, 계단을 오르거나 할 때만 두 발로 이동하는 방식을 채택했다. 그러나 경연 동영상을 보면, 참가 로봇들이 번번이 넘어지고 실수를 남발하는 모습이 자주 나온다. 세계 최고의 로봇이 이 정도 수준이니 만화에서 보는 로봇은 갈 길이 먼 것 같다.[130]

130) http://plug.hani.co.kr/futures/2264009

▼ 그림 5-38 휴보가 구멍을 뚫는 모습(KAIST 제공)

아톰이 나온지 약 50년이 지난 지금의 로봇은 만화에 비교할 수 없을 정도로 아직은 미약한 수준이다. 휴머노이드 분야는 아직 갈 길이 멀지만, 이미 산업용 로봇과 의료용 로봇 분야는 이미 인간의 한계를 뛰어넘어 많은 분야에 적극 활용되고 있다. 로봇을 용도별로 구분해 보면 〈표 5-3〉과 같다. 크게는 서비스 로봇과 산업용 로봇으로 구분한다. 산업용 로봇은 사전적 의미로 인간을 대신하여 작업현장에서 노동을 행하는 자동화 기계이다. 이러한 산업용 로봇의 등장으로 고온, 극저온, 고압 등 인간이 접근할 수 없는 극한 환경에서도 작업이 가능해졌다. 무인 자동화 공장이 가능해져서 노동력이 절감되고 제조공정이 신속하고 정밀해짐에 따라 가격 경쟁력 제고와 제품 품질 향상이 달성되었다. 최근에는 노동력 확보가 쉽지 않은 3D산업(기피산업)의 설비로 주로 사용되고 있다.

▼ 표 5-3 로봇의 구분

서비스 로봇	개인용 로봇		애완용 로봇, 청소로봇, 교사로봇 등
	전문 로봇	전문 서비스 로봇	의료, 헬스케어, 안내로봇 등
		극한 작업 로봇	재난구조, 원전로봇
산업용 로봇	제조업 로봇		용접로봇, 핸들링로봇, 도장로봇 등
	비제조업 로봇		농업, 어업, 건설용 로봇 등

1961년 GM 자동차 공장에 설치된 산업용 로봇은 컴퓨터에 연결되어 프로그램된 순서에 따라 사람의 손이나 발의 역할을 대신하여 물건을 옮기는 등의 단순한 작업만을 수행하는 정도였다. 최근 이미지센서와 힘 센서 등의 정교한 센서기술과 제어기술의 발전으로 자율성을 확보한 산업용 로봇은 용접과 같은 특정작업에 사용되기 시작하였다. 용접산업은 대표적인 기피산업 분야 중 하나로 우수한 용접기술 인력이 점점 줄어들고 있다. 하지만 자동차, 조선, 반도체, 디스플레이, 에너지 산업 등에서는 용접 기술이 필수적이기 때문에 용접로봇이 제조업에 가장 많이 사용되고 있는 로봇 중의 하나이다. 용접로봇은 〈그림 5-39〉와 같이 용접방법에 따라 스폿용접로봇, 아크용접로봇, 레이저용접로봇 등으로 분류된다. 스폿용접로봇은 자동차 분야 등의 산업현장에서 가장 많이 활용되고 있다. 용접로봇의 로봇화로 제조공정 소요비용을 획기적으로 절감시킬 뿐만 아니라 힘든 작업과 단조로운 작업 등으로부터 근로자를 해방시키고 품질의 안정화를 가져오게 되었다. 이와 같이 각종 조립라인 등에 로봇이 설치돼 숙련공을 대신하여 작업을 진행함으로써 사람의 손보다 훨씬 빠르고 정확하게 작업을 수행할 수 있게 되었다. 현대자동차 울산공장에는 900여대의 로봇이 설치되어 있고, 주로 용접, 차체조립 등의 작업에 활용되고 있다.[131)]

▼ 그림 5-39 용접로봇의 종류 (자료: 한국공작기계협회)

고령화 사회의 진행으로 인하여 개인의 건강에 대한 관심이 고도화되고 있으며, 이러한 건강에 관심은 노인이나 장애자뿐만 아니라, 좀 더 건강한 미래를 원하는 일반 사람에게도 큰 이슈가 되고 있다. 건강하고 장수하는 삶을 원하는 사람들의 욕망은 첨단기술 분야의 복합체로 기술혁신성과 성장잠재력이 유망한 로봇기술과 인체 생리, 심리 및 행동 특성을 정량적으로 계측 및 분석하여 감각 및 운동기능을 증진시키는 헬스케어 기술과 맞물려 헬스케어 로봇기술이라는 새로운 융합 기술을 탄생시켰다. 의료기기, 재활기기, 고령친화기기, 운동기기 등 전기 · 기계적인 제

131) KISTI Market Report, Vol.2, Issue 2, "산업용 용접로봇"

품을 통칭하는 헬스케어간의 통합 또는 센싱 → 모니터링 → 정보분석 → 피드백의 과정에 관한 체계를 헬스케어 시스템이라고 한다. 헬스케어 로봇은 이러한 헬스케어 시스템의 한 분야로써, 로봇기술(IT)과 생리신호 분석 기술(BT)를 이용하여 개인의 건강 추구 및 증진할 목적으로 제공되는 능동적 개념의 로봇으로써 신체적, 정신적으로 건강한 상태를 유지하고 삶의 질을 향상시킴으로써 건강하고 장수하는 삶을 만드는 로봇을 말한다. 감각 및 운동기능 증진 헬스케어 로봇은 성격에 따라 〈그림 5-4〉와 같이 크게 4가지로 분류된다.[132] 대표적인 보행보조로봇은 〈그림 5-40〉과 같다.

▼ 표 5-4 헬스케어 로봇의 종류 및 용도

구 분	정 의	종 류	용 도
보행보조 로봇	하지 근력이 약한 노인 및 장애인 등의 거동이 어려운 환자들을 위한 지능형, 다기능 보조 장치 및 전동 휠체어 등의 보조(공학) 기구	독립형 보행보조 로봇	사용자의 하지에 직접적으로 부착, 사용자의 의도와 상태를 자동으로 인식하여 보행을 보조하고, 장애물 통과 등의 보행 이외의 기능 수행
		의지형 보행보조 로봇	캐스터(caster) 등에 몸을 의지하면서 보행을 보조
생활지원 로봇	사용자의 일상생활을 지원	헬스 모니터링 로봇	집안에서 가족들의 건강상태를 모니터링
		케어지원 로봇	독거 노인 등 혼자 사는 노인 및 환자들이 집안에서도 일상 생활을 영위할 수 있도록 간호 및 보조
		생활지원 로봇	생활의 기본적인 기능이 약한 노인 및 환자들을 대상으로 앉기-서기, 무거운 것 들기 등의 상하지 운동 보조 및 보행 등의 운동을 지원
재활보조 로봇	몸의 기본적인 기능이 약화된 노인 및 장애인 등 환자를 대상으로 원래의 기본 기능으로 회복될 수 있도록 보조	시청각 및 자세균형 등의 감각 기관 재활 로봇	
		보행운동 및 상하지 운동 등 운동 기능 재활 로봇	
건강관리 로봇	노인, 장애인의 건강관리 및 간호 등의 치료 목적을 포함하고 또한 건강한 일반인들의 건강을 미리 예방 및 케어	건강이 약한 노인 및 장애인들의 건강 상태를 관리 및 치료해주는 병원 치료용 건강관리 로봇	
		가정 등에서 건강한 일반인들을 대상으로 예방차원에서 건강상태를 관리해주는 가정용 건강관리 로봇	

132) 대한전기학회, 전기의 세계, 기획시리즈, "헬스케어 로봇 기술개발 동향 및 사례", 2009년 7월호, http://www.kiee.or.kr/data/elecworld/7.pdf

▼ 그림 5-40 대표적인 보행보조 로봇

로봇의수　　지능형 휠체어　　외골격 보행보조로봇

로봇에 대한 기술은 컴퓨터와 각종 센서, 액추에이터 등의 기술 발전을 통해 이루어지고 있다. 로봇이 이동하는 중에 막다른 골목에 이르렀을 때 되돌아 나오기 위해서는 벽을 감지할 수 있는 센서로 벽이 있는지 없는지를 감지하여 벽을 피해 움직이도록 하여야 한다. 이처럼 로봇이 온도, 빛, 벽의 유무, 무게, 휘어짐의 정도 등을 감지하도록 다양한 센서를 통해 주변 환경에 대한 정보를 얻어 전기적 신호로 바꿔 로봇이 판단할 수 있도록 하고 있다. 로봇에 대한 대부분의 입력은 운영 프로그램 이외에 내장돼 있는 센서들로부터 발생한다. 이 센서들은 로봇에 외부 세계에 대한 정보를 제공하는데, 이는 인간의 오감과 유사하다 할 수 있다. 일부 경우에 로봇은 이리저리 움직이기 위해 주변 상황을 인식하고 있어야 한다. 그 외의 경우 로봇의 최우선 목표는 원격 관리자에게 정보를 보내기 위해 환경을 감지하는 것이다. 사람은 주변 환경에 대한 정보를 청각, 시각, 후각, 미각, 촉각이라는 오감에 의해 주위의 온도, 주변 사물의 형태, 맛, 냄새 등의 정보를 알 수 있듯이 로봇도 주변 환경의 온도, 사물의 형태, 주변의 소리 등을 알기 위해서는 각각의 정보를 취득해서 전달해 줄 수 있는 센서를 사용한다.

대표적인 오감에 따른 센서 분류는 〈표 5-5〉와 같다. 오감의 기준에서 시각센서(Image sensor)는 사람의 눈과 같이 대상물을 시각적으로 보여 줄 수 있는 센서이다. 시각센서는 X선, 가시광선, 적외선, 마이크로웨이브 등의 전자기파의 특성을 이용해서 시각적으로 볼 수 있도록 이차원의 영상을 제공하는 센서이다. X선을 이용한 방사선 검출기, 가시광을 이용한 CCD와 CMOS, 적외선을 이용한 열화상 카메라, 마이크로웨이브를 이용한 SAR 영상센서, 자기적인 RF의 특성을 이용한 MRI 등이 시각센서이다. 청각센서(Auditory sensor)은 이차원적인 영상 대신에 다양한 영역의 전자기파를 이용해서 입력신호를 알 수 있는 센서이다. 청각이라 하여 음파영역만 고려한 것이 아니라 원리적으로 전자기파를 이용해서 대상물의 상태를 검출하는 센서이다. 2차원적인 이미지를 제공하지 않고 신호의 크기만을 출력하는 센서로서, 음파를 이용한 마이크로폰과 스피커, 초음파를 이용한 소나센서, 마이크로웨이브를 이용한 레이더 센서와 RFID, 가시광을 이용한 조도센서, 자외선을 이용한 화염감지기, 적외선을 이용한 LED와 포토다이오드 센서 등이 여기에 속한다. 후각센서(Olfactory sensor)는 근거리에서 비접촉식으로 입력신호를 판단하는 센서이다. 같은 비접촉식 센서인 청각센서와는 달리 감지하고자 하는 대상물체와의 거리가 비교적 가까운 경우의 센서이다. 각종 가스를 감지하는 가스감지기, 화재를 감지하는 화재감지기, 적외선을 이용한 비접촉식 온도센서, 가속도를 감지하는 선형 가속도센서 및 자이로스코프센서 등이 여기에 속한다. 촉각센서(Tactile sensor)는 접촉식 센서로 대상물과 센서가 직접 접촉을 통해 상태를 파악하는 센서이다. 여기에는 접촉식 온도, 습도, 힘, 압력, 유량/레벨 등을 측정하는 역학적인 대부분의 센서가 여기에 속한다. 기타 혀를 통해 미각을 감지하는 화학적 센서는 대부분 생화학적 반응을 통해 검출하는 방식을 사용하고 있으며, 아직은 연구단계에 있다. 이러한 오감의 기준으로 분류된 센서 체계는 〈표 5-5〉와 같다. 그리고 이 중에서 로봇에 활용되고 있는 대표적인 센서와 기본 기능 및 활용사례는 〈표 5-6〉과 같다.

▼ 표 5-5 오감에 해당하는 센서의 분류

형태	감각	오감	물리적인 검출 대상	해당 센서
비접촉	시각	눈	가시광	CCD, CMOS
			적외선	열화상카메라, 광증폭기
			마이크로웨이브	MRI, SAR
			X선	방사선 검출기
	청각	귀	가청 음파	마이크로폰, 스피커
			초음파	SONAR
			마이크로웨이브	레이더 센서, RFID
			광센서	적외선센서, 조도센서, 자외선센서
	후각	코	대기질, 일반가스	대기질센서, 가스센서
			화재	광전식/차동식/정온식, 불꽃감지기
			비접촉식 온도	서모파일 온도센서, 볼로미터
			가속도/각속도	가속도센서/자이로센서
접촉	촉각	피부	접촉식 온도	서모커플, RTD센서, 광섬유센서
			습도	모발센서, 정전용량, 전기저항
			터치스크린	압저항/정전용량/초음파/광학
			힘/압력	스트레인게이지, 기압센서
			유량, 레벨	유량센서, 레벨센서
	미각	혀	수질, 맛	수질 센서, 바이오센서

▼ 표 5-6 로봇에 활용되는 센서 종류 및 활용 사례

센서 종류	기본 기능	활용 사례
이미지센서	주변의 시각적 표현 검출	영상 인식 소프트웨어를 통해 얼굴을 포함한 물체들을 인식할 수 있으며, 원격 운영자에게 시각적 이미지를 제공
터치/압력센서	물체와의 접촉을 감지	안전을 위해 다른 물체와의 충돌 방지, 민감한 물체들을 포착하는 데도 이용
가속도센서	3축의 가속도를 감지	로봇 균형 유지에 필수적이며, 동작 제어에 활용
마이크로폰	음성 감지 및 입력	인간과 로봇 상호작용 지원
자이로센서	흔들림 및 회전을 감지	로봇 균형 유지에 필수적이며, 동작 제어에 활용
라이더센서	반사된 레이저 빛을 감지	로봇 내비게이션 및 충돌 방지에 이용
거리측정센서	적외선 또는 초음파를 이용하여 거리를 감지	로봇 내비게이션 및 충돌 방지에 이용
레이더 센서	반사된 무선전파를 감지	위협 및 충돌 방지를 위해 활용
소나센서	반사된 수중 음파 탐지	해저 로봇들의 위협감지 및 충돌방지에 활용
자기장센서	지구자기장 기반의 방향감지	내비게이션 및 지역 매핑에 이용
광센서	빛을 감지	광물 탐사 및 기본 내비게이션에 활용
온도센서	주위 온도변화 감지	내부 및 외부의 일반적인 온도를 측정
가스센서	유체의 화학성분 변화 감지	일반적인 대기 조성성분 감지 등에 활용

세계 로봇시장의 무게중심이 제조용 로봇에서 특수 로봇 시장으로 옮겨가고 있다. 독일과 일본이 주도하는 제조용 로봇 분야는 매년 5.8%의 성장이 기대되지만 기술장벽이 매우 높다. 반면 특수 로봇은 이제 시장이 막 형성되는 초기단계여서 사업 진입이 비교적 수월하고 높은 성장이 예상된다는 점이 매력이다. 특수 로봇은 특히 대부분 극한작업과 초정밀 고난도 작업 등 특별한 목적에 사용되는 만큼 새로운 B2B 산업으로 성장하는 것이 가능하다. 또 기계, 전기, 제어, 통신, IT기술 등의 융복합이 가능하고 유지·보수 등 다양한 파생시장이 기대되는 유망산업이기도 하다. 질 높은 의료서비스와 재난 시 인명 구조 및 보호, 특수작업의 전문 노동인력 대체, 물류 처리 효율성 제고 등 수요도 매우 다양하다. 2011년 4월17일 일본 후쿠시마 대지진으로 방사선 누출 위험에 처한 제1원자력발전소 3호기 원자로 내부에 로봇 2대가 투입됐다. 한 대는 원자로 내부를 촬영하고, 다른 1대는 방사선량과 온도, 산소 농도 등을 측정하였다. 각종 카메라와 전동 절삭기, 분쇄기가 장착된 이 로봇들은 일본의 '원자 결사대'도 포기한 현장에서 방사선량, 온도, 산도 등

을 측정하고 생생한 현장 사진을 보내오며 맹활약했다. 이 로봇은 일본이 아닌 미국 아이로봇사에서 제작된 '팩봇(Packbot)'이었다. 바로 이라크와 아프가니스탄에서 사용된 폭발물 탐지 특수 로봇이다. 이 일로 로봇 왕국 일본은 자존심에 큰 상처를 입었다. 일본은 그동안 혼다가 휴먼로봇 아시모를 개발하는 등 막대한 비용을 들여 인간형 로봇 개발에 전력투구했다. 그러나 이런 로봇들은 정작 필요할 때 쓸 수 없는 시제품에 불과했고, 극한작업 등에 필요한 특수 로봇 개발을 외면한 결과 미국에 도움을 요청하는 수모를 당하게 되었다.

▼ 그림 5-41 원전에 투입된 아이로봇의 팩봇 (출처: 중앙일보)

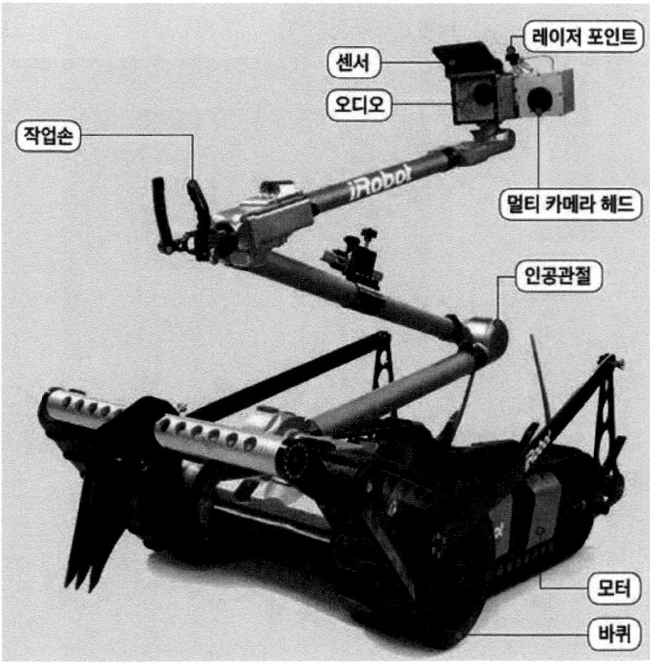

앞에서 언급된 로봇들은 대부분 기능 위주의 로봇기술이다. 그러나 향후에는 빅데이터 기술과 인공지능 기술을 결합한 인공지능 로봇도 곧 현실화될 전망이다. 2013년에 〈그림 5-42〉와 같은 두 편의 영화가 거의 동시에 연달아 개봉되었다. 두 영화는 공교롭게도 인공 지능의 발전이 거듭된 이후의 세상에 대한 이야기를 동시에 건넨다. 영화 제목으로 쓰인 '초월성(Transcendence)'과 '그녀(Her)'라는 단어는 각각의 영화에서 인공지능을 대표하는 단어다. 영화 '트랜센던스'의 인공 지능은 처음부터 천재 연구자인 윌(조니 뎁)의 입을 통해 인간의 모든 지성을 합친 것을 뛰어넘는 초월적 존재로 소개된다. 한편 영화 '그녀'의 인공지능은 한결 다정다감한 존재로 다가온다. 뛰어난 정보 처리 능력은 '트랜센던스'와 다를 바가 없지만, 그녀, 즉 인공지능 사만다는 애초에 인간을 위한 도우미 격으로서 존재가 시작되

어, 이후 주인공과 친밀한 관계를 형성하며 점점 자아를 확장시켜 나가는 캐릭터다. '트랜센던스'에서 인공 지능이 인격을 획득하는 방식은 살아있었던 인간의 뇌 정보를 그대로 전사하는 것이었다면, 사만다에게는 여러 가지 감정이 프로그래밍으로 입력되어 경험에 의해 발전해 나가는 방식으로 인격이 부여된다. 즉, '트랜센던스'의 인공 지능은 인간의 자기 복제를 모태로 하여 인간의 학습 능력 및 발전 능력을 무한대로 확장한 초인(그러나 여전히 인간)에 가깝지만, '그녀'의 인공 지능은 처음부터 프로그래밍된 컴퓨터라는 한계를 벗어나지 못한다. 다만 그것은 스스로 자아를 발전시킬 수 있는 컴퓨터이므로, 어떻게 보면 컴퓨터 속에 태어난 새로운 인격체라고 할 수 있다.

▼ 그림 5-42 인공지능을 대표하는 영화 2편

인공지능 시스템의 선두주자는 단연 미국이다. 미국 내에서도 컴퓨터 기술을 기반으로 사업을 운영하는 구글, 아마존, 페이스북 등의 업체가 현재와 미래의 인공 지능 기술을 이끌어간다 해도 과언이 아니다. 미국 인공지능 기술은 '기능'에 치중한다는 특징이 있다. 쉽게 말해 컵의 모양과 상관없이 컵 속에 담긴 액체의 성질이 무엇이냐에 더 초점을 맞춘다는 뜻이다. 신체로 치면 두뇌에 대한 관심과 투자가 높다고 볼 수 있다. 현재 미국을 필두로 수많은 IT업체가 주목하는 것은 '딥러닝(Deep Learning)'이다. 딥러닝이란 컴퓨터가 마치 사람처럼 생각하고 배울 수 있도록 하는 기술이다. 딥러닝의 가장 좋은 예가 바로 영화 '그녀(Her)'에 등장한다. 영화 속

남자 주인공은 인공지능 운영체제에게 이름을 묻자 '사만다'라는 답이 돌아온다. 이 운영체제는 100분의 2초 만에 '아기이름 짓는 방법'이라는 책에 등장하는 18만 개의 이름 중 하나를 선택하고 이를 자신의 이름으로 정한다. 쉽게 말해 미국이 주력하는 딥러닝은 양질의 방대한 데이터를 기반으로 한 시스템으로, 인간처럼 분류하고 학습하는데 상당한 능력을 발휘한다. 최근 '알파고(AlphaGo)'라는 바둑 인공지능 컴퓨터가 이세돌 9단에게 도전장을 내 밀었다. 알파고는 영국의 인공지능 개발사인 '구글 딥마인(Google Deepmind)'가 개발한 인공지능 바둑 프로그램이다. 2011년 창립한 이 회사는 2014년 구글에 인수됐다. 바둑은 체스와 같은 다른 게임에 비해 컴퓨터가 인간을 이기기 훨씬 어려울 것으로 생각하였으나, 알파고는 인간을 대표하는 이세돌 9단에게 4 : 1로 이겼다. IBM컴퓨터 '딥블루'가 세계 체스 챔피언 '가리 카스파로프'를 이긴 1997년 이후 바둑 프로그램이 인간 아마추어 선수의 수준에 도달할 때까지 무려 20여년이 걸렸다. 당초 알파고가 인간을 이기지 못할 것으로 예상했으나, 알파고의 승리로 인공지능에 대한 관심은 매우 높아지게 되었다. 빅데이터 기술을 기반으로 한 인공지능 기술은 빠른 속도로 발전할 것으로 예상한다. 이러한 기술의 발전으로 미래에는 상당수의 직업이 로봇으로 대체될 것으로 예상하고 있다. 옥스퍼드대 연구팀에서 조사한 바에 따르면 텔레마케터를 비롯한 단순 작업에 해당하는 직업군은 로봇으로 대체될 것으로 예측하고 있으며, 반면 감성과 창의적인 분야는 로봇이 대체하기 어려운 분야로 분석하고 있다.

▼ 그림 5-43 주요 직업의 로봇 · 인공지능 대체지수 (출처: 옥스퍼드대 연구팀)

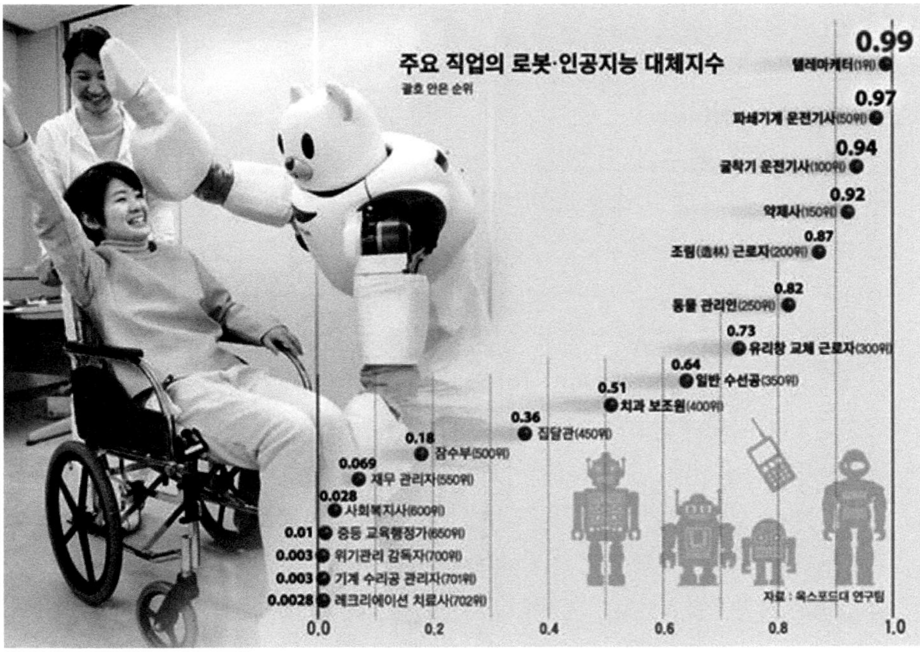

국가 신성장 동력 산업으로 선정된 나노기술을 비롯한 IT, 로봇 등의 기술 발전은 국가의 미래를 약속하는 최첨단 미래 산업이다. 많은 과학자들은 멀지 않은 미래에 인간처럼 스스로 생각하고 판단하는 로봇이 사람과 함께 생활하게 될 것이라고 예측하고 있다. 나노 기술을 통해 초소형화 되어가는 각종 센서와 엑츄에이터를 비롯해 사람의 피부와 같은 재질의 물질을 통해 현재와 같이 복잡한 전선들이 얽혀있는 로봇이 아닌 영화에서와 같이 매끈한 피부를 가진 로봇이 태어날 것이다. 또한, 이미 경험했던 정보통신 분야의 기술은 로봇이 스스로 지능을 발전시켜 갈 수 있도록 도울 것이며, 화학기술의 발전은 현재와 같이 무거운 전지를 등에 짊어지지 않아도 충분하게 공급될 수 있는 에너지원을 개발하게 될 것이다.

바 자연에서 획득하는 무공해 에너지

인류가 처음 사용한 에너지는 장작을 이용한 모닥불이다. 초기 농경 시대에는 인력이나 가축을 사용하였고, 더 나아가 풍력과 수력과 같은 자연력 에너지를 이용하였다. 17세기에 증기 기관의 발명으로 열에너지를 동력으로 이용하게 되었고, 자연력 에너지에 의존하던 생활은 화석 에너지를 이용하는 생활로 전환되었다. 19세기 말부터는 전기의 사용과 내연기관의 출연으로 산업구조와 인간 생활의 형태가 크게 변화하였으며, 석유가 동력 발생의 주에너지원으로 등장하게 되었으며, 오늘날 대부분의 에너지는 전기에너지로 소비되고 있다. 가정이나 사무실에 있는 TV나 냉장고와 같은 고정식 전기제품의 전기 공급은 벽에 있는 콘센트에 연결만 하면 언제든지 사용이 가능하다. 그러나 스마트폰과 같은 휴대용 스마트 디바이스의 경우에는 배터리의 용량에 의해 사용 시간이 결정된다. 오래 사용하고 싶으면 배터리 용량을 키우면 되지만, 현재 배터리 기술로 용량을 늘리려면 크기를 크게 해야만 가능하므로 휴대용 디바이스에 적합하지 않다. 사물인터넷 시대에는 스마트 디바이스가 필수적인데, 이러한 스마트 디바이스의 전원 문제를 해결하기 위해 에너지 하베스팅(Energy Harvesting) 기술이 주목을 받고 있다.

웨어러블 기기가 활성화되면서 각종 센서 사용량이 급증하고 있다. 센서는 시·공간과 연관 없이 설치될 수 있어야 하고 웨어러블 기기는 인체에 직접 착용하는 형태다. 현재는 배터리가 센서나 웨어러블 기기 동력원이 되고 있다. 하지만 센서 설치 지역이 늘고 다양한 형태 기기들이 등장하면서 에너지 하베스팅 기술이 차세대 동력원으로 주목받고 있다. 수많은 센서가 설치되려면 배터리나 배선으로 전력을 공급하는 데 설치비용이나 위치 제약 등 한계가 있기 때문이다. 에너지 하베스팅은 빛, 진동, 열, 전자기 등의 에너지를 '수확'해 동력원으로 사용하는 기술이다. 온도차나 압력, 빛 에너지로 전류를 흘려보낸다. 센서에 에너지 하베스팅을 적용하면 배터리를 교체하거나 유선으로 연결하지 않아도 된다. 국제가전박람회(CES) 2015에서 독일 엔오션(EnOcean)은 〈그림 5-44〉의 에너지 하베스팅 기술을 스위치, 센서와 접목한 스마트홈 솔루션을 선보였다. 독일은 에너지 하베스팅을 이미 프랑크푸르트 공항 '더스퀘어(The Squaire)' 빌딩에 적용한 바 있다. 에너지 하베스팅을 2만 여개 센서와 무선 스위치에 결합해 조명이나 난방, 환기, 공기정화 시스템을 가동하게 했다. 웨어러블 기기에서도 이 기술을 쓰는 사례가 증가하고 있다. 그 이유는 기기가 갈수록 소형화하는 반면에 탑재되는 기능이 늘어나면서다. 기존 배터리는 용량에 따라 크기가 결정되고 주기적으로 충전을 하거나 수명이 다하면 교체해야 한다. 이 때문에 보조전원으로 에너지 하베스팅이 검토되고 있다. 에너지 하베스팅은 용어 그대로 주변에서 우리도 모르게 버리고 있던 에너지를 모아 사용할 수 있는 전기에너지로 변환하는 기술을 말한다. 에너지 하베스팅의 주요 에너지원은 진동이나 사람의 움직임, 빛, 열 등이 있는데, 〈그림 5-45〉와 같다.

▼ 그림 5-44 센서가 포함된 에너지하베스팅 시스템(자료: 독일 EnOcean)

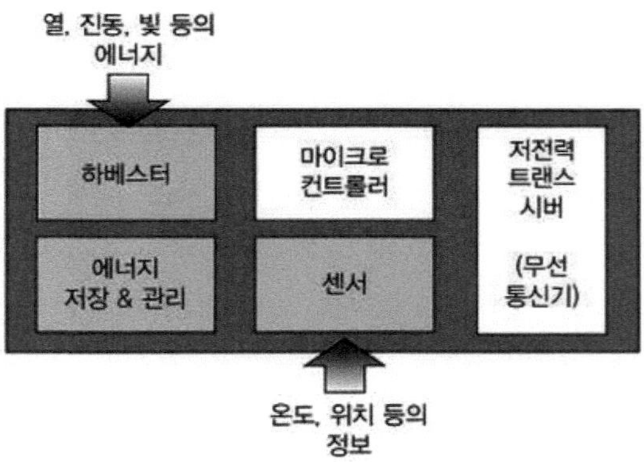

▼ 그림 5-45 대표적인 에너지 하베스팅 종류

신체에너지 하베스팅은 사람이 움직일 때 몸에서 발생하는 체온, 정전기, 운동에너지 등을 이용하는 방법이다. 사람의 몸에서 발생되는 온도와 외부 기계와의 온도차를 이용하거나, 작은 움직임들을 전기 에너지로 변환하여 공급하는 원리이다. 진동에너지 하베스팅은 대형 회전기나 구조물을 통해 만들어지는 진동이나 충격 에너지를 전기에너지로 변환시키는 것이다. 예를 들어, 사람들이 자전거 페달을 돌리는 진동으로 하루에 약 2kWh 정도의 전기를 생산할 수 있으며, 또한 우리가 걸어 다닐 때에도 바닥을 누르는 충격에너지가 발생하는데 사람들이 많이 지나다니는 곳에 적용한다면 적지 않은 에너지를 사용할 수 있다. 중력에너지 하베스팅은 진동에너지와 마찬가지로 어느 물질에 일정한 압력을 가했을 때 전류가 생기는 '압전효과'를 활용한 것이다. 중력에너지 하베스팅을 잘 활용할 수 있는 곳은 바로 도로에 설치된 과속방지턱, 통행료 납부 톨게이트, 횡단보도 일시 정지선 등 자동차의 압력을 이용할 수 있는 곳이다. 하루에도 수많은 차들이 지나다니는 과속방지턱 등에 설치한다면 많은 양의 중력 에너지를 얻을 수 있다. 위치에너지 하베스팅은 위치에너지를 이용해 전력을 생산하는 수력 발전소에서 활용할 수 있다. 수력발전소에서는 높은 곳에서 아래로 떨어지는 물의 힘을 이용하여 대부분의 전기를 만들지만, 이렇게 사용된 물을 바깥으로 흘려보낼 때에도 소규모 동력장치를 달아 전기를 얻을 수 있다. 전자파에너지 하베스팅은 우리 주변의 수많은 '전자파에너지'를 모아 재활용 하는 것이다. 우리가 항상 곁에 두고 있는 스마트폰으로부터 방송 전파 등이 공기 중에 존재하고 있으며, 공기 중에 무의식적으로 흘려보내는 전자파들을 모아 활용한다면 단시간 동안 사용할 수 있는 소규모 전자기기의 훌륭한 독립 에너지원으로 활용이 가능하다. 광에너지에는 두 가지 종류가 있는데, 하나는 태양전지와 같이 광을 이용하여 직접 전기를 생산하는 방식이 있고, 다른 하나는 태양열을 이용하는 열에너지 방식이다. 열에너지 하베스팅은 온도 차로 인해 열이 이동할 때 발생하는 에너지를 전기에너지로 변환시킨 것으로, 온도 차이에 의해 특정 물질에 전류가 흐르는 '열전효과'를 이용한 원리이다. 다시 말하면, 산업현장 곳곳에서 새어 나오는 열을 모아 모아서 전기에너지로 변환하는 방법이다. 이러한 에너지 하베스팅 기술을 요약하면 〈표 5-7〉과 같다.

이미 세계 곳곳에서는 에너지 하베스팅 기술이 빠르게 개발되고 적용되고 있다. 필립스는 2001 국제전자제품 박람회에서 스위치를 누르는 운동에너지를 전기에너지로 바꿔 배터리가 필요없는 TV리모컨을 선보였다. 또 최근에는 영국의 에너지 회사인 페이브젠(Pavegen)이 브라질 리우데자네이루의 빈민가에 운동에너지를 전기로 바꿔서 불을 밝히는 축구장을 건설했다. 낮 동안 뛰어 노는 아이들의 운동에너지를 모아서 축구장에 설치된 6개의 LED등에 불이 들어오게 하였다. 네덜란드 로테르담에 위치한 화려한 조명과 흥겨운 음악이 넘치는 댄스클럽은 여느 클럽과는 다르게 친환경적인 클럽을 자부한다. 그 이유는 바로 바닥에 설치된 에너지 발전

▼ 표 5-7 에너지 하베스팅 종류 및 정의

종 류	정 의
신체에너지	사람이 신체를 움직일 때 발생하는 에너지를 전력으로 변환하는 기술
진동에너지	물체에서 발생한 진동에너지를 전력으로 변환하는 기술이며, 충격에너지 하베스팅이라고도 불림
중력에너지	물체의 무게로 힘을 가했을 때 발생하는 중력에너지를 전력으로 변환하는 기술
위치에너지	물질이 위에서 아래로 떨어지며 발생하는 위치에너지를 전력으로 변환하는 기술
전자파에너지	가전제품, 휴대전화 등에서 발생하는 전자파에너지를 전력으로 변환하는 기술
전자기유도에너지	전자기 상호유도 방식에 의해 회전 운동에너지를 전기에너지로 변환하는 기술
광에너지	태양광발전기와 같이 빛으로 발생하는 광에너지를 전력으로 변환하는 기술
열에너지	온도 차이에 의해 발생하는 전기에너지를 모아 사용하는 기술

기가 운동에너지로 작용하여 클럽 내 전기를 공급한다. 이와 같은 원리를 통해 클럽뿐만 아니라 박물관, 피트니스 센터, 공공시설 등 다양한 분야에 접목할 수 있을 것으로 보인다(그림 5-46 참고).

▼ 그림 5-46. 리우데자네이루의 축구장과 로테르담의 댄스클럽

사람의 체온은 훌륭한 열에너지이며, 운동을 하거나 외부환경의 변화에 의해서 사람의 몸에서 열에너지가 방출되는 양이 평소에는 120W, 격한 운동을 할 땐 무려 700W가 발생한다고 한다. 실제로 스마트폰을 한 번 충전하는데 3W 미만의 에너지가 필요하다고 하니 우리 몸에서 정말 많은 양의 열에너지가 방출되고 있는 것이다. 실제 보다폰은 영국의 한 록페스티벌에서 '파워 포켓' 핫팬츠를 선보였다. 록페스티벌에서 춤을 출 때마다 핫팬츠에서 전기가 만들어져 휴대폰을 충전하게 되고 이렇게 충전한 전기는 무려 스마트폰을 4시간 이상이나 충전 가능 할 정도의 양이라고 한다. 또한 미국 일리노이대, 애리조나대 연구팀이 신체장기 내부의 움직임으로 가동되는 초미세 발전기를 개발하였다. 이 기기는 나노리본으로 불리는데,

발전기에 배터리를 사용하지 않고도 소형 의료기기의 전력을 공급받을 수 있다고 한다. 이제 앞으로는 심장박동조절기 등 신체에 이식되는 의료기기에 배터리를 사용할 필요가 없게 될 전망이다(그림 5-47 참고).

▼ 그림 5-47 신체에너지 하베스팅의 사례 (파워포켓과 나노리본)

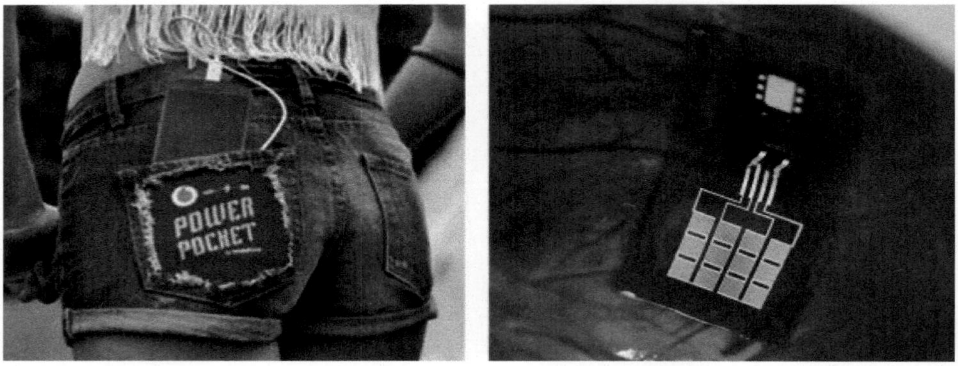

이스라엘의 에너지 하베스팅 업체인 이노와텍(Innowattech)은 도로를 통과하는 차량으로부터 기계적인 에너지를 수확하는 목적으로 일반적인 압전 발전 장치를 개발했다. 또한 이노와텍은 이러한 발전장치로부터 전기를 수집하고 저장할 수 있는 효율적인 에너지 스토리지 시스템을 개발했다. 이노와텍은 하이파에 위치한 테크니온 기술연구소(Technion Institute of Technology)에서 이러한 에너지를 실증하는 연구를 수행하고 있다. 여기서는 도로 밑에 이노와텍 압전 발전장치(IPEG)를 설치한 후 이를 통과하는 차량으로부터 에너지를 생산하는 실험인데, 이 IPEG 장치는 도로 표면에서 6cm 깊이에 설치하고 30cm 떨어진 곳에서 에너지를 수확하는 것이다. 이 IPEG 장치는 압전 크리스탈 소자를 이용하고 이 소자는 중량, 운동, 진동 그리고 온도의 변화에서 발생하는 기계적인 에너지를 수확할 수 있고 이러한 기계적 에너지를 전기로 변환하는 것이다. 이렇게 수확한 에너지는 스토리지 시스템의 전기 캐패시터에 저장하게 된다. 또한 벤 구리언(Ben Gurion) 국제 공항 근처의 도로상에서 소규모의 몇 가지 프로젝트 실험을 실시했고, 이 IPEG 장치는 설치가 쉽고, 비용이 저렴하다는 특징을 갖고 있다고 한다. 이 기술은 압전 소자를 밟고 통과하는 자동차의 물리적인 변화로부터 전력을 생산하는 것으로 도로 뿐만 아니라 다양한 장소에서 응용될 수 있다고 했다. 이를 테면 보행자가 많은 장소에서는 보행자의 통과량에 따라 전력을 생산할 수 있으며, 여기서 생산한 전력은 주변의 시설에 전기를 공급할 수 있는 것이다. 이노와텍의 솔루션은 전력량을 생산하는 능력, 즉 시간당 통과 교통량이 600대 수준인 편도 2차선 도로에 발전 장치를 1km 설치할 경우 400kWh의 전력을 생산할 수 있고, 이 정도의 전력은 600~800가구에 전력을 공급할 수 있는 에너지라고 한다. 이스라엘의 도로에서만으로도 이

솔루션을 사용할 경우 160MWh의 전력을 생산할 수 있다고 추정하고 있으며, 도로 인프라를 통해서 국가의 전기소비량의 약 2%를 제공할 수 있다고 한다.[133)]

현재 가장 많이 쓰이는 에너지 하베스팅 소자는 압전효과(Piezoelectric Effect), 열전효과(Thermoelectric Effect), 광전압효과(Photovoltaic Effect), 전자기장효과(RF Effect), 전자기유도효과(Electromagnetic Inductive Effect) 등의 다섯 가지 물리 현상을 이용한다. 압전효과는 압력이 가해지면 전기가 발생하는 현상이며, 열전효과는 온도 차이에 의해 전기가 발생하는 현상이며, 광전압효과는 빛에 의해 전기가 발생하는 현상이며, 전자기장효과와 전자기유도효과는 전자기장의 변화에 의해 전기가 발생하는 현상이다. 대표적인 에너지 하베스팅의 기술적인 비교는 〈표 5-8〉과 같다.

▼ 표 5-8 에너지 하베스팅에 사용되는 물리현상 비교

<table>
<tr><th>에너지원</th><th>변화량</th><th>임피던스</th><th>출력전압</th><th>출력전력</th></tr>
<tr><td rowspan="2">광전압효과</td><td>빛을 전기로 변환</td><td>빛에 따라 변함
(수KΩ~수십KΩ)</td><td>DC: 0.5V~5V
(솔라셀 어레이 수에 따라 변함)</td><td>0.4~40mW/cm²
(실외 0.15~15mW 실내 <500μW)</td></tr>
<tr><td colspan="4">금속 등이 고에너지 전자기파를 흡수할 때 전자를 내보내는 현상이다. 이 현상은 태양전지에 많이 사용되며, 태양전지는 다른 성질을 가진 P형과 N형 반도체를 접합해 만든다. 외부에서 광자가 흡수되면 광자 에너지 때문에 전자와 정공 쌍이 만들어진다. 전자는 N형 반도체로, 정공은 P형 반도체로 이동한다. 이 이동을 통해 회로에 전류가 흐른다.</td></tr>
<tr><td rowspan="2">압전효과</td><td>압력을 전기로 변환</td><td>일정한 임피던스
(수십KΩ~100KΩ)</td><td>AC: ~수십V</td><td>0.005~10mW/cm²</td></tr>
<tr><td colspan="4">어떤 물질은 기계적으로 누르면 양전하와 음전하가 나뉘는 유전 분극이 일어난다. 이때 표면의 전하 밀도가 변하면서 전기가 흐르는 압전효과가 발생한다. 대표적인 예로, 라이터와 가스버너가 있다. 내부에 압전소자와 작은 망치가 들어 있으며, 라이터를 누르면 망치가 압전소자를 때린다. 여기서 생긴 전류가 온도를 높여 가스에 불이 붙는다.</td></tr>
<tr><td rowspan="2">열전효과</td><td>온도차를 전기로 변환</td><td>일정한 임피던스
(1Ω~수백Ω)</td><td>DC: 수십mV~10V</td><td>0.01~10mW/cm²
(20℃ 온도차 기준)</td></tr>
<tr><td colspan="4">온도 차이가 날 때 전류가 흐르는 현상을 통칭한다. 제베크효과는 서로 다른 두 금속의 양쪽 끝을 붙인 뒤 한쪽을 가열하면, 온도 차가 생기면서 전류가 흐르는 현상이다. 펠티에효과는 반대로 전류를 흘려주면 시료 양단에 온도 차가 발생하는 현상으로, 가정용 와인냉장고나 소형 화장품냉장고 등에 쓰이고 있다.</td></tr>
<tr><td rowspan="2">RF/전자기유도</td><td>전자기 유도를 전기로 변환</td><td>일정한 임피던스
(수KΩ)</td><td>AC: 0.5V~5V
(거리에 따라 변함)</td><td>0.1~5mW/cm²</td></tr>
<tr><td colspan="4">전자기파 에너지를 전기에너지로 변환하는 기술과 전자기상호유도에 의해 회전운동에너지를 전기에너지로 변환하는 기술이다.</td></tr>
</table>

133) KISTI, 글로벌동향브리핑, 2009년 8월 11일, "차량이 주행하는 도로에서 전력을 생산하는 에너지하베스팅 하이웨이"

이중에서 가장 먼저 개발된 것은 빛에너지가 전기에너지로 변환되는 물리현상을 이용한 광전압효과이다. 태양은 지구의 10^9배 크기로 이곳으로부터 1억5천만km 떨어진 곳에 위치해 수소 73%, 헬륨 24%로 이뤄진 기체덩어리로서 초당 3.8×10^{23}kW의 에너지를 우주에 방출하고 있다. 지구는 태양으로부터 지표면 $1m^2$ 당 700W의 에너지를 받게 되는데, 이는 다시 말해 지구전체에 도달하는 태양에너지의 양이 태양자신이 방사하는 에너지량의 22억분의 1이고, 그 에너지량(1.2×10^{14}kW)은 전 인류의 소비 에너지량 1.2×10^{10}kW의 약 1만배에 달한다. 이처럼 태양에너지는 무한하며 깨끗할 뿐만 아니라 어디서나 이용 가능한 에너지원이다. 태양광모듈은 여러 개의 태양전지로 구성되어 있다. 태양전지는 재료에 따라 결정질 실리콘, 비정질 실리콘, 화합물 반도체 등으로 분류한다. 이 중에서 현재 가장 많이 사용되고 있는 것은 결정질 실리콘 태양전지이다. 실리콘 태양전지는 〈그림 5-48〉과 같이 전기적 성질이 다른 n형 반도체와 p형 반도체를 접합(이를 pn접합이라고 함)시켜놓은 것으로, pn접합은 접합부분에 전기장이 생겨 전자(electron)를 n형 반도체 쪽으로 끌어당기는 성질이 있다. 일반적으로 전자는 원자핵(nucleus)의 인력에 묶여있기 때문에, pn접합이 이루어졌다고 해서 무조건 전자가 이동하는 것은 아니다. 여기에 태양전지가 충분한 빛에너지를 받으면 고체 내부의 전자가 에너지를 받아 원자핵의 인력에서 벗어나 자유롭게 이동할 수 있는 자유전자(free electron)가 되는데, 이를 광전효과(photoelectric effect)라고 한다. 이렇게 원자핵의 구속에서 벗어난 자유전자들은 pn접합의 원리에 따라 n형 반도체 쪽으로 이동하게 되고, 이 전자의 흐름이 곧 전류가 된다. 1954년에 Bell Lab.에서 개발한 실리콘 기반의 태양전지가 첫 에너지 하베스팅 소자이다. 이 후 태양 전지는 실리콘 이외에 2성분계 물질(GaAs, InP, CdTe) 또는 유기물 등을 사용하거나 여러 겹의 층을 쌓는 등 구조를 변화시켜 효율을 증가 시켜왔다. 최근에는 III-V 다중접합 태양전지(Multi-Junction Solar Cells)라는 방식을 이용하여 4개의 층을 쌓아 만든 태양 전지가 보고되었다. 이 소자는 44.7%의 효율을 가지며 이 값은 현재까지 개발된 태양전지 중 가장 높은 효율을 갖는다.

▼ 그림 5-48 태양전지 기본원리 및 4층 다중접합 태양전지 구조

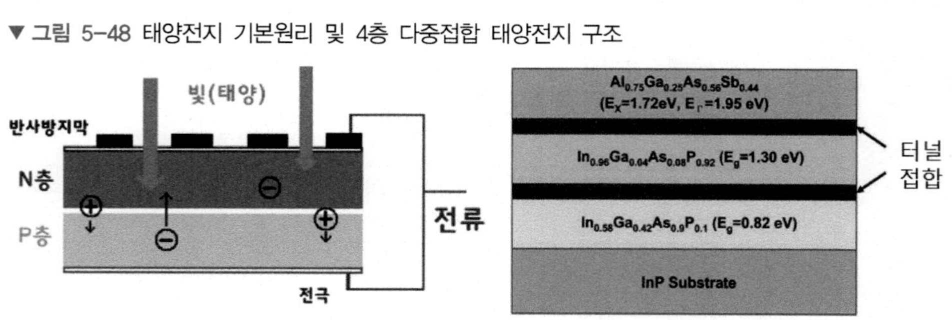

태양전지는 연구기간이 길고 많은 투자가 있었기 때문에 기술 성숙도가 매우 높고 현재 상용화 단계에 이르렀지만, 이를 제외한 나머지 에너지 하베스팅 기술은 아직까지 많은 연구가 필요한 실정이다. 하지만 태양의 빛 에너지를 이용한 태양전지는 날씨나 시간, 공간에 따라 전기 에너지 발전에 제약을 받는다는 단점이 있다. 반면에 압전, 열전, 전자기를 이용한 에너지 하베스팅은 주변에 흔하게 존재하는 버려지는 에너지원을 기반으로 전기 에너지 생성이 가능하고, 날씨, 시간, 공간에 따른 제약이 없으며 인간 친화적(human-friendly)이라는 측면에서 주목을 받고 있다. 압전 에너지 하베스팅은 생활 주변의 환경에서 발생하는 미세한 진동과 압력, 충격과 같은 기계적인 에너지를 전기에너지로 변환하는 기술과 이렇게 수확한 에너지를 저장하고 효율적으로 활용하는 일련의 과정을 말한다. 압전재료는 기계적 에너지를 전기적 에너지로 변환하거나, 전기적 에너지를 기계적 에너지로 변환하는 현상은 1880년 Curie에 의해 발견된 후, 수정, 로첼염, $BaTiO_3$(BTO), Lead Zirconate Titanate(PZT), Polyvinylidene Fluoride(PVDF) 등의 압전재료가 개발되었다. 결정 구조를 가진 압전체에 〈그림 5-49〉와 같이 인장력(Tension)이나 압축력(Compression)을 가하면, 이 힘에 의해 결정 구조가 찌그러지면서 +이온과 -이온의 상대적인 위치가 변화한다. 이에 따라 전기쌍극자 크기(전기쌍극자 모멘트)의 변화가 나타나며 압전체의 양쪽 단면 사이에 전기장(Electric Field)이 형성된다. 이와 같은 원리를 통해 압전소자에 연결된 전기회로에는 양 또는 음의 전기가 발생한다. 압전재료는 주위의 자극에 반응이 뛰어난 성질 때문에 정밀성이 요구되는 마이크로/나노 단위의 스테이지 구동부, 소나(Sonar) 제품들에 주로 사용되었다. 에너지 하베스팅 분야는 1990년대부터 연구가 진행되었으며 특히 2010년 이후부터 이 분야의 진보는 빠르게 가속화되었다. 대표적인 예로, 라이터와 가스버너가 있다. 내부에 압전소자와 작은 망치가 들어 있는데, 라이터를 누르면 망치가 압전소자를 때리게 되고, 여기서 생긴 전류가 온도를 높여 가스에 불이 붙는다. 라이터와 같은 기존의 압전 효과 응용 장치는 순간적으로 발생한 전기에너지를 감지하여 이용한 것이며, 압전 에너지 하베스팅은 이것을 축적하여 언제든지 쓸 수 있도록

▼ 그림 5-49 압전효과의 분극 현상과 인장력/압축력에 따른 분극의 변화

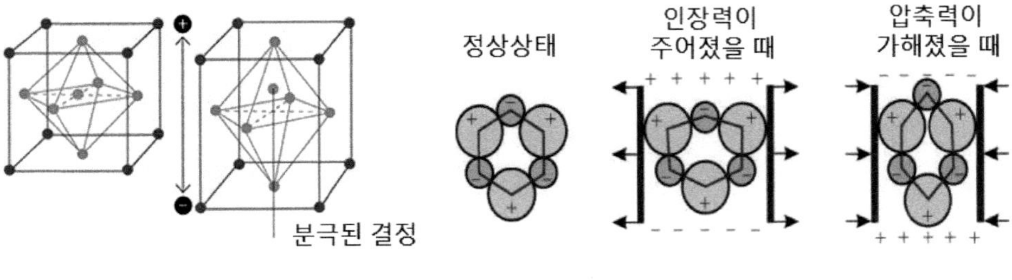

만든다는 점에서 기존의 응용과는 다르다. 현재 가장 많이 연구되고 있는 분야가 바로 압전 에너지 하베스팅이다.

유연 압전 에너지 하베스팅 소자가 처음 개발되었을 때 사용되었던 나노선 구조의 산화아연(ZnO_2)은 출력 값이 작기 때문에 현재는 주로 페로브스카이트(Perovskite)형 재료를 사용한다. 페로브스카이트형 재료인 BTO, PZT(Lead Zircanate Titanate), PMN-PT(Lead Magnesium Niobate-Lead Titanate)는 산화아연보다 압전 결합 상수(Piezoelectric Coupling Constant, d33)가 각각 3, 25, 90배 크기 때문에 이 구조를 가진 물질을 기반으로 한 연구가 활발히 진행되었다. 2010년 이후에는 결정화된 BTO, PZT, PMN-PT의 페로브스카이트형 박막을 벌크형 기판에서 플라스틱 기판으로 압전 성질의 손실 없이 이동시켜 유연하게 제조되었다. 신체 내부의 자연적인 움직임이나 압력을 이용하여 전기 에너지를 생산하는 에너지 하베스팅 기술은 체내에 이식된 소자를 구동시키는 역할을 한다. 심장이나 폐, 횡격막은 인간의 수명이 다하지 않는다면 항상 움직이는 기관으로, 에너지 하베스팅의 좋은 에너지원이 된다. 나노선(Nanowire)을 기반으로 하는 압전 에너지 발전기술은 미세 진동 에너지를 전기에너지로 변환시키는 친환경/청정에너지로, 현재 전 세계적으로 원천기술을 확보하기 위한 경쟁단계에 있으며, 나노선의 압전 세라믹 소재기술, 나노선 발전 특성 평가기술 및 나노선 집적화 소자기술은 수년내 급속한 성장이 예상된다. 압전 나노선을 이용한 전력발생소자기술은 2009년 MIT Technology Review에서 미래 10대 유망 기술들 중 하나로 선정되어 관련기술에 대한 관심이 급증하고 있다. 산화아연(ZnO) 나노선을 이용한 나노발전기가 2006년 조지아공대 팀에 의해 처음 발표된 이래 많은 연구가 보고되었다. 출력전압 6~9㎷, 출력전력 10 ㎼/μm^2을 내는 ZnO 나노발전기는 ZnO의 압전효과와 반도체 성질, 그리고 쇼트키장벽(Schottky barrier) 형성에 의한 것으로 밝혀졌다. 2010년의 연구에서는 ZnO 나노선을 사용하여 만든 에너지 하베스팅 소자가 쥐의 횡격막, 심장의 움직임을 이용하여 1㎷, 1pA의 전압과 전류를 만들었다. 비록 이 실험에서는 실제 소자에 적용할 정도의 효율에 미치지 못하는 낮은 수치를 기록했지만, 자가 발전 시스템이 실현될 수 있는 가능성을 보여주었다. 〈그림 5-50〉은 PZT 에너지 하베스팅 소자가 정류기 및 배터리와 통합되어 소의 심장에 붙어 사용된 것이다. 이 실험에서 소의 심장이 수축, 이완을 거치는 동안 소자가 소의 우심실에 정확히 맞닿은 채로 3~5V의 전기를 만들었다. 여러 층을 중첩시켜 제작한 다층(multi-layer) 구조에서는 전압 8.1V, 출력밀도 1.2μW/cm^2의 전기 에너지를 출력했다.[134)]

134) KIST 융합연구정책센터, 융합연구리뷰, Vol.1, No.3, 2015년 6월

▼ 그림 5-50 심장에 부착된 PZT

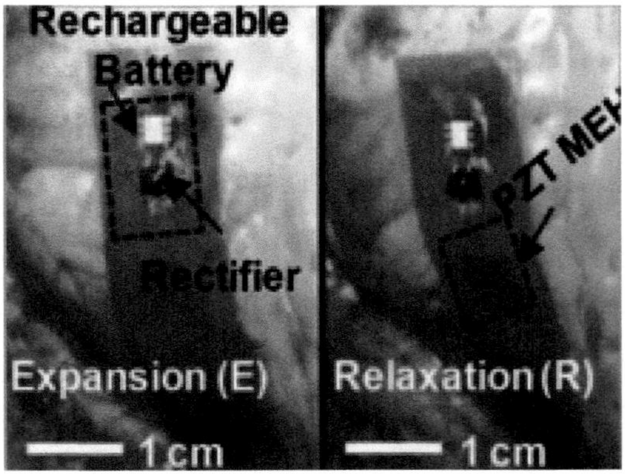

플라스틱 기판으로 전사하는 방법 중 대표적인 방법인 Laser Lift Off(LLO)공법, 니켈 박리(Ni exfoliation) 공법을 이용하면서, 유연 압전 에너지 하베스터의 출력 전압 및 전류는 급격히 향상되었다. 최근 연구에서는 실리콘 고무 폴리머에 PMN-PT를 압전나노입자로, MW-CNTs를 분산제 및 강화제로 섞어 사용하여 나노 합성물 압전소자를 만들었으며, 고무를 사용하여 제작되었기 때문에 200% 정도의 뛰어난 신축성을 나타내었다. 이 소자는 이전에 보고된 신축성이 높은 소자 중에서 0.22mA의 전류를 만들어 냈는데, 이는 이전의 유연 압전 에너지 하베스팅 소자보다 수십 배 높은 수치이다. 소자는 스타킹에 적용되어 전기 에너지를 만들었는데, 이 연구는 유연 에너지 하베스팅 기술이 웨어러블 분야로 응용될 수 있는 가능성을 보여주었다.[135] 유연 압전에너지 하베스팅 소자는 굴곡진 표면을 갖는 눈, 뇌, 폐, 심장 등 신체 기관의 벽면에 붙어 사용이 가능하므로 생명 공학 및 웨어러블 분야에서 가장 주목 받고 있다. 이 소자는 인공 망막, 뇌 심부자극술(Deep Brain Stimulation, DBS), 인공 심장 박동기 등에 사용될 수 있다.[136]

열전소자는 열에너지를 전기에너지로, 전기에너지를 열에너지로 직접 변환하는데 사용되는 소자로 에너지 절감이라는 시대적 요구에 가장 잘 부응하는 소재이자 기술이다. 열전재료는 전기를 통하면, 그 양단에 온도차를 발생하거나(펠티에 효과, Peltier Effect), 역으로 그 양단에 온도 차이를 부여하면 전기를 발생하는(제베크 효과, Seebeck Effect) 재료를 말한다. 열전재료는 냉매를 사용하지 않는 열전냉각(Thermoelectric cooling)이나, 열을 직접 전기로 변환하는 열전발전(Thermoelectric generation)에 사용되며 이러한 기술을 열전 에너지 변환 기술이라 한다. 1821년 제베크(Seebeck)은

135) Hwang, G. T., Park, H., Lee, J. H., Oh, S., Park, K. Il, Byun, M., Lee, K. J., Adv. Mater., 2014, 26(28), 4880–4887.

136) G. D. Nelson, Tex. Heart Inst. J., 1993, 20, 12.

〈그림 5-51〉과 같이 이종 금속을 접합시킨 폐회로 내에 자침을 두고, 접합부에 온도차를 주면 자침이 회전하는 현상을 발견하여, 각종 금속의 접합에 대해 그 효과를 정리하였다. 이 현상은 온도차에 의해 열 기전력(Thermal emf)이 발생하는데, 이는 폐회로 내에서 전류가 흐르기 때문에 일어나는 것으로, 소위 제베크 효과로 알려져 있다. 제베크는 비스무스와 구리를 연결하고 그 안에 나침반을 배치하였다. 이 장치에서 비스무스의 한쪽을 뜨겁게 가열하면 온도차이로 인하여 반시계방향으로 전류가 유도되며, 이 유도전류로 인한 자기장이 나침반에 영향을 미쳐 나침반의 방향이 변화하는 것을 관찰하여 열전효과를 처음으로 규명하였다.

▼ 그림 5-51 제베크의 열전효과 실험 개념도

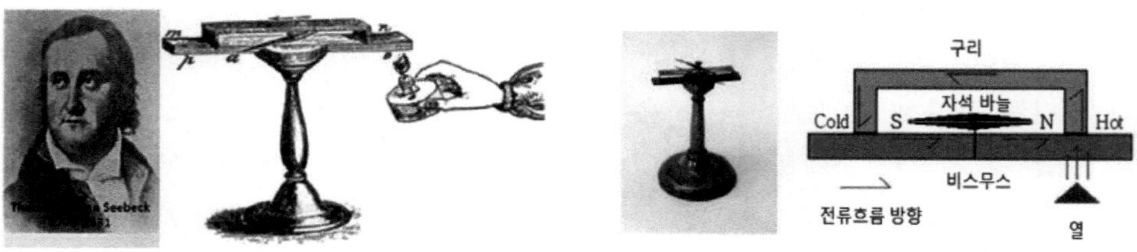

펠티에 효과(Peltier effect)는 1834년에 프랑스의 시계공(watch maker)이자 후에 물리학자가 된 진 찰스 펠티에(Jean Charles Athanase Peltier, 1785–1845)에 의해 발견된 물리현상이다. 이것은 서로 다른 두 금속에 전기를 통하였을 때 서로 다른 금속의 양단면에 온도차가 일어나는 현상을 발견하였다. 펠티에 효과는 두 가지의 다른 물질들 간의 접합을 거쳐 전류가 흐를 때 일어나는 열의 방출과 흡수를 의미한다. 전류가 어떤 한 방향으로 흐를 때 열이 발생된다면 전류가 그 반대방향으로 흐르면 열을 흡수하기 때문에 펠티에 효과는 가역적이다. 이 효과를 응용한 제품은 반도체 재료가 나오기 전까지는 실용화가 되지 못하였다. 앞서 제베크 효과에서와 마찬가지로 금속재료로는 온도차이가 거의 나지 않아 실용적인 목적으로 사용되지 못하였으나, Bi와 Te 반도체 재료가 나오면서 비로소 실용적으로 사용되게 되었다. 모듈의 pn 접합을 가열하고 각 단자 전극을 저온으로 유지하여 온도차를 발생시키면, 제베크 효과에 의해 p형 전극에 (+), n형 전극에 (–) 전압이 발생한다. 이 전극에 외부 부하(RL)를 연결하면 전류가 흐르므로 전력이 발생된다. 소자의 내부 저항과 부하 저항이 같을 경우 최대의 출력을 얻을 수 있다. 제베크 효과와 펠티에 효과의 개념을 비교는 〈그림 5-52〉와 같다. 제베크 효과는 서로 다른 금속 또는 반도체를 접합한 폐쇄회로에서 접점의 온도가 다르면 전류가 흐르는 현상인 반면, 펠티에 효과는 회로에 전류를 흘려주면 접점의 한쪽에서 열을 내고 다른 한쪽은 열을 흡수하는 현상이다.

▼ 그림 5-52 제베크 효과와 펠티에 효과 개념(출처: 덴마크 공과대학)

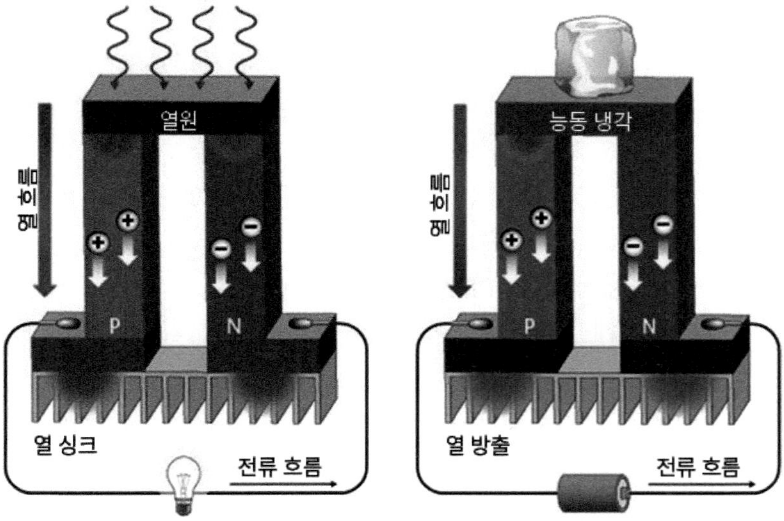

열은 주위의 여러 장소에서 사용되고 버려진다. 국내에서 산업분야에서 배출되는 150도 이하의 열은 연간 1000억 칼로리에 달한다는 분석도 있다. 열전발전은 열에너지를 직접 전기에너지로 변환하는 기술이다. 고온부분과 저온부분 사이의 온도차가 발생하면 열은 이동한다. 이 열이 이동하는 에너지를 전기에너지로 변환, 즉 발전시킨다는 게 열전발전의 개념이다. 온도차는 어떤 곳에서도 존재하기 때문에 열전발전의 이용한도는 거의 무한대다. 자연계에 있는 열원, 태양열, 해양열, 지열, 인체열 등을 모두 이용할 수 있다. 공업폐열, 자동차 폐열, 쓰레기소각폐열 등 인공적인 열원도 사용 가능하다. 환경오염이 전혀 없다는 장점도 있다. 이미 열전발전의 기본적인 기술은 다양하게 응용되고 있다. 열전발전을 이용한 기술은 주변에 많다. 휴대용 냉장고, 와인냉장고, 휴대기기용 쿨링패드 등이 바로 그것이다. 열전발전 기술의 적용분야는 더 넓어질 전망이다. 앞으론 하이테크 섬유를 통해 체온으로 발전하는 의류를 경험할 수 있게 될 전망이다. 열전은 단일 재료 내에서 일어나는 에너지 변환을 기반으로 하고 있어 시스템 구조가 단순하며 신뢰성이 높고 에너지 변환 과정에서 부산물을 발생시키지 않아 친환경 기술로서 큰 가치를 가진다. 또한, n형과 p형의 반도체 재료로 이루어진 단위 모듈로 만들 수 있어 회수 대상이 되는 폐열에 적합한 크기로 조절하기 쉽다. 이에 따라 열전은 폐열 회수뿐만 아니라 자연열을 이용한 발전, 인체열을 이용한 에너지 확보에 적용할 수 있는 에너지 변환기술로서 잠재성을 가지고 있다. 그러나 현재까지 상용화된 열전 변환 시스템은 기존의 에너지 변환 시스템에 크게 밑도는 변환 효율로 인해 범용화가 불가능하며 군사 분야, 우주 항공 산업 등의 특수 환경에서만 제한적으로 활

용됐다. 따라서 열전 변환 효율을 높이기 위한 기초 소재 연구가 활발하게 진행되고 있다.

열전소자의 변환효율은 제베크 상수(S), 전기전도도(σ), 절대온도(T), 그리고 열전도도(κ)로 이루어진 열전 성능 지수($ZT = S^2\sigma T/\kappa$)를 이용해 소재의 크기와 무관하게 평가될 수 있다. 현재 상용화된 열전소자의 열전 성능 지수는 1.0 수준이지만, 열전 성능 지수가 증가하게 되면 그 활용도는 큰 폭으로 증가하게 된다. 열전 성능 지수를 1.5 이상으로 향상시키면 발전소와 자동차를 포함한 산업 전반의 폐열을 회수할 수 있다. 세계적 1차 에너지 소비를 기준으로 보면 현재 약 60%의 에너지가 폐열의 형태로 배출되고 있으며, 이 가운데 약 45%의 에너지만이 기존의 폐열 회수 시스템을 통해 회수되고 있다. 기존의 폐열 회수 시스템은 고온 영역의 폐열을 중심으로 적용되고 있는데, 규모와 복잡성으로 인해 자동차와 같은 소규모의 폐열원에 적용하기 어렵고, 폐열원에서 발생하는 열에너지를 발전시스템 또는 열소비원으로 이동시켜야 하기 때문에 분산된 중저온 폐열에 모두 적용하기에는 경제성이 떨어진다. 이에 비해 열전소자를 이용한 폐열 회수 시스템은 구조가 간단하고 열원에 직접 부착해 부가적인 발전 시스템 없이 바로 전기를 생산할 수 있기 때문에 산재된 중저온 폐열을 회수할 수 있다. 또한 열전소자는 고온 공정이 없는 소규모의 산업체에서도 적용이 가능해 현재 회수되지 못하고 방출되고 있는 55%의 열에너지를 회수할 수 있다. 특히 고온 및 중저온 폐열이 다량 발생하는 자동차의 경우 폐열 회수는 연비와 직결되는 중요한 기술이다. 만일 열전 성능 지수가 2.0 이상으로 확보되면 폐열회수를 넘어 자연에 존재하는 열에너지원을 이용해 전기를 생산할 수 있다. 대표적인 자연에너지에 해당되는 태양에너지의 부존량은 시간당 10만TWh에 달하며, 면적으로 환산할 경우 $1m^2$당 0.2kW에 해당한다. 현재 상용화된 태양광 발전소자에 열전을 기반으로 하는 태양열 발전소자를 복합시킨 태양에너지 복합 발전소자에 대한 연구가 진행 중이다. 이것이 상용화될 경우 막대한 양의 청정에너지를 확보할 수 있다. 열전 성능 지수가 3.0에 도달하면 미소 열에너지를 회수할 수 있다. 대표적인 미소 열에너지원은 인체열로 그 양은 2.4~4.8W에 해당한다. 20%의 에너지 변환 효율을 확보하더라도 1W에 달하는 전기에너지를 얻을 수 있다. 개인이 몸에 지니는 전자기기가 증가함에 따라 이런 모바일 기기에 에너지를 공급하는 것이 큰 과제가 됐다. 특히 배터리와 구동 효율은 갈수록 향상되는 기기의 성능을 뒷받침하기에는 부족한데, 아마도 충전이 필요 없는 반영구적인 구동 방식은 모바일 기기의 마지막 성장단계가 될 것이다. 열전소자를 이용해 인체열 발전이 가능해지면 모바일 기기의 에너지원을 확보할 수 있다. 실제로 일본 시티즌사에서는 열전소자로 배터리나 태엽없이 구동하는 손목시계를 개발해 판매하고 있다. 스마트워치와 스마트폰의 경우 인체열 회수량으로 각각

40mW/cm^{2}와 20mW/cm^{2}의 에너지를 확보할 경우 보조전원으로서 활용할 수 있을 것으로 기대돼, 일부 대기업에서 열전소자를 응용해 상용화하려고 박차를 가하고 있다. 〈그림 5-53〉은 2014년 4월 KAIST 전기및전자공학과 연구팀에서 개발한 유연한 열전소자이다. Bi와 Te 반도체 등을 나노 크기로 만들어 제작한 이 소자는 밴드형으로 손목에 착용하면 체열로부터 전기가 생성되는 것을 확인하였다. 웨어러블 기기의 배터리로 사용 가능성이 높다고 한다.[137)]

▼ 그림 5-53 2014년 4월에 KAIST에서 개발한 유연한 열전소자

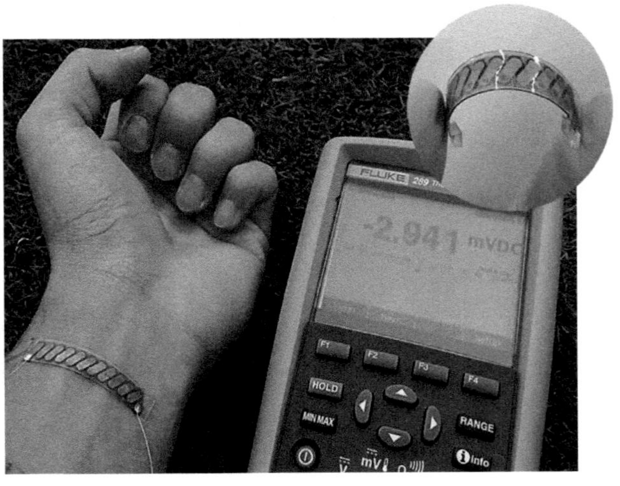

전자기파효과는 전자기파(RF, radio frequency)를 이용한 무선 통신을 뜻한다. 여기서 RF란 파장이 1mm~100km 범위, 즉 진동수 3kHz~300GHz까지의 전자기파다. 무전기, 이동통신, 주파수공용무선통신시스템, 위성전화 같은 음성 통신과 무선인터넷, 와이브로, HSDPA와 같은 데이터 통신이 있다. 이런 전자기파를 수집해 전기로 바꿀 수 있다. RF파를 이용한 무선네트워크는 공기 속에 전자기파의 잔여물을 남긴다. 즉, 우리는 모든 전자기파를 효율적으로 사용하지 못하고 공기 속에 버리고 있다. 이러한 전자기파를 모아서 에너지를 생산해낼 수 있는데, 이 기술을 RF 에너지 하베스팅 이라고 한다. RF 하베스팅 기술에 사용되는 물리적 원리는 간단하다. 떠돌고 있는 전자기파는 변하는 자기장과 전기장으로 이루어져 있으므로, 전자기유도 법칙에 의해 안테나에 미약한 전류가 생성된다. 생성된 전류를 공진회로를 통해 증폭하면 사용이 가능한 전류가 생성된다. 공진회로는 생산된 교류 전류의 진폭(크기)와 전압의 크기를 알맞게 하여 전기에너지를 가장 극대화할 수 있는 회로를 말한다. 이렇게 함으로써 허공에 떠돌고 있는 전자기파를 수집하여 최

137) 녹색기술센터, Green Focus, "에너지 하베스팅, 나노 기술을 만나다", 2015년 4월 28일

대한의 에너지를 생산해낼 수 있다. 워싱턴 대학(UW)은 배터리나 파워코드 사용없이 무선 신호만을 이용하여 이 문제를 어느 정도 해결할 수 있는 방안을 제시하였다. 즉, WiFi, TV, radio 신호의 세기와 산란 방식을 이용하여 작은 파워(현재는 10uW 이하)를 소모하는 제품을 충전하는 기술이다. 데모에 사용된 기기는 〈그림 5-54〉와 같이 WiFi 신호를 사용했고, 1Kbps 속도로 2.1m 거리에서 통신이 가능함을 선보였다. UW 연구진은 향후 20m까지 확장하는 것을 계획하고 있다. 이 기술의 장점 중의 하나는 추가 인프라의 설치 없이 기존에 존재하는 무선 기술을 바로 사용할 수 있다는 것이다. 하지만 소량의 전기에너지만을 생산할 수 있고, 2m 이상의 거리에 에너지를 전달하지 못한다는 단점이 있어 아직까지 많은 개발과 연구가 필요하다. [138)]

▼ 그림 5-54 WiFi Backscatter 에너지 하베스팅

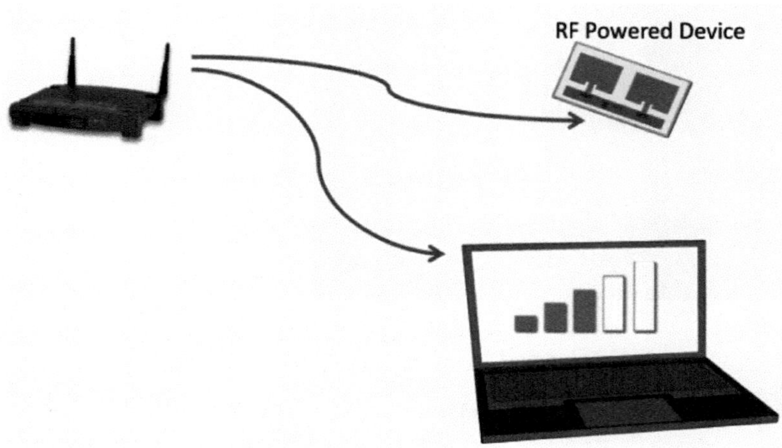

1820년 외르스테드는 전류가 흐르는 도선 근처에서 나침반의 자침이 움직이는 것을 발견했는데, 이것은 전류가 흐르는 도선은 마치 자석이 된 것처럼 자기력이 생성되었기 때문이다. 이로부터 1년 후, 영국의 패러데이는 도선과 자석을 이용한 간단한 실험을 통해 전류는 자기장을 변화시키면 유도된다는 사실을 증명하였다. 〈그림 5-55〉에서 보는 것과 같이 원형 도선의 중앙에서 자석을 넣었다 뺐다 하면, 도선에 전류가 생성된다. 또한 철심에 감은 횟수를 서로 달리한 1차 코일과 2차 코일을 감은 후 스위치를 열고 닫을 때마다 코일에 전류가 생성됨을 발견하였다. 이런 실험을 통해 시간에 따라 자기선속(Magnetic Flux)가 변하면 이에 따라 전류가 생성된다는 패러데이 유도법칙을 발표하였다.

138) http://techneedle.com/archives/17962

▼ 그림 5-55 패러데이의 전자기 유도법칙의 개념도

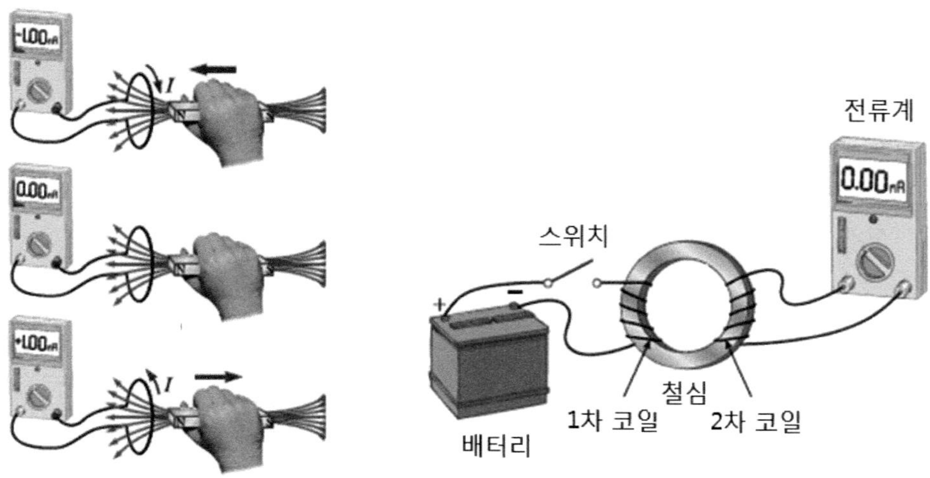

패러데이는 이런 원리를 이용하여 〈그림 5-56〉과 같은 개념의 발전기를 개발하였다. 도선 고리가 자기장 내에서 회전을 하면, 도선 고리로 둘러쌓인 면을 통과하는 자기선속은 시간에 따라 변하게 되고, 이 변화가 패러데이 법칙에 의해 도선 고리에 기전력과 전류가 생성된다. 이와 같은 방식은 오늘날 발전소에서 전기를 생산하는 기본 원리로 사용되고 있다. 발전소에서 기체나 액체의 흐름을 이용하여 회전 운동을 얻는 장치를 터빈이라고 한다. 터빈을 회전시키는 에너지원에 따라 발전의 형태가 구분된다. 화력발전소와 원자력발전소는 물을 끓여서 증기를 만들고, 생성된 증기가 나가는 쪽에 터빈을 두게 되면 증기의 힘에 의해 터빈이 돌아 전기가 생산된다. 마찬가지로 수력발전소는 흐르는 물을 이용해서 터빈을 돌게 한다.

▼ 그림 5-56 전자기 유도 발전기의 개념

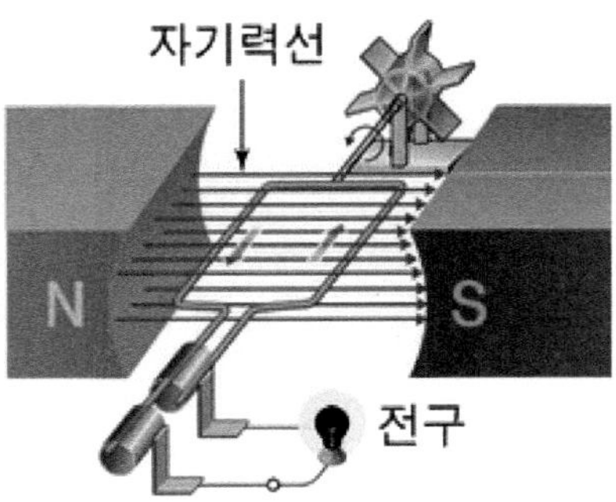

이런 원리를 이용한 대표적인 무공해 에너지원은 바로 풍력발전기이다. 풍력은 바람에너지를 전기에너지로 바꿔주는 원리로 풍력발전기의 날개가 회전하면서 생기는 회전력으로 전기를 생산한다. 날개, 변속장치, 발전기로 구성되어 있으며, 회

전날개(blade)는 바람의 운동에너지를 기계적 회전력으로 변환하고, 동력전달장치(geer box)는 입력된 회전력을 증폭시킨다. 발전기는 기계적 회전력을 전기에너지로 변환시키며, 전력변환기(inverter)가 직류전기(DC)를 교류전기(AC)로 변환시켜 소비자에게 전력을 공급한다(그림 5-57 참고). 풍력발전기는 이론상으로는 바람에너지의 최대 59.3%까지 전기에너지로 변환시킬 수 있지만, 현실적으로 날개의 형상, 기계적 마찰, 발전기의 효율 등에 따른 손실요인이 존재하기 때문에 실용상의 효율은 20~40% 수준에 머물고 있다.

▼ 그림 5-57 풍력발전기의 에너지 변환 단계

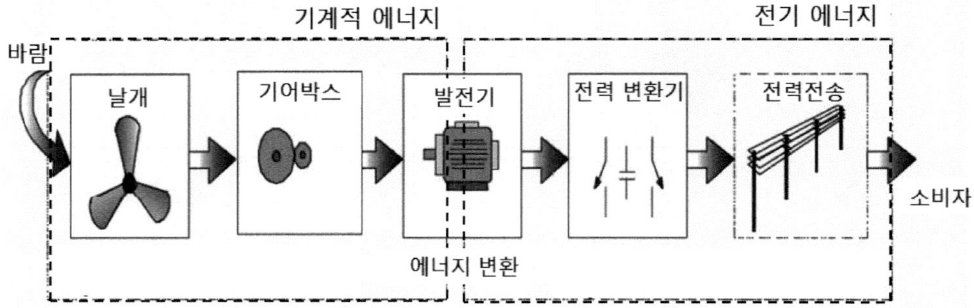

페르시아에서는 풍력장치가 B.C 200년 경 부터 사용되었다. 알렉산드리아의 헤론이 개발한 풍차(Windwheel)가 역사상 알려진 최초의 풍력을 이용한 기계로 알려지고 있다. 그러나 최초의 실용형 풍차는 7세기 경 이란과 아프카니스탄 사이의 시스탄에 설치된 수직축 형 풍차로서 여러 개의 직사각형 모양의 날개가 긴 수직 회전축에 조립된 것이었다. 이 풍차는 갈대 매트나 천으로 둘러 싼 6개에서 12개까지의 날개를 가진 설비로서 주로 옥수수를 분쇄하거나 물을 퍼 올리는데 이용되었으며 제분 및 설탕 제조 산업에 이용되기도 하였다. 14세기 경 네델란드의 풍차는 라인강 델타지역의 물을 배수하는데 주로 사용되었다. 1900년 경 덴마크에는 약 2500대의 풍차가 있었는데, 이 풍차는 제분기나 펌프에 기계적 동력을 제공하면서 최대 약 30MW에 해당하는 전력을 함께 생산하였다. 현재까지 알려진 최초의 전력생산용 풍차는 1887년 제임스 브리드에 의하여 스코틀랜드에 건설된 배터리 충전용 설비였다. 미국 최초의 전력생산용 풍차는 1888년 챨스 브러쉬에 의하여 오하이오주의 클리브랜드에 건설된 이래, 1908년에는 5-25KW급의 풍력발전기 72기가 운전되었다. 1930년대에는 미국 대부분의 지역에 전력공급을 위한 배전시설이 설치되지 않았기 때문에 농장에 전력생산용 풍차가 설치되는 것이 일반적인 현상이었다. 또한 이 시기에는 고강도 철 제품의 가격이 저렴하였기 때문에 대부분의 풍차들은 철제격자형 타워 상부에 설치되었다. 근대형 수평축형 풍력발전기의 선두주자는 1931년 구 소련의 얄타에 건설된 100KW 용량의 발전기로서, 타워 높이

는 30m였으며 6.3KV 지방 배전계통에 연계 운전되었다. 그 당시 연간 설비 이용률은 32% 수준으로서 현재의 풍력발전기와 큰 차이가 없는 것으로 알려지고 있다.[139)]

사물인터넷 시대의 스마트홈 전원공급을 위한 소형풍력시스템의 시장이 확대되고 있다. 한국과학기술정보연구원의 2012년 분석에 따르면 전력공급 문제를 해결하기 위한 핵심 솔루션이자 대규모 풍력산업보다 큰 잠재력을 지닌 소형풍력발전 에너지 공급 확보와 기후 변화에 대처하기 위한 온실가스(GHG) 배출량 감소, 생물 다양성 보호, 신재생에너지 개발, 에너지 절약 및 효율 개선 등이 세계적으로 중요한 화두가 되고 있다. 신재생에너지 중에서 풍력에너지는 비교적 성숙 기술로 인정받고 있으며 상용화와 대량 생산에 있어 엄청난 잠재력을 가지고 있다. 소형풍력발전시스템 구축비용에는 터빈, 타워, 시스템 밸런스, 설치 비용 등이 포함된다. 설치 비용은 토지취득 또는 관련된 임대 비용, 컨설팅, 교통, 노동, 도로 건설, 그리드 연결 및 기타 제어시스템에 수반되는 비용을 망라한다. 1kW급 용량의 수평축 소형풍력터빈의 평균 비용은 4,000달러와 1만달러 사이이며, 수직축 타입은 9,000달러에서 1만2,000달러 정도다. 오늘날 풍력발전의 주된 응용 프로그램은 대형풍력 농장에서 온그리드(On-grid) 형태의 전기를 생산하는 것이며 2011년 말까지 설치된 전 세계 풍력발전 용량은 239GW에 달한다. 전기가 부족한 원격지역인 개발 도상국가 같은 많은 나라에서는 오프그리드(Off-grid) 형태의 소형풍력발전이 전력 공급 문제를 해결하기 위한 효율적인 핵심 솔루션이다. 몇몇 국가에서는 전력 그리드의 확장과 전기 부족 지역의 감소로 소규모 풍력을 도시의 도로 조명, 모바일 통신 기지국, 양식업 및 해수 담수 등의 분야에 이용하기도 한다. 이와 같이 전 세계적인 기준으로 소형풍력 산업규모는 대규모 풍력보다 큰 잠재력이 기대되고 있다. 6W에서 300kW급의 정격 용량의 풍력터빈을 가진 소형풍력은 가정기기용 같은 적은 용량의 전기를 생산하거나 다양한 가정 기반의 전기 수요를 충당한다. 소형풍력터빈(SWTs)과 대형풍력터빈을 나누는 기준은 나라마다 다르지만 일반적으로 소형풍력은 6W에서 300kW급의 정격 용량을 가진 풍력터빈으로 정의된다. 40인치 LED TV 한 대가 약 200W의 전력을 소모한다고 가정할 때 180W 풍력터빈은 하루에 4시간 동안 텔레비전을 볼 수 있는 전기를 공급한다. 평균적인 미국 가정은 연간 1만1,496kWh의 전기를 사용하고 이 경우 전체 소비를 충당하기 위해 10kW급 풍력 발전기가 필요하다.[140)]

자연의 바람을 이용한 풍력발전기는 아이디어는 도로에 주행하는 차량에 의한 바람을 이용하는 소형풍력발전기로도 활용되고 있다. 특히 도로의 중앙에 설치하

---

139) 한국풍력산업협회, http://www.kweia.or.kr/sub02/sub01.asp

140) 투데이에너지, 2013년 5월 15일, http://www.todayenergy.kr/news/articleView.html?idxno=82486

여 양방향으로 다니는 차량의 주행풍을 이용해서 발전을 할 수 있어 효율을 높일 수 있다. 차량 주행풍을 이용한 풍력발전시스템은 그 방향이 일정하여 풍향계와 풍향 추적장치를 별도로 설치하지 않아도 되므로 자연풍 풍력발전과 비교하면 유압을 이용하여 피치각을 제어하는 장치 등이 불필요해져서 장치의 소형화, 단순화가 가능하고 제품을 최적 시스템으로 표준화규격화하여 완제품 형태의 발전기를 설치할 수 있으므로 응용 여부에 따라서는 상당한 효율과 경제성이 있을 것으로 보고 있다. 차량 주행풍에 대한 다양한 연구가 이루어졌는데, 그 중 전북대학교 연구팀에서 자체 제작한 블레이드를 이용해서 차량의 시속에 따라 실험을 한 결과, 4m/s의 약풍에서 측정된 전압은 3.8~3.85V, 전류는 20mA이었고, 9m/s의 강풍에서 측정된 전압은 3.8~4.1V, 전류가 25mA 수준이었다.[141]

▼ 그림 5-58 도로에서 발생하는 차량 주행풍을 이용한 풍력발전기와 이에 관한 특허

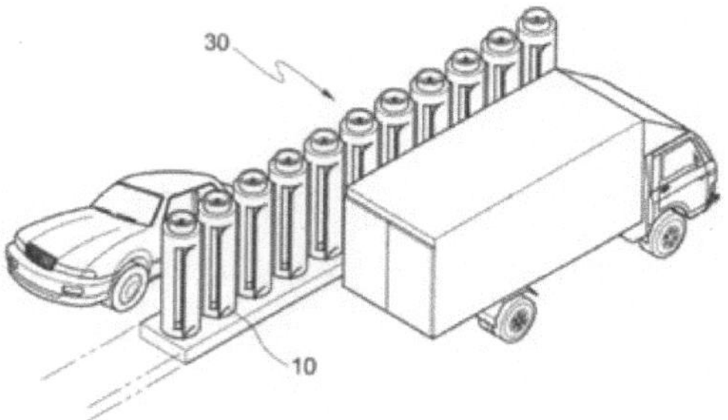

사 사물인터넷의 플랫폼과 표준화 동향

플랫폼(Platform)의 어원을 살펴보면, Plat(구획된 땅)과 Form(형태)의 합성어로, 그 의미는 '구획된 땅의 형태'를 의미한다. 즉 경계가 없던 땅이 구획되면서 계획에 따라 집이 지어지고, 건물이 생기고, 도로가 생기듯이 '용도에 따라 다양한 형태로 활용될 수 있는 공간'을 상징적으로 표현한 단어이다. 일반적으로 플랫폼이라고 한다면 제일 먼저 기차역을 상상하게 된다. 사전적으로 플랫폼은 사람들이 기차를 쉽게 타고 내릴 수 있도록 평평하게 만든 장소를 말하는데, 다른 산업에서 플랫폼이라고 부를 때는 "많은 사람이 쉽게 이용하거나 다양한 목적으로 사용된다는" 특징으로 대변된다. IT에서는 어플리케이션을 작동시키기 위한 기반이 되는 OS나 기

141) 이종조, 임재규, "도로 중앙분리대용 후드장식형 수직축풍력발전기 연구", Journal of KIEE, Vol.27, No.1, 2013

술 환경들을 말하기도 한다. 즉 많은 어플리케이션을 쉽게 사용될 수 있게 해주는 특징을 의미한다.

하드웨어에도 '플랫폼'이 있다. 위키피디아를 찾아보면 "제품 개발을 가능하게 하는 기술이나, 현재 또는 미래의 개발을 지원하는 프로세스"라고 설명되어 있다. 일반적인 제조 기업들은 TV와 같은 하드웨어를 대량으로 생산 판매함으로써 이익을 추구한다. 그런데 대량생산에서는 동일한 품질의 제품을 안정적으로 만들기 위한 '공산품화'가 매우 중요하다. 그리고 공산품화에서 '프로세스(Process)'와 '자동화(Automation)'는 필수적인 요소이다. 이런 '프로세스와 자동화'는 결과물이 '사람들의 기분에 따라 달라지지 않게' 함으로써, '일정한 품질의 제품'을 '낮은 원가'로 만들 수 있게 해주기 때문이다. 하드웨어에서는 이런 프로세스와 물리적 장치가 '플랫폼'이다. '현대 소나타'와 '기아 K5'가 플랫폼을 공유한다고 하는데, 플랫폼에는 엔진, 조향장치 외에도 품질검수 및 부품의 표준규격 등도 함께 포함된다. 이런 것들은 새로운 차를 만들 때 개발 비용을 낮추어 주고 높은 품질수준을 달성하도록 도와준다. 즉 하드웨어에서 플랫폼이란 표준 공정을 통해 다양한 제품을 만들어내는 기반이자 도구를 지칭한다. 소프트웨어도 하드웨어처럼 공정화가 중요하다. 예전에는 소프트웨어도 하드웨어의 기능을 대체하는 하나의 부품이었다. 따라서 많은 SI 업체들은 이런 소프트웨어 공정을 '플랫폼'으로 만들고 싶어 했다. 공정화된 품질경영으로 훌륭한 결과물을 반복적으로 만들 수 있도록 했으며, 이런 소프트웨어 생산공정을 '플랫폼'이라고 했다. 자연스럽게 소프트웨어가 하드웨어 부품의 역할을 대신하면서 소프트웨어에도 플랫폼이라는 개념이 만들어졌다. 수십 년 전에는 컴퓨터의 종류마다 소프트웨어를 다르게 만들어야 했다. 왜냐하면 CPU와 OS등의 실행환경이 달랐기 때문이었다. 그러나 Java와 브라우저가 보급되면서 이런 문제가 극복되었다. 여러 가지 어플리케이션들이 하드웨어가 아닌 Java 및 인터넷 브라우저에서 만들어지기 시작했기 때문이다. 이때부터 소프트웨어에서도 윈도우, 브라우저, 자바 등을 플랫폼으로 부르기 시작했다.

웹 서비스가 등장하면서 서비스 플랫폼이라는 용어도 등장했다. 이 용어는 '트위터'나 '페이스북'이 등장하면서 주목을 받기 시작했다. 개발자들은 트위터와 페이스북를 쉽게 연동해서 자신들만의 앱을 만들었다. 그 도구로 Open API가 이용되자 이에 대한 사회적 관심이 무척 높아졌다. 일반적으로 포털은 백화점 식으로 자사만의 폐쇄적 콘텐츠 환경을 만드는데, 트위터는 다른 서비스들이 API를 이용해 트위터 콘텐츠를 자기 것처럼 쓸 수 있게 만들어 주었다. 즉, 서비스에서의 플랫폼은 다른 서비스들이 나의 서비스 기능을 쉽게 사용할 수 있게 해주는 인터넷 기반의 기술 환경을 말한다. 잡스가 플랫폼을 애플 생태계를 위한 도구로 사용하면서 개념이 더욱 확장되었다. 애플은 PC 성능을 가진 모바일 기기에 PC 운영체제를 탑재하고 앱스토어를 올렸다. 그러자 아이폰은 콘텐츠(어플리케이션) 판매자와 구매자가 오고가는 플랫폼이 되었다. 그리고 운영정책과 지원조직 등을 만들어 플랫폼이 스스로 유지될 수 있도록 생태계를 만들었다. 이 도전은 성공했고 IT의 역사가 새롭게 바뀌게 된 계기가 되었다. 여기에서 플랫폼이란 '앱스토어'을 지칭한다. 앱스토어는 콘텐츠를 사고파는 장터 플랫폼이다. 그래서 내부에는 콘텐츠관리, 구매관리, 결제 시스템 등과 같은 다양한 단위 시스템으로 이루어져 있다. 그런데 이 단위 시스템들은 다른 애플 기기와 연계되면서 각각 개별적인 플랫폼 역할을 하기도 한다. 그리고 앱스토어의 운영환경으로 사용되는 iOS는 애플사의 여러 기기를 지원함으로써 또 다른 의미의 플랫폼으로 사용되기도 한다. 이렇듯 애플은 가상의 콘텐츠 시장을 비즈니스 플랫폼으로 구상하면서 구현을 위해 여러 가지 플랫폼들을 사용했다. 사업의 복잡성이 높아지면서 플랫폼이 복잡하게 사용되자 사람들은 여러 가지 용도로 플랫폼이라는 용어를 사용하기 시작했다.

내 비즈니스가 다른 비즈니스의 일부로 사용되는 환경을 비즈니스 플랫폼이라고 말한다. 일반적으로 온라인 서비스에서 많이 일어나므로 서비스 플랫폼과 혼용되어 사용된다. 플랫폼 비즈니스는 이런 플랫폼을 사업수단이나 제품으로 사용하는 것이다. 그런데 플랫폼으로 비즈니스를 한다고 할 때는 두 가지 유형이 있다. 하나는 성공한 비즈니스를 플랫폼으로 확장하는 경우이다. 이것은 기본적으로 비즈니스를 먼저 잘 되게 한 후, 장사가 잘 되면 다른 업체들도 내 사업을 잘 이용할 수 있게 플랫폼을 만들어 참여자들이 더 크게 윈-윈 할 수 있도록 생태계를 확장시키게 되는 구조다. 그러다 보면 어느 순간 봇물 터지듯 사업이 급성장하게 된다. 이때 사람들은 비즈니스가 플랫폼이 되었다고 하며, 이를 비즈니스 플랫폼이라고 부른다. 바로 트위터, 페이스북, 포스퀘어, 구글맵 등 다양한 서비스가 이런 접근을 했다. 다른 하나는 플랫폼부터 개발하고 비즈니스를 만드는 경우이다. 처음부터 플랫폼을 만드는 경우가 있다. 사람들이 붐빌 길목을 예상하고 가게를 열듯이 플랫폼을 미리 만든다. 길목을 지나는 사용자들이 진가를 알아보고 점차 유입되다가 어느 순간 대박이 터지게 되는 경우이다. Open API 유통서비스를 제공하는 Apigee나 Mashery, 또는 클라우드 인프라를 서비스 제공하는 Amazon Web Service가 이런 경우에 해당한다. 그런데 이런 서비스는 대부분 좋은 비즈니스가 알려지면서 함께 알려지게 된다. 성공한 비즈니스가 플랫폼이 되는 것과 플랫폼이 성공한 비즈니스가 되는 것은 완전히 다른 이야기이다. 그런데 많은 사람들이 첫 번째 경우를 두 번째 경우로 착각하고 있다. 그러나 일반적으로는 전자의 경우가 많다. 애플이나 구글도 플랫폼을 만들어 비즈니스가 성공한 것처럼 보이지만, 사실 기존에 가지고 있던 자산들을 플랫폼으로 잘 만들었기 때문에 크게 성공할 수 있었다. 그러나 인프라형 비즈니스는 두 번째 경우이다. 하지만 이 경우에도 플랫폼을 빛내줄 킬러서비스를 확보할 필요가 있다. 서비스는 인프라와 고객사이의 간격을 메워

주는 다리이며, 이러한 킬러서비스는 플랫폼의 성공을 훌쩍 앞당겨 줄 것이기 때문이다.[142)]

플랫폼에 대한 정의는 쓰이는 곳에 따라 천차만별이지만 플랫폼 비즈니스의 속성을 분석해 보면 비즈니스 모델의 근본 원리는 비슷하다. "플랫폼이란 무엇인가?, 윤상진 지음"에서는 플랫폼을 다음과 같이 정의하고 있다. 플랫폼이란 공급자, 수요자 등 복수 그룹이 참여하여 각 그룹이 얻고자 하는 가치를 공정한 거래를 통해 교환할 수 있도록 구축된 환경으로서 플랫폼 참여자들 간의 상호작용이 일어나면서 모두에게 새로운 가치와 혜택을 제공해 줄 수 있는 상생의 생태계이다. 따라서 플랫폼만 갖고 있으면 공급자와 수요자를 적절히 연결해 줄 수 있다. 이와 같이 연결해 주는 것만으로도 부를 창출할 수 있다면 플랫폼은 황금알을 낳는 거위가 되기에 충분하다. 이런 이유 때문에 사물인터넷에 참여하는 대부분의 글로벌 기업들은 바로 플랫폼의 주도권을 잡기 위해 노력하고 있는 이유이다. 〈그림 5-59〉는 플랫폼을 서비스에 비유한 개념도이다. 따라서 플랫폼이란 일방적인 재화의 흐름이 아니라 거래를 중개하는 것이라 볼 수 있다.[143)]

▼ 그림 5-59 플랫폼을 서비스에 비유한 개념

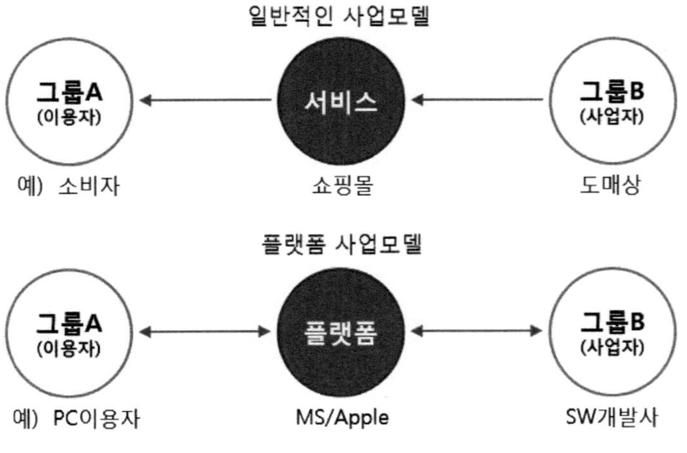

사물에서 일어나는 모든 데이터를 적기에 수집하고 분석 및 예측하여 보다 정교하고 유용한 정보를 사용자에게 제공하는 인프라 기술이 IoT이며, 이를 통해 융합서비스를 효과적으로 제공하기 위해서는 무엇보다도 디바이스의 데이터를 수집하는 것이 매우 중요한 요소이다. 이와 같이 다양한 IoT 환경에서 운영되고 있는 개별적이고 독립적인 IoT 플랫폼 및 서비스를 운영하고 있는 현재의 환경에서 급변하는 ICT 기술 적용은 물론 시대적 흐름과 사용자들의 요구를 만족시키기 어렵다

142) 김수보 블로그, 대디하우스, https://subokim.wordpress.com/2013/01/31/platform-story/

143) LG U+ 블로그, http://blog.uplus.co.kr/1448

는 문제를 가지고 있다. 최근에는 민간 · 산업 · 공공 · 서비스 분야에 상관없이 공통으로 활용 가능한 IoT 통합 플랫폼의 필요성이 제기되고 있다. 또한 동적으로 변화하는 IoT 서비스 환경을 고려하여 물리적 사물의 가상화 및 복합 사물로 생성하고, 이러한 사물들을 검색 · 관리하여 IoT 서비스에 활용할 수 있는 IoT 통합 플랫폼에 대한 연구 및 개발에 대한 관심이 높아지고 있다. IoT를 위한 기술들은 셀 수 없이 많으며, 지금 이 순간에도 어느 연구기관에서는 이를 현실화하기 위해 새로운 기술이나 프로토콜을 만들어 내고 있다. 이 중에서 글로벌 기업들이 세계적인 우위를 선점하기 위해 집중 투자하는 분야가 플랫폼이다. 전자부품연구원(KETI) 자료에 의하면 IoT 플랫폼 분류는 〈표 5-9〉와 같이 하드웨어, 디바이스, 연결, 그리고 데이터 플랫폼으로 구분할 수 있다. 표와 같은 4가지 분류는 경계가 명확히 나누어지는 것은 아니다. 즉 디바이스 플랫폼과 연결 플랫폼, 연결 플랫폼과 데이터 플랫폼 등과 같이 2개 이상에 걸쳐 있는 형태가 많으며, 그에 따른 기업들의 전략도 다양하다.[144)]

▼ 표 5-9 사물인터넷 플랫폼 동향(출처: 전자부품연구원)

분 류	기 능	현 황	전 망
오픈 HW 플랫폼	사물 생성 오픈 HW 플랫폼	아두이노(Arduino), 라즈페리(Respberry), 파이(PI), 갈릴레오(Gallileo)	• 개발 편의성 중심 Open HW 출시 • 다양한 창의 IoT 생산물에 적용
디바이스 플랫폼 (게이트웨이, 사물)	디바이스 운영체제, 디바이스 서비스 플랫폼	• TinyOS, Contiki, NaniQplus 등 경량 OS 보급 • 웨어러블 디바이스용 초경량/초저전력 OS 등장 • 네트워크 장비의 IoT화	• 목적별 초경량/초저전력 OS 출시 • 네트워크 장비의 IoT 인프라 예상
사물 연결 플랫폼	사물 연결, 제어, 관리, 개방	• 폐쇄적/수직적 플랫폼에서 개방형 플랫폼으로 이동 • 이동통신사 중심 개방형 M2M 플랫폼 • 전문 IoT 기업 개방형 플랫폼	• 표준 기반 개방형 플랫폼 확대 • 글로벌 기업 중심 개방형 플랫폼 상존
사물 데이터 플랫폼	사물 데이터 개방/연계/검색/분석	• 글로벌 기업 IoT 데이터분석 플랫폼 상용화 추진 • 시멘틱 기술 IoT 접목을 통한 데이터 상호운영 추진 • 사물연결 플랫폼과의 연계 진행	• 공공 데이터 플랫폼 운용 확대 • 사물연동 및 지능형 서비스 요구증대에 따른 관련 기술 중요도 증가 • 구글 등 글로벌 검색 플랫폼과 연계

144) 정보통신기술진흥센터, 주간기술동향, "사물인터넷 실현을 위한 플랫폼 및 기술동향", 2014년 10월 1일

우리나라에서는 정보통신기술진흥센터(TTA) 및 사물인터넷포럼 등을 통해 사물인터넷 표준화에 대한 단체 표준화 작업이 활발히 진행되고 있으며, IoT 플랫폼 및 서비스에 대한 표준 개발의 필요성이 증대되고 있다. 특히 TTA는 2013년 사물인터넷 특별기술위원회를 신설하고, 산하에 사물인터넷 융합 서비스, 사물인터넷 네트워킹, oneM2M 대응 등 3개 프로젝트 그룹을 설치하여 39개의 표준화 과제를 진행 중에 있다. 사물인터넷포럼은 운영위원회 산하 기술분과, 서비스분과, 표준분과, 대외협력분과, 정보보호분과의 5개 분과위원회로 구성되며, 특히 기술분과위원회는 IoT 디바이스, IoT 플랫폼, IoT 식별체계 및 정보보호, IoT 시험인증 등 4개 전문 분야의 표준규격 작업을 진행 중이다. 최근 국내에서 추진되고 있는 대표적인 IoT 표준화 항목은 IoT 서비스, IoT 플랫폼, IoT 네트워크, IoT 디바이스, IoT 보안 등 주요 5개 분야로 구분할 수 있으며, TTA와 사물인터넷포럼에서 개발된 국내 표준을 국제 표준으로 유도하고, 국내 산업 경쟁력 향상과 R&D연계, 공공서비스 표준을 개발하는 데 주력하고 있다.[145](그림 5-60 참고)

▼ 그림 5-60 국내 IoT 표준화 영역 구분(출처: TTA, ICA 표준화전략맵)

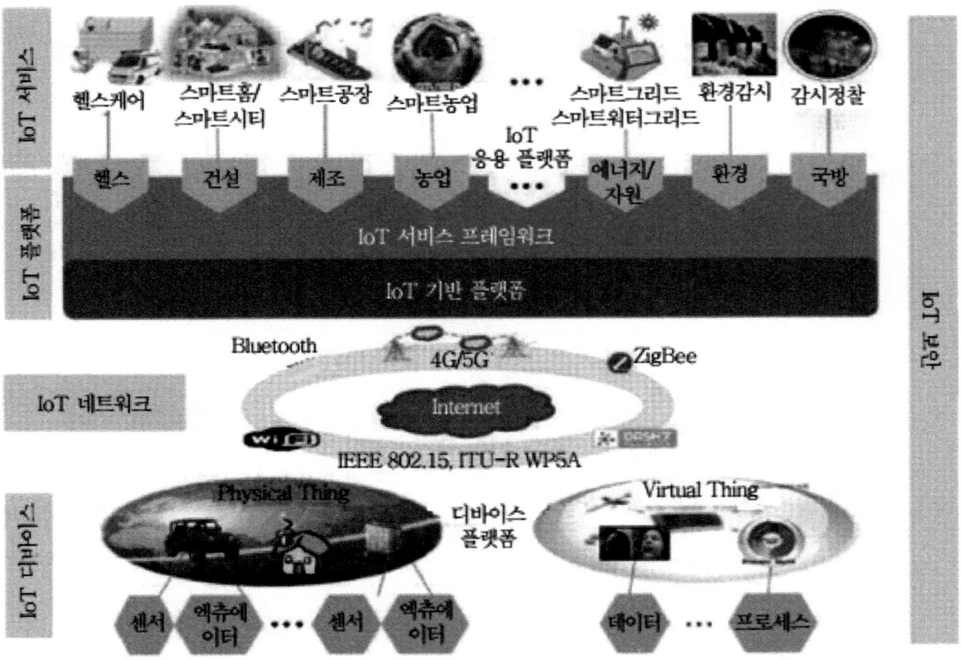

145) 정보통신기술진흥센터, 주간기술동향, “다양한 IoT 환경을 고려한 IoT 통합 플랫폼 기술동향”, 2015년 9월 30일

국외에서는 ITU-T(국제전기통신연합 전기통신표준화부문), ISO/IEC JTC1(국제표준화기구와 국제전기기술위원회의 공동기술위원회) 등 공적 표준기구를 비롯하여 ETSI(유럽전기통신표준협회), IEEE(국제전기전자기술자협회), 3GPP(이동통신표준화기술협력기구), IETF(국제인터넷표준화기구), oneM2M(사물인터넷 국제표준) 등 지역 및 사설 표준화 기구와 기업간 연합체가 사물인터넷에 대한 표준화 주도권 확보를 위한 경쟁이 치열하다. 특히 ITU-T에서는 사물인터넷, 사물웹 및 센서 네트워크 등 미래인터넷 기술에 대한 네트워크 참조모델 및 서비스 요구사항을 규격화하고 있다. ITU-T는 사물인터넷에 대한 표준화 로드맵 및 표준화 공조를 논의하기 위해 2011년 JCA-IoT를 신설하고 ITU-T 내부 표준전문그룹을 비롯하여 ISO JTC1 및 타 표준단체와의 협력을 추구하고 있다. 동시에 ITU-T 자체적인 사물인터넷 표준화 주도권 확보를 위해 2011년부터 IoT-GSI 회의를 주기적으로 개최하여 새로운 표준화 아이템 도출을 위해 노력하고 있으며, 사물인터넷을 통해 현실 세계의 사물들이 온라인의 가상 사물과 연동되는 개념 및 사물인터넷 실현을 위한 참조모델을 〈그림 5-61〉과 같이 소개하였다.

▼ 그림 5-61 ITU-T의 사물인터넷 플랫폼 구조 예시

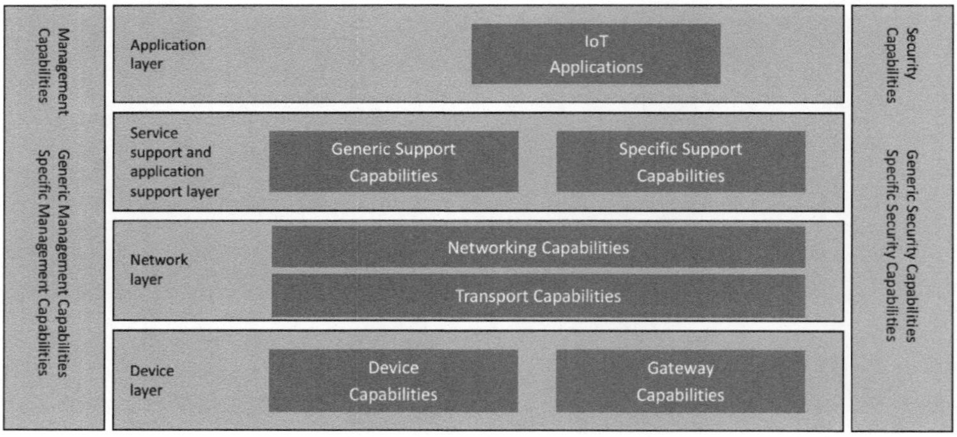

oneM2M은 ESTI에서 제시된 M2M 표준규격 기반으로 웹을 이용하여 사물 연결과 정보를 공유하기 위한 표준화 작업을 진행 중이며 버전 1.0이 2015년에 릴리즈되었다. 2012년 전 세계 권역별 ICT 표준단체 7개가 IoT에 대한 표준화 협력을 추진하기 위해 설립한 단체이며, 퀄컴, SKT, 삼성전자, LG전자, ETRI, KETI 등 다수의 글로벌 기업 및 IT연구기관들이 참여하고 있다. 향후에는 실질적인 사물인터넷 표준화 및 사업화에 일조할 것으로 예상하고 있다. ESTI는 "인간의 직접적인 개입이 꼭 필요하지 않은 둘 혹은 그 이상의 객체 간에 일어나는 통신"이라는 의미의 용어로 M2M을 제시하였으며, 서비스 요구사항 및 기능 구조에 대한 규격을

2011년부터 제정하였다. 현재는 Smart M2M이라는 명칭으로 종래 발간된 규격에 대한 개정 표준화 및 상호운영성을 위한 기술 규격화를 진행 중이다. 〈그림 5-62〉는 oneM2M에서 제시하고 있는 표준화 범주와 주요 기능을 나타내고 있다.

▼ 그림 5-62 oneM2M 표준화 범주 및 주요 서비스 기능

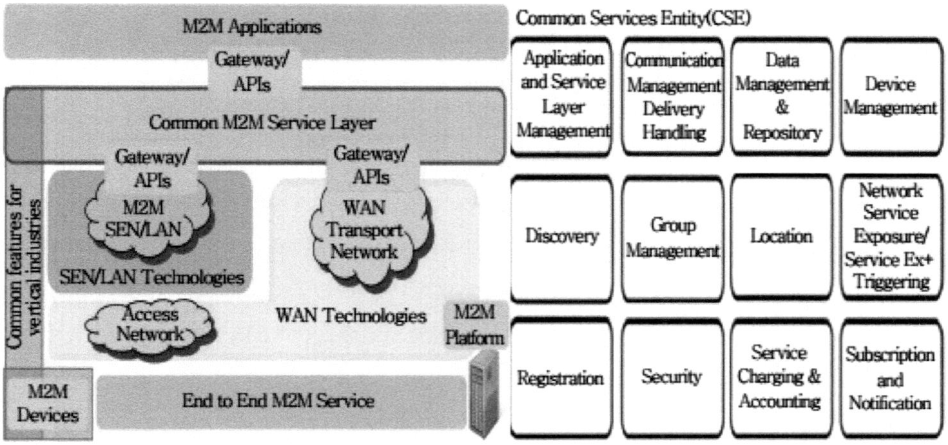

종래 사물인터넷 표준기술 및 서비스들은 〈그림 5-63〉에서 보듯이 스마트홈, 스마트카, 스마트그리드 및 헬스케어와 같이 각 산업분야에 특화된 표준기술이 수직적(Vertical)으로 개발되고 서비스가 제공되었다. 따라서 해당 표준기술을 다른 산업분야에 사용할 경우 시스템의 설치, 확장 및 유지보수와 관련하여 추가적인 비용이 많이 발생하고 개발시간이 오래 소모되는 문제점을 가지고 있었다. 이에 oneM2M에서는 사물인터넷 서비스와 관련된 다양한 산업분야에서 공통적으로 사용될 수 있는 수평적(Horizontal)인 서비스 플랫폼을 지향하여, 산업분야에 특화된 서비스뿐만 아니라 산업분야 간(예 스마트홈 & 스마트카) 융합 서비스를 제공할 수 있는 기술을 개발하였다.

▼ 그림 5-63 기존과 oneM2M 기반 사물인터넷 서비스의 비교

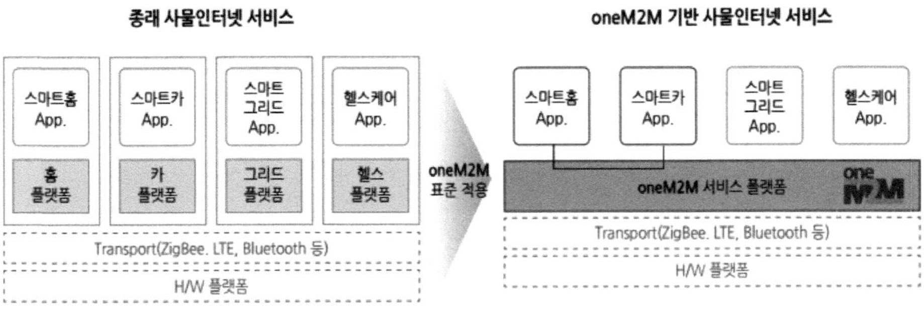

oneM2M 기술 총회 산하에는 실제 기술 규격 개발을 담당하는 5개 워킹그룹(WG)이 있으며, 각 워킹그룹에 대한 대강의 업무는 다음과 같다. ① 요구사항 워킹그룹(WG1/Requirements): 유스케이스(Use Case) 및 서비스 요구사항을 담당한다. ② 아키텍처 워킹그룹(WG2/Architecture): 시스템 설계를 담당한다. ③ 프로토콜 워킹그룹(WG3/Protocols): 서비스 프로토콜 담당한다. ④ 보안 워킹그룹(WG4/Security): 보안 기술을 담당한다. ⑤ 장치 관리, 추상화 및 시맨틱 워킹그룹(WG5/MAS): 장치 관리 및 관련 추상화(Abstraction), 시맨틱(Semantics) 관련 기술을 담당한다. 각각의 워킹그룹은 해당 분야에 대한 표준화를 진행하며 기술 보고서(TR: Technical Report) 및 기술 규격(TS: Technical Specification)을 개발한다. 산업분야에 따라 수많은 사물인터넷 표준/비표준 기술이 난립하는 상황에서, 전 세계 표준 제정 기관들이 파트너십을 프로젝트로 결성하여 개발된 oneM2M 규격은 국제 표준 기반 서비스 플랫폼으로써 큰 의미가 있다. 기술적으로는 계층적 사물인터넷 게이트웨이를 지원하고 자원 기반 구조설계로 시스템 확장이 용이하다. 또한, 다양한 서비스/애플리케이션의 데이터 공유/관리를 지원하며 전송계층에 독립적인 프로토콜 설계로 다양한 전송 프로토콜을 지원한다. 향후 릴리즈에서 서비스 사업자들 간의 플랫폼 연동, 시멘틱 기술 및 3GPP 네트워크 연동 기술이 추가적으로 개발되면 사물인터넷 시장에서 더욱 확고한 서비스 플랫폼으로 자리매김을 할 수 있을 것으로 예상한다.[146)]

이러한 플랫폼 도움으로 쉽게 사물인터넷을 구현할 수 있다. 그 대표적인 것이 아두이노이다. 아두이노(Arduino)는 오픈 소스를 기반으로 한 단일 보드 마이크로 컨트롤러로 완성된 보드와 개발도구 및 환경을 말한다. 간단히 설명하면 사물인터넷의 표준에 따르는 초소형 컴퓨터라고 볼 수 있다. 아두이노는 2005년 이탈리아 Ivrea에서 초기 프로젝트가 만들어졌으며, 현재 전 세계적으로 30만개 이상의 아두이노 유닛을 사용할 수 있다. 2016년 2월 현재 기본형이라고 할 수 있는 Arduino Uno를 비롯한 다양한 변종이 나와 있으며, 하드웨어의 회로도까지 오픈 소스로 풀려 있기 때문에 아두이노와 호환되는 보드를 정품보다 훨씬 저렴한 값에도 구할 수 있다. 모든 소스가 오픈으로 풀려있기 때문에 능력이 되면 자작하는 것도 가능하다. 긴 알파 테스트 기간을 거쳐서 2011년 11월 30일, 1.0 버전이 릴리즈 되었으며, 2012년 5월 21일 공개된 1.0.1 버전부터는 UI의 언어가 다국어지원이 되는데 이 중에는 한글도 들어있어 초심자들의 접근이 더욱 쉽게 되었다. 2016년 현재 최신버전은 2015년 12월에 나온 1.6.7 버전이다.

아두이노를 이용하여 할 수 있는 일들은 광범위하다. 로봇 공학에서부터 스마트 홈에 이르기까지 할 수 있는 영역이 넓으며 다양한 창의적이고 혁신적인 제품 개

146) 김기영, "oneM2M 사물인터넷 서비스 플랫폼 표준화 현황", TTA Journal, Vol.155, (2014)

발 및 연구에 이르기까지 그 가능성은 매우 크다고 할 수 있다. 아두이노를 활용할 수 있는 모든 소스가 공개된 오픈소스 하드웨어이다. 아두이노는 새로운 아이디어를 쉽게 구현할 수 있도록 디자인된 마이크로 컨트롤러로, 센서, 모터, 디스플레이, 그리고 무선 통신 모듈과 같은 다양한 전자 소자들을 연결하여 프로젝트를 구현할 수 있도록 도와주는 툴이다. 아두이노는 단지 하드웨어를 의미하는 것뿐만 아니라 프로그래밍을 쉽게 할 수 있도록 돕는 통합개발환경도 일컫게 되는데, 많은 사람들이 공유하는 소스코드를 하드웨어에 업로드하거나 변경하여 손쉽게 동작시킬 수 있는 장점을 가지고 있다. 사물인터넷에 대한 아이디어를 손쉽게 구현할 수 있는 가장 적절한 툴이라고 볼 수 있다.

memo

IoT

Part

Ⅱ

사물인터넷용 스마트센서의 동작원리

스마트폰은 모델이 바뀔 때마다 신 개념의 센서가 장착되고 있으며, 장착된 센서의 수는 점점 늘어가고 있다. 또한 다양한 센서를 장착하여 독특한 기능 및 서비스를 제공하는 스마트 디바이스도 하루가 다르게 출현하고 있다. 따라서 사물인터넷의 핵심은 센서라고 볼 수 있다. MEMS와 나노 기술이 발전하면서 크기와 성능이 대폭 향상된 스마트센서들이 속속 개발되고 있다. Part Ⅱ에서는 사물인터넷에 적용될 수 있는 다양한 센서들의 기본적인 원리에 대해 다루고자 한다.

IoT

06

CMOS 이미지센서

가 CMOS와 CCD의 비교

카메라는 사람의 눈을 보고 개발된 기기이다. 카메라 앞의 셔터는 사람 눈의 눈꺼풀에 비유된다. 카메라로 입사하는 빛은 셔터에 의해 차단되고 눈꺼풀이 이러한 역할을 하며 눈을 보호한다. 사람 눈에 있는 수정체는 빛을 굴절시켜 망막에 상이 맺히게 하는데, 사진기의 렌즈에 해당한다. 홍채는 동공의 크기를 조절하여 망막에 맺히는 상의 밝기를 조절하는데, 사진기의 조리개에 해당한다. 사진기에는 어둠상자가 있어 입사한 빛이 퍼져나가는 것을 막아 주는데, 눈에서는 맥락막이 검은 색소가 퍼져 있는 곳으로, 자신기의 어둠상자에 해당한다. 사람의 눈과 카메라를 비교할 때 가장 큰 차이점은 카메라에서는 물체의 상이 뚜렷하게 맺게 하기 위해 유리로 된 렌즈를 앞뒤로 이동시켜 렌즈와 필름과의 거리를 조절한다는 것이다. 사람의 눈에서 카메라의 렌즈에 해당하는 수정체는 유리로 만들어진 렌즈와 달리 위치가 고정되어 있으며, 탄력성이 있는 수정체는 두께를 변화시켜 망막에 뚜렷한 상이 맺히도록 한다. 사진기에서는 렌즈를 통하여 들어오는 빛이 필름에 상이 맺히게 되는데, 눈에서는 망막이 상이 맺히는 곳으로 사진기의 필름에 해당한다.

▼ 그림 6-1 카메라와 눈의 상대적인 비교

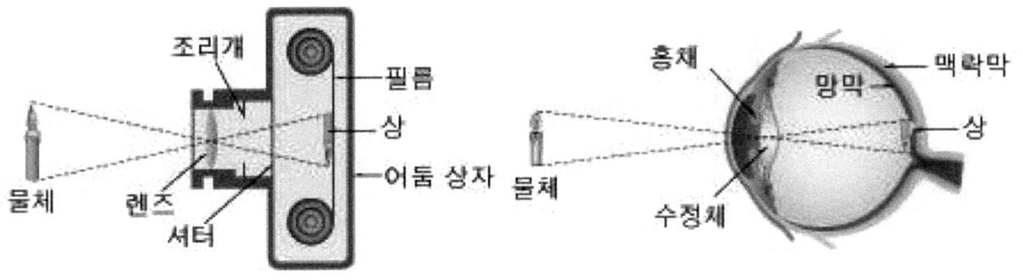

필름을 사용하던 아날로그 카메라에서는 필름이 상을 맺게 하는 역할을 했으나, 스마트 디바이스에서는 이러한 필름이 전기적인 신호를 출력하는 반도체인 촬상소자로 대체가 되었다.

촬상소자는 CCD(Charger Coupled Device)와 CMOS(Complementary Metal Oxide Semiconductor) 센서를 주로 사용한다. CCD는 CMOS 대비 신호 대 잡음비가 우수하다는 이유로 과거에는 주로 CCD를 사용하였으나, 최근 스마트 디바이스에는 전력을 적게 소모하는 CMOS로 이동하였다. 전자를 직접 전송하는 CCD 이미지센서와는 달리, CMOS 이미지센서는 화소에서 신호전자가 바로 전압으로 변환된다. 따라서 화소마다 변환을 위한 트랜지스터가 필요하다. CMOS 이미지센서는 시스템의 구조는 간단해질 수 있고 전력소비량도 줄일 수 있으며 크기를 줄일 수 있는 장점은 있으나, CCD에 비해 어두운 곳에서의 감도가 떨어지는 단점이 있다. 이미지센서의 화소의 출력신호는 〈그림 6-2〉와 같이 조도에 따라, 잡음에 묻히는 영역, 조도에 비례하는 영역, 신호가 조도에 따라 더 이상 증가하지 않는 포화영역으로 나뉘며, 특히 신호가 조도에 비례하는 영역을 활성(Active)영역이라 한다. 이미지센서의 성능은 얼마나 어두운 빛에서부터 밝은 빛까지 유효한 정보를 출력해 주는가에 달려 있으므로, 활성영역이 넓을수록 좋은 이미지센서이다. 조도가 낮아지게 되면 잡음신호에 가려서 신호의 의미가 없어지므로 잡음과 구분하여 빛에 의한 정보를 출력할 수 있는 최소한의 조도를 최저 피사체 조도라고 한다. 최저 피사체 조도는 감도가 높고 잡음이 적어야 최저 피사체 조도도 낮아진다.

▼ 그림 6-3 이미지센서의 빛의 세기와 출력 전압의 관계

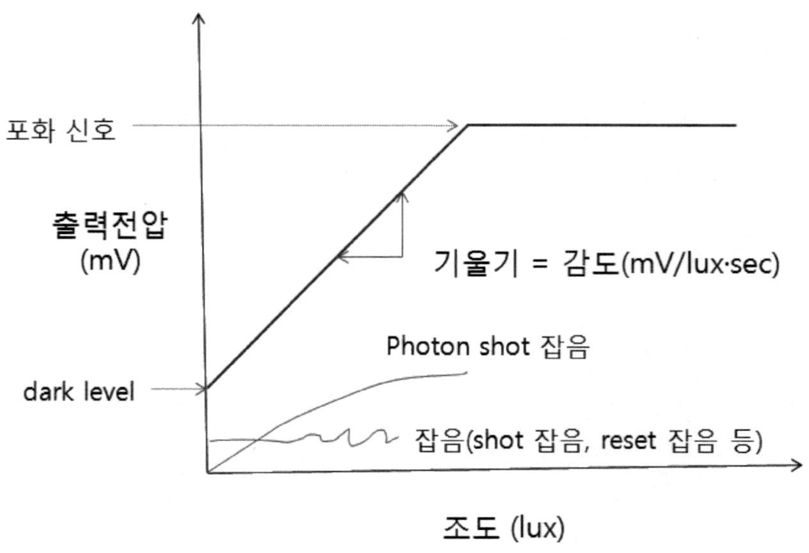

1970년에 벨연구소에서 하나의 커패시터에서 인접한 커패시터로 전자를 전달하는 구조를 고안했는데, 이를 CCD(Charged Coupled Device)라 불렀다. 〈그림 6-3〉과 같이 각 화소마다 구성된 포토다이오드와 신호전자를 출력부로 전달하는 수직 및 수평 전송로, 그리고 전달된 전자의 수에 비례하는 전압으로 변환해서 영상엔진으로 출력하는 출력부로 구성되어 있다. 각 화소에서 축적한 신호전자를 받아서 수직 방향으로 전달하는 CCD를 수직전송로(Shift Register), 이를 받아서 수평 방향으로 전달하는 CCD를 수평전송로라 한다. CCD 이미지센서는 이처럼 각 화소에서 1-field동안 빛에 의해 발생한 전자를 CCD의 수직/수평전송로로 통해 출력부로 이동시켜서 전압으로 변환, 출력하는 원리로 동작한다. 포토다이오드에서 빛에 의해 생성된 전자를 직접 전송하는 CCD와는 달리 CMOS 이미지센서는 빛에 의해 발생한 전자를 각 화소 내에서 전압으로 변환한 후에 여러 CMOS 스위치를 통해 출력된다. 따라서 화소마다 트랜지스터가 필요하며, 이 트랜지스터의 불균일도는 곧바로 영상으로 나타나 눈으로 보이기 때문에 CMOS 이미지센서 기술은 한동안 빛을 보지 못하다가 반도체 공정이 발달한 1990년도 중반 이후 상용화가 시작되었다. CMOS를 이용하면 시스템의 구조가 간단해질 수 있고, 전력소비량도 줄어들어 작은 제품을 만들어낼 수 있지만, 어두운 곳에서 균일도가 떨어지기 때문에 고성능의 이미지센서로 만들어내기 위해서는 별도의 이미지 프로세스를 사용해서 극복해야 한다. 최근 반도체 기술의 발달로 CMOS가 지니고 있던 제조 공정상의 문제점은 해결이 되었고, 현재 스마트 디바이스에 사용되는 이미지센서는 거의 CMOS로 제작되고 있다. 대표적인 항목에 대한 CCD와 CMOS의 성능 비교는 〈표 6-1〉과 같다.

▼ 그림 6-3 CCD와 CMOS 이미지센서 비교

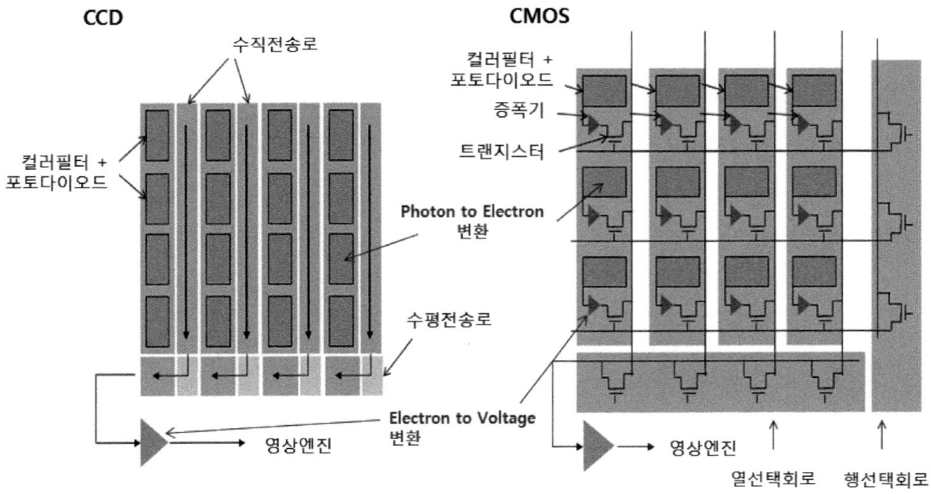

▼ 표 6-1 CCD와 CMOS 이미지센서의 기본적인 구조상 차이 비교

항 목	CCD	CMOS
픽셀 신호특성	전자의 흐름	전압 신호
픽셀 수광면적	상대적으로 큼	상대적으로 작음
시스템 크기	상대적으로 큼	작음
집적도	낮음	높음
동작 복잡성	다양한 전압 및 클럭이 필요	동작이 간편
전력 소모	전력소모가 높음	전력소모가 낮음
신호대 잡음비	노이즈 적응력이 높음	노이즈 적응력이 낮음
스미어, 블루밍	드물게 발견	기본적으로 없음
반응속도	상대적으로 느림	상대적으로 빠름
저조도 특성	균일성이 높음	상대적으로 떨어짐
시스템 내구성	좋음	매우 우수

나 픽셀의 컬러 구현

포토다이오드는 각 화소로 입사한 광의 세기에 비례하여 전기적인 신호만 내어주기 때문에 컬러정보를 파악할 수 없다. 최초의 사진기는 흑백 이미지만 저장할 수 있었다. 그래서 초기의 사진작가들은 직접 흑백사진에 색을 입히는 방법으로 색을 재생해야만 했었다. 그러나 1860년에 컬러사진이 빨강, 녹색, 파랑의 3가지 필터를 사용해 만들 수 있다는 사실을 알았다. 피사체를 각각 빨강, 녹색, 파랑 필터를 사용해서 3번을 촬영해서 3가지 사진을 각각 서로 다른 프로젝트를 이용해 한 스크린에 겹치면 컬러가 구현이 되었다. 이러한 원리가 CMOS 이미지센서에 그대로 적용되고 있다. 단위 화소(또는 픽셀)는 반도체센서인 포토다이오드 위에 컬러 필터 층이 입혀져 있다. 컬러필터를 사용하는 목적은 각 화소가 목적하는 색에 해당하는 파장의 빛만 통과시켜서, 이를 포토다이오드에 입사시켜 그 출력 신호를 조합해서 컬러영상을 만드는 것이다. 컬러필터를 형성하는 목적은 각 화소가 목적하는 색에 해당하는 파장의 빛만 통과시켜서, 이를 포토다이오드에 입사시켜 그 출력 신호를 조합해서 컬러영상을 만들기 위한 것이다. 이를 위해 실리콘 공정이 끝난 후, 통상 포토다이오드와 비슷한 유기물질로 구성된 컬러필터를 포토다이오드 위에 적층한다. 컬러필터는 해당되는 파장 대역의 빛은 통과시키고, 나머지 파장 대역의 빛은 필터물질이 흡수하게 된다. 따라서 컬러필터 물질은 해당하는 화소의 목표색과 동일한 색으로 보인다.

컬러필터를 형성하는 방법에는 필터물질에 이미 해당 색의 안료를 포함시켜서 적층하면 곧바로 필터기능을 하는 안료 분산법이 있고, 무색의 필터물질을 적층한 후에 별도로 염색을 하는 염색법이 있다. 컬러구성 방식에는 red(R), green(G), blue(B)의 색을 쓰는 원색법과 yellow(Y), cyan(Cy), magenta(Mg)의 색을 쓰는 보색법이 있다. 원색법은 빛의 삼원색을 받아들이기 때문에 색이 선명하고 컬러신호 처리가 쉬운 장점이 있지만, R, G, B의 3대역 중 한 대역만 포토다이오드로 통과시키고 나머지 대역은 필터에서 흡수되기 때문에 광효율이 낮다. 반면 보색법은 두 가지 색을 투과시키기 때문에 광효율이 높다는 장점이 있다. 그러나 RGB신호를 얻기 위해서는 컬러연산을 해야 하고, 색의 선명도가 떨어지고 신호 연산 중에 잡음이 발생할 수 있기 때문에 주로 동영상 용도의 이미지센서에 사용된다. 〈그림 6-4〉는 색필터들의 파장에 따른 투과도 특성과 대표적인 필터의 배치 예이다.[147]

▼ 그림 6-4 컬러 필터의 투과도 특성 및 필터 배치도

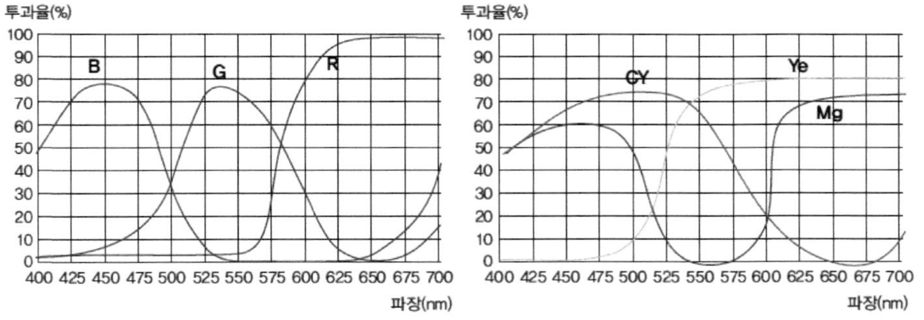

G	B	G	B	G	B
R	G	R	G	R	G
G	B	G	B	G	B
R	G	R	G	R	G

Ye	Cy	Ye	Cy	Ye	Cy
Mg	Gr	Mg	Gr	Mg	Gr
Ye	Cy	Ye	Cy	Ye	Cy
Mg	Gr	Mg	Gr	Mg	Gr

(a) RGB 필터의 투과도 특성 및 컬러필터 배치 (b) Cy, Mg, Ye 필터의 투과도 특성 및 컬러필터 배치

이처럼 컬러는 휘도를 받을 수 있는 센서부위에 컬러필터를 씌워 일체화된 형태로 만든다. 즉 처음에는 모든 빛이 들어 올 수 있는데, 블루필터가 있는 셀은 블루만 투과하게 된다. CFA(Color Filter Array)에는 RGB CFA 또는 CMY CFA 두 가지를 사용한다. 대표적인 컬러필터 배치가 〈그림 6-5〉와 같은 베이어 패턴(Bayer Pattern)이다. 전체 픽셀 중 녹색이 전체의 반을 차지하는데, 그 이유는 사람의 눈이 녹색에 대해 더 민감하게 반응하므로 녹색의 정확도를 올리기 위해서이다. 이와 같이 컬러필터는 빨강(R), 파랑(B), 녹색(G)의 3원색만을 투과시켜 3원색의 조합으로 다양한 색상을 구현한다. 최근 픽셀의 효율을 높이기 위해 다양한 아이디어

147) 박상식, "CCD/CMOS 이미지 센서", 두양사, 2009년

가 나오고 있다. 〈그림 6-6〉과 같이 일본 Fujifilm에서 개발한 허니컴 구조는 포토다이오드의 모양을 팔각형으로 함으로써 화소 면적에 대한 면적비를 크게 할 수 있어 고감도와 높은 S/N비를 실현한 것이 특징이다. 반면 미국 Foveon(시그마의 자회사임)에서 개발한 포비온은 포토다이오드의 소재가 되는 실리콘 결정에서 푸른빛은 비교적 표면에서, 붉은빛은 약간 깊은 부분에서 흡수되는 등 파장에 따라 빛이 흡수되는 깊이가 다른 것에 주목해서 개발된 것이다. 포토다이오드의 깊이에 때라 RGB 각각의 신호전자를 끌어낼 수 있는 이미지센서를 개발해 하나의 화소로 RGB 모든 신호를 끌어낼 수 있도록 한 것으로 매우 해상도 높은 컬러이미지를 얻을 수 있다.[148)149)] 이것은 베이어 패턴에 비해 색재현력은 우수하다는 평가를 받고 있으나, 다른 특성이 좋지 않아 많이 사용되지는 않고 있다.[150)]

▼ 그림 6-5 이미지센서의 컬러필터 배치 사례

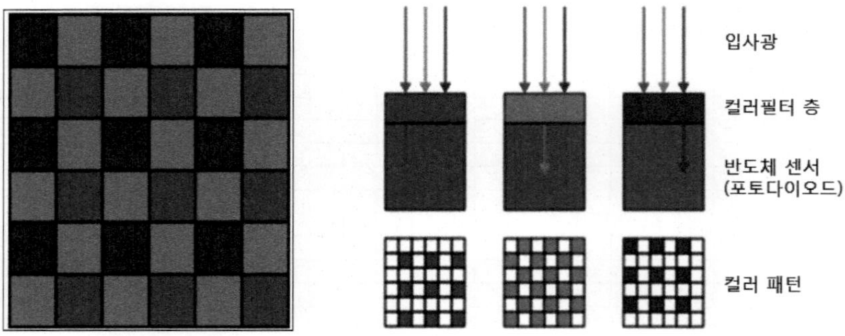

▼ 그림 6-6 허니컴 구조 및 포비온 구조

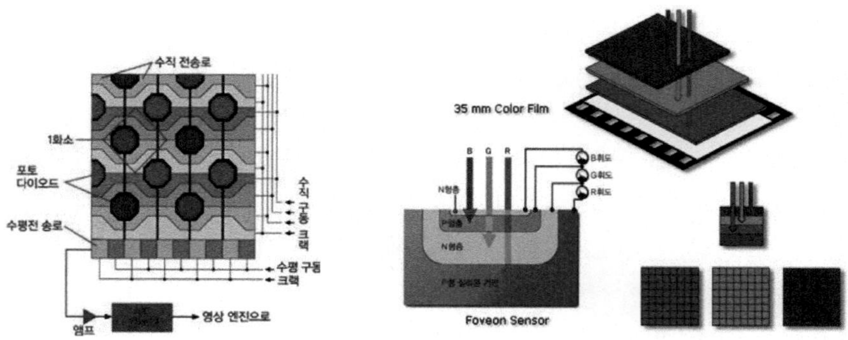

(a) 허니컴 구조　　(b) 포비온(Foveon) 필터 구조

148) http://www.dpreview.com/glossary/camera-system/effective-pixels

149) http://www.foveon.com/article.php?a=67

150) 포베온사 홈페이지, http://www.foveon.com

이와 같이 실제 이미지센서는 각 화소에서 R, G, B 중 어느 한 색만을 감지할 수 있지만, 카메라에 구현된 영상은 각 화소마다 R, G, B 전체 색상을 나타낸다. 이것이 가능한 이유는 소프트웨어적으로 각 화소마다 주변 셀들의 색상값을 보간(Interpolation)하여 색을 구성하기 때문이다. 따라서 보간된 컬러 이미지를 받으면 화소별로 3바이트가 필요하지만, 원래의 베이어 패턴 데이터를 그대로 받은 후 PC에서 이미지를 보간하면 데이터 전송량을 크게 줄일 수 있다. 따라서 베이터 패턴 데이터로부터 픽셀별 색상을 보간하는 방법에는 여러 가지가 있으며, 어떤 방법을 사용했느냐에 따라 최종 이미지의 화질이 크게 좌우된다. 이와 같이 베이어 패턴 데이터로부터 픽셀별 색을 보간하는 과정을 디모자이크(Demosaic)라고 하며, 그 한 사례가 〈그림 6-7〉과 같다. 예를 들어 R33번 픽셀은 빨간색만 투과하므로, 빨간색은 그 픽셀의 값을 그대로 사용한다. 대신 녹색은 R33번 픽셀 주위에 있는 4개의 녹색 픽셀의 평균값을 택하여 R33번 픽셀의 녹색으로 구현하고, 마찬가지로 파란색도 R33번 픽셀 주위에 있는 4개의 파란색 필터의 평균값을 택하여 파란색으로 구현한다. 유사한 방법으로 G43번 픽셀에서 녹색은 G43 픽셀값을 그대로 사용하고, 빨간색은 G43 픽셀의 상하에 있는 R33과 R53의 평균값으로부터 빨간색을 구현하고, 파란색은 G43 픽셀의 좌우에 있는 B42와 B44의 평균값으로부터 파란색을 구현한다. 이와 같은 방법으로 모든 픽셀에서의 컬러 값을 보간하여 컬러로 구현할 수 있게 된다. 최근 나오는 카메라들은 전통적인 베이어 패턴과는 달리 자신들만의 독특한 필터 패턴을 개발하여 사용한다.[151]

▼ 그림 6-7 베이어 패턴에서 각 픽섹별 컬러 구현하는 디모자이크 사례

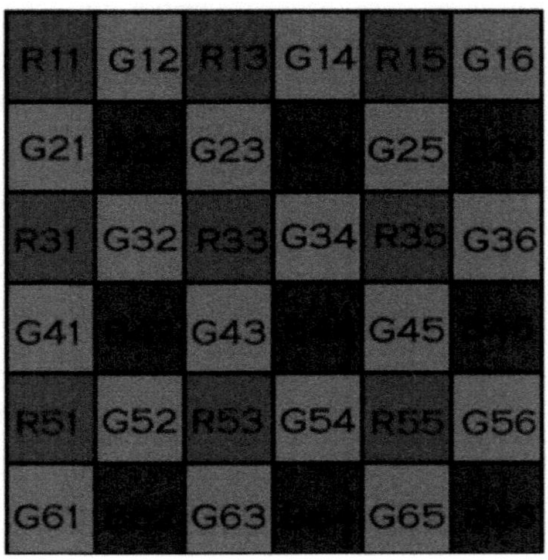

Pixel R33 (red pixel): Red = R33
Green = (G23+G34+G32+G43) / 4
Blue = (B22+B24+B42+B44) / 4

Pixel B44 (blue pixel): Blue = B44
Green = (R33+R35+R53+R55) / 4
Red = (R33+R35+R53+R55) / 4

Pixel G43 (Green in a blue row): Green = G43
Red = (R33+R53) / 2
Blue = (B42+B44) / 2

Pixel G34 (Green in a red row): Green = G34
Red = (R33+R35) / 2
Blue = (B24+B44) / 2

151) http://www.unc.edu/~rjean/demosaicing/demosaicing.pdf

다 픽셀 해상도

최근 스마트폰에 탑재된 이미지센서의 고급화를 위해 픽셀수를 주로 강조한다. 원론적으로 픽셀수가 많으면 사진의 세밀한 표현이 가능해지기 때문에 뚜렷한 사진을 얻을 수가 있다. 사진을 찍으면 스마트폰은 사진이 들어갈 면적을 바둑판처럼 가로와 세로로 나누게 되는데, 이때 생기는 작은 정사각형들의 개수가 바로 픽셀이다. 1200만 픽셀이라고 하면 가로 40만개, 세로 30만개 칸으로 나누어서 1200만개의 정사각형이 들어간 바둑판을 의미한다. 스마트폰의 픽셀 수는 해마다 꾸준히 증가하고 있다. 2009년 이전까지만 해도 300만 픽셀을 넘는 모델은 거의 없었으나, 2011년 이후 대부분의 고급모델에서 800만 픽셀이 기본적으로 장착되기 시작했고, 2014년 이후부터는 1800만 픽셀 이상의 모델도 출시되고 있다. 이미지센서는 픽셀 수 뿐만 아니라 크기도 중요하다. 일반적으로 픽셀과 이미지센서의 이해를 돕기 위해 빗물과 양동이의 비유를 많이 든다. 비가 오는 날 여러 개의 양동이를 마당에 늘어놓고 비를 받는다고 할 때, 픽셀 수는 양동이의 수를 의미하고, 센서 크기는 양동이가 설치된 면적을 의미한다. 같은 면적에 100개의 양동이를 사용하는 것보다 100만개의 양동이를 사용한다면 더 많은 빗물을 받아낼 수 있다. 그러나 좁은 땅에 작은 양동이만 있다면 어떻게 되는가? 개수만 많을 뿐 한 번에 받는 빗물의 양은 제한적일 수밖에 없다. 좁은 공간에 양동이를 많이 설치하겠다고 하면 결국 더 작은 양동이를 쓰게 되고, 많은 비가 아닌 가랑비가 내릴 때 아예 빗물이 받아지지 않은 양동이도 생기게 된다. 카메라로 보면 이것이 바로 노이즈가 된다. 즉 빛이 충분하지 않은 곳에서 픽셀 수만 높은 카메라로 찍으면 노이즈가 많아지는 것이 바로 이런 이유 때문이다. 반대로 큰 양동이로 넓은 땅위에 같은 수의 양동이를 놓고 받으면 더 많은 양의 빗물을 받아낼 수 있다. 비를 받는 면적이 넓은데 양동이 수를 적게 설치하고 싶다면 큰 양동이를 이용해서 빈 공간을 없애주면 된다. 이런 경우는 픽셀 수가 작더라도 오히려 높은 픽셀 수를 가진 카메라보다 더 좋은 화질을 얻을 수 있다. 당연히 픽셀 수가 높으면 장점도 있다. 사진으로 인화하기 위해 사진의 크기를 확대하는 경우에는 픽셀 수가 적은 사진을 확대하면 해상도가 떨어지지만, 픽셀 수가 많으면 사진을 확대해도 해상도가 그대로 유지된다. 따라서 픽셀 수는 사진 크기에 영향을 미치고, 이미지센서 크기는 화질에 영향을 미친다. 결론적으로 큰 면적의 센서와 높은 픽셀 수를 가진 이미지센서를 가진 카메라가 성능이 좋은 카메라이다.

최근 CMOS 이미지센서의 칩 크기는 작아지고 픽셀 수는 늘어나 픽셀의 크기는 계속 작아지고 있다. 작은 픽셀일수록 충분한 빛을 흡수하기 어려워 CMOS 이미지센서 기술은 '수광율(이미지센서가 빛을 받아들이는 정도)'을 높이는 방향으로 발전을 해 오고 있다. 최근 삼성전자에서 업계 최초로 CMOS 이미지센서의 성능 한계를 극복한 〈그림 6-8〉과 같은 '아이소셀(ISOCELL)' 개발에 성공했다. '아이소셀'은 '격리하다(Isoltate)와 세포(Cell)'의 뜻이 합쳐진 어원으로, 용어에서도 알 수 있듯이 픽셀과 픽셀 사이에 절연부를 형성해 인접한 픽셀들을 서로 격리시킨 구조이다. 즉 이미지센서를 구성하고 있는 수백만 개의 픽셀 각각의 테두리에 물리적인 차단벽을 세워 픽셀로 들어온 빛이 밖으로 나가지 않도록 하는 이미지센서 기술이다. 각 픽셀에 들어온 빛이 주변 픽셀에 영향을 주는 간섭현상인 '전기적 크로스토크(Crosstalk)'를 최소화해 빛의 손실을 줄인 것이 특징이다. 때문에 빛이 적은 어두운 공간에서도 보다 깨끗한 이미지를 얻을 수 있어 모바일 기기 사용자들의 카메라 성능 만족도를 높일 수 있게 되었다.[152]

▼ 그림 6-8 삼성전자의 아이소셀 개념

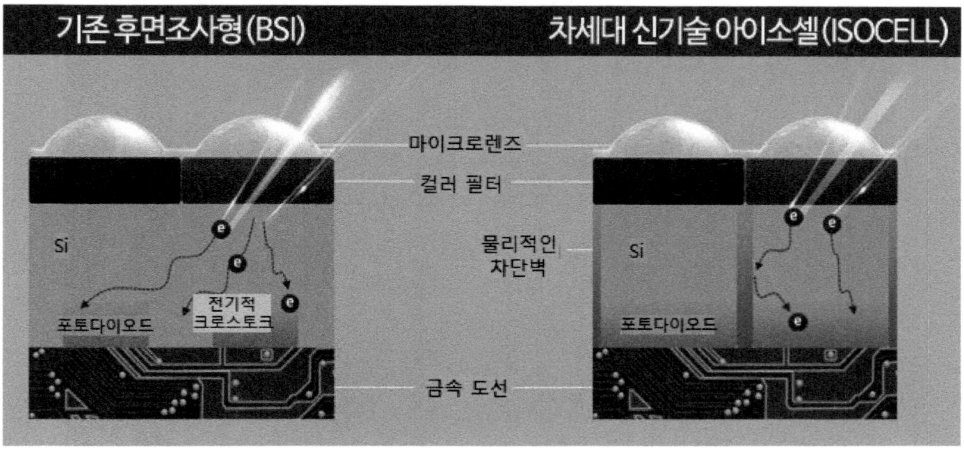

일반적인 중 · 소형 DSLR 카메라의 경우 35mm 필름 카메라와 동일한 크기의 이미지센서를 채용하지만 카메라 부피를 줄이거나 가격을 낮추기 위해 이보다 작은 크기를 사용하기도 한다. 통상적으로 35mm 이미지센서를 탑재한 디지털카메라를 풀바디(Full Body), 이 보다 작은 제품을 사용한 카메라를 크롭 바디(Crop Body)라 부른다. 그래서 35mm 규격의 크기인 $36 \times 24mm^2$ 이미지센서를 가진 풀 바디 DSLR 카메라를 풀 프레임(Full frame)이라 부르며, 절반 크기인 $18 \times 24mm^2$의 이미지센서가 장착된 카메라를 하프 프레임(half frame)으로 부른다. 스마트폰에 들어가는 이미지센서는 스마트폰의 크기와 다른 부품의 배치 때문에 디지털카메라인 DSLR에 사용되는 이미지센서의 크기에 비해 1/30 정도 작은 크기인 1/3.2인치 이미지센서를 사용하고 있다. 따라서 스마트폰의 이미지센서가 작기 때문에 화소수를 늘리더라도

152) 삼성반도체 이야기, http://samsungsemiconstory.com/642

기대만큼 화질개선은 이루어지지 않는 이유이다. 여기서 인치는 센서의 대각선 길이에 해당하며, 풀 프레임인 35mm 이미지센서의 대각선 길이는 2.7인치이며, 하프 프레임인 크롭 바디는 1.35인치이다. 〈그림 6-9〉에서 풀 프레임과 하프 프레임을 제외한 다른 이미지센서는 모두 대각선 길이인 인치단위의 숫자로 구분한다.

▼ 그림 6-9 이미지센서 크기 비교

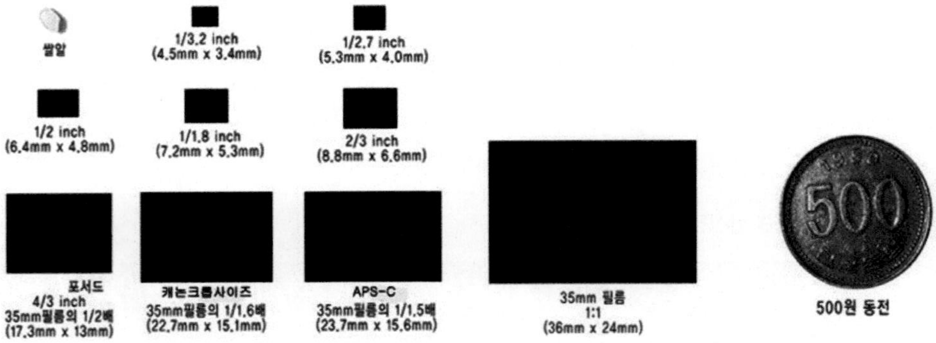

사람의 눈은 주간에는 약 7백만 픽셀, 야간에는 1억 픽셀로 동작한다고 한다. D1급의 경우, NTSC(National Television System Committee) 방식은 720×480 모드이며, PAL(Phase Alternation Line) 방식은 720×576 모드로 약 0.4M 픽셀, HDTV는 1280×720 모드로 1M 픽셀, Full HD는 1920×1080 모드로 2M 픽셀이다. 해상도는 픽셀로도 정해지지만 일반적으로 픽셀 해상도는 〈표 6-2〉와 같은 표준 용어를 사용한다.

▼ 표 6-2 픽셀 수에 따른 표준 해상도

표준 용어	내 용	화소수 (수평×수직)	전체 화소수
CIF	Common Intermediate Format	352×288	101,376
VGA	Video Graphics Array	640×480	307,200
NTSC(D1)	National TV System Committe	720×480	360,000
PAL(D1)	Phase Altercation in Line	720×576	414,720
SXGA	Super Extended Graphics Array	1,280×1,024	1,310,720
UXGA	Ultra Extended Graphics Array	1,600×1,200	1,920,000
HDTV	High Definition TV	1,920×1,080	2,073,600
UHDTV	Ultra High Definition TV	3,840×2,160(4k)	8,294,400
		7,680×4,320(8k)	33,177,600
필름 사진		5,000×4,000	2천만
사람의 눈		11,000×11,000	1억 2천만

라 광학계가 이미지에 미치는 영향

스마트폰에 장착된 카메라 기능에서 또 다른 주요 부품은 바로 렌즈이다. 스마트폰은 크기 때문에 광학구조에 한계를 가질 수 밖에 없다. 대부분 스마트폰은 광학식 줌 기능을 지원하지 않고, 초점거리가 25mm 수준으로 고정된 단렌즈 형태를 사용한다. 반면 렌즈 교환식 디지털 카메라에 기본적으로 장착되는 표준렌즈는 50mm 수준이다. 여기서 초점거리란 렌즈의 중심에서 이미지센서에 영상이 맺히는 사이의 거리를 말하며 〈그림 6-10〉에서 보는 것처럼 초점거리가 길어질수록 화각이 좁아지면서 보다 먼 거리의 사물을 촬영할 수 있다.[153] 일반적인 디지털 카메라에는 광학줌 렌즈가 탑재되어 있어 디지털 줌렌즈가 달린 스마트폰보다 멀리있는 사물을 더 선명하게 찍을 수 있다. 광학 줌은 여러 개의 렌즈를 물리적으로 움직여 피사체를 확대시키는 것으로 화질의 저하가 거의 없다. 이에 반해 디지털 줌은 촬영된 이미지를 소프트웨어로 확대하는 것으로 이미 저장된 이미지를 확대하기 때문에 아무리 소프트웨어적으로 처리를 잘한다 하더라도 화질이 떨어진다. 즉 디지털 줌 비율과 화질은 반비례하므로 당연히 이미지를 확대할수록 피사체가 깨져 보일 수밖에 없다. 스마트폰은 공간의 한계로 광학 렌즈를 장착할 수 없기 때문에 DSLR에 비해 화질이 떨어질 수밖에 없다.

▼ 그림 6-10 렌즈의 초점거리에 따라 이미지센서에 맺히는 영상 크기

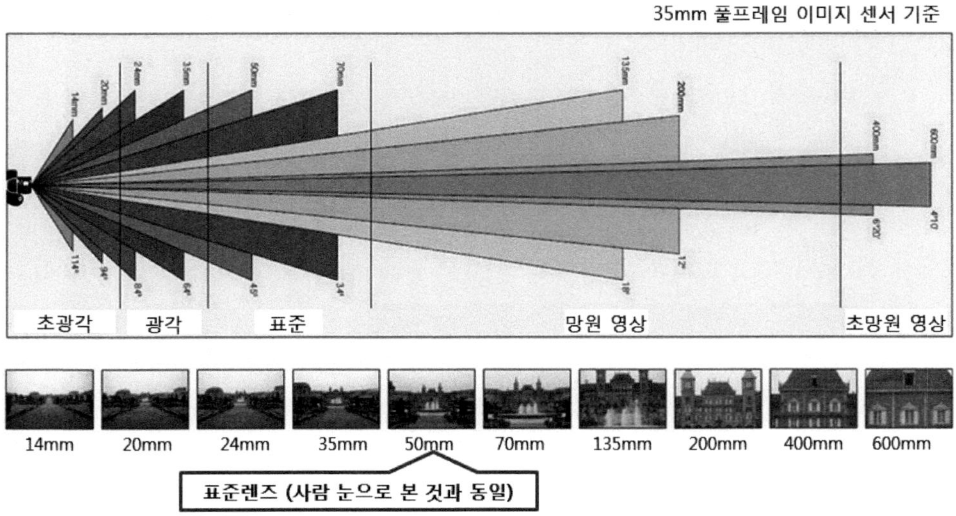

153) Panasonic, Digital Canera Lumix, http://av.jpn.support.panasonic.com/support/global/cs/dsc/knowhow/knowhow12.html

카메라로 찍은 사진의 화질은 조리개, 감도, 셔터속도에 의해 결정된다. 이 세 가지 성분은 모두 빛과 관련되어 있다. 렌즈가 사람 눈의 수정체라고 하면, 조리개는 빛의 양을 조절해 주는 사람 눈의 홍채에 비유될 수 있으며, 셔터는 눈꺼풀과 같다. 조리개는 영어로 aperture라고 하며 f#(F number 또는 조리개값)로 나타낸다. f#는 f/D로 정의되는데, 렌즈의 초점거리 f에 조리개 직경 D를 나눈 값이다. 카메라에서 렌즈의 초점거리는 고정되어 있으므로 조리개 직경인 D값에 의해 f#가 결정된다. 따라서 조리개가 개방된다는 것은 D값이 커지므로 f#는 작아지고 이것은 빛이 많이 들어온다는 의미이다. 반대로 조리개를 닫으면 D값이 작아지므로 f#는 커지고 이것은 빛이 적게 들어온다는 의미이다. 즉, 조리개를 개방할수록(D값이 커지거나 f#가 작아지면) 사진이 밝아지고, 조리개를 닫을수록(D값이 작아지거나 f#가 커지면) 사진이 어두워진다. 조리개가 완전히 개방된 상태를 f1이라 하며 100%의 빛이 이미지센서로 들어온다는 의미이며, f1.4는 f1에 비해 50% 줄어든 빛이 입사한다. f2.8은 f1.4에 비해 50% 빛의 양이 줄어들며, 숫자가 한 단계 커질수록 빛의 양은 50%씩 줄어든다. 조리개값인 f#의 숫자는 면적을 50% 줄이도록 계산된 값이므로 대략 f#값을 제곱하면 2의 배수로 증가한다. 즉, 1.4의 제곱은 2, 2의 제곱은 4, 2.8의 제곱은 8, 4의 제곱은 16, 5.6의 제곱은 32가 된다. 또한 조리개를 개방할수록 사진의 심도가 열어지고, 조리개를 닫을수록 심도가 깊어진다(그림 6-11 참고). f#가 클수록 심도가 깊어지므로 그림에서 보듯이 중앙에 있는 물체와 뒤에 있는 배경이 뚜렷이 촬영된다. 반대로 f#가 작으면 뒤에 있는 배경과 중앙에 있는 물체의 초점이 차이가 나도록 촬영된다.

▼ 그림 6-11 조리개값에 따른 밝기와 심도 비교

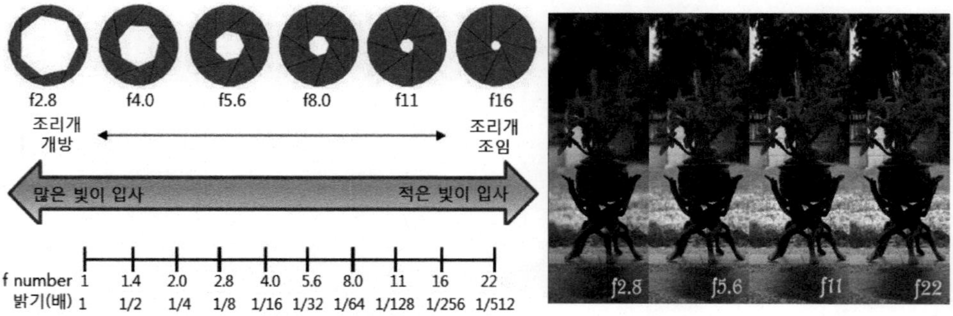

셔터속도는 빛이 들어오는 시간을 결정하는데, 셔터속도가 빠르면 빛이 적게 들어와 사진이 어둡게 되고, 셔터속도가 느리면 빛이 많이 들어와 사진이 밝아진다. 이것은 조리개값과 서로 상관관계에 있기 때문에 조리개값인 f#를 한 단계 올릴 때마다 동일한 밝기의 사진을 얻고자 하면 셔터속도를 반으로 줄이면 된다. 만약 조

리개값이 f8, 셔터속도가 1/30초에서 밝기는 안정적인데 흔들리는 영상을 얻었다고 하면, 이런 경우 조리개값을 f5.6으로 한 단계 더 올리고 셔터속도를 1/60초로 조절하면 안정된 사진을 얻을 수 있다. 조리개값이 f2.8인 렌즈와 f5.6 렌즈를 비교해 보면, 수치로는 2배 차이지만 빛이 들어오는 양은 그 제곱인 4배 차이가 난다. 조리개값이 작으면 어두운 배경의 사진도 흔들리지 않고 사진을 찍을 수 있다는 의미이다. 따라서 f2.8 고정렌즈가 f5.6 고정렌즈보다 가격이 더 비싸다. f#가 1에 가까울수록 더 많은 빛을 받을 수 있어 셔터속도 확보에 도움이 된다. 최근에 출시된 LG전자 G4 스마트폰의 경우 〈그림 6-12〉와 같이 경쟁사 제품에 비해 밝은 렌즈인 f1.8 렌즈를 탑재했으며, 이에 비해 삼성의 갤럭시 S6에는 f1.9, 애플의 아이폰6에는 f2.2렌즈가 탑재되어 있다. LG G4의 렌즈는 분명 경쟁사보다 우위인 것은 사실이지만 조리개값 하나만으로 사진의 질이 결정되는 것은 아니다.

▼ 그림 6-12 LG전자 G4에 탑재된 f1.8 렌즈 구조(출처: LG전자)

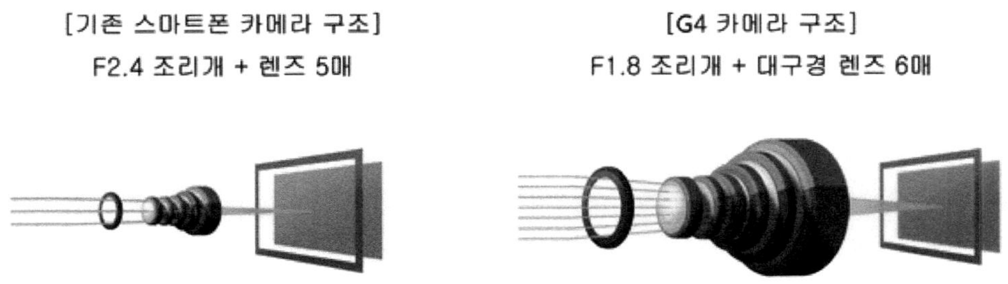

마 ISP의 역할

이미지센서와 광학계를 이용해서 영상을 출력하는 개념은 〈그림 6-13〉과 같다. 카메라 모듈은 광학렌즈, 이미지센서, 전기회로부 등 총 3개의 파트로 구성되어 있으며, 특히 전기회로부는 CFA(Color Filter Array), AFE(Analog Front End)와 ISP(Image Signal Processing)으로 구성되어 있다. CFA는 이미지센서에서 나온 전기적인 신호를 이용해서 컬러로 구성하는 부분이며, AFE는 자동이득조절과 아날로그 신호를 디지털신호로 변환하여 ISP로 신호를 전달하는 역할을 한다. ISP에서는 입력된 디지털신호를 이용해서 최적의 영상이 출력이 되도록 조절하는 역할을 한다. 따라서 ISP는 카메라의 심장부로 모든 기능 구현의 역할을 담당하고 있으며, 카메라 제조사의 모든 노하우가 결집된 곳이다.

▼ 그림 6-13 이미지 센서의 영상 신호 처리 개념도

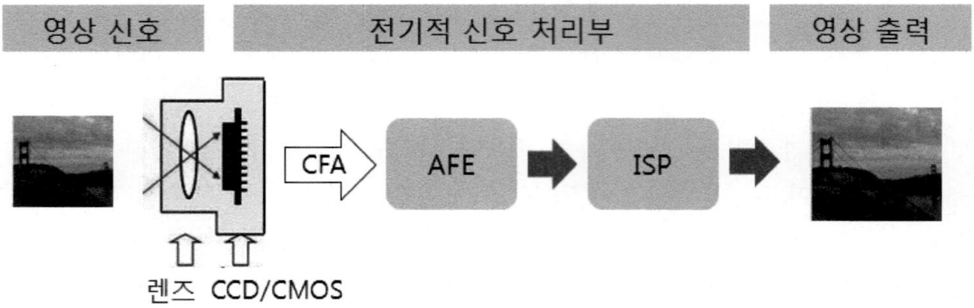

ISP에서는 주로 〈그림 6-14〉와 같은 카메라의 설정 메뉴(OSD 기능), 자연광에서의 화질 개선(WDR 기능), 백라이트 보상(BLC 기능), 저조도시 IR LED에 의해 가까운 물체의 반사에 의한 영상보정(Smart IR 기능), 적외선 차단 필터를 주위 조도에 따른 자동 On/Off(True Day/Night 기능) 등의 기능을 수행한다. 그 외 색이 조명의 색온도에 영향을 받지 않고 자신의 색을 표현하도록 하는 기능(white balance 기능), 센서에 부착된 컬러필터의 왜곡 및 오차를 보정(CFA interpolation과 color correction 기능), 표시되는 CRT 또는 LCD의 특성에 알맞은 조건으로 출력신호를 보정 변경(Gamma correction 기능) 등을 수행한다. 이와 같이 ISP에서는 대부분 소프트웨어적으로 처리를 하며, 여기에 사용되는 각각의 알고리즘이 카메라 제조회사의 성능을 결정한다고 볼 수 있다.[154] WDR은 wide dynamic range의 약자인데, 〈그림 6-15〉에서와 같이 한 화면에서 밝고 어두운 부분이 겹쳐지는 경우, 어두운 부분을 잘 보이도록 하는 기능이다. 사람 눈은 약 120dB 수준으로 매우 높기 때문에 밝고 어두운 것을 잘 구분할 수 있다. 그러나 CMOS 센서는 빛 수광능력이 부족하여 기준 대비 밝고 어두운 영상이 입사하면 상이 뚜렷하지 않게 된다. 이러한 현상을 보정하는 방법에서, 소니는 영상 한 장을 기준으로 어두운 장면과 밝은 장면의 두 장면을 짧은 시간에 구해서 합치는 방식을 사용하고 있으며, 파나소닉은 영상 한 장이 아닌 각 픽셀별로 신호레벨을 조절하는 방식으로 구현하고 있다.

154) Snap av, Homepage, http://www,snapav.com/p-936-wps-700-dom-a-wh.aspx

▼ 그림 6-14 ISP에서 수행하는 다양한 기능들

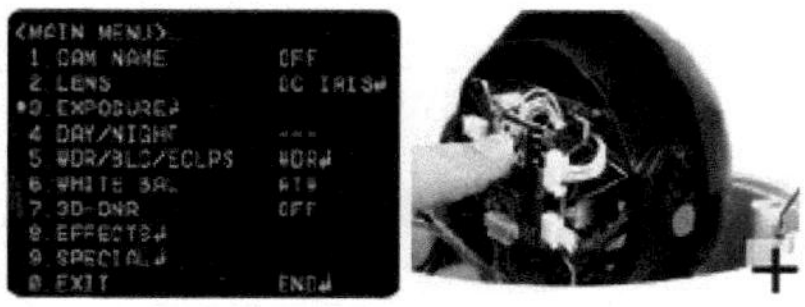

(a) OSD(On Screen Display) 기능

(b) WDR(Wide Dynamic Range) 기능

(c) BLC(Backlight Compensation) 기능

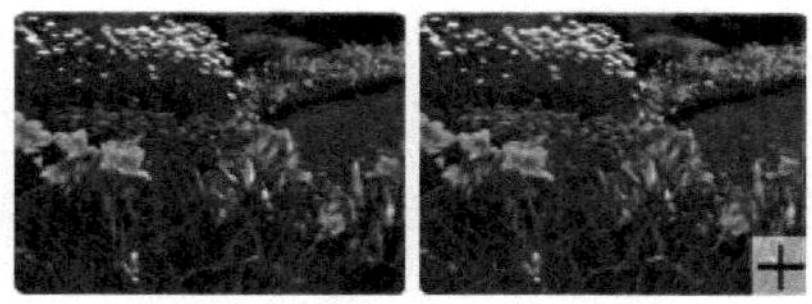

(d) True Day/Night 기능

(e) Smart IR 기능

(f) Privacy Masking 기능

▼ 그림 6-15 WDR 기능에 의한 영상화질 개선

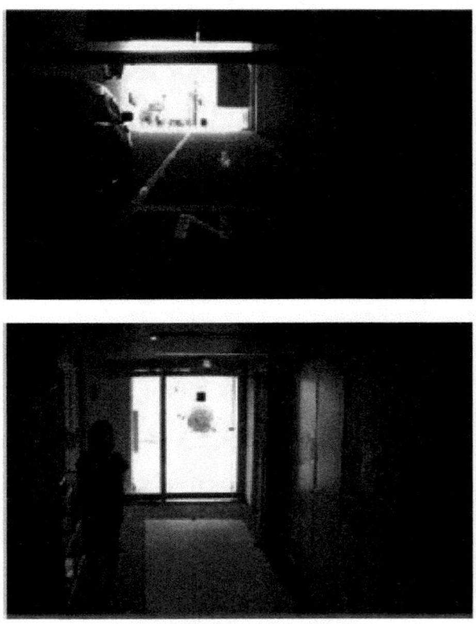

(a) WDR 기능 없음

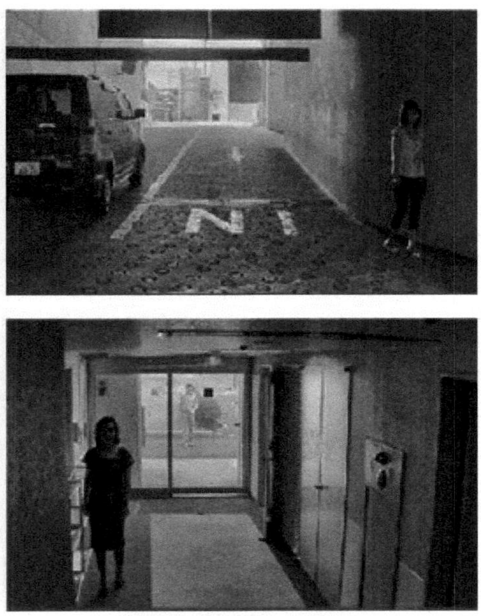

(b) WDR 기능 있음

바 True Day & Night 카메라

사람의 눈과 카메라는 물체에 반사되어 온 빛을 감지하여 영상으로 인식한다. 낮에는 반사되어 온 빛의 양이 충분하기 때문에 좋은 영상을 획득할 수 있지만, 야간이나 조도가 낮은 환경에서는 반사되어 온 빛의 양이 부족하여 이미지 센서에서 좋은 영상을 얻을 수가 없다. 따라서 조도가 매우 낮은 환경에서는 백색광과 적외선 LED와 같은 별도의 외부 광원이 필요하다. 백색광을 사용하게 되면 이용자들에게 주위를 밝게 해 보행자들에게 많은 도움을 줄 수 있다. 이런 장점 때문에 도로 및 주요시설의 야간에 가로등을 주로 사용하고 있다. 그러나 이것은 별도의 시설이 필요하고 많은 유지보수 비용이 드는 단점이 있다. 이러한 문제점을 극복하기 위해 현재 가장 많이 사용하고 있는 방법이 근적외선(0.75㎛~1.4㎛) 영역의 광원을 이용해서 근적외선이 물체에 반사되어 온 신호를 감지하여 영상으로 복원하는 기술을 사용하고 있다. 근적외선 광원용으로는 적외선 LED를 사용하며, LED를 카메라 주위에 부착하여 보조 조명으로 사용하고 있다. 이와 같이 하나의 카메라로 주간 영상과 야간 영상을 겸용으로 볼 수 있는 카메라를 주야간 겸용 카메라(Day and Night Camera)라고 부른다. 주간과 야간을 구분하는 방법에는 조도센서를 사용하는 방법과 이미지센서로 통해 들어온 빛의 양을 스스로 감지하는 방법이 있다. 후자의 방법은 어두운 날 사진을 찍을 때 카메라의 플래쉬(Flash)가 자동으로 켜지는 원리와 동일하다.

조도센서로 사용되는 황화카드뮴(CdS)은 〈그림 6-16〉에서 보듯이 가시광의 전 영역인 380~780nm 대역에서 민감도가 매우 높은 재료이다. CdS는 빛이 입사하게 되면 전자-정공쌍이 생성되고, 생성된 전자로 전류에 기여하는 운반자 농도를 증가시키게 되어 내부 저항이 줄어들게 된다. 따라서 빛이 많이 들어오면 저항이 점점 작아지게 된다. 또한 조도에 따른 저항 변화를 극대화하기 위해 그림과 같이

▼ 그림 6-16 조도센서의 광반응도 및 센서 내부 구조

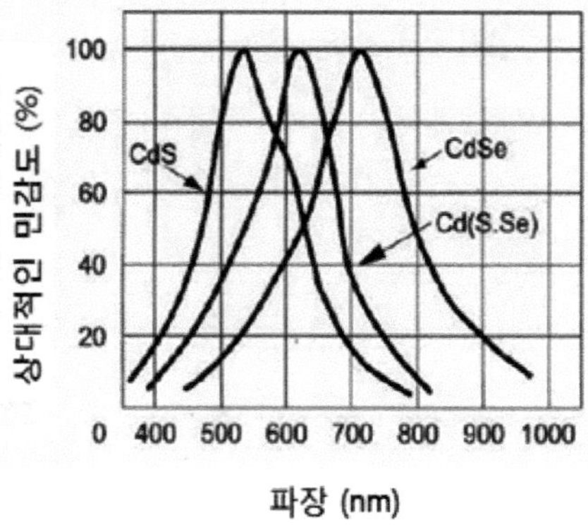

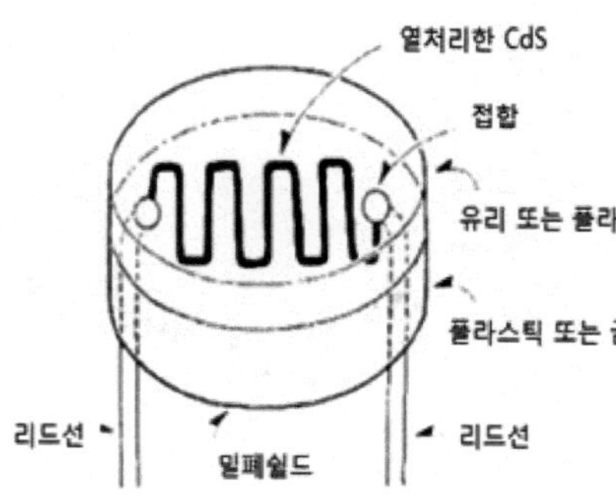

재료의 저항을 올릴 수 있도록 선폭은 좁고 전체 길이는 지그재그 형태로 만들어서 저항을 크게 만든다. 빛이 없는 상태에서 저항이 커야만 측정할 수 있는 조도 범위가 넓어지고 더 정확하게 측정할 수 있기 때문이다. 조도에 따라 CdS의 저항이 거의 선형적으로 변하는데, CdS의 저항으로부터 조도를 유추할 수 있다.

이미지 센서는 Si 반도체 재료를 이용해서 만드는데, 사람 눈은 가시광만 감지하고, 일반적인 CMOS는 〈그림 6-17〉과 같이 가시광 뿐만 아니라 근적외선 영역도 일부 감지를 하는 반면에, 일반적인 CCD는 근적외선 영역인 1200nm까지 감지하는 특성을 가지고 있으며, 근적외선 영역에서 오히려 더 반응도가 높다. 이러한 특성을 이용해서 주간에는 가시광 영역의 빛을 이용해서 영상을 컬러로 구현하고, 야간에는 적외선 영역의 빛을 이용해서 흑백 영상을 구현한다. 따라서 야간에는 카메라에 부착된 근적외선 LED에서 나온 빛이 물체로부터 반사되어 온 빛을 통해 영상을 구현한다. 가시광과 적외선의 파장이 다르기 때문에 일반 렌즈를 사용하게 되면 색수차에 의해 초점면이 서로 다른 위치에 맺히게 된다. 대부분의 보안용 카메라에는 주간에 컬러영상, 야간에 흑백영상을 볼 수 있도록 하는 주야간 겸용 기능이 탑재되어 있으며, 이러한 주야간 겸용 카메라는 조도가 낮은 실내 또는 실외에 24시간 사용이 가능하도록 설계되어 있다. 일반적으로 주야간 겸용을 구현하는 데에는 다음과 같은 기술을 사용한다.

▼ 그림 6-17 파장에 따른 실리콘의 파장 반응도

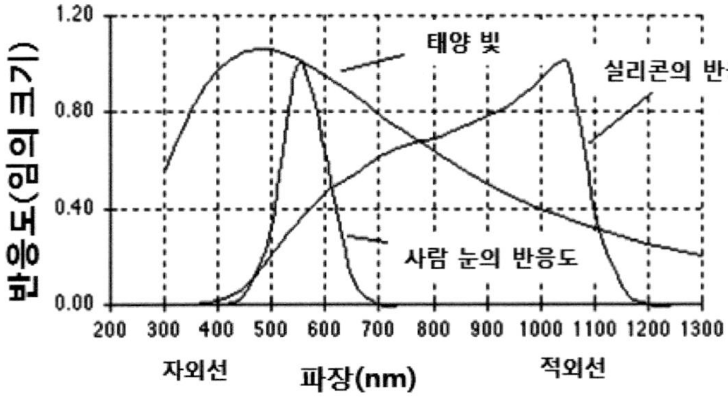

일반적인 적외선 필터는 가시광 영역(400~700nm)의 빛은 투과시키지만, 적외선은 투과시키지 않는 필터이다. 주야간 겸용 카메라에는 조도를 측정할 수 있는 CdS 조도센서가 부착되어 있는데, 조도가 정해진 레벨로 떨어지게 되면 조도센서에서 이를 감지하게 되고, 카메라에서는 소프트웨어적으로 흑백모드로 전환하고 적외선 LED의 전원을 켠다. 이때 적외선 필터를 제거하여 적외선을 투과할 수 있도록 하여 카메라의 이미지 센서는 적외선에 반응할 수 있게 된다. 주간에는 적외선

필터가 렌즈와 이미지 센서 사이에 위치해 있기 때문에 카메라는 상대적으로 적외선에 반응을 하지 못한다. 적외선을 차단하게 되면 〈그림 6-18〉과 같이 연색성(color rendition), 이미지 선명화, 색온도(white balance) 등이 개선되는 효과가 있다.

▼ 그림 6-18 적외선 필터 유무에 따른 영상의 효과

적외선 필터가 있는 경우

적외선 필터가 없는 경우

적외선 필터는 가시광은 투과시키고 적외선은 차단시키는 광 필터이다. 이것은 흡수와 반사의 두 가지 광학적 방법으로 구현이 가능하다. 흡수 필터는 적외선 근처의 복사를 흡수할 수 있는 특수한 유리 재질로 만드는 방법이고, 반사 필터는 전반사 코팅(AR coating) 기술과 유사한 방법으로 적외선 영역만 반사시킬 수 있도록 특수 코팅을 사용하는 방법이다. 주야간 겸용 카메라는 〈그림 6-19〉와 같이 야간 상황에서는 이미지 센서가 최대의 성능을 낼 수 있도록 필터를 제거할 수 있게 하는 기구적인 장치가 설치되어 있다. 그림과 같이 낮에는 자동적으로 렌즈와 이미지 센서 사이에 적외선 필터를 위치시켜 적외선에 의한 잡음을 제거하도록 하고, 조도가 낮아지게 되면 카메라는 자동적으로 야간모드로 전환되어 근적외선의 빛이 이미지센서로 입사된다.

▼ 그림 6-19 주간과 야간에 따른 적외선 필터 효과

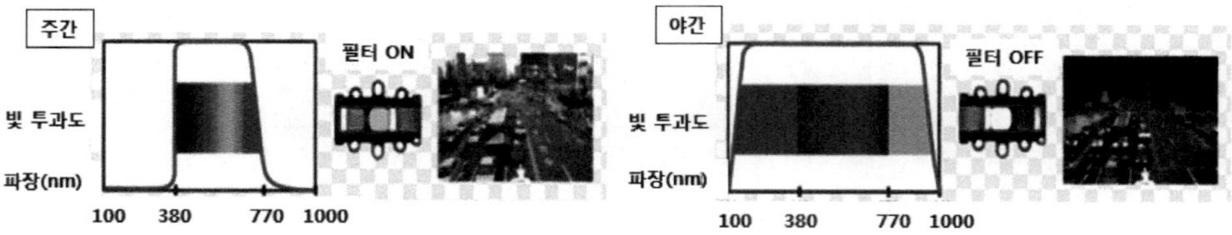

가시광과 적외선은 파장이 다르기 때문에 일반적인 렌즈를 사용하게 되면 이미지 센서로 초점면이 형성될 때 수차로 인해 〈그림 6-20〉과 같이 초점면의 위치가 서로 달라 초점이 맞지 않게 된다. 이를 해결하기 위해서는 두 가지 방법이 있을 수 있다. 하나는 특수렌즈인 적외선 렌즈(IR lens)를 이용해서 가시광과 적외선에 의한 초점면이 동일하도록 해 주는 방법이 있고, 다른 방법은 야간모드에서 초점면을 뒤로 이동시켜 주는 방법이 있다. 초점면을 이동시키는 방법은 광학부분의

부피가 커지는 단점이 있기 때문에 적외선 렌즈를 이용하는 방법을 사용한다. 유리 표면 위에 특수 코팅과 비구면 기술을 이용해서 적외선 렌즈를 제작하며, 주야간 수차로 인한 영상의 왜곡을 최소화 시킬 수 있다. 이와 같은 특수렌즈를 통해 24시간 낮에는 컬러 모드, 야간에는 흑백모드의 뚜렷한 영상의 획득이 가능하다.[155] 실내에서 적외선 LED의 조명이 부족한 경우와 적절한 조명이 있는 경우의 CCD 영상은 〈그림 6-21〉과 같다. 야간에는 조도가 낮기 때문에 외부 조명이 없이는 영상 획득에 한계가 있다. 그러므로 주야간 겸용의 CCD 카메라 동작을 위해서는 부가적인 LED 조명이 반드시 필요하다.

▼ 그림 6-20 적외선 렌즈에 의한 색수차 보정

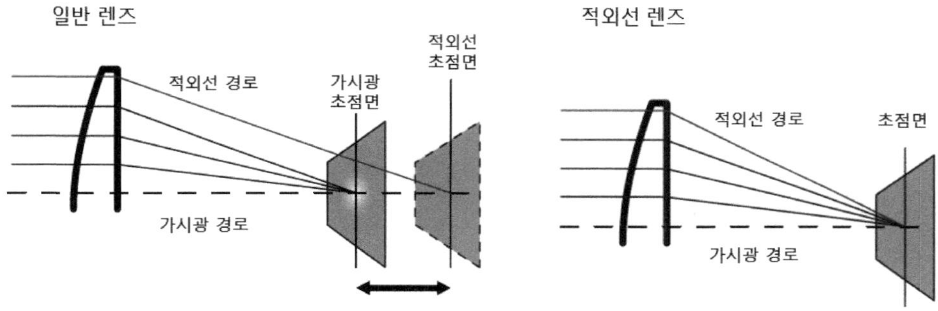

(a) 일반렌즈에 의한 가시광과 적외선의 초점면 차이

(b) 적외선 렌즈에 의한 초점면 위치

▼ 그림 6-21 적절한 적외선 LED 조명으로 획득한 실내 영상 비교

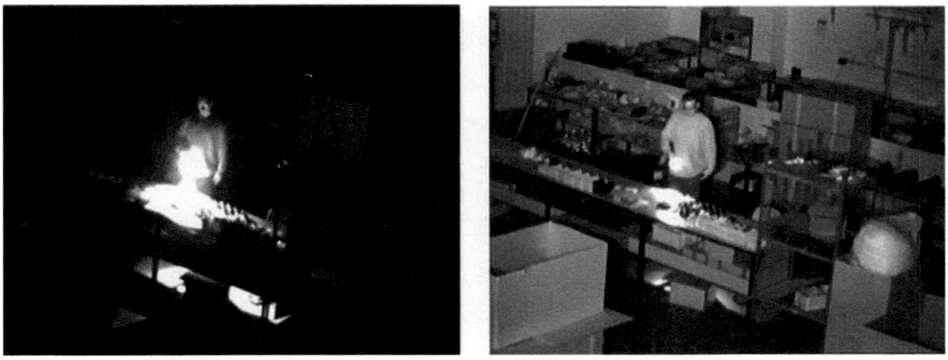

(a) IR LED 조명이 없는 경우,

(b) 적절한 IR LED 조명이 있는 경우

155) www.deviewelectronics.com, Solutions Guide

07 접촉식 및 비접촉식 온도센서

가 열의 전달

온도는 일상생활에서 가장 흔하게 접하는 물리량 중에 하나이다. 두 물체 사이에 온도 차이가 있으면 온도가 높은 곳에서 낮은 곳으로 에너지가 이동하는 것을 열이라고 한다. 겨울철 전기히터 또는 모닥불을 피워 놓으면 이것의 온도가 주위보다 높아서 열이 전달되어 우리는 따듯함을 느낀다. 따라서 온도는 물체의 물리량을 의미하며, 온도를 느끼는 것은 열이란 형태로 인식을 한다. 따라서 열을 다른 말로 표현하면 '온도가 높음'이라는 뜻이다. 그러므로 온도는 물질의 뜨겁고 찬 정도를 나타내는 물리량으로 뜨거운 물질은 높은 온도를 가지고 있다고 표현한다. 열은 두 물체 사이의 온도 차이 때문에 이동과정에 있는 에너지이며, 〈그림 7-1〉과 같이 전도, 대류, 그리고 복사의 방법으로 이동한다. 전도는 에너지 전달이 고체 매개체를 통해 열이 전달되는 방식이며, 온도가 높은 쪽에서 분자의 운동이 활발하여 인접한 다른 분자들에게도 이 에너지가 전달되어 고체 매개체 전체가 뜨거워지는 현상이다. 금속과 같은 도체는 빠르게 열을 전달하는 반면, 유리나 나무와 같은 부도체는 전도가 잘 일어나지 않는다. 대류는 온도 차이에 따른 열팽창에 의해 액체 및 기체의 밀도 차이로 열이 전달되는 것으로, 높은 온도를 가진 입자가 직접 이동에 의해 열에너지가 전달되는 현상이다. 따라서 대류는 반드시 열을 전달하는 매개체가 있어야 하며, 가스와 액체가 주 매개체이다. 복사는 전도와 대류와 달리 매개체가 없이 온도에 따른 전자기파(구체적으로는 적외선임)에 의해 전달되는 현상으로 진공 속에서도 열이 전달된다. 이것은 태양에서 나오는 열이 우주의 진공을 지나서 지구로 전달되는 원리를 설명할 수 있는 원리이다. 이 현상을 이론적으로 잘 설명한 물리학자가 바로 플랑크(Max Planck)이다. 플랑크가 제안한 복사법칙에서 복사에너지를 측정하면 온도를 유추할 수 있다.

▼ 그림 7-1 열전달의 3가지 법칙

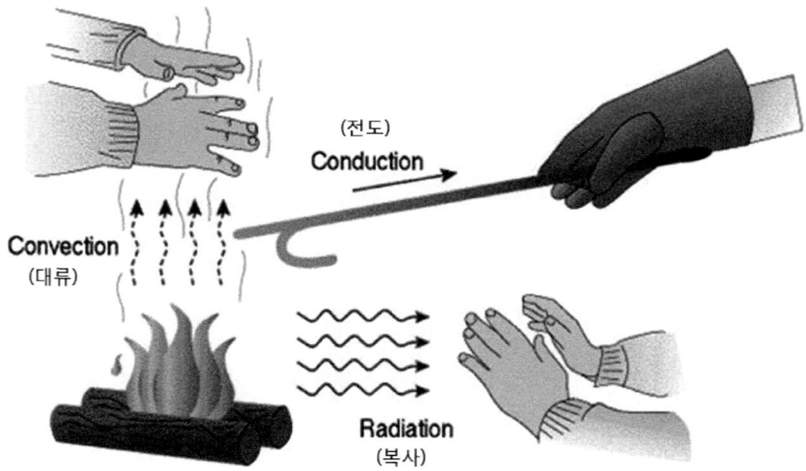

전도와 대류 현상은 복사(Radiation)에 비해 직관적으로 쉽게 알 수 있는 자연현상이다. 태양에서 지구까지 오는 빛에 대해 많은 과학자들이 생각을 하였다. 복사에 대한 개념이 생기기 전에는 열 또는 빛이 전달되기 위해서는 반드시 매개체가 있어야 한다는 고정 관념이 있었다. 보통의 파동은 모두 그 파동이 전달되는 매질이 필요하며, 수면파는 물이라는 매질이, 음파는 공기라는 매질로 전달되듯이, 19세기 빛이 파동이라는 확신을 가졌을 때 매질이 필요하다고 생각하였으며, 이러한 매질을 에테르(aether)라고 명명하였다. 초기에 에테르는 빛이 진공 중에도 전파되는 것으로 보아 물질이 텅 비어 버린 진공 속에도 충만된 그 무엇이라 생각하였고, 또한 보통 물체의 운동에 거의 영향을 주지 않을 것으로 생각하였다. 그러나 마이켈슨–몰리의 실험을 통해 에테르는 존재하지 않는 것이 증명되었다. 따라서 태양빛은 높은 온도를 가지고 있는 전자기파로 지구까지 열에너지가 전달되며 이런 현상을 복사라고 이해하게 되었다. 태양빛 이외에 모든 물체는 분자들의 열적 진동에 의해 에너지를 복사하여 열이 전달된다. 태양에서 전달되는 열에너지는 지구와 태양 사이에 아무런 매개체가 없기 때문에 100% 복사에 의해 전달된다. 그러나 지구까지 도달한 빛에너지는 지구를 감싸고 있는 대기에 의해 인간이 살기에 적절한 빛에너지만 전자기파를 통한 복사로 지표에 전달된다.

19세기 말에 물리학자들은 흑체복사(Blackbody Radiation)에서 어떻게 여러 가지 진동수를 가진 복사가 나오며 이들은 물체 표면의 온도와 어떠한 관계가 있는지를 연구하였다. 1860년 키르호프(Kirchhoff)는 '흑체 복사 강도의 분포는 벽의 물질이나 공동(Cavity)의 모양 및 크기와는 상관없고 오직 온도와 빛의 파장에만 관계된다.'라는 것을 밝혔다. 즉, 같은 온도로 데워진 물체는 돌이든 쇠든 방출하는 빛의 분포는 똑같다는 것이다. 이 당시만 해도 열복사는 전자기파와 아무런 관계가 없는 것으로 생각했으나, 1888년 헤르쯔(Heinrich Hertz)가 전자기파의 존재를 발견한 이후, 물리학자들은 가시광선이나 열복사에 전자기파 이론을 적용하기 시작하였다. 1900년에 플랑크(Max Planck)는 복사에너지가 연속적으로 분포된 것이 아니라 $h\nu$ 의 양만큼 불연속적으로 양자화 되어 있다는 가정을 통해 적외선 복사를 이론적으로 완성하였으며, 플랑크의 이론적인 복사법칙의 수식으로부터 온도별, 파장에 따른 계산 결과는 〈그림 7-2〉와 같다. 이와 같은 당시의 혁명적인 아이디어는 1905년 아인슈타인(Einstein)에 의해 광전자 효과를 설명할 수 있게 된 계기가 되었다. 그림에서 저온에서부터 약 1300K 온도까지 나오는 대부분의 복사 에너지 피크는 적외선 영역에 해당한다. 사람이 생활하는 상온의 온도인 300K 근처의 피크 파장은 8~14㎛인 원적외선 영역이며, 800K 근처의 전투기 배기가스의 피크 파장은 3~5㎛인 중적외선 영역이다.

▼ 그림 7-2 온도와 파장에 따른 플랑크의 광자 방출량

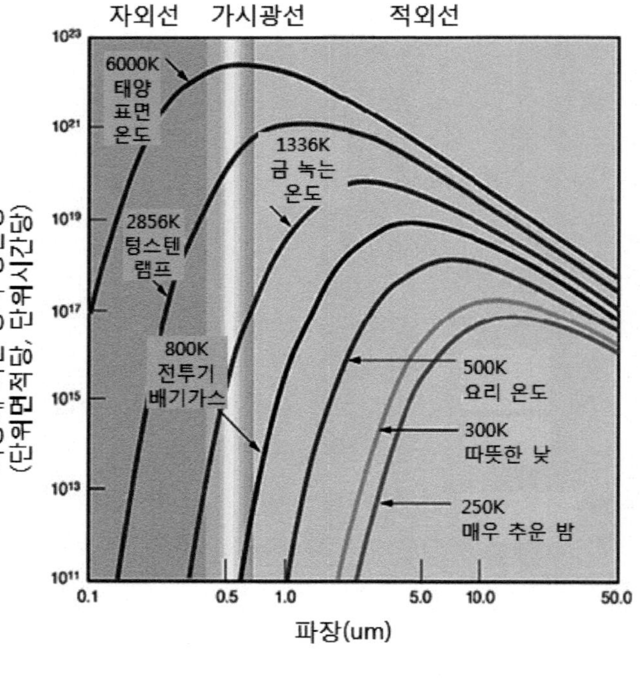

열에너지의 전달방식을 역으로 이용하면 단열에 활용이 가능하다. 전도와 대류의 열류차단을 위한 저항형 단열, 복사에 의한 열류차단을 위한 반사형 단열 및 열용량을 이용한 열류 지연을 시키는 용량형 단열 방법이 있다. 저항형 단열이란 열전도를 낮출 수 있는 재료로서 분자간 거리가 멀고 다공질이며 밀도가 낮은 재료를 이용한 단열방식이다. 기체는 분자간 거리가 멀기 때문에 전도에 대해서는 최

고의 단열재가 된다. 대표적인 저항형 단열재는 경량 콘크리트, 발포스티렌, 중공층 등이 있다. 반사형 단열은 복사열 흡수 및 방사율이 낮은 재료를 이용하여 복사열 에너지를 반사해서 단열하는 방법이다. 반사형 단열재의 종류로는 특별합금이나 코팅 처리한 철판, 알루미늄 블랭킷, 금속 블랭킷, 알루미늄 박판으로 처리한 석고 보드 등이 있다. 용량형 단열은 축열에 의해 열전달을 지연시키는 방법으로 열용량이 클수록 축열효과는 크다. 대표적인 것이 벽의 두께이다. 얇은 벽의 경우에는 열용량이 적기 때문에 실온은 바깥기온의 변화와 같이 변화한다. 반면에 두꺼운 벽의 경우에는 열용량이 크기 때문에 실온은 바깥기온보다 완만하게 변한다. 이러한 열에너지 흐름을 응용한 예가 옷 복장에서도 나타난다. 겨울철에는 검은색 계통의 옷으로 열에너지를 흡수하여 몸을 따뜻하게 보온하고, 여름철에는 하얀색 계통의 옷으로 열에너지를 반사시켜 몸을 시원하게 유지시킨다.

나 온도센서 분류

절대온도 0K 이상의 온도에 있는 물체의 분자들은 열적 진동을 하게 되는데, 플랑크 복사법칙에 의해 물체의 온도에 해당하는 적외선이라는 형태의 에너지로 복사를 하게 된다. 적외선을 측정한다는 것은 다른 말로 표현하면 물체의 열 분포를 측정한다는 의미이며, 이것은 달리 온도를 측정하는 것과 같은 개념이다. 그리고 온도는 열에너지의 흐름에 나타나는 물리적인 현상이며, 열에너지의 흐름은 전도, 대류, 복사의 형태로 전달되는 것이기 때문에 이를 응용하여 물체의 온도를 간접 또는 직접 측정할 수 있다. 온도는 열에너지의 흐름으로 나타나는 물리현상이며, 열에너지의 흐름은 전도, 대류, 복사의 형태로 전달되기 때문에 이를 응용하여 물체의 온도를 간접 또는 직접 측정할 수 있다.

온도센서의 분류는 〈표 7-1〉과 같이 온도를 측정하는 방법에 따라 접촉식과 비접촉식이 있으며, 측정하는 센서의 재료에 따라 반도체 재료를 이용한 양자형(quantum)과 반도체 재료가 아닌 재료를 이용한 열형(thermal)의 두 종류로 나눌 수 있다. 열형에는 입사하는 적외선에 대해 출력되는 신호에 따라 전기적인 출력을 내는 것, 기구적인 변화가 나타나는 것, 그리고 열색상 변화을 이용하는 것으로 나눌 수 있다. 전기적인 열형센서에는 다시 열저항형(thermoresistive), 볼로미터(bolometer), 초전체(pyroelectric), 서모파일(thermopile) 등으로 나눌 수 있으며, 열저항형에는 RTD, 다이오드, 서미스터 등으로 세분할 수 있다. 열색상(thermochromism) 열형센서에는 유기재료와 무기재료로 나눌 수 있으며, 유기재료 온도센서에는 크게 감온성 액정(thermochromic liquid crystal)과 류코염료(leuco dyes) 두 가지가 있다. 액정은 정밀한 응용 목적에 사용될 수 있으나 컬러 범위가 한정되어 있는 것이 단점이다. 류코염료는 넓은 온도영역에 사용이 가능하지만 반응하는 온도의 정밀도는 다소 떨어지는 단점이 있다. 무기재료에는 이산화티튬(titanium dioxide), 산화아연(zinc oxide) 등이 있다. 기구적인 열형센서에는 바이메탈(bimetal), 온도계(thermometer), 골레이셀(Golay cell) 등이 있다.

양자형 센서는 비접촉식으로 사용되는 센서이며, 크게 광전도형(PC, photoconductive), 광전압형(PV, photovoltaic), 양자우물형(QW, quantum well)의 3종류가 있으며, PC형에는 다시 불순물 레벨의 유무에 따라 외인성(extrinsic)과 내인성(extrinsic)으로 나눌 수 있다. PC형 내인성에는 PbSe, InSb, HgCdTe 반도체가 사용되며, PC형 외인성에는 Si과 GaAs에 불순물을 첨가한 반도체를 사용한다. PV형에는 InSb와 HgCdTe 반도체 재료가 사용되며, QW형에는 Ⅲ-Ⅴ족 화합물 반도체인 GaAs/InGaAs 반도체 재료가 주로 사용된다. 열형은 주로 민수용으로 사용되며, 양자형은 군사용으로 사용된다. 열형과 양자형의 기본적인 특성의 차이는 〈표 7-2〉와 같으며, 양자형은 반도체의 에너지갭을 이용하기 때문에 파장에 따라 감도 의존성이 매우 큰 반면, 열형은 파장에 따라 감도변화가 전혀 없다.

▼ 표 7-1 온도센서 분류

<table>
<tr><th rowspan="3">구 분</th><th rowspan="3" colspan="2">열 형</th><th colspan="4">양자형</th></tr>
<tr><th colspan="2">PC</th><th rowspan="2">PV</th><th rowspan="2">QW</th></tr>
<tr><th>내인성</th><th>외인성</th></tr>
<tr><td rowspan="4">비접촉식</td><td>전기적</td><td>기구적</td><td rowspan="4">PbSe
InSb
HgCdTe</td><td rowspan="4">Si:X
GaAs:X</td><td rowspan="4">InSb
HgCdTe</td><td rowspan="4">GaAs/AlGaAs</td></tr>
<tr><td rowspan="3">볼로미터
- VOx
- 비정질Si
초전체
서모파일</td><td>Golay Cell</td></tr>
<tr><td>광학적</td></tr>
<tr><td>광섬유</td></tr>
<tr><td rowspan="4">접촉식</td><td>전기적</td><td>기구적</td><td rowspan="4"></td><td rowspan="4"></td><td rowspan="4"></td><td rowspan="4"></td></tr>
<tr><td rowspan="3">열저항
- RTD
- 서미스터
- 다이오드
서모커플</td><td>유리온도계
바이메탈</td></tr>
<tr><td>열색상</td></tr>
<tr><td>감온성 액정
류코염료
무기재료</td></tr>
</table>

▼ 표 7-2 열형과 양자형 센서의 특성 비교

특 성	열 형	양자형
반응 속도	느림	빠름
반응 파장 대역	넓음	제한적임
동작 온도	상온	냉각
비용	저렴	고가
주요 응용분야	민수용	군사용

온도 센서의 보정을 위해서는 정밀한 표준이 필요하다. 과학과 산업분야에서는 일반적으로 선택된 평형 상태에서 온도 추이가 자연의 기본적인 법칙을 따르는 일종의 화합물을 표준으로 삼는다. 대표적인 온도 표준점은 〈표 7-3〉과 같다. 교정에 사용되는 표준 온도계는 기압이 조절되는 상황에서 표에 있는 조건에서 측정하고자 하는 범위 내에 있는 2~3개 조건에서 온도를 측정하여 교정을 한다. 이렇게 한 표준 온도계는 이차 온도 표준이 된다. 온도 교정 범위는 국제온도등급(ITS-90, international temperature scale)에 따라 실시해야 한다. 국제온도등급(ITS-90)은 1989년에 열린 국제도량형협회에서 채택되었으며, 이 등급은 1968년에 제정한 국제온도등급과 1976년에 제정된 잠정적 온도등급의 개정판이었다.

▼ 표 7-3 대표적인 온도 표준점

표준 상태	표준 온도(℃)	표준 상태	표준 온도(℃)
수소의 삼중점	−259.34	주석(tin)의 어느점	231.968
일반 수소의 끓는점	−252.753	비스무스(bismuth)의 어느점	271.442
산소의 삼중점	−218.789	카드뮴(cadmium)의 어는점	321.108
질소의 끓는점	−195.806	납(lead)의 어는점	327.502
아르곤의 삼중점	−189.352	아연(zinc)의 어는점	419.58
산소의 끓는점	−182.962	안티몬(antimony)의 어는점	630.755
이산화탄소의 승화점	−78.476	알루미늄의 어는점	660.46
수은의 어는점	−38.836	은의 어는점	961.93
물의 삼중점	0.01	금의 어는점	1,064.43
물의 어느점	0.00	구리의 어는점	1,084.88
물의 끓는점	100.00	니켈의 어는점	1,455
벤존산(benzonic acid)의 삼중점	122.37	팔라듐(palladium)의 어는점	1,554
인듐(indium)의 어느점	156.634	백금의 어는점	1,769

다 접촉식 온도센서

접촉식 온도센서는 측정하고자 하는 대상물의 표면에 온도센서를 부착하고, 온도에 따른 물리량으로부터 온도를 유추하는 방식이다. 그러므로 접촉면에서 대상물체의 온도가 센서로 잘 전달되도록 해야만 정확한 온도를 측정할 수 있다. 접촉식의 열저항 센서는 온도에 따라 재료의 저항이 변하는 특성을 이용한 것이다. 대부분의 금속은 온도가 올라가면 저항이 증가하는 특성을 가지고 있는데, 이는 금속에서 온도가 증가하면 금속 내에 있는 자유전자의 움직임이 더 활발해져서 서로 충돌이 일어날 확률이 더 높아져 저항이 증가하기 때문이다. 1821년 험프리 다비(Humpry Davy)는 금속의 전기저항은 온도에 따라 변한다는 사실을 처음으로 밝혔으며, 1871년 윌리엄 지멘스(William Siemens)는 처음으로 백금저항이 온도계로 사용할 수 있음을 보였고, 1887년에 휴 캘린더(Hugh Callendar)는 실제로 사용이 가능한 백금저항온도계를 소개하였다. 이와 같이 금속재료가 온도에 따라 저항이 변하는 특성을 저항형 온도센서(Resistive Temperature Detector, RTD)라고 한다. 그리고 1930년에 사무엘 루벤(Samuel Ruben)이 세라믹 재료도 온도에 따라 저항이 변한다는 원리를 이용하여 서미스터 온도센서를 발표하였다. 이와 같이 금속성 재료 또는 세라믹 재료들이 온도에 따라 저항이 변하는 특성을 가진 재료를 열저항(Thermoresistive) 온도센서라고 부른다. 다이오드의 온도특성은 반도체가 개발되면서 알려지게 되었는데, 반도체의 pn 접합 다이오드의 온도에 따른 전류변화 특성을 이용한 센서이다. 이와 같이 온도와 저항 또는 전류가 서로 상관관계를 가지고 있기 때문에 저항 또는 전류를 측정하여 온도를 유출할 수 있다.

대부분의 금속들은 온도가 증가하면 저항이 증가하는 양의 온도계수(PTC, positive temperature coefficient) 특성을 가지고 있으나, 반도체와 산화물은 대부분 음의 온도계수(NTC, negative temperature coefficient) 특성을 가지고 있다. 금속에서 온도가 증가하면 자유전자가 그만큼 많아져서 충돌이 일어날 확률이 점점 높아지기 때문에 저항이 증가하는 원인이 된다. 반면 반도체는 온도가 증가하면 저항에 기여하는 소수운반자 농도가 증가하며, 전류에 기여하는 전하의 농도가 높아지므로 저항이 작아진다. 저항체를 전기회로에 사용할 때, 그것의 저항은 가능한 한 온도에 따라 변화가 작아야 한다. 그러나 센서는 온도계수가 높거나 예측이 가능한 나쁜 저항체가 센서로 좋은 역할을 한다. 온도 측정용으로 서미스터(thermal과 resistor의 합성어)와 저항형 온도 센서(RTD, resistive temperature detector)가 주로 사용되는데, 이들의 온도계수는 매우 크다. 이와 같은 열저항 센서는 회로부가 간단하고, 높은 민감도, 장시간의 안정성 등의 장점이 있다. 이러한 센서는 RTD(resistance temperature detector), 서미스터, 다이오드 센서 등 3가지 그룹으로 나눌 수 있다. RTD 센서는 금속성 재료의 온도에 따른 저항 특성을 이용한 센서이며, 대표적인 것이 백금온도센서이다. 이 센서는 ITS-90의 표준온도센서로 사용되고 있다. 서미스터는 세라믹 반도체 재료의 온도에 따른 저항 특성을 이용한 센서이며, 다이오드 센서는 반도체의 pn 접합 다이오드의 온도에 따른 전류변화 특성을 이용한 센서이다. 접촉식 센서로 가장 많이 사용되는 것은 서모파일, RTD, 서미스터 등이 있으며, 이들 센서들의 장단점은 〈표 7-4〉와 〈그림 7-3〉과 같다.

▼ 표 7-4 접촉식 온도센서의 항목별 특성

항 목	NTC 서미스터	Pt RTD	서모커플	pn 다이오드
센서 형태	세라믹	백금선	열전	반도체 접합
온도측정범위 (일반적으로)	−100~325℃	−200~650℃	200~1750℃	−70~150℃
정밀도 (일반적으로)	0.05~1.5℃	0.1~1.0℃	0.5~5.0℃	0.5~5.0℃
안정성 (@100℃)	0.2℃/year(에폭시) 0.02℃/year(유리)	0.05℃/year(필름) 0.002℃/year(선)	가변적	>1℃/year
출력형태	NTC 저항변화 −4.4%/℃(일반적)	PTC 저항변화 0.00385Ω/℃	열기전력 10μV~40μV/℃	디지털, 다양한 출력
선형성	지수 함수적	좋은 선형성	비선형적	선형적
반응 시간	빠름, 0.12~10초	느림, 1~50초	빠름, 0.1~10초	느림, 5~50초
전기적 잡음 민감도	영향 덜 받음 (고저항인 경우)	영향 덜 받음	영향 많이 받음	PCB 설계에 따름
비용	적절	선재: 높음 필름: 낮음	낮음	적절
납저항 효과	낮은 저항부분만 영향 받음	큰 영향 받음	TC 확장 케이블 필요	N/A
장점	• 높은 민감도 • 높은 정밀도 • 적절한 가격 • 강인함 • 기밀봉착	• 높은 정밀도 • 높은 안정성 • 우수한 선형성	• 넓은 온도측정 범위 • 자체 신호발생 • 자체 열없음 • 강인함	• 사용하기 쉬움 • PCB 장착가능 • 강인함 • 적절한 비용
단점	• 비선형 • 자체 열발생 • 수분에 취약	• 납저항 오차 • 느린 반응시간 • 진동저항 • 크기 • 패키지 제한	• 온도보정 필요 • 낮은 정밀도 • 낮은 안정성 • TC 확장 케이블 필요	• 낮은 정밀도 • 제한된 응용분야 • 낮은 안정성 • 느린 반응시간

▼ 그림 7-3 접촉식 센서의 장단점 비교

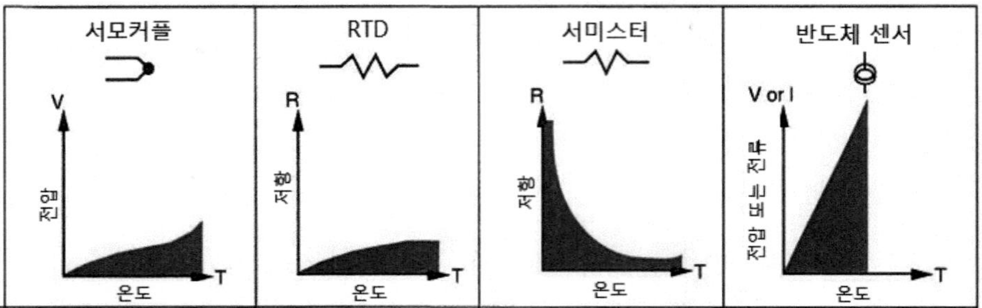

	서모커플	RTD	서미스터	반도체 센서
장점	□ 자가 전원 □ 간단함 □ 단단함 □ 가격이 저렴함 □ 다양한 응용분야 □ 넓은 온도 측정 범위	□ 가장 안정적 □ 가장 정확함 □ 서모커플에 비해 선형성이 우수	□ 큰 출력 신호 □ 빠른 응답속도 □ 2-선 측정이 가능	□ 선형성이 가장 우수 □ 큰 출력 신호 □ 가격이 저렴
단점	□ 비선형적 특성 □ 낮은 출력의 기전력 □ 레퍼런스 보정 필요 □ 안정성이 약함 □ 민감도가 낮음	□ 가격이 고가 □ 전류소스가 필요 □ 낮은 저항 변화율 □ 낮은 절대 저항 □ 자가 발열	□ 비선형적 특성 □ 한정된 온도측정범위 □ 깨지기 쉬움 □ 전류소스가 필요 □ 자가 발열	□ T < 200℃ □ 전원공급기가 필요 □ 반응속도가 느림 □ 자가 발열 □ 제한된 구성

1) RTD 온도센서

모든 금속 재료들 뿐만 아니라 일부 반도체들도 온도에 따라 저항이 변하는 특성을 가지고 있다. 이러한 특성을 이용하면 훌륭한 온도센서로 사용이 가능하다. 특히 금속성 물질의 저항 변화를 이용해서 온도를 측정하는 센서를 RTD(resistance temperature detector) 센서라고 하며, 세라믹 재료의 저항 변화를 이용해서 온도를 측정하는 센서를 서미스터(thermistor)라고 한다. 두 센서 모두 온도에 따라 저항이 변하는 특성을 이용해서, 저항을 모니터링 하여 온도를 역으로 추정하는 센서이다. 금속 재료를 이용한 RTD 센서는 매우 넓은 온도영역에서 우수한 정밀도로 온도를 측정할 수 있다. RTD용으로 순수한 금속재료를 사용하며, 주로 백금(Pt), 니켈(Ni), 구리(Cu), 텅스텐(W) 등의 재료가 사용 가능하며, 이 중에서 백금이 정밀도, 안정성, 반응시간 등에서 우수한 특성을 가지고 있어 주로 백금이 가장 많이 사용된다. 백금은 열팽창계수가 유리와 거의 유사하며, 공기 및 수분에 대해 매우 안정적이며, 고온으로 가열하여도 변하지 않는 특성이 있다. 현대적인 RTD센서의 제조 방법은 세라믹 기판 위에 백금 또는 기타 금속을 얇게 증착시켜 박막형 또는 필름형 도체로 만드는데, 이러한 박막 타입의 증착 기술로 인해 고저항을 유지시키기 위해 여러 번 감아야 하는 노고를 줄일 수 있게 되었고, 결과적으로 매우 저렴한 RTD 센서의 대량생산이 가능하게 되었다. 이와 같은 박막 타입의 RTD는 권선형의 형태보다는 덜 안정적이지만, 크기가 작고 생산비용이 덜 들고, 사용자에게 편리하기 때문에 가장 많이 사용되고 있다. 현재 사용 중인 상업용 권선형과 박막형의 구조는 〈그림 7-4〉와 같다.

▼ 그림 7-4 대표적인 RTD센서의 내부구조 및 외형

(a) 권선형의 내부 구조 및 외형

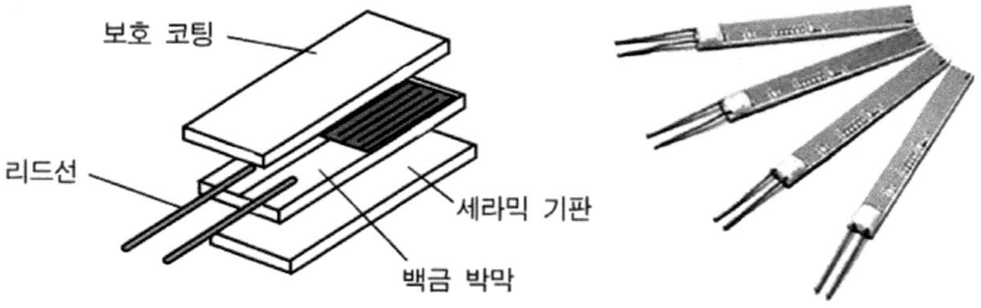

(b) 박막형의 내부 구조 및 외형

선재를 코일로 감은 형태는 권선형은 선재를 코일로 감은 형태와 세라믹 맨드릴 주위에 선재를 감은 형태가 있으며, 이때 사용하는 백금 선재의 직경은 약 0.0005~0.0015 inch 정도이다. 백금선과 연결하기 위해 직경이 약 0.008~0.015 inch 정도인 신호선을 사용한다. 이 형태는 500℃까지는 측정이 안정적이고, 550℃ 이상에서 계속 사용하면 약간의 저항 변화가 발생하고(일반적으로 0.1Ω 이내) 또한 온도의 급변에 따라서 약간의 히스테리시스 현상이 발생할 수 있다. 박막형은 기판 위에 금속을 증착하여 만들며, 패턴의 길이가 최대가 되도록 설계하여 제작한다. 이것은 감지부위가 노출되어 있기 때문에 응답속도가 빠르며, 표면적이 넓어 공기 온도를 측정할 때에 매우 효과적이다. 보통 −50℃~500℃ 영역의 온도 측정에 좋다. 기타 운모판형도 있는데, 이것은 운모판에 백금 저항선을 감고 절연용 운모판을 양면에 덮은 후 그 위에 반원형의 스테인리스 스프링판을 덮고, 다시 가는 스테인리스선으로 묶은 형태인데, 이것은 온도감지 속도가 빠르고 진동에도 강한 장점은 있으나, 습기에 약한 단점이 있다. 백금 자체의 저항은 매우 작기 때문에 RTD 센서의 전체 저항을 올리기 위해 기판 위에 금속을 지그재그로 하여 전자의 경로를 매우 길게 디자인한 것이 특징이다. 이것은 조도센서인 CdS 셀의 저항을 높이기 위해 만든 구조와 동일한 개념이다.

모든 금속 재료는 온도가 증가하면 저항도 증가하는 특성을 가지고 있는데, RTD의 저항을 크게 할수록 오차를 줄일 수 있다. 다른 온도센서와 비교해서 온도에 따른 RTD의 저항은 매우 선형적인 특성을 가지고 있는데, 소위 알파(α)라고 부르는 온도계수에 의해 RTD의 출력 결과는 달리 나타나게 되며, 몇몇 제조업체에서는 온도계수를 서로 다르게 제조하여 생산하고 있다. 여기서 온도계수인 α 는 온도 구간이 0℃~100℃ 사이에서 저항변화로 정의된 값이다. RTD용 금속재료로는 니켈(Ni), 구리(Cu), 백금(Pt) 등이 주로 사용되고 있으며, RTD 센서별 특징은 〈표 7-5〉와 같다. 일반적인 산업용은 연간 0.1℃ 이내, 특수용도는 연간 0.0025℃ 이내의 변형만 가져올 정도로 매우 우수하다. 이들 재료를 이용하여 만든 RTD 센서의 저항은 약 100Ω 정도로 매우 작고, 또한 온도에 대한 변화율도 0.4Ω/℃ 정도로 매우 작다. RTD 센서는 수동형 소자이기 때문에 외부에서 전원을 인가하여 저항을 측정해야 한다. 외부 전원에 의한 전류 흐름으로 인해 RTD 내부에서 열이 생성되어 오차의 원인이 될 수도 있다. 이러한 오류로 인해 약 1℃ 정도의 오차가 생길 수도 있으므로 가능한 매우 작은 전류를 흐르게 해야 한다.

▼ 표 7-5 RTD 센서별 비교

재료	온도계수(/K)	저항값(@0℃ 기준)	허용오차(측정온도, ℃)
Pt	0.003750 0.003850 0.003850 0.003910 0.003920 0.003926	1000Ω 1000Ω 100Ω 100Ω 100Ω 100Ω	±0.2% (−200~800) ±0.1% (−200~800) ±0.2% (−200~800) ±0.5% (−200~800) ±0.1℃ ±0.5%
Ni	0.00618	110Ω	±0.5% (−70~320)
Ni-Fe	−	1000Ω @21.1℃ 2000Ω @21.1℃	±0.5% ±0.5%
Cu	−	100Ω @25℃	±0.2% (−190~260)

RTD는 저항체이기 때문에 저항 변화를 읽기 위해서는 저항체에 전류를 흘려주고 전압을 모니터링해야 한다. 그러나 RTD 센서를 측정 시스템에 연결하기 위해 사용하는 신호선에 저항이 존재하면 오차가 발생할 수 있다. 예를 들어, 〈그림 7-5〉(a)에서처럼 2개 신호선을 가진 RTD 센서를 측정시스템에 연결하면, 신호선 저항 RL에 의해 그만큼 전압강하가 생기게 된다. 만약 각 신호선에 0.3Ω의 저항이 있다고 하면, 저항 측정시 0.6Ω만큼 더해지게 된다. 온도계수가 α =0.00385인 RTD 센서를 사용한다면, 부가적인 저항에 의해 발생하는 온도 오차는 0.6Ω/(0.385Ω/℃) = 1.6℃가 된다. 따라서 2-선 측정법은 측정 대상물과 온도센서가

매우 가까운 거리에 있을 때 측정이 가능한 방법이다. 또한 10ft(약 3m)보다 긴 신호선을 사용한다면, 신호선에 의한 저항을 보상해 줄 필요가 있다. 선호도 높은 RTD 측정 방법은 〈그림 7-5〉(b)와 같은 4-선 측정법이다. 한쌍의 신호선을 통해 전류를 흘려주고, 나머지 한쌍의 신호선에서 전압을 측정하는 방법이다. 센서에 연결된 신호선에는 무시할 정도로 작은 전류가 흐르기 때문에 신호선에 의한 저항 R_{L2}와 R_{L3}는 무시가 가능하다.

▼ 그림 7-5 RTD 센서의 신호 측정법(2선 측정법과 4선 측정법 비교)

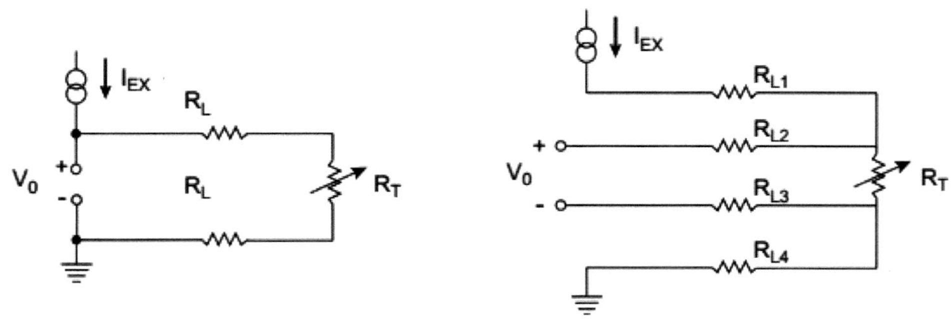

4-선 측정법이 오차없이 측정할 수 있는 가장 좋은 방법이지만, 비용적인 측면을 고려해서 나온 방법이 3-선 측정법이다. 〈그림 7-6〉(a)의 휘스톤브릿지 구성의 전류소스 측정법에서는 신호선에 있는 저항은 보상이 가능하다. 즉, 브릿지 구성에서 R_{L1}과 R_{L3}는 반대편에 위치해 있기 때문에 상쇄된다. 그리고 R_{L2}로 흐르는 전류는 매우 작기 때문에 무시가 가능하다. 마찬가지로 〈그림 7-6〉(b)와 같은 여자전류 소스법에서는 오직 R_{L1}의 저항만이 측정에 오차로 기여할 수 있다.

▼ 그림 7-6 RTD 센서의 3-선 측정법

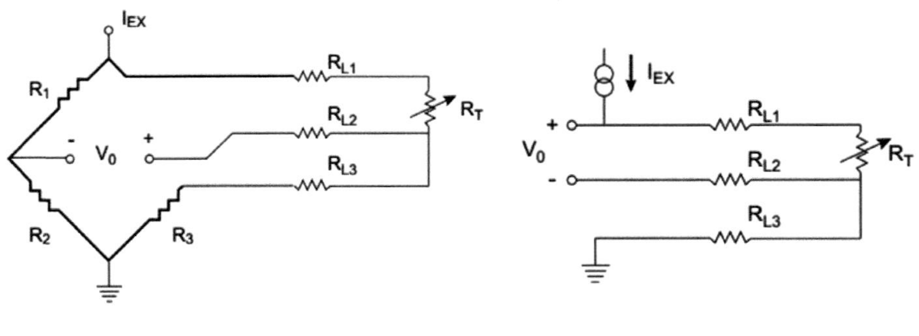

(a) 휘스톤브릿지 구성의 3-wire 측정법,

(b) 여자전류 소스를 이용한 3-wire 측정법

2) 서미스터 온도센서

서미스터(Thermistor)는 열을 뜻하는 Thermal과 저항을 뜻하는 Resistor의 합성어이며, 온도에 따라 저항이 민감하게 변하는 저항체를 의미한다. 금속인 RTD 센서와 구분하여 서미스터 온도센서는 세라믹 재료의 온도변화에 따른 저항변화를 이용해서 온도를 측정하는 센서이다. 이러한 서미스터에는 Ge, Si, 금속산화물 등을 이용해서 〈그림 7-7〉과 같이 물방울 모양, 바, 원통형, 직사각형, 두꺼운 필름 등의 다양한 형태로 제작된다. 서미스터에는 일반적인 세라믹 소결형의 NTC (Negative Temperature Coefficient) 서미스터, 티탄산바륨계($BaTiO_3$), 산화아연계(ZnO-NiO), 산화염으로 대표되는 PTC(Positive Temperature Coefficient) 서미스터, 어떤 온도에서 급격하게 저항값이 바뀌는 CTR(Critical Temperature Resistor) 서미스터 등이 있다. 일반적인 목적으로 NTC 서미스터가 가장 많이 사용되고 있으며, PTC 서미스터는 낮은 온도 조절용 발열체로 이용되고 있으며, CTR 서미스터는 일부 특수한 용도로 이용되고 있다. 대량 생산되는 서미스터의 일반적인 온도 오차는 ±10% 정도이며, 특수 제작시 1% 보다 더 작은 오차를 내는 서미스터도 만들 수 있으나 생산가격이 매우 높아지게 된다. 그리고 대표적인 서미스터 재료에 따른 종류는 〈표 7-6〉과 같다.

▼ 그림 7-7 서미스터의 구조 및 외형

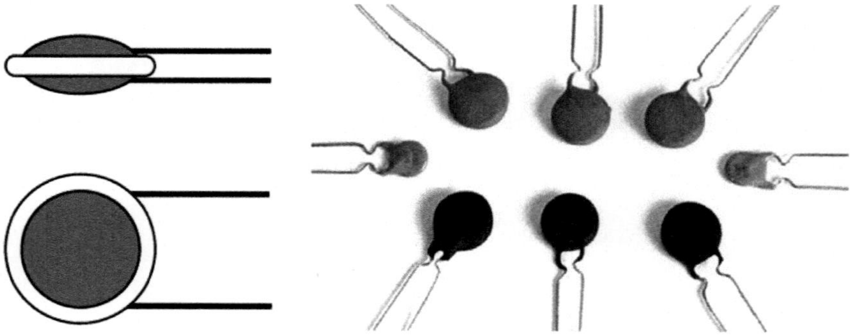

서미스터를 온도 센서로 사용하려면 저항을 측정하는 회로가 필요하다. 이것은 소위 '제로부하저항(zero-power resistance)' 측정기법이 필요하다. 이것은 서미스터 내부를 흐르는 전류에 의해 온도가 상승하지 않도록 하는 방법이다. 제로부하저항 측정을 위해서는 서미스터의 저항이 높아야 하고, 열저항이 작고, 짧은 시간에 저전압으로 저항을 측정해야 한다. NTC 서미스터에 전류가 흐를 경우, 전력 소모에 의해 약간의 열이 발생하게 된다. 이러한 자기발열 효과는 가해진 부하뿐만 아니라 열방출 인자와 소자의 기하학적 형상에 기인한다. 일반적으로 소자의 크기가 작으면 작을수록 인가해줄 수 있는 최대 부하도 작아지고, 측정시 필요한 부하의 양도 작아진다. 대표적인 NTC 서미스터의 전류-전압 특성은 〈그림 7-8〉과 같다.

▼ 표 7-6 서미스터의 용도별 대표적인 재료

구 분		결정 형태	화학 조성
NTC	고온용	Spinel 계	Al_2O_3–CoO–$CaSiO_3$ Al_2O_3–CoO–MnO–$CaSiO_3$ Al_2O_3–NiO–CoO–$CaSiO_3$ MgO–Cr_2O_3–MgO–Fe_2O_3 MgO–Al_2O_3–NiO–Cr_2O_3
		Perovskite 계	BaO–TiO_2–MgO–Fe_2O_3–Mn_2Ol PbO–TiO_2–MgO–Fe_2O_3–Mn_2O_3
		ZrO 계	ZrO–Y_2O_3–ZrO–CeO_3
	저온용	Spinel 계	Mn–Ni–Co Mn–Ni–Co–Cu Mn–Ni–Cr
PTC		$BaTiO_3$ 계열	Curie 온도 조절용 : Pb, Sr, Sn, Zr 소결 촉진용 : Al_2O_3, SiO_2, TiO_3
		ZnTiNiO 계열	–
		Polymer 계열	–

▼ 그림 7-8 NTC 서미스터의 전류–전압 특성

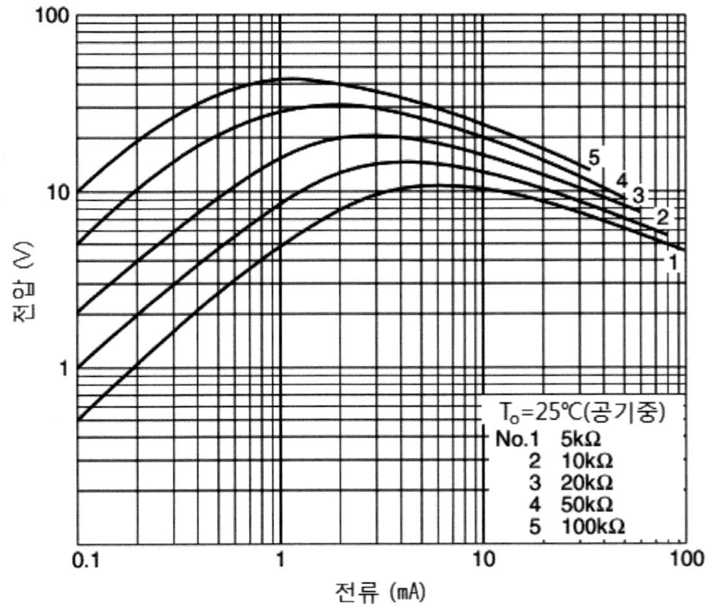

이 그림에서 보듯이 전류–전압 특성은 세 부분으로 나눌 수 있다. 전류–전압의 곱이 작은 영역은 선형적으로 증가하는 구간인데 이 영역은 자기발열에 의한 소모는

무시할 정도이다. 이 영역에서는 옴의 법칙에 따라 전류와 전압과는 비례관계에 있다. 서미스터의 저항값은 외부온도에 의해 결정되며, 이 구간에서는 서미스터가 센서로 사용될 수 있다. 이런 선형적인 구간이 끝나는 지점에서 최대 전압까지는 비선형적으로 증가하는 구간이며, 이 구간에서는 저항값은 감소하기 시작한다. 최대전압에서 자기발열에 의한 저항의 감소율 $\Delta R/R$은 전류의 증가율 $\Delta I/I$와 같다. 전류가 더 커지게 되면 전압은 감소하게 되는데, 이 영역에서의 저항은 감소하게 되고, 소자의 온도가 급격하게 증가하는 영역이다. 이 영역에서는 센서로 사용할 수가 없다.

3) 실리콘 PTC 온도센서

실리콘 결정의 전기전도 성질은 양의 온도계수(positive temperature coefficient, PTC) 특성을 가진 온도 센서로 사용을 할 수 있다. 현재 미세하게 가공된 구조의 실리콘 저항형 센서는 온도보상 또는 온도측정을 위해 사용되고 있다. 실리콘 온도센서는 우수한 선형성과 장기간 안정성(년간 ±0.05K)을 가지고 있다. 순수한 실리콘, 폴리실리콘, 또는 단결정 실리콘은 본질적으로 저항에 대해 음의 온도계수(negative temperature coefficient, NTC) 특성을 가지고 있다. 그러나 순수한 Si에 주기율표상 5족 원소인 안티몬(Sb), 비소(As), 인(P) 등의 n형 불순물을 첨가하게 되면 어떤 온도 영역에서는 온도에 대해 PTC 특성을 나타내게 된다. 이 온도영역에서는 전하 운반자 이동도(mobility)가 감소하기 때문이다. 반면 높은 온도영역에서는 열적에너지에 의해 가전도대에 있는 전자가 전도대로 더 많이 천이를 하여 내인성

▼ 그림 7-9 n형 실리콘의 온도에 따른 비저항 특성과 KTY 센서의 온도 대 저항 관계

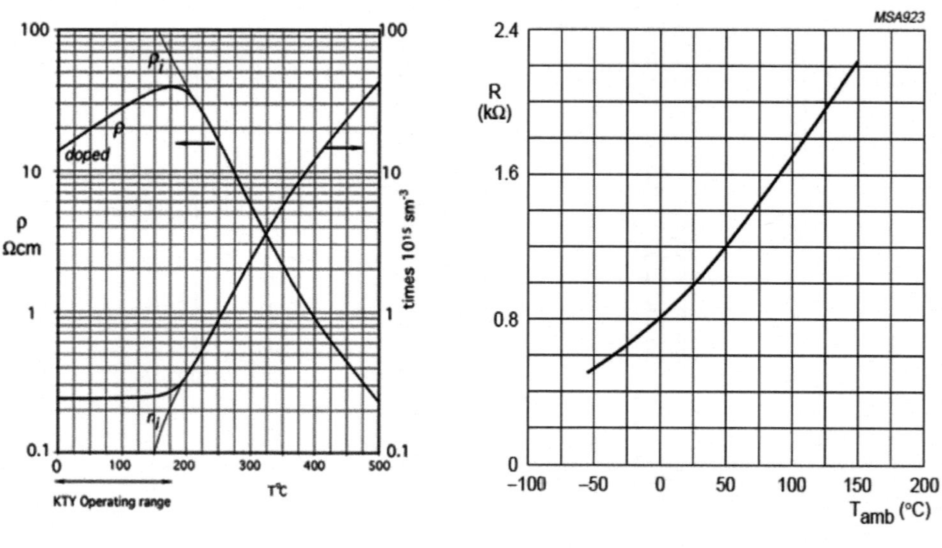

운반자 농도(intrinsic carrier concentration)가 증가하게 되어 저항이 감소한다. 그러므로 〈그림 7-9〉의 좌측에서 보듯이 약 200℃ 이하의 온도에서의 비저항은 PTC 특성을 보이게 되며, 200℃ 이상의 온도에서는 NTC 특성을 보인다. 대표적인 PTC 실리콘 센서의 민감도는 0.7%/℃ 정도인데, 이것은 저항이 매 온도마다 0.7% 정도 변한다는 것을 의미한다. KTY 센서의 온도 대 저항의 관계는 그림의 우측과 같다.

4) pn 다이오드 온도센서

pn 접합은 반도체에서 가장 기본이 되는 형태이다. pn 접합에 bias의 방향을 조절하면 내부확산전위가 낮아지기도 하고 높아지기도 하면서 도체와 부도체의 성질을 가지게 된다. 역방향의 전압을 가하게 되면 전위차가 평형상태보다 커져서 내부확산폭이 넓어지게 되어 전류가 거의 흐르지 않게 된다. 반면 순방향의 전압을 가하게 되면 접합의 전위가 낮아지게 되어 전자와 정공의 흐름이 더욱 많아지게 되면서 내부확산폭은 더 좁아지게 되어 전류가 많이 흐르게 된다. 이것이 다이오드의 기본 원리이다. 온도에 따른 전류-전압 특성 결과는 〈그림 7-10〉과 같다. 순방향 전압에서 온도가 올라감에 따라 문턱전압이 감소하며, 역방향 전압에서는 온도가 올라감에 따라 제너(Zener) 전압도 증가하며, 역방향 전류 영역에서 포화전류는 온도가 올라감에 따라 증가하는 특성이 있다. 다이오드 온도센서는 순방향 전압의 특성을 이용해서 온도를 측정하게 된다.

▼ 그림 7-10 온도에 따른 전류-전압 특성 변화

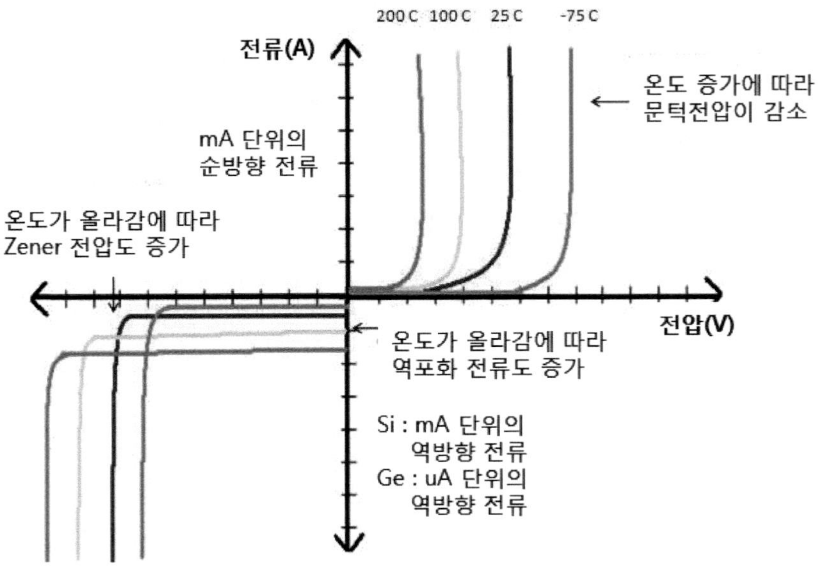

따라서 다이오드 또는 트랜지스터는 훌륭한 온도 센서로 사용이 가능하다. 트랜지스터 온도센서는 가격이 매우 저렴하고 간단하기 때문에 여러 분야에서 사용되고 있다. 〈그림 7-11〉은 상용화된 PN100 실리콘 트랜지스터의 온도에 따른 오차 범위를 나타내고 있다. 오온도 측정범위가 1.4K~500K까지 가능하며, 25K 이상의 온도에서의 온도 민감도는 2.3mV/K로 일정한 특성을 가지고 있어 선형보정 없이 사용이 가능하다. 액체헬륨의 온도에서도 측정이 가능하므로 극저온의 온도 측정용으로 사용이 가능하며, 가격이 매우 저렴하며, 크기도 매우 작게 제작이 가능한 점이 장점이다.

▼ 그림 7-11 PN100 실리콘 트랜지스터 온도 센서의 출력 특성

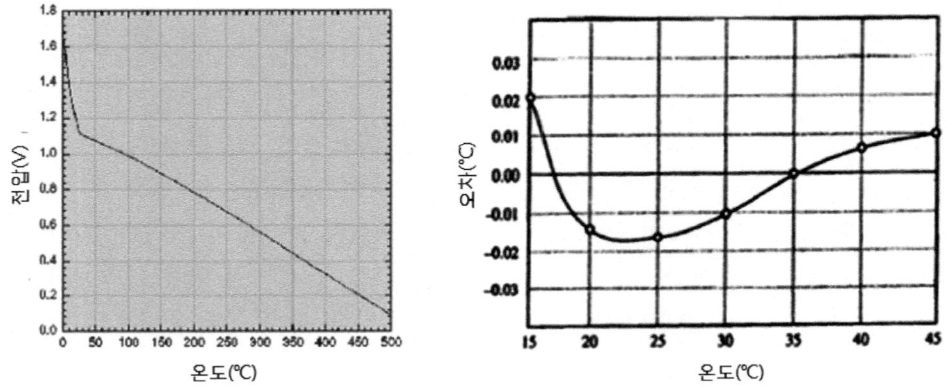

(a) 온도에 따른 출력전압 특성, (b) 상온 근처에서의 최대 측정 오차

5) 서모커플 온도센서

접촉식 서모커플(Thermocouple)은 열을 뜻하는 thermo와 쌍이라는 의미인 couple이 합쳐진 단어로 열전대라고도 한다. 서모커플은 약 100년 이상 온도측정과 온도제어용으로 널리 사용된 온도센서이다. 서모커플 센서는 〈그림 7-12〉의 제베크(Seebeck)라는 물리현상을 이용한 것인데, 이것은 종류가 다른 두 금속을 접촉시키면 온도에 따라 기전력이 발생하는 현상이다. 1821년 독일의 물리학자인 제베크가 비스무스(Bi)와 구리(Cu)를 이용하여 서로 한 쪽 끝을 연결하면 다른 한 쪽 끝에서 온도에 따라 전압이 발생하는 것을 발견하였는데, 이 현상을 발견자의 이름을 따서 제베크 효과라고 한다. 서모커플 온도센서는 두 종류의 소선(금속선) A와 B를 접합하여 절대온도를 읽는 것이 아니고, 그림과 같이 온도를 측정하는 측정 접점부(hot junction)와 두 금속선에서 기전력을 측정하는 레퍼런스 접점부(reference junction) 사이의 온도 차이로부터 측정 접점부의 온도를 환산하는 원리이다. 즉, 한쪽 접촉

점을 기준점으로 삼고 측정하고자 하는 부위에 다른 접촉점을 위치하면 기전력의 크기로 온도 차를 알 수 있으므로 기준점 온도와 비교하여 온도를 유추할 수 있다. 서모커플은 그림에서처럼 서로 다른 두 종류의 소선을 한 쪽 끝에 접점을 시켜 놓은 것인데, 이 부위를 측정 접점부(일명 hot junction)이라고 하며, 다른 쪽은 두 금속의 끝이 붙어 있지 않고 신호출력회로와 전기적으로 연결되어 있으며, 이 부위를 레퍼런스 접점부(일명 cold junction)라고 한다. 제베크 효과가 발견된 당시에는 hot junction과 cold junction 이라는 용어를 사용하였으나, 온도 측정 분야에서는 측정 접점부(measuring junction)와 레퍼런스 접점부(reference junction)라는 용어로 사용한다. 그 이유는 측정하는 온도가 레퍼런스 접점부의 온도보다 더 낮은 경우도 많기 때문이다. 레퍼런스 접점부에서의 출력전압은 측정 접점부와 레퍼런스 접점부의 온도에 따라 달라지는데, 이런 이유로 서모커플 센서를 절대온도를 측정하는 센서가 아니고 상대적인 온도를 측정하는 센서라고 한다. 그러므로 물체의 정확한 온도를 측정하기 위해서는 레퍼런스 접점부의 온도를 알고 있어야만 한다. 서모커플의 동작 원리에서 오해를 불러 일으키는 요소가 있는데, 측정접점이 전기적인 소스 역할을 하여 접점 자체에서 신호 전압이 발생한다고 생각하는 것이다. 이 개념은 잘못된 것이다. 실제적인 열기전력 효과는 서모커플 도체 전체의 온도 차이와 온도 구배에 의해 일어나는 현상으로 이해해야 한다. 즉, 열기전력은 접점에 의해 생기는 것이 아니고, 접점으로부터 시작된다는 것이다.

▼ 그림 7-12 제베크 효과의 개념

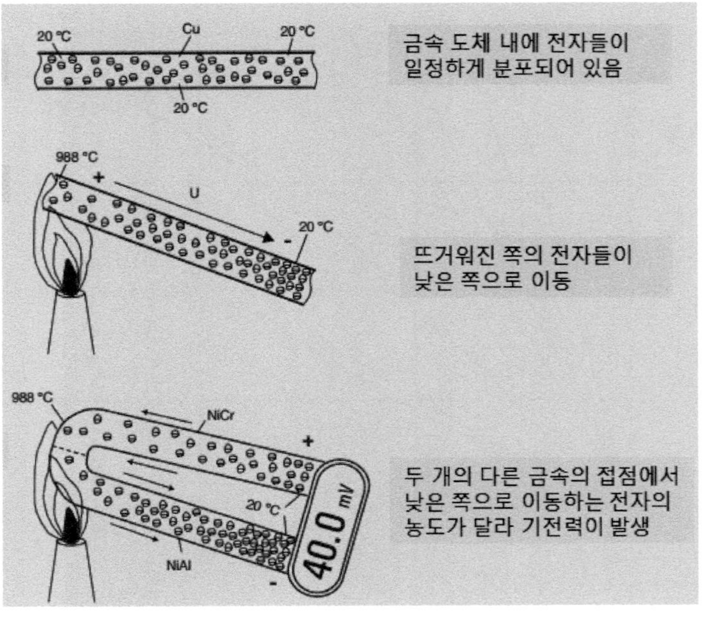

여기서 논리적으로 다음과 같은 질문이 나올 수 있다. RTD나 서미스터와 같이 절대온도를 직접 측정할 수 있는 센서가 있는데, 왜 레퍼런스 보정이 필요한 서모커플을 사용해야 하느냐 이다. 여기에 대한 가장 중요한 답은 다른 온도센서들은 측정할 수 있는 영역이 제한적인 반면, 서모커플은 상당히 넓은 온도범위를 측정할 수 있으며, 다양한 대기조건에도 최적화 되어 있는 장점이 있다. 또한 다른 센서에 비해 매우 강인하며, 납땜과 용접 기술에 의해 점용접이 가능하다. 달리 말해, 서모커플은 신호선과 매우 쉽게 연결이 가능하며, 레퍼런스 보정과 소프트웨어적으로 전압-온도 변환을 계산할 수 있기 때문에 다용도로 사용이 가능한 온도 변환기이다. 서모커플은 앞에서 설명한 제베크(Seebeck) 효과를 이용하여 넓은 범위의 온도를 측정하기 위해 두 종류의 금속을 접촉해서 만든 센서이다. 양 접점에 온도를 달리 해주면 온도 차에 비례하여 열기전력이 생기며, 한쪽 접촉점을 기준점으로 삼고 측정하고자 하는 부위에 다른 접촉점을 위치하면, 기전력의 크기로 온도 차를 알 수 있으므로 기준점 온도와 비교하여 온도를 측정할 수 있다. 금속재료에 따라 B, R, S, K, E, J, T형으로 부르며, 온도를 측정하고자 하는 범위에 따라 적절한 타입의 서모커플을 사용한다. 서모커플은 여러 가지의 종류가 있지만 사용장소 및 용도에 따라서 적정한 것을 선정하는 것이 중요하다. 온도를 정확하게

▼ 그림 7-13 서모커플 종류별 기전력의 온도 특성

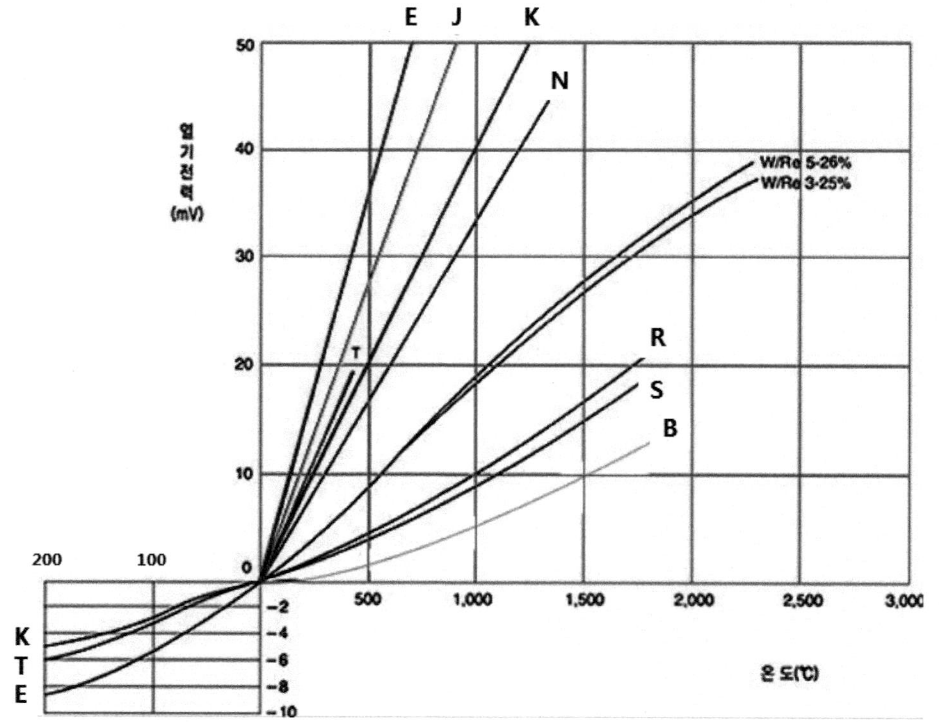

측정하기 위해서는 서모커플의 내열, 내식, 내진성 등을 고려한 보호관 등의 선정과 구조 및 취부 방법 등에 유의해야 한다. 서모커플은 종류가 다양하기 때문에 외관상 쉽게 구별하기 위해 색상을 달리하여 구별하고 있으며, 가장 많이 사용하는 유형인 K형은 노란색으로 구분한다. 일반적으로 자주 사용되는 서모커플은 J, K, T 형이며, 상온에서 이들 서모커플의 전압은 각각 52 ㎶/℃, 41 ㎶/℃, 그리고 41 ㎶/℃ 정도 변화한다. 서모커플 종류에 따라 측정온도 범위에 따른 전압 출력 특성은 〈그림 7-13〉과 같다.[156] 그리고 서모커플 타입별 특성은 〈표 7-7〉과 같다.

▼ 표 7-7 서모커플의 종류 및 특징

분 류	특 징
B형	30% Pt/Rh(+) : 6% Pt/Rh(−), 870℃~1,700℃ 용융점 및 기계적 강도가 높고, 산화 및 중성 분위기에서 지속적으로 사용할 수 있으며, 다른 백금 및 로듐 서모파일보다 환원 분위기에서 장시간 사용이 가능하며, 특히 정밀 측정 및 고온 하에 내구성을 요구하는 용도에 적합
R형	13% Pt/Rh(+) : Pt(−), 0~1,480℃ 산화 및 비활성 분위기 내에서 지속적으로 사용 가능하나, 진공, 환원 또는 금속증기 분위기 내에서는 사용이 불가능
S형	10% Pt/Rh(+) : Pt(−), 0~1,600℃ 1886년 LeChatelier에 의해 처음으로 개발된 서모파일로 안티몬의 녹는점인 630.755℃와 금의 녹는점인 1,064.43℃ 사이의 표준 서모파일로 널리 사용
K형	10% Ni/Cr(+) : 5% Ni/Al/Si(−), −200℃~1,260℃ 오늘날 산업용 서모파일로 가장 많이 사용되고 있으며, 산화와 환원이 있는 부식성 분위기에서는 사용할 수 없음
E형	10% Ni/Cr(+) : Constantan(−), −200℃~900℃ 산업용 서모파일 중 기전력 특성이 가장 높으며, 화력 및 원자력 발전소 등에서 주로 사용
J형	Fe(+) : Constantan(−), 0~760℃ E형 다음으로 기전력 특성이 높고, 750℃까지 환원, 비활성, 산화 또는 진공 분위기에 추천되며, 저렴한 가격으로 다양한 곳에서 사용되고 있으나, 538℃ 이상의 유황 분위기에서는 사용할 수 없음
T형	Cu(+) : Constantan(−), −200℃~350℃ 습한 분위기에서 부식에 강하며, 0℃ 근처인 온도 측정에 적합하며, 기전력 특성이 안정되고 정확하기 때문에 실험용으로 폭넓게 사용
N형	89%Ni/14.2%Cr/1.4%Si(+) : 95.5%Ni/4.4%Si/0.1%Mg(−), 0~1,300℃, 호주 국방성의 재료연구 실험실에서 처음으로 개발, 600℃~1,250℃의 온도범위에서 사용시 K형 서모파일보다 안정되고 산화에 우수한 저항력을 갖고 있음

156) Omega사 Homepage, http://www.omega.com/thermocouples.html

서모커플은 측정하는 온도 영역에서 선형적이지 않은 특성이 있다. 예를 들면, T 타입의 서모커플은 0℃에서는 제베크 계수가 39㎶/℃이지만, 100℃ 근처에서는 약 47㎶/℃로 기울기가 변한다. 이러한 서모커플의 비선형 특성을 보상하기 위해서 3가지 방법이 사용된다. 가장 많이 사용되는 방법이 측정하고자 하는 온도 범위 내에서 일정한 기울기를 갖는 서모커플 타입을 선택하여 사용하는 것이다. 이것은 복잡한 계산과정이 필요없는 장점은 있으나, 한정된 온도 영역만 측정이 가능하다는 제약사항이 있다. 두 번째 방법은 서모커플의 출력전압과 온도의 값을 테이블로 만들어서 이것을 메모리에 저장하여 사용하는 방법이다. 측정된 값이 테이블에 없으면, 테이블에서 가장 가까운 두 개의 값을 선형회귀법을 통해 온도로 환산하는 방법이다. 각 서모커플별 온도와 전압 사이의 테이블은 NIST의 사이트에서 다운로드 할 수 있다.[157] 여기에 나와 있는 테이블과 방정식은 레퍼런스 접점부 온도가 0℃일 때 적용할 수 있는 것이며, 만약 0℃가 아니면 레퍼런스 접점 보상을 실시해야 한다. 세 번째 방법은 서모커플의 실험식을 이용하는 방법이다. 이것은 레퍼런스 접점 보상을 통해 읽은 기전력 전압으로부터 온도로 환산하는 방법이다. 서모커플 레퍼런스 접점 보상은 다음의 식으로부터 환산이 된다.

$$\Delta V = V@J_1 - V@J_2 \tag{7-1}$$

여기서 ΔV는 서모커플의 출력 전압, $V@J_1$은 측정 접점부에서 생성된 전압, $V@J_2$는 레퍼런스 접점부에서 생성된 전압이며, 이 식은 레퍼런스 접점부에 있는 두 연결단자가 동일한 온도이어야 한다. 식 (7-1)에서 측정된 ΔV값을 아래식의 V에 대입하면 온도로 환산이 된다.

$$T = a_0 + a_1 V + a_2 V^2 + \cdots + a_n V^n \tag{7-2}$$

여기서 V는 volt 단위의 기전력 값이고, T는 ℃의 온도이다. 미국 표준국(National Bureau of standard, NBS)에서 서모커플 타입별 다항식 계수값을 발표하였으며, 몇 가지 대표적인 서모커플에 대한 다항식의 계수는 〈표 7-8〉과 같다. n이 증가하면 정확도는 증가하며, 9차항의 경우 정확도는 약 ±1℃ 정도이다. 제조된 서모커플의 특성은 항상 일정하지는 않고 어느 정도 오차를 가지게 되는데, 규격마다 허용하는 오차 범위가 약간 다르다. 〈표 7-9〉는 미국 규격인 ASTM에서 정한 허용오차이며, 〈표 7-10〉은 국제 규격인 IEC에서 정한 규격이다.

157) NIST 홈페이지, http://srdata.nist.gov/its90/main/

▼ 표 7-8 NBS 다항식 계수표

	E형	J형	K형	R형
범위	−100~1000℃	−100~760℃	0~1370℃	0~1000℃
오차	±0.5℃	±0.1℃	±0.7℃	±0.5℃
a_0	0.104967248	−0.048868252	0.226584602	0.263632917
a_1	17189.45282	19873.14503	24152.10900	179075.491
a_2	−282639.0850	−218614.5353	67233.4248	−48840341.37
a_3	12695339.5	11569199.78	2210340.682	1.90002E+10
a_4	−448703084.6	−264917531.4	−860963914.9	−4.82704E+12
a_5	1.10866E+10	201844314	4.83506E+10	7.62091E+14
a_6	−1.7680E+11		−1.18452E+12	−7.20026E+16
a_7	1.71842E+12		1.38690E+13	3.71496E+18
a_8	−9.19278E+12		−6.33708E+13	−8.03104E+19
a_9	2.06132E+13			

▼ 표 7-9 미국 규격의 타입별 허용오차 (ANSI MC96.1-1982, ASTM E230)

타입	온도범위(℃)	표준 허용오차(큰쪽)	특수 허용오차(큰쪽)
J	0~760	±2.2℃ 또는 ±0.75%	±1.1℃ 또는 ±0.4%
K/N	0~1250 −200~0	±2.2℃ 또는 ±0.75% ±2.2℃ 또는 ±2.0%	±1.1℃ 또는 ±0.4% −
T	0~370 −200~0	±1.0℃ 또는 ±0.75% ±1.0℃ 또는 ±1.5%	±0.5℃ 또는 ±0.4% ±0.5℃ 또는 ±0.8%
E	0~870 −200~0	±1.7℃ 또는 ±0.5% ±1.7℃ 또는 ±1.0%	±1.0℃ 또는 ±0.4% ±1.0℃ 또는 ±0.5%
R/S	0~1400	±1.5℃ 또는 ±0.25%	±0.6℃ 또는 ±0.1%
B	870~1700	±0.5%	±0.25%

▼ 표 7-10 국제 규격의 타입별 허용오차 (EN 60584-2, JIS C 1602)

타입	1등급	2등급	3등급
J	-40~375℃ / ±1.5℃ 375~750℃ / ±0.4%	-40~333℃ / ±2.5℃ 333~750℃ / ±0.75%	-
K/N	-40~375℃ / ±1.5℃ 375~1000℃ / ±0.4%	-40~333℃ / ±2.5℃ 333~1200℃ / ±0.75%	-167~40℃ / ±2.5℃ -200~-167℃ / ±1.5%
T	-40~125℃ / ±0.5℃ 125~350℃ / ±0.4%	-40~133℃ / ±1.0℃ 133~350℃ / ±0.75%	-67~40℃ / ±1.0℃ -200~-67℃ / ±1.5%
E	-40~375℃ / ±1.5℃ 375~800℃ / ±0.4%	-40~333℃ / ±2.5℃ 333~900℃ / ±0.75%	-167~40℃ / ±2.5℃ -200~-167℃ / ±1.5%
R/S	0~1100℃ / ±1.0℃ 1100~1600℃ / ±[1+0.3%×(T-1100)]℃	0~600℃ / ±1.5℃ 600~1600℃ / ±0.25%	-
B	-	600~1700℃ / ±0.25%	600~800℃ / ±4℃ 800~1700℃ / ±0.5%

6) 시스 서모커플

서모커플의 소선을 노출한 채로 사용하면 외부의 물리적, 화학적 작용을 받아 열화가 현저히 일어나고 수명이 짧아지기 때문에 특수한 경우를 제외하고는 보호관(Sheath)을 사용한다. 서모커플은 제작 형태에 따라 일반 서모커플(KS C1602)과 시스 서모커플(KS C1615) 두 가지로 분류한다. 일반 서모커플은 서모커플 소선을 원하는 길이만큼 절단 및 측정접점을 용접하여 세라믹 재질로 된 절연관에 삽입 및 조립하고, 보호관과 단자판을 조립한 형태이다. 이에 대한 내용은 보호관 부분을 참고하기 바란다. 특히 금속보호관을 사용해서 서모커플과 일체형으로 만든 것을 '시스 서모커플(Sheath Thermocouple)'이라고 한다. 시스 서모커플은 〈그림 7-14〉와 같이 금속보호관과 서모커플 소선 사이에 무기 절연재(MgO, Al_2O_3, ZrO_2 등)를 단단하게 충진하여 보호관과 서모커플 소선 사이를 전기적으로 절연시킨 일체화된 구조로 되어 있다. 그래서 시스 서모커플을 정확하게 표현하면, '무기질 절연 금속시스 서모커플(Mineral Insulated Metal Sheathed Thermocouple)'이며, 경우에 따라서 MI 케이블이라 부르기도 한다. 터미널 연결부에 보호관을 부착하여 사용하는 경우도 있다. 이 부분에 대해서는 보호관 부분에서 다시 언급할 예정이다. 측정 원리는 일반 서모커플과 동일하지만 구조가 다르다. 일반적인 서모커플과 구분하기 위해 서모커플 타입을 표시하는 영문자 앞에 S를 붙여 사용한다. 시스 서모커플은 금속시스의 두께는 얇고, 내부 절연체는 고압으로 충진되어 있어 굽혀도 내부 소선의 이동이 없으며, 자유자재로 구부려 사용할 수 있고, 강도, 내열, 내진성이 우수한 것이 일반형 서모커플과 구분된다.

▼ 그림 7-14 시스 서모커플의 내외관 구조

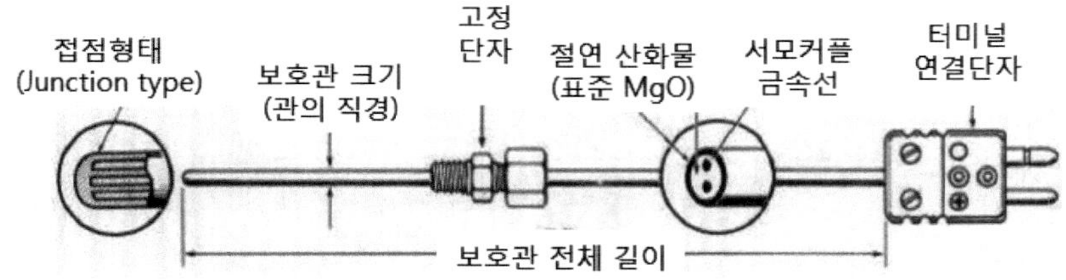

(a) 시스 서모커플 외관

(b) 시스 서모커플 내부 구조

주로 사용하는 시스의 금속 보호관 재질의 특성은 〈표 7-11〉과 같으며, 규격화된 금속 시스 재질의 주성분은 〈표 7-12〉와 같다. 스테인리스강은 Cr이 Ni보다 많은 구성을 차지한 반면, 인코넬은 Ni이 Cr 보다 더 많이 함유되어 있는 재질이다. SUS316 스테인리스강은 음식과 화학분야에서 가장 많이 사용되며, 산업용으로 870℃까지 사용이 가능하다. 316L 스테인리스강은 316에서 탄소 성분을 제거한 것으로 900℃까지 사용이 가능하다. 304 스테인리스강은 낮은 온도용으로 가장 많이 사용되며, 가격이 가장 저렴하여 주로 음식, 음료수, 화학물의 온도를 측정하고자 할 때 사용되며, 최고 사용온도는 900℃까지이다. 304L 스테인리스강은 304에서 탄소 성분을 제거한 것으로 900℃까지 사용이 가능하다. 310 스테인리스강은 기구적인 것과 부식성이 304와 비슷하지만 약간 우수하며, 최대 사용온도는 1150℃까지이다. 321 스테인리스강은 사용온도가 870℃까지이며, 고온 영역(480~870℃)에서 탄소 침투에 대한 우수한 내성을 가지고 있으며, 주로 우주와 화학 응용분야에서 사용된다. 446 스테인리스강은 최대 사용온도가 1,150℃이며, 고온에서 황 분위기에 대한 강한 내성을 가지고 있다. 인코넬 600은 최대 사용온도가 1,175℃이며, 산업용에서 가장 많이 사용되는 보호관 재질이다. 인코넬 601의 사용온도는 인코넬 600과 동일하며, 매우 우수한 산화저항 특성이 있다. 인코로이 800은 최대 사용온도가 1,095℃이며, 히터의 보호관 재료로 널리 사용되고 있으며, 황에 대해서는 600보다 더 우수한 내성이 있다.

▼ 표 7-11 시스 서모커플 보호관 재질의 특성

재 질	최고 사용온도 (℃)	특 성
SUS 304	1,000	내산, 내열성이 양호
SUS 321	1,000	티타늄을 함유하고 있어, SUS304보다 내식성이 우수하며, 임계부식에 대해 내식성이 우수하나, 유황, 환원염에 약함
SUS 316	1,000	몰리브덴을 함유하고 있어 내열, 산화에 저항력이 우수한 최적의 고온 강도를 유지
SUS 310	1,015	Ni, Cr을 함유하고 있어 내열, 산화에 저항력이 우수한 최적의 고온 강도를 유지
INCONEL 600	1,250	고Cr, Ni강으로 내열, 내식, 환원염에 강함
SUS 446	1,125	고Cr강으로 내열, 내산화에 특히 우수하며, 유황 환원성 가스에 강함
HASTELLOY X	1,260	내산성, 환원성 환경에 저항력이 우수

▼ 표 7-12 규격화된 금속 시스의 주성분

KS 기호	금속시스 재질	주성분
A	SUS 304	18% Cr − 8% Ni
	SUS 321	18% Cr − 9% Ni + Ti
	SUS 347	18% Cr − 9% Ni + Nb
	SUS 316	18% Cr − 12% Ni − 2.5% Mo
	SUS 310S	25% Cr − 20% Ni
B	NCF 600	72% Ni − 15% Cr − 8% Fe

KS에서 스테인리스강 시스의 기호를 A, 인코넬의 기호를 B로 표시

시스 금속 내부에 절연재로는 MgO가 주로 사용되는데, 99.8%부터 95% 이상의 순도를 사용한다. 600℃ 이하의 낮은 온도 또는 정밀도를 높이 요구하지 않는 경우에는 95%~98% 순도의 MgO를 사용한다. 반면, 고온 또는 높은 안정도와 정밀도가 요구되는 측정에는 99.4% 이상의 MgO를 사용해야 한다. 당연히 순도에 따

라 시스 서모커플의 가격 차이는 많이 난다. 절연재는 보통 600℃가 넘어가게 되면 절연 저항능력이 떨어지므로 열기전력이 절연재를 통해 누설되어 정밀도 및 안정도가 떨어지게 된다. 또한 가공할 때 시스 서모커플의 절연재에 공기 중의 습기가 침투되지 않도록 해야 한다. 시스 서모커플을 원자재 상태에서 절단할 때, 그 절단 부위는 반드시 에폭시류 또는 다른 적당한 재료로 밀봉하여 습기를 차단해야 한다. 시스 서모커플을 가동, 조립하기 전에 건조로에서 약 200℃ 정도에서 충분히 건조한 후 사용해야 한다. KS 규격에서 허용하는 전기적 특성은 〈표 7-13〉과 같다. 다만, 접지형의 경우에는 본 규격은 적용하지 않는다.

▼ 표 7-13 시스 서모커플의 전기적 특성 시험(KS C1615)

항목	금속시스 바깥지름(mm)	평가기준
절연저항	1.0, 1.5, 1.6, 2.0	5MΩ / 100 VDC 이상
	3.0, 3.2	5MΩ / 250 VDC 이상
	4.5, 4.8, 6.0, 6.4, 8.0	5MΩ / 500 VDC 이상
내전압	1.0, 1.5, 1.6, 2.0	100 VAC에서 1분간 견딜 것
	3.0, 3.2	250 VAC에서 1분간 견딜 것
	4.5, 4.8, 6.0, 6.4, 8.0	500 VAC에서 1분간 견딜 것

라 비접촉식 온도센서

접촉식 온도센서와는 달리 비접촉식 온도센서는 기본적으로 적외선을 이용해서 온도를 측정하는 방식이다. 1800년에 영국의 왕립 천문학자인 윌리엄 허셀(William Herchel)이 프리즘을 이용해서 가시광선의 온도를 측정하는 실험을 시도하는 도중에 빨간색 바깥에 아무런 빛이 없는 곳에 있는 온도계의 온도가 예상했던 것보다 훨씬 높게 나온 것을 우연히 발견하였다. 이에 허셀은 눈에 보이지는 않지만 어떤 형태의 전자기파가 존재한다는 사실을 처음 발견하였고, 빨간색 너머에 있다는 의미에서 적외선(Infrared)라고 최초로 명명하였다. 전자기파 스펙트럼에서 적외선은 〈그림 7-15〉와 같이 0.75㎛에서 1000㎛ 파장 영역에 해당하며, 적외선은 일부 구간마다 각각의 특성이 다르기 때문에 다음과 같이 세분화해서 구분한다. 근적외선(Near Infrared, NIR)은 0.75~1.4㎛, 단적외선(Short Wavelength Infrared, SWIR)은 1.4~3.0㎛, 중적외선(Middle Wavelength Infrared, MWIR)은 3.0~8.0㎛, 원적외선(Long Wavelength Infrared, LWIR)은 8.0~15.0㎛, 그리고 극적외선(Far Infrared, FIR)은 15.0~1000㎛로 구분한다. NIR과 SWIR 영역에서는 주로 반사된 광을 이용한 응용분야가 많기 때문에 반사 적외선(reflected infrared)이라고 부르기도 하며, MWIR과 LWIR은 물체에서 스스로 방사하는 광(즉, 온도)을 이용한 응용분야이기 때문에 열 적외선(thermal infrared)이라 부르기도 한다.

▼ 그림 7-15 전자기파에서 적외선 영역

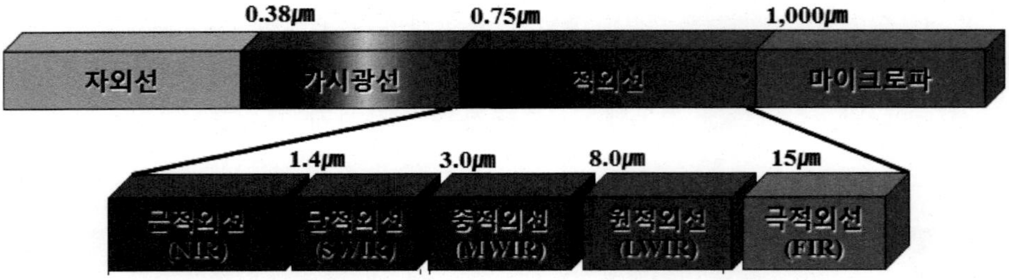

적외선 센서는 온도센서 분류에서 비접촉식 센서에 해당하는 센서이며, 〈표 7-1〉에서 보듯이 크게 반도체 재료를 이용한 양자형(quantum)과 반도체 재료가 아닌 재료를 이용한 열형(thermal)의 두 종류로 나눌 수 있다. 열형에는 입사하는 적외선에 대해 출력되는 신호에 따라 전기적 타입, 기구적 타입, 그리고 광학적 타입으로 나눌 수 있다. 전기적 열형센서에는 다시 볼로미터(bolometer), 서모파일(thermopile), 초전체(pyroelectric) 등 3가지로 나눌 수 있으며, 기구적 열형센서에는 골레이셀(Golay cell), 광학적 열형센서는 광섬유 센서가 있다. 양자형에는 광전도형(PC, photoconductive), 광전압형(PV, photovoltaic), 양자우물형(QW, quantum well), Type Ⅱ 초격자 등 4종류가 있으며, PC형에는 다시 불순물 레벨의 유무에 따라 외인성(extrinsic)과 내인성(extrinsic)으로 나눌 수 있다. PC형 내인성에는 PbS, PbSe, InSb, HgCdTe 반도체가 사용되며, PC형 외인성에는 Si과 GaAs에 불순물을 첨가한 반도체를 사용한다. PV형에는 SWIR용으로 InGaAs, MWIR용으로 InSb와 HgCdTe, LWIR용으로 HgCdTe 반도체 재료가 사용되며, QW형에는 Ⅲ-Ⅴ족 화합물 반도체인 GaAs/InGaAs 반도체 재료가 주로 사용되며, Type Ⅱ 초격자에는 InAs/GaInSb 등의 재료에 대해 연구 중에 있다. 대부분의 열형 센서는 냉각이 필요없는 상온에서 동작하며, 다른 말로 비냉각형 적외선 센서라고 한다. 반면, 양자형은 액체질소 온도에서 동작하므로 냉각 시스템이 필요하기 때문에 냉각형 적외선 센서라고 한다.

비접촉식 온도센서는 모두 물체의 표면에서 나오는 적외선으로부터 온도를 측정하는 센서이다. 열형에는 적외선에 대해 출력되는 신호에 따라 전기적 타입, 기구적 타입, 광학적 타입으로 구분한다. 전기적 열형센서에는 다시 볼로미터(Bolometer), 서모파일(Thermopile), 초전체(Pyroelectric) 등 3가지로 나눌 수 있다. 열형센서인 볼로미터, 초전체, 서모파일 센서는 온도 측정뿐만 아니라 적외선 카메라 및 물리보안용의 다양한 용도로 사용되고 있다. 비냉각형 적외선 센서인 열형센서의 대표적인 3가지 종류에 대해 전기적인 출력 형태에 따라 다음과 같이 구분하다. ① 볼로미터는 적외선이 입사 또는 온도가 변하면 내부의 저항이 변하는 원리, ② 서모파일은 적외선이 입사 또는 온도가 변하면 기전력이 변하는 원리, ③ 초전체는 적외선의 입사 또는 온도가 변함에 따라 내부 분극이 변하는 원리이다. 이러한 열형 센서에는 최소한 두 가지 중요한 부분이 있는데, 하나는 적외선을 흡수하는 흡수체이고, 다른 하나는 온도 센서 또는 온도 변환기이다. 두 부분의 역할은 입사하는 복사량에 대해 온도 변화가 최대가 되도록 하고, 센서의 열질량(thermal mass)은 최소가 되도록 해야 한다.

7) 볼로미터 온도센서

볼로미터는 적외선이 입사하면 센서 내부의 저항이 변하는 원리이며, 원리적인 측면에서 보면 접촉식인 RTD센서와 서미스터와 동일하다. 볼로미터는 그리스어로 광선(Ray)를 뜻하는 bolo와 계측이라는 의미의 meter가 합쳐져 만들어진 단어로 광선, 특히 적외선을 측정한다는 의미이다. 볼로미터는 1878년 미국의 천문학자인 사무엘 랭글리(Samuel Langley)에 의해 온도센서로 사용될 수 있다는 것이 처음으로 제안되었다. 현재 바나듐 산화물(VOx)과 비정질 실리콘 재료가 볼로미터 센서로 사용되고 있다. 볼로미터는 입사된 적외선을 흡수하여 열적으로 고립된 멤브레인 저항체의 온도가 올라가고, 이 온도변화는 흡수된 적외선 에너지에 비례해서 볼로미터 저항체의 전기저항변화 원리로 감지된다. 이러한 온도변화를 잘 감지하기 위해서는 적외선이 최대한 많이 입사할 수 있도록 수광면적을 최대한 크게 해야 하며, 온도에 따른 저항 변화율이 큰 저항체 물질, 낮은 1/f 잡음 특성 등을 가져야 한다. 최근 MEMS 관련된 제조공정 기술의 발전으로 〈그림 7-16〉과 같은 약 17㎛ 픽셀 크기를 갖는 마이크로볼로미터가 개발되었다.

▼ 그림 7-16 마이크로 볼로미터 센서의 내부구조 및 제작된 센서 전자현미경 사진

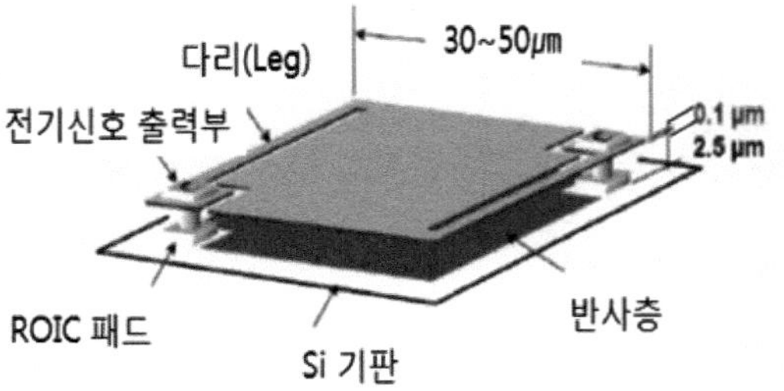

볼로미터의 온도저항계수(Temperature Coefficient of Temperature, 줄여서 TCR이라고 부름) 값은 적외선 센서의 성능이 얼마나 좋은지 평가할 수 있는 물리특성이며, 이 값은 볼로미터의 온도를 조절하면서 볼로미터의 저항이 온도에 따라 변화하는 정도를 측정해서 계산할 수 있다. 볼로미터 재료가 금속인 경우는 일반적으로 TCR의 부호가 (+)값을 가지며, 비금속인 경우는 (-)값을 나타낸다. TCR의 부호에 관계없이 절대값이 높을수록 적외선 센서용의 볼로미터 성능이 우수하다고 볼 수 있다. 대표적인 볼로미터의 전압-전류 특성 결과는 〈그림 7-17〉과 같다. 여기서 좌측 시편 A와 같이 온도에 따라 전류-전압 특성에서 선형성이 없는 경우는 볼로미터 센서로 부적합하며, 우측의 시편 B와 같이 온도에 따라 전류-전압 특성에서 선형성이 우수하면 볼로미터 센서로 적합한 센서이다. 볼로미터의 온도별 전류-전압 특성에서 온도별 저항값을 계산하면, 그림 우측과 같은 선형적인 직선을 얻게 되는데, 여기서 이 직선의 기울기 중에서 선형성이 우수한 영역을 선택해서 다음과 같이 계산하여 해당 볼로미터의 TCR 값을 얻을 수 있다. 이 그림에서 시편1의 TCR 절대값이 시편2의 절대값보다 크므로 시편1이 더 우수한 볼로미터 재료라고 볼 수 있다.[158)]

▼ 그림 7-17 대표적인 볼로미터의 TCR 특성

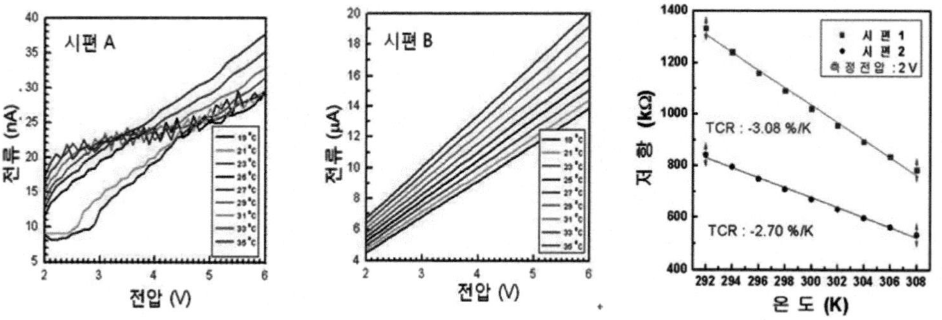

8) 서모파일 온도센서

서모파일은 서모커플(다른 말로 열전대)의 다발로 구성된 형태로 되어 있으며, 서모커플은 종류가 다른 두 금속의 접촉 부위에 온도를 가하면 열기전력이 발생하는 원리이며, 서모파일 센서는 이러한 서모커플 센서가 다발로 모여 있는 센서이다. 서모파일은 서모커플과 같이 온접점(Hot Junction, 다른 말로 측정 접합부라고 함)과 냉접점(Cold Junction, 다른 말로 레퍼런스 접합부라고 함)이 존재하는데, 온접점 쪽으로 적

158) "적외선 센서용 볼로미터 박막의 성능평가 발법", 한국정보통신기술협회, 2010년

외선이 입사하고 냉접점 쪽은 방열판(Heat Sink) 쪽으로 연결되어 있다. 온접점 쪽으로 적외선 입사하면 제베크 효과에 의해 기전력이 발생하여 냉접점 쪽에서 기전력을 측정할 수 있다. 최근 반도체 기술의 발달로 매우 작은 영역에 서모파일을 이용한 센서가 양산되고 있다. 서모파일 센서는 실리콘 MEMS(미세가공기술)로 제작하는데, MEMS 기술로 제작된 서모파일의 형태는 〈그림 7-18〉과 같다. 실리콘 기판을 wet 에칭으로 약 두께가 1㎛ 정도인 멤브레인을 제작하고, 멤브레인은 보통 열전도율이 낮은 SiO_2/Si_3N_4 재료로 증착으로 제작을 한다. 멤브레인 위에 두 가지 다른 종류의 열기전력 재료를 증착하는데, 멤브레인의 중심부에 측정 접합이 오도록 하고, 히트싱크 쪽인 Si 기판 쪽은 냉접합인 레퍼런스 접합이 연결되도록 한다. 이렇게 하여 멤브레인 위에 실리콘과 알루미늄으로 구성된 서모파일로 구성하고, 실리콘 기판은 방열판(heat sink) 역할을 하도록 되어 있다. 서모파일 재료는 플래티늄(platinum)과 Zn와 Sb의 50:50으로 혼합한 비정질 반도체 재료를 가장 많이 사용하고 있다. 이 외에도 Bi_2Te_3와 Sb_2Te_3 재료를 사용한 것도 있으며, 서모파일 효과를 낼 수 있는 재료는 많은 연구가 진행되고 있다. 그리고 서모파일 센서로 온도를 측정하고자 할 경우, 서모커플인 두 접점 사이의 온도 차이에 의한 열기전력이 출력전압으로 나오는 것이므로, 반드시 서모파일 센서 내부에 온도를 측정할 수 있는 다른 소자를 결합하여야만 대상물체의 온도를 비접촉식으로 측정할 수 있다.

▼ 그림 7-18 서모파일 센서 구조 및 제작된 센서 사진

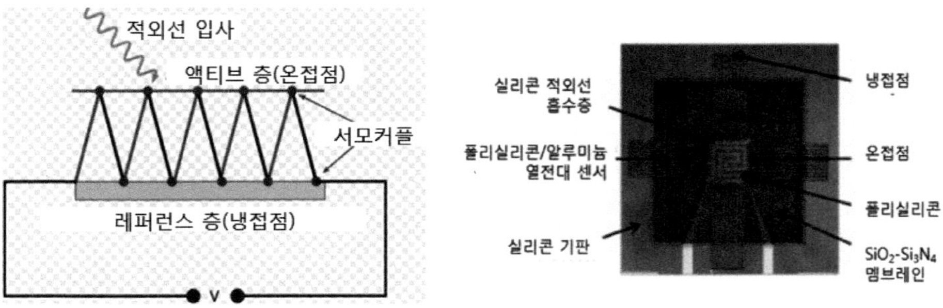

서모파일은 마이크로볼로미터와 같이 진공을 유지할 필요가 없어, 제작공정 측면에서는 매우 간단하여 가격이 비교적 저렴한 편이다. 그러나 센서의 반응속도가 마이크로볼로미터의 수 ms에 비해 약 수십배 정도 느린 단점이 있어 고화소용으로 가게 되면 실시간 영상을 볼 수 없는 단점이 있다. 이러한 센서의 한계 때문에 저화소용에 많이 응용되고 있다. 주로 귀속 체온계나 비접촉식 온도 측정기 쪽으로 응용이 되고 있다.

9) 방사율의 영향

적외선을 이용해서 비접촉식으로 물체 표면의 온도를 측정할 때, 〈그림 7-19〉와 같이 반사, 투과, 방사와 같은 3가지 에너지 형태가 존재하게 된다. 이 중에서 오직 방사에 의한 에너지만 물체 표면의 온도를 측정하는 데 사용된다. 반사에 의한 에너지와 투과에 의한 에너지는 물체 표면 자체의 에너지와 관계없는 빛이다. 따라서 적외선 온도계로 온도를 측정하고자 할 때는 반사와 투과에 의한 효과는 제거하고 오직 방사에 의한 에너지로만 측정해야 한다. 일반적으로 투명하지 않은 물체인 경우는 투과에 의한 효과는 거의 없으며 반사에 의한 효과만 오차에서 고려하면 된다.

▼ 그림 7-19 적외선 온도계에 도달하는 에너지

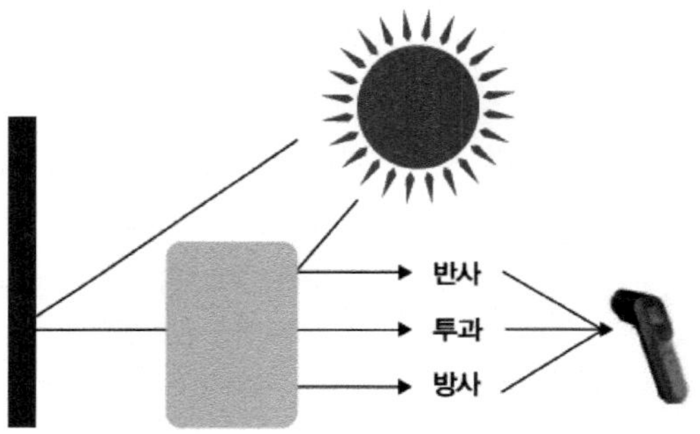

빛이 물체를 통과하게 되면 투과 τ, 흡수 α, 반사 ρ 세 가지 물리적 특성이 나타난다. 불투명한 물체는 약간의 반사가 있더라도 투과를 하지 못하는 것인데, 이 경우 $\tau = 0$, $\alpha + \rho = 1$로 표현되며, 투명한 물체는 $\tau = 1$, $\alpha = \rho = 0$로 볼 수 있다. 백색체(white body)는 입사하는 빛을 모든 방향으로 반사하는 것으로, $\tau = 0$, $\alpha = 0$, $\rho = 1$이며, 흑체는 $\rho = 0$, $\alpha = 1$, $\rho = 0$로 정의할 수 있다. 그리고 회색체(gray body)는 α, ρ, τ가 모든 파장에 대해 일정한 특성이 있는 것으로, 각 파장에서의 복사의 세기가 그 물체와 같은 온도에 있는 흑체의 동일 파장의 복사와 언제나 일정한 비율로 작아지는 표면을 갖는 물체를 의미한다. 공학적으로 흑체를 제외한 다른 모든 고체는 일반적으로 회색체로 간주한다. 키르히호프는 동일한 온도에서 어떤 물체가 빛을 발산하는 능력은 그것을 흡수하는 능력과 동일하다는 사실을 발표했는데, 이것은 방사율이 흡수율과 동일하다는 의미이다. 즉, 방사율(Emissivity) $\varepsilon = \alpha$의 관계에 있다. 따라서 흑체는 $\alpha = 1$이며, 방사율 $\varepsilon = 1$인 소스를 의미한다.

일반적인 물체는 적외선을 방사하지만 플랑크 복사법칙을 따르지 않고, 방사율에 의해 결정된다. 방사율은 아래 수식과 같이 흑체 복사량에 비해 얼마만큼의 복사량을 내놓는가 하는 정도이다. 즉 방사율은 주어진 온도에서 흑체에서 나오는 방사와 물체에서 나오는 방사의 비율로 정의된다.[159]

$$\varepsilon(\lambda, T) = \frac{E(\lambda, T)_{source}}{E(\lambda, T)_{Blackbody}} \tag{7-3}$$

회색체의 방사율은 파장에 따라 일정하지만 실제 일반적인 재료의 방사율은 〈그림 7-20〉과 같이 파장의 함수로 주어진다. 흑체는 이론적인 최대의 적외선 복사량을 내어놓는 물체이므로 방사율은 1.0이며, 회색체 및 일반적인 물체의 방사율은 항상 0과 1 사이의 값을 가진다. 일반적으로 금속 물질의 방사율은 대부분 0.5 이하이며, 비금속 물질은 0.5 이상의 값을 가진다. 또한, 금속 물질은 온도가 올라가면 표면에 산화막이 생기기 때문에 방사율이 올라가고, 반면 비금속 물질은 온도가 올라가면 방사율이 낮아지는 경향이 있다. 금속 재질 표면 상태에 따라 파장에 따른 방사율의 변화는 〈그림 7-21〉과 같다. 표면이 반짝이는 금속의 경우 긴 파장 영역에서는 방사율은 낮고, 짧은 파장 영역에서는 방사율이 높다. 그리고 표면 산화막의 상태에 따라 긴 파장 영역에서도 방사율이 0.8 근처의 값을 가진다. 그러므로 금속의 경우에는 정확한 방사율을 알아야 온도를 정확히 측정할 수 있다.

▼ 그림 7-20 파장에 따른 방사율의 특성

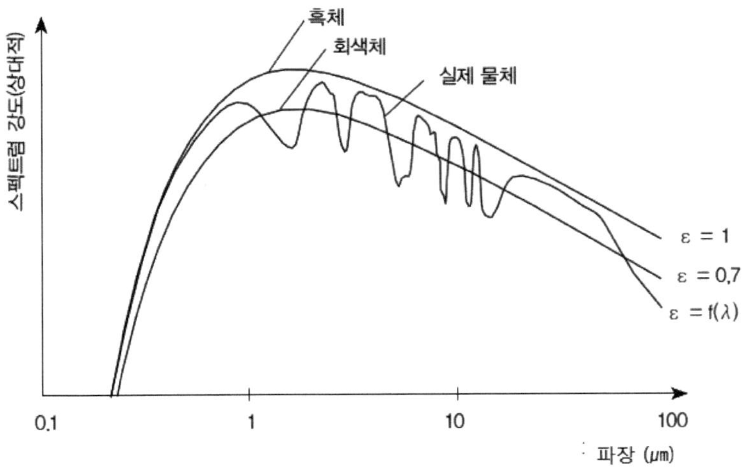

159) Wikipedia, http://en.wikipedia.org/wiki/Emissivity

▼ 그림 7-21 금속 표면 상태에 따라 파장에 따른 방사율 변화

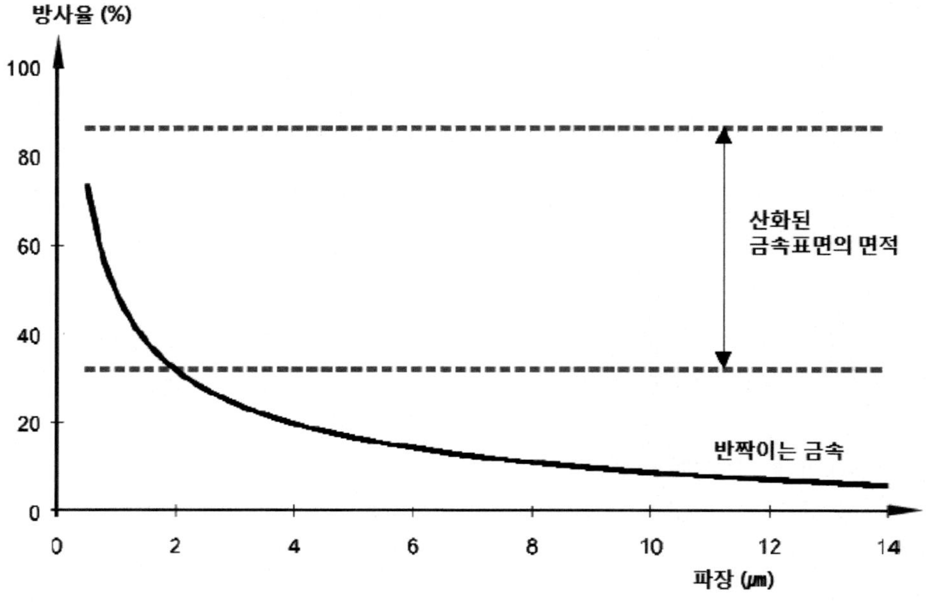

대표적인 재료에 대한 파장에 따른 방사율은 〈그림 7-22〉와 같다. 물체의 방사율은 파장에 무관하게 일정한 것이 아니고, 파장에 따라 방사율이 다르다. 일반적으로 금속 재료들은 짧은 파장으로 갈수록 방사율이 커지며, 비금속 재료들은 반대로 짧은 파장에서 방사율이 작아진다. 그리고 방사율은 물질의 표면 특성에 의해 결정되며, 이러한 물질의 방사율을 이용해서 물체의 온도를 비접촉식인 적외선 온도계로 측정할 수 있다. 따라서 방사율은 비접촉식 방법으로 온도를 측정할 때 매우 중요한 역할을 한다. 방사율이 1에 가까운 물체의 온도를 적외선 온도계로 측정하는 경우 오차가 작게 발생하지만, 방사율이 0에 가까운 물체의 온도를 적외선 온도계로 측정할 때에는 많은 오차가 생길 수 있다.

대표적인 금속 재료 및 비금속 재료에 대한 방사율 값은 〈표 7-14〉와 같다. 비금속 재료들은 보통 0.8에서 0.9 사이의 값을 가진다. 방사율 원리를 응용한 것이 겨울철 전기 히터에서 볼 수 있다. 발열부의 뒤쪽은 잘 연마된 금속면으로 되어 있어 발열부의 열을 최대한 반사하는 역할을 한다. 뒷면의 금속면은 방사율이 매우 낮아서 흡수하지 않고 발열체에서 나오는 대부분의 열을 앞쪽으로 반사하는 역할을 한다. 그리고 발열부 앞쪽에 발열부만을 가린 매우 얇은 금속판이 있는데, 이 금속판을 손으로 만져도 별로 뜨겁지 않다. 이것은 금속판의 발열부 쪽의 표면이 매끄럽게 되어 있어 발열체에서 나온 열을 히터 쪽으로 대부분 반사하고 열흡수가 없기 때문이다.

▼ 그림 7-22 대표적인 재료에 대한 파장별 방사율 특성

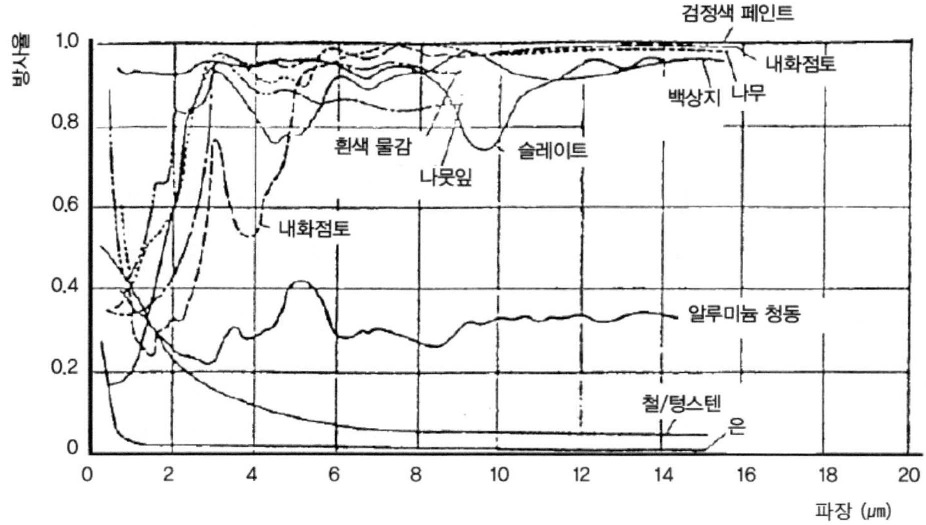

▼ 표 7-14 대표적인 재료들의 파장에 따른 방사율

재 료	방사율 (파장, μm)			
	1.0	2.2	5.1	8~14
납 – 연마 – 산화막	0.65 0.35 –	0.5 0.05~0.2 0.3~0.7	0.4 0.05~0.2 0.2~0.7	0.4 0.05~0.1 0.2~0.6
니켈 – 산화막 – 전해연마	 0.8~0.9 0.2~0.4	 0.4~0.7 0.1~0.2	 0.3~0.6 0.1~0.15	 0.2~0.5 0.05~0.15
은	0.04	0.02	0.02	0.02
카본 – 그래파이트	0.8~0.95 0.8~0.9	0.8~0.9 0.8~0.9	0.8~0.9 0.7~0.9	0.8~0.9 0.7~0.8
아스팔트	0.9	0.8	0.9	0.95
세라믹	0.4	0.8~0.95	0.85~0.95	0.95
콘크리트	0.65	0.9	0.9	0.95
점토	–	0.8~0.95	0.85~0.9	0.95
플라스틱	–	–	0.95	0.95
나무	–	–	0.9~0.95	0.9~0.95
눈				0.9
모래				0.9
흙				0.9~0.98
물				0.93
얼음				0.98
종이			0.95	0.95
피부				0.98

따라서 비접촉식 적외선 온도계로 정확한 온도를 측정하기 위해서는 물체의 방사율 값을 정확히 알아야 한다. 이미 많은 재료에 대한 방사율 값은 알려져 있으므로 굳이 새로 측정하지 않아도 되지만, 새로운 재료에 대해 온도를 측정하고자 하면 다음과 같은 5가지 방법으로 방사율을 보정하여 온도를 측정해야 한다.

① 측정 대상물의 온도를 정밀한 온도 조절기를 이용해서 일정 온도까지 올린다. 그 다음 적외선 온도계로 방사율 값을 조절하여 정확한 온도가 나오도록 보정을 한다. 만약 온도 조절기가 없으면, 접촉식 온도계의 온도와 적외선 온도계의 온도를 비교하면서 방사율을 조절한다.

② 비교적 낮은 온도인 경우(약 260℃ 이하), 방사율을 알고 있는 특수한 플라스틱 스티커를 대상물에 붙여서 온도를 올린다. 방사율을 알고 있는 값을 이용해서 스티커의 온도를 측정한다. 그 다음 스티커를 제거한 후 대상물의 온도가 스티커의 온도와 같이 되도록 방사율을 조절한다. 보통 스티커는 방사율이 1 근처인 검은색 페인트 재료를 주로 사용한다.

③ 높은 온도를 측정하는 경우, 측정하고자 하는 재료를 이용해서 간이 흑체를 만든다. 홀의 깊이는 최소한 구멍 직경의 6배 이상이 되도록 한다. 또한, 구멍의 직경은 적외선 온도계의 광학적 측정 직경보다 커야 한다. 이런 구멍은 방사율이 1인 흑체와 같은 역할을 한다. 적외선 온도계로 구멍 내부의 온도를 측정하고, 그 다음 물체의 표면을 측정하여 비교하면 물체 표면의 방사율을 결정할 수 있다. 그러나 이 방법은 고체이면서 어느 정도 부피가 있어야만 측정할 수 있다는 단점이 있다.

④ 물체 표면의 일부에 코팅을 할 수 있는 환경이라면, 거의 방사율이 1인 윤기없는 검은색 페인트를 칠하고, 이 페인트 부분의 온도를 적외선 온도계로 측정한다. 그 다음 페이트가 없는 부분의 물체 온도를 측정해서 방사율을 보정하면 된다.

⑤ 만약 측정하고자 하는 물체가 방사율 테이블에서 찾을 수 있으면, 그 물체의 방사율을 입력해서 측정하면 된다.

방사율은 파장에 따라 다른 값을 가지므로 온도에 따라 측정하는 파장 대역을 잘 선택해야 한다. 700℃ 이하의 온도를 측정하는 일반적인 적외선 온도계는 8~14㎛의 필터를 사용한다. 그러나 경우에 따라서는 매우 좁은 대역의 필터를 사용하기도 하는데, 매우 높은 온도를 측정하고자 할 때에는 2.2 또는 3.8㎛의 협대역 필터를 사용한다. 일반적으로 1300℃ 이상의 온도를 측정할 때에는 일반적으로 2.1~2.3㎛의 협대역 필터를 사용하며, 경우에 따라서는 0.78~1.06㎛의 협대역 필터를 사용하기도 한다.

측정하고자 하는 재료의 특성에 따라 선택하는 적외선 주파수를 달리하는 것이 오차를 줄일 수 있다. 금속 재료인 경우는 일반적으로 반사를 잘 하므로 상대적으로 방사율이 낮다. 금속 재료를 LWIR 대역의 파장을 사용하면 오히려 방사율 때문에 측정 오차가 커질 수 있다. 따라서 금속 재료인 경우는 NIR 또는 SWIR 영역대의 적외선을 사용하는 것이 좋다. 평탄하고 반짝이는 금속 표면의 방사율은 짧은 파장에서는 높고 긴 파장에서는 작아진다. 또한 산화막의 유무 또는 부식여부에 따라서도 방사율이 달라진다. 따라서 고온의 금속 물체 온도를 측정하기 위해서는 0.8㎛~1.0㎛ 대역이 적합하며, 1.6, 2.2, 3.9㎛ 파장 대역도 많이 사용한다.

10) 스폿크기와 측정거리

적외선 온도계의 광학계는 측정하고자 하는 물체 표면의 측정면적의 이미지를 센서까지 전달하는 역할을 한다. 이러한 측정면적을 스폿크기(spot size)라고 하며, 스폿크기의 형태는 광학계의 조리개에 따라 원형 또는 사각형으로 정의된다. 일반적으로 대상물체가 렌즈로부터 멀어지면 이미지는 확대되듯이, 적외선 온도계와 물체 사이의 거리가 멀어질수록 스폿크기의 직경은 더 커지게 된다. 적외선 온도계에 사용되는 광학계는 주로 다음과 같은 두 가지 형태이다. 하나는 고정 초점식이고, 다른 하나는 가변 초점식 이다. 고정 초점식 적외선 온도계에서 측정거리는 스폿크기의 최소 직경으로 결정되므로, 응용분야에 따라 적절한 광학계를 선택해야 한다. 따라서 이러한 고정 초점식은 측정 환경이 자주 바뀌지 않는 장소에 설치해서 모니터링 하는 용도로 주로 사용된다. 반면, 가변 초점식 적외선 온도계는 거리에 따라 대상물체의 초점거리를 조절할 수 있도록 광학계가 구성되어 있기 때문에 측정 환경이 자주 바뀌는 환경에 적합한 온도계이다.

스폿크기의 직경은 거리와 직경의 비(ratio)로부터 계산할 수 있다. 스폿크기와 측정거리의 관계는 〈그림 7-23〉과 같다. 여기서 M_1은 명목상 측정거리인 a_1에서의 스폿크기이며, M_2는 측정거리가 $a_2 > a_1$에서의 스폿크기이며, M_3는 측정거리가 $a_3 < a_1$에서의 스폿크기이며, 그리고 D는 렌즈의 직경이다. 이 관계식은 고정식과 가변식 모두에 적용이 가능하다. 고정식에서 a_1은 렌즈의 초점에 의해 물체의 상이 가장 뚜렷해지는 물체까지의 거리이며, 이 위치에서의 스폿크기 직경인 M_1이 가장 작게 된다. 만약 거리가 변한다면, 거리 방향에 관계없이 스폿크기의 직경은 커지게 되며, M_2와 M_3의 관계식은 각각 다음과 같다.

$$M_2 = \frac{a_2}{a_1}(M_1 + D) - D, \quad M_3 = \frac{a_3}{a_1}(M_1 - D) + D \tag{7-4}$$

▼ 그림 7-23 스폿크기와 측정거리의 관계

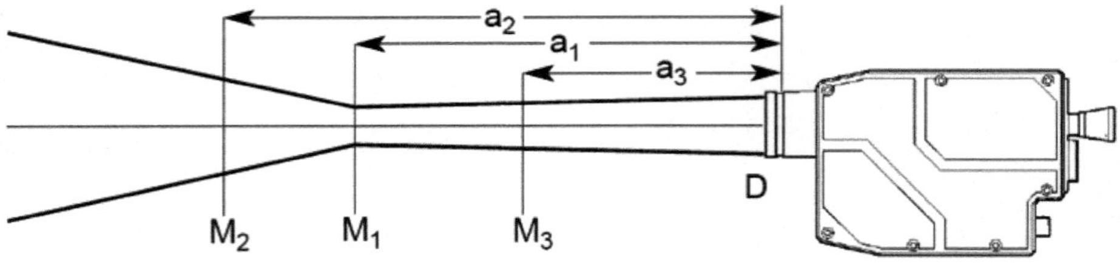

적외선 온도계 제조사들은 측정거리 대 스폿크기의 직경의 비인 S:M으로 사양을 표시한다. 이에 대한 개념은 〈그림 7-24〉와 같다. 여기서 S는 온도계와 대상물체까지의 거리이고, M은 스폿크기의 직경이다. 아래 그림에서 약 14cm까지는 빔의 직경이 약 13mm로 좁게 유지된 채 측정이 가능하며, 이보다 더 멀어지게 되면

▼ 그림 7-24 측정거리 대 스폿크기 직경과의 관계(S:M = 200:1의 경우)

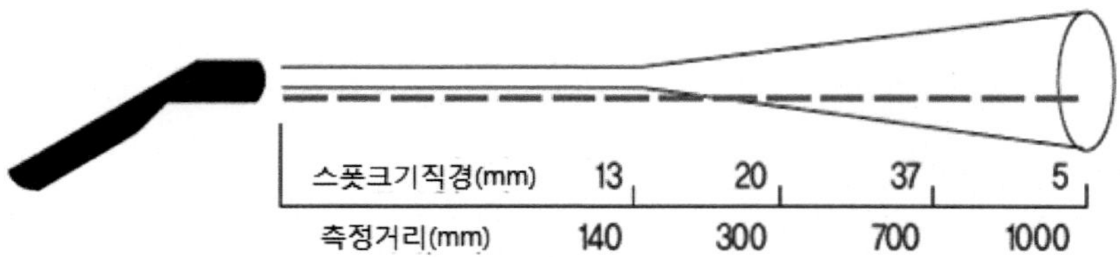

▼ 그림 7-25 측정거리와 스폿크기 관계

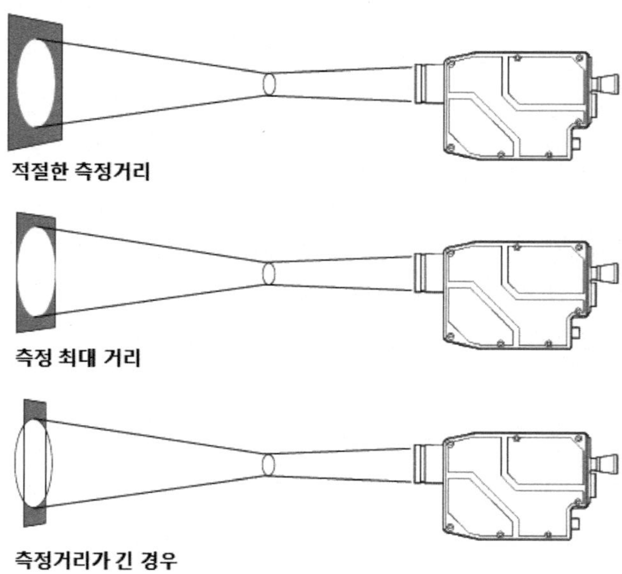

스폿크기의 직경은 커지게 된다. 그림과 같이 약 1m 떨어진 물체인 경우, 스폿크기의 직경은 약 50mm라는 의미로 S:M = 200:1로 표시한다. 즉, 대상물체의 크기는 50mm보다 작아야만 정확하게 측정할 수 있다는 의미이다. 그리고 약 13mm까지 빔이 퍼지지 않는 거리를 집속거리(focusing distance)라 하며, 적절한 측정거리와 스폿크기와의 관계는 〈그림 7-25〉와 같다. 오차를 피하기 위해서는 물체크기가 스폿크기 보다는 약간 더 커야 한다. 만약 스폿크기보다 물체크기가 더 커지게 되면 많은 측정오차가 발생한다.

마 적외선 온도계 원리

적외선 온도계의 기본적인 부품은 렌즈, 조리개, 필터, 적외선 센서, 신호처리부로 구성되어 있으며, 개념적인 내부 구조는 〈그림 7-26〉과 같다. 물체에서 복사되는 적외선은 렌즈에 의해 집중되고, 조리개는 렌즈를 통해 입사한 적외선 중에서 불필요한 가장자리 신호들을 제거하는 역할을 한다. 적외선 필터에서 원하는 적외선 파장 대역만 통과시켜 적외선 센서쪽으로 들어가게 한다. 적외선 센서에서는 이러한 광학적 신호를 전기적인 신호로 변화시키는 역할을 하며, 신호처리 회로부에서 전기적인 신호로부터 온도로 환산하는 역할을 하게 된다.

▼ 그림 7-26 적외선 온도계의 내부 구성도

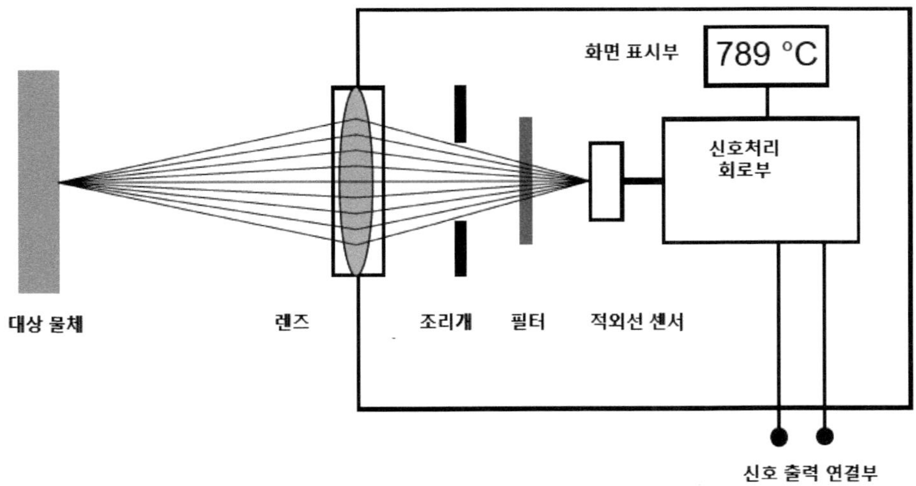

신호처리부에서는 다음과 같은 3 종류의 알고리즘을 이용해서 온도를 계산한다. ① 물체의 복사온도 측정, ② 물체의 밝기온도 측정, ③ 물체의 컬러온도 또는

이색컬러(two color) 측정 등이 있다. ①번의 복사온도 측정법은 넓은 파장대역(1~30㎛)의 복사량을 측정하는 방식인데, 이러한 형태의 온도계는 오차가 많이 생기기 때문에 더 이상 상품으로 나오지 않고 있다. ②번의 밝기온도 측정을 위해서는 보통 다음과 같은 두 가지 형태를 사용한다. 하나는 광대역용으로 8~14㎛ 대역의 필터를 이용하는 방법이고, 다른 하나는 유리와 같은 특수한 재료를 측정하기 위해 협대역용으로 5.14㎛ 대역을 사용한다. ③번의 컬러온도 측정법은 동시에 두 가지 파장을 사용해서 측정하는 방법으로, 방사율에 무관하게 측정할 수 있다는 장점이 있다. 따라서 두 가지 파장은 방사율이 거의 변하지 않는 가까운 두 가지 파장대역을 사용하는데, 보통 0.95㎛와 1.05㎛ 대역을 사용한다.

복사온도 측정법은 대상물체에서 나오는 적외선의 전 파장영역의 복사량을 측정하여 흑체의 복사량과 상대 비교를 통해 물체의 온도를 추정하는 방법인데, 이 방법은 물체의 복사량 측정범위에서 오차가 많이 발생할 수 있기 때문에 개념적으로만 가능성이 알려졌다. 물체의 밝기온도 측정법은 플랑크 복사법칙을 이용해서 측정하는 방법이다. 복사온도 측정법의 단점을 보완하기 위해 협대역 파장만 복사량을 측정할 수 있도록 필터를 사용하고, 그 파장대의 흑체 복사량을 계산해서 물체의 온도를 추정하는 방법이다. 그 계산 방법은 다음과 같다. 여기서 ε 는 물체의 방사율, $C = hc/k$이다.

$$L(\lambda_0, T_B) = \frac{2hc^2}{\lambda_0^5 \left[\exp(hc/\lambda_0 k T_B) - 1\right]} \left[\frac{\text{Watt}}{\text{cm}^2 \cdot \mu\text{m} \cdot \text{sr}}\right] \quad (7\text{-}5)$$

$$L_{obj}(\lambda_0, T_{obj}) = \frac{2hc^2}{\lambda_0^5 \left[\exp(hc/\lambda_0 k T_{obj}) - 1\right]} \left[\frac{Watt}{\text{cm}^2 \cdot \mu\text{m} \cdot sr}\right] \quad (7\text{-}6)$$

$$L(\lambda_0, T_B) = \varepsilon L_{obj}(\lambda_0, T_{obj}) \quad (7\text{-}7)$$

$$T_{obj} = \frac{C}{\lambda_0} \cdot \frac{1}{\ln\left[\varepsilon\left(\exp(C/\lambda_0 T_B) - 1\right) + 1\right]} \quad (7\text{-}8)$$

컬러온도(Color Temperature) 방법은 기본적으로 밝기온도 측정법과 유사한 방법이며, 하나의 파장 대역에서의 방사율 오차를 없애기 위해 두 파장에서 나오는 복사량을 계산 및 측정해서 온도를 측정하는 방법으로 가장 정확하게 온도를 측정할 수 있는 방법이다. 이때 사용하는 파장 대역은 서로 이웃하는 파장을 선택해서 방사율 $\varepsilon_1 = \varepsilon_2$로 가정하여 아래의 Planck 복사 수식에서 온도를 계산하는 방법이다.

$$R = \frac{L(\lambda_1)}{L(\lambda_2)} = \frac{\varepsilon_2}{\varepsilon_1} \frac{\lambda_1^5\left[\exp(hc/\lambda_1 k T_{obj}) - 1\right]}{\lambda_2^5\left[\exp(hc/\lambda_2 k T_{obj}) - 1\right]} \quad (7\text{-}9)$$

위의 식에서 인접한 2개 파장대역의 방사율은 $\varepsilon_1 \simeq \varepsilon_2$로 근사할 수 있으므로 물체온도 T_{obj}는 각 필터의 광출력의 비로부터 계산할 수 있다. 이 방법은 다음과 같은 장점이 있어 비교적 정확하게 온도를 측정할 수 있다. ① 파장에 따른 방사율을 고려할 필요가 없다. ② 측정장소의 먼지나 기타 오염물질에 의한 오차를 줄일 수 있다. ③ 측정 부위에 약간의 진동이 있어도 정확하게 측정할 수 있다. 이와 같은 장점으로 인해 매우 높은 온도를 측정해야 하는 경우, 대기 중에 연기 등으로 의해 적외선 경로에 간섭이 있는 경우, 스폿크기보다 물체의 크기가 작은 경우, 방사율이 매우 낮거나 모르는 경우 등에 사용이 가능하다. 이와 같이 두 영역을 측정하기 위해서는 샌드위치 형태의 센서, 또는 두 개의 광학필터와 이에 해당하는 두 개의 분리된 센서, 회전하는 필터휠을 가진 센서 등으로 구현이 가능하다. 이 중에서 필터휠을 사용하는 방법은 동시에 두 영역의 적외선을 측정하지 못한다는 단점이 있어 움직이는 물체이거나 급격히 온도가 변하는 물체의 온도를 측정하기에는 부적합하다. 컬러온도 측정에 사용되는 적외선 온도계의 개념적인 내부구조는 〈그림 7-27〉과 같다.

▼ 그림 7-27 컬러온도 측정 개념

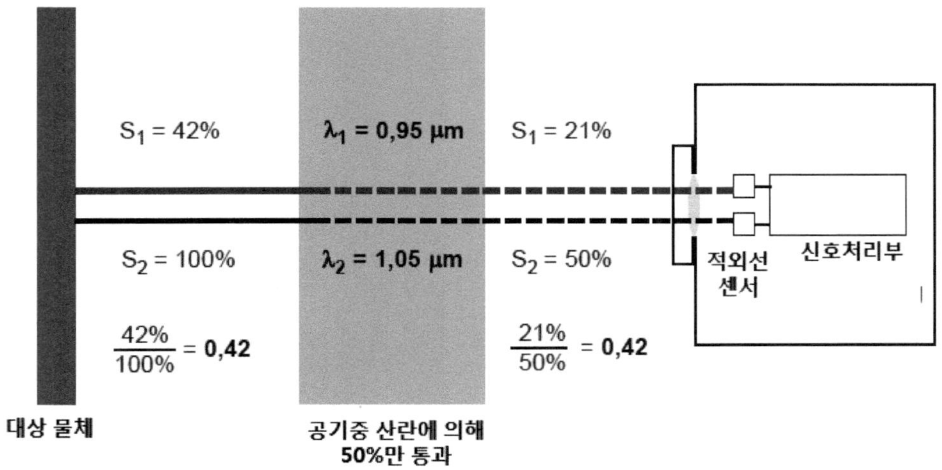

바 귓속 온도계의 응용

신체 온도는 관상동맥의 온도를 측정하는 것이 정확한 방법이지만, 이렇게 하기 위해서는 외과적인 방법만이 가능하다. 대신 귓속의 고막 근처의 온도가 신체의 온도를 측정하기에 좋은 방법임이 여러 논문에서 밝혀졌으며, 〈그림 7-28〉은 인체의 여러 부위에 대한 나이에 따른 온도분포이다. 이 그림에 의하면 귓속의 온도가 몸속의 온도를 가장 잘 나타냄을 알 수 있다. 이러한 의학적인 목적으로 적외선을 이용한 귓속 온도계가 개발되었다.

▼ 그림 7-28 인체 부위별 나이에 따른 온도 분포

°C	0 ~ 2 세	3 ~ 10 세	11 ~ 65 세	65세 이상
입속	—	35.5 37.5	36.4 37.5	35.8 37.0
직장	36.6 38.0	36.6 38.0	37.0 38.1	36.1 37.3
겨드랑이	34.7 37.3	35.9 36.7	35.2 36.9	35.5 36.3
귓속	36.4 38.0	36.1 37.8	35.9 37.6	35.8 37.5
몸속	36.4 37.8	36.4 37.8	36.8 37.9	35.9 37.1

귓속의 고막은 혈관을 시상하부와 같이 사용하고 있으며, 고막에서 나오는 적외선의 온도는 인체의 몸속 온도와 거의 일치한다. 입속의 온도와는 달리 귓속 온도는 말하거나 먹고 마시는 것에 영향을 전혀 받지 않는 장점이 있다. 이러한 귓속의 온도를 측정하는 내부 구조는 〈그림 7-29〉와 같다.

▼ 그림 7-29 귓속의 온도측정 부위

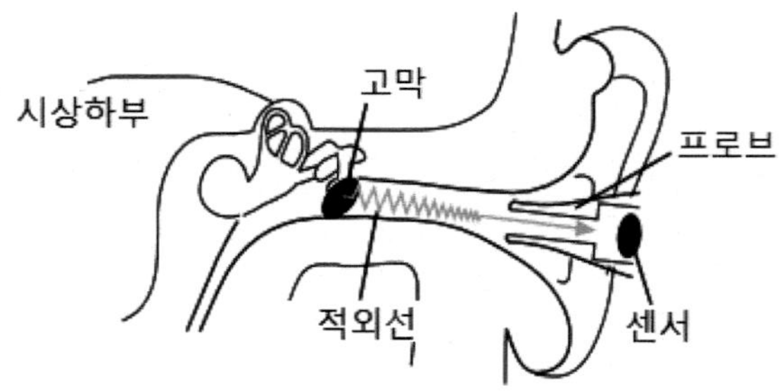

귓속 온도계(Tympanic Temperature Sensor)의 내부 구조는 〈그림 7-30〉과 같다. 시작버튼을 누르면 셔터가 구동되어 고막에서 나오는 적외선이 IR 센서로 입사하게 된다. IR 센서로는 초전 센서 또는 서모파일 센서가 주로 사용되는데, 서모파일 센서가 약간 더 많이 사용된다. 대표적인 서모파일 센서의 출력 특성은 그림 (b)와 같다. 이 센서는 귓속 온도계의 센서로 특화된 제품으로 모델명은 TS318-5C50이며, 주요 사양은 〈표 7-15〉와 같다.[160]

160) Measurement Specialties, http://www.meas-spec.com, model TS318-5C50, (2011)

▼ 표 7-15 TS318-5C50 서모파일 센서의 주요 사양

파라미터	기 호	값	단 위	조 건
동작 온도	T_{amb}	−20~85	℃	연속 동작
패키지		TO-5		
흡수 면적	A	0.8×0.8	mm^2	
서모파일 저항	R_{TP}	70±30	KΩ	T_{amb} = 25℃
저항온도계수	TCR	−0.06±0.04	%/K	T_{amb} = 25℃~75℃
전압 반응	V_{TP}	9.2±2.2	mV	T_{amb} = 25℃, T_{obj} = 100℃, 전 FOV
전압반응 온도계수	TCV_{TP}	−0.45±0.08	%/K	T_{amb} = 25℃~75℃
잡음동등전압	NEV	45	$nV/Hz^{1/2}$	T_{amb} = 25℃

▼ 그림 7-30 귓속 온도계 내부구조 및 서모파일 출력 특성

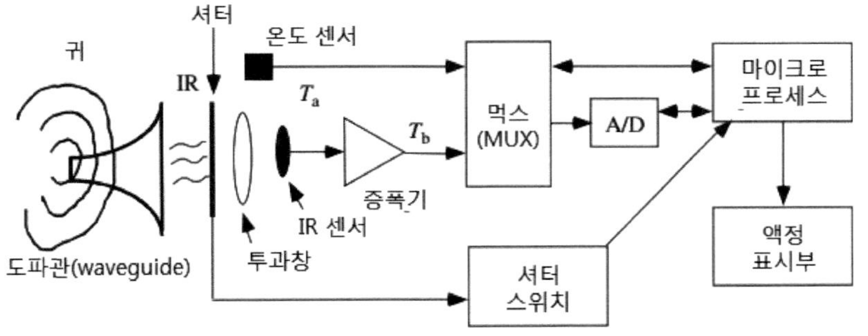

(a) 귓속 온도계 내부 구조

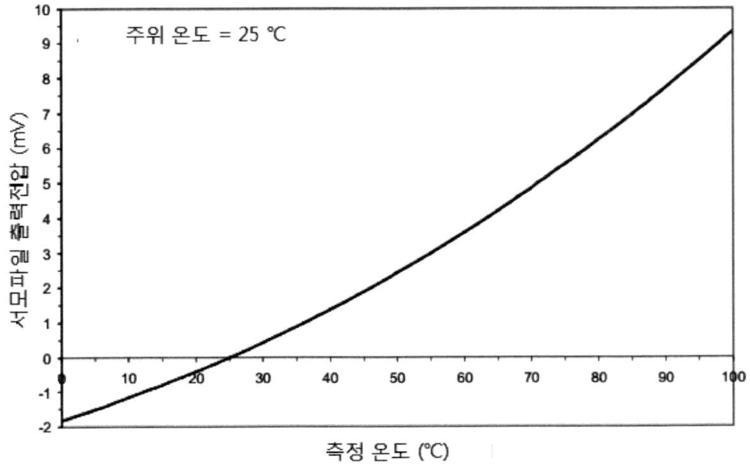

(a) 귓속 온도계용 서모파일의 출력 특성

08

열화상 이미지센서

가 열화상 이미지센서 역사

오감 중에 시각은 약 80% 정도의 정보를 제공해 주기 때문에 영상과 사진에 의한 판독이 가장 확실한 정보라고 할 수 있다. 적외선 분야도 픽셀의 숫자를 이차원으로 늘린 이미지 센서를 이용해서 적외선을 감지하는 열화상(Thermal Imaging) 카메라를 제작하고 있다. 열화상 기술은 초기에 군사용 목적으로 기술이 발전하였으며, 열화상 카메라를 통해 깜깜한 밤에 부가적인 조명이 없어도 뚜렷한 영상을 볼 수 있다. 또한 안개, 비, 눈이 오는 기후환경에서도 어느 정도 물체를 구분할 수 있는 특징이 있다. 이러한 열화상 카메라가 가지고 있는 장점과 가격이 저렴한 적외선 센서 기술이 개발됨에 따라 군수용 뿐만 아니라 민수용에도 널리 사용하게 되었다. 열화상 카메라는 가시광선을 감지하는 Si을 이용해서 만든 CCD/CMOS 센서 대신에 적외선을 감지하는 센서로 만든 것이다. 비접촉식 온도센서인 적외선 센서로 만든 카메라를 적외선 카메라 또는 열화상 카메라라고 하는데, 주로 MWIR과 LWIR 영역의 카메라는 열화상 카메라라고 하고, NIR/SWIR 영역의 카메라는 적외선 카메라라고 한다. 그 이유는 원리적으로 MWIR과 LWIR은 물체 자체에서 복사하는 열선을 감지하는 것이고, SWIR과 NIR은 물체에서 반사되어 온 빛을 감지하는 것이기 때문에 구분해서 부른다. 그러나 일반적인 CCTV와 구분해서 통칭해서 일반적으로 적외선 카메라로 명명한다. SWIR/MWIR/LWIR 적외선 카메라는 수동형(passive) 카메라이고, NIR 적외선 카메라는 능동형(active) 카메라이며, 일반적인 CCD/CMOS 센서와 적외선 LED를 이용해서 이용한 카메라이기 때문에 엄밀한 의미에서는 적외선 카메라라고 하지 않는다.

적외선을 감지하는 센서 재료에 대해서는 수많은 재료들이 연구되어 왔다. 세계 2차 대전 기간에 현재와 같은 적외선 센서에 대한 기틀이 잡혀졌다. 그 이후 반도체 제조 기술과 신호판독회로 기술의 발전으로 오늘날 이차원 배열의 초점면 어레이

(focal plane array, FPA) 기술이 자리잡게 되었다. 초창기 1세대에는 광학적인 스캔 시스템을 이용해서 2차원 영상을 획득하였으며, 픽셀의 수가 점점 증가하여 약 106개 이상의 픽셀을 구현하면서 2차원 FPA를 만들 수 있었다. 신호판독회로인 ROIC와 포토다이오드는 In 범퍼를 이용해서 전기적으로 연결한 하이브리드 구조로 되어 있었는데, 이런 구조를 하이브리드 FPA라고 불렀다. 그리고 1990년대 초반에 픽셀의 수는 더 많아지고 2가지 대역의 적외선을 감지할 수 있는 포토다이오드 구조가 개발되었는데, 이를 3세대 이미지 센서라고 한다. 지난 약 30년간 이미지센서 픽셀의 수는 〈그림 8-1〉과 같이 지수함수적으로 증가하였는데, 메모리 반도체의 집적도 법칙인 Moore 법칙과 동일한 경향을 보이는데, 매 19개월마다 픽셀의 수는 배로 증가하고 있다. 2009년에 10μm 픽셀의 8k×8k 어레이가 가능할 것으로 예상하였으나 약 1년 정도 지연되었다. 현재 Teledyne Imaging Sensors에서 2048×2048 픽셀의 센서모듈을 35개로 모자이크 배열로 묶어서 약 147 메가픽셀의 FPA를 제작한 것이 세계에서 가장 큰 어레이이다. 현재 기술적으로는 100 메가픽셀 이상으로 픽셀 수를 늘리는 것은 문제가 없으나, 단지 예산의 한계로 제작하지 않을 뿐이다.

▼ 그림 8-1 열화상 이미지센서의 픽셀 증가 추세

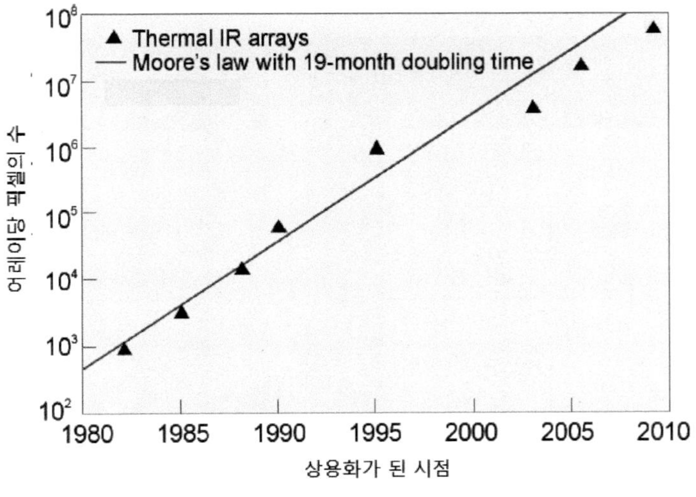

적외선 센서 기술은 앞에서도 언급되었듯이 크게 양자형과 열형 두 종류로 구분이 된다. 양자형(quantum)은 반도체 재료의 광전도 현상을 이용한 것이며, 우수한 양자효율과 매우 낮은 동작온도로 열적 잡음이 작아 탐지도 및 잡음온도분해능(NETD) 특성이 매우 우수하다. 그러나 에너지갭에 따라 적외선에 반응하는 영역이 정해져 있으며, 동작온도가 액체질소(77K) 온도 근처이며, 이를 위해 반드시 진공을 유지해야 하는 문제점이 있다. 따라서 이런 재료를 이용해서 만든 열화상 카메

라는 가격이 매우 높아 상업용 보다는 군사용으로 많이 사용되고 있다. 열형은 반도체 이외의 재료를 이용하며, 파장에 무관한 반응도의 특성을 가지고 있으며, 대부분 상온에서 동작을 하므로 카메라 가격이 상대적으로 저렴한 것이 장점이다. 그러나 상온에서 동작을 하기 때문에 열적 잡음이 그만큼 높으므로 탐지도 및 NETD 특성이 양자형에 비해 좋지 않은 단점이 있다.

적외선 감지용 센서로 사용되는 대표적인 재료의 사용영역은 〈표 8-1〉과 같다. 열형센서는 대부분 적외선의 모든 영역을 감지할 수 있지만, 상온에서 동작하기 때문에 열적잡음이 비교적 높다. 이런 이유로 주로 사용하는 영역은 LWIR 영역의 감지용으로 사용이 되고 있다. 반면 양자형은 에너지갭에 따라 감지영역이 정해진다. 특히 $Hg_{1-x}C_xdTe$(MCT)는 HgTe와 CdTe의 조성 비율에 따라 감지영역의 조정이 가능하며, 이런 이유로 다중컬러 감지용으로 사용된다. 다만 양자형은 온도를 액체질소 온도까지 낮추어서 사용해야 하며, 이로 인해 반드시 진공을 유지해야 하는 단점이 있다. PtSi를 이용한 광전자방출(photo emission)형은 Si을 이용해서 제조가 가능하며 상온에서 동작 가능한 것이 장점이다.[161] 바이메탈 원리로 상온에서 동작이 가능한 미세 캔틸레버를 Sarnoff사에서 MEMS 기술을 이용하여 320×240 어레이 센서의 가능성을 발표하였다.[162]

▼ 표 8-1 대표적인 적외선 센서 재료의 감지영역

<table>
<tr><th colspan="4">양자형</th><th colspan="3">열 형</th></tr>
<tr><th colspan="2">종 류</th><th>센서재료</th><th>사용영역</th><th>종 류</th><th>센서재료</th><th>사용영역</th></tr>
<tr><td rowspan="6">내인성</td><td rowspan="4">PV</td><td>HgCdTe</td><td>SWIR, MWIR, LWIR</td><td rowspan="4">볼로미터</td><td>V_2O_5</td><td rowspan="9">LWIR*</td></tr>
<tr><td>Si, Ge</td><td>NIR</td><td>Poly-SiGe</td></tr>
<tr><td>InGaAs</td><td>NIR, SWIR</td><td>Poly-Si</td></tr>
<tr><td>InSb, InAsSb</td><td>MWIR</td><td>α -Si</td></tr>
<tr><td rowspan="2">PC</td><td>HgCdTe</td><td>SWIR, MWIR, LWIR</td><td>서모파일</td><td>Bi/Sb</td></tr>
<tr><td>PbS, PbSe</td><td>MWIR</td><td rowspan="2">초전체</td><td>LiTa</td></tr>
<tr><td colspan="2">외인성</td><td>Si:X</td><td>NIR</td><td>PbZT</td></tr>
<tr><td colspan="2">양자우물</td><td>GaAs/AlGaAs</td><td>LWIR</td><td>강유전체</td><td>BST</td></tr>
<tr><td colspan="2">광전자 방출</td><td>PtSi</td><td>LWIR</td><td>미세 캔틸레버</td><td>바이메탈</td></tr>
</table>

* 열형은 적외선 전 영역에서 감지를 하지만, 열화상 카메라는 주로 LWIR 영역을 감지

161) Sirica 홈페이지, 기술자료, "A New Approach for Quantum Infrared Detection at Room Temperature"

162) Hunter, Scott R, etc., Proc. of the SPIE, "High-sensitivity uncooled microcantilever infrared imaging arrays", vol. 5074, p. 469 (2003)

비냉각형 적외선 센서 기술은 1970년대 초반에 미국 군인들의 야간 전투력 향상을 목적으로 크기도 작고, 무게도 가벼워 이동시 문제가 없어야 했으며, 모든 병사들에게 지급해야 하므로 가격 또한 획기적으로 낮아야 하는 필요성이 제기되었다. 1978년에 Texas Instruments사에서 BST를 이용한 강유전체 적외선 센서에 대해 특허를 출원하였으며, 1979년에 처음으로 제품이 만들어졌다. 동시에 Honeywell에서 미세가공기술을 이용한 VOx 볼로미터를 이용한 연구도 진행이 되었다. 미 국방부의 지원으로 약 15년간 두 기술이 발전을 하게 되었다. 그러나 2000년대에 VOx가 BST보다 우수하다는 것이 증명이 되었고, 이 이후로 미 국방부는 BST에 대한 지원을 중단하였다. BST에 대한 정부지원 중단으로 이 분야에 대한 연구가 급속하게 줄어들게 되었다. 최근 10여년 동안 BST의 픽셀 크기는 50㎛ 수준에서 변화가 없었으며, 원리적으로 기계적인 쵸퍼(chopper)의 사용으로 광량의 50%만 센서로 입사해서 민감도가 낮다는 치명적인 단점과 기계적인 쵸퍼는 고장이 잘 나며 충격과 진동에 취약하다는 단점이 노출되었다. 결과적으로 VOx와 비정질 실리콘 마이크로볼로미터 카메라에 비해 BST 카메라의 평균고장시간(MTBF, mean time between failures)이 짧으며 전기적인 분극을 안정화시키기 위해 냉각을 해야 한다는 추가적인 단점이 발견되었다.

1990년대 중반부터 비정질 실리콘(α -Si)을 이용한 카메라 기술이 연구되기 시작하였다. α -Si의 가장 큰 장점은 실리콘 제조공정을 그대로 사용할 수 있다는 것이다. 최근 VOx 볼로미터도 실리콘 공정으로 제조가 가능해지면서 마이크로볼로미터 카메라를 미국 이외의 국가로 판매하기 위해 필요했던 수출 허가는 필요가 없게 되었다. 최근 비냉각 적외선 카메라에 사용되는 센서 재료의 시장 점유율은 〈그림 8-2〉와 같다.[163] 그림에서 보듯이 최근의 비냉각용 센서 재료는 VOx 볼로미터가 주류를 이루고 있다. 중저화소용에는 공정이 쉽고 가격이 저렴한 재료인 서모파일에 대해서도 제품이 나오고 있다. 이러한 기술적인 발전에 따라 열형 비냉각형 적외선 카메라는 민수용 뿐만 아니라 군수용으로도 시장이 점점 확대되고 있다. 냉각형에서는 HgCdTe를 이용한 센서들이 대부분을 차지하고 있으며, 일부 InSb, 양자우물 구조 등이 사용되고 있다. 비냉각형에서는 VOx를 이용한 마이크로볼로미터가 대부분이며, 일부 초전체와 서모파일 센서를 사용하고 있다. 초창기에 개발되었던 PbS와 Golay 셀 등의 센서는 거의 사용하지 않고 있다.

163) http://www.flir.com/iploadedFiles/Eurasia/Cores_and_Components/Technical_Notes/ uncooled%20detectors%20BST.pdf

▼ 그림 8-2 고화소용 VOx, α -Si, BST 센서의 시장 점유율

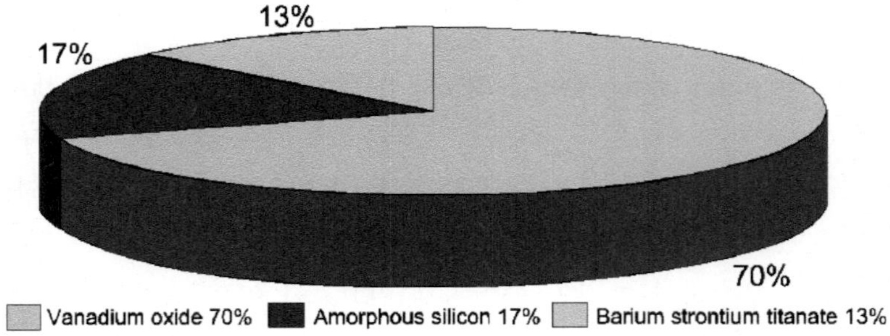

나 열화상 카메라의 응용분야

적외선 카메라의 응용분야는 파장에 따라 4가지 영역으로 구분할 수 있다. 먼저 근적외선(NIR, near infrared) 영역이다. 이것은 0.75~1.4㎛ 영역대로 일반적인 CCD 또는 CMOS 이미지 센서를 사용하는 CCTV 카메라로 주야간겸용(True Day & Night) 기능으로 야간에 시각적으로 볼 수 있는 응용분야이다. CCTV 카메라로 낮에는 컬러로 볼 수 있고, 야간에는 카메라에 장착된 근적외선 LED를 이용해서 흑백영상으로 볼 수 있다. 근적외선 LED로 볼 수 있는 거리와 시야각이 한정되어 있기 때문에 발전소와 같은 중요시설의 외곽 감시를 위해서 야간에 조명등을 설치하여 운용하는 방법도 있다. 이 방식은 현재 보안용 감시 분야에서 가장 많이 사용하고 있다.

두 번째 응용영역은 단적외선 영역(SWIR, short wavelength infrared)인데, 파장으로 1.4~3㎛에 해당한다. 이 영역은 NIR과 마찬가지로 빛이 물체에 반사되어 온 빛을 감지하는 반사형 카메라이다. 센서의 픽셀은 CMOS나 CCD와 유사 수준으로 구현이 가능하기 때문에 영상 분해능은 CCTV와 거의 유사하다. NIR 카메라와 다른 점은 야간에 공기 중 분자들의 진동에 의해 SWIR 영역대의 파장이 하늘에서 내려오고 있기 때문에 추가적인 조명이 필요하지 않다. 이런 원리로 달빛이 없는 깜깜한 밤에도 SWIR 카메라로 영상을 볼 수 있다. 매우 높은 온도의 물체, 예를 들면 용광로에서 금속이 녹을 때에는 SWIR 영역의 빛을 스스로 복사하기도 하므로 고온 영역의 물체 온도를 측정할 때에는 SWIR 영역을 사용하기도 한다.

세 번째 응용영역은 중적외선 영역(MWIR, medium wavelength infrared)이다. 이 영역의 파장은 3~6㎛에 해당하며, 절대온도 0K 이상의 모든 물체는 자체 열(온도)에 의해 발산하는 중적외선을 감지하는 영역이다. 따라서 이 영역은 야간 감시용뿐만 아니라 물체의 온도 측정도 가능하다. 그러나 MWIR 영역대의 피크 파장은 약

500K 정도의 높은 온도에 해당하므로 비교적 높은 온도를 측정하고자 할 때 사용된다. 주로 군수용의 미사일 추적 시스템에 사용된다.

네 번째 응용영역은 원적외선 영역(LWIR, long wavelength infrared)이다. 이 영역의 파장은 8~14㎛에 해당하며, 상온의 물체에서 나오는 열을 감지하는 영역이다. 중적외선과 마찬가지로 물체에서 나오는 열을 감지하는 영역이므로, 중적외선과 더불어 열에너지를 감지한다는 의미에서 적외선이라는 용어 대신에 열화상 카메라 용어를 사용한다. 이 영역은 온도 측정뿐만 아니라 야간 감시용으로도 사용이 가능하며, 가장 많이 활용되고 있는 영역이다. 상기 4가지 영역에 대한 응용분야를 요약하면 〈표 8-2〉와 같다.

비냉각형 적외선 카메라는 상온에서 동작하기 때문에 열적 잡음에 의한 노이즈로 온도 분해능이 다소 떨어지고 큰 시정수로 빠른 움직임의 물체를 정확하게 획득하지 못하는 일부 단점은 있지만, 저렴한 가격과 높은 해상도, 개선된 온도 분해능 등의 성능이 개선되면서 냉각형 적외선 카메라를 대신할 수 있게 되었으며 그 사용 범위는 점차 확대되고 있는 추세이다. 특히 온도 측정용으로는 비냉각형 LWIR 열화상 카메라가 주류이며, 1,000℃ 이상의 고온을 측정하기 위해 SWIR 적외선 카메라가 사용되기도 한다. 영상관측용으로는 다양한 파장대의 카메라가 사용되고 있으며, 특히 외곽감시용으로는 가격적인 문제 때문에 NIR 능동형 카메라를 많이 사용하고 있다.

▼ 표 8-2 파장 대역별 응용분야 및 상대적인 시장 규모(출처 : Yole 2012 리포터)

구 분	응용분야	NIR (0.7~1.4㎛)	SWIR (1.4~3㎛)	MWIR (3~5.6㎛)	LWIR (8~12㎛)
Thermography (온도측정)	유지관리 (온도측정관련)				★★★
	빌딩검사 (누수, 단열 등)				★★★
	기타 (R&D, 의료, 자동제어)	★	★	★	★★★
Thermal Vision (열영상관측)	군사용& 기타	★★	★★	★	★★
	외곽감시용 CCTV	★★★	★		★★
	자동차용	★★			★★
	소방				★★★
	해상	★★	★★		★★
재료분석	프로세스제어, R&D	★★	★★	★★	

★ 개수는 상대적인 시장규모임

최근 몇 년 사이에 열화상 카메라 기술이 민수용 분야에서 다양하게 응용되기 시작했다. 고성능이 필요한 군수용과는 달리 민수용은 카메라의 가격이 낮아야 하는 것이 필수적이었으며, 군수용으로도 모든 병사들의 야간 전투력 향상을 위해 기존 냉각형 열화상 카메라 대비 가볍고 크기도 작은 비냉각형 열화상 카메라가 필요하게 되었다. 민수용과 군수용을 충족시킬 수 있는 기술이 바로 열화상 카메라의 가장 핵심기술인 LWIR용 비냉각형 적외선 센서기술이다. 열화상 카메라에

▼ 표 8-3 년도별 응용분야에 따른 시장규모 및 사용수량 예측 (출처 : Yole 2012 report)

(시장규모단위:M$), (사용수량단위:units)

응용분야 \ 년도			2010		2012		2014		2016	
			시장규모	사용수량	시장규모	사용수량	시장규모	사용수량	시장규모	사용수량
군수용	소총야간감시 (TWS)		$383	44,000	$310	36,652	$288	37,759	$312	45,273
	전차/탱크 야간감시		$241	24,150	$245	26,299	$221	26,297	$218	28,716
	휴대용 야간감시		$168	18,700	$155	17,593	$150	18,824	$162	22,571
	원격무기체계		$178	12,000	$187	12,852	$208	14,577	$242	17,478
	기타군사목적		$30	3,000	$32	3,308	$36	3,785	$43	4,539
	계		$1,000	101,850	$929	96,704	$903	101,242	$977	118,577
민수용	온도측정	초급형	$11	8,200	$20	19,701	$34	47,330	$57	113,711
		보급형	$231	42,000	$261	65,625	$303	98,438	$310	124,523
		일반형	$280	28,000	$300	37,030	$321	48,972	$315	59,256
		고급형	$61	2,444	$63	2,957	$64	3,578	$66	4,330
	외곽감시	보급형	$19	5,320	$24	8,581	$30	13,840	$37	22,322
		일반형	$136	21,280	$171	41,709	$215	81,749	$335	176,652
		고급형	$28	1,400	$34	2,419	$42	2,903	$51	4,180
	자동차나이트 비전		$36	39,200	$44	66,248	$58	120,571	$71	235,114
	해안용		$71	6,120	$87	8,094	$104	10,704	$124	14,156
	소방		$119	15,450	$114	15,450	$109	15,450	$105	15,450
	기타상용목적		$32	8,400	$38	11,109	$45	14,692	$54	19,430
	계		$1,018	177,814	$1,155	278,519	$1,324	458,227	$1,525	789,125
합 계			$2,018	279,664	$2,084	375,223	$2,227	559,469	$2,502	907,702

탑재되는 비냉각형 적외선 센서로는 마이크로볼로미터와 강유전체가 사용이 되고 있는데, 마이크로볼로미터는 산화바나듐(VOx, vanadium oxide)과 비정질 실리콘(α-Si, amorphous silicon) 재료로 구현하며, 강유전체로는 티탄산바륨스트론튬(BST, Barium Strontium Titanate) 재료로 구현되고 있다. 이러한 재료들이 개발되기 전까지는 앞 절에서 설명된 냉각형 양자형 센서들이 주로 사용되었다.

적외선 센서관련 시장 조사기관인 Yole사의 2012년 리포터에 의하면, 년도에 따라 응용분야별 시장규모는 <표 8-3>과 같다.[164] 군수용의 년도별 시장규모는 거의 변화가 없으나, 민수용으로는 사용수량이 큰 폭으로 확대될 것으로 예상하고 있다. 특히 온도측정, 외곽감시, 자동차 나이트비전 분야는 성장세가 매우 클 것으로 예상하고 있으며, 사용수량의 증가만큼 시장규모가 따라가지 않는 것은 카메라의 가격이 매년 획기적으로 낮아질 것이기 때문이다. 온도측정용의 카메라 단가는 민수용의 다른 카메라보다 높게 형성되어 있다. 그 이유는 온도 측정을 위해 광학계 부분이 더 정밀하며, 마이크로프로세스에서 입사된 광량으로부터 온도로 계산해 주는 모듈이 탑재되어 있기 때문이다.

다 LWIR 열화상 카메라 응용

적외선을 이용한 열화상 카메라는 열 또는 온도를 감지하는 특성을 이용해서 다양한 분야에 활용되고 있다. 최초에는 군사용의 목적으로 주로 사용되었고, 차츰 그 기술이 보편화됨에 따라 상업용으로 확대되었다. 군사용으로는 야간에도 주간처럼 아주 뚜렷한 영상을 확보할 수 있는 장점 때문에 외곽 감시용으로 주로 사용되었다. 2000년대 후반부터 군수용의 목적으로 개발된 기술들이 점점 민수용으로 전파되기 시작하였다. 물론 1~4개 픽셀을 갖는 적외선 센서를 이용한 응용은 많은 곳에서 이루어졌다. 주로 시큐리티용의 침입자 감지, 아파트의 실내등 자동점멸, 비접촉식 귀속 온도계, 가스 및 화재 감지용, 계측기의 센서용 등의 목적으로 사용되었다. 그러나 열영상을 이용한 민수용은 SARS라고 하는 전염병이 생기면서부터 급격히 늘어나게 되었으며, 그때까지 군수용의 기술을 보유하고 있었던 미국의 FLIR사는 경쟁사를 물리치고 선두주자로 나서게 되었다. 향후 민수용 분야에서 가장 큰 시장을 형성할 것으로 기대하는 분야가 바로 <그림 8-3>과 같은 자동차용 열화상 카메라분야이다.

164) "Uncooled Infrared Imaging Market 2012", Yole Development, (2012)

▼ 그림 8-3 자동차용 열화상 카메라 적용 사례

안개가 낀 야간에 자동차를 운전하다 보면 마주 오는 차량의 불빛 때문에 전방을 자세히 보기가 어려운 경우가 종종 있어 교통사고의 위험이 매우 커진다. 이런 경우 열화상 카메라를 이용하면 전방을 아주 깨끗하게 확인할 수 있으며, 인체와 유사한 온도를 가진 물체가 전방에 발견되면 경보도 보내어 사고를 획기적으로 줄일 수 있다. 현재는 고급용 승용차에만 적용되고 있지만, 조만간 열화상 카메라의 가격이 낮아지면 일반 승용차에도 보급될 것으로 예상한다. 또한, 32×32 정도의 픽셀을 가진 열화상 센서를 이용하여 승용차 내부의 온도를 정확히 분석해서 에어컨 또는 히터의 효율적인 통풍으로 더욱 쾌적한 환경을 유지할 수 있다. 특히 시장 예측 기관인 Yole사에서는 2013년 이후부터 자동차용 열화상 카메라 시장이 급격히 확대될 것으로 예측하고 있다. MWIR과 LWIR 대역의 적외선은 온도와 관련되어 있어 물체의 온도를 측정하고자 하는 목적으로도 사용된다. 매우 높은 온도를 사용하는 제철 및 철강 관련 산업, 유리산업, 의약품 생산, 플라스틱 산업, 정유산업 등 비교적 높은 온도 영역에서 정교한 온도제어가 필요한 산업현장에는 열화상 카메라를 이용한 온도측정이 매우 일반적으로 사용되고 있다. 현재까지는 320×240픽셀 이상의 고화소용 열화상 카메라가 사용되고 있으나, 중저화소용 카메라를 이용해서 제조공정 중 필요한 부분에 설치하여 이상 시 경보를 발생시키는 용도로 사용될 수 있다. 이 외에도 고급식당의 조리실에서 음식을 만드는 과정 중에 온도 측정이 필요한 곳에도 응용할 수 있다.

또한, 화재 때문에 연기가 발생하여 앞을 볼 수가 없을 때 열화상 카메라를 이용하면 화재로 인한 뜨거운 곳과 차가운 곳을 알 수 있어 화상을 입지 않고 피할 수 있으며, 연기 너머에 있는 물체를 볼 수 있어 화재시 인명 조난용으로 사용이 가능하다. 현재는 가격이 너무 높아 소방대원만 소지하고 있으나, 향후 가격이 획기적으로 낮아진다면 공공건물 또는 지하철 역사 등에 방독면과 같이 비치하여 화재시 쉽게 출구를 찾아 빠져나올 수 있도록 하는 용도로도 사용이 가능하다.

지구 온난화로 점점 에너지 문제는 심각해지고 있다. 특히 전기를 많이 사용하는 겨울과 여름에 단열 문제 때문에 열이 밖으로 새어 나간다면 그만큼 에너지를 낭비하는 것이다. 〈그림 8-4〉는 건물의 단열 상태를 열화상 카메라로 측정한 사진과 단열 조치 전후에 따른 비교 영상으로 확연히 단열에 대한 상태를 한눈에 알 수가 있다. 앞으로는 일정 기간이 지난 건축물의 외관을 열화상 카메라로 점검하여 에너지가 낭비되지 않도록 하는 제도도 필요하지 않을까 생각한다.

▼ 그림 8-4 에너지 관리를 위한 열화상 카메라 적용 사례

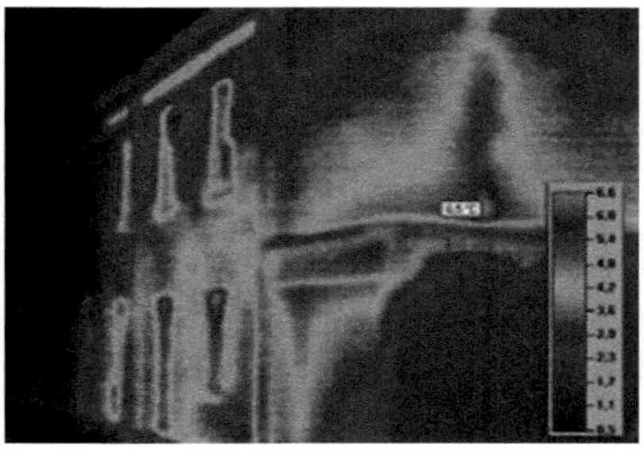

(a) 건물 외벽의 단열상태

(b) 단열 조치를 취한 전과 후의 비교 영상

〈그림 8-5〉과 같이 의료용으로도 열화상 카메라가 많이 사용되고 있다. 한방 분야에서는 오래전부터 인체의 열영상 정보로부터 온도가 평균보다 낮거나 높게 측정되는 부위를 통해 혈액의 비정상 흐름을 판단하는 용도로 사용해 왔다. 최근 한의학에서는 적외선 체열 영상에 대한 학문적인 연구가 많이 진전되고 있으며, 인체의 주요 부위에 대한 온도 표준화 작업도 진행 중이다. 또한, 사람뿐만 아니라 가축에도 열화상 카메라 기술을 적용하는 연구가 진행 중이다. 구제역 또는 조류 인플루엔자에 감염된 가축은 초기에 고열(약 40℃)이 발생하는데, 열화상 카메라로 가축들의 체온을 실시간 모니터링하면 이상 발생시 즉시 알 수 있다.

▼ 그림 8-5 열화상 카메라로 촬영한 인체 열영상

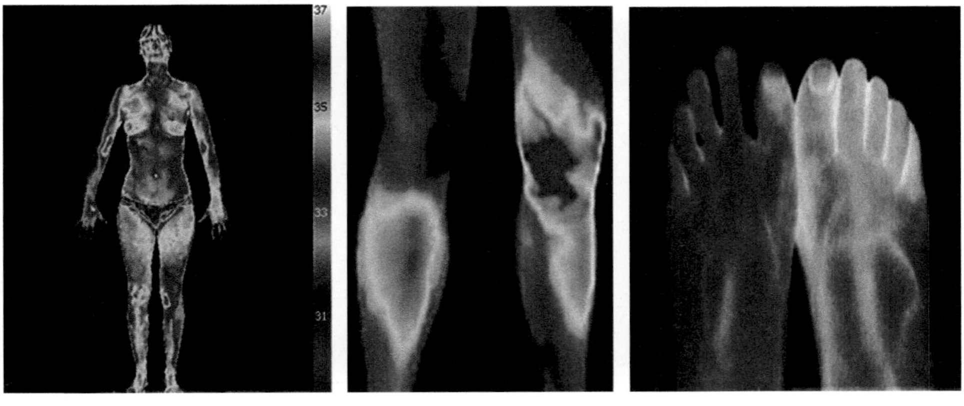

겨울철 전기로 인한 화재가 자주 발생하고 있는데, 대부분 무절제한 전열기구의 남용에 따른 과부하와 누전이나 합선으로 화재가 발생한다. 이상이 잇는 부분을 열화상 카메라로 보면 〈그림 8-6〉과 같이 과열된 것을 알 수 있다. 고가의 열화상 카메라로 일일이 이렇게 확인을 한다는 것은 어렵지만, 과부하가 예상되는 곳에 중화소용 열화상 카메라를 설치하여 사전에 일정 온도 이상이 올라가면 경보를 발생하도록 하면 화재를 사전에 예방할 수 있다.

▼ 그림 8-6 전기 과부하로 인한 열영상

적외선은 온도와 관련되어 있어 물체의 온도를 측정하고자 하는 목적으로도 사용된다. 매우 높은 온도를 사용하는 제철 및 철강 관련 산업, 유리산업, 의약품 생산, 플라스틱 산업, 정유산업 등 비교적 높은 온도 영역에서 정교한 온도제어가 필요한 산업현장에는 열화상 카메라를 이용한 온도측정이 매우 일반적으로 사용되고 있다. 현재까지는 320×240픽셀 이상의 고화소용 열화상 카메라가 사용되고 있으나, 중저화소용 카메라를 이용해서 제조공정 중 필요한 부분에 설치하여 이상 시 경보를 발생시키는 용도로 사용될 수 있다. 이 외에도 고급식당의 조리실에서 음식을 만드는 과정 중에 온도측정이 필요한 곳에도 응용할 수 있다. 열화상 카메라는 화재 초기 단계에서 문제점을 발견할 수 있는데, 그 사례는 〈그림 8-7〉과 같다.[165] 창고나 물류 시설 등을 열화상 카메라로 24시간 실시간 온도 분포를 감시할 수 있다. 특히 화재 가능성이 있는 위치의 온도를 상시 감시하다가 이상 현상이 발생하면(그림에서 98.8℃에서 128.8℃로 변함), 이를 알람으로 발생하게 해서 화재가 발생하기 직전에 이상상태를 모니터할 수 있는 장점이 있다. 화재를 감지할 수 있는 방법에 대한 장단점은 〈표 8-4〉와 같다. 현재는 가격적인 문제 때문에 화재감지기를 주로 사용하고 있지만, 가격적인 문제도 향후에는 열화상 카메라 제조비용이 점점 낮아지고 있으므로 가까운 미래에는 열화상 카메라가 화재감지기의 많은 부분을 대체할 수 있을 것으로 예상한다.

165) FLIR사 홈페이지, http://www.flir.com/thermography/americas/us/view/?id=43988

▼ 그림 8-7. 열화상 카메라에 의한 화재 초기 감지

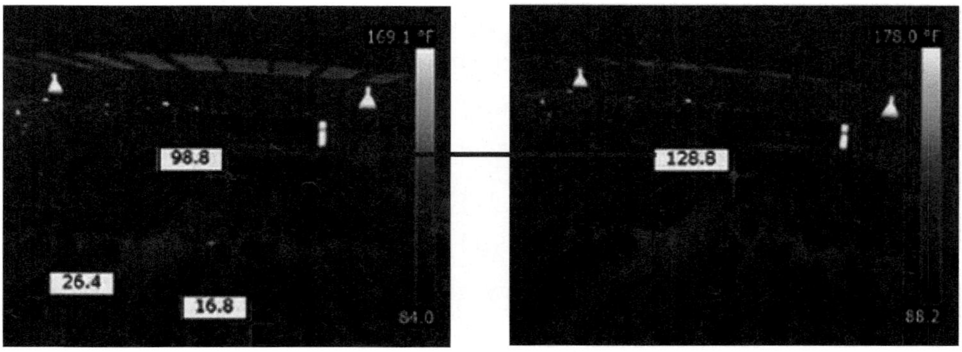

▼ 표 8-4 화재 감지기 종류에 따른 장단점

감지기 종류	장 점	단 점
CCTV	• 가격이 비교적 저렴함 • 매우 넓은 영역을 감시할 수 있음	• 야간에는 별도의 조명이 필요함 • 조명등 운영으로 유지비용이 과다 • 스모그 등의 환경에서 제약이 있음 • 어느 정도의 연기가 발생해야 감지
화재감지기	• 가장 가격이 저렴함	• 화재 단계가 많이 진전됨 • 오보가 많은 편임 • 유지비용이 많이 듦
열화상카메라	• 외부 조명등이 필요없음 • 스모그 환경에서도 감시가 가능 • 화재 초기단계에 감지가 가능 • 넓은 영역을 감시할 수 있음 • 화재원과 배경의 우수한 대조영상 • 오보가 거의 없음 • 유지비용이 없음	• 구입 가격이 고가

비냉각형 열화상 카메라의 온도 분해능이 거의 0.05K 정도로 성능이 급격히 향상됨으로 인해, 최근 온도 측정용으로는 냉각형 보다는 비냉각형 카메라를 주로 사용한다. 최근 출시되고 있는 열화상 카메라의 등급에 따른 가격 대비 성능 비교는 〈표 8-5〉와 같다. 기술의 발달로 카메라의 가격은 매년 약 10% 정도씩 낮아질 것으로 예상하고 있다. 대부분은 비냉각 기술로 응용이 되고 있으나, 매우 높은 성능의 온도분해능의 요구되는 가스 누출에 대한 열화상 감시는 거의 100% 냉각형 열화상 카메라가 사용되고 있다. 현재 민수용 열화상 카메라 시장의 약 50%는 미국의 FLIR사가 차지하고 있다. FLIR사는 적외선 관련하여 센서부터 카메라까지 전 부품을 자체적으로 개발 및 생산하고 있는 회사이며, 자체적으로 생산한 마이

크로볼로미터 센서를 외부에 판매를 하기도 한다. 그 다음으로 미국의 Fluke사가 민수용의 약 30% 정도 차지하고 있으며, 특히 Fluke사는 이동식 테스트&측정 장비 분야에서 두각을 나타내고 있다. 프랑스의 Ulis사는 카메라는 전혀 제조하지 않고, 오직 비정질 실리콘 기술을 바탕으로 640×480까지의 이미지 센서를 외부에 공급하고 있다. 미국의 L-3Com은 비정질 실리콘 기술의 이미지 센서 제작 기술을 보유하고 있으며, 센서 생산량의 1/3은 군수용으로 사용하고, 나머지 2/3는 자체 민수용 카메라 양산에 사용하고 있다. 미국의 DRS사는 군수용 카메라의 최대 공급자이며, 그 뒤를 이어 BAE, Raytheon사 등이 군수용으로 생산 공급하고 있다.

▼ 표 8-5 열화상 카메라 온도계의 등급에 따른 가격 대 성능

등급	가격 (2011년 기준)	이미지센서 픽셀수	NETD (K)	대표 제품
초보용	$1,200	60×60	0.1	FLIR i3, DeWALT
보급형	$1,500~$7,500 (평균 : $5,500)	80×80 120×120 160×120 140×140	0.1	Fluke Ti100
중급형	$7,500~$15,000 (평균 : $10,000)	180×180 200×150 320×240 384×288	0.08~0.05	FLIR T series
고급형	$20,000~$30,000	640×480	0.05~0.03	NEC H2640

라 SWIR 적외선 카메라

TDN(true day & night) 카메라는 NIR 영역의 LED를 이용해서 물체에서 반사되어 온 빛을 감지하는 능동형 카메라이다. 이와 유사한 원리로 동작하는 것이 SWIR 영역을 이용한 능동형 적외선 카메라이다. 이런 이유로 NIR과 SWIR 영역의 적외선을 반사형 적외선 영역이라고 한다. 반면, MWIR과 LWIR 영역을 이용한 열화상 카메라는 물체에서 나오는 적외선 복사량으로부터 인식하는 수동형 카메라이며, 이런 이유로 MWIR과 LWIR 영역을 열형 적외선 영역이라고 한다. SWIR 대역의 파장은 가시광과 NIR에 비해 상대적으로 길어 산란에 의한 효과가 작으며, 이런 특성으로 분자 진동의 스펙트럼 분석과 눈에 보이지 않는 소스를 이용한 조명(대기

상공으로부터 나오는 수동형의 야광 또는 눈에 안전한 LED를 이용한 능동형 조명)으로 영상을 획득하는 카메라 그리고 약 150℃ 이상의 매우 높은 온도를 가진 물체의 온도측정 용도로 사용이 된다. 달빛이 전혀 없는 밤하늘에서 SWIR 영역의 반사된 빛으로 물체를 볼 수 있는 이유는 대기 상공에 있는 O-H 분자들의 진동으로 인해 야광과 달빛의 양에 따라 SWIR 대역의 파장이 복사되기 때문이다.[166)]

SWIR은 가시광에 비해 파장이 긴 특성이 있어 산란현상이 덜 일어나므로 안개나 먼지 등의 기후조건에서도 잘 통과한다. 〈그림 8-8〉은 약 2km 떨어진 호텔의 영상을 일반 카메라와 640×512 픽셀의 SWIR 카메라로 획득한 것을 비교한 것인데, 일반 카메라인 (a)는 안개로 인해 호텔이 보이지 않는 반면, SWIR 카메라인 (b)는 안개가 있음에도 불구하고 깨끗한 영상을 획득할 수 있다.

▼ 그림 8-8 안개가 낀 상황에서 일반 카메라와 SWIR 카메라 영상 비교

날씨가 좋은 일반적인 상황에서도 SWIR 카메라로 매우 깨끗한 영상을 얻을 수 있다. 〈그림 8-9〉(a)에서 보듯이 가시광선으로는 시야가 약 5km 정도 확보가 되지만, SWIR로는 시야가 약 20km까지 확보가 가능하며 영상의 화질도 훨씬 뚜렷함을 볼 수 있다. 다만 컬러 영상이 아니기 때문에 색상에 대한 정보가 없다는 것이 단점이다. 그리고 (b)와 같이 가시광선으로는 먼지가 있는 환경에서의 차량을 구분할 수 없지만, SWIR 영상으로는 뚜렷한 영상 획득이 가능하다. 이처럼 SWIR 영상은 거의 전천후 영상 획득이 가능하다는 장점을 가지고 있어 군사용으로도 응용범위가 확대되고 있다. 따라서 평상시 맑은 경우에도 SWIR의 영상이 일반 가시광선 카메라의 영상보다 훨씬 뚜렷한 영상을 얻을 수가 있다.

166) "Seeing Photons: Progress and Limits of Visible and Infrared Sensor Arrays", National Academy of Science, 2010

▼ 그림 8-9 다양한 환경에서 가시광선과 SWIR 영상 비교

(a) 맑은 날, 가시광선으로는 약 5 km 시야 확보, SWIR로는 약 20 km 시약확보 가능

(b) 먼지로 인해 가시광선으로는 산란으로 인해 차량이 보이지 않지만,
SWIR로는 비교적 깨끗한 영상 확보가 가능

또한 긴 파장이 짧은 파장보다 물체 표면을 깊이 투과하는 특성이 있는데, 이런 특성을 이용해서 신경조직 관측과 산업용 코팅막 관측용으로도 사용된다. 광간섭 단층촬영(optical coherent tomography, OCT)에도 SWIR의 영역을 이용한 사례가 늘고 있다. 안과에서 각막과 망막의 OCT 영상촬영을 위해 기존에는 0.84 ㎛의 파장을 사용하였다. 그러나 각막 주변은 산란 현상 때문에 녹내장의 잠재원인을 진단할 수가 없었다. 대신 1.04 ㎛ 또는 1.3 ㎛ 파장을 이용하여 눈에 대한 다양한 OCT 영상을 얻을 수 있다. 또 다른 바이오 응용분야로 혈관 위치를 찾는 용도로도 사용될 수 있다. 간호사들은 정맥을 대부분 느낌으로 찾는데, 노약자 또는 유아인 경우에는 정맥의 정확한 위치를 찾기 어렵다. SWIR 카메라를 이용하면 〈그림 8-10〉과 같이 쉽게 정맥의 위치를 찾을 수 있다.[167]

167) Marc P. Hansen and Douglas S. Malchow, "Overview of SWIR detectors, cameras, and applications", *Proc. of SPIE vol.6939*

▼ 그림 8-10 NIR/SWIR 카메라로 획득한 팔뚝 정맥 영상 및 손목을 투과시켜 획득한 정맥/동맥 영상

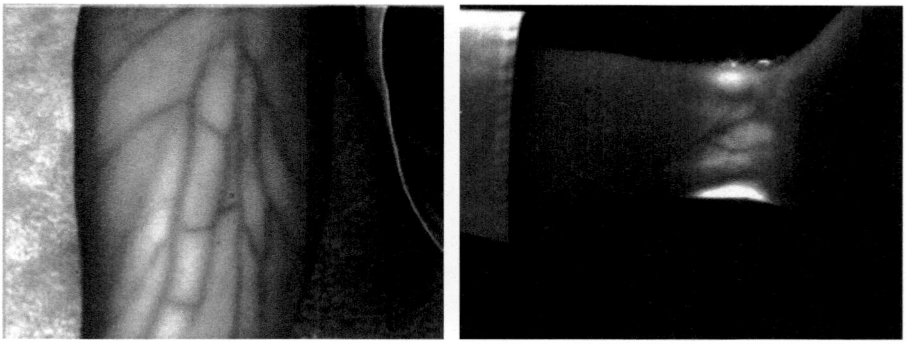

(a) NIR/SWIR InGaAs 카메라로 획득한 팔뚝 표면의 정맥 영상

(b) 손목을 투과시켜 획득한 정맥과 동맥 영상 (뼈는 이 파장 대역에서 상대적으로 투과함)

09 스마트 습도센서

공기 주위에 있는 수분의 양은 인간과 동물의 건강에 매우 중요한 요소이다. 주위 환경이 인체에 영향을 주는 안락함의 정도는 주로 두 가지 요인이 있는데, 하나는 온도이고, 다른 하나는 바로 상대습도이다. 시베리아에서 겨울철 온도는 -30℃ 정도이고 공기는 매우 건조하여 안락함을 느낀다. 반면, 호수 근처인 클리브랜드는 0℃ 정도의 온도에서 상당량의 수분을 포함하고 있어 매우 불편하다고 느낀다. 또한 습도는 정밀 전기회로와 정전기에 민감한 장비들에 중요한 영향을 미친다. 습도는 여러 가지 방법으로 표현이 가능하다. 가스 내의 수분은 가스의 백만 입방체당 수분의 파운드로 표시하고, 액체나 고체 내의 수분은 총 질량당 물의 함량으로 표시한다. 만약 액체 내에 낮은 수분 함량이 있는 경우는 백만 질량당 함량을 의미하는 ppm 단위로 표현하기도 한다. 수분을 뜻하는 영어에는 두 가지가 있는데, 하나는 'Moisture'이고, 다른 하나는 'Humidity'이다. 두 가지 모두 한국말로 '수분'으로 번역이 되어 둘 사이에 구분이 없으나, 영어에서는 두 가지를 다음과 같이 구분해서 사용한다. Moisture는 액체와 고체 물질이 함유하고 있는 물의 양을 의미하며, Humidity는 기체 내에 포함된 물의 양을 의미한다. 우리말로 번역하면 일부 혼돈이 있을 수 있으므로, 이를 구분하기 위해 Moisture는 '수분'으로 번역하고, Humidity는 '습도'로 번역한다. 따라서 습도와 수분에 관련된 용어의 정리를 하면 다음과 같다.

① **수분**(Moisture) : 액체나 고체의 화학적 특성의 변화없이 단순히 흡착 또는 흡수에 의해 포함된 물의 양이다.

② **혼합률**(Mixing Ratio) : 건조한 가스의 단위 질량당 수증기의 질량이다.

③ **절대습도**(Absolute Humidity) : 가스의 단위 체적당 함유된 수증기의 질량이며, 절대습도는 수증기 함량의 밀도를 의미한다. 절대습도는 입방체 미터당 그램의 단위 또는 입방체 피트당 파운드를 사용한다. 이 값은 대기압에 따라 변하므로 공학적인 분야에서는 잘 사용하지 않는다.

④ **상대습도**(Relative Humidity) : 줄여서 RH로 표시하며, 임의의 온도에서 공기의 실제 증기압 값에 동일한 온도에서 포화된 최대 증기압으로 백분율(100×수증기의 부분압력/수증기의 포화압력)로 정의되며, 단위는 %를 사용한다. 끓는점 이상의 온도에서는 수압이 폐공간 내에서 모든 다른 가스의 압력을 대체하기 때문에 대기압은 수분의 증기압과 같게 된다. 따라서 100℃ 이상의 온도에서 상대습도는 100%를 넘을 수 없기 때문에 포화압력은 대기압보다 큰 값을 가질 수 없다. 그러므로 일반적인 대기압 하에서 100℃ 온도에서는 상대습도가 100%가 되고, 200℃에서는 오직 6%가 된다.

⑤ **이슬점 온도**(Dewpoint Temperature) : 수증기의 압력이 최대가 되거나 또는 포화된 증기 상태일 때의 온도이다. 다른 표현으로 가스-수증기의 혼합물이 일정 압력 하에서 냉각을 시킬 때 성에 또는 얼음이 생성되는 온도로 정의된다. 즉 이슬점은 상대습도가 100%가 되는 온도를 의미한다. 온도를 이슬점까지 낮추게 되면, 공기는 포화되어 안개, 이슬 또는 성에가 생긴다.

습도센서를 보정하기 위해서는 습도에 대한 표준이 필요하다. 직관적으로 이런 표준은 건조한 공기(0% 습도)와 수분이 함유된 스팀공기(100% 상대습도)를 이용해서 이를 알고 있는 비율로 혼합하면 된다. 그러나 이런 방법보다는 일반적으로 물속에 포화된 소금 용액을 주로 사용한다. 포화된 용액이 있는 그릇을 대기압과 분리된 공간에 위치시키고, 온도를 조절하면 매우 정밀한 상대습도 값을 얻을 수 있다. 공간의 온도를 0.5℃ 정도의 정밀도를 유지한다면 상대습도는 ±2% 내의 정밀도로 표준이 가능하다. 용액의 종류와 온도에 따른 상대습도 표준은 〈표 9-1〉과 같다.

▼ 표 9-1 소금 용액의 종류에 따른 표준 상대습도

온도(℃)	LiCl+H_2O	MgCl+6H_2O	NaCl+6H_2O	K_2SO_4
5	13	33.6±0.3	75.7±0.3	98.5±0.9
15	12	33.3±0.2	76.6±0.2	97.9±0.6
25	11.3±0.3	32.8±0.3	75.3±0.1	97.3±0.5
35	11.3±0.2	32.1±0.1	74.9±0.1	96.7±0.4
45	11.2±0.2	31.1±0.1	74.5±0.2	96.1±0.4
55	11.0±0.2	29.9±0.2	74.5±0.9	-

습도측정의 원리는 물 분자나 수증기가 가지는 고유한 물리적 성질을 이용하는 것과 흡습성 물질에 물 분자가 흡착되어 그 물질의 물리적 성질의 변화를 측정하는 방법이 있다. 노점습도계, 건습구습도계, 확산식습도계, 적외선습도계 등이 전

자에 속하고, 모발습도계, 박막 또는 후막 습도계, 색습도계 등이 후자에 속한다. 습도측정 방법에 따른 분류는 〈표 9-2〉와 같다.[168]

▼ 표 9-2 습도측정 방법의 분류

<table>
<tr><th>대분류</th><th>중분류</th><th>측정방법</th><th>측정원리</th></tr>
<tr><td rowspan="6">직접
측정</td><td rowspan="2">포화에 의한 방법</td><td>노점습도계</td><td>노점의 측정</td></tr>
<tr><td>연화리튬노점습도계</td><td>변이점 온도측정</td></tr>
<tr><td rowspan="3">흡수에 의한 방법</td><td>부피식습도계</td><td>수증기 부피의 측정</td></tr>
<tr><td>전기분해식 습도계</td><td>흡수된 물의 전해전류 측정</td></tr>
<tr><td>중량식 습도계</td><td>흡착체의 무게변화 측정</td></tr>
<tr><td>증발에 의한 방법</td><td>건습구 습도계</td><td>증발에 의한 냉각의 측정</td></tr>
<tr><td rowspan="9">간접
측정</td><td rowspan="5">수분흡착에 의한 방법</td><td>모발습도계</td><td>모발의 길이변화 측정</td></tr>
<tr><td>탄소피막 습도계</td><td>전기전도도의 변화 측정</td></tr>
<tr><td>전기저항식 습도계</td><td>표면전도도의 변화 측정</td></tr>
<tr><td>전기용량식 습도계</td><td>유전상수의 변화 측정</td></tr>
<tr><td>색습도계</td><td>변색의 측정</td></tr>
<tr><td rowspan="2">분광학적 방법</td><td>근적외선 습도계</td><td>근적외선 흡수의 측정</td></tr>
<tr><td>마이크로파 습도계</td><td>유전성의 측정</td></tr>
<tr><td rowspan="2">기타 방법</td><td>확산식 습도계</td><td>확산속도 차에 의한 압력차</td></tr>
<tr><td>방전식 습도계</td><td>이온화 전위의 변화측정</td></tr>
</table>

흡수성 물질의 수축이나 팽창을 이용하여 습도를 측정하는 방법을 역학적 습도계라고 하며, 특히 모발은 습도에 따라서 신축성이 우수하여 오랫동안 사용되어 왔던 습도계 중의 하나이다. 사용되는 모발은 탈지를 한 후 감습특성을 향상시키기 위하여 압연처리하고 화학처리하여 사용한다. 모발의 성질 중 가장 중요한 것은 습도에 따라 신축하는 관계인데, 사람의 모발은 상대습도 0%RH에서 100%RH까지 변할 때, 0%RH 보다 약 2.5% 길이가 늘어난다. 모발의 신축과 상대습도와의 관계는 1845년경 Regnault의 구체적 실험을 통하여 밝혔는데, 상대습도가 0%RH일 때, 모발의 길이를 일정하다고 보고 공기 중에 방치하면 상대습도에 따라 일정한 값을 갖는다. 또한 모발습도계가 20%RH 이하의 습도에서는 정확한 측정이 어려우며, 습도가 높으면 모발의 길이가 늘어나고, 습도가 낮으면 모발의 길이가 줄어드는 원리이다. 이런 장치를 이용해서 상대습도 100% RH 일 때 늘어난 길이를 100으로 할 때, 상관관계는 〈표 9-3〉과 같다.

168) 방기석, "습도측정 및 습도센서", ㈜공보엔지니어링

▼ 표 9-3 습도에 대한 모발의 신장률(%)

습도(%)	100	80	60	40	20	10	0
신장률(%)	100	90.5	79.2	63.7	38.8	20.9	0

스마트 디바이스에 사용할 수 있는 습도센서로는 습도에 따라 전기적인 신호를 출력할 수 있는 전기저항식과 전기용량식을 들 수 있다. 물질에 따라서 수증기를 흡수하면 전기저항이 변하는 것이 있는데, 이러한 물질의 전기저항 변화를 이용한 것이 전기저항식 습도센서이다. 저항과 상대습도와의 관계는 실험으로 결정되며, 이 결과로 저항을 측정하여 상대습도를 얻을 수 있다. 전기저항식 습도센서는 1927년 Bridge와 Alexander가 전극사이에 순면이 촘촘히 쌓여 있을 때 전기저항이 상대습도에 따라 변하는 것을 이용하여 전기식 습도계를 만든 것이 계기가 되어, 1935년에 F.W. Dunmore가 염화리튬(LiCl)을 이용하여 습도계를 만든 후부터 다방면에서 응용되고 있는 센서이다. 순수한 물은 전기적으로 절연체이나 실제로 공기 중의 물은 어느 정도의 전해질 수용액 상태이므로 전기적으로 도체의 성질을 가지고 있다. 목면 등은 흡수성이 매우 강하며 이러한 흡수성은 일정한 온도에서 상대습도가 높을 때 수분흡수가 크게 일어나는데, 이때 전기저항은 감소하게 되고 이러한 성질은 약간의 온도 의존성을 가지고 있다. 상대습도에 따른 저항변화의 측정은 직류로는 분극작용 때문에 정확하게 측정할 수 없고 반드시 교류로 측정해야 한다. 전기저항식 습도센서로 습도 측정을 할 때, 센서 부분이 측정 기체와 평형상태를 이룬 후에 측정해야 하며, 온도와 습도가 변하는 상태에서는 정확한 측정을 할 수 없다. 대표적인 전기저항식 습도센서의 내부 구조와 전기저항 변화는 〈그림 9-1〉과 같다. 감습재는 주위의 수분을 흡수하는 재료로 만드는데, 보통 도전성고분자를 사용한다. Dunmore는 염화리튬(LiCl)을 사용하였고, 최근에는 물을

▼ 그림 9-1 전기저항식 습도센서 내부구조 및 상대습도에 따른 전기저항

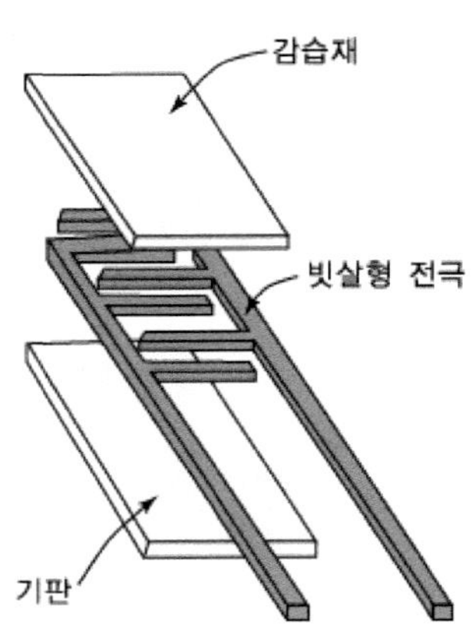

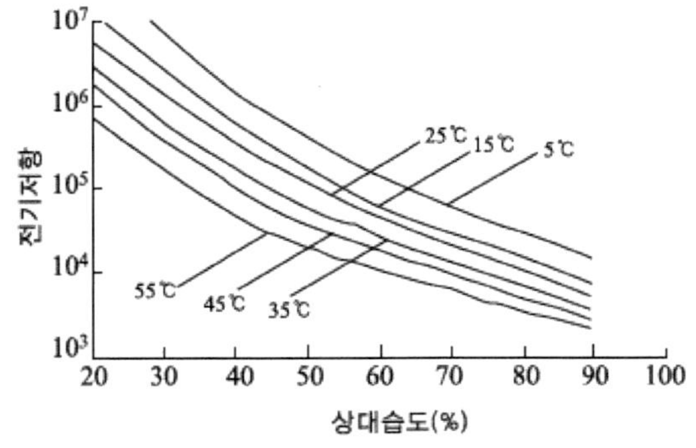

잘 흡수하는 산화알루미늄(Al_2O_3) 재료를 많이 사용한다. 그리고 습도가 증가함에 따라 저항은 줄어드는 특성이 있다. 전기저항형 습도센서는 1kHz에서 사용할 때 임피던스는 10MΩ에서 100Ω까지 변하며, 이 경우 습도는 0~90%까지 측정이 가능하다.

전기용량식 습도센서는 커패시터 사이에 수분에 잘 반응하는 유전물질로 채워두면, 습도에 따라 유전율이 변하여 전극 양단의 전기용량이 변하게 되는데, 이로부터 습도를 유추할 수 있다. 이와 같은 센서는 통상적으로 0~90%RH 범위에서 ±2%RH 정도의 정밀도와 90~100%RH 범위에서는 ±3%RH 정밀도를 가진다. CMOS 공정으로 제조된 정전용량 습도센서의 단면도 및 위에서 본 그림은 〈그림 9-2〉와 같다. Si 기판을 이용해서 전극판 사이에 유전체로 divinyl siloxane benzocyclobutene(BCB) 박막을 사용한 예이다. 이 소자는 반응속도가 약 650ms 정도이며, 최소 측정시간은 400ms이며, 한번 측정 후 수초만에 수분이 빠져 나간 원래 상태로 돌아올 수 있어 의학용으로 많이 사용되고 있다.

▼ 그림 9-2 CMOS 정전용량식 습도센서의 구성

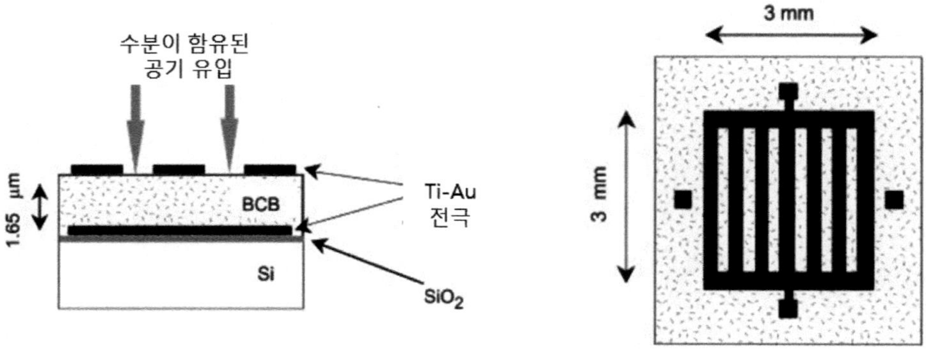

이 방법은 주로 고온에서의 절대습도를 측정하기 위해 사용하는 센서이며, 연전도도를 이용한 습도를 측정하기 위해서는 서미스터에 기반을 둔 센서를 사용해야 한다. 이 센서는 〈그림 9-3〉과 같이 두 개의 서미스터를 사용한다. 하나의 센서는 대기 중에 노출되어 있으며, 다른 하나는 건조한 공기 중에 설치되어 있는데, 일반적으로 건조된 질소가스를 주로 사용한다. 두 개의 서미스터는 저항이 다른 브릿지 회로에 연결되어 있다. 전류를 서미스터에 흘리면, 자기가열(self heating)에 의해 서미스터의 온도가 약 200℃까지 상승한다. 질소가스에 봉합된 서미스터 쪽이 수분을 함유하고 있는 대기 중에 노출된 서미스터보다 훨씬 더 빨리 열적손실이 발생한다. 그 이유는 수분을 함유한 공기와 건조한 질소가스의 열전도도 차이 때문이다. 열손실로 인해 서로 다른 온도를 나타내게 되고, 서미스터의 온도차에 의한 저항의 차이로부터 출력값이 0~13mV까지 나오게 되는데, 이로부터 절대습도를

계산할 수 있다. 그 결과는 그림과 같다. 일반적으로 절대습도 센서는 앞서의 정전용량과 전기전도도 센서에 비해 170℃ 이상의 온도에서 보다 높은 정밀도를 제공하며, 일반적인 정밀도는 ±3g/㎥인데, 이것을 상대습도로 환산하면 대략 40℃에서는 ±5% RH 정밀도, 100℃에서는 ±0.5% RH 정밀도를 제공한다.

▼ 그림 9-3 열전도도 습도센서 구성도와 습도에 따른 출력전압 특성

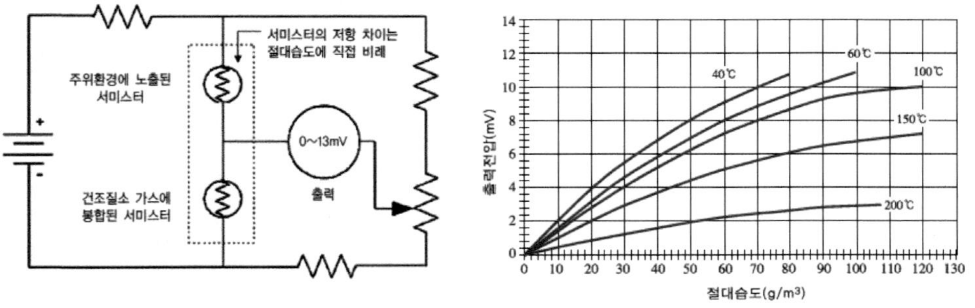

10
모션과 재실자 감지 센서

모션 감지와 재실자 감지를 위해 적외선센서가 가장 많이 사용되고 있다. 모션 감지기에는 보통 1~4개 픽셀로 구성되어 있으며, 초전체 형태의 적외선센서가 거의 대부분이다. 100~5,000 픽셀로 이루어진 이차원 배열의 적외선센서는 고급형 온도계와 재실자 감지에 사용한다. 적외선센서의 응용분야는 〈그림 10-1〉에서 보듯이 모션 감지, 비접촉식 온도측정, 계수 카운터, 화재 및 가스 감지 분야 등이다. 그리고 〈표 10-1〉은 적외선센서의 응용분야별 시장점유율이다. 적외선센서는 인체감지용으로 주로 사용되고 있으며, 이 중에서도 특히 보안용의 침입감지용으로 가장 많이 사용되고 있다.

▼ 그림 10-1 적외선센서의 응용분야

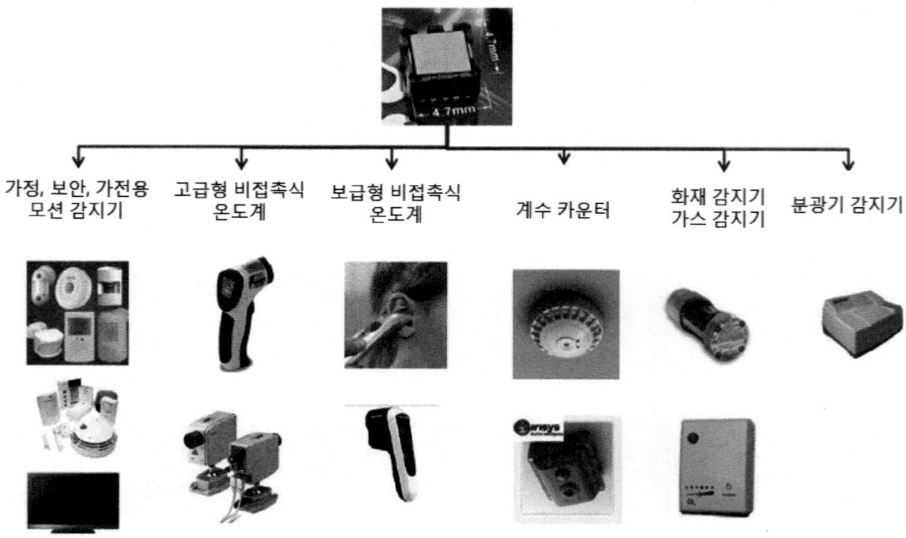

▼ 표 10-1 저화소용 적외선센서의 년도별 응용분야에 따른 시장 규모

(시장규모단위:M$), (사용수량단위:Munits)

년도 / 응용분야	2010		2012		2014		2016	
	시장 규모	사용 수량	시장 규모	사용 수량	시장 규모	사용 수량	시장 규모	사용 수량
이미지 인체감지	0.00	0.00	0.00	0.00	6.75	0.15	41.01	1.13
분광기	5.50	0.01	5.62	0.01	5.74	0.01	5.86	0.01
가스/화재감지	21.00	7.00	22.66	7.87	24.45	8.84	26.39	9.93
입실자 카운팅	1.50	0.01	2.57	0.02	3.48	0.03	4.14	0.03
보급형 온도센서	30.00	15.00	35.81	19.84	42.74	26.24	51.01	34.70
고급형 온도계측기	4.00	0.80	4.16	0.85	4.32	0.90	4.50	0.96
가전용 인체감지	6.00	10.00	8.47	14.40	11.95	20.74	16.87	29.87
HA용 인체감지	12.00	20.00	16.94	28.80	21.90	38.00	28.39	50.25
보안용 인체감지	72.00	120.00	83.27	141.60	94.06	163.20	107.57	190.42
합계	152	173	179	213	215	258	286	317

가 모션감지기(열선감지기)

모션감지기는 물리보안 센서용으로 가장 많이 사용되고 있다. 실내의 천정에 주로 설치하여 입체적으로 침입을 감지하는 데 사용한다. 모션감지기는 다른 말로 열선감지기라고도 하며, 영어로 줄여서 PIR 감지기라고 한다. P는 수동형이라는 뜻을 가진 Passive의 약자이며, IR은 적외선이라는 뜻의 infrared를 줄여서 쓴 표현이다. 따라서 PIR 감지기를 우리말로 표현하면 '수동형 적외선 감지기'란 뜻이다. 이것은 너무 길기 때문에 열선감지기 또는 PIR 감지기라는 표현을 사용한다. 열선감지기가 감시하고 있는 영역 내에 일정 시간 동안 열 또는 온도의 변화가 생기면 - 예를 들어 약 2초 이내에 약 1℃ 정도의 온도변화가 2~3회 정도 발생할 때 - 이를 감지하고 알람 신호를 내 보내는 감지기이다. 열선감지기는 온도의 변화를 감지하는 초전소자를 이용한 것이며, 물리적 현상 중에서 초전효과를 이용한 감지기이다. 열선감지기는 감지기로부터 열선이 나와서 물체에 부딪힌 후 이의 변화를 보는 능동형(active type)이 아니라, 물체가 실내 온도에 의해 자발적으로 방출하는 적외선의 변화를 수동적으로 감지하는 원리이다.[169]

169) 정용택, "물리보안용 센서의 원리와 응용", (주)인포더, 2012

열선감지기에 사용되는 초전소자는 열형 적외선 감지소자이며, 열형소자는 열의 변화를 감지하기 위해 쵸퍼(Chopper)를 사용해야 한다. 열선감지기에서 쵸퍼의 역할과 적외선을 집광하는 두 가지 목적으로 프레넬(Freznel) 렌즈를 사용한다. 열선감지기는 프레넬 렌즈를 이용하여 여러 개의 구역을 나누어서 동시에 감지하고 있다. 이 구역은 보통 고양이나 개 정도의 소동물 보다는 훨씬 크고, 사람보다 약간 크거나 작은 영역으로 정의된다. 실내에 어떠한 온도변화도 없다면, 즉 침입자가 없다면 열선감지기가 바라보고 있는 여러 구역의 배경(벽 또는 실내 물건 등)의 온도는 변화가 없이 일정하다. 이런 상황에 감지영역 내에 침입자가 생기면 특정 구역의 배경온도가 바뀌게 되어 열선감지기가 침입상황을 인식하게 되는 원리이다. 그러나 이 구역 내에 침입자가 움직이지 않고 가만히 있으면 더 이상의 온도변화가 없어서 열선감지기의 신호는 변화가 없게 된다. 만약 침입자가 일정 시간 내에 계속 움직이면 감시 구역이 바뀌게 되어 바뀐 구역 수만큼 감지신호가 발생하는데, 이것을 펄스신호라고 한다. 열선감지기의 외관 형태는 벽부형과 천정형으로 구분되며, 감지 방식에 따라 입체형, 면형, 스폿(spot)형으로 구분하여 사용한다.

열선감지기의 개념적인 블럭도는 〈그림 10-2〉와 같다. 아날로그 형태 또는 디지털 형태에서 가장 핵심은 초전소자와 프레넬(Fresnel) 렌즈이다. 초전소자에서 발생한 전기적 신호를 디지털로 처리하면 회로도 간단하여 양산 가격도 낮출 수 있다. 초전소자에서 나오는 미세한 전기적 신호를 증폭기(amplifier)를 통해 일차증폭하고, 비교기(comparator)를 통해 문턱전압(threshold voltage) 이상인지를 확인한다. 만약 문턱전압보다 높으면 일정 시간 내에 몇 번 문턱전압을 넘었는지 확인을 하고, 알람으로 판단되면 – 예를 들어 2초에 3회의 문턱전압을 넘었다고 판단이 되면 –

▼ 그림 10-2 열선 감지기의 블록 개념도

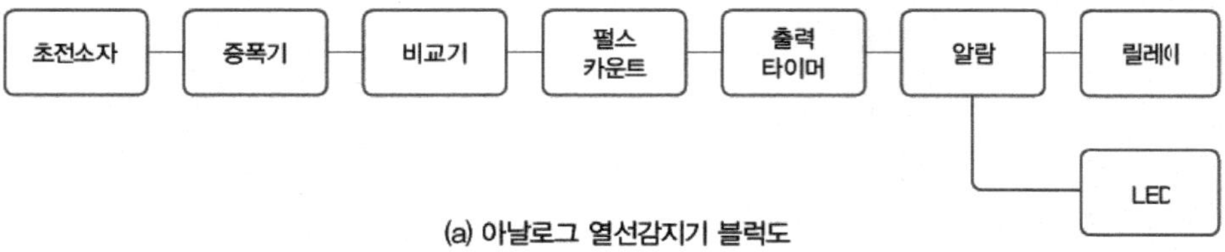

(a) 아날로그 열선감지기 블럭도

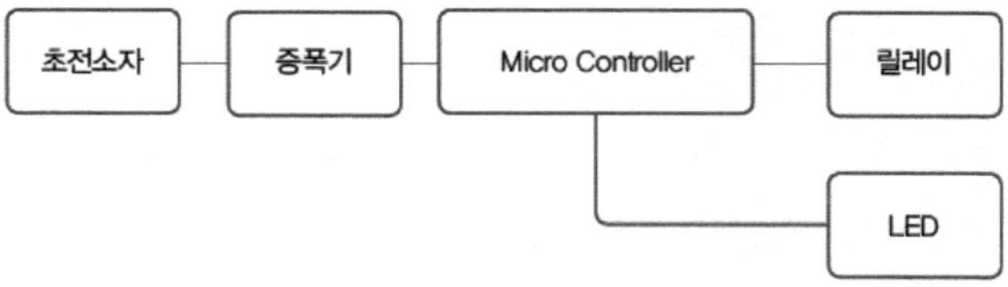

(b) 디지털 열선감지기 블럭도

LED를 ON하고 릴레이(relay)에 출력 접점 신호를 보내게 된다. 디지털형은 이러한 일련의 판단을 마이컴 내에서 수행하도록 한 것이며, 좀 더 복잡한 알고리즘의 탑재가 가능하다. 또한, 운영 중 알고리즘을 변경해야 한다면 아날로그형인 경우는 회로를 새로이 설계 및 제작해야 하지만, 디지털형인 경우는 펌웨어(firmware)만 교체하면 된다. 이러한 장점 때문에 최근에는 디지털 제품이 주류를 이루고 있다.

열선감지기용 초전소자의 대표적인 외관 및 내부구조는 〈그림 10-3〉과 같다. 그림의 좌측은 일본 Murata사에서 제작한 SMD(Surface Mountable Device) 형태이며, 우측 그림은 TO-5 형태의 내부 구조이다(일본 Murata사 카탈로그 참고). 예전에 트랜지스터 용도로 사용되었던 TO-5라고 하는 금속 통에 조립한 제품을 주로 사용했으나, 최근 소형화에 대한 요구로 SMD 형태로도 만들고 있다. SMD의 개념적인 내부구조도 TO-5와 같다. 3개의 핀은 각각 어스단자(g, GND), 드레인단자(d, Vin), 소스단자(s, Vout)의 용도로 사용한다.[170]

▼ 그림 10-3 초전소자의 외관 및 TO-5 내부 구조

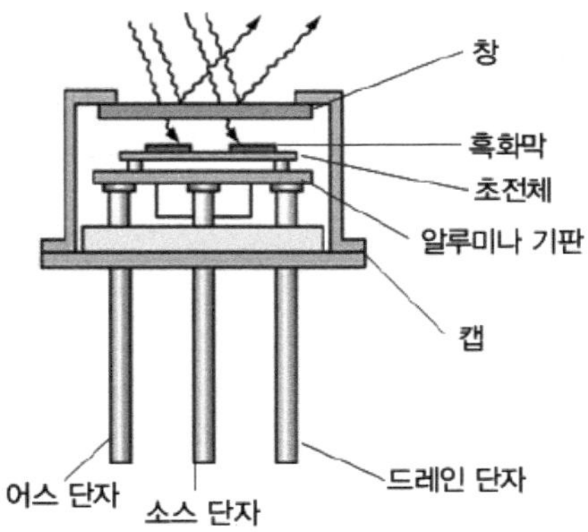

초전소자의 내부는 진공으로 되어 있으며, 윗부분에는 가시광에 의한 잡음을 없애기 위해 적외선만 투과하는 투과창(window)이 있다. 이 투과창은 적외선만 투과하는 특성이 있는 Si, Ge, Polyethylene 등의 재질로 코팅한다. 이런 재질은 3~12㎛ 대역의 적외선 투과율이 약 60%~80% 정도이다. 적외선 투과율을 더 높게 하려고 투과창 표면에 무반사(anti-reflection) 코팅을 한다. 무반사 조건에 맞는 두께로 코팅하게 되면 90% 이상의 투과도를 얻을 수 있다. 이러한 코팅 때문에 투과창 표면은 검게 보인다. 금속 케이스 내에 초전소자는 보통 Dual, Quad 등 2개 이상을 쌍으로 배열하여 제작한다. 하나의 초전소자에서 나오는 출력은 매우 낮아서 외부의 환경변화와 침입을 구분하기 위해 이중(dual)으로 배열하여 신호를 증폭시켜 사용한다.

170) Murata사 Home Page, "www.murata.com/products/sensor/index.html"

투과창을 통해 입사한 적외선(또는 열선)에 의해 〈그림 10-4〉 (a)와 같이 초전소자의 표면 온도가 ΔT만큼 변하게 된다. 이러한 온도변화 때문에 초전소자의 표면 전하가 변하게 되고, 이런 변화량이 출력 전압으로 나타난다. (b)와 같이 (+), (−) Dual로 초전소자를 배열하면 출력전압이 2배로 되어 S/N(Signal to Noise) 비율을 높여 출력신호 특성을 좋게 한다. 일반적으로 Dual형을 많이 사용하고 있으나, 〈그림 10-5〉와 같이 일부 특수 목적용으로 2쌍으로 된 쿼드(Quad)형, 전방향 쿼드(Omni-Directional Quad) 등도 사용하고 있다.

▼ 그림 10-4 적외선 입력에 따른 초전소자의 출력 형태

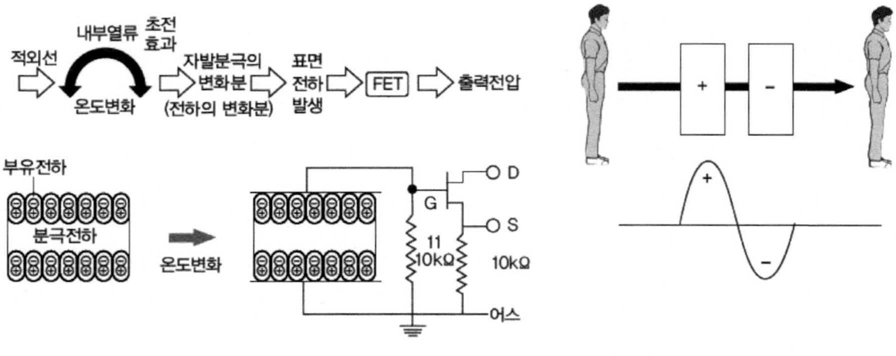

(a) 적외선 입력에 따른 초전소자 출력 (b) Dual 초전소자에 의한 출력

▼ 그림 10-5 일반적인 초전센서의 종류(Nicera사 자료 참고)

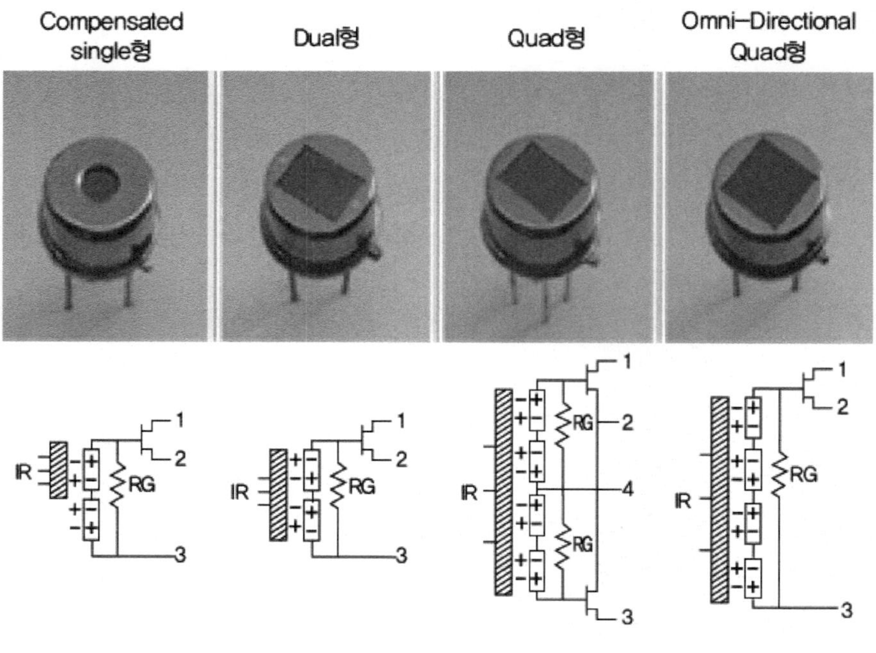

초전소자에 적외선(열선)을 모아주기 위해 렌즈가 필요하다. 일반적으로 빛을 모으기 위해서는 볼록렌즈를 사용하지만, 열선 감지기용으로는 이보다 매우 얇은 프레넬렌즈를 사용한다. 프레넬렌즈의 장점은 매우 얇은 구조로도 〈그림 10-6〉과 같이 볼록렌즈와 동일한 효과를 얻을 수 있다. 프레넬렌즈의 톱니 모양같이 생긴 것을 그루브(Groove)라고 하며, 이 그루브의 각도에 의해 빛이 굴절되어 초점을 맞추게 된다.[171)]

프레넬렌즈의 원리를 볼록렌즈와 비교해서 설명하면 〈그림 10-7〉의 프로세서와 같다. 볼록렌즈의 내부를 제거하면 두께가 매우 얇고 같은 초점거리를 갖는 프레넬렌즈를 만들 수 있다. 열선감지기에 사용하는 프레넬렌즈는 한 개만 사용하는 것이 아니라 쵸퍼의 역할을 해야 하므로 여러 개의 프레넬렌즈가 복합된 형태로 되어 있다. 따라서 〈그림 10-8〉과 같이 하나의 렌즈 내에 여러 개의 프레넬렌즈가 있는 다중 프레넬렌즈를 만들어서 사용한다. 단일 감지존 내에서 움직이면 전체적인 온도변화가 없어서 감지할 수 없으나, 멀티 감지존 내에서 열원체가 움직이면 온도변화를 감지할 수 있다.

▼ 그림 10-6 프레넬 렌즈와 볼록렌즈의 비교

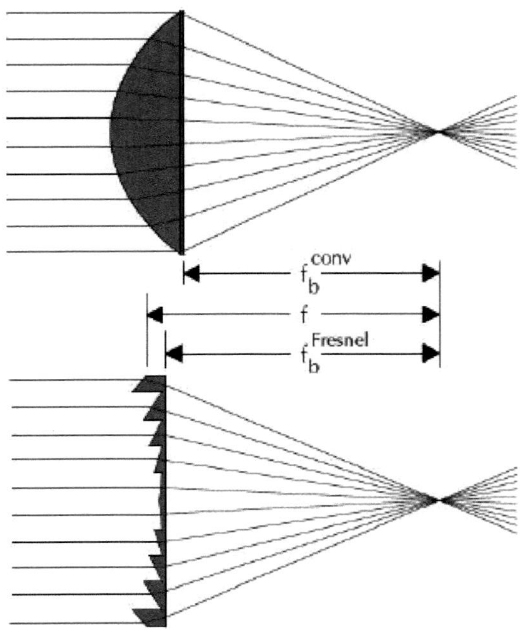

171) Fresnel Technologies, Inc. Home Page, "www.fresneltech.com"

▼ 그림 10-7 프레넬(Fresnel)렌즈의 가공 원리

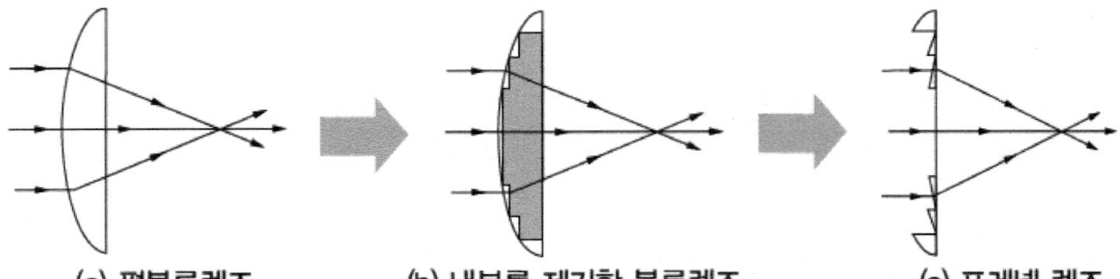

▼ 그림 10-8 다중 프레넬렌즈의 형태와 수평/수직 감지영역

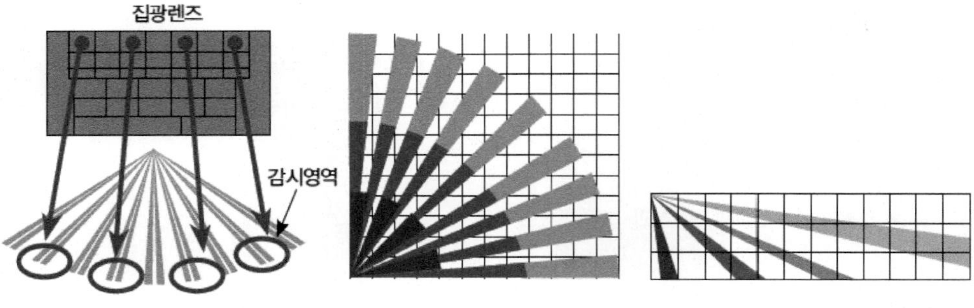

하나의 집광렌즈에 여러 개의 다중 프레넬렌즈가 구현되어 있으며, 렌즈 상단 부분은 원거리를 집광하고, 렌즈 하단 부분은 근거리를 집광한다. 프레넬렌즈 1개에 해당하는 영역을 감지영역이라 하며, 수평과 수직 감지영역에서 보면 감지영역 사이에 비감지영역이 존재하게 된다. 이러한 비감지 영역과 감지영역이 골고루 배치되어 있어서 열원체가 움직이게 되면 열의 변화를 감지할 수 있게 된다. 프레넬렌즈의 한 개 면이 하나의 감지존을 형성하게 되며, (b)는 위에서 내려다본 수평 감지영역을 나타낸다. 수평 감지영역을 통해 수평 감지각도와 최대 감지거리를 알 수 있다. (c)는 옆에서 본 수직 감지영역을 나타낸다. 이 그림을 통해 열선감지기의 설치높이에 따른 감지영역을 알 수 있다.

앞에서 언급한 초전센서, 프레넬렌즈, 증폭회로 등을 하나의 기구물 내에 조립하게 되면 열선감지기가 된다. 열선감지기는 사용용도에 따라 다양한 형태가 있다. 감지영역의 형태에 따라 입체형, 면형, SPOT형으로 구분되며, 감지거리에 따라 단거리, 중거리, 장거리형으로 구분되며, 고정 형태에 따라 벽부형, 천정형으로 구분된다. 〈그림 10-9〉의 입체형은 수평 감지각도가 45도 이상 되는 넓은 영역을 감지하는 방식으로 가장 많이 사용되는 형태이다. 면형은 수평 감지각도가 20도 이하의 좁은 영역을 감지하는 방식으로 좁은 복도 등을 감시할 목적으로 사용된다. 스폿

(spot)형은 천정에 설치하여 하단부의 360도를 감지하는 방식으로 십자형태의 복도 중간, 또는 방 한가운데에 설치하여 360도 감지하는 목적으로 사용된다. 그리고 안티 마스킹(Anti-Masking)형은 프레넬렌즈를 무력화하는 행위를 막아주는 특별한 형태의 감지기이다.[172)]

▼ 그림 10-9 프레넬렌즈의 감지형태에 따른 분류

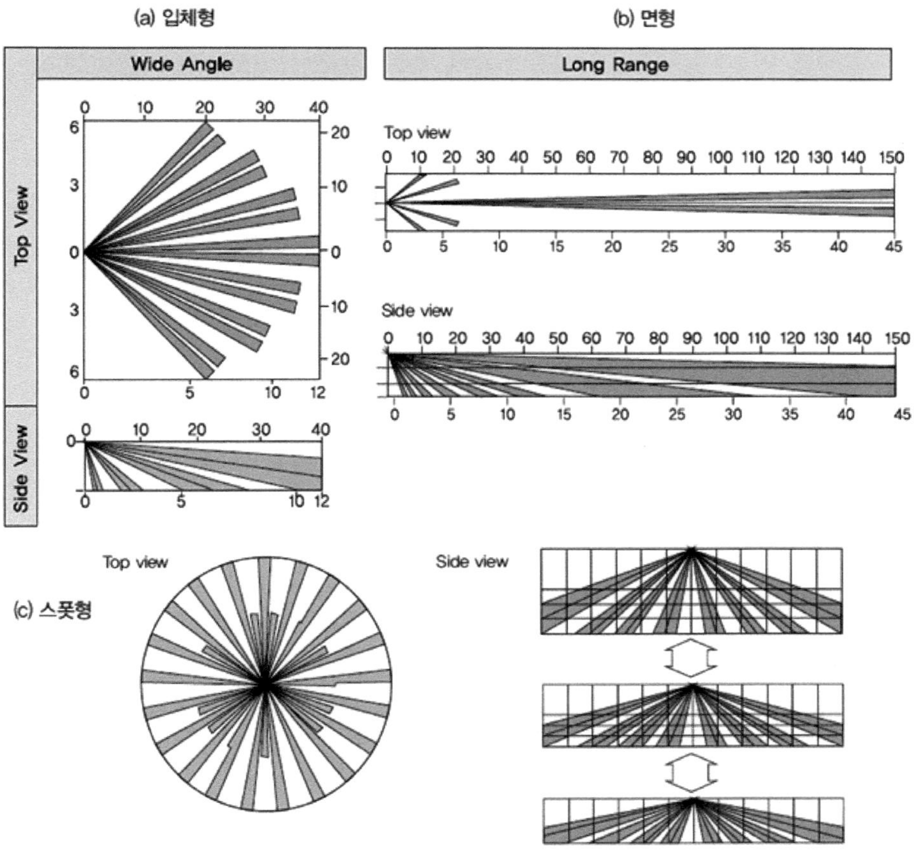

열선감지기는 초전체를 사용하기 때문에 초전체의 특성을 그대로 따른다. 초전체는 반도체와는 달리 응답속도가 느린 편이다. 쵸퍼의 속도가 빠르거나 느리면 초전체의 전하변화량은 거의 제로이다. 쵸퍼의 속도는 감지영역 내에 이동하는 물체의 속도와 같은 개념이며, 이러한 응답속도 때문에 감지할 수 있는 물체의 이동속도 범위가 정해진다. 일반적인 열선감지기들은 대부분 0.3~1.5m/s의 속도 범위로 움직이는 물체만 감지하며, 0.3m/s보다 느리거나 1.5m/s보다 빠른 속도로 움

172) Optex사 Home Page, "www.optex.co.jp"

직이게 되면 거의 감지하지 못한다. 실내에서 침입하는 사람의 이동속도가 대부분 이 범위에 있기 때문에 일반 보안용 감지기에 문제없이 사용하고 있다.

열선감지기는 대부분 실내에 설치하여 사용한다. 겨울철에는 실내의 온도가 사람 체온과 비교해 차이가 많이 나는 반면, 여름철에는 실내의 온도가 많이 상승해서 사람 체온과 거의 차이가 나지 않을 수 있다. 이런 경우 감도를 동일하게 설정해 놓으면 여름철에는 무감지가 발생할 가능성이 생긴다. 그렇다고 계절마다 사람이 일일이 감도를 수동으로 조절할 수 없다. 그러므로 실내온도에 따라 열선감지기의 감도를 자동으로 조절하도록 온도에 따라 저항이 변하는 서미스터가 내장되어 있다. 〈그림 10-10〉은 실내온도에 따른 열선감지기의 감도 분포의 예이다. 아날로그형은 실내온도가 증가함에 따라 감도가 계속 민감하도록 설계가 되어 있는데 여름철 실내의 온도가 지속해서 상승하게 되면 감도가 매우 민감해져 오보가 많이 발생할 수 있다. 그러나 디지털형은 어떤 임의 온도를 경계로 감도를 바꿀 수 있도록 설계가 가능하여 여름철 실내온도에 따른 오보를 아날로그형보다 줄일 수 있다.

▼ 그림 10-10 열선감지기의 실내온도에 따른 감도 변화

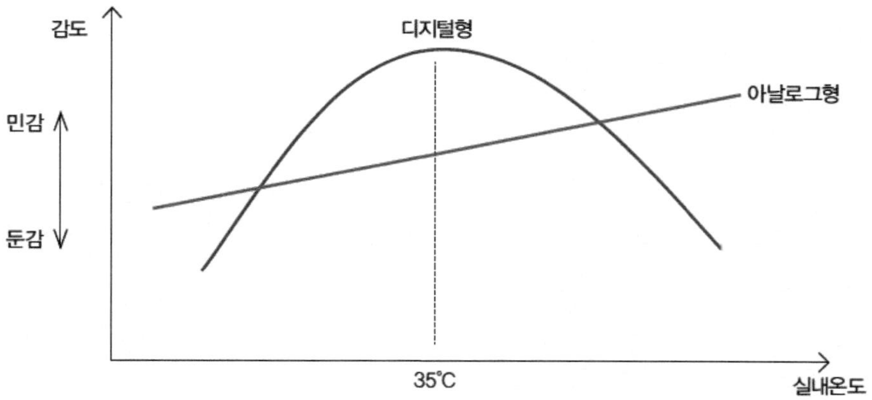

열선감지기의 감지영역은 〈그림 10-11〉과 같이 두 가지 영역으로 나누어서 구분한다. 감시영역에는 감지영역과 비감시영역이 있으며, 감시영역은 사람을 확실히 감지할 수 있는 거리이며, 비감시영역은 감지기가 사람을 감지하지 못하지만 사람보다 크기는 작으나 사람보다 높은 온도의 열원체가 움직이면 감지될 수 있는 영역을 의미한다. 일반적으로 열선감지기의 감지거리는 감지영역까지의 거리를 의미한다. 열선감지기를 설치할 때, 이러한 비감시영역을 고려해서 오보가 발생하지 않도록 설치해야 한다. 이러한 오보요인을 피해 설치를 할 수 있도록 해 주는 것이 브라켓(Bracket)이다. 브라켓은 열선감지기의 수직 및 수평 각도를 쉽게 조절해 줄 뿐만 아니라 천정이나 벽면에 쉽게 설치를 할 수 있도록 도와주는 부속품이다.

▼ 그림 10-11 열선감지기의 감지범위 및 감시범위의 정의

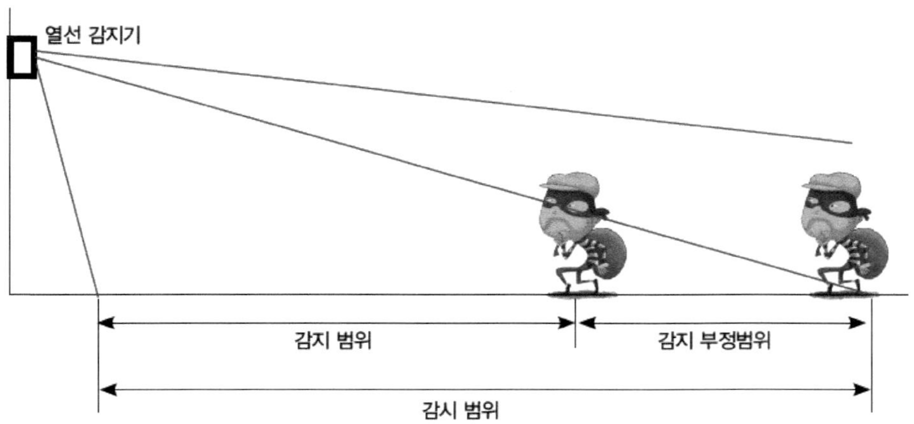

열선감지기는 열의 변화를 감지하는 원리 때문에 미세한 열변화에 의한 오보도 많이 발생한다. 통계에 의하면 보안업체에서 발생하는 열선감지기 알람신호의 약 90% 이상이 오보라는 보고도 있다. 대부분의 오보 원인은 감지영역 내에 개, 고양이, 쥐 등 소동물의 움직임을 감지하여 오보가 많이 발생한다. 일부 열선감지기는 이러한 소동물의 움직임을 감지하지 않도록 소동물 회피기능(Pet-Immunity)을 탑재한 열선감지기가 개발되어 있다. 이 기능은 〈그림 10-12〉와 같이 프레넬 렌즈를 설계할 때, 바닥면에서 일정 높이까지 감지도를 낮출 수 있도록 설계를 하거나 듀얼 감지존 방식으로 설계한다. 듀얼 감지존 방식은 가격이 높으므로 일반적으로 감지도를 낮추는 방식을 많이 사용된다. 그러나 이러한 열선감지기도 설치 높이를 준수해야만 소동물 회피 기능이 제대로 작동하고, 설치높이를 너무 낮게 하면 역시 소동물의 움직임에 의한 오보는 발생한다.

▼ 그림 10-12 Pet Immunity 열선감지기 동작 원리

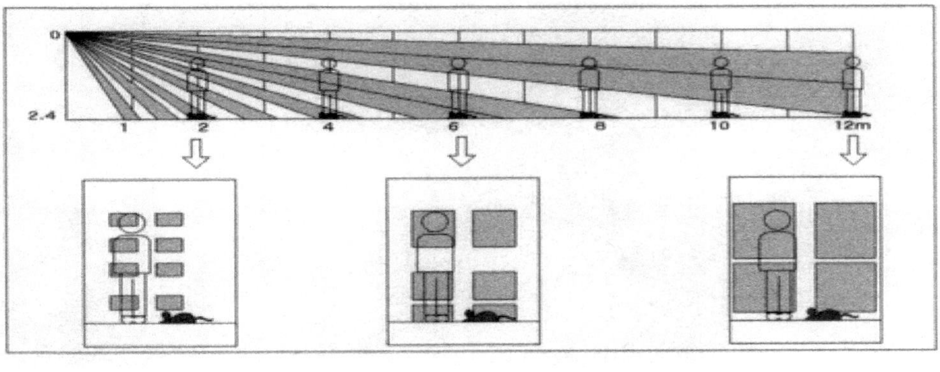

열선감지기를 무력화 시키는 방법은 감지기 앞을 이물질로 가리거나, 렌즈를 마스킹하거나, 우산이나 스키복으로 침입자의 열 방출을 차단하는 방법 등이 있을 수 있다. 이 중에서 가장 무력화가 쉬운 방법이 〈그림 10-13〉과 같이 감지기 앞에 이물질로 감지영역을 가리는 방법이다. 종이나 비닐 등은 원적외선이 투과하지 않기 때문에 감지기 앞에 이런 물질을 이용해서 가리게 되면 침입자를 감지하지 못하게 된다. 이러한 행위를 못하게 하는 방법이 안티마스킹(Anti-Masking) 방법이다. 이것은 근적외선 LED와 포토다이오드를 열선감지기 앞에 설치해서 근적외선이 이물질에 반사되어 오는지를 지속적으로 모니터링을 하는 방법이다. 만약 감지기 앞에 이물질에 의한 가림막이 없으면 LED에서 나온 빛이 반사되지 않으므로 포토다이오드에는 신호가 잡히지 않게 된다. 이 경우는 정상적으로 열선감지기가 감지를 할 수 있다는 의미이다. 반대로 이물질이 감지기 앞에 놓이게 되면 LED에서 나온 빛이 일정량 반사되어 돌아오게 되므로 이 신호로부터 이물질이 가리고 있다는 것을 알게 되어 마스킹된 상태를 알게 된다. 안티마스킹 기능을 위해 사용되는 센서는 근적외선 LED와 포토다이오드를 사용하는 방법 이외에도 초음파를 이용하는 방법도 있다. 두 번째 방법인 렌즈를 마스킹 하는 행위는 렌즈 표면을 페인트 또는 테이프로 가리는 것이다. 이런 행위 인식은 렌즈 내부에 근적외선 LED와 포토다이오드를 이용해서 앞에서 설명된 안티마스킹 기법과 유사한 방법으로 인식할 수 있다. 정상 상태에서 렌즈 표면에 반사되어 온 빛의 양과 렌즈 표면에 페인트 또는 테이프로 가리게 되면 렌즈에서 반사되어 온 빛의 양이 많아지는데, 이 두 빛의 양을 비교해서 일정 레벨을 넘어가게 되면 렌즈가 가려졌다는 사실을 알게 되는 원리이다.

▼ 그림 10-13 Anti-Masking 기능 개념

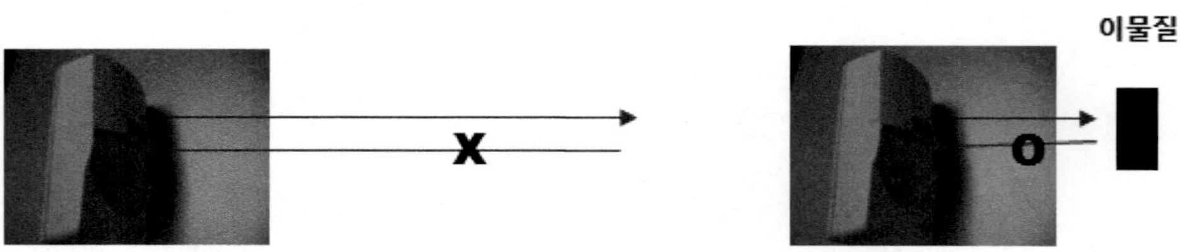

세 번째 방법인 우산으로 침입자 앞을 가리거나 스키복을 입고 침입하는 경우에는 열선감지기로 감지하기가 원리적으로 어렵다. 특히 비닐 우산의 경우, 건물 밖에서 건물 내부로 들어오게 되면 약 1분 이내에 실내 온도와 우산 표면의 온도 차이는 불과 0.5℃ 이내로 거의 동일하게 되어, 우산 뒤에 숨어서 움직이게 되면 침입자를 감지하지 못한다. 스키복을 입은 경우도 이와 유사해서 인체의 열이 스키복을 통해 나가지 못하고 스키복 표면은 실내 온도와 유사해서 스키복을 입고 움직이게 되면 열선감지기는 감지를 하지 못한다. 이런 경우를 감지하기 위해서는

열선감기와 같은 수동형 감지기가 보다는 마이크로웨이브 또는 초음파 센서와 같은 능동형 감지기가 필요하다. 이러한 능동형 감지기는 배경과 침입자의 온도 차이를 감지하는 것이 아니라 움직임을 감지하는 원리이기 때문에 무력화하기가 매우 어렵다. 그러나 능동형 감지기의 단점은 감지 영역을 정확하게 정의하기가 어렵다는 것이다. 즉, 유리나 얇은 벽이 있는 실내에 능동형 감지기를 설치하면, 마이크로웨이브는 이 벽을 뚫고 나가 실외의 움직임까지 감지할 수 있어 오보가 많아질 수 있다는 단점이 있다.

열선감지기가 넓은 영역을 동시에 감지할 수 있다는 장점 때문에 물리보안용 감지기로 가장 많이 사용되고 있지만, 감지기의 원리를 모르고 무작위로 설치하면 오보 또는 무감지가 발생한다. 열선감지기는 원리상 열선감지기를 바라보고 정면으로 걸어오게 되면 감지기에 따라 알람이 발생하지 않을 수도 있다. 이는 프레넬 렌즈의 설계에 따라 다를 수도 있지만, 대부분 판매되고 있는 열선감지기의 약 5m 이전까지는 정면으로 바라보고 걸어오게 되면 감지를 못한다. 이러한 문제점을 해결하기 위해 〈그림 10-14〉와 같이 열선 감지기를 설치할 때는 반드시 침입자 동선의

▼ 그림 10-14 열선감지기의 올바른 설치 방향

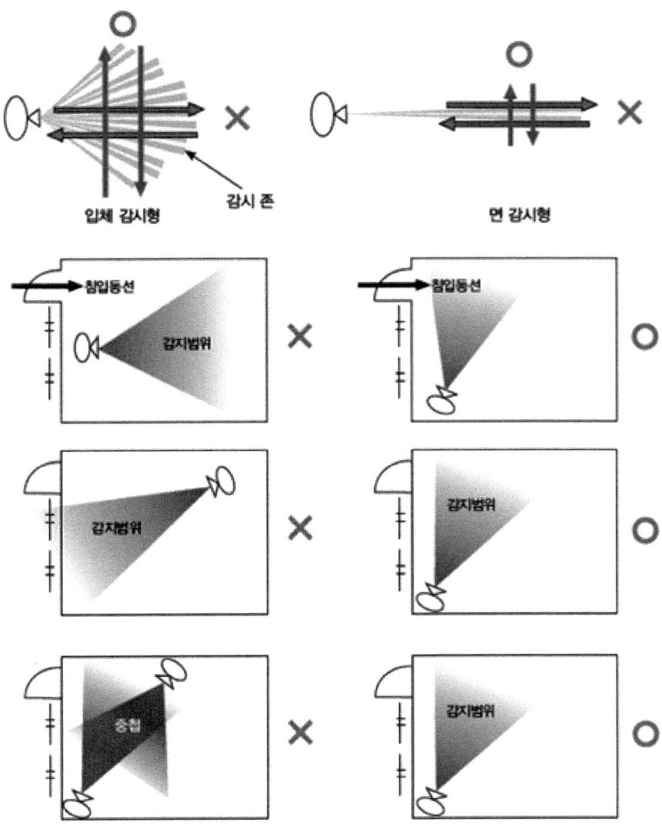

대각선 방향으로 설치해야 한다. 또한 온도가 자주 변하는 창문을 마주보게 설치하는 것은 오보의 원인이 될 수 있으므로 가급적 창문을 바라보지 않도록 수평과 수직 각도를 조절하여 감지존 내에 오보를 일으키는 열원체가 없도록 해야 한다.

실내에서 발생하는 대표적인 오보요인은 감지영역 내에 움직이는 열원체가 있는 경우이다. 그 대표적인 것이 〈그림 10-15〉와 같은 열전사 방식의 팩스의 용지 출력에 의한 오보이다. 보통 열전사 방식의 팩스에서 나오는 용지는 온도가 약 47℃ 정도로 매우 높다. 이러한 고온의 용지가 감지영역 내의 감지존 내에 있게 되면 오보가 발생할 수 있다. 또 다른 오보요인은 열선감지기가 열원체(냉동고, 히터, 열배관, 창문 등)를 바라보고 설치한 경우이다. 대표적인 것이 슈퍼마켓의 냉동고를 바라보게 설치할 때 발생하는 오보이다. 냉동고는 내부 식품보관 장소의 온도가 설정온도 이상이 되면 온도를 낮추기 위해 냉기가 뿜어져 나오는 데, 이러한 냉기의 방출로 오보가 발생할 수 있다. 또한, 창문을 바라보게 설치할 경우, 창문의 틈을 통해 들어오는 바람에 의해 블라인드나 커튼의 흔들림에 의해 오보가 발생할 수 있다.

▼ 그림 10-15 팩스에 의한 오보 요인

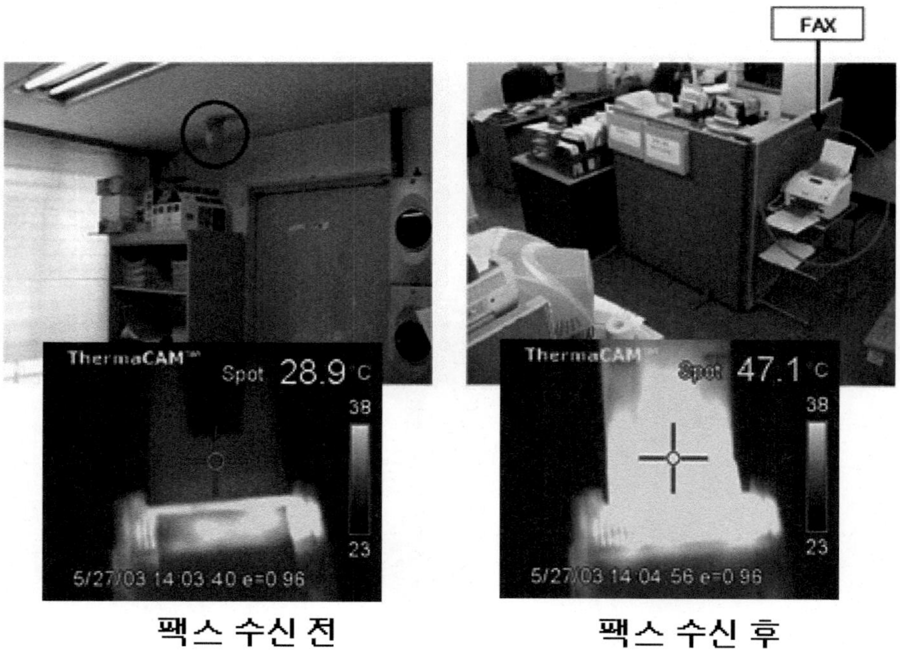

또한 에어컨이나 냉풍기 등에 의해 찬 공기 또는 따뜻한 공기가 열선감지기의 프레넬렌즈에 직접 닿을 때 오보가 발생할 수 있으며, 열선감지기의 신호선 부분의 보호 피막이 벗겨져 이를 통한 노이즈 유입 또는 다른 전원선 등과 같이 설치할 때 전원선에 의한 전원노이즈에 의한 오보도 생길 수 있다. 열선감지기의 오보 유

형은 업종의 특성에 따라 약간 다르다. 식당과 소형 슈퍼마켓에는 쥐에 의한 오보가 많이 발생하며, 사무실 등 비교적 환경이 깨끗한 경우에는 감지영역 내에 팩스나 창문 등 열원체에 의한 오보가 많이 발생한다. 외곽에 있는 대형 공장이나 창고인 경우는 외부 바람 유입이나 새와 같이 날아다니는 물체에 의한 오보가 발생할 가능성이 높다.

또한, 계절별로 오보의 원인도 달라진다. 여름철에는 나방과 같이 큰 곤충이 열선감지기의 프레넬렌즈 앞을 날아다니게 되어 오보가 발생할 수도 있다. 매우 특이한 경우이지만 여름철에 매우 작은 벌레가 열선감지기 내부의 초전센서 앞으로 들어감으로 인해 오보가 발생하는 예도 있다. 특히 여름철에는 날씨가 무더워 창문을 열어 놓는 경우가 많은데, 이러한 창문 사이로 바람 유입에 의한 물체 흔들림으로 오보가 많이 발생한다. 또한, 여름에는 낙뢰 때문에 기기파손 및 오보도 종종 발생한다. 이러한 낙뢰에 의한 피해를 줄이기 위해서는 전기적 외란간섭에 강인하도록 회로를 설계해야 한다. 겨울철에는 새벽에 신문배달을 하면서 출입문 틈새로 신문을 유입하는 경우, 〈그림 10-16〉과 같이 기본적으로 실내 바닥의 온도와 신문 표면의 온도는 차이가 있으며, 문 틈새로 바람이 유입되면 신문이 움직이게 되어 오보가 발생할 수 있다.

▼ 그림 10-16 겨울철 출입문 밑으로 신문유입에 의한 오보

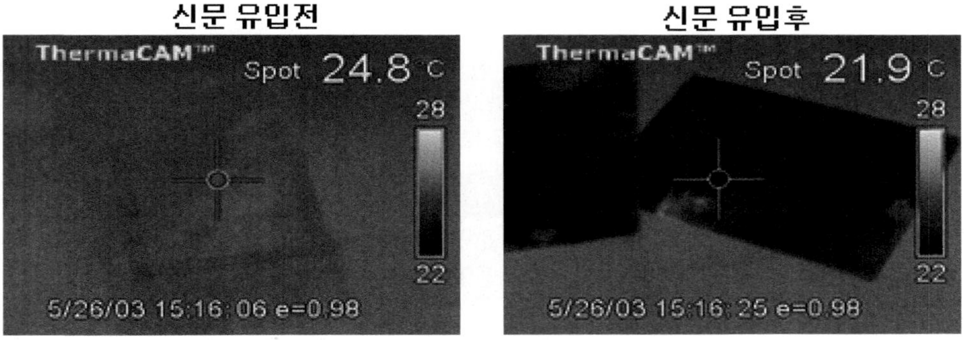

대부분의 열선감지기에 의한 오보는 사전에 주위 환경을 잘 살펴보면 충분히 없앨 수 있다. 제일 중요한 것은 감지영역 내에 움직이는 열원체가 될 만한 소지를 없애는 것이 가장 좋다. 앞서 초전체의 원리에서 설명했듯이 열선감지기는 열원체의 쵸핑 효과를 감지하는 원리이므로, 무조건 열원체가 있다고 해서 오보가 발생하는 것이 아니라 열원체의 온도가 바뀌거나 움직임이 있을 때 감지하는 것이므로, 가장 중요한 것은 감지영역 내에 움직일 수 있는 물체를 없애는 것이 최선이다.

열선감지기 규격에 대해 선진국에서는 규격을 정해 놓았는데, 그중에서 유럽에서 2005년에 제정한 EN50131 경보제품의 안전기준에 관한 표준규격이다. 이 규격은

총 7가지 분야로 나누어져 있으며, 50131-1은 기본요구사항, 50131-2는 침입감지센서, 50131-3은 주장치 및 키패드/카드리더, 50131-4는 경광등과 사이렌, 50131-5는 통신채널, 50131-6에는 전원장치, 50131-7은 적용 가이드라인에 대해 구체적으로 규정하고 있다. 50131-2의 침입감지센서 부분을 제정하게 된 동기는 유럽에서 열선감지기의 렌즈를 가리는 행위(렌즈 마스킹, lens masking)와 우산이나 망토 착용(cloak)으로 침입자가 자신의 몸에서 나오는 열선을 차단하는 행위(시야차단, view-blocking)와 같은 범죄가 자주 발생하게 되어 이에 대한 대책을 강구하는 목적으로 열선감지기에 대한 규격을 정립하였다.

EU에서는 이러한 경보시스템 작동을 방해하는 지능범죄의 모방확산을 방지하기 위해서 위험 가능성에 따라 안전등급(security grade 1~4)으로 분류하고, 각각의 안전등급에 상응하는 경보제품 안전기준의 표준규격을 제정하였다. 2005년에 제정한 유로표준이 기존의 규격과 크게 다른 점은 침입 위험성이 높은 경보시설물에는 "열선감지기의 감지방해 행위를 탐지할 수 있는 안전등급의 열선감지기 설치를 의무화"한 것이다. 경보시설물의 안전등급을 침입자 유형 및 범죄수법에 따라 〈표 10-2〉와 같이 4가지 등급으로 분류하였으며, 등급이 높을수록 높은 안전규격이 요구된다. 그리고 이러한 위험등급별 열선감지기의 등급별 규격은 〈표 10-3〉과 같다.

일본은 2001년 개정판으로 "SESE0501-2; General Standard for Detectors"의 규격집이 나와 있으며, 주로 온도 및 무선 관련 환경시험/신뢰성 시험 기준 위주로 정리되어 있다. 미국을 중심으로 한 북미지역은 오보에 관한 규격으로 1999년에

▼ 표 10-2 유럽규격에서 정의한 안전등급 분류

안전등급 구분	침입자 유형	범죄 수법
Grade 1/최소 위험 – 빈민 주택	경보장치 지식 없이, 단순히 문 여는 간단한 도구만으로 침입	계획적 범행이 아닌 우발적 침입
Grade 2/낮은 위험 – 서민 주택 – 저가품 상점	경보장치를 조금 알고, 기초적인 도구를 보유하여 침입	잠금장치를 커터로 자르고 침입
Grade 3/중 위험 – 중류층 주택 – 대부분 상점	경보장치를 많이 알고, 필요한 모든 도구는 소지하여 침입	경험이 많은 상습 털이범
Grade 4/고 위험 – 상류층 주택 – 귀금속점 – 금융기관 등	경보장치 전문 털이범으로 경보장치 센서감지를 피하고 변경할 수 있는 장비를 갖춤	혼자가 아닌 2~3명이 계획적으로 침입

▼ 표 10-3 열선감지기의 안전등급 규격

등 급	사 양
Grade 2 (Tamper 감지)	PIR의 뚜껑 열림을 감지하여, Tamper 신호를 즉시 전송한다.
Grade 3 (Anti-Masking 감지)	렌즈가림(Anti-Masking)을 감지하여, 제3저항값 'Fault' 신호를 즉시 전송한다.
Grade 4 (Anti-Blocking 감지)	시야차단(View-Blocking)을 감지하여, 제3저항값 'Fault' 신호를 즉시 전송한다.

제정된 "SIA PIR-01; Passive Infrared Motion Detector Standard Features for Enhancing False Alarm Immunity" 내용으로 오보에 관한 내용을 담고 있다. 그리고 한국은 IEC(1990년) 기준을 그대로 번역한 수준으로 1999년에 "KS C 6119 ; 침입자 경보 시스템 요구사항 제6부 실내용 수동 적외선 탐지기"에 신호처리, 경보 후 복구 기준, 소동물, 주변 온도 변화 방해, 건드림 방지, 환경 조건, 안정성 등에 대한 일반적인 내용을 담고 있다. 한국도 조만간 EU에서 제정한 규격 수용을 검토해 볼 필요가 있다.

나 AIR 감지기

AIR 감지기는 능동형 적외선감지기란 의미인 active infrared detector를 줄여서 AIR 감지기라고 하며, 모션을 감지하는 열선감지기를 PIR 이라고 줄여서 부르는 것과 같다. AIR 감지기는 다른 표현으로 적외선 빔 감지기(photoelectric beam detector)라고도 하며, 주로 주택, 공장, 창고, 사무실 등 외곽을 감시하고자 하는 목적에 가장 많이 사용되고 있다. 이 감지기는 원리가 매우 단순하여 잘 설치해야만 효과를 볼 수 있다.

▼ 그림 10-17 AIR 감지기의 개념

AIR 감지기는 〈그림 10-17〉과 같이 투광기와 수광기가 1조로 되어 있으며, 투광기의 적외선 LED에서 900~1,000nm 파장대의 적외선 펄스가 나오며, 수광부의 포토다이오드(PD)를 통해 일정 시간 펄스가 차단되는 시간으로 침입 여부를 판단하는 센서이다.

적외선을 사용하는 이유는 눈에 보이지 않는 빛을 사용하여 외부 침입자가 경계 영역을 쉽게 볼 수 없도록 하기 위함이다. AIR 감지기의 투광기 및 수광기의 내부 회로 개념도는 〈그림 10-18〉과 같다. 투광기의 LED는 회로의 이상 유무를 표시하기 위함이며, MCU(Micro Control Unit)에서 설정된 주파수를 만들어서 광학부 내부에 있는 PD의 전원을 제어하여 펄스형태의 적외선을 내 보도록 한다. 주파수 설정부는 한 면에 여러 개의 AIR 감지기를 설치할 때 서로 혼선이 일어나지 않도록 하기 위해 보통 2~4개 정도의 주파수를 선택해서 사용하도록 한다.

▼ 그림 10-18 AIR 감지기의 투 · 수광기 블록 개념도

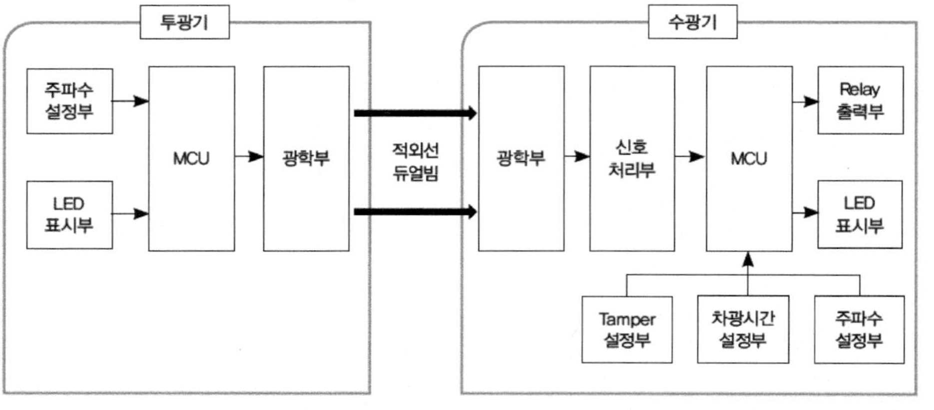

수광기에서는 투광기에서 나온 적외선 빔을 광학부의 렌즈를 통해 PD의 초점에 맞도록 한다. 광학부의 PD는 적외선 빔을 전기적 신호로 바꾸어 주는 역할을 하며, 신호증폭 및 처리를 하여 MCU로 보낸다. MCU에서는 설정된 주파수와 차광시간을 비교해서 최종 감지 여부를 출력하게 한다. 수광기의 탬퍼감시부는 수광기의 뚜껑을 외부에서 여는 것을 감지하는 센서이며, 알람메모리 회로부는 이전에 알람 발보 사항을 기억해 두는 회로이다. AIR 감지기는 사용용도에 따라 LED와 PD의 수량이 결정된다. 단순한 출입규제용으로 사용되는 감지기에는 각각 1개씩 들어가 있으며, 일반적인 외곽감지용으로 사용할 때에는 투수광기에 각각 2개의 LED와 PD를 사용한다. 매우 넓은 면적을 감지할 때에는 이보다 더 많은 소자를 사용하기도 한다. 그리고 투광기의 LED는 레이저와 같은 빔을 방사하는 것이 아니고 어느 정도 각도를 가지고 퍼져서 나오게 된다. 경계 감시거리를 늘리기 위해서는 적외선 빔을 멀리까지 보내야 하는데, 이를 위해서는 두 가지 기술이 필요하다. 하나는 광이 퍼지지 않도록 하는 집광기술이고, 다른 하나는 외부 커버가 적외선 투과를 잘하도록 하는 재질로 만들어야 하는 점이다. 광량은 거리의 제곱에 반비례해서 감소하기 때문에 집광해 주는 기술이 매우 중요하다. 적외선 빔을 멀리 보내기 위

해 LED에 전기적 출력을 높이면 되겠지만, 이렇게 하면 LED의 수명이 단축되기 때문에 집광기술이 필요하다.

일반적으로 집광을 위해 〈그림 10-19〉와 같이 반사거울 타입과 구형렌즈 타입이 사용되고 있다. 구형렌즈 타입은 색수차 및 구면수차 문제 때문에 반사거울 타입보다 집광의 효율성이 떨어지는 단점은 있지만, 가격적인 측면 때문에 구형렌즈 타입을 많이 사용하고 있다. AIR 감지기는 주로 외부에 노출하여 설치하기 때문에 사계절에 의한 온도 변화, 비와 먼지에 의한 방수구조, 태양의 자외선, 겨울철 눈이나 온도에 의한 열 충격 등에 강인해야 한다. 이런 이유로 광학부와 전기 회로부를 감싸고 있는 외부 커버는 매우 중요한 부품이다. 광학적으로는 적외선을 잘 투과해야 한다. 이런 용도로 폴리카보네이트(polycarbonate, PC) 레진을 가장 많이 사용하고 있다.

▼ 그림 10-19 적외선 빔집광 방법

(a) 반사거울 타입　(b) 구형렌즈 타입

〈그림 10-20〉은 PC 레진으로 만든 외부커버의 적외선 투과도이다. x축은 파장(wavelength), y축은 적외선 투과도를 나타낸 것이다. 가시광 영역인 700nm보다 짧은 파장은 전혀 투과하지 못하고, 900~1,000nm 영역의 근적외선 파장만 약 85% 이상 투과하는 특성을 보이고 있다. 이러한 광투과도 특성은 근적외선의 광을 최대한 활용할 수 있도록 해 주며, 외부에 의한 광잡음을 최소화해서 S/N비를 최대로 할 수 있다. 이러한 투과도 특성은 환경 요인에 의해 많이 감소할 수도 있다.

▼ 그림 10-20 PC레진의 적외선 투과도 특성

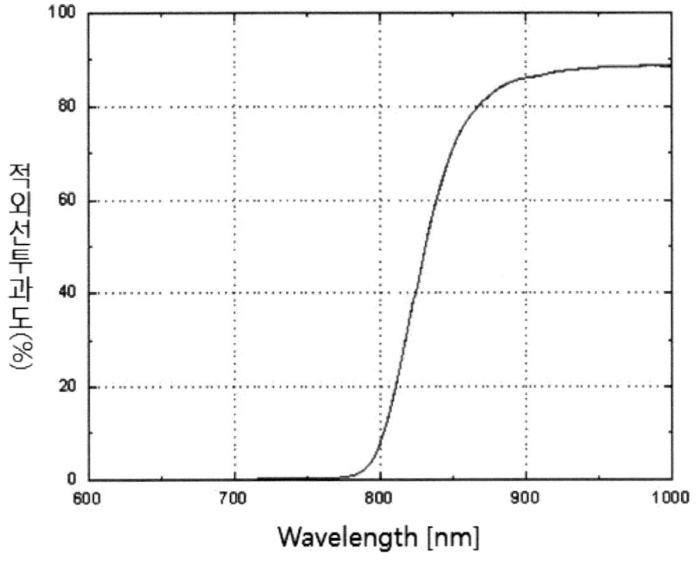

비가 오거나 안개가 매우 짙게 꼈을 때 투과도가 큰 폭으로 감소한다. 이러한 환경 요인을 고려해서 수광기의 MCU에서는 〈그림 10-21〉과 같은 자동이득조절(automatic gain control, AGC) 기능을 탑재하여 감지기가 최적의 상태가 되도록 유지해 준다. 즉, 날씨에 의한 투과도는 점진적으로 변하는 특성을 고려해서 문턱레벨을 가변적으로 자동 조절하여 오보를 최소화한다.

▼ 그림 10-21 AIR 감지기의 AGC 기능

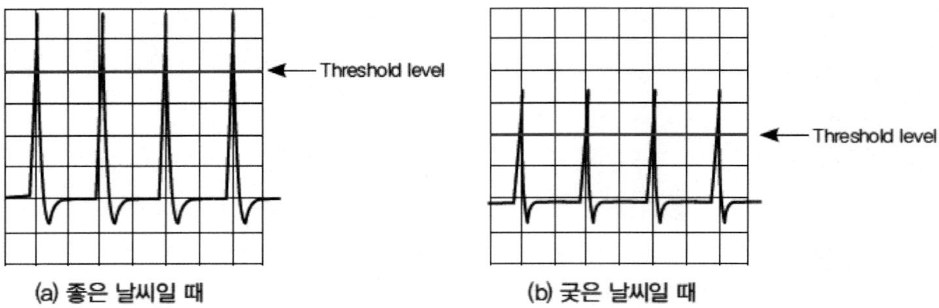

AIR 감지기의 외부커버는 겨울에 눈이나 얼음이 커버에 쌓이지 않도록 기구적으로 설계해야 하며, 이것을 성에 방지(anti-frost) 기능이라 한다. 이러한 기구적인 모습은 〈그림 10-22〉와 같다. 외부 커버가 돌출된 부분이 있는데, 이러한 구조가 성에 방지 기능을 하도록 설계가 된 것이다. 용도에 따라 감지거리로 구분하며, 20m 감지거리부터 200m까지 감지할 수 있는 모델까지 다양하게 있다. AIR 감지기는 설치한 후에 투광기와 수광기의 미세조절 나사를 이용해서 수광기의 출력전압이 최대가 되도록 설정해 주고, 최종적으로 차광시간을 선택해 주어야 한다. 차광시간은 일정 시간 동안 빔이 차단되었을 때 알람을 발보하게 하는 조건을 의미한다. 창문 등에 설치했을 때에는 침입자의 속도가 비교적 느리게 때문에 차광시간을 길게 잡아 주어야 하며, 출입문 등에 설치했을 때에는 침입자가 빨리 침입할 수 있으므로 차광시간을 짧게 해 주어야 한다. 기술적으로는 차광시간을 짧게 해 주면 감지성능이 좋아지지만 그만큼 미세한 변화에 의한 오보도 많이 발생하므로 현장에 적합한 차광시간으로 설정해야 한다. 통상적으로 사람이 뛰는 속도는 약 6㎧이므로 차광시간을 50ms 근처로 설정하면 되고, 보통 걷는 속도는 약 3㎧이므로 차광시간을 100ms 근처로 설정, 느리게 걷는 속도는 약 0.6㎧ 정도이므로 차광시간을 500ms 근처로 설정한다.

▼ 그림 10-22 Anti-Frost 기능의 외관

(a) 일본 Optex사 제품

(b) 한국 KMT사 제품

AIR 감지기의 투광기에서 나오는 근적외선은 레이저빔과 같은 것이 아니라 어느 정도 각도를 가지고 퍼져 나온다. 이때 투광기와 수광기 사이에 〈그림 10-23〉과 같이 적외선을 잘 반사하는 면에 설치하고자 할 때, 수광기와 투광기를 벽에서 어느 정도 띄워 놓고 설치를 하면, 침입자가 투광기와 수광기 사이의 빔을 차단해도 벽에서 반사되어 온 빔 때문에 수광기는 빔이 차단되었다고 판단하지 않는 무감지 현상이 발생할 수 있다. 이런 경우의 무감지를 방지하기 위해서는 투광기 및 수광기를 벽에 가능한 밀착시켜 설치해야 침입자를 정확히 감지할 수 있다.

▼ 그림 10-23 AIR 감지기의 빔 퍼짐에 의한 무감지 가능성

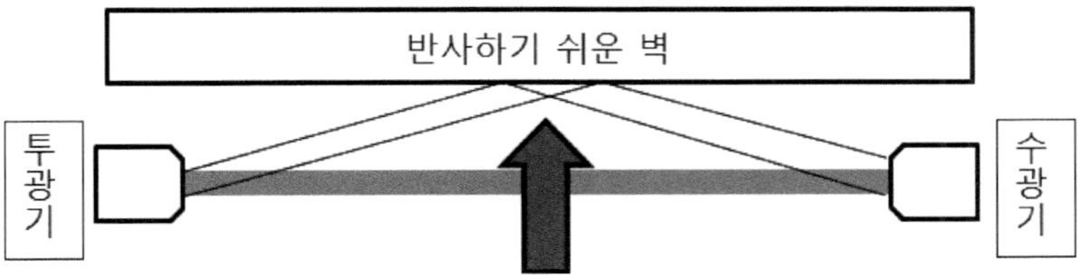

AIR 감지기는 주로 주택이나 공장, 창고 등에서 창문 규제용으로 주로 사용한다. 이 감지기는 여러 개의 창문을 동시에 규제할 수 있어 경제적인 장점이 있지만, 감지하고자 하는 영역이 외부에 노출되어 있어 감지기의 위, 아랫부분으로 침입할 수 있다는 단점이 있다. 따라서 이러한 침입 여부를 고려해서 2조 또는 3조로 설치해서 사용한다. 설치 시 수광기 쪽이 태양과 같은 강렬한 광원을 바라보지 않도록 해야 한다. 태양은 가시광뿐만 아니라 적외선도 발산하고 있기 때문에 투광기의 입력신호가 태양에 의해 가려질 수 있다. 태양뿐만 아니라 외부에서 수광기 쪽에 외부광을 입사시킨 상태에서 침입하게 되면 무감지가 발생할 수 있다. 이런 현상을 막기 위해 보통의 감지기는 일정 이상의 광량이 조사되면 알람을 출력하도록 설계를 하는데, 이 경우에는 태양에 의해 오보가 생길 수 있다. 그리고 감지기를 2개 또는 3개 이상으로 같은 면에 설치를 할 경우에는 〈그림 10-24〉와 같이 투

광기와 수광기를 번갈아 가면서 설치를 해야 한다. 만약 이렇게 하지 않고 한 쪽에는 수광기, 다른 맞은편에는 투광기를 설치하게 되면, 투광기 내부에 있는 적외선 LED에서 나온 빔의 퍼짐 현상 때문에 다른 수광기에도 빔이 입사하게 된다. 이로 인해 서로 간섭 현상이 발생하여 무감지가 발생할 가능성이 있다.

▼ 그림 10-24 AIR 감지기 설치시 유의사항

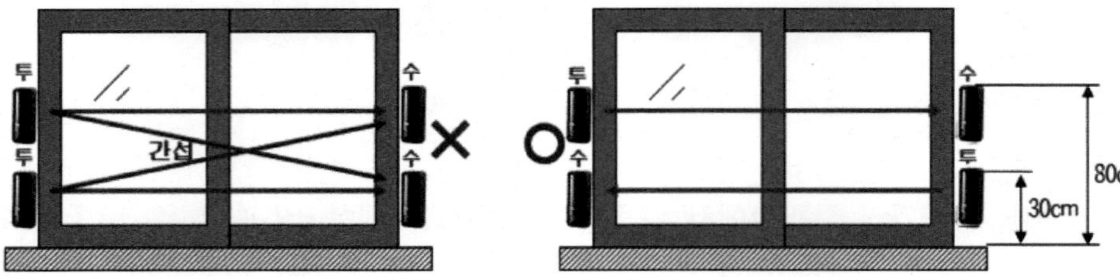

이러한 간섭 현상을 피하기 위해서는 두 가지 방법이 가능한데, 하나는 빔의 퍼짐이 거의 없도록 레이저빔이 나오도록 하는 방법이고, 다른 하나는 투광기에서 나오는 빔의 주파수를 디지털로 출력시키는 방법이다. 레이저빔으로 나오게 하는 방법은 거리가 가까워서 투광기와 수광기를 일치시키는데 큰 문제가 없으나, 만약 거리가 제법 떨어져 있다면 투광기와 수광기의 빔 위치를 맞추기가 매우 어렵게 된다. 따라서 이 방법은 매우 가까운 거리(대략 2~3m 이내)의 용도로는 적합하지만 일반적인 외곽 감시용으로는 부적합하다. 따라서 주로 두 번째 방법인 디지털 출력 방법을 주로 사용한다. 여기서 디지털이란 의미는 출력 신호를 디지털처럼 0과 1로 출력한다는 뜻이 아니고, LED에서 나오는 빔을 일정한 주파수를 갖도록 해서 수광기로 보내고, 수광기에서는 같은 주파수를 갖는 신호만 받아들인다는 의미이다. 이러한 주파수를 여러 개로 만들게 되면, 각 주파수마다 1번 채널, 2번 채널이라는 이름으로 정할 수 있다. 따라서 하단 감지기는 1번 채널로 고정하고 상단 채널은 2번 채널로 고정하면 기존 아날로그 출력으로 인한 간섭 현상은 없앨 수 있다. 최근의 AIR 감지기는 이와 같이 출력 신호를 디지털화 하여 채널을 선택할 수 있는 디지털 제품이 출시되고 있다. 아날로그형 AIR 감지기는 연속적으로 출력을 내기 때문에 빔의 세기가 비교적 높은 편인데 반면, 디지털형은 비연속적인 출력 신호가 나오기 때문에 빔의 세기가 약간 낮아지게 되며, 이로 인해 감시할 수 있는 최대거리가 짧아지는 단점이 있다.

이런 원리를 이용해서 〈그림 10-25〉와 같이 베란다와 같은 큰 창문을 하나의 AIR 감지기로 감지할 수 있는 제품도 출시되고 있다. 기존의 AIR 감지기로 베란다에 있는 큰 창문을 감지하려면 4개 이상을 연속적으로 설치를 해야 하며, 이로 인해 설치된 외관이 보기에 좋지 않은 단점이 있다. 그러나 길이가 약 1.5m 정도인 4단 AIR 감지기는 일체형으로 한번의 공사로 설치할 수 있으며 미관도 좋아 보이는 장점이 있다. 일체형 감지기의 투광부 LED의 출력 신호는 디지털로 출력이 되며, 최소한 4개의 다른 주파수를 갖도록 설계되어 있다. 그리고 일체형의 가장 큰 장점은 외부에서 보았을 때, 빔이 어디에서 나오는지 알 수가 없으므로 보안적인 측면에서 우수하다고 볼 수 있다. 이런 형태의 감지기는 엘리베이터 문의 자동닫힘을 감지하는 센서로도 사용이 되고 있으며, 서울 지하철 스크린 도어의 개폐를 위한 감지기로도 사용되고 있다.

▼ 그림 10-25 4단 디지털 AIR 감지기 외관 및 설치 사례

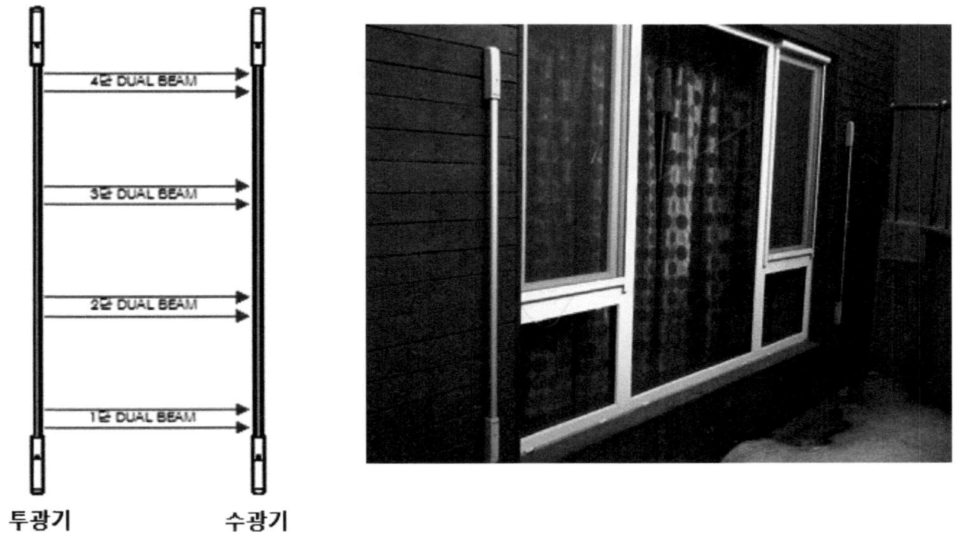

AIR 감지기는 원리가 비교적 단순한 편이지만, 보안적인 측면에서 효과는 매우 높다고 볼 수 있다. 군사시설이나 국가 주요시설물들의 외곽감시를 위해서도 이 감지기가 사용되고 있다. 외곽침입 감시용에 사용되는 센서들은 Frost & Sullivan의 자료에 의하면 〈그림 10-26〉과 같이 크게 3가지 종류로 나눌 수 있다. 독립형은 감지기 자체로 눈에 보이지 않는 경계면을 설정할 수 있으며, 이 구역을 침입자가 침입하는 경우 감지할 수 있는 시스템이다. 여기에는 마이크로웨이브, PIR, 정전식, AIR 감지기 등이 이에 해당한다. 펜스형은 2차원적인 물리적인 펜스를 제작하여 침입자가 펜스를 타고 올라가면서 발생하는 장력이나 진동으로 침입을 감지하는 시스템으로 마이크로폰, 광섬유, 장력, 진동, 지진파 센서 등이 이에 해당한다. 그리고 매립형은 땅 속에 센서를 매립하여 설치하고, 이곳을 밟고 지나가는 경우 알람을 발생하는 감지 시스템이다.[173]

173) "Opportunities in the World Perimeter Intrusion Detection Systems Market", Frost & Sullivan, 2010, April.

▼ 그림 10-26 외곽 침입감지 시스템 분류 (출처: Frost & Sullivan 2010)

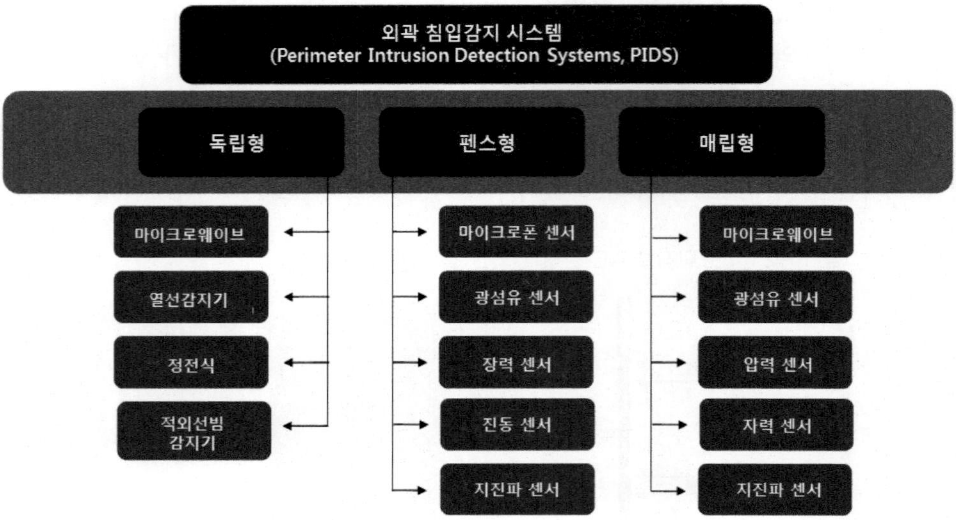

외곽침입감지 시스템의 가격대별 장단점은 〈그림 10-27〉과 같다. 독립형 시스템은 가격이 저렴하고 설치가 간단하다는 장점이 있으며, 이중에서도 가장 가격대비 저렴한 시스템은 PIR 감지기인 열선감지기이다. 이것은 가격은 저렴하지만 오보가 많이 발생하기 때문에 국소적인 영역을 감시하고자 하는 용도로 사용된다. 가격대비 비교적 상대적으로 우수한 성능을 가진 것은 적외선빔 감지기와 마이크로웨이브를 복합화한 시스템이다. 다른 감시 시스템에 비해 상대적으로 설치비용도 매우 저렴하고 감지 시스템 가격도 상대적으로 저렴하다. 보통 하나의 감지 시스템으로 최대 수백미터까지 감지할 수 있는 장점이 있다. 다만, 투광부와 수광부가 마주 보아야 하기 때문에 굴곡진 부분은 감지할 수 없는 단점이 있다. 펜스형 시스템은 감지성능은 우수한 편이지만 설치비용과 유지보수 비용이 매우 고가인 단점이 있어, 특수한 시설의 일부 구간을 감시하고자 하는 목적으로 사용이 될 수 있다. 그리고 매립형은 감지 시스템이 외부에 드러나지 않기 때문에 외관적으로 좋고 침입자가 감지 시스템을 인지하지 못하기 때문에 이 시스템을 피해서 침입하는 것은 매우 어렵다. 그러나 시스템의 매립을 위해 땅을 굴착해야 하는 문제점이 있기 때문에 특수한 용도의 목적으로만 사용이 된다.

대표적인 AIR과 마이크로웨이브 복합감지기는 〈그림 10-28〉과 같다. 높이는 약 2미터 정도이고, AIR 감지기와 마찬가지로 투광부와 수광부가 1조로 되어 있으며, 상단부와 하단부에 적외선빔이 설치되어 있고, 감지기의 중앙부에 마이크로웨이브 센서가 있는 구조이다. 마이크로웨이브는 입체적으로 공간에 퍼져서 감시할 수 있는 특성이 있으므로 감시영역은 그림의 우측에 있는 바와 같다. 적외선빔과

▼ 그림 10-27 외곽감지용 센서의 장단점 비교(출처: Frost & Sullivan 2010)

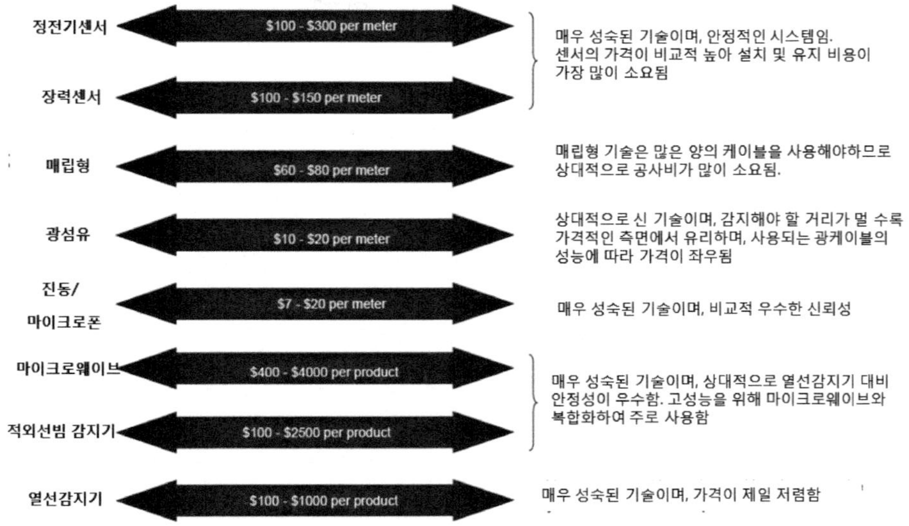

마이크로웨이브의 신호가 동시에 발보할 때만 알람을 발생하는 원리로 동작을 한다. 따라서 AIR만 있을 때의 단점인 안개, 폭우, 폭설 등의 환경조건에서 오보로 생성되는 알람신호는 복합화한 경우에는 거의 발생하지 않는 강점이 있다.[174] 별개의 감지기와 복합화한 감지기의 장단점은 〈표 10-4〉와 같다.

▼ 그림 10-28 AIR+마이크로웨이브 복합감지기의 외관 및 환경 대응력

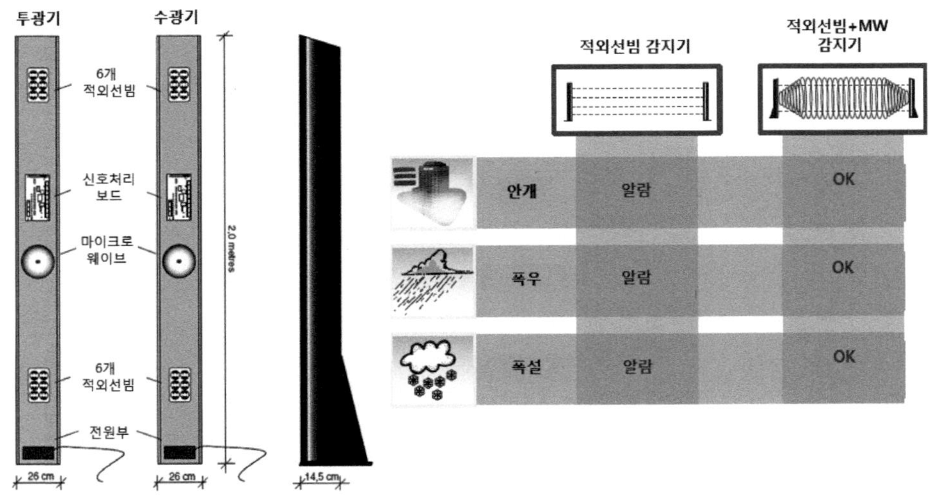

174) http://www.sicurit.com, Absolute Plus Catalogue

▼ 표 10-4 복합감지기의 오보 대응력

	전통적인 AIR	전통적인 MW	AIR + MW
작은 새	FALSE ALARM	OK NO ALARM	OK NO ALARM
작은 동물	FALSE ALARM	OK NO ALARM	OK NO ALARM
낙엽	FALSE ALARM	OK NO ALARM	OK NO ALARM
태양 빛	FALSE ALARM	OK NO ALARM	OK NO ALARM
고주파 RF	OK NO ALARM	FALSE ALARM	OK NO ALARM
펜스신호 반사	OK NO ALARM	FALSE ALARM	OK NO ALARM
가로등 불빛	OK NO ALARM	FALSE ALARM	OK NO ALARM

다 재실자 감지

최근 에너지 절감을 위한 그린 에너지와 개인정보보호에 대한 관심이 높아지고 있다. 건물의 전기를 절약하기 위해 전등을 형광등에서 수명이 길고 전력소모가 작은 LED 등으로 교체를 하고 있으며, 공조 시스템도 단순히 시간에 따른 공조시스템 운영 보다는 사무실 근무자의 재실 상태에 따라 공조를 on, off 하거나 온도를 조절하여 보다 쾌적한 환경을 유지할 수 있도록 운영이 되고 있다. 이러한 목적으로 사용될 수 있는 가장 좋은 기술은 CCTV 카메라를 이용한 기술이다. CCTV 카메라는 기존의 보안용으로 구축이 잘 되어 있으므로 이를 잘 활용하면 앞에서 언급한 전등 제어와 공조 시스템 제어 등을 쉽게 구현할 수 있다. 그러나 최근 개인정보보호법의 강화로 개인의 사생활에 대한 보호가 강화되고 있으며, 근무자가 자신의 근무 형태가 CCTV에 그대로 촬영되어 보관되기를 원하지 않고 있다. 이뿐만 아니라 백화점이나 대형 매장에서 고객의 분포와 경로를 파악해서 이를 마케팅으로 활용하는 사례도 늘어가고 있는데, 이를 위해 CCTV로 촬영하는 것에 대해 고객들이 거부감을 느끼고 있다. 따라서 CCTV를 대신할 수 있는 다양한 기술들이 필요하다.

아파트 현관의 천정에 설치하여 사람이 집으로 들어오거나 나가게 되면 사람의 움직임을 감지하여 일정 시간동안 전등을 켜 주는 가장 단순한 PIR 감지 방식은 오래 전부터 널리 사용되어 왔다. 그러나 사람이 움직이지 않고 가만히 오래 있으면 사람이 없는 것으로 판단하여 전원이 꺼지게 된다. 이 경우 다시 불이 오게 하려면 몸을 움직이거나 손을 센서쪽으로 향해 흔들어 주어야만 다시 불이 켜진다. 이런 단점을 보완하기 위해 초음파 방식이나 마이크로웨이브 센서를 사용하기도 한다. 초음파와 마이크로웨이브는 PIR 감지기와는 달리 능동형(Active) 방식의 센서이다. 여기에는 발신부와 수신부가 분리된 형태로 되어 있으며, 발신부에서 일정 주기로 파동을 내 보내고, 수신부에서 반사되어 온 파동을 분석하여 사람이 있는지 여부를 판단하는 방식이다. 센서를 천정에 설치하고 사람이 없는 경우에는 발신부에서 나온 신호는 바닥에서 반사되어 온 신호를 수신하게 된다. 따라서 천정 높이의 2배 만큼의 시간 차이가 발생하게 된다. 이때 사람이 들어오게 되면, 사람 머리에서 반사된 신호가 바닥에서 반사된 신호보다 먼저 도달하게 되어 사람이 입실했음을 알게 되는 원리이다. 초음파의 경우에는 주위 온도에 따라 속도의 변화가 심하기 때문에 반드시 온도를 보상해주는 추가적인 회로가 필요하다. 마이크로웨이브는 환경에 의한 성능의 저하 문제없이 사용이 가능하며, PIR 센서 대비 상당히 넓은 영역을 감지할 수 있다는 장점은 있다. 그러나 마이크로웨이브는 경량벽을 투과할 수 있는 능력이 뛰어나 감지 영역을 정확히 규정하기가 어려운 단점이 있다. 또한 능동형 방식은 지속적으로 신호를 내보내야 하기 때문에 자체 전력 소모가 필연적으로 따른다는 단점이 있어, 전기를 효율적으로 절약할 수 있는 방법이 아니다. 〈그림 10-29〉는 PIR 방식과 마이크로웨이브 방식의 외관 비교 사진이다. 두 방식 모두 조도센서인 CdS 센서가 내장되어 있어 빛이 충분한 낮에는 감지가 되어도 동작을 하지 않으며, 조도가 낮은 경우에만 동작하도록 설정을 할 수가 있다.

▼ 그림 10-29 재실자 감지용으로 사용되는 PIR 방식과 마이크로웨이브 방식의 외관

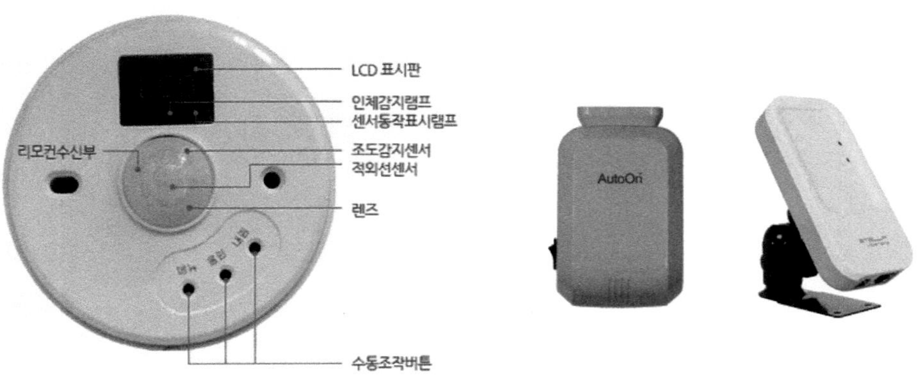

(a) PIR 방식의 입실 감지 센서 외관　　(b) 마이크로웨이브 방식의 입실 감지 센서

그러나 이와 같은 방식은 현관의 조명 제어용으로는 적합하지만, 실내 전체의 조명을 제어하기에는 부족한 점이 많다. 왜냐하면 몇 명이 실내에 들어와 있는지 알 수가 없으며, 실내에 가만히 앉아서 근무하게 되면 감지를 하지 못하는 문제점이 있다. 그래서 나온 것이 2개의 센서를 사용하는 시스템이 나오게 되었다. 〈그림 10-30〉과 같이 출입문에 자석스위치를 설치하고, 방 내부의 천정에 PIR 센서를 설치한다. 만약 사람이 문을 열고 들어오게 되면 자석스위치에 의해 문 열림 신호가 먼저 올라오게 되고, 그 다음에 PIR 센서에 의해 입실 신호가 순차적으로 올라오게 된다. 이렇게 되면 정상적으로 입실했다고 판단하여 전등을 자동으로 점등하게 된다. 퇴실 시에는 PIR 센서가 방 내부에서 움직임을 감지한 신호가 먼저 올라오게 되고, 그 다음에 자석스위치에 의해 문 열림을 감지하게 된다. 이렇게 되면 사람이 정상적으로 퇴실을 했다고 판단하여 전등을 점멸하게 된다. 이런 방식은 PIR 센서에서 장시간 감지되지 않아도 사람이 있다고 판단하여 전등은 계속 켜져 있게 된다. 여기에도 당연히 조도센서가 있어 일정 조도 이상인 밝은 상황에서는 센서의 신호를 무시한다. 이런 센서 배치는 1인용의 전등 제어에 적합한 방식이다. 여기서 문이 있는 경우에는 가격을 고려하면 자석스위치가 가장 저렴한 방법이다. 그러나 출입문이 없거나 자석스위치를 설치할 수 없는 경우에는 면형 PIR 센서, AIR 센서, 초음파센서, 압전패드 등을 사용할 수 있다. 면형 PIR 센서는 감지를 할 수 있는 수평각도가 보통 10도 미만이기 때문에 출입여부를 감지하기에 적당한

▼ 그림 10-30 재실자 감지용 센서 배치 개념도(출처: 오토리모 자료)

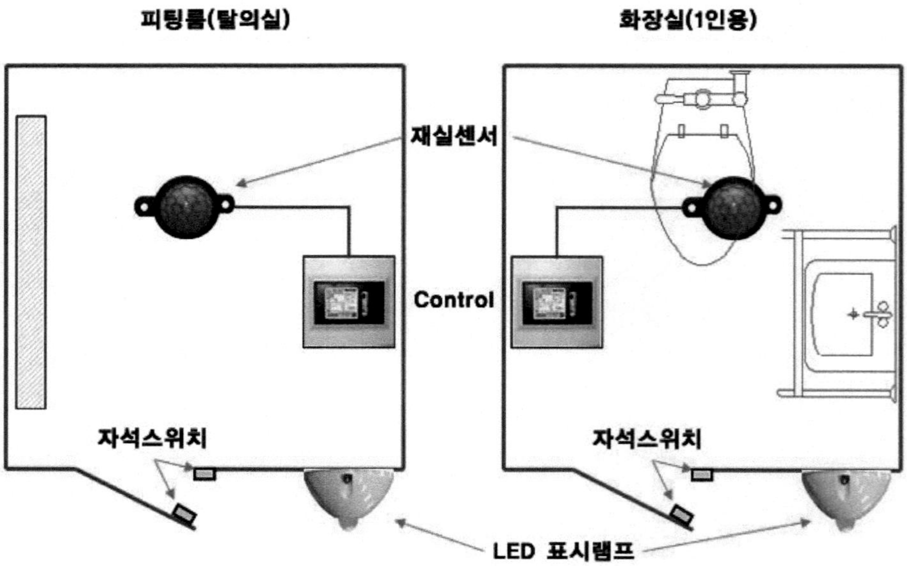

센서이다. 그리고 압전패드는 출입하는 부분의 바닥에 설치를 하여 출입하는 사람의 무게를 감지하여 출입여부를 감지하는 센서이다. PIR과 압전패드는 수동형으로 동작하므로 추가적인 전력 소모가 없다는 장점이 있다. 그러나 AIR 센서나 초음파 센서 등은 능동형이기 때문에 불필요한 전력이 소모될 수 있는 단점이 있다.

AIR 감지기를 사용하여 출입자를 카운트하여 재실 여부를 결정할 수도 있다. 〈그림 10-31〉과 같이 출입구에 AIR 감지기 2개를 순차적으로 설치하고, 1번 AIR (그림에서 AIR #1) 신호가 감지된 후 2번 AIR 신호가 올라오고 그 다음 순차적으로 PIR 센서 신호가 올라오면 1명이 입실했다고 판단을 하고, 반대로 PIR 센서 신호가 올라오고 2번 AIR 신호 감지 후 1번 AIR 신호가 감지되면 1명이 퇴실했다고 판단을 하는 개념이다. 이러한 AIR 센서와 PIR 센서를 복합적으로 사용을 하면 큰 사무실이나 실험실 등의 전등 제어와 공조 시스템 제어에 사용이 가능하다. 여기서 PIR 센서는 감지 영역을 고려하여 실내에 필요하면 여러 개를 설치할 수도 있다.

▼ 그림 10-31 AIR 센서와 PIR 센서를 이용한 재실자 감지 개념

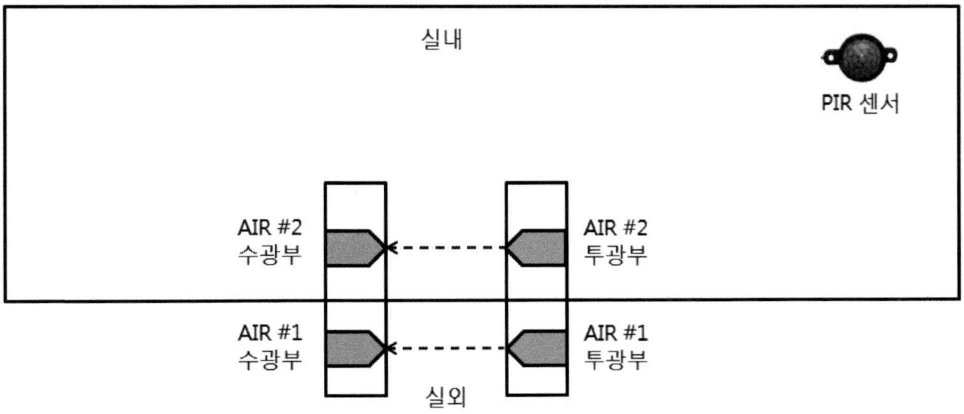

PIR 센서는 다양한 요인에 의해 오보가 많기 때문에 정확한 재실 감지에는 다소 부족하다. 이러한 시장 요구사항에 따라 부상하고 있는 기술 중의 하나가 적외선 어레이 센서를 이용한 재실자 감지(people counting) 기술이다. 또한 가정용 기기에도 이러한 센서가 사용될 가능성이 높아지고 있다. 소니와 삼성전자 등에서 TV와 에어컨 등에 기존 단일 적외선 센서에 의한 제한된 정보로 인한 제한된 기능 제공에서 탈피하기 위해 적외선 어레이 센서를 장착하여 재실자에 적합한 기능을 제공해 주고자 연구되고 있다. Yole사에 의하면 이와 같은 재실자 감지용의 적외선 센서 시장 규모가 2010년에 약 9천만달러 규모로 추정하였으며, 매년 14% 정도씩 성장할 것으로 예상하고 있다.

이러한 목적으로 상용 제품을 개발한 회사는 영국의 Irisys사이다. 이 회사는 16×16 초전체 센서를 어레이로 만들어 대형 매장 등의 사람의 이동을 실시간 모니터링 하는 목적으로 개발하였다. 고해상도 어레이를 사용하면 보다 정확하게 동선을 파악할 수 있지만, 고해상도 열화상 카메라의 가격은 매우 고가이기 때문에 이런 목적으로 사용하기에 부적합하였다. 그래서 저가의 저화소용 어레이 센서를 이용해서 동일한 목적을 구현하고자 개발하였다. 이런 목적으로 사용되는 시장 규모는 Yole사에 따르면 약 1.5백만달러 정도로 추정하고 있으며, 매년 25% 정도씩 성장할 것으로 예측하고 있다. 2010년 Irisys사에서 판매한 센서 가격은 개당 대략 50~200 달러 정도였으며, 실제로 영국 tesco 매장에 설치하여 운영 중에 있다.[175] 이 매장에 사용된 적외선 어레이 시스템의 개념도는 〈그림 10-32〉와 같다.

▼ 그림 10-32 Irisys사에서 개발한 재실자 감지 시스템 개요

현재 이와 같은 저화소용 적외선 센서 어레이에 관심이 있는 회사로는 영국의 Irisys를 비롯해서 일본의 Omron, Hamamatsu, NEC, Chino, Panasonic, 독일의 Heimann, 프랑스의 ULIS, 이스라엘의 SCD, 미국의 FLIR 등에서 가까운 미래에 큰 시장을 형성할 것으로 예상하고 연구 개발을 진행하고 있다. 이 중에서 대표적으로 일본 Chino와 Panasonic사에서 판매 중인 저화소용 적외선센서는 〈그림 10-33〉과 같다. Chino사에서는 가까운 거리에 있는 물체의 온도를 실시간 모니터링 하는 것으로 목적으로 개발하였으며, 이것을 응용해서 노약자가 화장실에서 쓰러지는 것을 감시하는 실버용의 목적으로 개발하였다. Panasonic사는 자동차 실내의 공기조절, LED와 공조기 등의 실시간 전원제어, 그리고 매장의 피플 카운팅(People Counting)의 목적으로 Grid Eye라는 제품명으로 판매 중에 있다. 이러한 저화소용 적외선센서는 PIR 센서와는 달리 시야각 범위 내에 사람의 유무를 가장 확실히 판단할 수 있다는 장점이 있다. 두 제품 모두 가격은 점점 낮아지고 있어 조만간 널리 확산될 것으로 예상하고 있다.

175) http://www.irisys.co.uk/queue-management/download-tesco-case-study/

▼ 그림 10-33 재실자 감시용 저화소 적외선센서

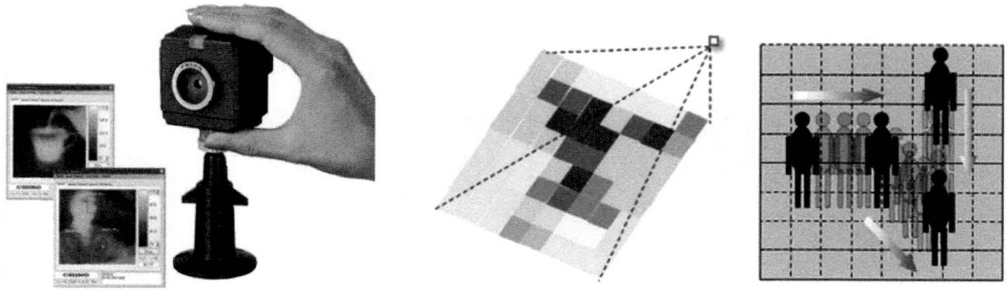

(a) 일본 Chino사의 2,000픽셀 센서 (b) 일본 Panasonic사의 8×8 픽셀 센서

아직 이런 기술이 크게 확산되지 못하고 걸림돌로 작용하고 있는 것은 적외선센서의 가격이다. 가격에 가장 큰 영향을 주는 것이 렌즈 가격이다. 가장 특성이 좋은 재료는 Ge인데, 이 재료를 렌즈로 가공하기 위한 가공비용이 많이 든다는 단점이 있다. 이를 대신하기 위해 저가격의 Si 렌즈 기술과 칼코겐화합물(Chalcogenide) 기술, 폴리머 계열인 폴리에틸렌 기술 등이 연구되고 있다. 렌즈 가격을 낮추기 위해서는 센서의 크기를 줄여야 하는 것도 중요한 문제이다. 가격을 낮추기 위해서는 냉각이 필요없는 시스템으로 만들어야 하며, 그렇기 위해서는 패킹을 하면서 진공을 하지 않아도 되도록 만들어야 한다. 또한 저화소이기 때문에 사용 용도에 따라 시야각이 제한이 될 수 있다. 좁은 영역을 감시할 것인지, 아니면 넓은 영역을 감시할 것인지, 어느 정도 거리까지 감시할 것인지 등을 종합적으로 고려를 해야 하는데, 이것은 렌즈의 초점거리와 센서 픽셀의 크기에 의해 결정된다. 픽셀 면적과 초점거리 관계는 〈표 10-5〉와 같다.

▼ 표 10-5 센서 픽셀의 크기와 유효초점거리(EFL)에 따른 시야각(FOV) 관계

Array	Pitch(㎛) / EFL(mm)	20	35	50	100	200
8×8	2	4.58	8.02	11.42	22.63	43.62
	4	2.29	4.01	5.72	11.42	22.63
	8	1.15	2.00	2.86	5.72	11.42
16×16	2	9.15	15.94	22.63	43.62	77.36
	4	4.58	8.02	11.42	22.63	43.62
	8	2.29	4.01	5.72	11.42	22.63
32×32	2	18.19	31.30	43.62	77.36	116.05
	4	9.15	15.95	22.63	43.62	77.36
	8	4.58	8.02	11.43	22.63	43.62
64×64	2	35.51	58.53	77.36	116.05	145.37
	4	18.19	31.30	43.62	77.36	116.05
	8	9.15	15.95	22.63	43.62	77.36

11

MEMS 동작 감지센서

가 가속도센서

디바이스 자체의 움직임을 감지하는 대표적인 것이 중력센서 또는 가속도센서이다. 중력이 영어로 gravity라고 해서 줄여서 지센서(G sensor)라고도 한다. 지센서의 작동 원리는 다음과 같다. 속이 빈 공간에 작은 쇠구슬이 들어 있다고 하면, 공 안쪽 면에는 전기신호발생 장치가 촘촘히 붙어 있어 쇠구슬이 닿을 때마다 신호가 발생한다. 각각의 신호발생장치는 서로 다른 전압을 발생시키기 때문에 위치를 구분할 수가 있다. 쇠구슬은 중력에 의해 항상 아래쪽에 위치하므로 발생되는 전압을 측정하면 공의 어느 면이 아래쪽을 향하고 있는지 알 수가 있다. 이런 지센서를 사용하면 스마트폰이 가로방향인지 세로방향인 인식하여 화면 방향을 보정해 주는 용도로 사용할 수 있다. 따라서 지센서는 중력의 방향을 감지할 뿐만 아니라 가속도를 측정하는 용도로도 사용된다. 2000년대 일본의 소니는 하드디스크가 내장된 MP3를 출시하면서 충격방지 및 데이터 보호를 위해 지센서를 탑재하였다. 사람이 실수로 MP3를 땅에 떨어뜨렸을 때 MP3는 일종의 가속도 운동을 하게 된다. 지센서는 이를 감지해서 하드디스크 내부의 헤드를 안전한 위치로 옮겨주어, 땅에 떨어진 충격에 의해 하드디스크에 있는 데이터가 손상되는 것을 막게 해 주는 용도로 적용되었다. 지센서로 가속도 측정이 가능하지만 MEMS 기술의 발전으로 3축 가속도센서가 나오면서부터 가속도센서와 지센서의 구분은 큰 의미가 없어졌다. 3축 가속도센서는 지센서 역할도 겸하기 때문에 최근 스마트폰에는 지센서 대신에 가속도센서와 자이로스코프센서가 그 역할을 대신하고 있다. 이러한 가속도센서는 단위 시간당 스마트폰의 직선 움직임을 알아낼 수 있으며, x, y, z 3축에 대한 가속도 감지가 가능하여 방향에 따라 가로모드와 세로모드로 화면이 바뀌거나 스마트폰을 뒤집으면 에티켓 모드로 변경되는 등 다양하게 활용되고 있다.

가속도는 Newton의 제2운동법칙에 따라 물체의 움직임 특성을 나타내는 물리적인 항목이다. 정지해 있는 물체는 힘이 필요하지 않지만, 물체의 위치가 바뀌는 것은 물체의 속도가 변하는 것이고, 일정한 속도로 계속해서 움직이면 역시 힘이 필요하지 않는다. 그러나 위치와 속도가 시간에 따라 변하게 되면 물체에는 힘이 작용을 한다. 속도는 위치의 일차미분 형태이고, 가속도는 속도의 일차미분 형태이다. 이것이 Newton의 제2운동법칙이다. 실제적으로 잡음이 많은 시스템에서 미분을 취한다는 것은 큰 오차를 낼 수 있기 때문에, 속도와 가속도를 위치 센서로부터 구하지는 않고, 오히려 이에 맞는 특수한 용도의 센서를 사용한다. 만약 낮은 주파수 응용(10Hz 이하)에서는 위치와 변위로부터 속도와 가속도를 비교적 정확하게 유도할 수 있으나, 중간 주파수 응용(1kHz 이하)에서는 속도를 측정을 해야 하며, 높은 주파수 응용에서는 가속도를 측정하는 것이 정확하다. 속도는 선속도와 각속도로 구분되는데, 선속도는 일직선상으로 물체가 얼마나 빨리 움직이는가 하는 정도이며, 각속도는 얼마나 빨리 회전을 하느냐 하는 것이다. 움직이는 차량의 위치를 GPS를 이용해서 주기적으로 측정하여 속도를 계산하는 것은 오차가 거의 없다. 그러나 GPS를 적용할 수 없는 매우 작은 물체 또는 짧은 거리를 움직이는 경우에는 속도를 직접 측정을 해야 한다. 이것은 표준 대상물에 대하여 물체의 변위를 측정하여 속도를 유추하는 방식이다. 속도 측정에 있어 변위는 매우 중요한 물리적인 항목이다. 그러나 속도 센서와 가속도 센서는 물체의 움직임을 직접 전기적인 신호로 출력을 하기 때문에 계산 중간에 위치로 환산하는 경우는 없다. 예를 들면, 코일로 만든 전선 내부로 자석이 움직인다고 하면, Faraday 법칙에 의해 코일에 유도전압이 발생하게 된다. 이 전압은 자석의 속도와 자기장에 비례하는 값으로 나오기 때문에 속도를 직접 측정할 수 있다.

대표적인 전자석 속도센서는 〈그림 11-1〉과 같다. 좌측의 경우는 파란색 단자를 검은색 단자로 연결하고, 초록색 단자를 빨간색 단자로 연결하여 유도코일의 상하를 병렬연결한 경우이다. 이런 연결은 민감도가 반으로 줄어들지만 고속으로 움직이는 분야에 적합하며, 낮은 입력 임피던스를 갖는 전기회로에 적합하며, 보다 높은 주파수 반응에 적합한 방식이다. 우측의 경우는 파란색과 초록색 단자를 서로 연결하여 직렬로 연결한 방식이다. 이것은 민감도를 최대로 할 수 있으며, 잡음을 최소화 할 수 있는 장점이 있다. [176]이러한 속도센서는 선형위치센서(LVDT, linear variable differential transformer)와 유사한 형태를 가지고 있다. LVDT는 움직이는 강자성체로 감지하는 능동센서인 반면, 속도센서는 움직이는 영구자석으로 감지하는 수동센서이다. 즉, 속도센서는 외부에서 신호를 인가할 필요없이 전류가 스스로 유기되는 방식이다.

176) Trens-Tek, Inc., 기술자료

▼ 그림 11-1 전자유도 방식의 속도 측정(좌측: 병렬연결, 우측: 직렬연결)

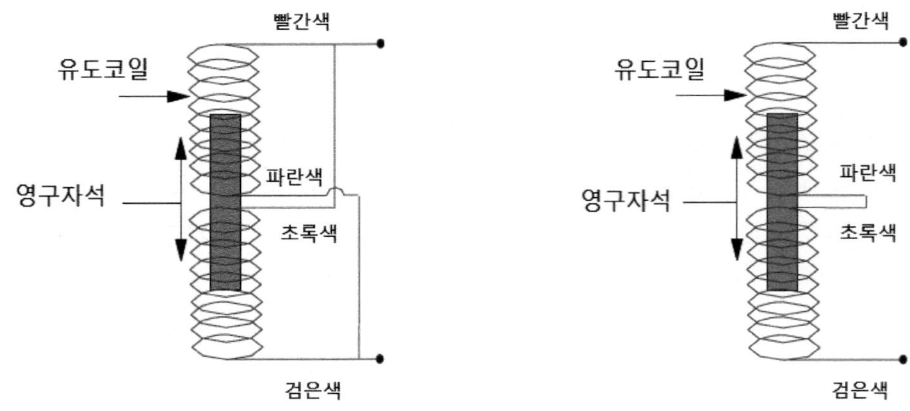

가속도계의 물리적인 기본 개념은 스프링에 매달려 있는 질량의 움직임과 같다. 선형적인 움직임의 경우, 두 가지 중요한 물리적인 개념이 포함되어 있는데, 하나는 스프링의 움직임에 대한 Hooke의 법칙인 $F=kx$을 따른다는 점과 나머지 하나는 Newton의 제2운동법칙인 $F=ma$를 따른다는 점이다. 〈그림 11-2〉는 임의의 질량이 스프링에 연결되어 있는 시스템이다. 만약 이 시스템이 선형적인 가속도를 받게 되면, Newton의 제2운동법칙에 의해 ma 만큼의 힘이 가해지게 될 것이다. 가속도계의 기본 시스템은 이와 같이 움직이는 질량(다른 표현으로 검증질량이라고 함)을 이용해서 가속도 방향으로 움직이게 한 후, 이로 인해 생긴 변위로부터 가속도를 유추한다. 가속도계에서 공통적인 요소는 검증질량을 사용한다는 점이고, 다른 점은 변위를 어떻게 측정하느냐에 따라 다양한 가속도계가 사용된다. 가속도센서에는 정전용량형(Capacitive), 열형(Thermal), 압전형(Piezoelectric), 압전저항형(Piezoresistive) 등이 개발되었다.

▼ 그림 11-2 가속도를 측정하는기본적인 개념

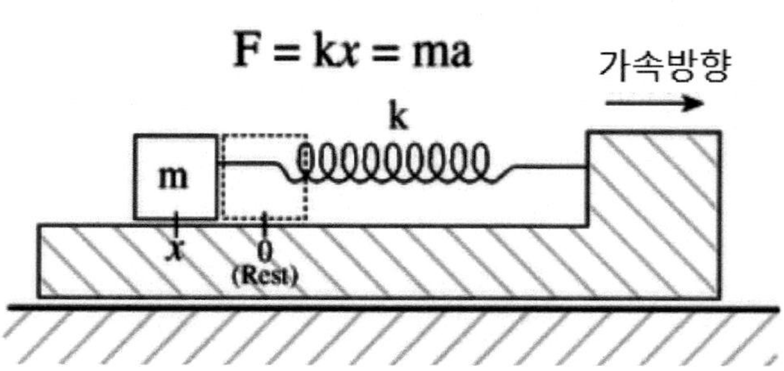

이런 원리를 응용한 가장 간단한 형태인 정전용량형(Capacitive) 가속도센서는 〈그림 11-3〉과 같이 스프링 대신에 지지대에 연결된 연결선에 검증질량이 위치해 있고, 가속도방향으로 검증질량이 움직이게 되면 고정된 외부전극 사이의 놓인 검증질량의 전극위치가 변하게 되어 그 변화량으로부터 가속도를 알 수 있다. 정지해 있는 상태에서는 전극부의 정전용량에는 변화가 없으나, 가속도를 받아 움직이게 되면 전극부 사이의 간격이 변화하며, 이로 인해 정전용량이 변화하여 가속도를 인식하게 되는 원리이다.

▼ 그림 11-3 정전용량형 가속도센서의 동작 원리

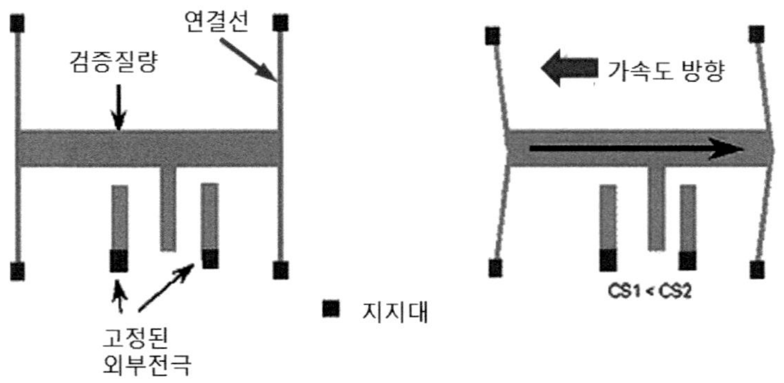

열형 가속도센서는 가속도에 반응하는 매질을 검증질량 대신에 히터판을 사용하는 방식, 가스를 사용하는 방식 등이 있다. 히터판을 사용하는 방식은 검증질량과 동일한 개념인데, 〈그림 11-4〉와 같이 가속도 방향으로 움직이는 히터판의 온도를 측정하여 가속도를 계산하는 방식이다. 이러한 구조는 MEMS 기술을 이용하여 캔티레버 구조로 아주 작게 제작할 수 있다. 온도를 측정하기 위한 열전대 방식의 온도센서를 같이 제작하고, 열전대에서 측정된 온도로부터 가속도를 환산하는 방식이다. 이 방식의 민감도는 가속도 1g당 출력신호가 약 1% 정도 변하는데, 이 값은 앞서의 정전용량 방식이나 압전체 방식에 비해 우수하다. 그러나 사용하는 주위 온도 또는 전자기장에 의한 잡음 등에 취약한 단점이 있다. 가스를 사용하는 방식은 가속도 방향으로 가열된 가스가 가속도 방향으로 움직이면서 생기는 온도차이를 이용해서 가속도를 측정하는 방식으로 동작원리는 〈그림 11-5〉와 같다. 가스를 검증질량 대신 사용하는 가장 큰 장점은 50,000g에 해당하는 충격에도 견디는 가장 큰 장점이 있다. 가스를 담을 수 있는 내부에 공동(cavity)가 있으며, 이 공간에는 가스로 충전되어 있다. 중간에 히터가 있으며 동일한 간격으로 설치된 온도센서로부터 가스의 온도를 실시간 측정하여 움직임을 감지하는 원리이다.

▼ 그림 11-4 가열된 판을 이용한 가속도센서

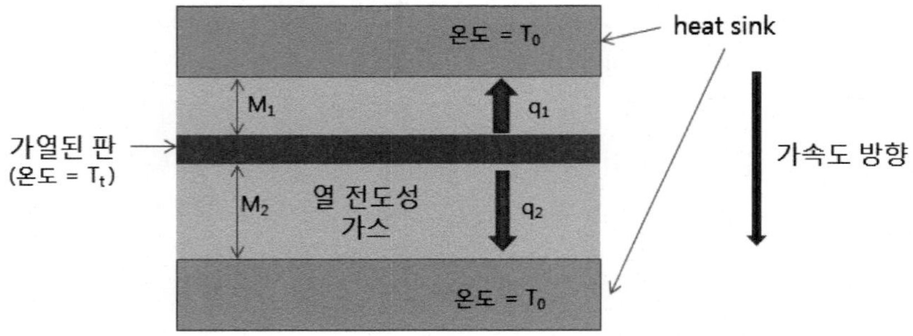

▼ 그림 11-5 열형 가속도센서의 동작원리

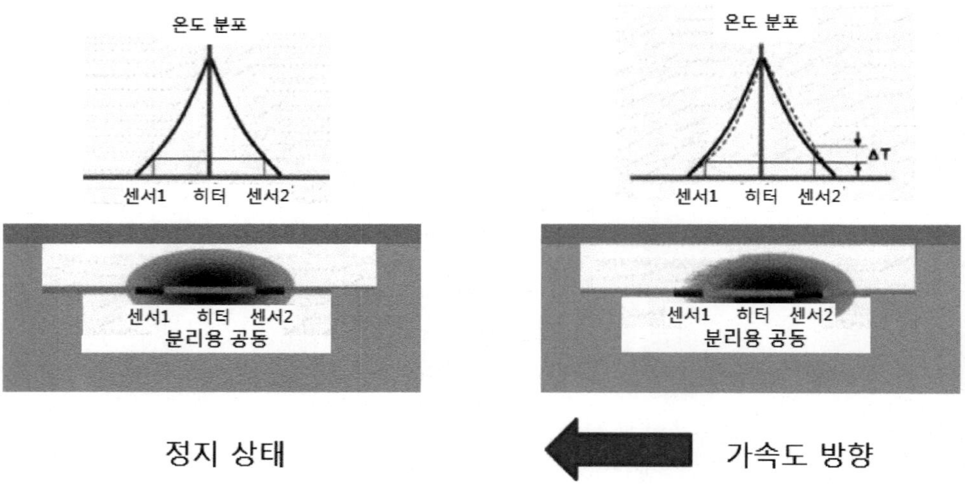

압전체는 결정에 압력을 가하면 결정 내부의 분극이 변하여 전기를 생성시키는 재료이다. 압전체의 응용분야는 청각센서의 마이크로폰, 소나 등에도 사용되며, 이 뿐만 아니라 가속도를 측정하는 용도로도 사용된다. 이 센서는 2Hz~5kHz 정도의 낮은 주파수 대역에서 사용이 가능하며, 가속도에 대한 선형성이 우수하며, 동작온도범위가 120℃까지 사용할 수 있을 정도로 비교적 넓다. 압전형 가속도센서의 동작원리는 〈그림 11-6〉과 같다. 압전체로는 예전에 수정 단결정을 많이 사용하였으나, 최근에는 $BaTiO_3$, PZT 등의 세라믹 압전재료를 많이 사용한다. 압전체는 케이스 부분과 검증질량 사이에 샌드위치 형태로 고정시킨 후, 검증질량이 가속방향으로 움직이면 압전체에 수직으로 힘이 가하게 되어 압전체의 신호출력에서 가속도 정보를 얻게 되는 원리이다. 최근 MEMS 기술의 발전으로 이러한 구조가 Si 구조에서도 구현되고 있다. Si 자체에는 압전효과가 없으므로 Si 캔티레버에 압전재료를 박막코팅하여 제작한다.

▼ 그림 11-6 압전형 가속도센서의 동작 원리

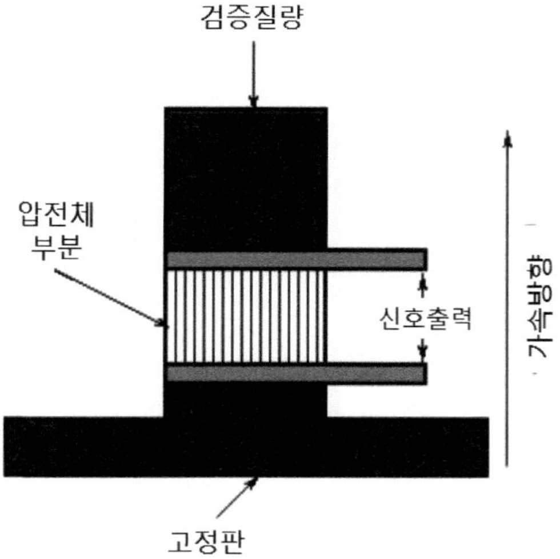

압전저항형 가속도센서에서 압전저항이란 금속 또는 반도체 결정에 외력을 가하면 결정의 저항비가 변하는 현상을 말한다. 이런 원리를 이용해서 스트레인 게이지 측정용에 응용되고 있다. 압전저항형 가속도계는 1979년 Roylance와 Angell에 의해 제안된 방법이다. 초기에 심장벽의 가속 현상을 측정하기 위한 의학용으로 사용되었다. 센서를 소형화 할 수 있고 매우 폭 넓은 주파수 영역(DC~13kHz)에서 사용할 수 있으며, 0.01g 정도의 정밀도로 측정이 가능하며, 약 10,000g 정도의 충격에도 견딜 수 있다. 비록 압전저항형의 제작비용이 다소 높지만, 좋은 특성을 얻기 위해 압전저항형 가속도센서에 대해 많은 연구가 이루어지고 있으며, 그 동작원리는 〈그림 11-7〉과 같다. 제작비용만 낮출 수 있다면 향후 정전용량형 가속도센서를 대신할 수 있을 것으로 예상하고 있다.

▼ 그림 11-7 압전저항형 3축 가속도센서의 동작원리

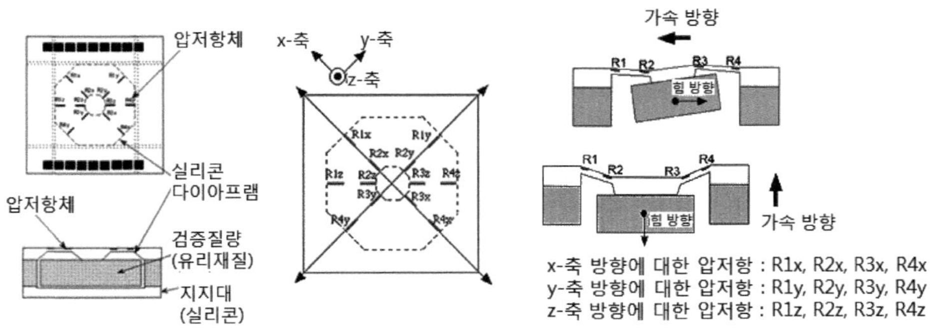

MEMS 가속도센서에 가장 앞선 기술을 가진 회사가 미국의 ST 마이크로일렉트로닉스라는 회사인데, 이 회사에서 제작한 3축 가속도센서의 내부 구조는 〈그림 11-8〉과 같다. 빗살무늬들이 가속도에 의해 미세하게 움직이게 되는데, 움직인 변위만큼 정전용량이 변하게 되어 가속도를 측정할 수 있다. 이러한 빗살무늬를 한 평면에 서로 직각으로 위치하게 하면 x축과 y축의 가속도를 측정할 수 있고, 공간적으로 세워 놓게 되면 z축 방향의 가속도를 측정할 수 있다. ST 마이크로일렉트로닉스사에서 3축의 가속도를 동시에 측정할 수 있는 가속도센서를 애플사의 아이폰4에 처음으로 적용하였는데, 센서가 패키지 된 그 크기가 4mm×4mm에 불과할 정도로 매우 작았다. 정전용량형 가속도센서는 제작단가가 저렴하여 상업적으로 많이 활용되고 있지만, 노이즈 특성과 주파수 응답특성이 압저항형 보다 좋지 않다는 것이 알려졌다.[177]

▼ 그림 11-8 MEMS로 만든 정전용량형 가속도센서(출처 : ST 마이크로일렉트로닉스)

나 자이로스코프센서

가속도센서는 직선운동에 대해서는 감지를 잘 하지만, 회전을 하는 원운동에 대해서는 감지를 거의 하지 못한다. 회전운동을 감지할 수 있는 센서가 자이로스코프센서이다. 최초의 자이로스코프는 1817년 독일인 Johann Bohnenberger에 의해 회전하는 구를 가진 자이로스코프가 만들어졌다. 1832년에 미국인 Walter R. Jonhson이 회전하는 디스크에 기반을 둔 자이로스코프를 개발하였고, 1852년에 Leon Foulcault가 지구 자전과 관련된 실험에 사용하였고, 그리스어로 '회전'이라

177) 서상윤 외 3명, "압전저항형 멤스센서를 이용한 진동 측정용 3축 센서 시스템의 최적화 설계", 한국소음진동공학회 논문집, 제23권 제12호, 2013

는 의미의 'gyro'와 '본다'는 의미의 'skopein'의 합성어로 '회전을 본다'라는 의미의 gyroscope라는 이름을 최초로 명명하였다. 자이로스코프는 줄여서 자이로라고도 한다. 자이로스코프는 각모멘트 보존법칙이라는 물리법칙에 기반을 두고 있으며, 물체의 각속도를 전압 등의 전기적인 신호로 변화시켜서 운동을 유지하고자 하는 성질을 이용하여 물체의 회전각도를 감지하는 센서이다. 따라서 자이로센서는 달리 표현하면 각속도센서이며, 자세 측정 장치를 통칭하여 자이로 센서라고 한다.

자이로스코프센서는 비행기의 항법장치에 사용되었는데, 비행기의 자세를 롤(roll), 피치(pitch), 요(yaw)라고 하는 각도로 표시한다. 요는 z축 방향의 회전을 의미하고, 롤은 좌우로 회전하는 것을 의미하는 것으로 자동차가 코너를 돌 때 한쪽 방향으로 쏠려서 기울어지는 각도를 의미한다. 그리고 피치는 자동차가 브레이크를 잡아서 앞으로 쏠릴 때 기울어지는 방향을 나타낸다. 중력방향을 기준으로 얼마나 기울어져 있는지를 나타내는 값은 롤과 피치이다. 〈그림 11-9〉의 오른쪽 그림에서 한 선의 길이가 '1'이고 '3'만큼 이동했다는 정보를 토대로 위치추정을 한다고 하면, 경로 A, B, C의 이동거리는 '3'으로 동일하지만 그 위치는 제 각각으로 이동경로 추정이 불가능하다. 위치측정에서는 얼마만큼 이동했는지도 중요하지만, 어느 방향으로 이동했는지도 중요한 요소이다. 자이로스코프센서는 가속도센서로 측정할 수 없는 방위각과 모든 축에 대한 회전각을 측정할 수 있다.

▼ 그림 11-9 자이로스코프 방향의 의미와 자이로스코프 센서의 필요성

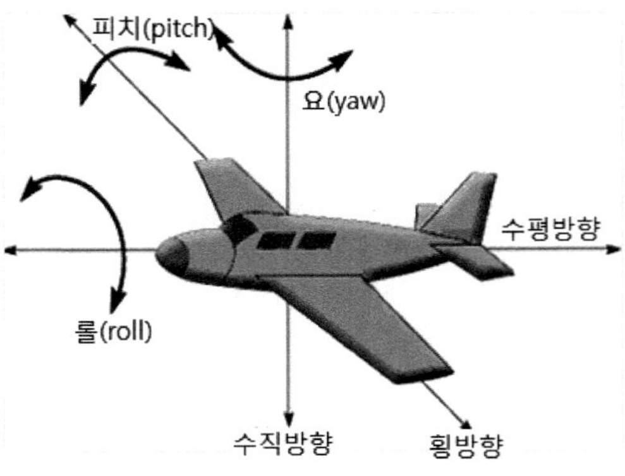

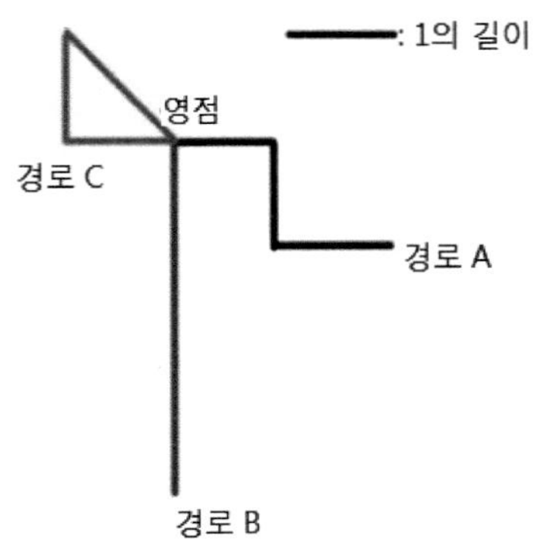

MEMS형 진동 자이로 센서의 가장 기본적인 개념은 가속도센서와 마찬가지로 〈그림 11-10〉에서 보듯이 검증질량을 이용한 방식이다. 검증질량은 지지대에 의해 매달려 있고, 이 검증질량은 운전방향인 x축과 센서방향인 y축으로 자유롭게 진동을 할 수 있도록 설계되어 있다. 운동전극은 운동모드 진동을 만들기 위한 용도로 사용되고, 감지전극은 감지모드의 반응을 측정하는 용도로 사용된다. 운동모드 진동은 검증질량을 운동방향으로 진동시키는 모드이고, 검증질량이 외부의 주기적인

힘에 의해 운동방향으로 운동모드 공명주파수에서 공명하도록 되어 있다. 감지모드는 검증질량을 감지방향으로 움직일 때 감지하는 용도로 사용된다. 자이로가 원회전을 하게 되면, 운동모드 진동의 주파수에서 주기적인 코리올리(Coriolis) 힘이 감지방향으로 생기게 된다. 이 코리올리 힘은 검증질량을 감지방향으로 움직이게 하여 감지부에 신호를 보내게 되어, 이러한 주기적인 코리올리 반응이 감지부 전극에 의해 신호로 기여한다. 이러한 선형 진동형 자이로 시스템은 그림 (b)와 같이 질량 m을 가진 2차원 자유도를 가진 진동시스템으로 가정할 수 있다.

▼ 그림 11-10 선형 진동 자이로센서의 구조 및 등가회로 개념

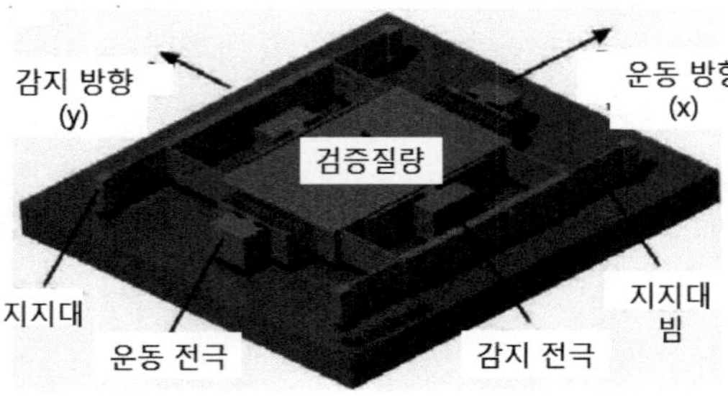

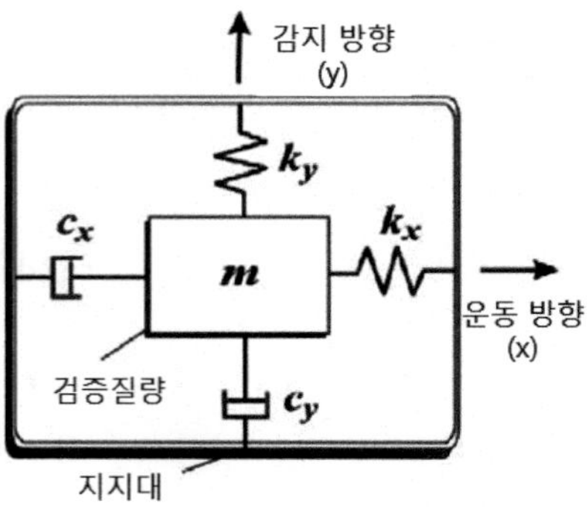

코리올리 힘의 발생원인은 각운동량 보존법칙에 의해 생기는 것으로, 각운동량 보존법칙은 각운동량이 시간에 대해 일정하다는 것을 의미한다. 즉, 회전하는 좌표계 내에서 물체가 운동을 하는 경우 회전축에 대해 반지름이 줄어드는 경우에는 줄어드는 반지름에 대해 각속도가 변화하게 되어, 이 결과 회전좌표계에 코리올리 힘이 발생한다. 이러한 코리올리의 힘이 적용되는 예는 푸코의 진자에서 볼 수 있다. 푸코의 진자는 어떤 수직면에서 자유롭게 흔들리는 줄에 매단 추인데, 진자는 정확히 수직면에서 흔들리기 시작하지만, 지구의 자전에 의해 진동하는 수직축에 대해 시간이 지나면 지날수록 옆으로 도는 현상이 생기는데, 이것이 코리올리의 힘이 진자에 작용했기 때문이다. 북반구에서 내려다 볼 때, 그 회전은 시계방향으로 움직인다. 선형 진동 자이로센서 개발 이후, 하나의 센서로 3축 자이로를 구현할 수 있는 다양한 연구가 시도되었다. 이 중에서 MEMS 분야에서 세계 최고의 기술력을 자랑하는 미국의 STMicroelectronics사(줄여서 STM)에서 〈그림 11-12〉와 같은 3축 MEMS 자이로 센서를 2009년 11월에 발표하였다. 이 센서의 기본원리는 회전에 의해 발생하는 검증질량의 움직임에 의해 커패시터(축전기)에서 감지되는 전기용량의 변화로부터 회전력을 감지하는 방식이다.[178]

178) STMicroelectronics사 Homepage

▼ 그림 11-12 STM사의 3축 MEMS 자이로 센서

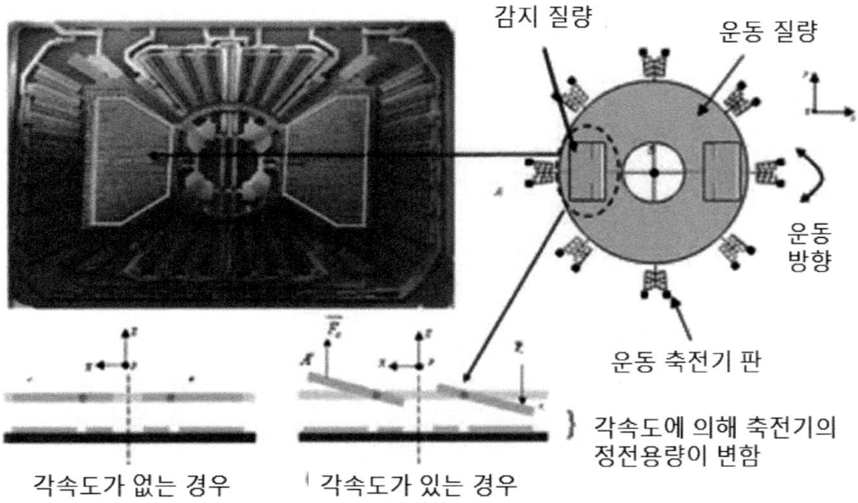

가속도센서로 측정할 수 없는 회전운동 요소인 각도 정보를 구할 수 있는 자이로스코프센서와 직선운동에서 발생하는 가속도를 가속도센서로 측정하여 조합하면 이동한 거리와 방향을 알 수 있어 정확한 위치 측정이 가능해졌다. 굴곡이 없는 평지에서 움직이는 차량과 같이 2차원적인 운동을 하는 물체는 2축을 측정할 수 있는 가속도센서 1개와 롤과 피치각을 측정할 수 있는 자이로스코프센서 2개만 있으면 현 위치를 파악할 수 있다. 그러나 비행기처럼 3차원 운동을 하는 물체라면 가속도센서 3개와 자이로스코프센서 3개가 있어야 제대로 된 위치 측정이 가능해진다. 달리 말해서 3축 가속도센서와 3축 자이로스코프센서가 각각 1개씩만 있으면 3차원 운동을 하는 물체의 위치를 정확히 파악할 수 있다. 이렇게 병진운동과 회전운동 모두를 측정할 수 있는 형태의 센서구성을 가리켜 '6 자유도'(degrees of freedom, DoF)를 갖는다고 하며, 6축 센서라고도 한다. 여기에 추가적으로 3축 지자기센서가 탑재되면 '9 자유도'를 갖는 9축 센서라고 한다. 자이로스코프센서는 각속도를 측정하므로 단위는 degree per sec(dps)이며, 어떤 물체가 초당 1회전을 한다고 하면 각가속도는 360dps가 된다. 숫자가 커지면 초당 회전하는 속도가 빠르다는 것을 의미한다. 자이로스코프센서의 일반적인 감지범위는 모바일 제품의 경우 300~2000dps, 카메라 손떨림 보정의 경우에는 150dps, 차량용 내비게이션의 경우는 100~500dps 수준이다.

다 지자기센서

기압센서, 가속도센서, 자이로스코프센서 이외에 또 다른 방식으로 움직임을 감지할 수 있는 센서가 바로 지자기센서(Geo-magnetic sensor)이다. 이 센서는 원리가 비교적 간단하여 스마트폰 초창기부터 적용이 되었으며 꾸준히 성능이 개선되고 있다. 과학사를 연구하는 역사학자들에 의하면 바늘 자석을 이용한 나침반이 기원전 13세기에 이미 중국에서 사용되었다고 한다. 1600년에 길버트(William Gilbert)에 의해 지구도 하나의 거대한 영구자석이라는 사실이 실험적으로 증명이 되었다. 과학자들은 지구 중심부에 있는 대류 전류에 의해 지구가 자석의 성질을 가지고 있다고 생각하고 있다. 〈그림 11-13〉과 같이 지자기 S극은 지구의 지리적 북극으로부터 약 1,300마일 떨어져 있으며, 지자기 N극은 지구의 지리적 남극으로부터 약 1,200마일 떨어져 있다. 이러한 지자기의 S극과 N극은 시간에 따라 변하고 있다고 알려져 있지만, 이 변화는 매우 천천히 진행이 되고 있기 때문에 시간에 따른 보정은 필요 없다. 지구 표면에서의 지구 자기장의 크기는 20~80μT(0.2~0.8Gauss) 정도이며, 한국에서는 약 50μT 정도이다. 이러한 지구 자기장은 수만 킬로미터 상공까지 그 영향을 미치고 있으며, 지표면에서부터 높이에 따라 약간씩 자기장의 세기가 작아진다. 이러한 지자기를 측정하기 위한 스마트폰용 지자기센서에는 보통 2종류의 센서가 사용되고 있다. 하나는 자기저항효과(Magnetoresistor effect, 줄여서 MR효과라고도 함)와 홀효과(Hall effect)라고 하는 물리 현상을 이용한 센서이다. MR효과는 자기장에 따라 반도체 또는 금속재료의 저항이 변하는 현상으로, 자기장과 저항의 관계로부터 지자기를 유추할 수 있다. 홀효과는 반도체 재료에 자기장의 수직한 방향으로 전류를 흘리게 되면, 자기장과 전류의 방향에 수직인 방향으로 전압이 발생하며, 이렇게 생성되는 전압을 홀전압이라 한다. 홀전압을 측정하여 역으로 자기장을 유추하는 방법이다. 현재는 홀효과를 이용한 센서가 많이 사용되고 있다. 3차원(x, y, z축)의 지자기를 측정하고자 하면, 지자기센서를 3종류 방향으로 배열하면 3차원의 지자기를 측정할 수 있다. 2015년 6월에 일본의 전자부품업체인 로옴사에서 기존 홀센서 대비 정밀도를 7배 이상 높인 신제품을 발표하였다. 이 센서는 MR효과를 응용한 것으로 '비정질 와이어'라는 신소재를 코일로 사용하여 자기장에 따른 저항변화가 생기는 원리이다. 로옴사는 소비전력을 기존 대비 20분의 1 이하로 줄일 수 있으며, 잡음도 기존 제품 대비 7분의 1로 줄였기 때문에 위치 정확도를 크게 향상시켰다고 발표하였다.[179)]

179) 전자신문, 2015년 6월 1일, http://www.etnews.com/20150617000280

▼ 그림 11-13 지구 자기장과 홀효과

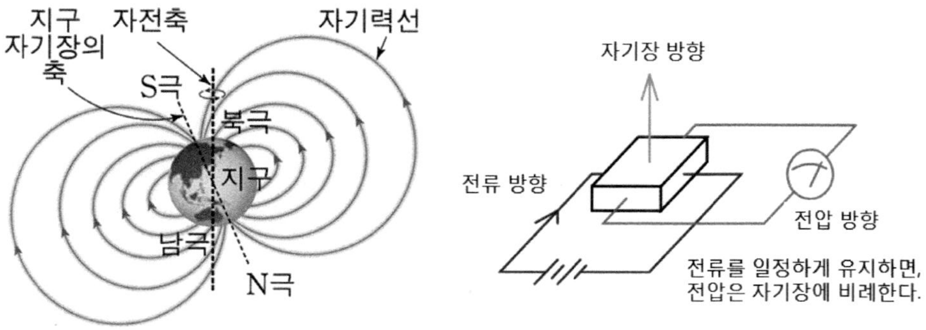

12

가스센서 및 화재감지기

가 가스센서 분류

가스센서는 가스배관, 가스 기구로부터 일정농도 이상의 가스가 누출될 때 이를 감지하여 즉시 경보음을 울려주어 사용자가 가스누출을 인지할 수 있도록 하며, 동시에 컨트롤러로 이상 신호를 출력하여 관제소로 해당 지역의 가스누출 사실을 알 수 있도록 하는 감지기이다. 일반적으로 가스 감지기는 가정 및 식당에서 사용하는 액화천연가스(LNG)와 액화석유가스(LPG)의 누출을 감지하는 용도로 주로 많이 사용된다. LNG와 LPG의 주요 가스 성분은 〈표 12-1〉과 같다. LNG 가스는 메탄이 주성분으로 공기보다 가벼워서 LNG용 가스감지기는 천정에 설치해야 하며, LPG 가스는 프로판이 주성분으로 공기보다 무거워서 바닥 쪽에 설치해야 한다.

▼ 표 12-1 LNG와 LPG 가스의 주요 성분

구 분	주요 성분	구성비	특 성
액화천연가스 (LNG)	메탄 에트드로카본 프로판 이소부탄 기타	85~90% 7~8% 1.5% 0.4% 소량 ppm	공기보다 가벼움 (메탄 비중: 0.41)
액화석유가스 (LPG)	프로판 하이드로카본 에탄 기타	90~95% 3~5% 1~2% 소량 ppm	공기보다 무거움 (프로판 비중: 1.55)

가스센서는 1923년 수백도 고온의 백금선(Platinum wire)에 연소 가스가 접촉하면 연소하면서 백금선의 저항변화로부터 가스를 검출하기 시작하였다. 1957년 K. Kiukkola 等이 ZnO의 Thin Film을 이용해서 기체 흡착에 따른 금속산화물의 저

항변화로부터 가스를 탐지하는 방법을 제안하였다. 이 기술의 확장으로 1960년 S.R. Morrison이 SnO_2의 흡착과 표면장벽효과 발표 이후, 1980년대부터 SnO_2 Thin Film을 이용한 기술이 확립되면서 널리 사용하게 되었다. 현재 사용 중인 가스 감지기는 〈표 12-2〉와 같이 측정원리 및 측정방법이 매우 다양하고, 측정방식에 따라 접촉연소식, 반도체식 및 전기화학식 등이 있다.[180)]

▼ 표 12-2 검출원리에 따른 가스센서 분류

검출 방식	원 리	검지 대상 가스
반도체 방식	가열한 금속산화물에 가스 접촉에 의한 저항값의 증감	LPG, LNG, CO, 알코올, NH_3, H_2S 等
접촉연소 방식	가연성 가스가 촉매에 의해 연소하고 온도가 상승하면 백금선의 저항값이 증가	H, NH_3, LPG, 아세틸렌 等
전기화학 방식	화학용제와 가스의 반응에 따라 생기는 전류·전도율의 변화	O_2, NH_3, H_2S, PH_3 等
광간섭 방식	공기와의 굴절율 차이에 의해 생기는 간섭줄 무늬를 이용	각종 가스
열전도율 방식	열전도율의 차를 방열에 의한 발열소자의 온도저하로 측정	각종 가스
적외선흡수 산란방식	적외선조사에 의한 가스분자의 공진에 의한 흡수 또는 산란량	대부분의 이핵분자로 구성된 가스

나 접촉연소식 가스센서

접촉연소식은 가연성 가스가 산소와 반응하면 반응열이 생기는데, 이 반응열을 전기신호로 변환해서 감지하는 방식이다. 가스의 완전산화는 저온에서는 일어나기 어렵고, 일어나더라도 그 반응속도는 대단히 늦다. 반응속도를 높이기 위해 완전산화를 촉진하는 촉매를 사용하는데, 완전산화반응을 하게 하기 위해서는 산소가 충분히 존재해야 한다. 따라서 촉매표면의 산소가 과잉으로 되는 촉매가 바람직하며, 반응속도를 높이는 데는 촉매를 사용하는 것과 함께 반응계의 온도를 높이는 것도 효과적이다. 결국 접촉연소식 센서는 촉매를 균일하게, 될수록 많이 탐지할 수 있는 다공질 세라믹을 담체로 하고, 이 담체 속에 금속열선을 내장하고 있다. 〈그림 12-1〉과 같이 금속열선에 전원을 인가하여 담체를 가열한 상태에서 가스가 가열된 담체에 접촉하면 연소반응이 일어난다. 연소반응에 의하여 담체의 온도가

180) 무역위원회, 한국전자산업진흥회, “센서 산업 경쟁력 조사”, 2005년

상승하고 담체내의 금속열선의 온도도 상승하며, 이에 따라 열선의 저항값이 변화하는데 그 변화값(ΔR)은 온도변화(ΔT)에 비례하고, 온도변화는 가연성가스의 농도와 반응열에 비례한다. 접촉연소식 센서의 특징은 가스농도에 비례하여 출력전압이 직선적으로 증가하며 불연성가스인 잡가스의 영향을 받지 않는 장점이 있지만, 습도의 영향을 받고 또 너무 고농도인 가스는 검출할 수 없다는 단점이 있다. 접촉연소식 센서는 기본적으로 연한 백금선의 저항변화를 이용하기 때문에 충격에 약하다. 또한 촉매의 연소를 이용하므로 장기간 사용 시 촉매의 열화 때문에 연소반응이 약해져 감도가 점차 저하된다. 부탄가스의 고농도 접촉은 촉매를 열화 시키기 때문에 주의해야 한다. 음식물 조리 시 발생하는 김도 센서를 쉽게 열화 시킨다. 따라서 촉매의 열화 요인이 많은 장소는 피해야 하며, 촉매담체의 기계적 강도가 약하기 때문에 진동에 약하다. 감지 부분과 보상 부분의 온도차이 변화에 따른 저항변화를 이용하기 때문에 두 부분 중 한 부분만 바람, 수분 等에 의해 온도가 변화하면 오동작 및 부동작이 일어날 수 있다.

▼ 그림 12-1 접촉식 가스 감지기의 내외관 구조

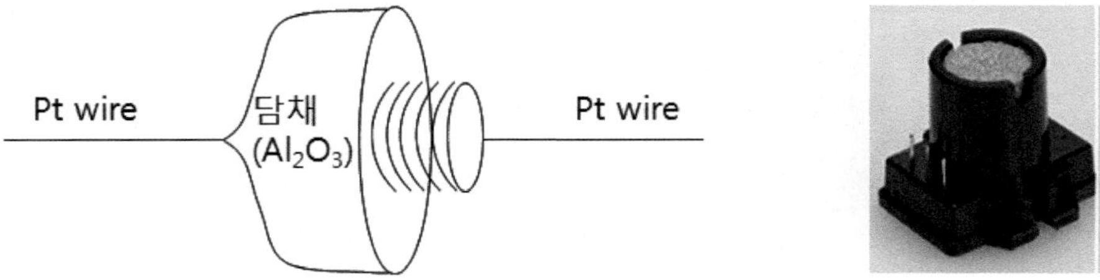

다 반도체식 가스센서

반도체식은 공기성분과 반도체 표면의 화학적인 상호작용에 의해 그 표면 전도전자의 밀도변화를 이용한 것으로 보통 4단계 과정으로 일어난다. ① 반도체 표면에 산소의 사전 흡착, ② 특정가스의 흡착, ③ 흡착가스와 산소의 반응, ④ 반응가스의 탈착 순으로 반응한다. 특히 세 번째 단계에서 전자를 주고받는 과정이 포함되며 이것이 센서의 감지 효과로 나타난다. 센서가 가스에 대한 감지 효과를 나타낼 때 그 전기전도도에 변화를 일으키게 되고, 전기전도도는 흡착되는 공기 입자가 받게(acceptor)로 작용할 때 감소하고 주게(donor)로 작용할 때 증가한다. 〈그림 12-2〉와 같이 세라믹 반도체 표면에 가스가 접촉했을 때 일어나는 전기전도도의 변화를 이용하는 것으로 대부분 대기 중에서 가열하여 사용되는 일이 많아 고온에서 안정한 금속산화물(주로 세라믹)이 사용된다. 이중 금속원자가 과잉(산소결핍)일 때 n형 반도체, 금속원자가 결핍일 때 p형 반도체가 된다.

▼ 그림 12-2 반도체식 가스 감지기의 내외관 구조

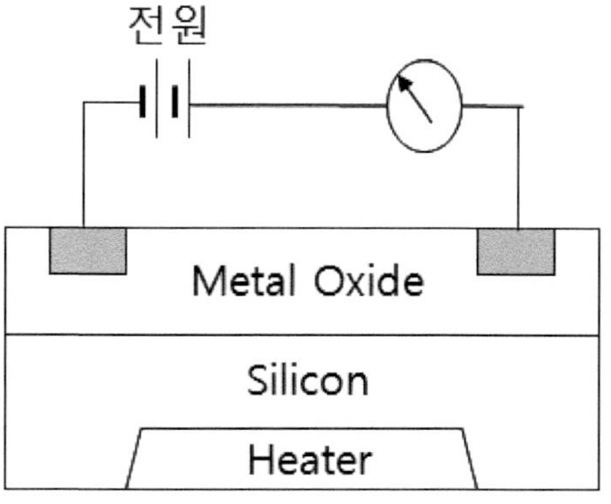

이러한 세라믹 반도체 중 전기전도도가 크고 융점이 높아서 사용온도 영역에서 열적으로 안정한 성질을 가진 반도체가 센서에 이용된다. 반도체 가스 센서는 ① 대부분 유독가스, 가연성 가스에 응답을 나타내어 감지할 수 있는 가스의 종류가 많고, ② 센서제작이 용이하고 검출회로의 구성이 간단하다는 특징이 있다. 그러나 감지하려는 가스만을 감지할 수 있는 선택성이 우수한 가스 센서는 아직도 연구 중이다. 가스 센서용의 금속산화물로는 SnO_2, ZnO, Fe_2O_3 等이 있으며, 이 중에서 SnO_2가 상업용으로 가장 많이 사용된다. 세라믹 반도체 가스 센서는 고체의 표면과 기체와의 반응을 이용하는 것으로 기체가 흡착하는 속도와 흡착되는 기체의 선택성은 센서의 동작온도뿐만 아니라 촉매성분과 양, 센서 주위의 분위기에 크게 영향을 받는다. SnO_2 입자 내에는 열에너지가 주어지면 자유로이 움직일 수 있는 전자가 많이 있게 된다. 여기에 산소기체가 흡착하면 이들 자유전자는 입자 표면의 산소기체에 포획된다. 따라서 SnO_2 입자 계면에 전위장벽이 형성되어 입자 간의 전기전도도는 낮아진다. 환원성 기체 또는 가연성 기체는 산소기체와 만나 산화되기 때문에 이들 기체가 존재하게 되면 SnO_2 표면에 흡착된 산소기체를 제거하게 되고, 산소기체에 포획되었던 자유전자는 SnO_2 입자 내로 들어가게 되어 전위장벽은 낮아져 입자 간의 전기전도도는 커지게 된다. 결국 산소기체의 흡착량과 탈착량은 센서의 감도를 좌우하게 된다. 기본적으로 산소흡착량을 많게 하기 위해서는 SnO_2 분말의 비표면적이 커야 하며, 산소기체의 흡착이 최대가 되는 온도로 높여 주어야 한다. 〈그림 12-3〉은 각 기체의 흡착온도의 전형적인 예이다. CO는 100℃ 이하에서, 온도가 올라감에 따라 수소, 알코올, 이소부탄, 산소, 메탄의 순서로 최대 흡착온도가 나타난다.

▼ 그림 12-3 온도에 따른 기체별 흡착량 변화

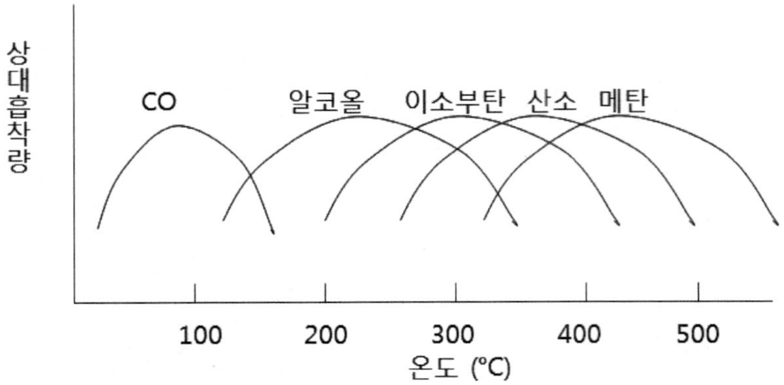

촉매의 작용은 이들 기체의 흡착속도를 빠르게 하고, 흡착온도와 양을 변화시키기 때문에 같은 동작온도에서 센서의 응답속도와 감도를 높게 하며 가스 선택성을 부여한다. 가장 많이 사용되는 촉매는 Pd 또는 Pt이고, 촉매 양이 적으면 알코올 감도가 높고, 양이 많으면 메탄가스 감도가 높다. 또한 센서의 온도가 낮으면 수소, 알코올 등에 대한 감도가 높고 메탄 감도가 낮다. 온도가 높으면 메탄 감도가 높아진다. 대상 가스에 따라 센서의 히터저항을 조정하거나 히터에 인가하는 전압을 조절하면 적절한 가스 감도를 얻을 수 있다. 센서의 수명과 신뢰성을 개선하기 위해 Pd 촉매 외에 다른 첨가제를 혼용하여 사용하기도 한다. 일반적으로 물리, 화학적인 흡착, 탈착이나 화학반응을 이용하는 가스 센서는 고온에서 동작하는 것이 많으며, 이에 따라 시간의 경과에 따른 특성의 열화가 심하다. SnO_2 세라믹스는 다른 물질에 비해 소결이 잘 안 되기 때문에 사용 중 장시간의 고온상태에서도 더 이상의 입계성장이 거의 일어나지 않는다. 이것이 바로 SnO_2 가스센서가 다른 물질을 원료로 하는 가스 센서보다 수명이 길고 신뢰성이 높은 이유이다. 그러나 센서에 첨가되는 촉매는 대기 중의 수분 및 다른 유해가스의 영향으로 장기간 사용시 열화 되기 때문에 이에 따른 센서저항 및 감도의 변화가 생긴다. 일반적으로 SnO_2 가스센서의 경시변화는 초기보다 저항이 작아지고 감도가 예민해지는 경향이 있다.

라 MEMS 가스센서

산화물 반도체식 가스센서는 다른 방식의 가스센서에 비해 가스에 대한 감도가 높고 빠른 응답속도를 가지며 제작이 용이할 뿐만 아니라 적당한 촉매제의 첨가로 특정가스에 대한 선택성의 부여가 가능하다는 장점을 가지고 있다. 이러한 센서는 반응가스가 산화물 반도체 감지막의 표면에 노출되면 흡착 및 탈리에 의한 산화물 표면에서의 전기전도성이 변하는 성질을 이용한 것으로 가스 감도를 측정하기 위해서는 감지물질의 온도를 고온으로 균일하게 유지시켜야 한다. 따라서 감지물질에 일정 온도 이상으로 유지하기 위한 히터가 필요하고, 그에 따른 많은 전력이 소모되는 문제점 때문에 휴대용 가스센서로는 부적합하다. 휴대용의 저소모전력형 센서가 필수적인데, 이를 위해 등장한 기술이 MEMS 기술을 이용한 MEMS 가스센서이다. MEMS 가스센서는 설계를 어떻게 하느냐에 따라 다양한 형태로 제작이 가능하다. 대표적인 설계는 〈그림 12-4〉와 같은 가스센서 어레이이다. 이것은 수 mm×수mm 이하의 초소형 칩상에 여러 개의 가스센서가 구현된 형태이며, 기존의 박막형이나 벌크형에 비해 센서 가열에 소모되는 전력이 매우 작으며, 가스에 대한 응답속도도 매우 빠르고, 제조단가도 낮은 것이 장점이다. 센서 어레이는 간단한 통계적 패턴인식 알고리즘을 통해 단일칩으로 다양한 가스를 한 번에 측정할 수 있는 장점이 있다. 그림에 있는 센서의 주요 사양은 〈표 12-3〉과 같다.[181)]

▼ 그림 12-4 5개의 센서로 구성된 센서 어레이 플랫폼과 패키징

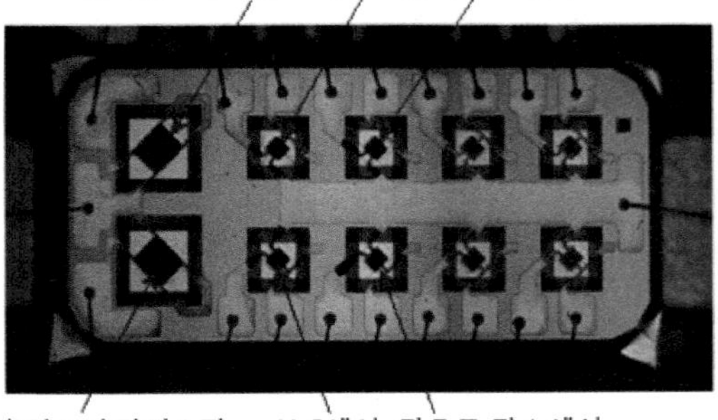

▼ 표 12-3 MEMS 기술로 구현된 반도체식 가스센서의 주요 사양

센서	구성 물질	소모전력(mV)	동작온도(℃)
CO	SnO_2 + Au 1%	35	350
NOx	SnO_2 (에틸렌클로스 5wt% + SiO_2 15 wt%)	14.8	155
H_2S	SnO_2 + La_2O_3 5%	14.8	155
일반	SnO_2 + PdO 0.5%	35	350

181) 변형기 외 3인, "MEMS기술로 제작된 가스센서 어레이를 이용한 유해가스 분류를 위한 간단한 통계적 패턴인식방법의 구현", J.of the Korean Sensors Society, Vol.17, No.6, (2008)

MEMS 기술로 센서의 크기가 소형화되고 점차 성능향상과 더불어 센서어레이 기술이 발전함에 따라 최종적인 가스센서의 목표인 전자코 개발에 도전을 하고 있다. 가스센서는 공기가 포함하고 있는 어떤 성분의 존재나 그 양을 감지 및 정량화 할 수 있으며, 주입되는 화학적 가스 변화량을 전기적 신호로 나타낼 수 있게 하는 센서이다. 따라서 여러 가지 가스의 종류를 동시에 감지 및 정량화 할 수 있는 고성능의 복합가스 측정장치가 개발되면, 냄새를 구별할 수 있는 시스템을 제작할 수 있게 된다. 더구나 인간이나 개의 코를 흉내낼 수 있는 전자코가 개발된다면, 기분과 사람의 감성, 환경 및 연령에 따라 같은 냄새원을 달리 감지할 수 밖에 없는 불확실성을 보다 확실하고 신뢰성과 객관성 있게 감지할 수 있게 된다. 최근 센서 어레이 기술과 신경회로망 기술을 결합함으로써 아직 초보단계이기는 하지만 일부의 냄새를 인식하는 전자코 시스템의 개발이 이루어지고 있다. 〈그림 12-5〉는 전자코의 기본 기능인 공기 중의 냄새가스를 인식하는 과정이다. 이와 같은 냄새인식 기능을 확장해 나가면 각종 냄새와 무취가스를 통시에 감지 및 정량할 수 있는 시스템의 구현이 가능하다. 이 과정에서 중요한 것은 특징점 추출 부분인데, 일반적으로 주성분분석법(Principal Component Analysis, 줄여서 PCA) 또는 선형판별식분석법(Linear Discriminant Analysis, 줄여서 LDA)과 같은 방법을 이용하여 추출한다. PCA방법은 유용한 패턴인식방법이나 데이터베이스의 냄새에 대한 강도를 무시하기 때문에 분류가능을 최적화하지 못하는 단점이 있다. 그러나 LDA는 데이터베이스의 각 예에 대한 분류지정을 하여 냄새구분 정보면에서는 보다 적합한 방법으로 알려져 있다. 최근에는 패턴인식기법과 인공신경회로망을 결합하여 인식률과 신뢰성을 높이는 연구가 진행되고 있다. 전자코 시스템에서 가장 중요한 요소는 그 신경세포의 구실을 하는 센서이며, 용도와 목적에 따라 여러 가지 센서가 이용되고 있으며 또한 새로운 센서가 개발되고 있다. 대표적으로 전자코에 사용되는 센서는 금속산화물, 전도성고분자, 수정진동자. 표면탄성파소자(SAW), MOSFET, 광학소자, 가스크로마토그래피, 광스펙트럼 등이다.

▼ 그림 12-5 전자코의 냄새인식 과정

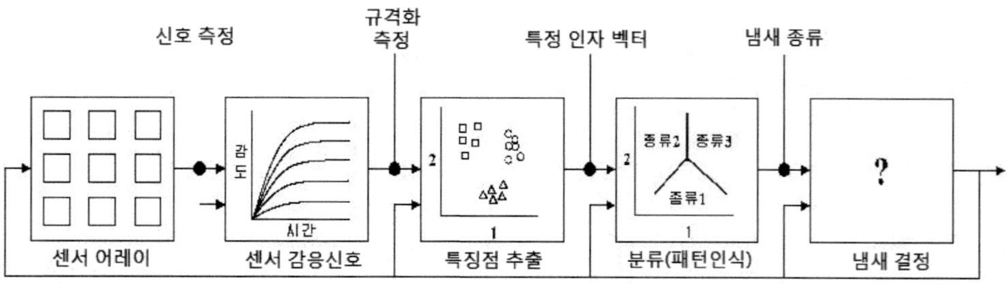

마 NDIR 가스센서

절대온도 0K 이상의 온도에서는 온도 또는 열에 의한 에너지로 분자가 진동하게 되는데, 이때 분자 진동으로 발생하는 에너지가 바로 적외선이다. 이러한 분자 진동에 의한 공명 현상으로 적외선이 흡수되어 대기를 투과하지 못하는 영역이 발생한다. 그러나 산소와 질소와 같은 동종원소로 이루어진 가스에 대해서는 흡수가 발생하지 않으며, 이종의 원자로 구성된 물질은 모두 적외선을 흡수한다. 또한, 물질마다 분자 진동의 형태가 다르므로 적외선 영역에서의 흡수 형태에 고유한 패턴을 가지고 있는데 이러한 특성을 이용해서 분자의 특성을 파악하는 데 사용할 수 있다. 즉 CO 가스는 4.8㎛, CH_4는 3.3㎛와 7.7㎛, N_2O는 4.6㎛와 7.8㎛, O_3는 9.4~9.6㎛, CO_2는 2.7㎛와 4.2㎛, H_2O는 5~8㎛와 짧은 파장영역에서 흡수되는 특성이 있다. 이러한 이종가스의 흡수 파장영역을 이용한 방법이 비분산 적외선 가스센서(NDIR, non-dispersive infrared detector)이다.

NDIR의 기본적인 개념은 〈그림 12-6〉과 같다. 적외선 광원은 일반적으로 세라믹 히터를 사용하여 적외선의 넓은 영역 대의 빛을 내 보낼 수 있도록 하며, 쵸퍼를 이용해서 원하는 크기의 구경을 조절하여 적외선의 광량을 임의로 조절할 수 있도록 한다. 가스가 지나가는 경로는 될 수 있으면 길게 해야 정확한 측정이 가능하다. 경로를 길게 하기 위한 다양한 아이디어도 많이 나오고 있다. 표준가스 경로와 측정가스 경로 끝에는 적외선 필터를 사용해서 측정하고자 하는 가스가 가장 흡수를 잘 일으키는 대역만 통과시키는 협대역 필터를 사용한다. 그리고 감지기에서 측정가스와 표준가스에서 측정된 신호의 비로부터 측정가스의 농도를 측정하는 원리이다. 보통 CO는 4.64㎛, CO_2는 4.26㎛ 영역대에서 흡수가 잘 일어나므로 적외선 필터는 이 대역만 통과시키는 협대역 필터를 이용해서 CO와 CO_2의 농도를 측정 및 분석할 수 있다.

▼ 그림 12-6 NDIR 가스센서의 원리

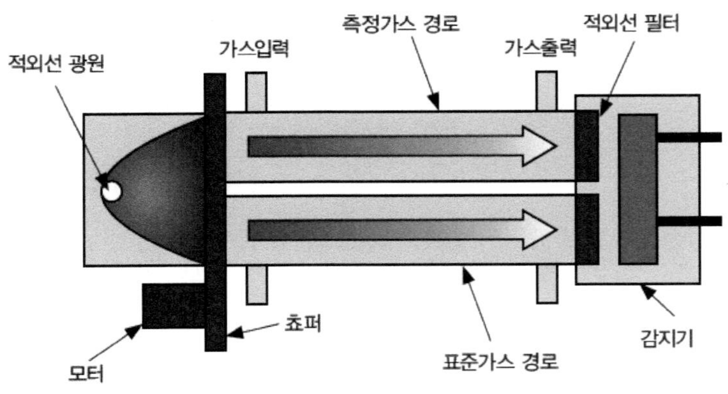

NDIR은 필터의 특성에 따라 한 종류의 가스만 감지할 수 있는데, 경로차를 이용해서 두 가지 가스를 동시에 감지할 수 있는 아이디어도 제안되고 있다. 화재 발생의 조기 감지를 위해 CO 및 CO_2 가스를 동시에 감지하기 위한 아이디어도 나오고 있다. 두 종의 가스를 동시에 감지하기 위해 2개의 광 경로를 갖는 광도파관을 제작하여, 〈그림 12-7〉과 같이 짧은 광경로는 CO_2 감지용으로 사용하고, 긴 광경로는 CO의 감지용으로 제작한 방식이다.[182]

▼ 그림 12-7 듀얼가스 NDIR 센서 구조

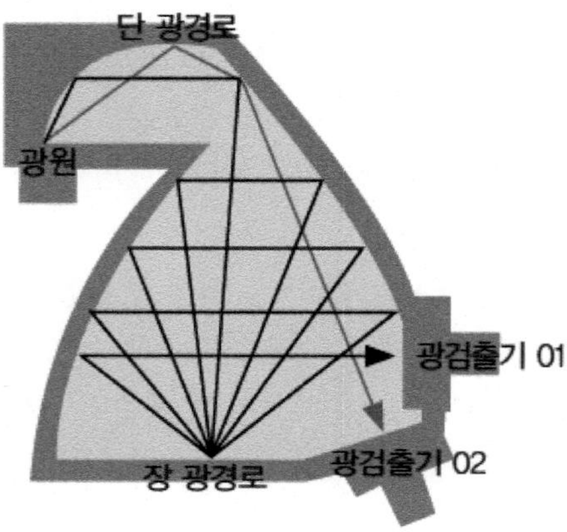

NDIR에 사용되는 적외선 필터는 적외선 투과창 재료위에 다양한 재질의 박막을 증착시켜 협대역만 투과하도록 제작하는 것이 일반적이다. 다른 방법으로 빛의 간섭 현상을 이용한 패브리-패럿(Febry-Perot) 원리를 이용한 방법도 가능하다. Febry-Perot 필터(FPF)는 반사를 잘하는 두 개의 판을 가까이 마주 보게 설치해서 반사 효과로 인해 필터 역할을 하게 하는 간섭계를 의미한다. 파장의 함수로 투과도를 보게 되면 두 반사판 사이에서의 공명 현상 때문에 특정 파장에서 피크가 나타나게 되는데, 이를 발견한 두 발견자인 챨스 패브리(Charles Fabry)와 알프레드 페롯(Alfred Perot)의 이름을 따서 Febry-Perot 간섭계라고 부른다. 이런 간섭계의 원리를 응용해서 만든 것이 〈그림 12-8〉과 같은 Febry-Perot interferometer (FPI) 필터이다. 반사거울의 한쪽은 스프링으로 연결해 놓고, 두 판 사이의 간격 d는 외부에서 전압조절을 통해 정확하게 제어할 수 있다. 굴절률이 1이고, 수직 입사한다고 한다면, 투과도는 〈그림 12-9〉와 같다. 이 그림에서 첫 번째 간섭결과인 m=1인 경우를 선택하고, 나머지 파장 대역은 부가적인 광학 필터를 이용해서 제거해

182) ㈜인바이런먼트 리딩 테크놀러지, 소방방재청 2010년 보고서, “신개념 화재감지용 CO & CO_2 멀티 가스 감지기 개발에 관한 연구과제”

버리면 하나의 협대역 필터 특성을 얻게 되며, 외부전압의 크기에 따른 두 반사판 간극 d를 변화시킴에 따라 〈그림 12-10〉과 같은 적외선 영역에서의 협대역 필터를 얻게 된다. 이를 이용해서 원하는 가스 흡수 피크를 이용해서 가스를 검출할 수 있다.[183)]

▼ 그림 12-8 FPI 필터의 동작 원리

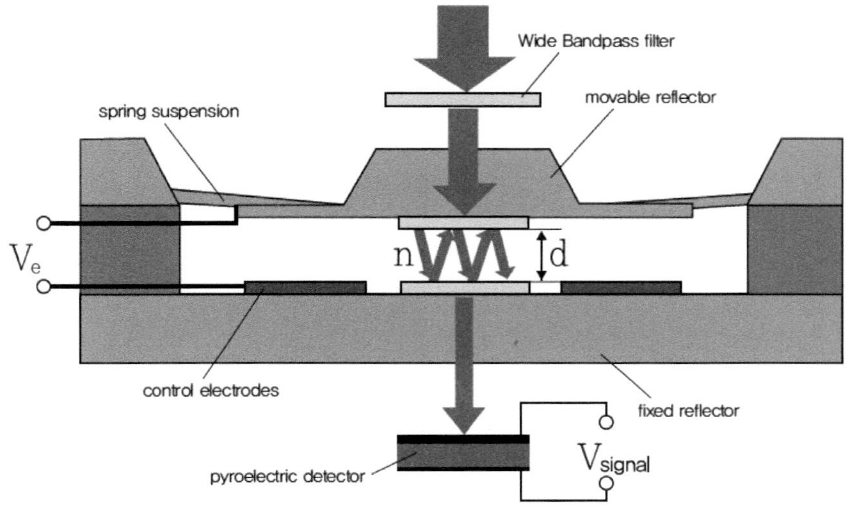

▼ 그림 12-9 FPI의 투과도 스펙트럼

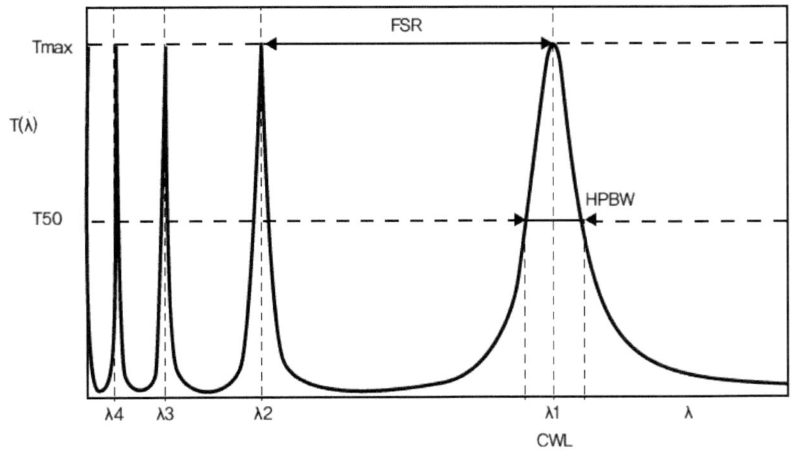

183) InfraTec Homepage, http://www.infratec-infrared.com

▼ 그림 12-10 전압에 따른 다양한 협대역 필터링 결과

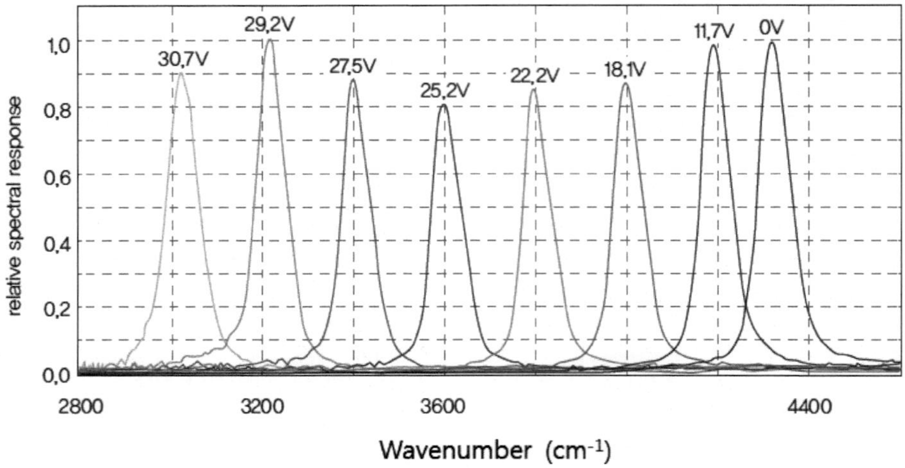

바 다중가스분석 기술

지금까지는 하나의 분석 방법은 한 가지 가스 분석에 대해서만 가능하였다. 적외선 영역에서의 흡수 스펙트럼의 데이터베이스를 이용해서 가스를 분석하는 방법이 적외선분광법이다. 적외선분광법에 사용되는 기기에는 분산적외선 분광법(Dispersive Infrared Spectroscopy)와 FTIR 분광법(Fourier Transform Infrared Spectroscopy) 두 종류가 있다. 예전에는 분산적외선 방식을 사용했으나, 최근에는 PC 기술의 발달로 FTIR을 주로 사용하고 있다. 이러한 장비들은 파장(㎛) 대신에 파수(wavenumber, cm^{-1})의 단위를 주로 사용한다. 파수의 단위인 cm^{-1}은 카이저(Kaiser)라고 읽으며, 파장과의 관계는 $wavenumber = 10000/\lambda$이다. 즉, 10㎛의 파장은 $1000cm^{-1}$가 된다. 적외선 분광법은 세 가지 영역으로 구분해서 분석에 응용된다. 가장 많이 사용하는 영역이 적외선 중간 대역인 400~4,000cm^{-1}(2.5~25㎛) 영역으로 흡수, 반사 및 방출 스펙트럼을 이용해서 정성 및 정량분석에 이용한다. 그 다음이 근 적외선 영역 대역인 4,000~14,000cm^{-1}(0.75~2.5㎛) 영역을 이용해서 물, 탄소(carbon), 이산화물(dioxide), 황(sulfur), 저분자량 탄화수소, 아민 질소 등의 화학 종류에 대한 정량분석에 이용하고 있다.

분자 에너지(molecular energy)는 전자 에너지(electronic energy), 진동 에너지(vibrational energy)와 회전 에너지(rotational energy)의 합으로 주어진다. 전자 에너지는 에너지갭과 관련된 것으로 Ⅱ-Ⅵ족 화합물 반도체를 제외하고는 대부분 가시광선과 자외선 영역의 에너지에 해당한다. 진동 에너지는 대부분 적외선 영역의

에너지 대역에 해당하며, 회전 에너지는 근적외선 영역의 에너지 대역에 해당한다. 가장 많이 사용하는 4,000~400cm^{-1} 중적외선 영역은 특성상 〈그림 12-11〉과 같이 4가지 분야로 나눌 수 있다. 먼저 4,000~2,500cm^{-1} 영역은 N-H, C-H, O-H 싱글결합의 신축진동에 의한 흡수가 일어나는 영역이다. 특히 N-H와 O-H는 3,300~3,600cm^{-1} 영역에서 흡수가 일어나며, C-H 결합은 3,000cm^{-1} 근처에서 신축진동에 의한 흡수가 일어난다. 두 번째는 2,500~2,000cm^{-1} 영역으로 삼중결합진동(triple-bond streching)이 일어나는 영역으로 알킨(alkynes)과 니트릴(nitriles, RC≡N)의 흡수가 일어나는 곳이다. 세 번째는 2,000~1,500cm^{-1} 영역으로 모든 종류의 이중결합(C=O, C=N, C=C)에 의한 흡수가 일어나는 곳이다. 카보닐(carbonyl) 그룹은 1,670~1,780cm^{-1}에서 흡수가 일어나며, 알켄(alkene) 그룹은 1,670~1,780cm^{-1} 영역에서 흡수가 일어난다. 마지막으로 1,500cm^{-1} 이하의 영역으로 적외선흡수 스펙트럼의 지문영역으로, C-C, C-O, C-N, C-X 등 단일 결합진동에 의한 흡수가 일어나는 영역이다.

▼ 그림 12-11 적외선 흡수 스펙트럼의 네 가지 영역

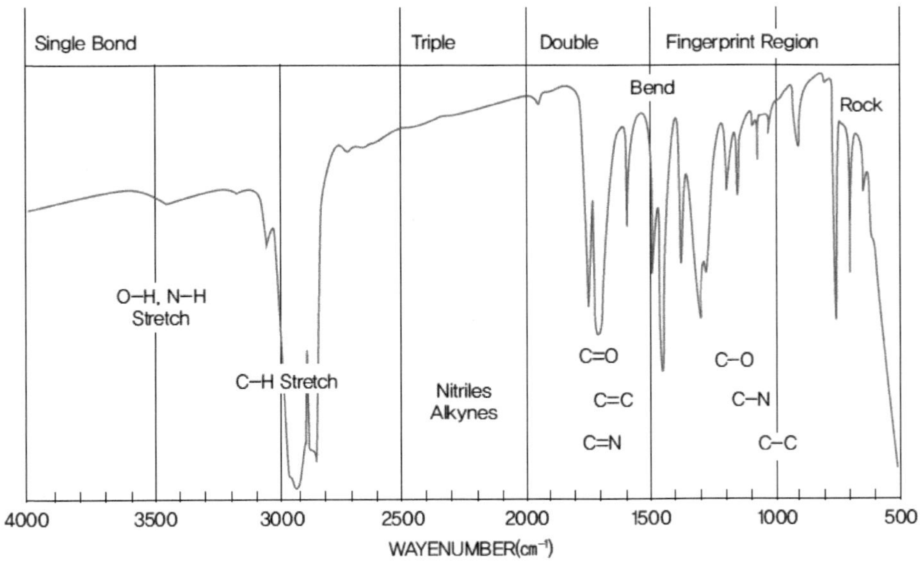

중적외선 분광학(Mid-IR Spectroscopy)에서는 4,000~400cm^{-1}의 파장을 갖는 적외선을 시료에 조사하여 흡수 스펙트럼을 측정하는데, 이 대역은 주로 분자들의 기본 밴드가 나타나는 영역으로 각 분자의 특정한 흡수밴드가 비교적 깨끗하게 분리되어 있어 특정 화합물의 존재 여부를 확인하는데 사용된다. 그러나 일반적으로 시료에는 한 가지 화합물만이 존재하는 것이 아니고 여러 가지 화합물이 섞여 있는 경우가 많다. 특히 관심 있는 분자의 스펙트럼이 혼합물을 구성하는 다른 성분

의 스펙트럼과 겹치게 되면 화합물의 유무를 확인하기가 매우 어렵게 된다. 이처럼 여러 가지 화합물이 섞여 있을 때에 나타나는 복잡한 적외선 스펙트럼을 분석하기 위해서 예측력이 우수하고 잡음 등에 강한 성능을 가진 검량 모델을 개발하는 것이 화학계량학(chemometrics)의 핵심이며, 신속하고 정확한 화학적 · 물리적 성분의 예측을 가능하게 해주는 중요한 역할을 수행한다. 이 중에서 많이 사용하는 방법이 다중선형회귀법(multiple linear regression), 부분최소자승법(partial least squares) 등이 있다. 최근 MEMS 기술이 발전함에 따라 FTIR의 광학 간섭계인 인터페로미터(Interferometer) 부분을 MEMS로 제작하려는 연구가 진행 중이다. 이 분야에 대해 연구하고 있는 회사가 CTR사가 있다. CTR 사는 간섭계만 MEMS 공정으로 제작하여 〈그림 12-12〉와 같은 시제품을 제작하였다. 이것은 파장 대역이 2.2~9.5㎛로 Si-Ware사의 시제품보다는 파장 대역이 넓다. FTIR 크기도 180×120×100mm^{3}이며, 중량은 약 1.7kg 정도로 매우 소형이다. 그러나 파장 분해능이 30cm^{-1}로 아직은 개선이 많이 필요한 시제품이다.[184]

▼ 그림 12-12 MEMS FTIR 시제품

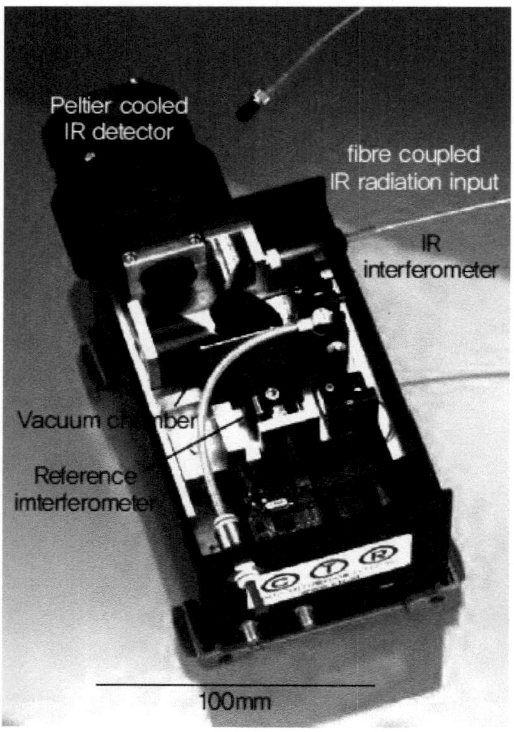

184) CTR Home page, “www.ctr.at”

사 화재감지기

화재가 발생하기 위해서는 기본적으로 3가지 요소가 동시에 존재해야만 하는데, 풍부한 산소(oxygen), 열(heat), 그리고 연료(fuel)이다. 이 세 가지 중에 하나라도 부족하면 화재가 발생하지 않는다. 이런 조건이 맞는 환경에서 연소에 의한 화재가 발생하게 되면, 수많은 양의 고체와 액체 입자들이 대기로 방출하게 된다. 이러한 입자들의 크기는 $5\times10^{-4}\mu m$에서부터 $10\mu m$까지 다양하다. 공기 중에 떠 다니는 이런 입자들을 에어로졸(aerosol)이라고 하며, 특히 화재로 인해 발생한 입자를 연기(smoke)라고 한다. 〈그림 12-13〉은 화재로 인해 시간에 따른 현상을 나타낸 것이다. 초기 단계에서는 열이 가해진 물체로부터 $5\times10^{-4}\mu m$에서 $1\times10^{-3}\mu m$의 크기를 가진 서브 마이크론 입자들이 생성된다. 이런 입자들은 주로 점화 온도보다 낮은 온도에서 발생된다. 물체의 온도가 점화 온도에 도달하게 되면, 눈에 보이는 연기가 발생하게 되는데, 이 때의 입자 크기는 약 $0.02\sim0.1\mu m$ 정도이다. 이러한 연기는 점화되기 직전에 생성되며, 서브마이크론 입자를 생성하게 하는 온도보다 몇 백도 높은 온도까지 도달했을 때 발생된다. 이후 계속해서 열이 물체에 가해지게 되면 불꽃이 생기고 큰 화재로 진화하게 된다.

▼ 그림 12-13 시간에 따른 화재 진화 단계 및 입자 크기

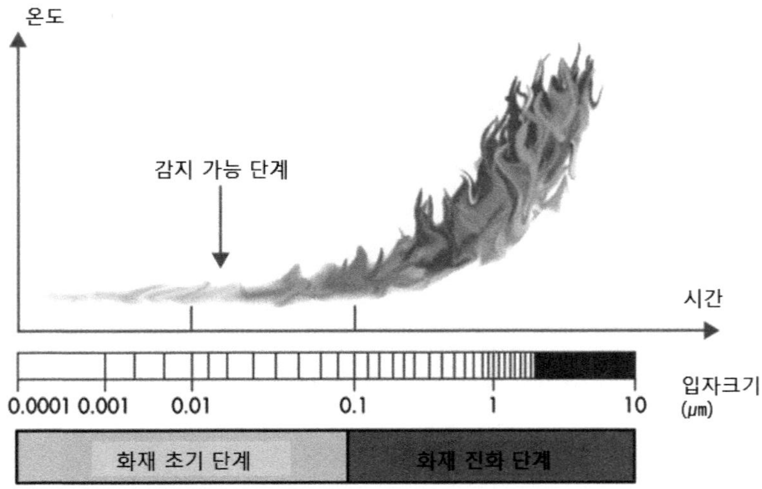

실내에서 화재가 발생하면 불꽃에 의해 주위의 물건들이 타면서 연기가 발생하고, 연기는 공기보다 가벼워서 천정으로 올라간다. 시간이 지나면 실내에 있는 공기들이 불꽃에 의해 데워져서 공기 온도가 상승한다. 이러한 물리적 현상(연기와 온도)을 감지하기 위해 〈그림 12-14〉와 같이 온도를 측정하는 차동식 및 정온식 감

지기, 연기를 감지하는 광전식 연기감지기 등 대표적으로 3가지 감지기가 사용되고 있다.

▼ 그림 12-14 화재감지기의 종류 및 감지원리

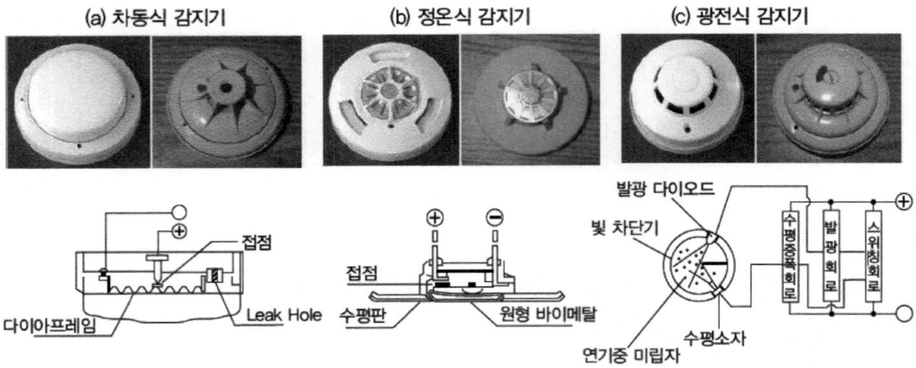

차동식감지기는 주위온도의 변화가 일정 상승률 이상이 되면 작동한다. 개략적인 감지원리는 감지소자에 따라 공기식, 열전대식, 열반도체식이 있다. 공기식은 화재가 발생하여 온도가 상승하면 감열실 내부의 공기가 팽창하여 다이어프램이 위로 밀려 올라가 접점이 닫히고 화재신호를 발신한다. 일상적으로 발생하는 완만한 온도 상승으로 팽창한 공기는 리크구멍을 통해 외기로 배출되어 접점의 변화가 생기지 않는다.

정온식감지기의 동작원리는 한정된 장소의 주위온도가 일정한 온도 이상으로 되었을 때 작동하는 것으로서, 바이메탈이 열을 받아 활모양으로 휘면서 접점을 닿게 하는 것이다. 양쪽 접점에 직류 24V의 전압을 공급한 후 감지기 주위의 온도가 상승하면 감열부의 온도가 상승함에 따라 캡 내부온도가 상승하여 공칭작동 온도인 75℃의 125% 높은 온도인 94℃가 된다. 그러면 바이메탈이 현재의 ∪상태에서 ∩상태로 반전하면서 절연봉이 위로 이동하면서 가동접점이 올라가 정접점에 연결되고, 폐회로가 구성되어 동작한다.

광전식 감지기의 동작원리는 산란광식을 이용한 것으로, 실내에 화재가 발생하면 초기에 화재로 인한 가스가 천정으로 올라가게 된다. 감지부는 0.01~0.1㎛ 범위의 미립자와 초기화재의 연기에 민감하게 반응하여 화재신호를 수신기로 보낸다. 감지기에 전원이 공급되어 검출부가 기동되면 연기입자 검출용 적외선 LED가 발광한다. 적외선 LED는 발진회로에 의해 약 수초 간격으로 펄스형태를 주기적으로 발생하여 이 주기 동안 연기를 감시한다. 검연부에 공기가 깨끗할 때에는 그 산란이 없으므로 포토다이오드는 빛을 전혀 받지 않고 아무런 변화도 생기지 않는다. 그러나 검연부에 연기가 들어가 산란광이 발생하면 그 산란광이 포토다이오드에 감지되어 포토다이오드의 출력이 증가하게 되며 검출되는 빛이 증가함에 따라 포토다이오드에 흐르는 전류도 증가하게 된다. 광전식 화재감지기는 앞에 있는 일체형도 있지만 분리형도 있다. 적외선빔 감지기와 비슷한 구조로 투광부와 수광부가 분리된 구조이며, 일체형 감지기로 조기감지가 불가능한 대형로비, 아트리움 및 격납고 등과 같이 천장고가 높은 매우 넓은 공간에 광전식 분리형감지기를 주로 사용한다. 감지 원리는 일체형과 반대로 투광부와 수광부를 마주 보게 설치하여 연기에 의해 빛이 차단되어 수광량의 감소에 따른 전기적인 변화를 검출하여 화재를 감지하는 방식이다.

실내에서 화재가 발생하면 불꽃에 의한 열에 의해 물체가 타면서 연기가 먼저 발생한다. 〈그림 12-15〉와 같이 연기는 공기보다 가벼우므로 천정으로 올라가게 되고 천정에 도달한 연기는 천정면을 따라 옆으로 퍼지게 된다. 퍼진 연기가 벽에 도달하게 되면 다시 되돌아오게 되며 일정한 두께를 가진 연기층이 형성된다. 이렇게 형성된 연기층에 감지기를 설치하면 화재를 조기에 감지할 수 있는데, 이런 원리를 이용한 것이 광전식 화재감지기이다.

▼ 그림 12-15 화재로 인한 시간에 따른 연기층 형성 과정

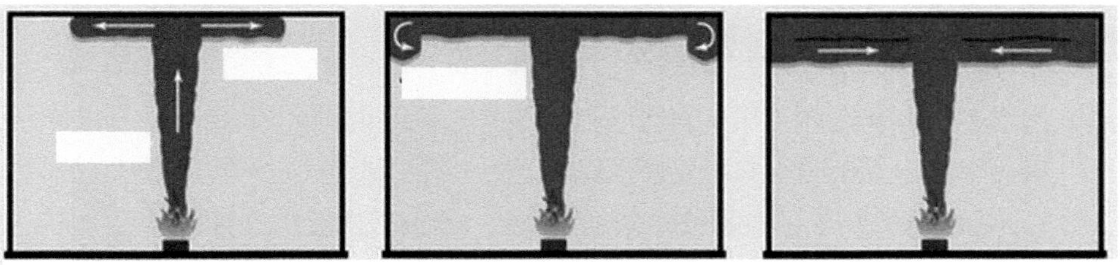

광전식 감지기의 동작원리는 〈그림 12-16〉과 같다. 일반적인 외관은 (a)와 같이 공기가 감지기 내부로 들어갈 수 있도록 그물망이 있는 것이 특징이다. 감지기 내부는 (b)와 같이 발광다이오드(LED)와 광 감지기(포토다이오드)로 구성되어 있다. 동작원리는 (c)와 같은 광감식 방식과 (d)와 같은 산란광 방식이 있으며, 일반적으로 오보를 줄이기 위해 산란광 방식을 주로 이용한다. 실내에 화재가 발생하면 화재로 인한 가스가 천정으로 올라가게 된다. 적외선 LED는 발진회로에 의해 약 수초 간격으로 펄스형태를 주기적으로 발생하여 이 주기 동안 연기를 감시한다. 검연부에 공기가 깨끗할 때에는 산란이 없으므로 포토다이오드는 빛을 전혀 받지 않고 아무런 변화도 생기지 않는다. 그러나 화재에 의해 발생된 0.01~0.1㎛ 범위의 미립자와 충돌하여 산란하여 산란광이 발생하면 그 산란광이 포토다이오드에 감지되어 포토다이오드의 출력이 증가하게 되며, 검출되는 빛이 증가함에 따라 포토다이오드에 흐르는 전류도 증가하게 되어 화재를 감지하는 원리로 동작한다.

▼ 그림 12-16 광전식 화재감지기 동작원리 개념

(a) 광전식 화재감지기 외관

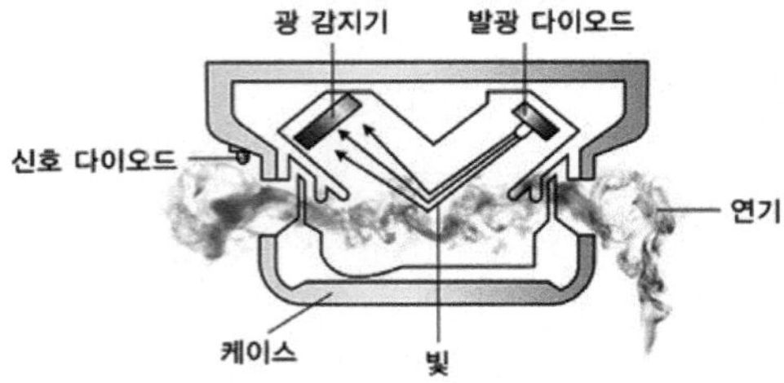

(b) 일반적인 광전식 화재감지기 내부 구조

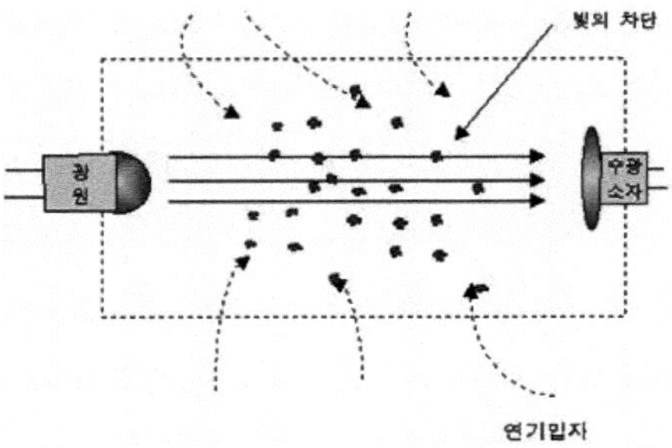

(c) 광감식 광전식 화재감지기 동작 개념

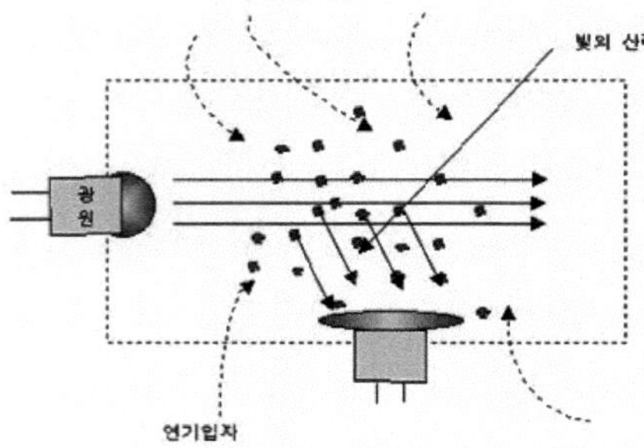

(d) 산란광식 광전식 화재감지기 동작 개념

광전식 화재감지기는 앞에 있는 일체형도 있지만 〈그림 12-17〉과 같은 분리형도 있다. AIR 감지기와 비슷한 구조로 투광부와 수광부가 분리된 구조이며, 아트리움 및 격납고 등과 같이 천장고가 높은 매우 넓은 공간에 광전식 분리형감지기를 주로 사용한다. 감지 원리는 일체형과 반대로 투광부와 수광부를 마주 보게 설치하여 연기에 의해 빛이 차단되어 수광량의 감소에 따른 전기적인 변화를 검출하여 화재를 감지하는 방식이다.

▼ 그림 12-17 분리형 광전식 화재감지기

(a) 분리형 광전식 화재감지기 외관

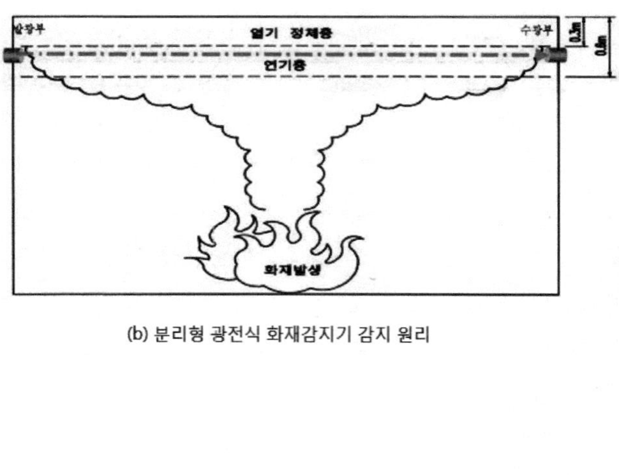

(b) 분리형 광전식 화재감지기 감지 원리

앞 절에서 설명된 화재감지기들은 모두 실내의 천정에 부착해서 화재를 감지하는 방식으로 실내에서만 사용이 가능하다. 실외의 화재를 조기에 감지기에 적합한 감지기가 불꽃감지기(flame detector)이다. 특히 기름과 가스를 취급하는 공장에서의 대형 화재를 조기에 발견하기 위해서는 불꽃감지기가 매우 유용하다. 가연성이 높은 물체가 주위의 열에 의해 발생하는 불꽃의 복사에너지는 〈그림 12-18〉과 같다. 이때 생성되는 복사의 대부분은 이산화탄소(CO_2)와 수증기 성분이 유독 강하게 나오는데, 0.27~0.29㎛ 대역의 자외선, 2.7㎛ 파장과 4.4㎛ 파장대의 적외선 복사량이 급격하게 증가한다. 통상적인 불꽃감지기는 이 3가지 영역을 감지하도록 설계되어 있으며, 오보를 줄이기 위해 2개 영역 또는 3개 영역을 동시에 감지하면 경보를 울리도록 설계되어 있다. 소방방재청 고시 제2011-1호(2011년 1월 4일 소방방재청)의 "감지기의 형식승인 및 검정기술기준"의 제3조 감지기의 구분에 보면 총 17가지로 분류가 되어 있다. 모두 앞서 설명된 차동식, 정온식, 광전식, 불꽃감지식의 변형을 형태별로 분류한 것이다. 제14조와 제15조에 차동식감지기의 감도 시험 방법, 제16조~제18조에 정온식감지기, 제19조에는 광전식감지기, 제19조의2에는 불꽃감지기에 대해 상세히 규정되어 있다.[185]

▼ 그림 12-18 불꽃에 의해 생성되는 파장에 따른 복사에너지 세기

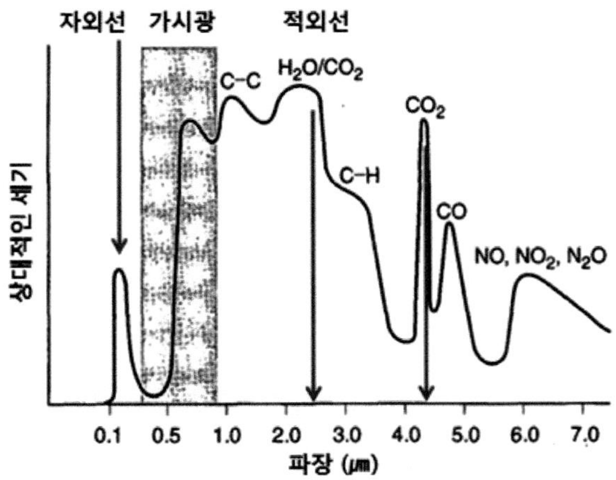

자외선을 감지하는 센서는 〈그림 12-19〉와 같이 광전자 증배관(photomultiplier tube, PMT)을 사용한다. 이 센서는 X선 검출기에 사용된 비례계수기 방식과 유사한 방법으로 가스 내의 금속에 의한 전자 증배효과를 이용한 자외선 감지센서이다. 이것은 자외선을 투과하는 유리 등의 자외선을 통하는 재료로 형성된 용기 속에 양극과 음극을 마주보게 하여 직렬저항을 통하여 직류전원에 접속한 구조로 되어

185) 행정자치부고시 제2004-20호, "자동 화재탐지설비의 화재안전기준"

있다. 외부에서 음극에 자외선을 조사하면 음극표면에서 광전효과에 의해 광전자가 방출된다. 이 조건은 입사광자의 에너지가 음극의 일함수보다 커야만 방출된다. 그리고 방출된 광전자는 전계의 작용으로 봉입기체와 충돌하여 이온화하면서 양극쪽으로 움직이게 된다. 이것을 α 작용이라 한다. 이온화로 인해서 생긴 양이온은 역으로 음극으로 나아가 그 표면에 충돌하여 γ 배의 전자를 음극표면에서 방출시키게 된다. 이것을 γ 작용이라 한다. 전계가 높아지면 이렇게 하여 양극으로 유입되는 전자수가 지수함수적으로 증대하여 마침내 방전상태가 되어 외부회로에 신호전류로 기여하게 된다.

▼ 그림 12-19 광전자 증배관 내부 구조

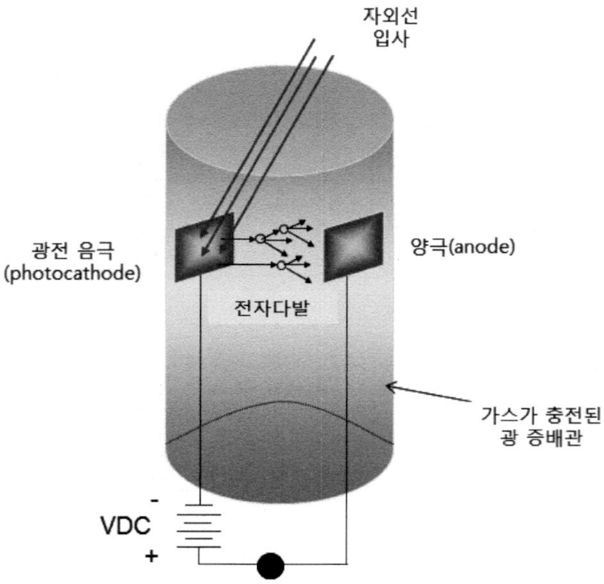

Hamamatsu사에서 제작한 자외선 센서인 UV Tron의 파장에 따른 민감도는 〈그림 12-20〉과 같이 180~260nm의 좁은 파장의 자외선만 감지한다. 태양이나 금속성 물체의 복사는 이 영역대의 복사가 나오지 않고, 불꽃에 의한 복사만 자외선 영역에서 관측이 된다. 따라서 UV Tron은 불꽃을 감지하기에 적합한 센서이다. UV Tron은 반도체 방식과는 달리 가시광선을 차단하는 특수한 필터가 필요하지 않는 장점이 있다. 그러나 음극과 양극 양단에 고전압을 걸어주어야 하며, 평상시에는 전기적으로 절연된 상태로 유지되어 있어야 한다. 어느 순간 자외선 영역대의 화염가스가 검출이 되면 고에너지의 자외선 광자의 광전효과에 의해 음극관에 있는 전자가 생성되고, 충전된 가스에 의해 자외선 형광현상을 일으키게 되어 전자들이 증폭되어, 결과적으로 음극에서 생성된 전자가 양극으로 전기가 흐르게 되어 자외선을 검출하게 된다. 따라서 UV Tron은 가스화염을 감지하게 되면 전기적인 스위

치 역할을 하게 되어 전류가 흐르게 되는 원리로 동작한다. 일본 Hamamatsu사에서 제작한 화염감지 센서인 UV tron의 시야각은 〈그림 12-21〉과 같다.

▼ 그림 12-20 UV Tron 외관 및 반응 파장 대역

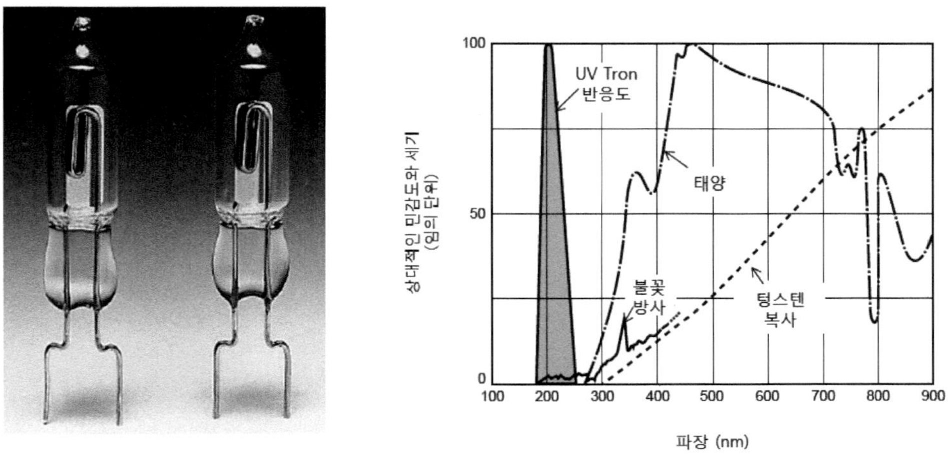

▼ 그림 12-21 UV Tron의 수평, 수직 감지 각도

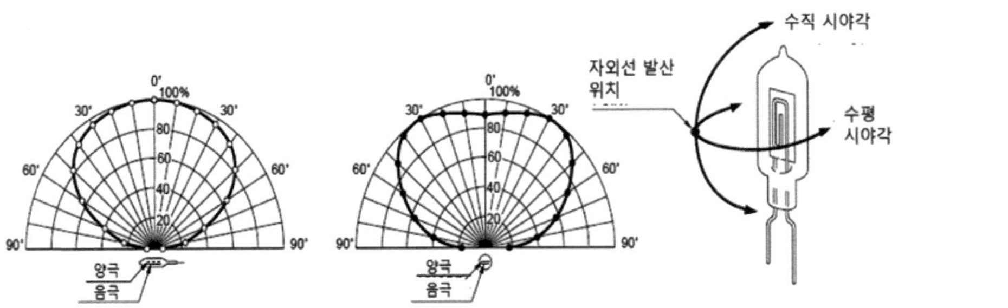

(a) 수평 시야각, (b) 수직 시야각, (c) UV Tron의 수평, 수직 정의

대부분의 불꽃은 적외선을 복사하는데, 이러한 적외선은 불꽃 뿐만 아니라 다른 열원체에서도 적외선이 나오고 있기 때문에 이에 대한 오보요인을 제거해야 한다. 불꽃의 가장 큰 특징은 깜박임(flickering)과 불꽃에 의한 이산화탄소(CO_2) 가스 방출인데, 이산화탄소는 4.1~4.6㎛ 파장대가 가장 많이 나오게 된다. 그러므로 깜박임을 감지하기 위해 전기적인 저주파수 통과필터(1~10Hz)를 갖는 회로 구성과 4.4㎛ 대역의 협대역 필터가 달린 적외선 센서를 사용하며, 이를 통해 다른 열원체에 의한 오보 요인을 제거하는 알고리즘으로 사용한다. 이산화탄소 대역의 단일 파장만 감지하는 불꽃감지기는 오보를 완벽히 제거할 수 없기 때문에 일반적으로 자외선과 적외선 두 가지 영역대를 동시에 감지하는 방식으로 오보를 줄이고 있다. 오보

를 더 줄이기 위해서는 3파장 대역을 사용하는 경우도 있다. 2채널 불꽃감지기의 일반적인 외관은 〈그림 12-22〉와 같다.

▼ 그림 12-22 2채널 불꽃감지기의 외관

대부분의 불꽃감지기의 시야각은 90°~120°정도이며, 폭이 넓으면 넓을수록 많은 영역을 감지할 수 있지만, 오보와 무감지의 확률은 그만큼 높아진다. 특히 민감도와 감지거리는 화염의 크기에 비례하는데, 만약 감지기를 화재원(fire source)으로부터 더 멀리 가져가게 되면, 〈그림 12-23〉과 같이 감지기가 감지할 수 있는 화염의 크기는 거리 역제곱에 비례해서 커지게 된다. 그러므로 감지거리가 2배로 멀어지면 복사 에너지의 25%만 감지기에 도달한다. 다른 말로 표현하면, 동일한 반응 시간동안 화재원의 표면적은 4배가 더 커져야 한다는 의미이다. 만약 표준 불꽃감지기가 15m 거리에 있는 $0.1m^2$ 크기의 화염을 감지한다고 하면, 화재원을 30m 위치에 두게 되면 최소 화염의 크기는 $0.4m^2$가 되어야 하며, 또한 화재원을 5m 위치에 두게 되면 $0.01m^2$의 화재원 크기에도 알람을 발생한다는 의미이다. 모든 재료들이 불꽃을 낼 때 동일한 자외선과 적외선을 복사하지는 않으므로, 불꽃감지기가 감지할 수 있는 표준 감지거리는 화재원의 종류에 따라 달라질 수 있다.

▼ 그림 12-23 거리에 따른 감지 가능한 화염의 크기

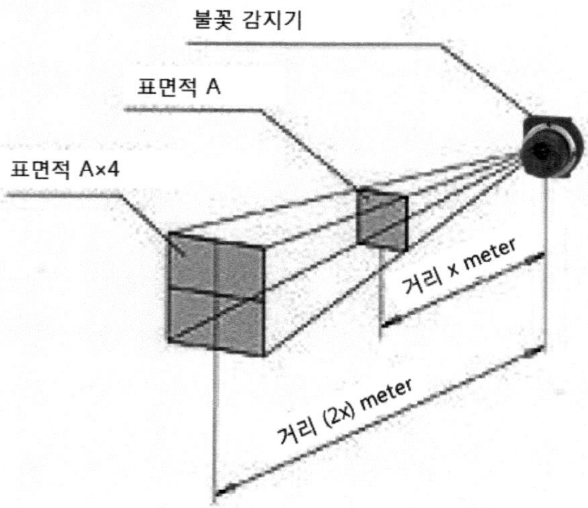

화재가 발생한 후 시간대별 화재를 감지할 수 있는 감지기는 〈그림 12-24〉와 같다. 화재를 가장 초기에 모니터 할 수 있는 것은 영상으로 보는 방법인데, 그 중에서도 주야간 화재를 감지할 수 있는 열화상 카메라가 가장 성능이 우수하다. 그 다음이 화재 초기 단계에 발생하는 연기를 감지하는 광전식 화재감지기이며, 이 감지기는 천정 높이가 낮은 실내에서만 화재감지가 가능하고 실외의 화재에 대해서는 감지가 불가능한 단점이 있다. 실외 화재를 조기에 감지할 수 있는 불꽃감지기는 불꽃이 어느 정도 생성해야만 감지가 가능하며, 불꽃감지기로 감지가 되면 즉시 진화를 해야만 더 이상의 피해를 막을 수 있다. 차동식과 정온식 화재감지기는 감지 원리상 화염에 의해 감지기 주위의 공기가 데워졌을 때 감지하는 감지기로 화재감지기 중에서 가장 늦게 감지하며, 이 감지기에서 신호가 발생하면 피해는 어느 정도 감수를 해야만 하는 상황이다. 화재는 초기에 감지를 하면 진압을 쉽게 할 수 있으나, 시간이 늦으면 늦어질수록 진압이 어려워지고 피해도 그만큼 크게 된다. 열화상 카메라에 의한 화재감지는 가장 초기에 이상징후를 발견할 수 있다는 장점은 있으나 가격이 부담스러운 것이 단점으로 지적되고 있다. 이를 해소하기 위해 일반 CCTV 카메라에 지능형 알고리즘을 탑재하여 화재를 감지하고자 하는 시도는 있으나 여기에는 한계가 있다.

▼ 그림 12-24 화재의 시간대별 감지 가능한 감지기 종류

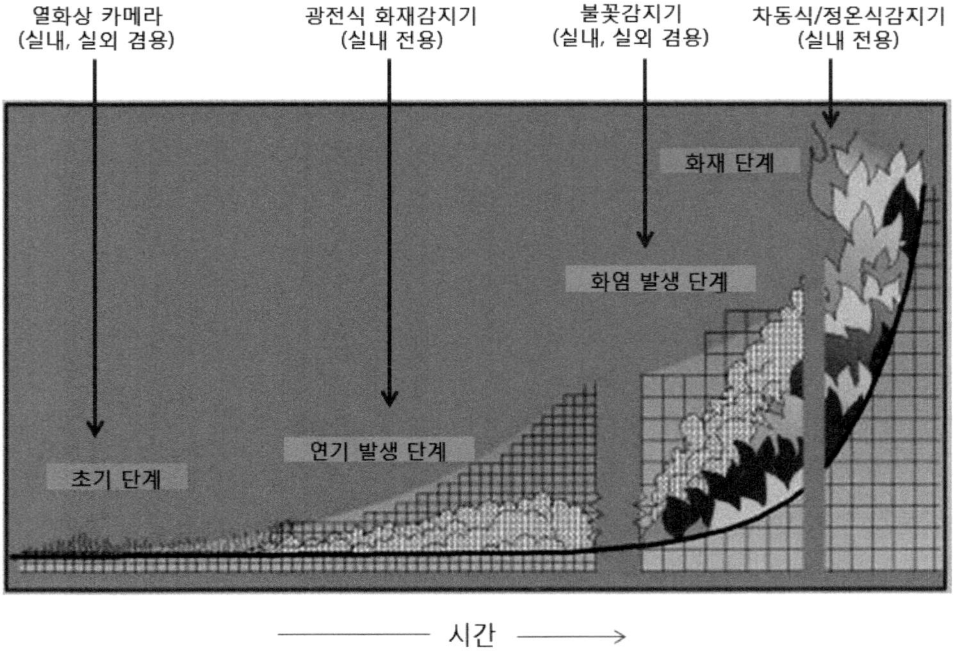

13
공기질 관리 센서

가 실내공기질 관리법 개요

도시 생활 속에 각종 환경 오염원에 의해 인간의 삶에 심각한 영향을 미치고 있다. 대기와 수질에 대한 관심은 점점 증가하고 있으나, 이것은 개인의 노력으로만 이루어지는 것이 아니라 국가적인 관심과 국제적인 협력에 의해서만 해결이 가능하다. 기후변화에 의한 태풍과 폭우에 대한 피해도 결국 인간이 환경을 무시했기 때문에 발생했다고 보고 있다. 화석연료 사용증가로 대기 중 온실가스 농도가 증가해 지구의 평균 기온(지난 100년간 0.74℃)과 해수면(지난 40년간 매년 1.8mm)이 상승하였다. 이런 영향으로 2003년 유럽폭염으로 약 3만 5천명의 인명피해가 발생했으며, 2005년 허리케인 카트리나로 미국에서는 약 11조원의 막대한 피해가 발생하였다. 또한 한반도의 기후변화도 진행되고 있는데, 6대 도시 평균 기온이 지난 100년간 약 1.5℃ 상승하고, 제주지역의 해수면이 40년간 22cm 상승하였다. 그리고 한반도의 CO_2 농도는 2006년에 388.9ppm으로 1999년 대비 18.7ppm 증가하였다. 이러한 기후변화 및 국내에서는 최근 천식 및 아토피 등 환경성 질환의 급속한 증가에 따라 국민건강에 영향이 큰 실내공기질 관리가 중요한 문제로 대두되었다. 통계에 따르면 신축공동주택 입주민의 새집증후군 경험비율이 2006년에 35.9%, 2007년에는 29.8%로 나왔으며, 어린이 천식 유병률도 1995년 13.0%에서 2000년에 15.8%, 2005년에 18.6%로 증가하고 있으며, 또한 어린이 아토피 유병률도 1995년 19.7%에서 2000년에 27.5%, 2005년에 29.2%로 증가하고 있다. 이러한 사회적인 필요성 때문에 국내에서는 늦었지만 2003년에 「다중이용시설 등의 실내공기관리법」을 제정하여 실내 공기질 관리를 위한 제도적 기틀을 마련하였다. 이듬해인 2004년에 「실내공기질 관리 기본계획」 수립 및 「실내환경개선협의회」 구성으로 범정부 차원의 실내공기질 관리체계를 구축하였다. 또한 정부에서도 2008

년에 향후 60년 국가비전으로 '저탄소 녹색성장(Low Carbon, Low Growth)'을 제시하였으며, 실내 공기질 관리대책도 기후변화대응을 우선적으로 고려하여 추진하고 관련 녹색 기술개발을 통한 경제성장을 도모하고자 하고 있다.

실내공기 오염물질중 미세먼지(PM_{10}), 이산화탄소(CO_2), 포름알데히드(HCHO), 총부유세균, 일산화탄소(CO) 등 5개 물질에 대해서는 유지기준을 설정하고 위반시 과태료부과 등 제재조치를 취하도록 되어 있다. 기타 외부에 오염원이 있거나 오염도가 비교적 낮은 이산화질소(NO_2), 라돈(Rn), 총휘발성유기화합물(TVOC), 석면, 오존(O_3) 등 5개 오염물질에 대해서는 권고기준을 설정하여 자율적으로 준수하도록 유도하고 있다. 실내공기질관리법과 동일한 개념으로 대기오염으로 인한 국민건강 및 환경상의 위해를 예방하고 대기환경을 적정하고 지속가능하게 관리 및 보전함으로써 모든 국민이 건강하고 쾌적한 환경에서 생활할 수 있게 함을 목적으로 '대기환경보전법 시행령'이 2010년 3월에 발표되었다. 환경부장관은 전국에 대하여, 시도지사는 관할구역에 대하여 대기오염도를 상시측정하고, 대기오염물질의 배출원 및 배출량을 조사해야 한다. 대기에 대한 기준은 〈표 13-1〉과 같다. 측정기별 간단한 측정개념은 〈그림 13-1〉과 같다.

▼ 표 13-1 국내 대기환경기준 및 표준 측정방법

항 목	기 준	표준 측정방법
아황산가스 (SO_2)	• 연간평균치 0.02ppm 이하 • 24시간평균치 0.05ppm 이하 • 1시간평균치 0.15ppm 이하	자외선 형광법 (Pulse UV Fluorescence Method)
일산화탄소 (CO)	• 8시간평균치 9ppm 이하 • 1시간평균치 25ppm 이하	비분산적외선분석법 (Non-Dispersive Infrared Method)
이산화질소 (NO_2)	• 연간평균치 0.03ppm 이하 • 24시간평균치 0.06ppm 이하 • 1시간평균치 0.10ppm 이하	화학발광법 (Chemiluminescent Method)
미세먼지 (PM-10)	• 연간평균치 50$\mu g/m^3$ 이하 • 24시간평균치 100$\mu g/m^3$ 이하	베타선흡수법 (β-Ray Absorption Method)
오존(O_3)	• 8시간평균치 0.06ppm 이하 • 1시간평균치 0.1ppm 이하	자외선 광도법 (UV Photometric Method)
벤젠 (Benzene)	• 연간평균치 5$\mu g/m^3$ 이하	GC/FID, GC/PID, GC/MS
납(Pb)	• 연간평균치 0.5$\mu g/m^3$ 이하	원자흡광도법 (Atomic Absorption Spectrophotometry)

▼ 그림 13-1 대기환경 측정기별 측정원리

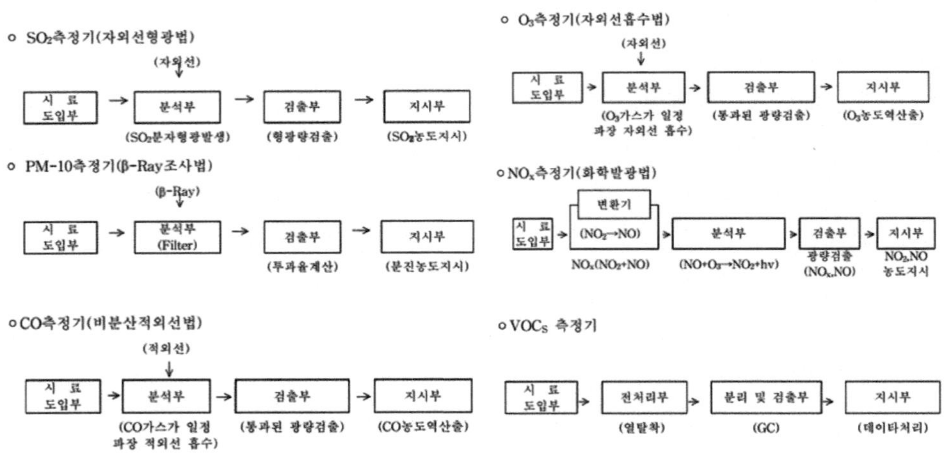

나 미세먼지 측정 기술

미국은 이미 1971년에 총부유분진(Total Suspended Particulate, TSP)에 대해 많은 연구와 기술축적을 바탕으로 대기환경기준을 설정하고, 대기 중 입자상물질을 지속적으로 많은 관심을 가지고 관리하고 있다. TSP로 대기환경기준을 관리하여 오다가 다방면의 많은 연구결과를 토대로 인체의 유해성 등을 고려하여 1987년에 PM_{10}(지름이 10㎛ 이하인 미세먼지) 대기환경기준(일평균 150㎍/㎥ 이하)을 설정하였다. 그 이후 2006년도에 $PM_{2.5}$(지름이 2.5㎛ 이하인 미세먼지)에 대해 하루 기준을 35㎍/㎥ 이하로 크게 강화하였다. 우리나라는 1995년부터 PM_{10}의 입자에 대해 연간 평균치 50㎍/㎥ 이하, 24시간 평균치 100㎍/㎥ 이하로 규제하고 있으며, 2015년에 $PM_{2.5}$ 입자에 대해 미국과 유사한 기준을 도입할 계획이다.

최근에는 미세먼지에 대한 관심이 $PM_{2.5}$에서 $PM_{1.0}$으로 보다 작은 입경 중심으로 옮겨가고 있다. 10㎛ 이상의 큰 먼지는 대부분 코의 점막과 섬모에 걸려 인체 내로 유입되지 않고, 5~10㎛ 미만의 먼지는 기도의 점막과 섬모에 걸려 객담(가래)으로 배출되며, 0.1~1㎛ 크기의 먼지가 기관지를 통과할 수 있어 폐포 내 침착율이 가장 높아 진폐증이나 규폐증을 유발할 수 있다는 연구결과가 있다. 이러한 미세한 먼지의 농도를 측정하는 방법에는 〈표 13-2〉에서 보듯이 '중량법', '광산란법', '베타선 흡수법' 등이 있다. '중량법'은 측정장비의 부피가 커 휴대가 불편하지만, 건축물의 실내 미세먼지 분석방법으로 가장 많이 사용되고 있다. '광산란법'은 버스 등 협소한 장소에 사용이 가능하고, 많은 사람이 다니는 곳에서도 측정이 용이하다는 장점이 있다. '베타선 흡수법'은 결과에 대한 신뢰도가 가장 높은 편이지만 휴대가 불편하다. 현재 환경정책기본법에서는 환경 대기 중의 미세먼지(PM_{10}) 농도를 베타선법에 의해 측정하는 것을 표준으로 정하고 있다.

▼ 표 13-2 미세먼지 측정방법 비교

측정방법	구 분	측정원리
소용량공기포집법 (중량법)	수동측정 (평균농도 측정)	• 여과지에 먼지를 채취하여 중량법으로 질량농도 측정(유량 : 2~7L/min)
저용량공기포집법 (중량법)	수동측정 (평균농도 측정)	• 여과지에 먼지를 채취하여 중량법으로 질량농도 측정(유량 : 1.2~1.7m^3/min
광산란법	연속자동측정 (실시간 측정)	• 입자상물질에 빛을 조사하면 빛이 산란하는 원리를 이용하여 산란광의 양을 측정하고 그 값으로부터 먼지의 농도를 구함
베타선 흡수법	연속자동측정 (실시간 측정)	• 여과지에 먼지를 채취하여 베타선을 투과시켜 여과지 위에 채취된 먼지를 통과할 때 흡수 소멸되는 베타선의 차를 이용하여 질량농도를 연속적으로 측정

베타선 흡수법은 대기 중에 부유하고 있는 직경 10㎛ 이하의 미세먼지를 일정시간 동안 여과지 위에 포집하여 베타선을 투과시켜 베타선 세기가 감쇄하는 정도를 측정하여 비어-램버트(Beer-Lambert) 관계식으로부터 미세먼지의 질량농도를 연속적으로 측정하는 방법이다. 이 측정방법은 베타선을 방출하는 광원으로부터 조사된 베타선이 여과지 위에 포집된 먼지를 통과할 때 흡수소멸되는 베타선의 차로서 측정된다. 베타선의 광원으로는 Kryton-85 원자 또는 Carbon-14 원자를 이용해서 베타선을 만들어내고, 여과지를 통과한 베타선량은 방사선 센서인 GM tube 등을 이용해서 흡수량을 측정한다. 입자의 질량 증가분은 Lenard의 질량흡수법칙으로 알려진 식으로부터 계산한다.

베타선 흡수법 이외에도 이와 유사한 목적으로 미세먼지 또는 입자 카운터 측정용 방법이 있다. 이 기술은 주로 무진실 등의 먼지 환경을 측정하는 용도로 현재는 많이 사용되고 있다. 〈그림 13-2〉에서 보듯이 '빛 가림 입자카운터'(그림의 좌측)와 '빛 산란 입자 카운터'(그림의 우측) 방법이다. 빛 가림 입자카운터는 1960년대에 개발된 방법으로 광원에서 나온 빛이 렌즈를 거쳐 평행광을 만든 후, 이 빛이 입자가 지나가는 미세한 관을 투과하도록 하여 광전효과에 의한 반도체식 어레이 센서가 빛의 양을 검출하는 방식이다. 이때 빛이 지나가는 경로에 입자가 지나가게 되면 빛의 경로를 가림으로 인해 센서에 도달하는 빛의 양은 줄어들게 된다. 따라서 이 방법은 시간에 따라 출력전압이 입자가 발견되면 감소하는 특성이 있다. 센서에 도달하는 빛의 양은 입자의 크기에 거의 비례하는 특성이 있어 입자 크기를 유추할 수 있다. 이 이후에 개발된 것이 우측과 같은 산란방식을 이용한 장치이다. 백색광원 대신에 레이저를 사용하며, 높게 집속된 빛은 입자에 의해 간섭현상이 발생하여 산란현상이 일어나게 된다. 이렇게 되면 광센서의 측정면적이 증가하여 입자의 크기를 유추할 수 있다.

▼ 그림 13-2 입자 카운터기의 원리

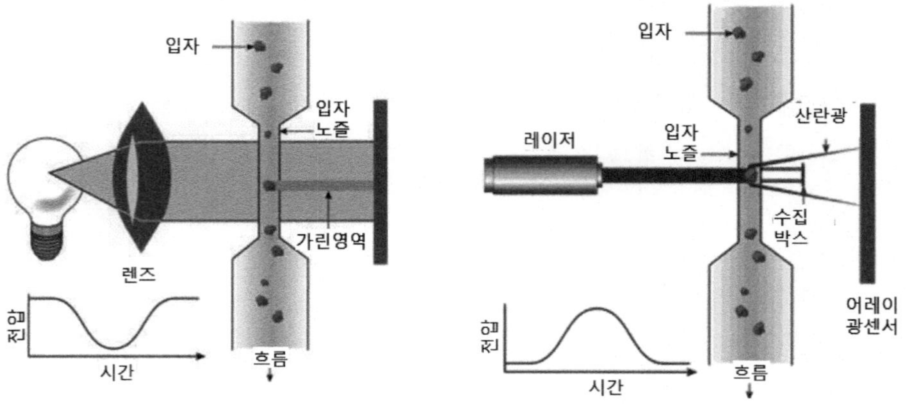

일반 가정내 부유입자(먼지)를 검지하기 위해 전자기기에 탑재된 가정용 먼지센서는 입자 카운터기와 유사한 원리로 동작하는데, 〈그림 13-3〉과 같이 측정방 내부에 근적외선 LED(보통 0.8~1.0㎛ 파장을 사용)와 포토다이오드인 수광소자를 수직방향에서 약 45도 정도 기울여 설치를 하고, 아래쪽에 있는 히터에 열을 가하면 공기가 뜨거워져 위로 향하게 된다. 이때 근적외선빔이 공기와 산란을 하게 되는데, 먼지가 많으면 산란을 많이 하게 되고, 그렇지 않으면 수광소자에 도달한 근적외선의 양은 작아진다. 측정방 위쪽은 막혀있지 않기 때문에 공기 대류에 의해 항상 밑부분에서 새로운 공기가 유입되고 측정된 공기는 다시 위쪽의 구멍을 통해 나가게 된다. 이 방식은 정확한 먼지의 양은 알 수 없지만, 상대적인 먼지의 양은 감지할 수 있다. 이와 같은 센서 구조는 광전식 화재센서와 안개센서 등에도 동일하게 적용되고 있다.

▼ 그림 13-3 가정용 먼지센서 동작 원리

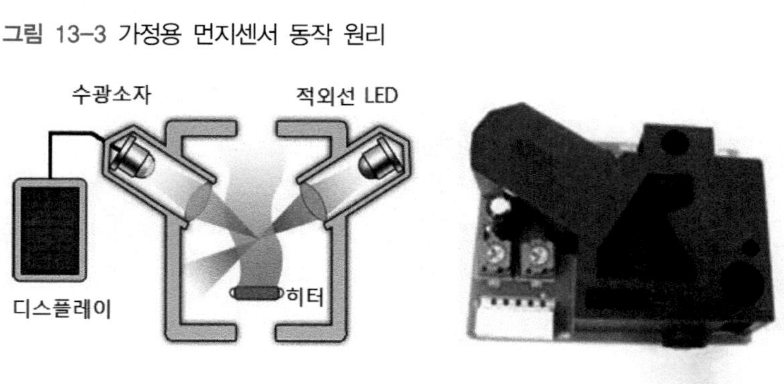

다 오존과 아황산가스 측정법

오존은 특유의 비린내가 나고 희미한 청색을 띠며 공기 중에서 방전으로 생성된다. 산화력이 강해 표백 및 살균 등에 이용되나 농도가 증가하면 위험하다. 약 0.25ppm 이상이면 호흡기에 영향을 주고 5~10ppm이면 매우 위험하다. 아황산가스는 이산화황이라고도 하며, 무색의 달걀 썩는 자극성 냄새가 나는 것이 특징이다. 독성이 매우 강하여 공기 속에 0.003% 이상이 되면 식물이 죽고, 0.012% 이상이 되면 인체에 치명적인 해가 된다. 급성피해로는 불쾌한 자극성 냄새, 시정감소, 생리적 장애, 압박감 등이 있고, 만성피해로는 폐렴, 기관지염, 천식, 폐포의 확대로 폐가 부푸는 폐기종 등을 유발한다.

대기질가스 표준 분석법 중에서 오존(O_3)과 아황산가스(SO_2)를 자외선 영역의 흡수 및 형광법을 이용해서 정성 및 정량 분석에 사용하고 있다. 현재는 수 ppb의 농도부터 수%의 농도 범위에 이르기까지 폭넓게 측정법이 확립되어 있다. 국제적으로 공인된 오존 측정법은 여러 가지가 알려져 있으나, 이 중에서도 자외선 흡수법이 일반적으로 많이 사용된다. 자연광인 태양광선에는 자외선, 가시광선, 적외선 등이 동시에 나오고 있다. 이 중에서 자외선은 태양광선 중에 약 9% 정도 있으며, 인공적으로도 방전 램프를 이용해서 만들 수 있다. 그 원리는 방전시 수은원자의 최외각 전자가 여기 되었다가 기저상태로 복귀하면서 방사하는 전자기파가 각각의 에너지 준위에 따라 184.9nm, 253.7nm, 296.7nm, 365.0nm 등의 자외선으로 나타난다. 이때 방사되는 각 파장의 에너지와 에너지 준위에 따른 역할이 다르다. 특히 184.9nm의 자외선은 오존을 발생시키는 파장이며, 253.7nm는 주로 살균 및 소독의 목적으로 사용된다.

자외선을 만드는 UV 램프는 방전을 하는 재료에 따라 파장대역이 달라진다. 대부분의 램프들은 적외선의 빛을 가장 많이 내며, 대략 20~30% 정도의 자외선을 내 놓는다. 수은램프인 경우는 앞에서 언급한 184.9nm, 253.7nm, 296.7nm, 365.0nm 등의 4가지 파장이 나오며, 메탈램프(metal halide)는 260~420nm, 갈륨램프(gallium)는 260~460nm, 제논램프(xenon)는 350~470nm 파장을 주로 내 놓는다. 자외선은 특성상 파장에 따라 UV-A, UV-B, UV-C 등 세 가지 영역으로 구분한다. 보라색 가까이 있는 것은 근자외선, 멀리 있는 것은 원자외선, 그 중간을 중자외선이라고 하며, 세 가지 영역의 구분은 〈표 13-3〉과 같다. 이 중에서 광자에너지가 강한 UV-C는 인간에게 매우 해로운 광자이다. 다행스럽게도 UV-C는 대략 약 35km의 고도에서 오존에 의해 완전히 차단되어 지구 표면에는 거의 도달하지 않는다. UV-B는 인체의 피부에 유해하고 햇볕에 타는 주된 원인을 제공하는 영역대로, 이 영역의 복사에너지에 과도하게 노출되면 유전학상의 손상을 유발하여 그 결과 피부암과 같은 문제가 생길 수 있다. UV-B도 대기의 오존층에 의해 상당량 차단이 되지만 극히 일부는 지구표면에 도달한다. 대부분의 UV-A는 손실 없이 지표까지 도달하는데 다행히 인체에 그리 유해하지 않다.

▼ 표 13-3 자외선의 종류 및 특성

종 류	파장(nm)	광자에너지	침투력
UV-A(근자외선)	315~420	약함	강함
UV-B(중자외선)	280~315	중간	중간
UV-C(원자외선)	100~280	강함	약함

오존의 양을 측정하기 위한 자외선흡수법은 오존이 자외선을 흡수하는 성질을 이용한 것이다. 특히 254nm 대역에서 최대 흡수를 나타내는 것으로 알려져 있다. 이 영역에서는 환경 대기 중에 공존하는 CO, CO_2, NO, NO_2 성분은 비교적 자외선을 흡수하지 않아 오존 측정에 거의 영향을 주지 않는다. 원리는 NDIR과 거의 유사하며, 다만 통과시키는 파장만 자외선이라는 점이 다르다. 측정은 자외선 광원을 광학 필터를 통하여 254nm 주위의 단파장을 가진 자외선만 선별하여 측정 광원으로 사용한다. 그리고 자외선이 지나가는 측정 셀 내에 측정 대상인 오존 가스를 주입시킨다. 가스에 존재하는 오존의 농도에 따른 자외선의 흡수 변화량을 측정하면, 비어-람버트 관계식으로부터 오존의 농도를 계산할 수 있다.

아황산가스를 측정하는 자외선형광법의 시스템 개략도는 〈그림 13-4〉와 같다. 자외선 램프는 아황산가스 분자가 흡수할 수 있는 파장대역인 214nm 영역의 자외선 빛을 내 놓을 수 있는 아연램프를 사용한다. 램프에서 나온 자외선은 필터와 렌즈를 거쳐서 반응관으로 모아지게 된다. 반응관 내부에 있는 아황산가스 분자는 램프에서 나온 자외선에 의해 여기가 일어난다. 여기된 아황산가스 분자가 안정상태로 환원될 때 자외선 형광을 발하게 되는데, 그 파장영역은 250~390nm 영역대이다. 이 빛을 PMT에서 전기적인 신호로 변환시킨다. 또한 자외선 램프 세기 감쇠를 보상하기 위해 자외선센서로 자외선 강도를 감지하여 CPU에서 측정농도에 대한 보상을 한다. 아황산가스를 여기시키기 위해 Zn(214nm) 이외에 Sb(218nm)과 Cd(228nm) 등의 광원을 사용하기도 한다.[186)]

186) 김현호, "환경 대기중의 아황산가스 계측기술", 한국표준과학연구원 환경계측그룹, 2002년

▼ 그림 13-4 자외선형광법의 시스템 개요

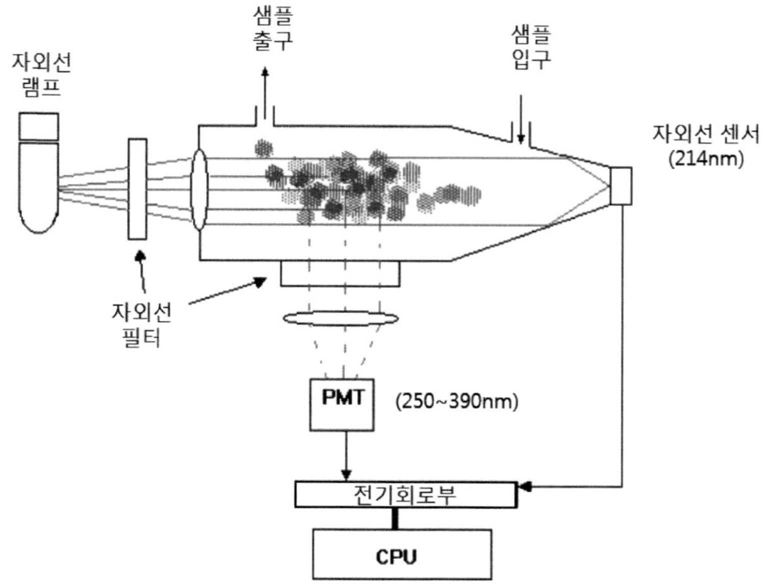

라 이산화질소 측정법

NO_2(이산화질소)는 알칼리 및 클로로포름에 용해되는 인체에 유해한 자극성 냄새의 적갈색 기체로서 취사용 시설이나 난방 및 흡연 등으로 발생된다. 고농도로 존재하는 경우, 기관지염과 같은 호흡기 질환을 일으킨다. 인간의 호흡을 통해 인체로 유입되면, 이산화질소는 폐의 깊숙한 곳까지 도달하여 헤모글로빈의 산소 운반 능력을 저하시키고, 수시간 내에 호흡곤란을 수반한 폐수종 염증을 유발할 수 있는 유독성 가스이다. 주로 차량에서 이산화질소가 많이 배출되며, 오존 발생의 원인이 되기도 하며, 광화학 스모그를 유발하며, 산성비의 원인물질로 작용해 대도시 대기오염을 심각하게 하는 주범이다.

이산화질소를 측정하는 표준방법은 일산화질소와 오존과의 반응으로 생긴 이산화질소로부터 발생하는 발광현상을 이용한 화학발광법을 이용하여 실내 공기 중의 이산화질소 농도를 연속으로 자동 측정한다. 일산화질소와 오존이 반응하면 이산화질소가 생성되는데, 이때 590~875㎛에 이르는 파장범위의 빛(화학발광)이 발생한다. 이 발광강도를 측정하여 시료 가스 중 일산화질소 농도를 연속적으로 측정한다. 질소산화물 농도는 시료가스를 환원장치를 통과시켜 이산화질소를 일산화질소로 환원한 다음 위와 같이 측정하여 구한다. 화학발광법의 개략도는 〈그림

13-5〉와 같다. 그림과 같이 유량제어부, 반응조, 검출기, 오존발생기 등으로 구성되어 있다. 유량제어부는 시료가스 유량제어부와 오존가스 유량제어부가 있으며, 이들은 각각 저항관, 압력조절기, 니들밸브, 면적유량계, 압력계 등으로 구성되어 있다. 반응조는 시료가스와 오존가스를 혼합하여 반응시키기 위한 용기로서 이 반응에 의해 화학발광이 일어나게 된다. 내부압력조건에 따라 감압형과 상압형이 있다. 검출기에서는 화학발광을 선택적으로 투과시킬 수 있는 광학필터가 부착되어 있으며, 발광도를 전기적인 신호로 변환시키는 역할을 한다. 오존발생기는 산소가스를 오존으로 변환시키는 역할을 하며, 에너지원으로써 무성방전관 또는 자외선 발생기를 사용한다.

▼ 그림 13-5 화학발광법 분석계 개략도

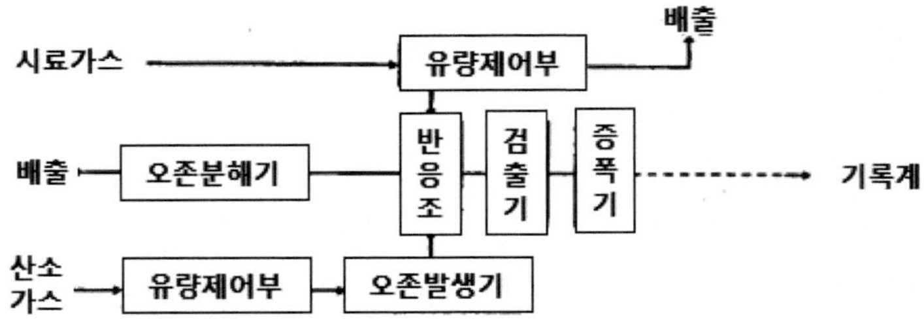

마 VOC 측정법

환경대기 중 휘발성유기화합물(Volatile Organic Components, VOC)은 대부분 ppb 수준의 낮은 농도로 존재하지만, 환경관리 측면에서 이들 물질의 중요성은 매우 크다. VOCs 중 반응성이 강한 물질들은 지표면 오존생성 및 광화학 스모그 발생의 전구물질로 작용하며, 반응성이 낮은 물질들은 대기 중에 오랫동안 존재하여 성층권의 오존층 파괴와 지구온난화에 관여하기도 한다. 특히 벤젠과 같이 역치가 없는 발암성 물질들은 그 농도가 아무리 낮아도 발암위해도가 제로가 되지 않으므로 이들 물질에 대한 상시관측과 관리의 필요성은 더욱 강조되고 있다. 유해성 VOCs (Hazardous VOCs, HVOCs)에는 벤젠, 1,3-뷰타디엔과 같은 발암성 물질이 다수 포함되어 있어 위해성 평가 측면에서 이들 물질의 농도수준과 농도변화 추세를 파악하는 것은 매우 중요한 과제이다. 환경대기 중 VOCs 측정은 여러 가지 방법이 있으나 현재 많이 사용되는 방법으로는 GC/FID(Flame Ionization Detector) 분석법, GC/PID(Photoionization Detector) 분석법, GC/MS(Mass Spectroscopy) 분석법 등이 있다(그림 13-6~13-8 참고).

▼ 그림 13-6 GC/FID 측정 시스템

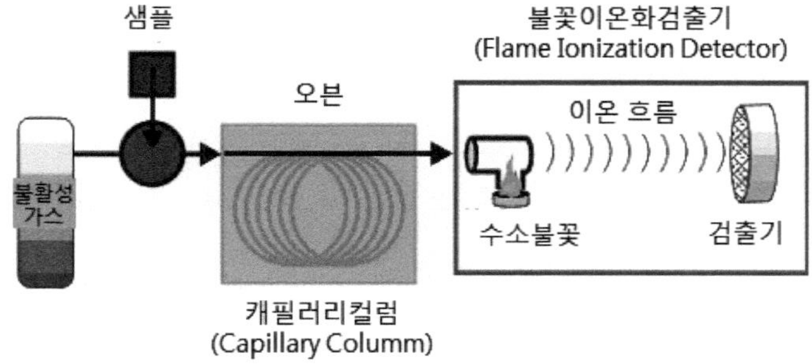

▼ 그림 13-7 GC/PID 측정 시스템

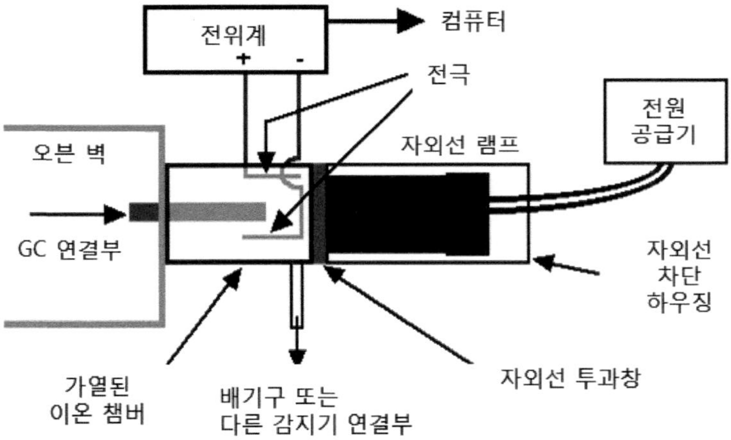

▼ 그림 13-8 GC/MS 측정 시스템

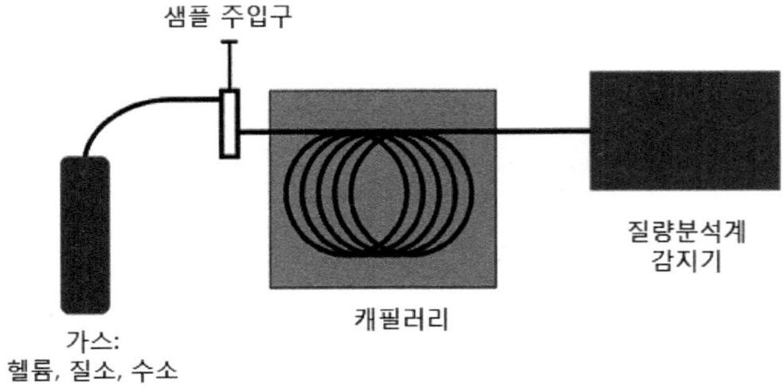

가스크로마토그래프는 검출기와 컬럼으로 구성되며, 사용하는 검출기에 따라 FID(불꽃이온화검출기), PID(광이온화검출기), MS(질량분석검출기)가 있다. 운반가스는

불활성 기체인 헬륨이나 질소가스를 사용하며, 시료 도입부의 온도는 약 200℃ 정도를 유지한다. 퍼지 및 트랩장치는 공통적으로 다음과 같다.

① 퍼지부 : 5~25mℓ의 시료를 주입할 수 있는 스파저(sparger)와 시료를 일정온도로 가온할 수 있는 가온장치로 구성된다.
② 트랩관 : 길이 5~30 cm 이상, 내경 2mm 이상의 스테인레스강관에 휘발성유기화합물을 흡착 · 농축할 수 있는 충전제가 충전된 것 또는 이와 동등 이상의 성능을 가진 것을 사용한다.
③ 트랩의 종류 : Tenax, Carbopack, OV-1/Tenax/Silicagel/Charcoal 또는 이와 동등 이상의 성능을 가진 것을 사용한다.
④ 탈착부 : 트랩관에 포집된 휘발성 유기화합물을 가열·탈착할 수 있는 가열장치 또는 이와 동등 이상의 성능을 가진 것을 사용한다.
⑤ 냉각 응축부 : 부착되는 내경 0.20~0.53mm의 모세관컬럼을 -50~-150℃ 정도로 냉각 가능하고, 또한 200℃로 가열가능한 장치 또는 이와 동등 이상의 성능을 가진 것으로 경우에 따라 냉각 응축과정은 사용하지 않는다.
⑥ 원심분리기 : 4℃ 이하에서 원심분리가 가능한 것을 사용한다.

위의 3가지 방법 중 미국, 캐나다, 영국 등에서는 PID 방식을 이용하여 소형이며 검출한계가 높은 센서를 개발하여 환경오염물질 탐지를 위한 분석장비로 주로 사용해 오고 있다. 최근의 개발 경향은 환경, 위험물질규제, 산업안전과 관련한 환경오염물질 탐지센서 기술은 초소형화하려는 추세에 있다. 미국의 RAE Systems 사가 전 세계 시장을 60% 이상 장악하고 있으며, 이 제품은 PID 방식을 이용한 VOC 측정 시스템으로 0.01~100 ppm 범위의 VOC를 측정할 수 있다. 미국의 Interscan사는 전기화학 센서를 이용하여 0.01 ppm 이상의 포름알데히드를 측정할 수 있는 시스템을 판매하고 있다.

▼ 그림 13-9 RAE사의 PID 제품 및 Interscan사의 상용제품

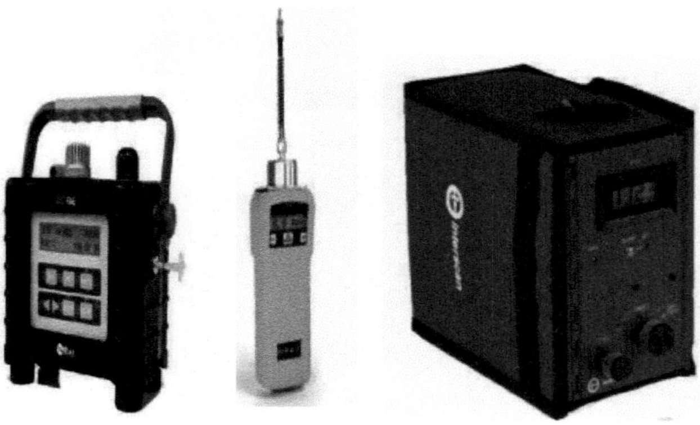

가정이나 사무실 내에 있는 VOC를 ppm 수준까지 정확하게 측정하기 위해 사용하는 PID에는 〈그림 13-10〉과 같이 자외선 램프와 전극으로 구성되어 있다. 자외선이 VOC의 이온화 에너지보다 높은 에너지로 VOC 가스에 쬐이게 되면, VOC는 쉽게 이온화가 되어 전극 양단 사이에 걸린 전위차에 의해 음이온과 양이온이 분리되어 전류에 기여하게 된다. 반면 수증기는 자외선에 아무런 영향을 받지 않아 그대로 전극 사이를 빠져 나가게 된다. 따라서 전극 사이에 걸린 전위차는 VOC의 양에 비례한 값으로 출력이 된다. VOC가 많으면 많을수록 전류는 더 많이 흐르게 되며, 전류값을 ppb 또는 ㎍/㎥의 값으로 환산하여 출력하게 된다. 자외선 램프에 사용되는 가스로 크립톤, 제논, 아르곤 등을 사용할 수 있으나, 이 중에서 10.6eV의 에너지를 가진 크립톤이 가장 많이 사용되고 있다. 제논 램프는 긴 수명을 가진 장점은 있지만, 9.6eV 보다 작은 이온화 에너지를 가진 VOC만 측정이 가능한 단점이 있다. 따라서 가정이나 사무실에 존재하는 대부분의 VOC를 측정할 수가 없다. 아르곤 램프는 11.7eV 이하의 이온화 에너지를 가진 VOC를 측정할 수 있는 장점은 있으나, 수명이 짧아 자주 교체를 해야 하는 문제점이 있다.

▼ 그림 13-10 PID의 동작 원리

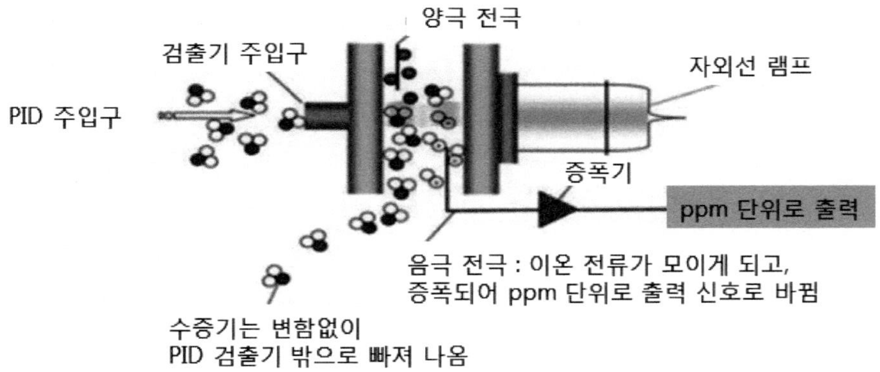

14
수질관리 센서

가 수질 관리법 개요

공기질과 마찬가지로 수질에 대해서도 수질환경보전법 "수질 및 수생태계 보전에 관한 법률 시행령"이 개정됨에 따라 수생태계를 포함한 다양한 물환경에 대한 조사 및 분석이 실시되고 있다. 시행령에 따르면 수질오염경보의 종류별 발령대상, 발령주체 및 대상 수질오염물질은 제28조 제2항에 의거하여 〈표 14-1〉과 같다.

수질환경을 통합적으로 관리하기 위해서 수질 모니터링 및 평가를 토대로 수질오염 예방정책, 수질오염물질의 처리, 하천 및 호소 환경관리 등 물환경 정책을 효과적이며 과학적으로 추진을 하고 있다. 이의 구체적인 일환으로 국가수질자동측정망 사업과 수질원격감시체제(Tele-Monitoring System, TMS) 사업으로 추진하고 있다. 국가수질자동측정망 사업을 통해 한강 등 4대강 주요 하천과 호소의 수질상시 측정, 수질오염 사고 발생시 신속대처 및 상수원 수질 보호, 과학적인 하천수질관리기반 구축, 오염총량관리제 등 물환경 정책은 국가수질자동측정망 사업을 통해 이루어지고 있다. 수계별 수질자동 측정소는 주요 강수계에 총 56군데 설치되어 있으며, 수질자동측정망은 공통측정항목 5개와 선택항목 22개 등 총 27개 환경오염 항목에 대해서 측정 및 관리되고 있다. 공통항목 5개는 수온, pH(수소이온농도), DO(용존산소), 전기전도도(EC), TOC(총 유기탄소)이며, 선택항목은 생물독성(물고기, 물벼룩, 조류광합성, 미생물 연료전지), 휘발성유기화합물(VOCs) 9개 항목, 총 질소(TN), 총 인(TP), 클로로필-a, 암모니아성 질소(NH_3-N), 인산염인(PO_4-P), 탁도, 페놀, 중금속 4개 항목 등이다. 이 중에서 휘발성유기화합물이라 함은 탄화수소류 중 석유화학제품 · 유기용제 기타 물질로서 환경부 고시 제2004-141(2004.09.18.)호로 37종의 물질 또는 제품으로 고시되어 있으며, 측정대상 9개 항목은 벤젠, 톨루엔, 자밀렌, 에틸벤젠, 트리클로로에틸렌, 디클로로에틸렌, 1.1.1-트리클로로에탄, 사염화탄소, 테트라클로로에틸렌 등이다. 중금속 4개 항목은 구리(Cu), 납(Pb), 아연(Zn), 카드뮴(Cd) 등이다.

▼ 표 14-1 수질오염경보의 종류별 대상 수질오염물질 발령 · 해제 기준

<table>
<tr><th>구분</th><th>대상 수질오염물질</th><th colspan="3">발령 · 해제기준</th></tr>
<tr><td rowspan="8">조류경보
(발령주체:
환경부장관
또는
시도지사)</td><td rowspan="8">남조류 세포수</td><td rowspan="4">상수원
구간</td><td>관심</td><td>남조류 세포수 :
1,000세포/mℓ~10,000세포/mℓ</td></tr>
<tr><td>경계</td><td>남조류 세포수 :
10,000세포/mℓ~1,000,000세포/mℓ</td></tr>
<tr><td>조류
대발생</td><td>남조류 세포수가 1,000,000세포/mℓ 이상인 경우</td></tr>
<tr><td>해제</td><td>남조류 세포수가 1,000세포/mℓ 이하인 경우</td></tr>
<tr><td rowspan="4">친수
활동
구간</td><td>관심</td><td>남조류 세포수 :
20,000세포/mℓ~100,000세포/mℓ</td></tr>
<tr><td>경계</td><td>남조류 세포수가 100,000세포/mℓ 이상인 경우</td></tr>
<tr><td>해제</td><td>남조류 세포수가 20,000세포/mℓ 이하인 경우</td></tr>
<tr><td></td><td></td></tr>
<tr><td rowspan="5">수질오염
감시경보
(발령주체:
환경부장관)</td><td rowspan="5">수소이온농도, 용존산소, 총 질소, 총 인, 전기전도도, 총 유기탄소, 휘발성유기화합물, 페놀, 중금속(구리, 납, 아연, 카드뮴 등), 클로로필-a, 생물감시</td><td colspan="2">관심</td><td>가. 대상물질 중 2개 이상 항목이 경보기준을 초과하는 경우
나. 생물감시 측정값이 생물감시 경보기준 농도를 30분 이상 지속적으로 초과하는 경우</td></tr>
<tr><td colspan="2">주의</td><td>가. 대상물질 중 2개 이상 항목이 경보기준을 2배 이상 초과하는 경우
나. 생물감시 측정값이 생물감시 경보기준 농도를 30분 이상 지속적으로 초과하고, 대상물질 중 1개 이상 항목이 경보기준을 2배 이상 초과하는 경우</td></tr>
<tr><td colspan="2">경계</td><td>생물감시 측정값이 생물감시 경보기준 농도를 30분 이상 지속적으로 초과하고, 대상물질 중 1개 이상 항목이 경보기준을 3배 이상 초과하는 경우</td></tr>
<tr><td colspan="2">심각</td><td>경계경보 발령 후 수질 오염사고 전개속도가 매우 빠르고 심각한 수준으로서 위기발생이 확실한 경우</td></tr>
<tr><td colspan="2">해제</td><td>측정항목별 측정값이 관심단계 이하로 낮아진 경우</td></tr>
</table>

나 수질 항목별 특성

수질TMS는 하·폐수 처리시설 및 폐수배출업소의 최종 방류구에 수질자동측정기기를 부착하여 수질 오염물질의 배출상태를 24시간 상시 측정하는 시스템이다. 측정기기는 '수질 및 수생태계 보전에 관한 법률 시행령 제35조 제1항'(2007년 11월 30일)에 근거를 두고 정해져 있다. 수질측정 항목별 특성은 다음과 같다. 수온은 물의 온도를 나타내며, 수온은 다른 측정 변수들의 값들을 보정하는 등의 용도로 사용되며, 수온에 따라 여러 측정 지표들이 달라지므로 다른 측정 지표들의 기준으로 사용된다. 전기전도도는 물이 전기를 통하는 능력으로서 측정되는 전기 저항의 역수로 나타낸다. 물의 전기전도도는 염분의 농도와 매우 밀접한 관련성이 있으며, 각종 무기질의 양과도 밀접한 관계를 가지고 있다. 탁도(Turbidity)는 물의 흐림 정도를 지표로 나타낸 것이다. 탁하다는 말은 빛의 통과를 방해하거나 가시심도를 제한하는 부유 물질을 포함하고 있다는 뜻이다. 탁도를 유발하는 물질로는 토사류와 같은 순수한 무기물질로부터 천연유기물 또는 공장폐수와 가정 하수에서 유입되는 많은 양의 무기물질과 유기물질, 그리고 유기물질로 인해 생성된 박테리아와 미생물, 조류 등도 탁도를 유발하는 원인물질이 된다. pH로 알려진 수소이온농도는 산성도 또는 알칼리도를 나타내는 지표이며, pH가 7인 물을 중성이라 하고, 7 미만은 산성, 7 이상은 알칼리성으로 나타낸다. 물속에 이산화탄소, 미네랄산, 염산, 황산, 질산 등이 함유되면 pH가 낮아지는 것으로 알려져 있으며, 칼슘이나 마그네슘이 많으면 pH가 높아진다. 물은 일반적으로 정상에서 pH가 5.8~8.5의 분포를 나타내고 있지만, 먹는 물의 경우 7.0~8.0 정도의 약알칼리성을 띠는 것이 일반적인 것으로 알려져 있다. 염소이온농도는 물에 함유되어 있는 소금의 성분을 나타내는 지표이며, 염분이 고농도로 있으면 물맛이 짜게 되고, 해변가나 섬의 지하수에는 염분이 많이 함유되어 있는 경우가 많아 음용수로 사용할 경우 염분을 제거해야 한다. 잔류염소는 염소 소독을 실시한 후 남아있는 염소이온의 양을 나타내는 지표이다. 보통 염소 소독을 실시한 후 0.3ppm 이상이 되는지 확인하기 위해서 측정한다. 용존산소(DO)는 물속에 녹아 있는 산소의 양을 의미하며, 수온이 낮을수록 공기 중의 산소가 많을수록, 여울이나 폭포와 같이 물살이 거칠수록 증가한다. 용존산소가 없으면 하천의 물은 썩는 원인이 되며, 4ppm 이상이 되어야 물고기가 살 수 있다. 따라서 DO값이 크면 클수록 좋은 물이라 할 수 있다.

생물화학적 산소요구량(Biochemical Oxygen Demands, BOD)는 호기성 미생물이 호기성 상태에서 분해 가능한 유기 물질을 20℃에서 5일간 안정화시키는데 소비되는 산소량을 말하며, 수질 오염을 나타내는 대표적인 지표이며, BOD로부터 물속에 있는 유기물의 양을 간접적으로 측정할 수 있다. 화학적 산소요구량(Chemical

Oxygen Demands, COD)는 물속의 유기 물질을 간접적으로 측정하는 방법이며, 유기물질(분해 가능한 물질과 분해 불가능한 물질 모두를 의미)을 강력한 산화제로 화학적 산화시킬 때 소모되는 산화제의 양을 의미한다. 일반적으로 COD값은 BOD값보다 높은데 이는 미생물에 의하여 분해되지 않는 유기물까지도 화학적으로 산화시키기 때문이다. 총인(TP)은 지표수에 서식하는 조류의 생장에 영향을 줄 수 있는 인의 농도를 의미한다. 사람 및 가축에 의해 주로 오염되며, 여름철 조류의 생장에 필요한 유기인의 한계농도는 0.005ppm 정도인 것으로 알려져 있다. 조류의 생장에 의해 먹는 물에서 나쁜 냄새와 맛을 일으킬 수 있다. 총질소(TN)는 물속에 존재하는 암모니아성 질소, 질산성 질소, 아질산성 질소 및 유기질소 등을 말한다. 조류성장에 필수적인 원소의 하나로서 수화현상의 발생가능성을 판단할 수 있는 수질 항목이다. 물속의 질소량에 따른 오염정도를 측정하는 것으로 사람 또는 가축의 배설물에 따른 오염여부를 판정할 수 있는 간접 기준으로도 사용된다.[187)]

다 수질센서의 분류

수질센서는 하천, 강, 호수, 해수 등 매우 다양한 측정대상 지역의 오염원을 감지하기 위한 것으로 센서의 형태로 나누어 프로브(Probe)형과 랩온어칩(Lab on a chip, LoC)형으로 구분한다. 리트머스 종이를 이용한 용액의 산, 염기의 정성적인 정도를 색으로 구분하는 것이 가장 간단한 프로브 형이지만, 이것은 수질 상태를 원격에서 모니터링을 할 수 없다. 모니터링을 위한 프로브형 센서는 전기화학센서, 광학센서, 나노센서, 바이오센서 등이 있다. 전기화학센서는 전류, 전위, 하전과 화학인자와의 관계를 전기량의 변화를 통해 측정 가능한 유용한 신호로 변환해주는 센서이다. 전기화학센서는 2개 또는 3개의 전극과 전해질로 구성되는 챔버를 포함하며, 화학반응에 의한 두 전극 사이의 전위차, 전류량(또는 전기량), 전기전도도, 임피던스 변화 등을 측정한다. 측정 대상의 성상에 따라 액체 전해질 센서와 고체 전해질 센서로 구분하며, 측정방식에 따라 전류법, 전압법, 전위차법, 전기전도도법, 임피던스법 등으로 구분한다. 전류법과 전압법은 레퍼런스와 워킹전극에 전위를 걸면 화학종에 따라 산화와 환원이 일어나며, 이로 인해 발생한 전류는 전자이동 반응을 측정하게 되고 이는 분석 대상물의 농도에 비례한다. 전위차법은 인식 멤브레인에 걸쳐서 형성된 국지적 평형 상태에서 분석 대상물에 의해 멤브레인 전위의 변화를 가져오며, 분석 정보는 이온선택 전극과 레퍼런스 전극 간의 전위차로부터 얻을 수 있다. 전기전도도법은 개념적으로 가장 간단한 전기분석 기술

187) 이철호, (주)그린텍아이엔씨, "수질 계측의 최근 동향 및 수질다항목 측정기", 제어계측, 2009년 1월

이며, 하천의 농도를 용액의 저항으로부터 얻을 수 있다. 임피던스법은 전극 표면에서 발생하는 전기화학적 변화를 교류 주파수에 따른 임피던스로부터 민감도와 선택성을 높이는 방법으로 사용된다.

프로브형 광학센서는 환경요소에 의한 대상물로부터 색, 흡광 및 형광 등의 광학적 현상을 전기적 신호와 같은 가능한 신호로 변환해주는 센서를 의미한다. 자외선, 가시광, 형광, 적외선 등 다양한 광원과 측정기기가 결합되어 있는 형태이며, 흡광원리는 주로 가스 및 분자구조 분석에 사용되며, 형광원리는 용존산소량, 화학적 산소요구량 및 중금속 분석 등 수질분석에 주로 사용된다. 그리고 산란원리는 탁도, 색깔은 수소이온농도 측정시 사용된다. 그리고 빛의 파장 대역에 따라 측정하는 요소가 달라지는데, 자외선은 TP와 TN 측정에 사용되고, 가시광은 유기물, 영양염류, 중금속, 이온, 탁도 및 염소 측정에 사용되며, 적외선은 분자 구조 분석 및 연료분석 등에 주로 사용된다.

프로브형 나노센서는 고감도, 고선택성, 소형화를 위한 센서 제작에 최근 많이 활용되고 있는 센서 형태 중 하나로 100nm 이하의 치수를 갖는 나노 구조 및 소재를 이용한 센서를 의미한다. 약 100만개의 전극을 1평방인치 면적 안에 형성한 고밀도의 나노 전극 어레이는 신호대 잡음비가 1,000배 좋은 신호를 얻을 수 있는 장점이 있다. 나노 센서는 기존 프로브형 센서들과 활용분야는 유사하나, 초소형이면서 고감도의 센서 시스템을 제작할 때 주로 활용되며, 트리클로로에틸렌, 비소, 납, 크롬과 같은 유독성 산업 화합물 및 금속 분석 등이 가능하다. 현재 환경분야에 활용되고 있는 나노센서로는 해양독소 측정, 병원균 정량 측정, 중금속 이온 검출 등에 사용되고 있다.

바이오센서는 넓은 의미에서 보면 생물체를 이용한 센서를 총칭하며, 지렁이, 해양발광미생물, 유전자변형발광미생물, 다양한 생체감지물질 등을 이용하는 센서들을 포함한다. 반면 협의의 바이오센서는 특정 물질과 선택적으로 반응하는 효소, 항체, 항원, 렉틴, 호르몬 수요체 등의 생체감지물질과, 전기화학, 광학, SPR (Surface Plasmon Resonance), FET(Field Effect Transistor), QCM(Quartz Crystal Micro-balance), 열센서 등 다양한 물리화학적 방법을 이용하는 신호변환기로 구성되어 분석대상물질을 선택적으로 감지하는 센서를 의미한다. 항체, 효소, 핵산 등 생체분자로 구성된 바이오리셉터와 센서가 결합된 형태로 생체분자의 선택적인 결합 또는 반응 특성을 이용하여 고선택성의 측정 분석이 가능하다. 전기화학식 바이오센서는 전기화학 전극에 생체물질을 고정화하여, 생화학 반응을 전기화학적으로 측정하는 방식을 이용한 것이다. 주로 이산화질소, 포름알데히드 등을 측정하는데 사용된다. 광학식 바이오센서는 센서칩에 생체물질을 고정화하여, 생화학 반응을 형광, 흡광, 발광 등의 광학적 측정방식을 이용한 것이다. 주로 농약, 페놀, 포름알데히드 등을 측정하는데 사용된다.

랩온어칩형 센서는 기존의 의료용 랩온어칩 개념에서 확대 발전된 개념으로 칩 상에서 환경오염물질을 모니터링하는 것을 의미한다. 주요 요소기술로는 〈그림 14-1〉과 같이 전처리기술, 마커기술, 유체제어기술, 측정기술, 복합다중 분석기술로 구분된다. 전처리기술은 환경유해물질을 지닌 환경 샘플의 추출과 동시에 원하는 분석물질의 정제 및 농축과정을 포함한 기술이다. 마커기술은 환경오염물질 등을 특이적으로 측정하기 위한 요소기술을 의미하며, 환경분야의 복합물질 분석, 다중 동시분석 뿐 아니라 실시간 모니터링에 적용하기 위한 핵심기술이다. 마커를 이용하면 특이도를 높일 수 있을 뿐 아니라 다중분석 및 자동화 분석도 가능하다. 유체제어기술은 측정샘플의 주입, 혼합 및 분리를 조절할 수 있는 마이크로 채널 디자인 및 칩 내부의 제어장치를 통해 샘플의 흐름을 조절하여 다양한 생물학적 분석을 가능하게 하는 기술을 의미한다. 측정기술은 광학, 전기화학, 전기적 방법 등을 통해 오염물질의 측정이 가능하며, 고속의 고감도 자동측정 장비 적용에 필요한 필수기술이다. 복합다중 분석기술은 수인성 미생물, 병원균, 유기오염물, 중금속 등의 환경오염물질들을 동시에 검출 가능한 기술을 의미한다.[188)]

▼ 그림 14-1 랩온어칩 요소기술

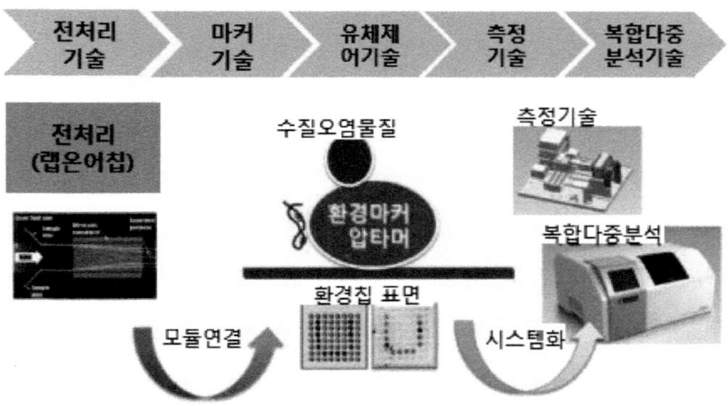

일반적인 수질의 측정은 항목들도 매우 많고 측정하기가 쉽지 않아서 대부분 매번 사람이 피측정물을 샘플링하여 측정하는 것이 일반적이지만, 매번 그렇게 할 수 없는 경우나 수시로 수질에 대한 정보들이 필요한 경우, 또는 일정 주기를 기준으로 연속적으로 수질을 측정해야 하는 경우, 측정된 수질을 기반으로 수처리 공정을 운영하여야 하는 경우 등에는 일정한 불확도 범위에서 자동으로 측정할 수 있는 계측기기가 필요하다. 기본적이고 서로 관련성이 많은 몇 개의 수질 측정 항목들을 함께 계측하여 계측된 정보들을 서로 공유하고 모니터링 하는 용도로 사용

188) KEITI, 측정분석 장비장치분야 기술동향보고서, "환경기술 기술동향보고서-수질센서/환경칩 기술동향", 2011년

하는 계측기를 수질다항목측정기라고 한다. 이러한 수질다항목측정기는 〈그림 14-2〉와 같이 수온은 기본적인 측정 항목이며, 탁도, 전기전도도, 잔류염소, pH 등을 포함한 수질측정항목들을 통합화된 계측기에서 측정하고 계측된 정보를 통합으로 처리하면서 서로 연관된 정보들을 사용하여 계측 값들을 보정하여 최종 수질 계측 정보로 만들어 제공하게 된다.

▼ 그림 14-2 대표적인 수질다항목측정기 구성

Ⓐ 탁도 : 90° 빛 산란을 이용한 측정
Ⓑ 클로로필 a : 특정 파장을 방사한 형광측정
Ⓒ 광학DO : Luminescence 광학측정
Ⓓ Reference : pH, ORP, Ion 의 기준전극
Ⓔ pH Sensor : 유리셀 기전력차로 측정
Ⓕ 수온 : Main body 기본 구성
Ⓖ 전도도 : 흑연전극으로 부식 방지
Ⓗ 수심 : 25m, 50m, 100m, 200m 측정
Ⓘ 이온 : Ammonium/Nitrate/Chloride 선택측정

라 탁도 측정법

탁도는 물의 흐린 정도를 정량적으로 나타낸 지표로서 빛의 통과에 대한 저항도이다. 탁도는 여러 가지 부유물질에 의해 발생하며 탁도 입자의 크기는 콜로이드 분산에서 굵은 분산질까지 다양하다. 호수와 같이 비교적 정체된 상태에 있는 물의 탁도는 대부분 콜로이드 분산과 같은 극히 미세한 분산질에 의하여 생겨나며, 하천수와 같이 흐르는 상태의 물속에서는 대부분 굵은 분산질에 의하여 생겨난다. 수중의 고형물은 유해한 미생물의 서식처 역할을 한다. 즉, 화학분석 및 미생물 분석에 지장을 초래하며, 염소 살균 효과를 저감시킨다. 탁도를 유발하는 물질(수중의 고형물)은 순수한 무기물부터 주로 천연의 유기물에 이르기까지 매우 다양하다. 탁도를 발생하는 물질의 이와 같은 상이성은 그 제거를 위한 정확한 기준의 설정을 어렵게 만들기도 한다. 이러한 탁도는 다음과 같은 이유로 인하여 급수시설 및 상수도 분야에서 중요하게 여겨진다.

첫째, 탁도는 정수처리공정 중 바이러스를 여과지에서 99% 이상 제거하는데 이를 확인할 수 있는 항목이라는 점에서 그 중요성이 매우 높으며, 여과지별로 탁도계를 설치 · 운영토록 명시되어 있다는 것을 볼 때 정수처리 공정 중에서 여과지의 중요성을 알 수 있다.

둘째, 심리적 안정감에 관한 사항으로 수돗물을 공급받는 물소비자들은 탁도가 낮은 맑은 물을 기대한다.

셋째, 여과성능에 관한 사항으로 물의 여과는 탁도가 높아지면 보다 어렵고 경제적인 부담이 늘게 된다.

넷째, 소독과 관련하여 탁도가 원수의 고형물에 기인되는 경우 많은 병원성 미생물들이 입자에 둘러싸여 소독제로부터 보호될 수 있다.

탁도는 물의 흐린 정도를 정량적으로 나타낸 지표로서 현재 학계에서 사용되고 있는 탁도의 단위는 〈표 14-2〉와 같으며, 여러 가지 탁도 단위들의 환산표는 〈표 14-3〉과 같다. 이들 단위를 사용하는 측정기는 표준 부유물로 교정하여야 하며, 국제적으로 인정된 탁도 표준은 포르마진(Formazine)이다. 또한, 순수 용액에는 미립자가 없으나, 이상적인 순수 용액은 없고 정제수가 약 0.023 NTU에 해당된다.

빛이 순수한 물을 통과할 때, 빛은 상대적으로 방해받지 않는 경로를 따라 이동한다. 그러나 순수한 유체 중에 부유하는 입자에 의해 빛이 산란할 때 약간의 비틀림이 발생한다. 〈그림 14-3〉에 나타낸 바와 같이 빛이 현탁 물질을 포함하는 유체를 통과할 때 입자와 상호작용을 하고, 이 상호작용은 입자의 크기, 모양, 색깔, 굴절률에 따라 각기 다르다. 또한 투사되는 광원과 입자크기와의 관계에 따라 입자 크기에 따른 빛의 산란형태는 〈표 14-4〉와 같다.[189)]

▼ 그림 14-3 90도에서의 산란광

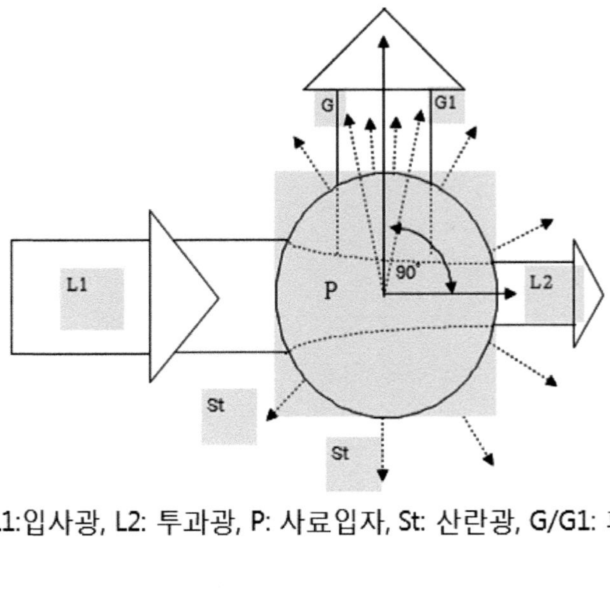

189) 환경관리공단, “정수장 자동측정설비의 정도관리방안 수립을 위한 연구”, 2003년 8월

▼ 표 14-2 탁도의 단위

단 위	내 용
NTU (Nephelometric Turbidity Unit)	Nephelometer를 사용하여 탁도를 측정하는 단위를 말함. 산란광과 탁도(계량화된량)간의 관계를 나타내기 위해 산란광의 측정은 입사광의 90도에서 이루어진다. * 먹는물 기준 (1999년 2월 11일 개정)은 탁도를 NTU 단위로 측정하여 수질기준을 1NTU 이하로 할 것을 규정하고 있음. [먹는물 수질공정시험방법(2002.6.21고시, 환경부) 탁도측정방법]
PPM (Parts Per Million)	Kaolin 표준탁도 : 극소 함유량의 단위로 ppm을 도(°)로도 사용한다. 도는 카오린으로 표준화한 광전분광광도계, 광전광도계로 측정하는 측정 단위임.
FTU (Formazin Turbidity Unit)	포르마진 탁도 단위로 적외선 광원을 채택한 Nephelometer를 사용하여 탁도를 측정한다.
FAU (Formazine Atenuation Units)	수처리에서 사용하는 포르마진 광량감쇠단위로 주로 0°산란각에서 측정한 값으로 ISO 7027에 의한다.
FNU (Formazine Nephelometric Units)	수처리에서 사용하는 포르마진 네펠로메트릭 단위로 주로 90°산란각에서 측정한 값으로 ISO 7027에 의한다.
ASBC (American Society of Brewing Chemist)	미국 양조화학자 협회 단위
JTU (Jackson Turbidity Unit)	잭슨 탁도 단위계로 측정하였을 경우 사용하는 단위임. 눈금 있는 Mass-Cylinder를 촛불 위에 올려놓은 상태에서 Mass-Cylinder에 액체를 넣게 되면 탁도에 따라서 불꽃이 보이는 눈금이 달라지는 원리를 이용한다. 일반적으로 육안법으로 구한 결과와 기기법에서 Formazin 표준을 사용하면 40 JTU가 40 NTU와 거의 같아진다. (American Water Works Association Research Foundation, 1998)
EBC (European Brewery Convention)	유럽양조협회 단위
TE/F (Tribungseinheit/ Formazine)	독일 포르마진 탁도단위로 현재는 FNU로 대체되었다.

▼ 표 14-3 탁도 단위 환산표

구 분	1 FNU, 1 NTU, 1 FTU	1 ASBC	1 EBC
FNU, NTU, FTU	1	0.057	4
ASBC	17.5	1	70
EBC	0.25	0.014	1

▼ 표 14-4 광원과 입자크기에 따른 산란형태

산란형태	입자크기에 따른 산란형태
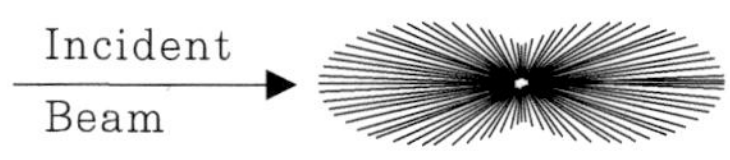	• 입자크기 : 투사되는 빛 파장의 1/10 보다 작은 크기일 때($D<\lambda/10$) • 특징 : 투사방향 전후방의 산란이 대칭임
	• 입자크기 : 투사되는 빛 파장의 1/4 크기일 때 ($D=\lambda/4$) • 특징 : 투사방향 전방쪽에 산란이 집중됨
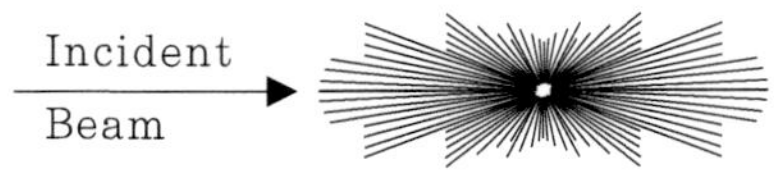	• 입자크기 : 투사되는 빛의 파장보다 큰 크기일 때 ($D>\lambda$) • 특징 : 투사방향 전방쪽에 산란이 극심해지고 사방으로 산란이 확산됨

* λ : 빛의 파장, D : 입경(Particle size)

탁도의 측정방법은 육안법, 투과광측정방법, 표면산란광측정방법, 산란광측정방법, 투과산란광측정방법 및 4-Beam 방법 등이 있다. 먼저 육안법은 〈그림 14-4〉와 같다. 육안법은 이를 개발한 사람의 이름을 따서 JTU(Jackson Candle Turbidity) 측정법이라고도 한다. 이 방법은 눈금이 있는 메스실린더 밑에 초를 두고 그 안에 시료를 넣어 눈을 통해서 촛불이 보이는 눈금을 읽어 그 값을 탁도 측정값으로 한다. 일반적으로 육안법으로 구한 결과와 기기분석법에서 포르마진 표준을 사용하면 40 JTU가 40 NTU와 유사한 결과를 보인다.

▼ 그림 14-4 육안법

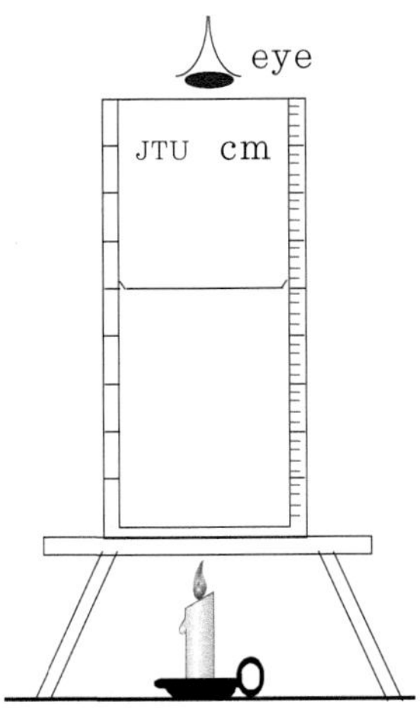

투과광 측정방식은 〈그림 14-5〉와 같이 측정조의 한쪽에 광원을 조사한 후 측정조를 통과한 광의 양을 측정하는 방식으로 투과된 광의 감쇄정도는 액중의 현탁

물질 농도와 반비례 관계가 있다. 이 측정방법은 방식이 간단한 반면 측정액의 색도, 측정조 내부의 오염, 광원의 변동에 따라 영향을 받기 때문에 연속 측정용으로는 크게 이용되고 있지 않다. 출력되는 포토셀의 신호는 탁도가 증가하면 지수함수적으로 감소한다.

▼ 그림 14-5 투과광 측정법

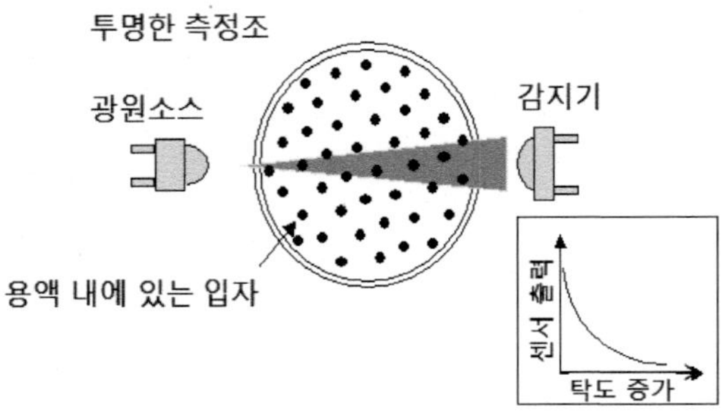

표면산란광 측정방법은 〈그림 14-6〉과 같이 시료측정조에 시료수를 연속적으로 흘리면서 조사된 광원이 시료중의 입자에 부딪쳐 산란되는 산란광을 광원과 90° 각도에서 측정하는 방식이다. 이 광의 강도는 액중 현탁물질의 농도에 비례하는 것을 이용하는 것으로 투과광 측정방식과는 달리 측정액에 접하는 창이 없기 때문에 측정조 오염에 따른 오차가 발생하지 않는다. 색도의 영향 또한 액의 표층부 산란광을 측정하기 때문에 크게 영향을 주지 않으므로 광범위하게 사용되는 방식이다. 주의해야 할 것은 광원램프의 노화에 따른 영향을 없애기 위한 광원용 전원회로의 별도 설계가 필요하고 오차원인이 될 수 있는 액중의 기포 제거에 주의하여야 한다.

▼ 그림 14-6 표면 산란광 측정법

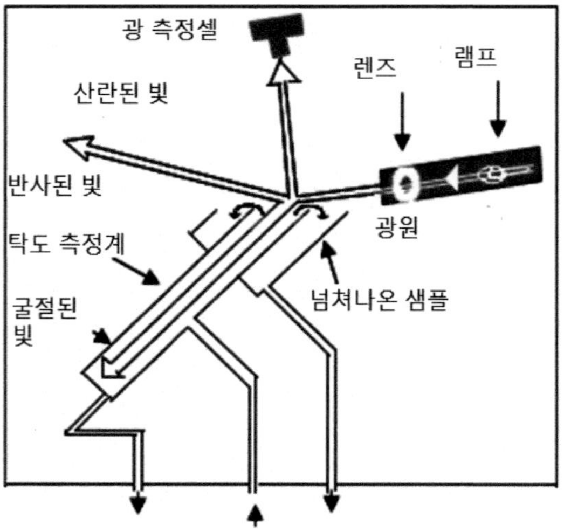

산란광 측정방법은 〈그림 14-7〉과 같이 측정액 한쪽 면에 광을 주사하여 액중의 입자에 부딪쳐 산란되는 산란광을 90° 각도에서 측정한다. 이 광의 강도가 액중의 현탁물질의 농도에 따라 비례하는 것을 이용한 것이다. 표면산란광방식과 원리는 같으며 표면산란광방식이 액의 표면부분 산란광을 측정하는 반면 이 방식은 측정액 내부의 산란광을 측정한다는 점이 다르다. 셀 내부의 오염에 따른 오차는 세정기구 등을 설치하여 제거한다.

▼ 그림 14-7 산란광 측정법

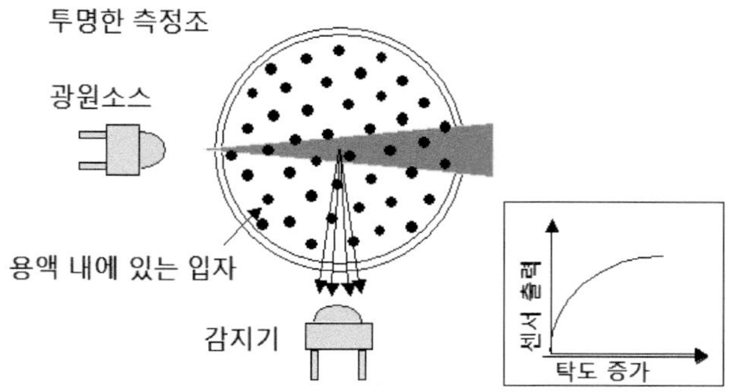

투과산란광 측정방법은 〈그림 14-8〉과 같이 측정액 한쪽 면에 광을 주사하여 액을 통과한 투과광과 입자에 부딪쳐 산란되는 90°산란광을 측정하여 이 두 가지 광신호의 비율이 액중의 현탁물질의 농도에 따라 비례하는 것을 이용한 것이다. 이 방식은 두 신호의 비율에 따라 측정되므로 전원변동, 발광램프의 노화, 온도변화 등의 환경의 영향이 없다. 또 측정액의 색도의 영향에 대해서도 두 광신호의 상호 영향을 받기 때문에 상쇄되어 영향이 극히 적다. 같은 이유로 측정창의 오염에 의한 측정오차도 거의 없다. 기기의 안정성 등을 높이기 위하여 세정기구 등을 설치하여 작은 오차까지 제거하며, 시료의 오버플로우 장치를 첨가하여 오차 원인이 될 수 있는 액중의 기포제거 등을 하기도 한다.

▼ 그림 14-8 투과산란광 측정법

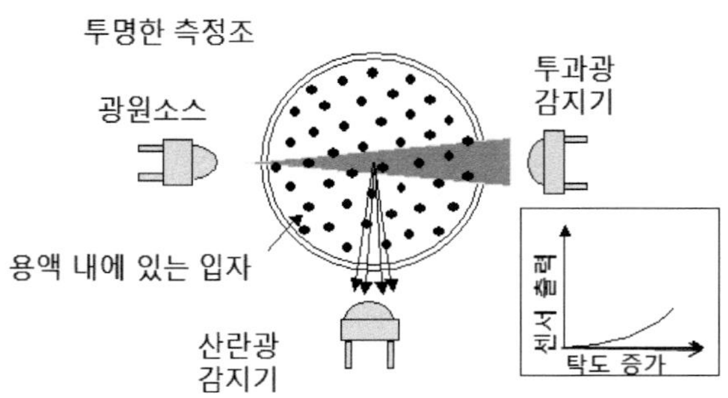

4-Beam 측정방법은 〈그림 14-9〉와 같이 2개의 광원과 2개의 검출기로 구성되어 있다. 측정조 주위에 90°간격으로 광원소스와 광검출기를 배치시켜 놓고 프로세서 등에 의해 처음에 광원 1을 켜고 검출기 2에서 투과된 광을 검출기 1에서 산란광을 측정하고, 광원 1을 끄고 광원 2를 켬과 동시에 검출기 1에서 투과된 광을 검출기 2에서 산란광을 측정하여 위의 투과산란광과 같은 방식으로 측정하며 두 위상에서 측정한 신호의 평균을 얻는다.

▼ 그림 14-9 4-Beam 측정법

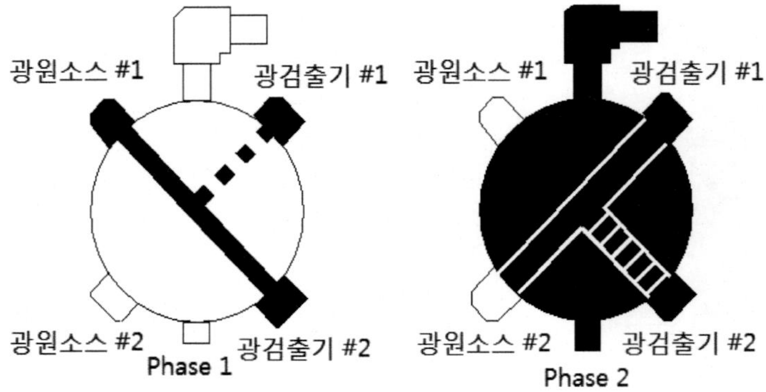

마 pH 측정법

pH 란 용액의 산성 및 염기성 정도인 “산(acid) 또는 알카리(alkali) 상태의 세기 정도”를 나타내는 측정 단위이다. pH를 부르는 방법에는 여러 가지가 있으며, 특히 부르는 방법에는 독어의 ‘페하’와 영어의 ‘피에취’ 양쪽 모두 사용된다. 우리나라에서는 일반적으로 피에취로 부른다. pH는 눈금상에서 0부터 14까지 측정된다. pH 용어의 “p”는 음의 상용대수의 수학적 기호 symbol(대수의 power를 뜻함)이고, “H”는 수소의 화학적 symbol(수소인 Hydrogen)에서 유도 되었다. pH를 측정하는 이유는 산(Acid)과 염기(Base)를 구분하기 위한 것이다. 일반적으로 식초, 과일, 김치 등은 신맛을 내는 산성 물질이며, 암모니아수, 비누 등은 쓴맛을 지니는 염기성 물질이다. 스웨덴의 화학자 아네리우스(Arrhemius)는 산은 수용액 중에서 해리되어 수소이온(H+)을 만들고, 염기는 수용액에 해리되어 수산화이온(OH-)을 만드는 물질이라고 정의하였다. 순수한 물은 비전도체이다. 이것은 순수한 물속에는 이온이 존재하지 않는다는 뜻이다. 그러나 정밀한 측정 장비로 측정을 하면, 순수한 물속에도 아주 미량의 이온이 존재한다. 순수한 물속에는 다른 용질이 없기 때문에 아주 미량의 이온이 존재한다는 것은 물 자체로부터 왔다고 추정할 수 있다. 순수한 물속에 이온이 존재한다는 것은 물 자체가 스스로 이온화 되었다는 것을 의미한다. 따라서 물은 아주 약한 전해질이므로 아래의 식으로 나타낼 수 있으며, 여기서 평형상수 K는 다음과 같다.

$$H_2O \leftrightarrow H^+ + OH^- \tag{14-1}$$

$$K = \frac{[H^+][OH^-]}{[H_2O]} \tag{14-2}$$

여기서 $[H^+]$는 평형상태에서의 H^+ 몰농도이며, $[OH^-]$는 평형상태에서의 OH^- 몰농도이며, $[H_2O]$는 평형상태에서의 H_2O 몰농도이다. 식 (14-2)에서 반응전의 물의 몰농도는 1000/18 = 55.5M(mol/L)이다. 물이 자체이온화 과정에서 물분자 중 아주 작은 양의 분자만이 이온화되므로, 평형상태에서의 물의 몰농도는 55.5M이다. 이러한 이유로 식 (14-2)는 다음과 같이 쓸 수 있다.

$$K = \frac{[H^+][OH^-]}{[55.5]} \tag{14-3}$$

그리고 25℃ 순수한 물의 전기전도도 측정에 의해서 K = 1.8×10^{-16}이므로, 이 식은 다음과 같이 쓸 수 있다.

$$1.8\times10^{-16}\times 55.5 = [H^+][OH^-] \tag{14-4}$$

$$1.0\times10^{-14} = [H^+][OH^-] \tag{14-5}$$

순수한 물과 같이 H^+ 몰농도와 OH^- 몰농도가 동일한 경우의 용액을 중성용액이라고 하며, 이 경우는 다음과 같다.

$$[H^+] = [OH^-] = 10^{-7} \tag{14-6}$$

이와 같이 중성용액에서의 수소이온농도 $[H^+]$는 10^{-7}M이다. 즉 산성용액에서는 $[H^+]$가 $[OH^-]$보다 크고, 염기성 용액에서는 $[H^+]$가 $[OH^-]$보다 적게 존재하게 된다. 25℃에서 물의 이온곱은 항상 1×10^{-7}이기 때문에, 물에 산성 물질을 첨가하게 되면 $[H^+]$가 증가하게 되고 상대적으로 $[OH^-]$는 감소하게 된다. 반대로 염기 물질을 첨가하게 되면 $[OH^-]$는 증가하게 되고 $[H^+]$가 감소하게 된다. 수용액상에서 수소이온농도는 매우 크게 움직일 수 있다. 예를 들어 이 용액의 수소이온농도는 0.0000069M 또는 6.9×10^{-6}M로 다루기에는 너무 작기 때문에 덴마크의 화학자인 Sorensen은 이것을 보다 쉽게 표현하기 위해서 수소이온농도의 역수를 상용대수로 나타낸 값을 pH로 정의하였다.

$$pH = \log\left(\frac{1}{[H^+]}\right) = -\log[H^+] \tag{14-7}$$

이 식을 이용하면 0.0000069M을 pH 값으로 바꾸면 간단히 5.16으로 나타낼 수 있다. 즉 pH가 얼마인지를 알면, 이 용액 중에는 수소이온농도가 몇 M 존재한다는 것을 간단하 알 수 있다. pH는 대수의 기능을 가지므로, pH 1의 변화는 수소이온 농도 10배의 변화를 나타내며 pH 1의 변화는 전극상에서 59.16mV의 전위를 가지고 있다. 수소이온농도와 pH와의 관계는 〈표 14-5〉와 같다.

▼ 표 14-5 수소이온농도와 pH와의 관계

용액의 종류	수소이온의 농도[mol/l]	pH = −log{수소이온의 농도}
1/10 N HCl	10^{-1}	1
1/100 N HCl	10^{-2}	2
중 성	10^{-7}	7
1/100 N NaOH	10^{-12}	12
1/10 N NaOH	10^{-13}	13

pH는 대략적으로 pH 리트머스 시험지나 지시약을 사용해서 pH의 정도에 따른 색상의 변화로 측정할 수 있다. 이들 지시약들은 자체의 정확도에 한계가 있으며, 색깔을 갖고 있거나 어두운 시료들을 정확하게 측정하는데 어려움이 있다. 조금 더 정확한 측정은 pH 미터로 측정할 수 있다. 수소가스를 충분히 흡착시킨 백금전극을 수소전극이라 하는데 이것을 피검액에 담그면 액의 수소이온농도(엄밀하게 말하면 수소이온 활동도)에 관련된 전위가 발생하므로 피검액의 pH를 구할 수가 있다. 이 측정방법은 〈그림 14-10〉과 같다.

▼ 그림 14-10 수소전극을 이용한 pH 측정

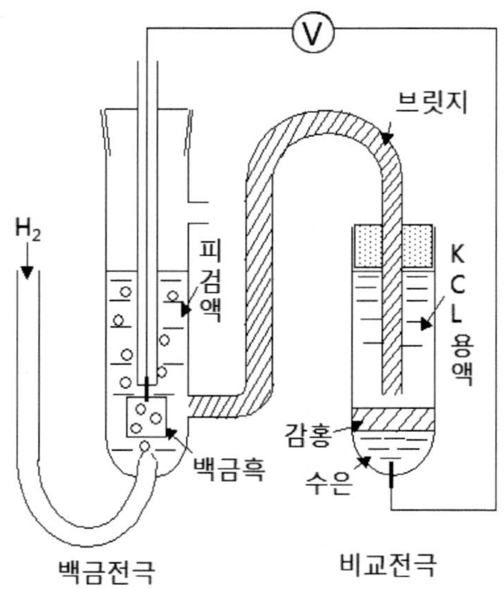

백금전극 대신에 안티몬 전극을 이용할 수도 있다. 잘 갈고 닦은 안티몬의 표면에는 그 산화물이 생성되어 있는데 이것을 용액내에 담그면 그 산화물은 용해되어 수산화물로 되지만 액의 pH에 따라서 안티몬 수산화물의 전리평형이 달라지는 것에 착안한 것이 안티몬 전극을 이용한 pH 측정방법이다. 퀸히드론 전극을 이용하는 방법은 피검액에 소량의 퀸히드론[$C_6H_4(OH)_2 \cdot C_6H_4O_2$]을 넣고 백금전극과 비교전극을 침지시켜 양 전극간의 전위차로부터 pH를 구하는 방법이다. 가장 많이 사용하는 방법은 유리전극을 사용하는 방법이다. 유리 박막의 양측에 서로 다른 2종의 용액을 놓으면 양쪽 용액의 pH 차에 비례한 기전력이 유리박막의 양면에서 발생하는 것을 이용한 것이 유리전극에 의한 측정의 원리이다. 실제의 형태로는 〈그림 14-11〉에서 나타나 있는 것처럼 얇은 유리막으로 만들어진 용기 G의 내부에 pH를 알고 있는 용액 B를 넣어 이것을 피검액 A의 내부에 침지시키면 유리막의 양쪽에 기전력이 생기므로 양쪽 용액 A, B에 적당한 전극 E_1, E_2를 넣어서 그 양 전극간의 전위차를 측정하면 유리막에 발생하는 기전력을 알 수가 있다.

▼ 그림 14-11 유리전극에 의한 pH 측정

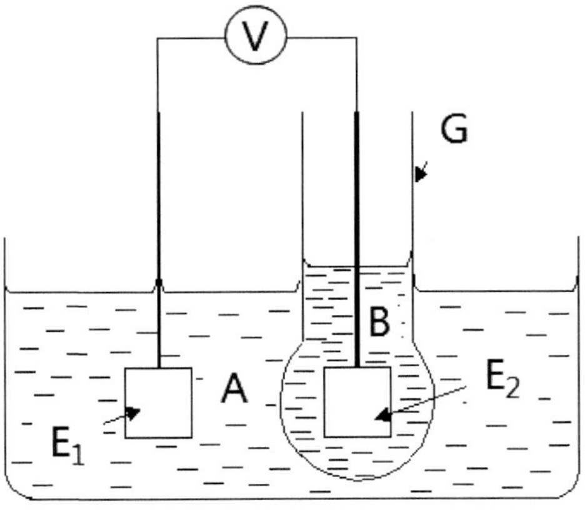

유리전극은 측정범위가 넓고, 측정 시간이 짧고, 조작이 간단하며 연속측정이 가능하며, 재현성이 좋고 개인 오차가 작은 것이 장점이다. 반면 재질이 유리막이라 깨지기 쉽고, 전극의 내부저항이 높은 것이 단점이다. 유리전극을 이용한 pH 측정방법은 다른 방법에 비하여 정밀도가 높고, 측정대상의 제한이 적고, 또한 공업적으로 연속 측정이 가능하여 현재 가장 널리 사용되는 측정법이며 일부 국가에서는 공업규격 기준으로 채택하고 있다. 유리전극의 구조는 〈그림 14-12〉에서 보는바와 같이, 전극 지지관이라는 유리관의 선단에 반구상의 pH에 감응하는 특수유리의 박막인 전극막이 있고, 그 반대쪽에 전극 덮개(Cap)가 있으며, 내부는 유리전극 내부액과 내부전극으로 구성되어 있으며, 내부전극으로부터는 리드선이 연결되

어 있고, 그 선단에는 계기와의 접속을 위한 단자가 있다. 지지관은 직경 12mm 두께 1mm의 연질 유리관으로 그 선단에는 두께 0.2~0.4mm 정도의 전극용 유리라 칭하는 특수 유리로 만들어진 반구형의 전극막이 용착되어 있다. 내부액의 기능은 유리막의 내부 표면에서 일정한 상 경계 전위(Potential)를 보증하여 이끌어내는 시스템(Lead-out system)에서 일정한 전위를 갖게 하는 것인데, 일정한 상 경계 전위를 보증하기 위하여 pH에 대하여 낮은 온도계수를 가져야 하며, 지지관의 유리나 전극막 유리가 다소 용해하더라도 pH가 변하지 않을 정도의 큰 완충작용이 있는 용액이 사용되고 있다. 이 완충용액으로는 pH 7 부근의 것이 주로 사용되고 있으며, pH 4의 것도 사용되나 강한 산성이나 알칼리성은 유리구 내면을 화학적으로 서서히 침투해서 알칼리 또는 규산을 용출시켜 pH를 변화시키므로 바람직하지 않다. 내부전극으로는 종래의 감홍전지가 사용되었으나, 최근에는 고온에 대하여 염화은 전지가 특성이나 수명이 우수하므로 염화은 전지로 전환되고 있다. 리드선은 정전 유도를 방지하기 위하여 밀봉된 선을 사용하는 것이 보통이며, 전극막의 전기저항이 $10^7 \sim 3\times10^8\Omega$ 정도이고 이에 비하여 리드선은 훨씬 높은 절연저항을 필요로 하므로 폴리에틸렌등 양질의 절연재료를 이용한 선이 사용되고 있다.

▼ 그림 14-12 유리전극의 구조

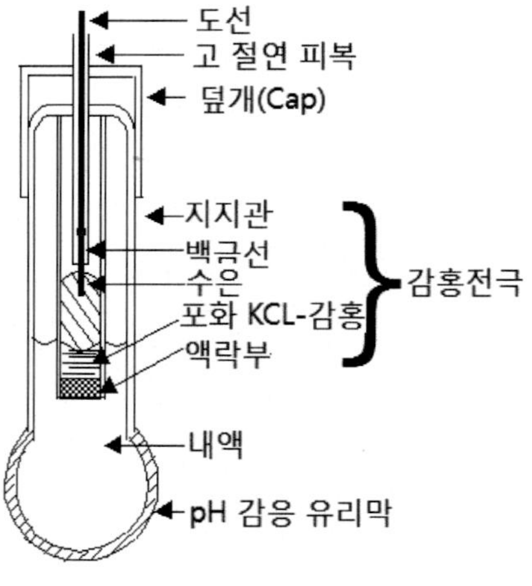

실제 유리전극의 특성은 상기의 것과는 약간 다르며 pH7의 내부액을 가지고 있는 전극의 특성 예는 〈그림 14-13〉의 실선과 같으며, 이 그림에서 점선은 〈표 14-6〉의 이론치를 나타낸다. 그림에서 알 수 있듯이 실제의 특성은 이론치와는 다소 구배가 다른 직선인 경우가 많으며 pH7에서 어떤 값(겉보기 부제전위차 또는 pH7의 기전력)을 가지고 있는 경우가 많다.

▼ 표 14-6 pH 당의 기전력

온도[℃]	2.3026RT/F[㎷]	온도[℃]	2.3026RT/F[㎷]	온도[℃]	2.3026RT/F[㎷]
0	54.20	35	61.15	70	68.09
5	55.19	40	62.14	75	69.08
10	56.19	45	63.13	80	70.08
15	57.13	50	64.12	85	71.07
20	58.17	55	65.11	90	72.06
25	59.16	60	66.11	95	73.05
30	60.15	65	67.10		

▼ 그림 14-13 유리전극의 기전력 특성

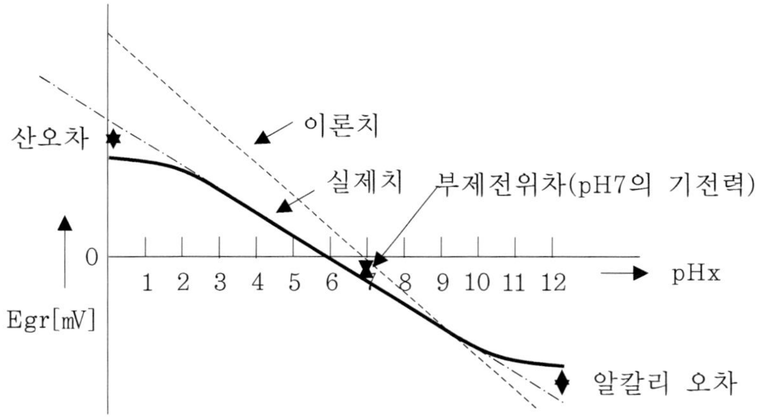

유리전극은 강산 용액 중에서 이상적인 수소이온 함수로부터 편차를 나타내는데 강산 용액에서 유리막의 겔층은 산 분자들을 흡착해서 겔층의 수소이온 활동도를 증가시키므로 의사적으로 높은 pH값을 나타내게 한다. 그러나 산 오차는 그림과 같이 알칼리 오차에 비하여 작은 값을 가지지만 pH가 낮은 강산 부분에서는 현저한 오차를 발생시키고 있다. 또한 낮은 알칼리 오차를 가지는 유리전극은 낮은 산 오차를 가지는 경향이 있다. 일단 산 오차를 일으키는 유리전극은 다시 중성의 용액에 담가도 즉시 처음의 정상적인 거동을 나타내는데 꽤 많은 시간을 요한다. 알칼리 용액 중에서 수화겔층의 수소이온은 부분적으로 또는 완전히 알칼리 이온 특히 Na이온에 의하여 치환되어 진다. 그 결과 수화겔층의 수소이온 활동도는 측정에 있어서 의사적으로 낮은 pH값으로 나타나게 된다.

유리전극의 전기저항은 직접 측정치에 관여하지는 않지만 아주 높은 저항일 경우에는 측정오차를 일으키는 수가 많다. 전극이나 lead선의 절연저항 및 pH 미터의 입력저항은 수만 ㏁에서 수 십만 ㏁ 정도인데, 그들의 절연저항이나 입력저항에 비해 유리 전극의 내부저항을 무시할 수 없다면 측정오차를 일으킨다. pH 미터로 측정할 때 케이블이나 기기의 정전용량을 전극의 기전력으로써 유리전극의 저항을 통하여 측정하게 되는데, 전극의 저항이 너무 높으면 측정에 시간이 걸려 속응성에 방해가 된다. 유리전극의 전기저항은 선단 전극막의 저항에 의하여 정해지므로 전극의 저항을 낮게 하기 위하여 전극막의 저항이 낮은 것이 좋다.

바 잔류염소 측정법

사람은 매일 2~3ℓ 의 물을 평생 마시고 있어 먹는 물에 유해물질이 미량으로 함유되어 있더라도 건강에 미치는 영향은 매우 크다. 그래서 국가에서는 하천수, 호소수 등을 정수 처리한 수돗물을 먹는 물로 공급하고 있다. 그러나 표류수는 많은 유해물질로 오염될 가능성이 높다. 국제보건기구(WHO)에서는 물에는 약 2,000여종의 물질이 오염될 수 있고 약 750여종은 실제로 검출되고 있다고 보고하고 있다. 먹는물 중에 오염가능성이 높은 유해물질에 대하여 일생동안 섭취하여도 유해하지 않는 농도인 최대허용량을 먹는물 수질기준으로 정하고 먹는 물은 이 기준에 적합하도록 정수장에서 처리한 물을 공급하고 있다. 또한 처리된물이 각 가정에까지 운반되는 동안 오염물질로 부터의 수질저하를 방지하기 위해 염소를 사용한 소독을 하고 있다. 수돗물의 급수과정에서 미생물 오염 우려 및 염소의 추가 투여에 따른 관리상 어려움으로 정수장에서 잔류염소를 고농도로 투여하고 있다. 염소를 소독제로 사용하는 경우 잔류염소의 농도 유지는 매우 중요하다. 잔류염소의 농도가 기준치 0.2mg/L 이하일 경우 유기물 및 병원성 세균 등에 의해 2차오염이 발생할 수 있다. 이를 막기 위해 잔류염소의 농도를 높일 경우 0.6mg/L 이상의 잔류염소 농도의 경우 소비자가 물맛에 심한 불만을 느낀다고 세계보건기구(WHO)에서 보고하고 있다. 수돗물에서의 소독 약품 냄새는 병원미생물이 오염되지 않았다는 지표이나, 물맛은 저하되어 식수로 사용하는데 거부감을 주고 있다. 또한 과다한 잔류염소는 발암물질인 THMs등의 소독부산물을 생성할 수 있으므로 적정한 농도는 필히 유지되어야 한다. 국가별 수돗물의 유리잔류염소 기준은 〈표 14-7〉과 같다.

유리잔류염소란 염소(Cl_2)가 물에 용해되어 생성하는 차아염소산(Hypochlorous acid, HOCl)과 차아염소산이온(Hypochlorite ion, OCl−)으로 존재하고, 그 비율은 물의 pH와 수온에 따라 다르다. 결합잔류염소란 염소, 차아염소산 또는 차아염소산이온이 암모니아와 반응하여 생성된 모노클로라민, 디클로라민, 트리클로라민을 의미한다. 이는 살균 등의 목적으로 물에 가한 가스상 또는 분말상의 염소 또는 염소화합물의 원인이 되어 수중에 용존하고 있다. 물속에서 염소는 분자 염소(Cl_2), 차아

▼ 표 14-7 국가별 수돗물 중 유리잔류염소 기준 비교

국 가	최소 유리잔류염소 (mg/L) (결합잔류염소)			비 고
	정수장	급수시스템	수도꼭지	
한 국	–	–	0.2~0.4 (1.5~1.8)	환경부
일 본	–	–	0.1~0.2 (0.4~1.5)	후생노동성
미 국	0.2	흔 적	–	EPA
영 국	–	0.1~1.0	–	정수장 자체 운영기준
프랑스	–	–	0.1	정수장 자체 운영기준

염소산(HOCl), 차아염소산이온(OCl−)의 세 가지 형태로 존재하고, 이를 유리 잔류 염소라 한다. 이중 차아염소산이 가장 살균력이 강하여 활성 염소라 하고 유리 잔류 염소 중에 HOCl의 양이 많을수록 살균 능력이 강하게 나타난다. 이 차아염소산(HOCl)은 차아염소산 이온(OCl−) 보다 100배 이상의 살균 효과를 갖고 있다고 알려져 있으며, 특히 낮은 pH에서 살균과 소독력이 있는 것으로 알려져 있다. 염소의 살균 능력은 세균의 생존에 중요한 효소를 파괴시킬 수 있는 염소의 능력에 기인하는데, 살균률은 물속에 잔류하는 염소의 농도와 형태, pH와 온도, 수중의 불순물 농도, 접촉 시간 등에 의하여 영향을 받게 된다. 이런 이유로 잔류염소의 측정방법은 DPD비색법, DPD적정법, 오르트톨리딘(Orthotolidine)법, 전류적정법 등이 있다.(적정: 정량분석에서 부피분석을 위해 실시하는 화학분석법이다. 일정한 부피의 시료용액 내에 존재하는 알고자 하는 물질의 전량을, 이것과 반응하는 데 필요한 이미 알고 있는 농도의 시약의 부피를 측정하여 그 양으로부터 알고자 하는 물질의 양을 구하는 방법이다.)

DPD비색법은 DPD(N, N-diethyl-p-phenylenediamine) 시약 속의 아민(amine)이 중성의 pH 조건에서 염소에 의하여 산화된 1차 산화물을 생성하고 이를 잔류염소 표준비색표와 비교하여 측정하는 분석방법이다. 이 방법은 유리염소와 총염소 측정이 모두 가능한 방법이다. DPD적정법은 DPD비색법과 유사하며 자홍색의 1차 산화물을 환원제인 황산제1철암모늄을 사용하여 무색의 종말점까지 적정하는 분석방법이다. DPD적정법은 적정시간으로 인하여 유리염소측정이 어려우며 분광광도기를 이용하는 비색법에 비해서 정밀도가 떨어지는 단점이 있다. 오르트톨리딘법은 DPD법과 원리가 같은 비색법이다. 하지만 DPD법에 비해 낮은 정확도와 정밀도를 가지며 모든 농도범위에서 상대적으로 낮은 잔류염소농도가 검출되고 있어 표준방법에서는 1975년부터 채택되지 않고 있으며, 선진국에서는 사용하지 않는 방법이다.

전류적정법은 표준환원제(티오황산 또는 PAO)를 이용하여 적정하였을 때 화학반응에 의해 발생되는 전류값을 측정하는 방법으로 2개의 전극에 전기를 공급하는 전기화학적 측정방법이다. 유리염소 검출을 위한 전류적정방법은 전압을 양쪽의 전극에 가하고 환원제를 이용하여 적정을 시작하여 전기반응으로 인하여 발생하는 변화를 측정한다. 적정하는 동안 염소는 음전극에서 환원제와 반응하여 Cl^- 형태로 감소된다. 적정이 끝나면 더 이상 전류는 흐르지 않으며, 이때 적정에 이용된 환원제의 양을 염소 농도로 계산한다. 전류적정법은 일반적인 산화제, 온도변화, 탁도, 색도 등의 간섭에 대해서 자유로운 반면에 분석에 대한 까다로움으로 전문가적인 기술이 필요하고, 총염소 양이 1mg/L 이상일 때 적용 가능한 방법이다. 이에 대한 대표적인 방법이 폴라로그래피법이다.

폴라로그래피(Polarography)법은 〈그림 14-14〉와 같이 지시전극으로 적하수은 전극(Dropping Mercury Electrode, DME)을 이용하여 시료용액을 전기분해하고, 이때 흐르는 전류를 외부에서 걸어준 전위에 대하여 도시한 전류-전압 곡선을 해석하여 용액 중에 있는 화학종의 정성분석과 정량분석을 하는 방법을 말한다. 이때 전압대

▼ 그림 14-14 폴라로그래피법 장치 개요

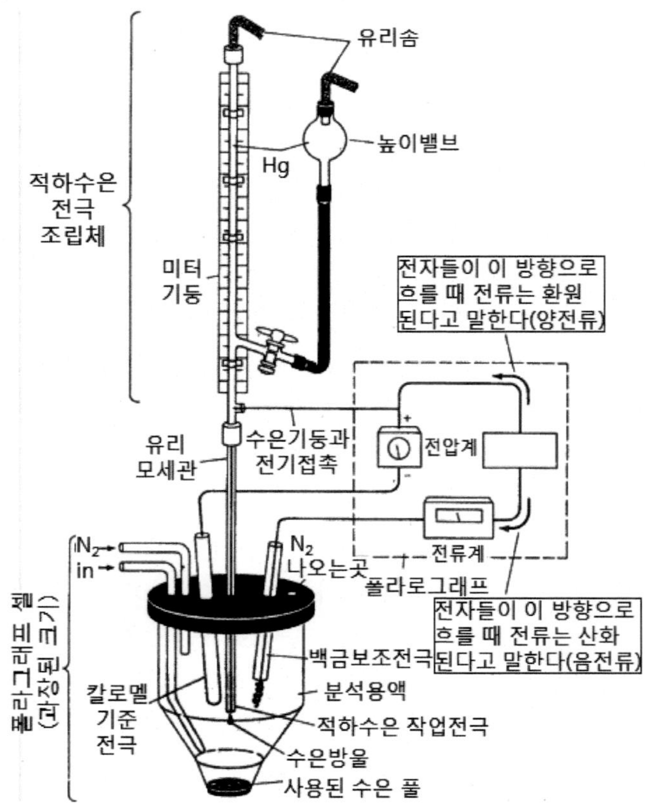

전류곡선을 폴라로그램이라고 한다. 1922년 체코의 화학자 J. Heyrovsky가 창시한 직류 폴라로그래피가 기본이지만, 새로운 폴라로그래피가 여러 가지 개발되어 고감도의 분석법으로 이용되고 있다. 폴라로그래프 전해용기에 흐르는 전류는 전극반응의 속도와 전기화학적 활성종의 전극표면으로의 이동속도에 의존된다. 충분히 큰 음전하에서는 전극반응의 속도가 매우 빠르므로 전극표면으로 이동되는 물질 종의 이동속도가 전류의 결정인자로 된다.

폴라로그래피의 측정회로는 전압계, 전류계 및 전해계로 이루어져 있다. 2전극식일 때의 전해계는 전해액을 넣은 전지에 DME와 상대전극(기준전극을 겸한다)의 2전극을 넣어서 만든다. 이 때에 상대전극 겸 기준전극은 전류가 흘러도 전위가 변하지 않는 소위 "편극되지 않은" 전극(unpolarized electrode)이라고 한다. 최근에는 상대전극과 기준전극을 따로 하여 DME, 상대전극 및 기준전극의 3전극식의 전해계를 쓰는 것이 보통이다. 전해액은 전극활성 물질(전극에서 산화 또는 환원되는 물질)과 지지전해질을 포함하고 있다. DME의 적하간격이 자연적하일 때에는 수초이지만 강제적하 장치로써 임의로 짧게 할 수 있다. 〈그림 14-15〉는 전압-전류그림(polarogram)의 보기이다. 전극활성 물질이 1 mM Cd^{2+}, 지지전해질이 0.1 M HCl일 때, A는 Cd^{2+}과 지지전해질을 포함하는 용액(1mM Cd^{2+} + 0.1M HCl), B는 지지전해질(0.1M HCl)만의 용액에서 얻어진 것이다. DME의 수은방울이 낙하하고 성장할 때마다 전류값이 진동하지만, 전압-전류곡선으로서는 적하직전의 전류값(최상단)을 연결하여 곡선을 얻는다. 곡선 B에서는 +0.1 V 대 Ag/AgCl 전극 부근에서 DME의 수은이 산화용출하기 때문에 전류가 흐르기 시작하고, −1.1 V 부근에서 수소이온의 환원전류가 흐르기 시작하지만, 그 사이는 잔류전류(residual current)라고 불리는 작은 전류가 흐른다. 곡선 A에서는 Cd^{2+}의 환원반응[$Cd^{2+} + 2e + Hg \rightleftarrows Cd(Hg)$]에 의하여 S자형의 전압전류 곡선이 얻어진다. DME의 적하직전의 전류값만을 전기적으로 끄집어내어 폴라로그램을 기록하는 방법(tast polarography)도 있다. 이 때에는 〈그림 14-15〉와 같은 전류값의 흔들림이 거의 일어나지 않는다.

직류 폴라로그래피에서는 일반적으로 전극반응에 의하여 S자형의 전압-전류곡선이 얻어진다. 이것을 폴라로그래피파(polarogaphic wave or polarogram)라고 한다. 한계전류가 전극활성 물질의 농도에 비례하고, 반파전위가 전극활성 물질에 특유한 값을 나타내므로 폴라로그래피파를 측정하여 정량분석과 정성분석을 할 수 있다. 직류 폴라로그래피에서는 전극에서 산화 또는 환원되는 많은 무기 및 유기물질(이온, 착물 및 분자)이 측정대상으로 되며, 측정 가능한 농도범위는 $2 \times 10^{-6} \sim 10^{-2}$M 정도이다. 또 여러 개의 전극활성 물질이 공존할 때에는 각 물질에 대한 폴라로그래피파가 계단모양으로 나타나고, 동시정량이 가능하다. 수은전극은 수소과전압이 크기 때문에 산성 용액 중에서도 꽤 −전위까지 측정할 수 있는 장점이 있다. 다만

▼ 그림 14-15 폴라로그램

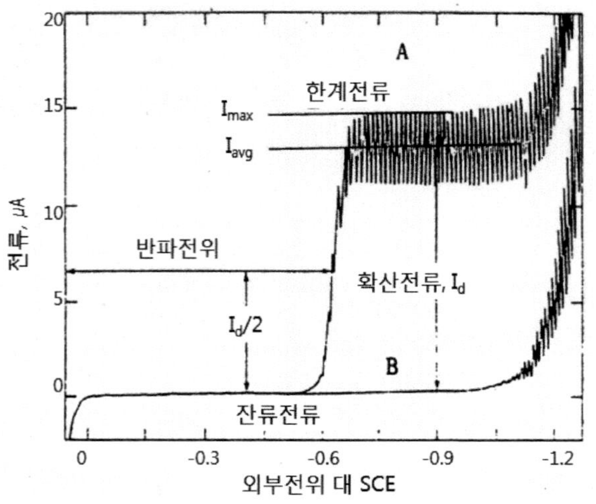

−전위 쪽의 측정범위는 DME 수은의 산화용출에 의하여 제한되며, 전극반응이 + 전위에서 일어나는 물질의 측정이 곤란하다. +전위 쪽의 측정에는 탄소전극이나 백금전극을 작업전극으로 쓰는 전압−전류법이 이용된다. 폴라로그래프법의 장점은 수은 방울이 계속 새로 생성되어 적하되어 항상 깨끗한 전극표면이 시료용액과 접촉을 하여 전극반응은 항상 같은 조건에서 반복되어 일어날 수 있다. 시약을 변화시킴으로서 잔류염소와 유리유효염소를 분리하여 측정할 수 있는 장점이 있으나, 수은은 쉽게 산화되므로 산화전극으로 사용이 곤란하며, 잔류전류로 인해 확산전류의 정확한 측정에 방해를 받으며, pH의 영향을 받기 쉬운 단점이 있다.

사 BOD/COD 측정법

수질의 현재 오염도를 나타내는 지표 중 대표적인 항목은 생물화학적 산소요구량(BOD : Biochemical Oxygen Demand)이다. BOD는 수질 시료 속에 존재하는 물질들의 생물화학적 분해에 요구되는 산소량을 나타낸다. 생물화학적 산소요구량으로 어떠한 유기물이 미생물에 의하여 호기성 상태에서 분해하여 안정화시키는데 요구되는 산소량을 말하며 보통 ppm 단위로 표시하고 BOD가 높으면 유기물의 오염도가 높음을 의미한다. 물속에서 부착성 미생물에 의해 유기물질이 호기성 분해가 되면 물속에 있는 용존산소(Dissolved Oxygen, DO)가 소모된다. 만일 산소를 소모하는 속도가 물속으로 녹아 들어가는 속도보다 빠르면 물은 혐기성 상태가 된다. 혐기성 상태에서는 물고기의 개체수가 감소하고 부패하여 휘발성 물질이 생성된다.

유기물질의 분해속도와 산소의 소모속도는 BOD를 측정함으로 타나낼 수 있다. 일반적으로 폐수 내에 존재하는 유기물의 종류는 대단히 많고 각 유기물의 농도를 일일이 구하는 것이 대단히 어려워 폐수내의 유기물질의 종류를 분석하지 않고 호기성 미생물로 합성 또는 산화시키는 데 필요한 산소량을 측정하므로 유기물의 양을 간접적으로 측정할 수 있다. 유기물질이 유입되면 물속에 서식하는 미생물은 DO를 소모하므로 유입된 유기물의 양이나 종류를 측정하는 것보다 DO를 소비하는 양을 측정하는 것이 훨씬 용이하다. BOD는 20℃에서 5일간 배양했을 때 배양기간 동안 소모된 산소의 양을 측정하며 그 값을 통상 BOD 또는 BOD5라고 한다. BOD측정 결과를 보면 유기물이 미생물에 의해서 분해 섭취되므로, 산소소비량은 시간에 따라 증가하며 7~10일 후에는 탄소화합물에 의한 NOD(Nitrogenous Oxygen Demand) 이외에 질소화합물의 산화 즉, 질산화가 발생하는데 이를 질소 BOD 또는 NOD라고 부르며, BOD5 시험에서 BOD병 내에 질산화를 일으키는 미생물이 존재하면 탄소화합물에 의한 BOD보다 높게 나타나고 도시하수의 경우에는 질산화가 잘 일어나지 않으나 처리된 폐수에서는 질산화가 일어나는 경우가 있다.

시료가 산성 또는 알칼리성을 나타내거나 잔류염소 등 산화성 물질을 함유하였거나 용존산소가 과포화 되어 있을 때에는 다음과 같이 전처리를 행한다. pH가 6.5~8.5의 범위를 벗어나는 시료는 염산 또는 4% 수산화나트륨 용액으로 시료를 중화하여 pH 7로 한다. 다만 이때 넣어주는 산 또는 알칼리의 양이 시료량의 0.5%가 넘지 않도록 하여야 한다. 시료(또는 전처리한 시료)의 예상 BOD치로부터 단계적으로 희석배율을 정하여 3~5 종의 희석 검액 2개를 한조로 하여 조제한다. 예상 BOD치에 대한 사전경험이 없을 때에는 다음과 같이 희석하여 검액을 조제한다. 강한 공장폐수는 0.1~1.0%, 처리하지 않은 공장폐수와 침전된 하수는 1~5%, 처리하여 방류된 공장폐수는 5~25%, 오염된 하천수는 25~100%의 시료가 함유되도록 희석 조제한다. BOD용 희석수 또는 BOD용 식종희석수를 사용하여 검액을 희석할 때에는 2L 메스실린더에 공기가 갇히지 않게 조심하면서 $\frac{1}{2}$용량만큼 채우고, 시료 적당량을 넣은 다음 BOD용 희석수 또는 식종 희석수로 희석배율에 맞는 눈금의 높이까지 채운다. 공기가 갇히지 않게 젓은 막대로 조심하면서 섞고 2개의 300㎖ BOD병에 완전히 채운 다음, 한 병은 마개를 꼭 닫아 물로 마개주위를 밀봉하여 BOD용 배양기에 넣고 20℃ 어두운 곳에서 5일간 배양한다. 나머지 한 병은 15분간 방치 후에 희석된 시료자체의 처음 용존산소를 측정하는데 사용한다. 같은 방법으로 미리 정하여진 희석배율에 따라 몇 조의 희석 검액을 조제하여 2개의 300 ㎖ BOD병에 완전히 채운 다음 위와 같이 실험한다. 처음의 희석 시료 자체의 용존산소량과 20℃에서 5일간 배양할 때 소비된 용존산소의 양을 측정하여 구한다. 5일간 저장한 다음 산소의 소비량이 40~70% 범위안의 희석 검액을 선택하여 처음의 용존산소량과 5일간 배양한 다음 남아 있는 용존산소량의 차로부터 BOD를 계산한다. 다만 시료를 식종하여 BOD를 측정할 때는 실험에 사용한 식종액을 희석수로 단계적으로 희석하여 이하 위의 실험방법에 따라 실험하고 배양후의 산소 소비량이 40~70% 범위 안에 있는 식종 희석수를 선택하여 배양전후의 용존산소량과 식종액 함유율을 구하고 시료의 BOD 값을 보정한다.

환경에서의 오염물질은 화학적 산화과정 보다는 물속에 존재하는 호기성 미생물들의 호흡에 의한 산화과정에 의하여 더욱 더 빠르고 활발하게 분해된다. 따라서 BOD를 측정함으로써 미생물학적으로 분해 가능한 오염물질의 양을 측정해 낼 수 있다. 또한 측정시간이 5일 이상 소요되기 때문에 수계의 실시간 모니터링에 많은 한계를 가지고 있다. 현재 BOD 연속수질 모니터링장비를 생산하고 있는 국가는 대표적으로 독일과 일본이 있다. 이들 국가의 제품은 일반적으로 수중의 오염물을 분해하기 위해 미생물이 소비하는 산소의 소모량을 DO센서(용존산소 센서)를 사용하여 측정, BOD로 환산하는 방식을 사용하고 있다. BOD를 측정하려면 시료를 적당한 미생물과 함께 5일간 배양한 후 감소하는 산소의 양을 분석해야 한다. 그래서 생물학적 산소 요구량을 보통 BOD5로 표시한다. 처리할 폐수의 오염 정도와 방류하는 처리수의 오염도를 알아야 적절한 조건으로 폐수처리시설을 가동시킬 수 있게 된다. 이와 같은 BOD측정의 경우 커다란 문제점이 있다. 오염물질의 분해에서 미생물의 역할이 매우 크기는 하지만 BOD 측정에 3일 또는 5일이 걸리므로 현실성이 없다. 흐르는 강물 시료의 BOD측정에 5일이 소요될 경우 측정이 완료되는 시점에서의 그 물은 이미 바다 어느 곳에 도착해 있을지도 모르기 때문이다. 오염 정도를 5일 후에 알게 되면 그 결과를 처리시설의 운전에 응용할 수는 없다. 또 방류수를 5일 이상 저장해야 하는 어려움이 있다.

그러나 산소전극을 이용하는 바이오센서를 가지고 있으면 한 시간 이내에 BOD를 측정할 수 있기 때문에 이러한 문제를 쉽게 해결할 수 있다. 산소전극에 적당한 미생물을 고정화하면 BOD측정용 바이오센서가 작동하기 시작한다. 이때 산소전극을 이 미생물이 이용(산화)할 수 있는 유기물이 없는 물에 담그면 산소농도의 변화가 없으나 여기에 유기물을 첨가하면 첨가하는 양에 따라 산소농도가 달라진다. 따라서 산소농도의 변화를 측정, 이 산소 소비량과 BOD값이 비례함을 근거로 BOD를 알아내는 것이다. 현재 일본에서 BOD센서에 관한 연구가 활발히 진행 중에 있으며, 기술이 비교적 간단하여 국내에서도 곧 실용화될 것으로 전망된다. 미생물연료전지(Microbial Fuel Cell, MFC)는 미생물의 에너지 대사에서 발생하는 환원력을 전기에너지로 전환시키는 장치이며, 탄소재질의 산화전극(Anode)과 환원전극(Cathode)으로 구성된다(그림 14-16 참고). 전기화학적 활성미생물이 유기물을 산화하면서 발생되는 전자는 산화전극의 탄소전극을 통하여 환원전극으로 이동하게 되어 전류를 발생시킨다. 측정하고자 하는 시료의 BOD는 미생물에 의해 유기물이 분해될 때 사용되는 산소량을 측정하여 환산하는 것으로 발생되는 전기량은 실제 유기물농도와 비례하게 된다. 따라서 미생물 연료전지 센서에 의해 발생되는 전기량은 유입된 시료 내 유기물 농도에 비례한다는 실험결과에 근거해서 BOD를 온라인으로 모니터링이 가능하다. 본 생물화학적 산소요구량은 전자의 발생과 그로 인한 전기신호를 감지하는 원리에 따라 EBOD(Electro Biochemical Oxygen Demand)로 일컬어진다.[190]

▼ 그림 14-16 미생물 연료전지 센서와 전기발생 원리

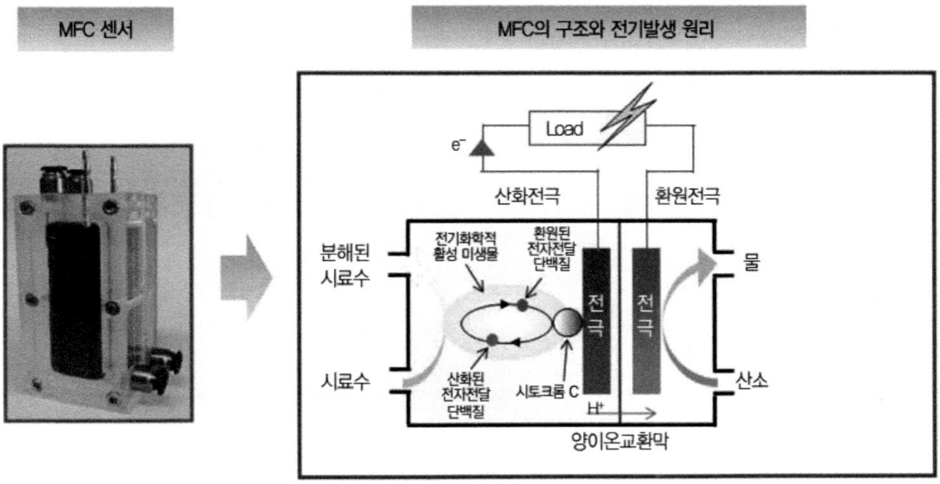

COD(Chemical Oxygen Demand)는 화학적 산소요구량으로 물속의 피산화성 물질을 산화제인 중크롬산칼륨($K_2Cr_2O_7$), 또는 과망간산칼륨($KMnO_4$)을 이용하여 화학적으로 산화시킬 때 소비되는 산소량을 보통 ppm단위로 표시한다. COD는 BOD와 더불어 폐수의 유기물 함유도를 간접적으로 나타내는 중요한 지표로 COD는 유기물을 화학적으로 산화시킬 때 얼마만큼의 산소가 화학적으로 소모되는가를 측정한다. 공정시험법에 의하면 산화제를 일정 과잉량을 가하여 일정시간 동안 방치하여 두었다가 소비된 산화제의 양을 산소로 환산하여 COD를 측정한다. COD는 유기물질의 추정을 목적으로 하는 경우가 많으나 측정치에는 아질산염, 제일철염, 유화물 등의 무기물과 환원성 물질이 포함되는 반면 안정된 유기물은 측정치에 포함되지 않는다. 일반적인 방법으로 유기물 및 무기물의 전부를 완전 산화시키는 것은 쉬운 일이 아니다. BOD측정은 5일이나 걸리지만 COD는 2시간으로 측정이 가능하

190) 이재선, 코비환경연구소, "미생물 연료전지 원리를 이용한 바이오센서 기반의 BOD 연속자동측정기 및 생물감시장치", 계장기술, 2014년 6월

여 BOD를 모르는 폐수를 위하여 COD측정이 흔히 채택된다. COD는 화학적으로 산화 가능한 유기물을 산화시키기 위한 산소요구량이지만 BOD는 미생물에 의해서 산화되는 산소요구량이므로 측정치의 차이가 발생되는 경우가 많다. 폐수의 COD가 BOD보다 클 경우에는 폐수 내에 생화학적으로 분해가 안 되는 물질을 함유하고 있거나 미생물에 독성을 끼치는 물질을 함유하고 있다는 것을 의미하며, 만일 BOD가 COD보다 클 경우에는 BOD측정 중에 질산화가 발생하였거나 또는 COD측정에 방해되는 물질이 폐수 내에 함유되어 있음을 의미한다. 산화제 중 중크롬산칼륨은 유기물의 약 80%정도를 분해하고 과망간산칼륨은 약 60%를 분해하여 COD를 표시한다. 일반적으로 하천이나 도시하천은 BOD값이 사용되며, 공장폐수나 해수 등의 오염지표로는 COD값이 많이 사용된다. BOD와 COD의 비교는 〈표 14-8〉과 같다.

▼ 표 14-8 BOD와 COD의 비교

구 분	BOD	COD
유기물의 산화	산화제 사용($KMnO_4$, $K_2Cr_2O_7$)	호기성 미생물
측정소요 시간	2시간 정도	20℃, 5일
적용 시료	생분해성 유기물, 난분해성 유기물, 독성 폐수	생분해성 유기물
해수 측정	전처리로 염분제거 후 측정	알칼리성 상태로 측정

어떤 수질시험에서 COD 측정치가 높게 나타난다는 것은 그 물 속에는 분해되어야 할 물질의 함량이 많다는 것을 의미한다. 대부분의 산업폐수, 생활하수, 축산폐수 등에는 많은 양의 유기물들이 함유되어 높은 COD 값을 나타낸다. 기존의 COD 측정시스템은 강력한 산화제를 이용하여 오염물질을 산화시키는 시스템이다. 즉 산화제와 오염물질 사이의 화학적 산화-환원반응을 이용한 것이다. 이와 같은 화학적 산화-환원반응은 전기화학적 산화-환원반응으로 대치가 가능하다. 전기화학적 반응시스템에서는 전극의 전압을 조절함으로써 전극의 산화 또는 환원력을 간단히 조절할 수 있다. 단지 오염물질에 따라 서로 다른 산화력이 요구될 뿐이다. 따라서 전극이 $KMnO_4$와 같이 높은 산화력을 가질 수 있도록 전극의 전압을 조절해 주면 전극의 표면에서 물 시료 중 오염물질의 전기화학적 산화가 일어나게 된다. 이때 전극에 흐르는 산화 전류는 산화되는 오염물질의 직접 농도에 비례하게 된다. 간단히 이 산화전류를 측정하고 이를 오염물질의 산화에 요구되는 산소량에 대응시키면 COD를 알 수 있다. 이러한 COD 측정법은 화학적 산소 요구량 측정의 원리와는 약간 다르기 때문에 이러한 측정법을 '전기화학적 산소 요구량(Electro-chemical Oxygen demand, EOD)'라고 구별하여 나타낸다. 그러나 한 가지 문제는 있다. 산화전극의 전압을 잘 조절하더라도 $KMnO_4$의 산화력에 해당하는 동일한 전압

조건을 얻기는 불가능하다. 왜냐하면 $KMnO_4$의 화학적 산화작용과 전극의 전기화학적 산화과정은 근본에 있어 전자전달과정으로 같다할 수 있지만 전자전달과정의 경로와 속도가 다르기 때문이다. 열역학적인 이상성에서 벗어난다는 의미이다. 이를 전기화학적 용어로는 과전압이라 한다. 동일한 물질이라 하더라도 전극물질에 따라서 요구되는 과전압의 크기가 달라진다. 예를 들어 포도당을 전기화학적으로 산화시킴에 있어 탄소전극을 사용할 경우 은-염화은 기준전극을 기준으로 1V 이상의 전극전압이 필요하다. 그러나 산화구리전극을 사용할 경우 약 0.4V 정도의 전극전압으로도 충분하다. 전극반응 경로가 다르기 때문에 요구되는 전극 전압이 다른 것이다. 이때 산화구리는 포도당의 산화가 효과적으로 용이하게 일어나도록 하며 이러한 물질을 '전기화학적 촉매'라고 한다. 물 시료중의 오염물질을 효과적으로 산화시키기 위해서는 우수한 촉매 전극물질을 함유하는 전극조성물질이 필요하다. 우수한 촉매효과를 나타내는 물질로는 산화구리, 산화니켈, 산화납, 산화은 등을 들 수 있다. 높은 산화촉매효과를 가지는 이들 물질은 구리, 니켈, 납 또는 은전극에 높은 산화전압을 걸어 생성시킬 수 있으나 전극신호의 초기 안정화 시간이 길고 시간 경과에 따른 전극신호의 변동이 심하여 이를 개선한 산화금속 촉매 복합재료 전극을 사용한다. 산화금속 촉매 복합재료전극을 감지전극의 표면에 좁은 채널을 형성시켜 오염물질을 함유하는 물 시료를 지속적으로 통과시킨다. 촉매 전극 표면에서 오염물질의 촉매산화가 일어나 산화전류가 발생되고 이 전류는 오염물질의 농도와 비례하는 EOD값으로 환산되게 된다.

아 TP/TN 측정법

인(Phosphorous)은 지질학적 원인에 의해 물속에 소량으로 존재하지만 일반적으로 생활하수, 분뇨, 축산폐수, 공장폐수 및 비료 등에서 유출되고 있다. 물속에서 인은 오르토인산(H_3PO_4), 피로인산($H_4P_2O_7$), 트리폴리인산($H_5P_3O_{10}$), 유기인산 등의 다양한 형태로 존재하는데 이와 같은 모든 형태의 인을 총인(Total Phosphorous, TP)이라 한다. 수돗물 중에 인은 천연으로 존재하는 것 이외에 급수용 방청제로 가한 인산염 및 합성세제 중에 가한 폴리인산 등에 기인한다. 인은 질소(N)와 함께 수계의 부영양화 촉진 물질로서 해수에서는 적조현상을 유발하고 하천이나 호수에서는 조류를 과다 번식케 하여 용존산소(DO)를 고갈시키며 이로 인하여 수중의 어류와 패류 등을 질식시키는 원인물질이다. 총질소(Total Nitrogen, TN)는 무기성 질소와 유기성 질소의 총량이다. 무기성 질소는 암모니아성질소, 아질산성 질소 및 질산성 질소를 말하고, 유기성 질소는 아미노산, 폴리펩타이드, 단백질 등 생물학적으로 분해 가능한 유기화합물중에 함유된 질소를 말한다. 수중에 존재하는 암모늄이온, 아질산 이온, 질산 이온은 수질 환경에서 중요한 항목으로 급수시설과 지표수에서는 오래전부터 그 농도가 규제되어 왔다

수질오염공정시험기준에 제시된 TN과 TP를 분석하는 방법은 수동분석법과 자동분석법으로 나눌 수 있다. 수동분석법으로 TN은 자외선 흡광광도법, 카드뮴 환원법, 환원증류-킬달법, TP는 흡광광도법(아스코르빈산 환원법)이 있다. 자동분석법은 수동분석법과 같은 원리로 분석이 자동화 된 것으로써 한 번에 많은 건의 시료를 분석하여 분석자의 반복 작업을 줄이고 또한 적은 시료량이 소요되며 TP, TN 측정 시의 autoclave 분해과정이 연속 흐름내에서 완전히 자동화되어 최근에 수질오염공정시험기준에 등재된 이후 많은 분석기관에 보급되고 있는 실정이다. 자동분석은 연속식 흐름주입분석(Flow Injection Analyzer, FIA)과 분할흐름분석(Segmented Flow Analyzer, SFW)으로 구분된다. SFA는 용액의 흐름 사이에 일정한 간격으로 공기방울을 주입하여 시료의 분산 및 연속흐름에 따른 상호 오염을 방지하도록 구성되어 있고 FIA는 공기방울 미 주입에 따라 시료의 분산 및 연속 흐름에 따른 상호 오염의 우려가 있으나 분석시간이 빠르고 기계장치가 단순해지는 장점이 있다.

흡광광도법(Absorption Spectroscopy)은 분석대상 시료가 본래 색을 띠는 용액이거나, 시료 자체는 무색이나 여기에 적당한 발색시약을 넣어주면 서로 반응하여 색을 띠는 용액으로 되는 경우, 특정 파장의 빛을 쪼여주면, 발색 용액의 색의 진하기에 비례하여 빛을 흡수하게 된다. 이 빛의 흡수정도를 흡광광도계라는 분석기기를 사용하여 흡광도로 측정할 수 있다. 이때 흡광도는 색의 농도에 비례하며, 다시 색의 농도는 시료용액의 분석대상 물질의 농도에 비례한다. 따라서 흡광도는 시료용액의 농도에 비례하게 되는 것이다. 이런 이치로 흡광광도계로 발색용액의 흡광도를 측정하여 미지 시료의 농도를 분석할 수 있다. TN은 시료 중 질소화합물을 알칼리성 과황산칼륨의 존재 하에 120℃에서 유기물과 함께 분해하여 질산이온으로 산화시킨 다음 산성에서 220nm의 자외선 흡광도를 측정하여 질소를 정량하여 농도를 구한다. 정량범위는 0.005~0.05mgN/㎖이며, 표준편차는 3~10%이다. TP는 시료 중 유기물을 산화 분해하여 모든 인 화합물을 인산염(PO_4^{3-})형태로 변화시킨 다음 인산염을 아스코르빈산으로 환원하여 생성된 몰리브덴산의 흡광도를 880nm의 적외선에서 측정하여 총인의 양을 정량하여 농도를 구한다. 정량범위는 0.001~0.025mgP/㎖이며, 표준편차는 2~10% 이다.

15
유량 및 레벨센서

가 유량센서

1) 유량 단위계

산업이 발달함에 따라 유량측정은 온도, 습도, 압력, 레벨 등의 공업계측 중에서 가장 중요한 계측이 되어가고 있다. 그러나 유량측정은 그 대상이 유체로서 정적이 아닌 동적인 관계로 측정이 매우 어렵고 정확도 또한 다른 계측에 비해 낮다. 유량계의 원리는 유체역학적으로 간단하지만 이를 실현시키기 위해서는 수많은 실험과 시행착오를 거치고, 산업현장에서 잘 적응하여 자리 잡기까지는 몇 십 년 이상 소요되기도 하고, 때로는 현장 적응성 문제로 사장되기도 한다. 1990년대 들어 전자공학이 급속하게 발달하여 전자적인 유량계, 즉 초음파유량계, 전자기유량계, 질량유량계 등이 현저히 성능이 향상되어 각 분야에서 많이 사용되고 있다. 유량을 측정하는 방법에는 매우 많은 종류가 있으며, 사용되는 유량센서의 종류는 기계식, 전자식 등이 있다. 그리고 유량을 산출하기 위한 측정량으로는 차압, 온도, 등압, 회전수, 초음파의 전달시간, 레벨, 유도된 전기, 변이량, 와류 발생 주파수, 힘, 레벨 등 매우 다양하다. 따라서 유량센서에 대한 기술은 매우 종합적인 기술이라 볼 수 있다.

유량(flow rate)은 유체의 흐름 중 임의의 단면적을 통과하는 유체의 체적 또는 질량을 시간에 대한 비율로 정의된다. 따라서 유량과 관계된 단위는 체적유량과 질량유량으로 구분을 할 수 있다. 체적유량(Q)은 〈그림 15-1〉과 같이 유체의 체적을 시간에 대한 비율로 $Q_v = A \cdot v$로 정의된다. 여기서 A는 단면적, v는 단면에서의 평균유속이다. 그리고 질량유량(Q_M)은 유체의 질량을 시간에 대한 비율로 $Q_M = Q_v \cdot \rho = A \cdot v \cdot \rho$로 정의된다. 여기서 ρ는 유체의 밀도이다.

▼ 그림 15-1 체적 유량계의 개념

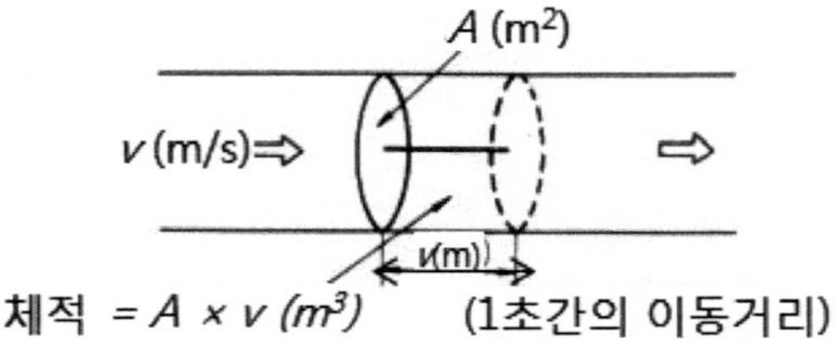

체적유량과 질량유량 사이에는 유체의 밀도와 비체적 개념을 도입하면 환산이 가능하다. 체적유량을 질량유량으로 환산할 때는 체적유량을 비체적으로 나누면 되며, 체적유량/비체적=(부피/시간)/(부피/질량)=질량/시간=질량유량으로 계산이 된다. 반대로 질량유량을 체적유량으로 환산할 때는 질량유량에 밀도로 나누면 되는데, 질량유량/밀도=(질량/시간)×(질량/부피)=부피/시간=체적유량으로 환산이 된다. 비체적과 밀도는 서로 역수 관계에 있는데, 비체적은 부피를 질량으로 나눈 값이며, 밀도는 질량을 부피로 나눈 값이다. 예를 들어, 1000㎥/h의 체적유량을 가지는 유체의 비체적이 8㎥/kg이면, 이 경우 질량유량은 (1000㎥/h)/(8㎥/kg)=125kg/h가 된다. 유량계에서 사용하고 있는 단위들의 환산관계는 〈표 15-1〉과 〈표 15-2〉와 같다. 이 중에서 대표적으로 가장 많이 사용하는 단위계는 약자로 줄여서 많이 사용하는데 다음과 같다.

- GPM : Gallons per Minute
- LPM : Liters per Minute
- ACMH : Actual Cubic Meters per Hour
- NCMH : Normal Cubic Meter per Hour
- KGH : Kilograms per Hour

▼ 표 15-1 체적유량의 단위 환산 관계

SI 단위	미터 단위			피트-파운드 단위		
m^3/s	m^3/h	m^3/min	ℓ /min	gal/min(미)	gal/min(영)	ft^3/h
1	3600	60	60×10^3	1.585×10^4	1.320×10^4	1.271×10^5
2.78×10^{-4}	1	1.67×10^{-2}	16.670	4.403	3.667	35.31
1.67×10^{-2}	60	1	1×10^3	264.2	220.0	2.12×10^3
1.67×10^{-5}	6×10^{-2}	1×10^{-3}	1	0.2642	0.220	2.1186
6.31×10^{-5}	0.2271	3.78×10^{-3}	3.785	1	0.8326	8.019
7.57×10^{-5}	0.2830	4.54×10^{-3}	4.546	1.201	1	9.63
7.86×10^{-6}	2.83×10^{-2}	0.47×10^{-3}	0.472	0.1247	0.1038	1

▼ 표 15-2 질량유량의 단위 환산 관계

SI 단위	미터 단위			피트-파운드 단위		
kg/s	kg/h	kg/min	g/min	lb/h	lb/min	lb/sec
1	3600	60	60×10^{3}	7.93×10^{3}	132.24	2.204
2.78×10^{-4}	1	1.67×10^{-2}	16.670	2.204	0.03675	6.12×10^{-4}
1.67×10^{-2}	60	1	1×10^{3}	132.24	2.204	0.03675
1.67×10^{-5}	6×10^{-2}	1×10^{-3}	1	0.132	2.204×10^{-3}	3.67×10^{-5}
1.26×10^{-4}	0.4537	7.56×10^{-3}	7.562	1	0.0167	2.78×10^{-4}
7.57×10^{-3}	27.216	0.4536	453.6	60	1	0.0167
0.4536	1.26×10^{-4}	0.00756	0.472	3600	60	1

▼ 표 15-3 측정방식에 따른 유량계의 분류

체적 유량계	실제 측정식 (용적식)	자력식	회전자형
			피스톤형
			다이아프램형
		서보식	
	추측식	차압식	오리피스형
			노즐형
			벤츄리형
		가변 면적식	플로트형
			피스톤형
		터빈식	
		와류식	
		초음파식	
		전자식	
질량 유량계	직접식	열전도식	
		코리올리식	
		각운동량식	
	간접식	ρQ^2을 검출하는 유량계와 밀도계의 조합형	
		Q를 검출하는 유량계와 밀도계의 조합형	
		ρQ^2을 검출하는 유량계와 Q를 검출하는 유량계의 조합형	
		온도, 압력보정형 또는 온도보정형	

2) 유량계의 분류

유량계는 〈표 15-3〉과 같이 분류를 할 수 있다.[191] 크게는 체적을 측정하는 방식과 질량을 측정하는 방식으로 구분된다. 이들 유량계는 측정원리가 각각 다르고 정확도, 측정범위 등이 달라 유량측정 목적, 유체의 종류, 요구되는 정확도, 측정범위, 경제성을 고려하여 가장 적합한 유량계를 선정하여야 한다. 그리고 선정된 유량계는 유량계가 요구하는 설치조건에 맞게 전, 후단의 직관부가 잘 형성되고 기포가 생기지 않는 지점에 설치하여야 한다. 그리고 대표적인 유량계의 상호 비교는 〈표 15-4〉와 같다.

▼ 표 15-4 대표적인 유량계의 상호 비교(1)_계속

구 분		용적식	차압식	면적식	터빈식
원리		계량실의 회전수를 측정하여 유량을 환산	오리피스 전후에 유량의 제곱에 비례하는 압력차를 이용	통과 면적을 바꾸어 차압을 일정하게 유지하여 측정	터빈의 회전수를 측정
정확도		±0.5%RD	±0.5~2%FS	~±2%FS	±0.5%RD
측정가능범위 (rangeability)		1:10~1:20	1:3~1:5	~1:10	1:10~1:20
측정유체		액체	액체, 기체, 증기	점도가 낮은 액체, 기체, 증기	동점도가 낮은 액체
온도/압력		−30~300℃ ~100kgf/cm^2	−250~650℃ ~300kgf/cm^2	−10~320℃ ~100kgf/cm^2	−250~500℃ ~100kgf/cm^2
압력손실		매우 높음	매우 높음	중간 수준	매우 높음
직관 길이	상류	20D	10~62D	불필요	불필요
	하류	4D	4D		
범위 변경		크기 변경	오리피스 교환	버저교환	변환기 정수 변경
가동부		있음	없음	있음	있음
유지보수		가동부 보수	없음	버저 세척	가동부 보수

* 직관길이 D는 관의 내경임

191) Spirax/Sarco사 홈페이지, http://www2.spiraxsarco.com/kr/pdfs/steam-engineers-data-book/B-4-4.pdf

▼ 표 15-4 대표적인 유량계의 상호 비교(2)

<table>
<tr><th colspan="2">구 분</th><th>전자식</th><th>초음파식</th><th>피토관식</th><th>격막식</th></tr>
<tr><td colspan="2">원리</td><td>패러데이 법칙을 이용</td><td>초음파의 전달속도 계측</td><td>베르누이 정리를 이용</td><td>베르누이 정리를 이용</td></tr>
<tr><td colspan="2">정확도</td><td>±1%FS</td><td>±1%FS</td><td>~±4%RD</td><td>±4%RD</td></tr>
<tr><td colspan="2">측정가능범위 (rangeability)</td><td>1:10~1:20</td><td>1:5~1:20</td><td>1:3~1:5</td><td>1:10~1:20</td></tr>
<tr><td colspan="2">측정유체</td><td>도전성 액체</td><td>액체</td><td>기체</td><td>액체</td></tr>
<tr><td colspan="2">온도/압력</td><td>−10~150℃
$\sim 30kgf/cm^2$</td><td>0~40℃
압력에 무관</td><td>300℃
$\sim 10kgf/cm^2$</td><td>상온
상압</td></tr>
<tr><td colspan="2">압력손실</td><td>거의 없음</td><td>없음</td><td>작음</td><td>중간 수준</td></tr>
<tr><td rowspan="2">직관 길이</td><td>상류</td><td rowspan="2">불필요</td><td>10D</td><td>10D</td><td>4~5B
(B: 차단폭)</td></tr>
<tr><td>하류</td><td>5D</td><td>5D</td><td></td></tr>
<tr><td colspan="2">범위 변경</td><td>변환증폭기의 스판변경</td><td>변환기 정수 변경</td><td>크기 변경</td><td>크기 변경</td></tr>
<tr><td colspan="2">가동부</td><td>없음</td><td>없음</td><td>없음</td><td>없음</td></tr>
<tr><td colspan="2">유지보수</td><td>전극의 세척</td><td>없음</td><td>피톤관 세척</td><td>가장자리 세척</td></tr>
</table>

3) 유량계 선택 기준

유체에서 고려해야 할 물리적인 특성은 온도, 압력, 밀도, 비중, 점도, 레이놀드 수 등이다. 특히 원형 파이프의 경우, 레이놀드 수가 4000 이상이면 관성력이 지배하는 난류운동이 되고, 레이놀드 수가 2000 이하이면 점성력이 지배하는 층류운동이 된다. 층류운동을 하고 있는 것을 난류운동으로 바꾸고자 한다면, 파이프의 직경을 큰 것으로 교체하면 된다. 일부 층류운동에도 유량계의 적용이 가능하나, 대부분의 유량계는 유속분포가 평평한 난류운동에 적용했을 때 오차가 작게 발생한다. 따라서 유량계에 맞는 레이놀드 수를 조절하려면 적절한 직경의 파이프를 선택해야 한다. 그리고 유량계의 전후단에 구부러짐 또는 방해물이 없이 직선으로 설치되는 직관거리(straight pipe)가 확보되어야 한다. 일반적으로 유량계의 전단부는 파이프 내경의 10배 정도의 직관거리가 필요하고, 유량계 후단은 파이프 내경의 5배 정도의 직관거리가 필요하다. 직관거리는 길면 길수록 평평한 유속을 얻을 수 있기 때문에 유량계의 오차를 최소화할 수 있다. 그리고 직선 파이프가 있는 경우, 총 직관의 2/3 지점이 유량계의 전단, 1/3이 유량계의 후단이 되도록 설치를 한다. 만약 유량계 전단에 구부러짐이나 제어밸브 등의 방해물을 설치해야 한다면 직관거리는 배로 늘리는 것이 좋다. 그러나 설치조건 상 부득이 충분한 직관거리를 확보할 수 없다면 유량계에 측정값에 대해 어느 정도의 오차는 감수해야 한다.

하나의 유량계로 복수의 유체를 측정할 수 있더라도 다른 형식을 필요로 하는 경우가 있으므로 주의를 해야 한다. 유체의 종류에 따라 적합한 유량계는 다음과 같다. 유체의 종류에 관계없이 측정이 가능한 유량계로는 차압식, 와류식, 면적식, 초음파식 등이 있으며, 액체 및 기체만 측정할 수 있는 유량계로는 용적식과 터빈식이 가능하다. 액체만 측정이 가능한 유량계로는 전자 유량계와 코리올리식이 가능하며, 기체만 측정이 가능한 유량계로는 열전도식이 가능하다. 그리고 유체의 온도와 압력에 따라 추천하는 유량계는 다음과 같다. 먼저, 200℃ 이상의 고온 유체 측정에는 차압식, 터빈식, 와류식, 면적식, 열전도식, 용적식 등이 적당하며, -100℃ 이하의 저온 유체 측정에는 와류식, 터빈식, 면적식, 코리올리식 등이 적당하다. 또한 유체의 압력에 따라서도 주의를 해야 하는데, 10MPa을 넘는 고압 유체측정에는 차압식, 와류식, 면적식, 코리올리식, 열전도식 등이 적당하다. 유량계에서는 원리상 직관길이를 필요로 하지 않는 유량계도 있으나 일반적으로 안정된 유속 분포를 얻기 위해서는 일반적으로 추천하는 직관길이는 다음과 같다. ① 상하류 직관 길이가 필요없는 유량계 : 용적식, 면적식, 코리올리식, 열전도식 ② 상류 5D, 하류 3D 이상 필요한 경우(D는 파이프 내경) : 전자식, 만약 전자식에서도 구경이 500mm 이상인 다전극형에서는 상류 직관 길이가 3D이면 충분하다. ③ 상류 10~15D, 하류 5~7D : 차압식, 터빈식, 와류식, 초음파식이다. 국내 상수도법에 의하면 〈표 15-5〉와 같이 유량계 형식에 따라 직관부 길이를 규정하고 있다.[192]

▼ 표 15-5 유량계 직관부 길이

설치조건 \ 형식		전자식	초음파	기계식
상류측(D)	밸브	3	30	5
	곡관	2	10	5
	확대관	5	30	5
	축소관	3	10	5
하류측(D)	확대관	2	5	3
	밸브	2	10	3

192) 지식경제부 고시 제2009-78호, 환경부, "유량계 설치 및 유지관리에 관한 지침"

대부분의 유량계는 주로 체적 유량 측정용으로 개발되어 있다. 이들 유량계도 유체 밀도가 일정할 경우에는 단위 환산과 온도와 압력 보정으로 질량 유량도 측정할 수 있다. 그러나 프로세스 조건이 변동하여 본질적으로 질량 유량을 얻고자 할 경우에는 질량 유량을 직접 측정해야 한다. 현재 액체용 질량 유량계로는 코리올리식, 기체용으로는 열전도식과 와류식이 가능하다. 적절한 유량계를 선택하기 위해서는 다음과 같은 과정을 거쳐 선정하는 것이 좋다. ① 사용목적이 무엇인가를 정해야 한다. 유체의 계량을 목적으로 할 것인지, 단순히 감시를 위한 것인지, 또는 유체측정을 연속적인 공정제어에 이용할 것인지 등이다. 이러한 목적에 따라 유량계의 측정 정확도와 정밀도가 결정된다. ② 목적이 정해지면 측정 대상인 유체의 종류와 특성을 파악해야 한다. 유체의 종류가 가스인지, 액체인지, 또는 고형물인지를 우선 파악하고, 다음은 유체의 특성인 점도, 전도성, 밀도 및 부식성 유무 등을 알아야 한다. ③ 다음은 유량계가 설치될 환경이나 사용조건을 조사해야 한다. 즉, 유체의 온도, 압력, 기타 유량 범위 등이 선정될 유량계와 맞는지 확인해야 하고, 설치 장소에 따라 습도, 온도 및 기타 부식성이 유발되는 공간인지, 먼지가 발생하는 공간인지 등에 따라 유량계의 재질, 유량계 표면의 케이스나 하우징의 보호규격 등이 결정된다. ④ 다음은 유량계가 설치될 위치의 파이프 조건을 파악해야 한다. 일부 유량계는 직관거리에 상관없이 유량계가 가지고 있는 정밀도로 유체를 측정할 수도 있지만, 대부분의 유량계는 정밀한 측정을 위해서는 적절한 직관거리가가 필요하다. 따라서 이러한 파이프의 직관거리가 유량계에 맞게 확보되는지, 측정정도에 영향을 미치는 맥동의 유무, 밸브 등 유량계 주변에 설치될 다른 계기 및 기기 등의 위치가 유량계에 미치는 영향 등을 면밀히 검토해야 한다. ⑤ 다음은 유량계의 구동을 위한 전원이 AC 인지 DC 인지 파악해야 한다. ⑥ 다음은 유량계의 어떤 출력신호를 이용할 것이지를 정해야 한다. 유량계의 출력신호 종류에는 아날로그, 디지털, 전류, 전압, 주파수 혹은 펄스신호 및 접점신호 등이 있으며, 이들 신호의 전송을 어떻게 이용할 것인지도 고려해야 한다. 즉, 현장 계기함에서 단순히 지시를 할 것인지, 제어를 위하여 컨트롤러 및 기타 제어장치로 신호를 전송할 것인지, 단순적산을 위하여 펄스신호만을 필요로 하는지, 혹은 경보를 위하여 접점신호를 받을 것인지 등이다. ⑦ 기타 사용 및 유지의 편의성, 설치의 용이성, 전체적인 비용 등을 고려해서 가장 경제적인 유량계를 선택하면 된다. 대표적인 유량계의 종류별 대상 측정유체의 조건에 따른 적합성 여부는 〈표 15-6〉과 같다. 표에서 비만수는 한자로 非滿水로 꽉 차지 않는 유체라는 뜻으로 주로 공장배수, 하수유량 등에 해당하는 유체이다.

▼ 표 15-6 유체 종류에 따른 유량계의 적합성 여부(계속)

구 분	용적식	면적식	차압식	터빈식	와류식
깨끗한 유체	◎	◎	◎	◎	◎
오염 액체 (하수, 배수 등)	×	△	○ 플로노즐	△	△
점착성 액체	○	△	○	△	△
석유, 오일	◎	◎	◎	◎	○
부식성 오일	○	○	△	△	○
연마성 슬러리	○	△	○ 벤츄리, 노즐	×	×
섬유질 슬러리	×	△	○ 상동	×	×
저속 유체	○	○	○	○	×
맥동 유체	○	○	△	△	×
수증기, 가스	◎	◎	◎	◎	◎
고온 유체	○	○	◎ 오리피스 ○ 기타	○	○
극저온 유체	×	○	○	○	○
고압 유체	○	○	○	○	○
비만수 유체	△	×	×	×	×
비뉴톤 유체	○	×	○	×	×

적합 순위 : ◎ 최적, ○ 적합, △ 조건부 사용 가능, × 불가

▼ 표 15-6 유체 종류에 따른 유량계의 적합성 여부

	초음파식	전자식	코리올리식	열전도식
깨끗한 유체	◎ : 전파 × : 도플러	◎	◎	◎
오염 액체 (하수, 배수 등)	○ : 전파 ◎ : 도플러	◎	◎	○
점착성 액체	○	○	◎	△
석유, 오일	○	×	◎	×
부식성 오일	○	◎	△	○
연마성 슬러리	○	◎	○	○

섬유질 슬러리	× : 전파 ○ : 도플러	◎	△	△
저속 유체	○	◎	○	○
맥동 유체	△	○	○	△
수증기, 가스	○	×	○	◎
고온 유체	×	○ 액체	○	○
극저온 유체	× : 전파 ○ : 도플러	○	○	×
고압 유체	△	○ 액체	○	○
비만수 유체	×	○ 액체	×	×
비뉴톤 유체	× : 전파 ○ : 도플러	△	◎	○

적합 순위 : ◎ 최적, ○ 적합, △ 조건부 사용 가능, × 불가

나 체적 유량계 방식

1) 용적식 유량계

용적식 유량계(Positive Displacement Flowmeter, PDF)는 주로 액체 유량의 정량 측정에 사용되며, 계량법상 적산 유량계의 일종으로 분류된다. 유량 측정방법은 계량실 내부의 회전자나 피스톤 등의 가동부와 그것을 둘러싸고 있는 케이스와 사이에 일정 용적의 공간부를 밸브로 하고, 그 속에 유체를 충만시켜 유체를 연속적으로 유출구로 송출하는 구조로 되어 있으며, 그 계량횟수에서 용적유량을 측정하는 원리이다. 용적 유량계에는 케이스와 가동부에 의해서 형성되는 계량 공간부 형식에 따라 회전자형, 피스톤형, 로터리 벤형 등 여러 가지가 있으며, 회전자형 중에서 가장 많이 사용하는 것이 〈그림 15-2〉와 같은 오벌 기어(oval gear)형과 루터 기어(roots gear)형이다. 대표적인 것으로는 유량 계측방법은 유속이나 압력 등의 간접적인 방법으로 유량을 측정하는 것이 아니라 계량부의 일정체적에 따라 유량을 직접 측정하는 직접 측정방식이다. 계측 정밀도가 높아 공업용으로부터 LPG의 소비량 및 기름 판매를 위한 계량용에 이르기까지 다양하게 이용되는 방식이다.

▼ 그림 15-2 대표적인 용적식 유량계의 종류

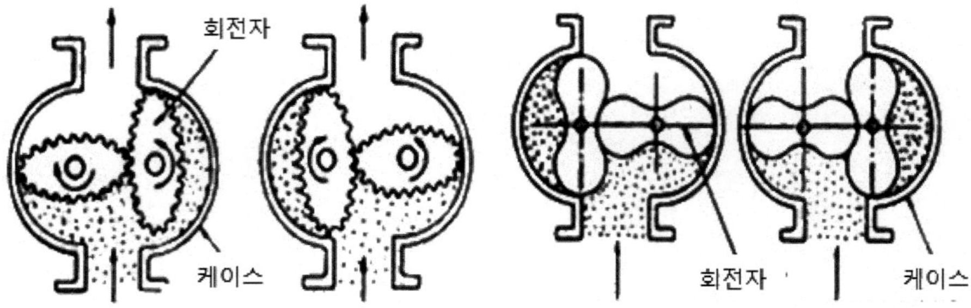

(a) 오벌 기어 타입(oval gear type) (b) 루트 기어 타입(roots gear type)

2) 차압식 유량계

액체 및 기체 등의 유체 유량을 측정하는 경우 유체가 흐르고 있는 관로 중에 조임기구(restriction element)인 오리피스(orifice), 벤츄리관(venturi tube), 플로우 노즐(flow nozzle) 등을 설치하여 전후 발생하는 압력의 차로부터 유량을 검출하는 방식이 차압식 유량계(Differential Pressure Flowmeter)이다. 이러한 조임기구는 관로의 중간에 설치하여 관로의 단면적을 축소하게 하는 역할을 한다. 조임비(β)는 조임기구의 구멍 직경 d와 조임기구 이전 관로의 내경 D와의 비로써 β =d/D이다. 차압은 조임기구의 상류측 압력 출구와 하류측 출구에서의 압력의 차이이다. 〈그림 15-3〉과 같이 상류에서 하류로 조임기구를 통과하는 지점에서 압력이 급격하게 떨어지는데, 이와 같은 차압 발생기구에 의해 축소된 단면적은 유체의 관성 때문에 실제의 기구 구경보다 조금 하류 쪽에서 최소로 되어 기구의 개구 단면보다 적게 되는데, 이것을 축류(vena contracta)라고 한다. 축류의 단면적을 작은 구멍의 단면적으로 나눈 값을 축류계수라 하며, 오리피스 계산식에서 유량계수에 관계되는 보정 계수이다. 그리고 조임기구를 통과하게 되면 초기에 압력이 떨어졌다가 다시 원래의 압력으로 서서히 회복을 하기 시작하는데, 조임기구에 따라 영원히 원래의 압력으로 회복하지 못하는 현상이 있는데 이것을 압력손실이라고 한다. 이러한 압력손실은 오리피스에서 가장 크고, 벤츄리관에서의 압력손실이 가장 적다.[193]

차압유량계를 설치하고 차압계와 차압 측정관(도압배관)을 설치할 때는 유체의 종류에 따라 상당한 주의를 기울여야 한다. 차압유량계 설치 지점의 공간확보 문제, 유체의 종류에 따른 문제 때문에 부득이한 경우도 있으나, 반드시 이 두 가지 중요한 사항을 고려하고 설치를 해야 한다. 대표적인 오리피스, 플로우 노즐, 벤츄리관의 장단점 비교는 〈표 15-7〉과 같다.

193) http://www.EngineeringToolBox.com

▼ 그림 15-3 조임기구에 의한 조임비에 따른 압력손실 변화

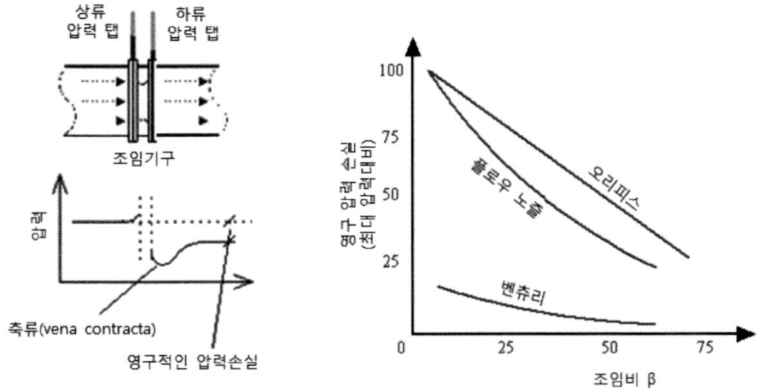

(a) 조임기구에 의한 위치별 압력 변화　　(b) 조임기구별 조임비에 따른 압력손실

▼ 표 15-7 조임기구별 장단점 비교

종 류	장 점	단 점
오리피스	• 구조가 간단하고 저가격 • 사용구조에 따라 다르나, 거의 반영구적 • 측정유량 범위 변경시 플레이트 변경만으로 가능 • 정도는 일반적으로 1~2% • 액체, 가스, 증기의 유량측정이 가능하고, 광범위한 온도, 압력에서의 유량측정이 가능	• 충분한 정도를 보증하기 위해 필요한 직관부가 필요 • 벤츄리관에 비해 압력손실이 큼 • 낮은 측정가능범위(rangeability)이며, 통상 4:1 정도 • 엣지의 마모가 곧 정도에 영향을 미치므로 유체 중에 고형물 함유를 피해야 함
플로우 노즐	• 오리피스에 비해 소량 고형물이 포함된 유량측정이 가능 • 오리피스에 비해 차압손실이 작으나 벤츄리관보다는 큼 • 오리피스 보다 마모가 정도에 미치는 영향이 작음 • 고온, 고압, 빠른 유속 유체에도 측정이 적당 • 같은 사양의 오리피스에 비해 유량계수가 60% 이상 많음	• 오리피스와 같은 구경일 경우, 측정가능범위가 작음 • 유량 측정 범위 변경시 교환이 오리피스에 비하여 어려움 • 오리피스에 비해 고가임
벤츄리관	• 고형물을 함유한 유체에 적합. 단, 차압취출구의 막힘이 발생하므로 퍼지 등 대책이 필요 • 오리피스 및 노즐에 비해 압력손실이 적음 • 유체 체류부가 없으므로 마모에 의한 내구성이 우수 • 대유량 측정이 가능	• 가격이 노즐이나 오리피스에 비해 고가임 • 낮은 측정가능범위를 가짐 • 유량의 측정범위 변경시 교환이 어려움 • 설치 범위가 큼 • 동일 사이즈의 오리피스에 비하여 발생차압이 작음

3) 면적식 유량계

면적식 유량계(Variable Area Flowmeter, VAF)는 〈그림 15-4〉와 같이 측정되는 유체는 아래로부터 들어와 위쪽으로 빠져 나가게 되고, 유량이 변함에 따라 플로트(float), 피스톤(piston) 또는 날개(vane)와 같은 지시계의 위치가 위 아래로 이동하게 된다. 수직으로 사용하는 이유는 지시계의 중력과 유속에 의한 힘의 평형상태를 이용하기 때문이다. 지시계의 위치는 유량과 선형적인 관계에 있으며, 지시계의 위치로부터 유량을 측정하는 방식이며, 지시계의 위쪽과 아래쪽의 압력차가 항상 일정하게 유지되는 것이 특징이다. 이러한 지시계 면적의 위아래 위치에 의해 유량을 측정하기 때문에 면적식 유량계라고 한다. 특히 그림 (a)와 같이 테이퍼드(tapered) 튜브를 이용한 유량계를 로터미터(rotameter)라고 한다. 로터미터를 제외하고는 다른 종류의 튜브는 일직선으로 되어 있다.[194] 면적식 유량계의 단점으로는 압력손실이 비교적 큰 편이며, 반드시 수직으로 설치해야 하기 때문에 불필요한 파이프가 생겨나서 부가적인 압력손실이 발생할 수도 있고, 유량을 지시하는 지시계의 위치는 점도 또는 밀도에 대한 영향을 받기 때문에 측정대상이 다른 유체의 체적유량을 측정하면 큰 오차가 발생할 수 있기 때문에 반드시 위에서 표준유체를 통해 교정을 해야 한다. 면적식 유량계는 주로 작은 유량의 측정에만 사용되고 있으며, 일반적으로 최대 유량측정 범위는 물의 경우 초당 1리터이고, 공기의 경우는 초당 수십 리터 정도이다. 면적식 유량계의 특징은 다음과 같다. ① 기체, 액체의 유량 측정이 가능하고, 특히 소유량, 고점성 유체 및 부식성 유체에 적합하며 맥동류에서도 오차 발생이 적다. ② 스케일 눈금이 직선적이다. ③ 측정가능범위가 10:1로 넓은 편이다. ④ 플로트 형상설계에 따라 레이놀즈수가 상당히 작은

▼ 그림 15-4 면적식 유량계의 종류

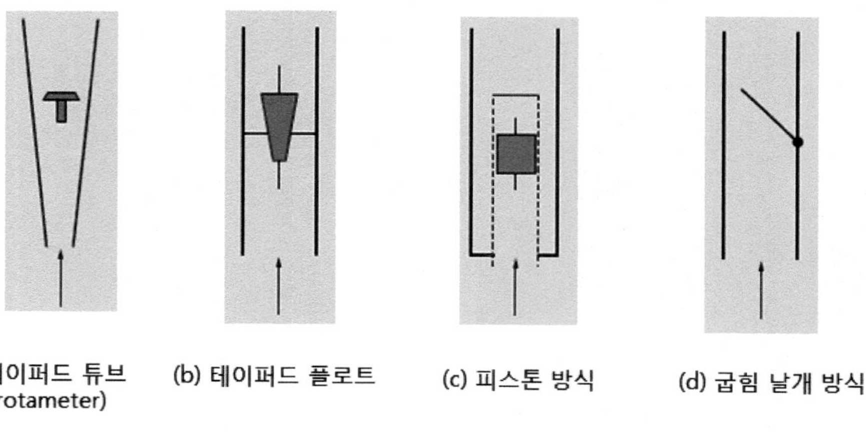

194) "Transactions in Measurement and Control, Flow & Level Measurement", vol. 4, Omega

범위까지 유량계수가 일정한 값을 얻을 수 있다. ⑤ 설치시 많은 직관부가 필요하지 않고, 일반적으로 수직으로 설치한다.

면적식 유량계는 유체가 흐르는 유로의 면적변화와 유량과의 선형적인 관계를 이용한 원리이다. 면적식 유량계의 대표적인 것이 로터미터이며, 로터미터는 〈그림 15-5〉(a)와 같이 수직의 테이퍼드 튜브(tapered tube)와 그 안에서 자유롭게 위아래로 움직일 수 있는 플로트(float)로 구성되어 있다. 중력과 유속에 의한 힘의 평형으로 된 플로트의 위치에서 눈금을 볼 수 있도록 되어 있다. 유체가 관의 하부로 흘러 들어오면 플로트는 위로 상승하게 되고 플로트에 작용하는 압력차, 부력, 중력 및 점성력 등이 평행을 이루는 위치에서 정지하게 된다. 따라서 플로트가 어느 위치에서 균형을 잡고 있을 때, 플로트가 아래로 미는 힘과 위쪽으로 미는 힘이 평형을 이룰 때, 플로트의 위치에서 관내에 흐르는 체적 유량을 환산할 수 있다.

▼ 그림 15-5 로터미터의 동작원리

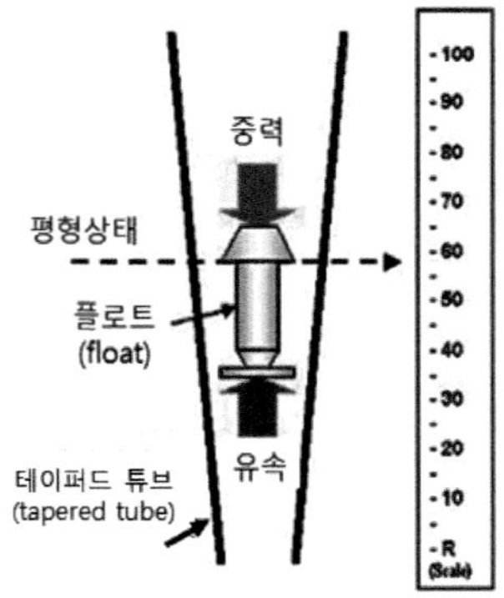

(a) 로터미터 동작 원리

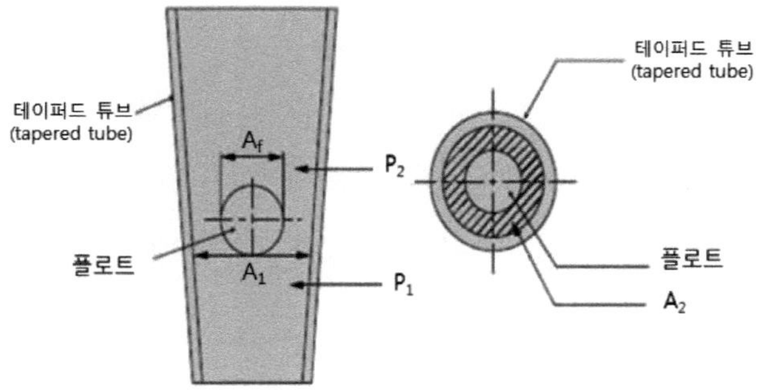

(b) 로터미터 플로트의 형상

4) 터빈 유량계

터빈 유량계(Turbine Flowmeter)는 〈그림 15-6〉과 같이 여러 개의 날개가 달린 회전날개가 베어링과 지지대에 의해 자유롭게 회전하도록 설계된 유량계이다. 회전날개의 직경은 거의 유량계 내부의 직경에 가깝도록 설계되어 있어서 흐르는 유체가 효율적으로 회전날개를 돌리게 된다. 유체가 유입되면 유체의 속도에 비례하여 회전축이 회전하며, 각 날개의 끝이 측정점을 통과하면서 회전수가 측정되고, 이와 같은 출력신호는 부피유량에 비례하는 주파수 신호이며, 터빈 유량계에서 발생한 각 펄스 신호는 측정된 액체의 부피에 해당된다. 회전날개는 자성을 띤 물체로 만들어지거나 또는 조그만 자석이 날개의 끝부분에 달려 있어서 터빈 유량계 모체 외부로부터 회전날개에 가깝게 설치된 코일로 만든 자석 픽업코일(펄스감지부)에서 전자기 유도에 의해 펄스를 유도발생하게 하여 회전수를 감지한다. 즉, 파이프에 수평으로 터빈 유량계를 설치하여 유체의 흐름에 의하여 발생하는 터빈의 회전수로 유량을 측정하는 방법이다.

▼ 그림 15-6 터빈 유량계의 개략적인 내부 구조

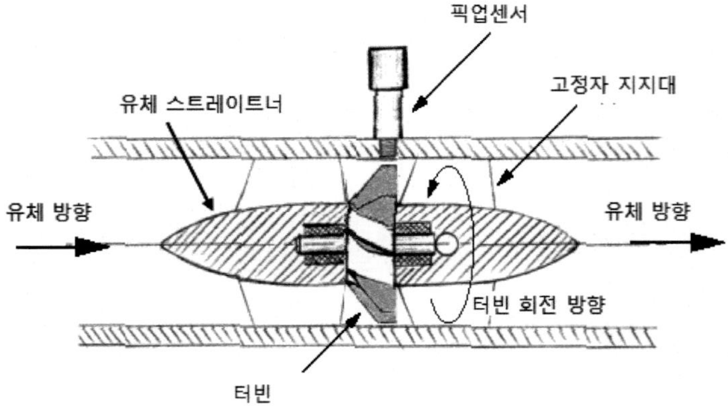

이러한 터빈 유량계의 특징은 다음과 같다.

① 용적식 유량계에 비하여 소형, 경량으로 구조가 간단하다.
② 내구력이 있으며, 보수 점검이 용이하다.
③ 기본적으로 원통형이므로 고압에 대응하기가 쉽다.
④ 용적식에 비하여 압력손실이 적다.
⑤ 유량신호가 디지털 출력이다.
⑥ −60℃의 극저온부터 500℃의 고온 유체까지 적용 범위가 넓다.
⑦ 소형으로 대용량의 유량측정이 가능하다.
⑧ 유동상태(와류 등)에 따른 정확도에 미치는 영향을 방지하기 위하여 유량계의 상, 하류측에 직관부가 필요하다.
⑨ 설치는 보통 수평으로 하며, 유체가 파이프 내에 가득 차도록 해야 한다.
⑩ 맥동유동과 접착성이 있는 유체에는 사용이 곤란하다.
⑪ 슬러리 유체에는 사용할 수 없다.
⑫ 난류 영역에서 그 성능을 발휘하므로 저유량 영역에서는 큰 오차가 발생할 가능성이 높다.

터빈 유량계는 1950년대부터 항공, 우주산업으로부터 사용되기 시작하여 현재는 에너지 산업에까지 광범위하게 사용되고 있으며, 현재는 액체용으로 많이 사용되고 있다. 기체용으로 사용하는 경우에는 기체가 압축성 유체이므로 측정하는 기체의 온도 및 압력에서 유량을 기준온도 및 압력에서의 유량으로 변환의 필요성이 있으며, 이를 위하여 온도 및 압력을 보상해주는 온도압력보상장치가 필수적이다. 터빈 유량계는 원리가 매우 간단하며 구조도 상대적으로 간단하며, 특히 석유제품의 과세수량 계측용이나 거래용을 비롯하여 석유, 가스, 화학, 약품 등 각종 유체의 거래나 행정관리용으로 많이 사용되고 있다.

5) 초음파 유량계

초음파 유량계(Ultrasonic Flowmeter)는 1880년 압전효과가 발견된 이후 1918년 초음파 진동소자가 선박의 항해시 암초와 빙산 등의 탐지를 위해 처음으로 사용되었으며, 이러한 원리를 응용하여 초음파를 이용한 유량측정은 1920년경 반전파 기술을 이용한 유량계가 처음 나왔고, 점차 기술의 발달로 1970년부터 산업현장에서 유량측정에 응용되기 시작하였다. 초음파 유량계를 음향식 유량계라고도 부르며 〈그림 15-7〉과 같이 유체가 흐르고 있는 관내에 음파를 보내면 그 전반 속도는 유체의 흐름 영향을 받아 흐름과 동일 방향에 대해서는 정지되어 있을 때의 음속에 유속을 가한 속도로 전해지고, 반대방향에는 반대로 유속을 뺀 속도로 전해진다. 이 두 가지 방향의 음속의 차를 측정하면 유속이 구해지고, 이것을 이용하여 유체의 체적유량을 측정할 수 있도록 한 것이다. 이 방법은 유속의 방해없이 유속측정이 가능하고, 초음파가 전달되는 유체라면 어떠한 유체에 대한 유속 측정이 가능하다. 또한 두꺼운 금속관 외부로부터 유량 측정이 가능하므로, 기존 설치된 파이프에 별도의 가공을 하지 않고도 유량 측정이 가능하다.[195]

▼ 그림 15-7 초음파 유량계의 측정 개념

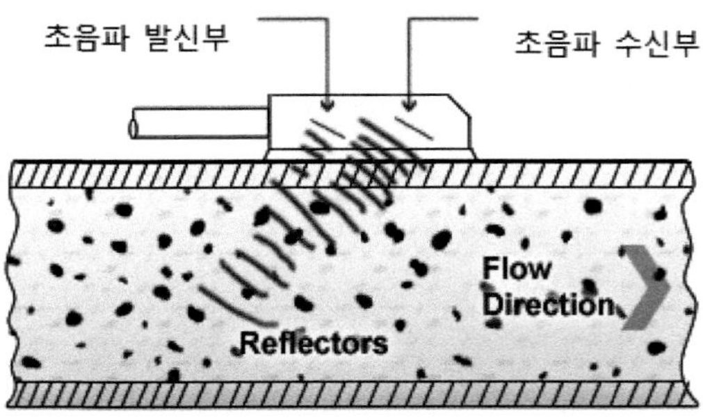

초음파를 이용한 유속 유량 측정방법에는 〈표 15-8〉과 같이 다양한 방법이 시도되고 있으며, 현재 실용화 되고 있는 것은 전반 속도차법과 도플러법을 이용한 것이다. 전반 속도차법은 정수공업 용수, 농수 등 비교적 맑은 물을 대상으로 하고, 도플러법은 하수, 공장폐수 등 이물질을 다량 함유한 오수를 측정 대상으로 한다.

195) 이철호, "이야기로 다시보는 프로세스 계측", C&J, 2007년 11월

유체가 흐르고 있는 유체 동일면상의 서로 반대방향에서 초음파를 발사하면 유체의 흐름과 같은 방향인 하류측으로 발사된 초음파와 그 반대방향인 상류측으로 발사된 초음파가 같은 거리를 통과하여 각각 반대편의 수신기까지 도달하는데 걸리는 시간의 차가 생기게 된다. 전반속도차법은 이와 같은 차를 직접 시간차로 검출하느냐, 위상차로 검출하느냐, 또는 주파수로 검출하느냐에 따라서 각각 시간차법, 위상차법, 주파수차법으로 세분된다. 초음파 유량계의 특징은 움직이는 부속품이 전혀 없어 유지보수에 비용이 거의 들지 않으며, 압력손실도 없으며, 대유량 측정에 이용되고, 두꺼운 금속관 외부로부터 유량 측정이 가능하므로 기존 설치된 파이프에 별도의 가공을 하지 않고도 유량 측정이 가능하다는 장점이 있다.

▼ 표 15-8 초음파 유량계 측정 구분

구분	측정원리	검출 대상	측정법 약칭	비고
능동형	전반속도의 변화	위상차 시간차 주파수차	전반속도차법 위상차법 시간차법 싱어라운드법	가장 넓게 사용 주로 상수도용
	빔의 변위	수파 감도차	빔의 편위법	
	도플러 효과	변화 주파수	도플러법	하수, 배수용
수동형	유체 발생음	음의 크기	청음법	주파수도 관계

6) 전자석 유량계

전자석 유량계(Electromagnetic Flowmeter 또는 Magnetic Flowmeter)는 자기장 속을 도체가 가로질러 이동할 때 이동속도에 비례하는 전압이 도체 중에 발생된다는 Faraday의 전자기 유도법칙을 기본원리로 하고 있으며, 기본개념은 <그림 15-8>과 같다. 그 역사는 Faraday가 영국 탬즈(Thames) 강의 유량을 계측하려고 지구의 자계를 가로질러 흐르는 강물에서 발생한 전압을 측정하고자 한 것으로부터 시작된다. 전자석 유량계는 압력손실이 없이 유량에 비례하는 신호를 얻을 수 있고, 부식성 유체를 측정할 수 있는 등 다른 유량계에서는 할 수 없는 많은 장점을 가지고 있다.

자기장 밀도를 발생시키는 방법에는 ① 영구자석 혹은 직류에 의한 자기장 발생, ② 교류전압에 의한 자기장 발생, ③ 주기적인 직류전압에 의한 자기장 발생 등 3가지 방법이 주로 사용되고 있다. 직류 전자석 유량계는 수은이나 금속 용액 같은 전도도가 큰 유체의 맥동 흐름이 있는 유체측정에 적합하다. 전도도가 작은

▼ 그림 15-8 전자석 유량계의 기본 개념

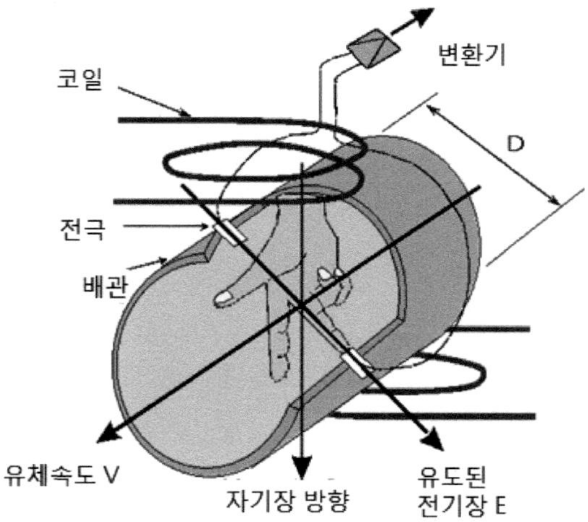

유체에서는 분극 현상이 일어나므로 직류에 의하여 발생된 자기장은 사용할 수가 없다. 자기장의 방향성을 바꾸어 줄 수 있는 교류전압이나 자기장을 주기적으로 발생시킬 수 있는 직류전압인 경우에는 분극현상은 일어나지 않는다. 교류전압을 사용하는 경우에는 교류전압에 의해 90° 위상차가 있으며, 자기장과 전류, 출력 전압은 같은 위상에 있다. 코일에 공급하는 전류, 전압에 따라 출력이 변화하므로 기준 신호가 필요한 단점을 전자석 유량계는 가지고 있다.

전자석 유량계의 장점은 다음과 같다.

① 액체의 압력, 온도, 점도, 도전율 등의 영향을 받지 않는다.
② 유량지시가 균등눈금으로 적산계 등과 간단하게 결합할 수 있다.
③ 검출지연이 없고, 맥류 유동도 정확히 측정할 수 있다.
④ 진흙 상태의 액이나 고점도 액에서도 측정이 가능하다.
⑤ 층류, 난류 등의 흐름의 상태에 영향을 받지 않으므로 검출기 전후에 직관부가 필요 없으며, 압력손실도 없다.
⑥ 유체 흐름 방향에 관계없이 양방향 유량 측정이 가능하다.
⑦ 매우 낮은 유량 및 대유량 측정에도 사용이 가능하다.

반면 전자석 유량계의 단점은 다음과 같다.

① 측정 유체는 반드시 도전성을 가지고 있어야 한다. 그러므로 기체나 증기, 그리고 매우 낮은 전도성을 가진 액체와 석유 제품, 가스, 증기 등과 같은 유체의 유속측정에는 적용할 수가 없다.

② 액체의 저항 변화를 무시하기 위해서는 전극 사이에 흐르는 액체의 실효저항(effective resistance)이 외부회로 임피던스에 1%를 초과해서는 안된다.

③ 코일과 자석 등과 같은 필수 부품 때문에 작은 유량 측정을 위해서라도 유량계의 크기는 비교적 큰 편이며, 가격도 매우 고가이다.

④ 이 유량계는 항상 체적유량을 측정하기 때문에, 액체 내의 부유물질에 의한 오차가 발생할 수 있다.

⑤ 혼입공기에 의한 문제를 없애기 위해, 파이프는 수평으로 설치해야 하며, 전극도 수평으로 설치해야 한다.

⑥ 유속에 비례하는 전압을 발생시키므로 파이프 내의 유체는 항상 가득차 있어야 한다.

⑦ 라이너가 반드시 필요하고, 라이너가 파손되면 수리가 불가능하므로 유량계 자체를 교환해야 하기 때문에 유지보수가 어렵다.

전자석 유량계는 자기장 내부를 도체가 이동하거나 유체가 흐를 때 그 이동속도나 유속에 비례하는 기전력이 도체나 유체의 내부에 발생한다는 원리를 이용하여 유량을 측정하는 유량계이다. 기전력의 발생 원리는 플레밍의 오른손법칙을 따르는데, 이 법칙을 응용하여 〈그림 15-9〉와 같이 N, S극 자기장 공간 내에 파이프를 설치하고, 파이프 내부로 유체를 흘러주면 자기장의 방향과 유체의 방향에 직각인 제3의 방향으로 기전력이 발생하며, 이 기전력은 자속밀도와 유체유속에 비례하므로, 자속밀도만 일정하다면 유체의 유속과 기전력은 비례한다.

▼ 그림 15-9 전자석 유량계의 동작원리 및 외형

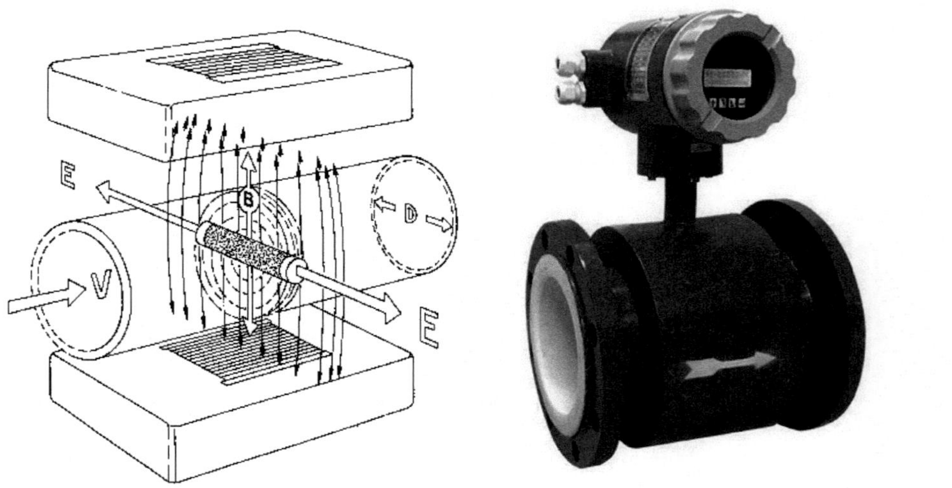

(a) 전자석 유량계 동작원리

(b) 대표적인 전자석 유량계 외형

7) 와류 유량계

와류 유량계(Vortex Flowmeter)는 압전소자인 피에조 센서(piezo sensor)를 이용한 유량계이다. 유체의 흐름에 직각으로 놓여 있는 삼각기둥 모양의 소용돌이 발생체의 하류에는 유속에 비례하는 주파수의 소용돌이(와류라고 함)가 발생한다. 이러한 와류 신호의 유체진동을 압전소자인 피에조 센서로 검출하여 유량을 계측한다. 와류 형태에 따라 칼만(Karman)식, 축류소용돌이 중심의 회전운동을 이용한 스월(swirl)식 및 유체의 진동현상(코안다 효과)을 이용한 플루이딕(fluidic)식으로 크게 나눈다. 그러나 스월식과 플루이딕식은 거의 실용화되지 않고 대부분 칼먼식이 사용되고 있다. 이러한 현상은 400여년전 레오나르도 다빈치에 의해 처음 보고되었다. 물이 흐르는 곳에 바위나 유사한 방해물이 놓이게 되면, 물은 양쪽으로 분리되어 방해물 주위로 흘러 내려가면서 하류쪽에서 소용돌이 현상이 생긴다. 이로 인해 부분적으로 압력이 증가하거나 감소하게 되며, 압력에 따라 유속도 변하게 된다. 1912년 테오도르 칼만(Theodor von Karman)이 이러한 와류 현상을 이용해서 유량을 측정할 수 있는 유량계를 최초로 디자인하였다. 이러한 와류형에는 유체의 유속변화에 따른 소용돌이 발생수를 직접 주파수 변화로 감지하는 유속 변화형과 소용돌이 발생에 의해 소용돌이 발생체(bluff body)에 작용하는 힘의 변화를 주파수 변화로 감지하는 압력변화형으로 구분할 수 있다. 〈그림 15-10〉과 같이 소용돌이 발생체인 삼각주를 유체흐름에 직각으로 삽입시키면 삼각주의 하류 양측에 소용돌이가 교대로 발생한다. 이 소용돌이의 단위시간당 주파수 발생수는 일정한 레이놀즈수 범위에 있어서는 유속에 비례하는 특성을 가지고 있다. 이러한 규칙적인 소용돌이의 주파수를 측정하여 유량을 계측하는 것이 와류 유량계이다. 소용돌이로부터 발생된 소용돌이 압력은 삼각주내에 삽입된 센서에 교번응력으로 전달이 된다. 이 칼만 와류의 수는 와류의 생성분리에 따른 와류 발생체 주위의 물리적 변화를 서미스터,

▼ 그림 15-10 와류 유량계 동작원리

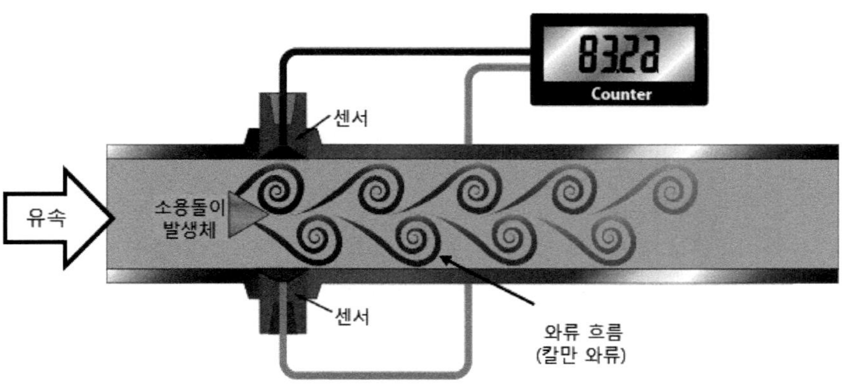

스트레인게이지, 압전소자, 정전용량소자 등으로 측정이 가능하며, 대부분 압전소자를 가장 많이 사용하고 있다.

이러한 와류 유량계의 일반적인 특징은 다음과 같다.

① 스팀, 기체, 저점도 액체의 유량을 높은 정밀도로 측정이 가능하다.
② 넓은 유량범위와 온도범위에서 높은 정밀도로 유량 검출이 가능하다.
③ 검출소자는 유체와 완전히 차단되어 있으므로 내구성이 매우 높다.
④ 가동부분이 없으므로 고장율이 작다.
⑤ 압력 손실이 적으므로 에너지 절약형 유량계로 적절하다.
⑥ 유량계 본체를 파이프에 부착한 상태에서 유지보수 작업이 가능하다.
⑦ 출력신호가 유속에 비례하는 펄스 주파수이므로 적산이 용이하다.
⑧ 고형물을 포함한 유체의 경우 고형물이 삼각주와 충돌하여 잡음을 발생시키거나 장기간 사용할 경우 삼각주를 마모시키므로 사용을 피하는 것이 좋다.
⑨ 설치공간이 사정상 충분한 직관부를 확보할 수 없거나 보다 정확한 측정이 필요한 경우에는 정류기를 설치하는 것이 바람직하다.
⑩ 유량계 전, 후단에 반드시 직관부가 필요하며, 필요한 직관부의 길이는 제조업체마다 차이가 있다. 일반적으로 상류에는 파이프 상태 및 설치물에 따라 5D~40D, 하류에는 5D 이상의 직관부가 필요하다. 대표적인 와류 유량계의 내부구조는 〈그림 15-11〉과 같다. 주요 부품인 소용돌이 발생체, 측정관, 소용돌이 검출부 및 변환기로 구성되어 있다. 와류 유량계의 소용돌이 발생체의 형태는 직접 유량계의 성능에 영향을 미치기 때문에 여러 가지 형태가 실용화되어 있다.

▼ 그림 15-11 와류 유량계 내부구조 및 외형

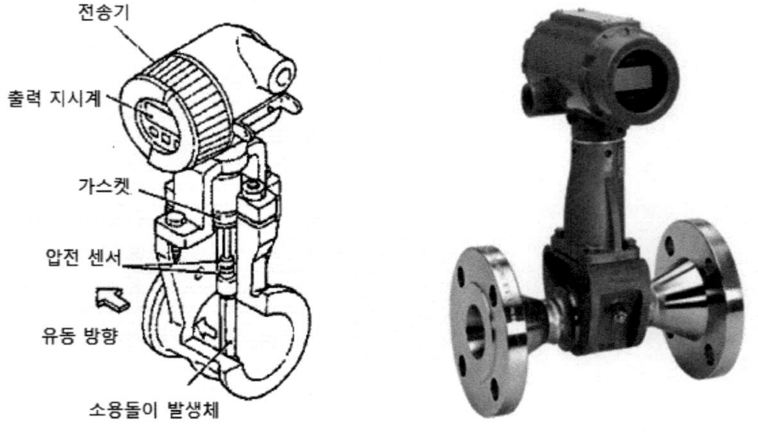

(a) 와류 유량계 내부 구조　　(b) 대표적인 와류 유량계 외형

다 질량 유량계

일반적인 유량계는 부피유량을 측정한다. 그러나 이 부피요량은 유체의 온도 및 압력이 변하면 따라서 변한다. 특히 측정 유체가 압축성 유체, 즉 기체인 경우에는 그 변하는 정도가 매우 심하다. 이 부피유량을 질량유량으로 변환하려면 측정 유체의 온도 및 압력을 알아 밀도를 구하여 부피유량을 곱해야 질량유량을 구할 수 있다. 또한 기체의 경우, 온도 및 압력만의 보상만으로는 부족한 경우가 있다. 온도가 매우 높거나 또는 압력이 매우 높은 경우에는 온도 및 압력 보상만으로는 충분하지 않다. 소위 압축계수라고 하는 값을 구하여 추가로 보상해 주어야 한다. 부피유량을 측정하고 온도 및 압력의 측정을 통하여 질량유량을 구하는 것은 매우 번거롭다. 따라서 질량유량을 직접 구할 수 있다는 것은 매우 편리한 방법이다. 질량유량을 직접 구하는 방법에는 액체용은 코리올리 질량유량계가 사용되며, 기체용은 열식 질량유량계가 사용된다.

1) 코리올리 유량계

코리올리 질량유량계(Coriolis Mass Flowmeter)는 지구의 자력을 이용하여 유량을 측정하는 원리로 가장 최근에 개발된 유량 측정 방식이다. 이 유량계는 액체의 점도에 영향을 받지 않고 정확도가 우수하여 석유화학 분야에 급속하게 확산되고 있다. 코리올리 힘은 지구와 같이 회전하고 있는 좌표계에서 수평적으로 움직이는 물체가 느끼는 겉보기 힘을 말한다. 이러한 원리를 이용하여 1978년 최초로 코리올리 질량유량계가 개발되었고, 1980년 초부터 실용화되기 시작하였다. 이것은 코리올리 효과를 이용한 것으로 코리올리 힘을 측정하여 질량유량을 구하는 방식이다. 〈그림 15-12〉에서 보듯이 U자형 튜브의 고정점을 중심으로 한쪽 방향에 있는 U자형 튜브를 전자석을 이용해서 위 아래로 일정하게 고유진동수로 공진을 한다. 이 진동폭은 약 0.1 인치보다 작으며 초당 약 80회 정도를 진동한다. 이 튜브 내로 들어온 액체는 입구로부터 U자로 구부러진 부분을 향하여 흐를 때, 튜브의 상승 또는 하강에 따른 속도에 의하여 유체의 질량과 유속에 비례하는 코리올리힘이 발생된다. 이 힘은 진동을 방해하는 방향으로 작용하여 튜브에 비틀림을 주게 된다. 구부러진 부분으로부터 출구를 향하여 흐를 때는 코리올리 힘이 진동하는 방향으로 발생하여 입구 쪽과는 반대방향의 비틀림을 주게 된다. 즉, 역방향의 코리올리 힘에 의하며 토크가 발생하게 되고, 그 비틀린 각도는 코리올리힘에 비례하므로, 이 각도를 측정하는 것에 의해 질량유량을 알 수 있다. 코리올리식 유량계는 진동을 이용하므로 본질적으로 외부로부터의 진동 영향을 받기 쉽다. 가장 많이 사용하는 형태는 2개의 튜브를 공진시켜 튜브간의 상대적인 위치로부터 비틀림 각도를 측정하여 외부진동의 영향을 배제하는 형태가 많이 사용된다.

▼ 그림 15-12 코리올리 유량계의 동작원리

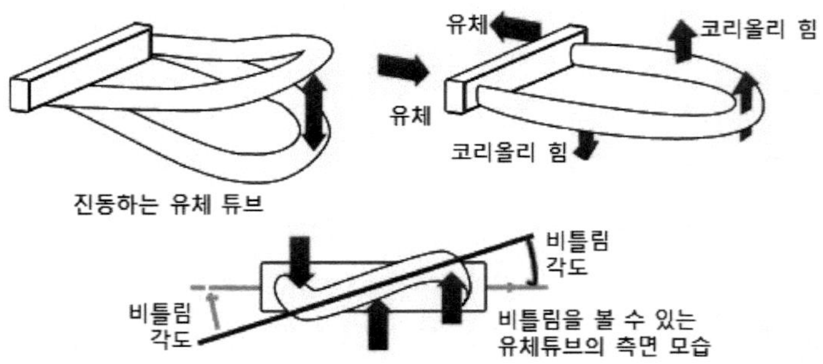

질량유량과 연관되는 튜브의 비틀림 각도는 전자 픽업 코일 센서에 의해 시간차로 검출된다. 이렇게 계측된 시간차 신호는 신호전송기로 전달되어 유량신호로 변환된다. 코리올리 질량 유량계는 질량 유량을 계측하는 동시에 유체의 밀도 계측도 가능하다. 유체의 밀도는 튜브의 고유 진동수를 측정함으로서 계측이 가능하다. 〈그림 15-13〉에서 볼 수 있듯이 유체의 밀도에 따라 튜브의 진동 주기의 차이가 생기며, 이러한 튜브의 고유 진동수를 계측하면 유체의 밀도를 계측할 수 있다. 밀도 교정에 기준이 되는 요소는 물과 공기의 레퍼런스 밀도와 그 때의 튜브 주기가 된다. 따라서 실제 프로세스 유체의 밀도는 튜브 진공 주기를 픽업 코일 센서에서 특정하여 물의 밀도와 진동 주기 대비 공기 밀도와 진동 주기의 1차 함수에 의해 계산할 수 있다.

▼ 그림 15-13 유체의 밀도에 따른 튜브 진동 주기 비교

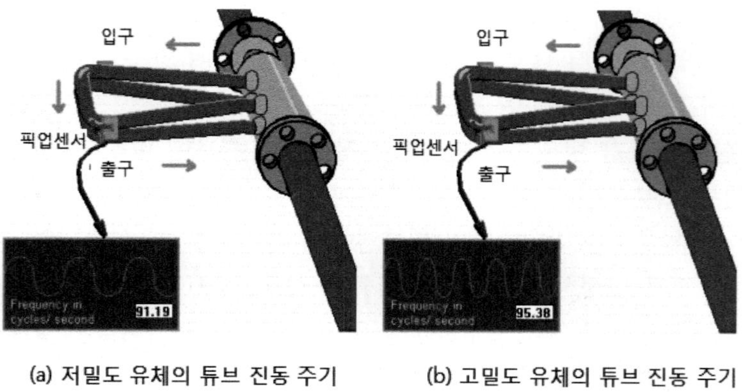

(a) 저밀도 유체의 튜브 진동 주기 (b) 고밀도 유체의 튜브 진동 주기

코리올리 유량계는 측정 튜브의 형상에 따라 직관형, 벤딩형, 루프형 등으로 크게 나누어지며, 형태에 관계없이 다음과 같은 기본적인 구조를 가지고 있다.

① 입구와 출구를 갖는 몸체
② 코리올리 힘을 발생시키기 위한 튜브(진동관)
③ 튜브를 진동시키기 위한 구동장치(튜브의 최고 진폭은 0.1 인치 이내이고, 약 80Hz의 사이클로 진동)
④ 코리올리 힘을 검출하기 위한 측정 센서
⑤ 유체의 온도에 의하여 탄성계수가 변화하여 튜브의 고유진동수 및 비틀림 각도가 미묘하게 변화하므로 이를 보정하기 위한 온도 측정용 센서
⑥ 앞의 각 부품들을 보호하기 위한 하우징
⑦ 검출기의 신호를 질량유량신호나 밀도신호로 전환하는 전기 회로부

코리올리 질량 유량계의 장점은 근본적으로 질량을 측정하므로 온도, 압력, 밀도, 점도, 조성 등 프로세스 조건 변화에 영향을 받지 않는다. 따라서 액체 또는 기체의 유량 측정에 있어서 온도와 압력에 대한 보상이 필요 없다는 점이다. 그리고 기존의 부피유량계는 유속 분포를 고르게 하기 위해 전후단에 직관부가 필수적인 반면, 코리올리 유량계는 이러한 직관부가 전혀 필요하지 않다. 또한 기계적인 구동부가 없으므로 기존의 기계적 구동부를 가진 유량계에서 주기적인 부품 교체와 초기 교정에 대한 검증과 보정을 위한 유지보수 비용과 시간을 획기적으로 줄일 수 있는 장점이 있다. 코리올리 질량 유량계의 특징을 간략히 요약하면 다음과 같다.[196)]

① 질량 유량을 직접 측정하며, 유량 외에 유체의 밀도 측정도 가능하다.
② 정확도가 ±0.1% 이내로 매우 높다.
③ 제한된 온도 및 압력 범위에서 거의 모든 유체의 유량 측정이 가능하다. 단, 압력 제한값은 890bar, 온도 가능 범위는 −200~400℃이다.
④ 검출센서는 유체와 접촉하지 않는 비접촉식이다.
⑤ 측정가능범위가 0.03~1,500kg/hr으로 매우 넓은 편이다.
⑥ 원리적으로 유체의 점도, 밀도, 압력의 변동에 영향을 받지 않는다.
⑦ 침전물, 불순물, 부유물 등 다양한 유체의 측정이 가능하다.
⑧ 상류 및 하류의 직관길이에 따라 발생하는 유체의 소용돌이 유동이나 불균일 유속분포의 영향을 받지 않는다.
⑨ 유체가 흐르는 파이프 내에 장애물이 없으며, 맥동류 측정도 가능하다.

196) 최성현, "최근 코리올리 질량 유량계의 원리와 구조", 기획특집, 제어계측, 2010년

2) 열식 질량유량계

열식 질량유량계(Thermal Mass Flowmeter, TMFM)는 주로 공기나 가스의 질량유량을 측정하기 위한 유량계이다. 흐르고 있는 유체 중에 가열된 물체를 놓으면 유체와 가열된 물체 사이에 열교환이 이루어짐에 따라 가열된 물체가 냉각된다. 이 냉각율은 유속의 함수가 되기 때문에 가열된 물체의 온도를 측정하는 것에 의해 유속을 구할 수 있다. 또 유체를 가열하여 일정한 온도로 높이기 위하여 필요한 에너지는 또한 유속의 함수가 되기 때문에 흐르고 있는 유체의 온도를 어떤 일정한 온도로 높이기 위하여 필요한 에너지를 측정하면 유속을 구할 수 있다. 열을 이용하여 기체의 흐름을 측정하는 방법으로 열선 풍속계가 있다. 열선 풍속계는 기체의 평균 유속과 속도 변화를 정확하게 측정하는 가장 좋은 방법으로 인식되었으며 낮은 유속도 충분히 측정할 수 있는 우수한 특징도 있어 광범위하게 이용되어 왔다. 그러나 열선 풍속계를 공업용으로 이용하고 낮은 유속부터 높은 유속까지 넓은 범위의 평균유속을 측정하는데 있어 장시간의 지시안정성, 유체 물성치의 변화에 따른 영향, 가는 열선의 내구성 등의 측면에서 만족할 만한 성능을 얻지 못했다. 이러한 열선 풍속계의 문제점을 해소하기 위하여 개발된 것이 열식 질량유량계이며, 이는 안정된 평균 유속을 측정하고 또한 견고하여 신뢰성이 우수한 유체 측정이 가능하게 하였다.

열식 질량유량계는 기본적으로 대류에 의한 열 전달의 원리에 기본을 두고 있다. 〈그림 15-14〉와 같이 가스온도의 변화를 자동적으로 보정하는 두 개의 센서인 유속센서(velocity sensor)와 온도센서로 구성되어 있다. 변환기는 유속센서를 가스의 온도보다 높은 일정한 온도차이로 유지할 수 있게 열을 가한다. 그리고 가스의 흐름에 따른 냉각효과를 측정한다. 일정한 온도차를 유지하기 위하여 변환기는 전기적인 에너지를 필요로 하며, 파이프 내에 가스가 흐를 경우 변환기에서 유속센서와 가스의

▼ 그림 15-14 삽입식 열식 질량유량계의 동작 원리

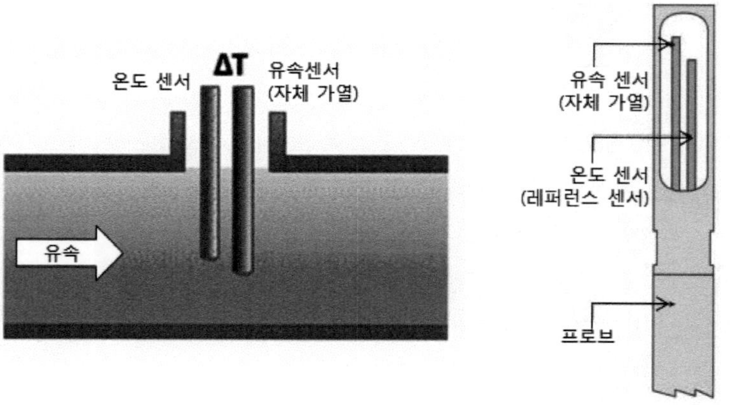

온도차를 일정하게 유지하기 위한 에너지는 더 많이 필요하며, 이러한 전기 에너지의 변화는 가스의 질량유속과 비례한다. 따라서 가스유속에 필요로 하는 전기에너지를 구하여 직접적으로 질량유속을 구하는 방식이 열식 질량유량계이다.

MEMS 공정으로 압력, 자이로스코프, 가속도계 등 다양한 형태의 센서 제작이 가능한데, 열식 유량센서도 MEMS로 제작하는 기술이 개발되었다. 이러한 열식 MEMS 센서는 부피, 속도, 또는 질량을 측정하는 용도로 사용되고 있으며, 대표적인 MEMS 유량센서의 개념은 〈그림 15-15〉와 같다. 하나의 히터와 두 개의 온도센서로 구성되어 있으며, 온도센서는 각각 상류측과 하류측의 온도를 측정한다. 이러한 MEMS 유량센서의 높은 민감도, 작은 크기, 저전력 전기소모, 저가격의 장점이 있어 자동제어 공정에 사용이 확대되고 있다.[197]

▼ 그림 15-15 열식 MEMS 유량 센서의 개념

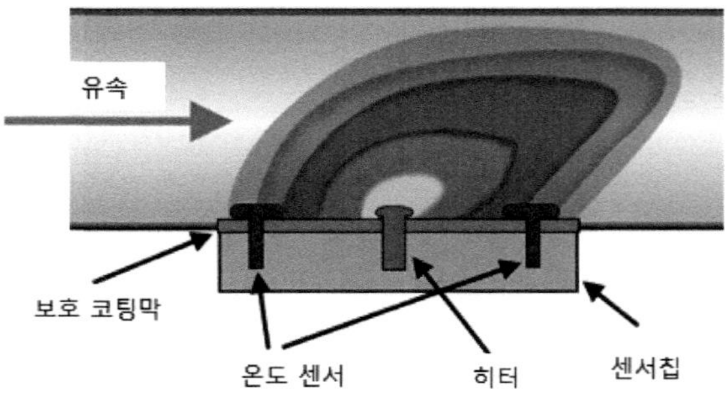

열식 질량유량계는 공기나 가스의 질량유량을 측정시, 가스의 온도나 비중, 압력, 점도 등의 영향을 받지 않으며, 유량센서 외의 부가적인 장치(유량 컴퓨어, 압력 전송기, 온도 전송기 등)가 없이도 유체의 질량을 바로 측정하기 때문에 설치 및 유지보수가 매우 용이하다. 또한 유량측정범위가 매우 넓다는 것이 큰 특징이다. 특히 낮은 유속에서의 유량측정이 가능하기 때문에 가스용 유량계로 사용되는 터빈유량계, 차압유량계 및 와류 유량계 등에 비하여 저유속의 가스 유량 측정시 탁월한 측정 정밀도를 가지고 있다. 또한 유량 측정을 위해서 고려해야 할 중요한 요소 중 하나가 유량계의 설치 후 발생되는 압력손실이다. 과도한 압력손실은 공정 자체에 악영향을 줄 뿐만 아니라 가스나 유체의 이송을 위해 많은 에너지가 필요로 하게 되어, 결국 생산비용이나 운영비용의 손실을 유발하게 된다. 하지만 열식 유량계는 압력손실이 거의 발생하지 않기 때문에 압력손실로 인하여 발생될 손실 및 공정운영의 영향에 따른 불편함을 최소화할 수 있다.[198]

197) Azosensors.com Staff Writers, "Design of MEMS Based Mass Flow Meter", http://www.azosensors.com/Article.aspx?ArticleID=277

198) 송병학, "산업용 열식질량유량계의 활용", 기획특집, C&I, 2009년 2월

3) 열선 풍향계

열선 풍향계(Hot Wire Anemometer)는 흐르는 유체 속에 노출된 열선이 대류에 의해 열이 손실되며, 기본적으로 센서에서 열 손실을 감지하여 유속을 유추하는 방법이다. 여기에는 열선(hot wire)과 열 필름(hot film) 두 가지 형태의 프로브가 있다. 대표적인 텅스텐 열선 풍향계 프로브는 〈그림 15-16〉과 같다. 일반적으로 프로브의 직경은 0.0038~0.005mm 정도이고, 길이는 1.0~2.0mm이다. 선재의 재료로 가장 많이 사용 것이 텅스텐 또는 백금과 백금-이리듐 합금이다. 텅스텐으로 만든 선재는 강인하고 약 0.004/℃의 매우 높은 열저항 계수를 가지고 있지만, 산화 가능성 때문에 높은 온도에서는 사용하지 않는다. 반면, 백금-이리듐 선재는 산화에 대해 강한 저항력을 가지고 있지만 약 0.00085/℃의 낮은 열저항 계수를 가지고 있다. 따라서 현재는 열선으로 텅스텐이 주류를 이루고 있으며, 선재와 지지대 사이의 결합력을 좋게 하기 위해 텅스텐 선재에 백금을 얇게 코팅하여 사용한다.

▼ 그림 15-16 대표적인 텅스텐 열선 풍향계 프로브

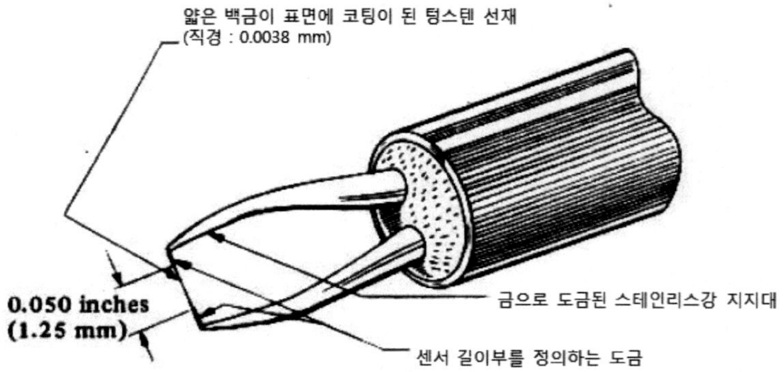

이러한 열선 풍향계 프로브에는 형태에 따라 〈그림 15-17〉과 같이 1차원, 2차원, 3차원 버전인 싱글, 듀얼, 트리플 센서 프로브가 있다. 2개 이상의 열선이 있으면, 유속의 크기뿐만 아니라 서로 다른 각도로 열선을 배치함으로써 속도 방향까지 감지할 수 있는 장점이 있다.

▼ 그림 15-17 열선 풍향계 프로브의 형태

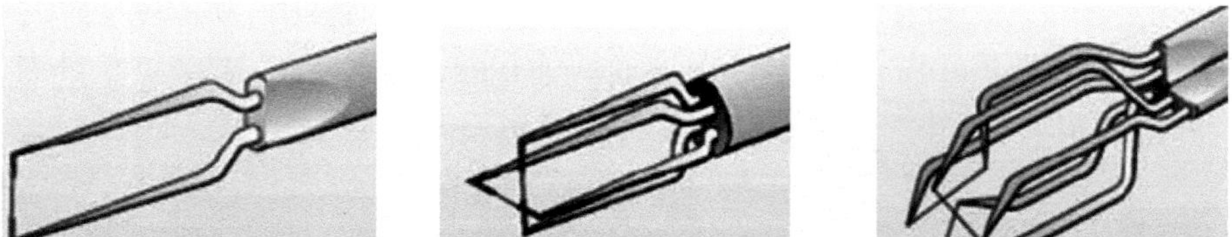

(a) 싱글 센서 프로브 (b) 듀얼 센서 프로브 (c) 트리플 센서 프로브

라 레벨센서 종류

액체의 레벨(Liquid level)이란 기준점에 대한 액면(Liquid surface)의 높이로 정의된다. 준액체(quasi-liquid)로 생각되는 분체면(surface of powered solid)이나 입체면(surface of granular solids)의 높이에 대해서도 레벨이라고 정의한다. 현대에는 자동제어 분야에서 레벨에 대한 필요성 때문에 광범위한 분야에서 응용이 되고 있다. 그러나 레벨에 대한 측정은 이미 조선시대 영조 때 행하여졌다는 기록과 유산이 남아있다. 홍수로 인한 강의 범람을 사전에 조치하기 위해 수표교를 청계천에 설치하여, 다리 돌기둥에 경, 진, 지, 평이란 4단계의 수위를 표시하였으며, 그 당시 춘천사라는 관청을 두어 수위의 변화를 한성판윤에게 주기적으로 보고하게 하였다는 기록이 있다.[199]

오늘날 레벨센서(Level sensor)는 액체나 준액체의 레벨을 검출하는 센서로서 프로세스 계측 및 제어분야에서 매우 중요한 역할을 하고 있다. 또한 기상, 농업, 환경, 토목, 수리 등 물과 직접적으로 관계가 깊은 분야에서도 레벨의 정확한 측정에 관한 관심이 높아가고 있으며, 이러한 레벨의 측정은 일반 공장에 설치되어 있는 각종 액체 저장 탱크 속의 유체의 양과 상태를 연속적으로 즉시 파악하고 원하는 양으로 자동 조절할 수 있는 공장자동화 시스템에 이용되고 있다. 이러한 측정과 조절 시스템에 사용되는 레벨 센서는 용도와 원리에 따라 몇 가지로 분류할 수 있는데, 공정 제어 측면에서 연속 레벨센서와 불연속 레벨센서(또는 점 레벨 센서)로 구분하고 있는데, 대부분 선형도가 2% 정도로 낮은 편이다. 연속 레벨센서는 측정범위 내에서 레벨을 연속적으로 모니터링하고, 실제 레벨에 대한 정보를 제공해주는 센서이다. 반면, 불연속 레벨센서는 상한 또는 하한 레벨 등 어떤 특정 레벨 위치를 검출하여 경보신호를 내거나 제어하는 것을 목적으로 하는 센서이며, 이런 센서를 일반적으로 레벨스위치라고 한다. 레벨센서는 측정하고자 하는 대상과 접촉해서 레벨을 측정하는 접촉식과 대상물과 접촉하지 않는 비접촉식 방식으로 구분을 할 수 있다. 일반적인 레벨센서의 분류는 〈표 15-9〉와 같다. 대부분의 액체 레벨센서들은 기준점으로부터의 액체 표면 높이나 액체 표면 위치 또는 액체 수두압을 이용하여 레벨을 측정하는데, 측정방식에 따라 직접 측정 방식과 간접 측정 방식으로 나눌 수 있다. 레벨센서 중에서 유체의 종류에 따른 적용 여부는 〈표 15-10〉과 같다. 액체인 경우에는 모든 레벨센서가 적용이 가능하며, 미립자인 경우에는 사용상 주의가 요구된다.

199) 두산백과, 수표교 자료, http://terms.naver.com/entry.nhn?docId=1115975&cid=40942&categoryId=33383

▼ 표 15-9 레벨센서의 분류

구 분	측정 방식	레벨센서
접촉식	압력/밀도 방식	부력식 레벨센서
		압력측정 레벨센서
		기포식 레벨센서
	전기 방식	전기용량 레벨센서
	레벨 스위치	열 센서
		진동 센서
		전기 전도도 센서
비접촉식	압력/밀도 방식	중량측정 레벨센서
	초음파 방식	초음파 레벨센서
	레이더	레이더 레벨센서
	방사선 방식	방사선 레벨센서
	레벨 스위치	광학 센서

▼ 표 15-10 유체의 종류에 따른 레벨센서 적용가능 여부

구 분	액 체	분 말	슬러리
레이더 방식	◎	○	◎
초음파 방식	◎	○	◎
압력식	◎	×	○
부력식	◎	×	○
기포식	◎	×	○
방사선 방식	◎	○	×

◎ : 적용 가능, ○ : 측정시 주의가 요망됨, × : 적용할 수 없음

마 접촉식 레벨센서

1) 부력식 레벨센서

부력식 레벨센서(Displacement Device Level Sensor) 방식은 연속적인 레벨 측정에 사용된다. 약 2,200년 전에 아르키메데스가 처음 발견한 원리를 응용한 방식으로 고체를 액체에 담그면 잠긴 부분과 동일한 액체 체적을 변위시키고, 유체의 이와 같은 변위는 물체를 위로 향하게 하는 힘을 발생시킨다. 이것을 부력이라고 한다.

즉, 물체에 작용하는 부력의 크기는 물체에 의해서 변위된 유체의 무게와 같으며, 이 때의 부력 증가, 감소에 의한 용기의 움직임은 레벨의 변동과 정비례하여 변하기 때문에 우수한 직선성을 얻을 수 있다. 이러한 원리를 응용하여 최초로 구현한 레벨센서는 1700년대 후반에 영국의 제임스 브린들리(James Brindley)와 수턴 토마스 우드(Sutton Thomas Wood)가 보일러 제어용에 사용하였다. 유체 속에 정지해 있는 물체는 중력과 반대방향으로 부력, 즉 물체를 위로 뜨게 하는 힘을 받는다. 따라서 부력식 레벨센서는 액면이 상하로 움직임에 따라 플로트(Float) 또는 디스플레이서(Displacer)에 작용하는 부력에 기초하여 레벨을 검출하는 방식이다. 플로트는 부력에 의해 액체 표면상에 떠 있는 것을 의미하며, 디스플레이서는 부분적으로 액체 속에 잠긴 것으로부터 부력을 측정하는 방식을 의미한다. 그러므로 플로트의 밀도는 액체의 밀도보다 작아야 하며, 디스플레이서의 밀도는 액체보다 커야 한다. 만약 그렇지 않으면 동작범위가 제한될 수 있다.

플로트 레벨센서는 〈그림 15-18〉과 같이 레버암(Lever arm)을 사용한 센서이며, (a)의 레버암은 액면에 떠 있는 플로트와 피봇 조인트(Pivot joint)를 연결한다. 플로트가 레벨의 변화에 따라 상하로 이동하면, 이것이 레버암의 다른 쪽 끝을 이동(회전)시켜 위치센서나 변위센서를 동작시켜 전류 또는 전압을 출력신호를 내 보낸다. 그리고 (b)는 플로트 내에 자석을 내장하고 있어 임계 위치에 도달하면 리드 스위치가 동작하여 스위치로 사용이 가능하다. 만약 다수의 리드 스위치를 사용하게 되면 레벨을 거의 연속적으로 측정이 가능하다. 좀 더 정밀도를 높이기 위해 리드 스위치 대신에 홀 센서를 사용하기도 한다. 이러한 플로트 레벨센서의 장점은 비교적 간단하고, 여러 액체의 레벨 측정에 적합하고 매우 정확하다. 그러나 전기적

▼ 그림 15-18 플로트 레벨센서 동작원리

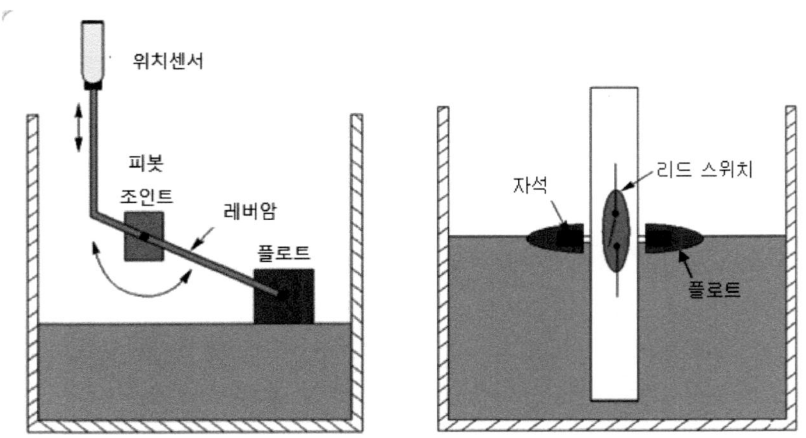

(a) 레버암 이용 방식 (b) 자석과 리드스위치 이용 방식

출력을 내기 위한 기계적 부품이 많다는 것이 단점이다. 자동차의 연료 탱크의 레벨도 플로트 레벨센서를 이용하여 모니터링 하고 있다.[200)]

디스플레이서 레벨센서는 〈그림 15-19〉와 같이 디스플레이서가 유체의 부력에 의해 움직이는 변위를 외부에 있는 토크 측정 장치를 통해 유체의 레벨을 측정하는 원리이다. 디스플레이서를 위치시키는 방식에는 유체가 있는 동일 박스 내에 디스플레이서를 위치시켜 사용하는 방식이 있고, 유체가 있는 메인박스 옆에 유체가 통하는 연결통로로 연결된 별도의 조그만 튜브에 디스플레이서를 이용하는 방법이 있다. 일반적으로 후자쪽을 많이 선호하여 사용한다. 이런 센서의 장점으로는 고온 및 고압의 유체에도 적용이 가능하고, 감도 및 정밀도가 좋고 응답속도가 빠르며, 절대 레벨이 변하지 않는다는 점이다. 반면, 유체의 밀도에 따라 레벨을 보정해 주어야 하며, 디스플레이서에 불순물 등이 부착해서 체적이 변하게 되면 오차가 생길 수 있으며, 플로트와 마찬가지로 상당량의 기계적 부품이 필요하며, 설치비용이 높다는 단점을 가지고 있다.

▼ 그림 15-19 디스플레이서 레벨센서 동작원리

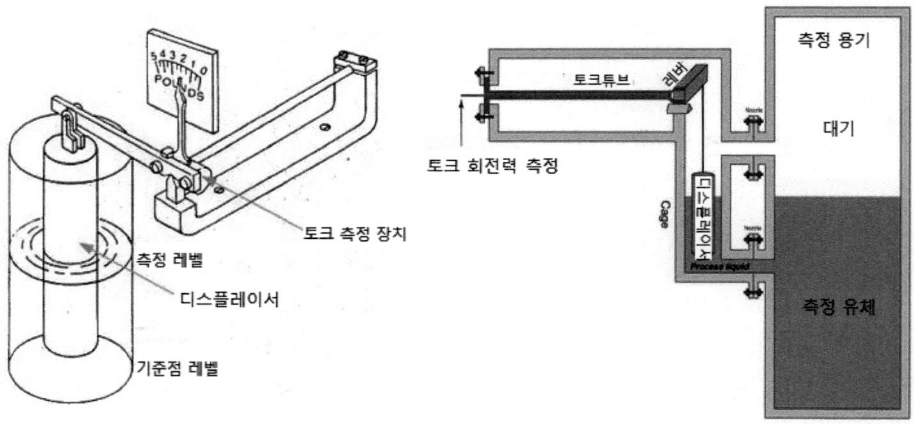

2) 압력측정 레벨센서

유체의 수직 기둥은 그 중량에 의해 아래쪽으로 압력이 가해진다. 유체 기둥의 밑바닥에서 기둥 높이와 압력관계는 용기의 폭 또는 모양에 관계없이 유체가 동일하면 일정하다. 따라서 〈그림 15-20〉과 같이 용기의 하부에서 차압을 측정하면 다음과 같은 파스칼의 법칙에 의해 유체의 높이를 측정할 수 있다.

200) 남기민, 고려대학교, “제14장 레벨센서” 강의 자료

$$P_1 = P_2 + \rho g L \qquad (15-1a)$$

$$L = \frac{P_1 - P_2}{\rho g} \qquad (15-1b)$$

▼ 그림 15-20 압력측정 레벨센서 개념

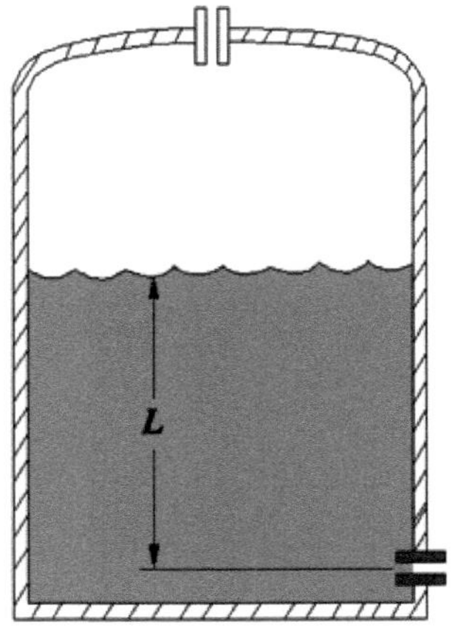

3) 기포식 레벨센서

기포식 레벨센서(Bubbler Level Sensor)는 퍼지식 레벨센서라고도 하며, 부식성의 액체, 부유물을 함유하고 있는 액체나 고점도의 액체, 또는 도압배관을 부착하기 곤란한 지하탱크 등과 같은 경우에 사용하는 방식이다. 〈그림 15-21〉과 같이 기체를 파이프 내로 강제적으로 주입하면, 기체 방울은 파이프의 끝 부분으로 방출되며, 파이프 내의 압력은 탱크 내 파이프 끝이 위치한 액체의 압력과 같다. 유체의 레벨이 변함에 따라 파이프 내의 압력도 따라서 변하게 된다. 이 압력은 연속적인 레벨지시를 위하여 압력계를 이용하여 측정할 수 있다. 공급되는 기체의 양은 약 1 SCFH(strandard cubic feet per hour) 정도로 낮게 유지하여 파이프 냉에 현저한 압력 강하가 발생하지 않도록 해야 한다. 통상적으로 공급하는 기체는 공기 또는 질소를 사용한다. 진공 또는 대기압보다 낮게 운용되는 탱크인 경우는 액체 레벨 측정이 공급 기체압력과 액체의 증기압과 차압의 함수이기 때문에 기포식 레벨센서 시스템의 설치가 다소 복잡하다. 기포식 레벨측정은 구조가 간단하고 차압식 레벨센서로 측정이 어려운 경우를 대신할 수 있다는 장점은 있으나 정확도가 그다지 높지 않다는 점과 이 물질이 유입될 가능성이 있다는 단점은 있다.

▼ 그림 15-21 기포식 레벨측정 시스템

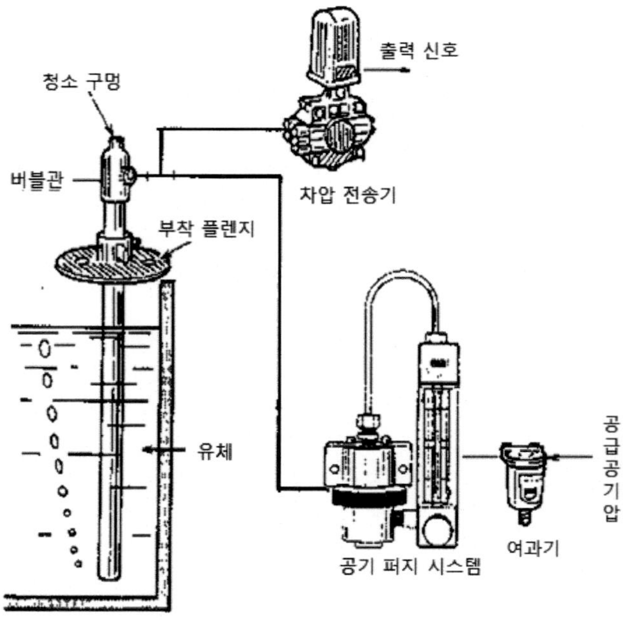

4) 중량측정 레벨센서

중량측정 레벨센서(Weight Level Sensor 또는 Load Cell Level Sensor)는 로드셀을 이용하여 탱크 속의 액체 중량을 측정해서 레벨을 결정하는 방식이다. 압력/밀도 측정 방식 중에서 앞에서 언급된 센서들은 모두 접촉식인 반면, 중량측정 레벨센서는 비접촉식으로 측정이 가능한 센서이다. 높이를 측정하는 레벨센서와는 달리 측정된 높이를 질량으로 변환하는 과정이 필요없다. 비어있는 용기의 중량을 W_t, 유체가 용기 내에 있을 때 로드셀에서 측정된 총 중량을 W라고 하면, 유체만의 중량 W_L은 다음과 같다.

$$W_L = W - W_t \tag{15-2}$$

여기서 빈 용기의 중량 W_t는 이미 알고 있는 양이므로 차동 증폭기의 (+) 입력 단자에 로드셀 출력 W를 연결하고, (−) 단자에 W_t를 입력시키면, 증폭기 출력 신호는 W_L이 되어 레벨 L을 측정할 수 있다. 저장 유체의 밀도가 일정하면 중량과 레벨 사이의 관계는 선형적으로 되어 쉽게 레벨을 측정할 수 있다. 그러나 밀도가 일정하지 않은 경우, 특히 고체의 경우 이 방식은 오차가 많이 발생할 수 있다. 이 방식은 레벨보다는 실제 중량이 더 중요한 곳에서 자주 사용되며, 용기의 모양 또는 내부구조에 관계없이 측정된 중량은 저장된 유체의 실제 중량이 된다. 이와 같은 중량측정 방식에서 중요한 것은 저장 용기를 파이프 또는 기계장치 등으로부터 발생하는 어떠한 외부의 기계적 스트레스로부터 분리해야 한다는 점이다. 대표적인 중량측정 레벨센서의 구조는 〈그림 15-22〉와 같다.

▼ 그림 15-22 중량검출 레벨센서 원리 및 로드셀 설치

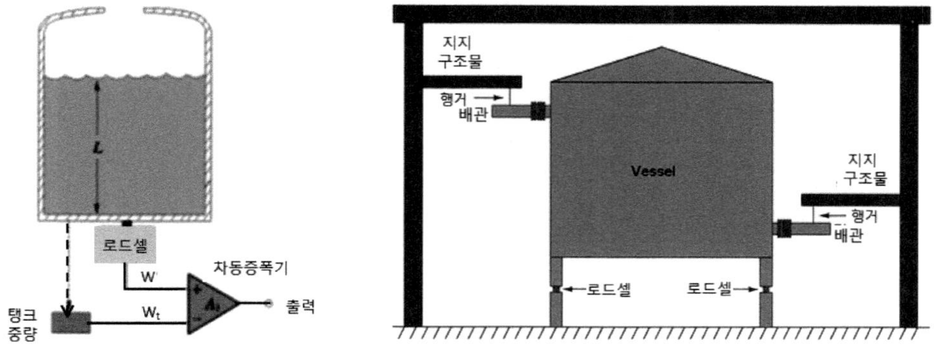

(a) 중량검출 레벨센서 원리　　(b) 중량검출을 위한 로드셀 설치

5) 전기용량 레벨센서

전기용량 레벨센서(Capacitive Level Sensor)는 유체를 유전체로 보고, 유체의 수위가 변하면 유전체의 유전율 값이 변하게 되는데, 이런 변화를 전기용량을 통해 측정하여 레벨을 유추하는 방식이다. 탱크 안에 있는 물의 레벨을 전기용량 레벨센서로 측정하는 원리는 〈그림 15-23〉과 같다. 물에 의한 전기적인 단락을 방지하기

▼ 그림 15-23 전기용량 레벨센서의 레벨 측정

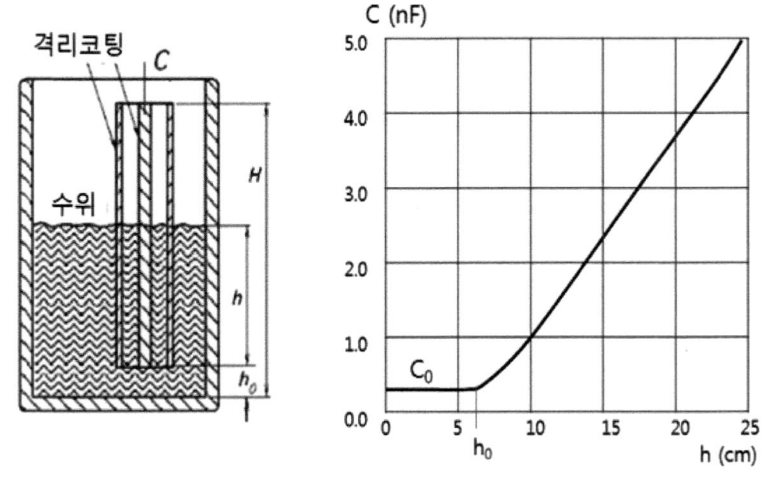

(a) 전기용량 레벨센서 원리　　(b) 레벨에 따른 전기용량 변화

위해 표면에 격리 코팅막을 입힌 동축(coaxial) 원통형 축전기를 센서로 사용한다. 이 센서를 탱크 내에 설치하여, 수위에 따른 동축 축전기의 전기용량 변화를 측정하여 수위로 환산할 수 있다.

바 비접촉식 레벨센서

1) 초음파/레이더 레벨센서

비접촉식으로 탱크 내 유체의 레벨을 측정하는 데에는 중력감지 레벨측정 이외에는 파동을 발신기에서 파동을 내 보내고, 유체 표면에서 반사되어 온 파동을 수신기에서 받아서 높이를 측정하는 방식이다. 이에 주로 사용되는 파동이 초음파, 마이크로웨이브, 광학, 방사선 등이 있다. 초음파는 사람의 귀에 들리지 않는 높은 주파수의 음(약 20kHz 이상)을 통칭 초음파라고 한다. 초음파 레벨센서(Ultrasonic Level Sensor)에서 사용하는 주파수는 통상 9kHz에서부터 50kHz 정도이며, 이 범위의 주파수는 초음파 펄스를 발생하기 쉽고 직진방향의 지향특성을 가지고 있다. 레벨측정 원리는 발신기에서 나온 초음파 펄스가 유체의 표면에서 반사되어 다시 초음파 수신기로 되돌아올 때까지의 시간을 측정하는 주행시간(transit time) 방식과 공진기(resonant cavity) 방식으로 레벨을 산출한다. 주행시간 레벨센서의 원리는 〈그림 15-24〉와 같이 탱크 상부(센서 A) 또는 하부(센서 B)에 설치된 초음파 센서에서 초음파 펄스를 발사하고, 그것이 유체와 가스의 경계면에서 반사되어 센서로 되돌아오는데 걸리는 왕복주행시간으로부터 레벨을 결정하는 방식이다.

▼ 그림 15-24 주행시간 레벨센서의 원리

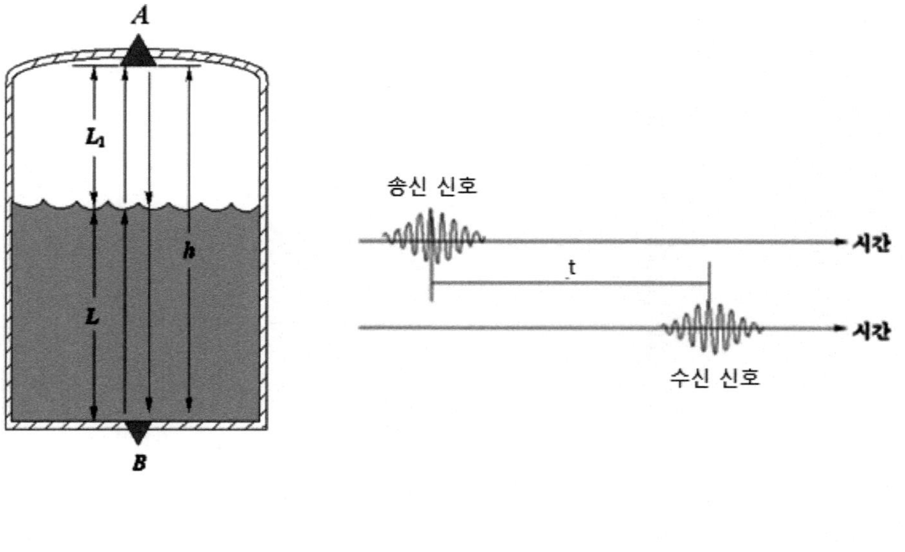

초음파 레벨센서는 탱크 내의 레벨 측정 뿐만 아니라 홍수 방지를 위한 강의 수위 측정에도 광범위하게 사용되고 있다. 재난보호를 위한 원격 모니터링 용도로 미국은 지난 2010년부터 〈그림 15-25〉와 같은 시스템을 전국가적으로 확산하고 있다. 이 시스템에 사용되는 전원은 태양전지판을 이용해서 공급하고, 초음파 레벨센서로 수신된 정보를 무선망(3G, LTE, GSM 등)을 통해 실시간으로 데이터센터에 전달하도록 되어 있다. 외부의 급격한 환경변화에 대해 여러 종류의 레벨센서 중에서 가격과 안정성 측면에서 초음파 레벨센서가 가장 무난한 것으로 보고 있다.

▼ 그림 15-25 초음파 레벨센서를 이용한 강의 수위 원격 모니터링 시스템

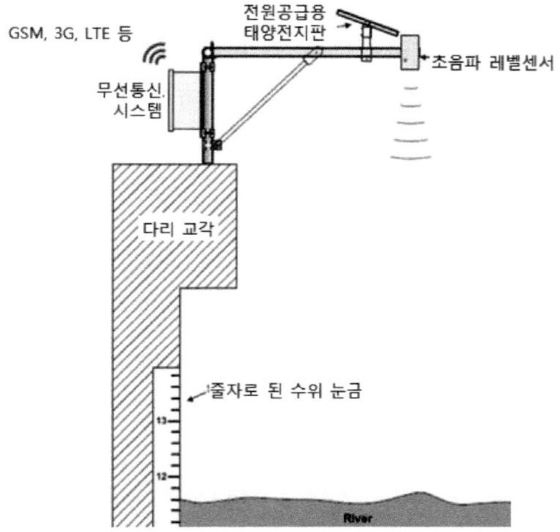

(a)초음파 레벨센서를 이용한 강의 수위 모니터링 개념

(b) 실제 강의 수위 모니터링 사례

레이더 레벨센서는 앞에서 설명된 초음파 레벨센서에서 초음파 대신에 레이더를 사용하는 것 이외에는 원리가 거의 유사하다. 마이크로웨이브 주파수를 연속적으로 가변하여 탱크 내부에 발사하고, 탱크 내 유체에서 반사되어 되돌아오는 마이크로웨이브와 발사된 마이크로웨이브의 주파수차를 측정하여 레벨을 측정하는 원리이다. 레이더에서 정지해 있는 물체까지의 거리를 측정하는 방법에는 펄스 레이더를 사용하는 방법과 주파수 변조(frequency modulation) 연속 레이더(줄여서 'FMCW 레이더'라고 함) 방법이 있다.

2) 방사선 레벨센서

방사선 레벨센서(Nuclear Level Sensor)는 방사선 동위원소에서 방사되는 감마선이 탱크를 투과할 때 흡수되는 에너지를 이용하여 레벨을 측정하는 원리이다. 레

벨 측정에 사용되는 방사선 동위원소들은 저준위 방사선을 방출하는 것으로 하며, 알파선, 베타선, 감마선 중에서 투과성이 좋으면서 짧은 파장의 고에너지를 갖고 있는 감마선을 사용한다. 감마선은 파장이 매우 짧은 전자기파로서 빛과 유사하다.

방사선을 이용한 레벨 측정은 〈그림 15-26〉과 같이 두 가지 방식이 있다. 그림 (a)는 레벨을 연속적으로 측정하는 방식이며, 방사선원(S)과 센서(D)를 각각 탱크 하부와 상부에 설치하고, 방사선이 유체를 수직으로 통과할 때 방사선의 감쇄량을 보고 레벨을 유추하는 방식이다. 그림 (b)는 레벨을 불연속으로 측정하는 방식이며, 용기의 측면에 마주보도록 방사선원(S)과 센서(D)를 한 위치 또는 여러 위치에 설치하고, 유체의 레벨이 그 사이를 통과하여 방사선의 감쇄량을 측정해서 레벨을 결정하는 방식으로 주로 레벨 스위치 용도로 사용되는 방식이다. 또 다른 연속 레벨 측정법으로는 〈그림 15-27〉과 같이 스트립형태의 감마선 소스와 스트립 형태의 감사선 센서를 이용하여 연속적으로 측정하는 방법도 있다.

▼ 그림 15-26 방사선을 이용한 레벨 측정 방법

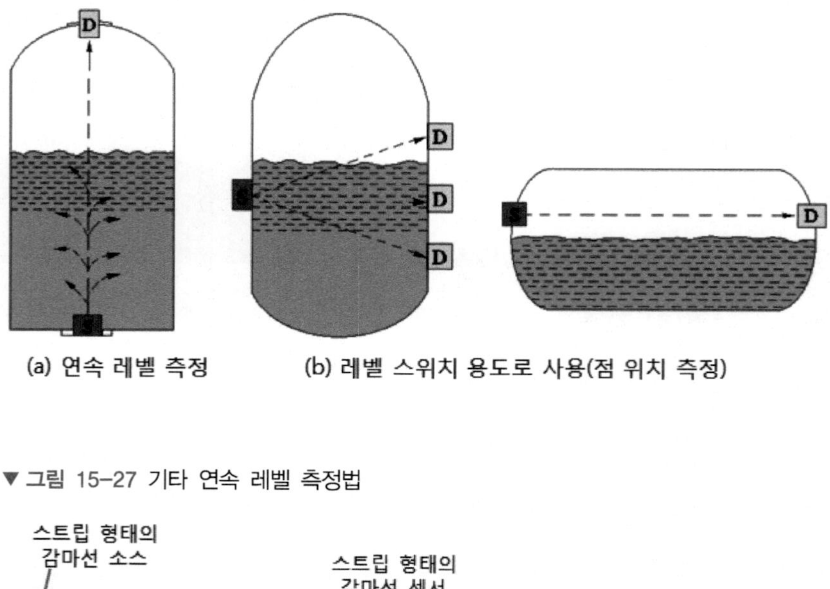

(a) 연속 레벨 측정　　(b) 레벨 스위치 용도로 사용(점 위치 측정)

▼ 그림 15-27 기타 연속 레벨 측정법

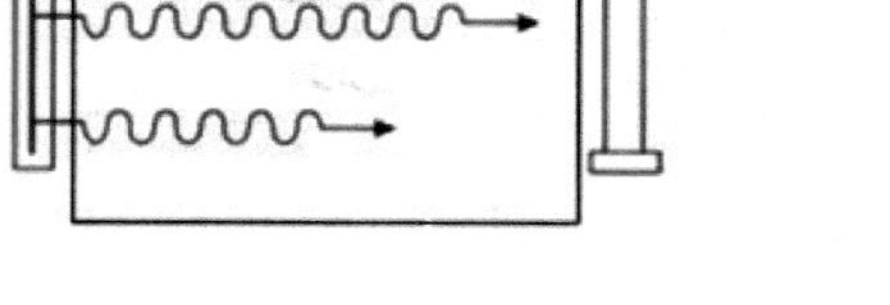

사 레벨스위치

레벨스위치는 연속적인 레벨을 측정하는 레벨센서와는 달리 한 점의 위치를 측정하는 것이 목적이며, 열식(hermal), 진동식(vibrating), 광학식(optical), 전도도식(conductivity) 등의 레벨스위치가 있다. 레벨스위치의 주된 목적은 탱크 내 특정한 레벨에서 유체가 있는지 없는지를 판단하는 것이다. 따라서 이들 스위치는 디자인이 매우 간단하고, 직관적이며, 매우 안정적이며, 교정이 필요하지 않다. 레벨스위치는 탱크의 윗부분 또는 측면에 설치하여 레벨을 감지한다. 특히 진동식 레벨스위치는 파우더, 곡물, 플라스틱 알갱이, 시멘트와 같은 고형 물질의 레벨도 측정이 가능하다.

1) 열식 레벨스위치

열식 레벨스위치(Thermal Level Switch)는 발열체의 열전달율 변화를 이용하는 것이며, 탱크 내부에 감시하고자 하는 레벨의 위치에 발열체를 설치하고, 이 발열체가 기체 중에 있다가 액체의 레벨이 높아지면서 발열체가 액체 속에 잠기게 되면 열전달율이 변하게 되는데 이로부터 레벨을 감지하는 원리이다. 가장 간단한 열식 레벨스위치의 형태는 〈그림 15-28〉과 같은 두 가지 형태가 사용되고 있다. 그림 (a)는 발열체로 서미스터를 이용한 것으로, 외부에서 서미스터에 충분한 전류를 공급하여 주위 온도에 따라 저항값이 크게 변하는 자기발열점(self heating point)까지 가열하고, 액면이 상승하여 액체가 서미스터에 닿게 되면 열전달율이 좋아져(다른 말로 방열이 더 잘 되므로) 서미스터는 냉각을 하게 되어 저항이 급격히 증가하게 된다.

▼ 그림 15-28 열식 레벨스위치의 종류

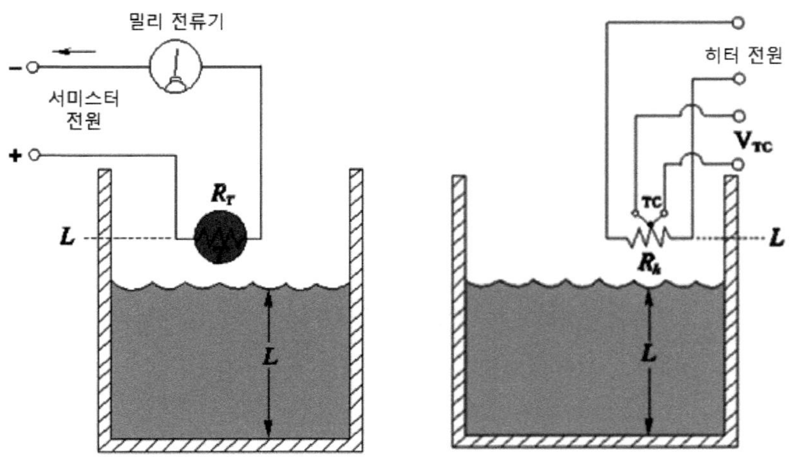

(a) 서미스터를 이용한 레벨스위치 (b) 서모커플을 이용한 레벨 스위치

액체의 레벨이 아래로 내려가 서미스터가 다시 공기 중으로 노출되면 열전달율이 나빠지게 되므로 서미스터의 저항은 다시 감소하게 된다. 그림 (b)는 발열체로 서모커플을 이용한 것으로, 저항체 R_h에 전류를 공급하여 서모커플을 이용하여 온도를 측정하여 일정온도까지 가열을 시킨다. 액면이 사승하여 액체가 R_h에 닿게 되면, 저항은 감소하게 되어 발열체의 온도가 낮아지게 되어 레벨을 감지할 수 있다.

또 다른 형태로 두 개의 저항온도센서(RTD 센서)를 동일한 높이에 설치하고, 한쪽 저항온도센서 쪽은 열을 가하고, 다른 한쪽은 열을 가하지 않고 레퍼런스로 유지하게 한 채로 휘스톤브리지에 연결해 놓는다. 공기 중에 있게 되면, 열을 가한 쪽은 레퍼런스 보다 더 뜨겁게 되어 휘스톤브리지 회로는 균형을 유지하지 않게 된다. 만약 액면이 상승하여 저항온도센서가 액체에 잠기게 되면, 두 개의 저항온도센서는 액체와 거의 동일한 온도를 유지하게 되어 휘스톤브리지 회로는 균형을 이루게 된다. 이러한 휘스톤브리지의 균형 변화로부터 레벨을 감지할 수 있다.

2) 진동식 레벨스위치

진동식 레벨스위치(Vibrating Level Switch)는 진동하는 부분이 유체에 잠기게 되면 진동수가 낮아지게 되어 레벨을 감지하는 원리이다. 진동식 레벨스위치에는 리드, 프로브, 소리굽쇠 3가지 방식이 주로 사용되며, 진동 주파수는 각각 120Hz, 200~400Hz, 85Hz이다. 이들의 동작원리는 거의 유사하다. 소리굽쇠 진동 레벨스위치는 〈그림 15-29〉와 같다. 소리굽쇠를 한 번 치게 되면 진동을 시작하게 되는데, 이때의 진동은 고유 진동수로 진동하게 된다. 고유 진동수는 소리굽쇠의 크기, 모양, 재질에 따라 달라진다. 내부에는 2개의 압전 단결정(piezoelectric crystal)이 있는데, 하나는 소리굽쇠를 움직이게 하는데 사용하고, 다른 하나는 주파수 변화를 측정하는 용도로 사용한다. 만약 소리굽쇠가 액체에 잠기게 되면 고유 진동수는 변하게 되는데, 액체의 밀도가 높을수록 주파수는 더 낮아지게 된다.

▼ 그림 15-29 소리굽쇠 진동식 레벨스위치

3) 광학식 레벨스위치

광학식 레벨스위치(Optical Level Switch)는 빛을 발산하는 투광부와 이를 받아들이는 수광부를 이용해서 유체에 의해 빛의 양이 변하는 것을 감지하는 원리를 이용한 센서이다. 여기에는 두 가지 방식이 가능하다. 하나는 〈그림 15-30〉과 같이 수광부와 투광부가 분리된 분리형 광학식 레벨스위치이다. 이것은 투광부와 수광부를 일정 공간 분리한 상태에서 유체가 이 사이로 들어오게 되면 수광부에 도달하는 빛의 양이 줄어들므로 레벨을 감지하는 방법이 있다. 다만 이 경우에는 유체가 사용하고자 하는 빛에 대해 불투명해야만 사용이 가능하다. 투광부로 적외선이나 가시광선 LED를 사용할 수 있으며, 수광부로는 포토다이오드(PD)를 사용하여 빛을 감지한다. 그리고 LED를 통해 빛이 나가는 부분에 렌즈를 사용하여 빛을 모아주어 가능한 한 빛이 퍼지지 않도록 한다. 이렇게 해야만 빛의 효율을 극대화 할 수 있다. 또한 수광부에도 렌즈를 이용하여 수광부에 도달한 빛을 포토다이오드에 집광시켜 줌으로써 미세한 빛의 변화도 감지할 수 있도록 해 준다. 분리형 광학식 레벨스위치는 설치가 간단하고 움직이는 부분이 없어 고장이 적지만, 외부의 조명에 의한 오보가 있을 가능성이 있으므로 특히 수광부 쪽으로 외부 광이 입사되지 않도록 유의해야 한다.

▼ 그림 15-30 분리형 광학식 레벨스위치 동작 원리

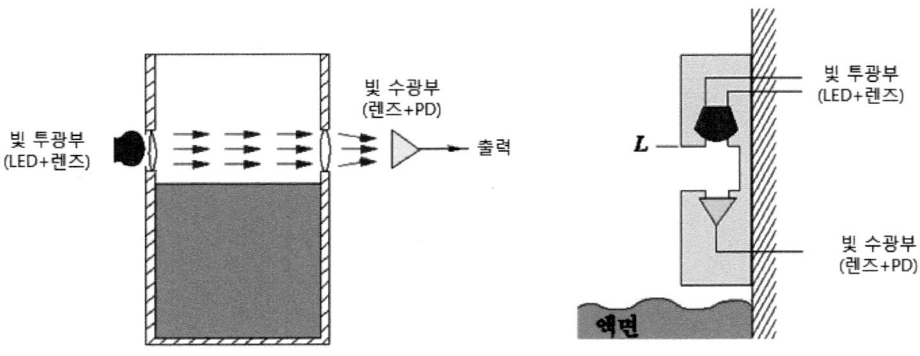

4) 전도도 레벨스위치

전도도 레벨스위치(Conductivity Level Switch)는 두 개의 저항체의 저항변화로부터 유체의 레벨을 감지하는 센서이며 원리는 매우 단순하다. 공기 중에 저항체를 일정 간격 띄워놓게 되면 두 저항체 사이의 저항은 거의 무한대가 된다. 그러나 도전성의 유체의 레벨이 상승하여 두 저항체가 잠기게 되면 저항은 급격히 감소하게 되어 레벨을 감지할 수 있다. 여기에는 〈그림 15-31〉(a)와 같이 한 점의 레벨을 측

정하는 경우와 (b)와 같이 여러 위치의 레벨을 측정하는 경우가 가능하며, 실제 제품화도 크게 2종류로 나와 있다.

▼ 그림 15-31 전도도 레벨스위치 동작 원리

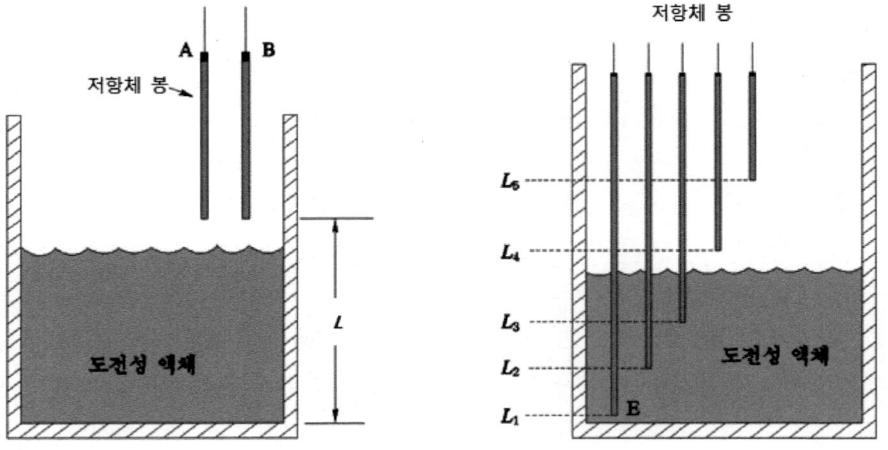

(a) 한 점 위치의 레벨을 감지하는 경우 (b) 여러 위치의 레벨을 감지하는 경우

16

압력센서 및 로드셀

가 압력의 정의

압력은 유체가 가하는 단위 면적당 수직으로 작용하는 스칼라 양적인 힘을 의미한다. 기체 또는 액체를 다룰 때만 압력을 논하고, 고체에 있어서 압력에 상응하는 것인 수직응력이다. 압력은 〈그림 16-1〉(a)와 같이 단위 면적당 힘으로 정의되기 때문에 제곱미터 당 뉴턴(N/m^2)의 단위를 가지며, 이를 파스칼(Pa)이라 부르며, 이를 수식적으로 표현하면 다음과 같다. 여기서 P는 압력, F는 면적에 가하는 힘, A는 힘이 작용하는 면적이다.

$$P = \frac{F}{A} \tag{16-1a}$$

$$1\,\text{Pa} = 1\,\text{N}/\text{m}^2 \tag{16-1b}$$

▼ 그림 16-1 압력의 개념

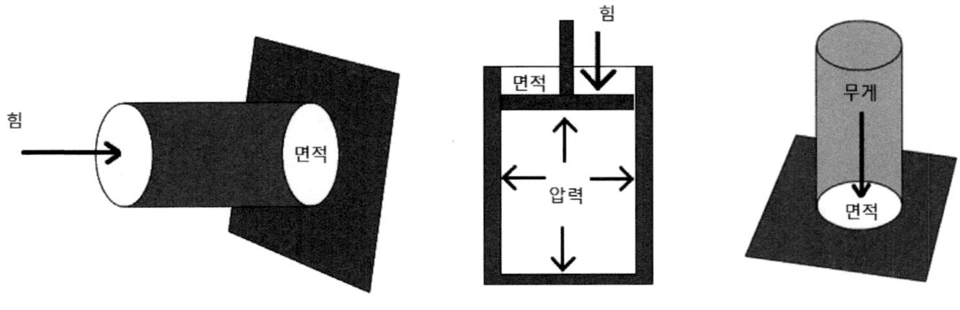

(a) 일반적인 압력의 정의, (b) 용기 내에 가해지는 압력의 개념, (c) 무게에 의한 압력

〈그림 16-1〉(b)와 같이 실린더 또는 용기 내에 있는 유체(기체 또는 액체)에 피스톤을 사용하여 힘을 가했을 때, 유체에 작용하는 중력을 무시하게 되면 용기 내에 생성되는 압력은 힘에 면적을 나눈 값의 압력이 모든 방향으로 동일하게 작용하게 된다. 이런 현상은 자전거 타이어에 공기를 주입하는 경우에서 연상할 수 있다. 그리고 〈그림 16-1〉(c)와 같이 어떤 물체가 중력에 의해 힘이 가해진다고 하면, 여기서 힘은 무게 W에 해당하며, 면적 A에 작용하는 압력 P는 다음과 같다.

$$P = \frac{W}{A} \tag{16-2}$$

압력을 표시하는 방법에는 절대압력(Absolute Pressure), 게이지압력 또는 계기압력(Gauge Pressure), 차이압력(Different Pressure)이 있으며, 이들의 개념적인 차이는 〈그림 16-2〉와 같다. 주어진 점에서의 실제 압력을 절대압력이라 하는데, 이는 절대진공(즉 절대적인 영의 압력)에 대한 상대적인 값이다. 물리적인 정의에 의하면, 지구 위도 45도 해면상에서 온도 0℃에서의 수은주가 0㎜Hg에 해당하는 압력 상태를 기점으로 측정되는 압력을 의미하며, 수치와 단위 끝에 절대라는 의미의 'abs'를 붙여서 표현하기도 한다. 유체역학과 같은 학문에서 사용하는 압력은 절대압력을 나타낸다. 게이지압력은 계기압력이라고 하며, 표준 대기압을 기준점 0으로 해서 측정되는 압력을 의미한다. 대부분의 압력 장치들은 대기 중에서 영으로 읽히도록 보정되어 있으며, 이들은 절대압력과 국소 대기압 사이의 차이를 나타낸다. 물리적인 정의에 의하면, 지구 위도 45도 해면상에서 온도 0℃에서의 수은주가 760㎜Hg에 해당하는 압력 상태를 기점으로 해서 측정되는 압력을 의미하며, 수치와 끝에 'g'를 붙이거나 생략한다. 공업적으로 사용되는 압력 표현에 가장 널리 사용되는 압력을 의미한다. 게이지압력은 상황에 따라 양 또는 음이 될 수 있지만 대기압보다 낮은 음의 압력을 진공압력이라 한다. 그리고 차이압력은 서로 다른 압력 중 어느 한쪽을 기준으로 다른 압력과의 차이 압력을 의미하며, 수치와 단위 끝에 'diff'를 붙여서 표시한다. 따라서 절대압력, 게이지압력, 진공압력은 모두 양의 값을 가진다. 예를 들어 자동차 타이어 안의 공기 압력을 측정하기 위해 사용되는 센서는 주로 게이지압력을 나타낸다. 그러므로 보통 32psi로 읽은 값은 대기압보다 32psi 높은 압력을 의미한다. 만약 대기압이 14.3psi인 위치에서 타이어 압력이 32psi라고 하면, 타이어 안의 절대압력은 14.3psi + 32psi = 46.3psi가 된다. 대기압을 기준으로 압력을 측정하면 압력은 게이지압력이고, 0 기압의 진공을 기준으로 측정하면 압력은 절대압력이다.

▼ 그림 16-2 압력 표시 방법

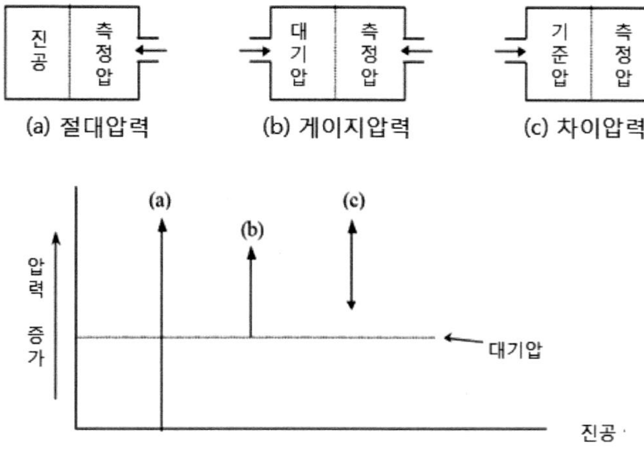

압력의 SI 단위는 pascal이며, 1㎩=1N/m^2이다. 즉 1pascal은 1N의 힘이 1m^2의 표면 위에 골고루 작용하고 있다는 의미이다. 다른 표현으로 1atm이라는 대기압을 사용하기도 하는데, 1atm은 온도 4℃의 물이 1m 높이에서 면적 1cm^2에 작용하는 압력으로 정의된다. ㎩은 매우 낮은 압력이므로, 실제 응용분야에서는 다른 단위를 주로 사용한다. 0℃ 수은주 1mm의 압력인 1㎜Hg를 1Torr로 정의하며, 지구 대기의 이상적인 압력은 760Torr가 된다. 또 다른 단위로 psi라는 단위도 사용하는데, 이것은 제곱 인치당 파운드의 약자이며, SI 단위와 비교하면 1psi= 6.89×10^3 ㎩=0.0703atm이다. 이와 같이 압력은 사용 용도에 따라 편리성 때문에 다양한 단위를 사용하는데, 각 단위들 간의 환산 관계는 〈표 16-1〉과 같다.

▼ 표 16-1 압력의 단위 환산표

구 분	㎩(N/m^2)	mbar	㎜Hg(Torr)	atm	psi(lb/in^2)	cmH_2O(@4℃)
㎩	1	1×10^{-2}	7.5×10^{-3}	9.87×10^{-6}	1.45×10^{-4}	1.02×10^{-2}
mbar	1.0×10^{2}	1	7.5×10^{-1}	9.87×10^{-4}	1.45×10^{-2}	1.02
Torr	1.33×10^{2}	1.33	1	1.32×10^{-3}	1.93×10^{-2}	3.94×10^{-2}
atm	1.01×10^{5}	1.01×10^{2}	7.60×10^{2}	1	1.47×10	1.0×10^{3}
psi	6.89×10^{3}	6.89×10	5.17×10	6.80×10^{-2}	1	7.03×10
cmH_2O	9.80×10	9.80×10^{-1}	7.36×10^{-1}	9.68×10^{-4}	1.42×10^{-2}	1

나 대기압 실험

갈릴레오의 학생이었던 이탈리아 물리학자인 토리첼리(Evangelista Torricelli)는 1643년에 그는 〈그림 16-3〉과 같이 대기에 노출된 수은을 담은 한 쪽 끝이 막힌 용기 속에 수은을 채운 후, 관을 거꾸로 세우면 수은이 76cm 높이까지 하강해서 멈추고 유리관 윗부분은 진공이 되는 것을 관측하였다. 그는 이 실험을 통해 대기압이 지구에 작용하고 있음을 발견하였으며, 이런 방법으로 대기압을 최초로 측정하였다. 점 B에서 압력은 대기압과 같고, 점 C에서의 압력을 영으로 잡을 수 있는데, 이는 점 C 위에는 단지 수증기만 있고 그 압력은 대기압에 비해 상대적으로 매우 낮으므로 무시될 수 있다. 이 측정에서 재미있는 것은 관의 길이와 단면적은 유체 기둥의 높이에 아무런 영향을 주지 않는다는 점이다. 따라서 대기압(1atm)의 정의는 표준 중력가속도 하에 0℃ 수은 기둥의 높이가 760mm가 되도록 발생되는 압력으로 정의된다. 만약 표준 대기압을 측정하기 위해 수은 대신 물을 사용한다면, 약 10.3m의 물기둥이 필요하다. 이와 같이 압력에 대한 토리첼리의 업적을 기념하기 위해 압력 단위인 mmHg를 토르(Torr)라고 한다. 토리첼리와 동시대 과학자인 파스칼은 1647년에 그의 처남과 함께 산 정상에서 수은에 수직방향으로 가해지는 압력을 실험하였으며, 그 결과 압력은 고도에 따라 낮아진다는 것을 처음으로 밝혔다. 낮은 대기압인 높은 산에서는 물이 낮은 온도에서 끓기 때문에 낮은 고도에서의 요리시간에 비해 더 많은 시간이 걸린다. 그리고 고도가 높은 곳에서 코피가 자주 나오는 현상은 흔히 일어나는 일인데, 이는 혈압과 대기압 사이의 차이가 크게 되어 콧속 정맥의 섬세한 벽이 종종 이런 추가적인 응력을 견뎌내지 못하기 때문에 일어나는 현상이다.

▼ 그림 16-3 토리첼리의 대기압 측정 및 파스칼의 고도에 따른 대기압 실험

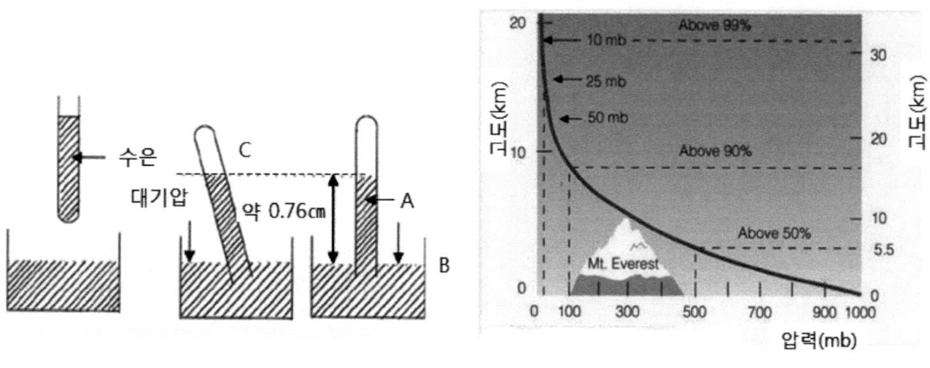

다 액체 내에서 압력

압력은 단위 면적 당 압축력이며, 압력은 벡터일 것 같은 생각이 든다. 그러나 유체 내의 어느 한 점에서의 압력은 모든 방향으로 동일하다. 즉, 압력은 크기는 갖지만 특정한 방향은 갖지 않는다. 따라서 압력은 스칼라 양이다. 따라서 유체 내의 한 점에서의 압력은 모든 방향으로 동일한 크기를 가진다고 볼 수 있다. 이 결과는 정지 유체뿐만 아니라 운동 중인 유체에도 적용될 수 있다. 이런 이유는 압력이 벡터가 아니라 스칼라양이기 때문에 가능하다. 정지 해 있는 액체 내의 압력은 〈그림 16-4〉(a)와 같이 깊이에 따라 증가한다. (a)와 같은 직육면체의 유체를 생각해 보면, 이 유체의 부피 V = hA, 무게 W = mg가 된다. 따라서 단위 면적당 질량에 해당하는 압력을 수식적으로 표현하면 다음과 같다. 여기서 밀도는 $\rho = m/V$ 이다. 그러므로 (b)와 같이 유체 내 위치에 따른 압력 차이는 다음과 같다.

$$\text{압력} = \frac{\text{무게}}{\text{면적}} = \frac{\text{mg}}{\text{A}} = \frac{\rho \text{Vg}}{\text{A}} = \rho \text{gh} \tag{16-3}$$

$$\text{액체} : P_2 - P_1 = \rho gh, \ \text{기체} : P_2 - P_1 = \int \rho g dh \tag{16-4}$$

▼ 그림 16-4 높이에 따른 유체의 압력 차이

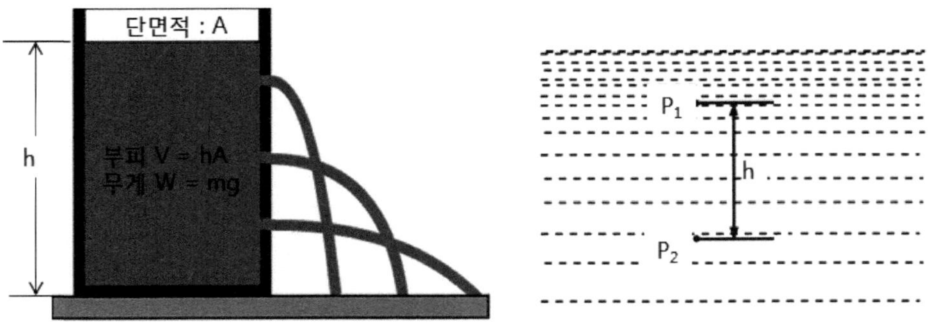

(a) 직육면체 유체의 높이에 따른 압력, (b) 유체 내에서 위치에 따른 압력

액체는 본질적으로 비압축성 물질이고, 따라서 깊이에 따른 밀도의 변화는 무시할 수 있다. 이는 고도의 변화가 크기 않을 때 기체의 경우에도 성립한다. 그러나 온도에 따른 액체나 기체의 밀도 변화는 상당히 클 수 있으며, 높은 정확도가 요구될 때에는 이를 고려할 필요가 있다. 또한 바다와 같이 매우 깊은 곳에서는 액체의 밀도 변화가 클 수 있는데 이는 막대한 액체의 무게에 의한 압축 때문이다. 중력가속도 g는 해수면에서 9.807m/s^{2}이고, 대형 여객기가 날아다니는 14,000m의 고도

에서 9.764m/s²까지 변한다. 이와 같은 극단적인 경우에도 단지 0.4%의 변화만 생기므로 중력가속도 g는 거의 오차없이 일정하다고 가정할 수 있다. 따라서 정지해 있는 액체의 압력은 모양이나 질량이나 액체의 표면적과는 무관하고 〈그림 16-5〉와 같이 단지 높이에 따라서만 압력이 결정된다고 볼 수 있다.

▼ 그림 16-5 정지해 있는 액체 내에서의 압력은 높이에 의해 결정

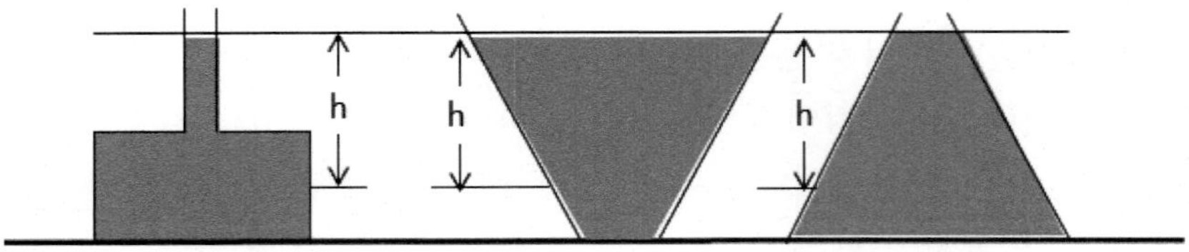

정지 유체 내의 압력은 용기의 모양이나 단면과는 무관하다. 압력은 수직 거리에 따라 변하지만, 다른 방향으로는 일정하게 유지된다. 그러므로 압력은 주어진 유체에서 수평면 상의 모든 점에서 동일하다. 유체 내의 압력은 수평방향으로 일정하게 유지된다는 이 결과는 갇혀있는 유체에 작용하는 압력은 그 유체 전체에 걸쳐 동일한 양만큼의 압력을 증가시킨다는 것이다. 이는 Blaise Pascal(1623~1662)의 이름을 따라 파스칼(Pascal)의 법칙이라 불린다. 또한 파스칼은 유체가 가한 힘은 표면적에 비례함을 알았다. 그는 면적이 다른 두 개의 유압실린더를 연결하면, 면적이 큰 쪽을 면적이 작은 쪽에 가해진 힘보다 비례적으로 큰 힘을 가하는 데 이용할 수 있음을 인지하였다. 우선 큰 힘을 필요로 하는 유압시스템의 핵심 원리가 바로 파스칼의 원리이다. 〈그림 16-6〉과 같은 유압 시스템은 가는 부분과 굵은 부분이 있는 금속으로 된 관에 유체가 들어 있다. 금속관의 가는 부분에 있는 유체를 많이 밀어도 굵은 부분의 유체는 조금밖에 움직이지 않을 것 같지만, Pascal의 원리에 의해 압력은 똑같이 전해지므로 가는 부분을 작은 힘으로 밀어도 굵은 부분에서는 큰 힘이 생기게 된다. 양쪽 피스톤이 모두 동일한 높이에 있으므로 $P_1 = P_2$가 되며, 입력 힘에 대한 출력 힘의 비는 다음과 같이 결정된다.

$$\frac{F_1}{A_1} = \frac{F_2}{A_2} \rightarrow \frac{F_2}{F_1} = \frac{A_2}{A_1} \tag{16-5}$$

이식에서 면적비(A_2/A_1)를 유압식 리프트의 이상적인 기계적 확대율(ideal mechanical advantage)이라 한다. 예를 들면, 면적비가 $A_2/A_1 = 100$인 유압 차량 잭을 이용하면, 사람이 단지 10kgf(=90.8N)의 힘만 적용해도 1000kg의 차를 들어올릴 수 있다.

▼ 그림 16-5 파스칼의 법칙을 응용한 유압 차량 원리

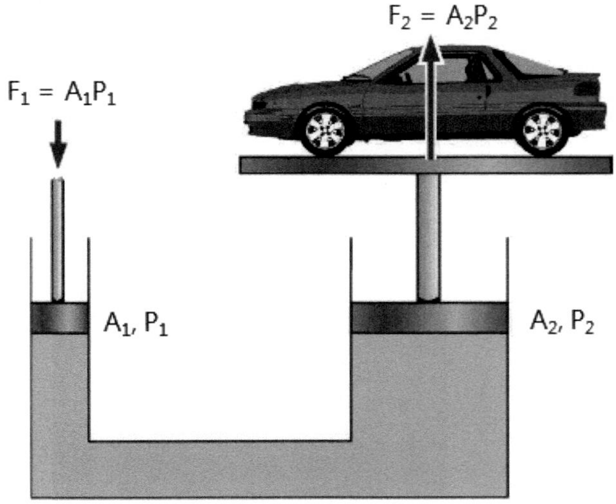

라 압력 센서 분류

유체(특히 기체)의 압력 제어공정에 사용되는 기기는 압력을 직접 측정하는 압력 게이지(gauge 또는 gage), 게이지에서 측정된 압력을 전기신호로 변환하는 센서 또는 기타 신호로 변환하는 트랜스듀서, 센서 또는 트랜스듀서에서 나오는 신호를 제어부 또는 판넬로 전송해 주는 전송기(transmitter), 그리고 현장에서 측정된 압력의 제한을 두어 정해진 한계점을 넘어서면 알람 접점 신호를 내보내는 스위치 등으로 구성된다. 특히 전송기에는 측정된 압력을 공기 신호로 변환 및 전송해 주는 공압형(pnuematic type)과 측정된 압력을 전기적 신호로 변환 및 전송해 주는 전기형(electrical type)으로 구분된다. 보통 압력을 직접 측정하는 게이지와 전기적인 출력 신호를 내는 것을 합해서 압력센서라고 하며, 전기적인 신호 이외의 신호를 내는 것을 게이지와 합해서 트랜스듀서라고 한다. 대표적인 압력센서는 〈표 16-2〉와 같다. 표에 있는 압력계는 대부분 대기압보다 높은 압력을 측정할 수 있는 센서 종류이다. 대기압보다 낮은 진공도는 일반적인 압력 센서 대신에 진공을 측정할 수 있는 특별한 센서를 사용한다.

토리첼리와 파스칼이 대기압 측정을 위해 사용한 것을 수은주 압력계라 하며, 수은 대신에 다른 액체를 사용해서도 대기압 측정이 가능하므로 유리관 내부에 액체를 채워서 기압을 측정하는 방식을 액주식 압력계 또는 마노미터(Manometer)라 한다. 전자식을 제외한 다른 압력계는 아날로그 신호로 측정이 되기 때문에 디지

털 신호가 필요한 스마트 디바이스에는 적용할 수가 없다. 따라서 스마트 디바이스에 적용할 수 있는 센서는 주어진 압력에 대해 전기적인 출력으로 나오는 전자식만이 가능하며, 이 중에서도 스마트 디바이스에 탑재할 수 있는 MEMS 센서는 반도체인 스트레인형과 전기용량형인 반도체식이 가능하다.

▼ 표 16-2 압력계의 분류

분 류	압력계		측정범위	특 징
액주식	U자관형		5~2000mmH_2O	• 비교적 간단하고 정확함
	단관형		300~2000mmH_2O	
	경사관형		10~300mmH_2O	
탄성식	부르돈관형		0.1~5000kg/cm^2	• 정기적인 교정이 필요함
	벨로즈형		0.01~10kg/cm^2	
	다이아프램형		0.01~500kg/cm^2	
분동식	분동형		2~10^6 수천kg/cm^2	• 표준기로 사용
전자식	포일형 스트레인게이지		수천mmH_2O ~ 수천kg/cm^2	• 빠른 응답특성 • 선형성 우수
	반도체	스트레인형		• 히스테리시스가 없으며, 감도가 우수
		전기용량형		
	압전형		7×10^{-8}~700kg/cm^2	• 동적교정이 필요
	전위차계형		사양에 따라 결정	• 직류, 교류 모두 사용

1) 액주식 압력계

수은주 압력계를 일반적인 용어로 액주식 압력계라고도 한다. 일반적으로 투명 유리관을 이용하여 유리관 내부에 액체를 채우고, 미지 압력을 가하면 관 내부의 액체 레벨이 변화하게 되는데 이와 같이 액체의 위치를 측정함으로 압력을 구하는 압력계이다. 압력과 액체 위치의 관계는 다음과 같다.

$$P=\frac{F}{A}=\frac{W}{A}=\frac{mg}{A}=\frac{\rho Vg}{A}=\rho Ahg/A=\rho gh \tag{16-6}$$

위의 식에서 ρg가 측정 중에 일정하다면, 압력 P와 액주의 높이 h는 비례관계를 가지므로 액주의 높이를 정확히 측정하면 압력을 측정할 수 있다. 액주식은 파스칼의 원리를 응용해서 압력을 측정하는 센서이며, 영어로는 Manometer(마노미터)라고 한다. 일반적으로 투명 유리관을 이용해서 유리관 내부에 액체를 충진시키고 미지 압력을 가할 때, 관 내부 액의 위치변화를 측정하여 압력을 구하는 압력계이다. 구조는 다른 압력계에 비해 간단하고, 구조적인 오차발생이 적고, 고장이 적으며, 정확성이 높은 장점이 있다. 그러나 온도의 영향을 민감하게 받고, 액체와 유리벽의 오염에 따른 오차의 발생과 측정범위의 제약 등이 단점이다. 기본적인 마노미터는 측정 물질의 연결 부위에 작은 저장 용기를 두어 여기에 가해지는 압력을 용기 안의 액체에 직접 전달하게 하고, 이 액체가 압력에 의해 이동하여 투명 유리관 내에서의 높이가 변화하는 구조로 되어 있다. 대기압을 기준으로 할 경우에는 유리관 꼭대기는 개방되어야 하며, 절대압을 측정할 경우에는 밀봉된 용기를 사용한다. 대표적인 마노미터로는 U자형, 우물형(웰형), 경사형 등이 있으며, 대표적인 액주식 압력계의 형상은 〈그림 16-6〉과 같다.[201]

▼ 그림 16-6 대표적인 마노미터 종류

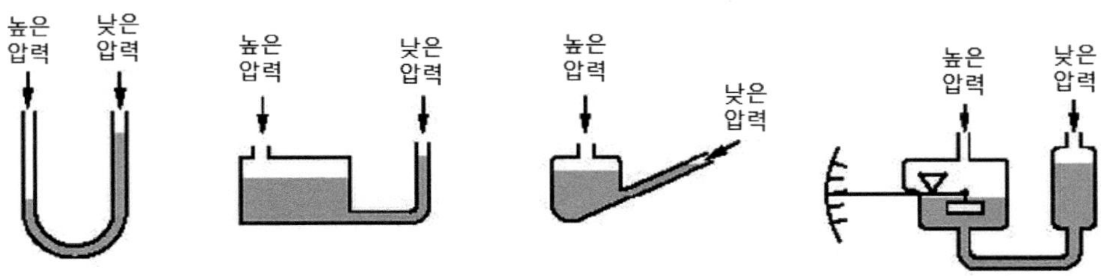

(a) U자형 마노미터, (b) 웰형 마노미터, (c)경사형 마노미터, (d) 부력식 마노미터

액주식 압력계에 사용하는 액체의 선정기준은 다음과 같다. ① 측정범위와 측정 정밀도에 적합한 밀도를 가져야 한다. ② 점도가 낮고 유리관에 달라붙지 않는 액체라야 한다. ③ 증발하기 어려워야 한다. ④ 온도변화에 따른 밀도변화가 적어야 한다. ⑤ 냄새나 독성이 없고 유리관을 부식시키지 말아야 한다. 이러한 조건에 맞고 주변에서 쉽게 구할 수 있는 액체인 물과 수은을 가장 많이 사용한다. 수은의 경우, 비중은 13.6이므로 높이가 1mm 증가할 때마다 1mm의 물보다 13.6배의 압력이 가해진다. 마노미터는 유리관 내벽에서 액체 표면의 모양과 눈금의 정확성, 그리고 눈금의 선형성 등에 따라 정확도가 달라진다. 〈그림 16-7〉과 같이 물의 경우, 표면장력에 의해 아래로 오목하게 표면이 형성되는 데 반해, 수은인 경우에는 큰 응집력으로 인하여 표면은 볼록하게 형성된다. 액주 높이를 측정하고자 할 때, 액체 물질에 따라 읽는 방법이 서로 다르다. 수은은 액면이 위로 볼록하므로 볼록한 윗부분의 눈금을 읽고, 물이나 기름은 아래 오목한 부분을 읽어야 오차를 줄일 수 있다.

201) 이유성, 히스코센서, "압력의 측정방법", 제1회, 월간계장기술, 2004년 2월 www.procon.co.kr/pdf/2004%202/2004%202-te-1.pdf

▼ 그림 16-7 물과 수은의 표면 형상

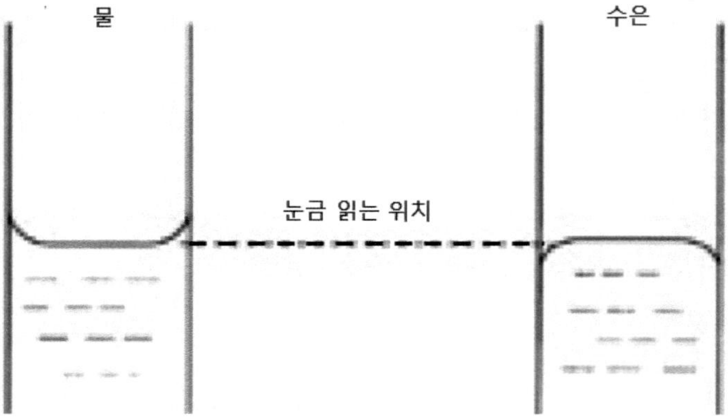

액주식 압력계의 다른 형태가 대기압을 측정하는 바로미터(Barometer)이다. 바로미터의 기본 원리는 토리첼리의 실험을 재현한 〈그림 16-8〉과 같은 수은 바로미터이다. 한쪽 끝이 개방된 약 1m 길이의 유리 튜브를 수은이 담긴 수조에 거꾸로 세워놓은 구조로 되어 있다. 대기압에 의해 수은이 압력을 받아 유리 튜브 위로 올라가게 되며, 이 높이로부터 압력을 알 수 있다. 이것은 토리첼리가 대기압을 측정하면서 사용한 실험기기의 원형이다. 수은의 독성과 취급상 어려움 때문에 토리첼리 이후 수은 대신에 물과 진공펌프오일 등을 사용하여 기압을 측정하는 데 사용하였다.[202)]

▼ 그림 16-8 수은 바로미터 원리 및 외관

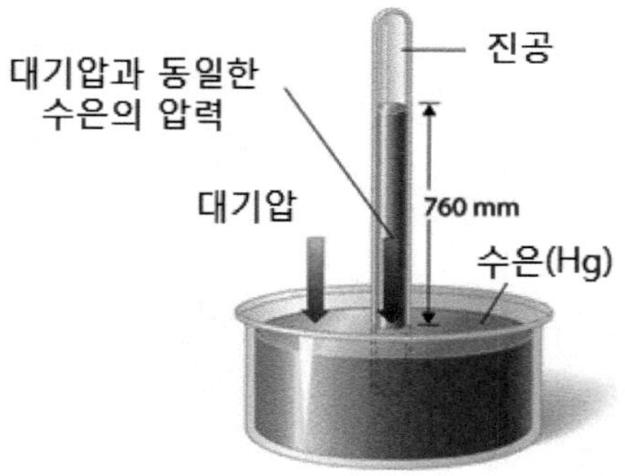

(a) 토리첼리 원리,

(b) 초기 바로미터 외관

202) http://en.wikipedia.org/wiki/Barometer

수은 바로미터는 수은 저수조, 유리 바로미터 튜브, 눈금자의 3가지 주요 부품으로 이루어져 있다. 초창기에 수은 저수조로 사슴가죽 재질을 사용하였으며, 고순도로 추출되고 정제된 수은을 사용하였다. 수은 표면이 산화가 되면 지시기와 표면 사이의 경계면이 불분명하게 되므로, 오염된 수은 표면은 청결을 유지해야 한다. 그리고 수은은 몸에 해로운 물질이기 때문에, 수은을 담고 있는 저수조와 튜브 사이로 수은이 빠져 나오지 않도록 해야 한다. 측정 전에는 반드시 보정을 해야 하는데, 표준 보정점의 기준은 0℃에서 수은의 밀도가 $13.5951 g/cm^3$, 중력가속도는 $980.665 cm/s^2$이다. 수은의 밀도는 온도에 따라 변하기 때문에, 바로미터 옆에 온도계를 부착하여 측정 중의 온도를 기록하여 보정해 주어야 한다.

2) 탄성식 압력계

액주식 압력계는 원리가 간단하고 정밀한 장점은 있으나, 휴대용으로 이동하기가 어렵고 깨지기 쉬운 구조이며, 액체의 위치를 눈으로 확인을 해야만 하는 단점이 있다. 이러한 단점을 보완하기 위해 만들어진 것이 탄성식 압력계이다. 탄성식 압력계는 수압부에 탄성체를 사용해서 측정하고자 하는 압력을 가했을 때, 가해진 압력에 비례하는 기구적인 변형으로부터 압력을 측정하는 것이다. 이와 같은 탄성식 압력계에는 〈그림 16-9〉와 같이 부르돈 튜브(Bourdon tube)형, 다이아프램(diaphragm)형, 벨로우즈(bellows)형 등이 있으며, 압력계 제작시에는 압력변화에 따른 극히 미세한 탄성변형을 탐지하기 위해 일반적으로 링크기구, 레버, 피니언 등의 기계적 구조를 이용하여 변형을 확대하여 지시, 기록, 전송, 전기적 변환 등을 수행한다. 이러한 의미에서 탄성식 압력계는 기계적인 압력계로 2차 압력계라고도 한다.[203)]

부르돈 튜브형은 1852년 프랑스의 Eugene Bourdon이 발명했다. 단면적이 타원형인 튜브를 한쪽에 고정단으로 개방시켜 압력을 가하고, 다른 쪽은 밀폐 자유단으로 하여 원형으로 구부려 내부에 압력을 가했을 때 튜브가 압력으로 인해 똑바로 펴지려고 하는 특성을 이용한 것이다. 이 움직임에 바늘이나 기어 구조를 연결하여 압력의 정도를 측정하는 원리이다. 부르돈 튜브의 장점은 구조가 간단하여 가격이 저렴하며, 측정할 수 있는 압력범위가 매우 넓으며, 압력 스위치로도 사용이 가능한 장점이 있다. 반면, 압력계의 부피가 커서 설치공간이 제한적이며, 응답속도가 다른 압력계에 비해 느리며, 히스테리시스에 의한 오차가 큰 단점이 있다. 다이아프램(diaphragm) 압력계는 얇은 막으로 된 것인데, 한쪽에서 압력이 인가되면 압력차로 인해 다이아프램이 한쪽으로 변형이 일어나는 원리를 이용한 것이다.

203) http://benvalle.com/Pressure/Pressure.html

금속 다이아프램과 비금속 다이아프램으로 구분되며 주로 유체의 압력 측정용으로 많이 사용된다. 이상적인 비금속 다이아프램은 두께가 제로이면서 다만 형상이 있은 막으로서 유한의 인장강성은 존재하며 전단강성 및 굴곡성은 없는 것이다. 실제 비금속 다이아프램은 보통 크기가 크고 동심원 무늬가 없는 것이 특징이며, 재질로는 네오프렌 고무, 테플론, 폴리에틸렌, 실리콘 등이 사용된다. 일반적인 압력 측정용 비금속 다이아프램의 두께는 약 0.2~0.3mm 정도이며, 제어용으로 사용 시에는 3~4mm도 사용된다. 벨로우즈 압력계는 주름 상자형의 주름이 있는 금속 박판 원통에 그 내부 또는 외부에 압력을 가하면 중심 축 방향으로 팽창 및 수축이 일어나는 원리를 응용한 것이다. 대부분 복귀용 스프링을 내장하고 있으며, 측정에 필요한 직선성을 고려해서 전체 가변 범위의 5~10% 정도만 측정범위로 제한하여 사용한다. 벨로우즈는 압력에 따른 길이의 변화가 다이아프램이나 부르돈관에 비해 커서 보통 저압 측정용에 많이 사용된다. 벨로우즈 재질로는 황동이 가장 많이 사용되고 있으며, 이 외에도 유체의 종류에 따라 인청동, 벨리륨동, 스테인레스 스틸, 모넬(monel), 은, 니켈 등을 사용하기도 한다.

▼ 그림 16-9 탄성식 압력계의 분류

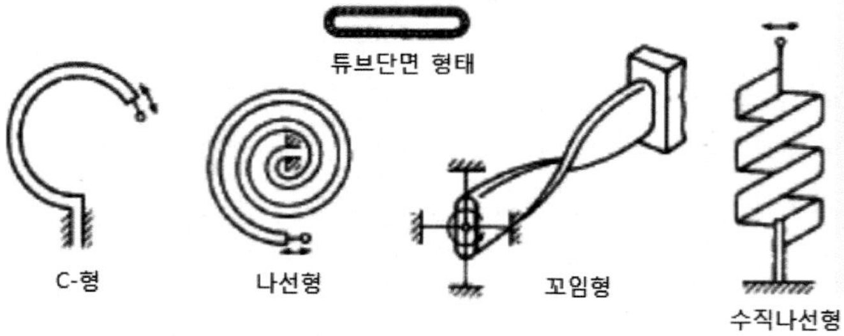

(a) 부르돈 튜브형

(b) 다이아프램형

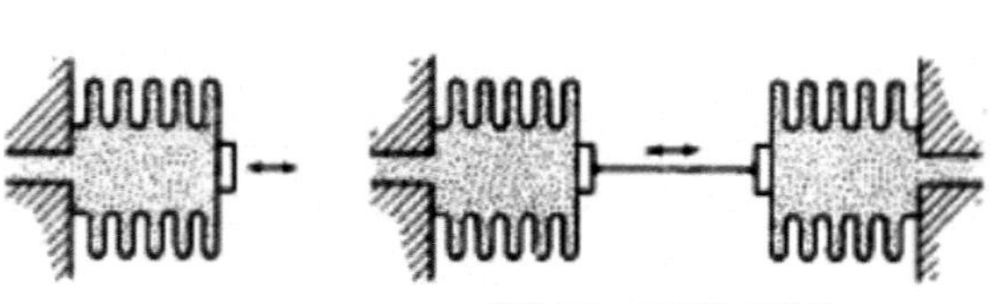

(c) 벨로우즈형

캡슐형 다이아프램 압력계를 응용한 것이 아네로이드 바로미터(Aneroid Barometer)이다. 아네로이드 바로미터는 액주식인 수은 바로미터보다 정밀도는 약간 떨어지지만, 크기가 작아 휴대성이 뛰어나며, 사용하기가 간편하다는 장점으로 많이 사용하게 되었다. 이것은 1844년 프랑스의 과학자 Lucien Vidi에 의해 최초로 고안이 되었는데, 그는 베릴륨과 구리의 합금을 이용해서 아네로이드 셀(또는 캡슐)이라고 불리는 다이아프램 박스를 제작하였다. 외부에서 약간의 기압 변화가 발생하면, 캡슐의 수축 또는 팽창량을 이용해서 압력을 측정하는 원리이다. 아네로이드 바로미터의 동작원리는 〈그림 16-10〉과 같다. 아네로이드 셀의 내부는 공기가 거의 없는 밀봉된 상태로 있으며, 이것이 기압에 의해 압축 또는 팽창하면서 여기에 연결된 스프링이 움직이면서 눈금이 압력을 가리키도록 동작한다. 그리고 그림에는 없지만, 아네로이드 셀의 탄성은 온도에 따라 변하기 때문에 바이메탈 온도기를 이용해서 온도 보상을 해 주도록 설계되어 있다.[204)]

▼ 그림 16-10 아네로이드 바로미터 동작원리

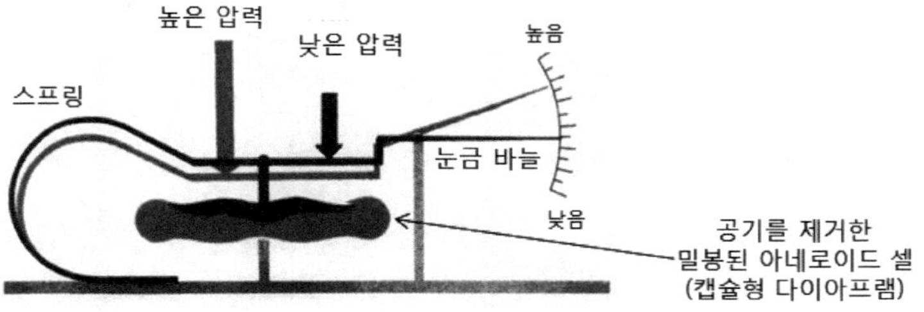

아네로이드 바로미터를 응용한 것이 아네로이드 기압기록계(Barograph)이다. 〈그림 16-11〉에서 보듯이 기존 아네로이드 바로미터의 눈금 바늘을 기록용 펜으로 바꾼

▼ 그림 16-11 아네로이드 기압기록계 원리 및 외관

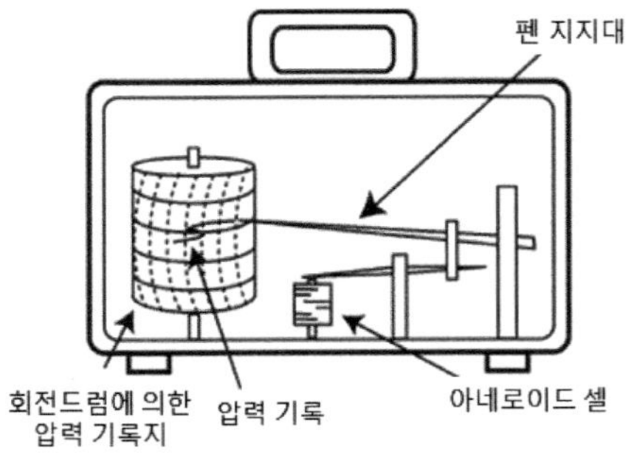

(a) 아네로이드 기압기록계 원리,

(b) 아네로이드 기압기록계 외관

204) http://www.aviationweather.ws/012_Atmospheric_Pressure.php

것 이외에는 원리가 거의 동일하다. 압력을 감지하는 아네로이드 셀의 수축 및 팽창에 의해 펜 지지대가 움직이고, 펜 지지대 끝에 회전드럼형 기록지 위에 압력을 기록하게 되어 있다.[205]

3) 분동식 압력계

분동식 압력계는 영어로 dead-weight pressure calibrator라고 하며, 분동은 양팔저울의 한쪽에 물건을 놓고 무게를 달 때, 무게의 표준으로서 다른 한쪽 저울판 위에 올려놓는 추를 의미한다. 따라서 분동식 압력계는 단위면적에 작용하는 수직력을 이용해서 표준압력을 만들 수 있도록 된 압력계이다. 이를 이용해서 압력도 측정하지만, 미지의 압력계의 교정용 표준기와 표준압력 발생기로도 사용된다. 〈그림 16-12〉와 같이 질량을 알고 있는 분동을 피스톤 위에 올려놓게 되면, 분동의 수직방향의 힘은 분동의 무게(질량×중력가속도)만큼 작용하게 된다. 그리고 피스톤의 단면적을 알고 있다면, 피스톤에 의해 실린더 내에 있는 유체에 작용하는 압력은 힘/단면적의 공식을 통해 압력을 알 수 있다. 따라서 질량이 다양한 분동만 있으면 원하는 표준 압력을 쉽게 만들 수 있다. 여기에 다른 압력계를 연결하여 정해진 표준압력이 읽히는지를 확인을 할 수 있으며, 또한 교정도 가능해진다. 대표적인 분동식 압력계의 내부 구조와 외관은 〈그림 16-13〉과 같다. 유체의 종류에 따라 기체식과 액체식으로 나눌 수 있으며, 기체식은 1.5kPa~100MPa, 액체식은 0.1~500MPa까지의 게이지압에 적용할 수 있다.[206]

▼ 그림 16-12 분동식 압력계의 원리

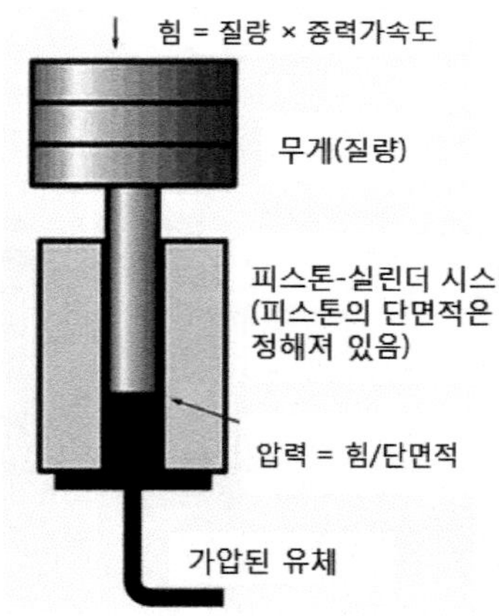

205) http://www.infoplease.com/cig/weather/pressure-getting-to-you.html

206) http://www.instrumentationtoolbox.com/2013/08/how-to-calibrate-pressure-gauge-with.html#axzz3PnSMbGGD

▼ 그림 16-13 분동식 압력계의 내부구조와 외관

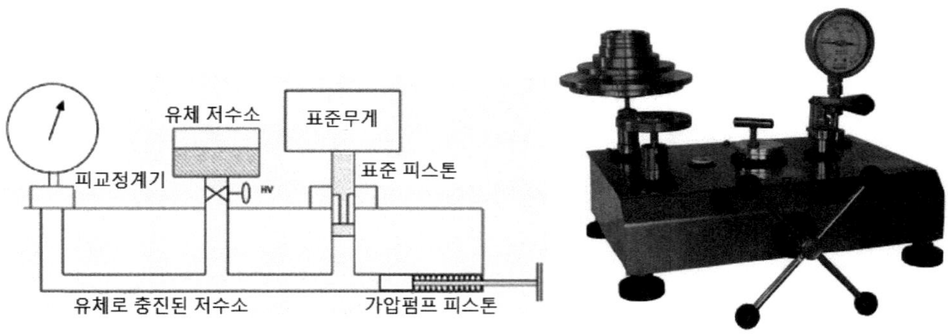

(a) 분동식 압력계 내부 구조, (b) 대표적인 분동식 압력계 외관

분동식 압력계는 압력계의 교정용으로 사용되기 때문에 정확한 압력을 얻기 위해서는 다음과 같은 사용상의 주의사항이 요구된다.

① 피스톤과 실린더 시스템이 오염 및 손상되지 않도록 주의를 해야 한다.
② 분동의 무게변화가 생기지 않도록 철저한 관리가 필요하다.
③ 측정시 항상 수평과 수직을 정확히 맞추어야 한다.
④ 파이프 부분에 무리한 힘을 가하지 말아야 한다.
⑤ 규정압력 이상의 과도한 압력을 가하지 말아야 한다.
⑥ 유압식의 경우, 측정범위에 알맞은 점성의 유체를 사용해야 한다.
⑦ 정확한 측정을 위해서는 최대 측정 압력의 약 10% 이상의 범위에서 사용한다. 예를 들어 최대 100kgf/cm^{2}인 경우, 약 10~90kgf/cm^{2}의 범위에서 사용한다.

4) 압저항형 압력 센서

금속 스트레인게이지는 압력을 받으면 금속의 저항이 변하는 특성을 이용한 것이며, 금속에서는 전자의 이동도가 변하여 저항이 변하지만, 반도체에서의 압저항(piezoresistance) 특성은 이동도 변화뿐만 아니라 운반자 수도 변화하기 때문에 저항률의 변화가 금속에 비해 훨씬 크게 나타난다. 일반적으로 단결정 실리콘은 거의 모든 전자소자의 재료로서 널리 사용되고 있으며 제조공정 기술 또한 상당한 수준에 도달해 있다. 최근에는 실리콘 자체의 우수한 압저항효과, 기계적 특성 그리고 반도체 제조공정을 이용한 미세가공기술인 MEMS를 이용한 반도체 압력센서에 대한 연구가 활발히 진행되고 있다. 역학식 압력센서에 비해서 전기적 변화를 이용하는 반도체 압력센서는 소형, 저가격, 고신뢰성, 고감도, 다기능, 고분해 및 집적화 등의 우수한 특성을 가지고 있다. 이와 같은 반도체 기술의 발전으로 스마트폰 등의 모바일 기기 등에 활용되면서 응용범위가 점점 확대되고 있다.

압저항형 압력센서(Piezoresistance Pressure Sensor)의 연구 및 개발은 1954년 Bell 연구소의 스미스(C.S. Smith)가 Si과 Ge에서 이런 현상을 발견한 이후부터 활발한 연구가 진행되었다.[207] p형 또는 n형 실리콘 기판 위 일정한 부위에 열확산 또는 이온주입기술로 확산형 저항체를 만들고, 기판 뒷면을 이방성 식각기술로 박막 다이아프램을 만든 구조로 되어 있었다. 에칭으로 공간을 만든 부분쪽으로 압력이 인가되면, 이로 인해 다이아프램에 변형이 일어나고, 다이아프램 경계면에 연결된 p형 Si 압저항체의 저항이 변하는 원리이다. 이것은 구조가 간단하고, 사용 가능한 압력의 범위가 넓고 제작의 용이성 때문에 일반적으로 많이 사용되고 있다. 그러나 저항 변화의 한계로 인해 감도가 떨어지고 온도 드리프트가 크기 때문에 실제 사용시 소자 하나 하나의 교정이 필요하며 특별한 보상기술의 개발이 필요하다.[208]

대표적인 Si 압저항체의 내부 및 윗면 구조는 〈그림 16-14〉와 같다. 본 사진은 압력이 기판 아래쪽에서 인가되는 구조인데, 반대로 기판 위쪽에서 압력이 인가되는 구조도 있다. 압력 인입구 부분을 파이렉스 기구물로 만들어 실리콘 센서와 부착을 하여 압력이 다이아프램에 직접 인가되도록 디자인되어 있다. p형 실리콘 기판 위에 다이아프램의 역할을 하는 n형의 얇은 {100} 방향의 Si 박막층을 올리고, 다이아프램의 가장자리 부분에 p형 압저항체를 각 면에 한 개씩 총 4개를 설치하여 다이아프램의 변형에 의한 스트레인을 측정하도록 되어 있다. 압력을 감지하는 실리콘 압저항 센서의 크기는 측정하고자 압력범위와 사용되는 제조기술에 따라 약간씩 다르지만, 일반적으로 300mbar~30bar의 압력을 감지하기 위해 약 $2\times2\times0.8mm^3$ 정도의 크기이며, 다이아프램의 두께는 대략 10~50㎛ 정도이다.

▼ 그림 16-14 Si 압저항체의 단면 및 윗면 구조

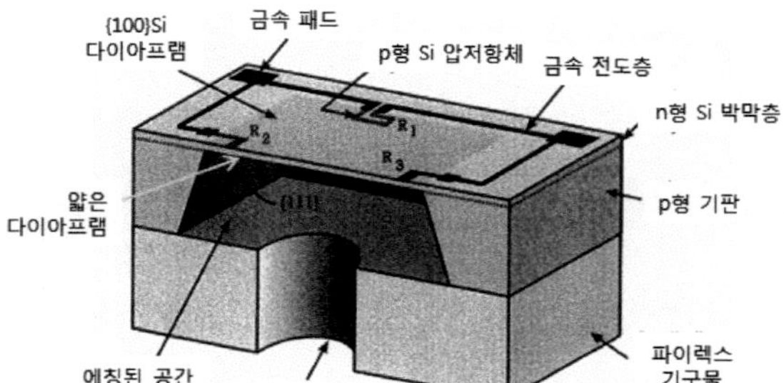

(a) Si 압저항체 단면 구조

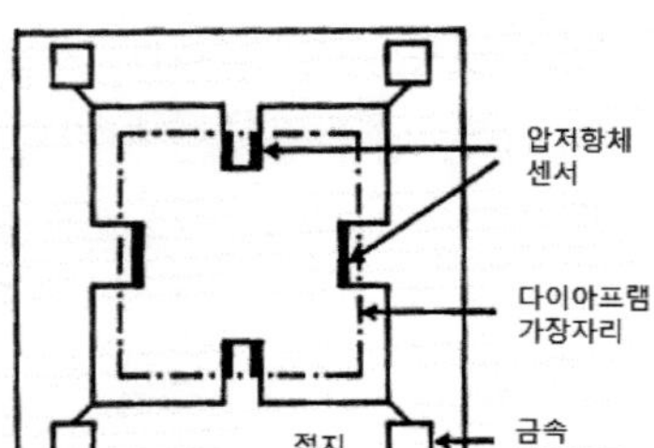

(b) Si 압저항체 윗면 구조

207) Charles S. Smith, "Piezoresistance Effect in Germanium and Silicon", Physical Review, vol.94, No.1, (1954)

208) 정귀상, "마이크로 압력센서의 기술동향", 전기전자재료학회지, vol.8, No.1, (1995)

외부압력에 의해 다이아프램이 인장되면서 발생하는 다이아프램의 변형분포와 스트레인의 분포는 〈그림 16-15〉와 같다. 다이아프램의 변형은 중심부에서 많이 발생하고, 반면 스트레인은 다이아프램의 가장자리 부분에서 최대로 발생한다. 압력에 대한 민감도를 최대로 하기 위해 실리콘 압저항체 센서를 다이아프램의 가장자리 부분에 주로 설치를 한다.

▼ 그림 16-15 외부압력에 의한 다이아프램의 변형 및 스트레인 분포

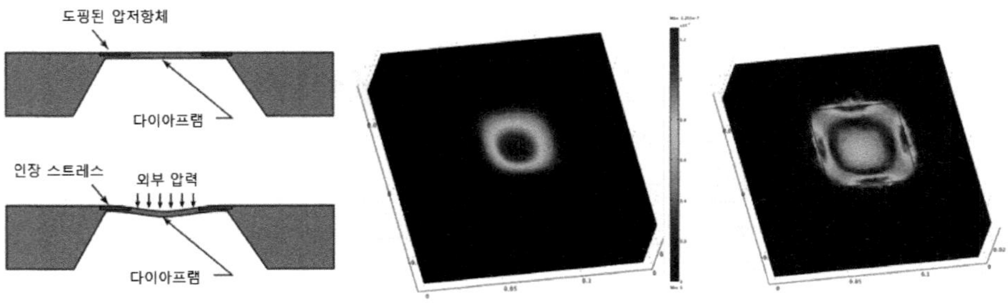

(a) 다이아프램에 외부압력이 인가된 경우 (b) 다이아프램 변형 분포 (c) 다이아프램 스트레인 분포

절대압력 측정용 센서의 내부 구조와 외관 형태는 〈그림 16-16〉과 같다. 신호증폭기와 회로를 포함한 ASIC, 압력 인입구와 신호처리용 외부단자 터미널 등 간단한 구조로 구성되어 있다. 반도체 압저항체 센서는 세라믹 기판 위에 고정되어 있으며, 반도체 내부 공동과 기판 사이의 압력은 제로로 보정되어 있다. 제로 기압이라는 레퍼런스 압력을 기술적으로 구현하는 것은 불가능하다. 따라서 실제 입력되는 압력은 항상 제로 기압보다는 높다고 가정을 하고, 일반적인 압력과 낮은 다른 압력 2개의 압력 값을 이용해서 두 압력의 직선값을 이용해서 제로기압에서의 전압으로 보정한다.

▼ 그림 16-16 절대압력 측정용 압저항 센서의 조립 내부구조 및 외관

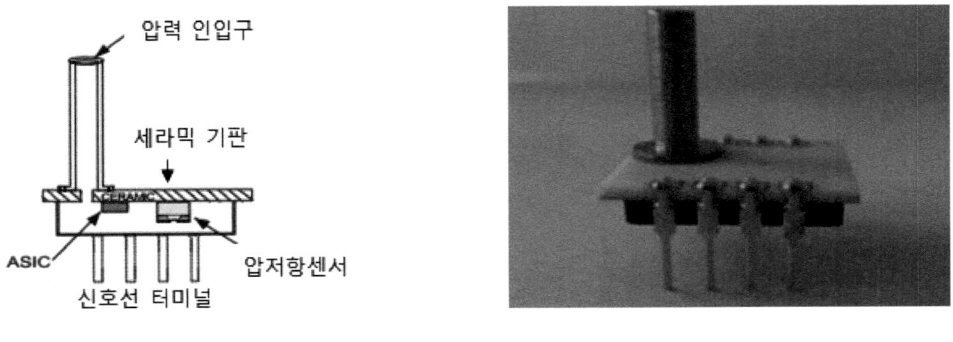

(a) 압저항 센서 조립 내부 구조 (b) 압저항 센서 외관

5) 전기용량형 압력센서

전기용량형 압력센서(Capacitive Pressure Sensor)를 공학에서는 정전용량형 압력센서라는 표현을 더 많이 사용한다. 이것은 서로 평행한 두 개의 전극 사이에 유전체가 삽입된 형태의 콘덴서와 같은 구조로 되어 있다. MEMS 기술을 이용한 반도체 센서는 작은 크기, 고성능, 고신뢰성, 저가격이라는 장점으로 인해 최근 많은 발전을 하고 있는 분야이다. 특히 압력센서에서 사용되는 MEMS 기술에는 두 가지가 있는데, 하나는 압저항형 센서이고 다른 하나가 전기용량형 센서이다. 압저항형 압력센서는 자동차 분야에 매우 넓게 사용되고 있으며, 100KPa 이상의 압력을 측정하는 용도로 주로 사용되고 있다. 최근 반도체 공정 등에서 약 10KPa 이하의 압력을 모니터링 하는 분야가 늘어나고 있다. 낮은 압력 측정에서는 압저항형에 비해 전기용량형은 고민감도 때문에 주목을 받고 있다. MEMS 압저항형과 전기용량형의 장단점은 〈표 16-3〉과 같다. 전기용량형은 선형성 부문에서만 좋지 않은 특성을 보이는데, 이것은 다이아프램이 평행판 구조의 변형이 아니기 때문에 생기는 문제점이다. 이것을 개선하기 위해 최대한 평행판 구조와 같은 변형이 생길 수 있도록 다양한 다이아프램 구조에 대해 연구 중에 있다.

▼ 표 16-3 전기용량형과 압저항형의 특성 비교

구 분	전기용량형	압저항형
측정압력 범위	10KPa 이하	100KPa 이상
민감도	우수함	낮음
출력 선형성	낮음	우수함
온도계수	우수한 선형성	낮은 선형성
소비전력	낮음	높음
디지털화	쉬움	AD 변환기가 필요

전기용량형 압력센서는 기본적으로 다이아프램의 변형을 이용한 센서이다. 금속전극의 면적을 A, 금속전극 사이의 거리를 d, 진공의 유전율을 ε_0, 금속전극 사이의 비유전율을 ε_r, 금속전극 사이의 거리를 d라고 하면, 전기용량 C는 다음과 같다.

$$C = \varepsilon_0 \varepsilon_r \frac{A}{d} \tag{16-7}$$

위 식에서 전기용량은 비유전율, 금속전극 사이의 거리, 전극의 면적에 따라 변하는데, 압력에 의해 이들 변수 중에 하나가 변하는 원리를 이용하면 전기용량의 변화로부터 압력을 측정할 수 있다. 금속 다이아프램을 사용하는 마노미터에서는 비유전율의 변화 또는 금속전극 사이의 거리변화로부터 압력을 측정하는 방식이 있으며, 반도체 MEMS 압력센서에서는 비유전율을 변수로 사용하지 않고, 압력에 의한 금속전극 사이의 거리의 변화에 의해 변화하는 전기용량을 통하여 외부압력의 변화를 감지하는 방식을 사용한다. 왜냐하면 MEMS에서는 두 극판 사이의 물질을 공기로 사용하기 때문이다. 그리고 다이아프램 양쪽의 구성에 따라 게이지압, 차압, 절대압 측정이 가능하다. 전기용량형 압력센서의 기본 개념은 〈그림 16-17〉과 같다.

▼ 그림 16-17 전기용량형 압력센서의 기본 개념

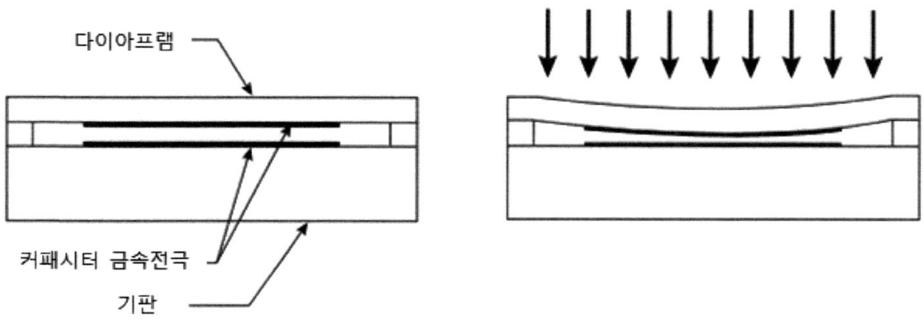

탄성식 압력센서들은 역학적인 변형만 측정이 되는데, 특히 다이아프램 방식에 전기용량형 방식을 접목하면 압력에 대한 전기적인 출력 신호를 얻을 수 있다. 탄성식 다이아프램을 이용하는 방식에는 압력에 따라 금속전극이 다이아프램과 같이 움직여 전극간 거리가 변하는 구조와 다이아프램과 금속전극 사이의 유전체가 다이아프램의 움직임에 의해 유전율이 변하는 구조 등으로 구현이 가능하다. 일반적으로 많이 사용하는 방식은 금속전극 사이의 거리 변화로 인한 정전용량 변화를 측정하는 방식이 가장 많이 사용된다. 이런 방식의 대표적인 것이 〈그림 16-18〉과 같은 전기용량형 마노미터이다. 여기에 사용되는 다이아프램은 얇은 금속으로 되어 있으며, 압력에 의해 금속 다이아프램에 휨이 발생하여 고정된 금속전극 사이의

▼ 그림 16-18 전기용량형 마노미터

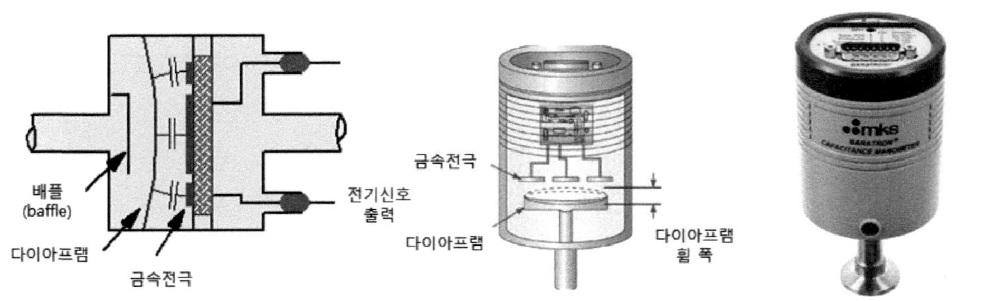

(a) 정전용량 마노미터 동작원리 (b) 정전용량 마노미터 내부구조 (c) 정전용량 마노미터 외관

거리가 변한다. 이와 같은 마노미터는 차압과 절대압을 측정하는데 있어서 가장 정밀한 센서로 알려져 있다. 이것은 보통 25,000Torr에서 0.1Torr 까지의 10^4 동적범위가 가능하고, 일반적인 정밀도는 0.25% 정도이고, 고정밀 제품에서는 0.08%까지도 가능하다.

전기용량형 MEMS용 재료로는 주로 실리콘에 보론(boron)을 도핑한 반도체가 사용되고 있으나, 성능향상을 위해 3C-SiC(실리콘 카바이드)가 사용되기도 한다. 대표적인 전기용량형 MEMS 압력센서의 내부 구조 및 윗면 형상은 〈그림 16-19〉와 같다.

▼ 그림 16-19 전기용량형 MEMS 센서의 내부 구조 및 윗면

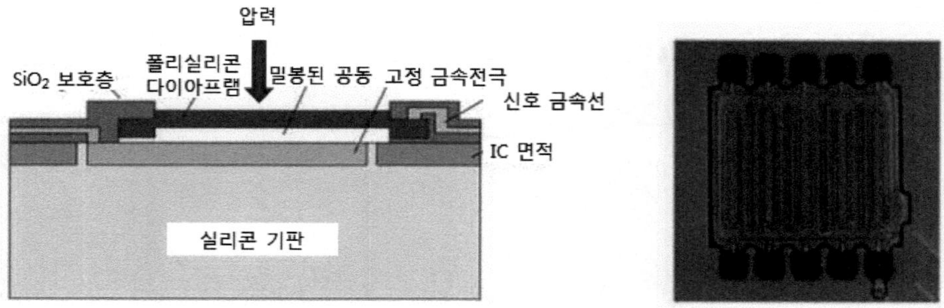

(a) 전기용량형 MEMS 센서 내부구조 (b) 제작된 MEMS 윗면 형상

6) 압전형 압력센서

압전 효과(Piezoelectric Effect)는 압저항 효과와 비교되는 물리현상이다. 영어의 piezo라는 단어는 그리스어의 piezein에서 유래가 되었는데, 이 단어는 누르거나 문지르다는 의미이다. 압저항 효과는 물체에 압력이 가해지면 스트레인의 변화로 인해 물체의 저항이 변하는 효과이며, 압전 효과는 물체에 압력이 가해지면 물체 내부의 전기분극의 변화가 생기며 이로 인해 금속 전극판의 전하량이 변하는 효과이다. 또한 역으로 물체에 전기장을 인가하면 물체에 변형이 일어난다. 이런 현상은 1880년, 큐리(Curie) 형제가 수정(quartz)에서 이런 현상을 발견한 이후, 많은 연구자들에 의해 수백종의 세라믹과 플라스틱에서 이런 현상을 발견하였다.

압전체에 압력이 가해지면 압력에 비례해서 전하량에 변화가 생기는데, 이것은 스트레인게이지의 출력신호와는 달리 압전체에서 생성된 신호는 급격히 사라지는 특성이 있다. 즉, 압전체에서 발생되는 전압은 변화하는 압력에만 반응하기 때문에 압력이 스텝형태로 가해지는 경우 출력전압은 곧 사라지게 되기 때문에 이를 증폭하고 저장하는 수단이 필요하다. 이런 특성 때문에 압전형 압력센서(Piezoeletric

Pressure Sensor)는 정압 측정에는 적합하지 않고, 다이나믹하게 압력이 변화하는 용도에 적합하다. 압전체는 외부의 여기 전원없이 사용하기도 하는데, 이 경우에는 출력신호가 매우 작기 때문에 반드시 증폭을 해야 하는데, 이렇게 하면 잡음도 같이 증폭이 되어 정확한 신호를 얻기가 어렵다. 따라서 대부분 경우에는 외부전원을 연결하거나 병렬로 압전체를 여러 개 연결하여 사용한다. 압전형 압력센서는 직선성이 좋고, 고주파 응답 특성이 있으며, 크기가 작고 구조가 견고한 장점이 있는 반면, 정압측정이 어렵고 온도변화에 민감한 단점이 있다. 응답특성이 매우 빠르기 때문에 동압 또는 충격압 측정에 주로 사용되며, 폭발압, 로켓트 추진압, 내연기관의 연소압 등에 응용되고 있다. 대표적인 압전형 압력센서의 구조는 〈그림 16-20〉과 같다.

▼ 그림 16-20 압전형 압력센서의 내부 구조 및 외관

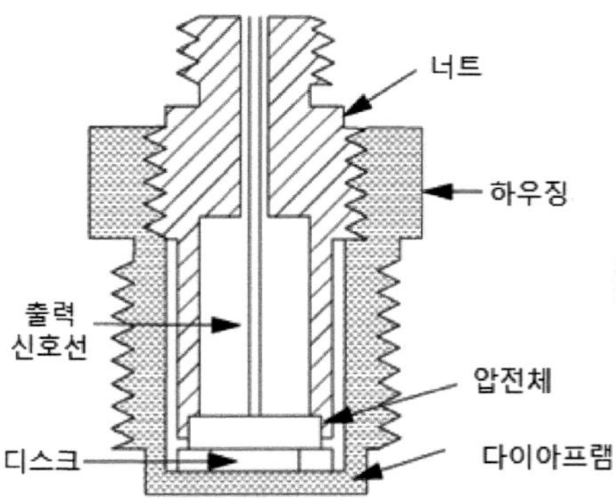

(a) 압전형 압력센서 내부 구조

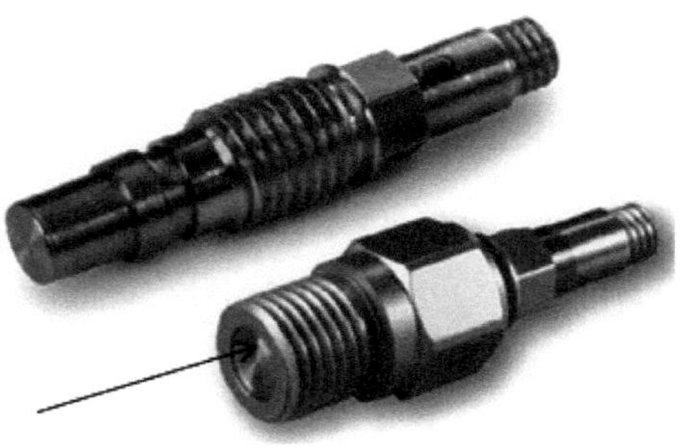

(b) 압전형 압력센서 외관

7) 전위차계 압력센서

전위차계 압력센서(Potentiometric Pressure Sensor)는 탄성식 압력계의 출력을 전기적인 신호로 쉽게 얻을 수 있도록 한 것으로 탄성식 압력계와 전위차계 시스템을 합쳐 놓은 것이다. 이 센서의 핵심은 기구적으로 연결된 탄성식의 변위를 저항부분과 연결시키는 부분이며, 기본적인 개념은 〈그림 16-21〉과 같다. 탄성식 압력계의 변위에 의해 저항의 위치가 변하게 되면 휘스톤브리지에서 저항변화를 측정하여 압력으로 환산하는 방식이다. 탄성식과 기구적으로 연결된 와이퍼 부분은 측정시 접촉저항으로 인해 오차가 필수적으로 수반할 가능성이 매우 높다. 또한 서로 다른 기구가 접촉하기 때문에, 두 재질의 열팽창 계수의 차이로 인한 온도 영향도 무시할 수 없다. 그러나 전위차계의 회로부분은 매우 작게 구현이 가능하고 다른

증폭장치가 없이도 출력신호를 얻을 수 있는 장점은 있으며, 저전력 응용분야에 사용이 가능하다. 또한 저가격으로 쉽게 구현할 수 있는 장점도 있다. 그러나 이 방식은 민감도도 낮고 측정범위도 작은 문제점이 있으며, 일반적으로 0.035~70MPa 측정범위에서 0.07~0.35MPa 정도의 정밀도를 제공한다.

▼ 그림 16-21 전위차계 기본 개념 및 전위차계 부르돈튜브 내부구조

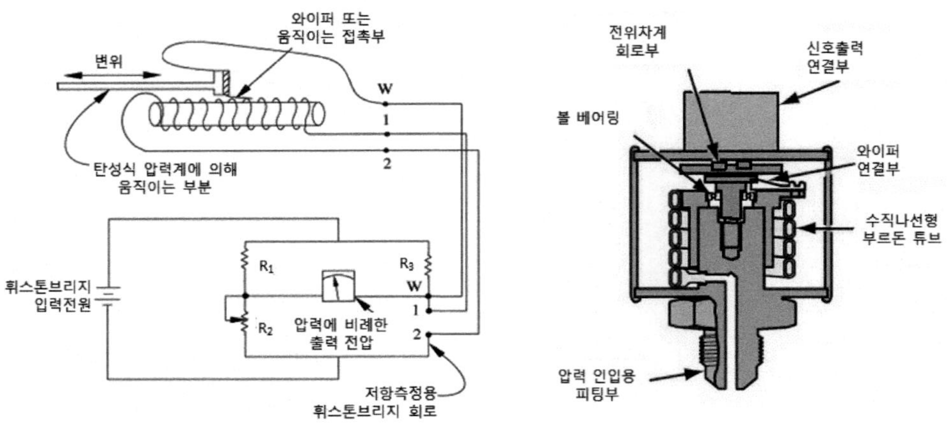

(a) 전위차계 압력센서의 기본 개념　　(b) 부르돈 튜브를 이용한 전위차계 압력센서

8) 차동변압기

차동변압기(Linear Variable Differential Transformer, LVDT)는 변위의 변화를 코일 저항(inductance)의 변화로 변환하여 변위 또는 변형률을 측정하는 방법으로 줄여서 LVDT라고 많이 부른다. 차동변압기의 변위측정 원리는 〈그림 16-22〉와 같다.

▼ 그림 16-22 차동변압기의 변위측정 원리

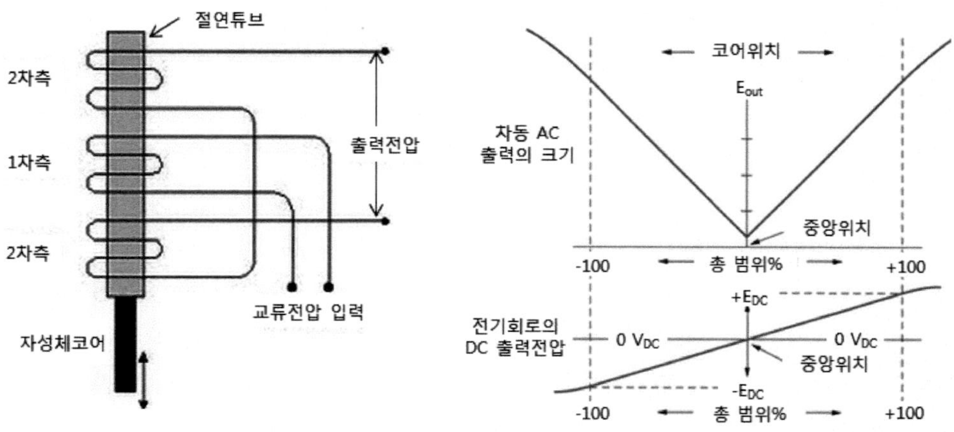

(a) 차동변압기의 코일 구조　　(b) 차동변압기의 AC, DC 출력전압

절연튜브를 따라 3개의 코일이 대칭적으로 배치되어 있는데, 가운데 코일을 1차 코일(primary coil), 나머지 양쪽의 코일을 2차 코일(secondary coil)이라 하며, 이 두 개의 코일은 서로 반대 방향으로 같은 수의 코일이 감겨있고 직렬로 연결되어 있다. 절연튜브 내부로 직선운동을 할 수 있는 자성체 코어가 내장되어 있어, 코어의 이동에 비례하여 2차 코일에 출력이 나오도록 제작된 것이다. 전위차계와 마찬가지로 자성체 코어의 변위를 탄성식 압력계와 연결하여 압력에 따른 전기적인 신호를 얻을 수 있다.

1차 코일에 교류전압이 가해지면, 양쪽 2차 코일에 교류전압이 유도된다. 코어를 중간에 위치시키면 양쪽 코일에서 같은 교류 출력이 발생하게 된다. 코어가 중간에서 한쪽으로 이동하게 되면, 한쪽 코일이 다른 쪽보다 더 많은 자성코어를 갖게 되므로 더 큰 전압이 유도된다. 즉, 코어가 위쪽으로 이동하게 되면 2차 코일의 출력이 커지고, 코어가 아래로 이동하게 되면 1차 코일의 출력이 커지게 된다. 이것은 코어의 위치에 따라 각각의 2차 코일을 통과하는 자속량이 다르기 때문이다. 이상과 같이 철심의 이동에 따라 2차 코일의 차동출력이 달라지는 것을 이용하면 코어의 변위를 측정할 수가 있다. 일반적인 LVDT는 유효변위는 ±2mm~±400mm 정도이고, 비선형 오차는 대략 ±0.25% 정도이다.

변위와 출력이 거의 직선관계를 이루는 영역이 있으며, 이 영역을 벗어나면 비선형 관계가 되며, 출력이 최대치에 도달한 후 변위의 증가에 따라 출력이 감소하는 형태가 된다. 실제 차동변압기에서 두 개의 2차 코일을 완전히 동일하게 제작할 수는 없으며, 또한 모든 것이 이론적으로 동작하는 것으 아니므로 코어가 중앙에 위치해 있더라도 엄밀히 출력이 0은 아니고 어떤 최소의 값을 가지게 된다. 이런 오차의 가장 큰 이유는 1차 코일과 2차 코일 사이에 부유용량(stray capacity)이 존재하기 때문이다. 보통 최소 전압값은 최대 전압의 1% 이하이기 때문에 매우 높은 감도를 요구하는 경우를 제외하고는 이에 대한 오차는 작다고 볼 수 있다. 그리고 변위와 출력 사이의 선형성에 관해서도 엄밀하게는 문제가 있을 것이나, 실제 사용상 비선형성을 무시할 수 있는 범위는 사용 가능 범위로 지정하여 사용하고 있다. 이런 의미에서 엄밀하게는 선형변화 차동변압기라 해야 한다. 차동변압기의 감도는 1차 및 2차 코일의 감김 수, 1차 코일의 전류, 차동변압기의 치수 등에 의해 결정된다. 즉, 자속은 감김 수, 전류, 코어의 단면적, 비투자율이 클수록 커지고, 코어의 둘레 길이가 길수록 작아진다. 이와 같은 특성에 따라 차동변압기의 감도도 달라진다. 일반적으로 탄성식 압력계의 지시부와 LVDT를 연결하여 압력을 전기적 신호로 바꾸는데 사용하며, 〈그림 16-23〉은 다이아프램 탄성식 압력계를 이용한 LVDT의 내부구조와 다양한 형태의 외관이다.

▼ 그림 16-23 다이아프램 탄성식 압력계와 LVDT의 연결 형상 및 외관

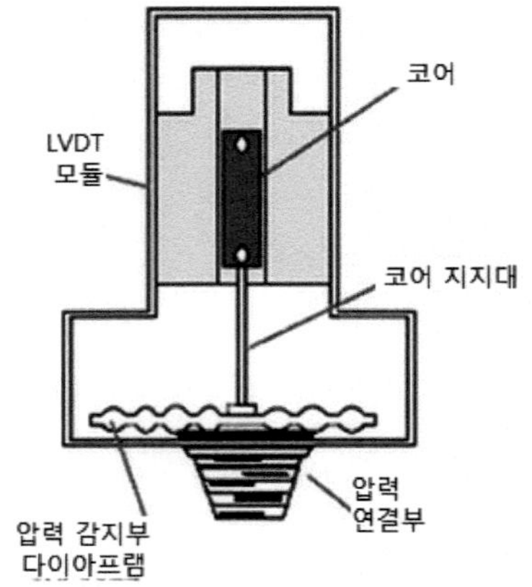

(a) 다이아프램 차동변압기의 내부구조

(b) 다양한 형태의 압력측정용 차동변압기

회전형 가변 차동변압기(Rotary Variable Differential Transformer, RVDT)는 각도변위를 측정하는데 사용되는 전기적 변환장치 중의 하나이다. 원리상으로는 LVDT와 동일하게 입력 지지대의 각도변위에 따라 교류출력전압이 선형적으로 변하는 특성이 있다. RVDT에는 브러쉬가 없고 비접촉 방식기술로 수명이 오래가고 높은 신뢰도를 갖는 것이 특징이다. 회전자 내부구조와 외관 형상은 〈그림 16-24〉와 같다. 중간에 1차 코일이 있고, 양쪽으로 2개의 2차 코일이 위치해 있다. 코어가 회전을 하게 되면 2차 코일 중 한 쪽으로 출력전압이 치우치도록 코어는 하트 형상을 하고 있다.

▼ 그림 16-24 RVDT 회전자 내부구조와 외관

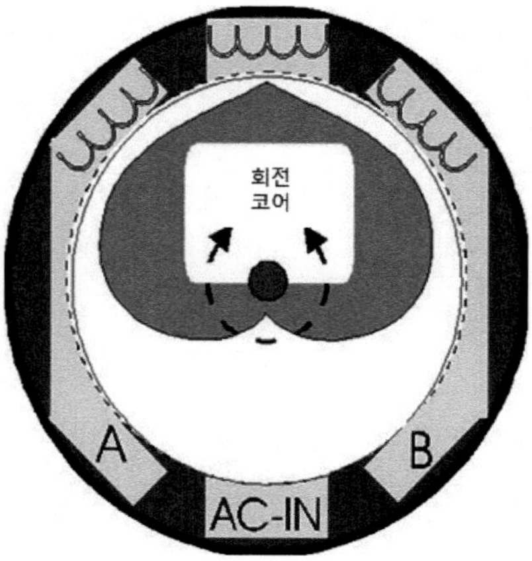

(a) RVDT의 코일 구조

(b) RVDT의 외관

마 스트레인게이지

물체가 외부의 압력(stress)에 의해 변위(strain)가 발생하여 이로 인해 저항이 변하는 물리현상을 압저항 효과(piezoresistive effect)라고 한다. 압저항 효과의 대표적인 것이 두 가지가 있는데, 하나는 금속 스트레인게이지(Strain Gauge 또는 Strain Gage)이고, 다른 하나는 반도체 스트레인게이지이다. 반도체 스트레인게이지는 다시 단결정 형태와 박막 형태로 나눈다. 게이지(gauge 또는 gage)는 외력에 의해 이에 비례해서 스트레인이 변하는 것이며, 게이지와 전기신호 출력회로를 포함한 것을 센서라고 한다. 스트레인게이지는 기구적인 미세한 변화를 전기저항의 변화로 검출하는 센서의 일종이다. 스트레스와 스트레인의 정의는 〈그림 16-25〉와 같다. 스트레스는 단면적에 작용하는 힘으로 압력과 동일한 개념이고, 스트레인은 스트레스에 의한 길이의 변화량으로 정의된다. 공학적인 의미의 스트레인은 “길이 변화량/초기길이”로 정의다.

▼ 그림 16-25 스트레스와 스트레인의 정의

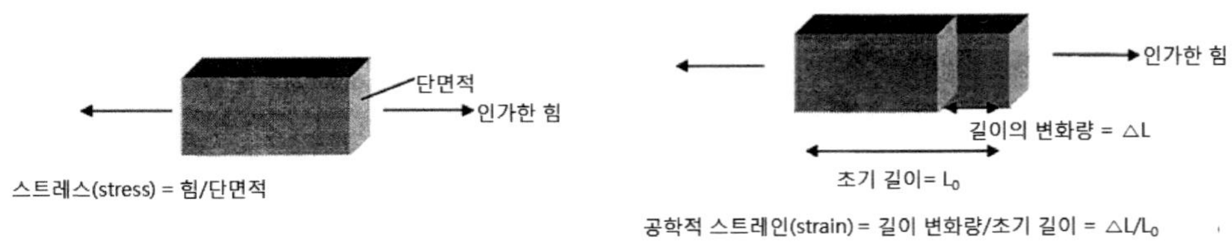

(a) 스트레스(stress)의 정의, (b) 스트레인(strain)의 정의

재료가 스트레인에 의해 저항이 변하는 것은 1856년 켈빈(Lord Kelvin)에 의해 발견되었으며, 특히 금속재료의 저항은 외부의 힘에 따라 늘어나면 증가하고, 압축되면 감소하는 성질을 가지고 있다. 초기 금속 스트레인게이지는 제조공정이 매우 까다로워 양산성이 좋지 않았지만, 1950년대 이후에 에칭 기법이 개발되면서 신공법으로 대량생산이 가능해졌다. 금속 스트레인게이지는 검출단이나 변환기나 기록계 등과 같은 측정 장치와 분리해서 스트레인의 원격 측정이 가능하고, 소형 및 응답성이 빠른 것이 특징이다. 스트레인과 관련된 힘, 압력, 가속도, 변위, 토크(torque) 등의 물리량을 전기신호로 바꾸어 주는 센서로 응용되고 있으며, 연구용뿐만 아니라 제어 계측용으로도 널리 사용되고 있다. 스트레인게이지를 기계나 구조물의 표면에 접착해두면, 그 표면에서 생기는 미세한 치수변화, 즉 스트레인을 측정하는 것이 가능하고 그 크기로부터 강도나 안전성의 확인을 하는데도 응용할 수 있다. 금속 스트레인게이지에는 〈그림 16-26〉과 같이 선재형(wire type)과 포일형(foil type)이 있다. 초기에는 선재형을 이용하여 사용하였으나, 현재는 포일형이 대부분이다. 포일형의 동작 원리는 선재형과 거의 동일하며, 대량생산이 가능하고 가격

이 저렴한 장점뿐만 아니라, 두께도 매우 얇기 때문에 물체의 스트레인 변화량을 매우 민감하게 감지할 수 있다.[209]

▼ 그림 16-26 금속 스트레인게이지 종류

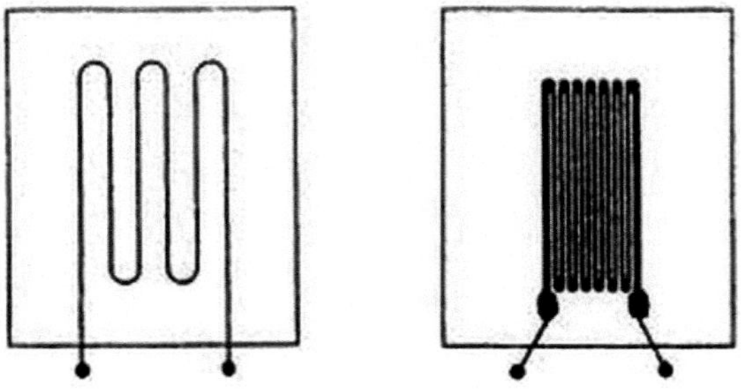

(a) 선재타입(wire type)　　(b) 포일타입(foil type)

포일형 스트레인게이지용 금속재료들의 상온근처에서의 게이지율에 대한 예는 〈그림 16-27〉과 같다. 게이지율은 이 그림에서 기울기에 해당하는 값이다. 10% 로듐/백금 합금의 경우, 높은 게이지율을 가지고 있지만, 약 0.4% 스트레인에서 급격히 변화하는 단점을 가지고 있어 일부 특별한 경우에는 사용할 수가 없다. 순수한 니켈인 경우, 작은 스트레인에서 음의 게이지율을 나타내므로, 니켈만으로는 잘 사용하지 않고 다른 합금과 혼합한 재료를 주로 사용한다. 가장 좋은 특성을 보여주는 것은 콘스탄탄합금이다.[210]

▼ 그림 16-27 포일형 스트레인게이지 재료들의 게이지인자

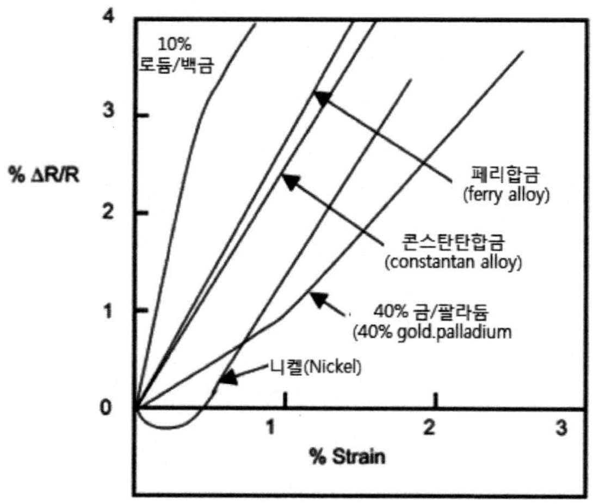

209) http://sastramech.blogspot.kr/2013/04/resistance-strain-gauge.html

210) http://soliton.ae.gatech.edu/people/jcraig/classes/ae3145/Lab2/strain-gages.pdf

공학적인 관점에서 일반적인 재료들의 스트레인 변화는 2~10,000 microstrain 또는 0.000002~0.01 정도에 불과하다. 따라서 게이지에서의 저항변화로 탐지할 수 있는 값은 1% 미만인 매우 작은 값이 된다. 그러므로 측정회로의 디자인과 실제 설치에 있어 주의를 기울여야 한다. 실제로 스트레인의 변화량은 몇 millistrain(10^{-3}) 이상을 다루는 경우는 거의 없다. 따라서 저항 스트레인게이지를 사용한다면, 매우 작은 저항변화도 측정할 수 있는 장치가 필요하다. 만약 120Ω의 재료에서 0.001Ω을 직접 측정하기 위해서는 적어도 10^5 배 정도의 정밀도(또는 6 디지터의 저항기)를 가진 장치가 필요하다. 일반적인 저항 측정법인 옴의 법칙을 이용하여 일정한 전류를 저항체에 흘려 양단간의 전압차를 측정하는 방법으로는 최대로 약 0.1%의 변화량만 측정이 가능하다. 이 방법의 단점은 저항체의 저항변화를 측정하는 것이 아니라 회로의 총 저항을 측정한 결과라는 것이다. 따라서 이 방법은 스트레인게이지의 저항변화를 측정하기에는 부적합하다. 이런 문제점을 해결하여 측정할 수 있는 방법이 휘스톤브리지(Wheatstone Bridge) 회로가 가장 적절한 해결책이다.

휘스톤브리지 회로를 이용하여 스트레인을 측정하는 동안 온도가 변하게 되면 두 가지의 심각한 오차가 발생할 수 있다. 하나는 온도에 따라 게이지의 비저항이 변한다는 것이고, 두 번째는 온도에 의해 게이지에 스트레인이 생긴다는 것이다. 이러한 온도에 의한 효과는 2개 이상의 게이지를 사용하게 되면 해결이 가능하다. 〈그림 16-28〉과 같이 2개의 스트레인게이지를 사용하게 되면, 하나의 게이지는 활성화 스트레인에 의해 (R_G + △R)로 저항이 변하게 되고, 작용되는 스트레인에 횡방향으로 설치된 다른 게이지는 스트레인의 영향을 거의 받지 않는다. 그래서 이것을 더미게이지라고 부른다. 그러나 온도 영향은 두 개의 게이지에 동시에 작용하므로 온도변화량은 두 게이지에서 동일하게 관측된다. 따라서 두 게이지의 저항 비는 변하지 않으며, 출력전압도 변하지 않으므로 온도변화에 대한 영향을 최소화할 수 있다.

▼ 그림 16-28 2개의 게이지 배열

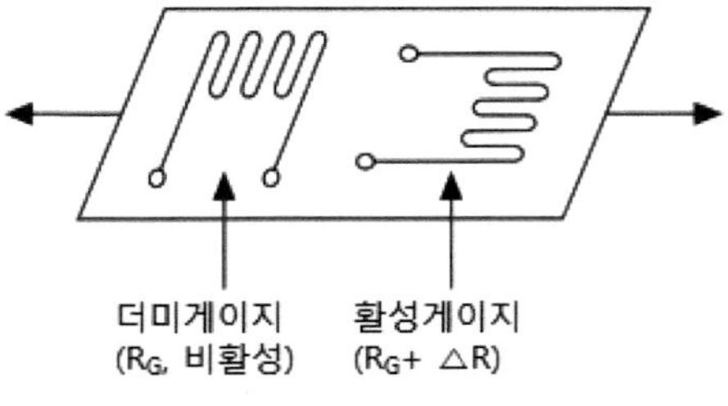

바 로드셀

로드셀(Load Cell)은 인가된 힘에 대해 측정 가능한 전기적인 출력으로 변환시킬 수 있는 트랜스듀서이다. 로드셀에는 여러 가지 종류가 있는데, 이 중에서 포일형 스트레인게이지를 이용한 로드셀이 가장 많이 사용되고 있으며, 스트레인게이지가 나오기 이전에는 공압(Pneumatic)과 수압(Hydraulic) 방식의 기구학적인 게이지가 주로 사용되었다. 로드셀로 사용되는 트랜스듀서들의 비교는 〈표 16-4〉와 같다.[211]

▼ 표 16-4 로드셀 종류에 따른 장단점 비교

형태	하중범위	정밀도(FS)	장점	단점
기구적인 로드셀				
수압식	~10Mlbs.	0.25%	온도에 무관	가격이 고가, 복잡
공압식	매우 넓음	매우 높음	안전함	느린 반응속도, 깨끗한 공기 필요
포일형 스트레인게이지 로드셀				
휨형	10~5klbs.	0.03%	가격이 저가, 단순한 구조	게이지 보호막 필요
전단형	10~5klbs.	0.03%	전단응력에 의한 오차없음	
캐니스터형	~500klbs.	0.05%	큰 중량 측정가능	수평부하방지가 없음
기타 로드셀				
헬리컬형	0~40klbs.	0.2%	축에 관계없고, 과부하에 대한 내성 우수	
광섬유		0.1%	전자기장 영향을 받지 않음	
압저항형		0.03%	제일 민감, 큰 신호출력	고비용, 비선형적 출력특성

포일형 스트레인게이지가 부착된 로드셀은 금속 탄성체로 되어 있는데, 로드셀에 물체를 올려놓으면 금속 탄성체는 물체의 하중에 따라 스트레인이 발생한다. 물체의 하중에 따라 금속 탄성체에는 스트레인이 생성되고, 이에 비례하여 스트레인게이지에서는 저항변화가 일어난다. 통상적으로 스트레인게이지에서의 저항변화는 매우 작기 때문에 증폭회로를 통해 약 100~200배 정도로 증폭해서 측정한다. 탄성체는 인가된 스트레스에 대해 일정한 스트레인이 발생해야 하는 매우 중요한 부품이다. 따라서 시간에 따라 특성이 변하지 않아야 하고(creep 현상이 없어야 함), 탄성의 한계점이 높아야 하며, 히스테리시스가 적은 탄성체이어야 한다. 로드

211) Omega사 홈페이지, http://www.omega.com/prodinfo/loadcells.html

셀의 금속 탄성체는 사용 목적과 측정해야 할 무게의 범위에 따라 다양한 형태가 있으며, 주변 환경에 따라 다양한 종류의 금속을 사용한다. 적은 하중인 경우에는 베릴륨강이나 듀랄루민 금속을 사용하며, 큰 하중의 경우에는 특수강 종류인 경강(탄소가 0.4~0.5% 함유된 강철, hard steel)을 사용한다. 그리고 부식이 많이 발생하는 장소에는 주로 스테인리스강 소재를 사용하며, 스테인리스강의 가격이 일반 금속에 비해 가격이 비싸기 때문에 일반 금속에 도장 또는 도금처리를 하여 종종 사용하기도 한다.

로드셀은 하중 전달방식에 따라 〈그림 16-29〉와 같이 압축방식(Compression type)과 인장방식(Tension type)으로 크게 구분한다. 보통 압축방식은 약 400톤 이상까지의 무게 측정도 가능하지만, 인장방식은 약 10톤 정도의 무게가 한계이다.[212] 압축방식은 로드셀을 바닥 또는 힘이 인가되는 위치보다 낮은 곳에 고정하여 위에서 아래로 힘을 인가하여 압축에 의한 수감부의 변형을 측정하는 원리이고, 인장방식은 로드셀을 천정 또는 힘이 인가되는 위치보다 높은 곳에 설치하여 힘을 아래 방향으로 인가하여 인장에 의한 수감부의 변형을 측정하는 원리로 사용된다. 그리고 로드셀 탄성체의 기본적인 형상에 따라 휨형(Bending type), 전단형(Shear type), 기둥형(Column type), 환상형(Ring type)의 4가지로 구분된다.

▼ 그림 16-29 압축형과 인장형 로드셀의 기본 개념

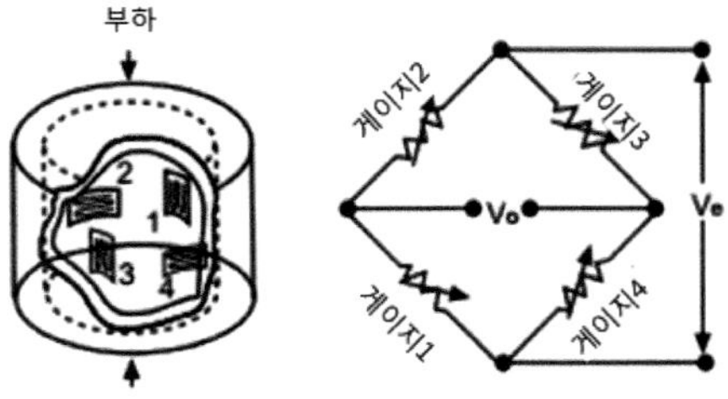

(a) 압축형 로드셀,

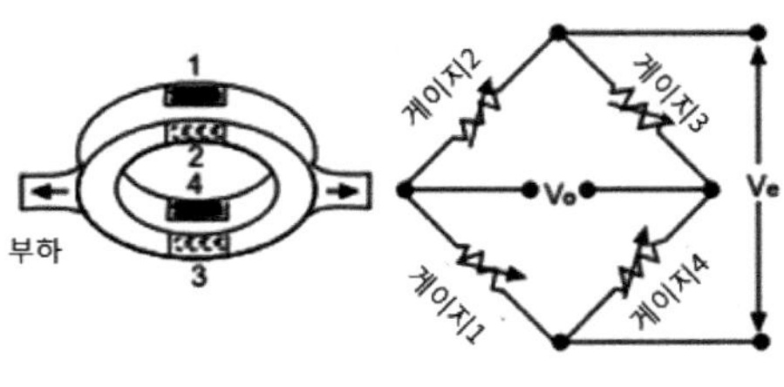

(b) 인장형 로드셀

휨형 로드셀은 간단하고 저가이기 때문에 가장 널리 사용되고 있으며, 동작원리는 〈그림 16-30〉과 같다. 켄틸레버 빔에서 최대 휨은 자유단에서 일어나고, 최대 변형은 고정단에서 일어난다. 따라서 스트레인게이지는 그림과 같이 고정단에 가까운 위치에 부착하며, 빔의 윗면에 부착된 2개의 스트레인게이지(1, 3 게이지)는 인장력을 측정하고, 밑면에 부착된 2개의 스트레인게이지(2, 4 게이지)는 압축력을 측정한다.

212) "Strain gauges and load cells", Data Sheet, RS Components, 1997

▼ 그림 16-30 휨형 로드셀의 동작원리

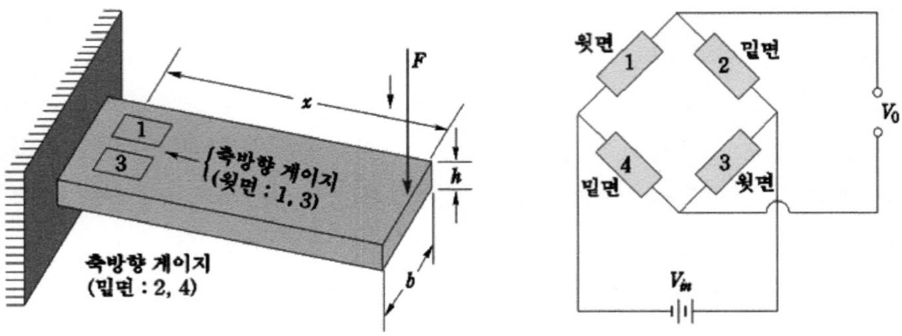

(a) 기본구조 (b) 등가회로

대표적으로 휨형 로드셀의 원리를 이용한 것이 〈그림 16-31〉과 같은 바이노큘러(Binocular) 로드셀과 S형 로드셀이다. 특히 바이노큘러 로드셀은 소용량 상용 로드셀에서 가장 많이 사용되고 있는 디자인이며, 스트레인게이지는 최대변형이 일어나는 지점인 중간 부분에 부착된다. 이 구조는 게이지가 부착되는 위치만 얇게 하고, 나머지 빔 전체의 두께를 두껍게 함으로써 감도 희생없이 고유 주파수를 최대화 할 수 있는 장점을 가지고 있으며, 높은 안정성과 우수한 직선성이 특징이다. 힘이 위에서 아래로 인가되어 압축에 의한 스트레인의 변형을 측정하는 방식이다. S형 로드셀은 중심부에 스트레인게이지를 부착하여 측정하며, 압축과 인장 두 가지 방식 모두에 사용되는 방식이다.

▼ 그림 16-31 바이노큘러 로드셀과 S형 로드셀 외관

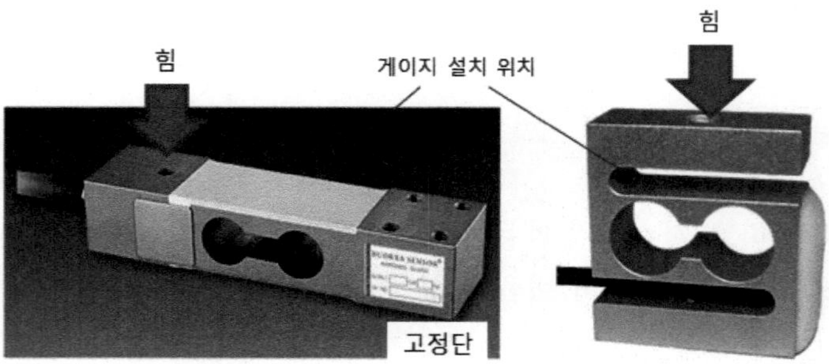

(a) 바이노큘러(binocular) 로드셀, (b) S형 로드셀

전단형 로드셀의 기본원리는 휨형 로드셀과 동일하며, 구조에 있어서 약간의 차이가 있다. 휨형 로드셀에서는 구멍이 셀을 완전히 관통하도록 디자인이 되어 있는 반면, 전단형에서는 〈그림 16-32〉와 같이 양측으로부터 뚫고 들어가 셀의 중심에 얇고 수직인 금속판(Web)을 만들고, 여기에 스트레인게이지를 수직으로 45도

방향으로 웹표면의 양측에 부착하여 전단응력을 측정하도록 디자인이 되어 있다. 게이지를 45도의 각도를 만든 것은 빔의 끝에 하중을 가하면 금속판에 발생하는 전단응력의 크기가 45도 방향으로 최대로 되기 때문이다. 동일 용량의 휨형에 비해 더 작게 만들 수 있으며, 동일 크기로 더 큰 용량의 로드셀 제작이 가능하다. 또한 하중 위치에 대해 덜 민감하여 비스듬하게 가해지는 하중에 대해 오차가 작으며, 이런 장점으로 무게를 측정하는 응용분야에 많이 활용되고 있다. 그러나 저용량의 전단형 로드셀을 제작하는 것은 대용량 제작에 비해 작은 양의 스트레인을 감지하기 위해 금속판을 더 얇게 만들어야 하기 때문에, 전단형의 구조는 휨형에 비해 가공이 약간 어려운 단점이 있다.

▼ 그림 16-32 전단형 로드셀의 내부구조 및 외관 형태

(a) 전단형 로드셀의 내부 구조, (b) 전단형 로드셀의 외관

기둥형 로드셀의 종류에는 사각형과 원통형이 있으나 원통형을 많이 사용하며, 기둥형 원통형 로드셀을 캐니스터(Canister) 로드셀이라고 부른다. 캐니스터 로드셀의 내부구조와 대표적인 외관은 〈그림 16-33〉과 같다. 내부 기둥이 하나만 있는 싱글형(Single column)과 멀티로 된 멀티형(Multiple column)이 있다. 싱글형은 15% 이상 비스듬하게 인가되는 하중에 대해서는 많은 오차를 발생한다. 이런 단점을

▼ 그림 16-33 캐니스터 로드셀의 내부구조 및 대표적인 외관 형태

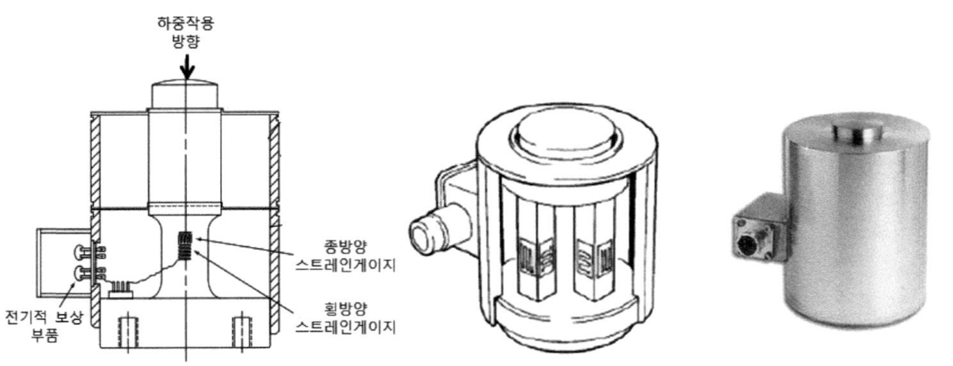

(a) 단일기둥 캐니스터 로드셀, (b) 멀티기둥 캐니스터 로드셀, (c) 캐니스터 로드셀 외관

보완한 것이 멀티형이다. 기둥형 로드셀은 대용량 제작이 가능한 장점은 있으나, 정밀도가 낮고, 비스듬하게 가해지는 하중에 대해 오차가 크다는 단점이 있다. 압축방식으로 동작을 하기 때문에 기둥의 크기에 따라 100 lbs~500,000 lbs 범위의 하중 측정이 가능하며, 트럭이나 탱크 등의 큰 물체의 중량을 측정하는 용도로 사용된다.

환상형 로드셀의 내부구조와 종류는 〈그림 16-34〉와 같다. 그림에서 T의 의미는 인장 스트레인(Tensile strain)을 측정하는 스트레인게이지를 의미하고, C는 압축 스트레인(Compressive strain)을 측정하는 스트레인게이지를 의미한다. 링형 수감부는 신호출력이 크고 정밀도가 높은 장점이 있어 실험실용 소형 및 작은 하중 측정에 적합하다. 방향도 인장방식과 압축방식 모두 사용이 가능하지만, 대용량 제작이 어려운 단점이 있다. 링의 내외면에 4개의 스트레인게이지를 부착하여 탄성체의 변위를 측정하며, 로드셀을 선택할 때에는 측정하고자 하는 하중을 고려해서 용량을 결장해야 한다. 만일 큰 용량의 로드셀을 사용하게 되면 미세한 측정이 어렵게 되고, 용량에 딱 맞는 로드셀을 선택하면 예기치 않은 충격에 로드셀이 파괴될 수가 있기 때문이다. 로드셀의 다양한 형상과 크기를 이용해서 〈그림 16-35〉와 같이 식품점에서 사용하는 전자저울, 가정이나 병원에서 사용하는 전자 체중계, 크레인 스케일(Crane scale), 트럭 스케일(Truck scale), 펠릿 트럭 스케일(Pallet truck scale) 등에서 하중을 측정하는 용도로 널리 이용되고 있다.

▼ 그림 16-34 링형 로드셀 내부구조 및 종류에 따른 하중 방향

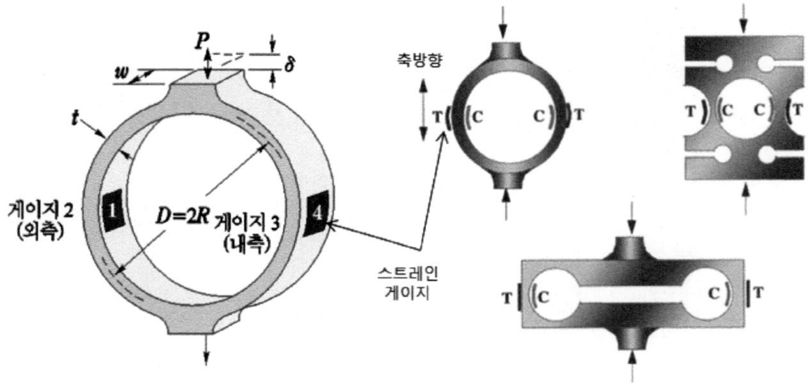

(a) 링형 로드셀의 내부 구조, (b) 링형 로드셀 종류에 따른 하중 방향

▼ 그림 16-35 로드셀의 다양한 응용 분야

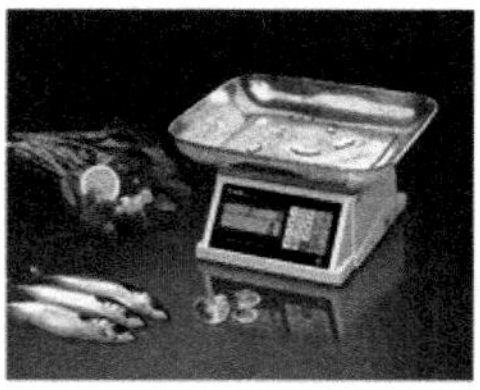

(a) 전자 저울

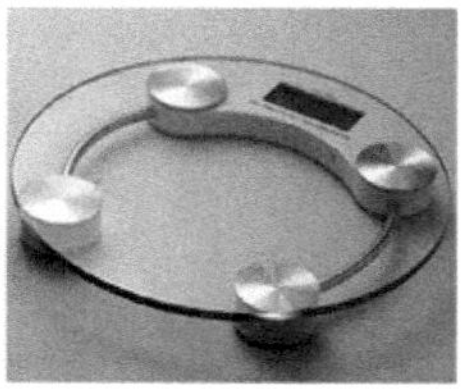

(b) 전자 체중계

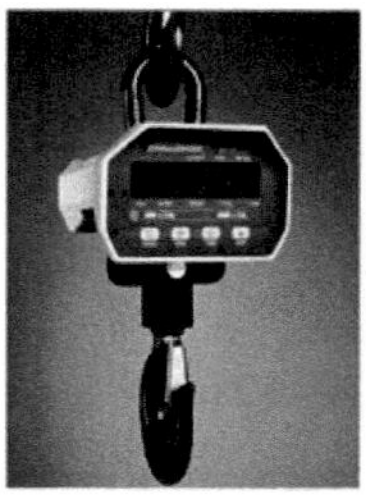

(d) 크레인 스케일

(e) 트럭 스케일

(f) 펠릿 트럭 스케일

17
비접촉식 거리측정 센서

가 거리측정 센서의 비교

전자기파를 이용하여 비접촉으로 대상 물체까지의 거리를 측정할 수 있다. 거리측정에 사용하는 전자기파는 초음파, 마이크로웨이브, 적외선, 가시광 등을 이용한다. 이 중에서 마이크로웨이브를 이용한 방식을 레이더(Radar), 레이저를 이용한 방식을 라이다(LiDAR)라고 한다. 레이더는 영어로 RAdio Detection And Ranging의 머리글자를 따서 radar로 쓰며, 의미는 무선탐지와 거리측정이라는 뜻이다. 라이더는 영어로 Light Detection And Ranging의 약자이며, 빛으로 탐지하고 거리를 측정한다는 뜻이다. 거리측정용으로 사용하는 센서들의 비교 성능은 〈표 17-1〉과 같다. 이러한 특성에 따라 자동차에 사용되는 거리측정용 센서들의 용도는 〈그림 17-1〉과 같다.[213]

▼ 표 17-1 전자기파 속성에 따른 거리측정 센서의 비교

구 분	Radar	LiDAR	Vision	적외선	초음파
거리	장거리	장거리	중거리	단거리	단거리
종방향 정확도	우수	우수	보통	우수	우수
횡방향 정확도	보통	보통	우수	–	–
날씨 영향	둔감	민감	민감	민감	민감
조도 영향	둔감	둔감	민감	민감	둔감
가격	고가	고가	보통	저가	저가
펄스 주기	60~100ms	60~100ms	30~60ps	5ms	–

213) Global Auto News, 2012년 6월 26일, 지능형 안전 자동차를 위한 인지기술, http://global-autonews.com/bbs/board.php?bo_table=bd_013&wr_id=660&page=11

▼ 그림 17-1 차량에 사용되는 거리 측정센서의 용도

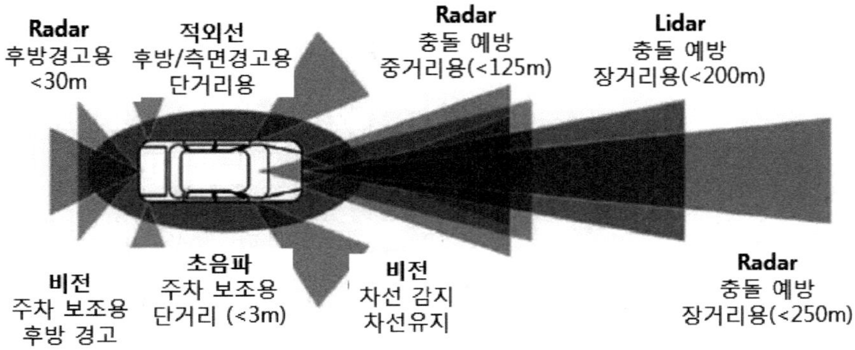

나 Radar 거리측정

1) 마이크로웨이브 특성

마이크로웨이브는 전자파라고도 하는데, 전기력선과 자기력선으로 이루어진 일종의 유동 에너지이다. 전자파의 존재에 대해서는 1864년 스코틀랜드의 물리학자이자 수학자인 James Clerk Maxwell에 의해 그가 집필한 “전기와 자기”에서 전자기 이론인 Maxwell 방정식을 발표함으로써 처음으로 알려졌다. 1871년에는 빛의 전자기 이론을 발표하여 전자기파의 속도가 빛의 속도와 같다는 것을 확인하고, 빛도 전자기파의 일종임을 증명하였다. 그 후 Maxwell의 이론을 기초로 하여 1887년 독일의 물리학자인 Heinrich Hertz는 실험을 통해 전파의 존재를 입증하였으며, 전자파는 반사, 굴절, 간섭 등의 성질을 갖는다는 것을 입증하였다. 그의 이러한 공로로 전파에 사용되는 주파수의 단위를 Hertz의 약자인 Hz로 표기하게 되었다.

1897년 이탈리아의 물리학자인 Guglielmo Marconi는 무선전신을 발명하였는데, 어떠한 물리적인 연결 장치 없이 무선으로 신호를 전송하는 최초의 기기였다. 그는 이 공로로 1909년 노벨 물리학상을 수상하였으며, 이를 계기로 전자파를 이용한 무선통신 기술 및 라디오 방송의 계기가 되었다. 1920년대에 Detroit시에서 경찰차에 단방향 방송기기가 사용되었는데, 이것은 고정된 기지국에서 이동차량간의 최초의 전자파 전달방식이었다. 마이크로웨이브란 용어는 1931년에 공식적으로 처음 사용되었으며, 1943년에 헝가리의 공학자인 Zoltan Bay가 달까지의 거리를 측정하기 위해 극초단파(ultra high frequency, UHF)를 이용함으로써 많은 연구가 진행되었다. 세계2차 전쟁 당시에는 군사목적의 통신용으로 필수장비로 자리잡았다.

또한 세계2차 전쟁당시에 레이더(Radar)시스템이 개발되어 물체에서 반사되어온 전자파를 분석해서 거리와 상대적인 속도를 계산할 수 있게 되었다. 오늘날 전자파를 이용한 기술은 위성통신, GPS 통신, 무선 전화기, 휴대폰, RFID 등 생활 전반에 자리잡고 있다.

▼ 표 17-2 마이크로웨이브(전자파) 주파수 스펙트럼 대역 구분

밴드 이름	약어	주파수 범위	주요용도
Very low frequency	VLF	3~30kHz	표준시간 주파수방송
Low frequency	LF	30~300kHz	선박 및 항공기 유도비콘
Medium frequency	MF	300kHz~3MHz	AM방송, SOS신호
High frequency	HF	3~30MHz	국제방송, 아마추어무선
Very high frequency	VHF	30~300MHz	FM방송, VHF TV
Ultra high frequency	UHF	0.3~3GHz	UHF TV, 이동통신, GPS, 택시무선통신
Super high frequency	SHF	3~30GHz	시외 및 국제전화, TV 위성중계, 각종 레이더
Extra high frequency	EHF	30~300GHz	우주통신, 미사일유도

▼ 표 17-3 미국 전기전자학회에 의해 규정된 1~40GHz 대역

대역 구분	주파수 범위 (GHz)	파장 범위
L band	1.0~2.0	15cm~30cm
S band	2.0~4.0	7.5cm~15cm
C band	4.0~8.0	3.75cm~7.5cm
X band	8.0~12.0	2.5cm~3.75cm
Ku band	12.0~18.0	1.67cm~2.5cm
K band	18.0~26.5	1.13cm~1.67cm
Ka band	26.5~40.0	0.75cm~1.13cm
Q band	33.0~50.0	0.6cm~0.91cm
U band	40.0~60.0	0.5cm~0.75cm
V band	50.0~75.0	0.4cm~0.6cm
E band	60.0~90.0	0.33cm~0.5cm
W band	75.0~110.0	0.27cm~0.4cm
F band	90.0~140.0	0.21cm~0.33cm
D band	110.0~170.0	0.18cm~0.27cm
G band	140.0~220.0	0.14cm~0.21cm

마이크로웨이브는 전자기파 중에서 주파수가 0.3GHz~300GHz 영역에 해당하는 전자파를 의미한다. 파장으로 보았을 때 1m~10cm 영역의 파를 데시미터(decimeter)파, 1cm~1mm를 밀리미터(millimeter)파라 한다. 첨두어 "micro-"는 파장이 micrometer 영역이라는 뜻이 아니고, 일반적인 라디오 방송 주파수에 사용되는 파에 비해 상대적으로 작다는 의미로 사용된다. 마이크로웨이브는 라디오파와 적외선 사이에 존재하는 전자기파이다. 국내는 라디오파와 전자기파는 방송 및 통신용도로 널리 사용되고 있으며, 두 영역대를 합친 무선 주파수 스펙트럼 대역을 〈표 17-2〉와 같이 구분하여 엄격히 법적으로 규제를 하고 있다. 이 표에 의하면 레이더는 SHF 대역인 3~30GHz 주파수 범위에 해당하는 기술이다. 또한 미국의 전기전자학회(IEEE)에서는 마이크로웨이브 중에서 응용이 가장 활발한 1~40GHz 영역을 별도로 구분해서 마이크로웨이브 대역을 〈표 17-3〉과 같이 세분화하여 정의하고 있다.

2) 마이크로웨이브의 응용분야

전파이용에 관한 포괄적인 업무를 수행하는 미국의 방송통신정책 주관기관인 FCC(fedral communications commission)는 1934년에 설립되어 그해 7월 11일부터 활동을 시작했다. FCC는 미국 내에서 무선을 이용한 응용을 위해 주파수 범위와 사양을 규제하고 있는데, 그 응용범위를 크게 TV방송용, 라디오 방송용, 위성 통신용, 휴대폰용, 경찰 레이더용, 침입감지용, 내비게이션 비콘 등으로 분류하고 있다. 각 응용분야는 〈그림 17-2〉와 같은 전파의 대기흡수와 밀접한 관련이 있다.[214)]

▼ 그림 17-2 전자기파의 파장에 따른 대기 투과도 특성

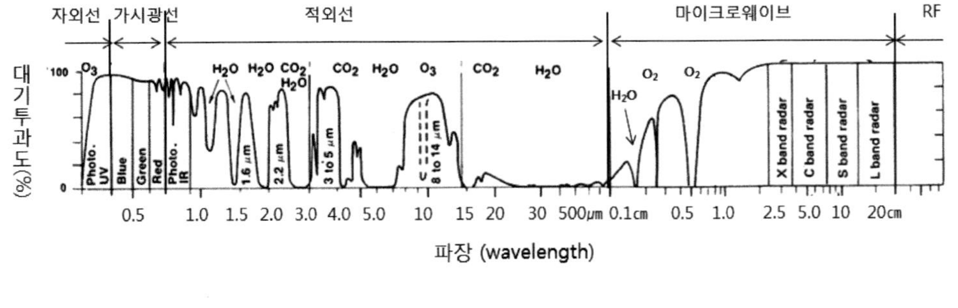

이 그림에서 파장이 길수록 투과를 잘하며, 짧으면 수분과 산소 분자들의 공진에 의해 흡수가 많이 일어난다. 대체로 Ka 밴드보다 낮은 주파수(1cm 보다 긴 파장)에서는 대기 투과도가 거의 100%에 가깝기 때문에 실외용의 응용인 휴대폰 및 위

214) 정용택, "적외선 센서의 원리와 응용", pp137, (주)인포더, 2012년

성통신용에 적합하다. 반면 적외선에 가까운 높은 주파수는 대기 투과도 특성이 점점 나빠져 실외용에는 부적합하고, 실내용의 목적으로 사용하는 것이 좋다. 주파수가 높을수록 나타나는 장단점은 〈표 17-4〉와 같다. GaAs 반도체의 전자 이동도가 Si 반도체 보다 빠르기 때문에, 약 4GHz 이상에서는 Si 대신에 GaAs 소자를 사용해야 하는데, 수율이 Si에 비해 매우 낮기 때문에 Si 보다 가격이 매우 비싸지는 원인이 된다.

▼ 표 17-4 마이크로웨이브의 주파수가 높을수록 장단점 비교

구분	내용
장 점	• 대량의 정보를 보낼 수 있는 밴드폭을 가짐 • 레이더의 경우 보다 높은 분해능 제공이 가능 • CW 레이더의 경우 보다 큰 Doppler 천이가 발생 • 보다 선명한 이미지 영상 제공이 가능 • 안테나와 다른 부품들의 크기를 줄일 수 있음 • 근처 주파수와 간섭이 비교적 작음 • 디지털 신호처리 및 데이터 전송속도가 빠름 • 재밍이 어려움
단 점	• 부품 가격이 올라감 • 높은 대기 흡수로 인해 통신거리가 짧아짐 • Si 기술 보다는 GaAs 기술 의존성이 높아짐 • 부품손실률이 높아지고, 수동 소자인 경우 출력 전력이 낮음 • 디자인 툴이 정교하지 못하고 기술적인 성숙도가 낮음

3) 안테나 종류

안테나에 대한 특성은 매우 복잡하지만, 안테나의 종류 및 특성에 대해서 간단히 살펴보면 다음과 같다. 기본적으로 안테나는 라디오파 또는 마이크로웨이브파를 송신하거나 수신하기 위한 가장 기본적인 목적으로 사용한다. 따라서 마이크로웨이브 시스템에서 안테나가 없으면 신호를 보내거나 받을 수가 없다. 안테나에는 매우 많은 종류가 있으나, 대표적인 안테나의 종류는 〈그림 17-3〉과 같다. 안테나는 그림과 같은 기하학적인 외양에 따라 분류하기도 하고, 이득과 빔의 형태로도 분류하는데, 이러한 안테나의 분류는 〈표 17-5〉와 같다. 대부분의 안테나들은 전파의 파장에 따라 그 길이가 정해진다. 가장 많이 사용하는 형태 중 간단한 것은 전파 파장의 1/4 크기의 전도체 막대를 사용하는 것이다. 이런 안테나는 무지향성이며 수신과 송신에 제약이 없다. 그러나 안테나 양끝 방향으로의 수신이 되지 않는 음영지역이 있는 단점이 있다. 이것을 해결하기 위하여 추가적인 전도체 막대나 코일을 추가하여 전파의 지향성을 만들어 낼 수 있다.

▼ 그림 17-3 마이크로웨이브 송수신용 목적의 다양한 안테나 형태

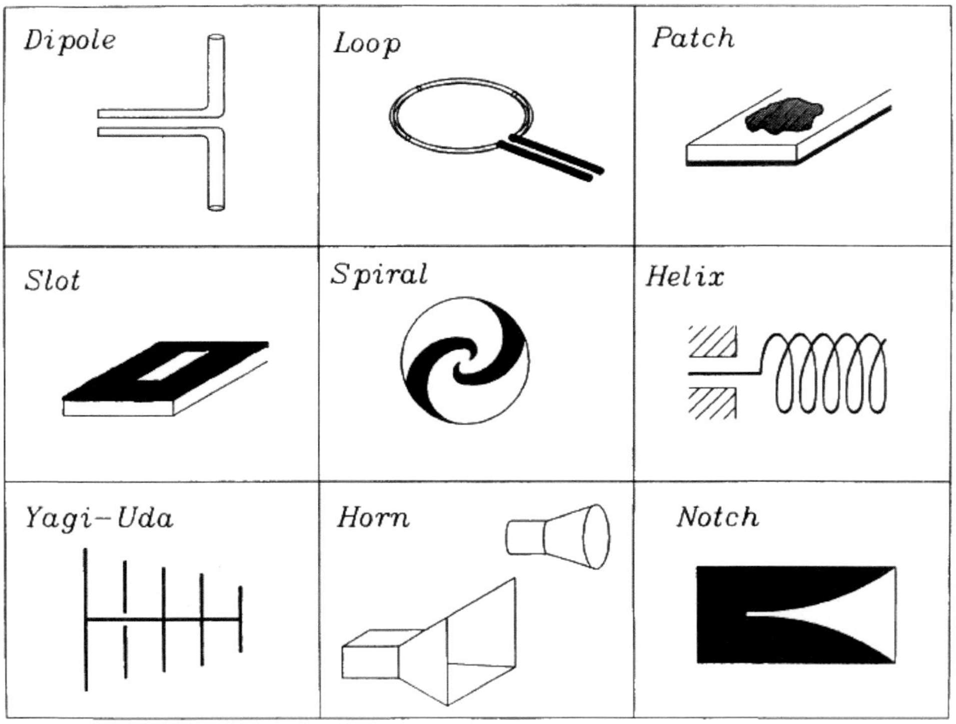

▼ 표 17-5 다양한 분류 방법에 따른 안테나의 종류

분 류	구 분	안테나 종류
외양 (Geometry)	Wire 안테나	dipole, loop, helix
	Aperture 안테나	horn, slot
	프린팅 안테나	patch, printed dipole, spiral
이득 (Gain)	고 이득	parabolic
	중 이득	horn
	저 이득	dipole, loop, slot, patch
빔 형태 (Beam shape)	무지향성	dipole
	Pencil 빔	parabolic
	Fan 빔	array
대역폭 (Bandwidth)	광대역	log, spiral, helix
	협대역	patch, slot

① **다이폴 안테나**(Dipole Antenna) : 이 형태는 안테나의 가장 기본적인 형태이다. 두 개의 서로 극이 다른 도선을 구부려서 전체 길이를 파장의 1/2이 되게 만들어서 무지향성인 빔을 형성한다. 이런 안테나는 단파, 초단파 대역에서 주로 사용한다. 특히 다이폴 안테나는 단일로 사용하는 것보다 여러개의 배열로 안테나를 구성하는 것이 일반적이며, 흔히 주택의 옥상에 올려놓고 사용하는 TV 수신용 안테나인 Yagi-Uda 안테나는 여러개의 다이폴 안테나에 반사기와 도파기를 추가하여 변형한 안테나이다.

② **모노폴 안테나**(Monopole Antenna) : 다이폴 안테나와 비슷하게 직선 형태로 되어 있지만, 한쪽이 도체 대신에 접지로 설치된 안테나이다. 접지로 된 부분은 이미지 효과로 인해 마치 다이폴과 같은 효과가 일어난다. 그래서 안테나의 길이도 다이폴 보다 짧은 λ /2가 아니라 λ /4의 길이로 성능을 발휘한다. 따라서 안테나의 길이도 짧고 무지향성이기 때문에 이동통신용 개인휴대 단말기나 FM 라디오 수신용으로 많이 사용한다.

③ **패치 안테나**(Patch Antenna) : 일명 직사각형의 마이크로스트립 안테나(rectangular microstrip antenna)로 알려져 있는 안테나로서, 평편한 기판 위에 네모 혹은 원형 형태의 금속패턴을 가진 라디오 안테나이다. 소형, 경량의 특성 및 여러 가지 패턴조합과 손쉬운 배열을 통해 다양한 특성을 이끌어 낼 수 있지만, 구조상 높은 전력신호를 다루지 못하는 단점이 있다.

④ **혼 안테나**(Horn Antenna) : 도파관(waveguide) 형태의 안테나이며, 도파관 끝부분이 사각형 또는 원형의 깔때기처럼 벌어진 형상을 하고 있다. 대표적인 개구면(aperture) 안테나로서 안테나가 열린면의 크기가 파장에 비례하게 설계되어 있다. 그래서 낮은 주파수에서는 크기가 너무 커서 사용이 어렵고 무게도 무거워져서 통상적으로 GHz 단위 이상에서 주로 사용한다. 특성이 균일하고 이득이 높아서 빔패턴 측정용 표준 안테나로 사용되는 경우가 많으며, 비교적 큰 전력의 신호까지 다룰 수 있기 때문에 고전력용으로 사용이 된다.

⑤ **파라볼라 안테나**(Parabolic Antenna) : 이득이 매우 높은 안테나이며, 빔패턴을 가장 샤프하게 만들 수 있기 때문에 위성통신용으로 가장 많이 사용된다. 파라볼릭 면에 수직으로 입사된 잔자파는 반사되어 쌍곡선의 초점 부위에 모아지고, 그러한 초점위치에 위치한 LNB(low noise block)로 그 신호들을 저잡음 증폭시키는 구조로 되어 있다.

⑥ **헬릭스 안테나**(Helix Antenna) : 선을 꼬아서 소형화시킨 안테나이다. 같은 주파수에서 모노폴 안테나에 비해 훨씬 작은 크기로 구현이 가능한 장점이 있으며, 꼬는 간격과 방법 등에 따라 빔패턴의 방향도 축방향 또는 정상방향으로 만들 수 있다. 만드는 방법에 따라 다양한 특성을 나타낼 수 있기 때문에 휴대용 단말기, 라디오, 위성용 등 광범위한 분야에 응용되고 있다.

⑦ 슬롯 안테나(Slot Antenna) : 도파관의 한 끝을 도체판으로 단락하고, 이 도체판에 전계와 직각방향으로 가는 홈(slot)을 뚫어서 만든 안테나이다. 홈의 길이를 전파 파장의 절반으로 하면 다이폴 안테나와 마찬가지로 공진하고, 홈 중앙이 전계 최대 전압의 출력이 나오게 되어 전파 방사효율이 최대가 된다. 주로 파라볼라 안테나의 1차 방사기로 사용된다.

4) 레이더의 기본 원리

RF와 마이크로웨이브의 가장 큰 응용분야는 통신분야와 레이더/센서 분야이다. 레이더는 영어로 RAdio Detection And Ranging의 머리글자를 따서 radar로 쓰는데, 의미는 말 그대로 무선탐지와 거리측정이라는 뜻이다. 이것은 전자파를 방사해서 목표물에서 반사되어 되돌아 온 파를 검출하는 원리이다. 레이더는 사람의 눈으로 보는 것처럼 물체의 색깔이나 형체를 구분하지는 못하지만 어둠 속이나 안개 또는 비가 오는 상황에서도 물체를 탐지할 수 있는 장점이 있다. 레이더는 기본적으로 수신기(Receiver), 송신기(Transmitter), 안테나로 구성되어 있다. 〈그림 17-4〉와 같이 반사된 일부 에너지가 레이더로 되돌아오는 신호를 분석한다. 목표물까지의 거리는 송신된 신호가 다시 되돌아오는 시간으로부터 계산하고, 또한 물체의 상대적인 속도는 되돌아 온 신호 주파수의 도플러 변이로부터 계산할 수 있다.

▼ 그림 17-4 레이더 시스템 개념도

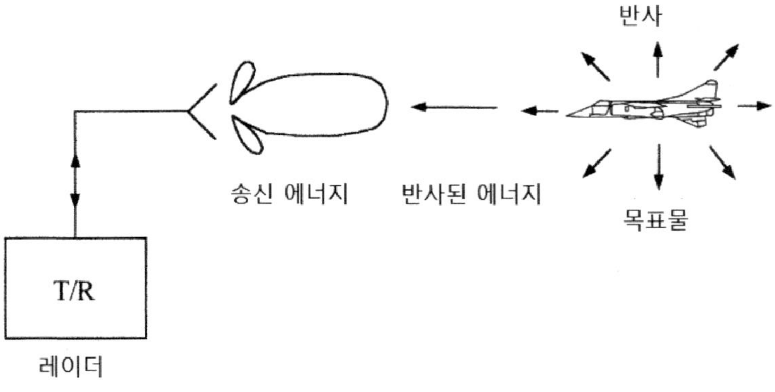

레이더는 세계 2차 대전 동안에 개발이 되었으며, 실제적인 레이더 시스템은 MHz부터 광학적 영역까지 적용되고 있다. 오늘날 레이더는 감시용과 무기 제어용의 목적으로 군사 분야에서 가장 많이 사용되고 있다. 그렇지만 비행기, 배, 자동차 등의 내비게이션, 교통 통제, 보안분야, 기상 관측 등의 민수용의 응용분야도 증가하고 있다. 레이더는 일반적으로 안테나가 높은 이득을 가지기 위해 협대역이면서 좁은 빔폭, 높은 출력 파우어로 동작한다. 그러나 침입자 감지용으로 사용되

는 센서용으로는 출력 파우어가 매우 낮다. 레이더는 단상태(Monostatic) 또는 쌍상태(Bistatic) 레이더로 구분하는데, 단상태 레이더는 하나의 안테나로 송수신을 같이 하는 방식이며, 송수전환기(Duplex)를 통해 송신 및 수신 신호를 구분한다. 반면 쌍상태 레이더는 송신용 안테나와 수신용 안테나를 각각 분리하여 사용하는 방식이다.

거리를 측정하기 위한 간단한 레이더 시스템을 고려해 보면, 레이더 시스템은 송신기, 수신기, 안테나, 송수전환기로 구성되어 있다. 송수전환기에는 스위치가 사용되는데, 송신과 수신 시간을 달리해서 사용하기 위함이다. 목표물은 비행기, 미사일, 위성, 배, 탱크, 자동차, 사람, 산, 구름, 바람, 빗방울 등이 될 수 있다. 목표물이 다르면 레이더 반사면적(radar cross section, RCS) σ가 달라진다. 목표물에 반사되어 되돌아오는 파워는 레이더 반사면적인 σ만큼 영향을 받게 되는데, 레이더 반사면적은 다음과 같이 정의된 값으로 거리의 제곱 단위를 가진다.

$$\sigma = \frac{\text{레이더까지 되반사되어 온 파워}}{\text{목표물에서 파워 밀도}} \tag{17-1}$$

RCS는 입력 파워 밀도 대비 되 반사된 파워의 비로 정의된 것인데, RCS가 클수록, 레이더로 되돌아온 파워 양도 많아진다. RCS는 목표물의 실제크기, 목표물의 형태, 목표물의 재질, 입력 파동의 편광과 주파수, 목표물에 대한 입력 및 반사각도 등에 의해 결정된다. 직관적으로 물리적인 크기가 클수록 RCS는 커진다. 또한 목표물의 형상도 중요한 요인인데, 난반사 시키는 형태로 되어 있으면 RCS는 작아진다. 재질도 중요한데, 나무나 플라스틱의 경우는 반사가 작아 RCS가 작으며, 금속 물체는 RCS가 크다. 주파수가 높을수록 RCS도 커진다. 대표적인 물체의 RCS 값은 〈표 17-6〉과 같다.

▼ 표 17-6 마이크로웨이브 주파수 영역에서 물체 종류에 따른 RCS

물체 종류	RCS(m^2)	물체 종류	RCS(m^2)
배(5000톤급)	10,000	자전거	2
자동차/작은 트럭	100~200	단발엔진 소형 비행기	1
대형 비행기	100	사람	1
중간급 비행기	40	소형 미사일	0.1
유람용 대형 모터보트	10	소형 오픈 보트	0.02
4인용 소형 비행기	2	새	10^{-2}~10^{-3}
소형 레저용 보트	2	벌레	10^{-4}~10^{-5}

5) 펄스 레이더

펄스 레이더(Pulse Radar)는 레이더의 송수신에 펄스신호를 이용하는 방식이다. 펄스 레이더는 〈그림 17-5〉와 같이 하나의 안테나만을 사용하여 내부의 듀플렉스를 이용하여 송수신 신호를 시간에 대해 분리해낸다. 〈그림 17-6〉과 같이 송수신을 동일한 시간대에 하지 않고 직사각형 펄스를 연속으로 송신하고, 각 펄스는 마이크로웨이브 신호의 짧은 버스트로 이루어져 있다. 각 펄스의 폭은 τ이고, 반복주기는 $T_p = 1/f_p$이며, f_p는 펄스 반복 주파수이다. 송신된 펄스는 목표물을 맞은 후 거리에 따라 다르지만 일정 시간 t_R 후에 레이더로 되돌아온다. 여기서 t_R은 펄스 마이크로웨이브 신호의 왕복 이동시간이다. 따라서 목표물 거리는 빛의 속도 c를 이용해서 계산할 수 있다.

▼ 그림 17-5 펄스 레이더의 기본 개념도

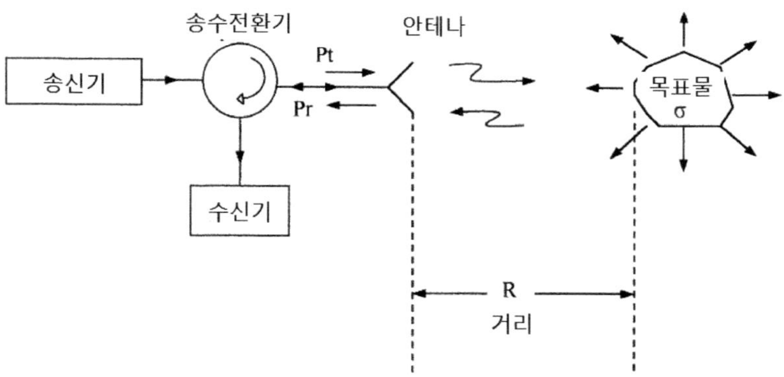

▼ 그림 17-6 펄스 레이더의 변조, 송신, 반사되어 수신된 펄스

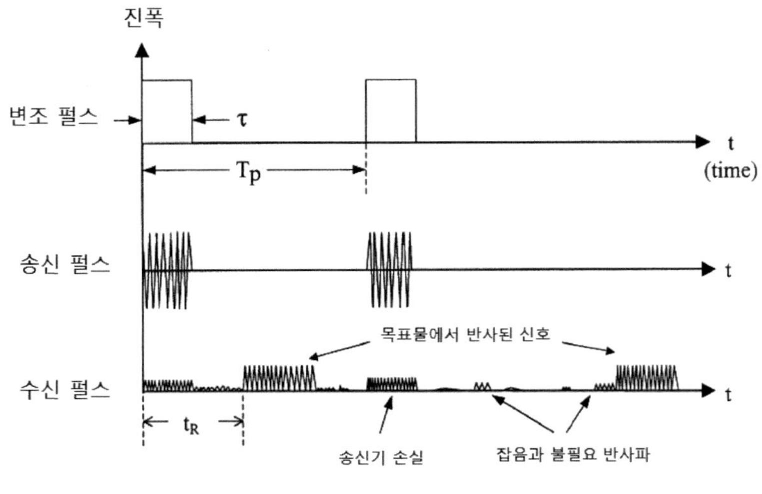

$$R = \frac{1}{2} c t_R \tag{17-2}$$

혼란을 피하기 위해 T_p 시간은 최대 t_R은 시간을 고려해서 이 보다는 길게 설정을 해야 하며, 혼란을 피할 수 있는 최대 거리는 다음과 같다.

$$R_{\max} = \frac{c T_p}{2} = \frac{c}{2 f_p} \tag{17-3}$$

여기서 주기 T_p를 증가시키거나 f_p를 줄이면 최대 측정거리 $R_{\max}$ 는 늘어나게 된다. 보통 f_p는 100Hz~100kHz 정도로 설정해서 사용한다. 그리고 출력 피크 신호 대 평균 잡음 파워 비가 최대가 되도록 필터를 설계한다. 수신기의 필터 정합을 위해 일반적으로 밴드폭 B는 $B\tau \fallingdotseq 1$이 되도록 설계해서 사용한다.

6) CW 레이더(도플러 레이더)

연속파 레이더(Continuous Wave Radar, CW Radar)는 도플러(Doppler) 레이더라고도 한다. 이것은 움직이는 물체를 탐지할 수 있을 뿐만 아니라 물체의 속도도 알 수 있다. 도플러 효과는 음파 및 광학에서 잘 알려져 있는 원리이며, CW 레이더의 기본 개념이다. 그리고 CW 레이더는 펄스 변조가 필요없기 때문에 펄스 레이더에 비교해서 상대적으로 간단하다. CW 레이더는 펄스 레이더와는 달리 송신신호를 시간에 대해 휴지시간 없이 지속적으로 발사하기 때문에 송신기는 수신기가 신호를 받는 도중에도 동작을 한다. CW 레이더의 출력 파우어는 송신기와 수신기 사이에 간섭이 일어나지 않도록 하는 수준으로 제한된다. 이때 송신기의 잡음이 수신기 쪽으로 전이되어 수신기의 민감도를 떨어뜨릴 수 있다. 이런 이유 때문에 CW 레이더는 짧은 거리용으로 사용된다. 두 개의 안테나 시스템을 사용하면 송신기와 수신기 사이의 분리를 확실히 하여 거리를 늘릴 수는 있으나 시스템이 매우 복잡하게

▼ 그림 17-7 안테나 개수에 따른 CW 레이더 블록도

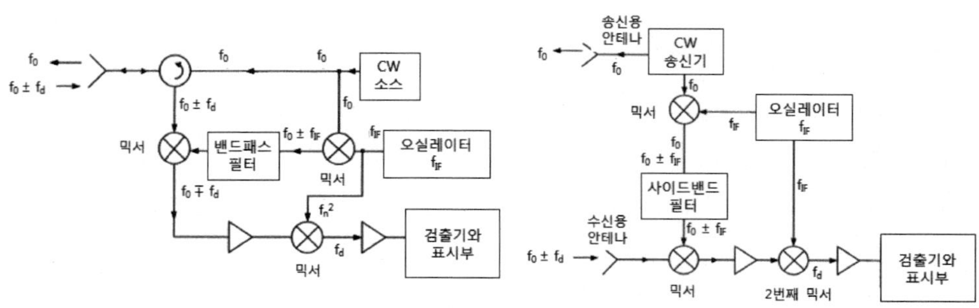

(a) 한 개의 안테나를 사용한 CW레이더, (b) 두 개의 안테나를 사용한 CW레이더

된다. 〈그림 17-7〉(a)는 한 개 안테나를 사용한 CW 레이더의 블록도이며, (b)는 두 개 안테나를 사용한 CW 레이더 시스템의 블록 개념도이다. CW 레이더는 물체의 속도 측정용에 사용될 수 있지만, 송신되는 파동부에 어떠한 시간 정보도 없기 때문에 거리 정보는 알 수 없다.

7) FMCW 레이더

CW 레이더의 단점을 보완한 것이 주파수 변조형 연속파 레이더(Frequency Modulated CW Radar, FMCW 레이더)이다. 거리 측정을 위해서는 되돌아 온 파의 시간을 알 수 있는 시간 정보 부분이 필요하다. CW 레이더는 단일 주파수 신호를 송신하고 매우 좁은 주파수 스펙트럼을 갖고 있다. 시간 정보를 넣으려면 어느 정도 스펙트럼이 넓어야만 진폭, 주파수, 위상변조 등의 응용이 가능하다. 펄스 레이더는 시간정보를 위해 진폭이 변조된 파형을 사용하였다. 주파수 변조는 거리 측정을 위해 CW 레이더에 적용된 기술이다. 시간정보를 위해서는 주파수 변화가 필요한데, 송신시간은 송신신호와 수신신호 사이의 주파수 차이로부터 계산할 수 있다. 〈그림 17-8〉은 FMCW 레이더의 블록도인데, 전압제어형 오실레이터(voltage-controlled oscillator, VCO)로 FM 신호를 만들고, 송신기와 수신기의 간섭을 최소화하기 위해 두 개의 안테나가 설치된 경우이다.

▼ 그림 17-8 FMCW 레이더의 블록도

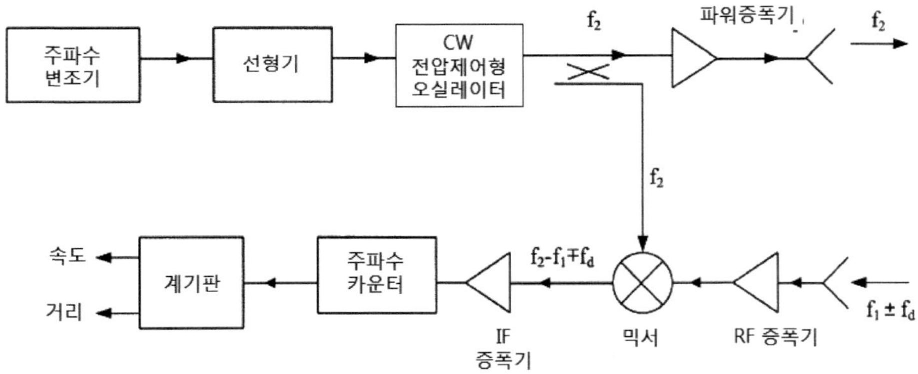

되돌아 온 신호는 $f_1 \pm f_d$인데, (+) 부호는 목표물이 레이더 쪽으로 오고 있는 것이며, (−) 부호는 멀어져 가는 것을 의미한다. 물체가 정지해 있는 경우와 움직이고 있는 경우는 각각 다음과 같다.

1) 물체가 정지해 있는 경우

이 경우 도플러 효과에 의한 주파수 편이는 없는 경우이다. 즉, $f_d = 0$이다. 만약 송신기 주파수가 〈그림 17-9〉의 실선과 같이 시간에 따라 선형적으로 변한다고 하면, 수신기에서 받은 신호는 t_R 또는 $t_2 - t_1$ 시간 후인 점선과 같게 된다. 여기서 시간차 $t_R = 2R/c$가 된다. 시간 t_1일 때 송신기는 주파수 f_1의 신호를 방사하게 되고, 이 신호는 시간 t_2일 때 수신되는데, 이때의 주파수는 f_2로 변하게 된다. 그리고 주파수가 근접한 두 주파수의 진동을 겹칠 때 양 주파수의 차로 진동하는 파가 생기는데, 이것을 비트 주파수라 하는데, f_2와 f_1을 믹서기에 의해 생성된 비트 주파수는 $f_2 - f_1$ 주파수가 된다. 물체는 정지해 있으므로 비트 주파수(f_b)는 오직 거리에 의한 요소만 가지고 있게 된다. 그러므로 $f_R = f_b = f_2 - f_1$이 된다.

$$f = \frac{\Delta f}{\Delta t} = \frac{f_2 - f_1}{t_2 - t_1} = \frac{f_b}{t_R} \tag{17-4}$$

주파수 변화율은 변조율로부터 계산할 수 있다. 〈그림 17-7〉에서 주기 T_m 동안에 주파수는 $2\Delta f$ 만큼 변한다. 레이더 시스템을 디자인 할 때, 시간의 함수인 주파수 변화는 알고 있으므로, 식 (17-8)에서 변조율이 f_m과 변조범위인 Δf는 알고 있는 값이다. 그러므로 수신시간인 t_2에서 비트 주파수인 f_R만 측정하면 물체까지의 거리를 알 수 있다.

$$R = \frac{cf_R}{4f_m \Delta f} \tag{17-8}$$

▼ 그림 17-9 정지해 있는 물체에 대한 FMCW 주파수 변화

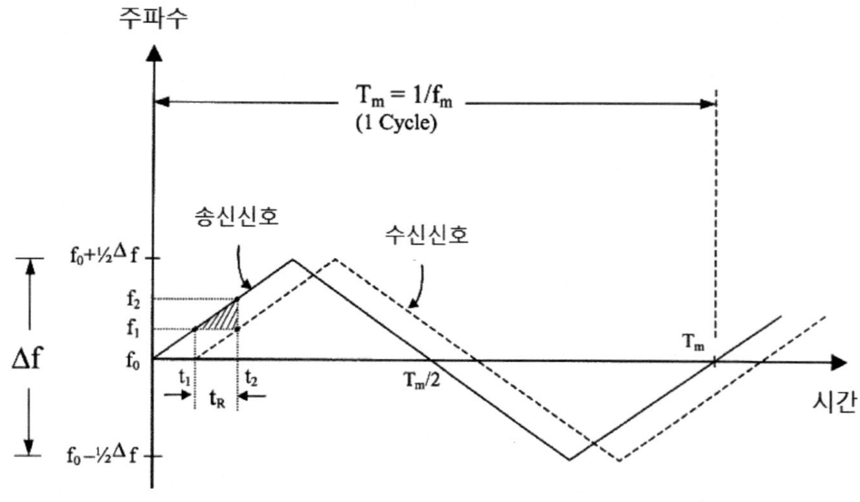

2) 물체가 움직이는 경우

물체가 움직이는 경우는 도플러 주파수 변이가 비트 주파수에 포함되는 경우이다. 이 경우 거리 정보와 도플러 효과를 분리해야 한다. 이 경우, $f_d \neq 0$이므로, 믹서기에 나온 출력 주파수는 $f_2 - f_1 \mp f_d$가 된다. 여기서 (−) 부호는 물체가 레이더 방향으로 움직이고 있다는 뜻이며, (+) 부호는 레이더로부터 멀어지는 방향으로 움직이고 있다는 뜻이다. 〈그림 17-10〉의 (a) 정지해 있는 경우, (b) 레이더 쪽으로 움직이는 경우의 파형, (c) 레이더 쪽으로 움직이는 경우의 비트 신호이다. 주파수에 따른 비트 주파수와 거리에 대한 관계는 다음과 같다.

$$f_b(up) = f_R - f_d \tag{17-9}$$

$$f_b(down) = f_R + f_d \tag{17-10}$$

▼ 그림 17-10 움직이는 물체에 대한 파형

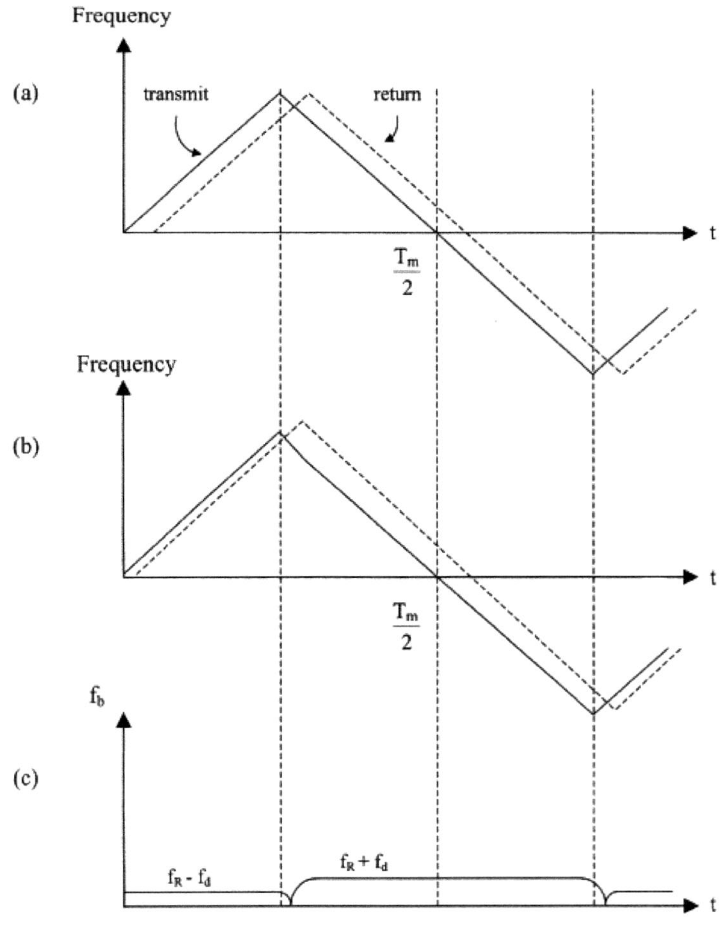

$$f_R = \frac{1}{2}[f_b(up) + f_b(down)] \tag{17-11}$$

$$R = \frac{cf_R}{4f_m \triangle f} \tag{17-12}$$

다 LiDAR 거리측정

1) 레이저의 구분

레이저는 발진 소스에 따라 고체 레이저(Nd:YAG, 루비, Nd:Glass, 반도체 등), 액체 레이저(Dye), 기체 레이저(이산화탄소, 엑시머, 아르곤, 헬륨네온) 등으로 구분이 되며, 발진 방식별로 레이저 발진지속 시간이 0.25초 이상이면 연속(CW) 레이저, 0.25초 미만이면 펄스레이저와 Q-스위치 펄스 레이저 등이 있다. 그리고 발진 파장별로 〈표 17-7〉과 같이 분류를 한다.

레이저는 밝기(brightness), 단색성(monochromaticity), 방향성(directionality), 결맞음(coherence) 등의 4대 고유한 특성 때문에 과학 및 산업분야에서 다양하게 응용되고 있다. 우리가 매일 집에서 사용하는 초고속 인터넷은 레이저 광통신을 이용하고 있으며, DVD 저장매체나 크고 작은 마트의 계산대에서 구매한 상품의 바코드를 읽는데도 레이저가 사용되고 있고, 병원에서 수술할 때 기존의 수술 칼 대신 레이저로 피부를 절개한다. 특히 적외선 레이저는 국방 분야에서 활용된 대표적인 기술이며, 주로 거리측정과 표적지시기 목적으로 오래전부터 사용되어 왔다. 레이저 거리측정기(laser range finder)는 전차나 장갑차에 장착하여 포를 사격하기 전에

▼ 표 17-7 파장 대별 레이저 구분

구 분	파장 영역(㎛)	레이저 소스
적외선	10.6	이산화탄소
근적외선	1.153 1.064 0.83	He-Ne YAG 반도체
가시광선	0.6943 0.6328 0.53 0.5145 0.4880 0.4579 0.442	루비 He-Ne YAG Ar Ar Ar He-Ne
자외선	0.33~0.36 0.325	Ar He-Ne

목표물까지의 거리를 재거나 개인이 휴대하여 멀리 떨어진 표적의 거리를 정확히 측정하는데 사용되고 있다. 레이저 표적지시기는 항공기나 포에서 발사된 레이저 유도탄을 원거리의 특정한 목표물로 유도하는데 사용되고 있다. 국방용 레이저 거리측정기는 레이저가 발명된 지 불과 2년 후인 1962년에 개발되었으며, 1969년에는 미 육군의 M60A1 전차에 장착되어 전차 탄의 명중률을 향상시키는 데 큰 역할을 하였다.[215)]

초기 군사용의 거리측정기에는 1960년대 말부터 1970년대 초반까지는 루비 레이저가 응용되었으나, 광 파장이 가시영역이어서 야간에 적에게 노출될 위험성이 있었다. 그 이후 사람 눈에 보이지 않는 근적외선 영역의 파장을 갖는 네오디뮴:야그(Nd:YAG) 레이저가 개발되어 1980년대까지 사용되었다. 그러나 Nd:YAG 레이저 광은 10^{-5}J/cm^2 정도의 에너지를 가지고 있어서 눈에 노출시 망막을 손상시킬 우려가 있었다. 그 이후 1.54㎛인 라만 이동 네오디뮴 야그(Raman shifted Nd:YAG) 레이저와 어비윰(Erbium) 레이저, OPO(Optical parametric oscillator) 레이저, 10.6㎛인 이산화탄소(CO_2) 레이저 등이 개발되었으며, 현재는 이산화탄소 레이저가 가장 많이 사용되고 있다. 이산화탄소 레이저의 가스 조성은 CO_2:질소:헬륨=10:10:80의 비로 구성하고, 질소는 이산화탄소 기체가 고에너지 상태로 더 용이하게 가도록 해 주는 역할을 하고, 헬륨은 빛을 방출 후 이산화탄소 기체가 완전히 초기 상태로 가도록 해 주는 역할을 한다. 레이저는 출력에 따라 〈표 17-8〉과 같은 클래스로 분류를 한다.[216)] 이 표의 노출방출한계는 S3-C-26-2001의 기준에 파장별로 분류되어 있다.

▼ 표 17-8 레이저의 등급 구분

클래스	내 용
Class 1	제품자체가 근원적으로 안전하게 설계된 제품으로서 주어진 사용조건에서 1급 노출방출한계를 초과하는 수준으로 방출될 수 없는 제품
Class 2	가시광(400~700nm)을 방출하고 연속파나 펄스모드에서 작동하는 낮은 출력의 레이저 제품으로써 레이저에 노출시 보통 눈을 깜박이는 반사작용 등을 유발시키는 수준의 제품이며, 대부분 출력이 1mW 이내임
Class 3a/3b	3a급 제품은 가시광(400~700nm)에서는 2급 노출방출한계의 5배 이하이고, 그 밖의 파장에서는 1급 노출방출한계의 5배 이하의 수준을 말하며, 3b급 제품은 직접 빔을 관찰시 위험한 수준의 제품
Class 4	출력이 500mW 이상의 모든 레이저의 등급이며, 반사된 빛에 노출도 눈 및 피부에 위험을 초래할 수 있으므로 반드시 안전수칙을 준수해야 함
펄스 레이저	거의 모든 펄스 레이저는 Class 4에 해당함

215) 김재기, "레이저 기술의 군사적 응용", 물리학과 첨단기술, January/February, 2006

216) 레이저 장치의 안전요건에 관한 안전인증 기준 (S3-C-26-2001)

2) LiDAR 기본 원리

라이다(LiDAR)는 Light Detection And Ranging의 약자이며, 빛으로 탐지하고 거리를 측정한다는 뜻이다. 때로는 LADAR(Laser Detection And Ranging)라는 이름으로 사용되지만, Lidar가 보다 일반적인 용어이다. 레이저라고 하는 광원을 목표물에 비춤으로써 사물까지의 거리, 방향, 속도, 온도, 물질분포 및 농도 특성 등을 감지할 수 있는 기술이다. 라이다 센서는 일반적으로 높은 에너지 밀도와 짧은 주기를 가지는 펄스 신호를 생성할 수 있는 레이저의 장점을 활용하여 보다 정밀한 대기 중의 물성 관측 및 거리 측정 등에 활용이 된다. 라이다 센서 기술은 탐조등 빛의 산란 세기를 통하여 상공에서의 공기 밀도 분석 등을 위한 목적으로 1930년대 처음 시도되었으나, 1960년대 레이저의 발명과 함께 비로소 본격적인 개발이 가능하였다. 1970년대 이후 레이저 광원 기술의 지속적인 발전과 함께 다양한 분야에 응용 가능한 라이다 센서 기술들이 개발되었다. 항공기, 위성 등에 탑재되어 정밀한 대기 분석 및 지구환경 관측을 위한 중요한 관측 기술로 활용되고 있으며, 또한 우주선 및 탐사 로봇에 장착되어 사물까지의 거리 측정 등 카메라 기능을 보완하기 위한 수단으로 활용되고 있다. 지상에서는 원거리 거리 측정, 자동차 속도 위반 단속 등을 위한 간단한 형태의 라이다 센서 기술들이 상용화되어 왔으며, 최근에는 3D reverse engineering 및 미래 무인자동차를 위한 laser scanner 및 3D 영상 카메라의 핵심 기술로 활용되면서 그 활용성과 중요성이 점차 증가되고 있다.

레이저 거리측정 기술은 레이저를 이용하여 레이저를 발생한 장소에서 레이저를 발생시킨 후 목표물에서 되돌아오는 레이저의 파장을 측정하여 목표물까지의 거리를 원격으로 측정하는 기술이다. 초창기에는 레이저 거리측정 기술이 레이저 및 부품 등의 가격이 비싸고 기술적인 난이도 때문에 주로 군사용으로만 사용되었다. 그 당시 측정거리는 수 km에서 수십 km 정도이고, 측정오차도 5~10m 정도로 매우 우수하였다. 최근에는 이러한 기술을 산업용으로 상용화하기 위해 많은 노력을 하고 있다. 레이저 거리측정기는 자동화 산업 현장의 무인화 시스템, 선박 접안시 배의 파손을 막기 위한 거리 측정, 무인 과속 감지기, 차량 충돌 방지 시스템 등에 적용되고 있다. 산업용의 경우 측정거리가 약 1km 이내로 짧고 측정오차도 1~10mm 이내를 만족하고 있다.

레이저를 이용한 거리측정에는 다음과 같은 방법이 알려져 있다.[217] 대표적인 펄스의 왕복시간을 측정하는 pulsed TOF(time of flight), 신호의 위상차를 통해 거리를 측정하는 위상변이(phase shift), 그리고 주파수에 변화를 준 후 주파수 차이를 통해 거리 정보를 추출하는 주파수 변조법(FMCW, frequency modulated continuous

217) Stanley Robinson, “Active Electro Optical Systems”(SPIE Optical Engineering Press, Washington USA, 1993), Chap.2.

wave) 기술 등이 있다. TOF 방식은 레이저가 펄스 신호를 방출하여 측정 범위 내에 있는 물체들로부터의 반사 펄스 신호들이 수신기에 도착하는 시간을 측정함으로써 거리를 측정한다. TOF 방식은 우수한 성능을 보여주지만, 시스템의 크기가 크고 고비용이 요구된다. 저가의 거리 측정 시스템에는 주로 phase shift 또는 FMCW 방식이 사용된다. Phase shift 방식은 특정 주파수를 가지고 연속적으로 변조되는 레이저 빔을 방출하고 측정 범위 내에 있는 물체로부터 반사되어 되돌아오는 신호의 위상 변화량을 측정하여 시간 및 거리를 계산하는 방식이다. 그러나 phase shift 또는 FMCW 방식은 신호의 흔들림이나 crosstalk에 의해 시스템의 성능이 제한되고, 특히 FMCW 방식은 주파수 변화의 비선형성에 의해 시스템 성능이 제한된다는 단점이 있다. 이러한 라이다 센서 시스템의 구성은 응용 분야에 따라 때로는 매우 복잡하게 구성되지만, 기본적인 구성은 〈그림 17-11〉과 같이, 렌즈를 포함한 광학부, 레이저 송신부, 레이저 수신부, 데이터 획득 및 처리부로 구분할 수 있다.

▼ 그림 17-11 라이다 센서 시스템의 기본 구성

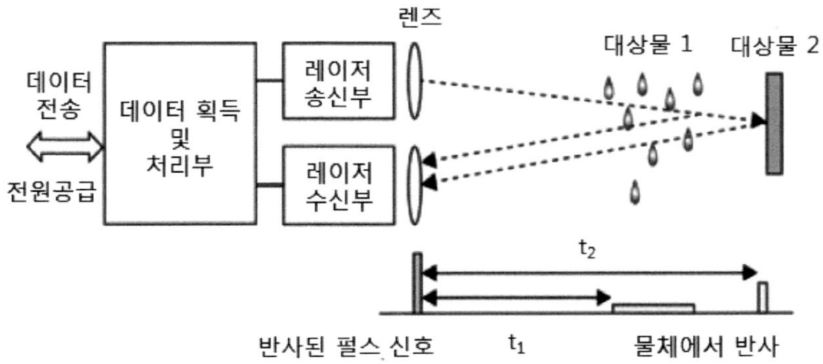

LiDAR 시스템의 성능은 수신기의 측정각도를 나타내는 FoV(Field Of View), 측정범위를 선택하기 위한 field stop, 레이저 빔과 수신기의 FOV 오버랩 특성 등이 성능을 결정짓는 요인이다. 특히 광속에 대해 단위 데이터 수집을 위한 최소 시간은 거리 분해능(Range resolution)을 결정하는 요인이다6). 따라서 1m 이하의 거리 분해능을 위해서는 수ns 이내의 짧은 초 정밀성 데이터 수집 및 처리가 요구된다. 레이저 광원은 250nm~11㎛까지의 파장 영역에서 특정 파장을 가지거나 파장 가변이 가능한 레이저 광원들이 사용되며, 최근에는 소형, 저 전력이 가능한 SLD(Semiconductor Laser Diode)가 많이 사용된다. 상기 3가지 방법에 대한 간략적인 장단점 비교는 〈표 17-9〉와 같다.

▼ 표 17-9 라이다 센서의 거리측정 기술의 비교

파라미터	TOF	FMCW	Phase shift
레이저 소스	Nd:YAG, CO_2	반도체	반도체
파우어	1.5MW	3mW	10mW
파장	1,064nm	650nm	1,100nm
검출 소자	APD	APD	APD
측정 거리	300~20km	2~30m	2~400m
sampling rate	1~20kHz	4kHz	52kHz
최소 감지 파우어	12.7nW	200nW	23pW
정밀도	5m	36mm	21mm
oscillator frequency	30MHz	4~60MHz	1MHz
레이저 출력형태	펄스	ramp	사인파
비용	고비용	저비용	저비용
시스템 복잡도	간단	복잡	복잡

3) TOF LiDAR

Pulsed TOF LiDAR는 시간 펄스폭이 매우 짧은 레이저광을 표적으로 보내고, 표적 표면에서 반사되어 되돌아 올 때까지 시간을 측정하여 표적거리를 이 시간 값과 빛의 속도로부터 산출하는 방법이다. 이 방법은 장거리 측정에 적합한 방법이며 다음과 같은 식에서 거리를 계산할 수 있다. 여기서 d는 목표물과의 거리, $\triangle t$는 레이저 펄스의 왕복 시간, c는 빛의 속도 $c=3\times10^8$m/s이다.

$$d = c \times \frac{\triangle t}{2} \tag{17-13}$$

펄스를 발사하는 시점과 펄스가 되돌아오는 시간차를 구하기 위해서는 카운터용 주파수(100MHz)를 사용하고, 수신된 신호를 구형파로 변환하여 발사시점의 트리거(Trigger) 신호와의 시간차를 다음과 같은 식에서 계산하면 된다. 여기서 t_p, t_0, t_w는 〈그림 17-12〉에서 정의된 시간이다.

$$t_p = t_0 + \frac{t_w}{2} \tag{17-14}$$

▼ 그림 17-12 거리측정에 사용된 시간 정의

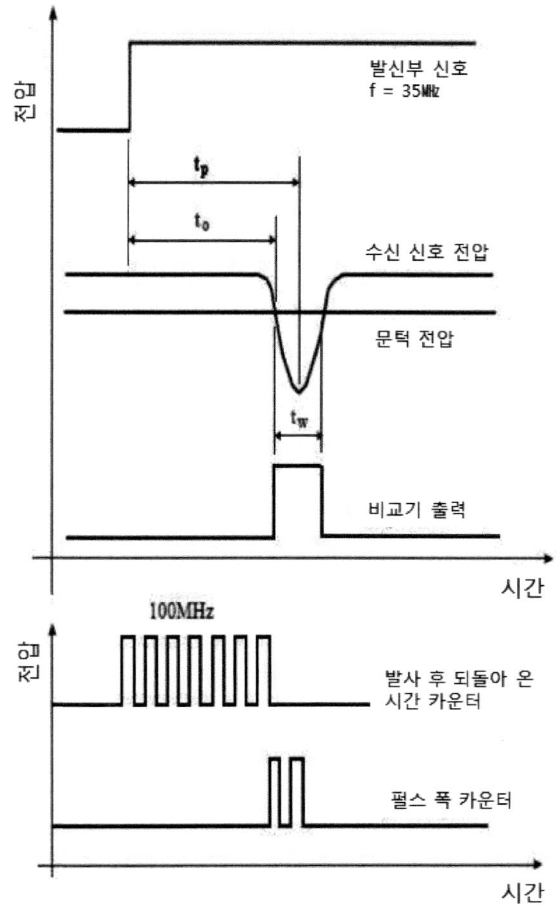

4) FMCW 라이다

FMCW LiDAR는 기본적으로 FMCW 레이더와 원리가 동일하다. 다만 송신부가 RF이면 레이더가 되고, 레이저가 되면 라이다가 된다. 주파수 변조(FMCW) 방법에서 주파수가 선형적인 경우, 즉 이상적인 경우는 〈그림 17-13〉의 (a)와 같으며, 일반적인 경우는 (b)와 같이 주파수가 비선형적으로 변화를 한다. 그림에서 레퍼런스 신호는 기준신호로써 레이저를 통해 송출된 신호를 의미하고, 반사된 신호는 표적에서 반사된 신호를 의미한다. 그리고 f_B는 비트 주파수로써 두 신호의 주파수 차이를, τ_{RTT}는 레이저 빔의 왕복 시간을 나타내며, Δf는 주파수 변화의 폭, 그리고 t_{RAMP}는 램프 신호의 주기, 즉 주파수 변화의 시간을 나타낸다. FMCW 레이저 거리측정기에서 표적의 거리 정보는 비트 주파수에 포함되어 있으므로 레퍼런스 신호와 반사된 신호를 믹서의 입력 신호로 사용하여 비트 주파수 신호를 획득한 후 푸리에 변환으로 비트 주파수를 얻는다. 따라서 표적까지의 거리는 다음의 식으로부터 계산을 할 수 있다. 이 방법으로는 수십미터 정도의 거리만 측정이 가능한 것이 단점이다.

$$d = \frac{\tau_{RTT} \times c}{2} = \frac{f_B \times t_{RAMP} \times c}{2 \times \Delta f} \tag{17-15}$$

▼ 그림 17-13. FMCW 방식의 파형

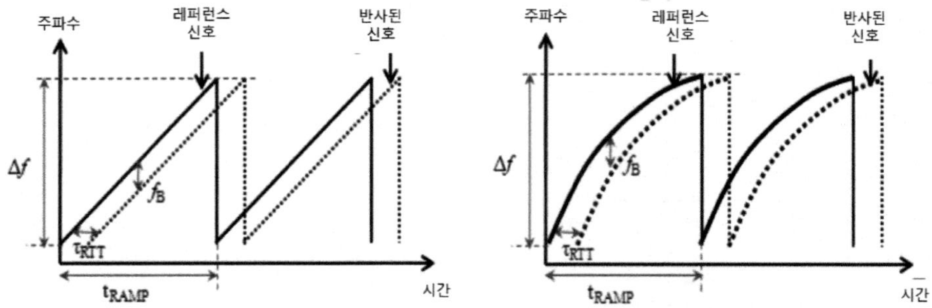

(a) 주파수 변화가 선형적인 경우, (b) 주파수 변화가 비선형적인 경우

5) Phase shift 라이다

상기 두 방법보다 가장 정확하게 거리를 측정할 수 있는 방법이 위상변이 라이다(Phase Shift LiDAR)이다. 기본적인 개념은 〈그림 17-14〉와 같이 표적에서 반사되어 온 파형의 주파수 변화량으로부터 거리를 환산하는 방법이다. 만약 f_0를 변조 주파수, 측정된 위상차를 $\Delta\phi$라고 하면, 거리와의 관계는 다음과 같다.

$$\Delta\phi = \omega_1\tau_1 = 4\pi f_0 \frac{d}{c} \tag{17-16}$$

헤테로다인 위상검출법으로 위상차를 측정한다고 하면, 위상차는 다음과 같다.

$$\Delta\phi = 2\pi \frac{T_X}{T_{IF}} \tag{17-17}$$

여기서 T_{IF}는 중간매개 주파수의 주기, T_X는 위상차 검출 회로에서 측정된 사각 파형의 펄스폭에 해당하는 시간이다. 따라서 거리는 다음과 같은 식에서 계산을 할 수 있다.

$$d = \frac{\lambda_0}{2} \frac{T_X}{T_{IF}} \tag{17-18}$$

▼ 그림 17-14 phase shift의 개념

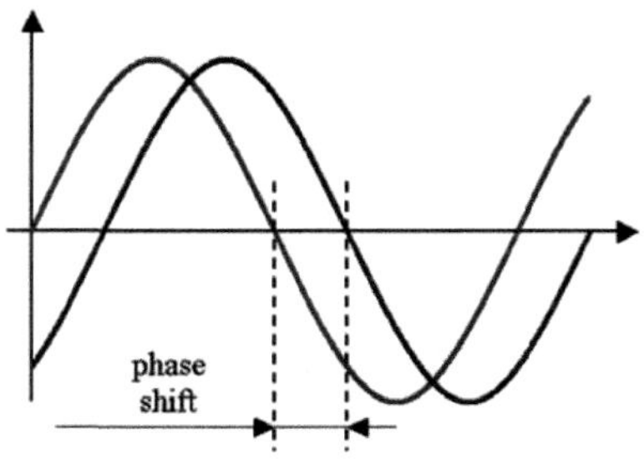

6) LiDAR 적용 분야

기존의 라이다 기술들은 기상 관측 및 거리 측정을 목적으로 주로 연구되었으며, 최근에는 위성에서의 기상관측, 무인 로봇 센서 및 3차원 영상 모델링을 위한 기술들이 연구되고 있다. 기본적인 라이다 기술들을 간단히 정리하면 다음과 같다.

① Elastic-backscatter LiDAR : 레이저 파장의 변화없이 입자들의 운동량에 따라 backscattering 되는 빛의 spectral broadening 특성을 이용하여 대기 중의 aerosol 및 구름의 특성 측정 등에 활용되는 기술이다.

② Raman LiDAR : 분자 에너지 상태에 따라 분산되는 레이저 빛의 주파수 변화 및 Raman band 내의 세기 분포 분석을 통하여 대기 중의 수증기 및 온도 분포 등의 측정에 활용되는 기술이다.

③ Differential-absorption LiDAR(DIAL) : 각기 다른 레이저 파장을 가지는 레이저 빔들에 대하여 측정 대상 물질의 흡수 차이를 이용하여 대기 오염물질 등의 농도 분포를 측정할 수 있는 기술이다.

④ Resonance fluorescence LiDAR : 원자, 이온 또는 분자의 에너지 천이와 동일한 에너지를 가지는 레이저 빛에 대하여 동일 파장의 빛 또는 긴 파장의 빛을 방출하는 특성을 이용하여 중간권역 대기 중의 원자 및 이온 농도를 측정하는 기술이다.

⑤ Doppler LiDAR : Doppler 효과에 의한 레이저 빔의 미세한 주파수 변화를 측정하여 바람 등의 속도를 측정하는 기술이다.

⑥ Laser rangefinder : 물체로부터 반사되는 레이저 빔의 수신 시간을 측정하여 거리를 측정하는 가장 간단한 형태의 라이다 기술이다.

⑦ Imaging lidar : 레이저 빔의 진행 방향에 대한 거리 정보를 포함하여 공간에 대한 영상 모델링이 가능한 기술로써 laser rangefinder 기술을 기반으로 point-scanning을 통하여 point cloud 정보를 수집하거나 광각의 flash-laser에 대하여 반사되는 레이저 빛을 다중 배열 수신소자를 통하여 수집함으로써 3차원 영상 구현이 가능한 기술이다.218)

라 Vision 거리측정

지능형 자동차의 경우 컴퓨터 하드웨어 성능의 발달로 컴퓨터 비전 및 영상처리 기술이 급속히 발달하였고, 고해상도의 영상데이터를 분석할 수 있을 뿐만 아니라 실시간 동영상 처리까지 가능해졌다. 교통사고의 예방, 방지 및 회피를 위하여 지능형 자동차와 관련된 많은 기술의 연구와 개발이 이루어지고 있으며, 인간의 지각능력에 의존한 주행방법의 한계점을 보완하고 안전 운전을 도와 운전자의 부담과 피로도의 경감을 목적으로 하는 다양한 보조시스템들이 개발되고 있다. 특히, 운전자는 운전 도중에 상황을 인지, 판단 및 조작하는 과정을 반복하여 수행하는데, 안전운전 불이행, 중앙선 침범, 과속, 신호위반, 교차로 통행위반 및 안전거리 미확보 등의 운전자의 과실로 다양한 유형의 사고를 일으킨다. 따라서 도로를 주행할 때 운전자의 과실로 인해 발생할 수 있는 교통사고를 사전에 방지하기 위하여 운전자에게 차선이탈 및 차량충돌 위험을 알리는 것은 안전 운전을 위해 매우 중요한 정보가 된다. 최근 들어 차량에 카메라를 탑재하고 도로 전방의 영상 정보를 수집하고 분석하여 운전자에게 시각 및 청각적인 경보를 제공하는 차간거리제어장치(SCC : Smart Cruise Control) 및 차선유지도움장치(LKAS : Lane Keeping Assist System) 등 자동차 관련 첨단기술이 연구 및 개발되어 상용화되기 시작하고 있다.

일반 카메라로 찍은 사진은 3차원(3D) 물체의 반사광을 2차원(2D) 필름 또는 2차원 센서에 투영시킨 것이기에 3차원 정보 중 카메라에서부터 물체까지의 거리 정보는 사라지게 된다. 즉 3D가 2D로 바뀌게 되는데, 이러한 과정을 투영(projection)이라고 한다. 따라서 한 장의 사진으로는 거리 정보를 알아낼 수가 없다. 사라진 거리 정보를 복원하기 위해서는 또 다른 위치에서 찍은 다른 사진이 필요하다. 이 때문에 사람의 눈도 두 개가 있어 같은 물체를 서로 다른 장소(양쪽 각각의 눈 위치)에서 보고 그 영상의 차이를 이용해 거리를 복원하고 있다. 따라서 영상을 통해 거리 정보를 파악하고 카메라는 한 대가 아닌 두 대 이상이 되어야 한다. 이처럼

218) 김종덕, 권기구, 이수인, “LiDAR 센서 기술 동향 및 응용”, 전자통신동향분석 제27권, 제6호, 한국전자통신연구원, 2012년 12월

"같은 물체에 대해 서로 다른 장소에서 촬영한 여러 이미지에서 물체의 3차원 정보를 계산하는 학문 분야"가 바로 Stereo Vision이다. 각각은 다시 여러 제한 조건들에 따라 카메라 교정이 되어 있는지 아닌지(calibrated or uncalibrated), 카메라를 하나를 사용하고 이를 움직여가며 촬영하는 방식인지, 아니면 여러 대의 카메라를 사용하는 것인지(isolated camera or video sequence), 이미지가 단순히 두 장인지 아니면 수 십, 수 백장을 처리하는 시스템인지에 따라 다양한 연구가 진행되고 있다. 하지만 좁은 의미에서는 서로 다른 장소에서 촬영한 두 장의 이미지에서 거리 정보를 추출해 내는 분야가 Stereo Vision이다.

Stereo 카메라를 이용한 방법은 두 대의 카메라를 이용하여 한 대의 카메라에서 얻지 못하는 거리 정보를 얻을 수 있는 장점이 있다. 〈그림 17-15〉 좌측 그림은 단일 카메라를 통한 영상입력이고, 우측 그림은 Stereo 카메라를 통한 영상입력이다. 단일 카메라에서는 점 X'과 점 X''이 영상에서 같은 점이 되기 때문에 정확한 거리 정보를 얻을 수 없다. 반면 Stereo 카메라를 통해서는 좌측 카메라 영상에서의 점과 우측 카메라 영상에서의 점이 서로 다른 곳에 위치하게 되며, 이와 같은 각 영상에서의 차이로부터 거리 정보를 얻을 수 있다.

▼ 그림 17-15 단일 카메라와 Stereo 카메라의 영상

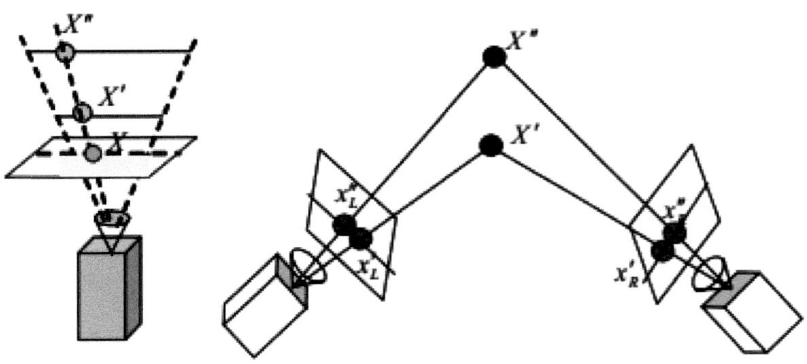

〈그림 17-16〉에 있는 두 장의 사진은 건물의 위치를 조금 달리해서 찍은 사진이다. 얼핏 보면 같아 보이지만 자세히 보면 조금 틀리다는 것을 알 수 있다. 가까이 있는 좌측 건물 지붕에 비해 뒤에 있는 더 멀리있는 나무의 위치는 두 장의 이미지에서는 확연히 차이가 나는 부분이다. 이처럼 동일한 물체에 대한 두 장의 사진 사이에서 나타나는 차이점을 이용하면 이미지 중에서 어느 부분이 카메라를 기준으로 더 가까운지를 알아낼 수 있다. 이를 이미지나 거리값으로 계산한 결과를 거리 정보라고 한다. 2차원 이미지 형태로 나타내는 것이 직관적으로 파악되기에 그림에 대한 거리 정보는 〈그림 17-17〉과 같이 가까운 곳은 밝은 색으로 먼 곳은 어두

운 색으로 표시하는 것이 일반적이다. 자세히 보면, 건물 앞에 있는 도로는 카메라 기준으로 가깝기에 밝은 색으로 표시되어 있고, 건물은 뒤쪽으로 갈수록 어두운 색으로 표시된 것을 확인할 수 있다.

▼ 그림 17-16 Stereo 카메라로 획득한 2D 사진

▼ 그림 17-17 거리 정보로 변환된 사진

앞서 살펴본 바와 같이 거리 정보를 파악하기 위해서는 양쪽 이미지 사이에 대응되는 점이 얼마나 차이가 나야 하는지를 파악해야 한다. 이를 그림으로 그려보면 〈그림 17-18〉처럼 3차원 공간상의 한 점은 왼쪽, 오른쪽 눈에 각각 투영이 되는데 그 점의 거리에 따라 위치가 서로 다르게 된다. 가까이에 있는 물체는 그 차이가 크고, 멀리 있는 물체는 그 차이가 적게 된다. 극단적으로 매우 멀리에 있는 물체는 차이가 나지 않게 된다. 이처럼 왼쪽 영상의 한 점의 위치에 비해 오른쪽 영상의 대응점 위치의 차이를 시각편차(Disparity)라 하며, 그 관계식은 다음과 같다. 이 식에서 물체까지의 거리는 z는 시각편차로부터 계산할 수 있다.

$$\text{시각편차} = x - x' = \frac{B \cdot f}{z} \qquad (17\text{–}19)$$

▼ 그림 17-18 거리정보와 시각편차(Disparity) 관계

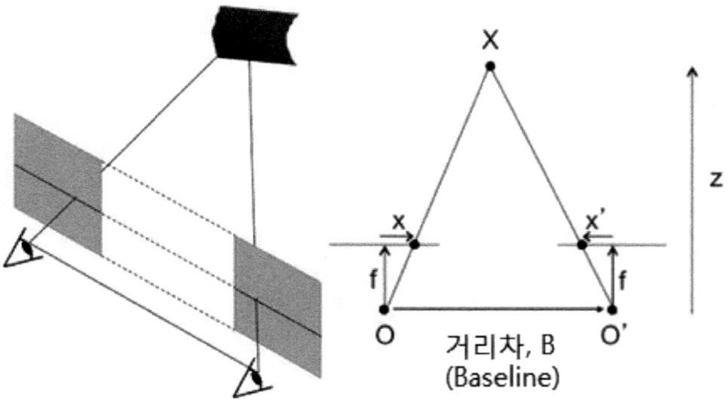

즉 왼쪽 영상 한 점의 위치에서 대응되는 오른쪽 영상 한 점의 위치 차이는 그 점의 3차원 공간상의 거리 z에 반비례하며, 초점거리 f와 두 영상을 촬영할 때 거리차 B(베이스라인)에 비례한다. 스테레오 카메라로 어떤 물체를 촬영해 보면, 가까이에 있는 물체는 왼쪽 영상과 오른쪽 영상에 그 차이가 두드러지게 나타나고, 멀리 있는 물체는 차이가 상대적으로 작게 나타나게 된다. 왼쪽 카메라와 오른쪽 카메라의 거리가 멀면 시각편차가 크게 나타나기에 거리 정보를 보다 정밀하게 파악할 수 있다. 따라서 특정 스테레오 카메라로 거리 정보를 추출했는데 해상도가 불만족스럽고 더 높은 정밀도가 필요하다면 카메라와 카메라 사이인 거리차 B를 넓히는 것도 한 가지 해결 방법이다. 또 다른 방법으로는 카메라 렌즈를 초점거리가 긴 모델로 바꾸는 것도 한 가지 방법이다. 대신 베이스라인이 길어지거나 초점거리가 긴 모델로 바꾸면 한 번에 거리 정보를 계산할 수 있는 3차원 공간상의 영역은 줄어들게 된다. 따라서 스테레오 비전을 연구하는 사람은 거리차인 베이스라인이나 렌즈의 초점거리를 바꾸어 가며 자신의 실험에 가장 적절한 범위를 찾아야 할 필요가 있다.

두 대의 카메라에서 획득한 영상정보로부터 거리를 측정하고자 하는 위치(그림 17-18에서 점 X의 위치)에 있는 물체가 동일한지를 촬영한 사진으로부터 찾아야 한다. 왼쪽 이미지의 한 점이 오른쪽 이미지 상 어디에 존재하는지를 찾는 과정이 필요한데, 이를 스테레오 비전에서는 정합(Matching) 또는 코레스펀던스(Correspondence)라고 한다. 얼핏 생각하면 정합은 간단해 보이지만, 640×480 해상도를 가지는 VGA급 영상에서 예를 들어보면 다음과 같이 어마어마한 연산량을 필요로 한다. ① 왼쪽 이미지에서 한 점을 선택한다. ② 이 이미지와 같은 점은 오른쪽 이미지에서 640×480 루프를 돌려 찾는다. ③ 다시 왼쪽 이미지에서 또 한 점을 선택하고 ②의 과정을 반복한다. 이러한 반복은 640×480번 반복된다. VGA급 영상은 최근 HD 카메라에 비하면 매우 낮은 해상도임에도 불구하고, 정합하는데 (640×480)×

(640×480) 루프를 반복해야만 한다. 당연히 시간이 많이 소요되고 실시간으로 계산이 안된다. 또한 왼쪽 영상과 오른쪽 영상의 정합을 하기 위해서는 한 점의 정보만으로는 부족한 경우가 태반이기에 정합을 할 때는 일정 블록(block)을 이용하게 되며, 이 또한 연산 시간을 더욱 늘어나게 된다. 따라서 스테레오 비전 분야의 연구 중에서 가장 중요한 부분은 바로 정합 부분이며, 역설적이게도 많은 연구자들이 연구를 진행하고 있지만 아직까지 상업적으로 사용하기에는 많은 부분이 부족하다.

VGA급 해상도의 영상에서 거리를 추출하는데 1~2분씩 소요된다면 멈춰있는 물체의 경우에는 상관이 없을 수도 있지만 움직이는 로봇이라든지 자동차라면 전혀 사용할 수 없다. 정합 문제를 잘 살펴보면 왼쪽 영상에서 한 점에 대응되는 점을 찾기 위해 오른쪽 영상의 모든 픽셀을 조회하고 있는 것을 발견할 수 있다. 물론 오른쪽 영상에 어디에 있는지는 미리 알 수 없기에 모두 조회해야 하는 것은 맞지만, 영상을 촬영할 때 카메라가 어떻게 배치되어 있는지 정보를 사전에 알 수 있다면 오른쪽 영상을 모두 조회할 필요는 없다. 이러한 작업을 에피폴라 제한조건(Epipolar Constraint)이라 한다. 따라서 스테레오 정합 문제에서 연산 속도를 증가시키기 위해서는 에피폴라 제한조건을 이해해서 이를 적용해야 하며, 이를 적용하면 2D 공간를 뒤져야 하는 일에서 1D 공간을 뒤지는 문제로 바꿀 수 있다. 에피폴라 제한조건은 수학적으로 유도하면 깔끔하게 나오는 수식이다.

〈그림 17-19〉와 같이 3차원 공간상에 X라는 점이 있다. 이 점은 왼쪽 카메라에서는 렌즈 초점 O와 연결하는 광선상에 놓이게 되므로 x로 투영된다. 이미지 상에서 본 x라는 점은 3차원 공간상에 위치한 X이기도 하지만 xX 선분 상에 있는 어떠한 점도 영상에서는 x로 보이게 된다. 따라서 영상에서 x라는 점은 3차원 공간상에서는 xX 라인에 있는 어떠한 점도 x가 될 수 있기에, x에 대응되는 오른쪽 카메라에서의 후보군은 선분으로 나타나게 된다. 이 때 이 선분들이 하나로 만나는 점이 생기는데, 그 점은 재미있게도 왼쪽 카메라와 오른쪽 카메라의 중심(OO′)을 서로 연결한 직선이 이미지를 관통하는 점 e와 e′으로 나타난다. 이 때 파악된 e를 에피폴(Epipole)이라고 부르고 에피폴을 지나는 후보군 선분을 에피폴라 라인(Epipolar line)이라고 부른다. 그리고 이러한 일련의 조건들을 에피폴라 제한조건이라고 한다. 따라서 정합에 활용한 부분은 에피폴라 라인이 된다. 지금까지 정리를 해 보면, (a) 거리 정보를 알기 위해서는 시각편차 파악이 필요하다. (b) 시각편차를 알기 위해서는 정합을 해야 하는데, 정합은 영상 전체를 모두 뒤져야 하기 때문에 매우 연산량이 많다. (c) 그러나 왼쪽 영상에서 한 점은 3차원 공간상에서 후보군이 한 직선으로 나타나고 이는 오른쪽 카메라에서 특정한 라인으로 표시가 되는데, 그 라인은 항상 에피폴을 지나간다. (d) 에피폴은 카메라 배치에 따라 정해지

는 것이므로 미리 알 수가 있으니 이를 이용하면 오른쪽 영상 전체를 뒤질 필요없이 에피폴라 라인만 뒤지면 된다. (e) 그럼 이제는 에피폴을 어떻게 찾아내는가 하는 문제만 남게 된다.

▼ 그림 17-19 에피폴라 제한조건

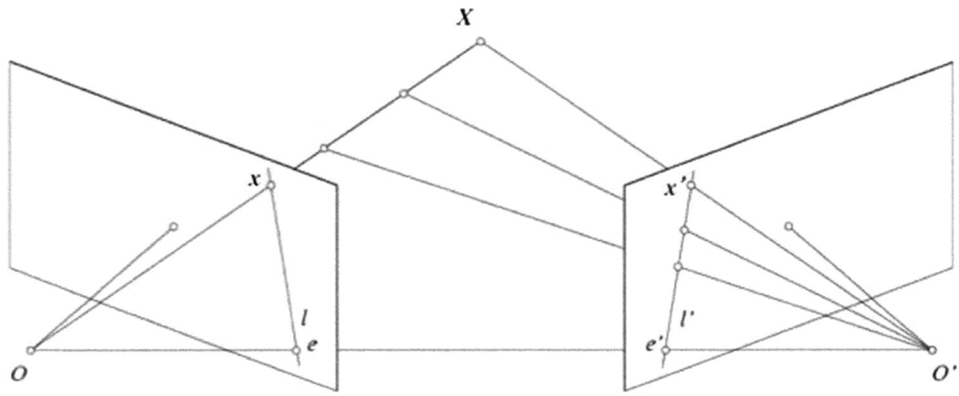

에피폴은 각각의 카메라 중심을 연결한 선이기에 카메라 중심을 정확하게 알아야 할 필요가 있다. 이는 다시 카메라 교정(Calibration)으로 해결하는 문제로 바뀐다. 카메라 교정은 그 자체만으로도 매우 복잡하지만, 다행히도 스테레오 카메라의 교정을 위한 기법들은 오픈 소스로 많이 공개되어 있으며, 라이브러리로도 공급이 되고 있다. 대표적으로 유명한 라이브러리는 OpenCV이며, 이 안에는 Jang이 만든 교정 기법이 구현되어 있다. 미리 준비된 체크 무늬 PDF 문서를 프린터로 출력하여 카메라 앞에서 이 출력 문서를 움직여가며 촬영한 이미지를 교정 프로그램에 넣어주면 스테레오 카메라 교정 결과값인 펀더맨털 행렬(Fundamental matrix)을 결과값으로 얻을 수 있다. 이 값을 이용하면 2D 공간을 모두 뒤지던 정합 문제를 1D 공간 문제로 바꿀 수 있으며, 이 또한 OpenCV에 이러한 기법으로 구현된 함수와 예제 코드가 있다.

스테레오 카메라 교정이 완료되면 에피폴의 위치를 알 수 있고, 왼쪽 카메라 한 점에 대응되는 오른쪽 카메라 영상의 에피폴라 라인을 알 수 있다. 일반적인 스테레오 카메라에서는 〈그림 17-20〉의 좌측 그림처럼 에피폴라 라인이 사선으로 나타나게 된다. X축으로 평행한 평행선이 아니기에 일일이 다음 점의 위치를 찾아 이미지 값을 확인해야 하는 식으로 프로그래밍을 해야 한다. 그러나 이 문제를 좀 더 단순화하기 위해 에피폴라 라인을 평행하도록 이미지를 변환하는 과정을 이미지 렉티피케이션(Image Rectification)이라고 한다. 좌측의 이미지에서 교정된 데이터를 이용해 렉티피케이션한 결과는 우측 그림과 같다. 이렇게 변환해 놓으면, 왼쪽 영상의 한 점은 오른쪽에서 한 줄만 처음에서부터 끝까지 쭉 찾으면 되기에 프로그램 코드가 무척 간결해 진다. 물론 이렇게 렉티피케이션하는데 시간은 추가로 소요되지만 정합에 줄어드는 시간까지 함께 생각해 보면 렉티피케이션을 수행하는 쪽이 더 빠르기에 스테레오 정합에 있어서 렉티피케이션은 필요한 과정으로 인식되고 있다.219)

▼ 그림 17-20 에필로라 라인을 일치시키는 렉티피케이션

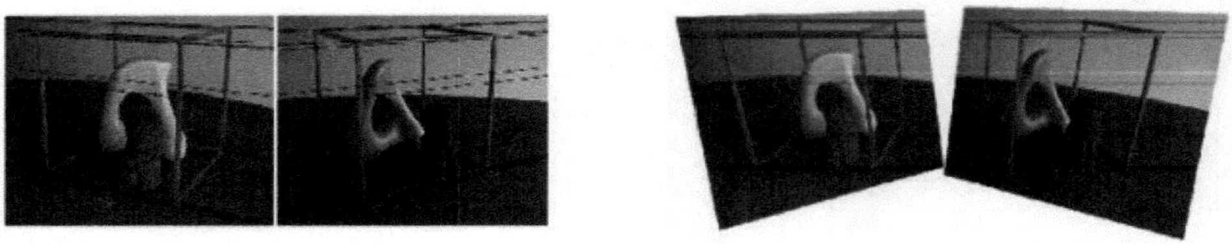

마 초음파 거리측정

1) 음파의 정의

파동에너지는 크게 음파와 전자파로 나눌 수 있다. 음파는 음향적 진동 에너지로 초저주파, 가청주파, 초음파가 이에 속하며, 전자파는 전자기적 진동 에너지로 전파, 적외선, 가시광선, 자외선, X선, 감마선 등이 이에 속한다. 음파는 공기 중에서 340m/s의 전파속도를 가지고 있으며, 수중에서는 1,480m/s, 철과 같은 고체 속에서는 5,180m/s, 진공 속에서는 전파되지 않는 특성이 있다. 반면, 전자기파는 공기 중에서 빛의 속도로 움직이며, 수중에서는 공기 중에서 보다는 조금 느린 속도로 전파된다. 고체 내에는 전파되지 않으며, 진공 중에서는 빛의 속도로 전파되는 특성이 있다. 사람의 귀로 들을 수 있는 주파수 영역은 대략 20~20,000Hz인데, 이 영역을 음파 또는 가청주파수 영역이라 한다. 20Hz 보다 낮은 주파수 영역을 불가청음 또는 초저주파(infrasound) 영역이라 하며, 20,000Hz 보다 높은 주파수 영역을 초음파(ultrasound) 영역이라 한다. 개와 같은 동물들은 보다 더 넓은 영역을 감지할 수 있다.

몇 가지 대표적인 물체 내에서의 음속은 〈표 17-10〉과 같다. 매질 내에서 임의의 점에서 압력은 일정하지 않고 지속적으로 변화하며, 측정 순간과 평균의 차이를 음압(P)이라 한다. 음파가 진행하는 동안, 진동하는 입자들은 순간속도로 정지해 있는 위치 근처에서 진동을 한다. 이때 음압과 순간속도의 비를 음향 임피던스

219) 위드로봇(주), 김도윤, Media Contents, "스테레오 영상을 처리하는데 있어 발생하는 이슈", http://www.ntrexgo.com/archives/2280

(acoustic impedance)라고 하며 고유 음향 임피던스가 높다고 하는 것은 그만큼 파동 에너지를 전파하기 쉽다고 하는 것이고, 이것은 동일한 파워 밀도의 음파를 전파하는데 기체 보다는 액체, 액체보다는 고체가 유리하다는 것을 의미한다. 즉 밀도가 큰 물질이 적은 힘으로 음파를 전파할 수 있다. 여러 가지 매질에 대한 음향 임피던스는 〈표 17-11〉과 같다.

▼ 표 17-10 다양한 매질 내에서의 음속

매 질	음속(m/s)	매 질	음속(m/s)
공기(20℃, 건조)	331	납	1,190
스팀(134℃)	494	구리	3,810
수소(20℃)	1,330	알루미늄	6,320
물(증류수)	1,486	파이렉스 유리	5,170
바다물	1,519	강철	5,200

▼ 표 17-11 각종 매질의 음향 임피던스와 음파 속도

전파 매질	음향 임피던스 [Pa·s/m] = [N·s/m³] = [kg/m³s]	밀도 ρ [kg/m³]	속도 v [m/s]
강	39×10^6	7,700	5,000
알루미늄	14×10^6	2,700	5,200
용융 석영	14×10^6	2,700	4,400
연질 고무	0.067×10^6	950	70
물	1.44×10^6	1,000	1,440
공기	410	1.2	340

위의 표에서 알 수 있듯이 일반적으로 기체보다 액체, 액체보다 고체가 고유 음향 임피던스가 높은 경향이 있다. 이 표에서 공기의 고유 음향 임피던스가 가장 작으므로 음파의 차폐대책으로는 물체간의 공기층을 설치하면 음파를 쉽게 차단할 수 있다는 의미이다. 또한 음향 임피던스가 다른 두 개의 매질 사이에서는 음파의 반사와 투과 및 감쇠가 생긴다. 이 경우 두 매질의 음향 임피던스가 비슷하면 음파는 잘 투과하고 반사파는 매우 작다. 반대로 음향 임피던스의 차이가 크면 투과하는 파는 적고, 반사하는 파는 많아진다. 즉, 고체와 고체의 조합 혹은 고체와 액체의 조합은 잘 투과하지만, 고체와 기체, 액체와 기체의 조합은 거의 투과하지 않게 된다. 다시 말하면, 고체 중에서 강력한 음파라고 하더라도 공기 중에 방출되는 에너지는 매우 작다는 것이다.

2) 초음파의 개요

1827년 스위스의 물리학자 Daniel Cooadon과 프랑스의 수학자 Charles Sturm에 의해 전등 불빛과 수중의 종소리와의 시간 차이를 이용해서 수중음파의 속도를 측정한 것이 초음파 연구에 대한 시초였다. 1880년 Jacques와 Pierre Curie가 수정에 기계적인 힘을 가하면 수정의 전극에 전하가 발생된다는 압전효과와 James Joule이 어떤 물질에 자장을 걸면 부피의 변형을 일으킨다는 자기변형효과가 알려지면서 압전 세라믹을 이용한 음향센서의 응용이 시작되었다. 초음파가 최초로 응용이 사용된 것은 1차 세계대전 중 독일 잠수함을 찾기 위한 노력으로 수중 탐지용으로 개발되기 시작하였는데, 그 당시 기술적인 미비로 전쟁에는 사용되지 못하고 전쟁 후에 초음파 측심기 등의 소나(SONAR)로 실용화되면서 많은 센서가 개발되었다. 초음파는 빛이나 전파와 같은 파동 에너지이지만 전파 속도가 늦고, 반사하기 쉬운 특성이 있다. 초음파의 여러 가지 특성에 따른 응용분야는 〈표 17-12〉와 같다.

▼ 표 17-12 초음파의 특성과 이에 맞는 응용 분야

초음파의 특성	응용 분야
반사 특성	거리측정, 어군 탐지, 측심기, 방범용 센서, 적설량 측정, 투명한 물체의 위치센서
느린 전파 속도	두께 측정, 거리 측정,초음파 진단장치, 초음파 현미경
비가청 영역	소나, 각종 통신 장치, 리모컨 장치
강한 지향성	방범장치, 위치센서, 초지향성 스피커, 거리측정
수중에서의 낮은 감쇠	측심기, 소나(SONAR), 어군 탐지, 세정, 가공
치료/살균작용	살균장치, 치료기, 담석의 파괴제거, 초음파 메스
발열작용	건조기, 용접기, 본딩 기기, 플라스틱 융착, 이종금속의 용접
세정 작용	칫솔, 세정기, 미용기, 세탁기, 쌀세척기
동력 작용	커터, 초음파 연마기, 초음파 믹서, 보석 가공기, 모터
진단 작용	비파괴 검사 장치, 태아 진단, 심장 진단, 골절 진단
해충 격퇴 작용	모기/쥐/바퀴벌레 격퇴 장치

표에서 알 수 있듯이 실생활에 음파를 이용해서 가장 많이 사용되는 분야가 소나, 초음파 진단기, 거리측정 분야 등이다. 이 중에서도 소나는 잠수함 및 군함 등의 발달로 군사용뿐만 아니라 민수용에 필수적인 센서 시스템으로 자리잡고 있다. 수중에서 사용되는 소나는 장님이 막대기로 땅을 더듬어 가는 것과 같은 역할을 한다고 할 수 있다. 막대기를 통해서 들어오는 정보로부터 장님은 길의 높낮이 및 형상을 개략적으로 파악하는 것과 같이 소나에 입력되는 음파의 정보로부터 수중의 물체, 모양, 속도 등을 파악할 수 있다. 소나에서 물체의 정확성을 높이기 위해

서는 분해능을 향상시켜야 하는데, 이를 위해서는 주파수를 높여야 하나 고주파는 원거리 전파(propagation)에 문제가 있고, 저주파는 원거리까지 전파하는 데에는 문제가 없으나 분해능이 저하되는 문제점이 있다.

소나는 Sound Navigation And Ranging의 약어로 영어로는 SONAR로 표현한다. 그 뜻에서 알 수 있듯이 소나는 음파에 의해 수중목표의 방위 및 거리를 알아낼 수 있는 센서이다. 공기 중에서는 음파보다는 전자기파가 보다 빠르고 멀리까지 전달되기 때문에 공중 및 지상의 목표물 관측용에는 앞 절에서 설명된 레이더가 많이 사용된다. 하지만 수중에서 전파는 육상에서와는 달리 물 표면에서 감쇠가 매우 커 조그만 바다 속으로 들어가면 지나치게 빠르게 감쇠해 수신 가능한 신호의 최저 레벨보다 낮아 정보 전달 및 수집에 근거리를 제외하고는 거의 사용할 수가 없다. 그러나 음파는 약 1,500m/s의 속도로 잘 전달되는 특성이 있다. 이러한 특성 때문에 수중에 존재하는 여러 가지 목표물을 능동 및 수동 방식으로 탐지하는 유일한 수단으로 활용되고 있다.

3) 소나 센서의 원리

소나는 기본적으로 도플러 효과를 이용한 센서이다. 음파를 전기적 신호로 바꾸는 부분(마이크로폰 역할)과 전기를 음파로 바꾸는 부분(스피커 역할)인 트랜스듀서의 개발로 소나는 발전을 하게 되었다. 소나는 수중의 음파를 전기적 신호로 바꾸어 음파의 전달 방향과 물체의 크기를 분석할 수 있게 해 주는 센서이다. 소나 센서에는 〈그림 17-21〉과 같이 수동적으로 물체에서 나오는 음파만을 분석하는 수동 소나와 전기를 음파로 변환시켜 수중으로 전달시키고 음파가 수중에서 물체에 부딪쳐 되돌아오는 것을 분석하여 방향 및 거리를 분석하는 능동 소나로 구분할 수 있다. 능동 소나는 음파를 송신하게 되면 자신의 위치도 노출되기 때문에 군사용

▼ 그림 17-21 소나 센서의 종류

(a) 수동 소나(passive sonar) (b) 능동 소나(active sonar)

에서는 일부 한정된 목적에서만 사용하고 대부분 수동 소나를 이용하여 물체를 탐지한다.

① **거리 측정** : 〈그림 17-21〉(a)와 같이 소나센서와 음파의 반사체 사이를 거리라고 정의하는데, 이 거리는 다음과 같은 방법으로 측정할 수 있다. 펄스길이(duration) T_p인 짧은 펄스를 반사체 방향으로 송신하고, 수신부에서 반사체로부터 반사된 에코 신호를 측정하고, 송신부와 수신부 사이의 시간 차이 τ로부터 다음과 같이 거리를 계산할 수 있다.

$$R = \frac{v\tau}{2} \quad (17-20)$$

그리고 측정된 거리의 정밀도는 전통적인 통신(또는 gated CW 펄스)에 사용되는 펄스길이 T_p에 의해 다음과 같이 주어진다.

$$\delta R = \frac{vT_p}{2} \quad (17-21)$$

거리 정밀도인 식 (7-21)은 〈그림 17-22〉(b)에 있는 바와 같이 반사된 두 개의 파동을 구분할 수 있는 최소의 거리와 동일한 개념이다. 펄스 길이가 짧을수록 거리 정밀도는 좋아진다. 그러나 짧은 펄스는 펄스 내부에 에너지가 작기 때문에

▼ 그림 17-22 거리 측정 및 정밀도 개념

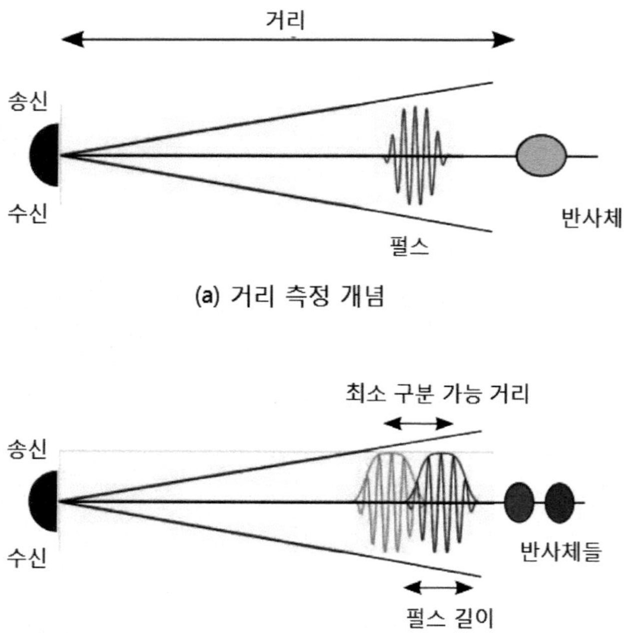

(a) 거리 측정 개념

(b) 거리 정밀도 개념

전파되는 거리가 짧아진다. 이것의 보완책이 펄스를 코드화해서 변조해 주는 방법이다. 이와 같이 코드로 변조된 펄스인 경우 거리 정밀도는 다음과 같다. 여기서 B는 음파의 밴드폭(주파수 퍼짐)이다. 일반적인 gated CW 펄스는 $B=1/T_p$ 이기 때문에 식 (17-22)는 식 (17-21)의 개념을 포함하고 있다.

$$\delta R = \frac{v}{2B} \tag{17-22}$$

② **방향 측정** : 소나에서 방향을 유추하기 위해서는 두 가지 개념이 필요하다. 하나는 전기음향변환기(Electro-Aacoustic Transducer)와 이것의 크기이며, 다른 하나는 이러한 작은 변환기들을 배열하는 방법이다. 안테나의 크기가 음파의 파장에 비해 매우 크다면 변환기(안테나 또는 스피커)는 지향성의 특성이 있다. 일반적으로 지향성 패턴에는 임의의 빔폭(또는 시야각)을 갖는 1차 로브가 포함되어 있다.

$$\beta \approx \frac{\lambda}{D} \tag{17-23}$$

여기서 D는 〈그림 17-23〉에서 정의된 안테나의 직경이다. 빔폭은 주파수에 따라 달라지는데, 동일한 안테나 크기에 대해 높은 주파수는 상대적으로 좁은 빔폭이 가능하다. 이는 달리 말해 동일한 시야각에 대해 높은 주파수를 사용하면 안테나의 크기를 작게 해도 된다는 의미이다. 소나를 이용한 영상획득을 위해서는 높은 주파수를 사용해야 하는 이유이다. 반사된 신호 또는 외부 신호로부터 안테나로 입사하는 각도는 〈그림 7-24〉와 같이 수신기 간의 간격 L과 도착하는 시간차이 δt로부터 다음과 같은 식에서 계산할 수 있다.

$$\theta = \sin^{-1}\left(\frac{v\delta t}{L}\right) \tag{17-24}$$

▼ 그림 17-23 변환기의 방향성 정의

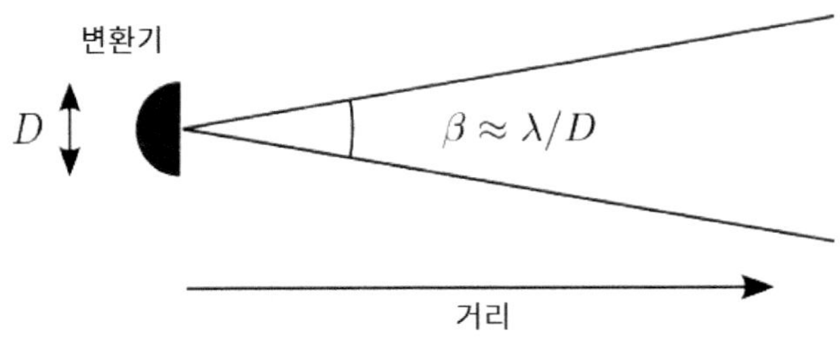

▼ 그림 17-24 물체에서 반사되어 오는 입사각의 개념

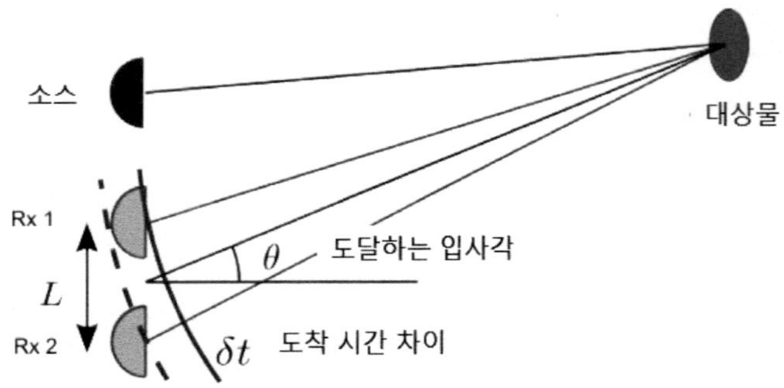

③ **신호 모델링** : 능동 소나에서 수신된 신호에는 다음과 같은 주요한 3가지 주요 요소가 포함되어 있다. 하나는 발신부에서 나온 신호가 대상물까지 중간매질을 통과하여 대상물 표면에서 되반사된 후 다시 수신부로 돌아온 신호가 있을 수 있다. 이 신호에는 관심 대상인 물체에 관한 정보가 담겨 있는데, 대상물의 물리적인 구조와 크기, 그리고 입사각 및 음파 주파수 등의 정보가 담겨 있다. 두 번째 신호는 발신부에서 수신부 사이의 경로에 원하지 않는 에코신호인 잔향(reverberation) 신호이다. 이 신호는 주로 해수의 바닥면과 물표면에서의 산란에 의해 발생되는 신호이다. 마지막 신호는 부가적인 잡음신호인데, 이것은 소나 자체보다는 다른 음원에 의한 음파신호가 잡음으로 기여한다.

4) 초음파 거리측정기의 원리 및 응용

초음파를 이용한 응용분야는 일상생활에서 흔히 볼 수 있는 초음파 센서가 거리측정용이다. 이런 원리를 이용한 것이 자동차 또는 로봇 등에 장착하여 장애물 검지용 거리측정용으로 사용되고 있으며, 건물 내의 조명 제어용으로도 사용되고 있다. 거리측정을 위해서는 송신부와 수신부가 필요한데, 〈그림 17-25〉와 같이 송신부와 수신부의 분리형과 일체형으로 나눌 수 있다.

송수신기 분리형은 서로 간섭이 작은 장점은 있으나, 각각의 특성을 맞추어야 하며 가까운 거리와 먼 쪽에서의 측정 오차가 클 수 있다. 이런 형태는 저주파 초음파 센서에 적합한 구조이다. 반면 송수신 일체형은 하나의 초음파 센서를 사용하기 때문에 송신부와 수신부 간의 간섭이 상대적으로 크며 회로가 복잡한 것이 단점이나, 거리측정 정밀도는 상대적으로 우수한 것이 장점이다. 이러한 초음파를 이용한 거리검출용은 차량 후방경보시스템(Back Warning Buzzer System, BWS)에 적용되어 있다. 차량이 후진할 때 후방의 시야 사각지대를 초음파 센서를 이용하여 감시하고 해당지역에 장애물이 있으면 운전자에게 경보음을 주어 각종 사고를

▼ 그림 17-25 초음파 거리 측정 시스템의 개요

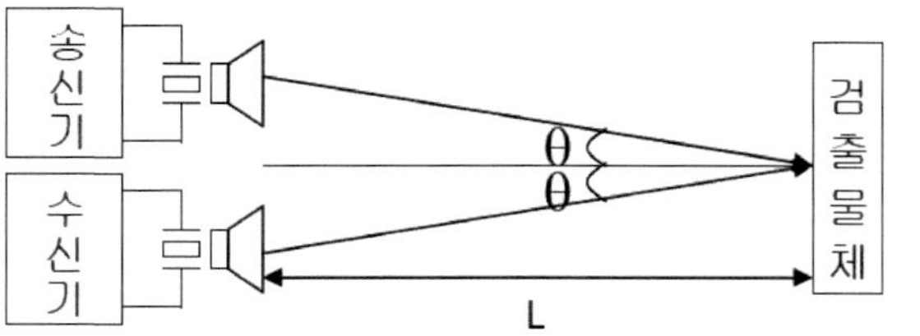

(a) 송신기/수신기 분리형

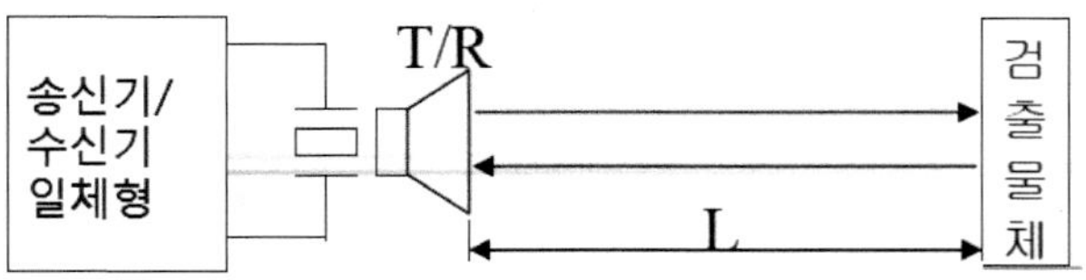

(b) 송신기/수신기 일체형

사전에 방지하고자 하는 목적으로 사용되고 있다. 일부 차종에서는 후방 뿐만 아니라 전방 코너부의 장애물도 감시하는 용도로도 사용되고 있다. 대부분의 BWS용 초음파 센서는 40kHz의 초음파를 사용하며, 음파가 물체에 부딪쳐 되돌아 올 때까지의 시간을 측정함으로써 물체까지의 거리를 계산하는 방식이다. 이에 대한 측정 개념은 〈그림 17-26〉과 같다. 이 그림에서 거리 L은 다음과 같은 수식에서 계산할 수 있다. 단, 여기서 음속인 V는 알고 있어야 하며, 약 15℃의 공기 중에서는 약 340m/s이다. 이 식에서 Δt를 정의하는 방법에 따라 거리 정확도가 결정된다. 거리측정에 사용하는 방법이 비행시간(time of flight, TOF) 검출 방식, 포락선 검출방식, 주기인식 검출방식 등이 있다.

$$L = \frac{1}{2} \times \Delta t \times V \tag{17-25}$$

비행시간 검출방식은 수신된 파형의 진폭을 기준으로 임계값 이상을 신호, 이하를 잡음이라 가정하여 거리를 계산한다. 수신 신호에 잡음이 혼합되어 있으면 큰 오차가 생길 수도 있으며 잡음 신호 때문에 검출할 수 있는 거리에 제약이 많이 있다. 포락선 검출방식은 수신된 신호에서 신호의 크기에 관계없이 일정한 형태의 포락선을 가지고 있으며, 포락선의 최대 진폭점을 이용하여 수신파형의 시작점을 역으로 추적하는 방법이다. 이 방법은 비행시간 방법에 비해 정확한 결과를 얻을 수 있다. 주기인식 검출방식은 수신파형에서 발신된 신호와 같은 주파수 성분을

▼ 그림 17-26 BWS용 거리 측정 개념도

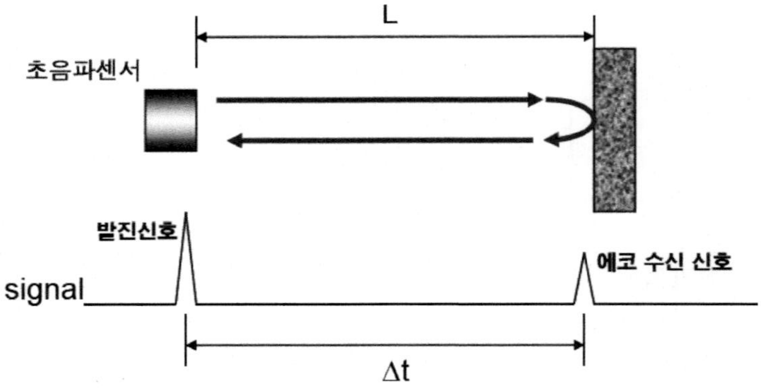

검출하는 방법으로 진폭의 크기와 무관하기 때문에 원리적으로는 가장 정확한 검출이 가능한 방법이다. 그러나 실제 수신된 신호에는 여러 주파수 대역의 잡음 신호가 혼재되어 있으므로 대역통과필터를 이용하여 잡음성분을 제거해야 한다. 초음파로 거리를 측정할 경우 공기 중에서 신호감쇠로 인한 검출 범위에 제약이 있으며, 측정영역을 넓히기 위해 넓은 빔폭을 사용하면 방향에 대한 불확실성이 높아진다. 반사표면과 상대각도에 의해 거리에 대한 불확실성이 생길 수 있으며, 공기의 온도와 습도 등의 주변환경에 따른 오차가 발생할 수 있다.

18

생체인식 기술

생체인식이란 신체특성 또는 행위특성을 자동적으로 측정하여 신원을 파악하는 것으로 정의된다. 신체특성 정보는 인간의 신체에서 직접적으로 정보를 추출하는 것으로 지문인식, 얼굴인식, 홍채인식, 정맥인식, 손모양 인식 등이 있으며, 행위특성 정보는 음성인식과 서명인식이 대표적이다. 이러한 정보들은 비밀번호나 암호처럼 잊어버릴 염려가 없으며, 분실 및 도난의 위험이 없는 것이 가장 큰 장점이다. 생체인식 시스템은 많은 응용분야에서 다양하게 사용되고 있지만, 기본적으로 사용자를 등록하는 과정, 사용자 자신이 자신임을 확인받는 인증(1:1 인증), 데이터베이스에서 사용자를 찾아내는 인식(1:N 인증)으로 나누어진다.

일단 사용자가 생체정보를 등록한 이후, 개인이 생체인식 시스템을 사용하려면, 생체인식 시스템은 특정 데이터를 추출한 후 등록단계에서 저장해 놓은 표준 DB와 비교해서 유사도 혹은 매칭점수를 구하여 미리 설정된 임계점수와 비교를 통해 본인 여부를 최종 판정하는 단계를 거친다. 생체인식 시스템을 통해 특정인을 구분하는 방법에는 크게 두 가지가 있다.

한 가지는 본인의 ID와 생체정보를 생체인식 시스템에 동시에 제공하여, 생체인식 시스템으로 하여금 입력된 생체정보로부터 추출된 특징 데이터와 ID에 해당하는 표준 데이터와 비교하는 경우로서 1:1 매칭에 해당하며, 이를 인증(Verification) 또는 검증이라 한다. 나머지 하나는 생체인식 시스템에 생체정보만을 제공하면, 생체인식 시스템에 저장된 표준 DB 중에서 가장 유사도가 높은 것에 해당하는 등록자 정보를 이용하여 생체정보의 사용자를 판명하는 것으로 1:N 매칭에 해당하며, 이를 인식(Identification) 또는 식별이라 한다. 즉, 인증이란 "사용자가 미리 등록해 놓은 DB와 현재 사용자가 입력한 생체정보로부터 추출된 특징 데이터가 정합이면 시스템의 허가를 받아 접근을 허용하는 것"으로 정의되며, 식별은 "여러 사람의 생체 특징 DB를 검색하여 입력된 사용자의 생체 DB와 가장 유사한 것을 찾아내고 이로부터 사용자의 신원을 확인하는 것"으로 정의된다. 따라서 스마트폰의 지문인식에 사용되는 방법은 1:1 매칭에 해당하므로, 지문인식이라는 용어보다는 지문인증(Fingerprint Verification) 또는 지문검증이라 부르는 것이 맞다.

비밀번호 입력으로 인증하는 시스템의 경우, 입력된 문자 또는 숫자가 맞으면 100% 'Yse', 틀리면 'No'라고 판단할 수 있지만, 생체인식 시스템의 경우 생체 정보가 입력될 때마다 모양이나 환경 등이 약간씩 변하기 때문에 100%가 될 수는 없다. 입력되는 생체정보의 상황에 따라 본인임에도 불구하고 거절당하는 경우가 생길 수 있으며, 반대로 타인임에도 불구하고 승인을 받는 경우가 생길 수 있다. 본인이 거부당할 확률을 오거부율(False Rejection Ratio, FRR)이라 하고, 타인이 승인을 받는 확률을 오수락율(False Acceptance Ratio, FAR)이라 한다. 이에 대한 개념적인 관계는 〈그림 18-1〉과 같다. 그림에서 x축은 매칭점수를 나타내며, y축은 매칭점수에 대한 빈도를 나타낸다. 예를 들어 A라는 사용자가 지문을 등록시킨 후 다시 입력하면 매칭점수가 높게 나오겠지만, A와 전혀 다른 지문을 가진 B란 사람이 입력하게 되면 매칭점수는 낮게 나온다. 그러나 A가 지문을 놓는 위치를 달리하여 지문의 일부만 입력하게 되면 매칭점수는 낮게 나올 것이며, 반대로 A의 지문과 비슷한 지문이 입력되면 매칭점수는 비교적 높게 나올 것이다. 그림의 우측과 같이 타인분포와 본인분포 곡선이 서로 마주치지 않는 이상적인 생체인식 시스템에서는 절대 이런 일이 생기지 않겠지만, 대부분의 생체인식 시스템은 그림의 좌측과 같이 일부분이 겹쳐지게 된다. 따라서 그림에서 임계점수를 기준으로 좌측이 오거부율(FRR)이 되고, 우측은 오수락율(FAR)이 된다. 만약 오수락율을 줄이고자 하면 임계점수를 오른쪽으로 옮기면 되는데, 이 경우 오수락율은 줄어들겠지만 그만큼 오거부율은 증가하게 된다. 마찬가지로 오거부율을 줄이고자 하면 임계점수를 좌측으로 옮기면 되는데, 이 경우 오거부율은 줄어들겠지만 오수락율은 증가하게 된다. 스마트폰 지문인증의 경우, 사용자가 본인만 주로 사용하고 타인이 사용하는 경우는 매우 드물므로, 본인의 오수락율을 줄이는 것이 좋기 때문에 임계점

▼ 그림 18-1 FAR과 FRR의 개념

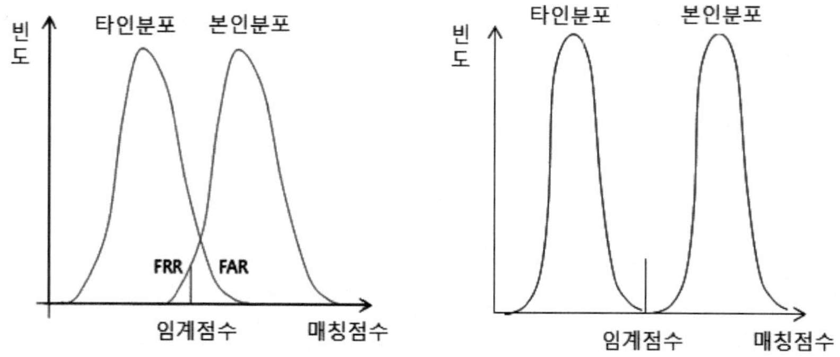

▼ 표 18-1 다양한 생체인식 기법들의 특성 비교

인식 기법	장 점	단 점	FRR/FAR
지문인식	보안성이 뛰어나며, 시스템 가격이 저렴함	다수가 사용 시 지문접촉에 대한 사용자들의 거부감이 있음	0.5% 0.01%
얼굴인식	시스템 가격이 저렴하며, 사용자의 얼굴정보 저장이 가능	주위조명, 표정에 민감, 나이에 대한 정보 미반영	1% 1%
홍채/망막인식	복제가 불가능, 높은 인식률	고성능의 카메라가 필요함	0.0001% 0.0001%
정맥인식	인식률이 높으며, 복제가 불가능	시스템 크기가 크고, 가격이 높음	0.1% 0.0001%
음성인식	원격지에서 사용이 가능, 가격이 저렴함	신체적 특성(감기)에 민감, 옆에서 복조가 용이	1% 0.1%

수를 작게 하는 것이 오류를 줄일 수 있다. 결론적으로 임계점수를 낮추면 편의성은 증가하나 보안성이 낮아지고, 임계점수를 높이면 보안성은 증가하나 편의성은 감소한다. 대표적인 생체인식 기법들의 장단점은 〈표 18-1〉과 같다.

가 지문인식 기술

지문을 이용한 사용자 인증은 생체정보를 이용한 개인인증 방식 중에서 가장 오래되었으며, 사용상의 편리함 때문에 현재 가장 많이 사용되고 있다. 동일한 지문을 가질 확률은 약 $1/10^{12}$ 정도로 매우 낮다는 연구결과로 인해 사용자 인증 수단뿐만 아니라 범죄수사용으로도 가장 널리 사용되고 있다. 역사적으로 볼 때 지문은 신분확인의 수단으로서 기원전부터 사용된 것으로 알려져 있으며, 과학적인 연구는 1800년대 중반부터 시작되었다. 영국인 의사였던 Henry Faulds는 연구를 통해 지문의 중요한 두 가지 특성을 밝혀냈는데, 하나는 모든 지문이 다른 형태를 가지고 있다는 것이며, 다른 하나는 지문의 형태가 평생 변하지 않는다는 것이다. 지문이란 인간의 손가락 끝에 존재하는 땀구멍이 융기한 선으로 형성된 문형을 말하는 것으로 융기되어 나타나는 선을 융선(Ridges), 두 융선 사이의 팬 곳을 골(Valleys)이라고 한다. 즉 지문은 손가락 끝에 나타난 융선과 골의 연속이며, 지문인식은 이러한 융선의 흐름을 분석해 같은 흐름을 보이는 지문을 찾는 과정이라 볼 수 있다. 일반적으로 지문을 획득하기가 어려운 지문은 약 2% 정도이며, 손에 땀이 많이 나오거나 손을 많이 사용하는 특정 직업(특히 건설업)에 종사하는 사람들은 지문을 획득하기가 어렵다.

▼ 그림 18-2 지문의 대표적인 특징점 정의

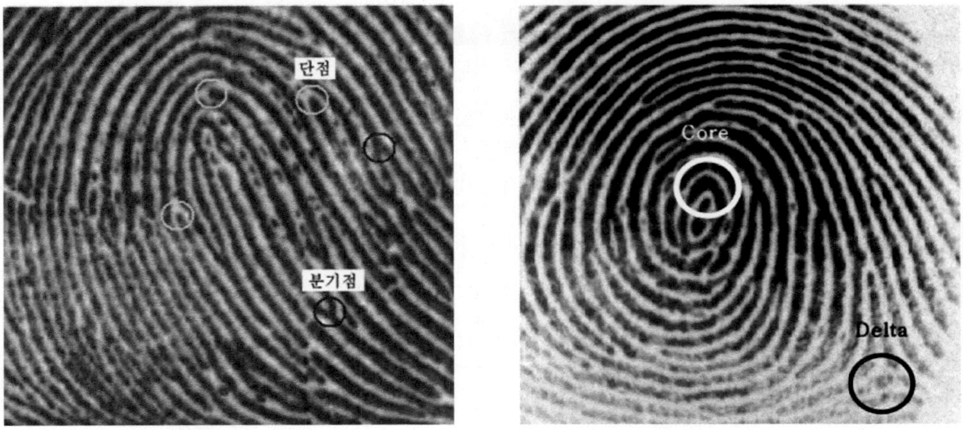

인식 또는 인증에 필요한 생체정보를 특징(Feature)이라 하며, 지문에 나타나는 특징을 특징점(Minutia)이라 한다. 〈그림 18-2〉에서 보듯이 특징점에는 단점(Ending)과 분기점(Bifurcation)의 두 가지 타입이 나타나는데, 단점은 융선의 흐름이 끊어지는 곳이며, 분기점은 두 가닥의 융선이 하나의 융선으로 만나는 곳을 말한다. 하나의 지문 이미지에는 이러한 단점과 분기점이 하나 이상 존재한다. 또 다른 특징으로는 코어(Core)와 델타(Delta)가 있다. 코어는 지문형상의 중심이며, 델타는 융선의 흐름이 삼각형 모양을 이루는 부분을 의미한다. 코어와 델타의 위치는 두 개의 지문 이미지의 정합 위치를 결정하는 데 많이 사용되지만, 단점과 분기점과는 달리 모든 지문에 코어와 델타가 존재하는 것은 아니다.

지문을 획득하는 센서로는 크게 광학식, 정전용량식, 초음파식, 전기장식 등이 있다. 광학식 지문센서(Optical Fingerprint Sensor)은 광원을 이용해서 지문의 영상을 획득하는 원리로 간단한 구조와 상대적으로 좋은 영상을 획득할 수 있으므로 출입제어용으로 가장 많이 사용되고 있다. 광학식에는 〈그림 18-3〉과 같이 광원을 사용하는 방식에 따라 프리즘 방식과 홀로그램 방식이 있다. 프리즘을 이용한 방식은 건물의 출입제어용으로 가장 많이 사용되고 있다.

정전용량식 지문센서(Capacitive Fingerprint Sensor)은 〈그림 18-4〉와 같이 접촉 지문 융선간의 대전(Electrification)되는 전하량의 차이로 영상을 취득하는 방식이다. 지문 융선의 너비는 성인 남성의 경우는 평균 480㎛, 성인 여성의 경우는 평균 430㎛, 그리고 융선과 융선 사이의 가장 좁은 부분은 20㎛ 정도인데, 센서 셀 간의 폭은 약 50㎛ 이하로 융선의 이미지를 획득하는 데에는 아무런 문제가 없다. 최근 스마트폰에 장착되는 지문인식 센서는 대부분 정전용량식의 센서가 장착되어 있다.

▼ 그림 18-3 광학식 지문센서의 종류(프리즘 방식과 홀로그램 방식)

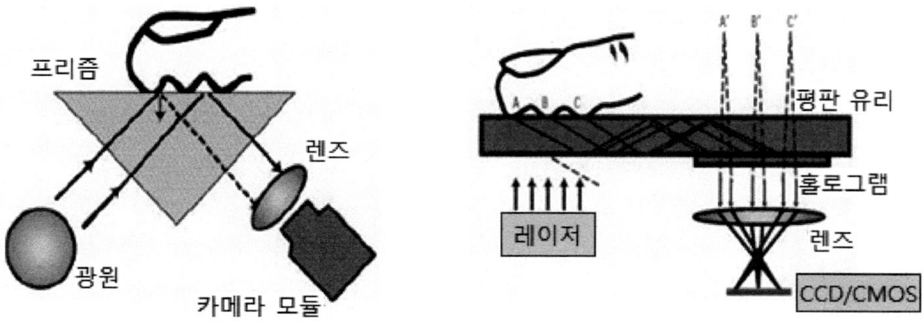

▼ 그림 18-4 정전용량식 지문센서의 형태

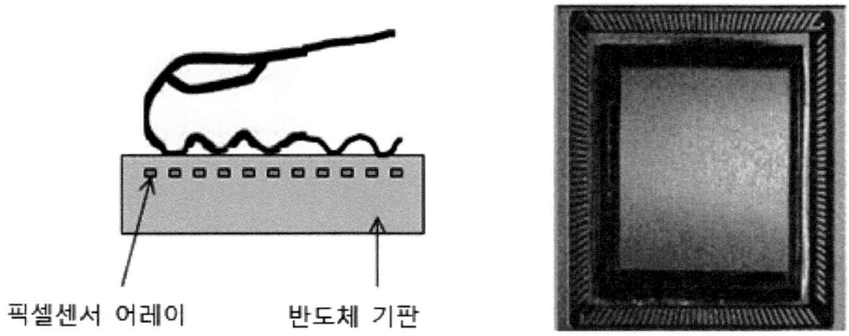

광학식과 정전용량식 지문센서는 한 가지 약점이 있는데, 물에 젖은 손가락이나 땀이 많은 손가락, 또는 습기가 많은 날에는 지문을 인식하는데 어려움이 있다는 것이다. 이런 단점을 보완하기 위해 제안된 기술이 초음파식이다. 퀄컴이 차세대 스냅드래곤 프로세스에 초음파식 지문인식 기술을 탑재하기로 되어 있어 기존의 정전용량식과 경쟁이 불가피하게 되었다. 퀄컴은 피부의 표면층을 관통하여 융선과 한공(땀구멍)을 포함한 사용자 손가락의 유일한 특성을 3D맵으로 생성하는 초음파 센서 기술을 개발하였다. 기존의 센서들은 평면인 2D로 지문을 인식했던 것에 반해, 퀄컴에서 제안한 초음파식은 3D로 인식하는 것이 가장 큰 차이점이다. 초음파식은 피사체와 센서 사이에 어떠한 장애물도 인식하는데 방해를 받지 않는 장점이 있으며, 또한 금속, 알루미늄, 유리, 사파이어, 플라스틱 등의 재질과 관계없이 지문을 인식할 수 있다는 것으로, 이는 스마트폰 제조업체가 다양한 디자인의 제품을 만들 수 있다는 선택권을 제공해 준다. 그 이외에도 기존 지문센서는 햇빛, 습도, 온도의 급격한 변화에 취약했던 단점과 먼지나 얼룩이 있는 경우에 인식율이 저조한 단점을 보완한 기술로 평가받고 있다.

입력된 지문영상으로부터 본인 여부를 판단하기 위해서는 지문인식 알고리즘이 필요하다. 지문인식 알고리즘은 크게 두 부분으로 나뉜다. 하나는 입력된 지문 영상으로부터 여러 과정을 거쳐 지문의 특징을 추출하는 영상처리 기술이고, 두 번째는 추출된 특징점들로 구성된 특징 데이터들을 데이터베이스에 미리 등록 저장된 사용자의 표준 DB와 비교함으로써 본인 여부를 판단하는 매칭 알고리즘 기술이다. 매칭 단계는 같은 특징점 기반의 알고리즘이라 하더라도 종류에 따라 세부적인 처리에서 많은 차이를 보인다. 일반적인 정합(Matching) 단계는 〈그림 18-5〉와 같이 네 단계로 이루어진다. 먼저 특징점 분석 단계에서 영상처리를 거쳐 얻어진 특징 데이터를 분석하여 기준 특징점과 기준 특징점을 중심으로 한 주변 특징점과의 기하학적 특징인 거리와 각도 등을 분석한다. 분석이 끝나면 입력된 특정 데이터의 모든 특징점 쌍들은 자신과 주변의 특징점 간에 거리와 각도로 이루어진 기하학적 관계를 가지게 되며, 이는 이후 국부 유사도 측정을 위한 기본 정보로 사용된다. 이러한 특징 데이터의 크기는 회사마다 다르지만 대략 지문 1개당 200~600byte 정도의 용량이 된다. 국부 유사도 측정 단계에 의하여 유사한 특징점 쌍을 양쪽 특징 데이터에 대하여 모두 구해 놓은 후 특징 데이터가 전체적으로 가장 잘 매칭이 될 수 있는 특징점 쌍을 선정하여 이를 기준으로 두 지문의 유사도를 계산할 수 있으며, 이 단계를 전체적인 유사도 측정이라고 한다. 마지막으로 전체적인 유사도 값을 이용하여 최종 정합 점수를 계산하여 미리 설정된 임계점수와 비교를 통해 본인 여부를 최종 판정하게 된다.

▼ 그림 18-5 지문인식 영상처리 과정의 이미지 차이

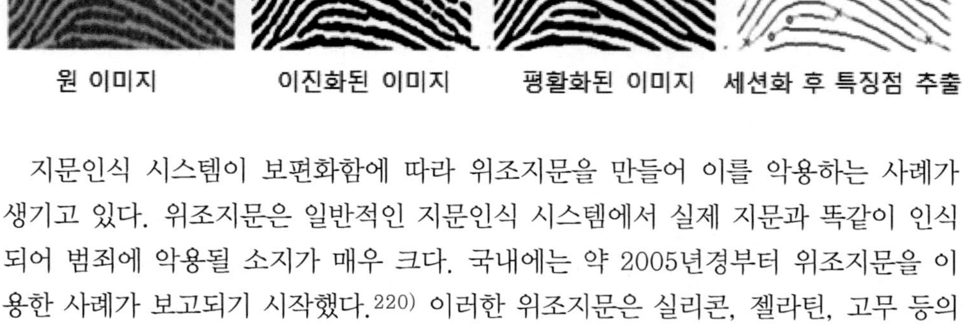

지문인식 시스템이 보편화함에 따라 위조지문을 만들어 이를 악용하는 사례가 생기고 있다. 위조지문은 일반적인 지문인식 시스템에서 실제 지문과 똑같이 인식되어 범죄에 악용될 소지가 매우 크다. 국내에는 약 2005년경부터 위조지문을 이용한 사례가 보고되기 시작했다.[220] 이러한 위조지문은 실리콘, 젤라틴, 고무 등의 재료로 만드는데, 가장 기본적인 절차는 지문 틀의 제작과 지문 모형의 제작이다.

지문 틀은 치과에서 흔히 사용하는 조형재료, 자유 플라스틱, 양초 등을 사용한다. 치과에서 사용하는 조형재료를 사용하는 경우, 두 가지 원료를 1대1의 비율로 골고루 혼합하고 복사하고 싶은 손가락으로 꾹 누르고, 약 30초 후 틀이 굳어지면 손가락을 떼어내면 틀이 제작된다. 양초는 가열하여 액상으로 녹이게 한 후 적당한 크기의 용기에 부어 놓은 후, 복제하고 싶은 손가락으로 누르고 잠시 기다리면 동일한 지문 틀이 만들어진다. 제작된 지문 틀에 실리콘, 젤라틴, Play-Doh 등을 사용하는데, 특히 실리콘으로 제작한 지문 모형은 아주 유연하여 피부와 비슷한 느낌을 나게 할 수 있으며, 여러 가지 색상으로 만들 수 있고, 일정한 첨가제를 첨부하면 경도를 조절할 수 있어 위조지문 제작에 가장 이상적인 재료이다. 젤라틴은 시간에 따라 변질하기 때문에 장시간 보관용으로는 부적합하다. 틀 모양 방식의 위조지문을 제조하는 데에는 특별한 재료를 구입해야 하고 제작기술도 일정한 수준에 도달해야만 하는 데 비해, 종이, OHP 필름 等 간단한 재료를 이용해서 만들 수 있다. 백지에 자신의 지문을 인주 또는 잉크를 이용해서 취득한 후 일반 복사기로 복사하면 된다. 이런 종류의 위조지문에 대해 일부 광학식 지문인식기는 위조지문을 판단하지 못한다.

이러한 위조지문을 검출하는 방법은 크게 두 가지가 있다. 첫 번째 방법은 추가적인 하드웨어를 사용하여 〈표 18-2〉에서와 같이 맥박이나 온도와 같은 생체 고유의 신호를 측정하는 것이다. 이 방법은 기존의 지문입력장치를 변형하는데 비용이 많이 들고 시스템이 커지는 단점이 있다. 두 번째 방법은 지문인식 시스템에서 얻은 영상에서 생체지문과 위조지문의 영상차이를 분별하는 소프트웨어적인 방법이다. 하드웨어 방법 대비 비용은 절약할 수 있으나 성공률이 그리 높은 편은 아니다. 소프트웨어적인 방법은 주로 3가지 종류가 있는데, 발한작용기반의 방법, 피부왜곡기반의 방법, 영상품질 기반의 방법 등이다. 발한현상 기반의 위조지문 검출방법은 미국의 West Virginia 대학에서 연구된 내용으로 핵심적인 아이디어는 지문 융선의 중심선에서 발한현상을 전기신호로 측정하여 지문의 진위를 판단하는 것이다. 생체지문은 보통 많은 땀샘이 융선에 위치하여 있는데, 이런 땀샘은 지문이 센서를 접촉하는 2~5초 사이에 발한현상이 일어난다. 이런 원리를 이용하여 지문이 센서에 접촉한 후 0초, 2초(혹은 5초)에서 각각 영상을 취득한다. 그러나 이 방법은 상용화하는 데 있어서 일정한 시간이 필요하다는 것이 단점이다.

220) 한국정보통신기술협회, "위조지문 탐지기술", 2010년

▼ 표 18-2 하드웨어적으로 위조지문을 구분하는 원리

제안 회사	위조지문 구분 원리
니트젠 社	광의 반사, 투과, 감쇠 특성 차이를 이용
유니온커뮤니티 社	지문입력창에 투명전극을 설치하여 인식을 위해 투명전극에 접촉함에 따라 발생하는 정전용량의 변화를 검출
씨큐트로닉스 社	손가락의 지문부위로 적외선을 발광하고 손가락으로부터 반사 또는 투과한 적외선의 양에 의해 손가락의 혈류를 감지
Simamura 等	지문의 전기저항을 측정하는 방법
Rowe 等	가시광선 영역에서 다수의 파장을 이용하거나, 손가락 내부의 특성을 이용하는 방법

피부왜곡기반의 방법은 지문의 탄성을 측정하여 살아있는 지문과 위조지문을 구분하는 것으로 Maltoni사 등이 제안하였다. 이 방법에서 사용자는 센서를 접촉한 후 손가락을 일정한 각도로 돌아야 하고 Optical Flow를 이용하여 왜곡 정도의 특징을 추출하여 위조지문을 구분하는 방법이다. 품질기반의 방법은 융선과 곡선이 있을 때 좋은 품질의 영상을 얻을 수 있고, 희미한 융선과 곡선은 낮은 품질의 영상을 얻는다. 그러므로 살아있는 지문은 쉽게 동일한 품질의 영상을 얻을 수 있지만, 위조지문은 많은 요소에 영향을 받을 수 있기 때문에 지문 영상 품질이 늘 똑같지 않다는 것을 이용한 방법이다. 위조지문을 판별하기 위한 하드웨어 방식인 경우, 센서는 일부 특정한 원리에 근거하여 설계되었기 때문에 판별 가능한 위조지문의 종류가 국한되어 있다. 대표적인 하드웨어 방식의 장단점은 〈표 18-3〉과 같다.

▼ 표 18-3 하드웨어 위조지문 구분법 비교

방 식	원 리	장 점	단 점
광학	다중스펙트럼 영상, 열 영상, 흡수/산란영상	고해상도, 정밀한 영상	큰 공간을 차지, 가격이 높음
전기학	사람 피부의 전기학 특성을 검사	다수의 위조지문 방지 가능	사람 피부와 비슷한 전기학 특성을 가진 위조재료에 취약
생리학	사람의 생리학 특성을 검출 (온도)	간단하고 구현하기 쉬움	작동원리를 알게 되면 쉽게 위조할 수 있음

소프트웨어적인 방법의 평가방법은 개발한 알고리즘을 위조지문 데이터베이스에 적용하여 위조지문의 식별 정확도 및 에러를 계산하는 것이다. 현재까지의 실험결과는 1% 미만부터 10% 이상에 이르기까지 발표되고 있다. 그러나 모두 각자

수집한 데이터베이스에서 진행한 결과이므로 어느 알고리즘의 성능이 더 우수한지는 비교할 수가 없다. 대표적인 소프트웨어적인 방법들의 장단점은 〈표 18-4〉와 같다.

▼ 표 18-4 소프트웨어적인 위조지문 구분법 비교

방 식	원 리	장 점	단 점
발한작용 기반	땀샘에서의 발한을 검출	오직 생체지문에서 검출될 수 있음	신호를 검출하기 어려우며, 실용성이 낮음
변형 기반	사람 피부의 전기학 특성을 검사	피검사체의 탄성을 구분할 수 있음	위조지문의 재료에 의존되며, 동영상 촬영이 가능한 센서 필요
품질 기반	사람의 생리학 특성을 검출(온도)	빠르고 구현하기 쉬움	Verification(검증) 모드에서만 가능

나 홍채인식 기술

스마트폰에 탑재될 다양한 지문인식 이외의 다른 생체인식 기술들이 속속 개발되고 있다. 일본 후지쯔사에서는 홍채인식(Iris Recognition) 기술인 '액티브 아이리스'를 선보였는데, 오인식률이 1000만분의 1로 상당히 낮은 편으로 보고되고 있다. 아이베리파이(EyeVerify)사에서도 아이프린트 ID(Eyeprint ID)라는 이름의 안구 혈관 패턴 스캔 기술을 선보였다. 두 기술 모두 매우 높은 인식률을 가지고 있는 것이 장점이다. 이와 같이 눈을 이용한 인식기술 중에 가장 먼저 등장한 것이 망막에 있는 맥관구조 무늬를 이용한 망막인식기술이다. 망막인식은 지문인식보다 무늬 데이터의 인식이 쉬우며 인식의 정확도가 높다. 그러나 망막은 눈 속 깊은 곳에 있어 영상을 취득하기가 어렵고, 백내장이 있는 사람이나 눈동자가 작은 경우 망막 영상을 취득하기가 어렵다는 단점이 있다.

홍채를 이용한 인식기술은 망막을 이용한 인식기술에 비하여 비교적 늦게 개발이 되었다. 망막과 달리 홍채는 눈의 외부에 있어 영상을 쉽게 얻을 수 있다는 장점은 있으나, 그 무늬가 너무도 복잡하여 인식하기가 어려워 1994년에서야 비로소 실용화가 되었다. 홍채패턴이 개인 식별에 유용하게 사용될 수 있다는 사실은 1936년 안과 의사인 Frank Burch에 의해 처음으로 제안되었다. 그 뒤 미국의 두 안과 의사인 Leonard Flom과 Aran Safir가 홍채패턴이 사람마다 고유하다는 사실을 발표했으며, 1987년에 그 기술에 관한 원천특허를 등록했다. 그 이후 1994년 영국 케임브리지 대학의 John G. Daugman 교수가 홍채패턴을 256byte로 코드화할 수 있는 가보(Gabor) 변환을 기반으로 한 영상신호 처리 알고리즘을 제안하였고, 이후 이들 세 사람이 주축이 되어 미국 뉴저지주에 Iris Scan사를 설립하여 1995년에 최초로 상용화된 홍채인식 시스템을 출시하였다. 이 시스템은 가보 필터를 이용하여 홍채 영상에서 128개 이상의 독립변수를 추출하고 256byte의 홍채코드를 작성하였는데, 이 기술로 이론적으로 약 80억명에 달하는 서로 다른 홍채를 코드화할 수 있었다. 이 외에도 웨이블릿 변환을 통해 홍채코드를 추출하여 생체를 인식하는 기술도 탑재되어 있었다. 이 기술에 의하면 두 홍채가 서로 같을 확률은 $1/10^{78}$이라고 한다. 홍채는 심지어 같은 사람일지라도 왼쪽과 오른쪽이 다를 뿐 아니라 같은 유전자를 가지고 있는 일란성 쌍둥이도 서로 달라 매우 높은 고유성을 가지고 있는 것으로 알려져 있다.

홍채는 〈그림 18-6〉과 같이 동공경계(홍채의 안쪽경계)와 홍채경계(홍채의 바깥경계)로 이루어진 도넛 형태를 말한다. 가시광선 조명하에서의 갈색 눈은 홍채와 동공의 밝기분포가 비슷하여 동공경계가 잘 보이지 않지만, 적외선 조명이나 흑백 카메라 환경에서는 홍채와 동공의 밝기 차이가 많이 나기 때문에 도넛 형태의 홍채 영역이 매우 잘 드러난다. 따라서 홍채 영역을 추출하기 위해서는 적외선 조명을 사용하는 것이 좋으며, 홍채 경계보다는 특징이 뚜렷한 동공경계를 먼저 추출하는 것이 바람직하다. 홍채의 크기는 약 11mm 정도의 크기로 거의 일정하다. 가시광선 조명에서는 홍채와 공막(흰자위)의 밝기 차가 크기 때문에 동공경계를 쉽게 구분할 수 있지만, 홍채경계는 경계가 두껍고 블러(Blur)되어 있기 때문에 경계를 정확히 찾기가 어렵다.

▼ 그림 18-6 홍채의 정의

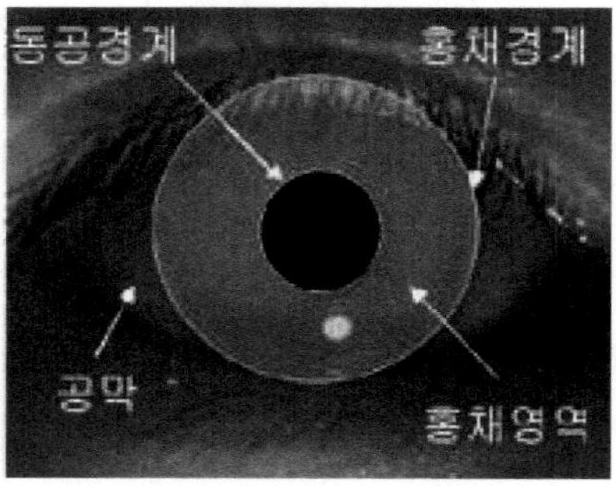

홍채의 80%는 출생시부터 5~8세 사이에 유전적으로 완전히 형성되어 변하지 않으나, 약 20% 정도는 후천적인 질병이나 장기의 문제로 변할 수 있다. 불변의 패턴은 유전적 · 체질적 특성을 나타내고, 변하는 무늬 및 색깔은 후천적인 질병발생에 의한다. 따라서 이러한 특징에 기반을 두어 홍채는 홍채인식 같은 개인 신분 확인 시스템, 홍채학 같은 건강판단 시스템 적용이 가능하다. 유전적인 요소에 의

해 형성된 패턴은 그 사람의 체질을 나타내므로 개인 고유의 정보로 사용될 수 있다. 또한 건강상태 변화는 몸으로 잘 느끼지 못할지라도 일반적으로 장기간에 걸쳐 진행되기 때문에, 일정 기간 내에서는 후천적인 요인에 의한 변화도 개인 고유의 정보로써 이용될 수 있다. 하지만 일정 기간이 경과하면 홍채정보를 갱신해 주어야만 신분 확인정보로써 사용할 수 있다. 홍채의 색깔은 흑백 영상에서는 잘 표현되지 않기 때문에 색깔의 변화가 홍채정보에 미치는 영향은 적다. 따라서 질병 등에 의한 홍채의 패턴변화가 심하지 않다면 홍채를 개인 고유정보로써 사용하는 데 무리가 없다.

홍채를 이용한 개인식별은 홍채 영상 획득 부분과 홍채인식 부분으로 이루어진다. 영상획득은 홍채인식에 적합한 품질의 눈 영상을 획득하는 기능을 수행하고, 홍채인식 부분은 획득된 눈 영상으로부터 홍채 영역 추출, 홍채특징, 홍채 코드 생성, 정합(Matching) 등의 기능을 수행한다. 입력 장치는 시스템 측면에서는 시스템 전체의 성능과 관련이 있으며, 사용자 측면에서는 사용자 편리성과 관련이 있는 홍채인식 시스템을 구성하는 중요한 요소 가운데 하나이다. 인식 부분에서 홍채 영역 추출은 입력장치를 통하여 획득된 눈 영상으로부터 홍채 영역을 분리하는 단계이다. 정확한 홍채 영역 추출은 일관성 있는 홍채특징 추출을 위하여 매우 중요하다. 홍채특징 추출은 홍채 영역에 나타나는 무늬 패턴의 특징을 추출하는 단계로, 홍채무늬 패턴의 그레이(Gray) 값의 변화를 반영하는 값으로 표현된다. 홍채 코드 생성 단계는 효율적인 홍채 코드의 저장과 비교를 위해 추출된 홍채의 특징을 일정한 형태로 부호화하는 단계이다. 홍채를 이용한 개인식별은 비교되는 두 홍채 코드의 유사도를 이용하여 판별한다.

홍채 영상을 획득하는 데 있어서 다음과 같은 3가지를 유의해야 한다. 첫째, 홍채 영상을 획득하는 데 있어 사용자에게 불편함을 주지 말아야 한다. 둘째, 홍채인식 시스템에 적합한 품질의 홍채 영상을 획득해야 한다. 셋째, 빠른 시간 내에 영상을 획득할 수 있어야 한다. 이러한 조건을 모두 만족하려면 홍채인식 시스템의 가격이 상당히 높아지는 문제가 있고, 가격을 낮추게 되면 이런 요구사항을 일부 충족시키지 못하게 된다. 따라서 응용분야에 따라 홍채 영상 획득시스템을 달리 구성할 필요가 있다. 눈은 그 표면이 매우 매끄러워 거울처럼 주변의 영상이 눈에 맺힐 수 있다. 카메라로 찍은 홍채 영상을 보면 심지어 눈에 비친 카메라의 모습까지도 볼 수 있다. 더욱 심각한 문제는 〈그림 18-7〉에서 보는 바와 같이 조명을 위한 광원의 빛이 눈 표면에서 정반사한 영상, 촬영배경의 고스트(Ghost) 영상, 눈썹에 의한 가림 영상, 실외 조명에 따른 동공 크기 변화, 영상의 흔들림 等 영상획득에 여러 가지 장애 요소가 많이 있다.

▼ 그림 18-7 홍채 영상 획득을 가로막는 장애 영상 요인들

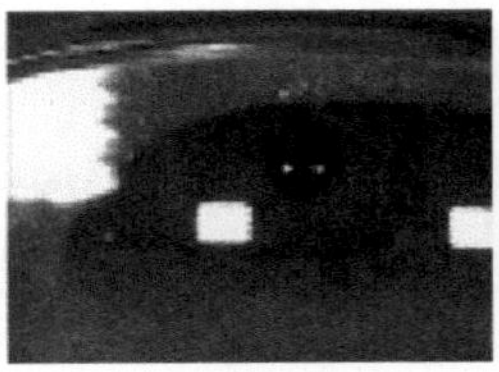

(a) 주위 조명의 반사

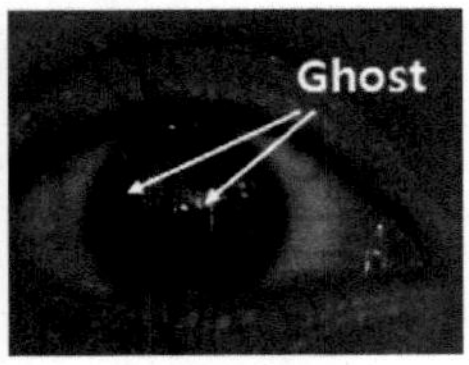

(b) Ghost 영상

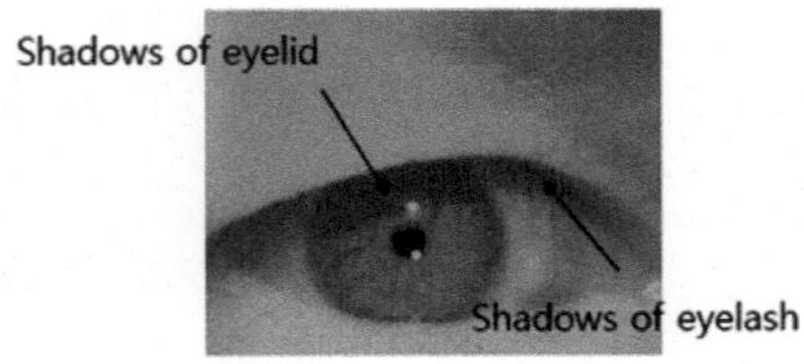

(c) 속눈썹의 그림자

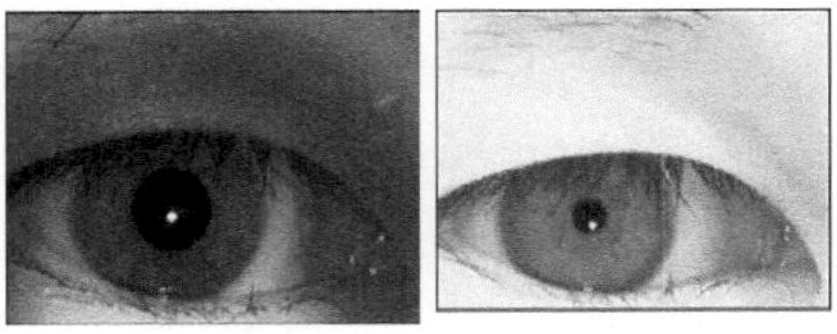

(d) 실내와 실외의 조명에 따른 동공 변화

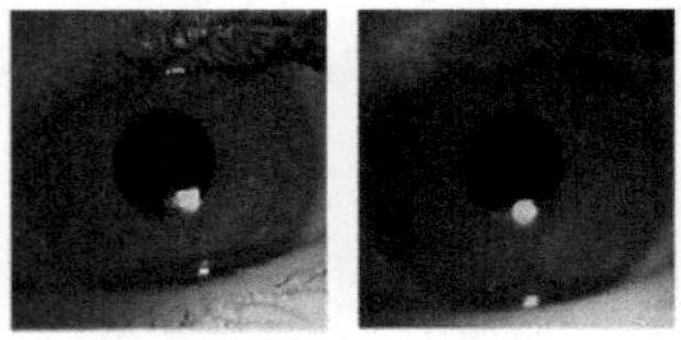

(e) 영상 화질 변화

홍채만의 특징을 얻기 위해서는 초점을 조절할 수 있는 카메라 렌즈 시스템의 설계와 홍채의 무늬를 증폭할 수 있는 광학적 필터의 선택이 필요하다. 또한 조명 방향과 카메라와의 각도를 조절하여 광원이 눈에 반사되는 현상을 최소로 해야 한다. 얼굴에서 홍채가 차지하는 면적은 매우 작고, 고화질의 홍채 영상을 획득해야 하므로 현재 판매되고 있는 홍채인식 시스템은 반자동식과 자동식 2가지 형태로 출시되고 있다. 반자동식은 얼굴을 카메라에 일정 거리 앞까지 고정해 영상을 획득하는 방식이고, 자동식은 사용자가 거의 의식을 하지 않고도 영상을 획득하는 시스템이다. 반자동식은 사용이 다소 불편하지만 시스템 가격을 낮출 수 있는 장점이 있고, 자동식은 사용이 편리하지만 홍채 영상을 획득하기 위해 고가의 카메라 시스템을 사용해야 하는 단점이 있다.

홍채 영역 추출은 일관성 있는 홍채특징 추출을 위하여 정확하게 이루어져야 한다. 홍채 영역 추출은 동공과 홍채의 경계에 해당하는 홍채 내부 경계와 공막과 홍채의 경계에 해당하는 홍채의 외부경계를 검출해야 한다. 홍채 내, 외부 경계추출은 동공 및 홍채의 중심과 반지름을 통해 결정할 수 있는데, 원형 에지 검출기(Circular Edge Detector)를 이용하는 방법, 허프 변환(Hough Transform)을 이용하는 방법, 템플릿을 이용하는 방법이 있다. 이 방법들은 홍채의 경계가 원의 모양을 가지고 있다는 것과 동공은 다른 영역에 비해 어둡다는 가정을 기반으로 하고 있다. 원형 에지 검출기 방법은 중심과 반지름을 바꿔가면서 원주의 변화량이 가장 큰 곳을 동공 및 홍채의 경계로 정의한다. 동공과 홍채의 경계특성이 조금씩 다르

므로 반지름에 대한 가우시안 블러(Gaussian Blur)를 취해서 경계를 찾는 방법이다.[221) 222)]

내부경계와 외부경계가 검출되면, 홍채 영역을 <그림 18-8>처럼 r과 θ 를 이용한 극좌표계로 변환하여 내부경계와 외부경계 사이의 홍채 패턴을 추출한 다음 이를 정규화시킨다. 이러한 좌표계의 변환은 홍채 영상이 내부로부터 증가하되는 반지름에 따른 원주 상에 빗살 모양, 얼룩점, 동공주위를 둘러싼 코로나 모양의 특징이 극좌표계상의 반지름과 중심각의 크기로 표현이 용이하기 때문이다.

▼ 그림 18-8 극좌표계 변환 결과

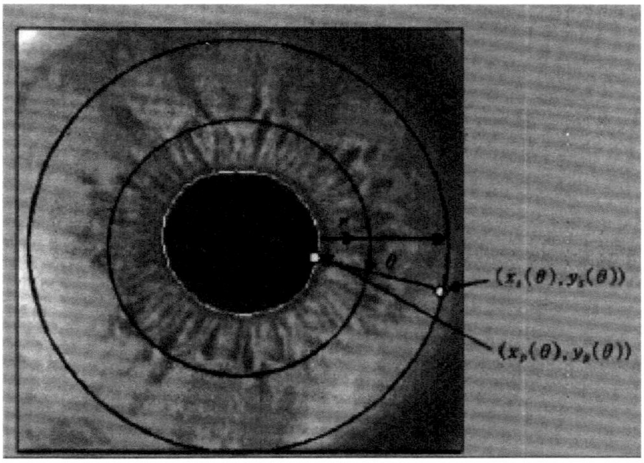

신호와 영상 처리 분야에서 신호를 주파수 영역으로 분석하려는 방법으로 푸리에 변환(Fourier Transform)이 사용되기도 하는데, 이 변환은 시간 정보가 없어서 신호의 시간 정보와 주파수 정보를 동시에 분석할 수 없다는 단점을 가지고 있다. 대신 시간과 주파수 분석을 동시에 가능하게 하는 웨이블릿 변환이 사용된다. 입력된 홍채영상에서 특징을 추출하는 방법으로 웨이블릿 변환(Wavelet Transform) 방법을 사용한다. 웨이블릿 변환 과정에서 홍채 영상은 Low Pass Filter와 High Pass Filter를 거치면서 low-low, low-high, high-low, high-high의 4가지 서브이미지(subimage)를 만들고, 이 서브이미지 중 저주파 채널에 대해 웨이블릿 변환을 다시 적용해 그 결과에서 특징 벡터를 추출한다. 이를 통하여 홍채의 서로 다른 무늬패턴을 특징적인 값으로 표현하여 사용하게 된다. 소위 이런 방법을 '특징을 코드화시켰다.'라고 한다. 이렇게 표현된 홍채 특징은 두 홍채 사이에 유사도를 측정

---

221) 임철수, "위치이동에 무관한 홍채인식을 위한 웨이블릿 변환기술", 정보처리학회논문지B, 제10-B권, 제4호, 2003년

222) 김재희, "홍채인식기술의 현황과 응용", 시큐리티월드 특집

하여 본인인지를 확인하다. 유사도를 측정하는 방법을 특징정합이라고 하는데, 유사도 측정방법은 특징 추출방법과 매우 밀접하게 관련되어 있다. 일반적으로 사용하는 기법으로 해밍거리(Hamming Distance)를 이용하는 방법과 상관도(Correlation)를 이용하는 방법이 있다. 두 홍채 사이의 유사도 값이 미리 선정된 임계치(Threshold) 이상이 되면 동일인으로 판정하고, 임계치 이하이면 다른 사람으로 판단한다.

현재 가장 많이 사용하고 있는 지문 시스템은 사용자와 입력 장치 간의 접촉이 반드시 필요하며, 위조지문의 해결책 및 일부 상황에 따라 지문인식이 안 되는 때도 있는 단점이 있었다. 이의 해결책으로 카메라를 이용한 비접촉식 방법인 얼굴인식기술이 등장하여 많은 연구가 이루어지고 있으나, 인식률에서 아직 지문의 수준에 도달하지 못하고 있는 문제점이 여전히 존재하고 있다. 이러한 문제점을 해결할 방법으로 비접촉식이면서 인식률이 높은 홍채인식 기술이 유일한 대안으로 예측하고 있다. 홍채인식 기술이 생체인식 기술 중에 비교적 늦게 기술적으로 정립되었으나, 향후 기술이 점점 그 사용범위가 확대될 것으로 기대하고 있다. 홍채만의 이미지를 얻기 위해서는 초점을 조절할 수 있는 카메라 렌즈 시스템이 필요하며, 홍채의 무늬를 증폭할 수 있는 광학적 필터의 선택이 필요하다. 또한 조명방향과 카메라와의 각도를 조절하여 광원이 눈에 반사되는 현상을 최소화해야 하며, 얼굴에서 홍채가 차지하는 면적은 매우 작아 고화질의 홍채영상을 획득해야 한다. 이런 이유로 홍채인식을 위해서는 고가의 카메라 시스템이 필요하다는 단점이 있다.

다 얼굴인식 기술

생체인식기술에서 최근 관심을 많이 받고 있는 분야가 얼굴인식(Face recognition) 기술 분야이다. 최근 구글에서는 100%에 가까운 얼굴인식기술을 개발했으며, 페이스북에서도 구글 수준의 얼굴인식기술을 개발했다고 한다. 구글의 '페이스넷(Face Net)'은 99.96%, 페이스북의 '딥페이스(Deep Face)'는 97.25%의 얼굴 인식률을 자랑하고 있다. 구글 연구원들은 1만 3천명의 데이터 이미지를 사용한 결과 이처럼 100%에 가까운 얼굴인식률을 기록했다고 밝혔다. 이들은 인공지능 신경망에 얼굴인식 능력을 갖게 하기 위해 온라인에서 데이터마이닝 방식으로 본인과 일치하거나 일치되지 않는 얼굴사진을 가져와 무작위로 배열해 놓고 훈련을 시켰다고 한다. 구글의 접근방식은 얼굴당 128바이트만 사용하고도 기존 방식에 비해 훨씬 더 높은 얼굴인식 효율을 보였으며, 어느 정도 어두운 곳에서도 밝은 곳에서와 마찬가지로 얼굴을 인식할 수 있었다고 한다. 또한 구글에서는 표준 얼굴 데이터베이스인 레이블드페이스와일드(LFW) 사진 데이터사이트에서 테스트한 결과 이 시스템의 인식률이 99.63%였음을 확인했으며, 유튜브 동영상의 얼굴 DB를 사용해 테스트한 얼굴 인식률은 95.12%였다.[223] 이와 같은 얼굴인식기술은 딥러닝(Deep Learning)으로 불리는 인공지능(AI) 기술 활용을 바탕으로 하고 있으며, 범죄자 식별은 물론 보안 감시용, 인증용 등 당양하게 활용될 전망이다. 알리바바는 전자상거래시 얼굴인식기술을 인증용으로 적용할 것으로 전망되며, 페이팔 같은 회사도 이 기술을 전자결제 인증을 위한 새로운 수단으로 적용할 예정이다. 얼굴인식 알고리즘은 크게 얼굴검출, 특징점 추출과 얼굴인식 세 단계로 나눌 수 있다. 얼굴검출 과정에서 얼굴 영상은 조명, 시점 변화, 표정, 머리 모양, 화장 여부, 안경 착용 여부 등 다양성으로 인해 큰 변화가 존재하고, 또한 얼굴과 유사한 수많은 비얼굴 데이터(얼굴이 촬영되는 화면 내부에 형태가 얼굴과 유사한 둥근 사물)가 존재하기 때문에, 복잡한 배경에서 얼굴 영역을 완벽하게 분리하는데 현실적으로 한계가 있다. 따라서 얼굴인식을 좋게 하기 위해서는 밝은 조명하에서 아무런 배경이 없는 벽 앞에 서서 얼굴을 촬영하는 것이 좋다.

생체인식을 위해 지문인식이 가장 널리 사용되고 있지만, 다른 대체인증에 대해서도 연구 중에 있다. 특히 얼굴인식과 홍채인식이 차세대 생체인증 수단으로 주목을 받고 있다. 얼굴인증의 경우는 은행 ATM기에 널리 사용될 것으로 예상되는데, 그 이유는 ATM기를 사용한 신원을 저장하고 관리하므로 문제가 발생했을 때 역추적이 가능하다는 장점 때문이다. 그리고 홍채는 뛰어난 FRR과 FAR과 복제가 어렵다는 장점 때문에 고도의 보안을 요하는 서비스에 적용될 것으로 예상된다. 〈표 18-5〉는 향후 바이오인식 제품에 대한 매출 현황인데, 시장의 절대 규모면에서 얼굴인식이 지문인식을 넘을 것으로 예상되며, 매년 성장률 측면에서는 홍채인식이 가장 많이 성장할 것으로 예상되고 있다.

▼ 표 18-5 국내 바이오인식 제품 매출 전망 (단위: 백만원, 출처: 한국지식정보보안사업협회)

구 분	2013년	2014년	2015년	2016년	2017년	2018년	CAGR
얼굴인식	50,086	59,619	84,577	111,627	147,328	194,447	28.2%
지문인식	98,983	107,840	128,002	139,455	151,933	165,528	10.8%
홍채인식	1,163	2,026	6,149	10,713	18,663	32,513	94.7%
정맥인식	5,863	6,601	7,346	8,199	9,151	10,213	11.7%
기타	10,336	10,600	11,148	11,432	11,724	12,023	3.1%
합계	172,431	186,686	237,222	281,426	338,799	414,724	9.2%

223) 전자신문, "구글, 얼굴인식률 99.96%, 어디에 쓸까?", http://www.etnews.com/20150322000015

얼굴 검출 및 인식(Face Detection and Recognition)은 중요 생체인식 기술 중의 하나로써, 지문인식과 같은 생체인식 기술과는 달리 비접촉식 방법이고 가격이 저렴한 장점을 가지고 있어서 금융 기기, 로봇, 출입통제, 감시 카메라, 모바일 기기 및 자동차 등 다양한 분야에 활용될 수 있는 차세대 생체인식 기술이다. 특히 최근에는 IT 및 네트워크 기술의 발전과 대형 서버와의 통신 환경을 이용하여 소형의 스마트폰 환경에서도 얼굴 검출 및 인식이 가능해지고 있다. 얼굴인식은 특정한 장치를 이용하여 직접 입력을 받아야 하는 다른 생체인식과는 달리, 사용자의 입력 없이 카메라의 입력 영상만을 이용하여 좀 더 친숙하고 편안한 방법을 제공할 수 있는 장점과 사용 순간의 얼굴 영상이 저장되기 때문에 문제가 발생 시 확실한 추적이 가능하다는 장점이 있다. 그러나 다른 센서를 이용한 시스템에 비해서 영상 시스템은 많은 양의 데이터를 처리해야 하며, 이 때문에 처리 시간이 오래 걸리는 단점이 있다. 이의 극복을 위해서 고속의 시각 처리를 높은 신뢰도로 수행할 수 있는 적절한 하드웨어와 효율적인 알고리즘의 적절한 사용이 필요하다.

얼굴인식 알고리즘은 크게 얼굴검출과 얼굴인식 두 단계로 나눌 수 있다. 얼굴검출 과정에서 얼굴 영상은 조명, 시점 변화, 표정, 머리 모양, 화장 여부, 안경 착용여부 等 다양성으로 인해 큰 변화가 존재하고, 또한 얼굴과 유사한 수많은 비얼굴 데이터(얼굴이 촬영되는 화면 내부에 형태가 얼굴과 같이 둥근 사물)가 존재하기 때문에, 복잡한 배경에서 얼굴 영역을 완벽하게 분리하는데 현실적으로 한계가 있다. 현실적으로 얼굴검출의 성능을 가로막는 장애가 많이 있는데, 크게 3가지 정도로 요약할 수 있다. 첫째, 복잡한 배경을 포함한 영상에서 얼굴 영역 탐색은 얼굴과 비슷한 컬러, 모양 등의 특징을 가지는 변수들이 존재하기 때문에 매우 어렵다. 둘째, 얼굴 영역 탐색 시 안경, 선글라스, 콧수염 등과 같이 존재의 유무를 확신할 수 없는 장애물에 의해 문제가 발생할 수 있다. 셋째, 조명의 상태는 전체적인 입력 영상의 구조를 변화시키므로 얼굴 영역 탐색 결과는 예측할 수 없을 정도로 다르게 나타난다. 이러한 문제점을 극복하기 위하여 많은 연구가 이루어지고 있다. 얼굴검출 및 일굴 인식에 대한 알고리즘 흐름도는 〈그림 18-9〉와 같다. 얼굴인식을 위해서는 얼굴검출을 얼마나 잘하느냐가 매우 중요하다.

얼굴 영역 검출방법은 지식 기반 방법(Knowledge Based Method), 특징 기반 방법(Feature Based Method), 템플릿 정합법(Template Matching Method), 외형 기반 방법(Appearance Based Method)으로 나눌 수 있다. 지식 기반 방법은 얼굴을 구성하는 눈, 코, 입과 같은 요소들을 이용하여 얼굴을 검출하는 방법이다. 특징 기반 방법은 얼굴특징 성분(눈, 코, 입, 외곽선, 명암도)들의 크기와 모양, 상호 연관성, 얼굴의 색감과 질감 정보와 성분들의 혼합된 형태의 정보를 이용해서 얼굴을 검출하는 방법이다. 템플릿 정합법은 미리 훈련된 표준의 얼굴 영상을 일정한 크기로 스캔하여

▼ 그림 18-9 얼굴인식 단계의 개요

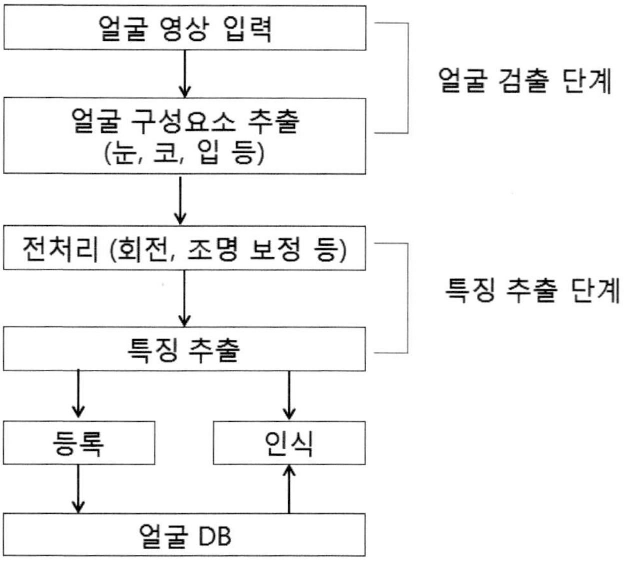

표준 영상의 패턴과의 유사도를 측정하여 얼굴을 검출하는 방법이다. 외형 기반 방법은 패턴인식을 이용하여 학습 영상 집합에 의해 학습된 모델을 이용해서 얼굴을 검출하는 방법이다. 이 방법들은 단독으로는 만족할 만한 검출률을 얻기 힘들기 때문에 일반적으로 결합한 형태를 많이 사용한다. 얼굴검출에서 자주 사용하는 알고리즘의 종류는 〈표 18-6〉과 같다.

▼ 표 18-6 얼굴 검출에 사용되는 알고리즘 종류

방 법	사용하는 알고리즘 종류
지식 기반 방법	• 다중 분해법 기반 방법(Multi Resolution Based Method)
특징 기반 방법	• 얼굴 특징 • Texture • 피부색 • 다양한 얼굴 특징
템플릿 정합법	• 사전정의 얼굴 템플릿 • 변형하는 템플릿
외형 기반 방법	• Eigenface • 분산기법 • 뉴럴 네트워크 • Support Vector Machine (SVM) • Naive Bayes Classifier • Hidden Markov Mode I• nformation Theoretical Approach

지식기반 검출방법은 일반적으로 알려진 얼굴 특징점(눈, 코, 입)들이 얼굴 내부에서 가지고 있는 법칙을 이용하여 발전되어 왔으며, 얼굴의 특징들과 그들의 상관관계를 규칙으로 만드는 것이 간단하다는 장점이 있다. 그리고 특징 간의 관계는 그들의 상대적인 거리나 위치를 측정함으로써 유도할 수 있다. 이 방법은 일반적으로 정면의 영상에 대하여 높은 검출 성공률을 보인다. 그러나 얼굴의 기울기, 카메라를 바라보는 각도, 표정 등과 같은 얼굴의 다양한 변화가 있는 영상에서는 얼굴의 검출이 어려워서 변화가 없거나 특별한 경우에만 적용할 수 있다는 단점이 있다.[224) 225)]

특징기반 방법은 얼굴특징 성분(눈, 코, 입, 외곽선, 명암도)들의 크기와 모양, 상호 연관성, 얼굴의 색상과 질감 정보와 성분들의 혼합된 형태의 정보를 이용해서 얼굴을 검출하는 방법이다. 상향식 접근법을 사용하여 얼굴의 부분적인 특징을 찾고, 후보영역(얼굴 특정 부분)을 통합하여 얼굴을 찾는 방법이다. 이 방법에는 얼굴특징, 질감, 피부색 등의 특징들을 이용한 검출 알고리즘이 있다. 이 방법은 처리 시간이 빠르고 쉽게 얼굴을 찾을 수 있고, 자세나 얼굴의 방향에 민감하지 않은 장점을 가지고 있다. 그러나 피부색과 유사한 배경이나 개체에 대해 오류 가능성이 있으며, 조명의 밝기 변화에 따라 얼굴의 색상 및 질감 정보를 잃을 수도 있고, 얼굴의 기울어진 정도에 따라 얼굴의 특징 성분을 검출하지 못하는 단점이 있다. 템플릿 방법은 표준 얼굴패턴을 수작업으로 미리 정의하거나 함수를 이용하여 계수화하고 입력영상이 주어지면 미리 정해진 얼굴패턴이 가지고 있는 윤곽선, 눈, 코, 입 등의 특징점과 입력 영상의 특징점을 서로 비교하여 상관도를 계산하여 가장 높은 상관도를 가진 영상을 얼굴로 검출하는 원리이다. 수식이 간단하고 쉽고 얼굴의 특징 성분의 검출이 용이하여 복잡한 배경에서도 얼굴의 검출이 가능하다는 장점이 있다. 그러나 거리에 따른 얼굴의 크기 변화와 얼굴의 회전각도, 기울어짐 등에 민감하여 실제 얼굴 검출에 적용하기에는 아직 많은 문제점이 있다.

외형기반 방법은 주어진 훈련 영상의 학습을 통하여 표준의 패턴을 정하는데, 적절한 얼굴 및 비얼굴 영상의 특징을 찾기 위해 가장 간단한 방법으로 기계적인 학습이나 통계적인 분석을 사용한다. 다른 검출 방법들에서 언급된 여러 제약 조건들에 대해 학습을 통해 극복된 것이기 때문에 높은 인식률의 장점을 가지고 있다. 그러나 이 방법은 데이터베이스 학습에 많은 시간이 소요되고, 또한 데이터베이스가 변하면 다시 학습을 시켜야 하는 단점이 있다. 얼굴인식은 입력 영상으로

224) 한국인터넷진흥원, "CCTV기반 얼굴검출 및 인식 시스템 보안 프레임워크에 관한 연구", 수탁기관 경북대학교 산학협력단, 2009년 7월

225) 이형지, "외부변화에 강인한 다단계 이진화와 Hu 모멘트 기반 얼굴인식에 관한 연구", 인하대학교 대학원 전자공학과 박사학위 논문, 2004년

들어온 얼굴이 데이터베이스에 저장된 얼굴 자료 중의 누구와 가장 유사한지를 밝혀내는 과정이다. 얼굴인식 알고리즘은 조명, 포즈, 표정, 장신구, 나이 等 사용자의 외부환경 또는 얼굴변화에서 발생하는 다양한 변화에 신뢰성 있는 알고리즘을 개발하기 위하여 다양한 방법이 연구 개발되고 있다. 얼굴인식 방법은 〈그림 18-10〉과 같이 전체론적인 방법, 특징값 기반의 방법과 융합된 방법 等 3가지 형태로 분류된다.

▼ 그림 18-10 얼굴인식에 사용되는 알고리즘 종류

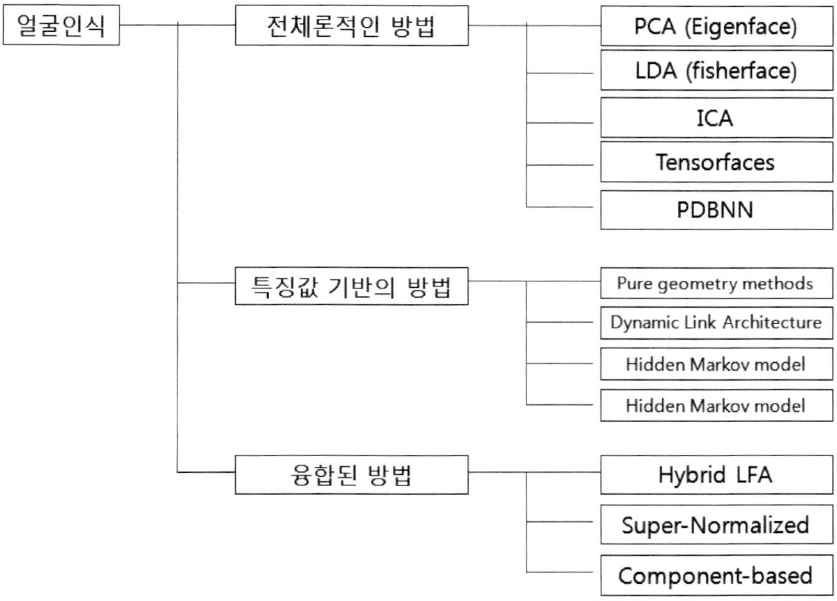

전체론적인 얼굴인식 방법은 얼굴 전체영역을 사용하는데, 일반적으로 전체론적인 얼굴인식 방법은 쉽게 구현할 수 있는 장점을 가지고 있지만, 얼굴의 자세한 부분까지 고려하지 않기 때문에 충분한 결과를 얻기 어려운 단점을 가지고 있다. 전체론적인 얼굴인식 방법에는 주요한 컴포넌트 분석(PCA, Principal Component Analysis), 선형 판별식 분석(LDA, Linear Discriminant Analysis), 독립적인 구성요소 분석(ICA, Independent Component Analysis), 텐서얼굴(Tensorface), PDBNN 등의 기법이 있다.

PCA 방법은 학습과 인식 두 단계를 가진다. 학습 단계는 얼굴 이미지들을 하나의 집합으로 모은 뒤 PCA를 이용하여 고유한 값과 고유한 벡터를 찾은 후 m개의 고유한 얼굴을 선택하고, 얼굴 영역에 얼굴 이미지를 투영한다. 인식 단계에서는 각각의 새로운 얼굴에 대하여 PCA를 사용하여 학습 단계와 동일한 얼굴 영역에 투영한다. 그리고 알려진 얼굴 집단의 간격을 찾는다. PCA 방법은 영상의 차원 감소 때문에 연산량을 줄일 수 있는 특성 및 구현의 용이성과 같은 장점이 있으나, 얼굴 영상의 위치변화에 대해 인식률이 급격히 감소하는 단점이 있다. 이러한 문제를 해결하기 위해 푸리에(Fourier) 변환을 전단계로 추가하여 위치변화에 강인한 얼굴 인식 방법이 제안되었다. 일반적으로 PCA 기반의 알고리즘은 계산 속도도 빠르고, 모델 데이터베이스의 크기도 매우 작은 편이라 상품화하기에 용이하다는 장점이 있다. 그러나 이 방법은 모든 얼굴 영상이 잘 조절된 조명하에서 이상적으로 정렬시킨 후에 학습되어야 한다는 제약이 있다. 특히, 회전이나 포즈 변화, 표정 변화, 조명의 변화와 같은 얼굴의 부분적인 변형에 대해서 효과적으로 대처할 수 없다는 문제점이 있다.

LDA는 피셔(Fisher) 판별식 분석이라고도 하는데, 동일한 얼굴 이미지들은 가깝게 이동시키고, 서로 다른 얼굴이미지들은 멀게 이동시킨다. 이미지들을 투영시키는 방법은 첫 번째로 얼굴이미지는 PCA 방법을 통하여 얼굴의 부분영역에 투사시킨다. 두 번째로 PCA 투영벡터들은 부분 공간 안에 선형 분류를 만들기 위하여 선형 판별식 분석을 사용하여 투영한다. 그런 후, 선형 판별식 분석 방법의 고유한 값에 의해 유도된 가중치 거리로부터 얼굴을 판단하는 방법이다.

ICA는 PCA를 일반화한 방법으로 PCA와 동일한 방법을 사용하여 얼굴을 인식하는 방법이다. 얼굴 이미지 데이터베이스는 ICA 분석에 의해 얼굴 영역에 투영하는데, 입력 얼굴 이미지를 동일한 얼굴 공간에 투영하여, 입력된 얼굴 사이의 거리와 얼굴 공간 안의 얼굴 데이터베이스의 거리로부터 얼굴을 판단한다.

특징기반 매칭 방법은 공간 특징(눈, 코, 입)을 먼저 추출한 후, 공간 특징들의 위치와 공간 특성을 인식 시스템에 입력한다. 얼굴에는 많은 특징이 있고 대부분의 얼굴 인식 결과의 성능은 얼굴 인식을 위하여 최적의 특징들을 어떻게 선택하는지에 의해서 결정해야 하므로 복잡하다. 이 방법은 전체론적인 매칭 방법보다는 더 좋은 성능을 나타낸다.

기하학적 방법은 얼굴 특징인 눈, 코, 입의 위치와 각각의 거리를 이용하여 얼굴을 인식하는 방법이다. 동적 연결 구조(Dynamic Link Architecture)는 얼굴 이미지의 에지(Edge)에 의해 연결된 노드들의 기하학적인 관계를 이용해서 인식하는 방법이다. HMM(Hidden Markov Model)은 한 집합에 대하여 통계적인 모델을 제공하며, HMM 파라미터들은 얼굴을 위한 통계적 모델의 형태로 설계되어 있으며, 하나 또는 그 이상의 학습결과를 포함하고 있다. 임의의 얼굴로부터 HMM 파라미터를 추출한 후 가장 높은 동일성을 가질 때 얼굴을 인식하는 방법이다. 융합된 방법은 위치 특성과 하나의 얼굴을 인식하기 위하여 얼굴 전체 영역을 사용하기 때문에 매우 복잡하지만 인식률은 앞의 두 방법에 비해 월등히 좋다. 융합된 방법에는 선형 특징 분석, 정상화된 모양 방법과 컴포넌트 기반의 방법이 있다.

얼굴검출 및 인식에서 가장 중요한 것이 획득된 영상으로부터 눈, 코, 입을 검출하는 것이다. 이 방법은 다양하게 있으나, 한 예를 〈그림 18-11〉과 같다. 입력 영상(640×480pixel)의 중앙에 얼굴이 위치한다고 가정하고, HSI 컬러정보로부터 I 값만 사용하여 영상을 추출한다. 영상에 실린 잡음을 제거하기 위해 (b)와 같은 5×5 마스크의 가우스 필터(Gaussian Filter)를 사용하여 Gaussian 평탄화 작업을 하고, 잡음제거 후의 영상이 (c)이다. 얼굴의 특징적인 부분과 그렇지 않은 부분들의 흑백 영상에서 명확한 대비가 생기면 인식이 보다 용이해진다.

▼ 그림 18-11 눈, 코, 입 검출 과정 예

(a) 얼굴입력 초기영상

2	4	5	4	2
4	9	12	9	4
5	12	15	12	5
4	9	12	9	4
2	4	5	4	2

(b) 5 x 5 Gaussian filter

(c) 잡음제거 후의 영상

(d) Contrast 조절 후의 영상

(e) 이진화 후의 영상

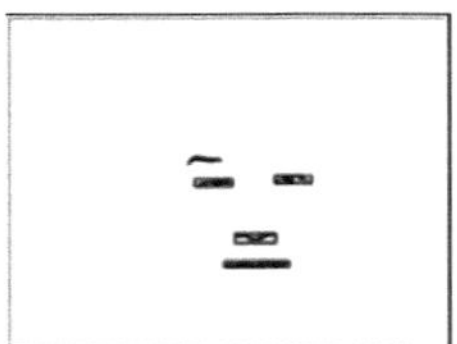

(f) 눈, 코, 입 추출결과

2차원 영상은 임의의 자세와 조명변화 등의 다양한 변수에 따라 인식률에 현저한 차이가 나고, 인식방법에 따라 많은 제약 조건들이 필요하다. 이 경우 얼굴 영상 정보가 손실 또는 왜곡되기 때문에 3차원 물체를 2차원 정보만으로 인식하는 데에는 한계가 있다. 이에 비해 3차원은 2차원 영상보다 깊이 정보가 추가되어 사람 얼굴 영상에 존재하는 방대한 추가적인 변수들로 2차원 얼굴의 많은 단점을 극복할 수 있고, 좀 더 정확한 인식 결과를 얻을 수 있다. 3D 얼굴은 〈그림 18-12〉에서처럼 3가지 방법으로 획득할 수 있다. 2D 얼굴 이미지로부터 3D로 변환하는 방법, 다양한 각도에서 촬영한 2D 얼굴 이미지로부터 3D 화면으로 변환하는 방법, 그리고 스테레오 카메라를 이용해서 3D 영상을 획득하는 방법이 있으며, 3D 영상을

▼ 그림 18-12 3D 얼굴 이미지 획득 방법

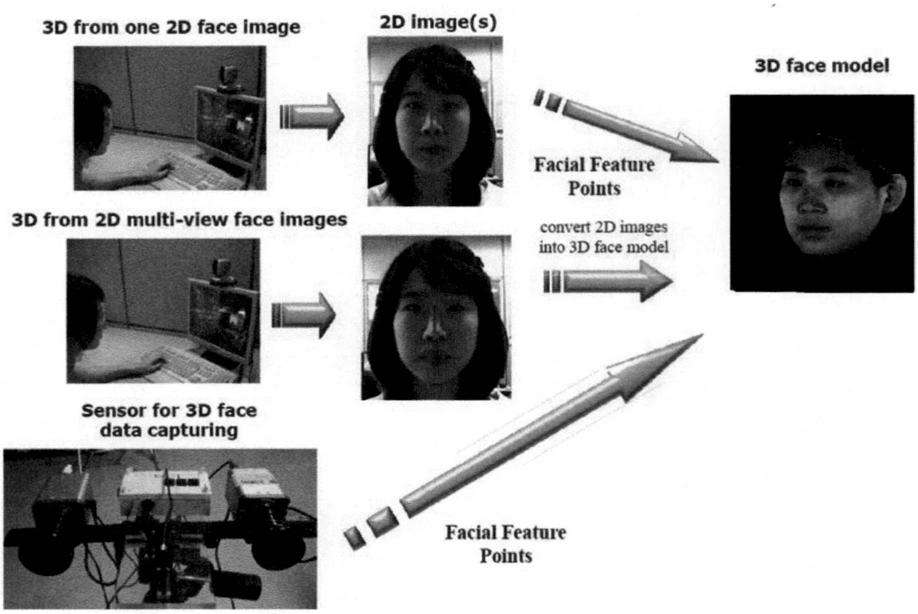

▼ 그림 18-13 얼굴 인식기술의 다양한 응용 분야

(a) 얼굴표정 인식

(b) 나이 추측

(c) 성별 판별

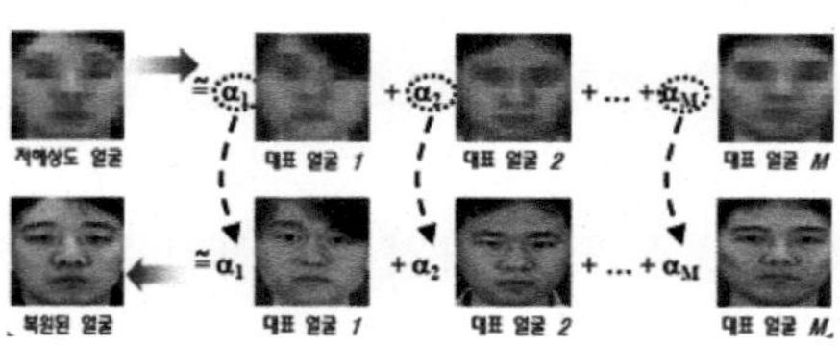

(d) 저해상도 얼굴 영상 복원

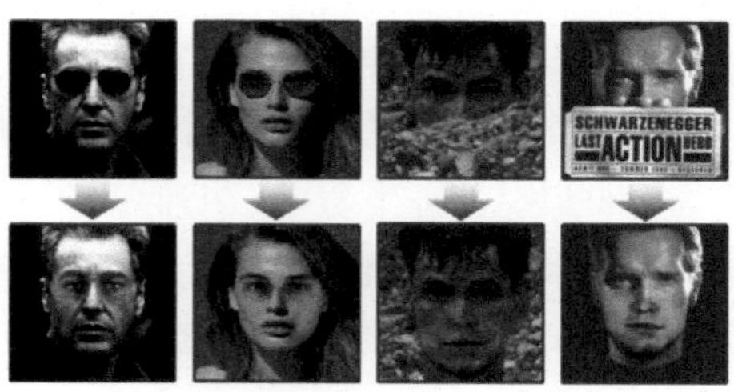

(d) 가려진 얼굴 부분 복원

활용해서 주위 환경 변화에 대한 영향을 최소화할 수 있다. 얼굴인식 관련 알고리즘은 인증 수단뿐만 아니라 〈그림 18-13〉과 같이 입력된 영상으로부터 실시간 표정 인식, 나이/성별 유추, 윙크상태 자동검출, 미소짓는 상태 판단, 저해상도 얼굴 영상복원, 없어진 얼굴복원 기술 等 다방면으로 응용되고 있다.

라 음성인식 기술

음성인식(Speech Recognition)은 마이크를 통하여 얻어진 음향학적 신호를 단어나 단어집합 또는 문장으로 변환하고 인식하는 과정을 말한다. 음성인식은 1950년대 Bell Lab에서 고립 숫자 음에 대한 단독 화자에 대한 인식기를 개발하였고, RCA Lab에서 차별적인 음절을 인식하는 시스템을 개발하였다. 1960년대에는 소련 과학자들이 동적 프로그래밍(Dynamic Programming), 즉 DTW(Dynamic Time Warping)의 개념 확립과 CMU(Carnegie Mellon University)에서 음소의 동적인 탐색기법을 이용하여 연속어 음성인식에 대한 가능성을 보여 주었다. 1970년대에는 고립단어 인식 기술이 실제로 가능한 수준이 되었으며, IBM에서 대어휘 음성인식을 위한 시도와 AT&T Bell Lab에서 화자독립 음성인식 시스템을 위한 연구를 시작하였다.

1980년대에 미국의 DARPA(Defense Advanced Research Projects Agency)에서 수행한 대어휘 연속어 음성인식 프로젝트를 진행하였는데, 이 프로젝트에는 카네기 멜론 대학, BBN, Lincoln Labs, SRI, MIT, AT&T Bell Lab 等이 참여하였다. HMM(Hidden Markov Model)은 DTW 이후로 음성인식에 사용되는 가장 중요한 알고리즘이 되었다. 1980년대 말에는 NN(Neural Network)이 음성인식에 본격적으로 응용되었다. 현재 세계 대부분의 연속 음성인식 시스템은 대부분 HMM을 사용하고 있다. 음성인식 역사가 50년 이상이 되었지만, 아직도 자연스러운 대화 인식 문제는 아직 해결이 되지 않고 있다.

음성인식 알고리즘의 두 대표적인 방법은 NN과 HMM이다. 두 인식 방법의 공통점은 음성 신호정보로부터 해당 음성이 갖는 고유한 특징 파라미터들을 우선 추출하는 것이다. NN 방법은 인식시키려는 음소/음절/단어 특징 파라미터들 전체에 대한 인식 학습으로 큰 사이즈의 계수 행렬을 생성한 후, 새로이 입력된 음성 특징 파라미터를 기(旣) 생성한 커다란 계수 행렬에 직접 적용하여 출력 인덱스를 계산하는 방식이다. 이 같은 신경망 인식 방법은 인식시키려는 음성 전체에 대한 커다란 계수 행렬을 초기에 산출하는데 많은 학습시간이 소요되고, 만약 새로운 음성인식 어음을 추가하기 위해서는 다시 처음부터 전체 어음에 대해 학습시간을 반복하여야 한다는 문제가 있다.

HMM은 인식시키려는 개별적인 음성 신호 특징 파라미터에 대한 은닉 마르코브 모델들을 인식 학습으로 초기 생성한 후, 새로이 입력된 음성 특징 파라미터에 대해서도 유사한 은닉 마르코브 모델을 만들어 기 생성된 각각의 HMM 모델들과 비교하여 가장 유사한 모델을 찾도록 하는 방식이다. 입력 음성에 대해 HMM 모델을 생성하여야 하고 매번 전체 모델들과 비교하기 때문에 인식 속도는 떨어지지만 초기 학습 속도가 빠르고 특히 새로운 음성 인식 어음을 추가하는데 단지 새로운 어음에 대해서만 HMM 모델을 생성하면 되는 장점을 가지고 있다. 신경망 알고리즘보다 인식 음수가 많으면 HMM 알고리즘이 더 높은 음성 인식률 결과를 가져오는 알고리즘으로 평가받고 있다.

인식률을 높이기 위해서는 근본적으로 개별적인 음성신호로부터 가장 두드러진 고유 특징을 내포하는 특징 파라미터가 추출되어야 한다. 같은 뜻을 가진 음성이라도 사람마다 음의 세기와 높이(Pitch) 그리고 음색(Timbre)이 달라진다. 뿐만 아니라 발성 속도와 개성에 의해서도 음성신호 파형이 달라지고, 주변 소음에 음성 자체가 묻히기도 한다. 음성인식 순서 및 음성인식 기술 분류는 〈그림 18-14〉와 같다. [226]

▼ 그림 18-14 음성인식 순서 및 기술 분류

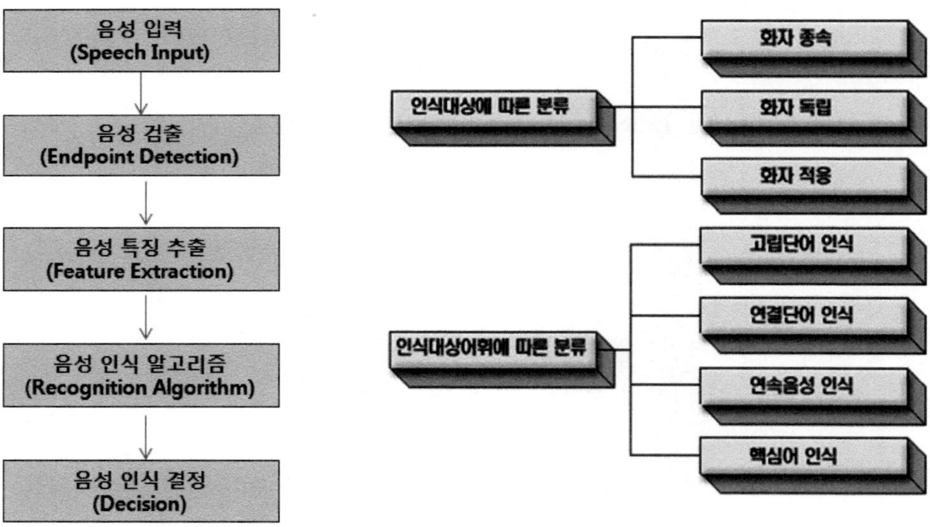

(a) 음성인식 순서 (b) 음성인식 기술 분류

음성인식은 사람의 목소리를 마이크 또는 헤드셋으로 입력하는 것이며, 음성검출은 음성인식 성능에 큰 영향을 미치는 부분으로서, 주어진 입력 소스로부터 음성

226) 장순석, "HMM 음성인식 알고리즘의 분석", 공학기술논문지, 제3권, 3호, 2010년

부분만을 검출하는 것이다. 음성특징추출은 일종의 음성압축 부분으로 인간의 발성기관을 모델링하여 필터 계수를 찾아내는 부분이며, 인식 알고리즘은 음성의 시변적인 특성을 잘 모델링 할 수 있는 알고리즘을 이용하여 실제의 음성인식이 이루어지는 단계로 NN과 HMM 방법이 사용되고 있다. 화자종속은 특정화자의 음성만을 인식하는 것이며, 화자독립은 불특정화자의 음성을 인식하는 것이고, 화자적응은 화자독립의 성질을 가지고 있으면서도 특정화자의 음향학적 성질에 적응하는 것이다. 고립단어 인식은 발음된 단어의 시작과 끝을 알 수 있는 인식이며, 연결단어 인식은 연결된 단어를 인식하는 것이다. 연속음성 인식은 일상적인 대화체 문장을 인식하는 것이며, 핵심어 인식은 일상적인 문장 속에서 핵심 단어만을 인식하는 것이다.

현재의 음성인식 기술은 어휘 수에 구애받지 않고 음성의 변화(발성패턴, 발음 변이 等)에 무관한 음성인식을 못하고 있다. 그래서 연구의 방향은 무제한 어휘, 자연스러운 발성, 잡음 환경에서의 인식 等을 중심으로 이루어지고 있다. 실제 응용제품이 되기 위해서는 몇 가지 조건을 만족하여야 한다. 첫째, 그 응용제품은 사용자에게 생산의 증가, 사용의 편리, 기계와 인간 사이의 편리한 연결고리 등의 이익을 주어야 한다. 둘째, 사용하면서 편리해야 한다. 만일 그 사용법을 익히기 어렵다면 사용자는 현재의 조금 불편한 상태를 유지할 것이다. 또한 오인식은 적절한 수정이 가능해야 한다. 셋째, 해당 응용분야에 대해서 적정한 인식률을 가져야 한다. 넷째, 실시간으로 동작하여야 한다. 발성이 끝난 후 약 1/4초 이내에는 결과를 출력시켜야 한다.

미국 Apple의 아이폰4S 내 탑재된 음성인식 기술인 '시리(Siri)'가 음성인식에 활용되고 있다. 시리는 사용자가 음성으로 아이폰에 지시하거나 질문을 하면 이를 알아듣고 동작을 수행하거나 답변을 해주는 기술이다. 예를 들어 "서울의 오늘 날씨는?" 하고 질문하면 "맑음"이라고 날씨를 알려주는데, 아이폰 4S에 음성인식 기술인 시리가 탑재됨에 따라 이 제품의 모든 애플리케이션에서 기본적으로 타자를 치는 대신 음성인식을 사용할 수 있게 됐으며, 이에 따라 문자 메시지나 메일을 쓸 때 '마이크' 버튼을 선택하고 자판기 대신에 말로 읽어서 보낼 수 있다.

음성인식은 다른 입력방식과 차별화된 강점으로 다양한 분야에서 활용되고 있다. 첫째, 기능이 다양한 기기를 조작할 때 상용한다. 별도의 학습이다 훈련이 없어도 기기를 손쉽게 사용할 수 있어 사용자에게 편리함을 제공할 수 있다. 둘째, 이동 및 작업 중에 정보를 입력할 때 활용된다. 손과 발이 자유롭지 못한 상황에서도 정보를 입력할 수 있기 때문에 휴대폰, 자동차 등 모바일 기기를 사용하거나 물류 등의 작업을 수행할 때 안정성과 생산성을 제고할 수 있다. 셋째, 개인별 서비스 제공에 적합하다. 화자의 음성을 통해 신원 확인, 심리 및 건강 상태, 언어능력 등을 파악할 수 있으므로 보안, 의료, 교육 분야 등에서 개인별 서비스 제공이 가능하다. 넷째, 실시간 정보 처리에 유용하다. 입력 속도가 타자에 비해 빠르기 때문에 고속 또는 실시간으로 정보를 처리해야 하는 콜센터, 병원, 방송 상황에서 신속하게 정보를 입력할 수 있다.

2010년 AT&T는 휴대폰에 "지난주 방영한 경찰 드라마"라고 말하면 TV화면에 선택 가능한 프로그램 목록이 표시되는 기능을 시연하였으며, 2011년 6월 MS는 게임기 X-box 360에 TV 프로그램 음성검색 기능을 탑재하여 시연한 바 있다. 그리고 2011년 러시아 국영은행 스베르뱅크는 거짓말 탐지기를 탑재한 ATM을 이용하여 화자의 음성에 기반한 신용 평가를 시험적으로 도입하였다. 신용카드 발급 등 모든 신용거래를 ATM에서 가능하게 만들기 위해 개발한 시스템으로 고객은 은행업무 자동화 기기의 질문에 제대로 답변을 해야만 거래를 할 수 있도록 한 시스템이다. 이 시스템은 스피치테크놀러지센터(SPC)가 러시아 사법당국이 보유한 거짓 진술자의 녹취록을 참고하여 개발하였다고 한다. 음성인식 기술의 시장은 2017년까지 세계적으로 1,132억 달러 규모로 5년간 연평균 16.2% 이상의 성장률을 보일 것으로 전망하고 있다(BBC Research, 2013. 1).

마 정맥 패턴 인식 기술

정맥의 특성은 사람마다 고유한 형태로 알려졌는데, 정맥인식(Vein Recognition) 기법은 손바닥이나 손등의 혈관을 대상으로 근적외선을 이용하여 그 형태를 인식하는 기법이다. 근적외선(950nm 근처의 빛)은 혈액 내의 헤모글로빈에 의해 흡수되는 성질이 있기 때문에 가시광선에 의해 취득하기 어려운 정보를 획득한 것이며, 따라서 살아있는 생명체로부터만 정보를 얻을 수 있다는 장점이 있다. 이는 복제가 거의 불가능하여 가장 높은 보안성을 가지나, 하드웨어 구성이 복잡하고 전체적인 시스템 비용이 많이 든다는 단점이 있다.

손등의 정맥 구조는 일반적인 육안으로도 식별 가능한 형상과 적외선 조명을 조사하여 개인별로 판이한 구조로 되어 있다. 정맥인식 시스템은 후자와 같이 적외선 조명을 손등에 비추어 반사된 영상을 소형의 CCD 카메라를 통해 디지털 영상으로 획득한 후, 정맥의 패턴을 추출, 분석하여 개개인을 식별하는 시스템이다. CCD 카메라에 찍힌 영상은 개인식별에 활용하기 위한 우수한 특징들을 획득할 수 있으며, 또한 영상 데이터도 256byte 미만으로 지문인식 시스템과 유사한 수준이다. 카메라 촬영을 하므로 인식이 되지 않거나 오염이 발생하는 일도 적어 사용상 편리하다.

혈관의 형태를 이용한 정맥인식 제품으로는 손가락, 손등, 손바닥 등의 정맥인식 제품이 출시되어 있다. 손가락 정맥은 손가락 내부에 분포해 있는 혈관의 형태를 취득해서 정보를 얻는 것이고, 손등인식제품과 손바닥인식제품도 혈관이 있는 장소에 따라 그 제품의 성격을 규정지을 수 있다. 손을 이용한 제품이 많은 이유는 신체부위 중 가장 수월하게 사용할 수 있어서 사용자의 편의성이 높기 때문이며, 사용자들의 심리적 안정감 또한 중요한 이유이기도 하다.

현재 상용되고 있는 정맥인식 알고리즘은 다음과 같은 세 단계로 진행된다. 첫 번째로 CCD 카메라를 이용하여 원하는 손등 영상을 획득하여 저장하는 단계, 두 번째로 저장된 원시 영상에서 손등의 정맥패턴을 추출하여 각 개인의 특징으로 삼는 특징 추출 단계, 세 번째로 추출된 정맥패턴과 저장된 데이터베이스와 비교하여 유사도를 평가하는 단계이다. 특징 추출에 사용되는 알고리즘은 지문과 홍채인식에 사용된 유사한 인식 알고리즘을 사용하여 특징을 추출한다.

정맥인식 기술의 유용성은 이미 검증되어서 많은 산업 부문에 도입되고 있으며, 전 세계 바이오인식 시장에서 2~3%의 점유율을 차지하고 있다. 아직 장치의 크기, 가격 등의 제약요소로 탓에 점유율이 작은 편이지만, 지문 대체기술들인 홍채, 얼굴, 음성인식기술들과는 격차가 크지 않으며, 특히 물리보안영역이나 근태관리 시장에서는 두각을 나타내고 있다. 정맥인식제품은 높은 상용성과 실용성, 오염에 대한 강인성 等의 차별성을 기반으로 열악한 환경이나 실외환경에서 탁월한 성능을 나타내고 있다. 예를 들어, 건설현장과 같이 육체적 노동 특히 손을 많이 사용하는 장소이면서, 먼지, 땀, 물, 기름 등의 오염물질에 노출되기 쉬워서 바이오 정보를 명확히 취득하기 어려운 사업장은 상대적으로 오염에 덜 민감한 정맥인식 기술이 호평을 받고 있다.

모든 사용자에게 100% 만족할 만한 성능을 낼 수 없는 것이 모든 바이오인식기술이 공통으로 가지고 있는 한계이다. 정맥인식기술 또한 생체적 특징으로 인한 한계점들을 가지고 있다. 그 중 하나는 혈관의 분포형태 때문에 장치 간 취득방식이 동일하지 않아 센서 간 호환이 어렵다는 점이다. 생체정보 자체가 변하지는 않지만, 혈관의 구성형태는 3차원이기 때문에 2차원 정보를 만드는 과정에서 보는 각도에 따라서 또는 어떤 방식의 취득 장치이냐에 따라서 추출한 정보의 형태가 달라진다. 결국 동일한 사람의 혈관형태 정보라 할지라도, 장치에 따라 다른 형태의 정보를 갖게 된다. 반면 지문센서는 피부표면에 있는 2차원 형태의 정보를 면접촉 방식으로 취득하기 때문에 3차원 정보보다는 센서 간 편차에 의한 차이가 타 기술에 비하여 크지 않아서 장치 간 정보 호환성을 가질 수 있다. 그러나 정맥 인식 기술의 경우 취득 장치 간의 차이 때문에 이 기종일 경우 정보호환이 되지 않는다.

두 번째로 개인의 혈압이 변화하면, 혈관의 두께에도 영향을 주는 생체적 요소가 있다. 보통의 사람들은 하루에도 시간대에 따라 혈압이 변화하며, 항상 동일한 상태의 혈압을 유지하지 않는다. 혈관에 흐르는 혈액량의 변화가 혈관분포형태 자체를 바꾸지는 않지만, 취득정보의 개인변화폭을 발생시키는 요소가 되고, 따라서 이러한 변화폭에 대응하는 고수준의 알고리즘이 필요하게 된다.

마지막으로 장치 자체의 크기와 사용용적에 대한 부분이 대표기술인 지문에 비해 소형화하기 어렵다는 문제가 있다. 정보의 대상인 혈관분포영역이 지문보다 크고, 취득을 위한 거치 장치와 같은 보조적 기능을 하는 기구가 필요하기 때문이다. 얼굴인식이나 홍채인식과 같은 비접촉 기술보다 정보취득을 위한 필요공간은 작으나, 제품 자체의 크기는 클 수밖에 없다.

19

NFC 근거리 통신

NFC란 NFC 통신 전용칩을 이용하여 10cm 이내 근거리에서 13.56MHz 대역으로 데이터를 양방향 통신할 수 있는 비접촉 근거리 무선통신기술이며, 2002년 네덜란드의 NXP반도체와 일본의 소니가 공동으로 개발한 RFID(Radio Frequency IDentification) 기술의 한 영역이다. RFID의 경우 한쪽이 태그(Tag)를 가지고 있으면 그 반대쪽은 정보를 읽고 해석하는 리더기(Reader)가 필요했다. 그러나 NFC에는 〈그림 19-1〉과 같이 이런 두 가지 기능이 모두 탑재되어 양방향 무선 데이터 통신이 가능한 것이 특징이다. 기존의 콤비칩은 RF 태그 기능만 탑재되어 있어 별도의 동글 리더기에서 읽기 기능을 통해 모바일 신용카드를 인식할 수 있었으나, NFC 통신 전용 칩이 내장된 NFC 폰은 RF 리더 및 P2P(Point to Point) 커뮤니케이션 기능이 가능하여 폰이 리더기의 역할도 수행할 수 있다. NFC는 대표적인 비접촉식 근거리 무선기술을 모두 포괄함으로써 출입통제, 가전, 체크인 시스템, 헬스케어, 정보수집, 쿠폰, 결제, 교통 등 다양한 분야에 활용이 되고 있다. 스마트폰 간, PC와 스마트폰 간, 일반 가전제품과 스마트폰 간 등 NFC를 지원하는 모든 기기 사이의 직접적인 데이터 통신을 간단하게 한 번의 접촉을 통해 처리가 가능하다. 또한

▼ 그림 19-1 NFC 내부 블록도 및 동작 프로세스

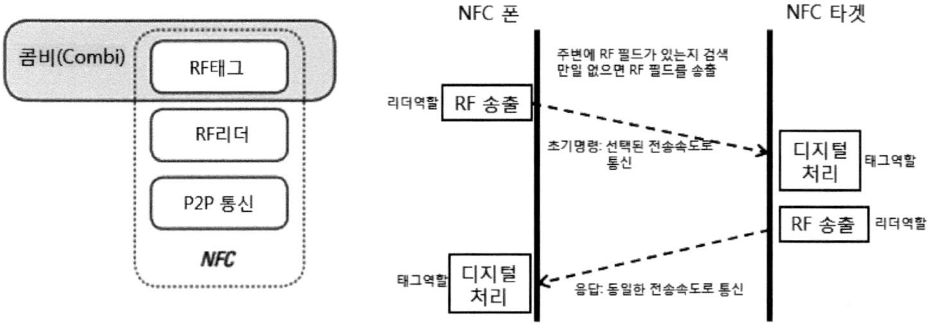

RFID 태그가 부착되어 있는 자료에 NFC 스마트폰을 접촉하여 직접적인 정보획득이 가능할 뿐만 아니라 관련 웹 사이트로의 연결까지 제공함으로써 새로운 서비스 연결이 가능하다. 그리고 NFC는 비접촉식 스마트 카드기술과 보안기술을 접목해 안전한 모바일 결제방식에 사용되고 있다.

RFID 기술은 전파를 이용해 먼 거리에서 정보를 인식하는 기술로 정의되며, RFID 태그, 리더, 안테나 3가지 부품으로 구성되어 있다. RFID는 태그의 안테나와 리더의 안테나가 전파를 이용하여 데이터를 주고받는 통신을 수행하는 원리이다. RFID 태그 안에 내장된 IC칩이 기동하여 칩 안의 정보를 신호화하여 태그의 안테나로 신호를 발신하고, 리더는 태그로부터 발신된 정보 신호를 안테나를 통해 수신하여 디지털 처리를 한다. RFID는 ISO18000의 규정에 따라 태그의 전원 공급 방식에 따라 수동형, 능동형, 반수동형으로 구분된다. 수동형은 리더의 안테나로부터 전자기 유도 에너지로부터 전원을 공급받아 정보를 교환하는 방식이며, 반수동형은 태그에 건전지가 내장되어 있어 칩의 정보를 읽는 데는 건전지의 전원을 이용하고 통신에는 리더기의 전원을 사용하는 방식이다. 그리고 능동형은 칩의 정보를 읽고 그 정보를 통신하는 데 모두 그 태그의 건전지 전원을 사용하며 전자기(Electromagnetic) 방식으로 정보를 교환하는 방식이다. 따라서 수동형은 통신거리가 짧고 능동형은 통신거리가 길다. 그리고 사용하는 주파수도 정해져 있는데, 〈표 19-1〉과 같이 125/134kHz를 사용하는 LFID(Low Frequency ID), 13.56MHz를 사용하는 HFID(High Frequency ID), 433.92MHz와 860~960MHz 대역을 사용하는 UHFID(Ultra HFID), 그리고 2.45GHz를 사용하는 MFID(Microwave Frequency ID)로 구분된다. 또한 각 주파수별 사용용도는 〈표 19-2〉와 같다.

▼ 표 19-1 RFID 태그 주파수별 특성 비교

구 분	LF 125/134KHz	HF 13.56MHz	UHF 433.92MHz	UHF 860~960MHz	Microwave 2.45GHz
표준화	ISO18000-2	ISO18000-3	ISO18000-7	ISO18000-6	ISO18000-4
전원 공급	수동형	수동형	능동형	반수동형	반수동형
Data rate	1 kbit/s	25 kbit/s	30 kbit/s	30 kbit/s	100 kbit/s
인식 거리	~ 0.5m	~ 1.0m	~ 100m	~ 10m	~ 1m
특 성	물은 투과하나, 금속은 투과하지 못함		물과 금속 투과 못함	많은 정보 저장	높은 데이터 전송율
인식 속도	저속 ⟺ 고속				
환경 영향	강인 ⟺ 민감				
태그 크기	대형 ⟺ 소형				

▼ 표 19-2 주파수 대역별 서비스 현황

분 류	125~134kHz	13.56MHz	433.92MHz	860~960MHz	2.45GHz
인증관리	○			○	○
출입관리	○	○	○	○	○
자산관리	○	○	○	○	○
위치추적	○	○			
공정관리	○	○		○	○
동물관리	○	○			
교통카드(요금징수)		○		○	
주차관리		○		○	
의료관리		○			
물류관리		○		○	○
모바일 RFID				○	
기타				○	

태그에는 RFID 칩이 동작하는데 필요한 전원과 태그의 안테나를 통해 무선 신호를 송신하는데 필요한 전원을 공급할 수 있도록 안테나와 칩이 연결되어 있다. 전원 공급 방식에 따라 수동형과 능동형은 통신원리가 완전히 다르다. 〈그림 19-2〉와 같이 수동형은 상호유도 방식으로 동작하는 방식(좌측 그림으로 Inductively Coupled 방식이라고 함)이고, 능동형은 전자기파를 이용한 방식(우측 그림으로 Electromagnetic Wave 방식이라고 함)이다. 수동형은 저주파 RFID에 적용되는 원리로서 RFID 태그 안에 내장된 안테나가 리더로부터 전파를 수신하면 RFID 태그에 탑재된 IC칩은 태그 안의 안테나로부터 공급되는 미세한 전류로 동작되며, 칩 내부의 정보를 무선

▼ 그림 19-2 RFID 신호 통신 방식

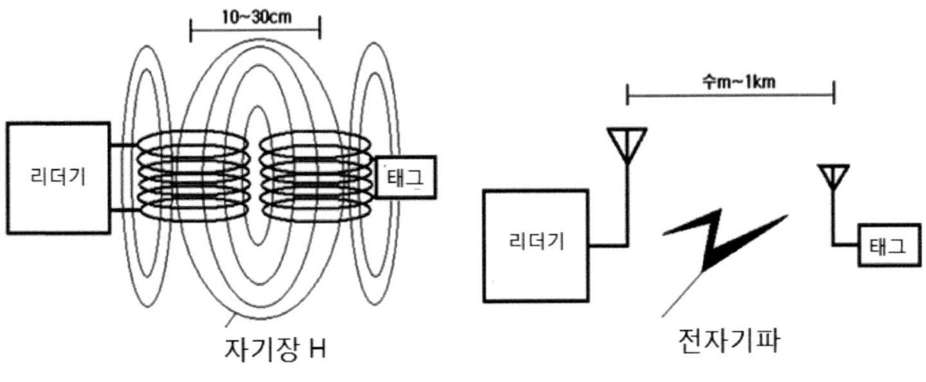

신호화하여 리더로 데이터를 송신한다. 반면, 전자기파 방식인 능동형은 전파통신과 같이 전파전송 원리를 이용한 것이다. 리더기에서 전송되는 마이크로파 전기장 신호를 태그가 수신하며, 수신된 신호를 디지털 처리한 후 다시 리더기로 반송하는 방식이다. 이 방식은 UHF 이상에서 사용되며 데이터 전송속가 높고 인식거리도 저주파에 비해 매우 길다.

RFID의 태그는 각각의 개체에 대한 정보를 담고 있는 RFID IC칩이 탑재되어 있는데, RFID IC칩에는 각각의 고유번호를 가지며 제품에 따라 정보를 저장할 수 있는 메모리 영역이 있다. 읽고 쓰기 기능에 따라 읽기 전용형, 한번 쓰고 여러 번 읽기형(One Time Programming, OTP), 읽기/쓰기형이 있다. 읽기 전용형은 태그의 IC칩 내에 제조시 제조사에서 프로그래밍 된 내용이 탑재되어 있으며 이 정보내용은 변경이 절대 불가하다. 이것은 가격이 저렴하고 쓰기 과정이 필요없는 공정에 활용된다. OTP형은 사용자가 데이터를 1회만 쓰기 가능한 형태이다. 그리고 읽기/쓰기형은 사용자 누구나 쓰기 기능이 가능하며, 가장 다양한 분야에 적용이 가능한 태그 방식이다. RFID 리더기는 태그에게 정보를 보내도록 명령을 하고, 태그로부터 정보를 받아 사용자가 저장하고 사용하는 장소로 정보를 송신하는 기능을 수행한다. 이러한 기능을 수행하기 위해 RFID 리더기에는 신호의 발신 및 수신과 데이터 디코딩을 하는 부분을 포함하고 있으며, 호스트 컴퓨터와 RS-232 또는 TCP/IP 등으로 통신할 수 있는 인터페이스가 내장되어 있다. RFID 안테나는 각각 리더기와 태그 두 곳에 설치되어 있으며, 리더기와 태그 간의 무선신호 송수신을 하는데 중요한 역할을 한다. 일반적으로 저주파 및 고주파용 안테나는 원형 코일 또는 원형 형태의 패턴으로 제작되며, 초고주파 및 마이크로파의 안테나는 평면형으로 송수신부로 나누어져 만들어진다.

NFC는 RFID 기술을 활용한 스마트 카드식 비접촉 무선통신 기술이며, 스마트 카드에 비하여 양방향성을 가지고 있으며 메모리 공간이 크며, 적용 가능한 서비스의 폭이 넓은 특징이 있다. NFC 통신 동작 방식에는 RFID와 마찬가지로 능동 모드와 수동 모드가 있다. 능동 모드는 발신기(리더기 역할)와 목표기(태그 역할)가 모두 스스로 생성한 RF 필드를 사용하여 통신하는 방식으로 리더와 리더간 P2P 통신을 가능하게 해 준다. 수동 모드는 발신기가 RF 필드를 생성하고 발신기의 명령에 응답하여 리더와 태그 사이에 통신을 하는 방식이다. 스마트폰에서 사용 중인 NFC의 통신 유형에는 대표적으로 카드 에뮬레이션 모드, 읽기/쓰기 모드, P2P 모드가 있다. 카드 에뮬레이션 모드는 전통적인 비접촉 IC카드와 같이 일종의 수동형 태그로서 기기 내 저장하고 있는 정보를 외부의 능동형 리더기에 데이터를 전송하는 방식이다. 이는 NFC 기기 내 카드 정보 탑재를 통한 비접촉 결제 기능뿐만 아니라 교통카드 기능, 출입통제와 같은 접근 제어 기능, ID카드 등의 사용자 인증

기능 등 다양한 분야에 응용되고 있다. 읽기/쓰기 모드는 외부의 수동형 태그정보를 능동형 NFC 기기가 읽어 들이거나 정보를 입력하는 방식이다. 디지털 콘텐츠 등의 데이터 접근, 결재용 POS기 등에 응용되고 있다. 마지막으로 P2P모드는 능동형 NFC 기기가 상호 통신하는 형태이며, 손쉽게 기기 간 데이터 교환이 가능하다. P2P모드는 전자적 형태의 명함, 연락처 정보, 디지털 사진, URL 등의 데이터 교환이나 블루투스와 WiFi 연결을 위한 셋업 파라미터 교환 등에 활용 가능하다. 다만, 통신속도가 그다지 빠르지 않기 때문에 소량의 데이터 송수신에 활용되고 있다. NFC 통신방식은 3가지 모드를 지원하기 때문에 NFC 디바이스는 매우 다양한 방법으로 사용할 수 있다. 스마트폰이 교통카드, 문 열쇠 등으로 동작(카드 애뮬레이션 모드), 미술관과 박물관 등에서 작품에 스마트폰을 가까이 가져가면 해당 작품의 소개로 연결하기, 스마트 카드 결제 단말기(읽기/쓰기 모드), 휴대폰 간 명함교환(P2P 모드) 등이 가능하다. 그리고 통신거리가 매우 짧기 때문에 보안 문제도 간단해지고, 통신을 위한 초기 셋업 시간이 0.1초 이하로 매우 짧은 것이 최대의 장점이다.[227] 통신거리가 10cm라는 거리의 제약은 오히려 NFC가 다른 근거리 통신 방식에 비해 더 편리하면서도 안전한 통신이라는 장점이 되고 있다. 〈표 19-3〉은 대표적인 기능에 따른 근거리 무선통신 기술간 비교이다.

▼ 표 19-3 근거리 무선통신 기술간 특징 비교

구 분	NFC	블루투스	ZigBee	IrDa(적외선)
접속 방식	P2P	P2P (Multi Point)	Star, P2P	P2P
칩셋 가격	낮음	보통	낮음	낮음
RFID 호환	가능	불가능	불가능	불가능
최대통신범위	20cm(평균 10cm)	약 10m	10~20m	약 10m
전송 속도	106~848 kbs	~24 Mbps	~250 kbps	~4 Mbps
통신설정시간	0.1초 미만	~6초	-	~0.5초

227) (사)개방형컴퓨터통신연구회, “13.56MHz 대역 RFID의 ID 및 OID 적용방안 연구”, 한국인터넷진흥원, 2011년

참고문헌

Reference

1) 임경순, 포항공대 인문사회학부, http://mulli2.kps.or.kr/~pht/10-6/010602.htm
2) 한국산업기술진흥원 기술문화원, "전화기가 사치품인 시절이 있었다고?", 기술과미래내지 _10호, 2012년
3) 위키백과, https://ko.wikipedia.org/wiki/모스_부호
4) Pebble Inc., https://www.pebble.com
5) Vandrico Inc., http://vandrico.com/
6) KT경제경영연구소, 심수민, "2014 웨어러블 디바이스 산업백서"
7) 송영화, 이승민, 정지형, 김정태, "창조경제실현을 위한 미래사회 트렌드 및 ICT 미래기술분석", ETRI 창의미래연구소 Insight Report 13-1, 2013년 6월
8) 정용택, "센서물리학 개론", 홍릉과학출판사, 2013년
9) 정보통신기술진흥센터, 주간기술동향, "스마트센서 시장 전망 및 시사점", 2015년 8월 5일
10) 조선비즈, http://biz.chosun.com/site/data/html_dir/2015/03/25/2015032500330.html
11) iTers News, "Freescale, Oracle join forces to set a standard for IoT infrastructure", 2013.11.14
12) Gartner, "Key Technologies for the internet of Things," Nov. 2012.
13) [산업다큐 4.0 - 미래성장보고서] 비로소 세상의 모든 것이 연결되다, 사물인터넷 편, https://www.youtube.com/watch?v=s-hN_KOBaEQ
14) http://www.clearboth.org/2_the_history_of_the_internet_and_the_web_and_the_evolution_ of _web_standards/
15) http://www.tibs.co.kr/network/1/network3.htm
16) 진강훈 외, "시스코 네트워킹", 성안당
17) Cisco, "Cisco Visual Networking Index: Global Mobile Data Trfic Forecast Update 2013-2018 ", 2014. 2
18) 나무위키, https://namu.wiki/w/%EB%B8%94%EB%A3%A8%ED%88%AC%EC%8A%A4

19) 이경선 외 3명, 정보통신정책연구원, "스마트 디바이스 제조산업의 발전방향 연구", 2013년 11월

20) Betanews, http://m.betanews.net/bbs/read.html?num=567405

21) 위키백과, https://ko.wikipedia.org/wiki/IOS_(%EC%95%A0%ED%94%8C)

22) 이문규, "현실과 가상의 절묘한 조화", IT동아, http://it.donga.com/21422/

23) http://SSsoftware.co.kr

24) 곽노필, "놀랍도다! 미래 얼굴예측 소프트웨어", http://plug.hani.co.kr/futures/1714413

25) 위키백과, https://ko.wikipedia.org/wiki/QR_%EC%BD%94%EB%93%9C

26) 조영연, "주목받는 실내 내비게이션 기술, 어떤 것들이 있을까?", http://platum.kr/archives/21956

27) Niklaus's Blog, "스마트폰을 위한 실내 측위 기술"

28) 허수정 외1인, "지구 자기장 기반의 Fingerprint 실내 위치추정 방법 연구", 한국통신학회논문, vol.38C, No.01, 2013

29) 가트너, 메리츠증권 리서치센서

30) 헤럴드 경제, 2015년 2월 13일 기사, "삼성갤럭시S6에 들어갈 '루프페이'...스마트폰에서 자기장 쏴 결제"

31) 한국경제, http://www.hankyung.com/news/app/newsview.php?aid= 201403269857g

32) ZDNet Korea, http://www.zdnet.co.kr/news/news_view.asp?artice_id= 20130319083327

33) http://blog.skbroadband.com/1536

34) http://techholic.co.kr/archives/27083

35) http://www.electronicproducts.com/News/Mobile_app_takes_temperature_without_physical_contact.aspx

36) 안원식, 김진태, "무채혈 혈당 측정기의 혈당 측정 원리: 혈당 검출방법 중심으로", J. Biomedical Engineering Research 33: 114-127 (2012)

37) http://www.diabetesnet.com/diabetes-technology/meters-monitors/future-meters-monitors/onsens

38) http://phys.org/news/2015-01-tattoo-like-sensor-glucose-painful-finger.html

39) 최윤섭 홈페이지, http://www.yoonsupchoi.com/2014/01/26/google-smart-contact-lens-fo/

40) https://www.nordicsemi.com/chi/node_206/node_305/Product-Related-News/24

41) http://www.yonhapnews.co.kr/bulletin/2015/07/16/0200000000AKR20150716057100009.HTML

42) 위키디피아, https://en.wikipedia.org/wiki/String_galvanometer

43) http://www.yoonsupchoi.com/2014/03/09/alivecor_three_innovations/

44) http://bizion.mk.co.kr/bbs/board.php?bo_table=tech&wr_id=172

45) http://www.47news.jp/smp/korean/economy/2015/01/106219.html

46) http://www.earlyadopter.co.kr/13601

47) 정보통신기술진흥센터, 최신 ICT동향, file:///C:/Users/user/Downloads/166603.pdf

48) https://mocacare.com/

49) 안면천 외 4인, "홀소자를 이용한 손목착용 맥진기의 혈압추정 알고리즘", J. Kor. Magnetics Society, Vol.20, No.3, (2010)

50) http://webzine.snuh.org/PostView.jsp?b_idx=994&wzCateCode=d

51) http://www.hani.co.kr/arti/science/science_general/660904.html

52) 자원메디컬, http://jawon.com/korean/tec1/principles-of-bia.html

53) http://www.ilovepc.co.kr/news/articleView.html?idxno=9861

54) (주)도넛시스템LSI 홈페이지, http://ilucir.com/about-ilucir/?lang=ko

55) http://biz.chosun.com/site/data/html_dir/2015/08/21/2015082102707.html

56) http://www.wepetfit.com/en/

57) http://www.etnews.com/20150401000200

58) http://www.maxcare24.com/skin/page/dswc_intro.html

59) https://www.fitbit.com/kr/charge

60) http://wordlesstech.com/wishbone-smallest-non-contact-smart-thermometer/

61) Thermodo 공식 홈페이지, http://thermodo.com/

62) FLIR사 홈페이지, http://www.flirkorea.com/flirone/content/?id=62914

63) 템프트락 홈페이지, https://www.temptraq.com/

64) http://bizion.mk.co.kr/bbs/board.php?bo_table=tech&wr_id=142

65) http://www.chosun.com/economy/news/200611/200611010603.html

66) 김기윤, 원경훈, 최형진, "캡슐 내시경의 기술적 특징과 동향", 한국통신학회논문지, Vol.37C, No.04 (2012)

67) KHIDI, "캡슐내시경 국내외 시장분석", 의료기기산업지원실, 한국보건산업진흥원, 2014년 8월 30일

68) http://www.zdnet.co.kr/news/news_view.asp?artice_id=20111012091754

69) 전자신문, 2015년 2월 4일, http://www.etnews.com/20150204000012

70) 한국콘텐츠진흥원, CT인사이트 심층리포트: 휴먼-디바이스 인터액션 기술, 2012년 12월호

71) http://www.bloter.net/archives/183513

72) 닌텐도 홈페이지, http://www.nintendo.co.kr/Wii/wii/thebody.php

73) 마이크로소프트 홈페이지, http://www.xbox.com/ko-KR/Kinect

74) 류한석, “동작인식 기술 트렌드 및 시사점”, 디지에코 보고서, 2015년 3월 15일
75) http://kr.besuccess.com/2014/07/myo_gesture_control_armband/
76) 립모션 홈페이지, https://www.leap-motion.kr/
77) http://www.bloter.net/archives/236554
78) http://investottawa.ca/startup-spotlight-gymtrack/
79) http://smartmat.com/
80) http://cargocollective.com/lesiatrubat/E-TRACES-memories-of-dance
81) 골프존 홈페이지, http://www.swingtalkgolf.com/ko/index.html
82) http://www.etnews.com/20141230000184
83) http://blog.skbroadband.com/1536
84) 조선비즈, http://biz.chosun.com/site/data/html_dir/2014/06/04/2014060401566.html
85) 특허청 보도자료, “질병의 조기발견 도우미, 진단키트”, 2004년 3월 19일
86) 손종구 외 3인, “바이오마커의 최근 시장동향 분석”, Biomaterials Research (2010) 14(2)
87) http://www.monews.co.kr/news/articleView.html?idxno=54483
88) 한국과학기술원, KISTory, "숨만 쉬면 끝, 호흡분석 질병진단센서 등장“, 2013년 6월 5일, http://kiststory.tistory.com/946
89) http://www.sciencetimes.co.kr/?p=134125&cat=36&post_type=news
90) http://biz.chosun.com/site/data/html_dir/2013/08/16/2013081601309.html
91) LGU+ 보도자료, https://uplus.co.kr/, 2015년 9월 3일
92) http://hifipublic.com/2015/05/25/google-to-announce-brillo-os-at-io-conference/
93) http://www.digitaltrends.com/apple/apple-homekit-devices-unlikely-to-land-till-spring-at-earliest/
94) Strategt Analytics, 2014 Smart Home Systems and Services Forecast Global Total, 2014.5.2.
95) 나도백, “IT 융합시스템 스마트홈”, Market Report, 2015년 4월호
96) LG Business Insight, "저성능의 소물인터넷이 IoT의 지평 넓힌다“, 2015년 2월 4일
97) 조선 비즈, http://biz.chosun.com/site/data/html_dir/2015/06/16/2015061603953.html
98) SK텔레콤 홍보자료, http://www.sktelecom.com/press/detail.do?idx=3600
99) TTA, “해외 ICT 표준화 동향” 2015년 5월, 4주차
100) 미래창조과학부 보도자료, http://www.msip.go.kr/, 2015년 6월 25일
101) TTA, 주간기술동향, “사물인터넷 기반 스마트홈 발전 전망”, 2015년 9월 9일
102) 김영관, 디지에코 보고서, “스마트홈 생태계 6대 구성요소”, 2014년 11월 26일
103) IT World, 2016년 1월 8일, http://www.itworld.co.kr/slideshow/97357?slide=5#stage_slide
104) 조선비즈, http://biz.chosun.com/site/data/html_dir/2013/12/23/2013122304631.html

105) 스틸메이트 홈페이지, http://www.steelmate.kr

106) 베타뉴스, 2013년 11월 20일, http://m.betanews.net/bbs/read.html?num=586339

107) 전자신문, 2013년 3월 6일, http://www.etnews.com/201306050301

108) 한국산업기술진흥원, "MIT가 제시하는 2015년 10대 혁신기술", 2015년 8월 10일

109) GEAR Insight, "차선이탈 경보시스템과 주행 조향보조시스템", 2015년 7월 28일

110) http://www.robonable.jp/news/2011/12/denso-1202.html

111) KOTRA, 해외정보비즈니스정보포탈, global window, "일, IT활용 졸음운전 방지로 교통사고 줄인다", 2013년 10월 4일

112) iT DongA, 2015년 3월 9일, http://it.donga.com/20570/

113) 한겨레 신문, 2015년 6월 28일, http://www.hani.co.kr/arti/economy/economy_general/697860.html

114) The Science Times, http://www.sciencetimes.co.kr/?news=구글-무인차아직은-갈-길-멀어

115) The Science Times, http://www.sciencetimes.co.kr/?news=4차-산업혁명의-주역은-사물인터넷

116) LG CNS, 2015년 7월 21일, http://blog.lgcns.com/850

117) 전자신문, 2014년 4월 11일, http://www.etnews.com/20140411000070

118) 전자신문, 2014년 12월 3일, http://www.etnews.com/20141203000074

119) 조선비즈, http://biz.chosun.com/site/data/html_dir/2015/03/25/2015032500339.html

120) Neso Korea, "혁신적인 농업강국 네덜란드", https://www.nesokorea.org/news

121) ETRI, "스마트팜 기술동향 및 전망", Electronics and Telecommunications Trends, Vol.30, No.5, 2015

122) Monsanto Company, Information of Monsanto's FieldScripts. [cited 2015 June 8]. http://www.monsanto.com

123) 한국정보화진흥원, "농림·식품 분야의 신ICT 융합전략", 2014년 6월

124) Phytech software. Information of Phytech software. Available from [cited 2015 July 7]. http://www.phytech.com

125) Fujitsu Company. Information of Fujitsu's Cow Step Counts System. [cited 2015 April 28]. http://jp.fujitsu.com

126) 농촌여성신문, 2014년 2월 10일, http://www.rwn.co.kr/news/articleView.html?idxno=21814

127) 나무위키, https://namu.wiki/w/%EB%A1%9C%EB%B4%87

128) Giantt, 2014년 6월 10일, http://giantt.co.kr/5419

129) 머니투데이 뉴스, 2015년 5월 23일, http://m.mt.co.kr/renew/view.html?no=2015052215331025945

130) http://plug.hani.co.kr/futures/2264009

131) KISTI Market Report, Vol.2, Issue 2, "산업용 용접로봇"

132) 대한전기학회, 전기의 세계, 기획시리즈, "헬스케어 로봇 기술개발 동향 및 사례", 2009년 7월호, http://www.kiee.or.kr/data/elecworld/7.pdf

133) KISTI, 글로벌동향브리핑, 2009년 8월 11일, "차량이 주행하는 도로에서 전력을 생산하는 에너지하베스팅 하이웨이"

134) KIST 융합연구정책센터, 융합연구리뷰, Vol.1, No.3, 2015년 6월

135) Hwang, G. T., Park, H., Lee, J. H., Oh, S., Park, K. Il, Byun, M., Lee, K. J., Adv. Mater., 2014, 26(28), 4880-4887.

136) G. D. Nelson, Tex. Heart Inst. J., 1993, 20, 12.

137) 녹색기술센터, Green Focus, "에너지 하베스팅, 나노 기술을 만나다", 2015년 4월 28일

138) http://techneedle.com/archives/17962

139) 한국풍력산업협회, http://www.kweia.or.kr/sub02/sub01.asp

140) 투데이에너지, 2013년 5월 15일, http://www.todayenergy.kr/news/articleView.html?idxno=82486

141) 이종조, 임재규, "도로 중앙분리대용 후드장식형 수직축풍력발전기 연구", Journal of KIEE, Vol.27, No.1, 2013

142) 김수보 블로그, 대디하우스, https://subokim.wordpress.com/2013/01/31/platform-story/

143) LG U+ 블로그, http://blog.uplus.co.kr/1448

144) 정보통신기술진흥센터, 주간기술동향, "사물인터넷 실현을 위한 플랫폼 및 기술동향", 2014년 10월 1일

145) 정보통신기술진흥센터, 주간기술동향, "다양한 IoT 환경을 고려한 IoT 통합 플랫폼 기술동향", 2015년 9월 30일

146) 김기영, "oneM2M 사물인터넷 서비스 플랫폼 표준화 현황", TTA Journal, Vol.155, (2014)

147) 박상식, "CCD/CMOS 이미지 센서", 두양사, 2009년

148) http://www.dpreview.com/glossary/camera-system/effective-pixels

149) http://www.foveon.com/article.php?a=67

150) 포베온사 홈페이지, http://www.foveon.com

151) http://www.unc.edu/~rjean/demosaicing/demosaicing.pdf

152) 삼성반도체 이야기, http://samsungsemiconstory.com/642

153) Panasonic, Digital Canera Lumix, http://av.jpn.support.panasonic.com/support/global/cs/dsc/ knowhow/knowhow12.html

154) Snap av, Homepage, http://www,snapav.com/p-936-wps-700-dom-a-wh.aspx

155) www.deviewelectronics.com, Solutions Guide

156) Omega사 Homepage, http://www.omega.com/thermocouples.html

157) NIST 홈페이지, http://srdata.nist.gov/its90/main/

158) "적외선 센서용 볼로미터 박막의 성능평가 발법", 한국정보통신기술협회, 2010년

159) Wikipedia, http://en.wikipedia.org/wiki/Emissivity

160) Measurement Specialties, http://www.meas-spec.com, model TS318-5C50, (2011)

161) Sirica 홈페이지, 기술자료,
"A New Approach for Quantum Infrared Detection at Room Temperature"

162) Hunter, Scott R, etc., Proc. of the SPIE, "High-sensitivity uncooled microcantilever infrared imaging arrays", vol. 5074, p. 469 (2003)

163) http://www.flir.com/iploadedFiles/Eurasia/Cores_and_Components/Technical_Notes/uncooled%20detectors%20BST.pdf

164) "Uncooled Infrared Imaging Market 2012", Yole Development, (2012)

165) FLIR사 홈페이지, http://www.flir.com/thermography/americas/us/view/?id=43988

166) "Seeing Photons: Progress and Limits of Visible and Infrared Sensor Arrays", National Academy of Science, 2010

167) Marc P. Hansen and Douglas S. Malchow, "Overview of SWIR detectors, cameras, and applications", Proc. of SPIE vol.6939

168) 방기석, "습도측정 및 습도센서", ㈜공보엔지니어링

169) 정용택, "물리보안용 센서의 원리와 응용", (주)인포더, 2012

170) Murata사 Home Page, ttp://www.murata.com/products/sensor/index.html

171) Fresnel Technologies, Inc. Home Page, http://www.fresneltech.com

172) Optex사 Home Page, http://www.optex.co.jp

173) "Opportunities in the World Perimeter Intrusion Detection Systems Market", Frost & Sullivan, 2010, April.

174) http://www.sicurit.com, Absolute Plus Catalogue

175) http://www.irisys.co.uk/queue-management/download-tesco-case-study/

176) Trens-Tek, Inc., 기술자료

177) 서상윤 외 3명, "압전저항형 멤스센서를 이용한 진동 측정용 3축 센서 시스템의 최적화 설계", 한국소음진동공학회 논문집, 제23권 제12호, 2013

178) STMicroelectronics사 Homepage

179) 전자신문, 2015년 6월 1일, http://www.etnews.com/20150617000280

180) 무역위원회, 한국전자산업진흥회, "센서 산업 경쟁력 조사", 2005년

181) 변형기 외 3인, "MEMS기술로 제작된 가스센서 어레이를 이용한 유해가스 분류를 위한 간단한 통계적 패턴인식방법의 구현", J.of the Korean Sensors Society, Vol.17, No.6, (2008)

182) ㈜인바이런먼트 리딩 테크놀러지, 소방방재청 2010년 보고서, "신개념 화재감지용 CO & CO_2 멀티가스 감지기 개발에 관한 연구과제"

183) InfraTec Homepage, http://www.infratec-infrared.com

184) CTR Home page, http://www.ctr.at

185) 행정자치부고시 제2004-20호, "자동 화재탐지설비의 화재안전기준"

186) 김현호, "환경 대기중의 아황산가스 계측기술", 한국표준과학연구원 환경계측그룹, 2002년

187) 이철호, (주)그린텍아이엔씨, "수질 계측의 최근 동향 및 수질다항목 측정기", 제어계측, 2009년 1월

188) KEITI, 측정분석 장비장치분야 기술동향보고서, "환경기술 기술동향보고서-수질센서/환경칩 기술동향", 2011년

189) 환경관리공단, "정수장 자동측정설비의 정도관리방안 수립을 위한 연구", 2003년 8월

190) 이재선, 코비환경연구소, "미생물 연료전지 원리를 이용한 바이오센서 기반의 BOD 연속자동측정기 및 생물감시장치", 계장기술, 2014년 6월

191) Spirax/Sarco사 홈페이지, http://www2.spiraxsarco.com/kr/pdfs/steam-engineers-data-book/B-4-4.pdf

192) 지식경제부 고시 제2009-78호, 환경부, "유량계 설치 및 유지관리에 관한 지침"

193) http://www.EngineeringToolBox.com

194) "Transactions in Measurement and Control, Flow & Level Measurement", vol. 4, Omega

195) 이철호, "이야기로 다시보는 프로세스 계측", C&J, 2007년 11월

196) 최성현, "최근 코리올리 질량 유량계의 원리와 구조", 기획특집, 제어계측, 2010년

197) Azosensors.com Staff Writers, "Design of MEMS Based Mass Flow Meter", http://www.azosensors.com/Article.aspx?ArticleID=277

198) 송병학, "산업용 열식질량유량계의 활용", 기획특집, C&I, 2009년 2월

199) 두산백과, 수표교 자료, http://terms.naver.com/entry.nhn?docId=1115975&cid=40942&categoryId=33383

200) 남기민, 고려대학교, "제 14 장 레벨센서" 강의 자료

201) 이유성, 히스코센서, "압력의 측정방법", 제1회, 월간계장기술, 2004년 2월, http://www.procon.co.kr/pdf/2004%202/2004%202-te-1.pdf

202) http://en.wikipedia.org/wiki/Barometer

203) http://benvalle.com/Pressure/Pressure.html

204) http://www.aviationweather.ws/012_Atmospheric_Pressure.php

205) http://www.infoplease.com/cig/weather/pressure-getting-to-you.html

206) http://www.instrumentationtoolbox.com/2013/08/how-to-calibrate-pressure-gauge-with.html#axzz3PnSMbGGD

207) Charles S. Smith, "Piezoresistance Effect in Germanium and Silicon", Physical Review, vol.94, No.1, (1954)

208) 정귀상, "마이크로 압력센서의 기술동향", 전기전자재료학회지, vol.8, No.1, (1995)

209) http://sastramech.blogspot.kr/2013/04/resistance-strain-gauge.html

210) http://soliton.ae.gatech.edu/people/jcraig/classes/ae3145/Lab2/strain-gages.pdf

211) Omega사 홈페이지, http://www.omega.com/prodinfo/loadcells.html

212) "Strain gauges and load cells", Data Sheet, RS Components, 1997

213) Global Auto News, 2012년 6월 26일, 지능형 안전 자동차를 위한 인지기술, http://global-autonews.com/bbs/board.php?bo_table=bd_013&wr_id=660&page=11

214) 정용택, "적외선 센서의 원리와 응용", pp137, (주)인포더, 2012년

215) 김재기, "레이저 기술의 군사적 응용", 물리학과 첨단기술, January/February, 2006

216) 레이저 장치의 안전요건에 관한 안전인증 기준 (S3-C-26-2001)

217) Stanley Robinson, "Active Electro Optical Systems" (SPIE Optical Engineering Press, Washington USA, 1993), Chap.2.

218) 김종덕, 권기구, 이수인, "LiDAR 센서 기술 동향 및 응용", 전자통신동향분석 제27권, 제6호, 한국전자통신연구원, 2012년 12월

219) 위드로봇(주), 김도윤, Media Contents, "스테레오 영상을 처리하는데 있어 발생하는 이슈", http://www.ntrexgo.com/archives/2280

220) 한국정보통신기술협회, "위조지문 탐지기술", 2010년

221) 임철수, "위치이동에 무관한 홍채인식을 위한 웨이블릿 변환기술", 정보처리학회논문지B, 제10-B권, 제4호, 2003년

222) 김재희, "홍채인식기술의 현황과 응용", 시큐리티월드 특집

223) 전자신문, "구글, 얼굴인식률 99.96%, 어디에 쓸까?", http://www.etnews.com/20150322000015

224) 한국인터넷진흥원, "CCTV기반 얼굴검출 및 인식 시스템 보안 프레임워크에 관한 연구", 수탁기관 경북대학교 산학협력단, 2009년 7월

225) 이형지, "외부변화에 강인한 다단계 이진화와 Hu 모멘트 기반 얼굴인식에 관한 연구", 인하대학교 대학원 전자공학과 박사학위 논문, 2004년

226) 장순석, "HMM 음성인식 알고리즘의 분석", 공학기술논문지, 제3권, 3호, 2010년

227) (사)개방형컴퓨터통신연구회, "13.56MHz 대역 RFID의 ID 및 OID 적용방안 연구", 한국인터넷진흥원, 2011년

찾아보기

Index

숫자

A

B

C

K

L

M

N

O

U

V

W

Z

ㄱ

ㄴ

ㄷ

ㄹ

ㅁ

ㅂ

ㅅ

ㅇ

ㅈ

ㅊ

ㅋ

ㅌ

ㅍ

ㅎ

사물인터넷, 스마트센서로 정복하다

2016년 4월 21일 1판 1쇄 인쇄
2016년 4월 29일 1판 1쇄 발행

저 자 • 정용택
발행자 • 이영애
발행처 • 공감북스
주 소 • 02011 서울시 중랑구 중랑천로 256
전 화 • 02-971-9683
팩 스 • 02-972-9683
등 록 • 제 25100-2015-18 호
등록일 • 2015년 7월 15일
e-mail • sympathybook@naver.com
ISBN • 979-11-86898-14-7 (93560)

정 가 • 35,000원